集成电路系列丛书 · 集成电路发展前沿与基础研究

广义N端口微波电路和射频芯片复阻抗网络基础理论

吴永乐　王卫民　闫　婕　郑亚娜　吴然然　编著

電子工業出版社
Publishing House of Electronics Industry
北京 · BEIJING

内容简介

本书对面向微波电路和射频芯片设计与分析用的广义 N 端口（任意端口）复阻抗网络特性进行理论分析与总结，主要内容包括端接复阻抗的微波网络参数、N 端口网络参数转换、N 端口复阻抗网络参数转换公式、差分网络的网络参数转换、网络端口的增减、复阻抗网络的奇偶模分析方法、案例分析、复阻抗网络参数转换的应用、仿真验证，以及单端网络参数转换的验证代码、单端 S 参数与混合模式 S 参数转换的验证代码、网络端口增减的验证代码。

本书适合电子信息和集成电路类相关行业的技术人员阅读和参考，也可作为高等学校电子科学与技术、电子信息类以及集成电路科学与工程等相关专业的教学用书。

图书在版编目（CIP）数据

广义 N 端口微波电路和射频芯片复阻抗网络基础理论 / 吴永乐等编著. -- 北京 : 电子工业出版社, 2025. 1.
(集成电路系列丛书). -- ISBN 978-7-121-49427-7

Ⅰ. TN710.02

中国国家版本馆 CIP 数据核字第 20256941SD 号

责任编辑：张剑（zhang@phei.com.cn）
印　　刷：河北迅捷佳彩印刷有限公司
装　　订：河北迅捷佳彩印刷有限公司
出版发行：电子工业出版社
　　　　　北京市海淀区万寿路 173 信箱　邮编 100036
开　　本：720×1 000　1/16　印张：18.25　字数：394 千字
版　　次：2025 年 1 月第 1 版
印　　次：2025 年 1 月第 1 次印刷
定　　价：118.00 元

凡所购买电子工业出版社图书有缺损问题，请向购买书店调换。若书店售缺，请与本社发行部联系，联系及邮购电话：(010)88254888，88258888。

质量投诉请发邮件至 zlts@phei.com.cn，盗版侵权举报请发邮件至 dbqq@phei.com.cn。

本书咨询联系方式：zhang@phei.com.cn。

“集成电路系列丛书”主编序言

培根之土 润苗之泉 启智之钥 强国之基

王国维在其《蝶恋花》一词中写道：“最是人间留不住，朱颜辞镜花辞树”，这似乎是自然界无法改变的客观规律。然而，人们还是通过各种手段，借助于各种媒介，留住了人们对时光的记忆，表达了人们对未来的希冀。

图书，尤其是纸版图书，是数量最多、使用最悠久的记录思想和知识的载体。品《诗经》，我们体验了青春萌动；阅《史记》，我们听到了战马嘶鸣；读《论语》，我们学习了哲理思辨；赏《唐诗》，我们领悟了人文风情。

尽管人们现在可以把律动的声像寄驻在胶片、磁带和芯片之中，为人们的感官带来海量信息，但是图书中的文字和图像依然以它特有的魅力，擘画着发展的总纲，记录着胜负的苍黄，展现着感性的豪放，挥洒着理性的张扬，凝聚着色彩的神韵，回荡着音符的铿锵，驰骋着心灵的激越，闪烁着智慧的光芒。

《辞海》中把书籍、期刊、画册、图片等出版物的总称定义为“图书”。通过林林总总的“图书”，我们知晓了电子管、晶体管、集成电路的发明，了解了集成电路科学技术、市场、应用的成长历程和发展规律。以这些知识为基础，自20世纪50年代起，我国集成电路技术和产业的开拓者踏上了筚路蓝缕的征途。进入21世纪以来，我国的集成电路产业进入了快速发展的轨道，在基础研究、设计、制造、封装、设备、材料等各个领域均有所建树，部分成果也在世界舞台上拥有一席之地。

为总结昨日经验，描绘今日景象，展望明日梦想，编撰“集成电路系列丛书”（以下简称“丛书”）的构想成为我国广大集成电路科学技术和产业工作者共同的夙愿。

2016 年，“丛书”编委会成立，开始组织全国近 500 名作者为“丛书”的第一部著作《集成电路产业全书》（以下简称《全书》）撰稿。2018 年 9 月 12 日，《全书》首发式在北京人民大会堂举行，《全书》正式进入读者的视野，受到教育界、科研界和产业界的热烈欢迎和一致好评。其后，《全书》英文版 *Handbook of Integrated Circuit Industry* 的编译工作启动，并决定由电子工业出版社和全球最大的科技图书出版机构之一——施普林格（Springer）合作出版发行。

受体量所限，《全书》对于集成电路的产品、生产、经济、市场等，采用了千余字“词条”描述方式，其优点是简洁易懂，便于查询和参考；其不足是因篇幅紧凑，不能对一个专业领域进行全方位和详尽的阐述。而“丛书”中的每一部专著则因不受体量影响，可针对某个专业领域进行深度与广度兼容的、图文并茂的论述。“丛书”与《全书》在满足不同读者需求方面，互补互通，相得益彰。

为更好地组织“丛书”的编撰工作，“丛书”编委会下设了 14 个分卷编委会，分别负责以下分卷：

☆ 集成电路系列丛书 · 集成电路发展史话

☆ 集成电路系列丛书 · 集成电路产业经济学

☆ 集成电路系列丛书 · 集成电路产业管理

☆ 集成电路系列丛书 · 集成电路产业、教育和人才

☆ 集成电路系列丛书 · 集成电路发展前沿与基础研究

☆ 集成电路系列丛书 · 集成电路产品与市场

☆ 集成电路系列丛书 · 集成电路设计

☆ 集成电路系列丛书 · 集成电路制造

☆ 集成电路系列丛书 · 集成电路封装测试

☆ 集成电路系列丛书 · 集成电路产业专用装备

☆ 集成电路系列丛书 · 集成电路产业专用材料

☆ 集成电路系列丛书 · 化合物半导体的研究与应用

☆ 集成电路系列丛书 · 集成微纳系统

☆ 集成电路系列丛书 · 电子设计自动化

2021 年，在业界同仁的共同努力下，约有 10 部“丛书”专著陆续出版发行，献给中国共产党百年华诞。以此为开端，2021 年以后，每年都会有纳入“丛书”的专著面世，不断为建设我国集成电路产业的大厦添砖加瓦。到 2035 年，我们的愿景是，这些新版或再版的专著数量能够达到近百部，成为百花齐放、姹紫嫣红的“丛书”。

在集成电路正在改变人类生产方式和生活方式的今天，集成电路已成为世界大国竞争的重要筹码，在中华民族实现复兴伟业的征途上，集成电路正在肩负着新的、艰巨的历史使命。我们相信，无论是作为“集成电路科学与工程”一级学科的教材，还是作为科研和产业一线工作者的参考书，“丛书”都将成为满足培养人才急需和加速产业建设的“及时雨”和“雪中炭”。

科学技术与产业的发展永无止境。当 2049 年中国实现第二个百年奋斗目标时，后来人可能在 21 世纪 20 年代书写的“丛书”中发现这样或那样的不足，但是，仍会在“丛书”著作的严谨字句中，看到一群为中华民族自立自强做出奉献的前辈们的清晰足迹，感触到他们在质朴立言里涌动的满腔热血，聆听到他们的圆梦之心始终跳动不息的声音。

书籍是学习知识的良师，是传播思想的工具，是积淀文化的载体，是人类进步和文明的重要标志。愿“丛书”永远成为培育我国集成电路科学技术生根的沃土，成为润泽我国集成电路产业发展的甘泉，成为启迪我国集成电路人才智慧的金钥，成为实现我国集成电路产业强国之梦的基因。

编撰“丛书”是浩繁卷帙的工程，观古书中成为典籍者，成书时间跨度逾十年者有之，涉猎门类逾百种者亦不乏其例：

《史记》，西汉司马迁著，130 卷，526500 余字，历经 14 年告成；

《资治通鉴》，北宋司马光著，294 卷，历时 19 年竣稿；

《四库全书》，36300 册，约 8 亿字，清 360 位学者共同编纂，3826 人抄写，耗时 13 年编就；

《梦溪笔谈》，北宋沈括著，30 卷，17 目，凡 609 条，涉及天文、数学、物理、化学、生物等各个门类学科，被评价为“中国科学史上的里程碑”；

《天工开物》，明宋应星著，世界上第一部关于农业和手工业生产的综合性著作，3 卷 18 篇，123 幅插图，被誉为“中国 17 世纪的工艺百科全书”。

这些典籍中无不蕴含着“学贵心悟”的学术精神和“人贵执着”的治学态度。这正是我们这一代人在编撰“丛书”过程中应当永续继承和发扬光大的优秀传统。希望“丛书”全体编委以前人著书之风范为准绳，持之以恒地把“丛书”的编撰工作做到尽善尽美，为丰富我国集成电路的知识宝库不断奉献自己的力量；让学习、求真、探索、创新的“丛书”之风一代一代地传承下去。

王阳元

2021 年 7 月 1 日于北京燕园

前　言

微波网络理论的主要研究内容是微波电路和射频芯片的分析和设计方法，它与电磁场理论同为微波及模拟集成电路领域中的重要理论基础，对微波及模拟芯片技术的发展起到了很大的推进作用。微波网络理论分析方法重要的工具之一就是网络参数分析，在射频/微波电路中常用的网络参数有 Z 参数、Y 参数、ABCD 参数以及 S 参数等，不同的网络参数可以用来表征同一个网络的特性，但是它们具有不同的应用场景，因此进行参数间的相互转换就成为必不可少的工作之一。由于微波器件和射频芯片（如混频器、功率放大器等）的端口阻抗通常为复数，因此复数端口阻抗微波网络的分析和设计对无线通信系统性能的提升具有重要意义。

目前，在微波网络基础理论方面已经有许多相关教材可供学习和参考，读者根据这些教材可以对微波网络的理论、分析方法以及应用有一个由浅入深的了解。然而，市面上现有的有关微波网络理论的教材仅给出了二端口网络的网络参数相互转换的公式，在应用部分给出了特殊的三端口、四端口网络的分析设计过程，几乎没有专业书籍对 N 端口复阻抗网络的广义特征进行系统阐述，理论方法上也比较匮乏。

本书以现有微波网络理论为基础，结合作者多年学习和科研工作经验，参考大量国内外相关文献，注重基础理论以及实际应用，详细分析了 N 端口复阻抗单端网络、差分平衡网络的特性，帮助微波/射频领域的相关人员对 N 端口复阻抗微波网络的分析有一个更为深入的认知，从而应用于微波器件及射频芯片设计。

本书共包含 9 章和 3 个附录，分别为端接复阻抗的微波网络参数、N 端口网络参数转换、N 端口复阻抗网络参数转换公式、差分网络的网络参数转换、网络端口的增减、复阻抗网络的奇偶模分析方法、案例分析、复阻抗网络参数转换的应用、仿真验证，以及单端网络参数转换的验证代码、单端 S 参数与混合模式 S 参数转换的验证代码、网络端口增减的验证代码。这 9 章可以分为三个部分。

第一部分是理论分析，包含第 1 章至第 5 章，主要介绍微波网络基础理论，并引入功率波作为本书分析散射矩阵的依据；推导了 N 端口复阻抗网络参数（S 参数、Y 参数、Z 参数、ABCD 参数）之间的转换公式，并给出了一端口至四端口网络参数转换公式的展开形式；利用总结的通项公式给出了二端口至六端口网络参数转换公式的展开形式；推导了表征差分网络特性的混合模式 S 参数与单端 S 参数之间的转换公式；对差分网络以及单端网络的端口增减引起的网络参数

（S 参数）的变化进行推导。读者可以在这一部分中建立起对 N 端口复阻抗网络分析的系统理解。

第二部分是具体应用，包含第 6 章至第 8 章。首先对复阻抗网络的奇偶模分析方法进行阐述，再对不同端口阻抗情况的网络参数使用第一部分的原理进行分析，最后使用不同微波网络的设计过程作为案例来说明复阻抗网络参数转换的应用。

第三部分是结果检验，包含第 9 章，采用电磁仿真软件 ADS 对任意的理想复阻抗端口网络进行仿真，并采用数学计算软件按照第 2 章、第 4 章及第 5 章推导得到的公式对该网络进行计算，将两者得到的结果进行对比，完成仿真检验。

本书由吴永乐教授负责全书结构和内容的策划及优化，王卫民教授和郑亚娜分别负责第 1 章至第 5 章、第 6 章至第 9 章及附录内容的调整，研究生闫婕和吴然然参与各章编写工作。在本书编写过程中参考了大量国内外书籍及文献，在此向这些文献的作者表示感谢。另外，在仿真检验的过程中，作者使用了 ADS 软件以及数学计算软件等专业软件，在此向相关软件公司表示由衷的感谢。

由于作者水平有限，书中难免存在不足、缺点和错误，恳请各位专家、同行、读者批评指正。如果读者在阅读本书的过程中有任何疑惑或问题，均可以联系作者沟通。

编著者

2024 年 07 月

于北京邮电大学集成电路学院

☆☆☆ 作者简介 ☆☆☆

吴永乐博士，北京邮电大学二级教授，博导，“国家高层次人才”和“北京市优秀教师”称号获得者，IEEE Transactions on Circuits and Systems Ⅱ 副编辑。长期从事微波基础理论、微波电路与射频芯片等方面研究，授权国家发明专利 50 余项，成功转化多项；发表国际 SCI 检索期刊论文 200 余篇，其中 IEEE Trans 期刊论文 90 余篇，入选爱思唯尔（Elsevier）“中国高被引学者”；出版专业著作 2 部，获国家出版基金资助出版国内首部 IPD 射频芯片中文书籍，荣获“电子工业出版社 40 周年个人杰出贡献奖”；获北京杰青、国家优青、国家创新研究群体等项目支持；其牵头（第一完成人）完成的科技成果入选“中国百篇最具影响国际学术论文”、中国电子学会一等奖、教育部自然科学二等奖、北京市科技进步一等奖等，参与的教改项目成果获北京市教学成果一等奖等；个人荣获教育部霍英东青年教师奖和中国电子教育学会优秀博士学位论文（提名）优秀指导教师奖等。

目　　录

第1章

端接复阻抗的微波网络参数

微波网络理论是分析和设计微波器件和射频芯片的重要基础理论，微波网络参数是微波网络理论的核心之一。不同的微波网络参数具有不同的应用特点，为了更简便地设计满足要求的微波电路及射频芯片，需要掌握微波网络参数分析这个重要手段[1]。本章将介绍广义 N 端口网络以及一些微波网络参数的定义，最后给出微波网络参数分析中端口阻抗需要从实阻抗扩展到复阻抗的原因。

1.1 广义 N 端口网络的定义

1. 阻抗概念

阻抗是电路中等效电阻、电感、电容对交流电阻碍作用的总称，是电阻的概念在交流电领域的延伸，不仅用于描述电压与电流的相对振幅，也用于描述它们的相对相位，是微波理论和电路设计理论中的一个重要概念。阻抗（Impedance）这一概念由物理学家赫维赛德（Heaviside）于 1886 年首次提出。1893 年电机工程师肯乃利（Kennelly）最先将阻抗表示成复数形式[2-3]。当阻抗仅含有实数时，电路的电阻与阻抗相等，电阻可看作相位为零时的阻抗。随后，阻抗的概念被用于以分布式参数表示的传输线上，并提出了特征阻抗的概念。20 世纪 30 年代，谢坤诺夫（Schelkunoff）将阻抗的概念推广到电磁场，指出阻抗可以看作是场型的特征，如同媒质的特性一样，并提出了媒质的本征阻抗[4]。各类阻抗的定义在参考文献［4］中详细给出，感兴趣的读者可以自行查阅。本书中用到的阻抗多指端口阻抗，表示为交流电路中复数电压与电流的比值 V/I，它代表端口处等效电阻、电感、电容对交流电的阻碍作用。

2. N 端口实阻抗网络

当一对端子上的电流满足从一端子流入的电流恒等于从另一端子流出的电流时，这对端子即为网络的一个端口，上述条件称为端口条件[5]。微波网络是由若干个这样的输入、输出端口构成的任意形状及结构的区域，其内为由波导或传输线连接的微波元器件构成的功能性微波电路或系统。根据微波网络外接传输线的端口数可分为一端口、二端口以及 N 端口网络[6]。图 1-1（a）表示具有 N 个端口且端口阻抗均为实数（R_0）的 N 端口网络，理论上 N 为任意非零自然数。

在工程上，兼顾传输线的最大传输功率和最小损耗条件，端口阻抗 R_0 一般取 50 Ω。而在诸如电视（TV）和广播（FM）等接收系统中，信号的传输损耗是必须考虑的因素，其系统端口阻抗通常大于 50 Ω。微波网络中每个端口的端口阻抗可以取任意实数值，图 1-1（b）表示 N 端口实阻抗网络的一般形式[6-7]。

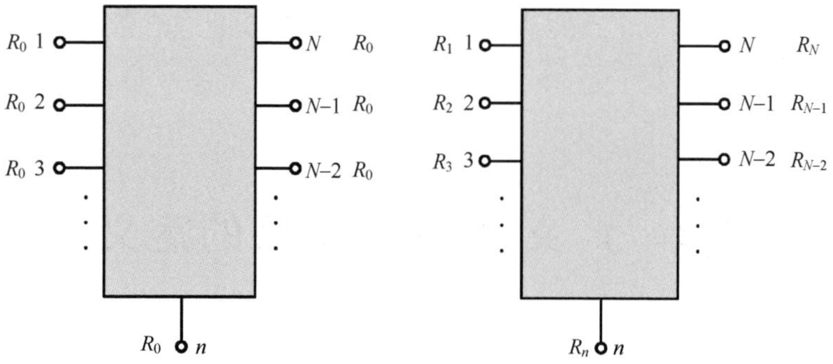

（a）N 端口实阻抗网络（端口阻抗相等）（b）N 端口实阻抗网络（任意端口阻抗）

图 1-1 N 端口实阻抗网络

3. 广义 N 端口网络

天线是微波收发信号设备的“出入口”，它既要将发射机的微波信号沿着指定方向发射出去，同时还要接收对方传来的信号并将其传递到微波接收系统，天线的性能直接影响到系统整体的性能[8]。一般来说，天线的输入阻抗是复数，含有天线的微波网络的端口阻抗不仅包含实数部分 R_i，还包含虚数部分 X_i，其中 $i=1,2,3,\cdots,n,\cdots,N$。图 1-2（a）表示具有 N 个端口且端口阻抗为复数的微波网络，当端口阻抗的虚部 X_i 全部为 0 时，网络变为图 1-1（b）中所描述的特殊情况，即 N 端口实阻抗网络。如果将图 1-2（a）中端口复阻抗($R_i+\mathrm{j}X_i$)合并写为阻抗 Z_i，就得到图 1-2（b），它表示广义 N 端口网络[9]。在后续章节的推导和说明中，我们多以图 1-2（b）为参考。

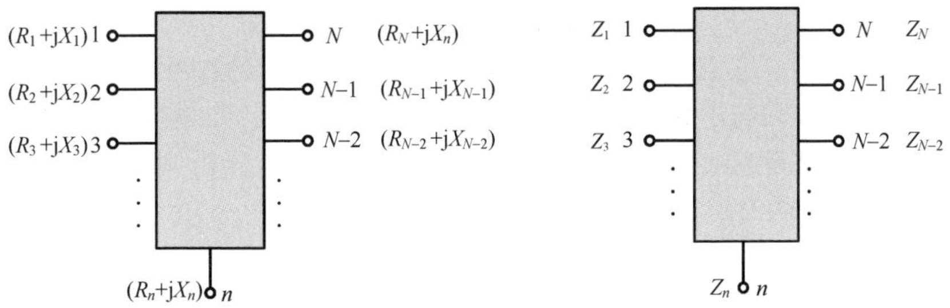

（a）N端口复阻抗网络（端口阻抗展开表示）　（b）N端口实阻抗网络（端口阻抗合并表示）

图 1-2　广义 N 端口网络

1.2　微波网络参数的重要性

微波网络分析的本质在于解决这样一类问题：在一个电路及其输入已知的情况下，去计算一条或者多条支路的输出[5]。从输入端口开始，逐步分析和计算直到获得输出结果是一件非常烦琐的工作。如果将电路输入端口与输出端口之间的部分看作一个“黑盒子”（如图 1-1 和图 1-2 所示），就可以不管网络内部的电磁场结构或供电情况，只考虑对外呈现的电气特性即可。为了更直观地展现网络参数对于网络分析的重要性，下面列举一个简单的实例，如图 1-3 所示。

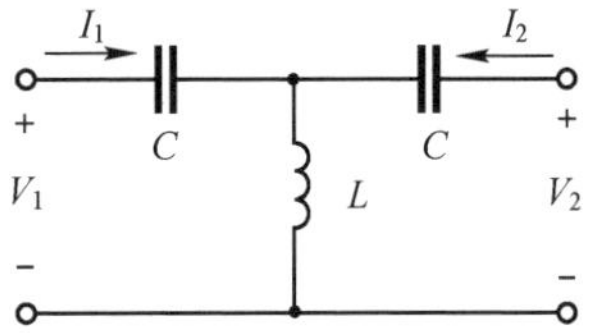

图 1-3　简单的“T”形二端口网络

图 1-3 所示的是一个简单的“T”形二端口网络，其两个端口之间电压-电流的关系为[1]

$$\begin{cases} V_1 = \left(-\mathrm{j}\dfrac{1}{\omega C}+\mathrm{j}\omega L\right) I_1 + \mathrm{j}\omega L I_2 \\ V_2 = \mathrm{j}\omega L I_1 + \left(-\mathrm{j}\dfrac{1}{\omega C}+\mathrm{j}\omega L\right) I_2 \end{cases} \tag{1-1}$$

令

$$\begin{cases} Z_{11} = Z_{22} = -\mathrm{j}\dfrac{1}{\omega C}+\mathrm{j}\omega L \\ Z_{12} = Z_{21} = \mathrm{j}\omega L \end{cases} \tag{1-2}$$

则式（1-1）可以表示为

$$\begin{cases} V_1 = Z_{11} I_1 + Z_{12} I_2 \\ V_2 = Z_{21} I_1 + Z_{22} I_2 \end{cases} \tag{1-3}$$

式中，Z_{11}、Z_{12}、Z_{21}、Z_{22}称为该网络的阻抗参数，即 Z 参数（具体的定义会在后续章节中详细介绍），它们构成的关系式（1-3）称为阻抗参数方程。由式（1-1）可知，阻抗网络参数与电路元器件的参数及其排列有关，当电路更加复杂时，直接由实际电路求解会十分烦琐，但若由式（1-3）来分析则相对简便。例如，式（1-3）中的 Z_{11}可由下式求得：

$$Z_{11}=\left.\frac{V_1}{I_1}\right|_{I_2=0} \tag{1-4}$$

式中，Z_{11}表示该网络 V_2所在的端口开路时，从 V_1所在端口看进去的输入阻抗。据此很容易得出：

$$Z_{11}=-\mathrm{j}\frac{1}{\omega C}+\mathrm{j}\omega L \tag{1-5}$$

同理，通过类似方法可以很快定义并求得 Z_{12}、Z_{21}、Z_{22}等参数。

除了上述提到的 Z 参数，表示电路各端口之间关系的网络参数还有 Y 参数、S 参数等。在网络分析中选用哪一种网络参数，还要看电路的具体特点。例如，涉及电路串联的情况多用 Z 参数分析，涉及电路并联的情况多用 Y 参数分析。然而由于 Z 参数和 Y 参数是针对端口的零负荷或无穷负荷定义的，因此这两个参数并不会始终存在，且难以通过直接测量获得。而 S 参数是根据端口的有限稳定负荷定义的，它始终存在于所有线性无源网络中，且可以由矢量网络分析仪等设备直接测量获得。此外，由于 S 参数与网络的功率传输特性密切相关，并且可以为无源结构中的能量约束制定简洁而有用的表达式，所以特别适合在频域中实现[10]。因此在后续的章节中，将以 S 参数为桥梁，推导其他参数与 S 参数的相互转换关系。

1.3 阻抗矩阵及 Z 参数

1. 阻抗矩阵

在 1.1 节中已经介绍了 N 端口复阻抗网络的定义，对于如图 1-4 所示的 N 端口网络，定义 V_n^+和 I_n^+为端口 n 处入射波的电压和电流，V_n^-和 I_n^-为端口 n 处反射波的电压和电流[4,6]。

那么第 n 个端口的电压和电流可以表示为

$$\begin{aligned} V_n &= V_n^+ + V_n^- \\ I_n &= I_n^+ - I_n^- \end{aligned} \tag{1-6}$$

对于第 n 个端口的电压 V_n，总可以找到一组系数 $Z_{ni}(i=1,2,3,\cdots,n,\cdots,N)$，

使得

$$V_n = Z_{n1}I_1 + Z_{n2}I_2 + \cdots + Z_{nn}I_n + \cdots + Z_{nN}I_N \tag{1-7}$$

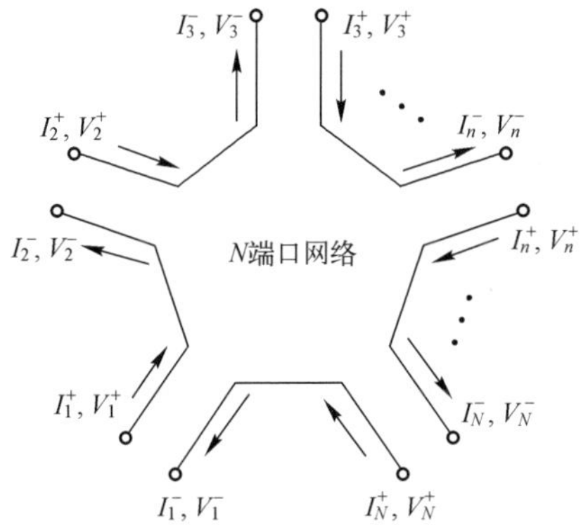

图 1-4　N 端口微波网络端口电压和电流的定义

将所有端口的电压和电流关系整合起来，得到[4]：

$$\begin{pmatrix} V_1 \\ V_2 \\ \vdots \\ V_N \end{pmatrix} = \begin{pmatrix} Z_{11} & Z_{12} & \cdots & Z_{1N} \\ Z_{21} & Z_{22} & \cdots & Z_{2N} \\ \vdots & \vdots & \ddots & \vdots \\ Z_{N1} & Z_{N2} & \cdots & Z_{NN} \end{pmatrix} \begin{pmatrix} I_1 \\ I_2 \\ \vdots \\ I_N \end{pmatrix} \tag{1-8}$$

表示成矩阵的形式为

$$\boldsymbol{V} = \boldsymbol{ZI} \tag{1-9}$$

将矩阵 $\boldsymbol{Z}$ 称为微波网络的阻抗矩阵，Z_{ij}（对于 N 端口网络有 i，$j=1,2,3,\cdots,n,\cdots,N$）组成的集合称为微波网络的 Z 参数。

2. Z 参数及其物理意义

为了更好地说明 Z 参数的物理意义，我们以图 1-5 所示的二端口网络为例[5]，其阻抗矩阵为

$$\begin{pmatrix} V_1 \\ V_2 \end{pmatrix} = \begin{pmatrix} Z_{11} & Z_{12} \\ Z_{21} & Z_{22} \end{pmatrix} \begin{pmatrix} I_1 \\ I_2 \end{pmatrix} \tag{1-10}$$

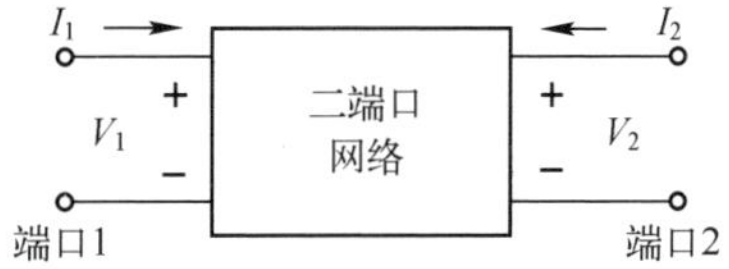

图 1-5　二端口网络

对于 Z_{11}，令 $I_2=0$，则有 $Z_{11}=V_1/I_1$，简化写为

$$Z_{11} = \left.\frac{V_1}{I_1}\right|_{I_2=0} \tag{1-11}$$

从式（1-11）中可以看出，Z_{11}表示端口 2 开路时，从端口 1 向内看进去的输入阻抗。同理，可以得到

$$Z_{22}=\frac{V_2}{I_2}\bigg|_{I_1=0} \tag{1-12}$$

其意义为端口 1 开路时，从端口 2 向内看进去的输入阻抗。用相同的方法可以求得：

$$Z_{12}=\frac{V_1}{I_2}\bigg|_{I_1=0} \tag{1-13}$$

$$Z_{21}=\frac{V_2}{I_1}\bigg|_{I_2=0} \tag{1-14}$$

式中：Z_{12}表示端口 1 开路时，端口 1 的电压与端口 2 的电流之比；Z_{21}表示端口 2 开路时，端口 2 的电压与端口 1 的电流之比，两者都称为转移阻抗[5]。

由式（1-11）至式（1-14）可知，对于 N 端口网络，Z_{ii}是其他端口全部开路时，从端口 i 向内看进去的输入阻抗，$Z_{ij}(i\neq j)$是除 j 端口外其他端口全部开路时，端口 i 和端口 j 之间的转移阻抗[4]。

1.4　导纳矩阵及 Y 参数

1. 导纳矩阵

导纳在取值上为阻抗的倒数。在矩阵关系中，导纳矩阵则是阻抗矩阵的逆矩阵。类似地，导纳矩阵定义如下[4]：

$$\begin{pmatrix} I_1 \\ I_2 \\ \vdots \\ I_N \end{pmatrix}=\begin{pmatrix} Y_{11} & Y_{12} & \cdots & Y_{1N} \\ Y_{21} & Y_{22} & \cdots & Y_{2N} \\ \vdots & \vdots & \ddots & \vdots \\ Y_{N1} & Y_{N2} & \cdots & Y_{NN} \end{pmatrix}\begin{pmatrix} V_1 \\ V_2 \\ \vdots \\ V_N \end{pmatrix} \tag{1-15}$$

表示成矩阵的形式为

$$\boldsymbol{I}=\boldsymbol{YV} \tag{1-16}$$

显然有

$$\boldsymbol{Y}=\boldsymbol{Z}^{-1} \tag{1-17}$$

与 Z 参数一样，将 $Y_{ij}(i,j=1,2,3,\cdots,n,\cdots,N)$组成的集合称为微波网络的 Y 参数。

2. Y 参数及其物理意义

图 1-5 所示的二端口网络的导纳矩阵可以表示为

$$\begin{pmatrix} I_1 \\ I_2 \end{pmatrix} = \begin{pmatrix} Y_{11} & Y_{12} \\ Y_{21} & Y_{22} \end{pmatrix} \begin{pmatrix} V_1 \\ V_2 \end{pmatrix} \tag{1-18}$$

类似地，由上式可以求出

$$Y_{ii} = \left. \frac{I_i}{V_i} \right|_{V_j=0,\ i,j=1,2,\ i\neq j} \tag{1-19}$$

$$Y_{ij} = \left. \frac{I_i}{V_j} \right|_{V_i=0,\ i,j=1,2,\ i\neq j} \tag{1-20}$$

其中：Y_{11}表示端口 2 短路时，从端口 1 向内看进去的输入导纳；Y_{22}表示端口 1 短路时，从端口 2 向内看进去的输入导纳；Y_{12}为端口 1 短路时，端口 1 的电流与端口 2 的电压之比；Y_{21}为端口 2 短路时，端口 2 的电流与端口 1 的电压之比[5]。

对于 N 端口网络：Y_{ii}是其他端口全部短路时，从端口 i 向内看的输入导纳；$Y_{ij}(i\neq j)$ 是除了 j 端口外其他端口全部短路时，端口 i 和端口 j 之间的转移导纳[4]。

3. 互易网络与无耗网络

对于互易网络，阻抗矩阵和导纳矩阵是对称的；对于无耗网络，Z 参数和 Y 参数则是纯虚数。互易网络和无耗网络性质的推导过程在文献［4］中已给出，感兴趣的读者可自行查阅。

1.5　功率波定义

由传输线所引出的行波和散射矩阵的概念应用广泛，在微波电路理论中发挥着重要作用。与稳态功率的关系相比，行波概念与沿线电压或电流的关系更加密切。但是，如果在远端终止的电路与传输线的特征阻抗不匹配，即使电路没有电源，也必须考虑沿线以相反方向传播的两个波，这使得功率的计算复杂程度提高了一倍。因此，如果主要关注的是不同电路之间的功率关系，而这些电路中的信号源是不相关的，行波不再是最佳的分析自变量，于是有了功率波的概念[11-12]。接下来我们将结合文献［12］对功率波进行介绍，定义入射功率波和反射功率波 a_i和 b_i为

$$a_i = \frac{V_i + Z_i I_i}{2\sqrt{|\mathrm{Re}Z_i|}} \tag{1-21}$$

$$b_i=\frac{V_i-Z_i^* I_i}{2\sqrt{|\mathrm{Re}Z_i|}} \tag{1-22}$$

式中：V_i为加在端口 i 上的电压；I_i为流入端口 i 的电流；Z_i为由端口 i 向外看去的阻抗；分母中平方根内为 Z_i的正实数值。

由于式（1-21）和式（1-22）定义的功率波与源的可交换功率的计算密切相关。图 1-6 所示为单端口（端口 i）网络电路等效图，图中：负载阻抗为 Z_L；源的内部阻抗为 Z_S，开路电压为 V_g；加在端口 i 上的电压为 V_i（即负载两端的电压）；流入端口 i 的电流为 I_i（即流经负载的电流）；由端口 i 向外看去的阻抗为 Z_i，显然 $Z_i=Z_S$。

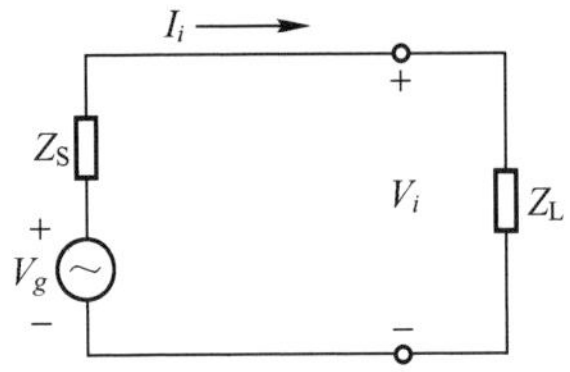

图 1-6　单端口（端口 i）网络电路等效图

那么负载 Z_L处所消耗的功率 P_L为

$$P_L=R_L\ |I_i|^2 \tag{1-23}$$

式中，R_L为负载阻抗的实部。电流 I_i又可以表示为

$$I_i=\frac{V_g}{Z_L+Z_i} \tag{1-24}$$

将式（1-24）代入式（1-23）中，可得：

$$P_L=R_L\left|\frac{V_g}{Z_L+Z_i}\right|^2=\frac{R_L\ |V_g|^2}{(R_L+R_i)^2+(X_L+X_i)^2}=\frac{|V_g|^2}{4R_i+\frac{(R_L-R_i)^2}{R_L}+\frac{(X_L+X_i)^2}{R_L}} \tag{1-25}$$

式中，R_L和 X_L分别为 Z_L的实部和虚部，R_i和 X_i分别为 Z_i的实部和虚部。

当 Z_i满足式（1-26）所示的共轭匹配条件且 $R_i\neq 0$ 时：

$$R_L=R_i,\quad X_L=-X_i \tag{1-26}$$

将由式（1-25）得到的结果定义为源的可交换功率（Exchangeable Power of the Generator）P_e[12]，即

$$P_e=\frac{|V_g|^2}{4R_i}\quad (R_i\neq 0) \tag{1-27}$$

其中：当 $R_i>0$ 时，P_e表示负载能够获得的最大功率，记为 P_{Lmax}：

$$P_{Lmax}=\frac{|V_g|^2}{4R_i}\quad (R_i>0) \tag{1-28}$$

当 $R_i<0$ 时，由式（1-27）得到的 P_e值为负数，它不再表示负载能够获得的最大功率，而是表示负载能够提供的最大功率。

在讨论电路时，通常选择端口处的电压和电流作为自变量。然而，只要变换不是奇异的，即只要逆变换存在，就可以选择它们的任何线性变换作为自变量。由式（1-21）和式（1-22）定义的功率波只是无限多个此类线性变换中一个变

换的结果[12]。对于端口 i 固定的端口阻抗 Z_i，只要给出 V_i和 I_i，就能计算出功率波 a_i和 b_i。同理，只要给出功率波 a_i和 b_i也能计算出 V_i和 I_i：

$$\begin{aligned} V_i &= \frac{p_i}{\sqrt{|\mathrm{Re}Z_i|}}(Z_i^* a_i + Z_i b_i) \\ I_i &= \frac{p_i}{\sqrt{|\mathrm{Re}Z_i|}}(a_i - b_i) \end{aligned} \tag{1-29}$$

其中，p_i定义为

$$p_i = \begin{cases} 1 & (R_i > 0) \\ -1 & (R_i < 0) \end{cases} \tag{1-30}$$

因此，根据一组变量得出的任何结果都可以很容易地转换为根据另一组变量得出的结果，这证明了在任何分析中使用式（1-21）和式（1-22）定义的功率波 a_i和 b_i代替端口电压和电流是合理的。图 1-6 中施加到负载上的电压 V_i为

$$V_i = V_g - Z_i I_i \tag{1-31}$$

将式（1-31）代入式（1-21）中，再对 a_i取模的二次方，可得

$$|a_i|^2 = \frac{|V_g|^2}{4|R_i|} \tag{1-32}$$

对比式（1-27）中 P_e的定义式，有下式成立：

$$P_e = p_i |a_i|^2 \tag{1-33}$$

当 $R_i>0$ 时，

$$P_e = |a_i|^2 \tag{1-34}$$

此时，P_e等于源能够提供给负载的最大功率，也是负载能够获得的最大功率 P_{Lmax}；而当 $R_i<0$ 时，P_e 表示源能够吸收的最大功率。

假定 Z_i的实部 R_i大于零（即 $p_i=1$），则不论负载阻抗如何变化，源向负载输送的功率为 $|a_i|^2$。当负载不匹配时，即负载阻抗不满足式（1-26）的匹配条件，源输出的功率会在负载处发生一定的反射，即有 $|b_i|^2$的功率被反射回来，那么负载真正吸收的功率为 $|a_i|^2-|b_i|^2$，计算如下：

$$\begin{aligned} |a_i|^2 - |b_i|^2 &= \frac{(V_i + Z_i I_i)(V_i^* + Z_i^* I_i^*) - (V_i - Z_i^* I_i)(V_i^* - Z_i I_i^*)}{4|R_i|} \\ &= \frac{(Z_i + Z_i^*)(V_i I_i^* + V_i^* I_i)}{4|R_i|} = p_i \mathrm{Re}\{V_i I_i^*\} \end{aligned} \tag{1-35}$$

整理可得：

$$p_i(|a_i|^2 - |b_i|^2) = \mathrm{Re}\{V_i I_i^*\} \tag{1-36}$$

如果实部 R_i仅满足不为零的条件，那么 $p_i(|a_i|^2-|b_i|^2)$称为由源传输到负

载的实际功率，或者来自源的实际功率[12]。上述单端口网络的例子很好地说明了功率波在微波网络功率计算中的优势，下面我们将介绍由功率波 a_i 和 b_i 代替端口电压和电流所引出的反射系数和散射矩阵的定义。

1.6 反射系数和散射矩阵

在网络分析中，可以用 1.3 节和 1.4 节中介绍的 Z 参数和 Y 参数建立起端口电压和电流的关系。那么能否找到一组网络参数将入射功率波和反射功率波关联起来呢？答案是肯定的。以广义 N 端口网络为例，对于任意一个端口 $n(1\leqslant n\leqslant N$，$n$ 为自然数)，我们总是可以找到这样一组参数 $S_{ni}(i=1,2,3,\cdots,n,\cdots,N)$，使得[12]：

$$b_n=S_{n1}a_1+S_{n2}a_2+S_{n3}a_3+\cdots+S_{nN}a_N \tag{1-37}$$

将网络所有端口的上述关系整合起来可以得到：

$$\begin{pmatrix} b_1 \\ b_2 \\ \vdots \\ b_N \end{pmatrix}=\begin{pmatrix} S_{11} & S_{12} & \cdots & S_{1N} \\ S_{21} & S_{22} & \cdots & S_{2N} \\ \vdots & \vdots & \ddots & \vdots \\ S_{N1} & S_{N2} & \cdots & S_{NN} \end{pmatrix}\begin{pmatrix} a_1 \\ a_2 \\ \vdots \\ a_N \end{pmatrix} \tag{1-38}$$

写成矩阵的形式为

$$\boldsymbol{b}=\boldsymbol{S}\boldsymbol{a} \tag{1-39}$$

矩阵 $\boldsymbol{S}$ 称为网络的散射矩阵，$S_{ij}(i,j=1,2,3,\cdots,n,\cdots,N)$ 组成的集合称为网络的散射参数，简称为 S 参数[6]。

当 $i=j$ 时，S_{ij} 等于网络端口 i 的反射功率波与入射功率波之比，即端口 i 的功率波反射系数，它的平方 $|S_{ii}|^2$ 则为功率反射系数[12]：

$$S_{ii}=\frac{b_i}{a_i} \tag{1-40}$$

结合功率波的定义，S_{ii} 可表示为

$$S_{ii}=\frac{V_i-Z_i^*I_i}{V_i+Z_iI_i} \tag{1-41}$$

式中：阻抗 Z_i 为从端口 i 向外看的阻抗，电流 I_i 为流入第 i 个端口的电流。若将从端口 i 看进去的负载阻抗记为 $Z_{\mathrm{L}i}$，V_i 为负载 $Z_{\mathrm{L}i}$ 两端的电压，则 $V_i=Z_{\mathrm{L}i}I_i$，那么有：

$$S_{ii}=\frac{Z_{\mathrm{L}i}-Z_i^*}{Z_{\mathrm{L}i}+Z_i} \tag{1-42}$$

将式（1-42）中的 Z_{Li}和 Z_i表示成复数形式，得到：

$$S_{ii}=\frac{R_{Li}+j(X_{Li}+X_i)-R_i}{R_{Li}+j(X_{Li}+X_i)+R_i} \tag{1-43}$$

不同于文献［4］中给出的行波定义下的电压反射系数，功率波反射系数被画在归一化阻抗为 $Z_0=R_{Li}+j(X_{Li}+X_i)/R_i$的史密斯圆图上。功率反射系数$|S_{ii}|^2$为

$$|S_{ii}|^2=\left|\frac{Z_{Li}-Z_i^*}{Z_{Li}+Z_i}\right|^2 \tag{1-44}$$

可以看到，当负载阻抗满足式（1-26）所示的共轭匹配的条件时，功率波反射系数和功率反射系数均为零。这意味着没有功率从负载处反射回源，负载获得其能够从源获得的最大功率。

1.7　从实阻抗到复阻抗

对于端口阻抗为实阻抗的 N 端口网络，其各类网络参数的定义及转换相关的理论已经相当成熟[4-6]，但尚无一本书籍对 N 端口复阻抗网络的网络参数及其转换进行系统分析。

天线作为微波器件中的重要组成部分，广泛应用于移动通信、广播电视、雷达、导航、卫星气象、遥感等领域。大部分天线的结构可以看成是一个二端口网络，一般来说，天线的输入阻抗 Z_i是复数，其实部为输入电阻 R_i，虚部为输入电抗 X_i。天线的输入阻抗与天线输入电压 V_i、输入电流 I_i及输入功率 P_i之间的关系为[13]

$$Z_i=\frac{V_i}{I_i}=\frac{2P_i}{|I_i|^2}=R_i+jX_i \tag{1-45}$$

天线工作时，高频信号被馈送到天线，大部分能量从天线辐射出去，另一部分能量则被反射回来在传输线上形成驻波。对应天线的输入阻抗，实部消耗的功率表示远场传输的功率，虚部消耗的功率表示近场振荡的功率（驻波）。天线的输入阻抗是一个电气参数，不能直接用万用表测得，想要获得天线的输入阻抗必须采用一些特殊方法，双端口 S 参数测量法就是其中之一[14]。如图 1-7 所示，驱动电压等效地通过一个参考地分解为两个电压 V_1和 V_2，并假设没有对当前的天线电流分布产生任何影响，将天线的右侧部分与参考地之间看作端口 1，左侧部分与参考地之间看作端口 2。

通过矢量网络分析仪测量等效网络的 $\boldsymbol{S}$ 矩阵，就能得到网络的 $\boldsymbol{Z}$ 矩阵，进而获得天线的输入阻抗。这个例子也验证了网络参数转换从实阻抗扩展到复阻抗的必要性。相关的转换公式将会在后续章节中进行推导。

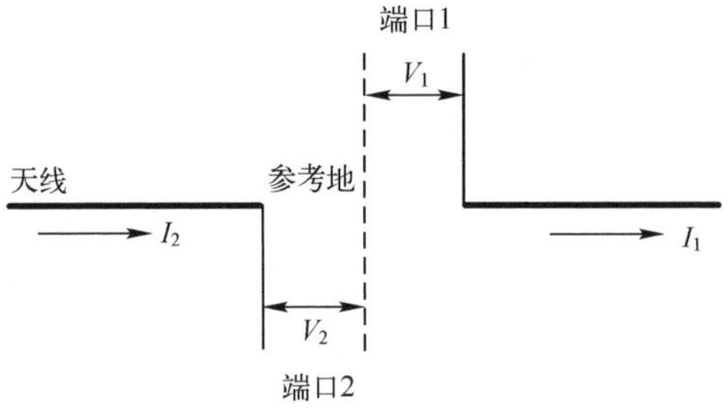

图 1-7　双端口 S 参数测量法等效网络

参 考 文 献

[1] 清华大学《微带电路》编写组．微带电路 [M]. 北京：清华大学出版社，2017.

[2] Heaviside. Electrical Papers [M]. London, U K: Macmillan, 1892.

[3] Kennelly A E. Impedance [J]. Transactions of the American Institute of Electrical Engineers, 1893 (10): 172-232.

[4] David M Pozar. 微波工程（第四版）[M]. 谭云华，等译．北京：电子工业出版社，2019.

[5] 邱关源．电路（第五版）[M]. 北京：高等教育出版社，2006.

[6] 徐锐敏，等．微波网络及其应用 [M]. 北京：科学出版社，2010.

[7] Sinha R. Design of multi-port with desired reference impedances using Y-Matrix and matching networks [J]. IEEE Transactions on Circuits and Systems I: Regular Papers, 2021, 68 (5). 2096-2106.

[8] 王新稳，等．微波技术与天线（第 4 版）[M]. 北京：电子工业出版社，2016.

[9] Ma M, You F, Wei M, et al. A generalized multiport conversion between S parameter and ABCD parameter [C]. 2022 International Conference on Microwave and Millimeter Wave Technology (ICMMT), 2022: 1-3.

[10] Ahn H R. Asymmetric Passive Components in Microwave Integrated Circuits [M]. Hoboken, NJ, USA: John Wiley & Sons, 2006.

[11] Marks R B, Williams D F. A general waveguide circuit theory [J]. Journal of research of the National Institute of Standards and Technology, 1992, 97 (5): 533-562.

[12] Kurokawa K. Power waves and the scattering matrix [J]. IEEE Transactions on Microwave Theory and Techniques, 1965, 13 (2): 194-202.

[13] 何业军，张龙．天线技术 [M]. 北京：清华大学出版社，2021.

[14] Meys R, Janssens F. Measuring the impedance of balanced antennas by an S-parameter method [J]. IEEE Antennas and Propagation Magazine, 1998, 40 (6): 62-65.

第 2 章

N 端口网络参数转换

第 1 章中介绍了表示电路各端口之间关系的 Z 参数、Y 参数和 S 参数，本章将介绍另一种在级联网络分析中发挥重要作用的网络参数——ABCD 参数。在上述 4 种网络参数中，S 参数更容易通过测量获得，故本章以 S 参数为“桥梁”，推导、分析广义 N 端口网络 Z 参数、Y 参数和 ABCD 参数与 S 参数之间的相互转换，并在 2.1 节至 2.5 节的末尾部分给出其详细的转换公式。

2.1 广义 N 端口网络 Z 参数与 S 参数之间的转换

2.1.1 Z 参数转换成 S 参数

1. 广义 N 端口网络的功率波向量

由 1.5 节中给出的功率波定义可知，对于图 2-1 所示的广义 N 端口复阻抗网络[1]，端口 i 的入射功率波和反射功率波可以写为

$$\begin{cases} a_i = \dfrac{1}{2\sqrt{|R_i|}}(V_i+Z_iI_i) = \dfrac{1}{2\sqrt{|R_i|}}[V_i+(R_i+\mathrm{j}X_i)I_i] \\ b_i = \dfrac{1}{2\sqrt{|R_i|}}(V_i-Z_i^*I_i) = \dfrac{1}{2\sqrt{|R_i|}}[V_i-(R_i-\mathrm{j}X_i)I_i] \end{cases} \tag{2-1}$$

式中，V_i 和 I_i 分别表示流入网络第 i 个端口的电压和电流，R_i 和 X_i 分别表示网络第 i 个端口阻抗的实部和虚部。

为简便表示，定义[2]：

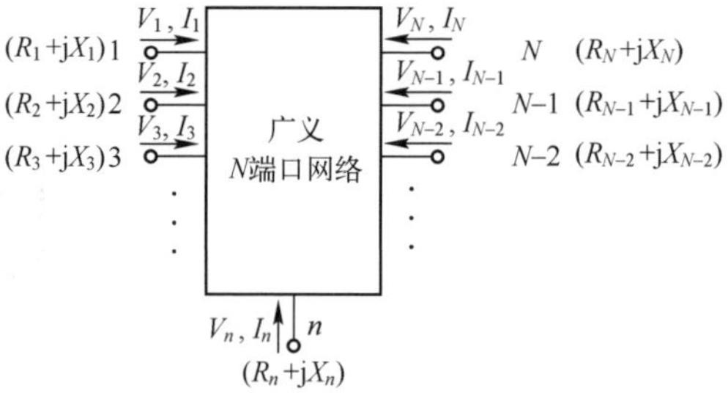

图 2-1 广义 N 端口复阻抗网络

$$G_i=\frac{1}{\sqrt{|R_i|}} \tag{2-2}$$

那么式（2-1）可简化为

$$\begin{cases} a_i=\dfrac{1}{2}G_i(V_i+Z_iI_i) \\ b_i=\dfrac{1}{2}G_i(V_i-Z_i^*I_i) \end{cases} \tag{2-3}$$

对于广义 N 端口网络所有端口的入射功率波和反射功率波所组成的 $\boldsymbol{a}$ 矩阵和 $\boldsymbol{b}$ 矩阵（均为 N 阶列矩阵，也可称为 N 阶列向量），表示如下：

$$\boldsymbol{a}=\begin{pmatrix} a_1 \\ a_2 \\ \vdots \\ a_N \end{pmatrix}=\frac{1}{2}\begin{pmatrix} G_1(V_1+Z_1I_1) \\ G_2(V_2+Z_2I_2) \\ \vdots \\ G_N(V_N+Z_NI_N) \end{pmatrix}=\frac{1}{2}\boldsymbol{G}_0(\boldsymbol{V}+\boldsymbol{Z}_0\boldsymbol{I}) \tag{2-4}$$

$$\boldsymbol{b}=\begin{pmatrix} b_1 \\ b_2 \\ \vdots \\ b_N \end{pmatrix}=\frac{1}{2}\begin{pmatrix} G_1(V_1-Z_1^*I_1) \\ G_2(V_2-Z_2^*I_2) \\ \vdots \\ G_N(V_N-Z_N^*I_N) \end{pmatrix}=\frac{1}{2}\boldsymbol{G}_0(\boldsymbol{V}-\boldsymbol{Z}_0^*\boldsymbol{I}) \tag{2-5}$$

式中：$\boldsymbol{V}$ 和 $\boldsymbol{I}$ 均为 N 阶列向量；$\boldsymbol{G}_0$、$\boldsymbol{Z}_0$ 和 $\boldsymbol{Z}_0^*$ 均为 N 阶对角矩阵，其定义为[2]

$$\begin{aligned} \boldsymbol{G}_0&=\mathrm{diag}\left\{\frac{1}{\sqrt{|R_1|}},\cdots,\frac{1}{\sqrt{|R_n|}},\cdots,\frac{1}{\sqrt{|R_N|}}\right\} \\ \boldsymbol{Z}_0&=\mathrm{diag}\{R_1+jX_1,\cdots,R_n+jX_n,\cdots,R_N+jX_N\} \\ \boldsymbol{Z}_0^*&=\mathrm{diag}\{R_1-jX_1,\cdots,R_n-jX_n,\cdots,R_N-jX_N\} \end{aligned} \tag{2-6}$$

2. Z 参数转换成 S 参数的公式推导

有了第 1 章和前一小节的铺垫，这一小节将以广义 N 端口网络为例（N 根据实际网络端口数取值)，详细地推导如何通过 Z 参数获得 S 参数。

在网络分析中，网络所有端口的端口阻抗一般为已知量，即式（2-6）中定义的 $\boldsymbol{G}_0$、$\boldsymbol{Z}_0$和 $\boldsymbol{Z}_0^*$ 矩阵已知。对于式（2-4）和式（2-5）所示的功率波矩阵 $\boldsymbol{a}$ 和 $\boldsymbol{b}$，通过矩阵运算求得它们之间的关系并消掉其中未知的电压矩阵 $\boldsymbol{V}$ 和电流矩阵 $\boldsymbol{I}$，再对比式（1-39）中散射矩阵与功率波矩阵的关系，就可以得到 $\boldsymbol{S}$ 矩阵关于 $\boldsymbol{Z}$ 矩阵和式（2-6）中已知的几个矩阵的表达式[2]。同理，本章中不同网络参数之间的转换推导，也是根据定义式进行矩阵运算，消除未知矩阵，从而得到相应转换关系的。

对于广义 N 端口网络，下面讨论的矩阵均为 N 阶方阵或 N 阶行/列向量，将阻抗矩阵的定义式（1-9）代入功率波矩阵的表达式（2-4）和式（2-5）中，可得：

$$\boldsymbol{a}=\frac{1}{2}\boldsymbol{G}_0(\boldsymbol{Z}\boldsymbol{I}+\boldsymbol{Z}_0\boldsymbol{I}) \tag{2-7a}$$

$$\boldsymbol{b}=\frac{1}{2}\boldsymbol{G}_0(\boldsymbol{Z}\boldsymbol{I}-\boldsymbol{Z}_0^*\boldsymbol{I}) \tag{2-7b}$$

运用矩阵乘法结合律可得：

$$\boldsymbol{a}=\frac{1}{2}\boldsymbol{G}_0(\boldsymbol{Z}+\boldsymbol{Z}_0)\boldsymbol{I} \tag{2-8a}$$

$$\boldsymbol{b}=\frac{1}{2}\boldsymbol{G}_0(\boldsymbol{Z}-\boldsymbol{Z}_0^*)\boldsymbol{I} \tag{2-8b}$$

将式（2-8a）的两侧同时左乘$(\boldsymbol{Z}+\boldsymbol{Z}_0)^{-1}\boldsymbol{G}_0^{-1}$，使得等式右侧仅保留电流矩阵 $\boldsymbol{I}$，即得到了电流矩阵 $\boldsymbol{I}$ 的表达式：

$$2(\boldsymbol{Z}+\boldsymbol{Z}_0)^{-1}\boldsymbol{G}_0^{-1}\boldsymbol{a}=\boldsymbol{I} \tag{2-9}$$

将式（2-9）中电流矩阵 $\boldsymbol{I}$ 的表达式代入式（2-8b）中，可以得到：

$$\boldsymbol{b}=\frac{1}{2}\boldsymbol{G}_0(\boldsymbol{Z}-\boldsymbol{Z}_0^*)\times 2(\boldsymbol{Z}+\boldsymbol{Z}_0)^{-1}\boldsymbol{G}_0^{-1}\boldsymbol{a}=\boldsymbol{G}_0(\boldsymbol{Z}-\boldsymbol{Z}_0^*)(\boldsymbol{Z}+\boldsymbol{Z}_0)^{-1}\boldsymbol{G}_0^{-1}\boldsymbol{a} \tag{2-10}$$

式（2-10）给出了入射功率波 $\boldsymbol{a}$ 与反射功率波 $\boldsymbol{b}$ 的关系，且其中含有的矩阵参量都是已知的。对比式（1-39）中散射矩阵与功率波矩阵的关系，可得 $\boldsymbol{S}$ 矩阵与 $\boldsymbol{Z}$ 矩阵的关系：

$$\boldsymbol{S}=\boldsymbol{G}_0(\boldsymbol{Z}-\boldsymbol{Z}_0^*)(\boldsymbol{Z}+\boldsymbol{Z}_0)^{-1}\boldsymbol{G}_0^{-1} \tag{2-11}$$

推导得到的式（2-11）与文献［2］中给出的公式一致。由此可见，只要知道网络的 $\boldsymbol{Z}$ 矩阵和各端口的端口阻抗，即可通过该式求得网络的 $\boldsymbol{S}$ 矩阵。

2.1.2　S 参数转换成 Z 参数

在 2.1.1 节中，通过阻抗矩阵的定义式消去了入射功率波矩阵 $\boldsymbol{a}$ 和反射功率波矩阵 $\boldsymbol{b}$ 关系式中的未知参量，从而获得了 S 参数关于 Z 参数的表达式。同样，可以利用散射矩阵的定义式结合功率波矩阵的表达式消去未知矩阵，从而得到 Z 参数关于 S 参数的表达式。

将式（2-4）和式（2-5）中入射功率波矩阵 $\boldsymbol{a}$ 和反射功率波矩阵 $\boldsymbol{b}$ 的表达式代入 S 参数的定义式（1-39）中，可得：

$$\frac{1}{2}\boldsymbol{G}_0(\boldsymbol{V}-\boldsymbol{Z}_0^*\boldsymbol{I})=\boldsymbol{S}\times\frac{1}{2}\boldsymbol{G}_0(\boldsymbol{V}+\boldsymbol{Z}_0\boldsymbol{I}) \tag{2-12}$$

利用矩阵运算性质对上式进行展开：

$$\boldsymbol{G}_0\boldsymbol{V}-\boldsymbol{G}_0\boldsymbol{Z}_0^*\boldsymbol{I}=\boldsymbol{S}\boldsymbol{G}_0\boldsymbol{V}+\boldsymbol{S}\boldsymbol{G}_0\boldsymbol{Z}_0\boldsymbol{I} \tag{2-13}$$

将 $\boldsymbol{S}\boldsymbol{G}_0\boldsymbol{V}$ 移到等式左侧，$\boldsymbol{G}_0\boldsymbol{Z}_0^*\boldsymbol{I}$ 移到等式右侧，得到：

$$\boldsymbol{G}_0\boldsymbol{V}-\boldsymbol{S}\boldsymbol{G}_0\boldsymbol{V}=\boldsymbol{S}\boldsymbol{G}_0\boldsymbol{Z}_0\boldsymbol{I}+\boldsymbol{G}_0\boldsymbol{Z}_0^*\boldsymbol{I} \tag{2-14}$$

运用矩阵乘法结合律可得：

$$(\boldsymbol{G}_0-\boldsymbol{S}\boldsymbol{G}_0)\boldsymbol{V}=(\boldsymbol{S}\boldsymbol{G}_0\boldsymbol{Z}_0+\boldsymbol{G}_0\boldsymbol{Z}_0^*)\boldsymbol{I} \tag{2-15}$$

为了使等式左侧仅留下电压矩阵 $\boldsymbol{V}$，在等式两侧左乘 $(\boldsymbol{G}_0-\boldsymbol{S}\boldsymbol{G}_0)^{-1}$，即得：

$$\boldsymbol{V}=(\boldsymbol{G}_0-\boldsymbol{S}\boldsymbol{G}_0)^{-1}(\boldsymbol{S}\boldsymbol{G}_0\boldsymbol{Z}_0+\boldsymbol{G}_0\boldsymbol{Z}_0^*)\boldsymbol{I} \tag{2-16}$$

对比 $\boldsymbol{Z}$ 矩阵的定义，即式（1-9），可以得到：

$$\boldsymbol{Z}=(\boldsymbol{G}_0-\boldsymbol{S}\boldsymbol{G}_0)^{-1}(\boldsymbol{S}\boldsymbol{G}_0\boldsymbol{Z}_0+\boldsymbol{G}_0\boldsymbol{Z}_0^*) \tag{2-17}$$

由于矩阵 $\boldsymbol{G}_0$、$\boldsymbol{Z}_0$ 和 $\boldsymbol{Z}_0^*$ 是同阶对角矩阵，所以两两相乘交换顺序不会改变运算结果。将式（2-17）中矩阵相乘的顺序进行交换，得到：

$$\boldsymbol{Z}=(\boldsymbol{G}_0-\boldsymbol{S}\boldsymbol{G}_0)^{-1}(\boldsymbol{S}\boldsymbol{Z}_0\boldsymbol{G}_0+\boldsymbol{Z}_0^*\boldsymbol{G}_0) \tag{2-18}$$

运用矩阵乘法结合律可得：

$$\boldsymbol{Z}=[(\boldsymbol{E}-\boldsymbol{S})\boldsymbol{G}_0]^{-1}(\boldsymbol{S}\boldsymbol{Z}_0+\boldsymbol{Z}_0^*)\boldsymbol{G}_0 \tag{2-19}$$

式中，矩阵 $\boldsymbol{E}$ 是与矩阵 $\boldsymbol{G}_0$、$\boldsymbol{Z}_0$ 等同阶的 N 阶单位矩阵。对上式进行部分展开可得：

$$\boldsymbol{Z}=\boldsymbol{G}_0^{-1}(\boldsymbol{E}-\boldsymbol{S})^{-1}(\boldsymbol{S}\boldsymbol{Z}_0+\boldsymbol{Z}_0^*)\boldsymbol{G}_0 \tag{2-20}$$

推导得到的式（2-20）与文献［2］中给出的公式一致。由此可见，在已知网络 $\boldsymbol{S}$ 矩阵和各端口阻抗的情况下，通过该式即可求得网络的 $\boldsymbol{Z}$ 矩阵。

2.1.3 广义二端口网络 Z 参数与 S 参数之间的转换

在前两小节中，对广义 N 端口网络的 $\boldsymbol{Z}$ 矩阵与 $\boldsymbol{S}$ 矩阵之间相互转换的关系进行了推导。本节以最常用的广义二端口网络为例，进行展开说明。

1. Z 参数转换成 S 参数

对于广义二端口网络，定义其两个端口的端口阻抗分别为 $Z_1=R_1+\mathrm{j}X_1$ 和 $Z_2=R_2+\mathrm{j}X_2$。它的 $\boldsymbol{Z}$ 矩阵及 $\boldsymbol{G}_0$、$\boldsymbol{Z}_0$ 和 $\boldsymbol{Z}_0^*$ 矩阵表示如下：

$$\begin{cases} \boldsymbol{Z}=\begin{pmatrix} Z_{11} & Z_{12} \\ Z_{21} & Z_{22} \end{pmatrix}, \boldsymbol{G}_0=\mathrm{diag}\left\{\dfrac{1}{\sqrt{|R_1|}},\dfrac{1}{\sqrt{|R_2|}}\right\} \\ \boldsymbol{Z}_0=\mathrm{diag}\{R_1+\mathrm{j}X_1, R_2+\mathrm{j}X_2\}, \boldsymbol{Z}_0^*=\mathrm{diag}\{R_1-\mathrm{j}X_1, R_2-\mathrm{j}X_2\} \end{cases} \tag{2-21}$$

代入式（2-11）中计算得到：

$$\begin{aligned} \boldsymbol{S}&=\boldsymbol{G}_0(\boldsymbol{Z}-\boldsymbol{Z}_0^*)(\boldsymbol{Z}+\boldsymbol{Z}_0)^{-1}\boldsymbol{G}_0^{-1} \\ &=\begin{pmatrix} \dfrac{1}{\sqrt{|R_1|}}(Z_{11}-Z_1^*) & \dfrac{1}{\sqrt{|R_1|}}Z_{12} \\ \dfrac{1}{\sqrt{|R_2|}}Z_{21} & \dfrac{1}{\sqrt{|R_2|}}(Z_{22}-Z_2^*) \end{pmatrix}\times \\ &\quad \frac{1}{\begin{vmatrix} Z_{11}+Z_1 & Z_{12} \\ Z_{21} & Z_{22}+Z_2 \end{vmatrix}}\begin{pmatrix} \sqrt{|R_1|}\mathrm{AS}_{11} & \sqrt{|R_2|}\mathrm{AS}_{21} \\ \sqrt{|R_1|}\mathrm{AS}_{12} & \sqrt{|R_2|}\mathrm{AS}_{22} \end{pmatrix} \end{aligned} \tag{2-22}$$

式中，$\mathrm{AS}_{ij}(i,j=1,2)$为矩阵$(\boldsymbol{Z}+\boldsymbol{Z}_0)$中各元素的代数余子式。为方便表示，将式（2-22）分母中的行列式定义为 DS，即

$$\begin{aligned} \mathrm{DS}&=\begin{vmatrix} Z_{11}+Z_1 & Z_{12} \\ Z_{21} & Z_{22}+Z_2 \end{vmatrix} \\ &=Z_{11}Z_{22}-Z_{12}Z_{21}+R_2Z_{11}+R_1Z_{22}+R_1R_2-X_1X_2+ \\ &\quad \mathrm{j}(X_2Z_{11}+X_1Z_{22}+R_1X_2+R_2X_1) \end{aligned} \tag{2-23}$$

将式（2-22）中两个矩阵乘积的结果表示为矩阵 **NS**，即

$$\begin{aligned} \mathbf{NS}&=\begin{pmatrix} \mathrm{NS}_{11} & \mathrm{NS}_{12} \\ \mathrm{NS}_{21} & \mathrm{NS}_{22} \end{pmatrix} \\ &=\begin{pmatrix} \dfrac{1}{\sqrt{|R_1|}}(Z_{11}-Z_1^*) & \dfrac{1}{\sqrt{|R_1|}}Z_{12} \\ \dfrac{1}{\sqrt{|R_2|}}Z_{21} & \dfrac{1}{\sqrt{|R_2|}}(Z_{22}-Z_2^*) \end{pmatrix}\times\begin{pmatrix} \sqrt{|R_1|}\mathrm{AS}_{11} & \sqrt{|R_2|}\mathrm{AS}_{21} \\ \sqrt{|R_1|}\mathrm{AS}_{12} & \sqrt{|R_2|}\mathrm{AS}_{22} \end{pmatrix} \end{aligned} \tag{2-24}$$

则式（2-22）中的矩阵 $\boldsymbol{S}$ 可以表示为

$$\boldsymbol{S}=\frac{\mathbf{NS}}{\mathrm{DS}}=\frac{1}{\mathrm{DS}}\begin{pmatrix} \mathrm{NS}_{11} & \mathrm{NS}_{12} \\ \mathrm{NS}_{21} & \mathrm{NS}_{22} \end{pmatrix} \tag{2-25}$$

计算式（2-24）可以得到：

$$\begin{cases}\mathrm{NS}_{11}=Z_{11}Z_{22}-Z_{12}Z_{21}-R_1Z_{22}+R_2Z_{11}-R_1R_2-X_1X_2+\\ \qquad \mathrm{j}(Z_{22}X_1+Z_{11}X_2+R_2X_1-R_1X_2)\\ \mathrm{NS}_{22}=Z_{11}Z_{22}-Z_{12}Z_{21}-R_2Z_{11}+R_1Z_{22}-R_1R_2-X_1X_2+\\ \qquad \mathrm{j}(Z_{11}X_2+Z_{22}X_1+R_1X_2-R_2X_1)\\ \mathrm{NS}_{12}=2R_1\sqrt{\left|\dfrac{R_2}{R_1}\right|}Z_{12},\ \mathrm{NS}_{21}=2R_2\sqrt{\left|\dfrac{R_1}{R_2}\right|}Z_{21}\end{cases} \tag{2-26}$$

如果令端口阻抗全部为实阻抗，即 $X_1=X_2=0$，则求得的式（2-23）和式（2-26）变为

$$\begin{cases}\mathrm{DS}=Z_{11}Z_{22}-Z_{12}Z_{21}+R_2Z_{11}+R_1Z_{22}+R_1R_2\\ \mathrm{NS}_{11}=Z_{11}Z_{22}-Z_{12}Z_{21}-R_1Z_{22}+R_2Z_{11}-R_1R_2\\ \mathrm{NS}_{22}=Z_{11}Z_{22}-Z_{12}Z_{21}-R_2Z_{11}+R_1Z_{22}-R_1R_2\\ \mathrm{NS}_{12}=2R_1\sqrt{\left|\dfrac{R_2}{R_1}\right|}Z_{12},\mathrm{NS}_{21}=2R_2\sqrt{\left|\dfrac{R_1}{R_2}\right|}Z_{21}\end{cases} \tag{2-27}$$

2. *S* 参数转换成 *Z* 参数

对于广义二端口网络，**S** 矩阵表示为

$$\boldsymbol{S}=\begin{pmatrix}S_{11} & S_{12}\\ S_{21} & S_{22}\end{pmatrix} \tag{2-28}$$

矩阵 $\boldsymbol{G}_0$、$\boldsymbol{Z}_0$、$\boldsymbol{Z}_0^*$ 的表达式与式（2-21）相同，将它们代入式（2-20）中，可得：

$$\begin{aligned}\boldsymbol{Z}&=\boldsymbol{G}_0^{-1}(\boldsymbol{E}-\boldsymbol{S})^{-1}(\boldsymbol{S}\boldsymbol{Z}_0+\boldsymbol{Z}_0^*)\boldsymbol{G}_0\\ &=\frac{1}{\begin{vmatrix}1-S_{11} & -S_{12}\\ -S_{21} & 1-S_{22}\end{vmatrix}}\begin{pmatrix}\sqrt{|R_1|}\mathrm{AZ}_{11} & \sqrt{|R_1|}\mathrm{AZ}_{21}\\ \sqrt{|R_2|}\mathrm{AZ}_{12} & \sqrt{|R_2|}\mathrm{AZ}_{22}\end{pmatrix}\times\\ &\quad\begin{pmatrix}\dfrac{1}{\sqrt{|R_1|}}(Z_1S_{11}+Z_1^*) & \dfrac{1}{\sqrt{|R_2|}}Z_2S_{12}\\ \dfrac{1}{\sqrt{|R_1|}}Z_1S_{21} & \dfrac{1}{\sqrt{|R_2|}}(Z_2S_{22}+Z_2^*)\end{pmatrix}\end{aligned} \tag{2-29}$$

式中，$\mathrm{AZ}_{ij}(i,j=1,2)$ 为矩阵（$\boldsymbol{E}-\boldsymbol{S}$）中各元素的代数余子式。类似地，定义式（2-29）分母中的行列式为 DZ，计算如下：

$$\mathrm{DZ}=\begin{vmatrix}1-S_{11} & -S_{12}\\ -S_{21} & 1-S_{22}\end{vmatrix}=1-S_{11}-S_{22}+S_{11}S_{22}-S_{12}S_{21} \tag{2-30}$$

令式（2-29）中两个矩阵乘积的结果表示为 **NZ**，即

$$\mathbf{NZ}=\begin{pmatrix}\mathrm{NZ}_{11} & \mathrm{NZ}_{12}\\ \mathrm{NZ}_{21} & \mathrm{NZ}_{22}\end{pmatrix}$$

$$=\begin{pmatrix}\sqrt{|R_1|}\,\mathrm{AZ}_{11} & \sqrt{|R_1|}\,\mathrm{AZ}_{21}\\ \sqrt{|R_2|}\,\mathrm{AZ}_{12} & \sqrt{|R_2|}\,\mathrm{AZ}_{22}\end{pmatrix}\times\begin{pmatrix}\dfrac{1}{\sqrt{|R_1|}}(Z_1S_{11}+Z_1^*) & \dfrac{1}{\sqrt{|R_2|}}Z_2S_{12}\\ \dfrac{1}{\sqrt{|R_1|}}Z_1S_{21} & \dfrac{1}{\sqrt{|R_2|}}(Z_2S_{22}+Z_2^*)\end{pmatrix} \tag{2-31}$$

则矩阵 **Z** 可以表示为

$$\mathbf{Z}=\frac{\mathbf{NZ}}{\mathrm{DZ}}=\frac{1}{\mathrm{DZ}}\begin{pmatrix}\mathrm{NZ}_{11} & \mathrm{NZ}_{12}\\ \mathrm{NZ}_{21} & \mathrm{NZ}_{22}\end{pmatrix} \tag{2-32}$$

通过计算式（2-31）可以得到：

$$\begin{cases}\mathrm{NZ}_{11}=R_1+R_1S_{11}-R_1S_{22}+R_1S_{12}S_{21}-R_1S_{11}S_{22}+\\ \qquad \mathrm{j}(-X_1+X_1S_{11}+X_1S_{22}-X_1S_{11}S_{22}+X_1S_{12}S_{21})\\ \mathrm{NZ}_{22}=R_2-R_2S_{11}+R_2S_{22}+R_2S_{12}S_{21}-R_2S_{11}S_{22}+\\ \qquad \mathrm{j}(-X_2+X_2S_{11}+X_2S_{22}-X_2S_{11}S_{22}+X_2S_{12}S_{21})\\ \mathrm{NZ}_{12}=2R_2\sqrt{\left|\dfrac{R_1}{R_2}\right|}S_{12},\ \mathrm{NZ}_{21}=2R_1\sqrt{\left|\dfrac{R_2}{R_1}\right|}S_{21}\end{cases} \tag{2-33}$$

如果令端口阻抗全部为实阻抗，即 $X_1=X_2=0$，则式（2-33）可推导为

$$\begin{cases}\mathrm{NZ}_{11}=R_1+R_1S_{11}-R_1S_{22}+R_1S_{12}S_{21}-R_1S_{11}S_{22}\\ \mathrm{NZ}_{22}=R_2-R_2S_{11}+R_2S_{22}+R_2S_{12}S_{21}-R_2S_{11}S_{22}\\ \mathrm{NZ}_{12}=2R_2\sqrt{\left|\dfrac{R_1}{R_2}\right|}S_{12},\ \mathrm{NZ}_{21}=2R_1\sqrt{\left|\dfrac{R_2}{R_1}\right|}S_{21}\end{cases} \tag{2-34}$$

可以看到式（2-27）和式（2-34）与文献［3］中给出的二端口实阻抗网络 Z 参数与 S 参数相互转换的公式一致，而推导得到的式（2-26）和式（2-33）与文献［4］中给出的二端口复阻抗网络 Z 参数与 S 参数相互转换的公式一致，几乎适用于所有的二端口网络。

2.1.4　广义一端口至四端口网络 Z 参数与 S 参数之间的转换公式

表 2-1 至表 2-8 分别给出了广义一端口至四端口复阻抗网络 Z 参数与 S 参

数之间的转换公式。根据网络的端口数选择相应表格的公式，代入相应的端口阻抗矩阵和网络参数矩阵，即可求得目标网络参数。

1. Z 参数转换成 S 参数的公式

表 2-1 至表 2-4 分别给出了广义一端口至四端口网络 Z 参数转换成 S 参数的公式。

表 2-1　广义一端口网络 Z 参数转换成 S 参数的公式

NS_{ij}	1
1	$Z_{11}-R_1+jX_1$
$DS=Z_{11}+R_1+jX_1$	

表 2-2　广义二端口网络 Z 参数转换成 S 参数的公式

NS_{ij}	1	2
1	$Z_{11}Z_{22}-Z_{12}Z_{21}-R_1Z_{22}+R_2Z_{11}-R_1R_2-X_1X_2+j(Z_{22}X_1+Z_{11}X_2+R_2X_1-R_1X_2)$	$2R_1\sqrt{\left\|\frac{R_2}{R_1}\right\|}Z_{12}$
2	$2R_2\sqrt{\left\|\frac{R_1}{R_2}\right\|}Z_{21}$	$Z_{11}Z_{22}-Z_{12}Z_{21}-R_2Z_{11}+R_1Z_{22}-R_1R_2-X_1X_2+j(Z_{11}X_2+Z_{22}X_1+R_1X_2-R_2X_1)$
$DS=Z_{11}Z_{22}-Z_{12}Z_{21}+R_2Z_{11}+R_1Z_{22}+R_1R_2-X_1X_2+j(X_2Z_{11}+X_1Z_{22}+R_1X_2+R_2X_1)$		

表 2-3　广义三端口网络 Z 参数转换成 S 参数的公式

NS_{ij}	1	2	3
1	—	$2R_1\sqrt{\left\|\frac{R_2}{R_1}\right\|}(Z_{33}Z_{12}-Z_{32}Z_{13}+R_3Z_{12}+jX_3Z_{12})$	$2R_1\sqrt{\left\|\frac{R_3}{R_1}\right\|}(Z_{22}Z_{13}-Z_{23}Z_{12}+R_2Z_{13}+jX_2Z_{13})$
2	$2R_2\sqrt{\left\|\frac{R_1}{R_2}\right\|}(Z_{33}Z_{21}-Z_{31}Z_{23}+R_3Z_{21}+jX_3Z_{21})$	—	$2R_2\sqrt{\left\|\frac{R_3}{R_2}\right\|}(Z_{11}Z_{23}-Z_{13}Z_{21}+R_1Z_{23}+jX_1Z_{23})$
3	$2R_3\sqrt{\left\|\frac{R_1}{R_3}\right\|}(Z_{22}Z_{31}-Z_{21}Z_{32}+R_2Z_{31}+jX_2Z_{31})$	$2R_3\sqrt{\left\|\frac{R_2}{R_3}\right\|}(Z_{11}Z_{32}-Z_{12}Z_{31}+R_1Z_{32}+jX_1Z_{32})$	—

续表

$$DS=Z_{11}Z_{22}Z_{33}+Z_{12}Z_{23}Z_{31}+Z_{13}Z_{21}Z_{32}-Z_{13}Z_{22}Z_{31}-Z_{12}Z_{21}Z_{33}-Z_{11}Z_{23}Z_{32}+(Z_{11}Z_{22}-Z_{12}Z_{21})R_3+(Z_{11}Z_{33}-Z_{13}Z_{31})R_2+(Z_{22}Z_{33}-Z_{23}Z_{32})R_1+Z_{11}R_2R_3+Z_{22}R_1R_3+Z_{33}R_1R_2-Z_{11}X_2X_3-Z_{22}X_1X_3-Z_{33}X_1X_2+R_1R_2R_3-R_1X_2X_3-R_2X_1X_3-R_3X_1X_2+\mathrm{j}[(Z_{11}Z_{22}-Z_{12}Z_{21})X_3+(Z_{11}Z_{33}-Z_{13}Z_{31})X_2+(Z_{22}Z_{33}-Z_{23}Z_{32})X_1+Z_{11}R_2X_3+Z_{11}R_3X_2+Z_{22}R_1X_3+Z_{22}R_3X_1+Z_{33}R_1X_2+Z_{33}R_2X_1+R_1R_2X_3+R_1R_3X_2+R_2R_3X_1-X_1X_2X_3]$$

$$NS_{11}=Z_{11}Z_{22}Z_{33}+Z_{12}Z_{23}Z_{31}+Z_{21}Z_{32}Z_{13}-Z_{22}Z_{13}Z_{31}-Z_{11}Z_{23}Z_{32}-Z_{33}Z_{12}Z_{21}-(Z_{22}Z_{33}-Z_{23}Z_{32})R_1+(Z_{11}Z_{33}-Z_{13}Z_{31})R_2+(Z_{11}Z_{22}-Z_{12}Z_{21})R_3-R_1R_3Z_{22}-R_1R_2Z_{33}-X_1X_3Z_{22}-X_1X_2Z_{33}+R_2R_3Z_{11}-X_2X_3Z_{11}-R_1R_2R_3+R_1X_2X_3-R_2X_1X_3-R_3X_1X_2+\mathrm{j}[(Z_{22}Z_{33}-Z_{23}Z_{32})X_1+(Z_{11}Z_{33}-Z_{13}Z_{31})X_2+(Z_{11}Z_{22}-Z_{12}Z_{21})X_3-R_1X_3Z_{22}-R_1X_2Z_{33}+R_3X_1Z_{22}+R_2X_1Z_{33}+R_2X_3Z_{11}+R_3X_2Z_{11}-R_1R_2X_3-R_1R_3X_2+R_2R_3X_1-X_1X_2X_3]$$

$$NS_{22}=Z_{11}Z_{22}Z_{33}+Z_{12}Z_{23}Z_{31}+Z_{21}Z_{32}Z_{13}-Z_{22}Z_{13}Z_{31}-Z_{11}Z_{23}Z_{32}-Z_{33}Z_{12}Z_{21}+(Z_{22}Z_{33}-Z_{23}Z_{32})R_1-(Z_{11}Z_{33}-Z_{13}Z_{31})R_2+(Z_{11}Z_{22}-Z_{12}Z_{21})R_3-R_2R_3Z_{11}-R_1R_2Z_{33}-X_2X_3Z_{11}-X_1X_2Z_{33}+R_1R_3Z_{22}-X_1X_3Z_{22}-R_1R_2R_3+R_2X_1X_3-R_1X_2X_3-R_3X_1X_2+\mathrm{j}[(Z_{22}Z_{33}-Z_{23}Z_{32})X_1+(Z_{11}Z_{33}-Z_{13}Z_{31})X_2+(Z_{11}Z_{22}-Z_{12}Z_{21})X_3-R_2X_3Z_{11}-R_2X_1Z_{33}+R_3X_2Z_{11}+R_1X_2Z_{33}+R_1X_3Z_{22}+R_3X_1Z_{22}-R_1R_2X_3-R_2R_3X_1+R_1R_3X_2-X_1X_2X_3]$$

$$NS_{33}=Z_{11}Z_{22}Z_{33}+Z_{12}Z_{23}Z_{31}+Z_{21}Z_{32}Z_{13}-Z_{22}Z_{13}Z_{31}-Z_{11}Z_{23}Z_{32}-Z_{33}Z_{12}Z_{21}+(Z_{22}Z_{33}-Z_{23}Z_{32})R_1+(Z_{11}Z_{33}-Z_{13}Z_{31})R_2-(Z_{11}Z_{22}-Z_{12}Z_{21})R_3-R_2R_3Z_{11}-R_1R_3Z_{22}-X_2X_3Z_{11}-X_1X_3Z_{22}+R_1R_2Z_{33}-X_1X_2Z_{33}-R_1R_2R_3+R_3X_1X_2-R_1X_2X_3-R_2X_1X_3+\mathrm{j}[(Z_{22}Z_{33}-Z_{23}Z_{32})X_1+(Z_{11}Z_{33}-Z_{13}Z_{31})X_2+(Z_{11}Z_{22}-Z_{12}Z_{21})X_3-R_3X_1Z_{22}-R_3X_2Z_{11}+R_2X_3Z_{11}+R_1X_3Z_{22}+R_1X_2Z_{33}+R_2X_1Z_{33}-R_1R_3X_2-R_2R_3X_1+R_1R_2X_3-X_1X_2X_3]$$

表 2-4　广义四端口网络 Z 参数转换成 S 参数的公式

NS_{ij}	1	2	3	4
1	—	$2R_1\sqrt{\left\lvert\frac{R_2}{R_1}\right\rvert}[Z_{33}Z_{44}Z_{12}+Z_{34}Z_{42}Z_{13}+Z_{32}Z_{43}Z_{14}-Z_{32}Z_{44}Z_{13}-Z_{34}Z_{43}Z_{12}-Z_{33}Z_{42}Z_{14}+Z_{33}Z_{12}R_4-Z_{13}Z_{32}R_4+Z_{44}Z_{12}R_3-Z_{14}Z_{42}R_3+Z_{12}R_3R_4-Z_{12}X_3X_4+\mathrm{j}(Z_{33}Z_{12}X_4-Z_{13}Z_{32}X_4+Z_{44}Z_{12}X_3-Z_{14}Z_{42}X_3+Z_{12}R_3X_4+Z_{12}R_4X_3)]$	$2R_1\sqrt{\left\lvert\frac{R_3}{R_1}\right\rvert}[Z_{22}Z_{44}Z_{13}+Z_{24}Z_{43}Z_{12}+Z_{42}Z_{14}Z_{23}-Z_{23}Z_{44}Z_{12}-Z_{24}Z_{42}Z_{13}-Z_{22}Z_{43}Z_{14}+Z_{22}Z_{13}R_4-Z_{23}Z_{12}R_4+Z_{44}Z_{13}R_2-Z_{43}Z_{14}R_2+Z_{13}R_2R_4-Z_{13}X_2X_4+\mathrm{j}(Z_{22}Z_{13}X_4-Z_{23}Z_{12}X_4+Z_{44}Z_{13}X_2-Z_{43}Z_{14}X_2+Z_{13}R_2X_4+Z_{13}R_4X_2)]$	$2R_1\sqrt{\left\lvert\frac{R_4}{R_1}\right\rvert}[Z_{22}Z_{33}Z_{14}+Z_{12}Z_{23}Z_{34}+Z_{24}Z_{32}Z_{13}-Z_{24}Z_{33}Z_{12}-Z_{23}Z_{32}Z_{14}-Z_{34}Z_{13}Z_{22}+Z_{22}Z_{14}R_3-Z_{24}Z_{12}R_3+Z_{33}Z_{14}R_2-Z_{34}Z_{13}R_2+Z_{14}R_2R_3-Z_{14}X_2X_3+\mathrm{j}(Z_{22}Z_{14}X_3-Z_{24}Z_{12}X_3+Z_{33}Z_{14}X_2-Z_{34}Z_{13}X_2+Z_{14}R_2X_3+Z_{14}R_3X_2)]$

续表

NS_{ij}	1	2	3	4
2	$2R_2\sqrt{\left\|\frac{R_1}{R_2}\right\|}[Z_{33}Z_{44}Z_{21}+Z_{34}Z_{41}Z_{23}+Z_{43}Z_{24}Z_{31}-Z_{31}Z_{44}Z_{23}-Z_{33}Z_{24}Z_{41}-Z_{21}Z_{34}Z_{43}+Z_{33}Z_{21}R_4-Z_{31}Z_{23}R_4+Z_{44}Z_{21}R_3-Z_{41}Z_{24}R_3+Z_{21}R_3R_4-Z_{21}X_3X_4+j(Z_{33}Z_{21}X_4-Z_{31}Z_{23}X_4+Z_{44}Z_{21}X_3-Z_{41}Z_{24}X_3+Z_{21}R_3X_4+Z_{21}R_4X_3)]$	—	$2R_2\sqrt{\left\|\frac{R_3}{R_2}\right\|}[Z_{11}Z_{44}Z_{23}+Z_{14}Z_{43}Z_{21}+Z_{41}Z_{24}Z_{13}-Z_{13}Z_{44}Z_{21}-Z_{43}Z_{24}Z_{11}-Z_{14}Z_{41}Z_{23}+Z_{11}Z_{23}R_4-Z_{13}Z_{21}R_4+Z_{44}Z_{23}R_1-Z_{43}Z_{24}R_1+Z_{23}R_1R_4-Z_{23}X_1X_4+j(Z_{11}Z_{23}X_4-Z_{13}Z_{21}X_4+Z_{44}Z_{23}X_1-Z_{43}Z_{24}X_1+Z_{23}R_1X_4+Z_{23}R_4X_1)]$	$2R_2\sqrt{\left\|\frac{R_4}{R_2}\right\|}[Z_{11}Z_{33}Z_{24}+Z_{13}Z_{34}Z_{21}+Z_{14}Z_{31}Z_{23}-Z_{14}Z_{33}Z_{21}-Z_{34}Z_{23}Z_{11}-Z_{13}Z_{31}Z_{24}+Z_{11}Z_{24}R_3-Z_{14}Z_{21}R_3+Z_{33}Z_{24}R_1-Z_{34}Z_{23}R_1+Z_{24}R_1R_3-Z_{24}X_1X_3+j(Z_{11}Z_{24}X_3-Z_{14}Z_{21}X_3+Z_{33}Z_{24}X_1-Z_{34}Z_{23}X_1+Z_{24}R_1X_3+Z_{24}R_3X_1)]$
3	$2R_3\sqrt{\left\|\frac{R_1}{R_3}\right\|}[Z_{22}Z_{44}Z_{31}+Z_{24}Z_{41}Z_{32}+Z_{21}Z_{42}Z_{34}-Z_{21}Z_{44}Z_{32}-Z_{41}Z_{34}Z_{22}-Z_{24}Z_{42}Z_{31}+Z_{22}Z_{31}R_4-Z_{21}Z_{32}R_4+Z_{44}Z_{31}R_2-Z_{41}Z_{34}R_2+Z_{31}R_2R_4-Z_{31}X_2X_4+j(Z_{22}Z_{31}X_4-Z_{21}Z_{32}X_4+Z_{44}Z_{31}X_2-Z_{41}Z_{34}X_2+Z_{31}R_2X_4+Z_{31}R_4X_2)]$	$2R_3\sqrt{\left\|\frac{R_2}{R_3}\right\|}[Z_{11}Z_{44}Z_{32}+Z_{14}Z_{42}Z_{31}+Z_{12}Z_{41}Z_{34}-Z_{12}Z_{44}Z_{31}-Z_{11}Z_{42}Z_{34}-Z_{32}Z_{14}Z_{41}+Z_{11}Z_{32}R_4-Z_{12}Z_{31}R_4+Z_{44}Z_{32}R_1-Z_{42}Z_{34}R_1+Z_{32}R_1R_4-Z_{32}X_1X_4+j(Z_{11}Z_{32}X_4-Z_{12}Z_{31}X_4+Z_{44}Z_{32}X_1-Z_{42}Z_{34}X_1+Z_{32}R_1X_4+Z_{32}R_4X_1)]$	—	$2R_3\sqrt{\left\|\frac{R_4}{R_3}\right\|}[Z_{11}Z_{22}Z_{34}+Z_{12}Z_{24}Z_{31}+Z_{14}Z_{21}Z_{32}-Z_{14}Z_{22}Z_{31}-Z_{12}Z_{21}Z_{34}-Z_{24}Z_{32}Z_{11}+Z_{11}Z_{34}R_2-Z_{14}Z_{31}R_2+Z_{22}Z_{34}R_1-Z_{24}Z_{32}R_1+Z_{34}R_1R_2-Z_{34}X_1X_2+j(Z_{11}Z_{34}X_2-Z_{14}Z_{31}X_2+Z_{22}Z_{34}X_1-Z_{24}Z_{32}X_1+Z_{34}R_1X_2+Z_{34}R_2X_1)]$
4	$2R_4\sqrt{\left\|\frac{R_1}{R_4}\right\|}[Z_{22}Z_{33}Z_{41}+Z_{23}Z_{31}Z_{42}+Z_{21}Z_{32}Z_{43}-Z_{21}Z_{33}Z_{42}-Z_{22}Z_{31}Z_{43}-Z_{23}Z_{32}Z_{41}+Z_{22}Z_{41}R_3-Z_{21}Z_{42}R_3+Z_{33}Z_{41}R_2-Z_{31}Z_{43}R_2+Z_{41}R_2R_3-Z_{41}X_2X_3+j(Z_{22}Z_{41}X_3-Z_{21}Z_{42}X_3+Z_{33}Z_{41}X_2-Z_{31}Z_{43}X_2+Z_{41}R_2X_3+Z_{41}R_3X_2)]$	$2R_4\sqrt{\left\|\frac{R_2}{R_4}\right\|}[Z_{11}Z_{33}Z_{42}+Z_{13}Z_{32}Z_{41}+Z_{12}Z_{31}Z_{43}-Z_{12}Z_{33}Z_{41}-Z_{11}Z_{32}Z_{43}-Z_{13}Z_{31}Z_{42}+Z_{11}Z_{42}R_3-Z_{12}Z_{41}R_3+Z_{33}Z_{42}R_1-Z_{32}Z_{43}R_1+Z_{42}R_1R_3-Z_{42}X_1X_3+j(Z_{11}Z_{42}X_3-Z_{12}Z_{41}X_3+Z_{33}Z_{42}X_1-Z_{32}Z_{43}X_1+Z_{42}R_1X_3+Z_{42}R_3X_1)]$	$2R_4\sqrt{\left\|\frac{R_3}{R_4}\right\|}[Z_{11}Z_{22}Z_{43}+Z_{12}Z_{23}Z_{41}+Z_{13}Z_{21}Z_{42}-Z_{13}Z_{22}Z_{41}-Z_{42}Z_{23}Z_{11}-Z_{12}Z_{21}Z_{43}+Z_{11}Z_{43}R_2-Z_{13}Z_{41}R_2+Z_{22}Z_{43}R_1-Z_{23}Z_{42}R_1+Z_{43}R_1R_2-Z_{43}X_1X_2+j(Z_{11}Z_{43}X_2-Z_{13}Z_{41}X_2+Z_{22}Z_{43}X_1-Z_{23}Z_{42}X_1+Z_{43}R_1X_2+Z_{43}R_2X_1)]$	—

续表

$$
\begin{aligned}
\mathrm{DS}=\;&Z_{11}Z_{22}Z_{33}Z_{44}+Z_{11}Z_{23}Z_{34}Z_{42}+Z_{11}Z_{24}Z_{32}Z_{43}+Z_{12}Z_{21}Z_{34}Z_{43}+Z_{12}Z_{23}Z_{31}Z_{44}+\\
&Z_{12}Z_{24}Z_{33}Z_{41}+Z_{13}Z_{21}Z_{32}Z_{44}+Z_{13}Z_{22}Z_{34}Z_{41}+Z_{13}Z_{24}Z_{31}Z_{42}+Z_{14}Z_{21}Z_{33}Z_{42}+Z_{14}Z_{22}Z_{31}Z_{43}+\\
&Z_{14}Z_{23}Z_{32}Z_{41}-Z_{11}Z_{22}Z_{34}Z_{43}-Z_{11}Z_{23}Z_{32}Z_{44}-Z_{11}Z_{24}Z_{33}Z_{42}-Z_{12}Z_{21}Z_{33}Z_{44}-Z_{12}Z_{23}Z_{34}Z_{41}-\\
&Z_{12}Z_{24}Z_{31}Z_{43}-Z_{13}Z_{21}Z_{34}Z_{42}-Z_{13}Z_{22}Z_{31}Z_{44}-Z_{13}Z_{24}Z_{32}Z_{41}-Z_{14}Z_{21}Z_{32}Z_{43}-Z_{14}Z_{22}Z_{33}Z_{41}-\\
&Z_{14}Z_{23}Z_{31}Z_{42}+(Z_{11}Z_{22}Z_{33}+Z_{12}Z_{23}Z_{31}+Z_{13}Z_{21}Z_{32}-Z_{13}Z_{31}Z_{22}-Z_{23}Z_{32}Z_{11}-Z_{12}Z_{21}Z_{33})R_4+\\
&(Z_{11}Z_{22}Z_{44}+Z_{12}Z_{24}Z_{41}+Z_{14}Z_{21}Z_{42}-Z_{14}Z_{41}Z_{22}-Z_{24}Z_{42}Z_{11}-Z_{12}Z_{21}Z_{44})R_3+(Z_{11}Z_{33}Z_{44}+\\
&Z_{13}Z_{34}Z_{41}+Z_{14}Z_{31}Z_{43}-Z_{14}Z_{41}Z_{33}-Z_{34}Z_{43}Z_{11}-Z_{13}Z_{31}Z_{44})R_2+(Z_{22}Z_{33}Z_{44}+Z_{23}Z_{34}Z_{42}+\\
&Z_{24}Z_{32}Z_{43}-Z_{24}Z_{42}Z_{33}-Z_{34}Z_{43}Z_{22}-Z_{23}Z_{32}Z_{44})R_1+(Z_{11}Z_{22}-Z_{12}Z_{21})(R_3R_4-X_3X_4)+\\
&(Z_{11}Z_{33}-Z_{13}Z_{31})(R_2R_4-X_2X_4)+(Z_{11}Z_{44}-Z_{14}Z_{41})(R_2R_3-X_2X_3)+(Z_{22}Z_{33}-Z_{23}Z_{32})\times\\
&(R_1R_4-X_1X_4)+(Z_{22}Z_{44}-Z_{24}Z_{42})(R_1R_3-X_1X_3)+(Z_{33}Z_{44}-Z_{34}Z_{43})(R_1R_2-X_1X_2)+\\
&Z_{11}R_2R_3R_4+Z_{22}R_1R_3R_4+Z_{33}R_1R_2R_4+Z_{44}R_1R_2R_3-Z_{11}R_4X_2X_3-Z_{11}R_3X_2X_4-Z_{11}R_2X_3X_4-\\
&Z_{22}R_4X_1X_3-Z_{22}R_3X_1X_4-Z_{22}R_1X_3X_4-Z_{33}R_4X_1X_2-Z_{33}R_2X_1X_4-Z_{33}R_1X_2X_4-\\
&Z_{44}R_3X_1X_2-Z_{44}R_2X_1X_3-Z_{44}R_1X_2X_3+R_1R_2R_3R_4-R_1R_2X_3X_4-R_1R_3X_2X_4-R_1R_4X_2X_3-\\
&R_2R_3X_1X_4-R_2R_4X_1X_3-R_3R_4X_1X_2+X_1X_2X_3X_4+\mathrm{j}[(Z_{11}Z_{22}Z_{33}+Z_{12}Z_{23}Z_{31}+Z_{13}Z_{21}Z_{32}-\\
&Z_{13}Z_{31}Z_{22}-Z_{23}Z_{32}Z_{11}-Z_{12}Z_{21}Z_{33})X_4+(Z_{11}Z_{22}Z_{44}+Z_{12}Z_{24}Z_{41}+Z_{14}Z_{21}Z_{42}-Z_{14}Z_{41}Z_{22}-\\
&Z_{24}Z_{42}Z_{11}-Z_{12}Z_{21}Z_{44})X_3+(Z_{11}Z_{33}Z_{44}+Z_{13}Z_{34}Z_{41}+Z_{14}Z_{31}Z_{43}-Z_{14}Z_{41}Z_{33}-Z_{34}Z_{43}Z_{11}-\\
&Z_{13}Z_{31}Z_{44})X_2+(Z_{22}Z_{33}Z_{44}+Z_{23}Z_{34}Z_{42}+Z_{24}Z_{32}Z_{43}-Z_{24}Z_{42}Z_{33}-Z_{34}Z_{43}Z_{22}-Z_{23}Z_{32}Z_{44})X_1+\\
&(Z_{11}Z_{22}-Z_{12}Z_{21})(R_3X_4+R_4X_3)+(Z_{11}Z_{33}-Z_{13}Z_{31})(R_2X_4+R_4X_2)+(Z_{11}Z_{44}-Z_{14}Z_{41})(R_2X_3+\\
&R_3X_2)+(Z_{22}Z_{33}-Z_{23}Z_{32})(R_1X_4+R_4X_1)+(Z_{22}Z_{44}-Z_{24}Z_{42})(R_1X_3+R_3X_1)+(Z_{33}Z_{44}-Z_{34}Z_{43})\times\\
&(R_1X_2+R_2X_1)+Z_{11}R_2R_4X_3+Z_{11}R_3R_4X_2+Z_{11}R_2R_3X_4+Z_{22}R_1R_3X_4+Z_{22}R_1R_4X_3+Z_{22}R_3R_4X_1+\\
&Z_{33}R_1R_2X_4+Z_{33}R_1R_4X_2+Z_{33}R_2R_4X_1+Z_{44}R_1R_2X_3+Z_{44}R_1R_3X_2+Z_{44}R_2R_3X_1-Z_{11}X_2X_3X_4-\\
&Z_{22}X_1X_3X_4-Z_{33}X_1X_2X_4-Z_{44}X_1X_2X_3+R_1R_2R_3X_4+R_1R_2R_4X_3+R_1R_3R_4X_2+R_2R_3R_4X_1-\\
&R_1X_2X_3X_4-R_2X_1X_3X_4-R_3X_1X_2X_4-R_4X_1X_2X_3]
\end{aligned}
$$

$$
\begin{aligned}
\mathrm{NS}_{11}=\;&Z_{11}Z_{22}Z_{33}Z_{44}+Z_{11}Z_{23}Z_{34}Z_{42}+Z_{11}Z_{24}Z_{32}Z_{43}+Z_{12}Z_{21}Z_{34}Z_{43}+Z_{12}Z_{23}Z_{31}Z_{44}+Z_{12}Z_{24}Z_{33}Z_{41}+Z_{13}Z_{21}Z_{32}Z_{44}+\\
&Z_{13}Z_{22}Z_{34}Z_{41}+Z_{13}Z_{24}Z_{31}Z_{42}+Z_{14}Z_{21}Z_{33}Z_{42}+Z_{14}Z_{22}Z_{31}Z_{43}+Z_{14}Z_{23}Z_{32}Z_{41}-Z_{11}Z_{22}Z_{34}Z_{43}-Z_{11}Z_{23}Z_{32}Z_{44}-\\
&Z_{11}Z_{24}Z_{33}Z_{42}-Z_{12}Z_{21}Z_{33}Z_{44}-Z_{12}Z_{23}Z_{34}Z_{41}-Z_{12}Z_{24}Z_{31}Z_{43}-Z_{13}Z_{21}Z_{34}Z_{42}-Z_{13}Z_{22}Z_{31}Z_{44}-Z_{13}Z_{24}Z_{32}Z_{41}-\\
&Z_{14}Z_{21}Z_{32}Z_{43}-Z_{14}Z_{22}Z_{33}Z_{41}-Z_{14}Z_{23}Z_{31}Z_{42}+(Z_{11}Z_{22}Z_{33}+Z_{12}Z_{23}Z_{31}+Z_{13}Z_{21}Z_{32}-Z_{13}Z_{31}Z_{22}-Z_{23}Z_{32}Z_{11}-\\
&Z_{12}Z_{21}Z_{33})R_4+(Z_{11}Z_{22}Z_{44}+Z_{12}Z_{24}Z_{41}+Z_{21}Z_{42}Z_{14}-Z_{14}Z_{41}Z_{22}-Z_{24}Z_{42}Z_{11}-Z_{12}Z_{21}Z_{44})R_3+(Z_{11}Z_{33}Z_{44}+\\
&Z_{13}Z_{34}Z_{41}+Z_{14}Z_{31}Z_{43}-Z_{14}Z_{41}Z_{33}-Z_{34}Z_{43}Z_{11}-Z_{13}Z_{31}Z_{44})R_2+(Z_{24}Z_{42}Z_{33}+Z_{34}Z_{43}Z_{22}+Z_{23}Z_{32}Z_{44}-\\
&Z_{22}Z_{33}Z_{44}-Z_{23}Z_{34}Z_{42}-Z_{24}Z_{32}Z_{43})R_1+(Z_{11}Z_{22}-Z_{12}Z_{21})(R_3R_4-X_3X_4)+(Z_{11}Z_{33}-Z_{13}Z_{31})(R_2R_4-\\
&X_2X_4)+(Z_{11}Z_{44}-Z_{14}Z_{41})(R_2R_3-X_2X_3)+(Z_{23}Z_{32}-Z_{22}Z_{33})(R_1R_4+X_1X_4)+(Z_{24}Z_{42}-Z_{22}Z_{44})\times\\
&(R_1R_3+X_1X_3)+(Z_{34}Z_{43}-Z_{33}Z_{44})(R_1R_2+X_1X_2)+Z_{11}R_2R_3R_4-Z_{22}R_1R_3R_4-Z_{33}R_1R_2R_4-Z_{44}R_1R_2R_3+\\
&Z_{22}R_1X_3X_4+Z_{33}R_1X_2X_4+Z_{44}R_1X_2X_3-Z_{22}R_4X_1X_3-Z_{22}R_3X_1X_4-Z_{33}R_2X_1X_4-Z_{33}R_4X_1X_2-\\
&Z_{44}R_2X_1X_3-Z_{44}R_3X_1X_2-Z_{11}R_2X_3X_4-Z_{11}R_3X_2X_4-Z_{11}R_4X_2X_3-R_1R_2R_3R_4+R_1R_2X_3X_4+R_1R_4X_2X_3+\\
&R_1R_3X_2X_4-R_2R_4X_1X_3-R_3R_4X_1X_2-R_2R_3X_1X_4+X_1X_2X_3X_4+\mathrm{j}[(Z_{11}Z_{22}Z_{33}+Z_{12}Z_{23}Z_{31}+Z_{13}Z_{21}Z_{32}-\\
&Z_{13}Z_{31}Z_{22}-Z_{23}Z_{32}Z_{11}-Z_{12}Z_{21}Z_{33})X_4+(Z_{11}Z_{22}Z_{44}+Z_{12}Z_{24}Z_{41}+Z_{21}Z_{42}Z_{14}-Z_{14}Z_{41}Z_{22}-Z_{24}Z_{42}Z_{11}-\\
&Z_{12}Z_{21}Z_{44})X_3+(Z_{11}Z_{33}Z_{44}+Z_{13}Z_{34}Z_{41}+Z_{14}Z_{31}Z_{43}-Z_{14}Z_{41}Z_{33}-Z_{34}Z_{43}Z_{11}-Z_{13}Z_{31}Z_{44})X_2+(Z_{22}Z_{33}Z_{44}+\\
&Z_{23}Z_{34}Z_{42}+Z_{24}Z_{32}Z_{43}-Z_{24}Z_{42}Z_{33}-Z_{34}Z_{43}Z_{22}-Z_{23}Z_{32}Z_{44})X_1+(Z_{11}Z_{22}-Z_{12}Z_{21})(R_3X_4+R_4X_3)+\\
&(Z_{11}Z_{33}-Z_{13}Z_{31})(R_2X_4+R_4X_2)+(Z_{11}Z_{44}-Z_{14}Z_{41})(R_2X_3+R_3X_2)+(Z_{22}Z_{33}-Z_{23}Z_{32})(R_4X_1-R_1X_4)+\\
&(Z_{22}Z_{44}-Z_{24}Z_{42})(R_3X_1-R_1X_3)+(Z_{33}Z_{44}-Z_{34}Z_{43})(R_2X_1-R_1X_2)+Z_{22}R_3R_4X_1+Z_{33}R_2R_4X_1+\\
&Z_{44}R_2R_3X_1+Z_{11}R_2R_3X_4+Z_{11}R_2R_4X_3+Z_{11}R_3R_4X_2-Z_{22}R_1R_3X_4-Z_{22}R_1R_4X_3-Z_{33}R_1R_2X_4-\\
&Z_{33}R_1R_4X_2-Z_{44}R_1R_2X_3-Z_{44}R_1R_3X_2-Z_{11}X_2X_3X_4-Z_{22}X_1X_3X_4-Z_{33}X_1X_2X_4-Z_{44}X_1X_2X_3+\\
&R_2R_3R_4X_1-R_1R_3R_4X_2-R_1R_2R_4X_3-R_1R_2R_3X_4+R_1X_2X_3X_4-R_2X_1X_3X_4-R_3X_1X_2X_4-R_4X_1X_2X_3]
\end{aligned}
$$

续表

$$
\begin{aligned}
\mathrm{NS}_{22}=&Z_{11}Z_{22}Z_{33}Z_{44}+Z_{11}Z_{23}Z_{34}Z_{42}+Z_{11}Z_{24}Z_{32}Z_{43}+Z_{12}Z_{21}Z_{34}Z_{43}+Z_{12}Z_{23}Z_{31}Z_{44}+Z_{12}Z_{24}Z_{33}Z_{41}+Z_{13}Z_{21}Z_{32}Z_{44}+\\
&Z_{13}Z_{22}Z_{34}Z_{41}+Z_{13}Z_{24}Z_{31}Z_{42}+Z_{14}Z_{21}Z_{33}Z_{42}+Z_{14}Z_{22}Z_{31}Z_{43}+Z_{14}Z_{23}Z_{32}Z_{41}-Z_{11}Z_{22}Z_{34}Z_{43}-Z_{11}Z_{23}Z_{32}Z_{44}-\\
&Z_{11}Z_{24}Z_{33}Z_{42}-Z_{12}Z_{21}Z_{33}Z_{44}-Z_{12}Z_{23}Z_{34}Z_{41}-Z_{12}Z_{24}Z_{31}Z_{43}-Z_{13}Z_{21}Z_{34}Z_{42}-Z_{13}Z_{22}Z_{31}Z_{44}-Z_{13}Z_{24}Z_{32}Z_{41}-\\
&Z_{14}Z_{21}Z_{32}Z_{43}-Z_{14}Z_{22}Z_{33}Z_{41}-Z_{14}Z_{23}Z_{31}Z_{42}+(Z_{11}Z_{22}Z_{33}+Z_{12}Z_{23}Z_{31}+Z_{13}Z_{21}Z_{32}-Z_{13}Z_{31}Z_{22}-Z_{23}Z_{32}Z_{11}-\\
&Z_{12}Z_{21}Z_{33})R_4+(Z_{11}Z_{22}Z_{44}+Z_{12}Z_{24}Z_{41}+Z_{21}Z_{42}Z_{14}-Z_{14}Z_{41}Z_{22}-Z_{24}Z_{42}Z_{11}-Z_{12}Z_{21}Z_{44})R_3+(Z_{14}Z_{41}Z_{33}+\\
&Z_{34}Z_{43}Z_{11}+Z_{13}Z_{31}Z_{44}-Z_{11}Z_{33}Z_{44}-Z_{13}Z_{34}Z_{41}-Z_{14}Z_{31}Z_{43})R_2+(Z_{22}Z_{33}Z_{44}+Z_{23}Z_{34}Z_{42}+Z_{24}Z_{32}Z_{43}-\\
&Z_{24}Z_{42}Z_{33}-Z_{34}Z_{43}Z_{22}-Z_{23}Z_{32}Z_{44})R_1+(Z_{13}Z_{31}-Z_{11}Z_{33})(R_2R_4+X_2X_4)+(Z_{14}Z_{41}-Z_{11}Z_{44})(R_2R_3+\\
&X_2X_3)+(Z_{34}Z_{43}-Z_{33}Z_{44})(R_1R_2+X_1X_2)+(Z_{11}Z_{22}-Z_{12}Z_{21})(R_3R_4-X_3X_4)+(Z_{22}Z_{33}-Z_{23}Z_{32})\times\\
&(R_1R_4-X_1X_4)+(Z_{22}Z_{44}-Z_{24}Z_{42})(R_1R_3-X_1X_3)+Z_{22}R_1R_3R_4-Z_{11}R_2R_3R_4-Z_{33}R_1R_2R_4-Z_{44}R_1R_2R_3+\\
&Z_{11}R_2X_3X_4+Z_{33}R_2X_1X_4+Z_{44}R_2X_1X_3-Z_{11}R_3X_2X_4-Z_{11}R_4X_2X_3-Z_{33}R_1X_2X_4-Z_{33}R_4X_1X_2-\\
&Z_{44}R_1X_2X_3-Z_{44}R_3X_1X_2-Z_{22}R_1X_3X_4-Z_{22}R_3X_1X_4-Z_{22}R_4X_1X_3-R_1R_2R_3R_4+R_1R_2X_3X_4+R_2R_4X_1X_3+\\
&R_2R_3X_1X_4-R_1R_4X_2X_3-R_3R_4X_1X_2-R_1R_3X_2X_4+X_1X_2X_3X_4+\mathrm{j}[(Z_{11}Z_{22}Z_{33}+Z_{12}Z_{23}Z_{31}+Z_{13}Z_{21}Z_{32}-\\
&Z_{13}Z_{31}Z_{22}-Z_{23}Z_{32}Z_{11}-Z_{12}Z_{21}Z_{33})X_4+(Z_{11}Z_{22}Z_{44}+Z_{12}Z_{24}Z_{41}+Z_{21}Z_{42}Z_{14}-Z_{14}Z_{41}Z_{22}-Z_{24}Z_{42}Z_{11}-\\
&Z_{12}Z_{21}Z_{44})X_3+(Z_{11}Z_{33}Z_{44}+Z_{13}Z_{34}Z_{41}+Z_{14}Z_{31}Z_{43}-Z_{14}Z_{41}Z_{33}-Z_{34}Z_{43}Z_{11}-Z_{13}Z_{31}Z_{44})X_2+(Z_{22}Z_{33}Z_{44}+\\
&Z_{23}Z_{34}Z_{42}+Z_{24}Z_{32}Z_{43}-Z_{24}Z_{42}Z_{33}-Z_{34}Z_{43}Z_{22}-Z_{23}Z_{32}Z_{44})X_1+(Z_{11}Z_{22}-Z_{12}Z_{21})(R_3X_4+R_4X_3)+\\
&(Z_{11}Z_{33}-Z_{13}Z_{31})(R_4X_2-R_2X_4)+(Z_{11}Z_{44}-Z_{14}Z_{41})(R_3X_2-R_2X_3)+(Z_{22}Z_{33}-Z_{23}Z_{32})(R_1X_4+R_4X_1)+\\
&(Z_{22}Z_{44}-Z_{24}Z_{42})(R_1X_3+R_3X_1)+(Z_{33}Z_{44}-Z_{34}Z_{43})(R_1X_2-R_2X_1)+Z_{11}R_3R_4X_2+Z_{33}R_1R_4X_2+\\
&Z_{44}R_1R_3X_2+Z_{22}R_1R_3X_4+Z_{22}R_1R_4X_3+Z_{22}R_3R_4X_1-Z_{11}R_2R_3X_4-Z_{11}R_2R_4X_3-Z_{33}R_1R_2X_4-\\
&Z_{33}R_2R_4X_1-Z_{44}R_1R_2X_3-Z_{44}R_2R_3X_1-Z_{11}X_2X_3X_4-Z_{22}X_1X_3X_4-Z_{33}X_1X_2X_4-Z_{44}X_1X_2X_3+\\
&R_1R_3R_4X_2-R_2R_3R_4X_1-R_1R_2R_4X_3-R_1R_2R_3X_4+R_2X_1X_3X_4-R_1X_2X_3X_4-R_3X_1X_2X_4-R_4X_1X_2X_3]
\end{aligned}
$$

$$
\begin{aligned}
\mathrm{NS}_{33}=&Z_{11}Z_{22}Z_{33}Z_{44}+Z_{11}Z_{23}Z_{34}Z_{42}+Z_{11}Z_{24}Z_{32}Z_{43}+Z_{12}Z_{21}Z_{34}Z_{43}+Z_{12}Z_{23}Z_{31}Z_{44}+Z_{12}Z_{24}Z_{33}Z_{41}+Z_{13}Z_{21}Z_{32}Z_{44}+\\
&Z_{13}Z_{22}Z_{34}Z_{41}+Z_{13}Z_{24}Z_{31}Z_{42}+Z_{14}Z_{21}Z_{33}Z_{42}+Z_{14}Z_{22}Z_{31}Z_{43}+Z_{14}Z_{23}Z_{32}Z_{41}-Z_{11}Z_{22}Z_{34}Z_{43}-Z_{11}Z_{23}Z_{32}Z_{44}-\\
&Z_{11}Z_{24}Z_{33}Z_{42}-Z_{12}Z_{21}Z_{33}Z_{44}-Z_{12}Z_{23}Z_{34}Z_{41}-Z_{12}Z_{24}Z_{31}Z_{43}-Z_{13}Z_{21}Z_{34}Z_{42}-Z_{13}Z_{22}Z_{31}Z_{44}-Z_{13}Z_{24}Z_{32}Z_{41}-\\
&Z_{14}Z_{21}Z_{32}Z_{43}-Z_{14}Z_{22}Z_{33}Z_{41}-Z_{14}Z_{23}Z_{31}Z_{42}+(Z_{11}Z_{22}Z_{33}+Z_{12}Z_{23}Z_{31}+Z_{13}Z_{21}Z_{32}-Z_{13}Z_{31}Z_{22}-Z_{23}Z_{32}Z_{11}-\\
&Z_{12}Z_{21}Z_{33})R_4+(Z_{14}Z_{41}Z_{22}+Z_{24}Z_{42}Z_{11}+Z_{12}Z_{21}Z_{44}-Z_{11}Z_{22}Z_{44}-Z_{12}Z_{24}Z_{41}-Z_{21}Z_{42}Z_{14})R_3+(Z_{11}Z_{33}Z_{44}+\\
&Z_{13}Z_{34}Z_{41}+Z_{14}Z_{31}Z_{43}-Z_{14}Z_{41}Z_{33}-Z_{34}Z_{43}Z_{11}-Z_{13}Z_{31}Z_{44})R_2+(Z_{22}Z_{33}Z_{44}+Z_{23}Z_{34}Z_{42}+Z_{24}Z_{32}Z_{43}-\\
&Z_{24}Z_{42}Z_{33}-Z_{34}Z_{43}Z_{22}-Z_{23}Z_{32}Z_{44})R_1+(Z_{12}Z_{21}-Z_{11}Z_{22})(R_3R_4+X_3X_4)+(Z_{14}Z_{41}-Z_{11}Z_{44})(R_2R_3+\\
&X_2X_3)+(Z_{24}Z_{42}-Z_{22}Z_{44})(R_1R_3+X_1X_3)+(Z_{11}Z_{33}-Z_{13}Z_{31})(R_2R_4-X_2X_4)+(Z_{22}Z_{33}-Z_{23}Z_{32})\times\\
&(R_1R_4-X_1X_4)+(Z_{33}Z_{44}-Z_{34}Z_{43})(R_1R_2-X_1X_2)+Z_{33}R_1R_2R_4-Z_{11}R_2R_3R_4-Z_{22}R_1R_3R_4-Z_{44}R_1R_2R_3+\\
&Z_{11}R_3X_2X_4+Z_{22}R_3X_1X_4+Z_{44}R_3X_1X_2-Z_{11}R_2X_3X_4-Z_{11}R_4X_2X_3-Z_{22}R_1X_3X_4-Z_{22}R_4X_1X_3-\\
&Z_{44}R_1X_2X_3-Z_{44}R_2X_1X_3-Z_{33}R_1X_2X_4-Z_{33}R_4X_1X_2-Z_{33}R_2X_1X_4-R_1R_2R_3R_4+R_1R_3X_2X_4+R_3R_4X_1X_2+\\
&R_2R_3X_1X_4-R_1R_4X_2X_3-R_2R_4X_1X_3-R_1R_2X_3X_4+X_1X_2X_3X_4+\mathrm{j}[(Z_{11}Z_{22}Z_{33}+Z_{12}Z_{23}Z_{31}+Z_{13}Z_{21}Z_{32}-\\
&Z_{13}Z_{31}Z_{22}-Z_{23}Z_{32}Z_{11}-Z_{12}Z_{21}Z_{33})X_4+(Z_{11}Z_{22}Z_{44}+Z_{12}Z_{24}Z_{41}+Z_{21}Z_{42}Z_{14}-Z_{14}Z_{41}Z_{22}-Z_{24}Z_{42}Z_{11}-\\
&Z_{12}Z_{21}Z_{44})X_3+(Z_{11}Z_{33}Z_{44}+Z_{13}Z_{34}Z_{41}+Z_{14}Z_{31}Z_{43}-Z_{14}Z_{41}Z_{33}-Z_{34}Z_{43}Z_{11}-Z_{13}Z_{31}Z_{44})X_2+(Z_{22}Z_{33}Z_{44}+\\
&Z_{23}Z_{34}Z_{42}+Z_{24}Z_{32}Z_{43}-Z_{24}Z_{42}Z_{33}-Z_{34}Z_{43}Z_{22}-Z_{23}Z_{32}Z_{44})X_1+(Z_{11}Z_{22}-Z_{12}Z_{21})(R_4X_3-R_3X_4)+\\
&(Z_{11}Z_{33}-Z_{13}Z_{31})(R_2X_4+R_4X_2)+(Z_{11}Z_{44}-Z_{14}Z_{41})(R_2X_3-R_3X_2)+(Z_{22}Z_{33}-Z_{23}Z_{32})(R_1X_4+R_4X_1)+\\
&(Z_{22}Z_{44}-Z_{24}Z_{42})(R_1X_3-R_3X_1)+(Z_{33}Z_{44}-Z_{34}Z_{43})(R_1X_2+R_2X_1)+Z_{11}R_2R_4X_3+Z_{22}R_1R_4X_3+\\
&Z_{44}R_1R_2X_3+Z_{33}R_1R_2X_4+Z_{33}R_1R_4X_2+Z_{33}R_2R_4X_1-Z_{11}R_2R_3X_4-Z_{11}R_3R_4X_2-Z_{22}R_1R_3X_4-\\
&Z_{22}R_3R_4X_1-Z_{44}R_1R_3X_2-Z_{44}R_2R_3X_1-Z_{11}X_2X_3X_4-Z_{22}X_1X_3X_4-Z_{33}X_1X_2X_4-Z_{44}X_1X_2X_3+\\
&R_1R_2R_4X_3-R_2R_3R_4X_1-R_1R_3R_4X_2-R_1R_2R_3X_4+R_3X_1X_2X_4-R_1X_2X_3X_4-R_2X_1X_3X_4-R_4X_1X_2X_3]
\end{aligned}
$$

续表

$$
\begin{aligned}
NS_{44}=\;&Z_{11}Z_{22}Z_{33}Z_{44}+Z_{11}Z_{23}Z_{34}Z_{42}+Z_{11}Z_{24}Z_{32}Z_{43}+Z_{12}Z_{21}Z_{34}Z_{43}+Z_{12}Z_{23}Z_{31}Z_{44}+Z_{12}Z_{24}Z_{33}Z_{41}+Z_{13}Z_{21}Z_{32}Z_{44}+\\
&Z_{13}Z_{22}Z_{34}Z_{41}+Z_{13}Z_{24}Z_{31}Z_{42}+Z_{14}Z_{21}Z_{33}Z_{42}+Z_{14}Z_{22}Z_{31}Z_{43}+Z_{14}Z_{23}Z_{32}Z_{41}-Z_{11}Z_{22}Z_{34}Z_{43}-Z_{11}Z_{23}Z_{32}Z_{44}-\\
&Z_{11}Z_{24}Z_{33}Z_{42}-Z_{12}Z_{21}Z_{33}Z_{44}-Z_{12}Z_{23}Z_{34}Z_{41}-Z_{12}Z_{24}Z_{31}Z_{43}-Z_{13}Z_{21}Z_{34}Z_{42}-Z_{13}Z_{22}Z_{31}Z_{44}-Z_{13}Z_{24}Z_{32}Z_{41}-\\
&Z_{14}Z_{21}Z_{32}Z_{43}-Z_{14}Z_{22}Z_{33}Z_{41}-Z_{14}Z_{23}Z_{31}Z_{42}+(Z_{13}Z_{31}Z_{22}+Z_{23}Z_{32}Z_{11}+Z_{12}Z_{21}Z_{33}-Z_{11}Z_{22}Z_{33}-Z_{12}Z_{23}Z_{31}-\\
&Z_{13}Z_{21}Z_{32})R_4+(Z_{11}Z_{22}Z_{44}+Z_{12}Z_{24}Z_{41}+Z_{21}Z_{42}Z_{14}-Z_{14}Z_{41}Z_{22}-Z_{24}Z_{42}Z_{11}-Z_{12}Z_{21}Z_{44})R_3+(Z_{11}Z_{33}Z_{44}+\\
&Z_{13}Z_{34}Z_{41}+Z_{14}Z_{31}Z_{43}-Z_{14}Z_{41}Z_{33}-Z_{34}Z_{43}Z_{11}-Z_{13}Z_{31}Z_{44})R_2+(Z_{22}Z_{33}Z_{44}+Z_{23}Z_{34}Z_{42}+Z_{24}Z_{32}Z_{43}-\\
&Z_{24}Z_{42}Z_{33}-Z_{34}Z_{43}Z_{22}-Z_{23}Z_{32}Z_{44})R_1+(Z_{12}Z_{21}-Z_{11}Z_{22})(R_3R_4+X_3X_4)+(Z_{13}Z_{31}-Z_{11}Z_{33})(R_2R_4+\\
&X_2X_4)+(Z_{11}Z_{44}-Z_{14}Z_{41})(R_2R_3-X_2X_3)+(Z_{23}Z_{32}-Z_{22}Z_{33})(R_1R_4+X_1X_4)+(Z_{22}Z_{44}-Z_{24}Z_{42})\times\\
&(R_1R_3-X_1X_3)+(Z_{33}Z_{44}-Z_{34}Z_{43})(R_1R_2-X_1X_2)+Z_{44}R_1R_2R_3-Z_{11}R_2R_3R_4-Z_{22}R_1R_3R_4-Z_{33}R_1R_2R_4+\\
&Z_{11}R_4X_2X_3+Z_{22}R_4X_1X_3+Z_{33}R_4X_1X_2-Z_{11}R_2X_3X_4-Z_{11}R_3X_2X_4-Z_{22}R_1X_3X_4-Z_{22}R_3X_1X_4-\\
&Z_{33}R_1X_2X_4-Z_{33}R_2X_1X_4-Z_{44}R_1X_2X_3-Z_{44}R_3X_1X_2-Z_{44}R_2X_1X_3-R_1R_2R_3R_4+R_1R_4X_2X_3+R_3R_4X_1X_2+\\
&R_2R_4X_1X_3-R_1R_3X_2X_4-R_2R_3X_1X_4-R_1R_2X_3X_4+X_1X_2X_3X_4+\mathrm{j}[(Z_{11}Z_{22}Z_{33}+Z_{12}Z_{23}Z_{31}+Z_{13}Z_{21}Z_{32}-\\
&Z_{13}Z_{31}Z_{22}-Z_{23}Z_{32}Z_{11}-Z_{12}Z_{21}Z_{33})\times X_4+(Z_{11}Z_{22}Z_{44}+Z_{12}Z_{24}Z_{41}+Z_{21}Z_{42}Z_{14}-Z_{14}Z_{41}Z_{22}-Z_{24}Z_{42}Z_{11}-\\
&Z_{12}Z_{21}Z_{44})X_3+(Z_{11}Z_{33}Z_{44}+Z_{13}Z_{34}Z_{41}+Z_{14}Z_{31}Z_{43}-Z_{14}Z_{41}Z_{33}-Z_{34}Z_{43}Z_{11}-Z_{13}Z_{31}Z_{44})X_2+(Z_{22}Z_{33}Z_{44}+\\
&Z_{23}Z_{34}Z_{42}+Z_{24}Z_{32}Z_{43}-Z_{24}Z_{42}Z_{33}-Z_{34}Z_{43}Z_{22}-Z_{23}Z_{32}Z_{44})X_1+(Z_{11}Z_{22}-Z_{12}Z_{21})(R_3X_4-R_4X_3)+\\
&(Z_{11}Z_{33}-Z_{13}Z_{31})(R_2X_4-R_4X_2)+(Z_{11}Z_{44}-Z_{14}Z_{41})(R_2X_3+R_3X_2)+(Z_{22}Z_{33}-Z_{23}Z_{32})(R_1X_4-R_4X_1)+\\
&(Z_{22}Z_{44}-Z_{24}Z_{42})(R_1X_3+R_3X_1)+(Z_{33}Z_{44}-Z_{34}Z_{43})(R_1X_2+R_2X_1)+Z_{11}R_2R_3X_4+Z_{22}R_1R_3X_4+\\
&Z_{33}R_1R_2X_4+Z_{44}R_1R_2X_3+Z_{44}R_1R_3X_2+Z_{44}R_2R_3X_1-Z_{11}R_2R_4X_3-Z_{11}R_3R_4X_2-Z_{22}R_1R_4X_3-\\
&Z_{22}R_3R_4X_1-Z_{33}R_1R_4X_2-Z_{33}R_2R_4X_1-Z_{11}X_2X_3X_4-Z_{22}X_1X_3X_4-Z_{33}X_1X_2X_4-Z_{44}X_1X_2X_3+\\
&R_1R_2R_3X_4-R_2R_3R_4X_1-R_1R_3R_4X_2-R_1R_2R_4X_3+R_4X_1X_2X_3-R_1X_2X_3X_4-R_2X_1X_3X_4-R_3X_1X_2X_4]
\end{aligned}
$$

2. *S* 参数转换成 *Z* 参数的公式

表 2-5 至表 2-8 分别给出了广义一端口至四端口网络 *S* 参数转换成 *Z* 参数的公式。

表 2-5　广义一端口网络 *S* 参数转换成 *Z* 参数的公式

NZ_{ij}	1
1	$R_1+R_1S_{11}+\mathrm{j}(-X_1+X_1S_{11})$
$DZ=1-S_{11}$	

表 2-6　广义二端口网络 *S* 参数转换成 *Z* 参数的公式

NZ_{ij}	1	2
1	$R_1+R_1S_{11}-R_1S_{22}+R_1S_{12}S_{21}$ $-R_1S_{11}S_{22}+\mathrm{j}(-X_1+X_1S_{11}+$ $X_1S_{22}-X_1S_{11}S_{22}+X_1S_{12}S_{21})$	$2R_2\sqrt{\left\|\dfrac{R_1}{R_2}\right\|}S_{12}$
2	$2R_1\sqrt{\left\|\dfrac{R_2}{R_1}\right\|}S_{21}$	$R_2-R_2S_{11}+R_2S_{22}+R_2S_{12}S_{21}-$ $R_2S_{11}S_{22}+\mathrm{j}(-X_2+X_2S_{11}+$ $X_2S_{22}-X_2S_{11}S_{22}+X_2S_{12}S_{21})$
$DZ=1-S_{11}-S_{22}+S_{11}S_{22}-S_{12}S_{21}$		

表 2-7　广义三端口网络 S 参数转换成 Z 参数的公式

NZ_{ij}	1	2	3
1	—	$2R_2\sqrt{\left\|\frac{R_1}{R_2}\right\|}\times(S_{12}-S_{12}S_{33}+S_{13}S_{32})$	$2R_3\sqrt{\left\|\frac{R_1}{R_3}\right\|}\times(S_{13}-S_{13}S_{22}+S_{12}S_{23})$
2	$2R_1\sqrt{\left\|\frac{R_2}{R_1}\right\|}\times(S_{21}-S_{21}S_{33}+S_{23}S_{31})$	—	$2R_3\sqrt{\left\|\frac{R_2}{R_3}\right\|}\times(S_{23}-S_{11}S_{23}+S_{13}S_{21})$
3	$2R_1\sqrt{\left\|\frac{R_3}{R_1}\right\|}\times(S_{31}-S_{22}S_{31}+S_{21}S_{32})$	$2R_2\sqrt{\left\|\frac{R_3}{R_2}\right\|}\times(S_{32}-S_{11}S_{32}+S_{12}S_{31})$	—

$$
\begin{aligned}
DZ = 1&-S_{11}-S_{22}-S_{33}+\\
&S_{11}S_{22}-S_{12}S_{21}+S_{11}S_{33}-\\
&S_{13}S_{31}+S_{22}S_{33}-S_{23}S_{32}-S_{11}S_{22}S_{33}+\\
&S_{11}S_{23}S_{32}+S_{12}S_{21}S_{33}-S_{12}S_{23}S_{31}-S_{13}S_{21}S_{32}+S_{13}S_{31}S_{22}
\end{aligned}
$$

$$
\begin{aligned}
NZ_{11} = R_1(&1+S_{11}-S_{22}-S_{33}+S_{12}S_{21}-S_{11}S_{22}-S_{11}S_{33}+S_{13}S_{31}+S_{22}S_{33}-S_{23}S_{32}+\\
&S_{11}S_{22}S_{33}-S_{13}S_{31}S_{22}-S_{11}S_{23}S_{32}+S_{12}S_{23}S_{31}+S_{13}S_{21}S_{32}-S_{12}S_{21}S_{33})+\\
&jX_1(-1+S_{11}+S_{22}+S_{33}-S_{11}S_{22}+S_{12}S_{21}-S_{22}S_{33}+S_{23}S_{32}-S_{11}S_{33}+\\
&S_{13}S_{31}+S_{11}S_{22}S_{33}-S_{13}S_{31}S_{22}-S_{11}S_{23}S_{32}+S_{12}S_{23}S_{31}+S_{13}S_{21}S_{32}-S_{12}S_{21}S_{33})
\end{aligned}
$$

$$
\begin{aligned}
NZ_{22} = R_2(&1-S_{11}+S_{22}-S_{33}+S_{12}S_{21}-S_{11}S_{22}+S_{11}S_{33}-S_{13}S_{31}-S_{22}S_{33}+S_{23}S_{32}+\\
&S_{11}S_{22}S_{33}-S_{13}S_{31}S_{22}-S_{11}S_{23}S_{32}+S_{12}S_{23}S_{31}+S_{13}S_{21}S_{32}-S_{12}S_{21}S_{33})+\\
&jX_2(-1+S_{11}+S_{22}+S_{33}-S_{11}S_{22}+S_{12}S_{21}-S_{22}S_{33}+S_{23}S_{32}-S_{11}S_{33}+\\
&S_{13}S_{31}+S_{11}S_{22}S_{33}-S_{13}S_{31}S_{22}-S_{11}S_{23}S_{32}+S_{12}S_{23}S_{31}+S_{13}S_{21}S_{32}-S_{12}S_{21}S_{33})
\end{aligned}
$$

$$
\begin{aligned}
NZ_{33} = R_3(&1-S_{11}-S_{22}+S_{33}-S_{12}S_{21}+S_{11}S_{22}-S_{11}S_{33}+S_{13}S_{31}-S_{22}S_{33}+S_{23}S_{32}+\\
&S_{11}S_{22}S_{33}-S_{13}S_{31}S_{22}-S_{11}S_{23}S_{32}+S_{12}S_{23}S_{31}+S_{13}S_{21}S_{32}-S_{12}S_{21}S_{33})+\\
&jX_3(-1+S_{11}+S_{22}+S_{33}-S_{11}S_{22}+S_{12}S_{21}-S_{22}S_{33}+S_{23}S_{32}-S_{11}S_{33}+\\
&S_{13}S_{31}+S_{11}S_{22}S_{33}-S_{13}S_{31}S_{22}-S_{11}S_{23}S_{32}+S_{12}S_{23}S_{31}+S_{13}S_{21}S_{32}-S_{12}S_{21}S_{33})
\end{aligned}
$$

表 2-8　广义四端口网络 S 参数转换成 Z 参数的公式

NZ_{ij}	1	2	3	4
1	—	$2R_2\sqrt{\left\lvert\frac{R_1}{R_2}\right\rvert}(S_{12}-S_{12}S_{33}+S_{13}S_{32}-S_{12}S_{44}+S_{14}S_{42}+S_{12}S_{33}S_{44}-S_{14}S_{33}S_{42}-S_{12}S_{34}S_{43}+S_{13}S_{34}S_{42}+S_{14}S_{32}S_{43}-S_{13}S_{32}S_{44})$	$2R_3\sqrt{\left\lvert\frac{R_1}{R_3}\right\rvert}(S_{13}-S_{13}S_{22}+S_{23}S_{12}-S_{13}S_{44}+S_{14}S_{43}+S_{13}S_{22}S_{44}-S_{14}S_{22}S_{43}-S_{13}S_{24}S_{42}+S_{12}S_{24}S_{43}+S_{14}S_{23}S_{42}-S_{12}S_{23}S_{44})$	$2R_4\sqrt{\left\lvert\frac{R_1}{R_4}\right\rvert}(S_{14}-S_{14}S_{22}+S_{24}S_{12}-S_{14}S_{33}+S_{13}S_{34}+S_{14}S_{22}S_{33}-S_{13}S_{22}S_{34}-S_{14}S_{23}S_{32}+S_{12}S_{23}S_{34}+S_{13}S_{24}S_{32}-S_{12}S_{24}S_{33})$
2	$2R_1\sqrt{\left\lvert\frac{R_2}{R_1}\right\rvert}(S_{21}-S_{21}S_{33}+S_{23}S_{31}-S_{21}S_{44}+S_{24}S_{41}+S_{21}S_{33}S_{44}-S_{24}S_{33}S_{41}-S_{21}S_{34}S_{43}+S_{23}S_{34}S_{41}+S_{24}S_{31}S_{43}-S_{23}S_{31}S_{44})$	—	$2R_3\sqrt{\left\lvert\frac{R_2}{R_3}\right\rvert}(S_{23}-S_{11}S_{23}+S_{13}S_{21}-S_{23}S_{44}+S_{24}S_{43}+S_{11}S_{23}S_{44}-S_{11}S_{24}S_{43}-S_{14}S_{23}S_{41}+S_{14}S_{21}S_{43}+S_{13}S_{24}S_{41}-S_{13}S_{21}S_{44})$	$2R_4\sqrt{\left\lvert\frac{R_2}{R_4}\right\rvert}(S_{24}-S_{11}S_{24}+S_{14}S_{21}-S_{24}S_{33}+S_{23}S_{34}+S_{11}S_{24}S_{33}-S_{11}S_{23}S_{34}-S_{13}S_{24}S_{31}+S_{13}S_{21}S_{34}+S_{14}S_{23}S_{31}-S_{14}S_{21}S_{33})$
3	$2R_1\sqrt{\left\lvert\frac{R_3}{R_1}\right\rvert}(S_{31}-S_{22}S_{31}+S_{21}S_{32}-S_{31}S_{44}+S_{34}S_{41}+S_{22}S_{31}S_{44}-S_{22}S_{34}S_{41}-S_{24}S_{31}S_{42}+S_{24}S_{32}S_{41}+S_{21}S_{34}S_{42}-S_{21}S_{32}S_{44})$	$2R_2\sqrt{\left\lvert\frac{R_3}{R_2}\right\rvert}(S_{32}-S_{11}S_{32}+S_{12}S_{31}-S_{32}S_{44}+S_{34}S_{42}+S_{11}S_{32}S_{44}-S_{11}S_{34}S_{42}-S_{14}S_{32}S_{41}+S_{14}S_{31}S_{42}+S_{12}S_{34}S_{41}-S_{12}S_{31}S_{44})$	—	$2R_4\sqrt{\left\lvert\frac{R_3}{R_4}\right\rvert}(S_{34}-S_{11}S_{34}+S_{14}S_{31}-S_{22}S_{34}+S_{24}S_{32}+S_{11}S_{22}S_{34}-S_{11}S_{24}S_{32}-S_{12}S_{21}S_{34}+S_{12}S_{24}S_{31}+S_{14}S_{21}S_{32}-S_{14}S_{22}S_{31})$
4	$2R_1\sqrt{\left\lvert\frac{R_4}{R_1}\right\rvert}(S_{41}-S_{22}S_{41}+S_{21}S_{42}-S_{33}S_{41}+S_{31}S_{43}+S_{22}S_{33}S_{41}-S_{22}S_{31}S_{43}-S_{23}S_{32}S_{41}+S_{23}S_{31}S_{42}+S_{21}S_{32}S_{43}-S_{21}S_{33}S_{42})$	$2R_2\sqrt{\left\lvert\frac{R_4}{R_2}\right\rvert}(S_{42}-S_{11}S_{42}+S_{12}S_{41}-S_{33}S_{42}+S_{32}S_{43}+S_{11}S_{33}S_{42}-S_{11}S_{32}S_{43}-S_{13}S_{31}S_{42}+S_{13}S_{32}S_{41}+S_{12}S_{31}S_{43}-S_{12}S_{33}S_{41})$	$2R_3\sqrt{\left\lvert\frac{R_4}{R_3}\right\rvert}(S_{43}-S_{11}S_{43}+S_{13}S_{41}-S_{22}S_{43}+S_{23}S_{42}+S_{11}S_{22}S_{43}-S_{11}S_{23}S_{42}-S_{12}S_{21}S_{43}+S_{12}S_{23}S_{41}+S_{13}S_{21}S_{42}-S_{13}S_{22}S_{41})$	—

$$
\begin{aligned}
DZ = 1 &- S_{11} - S_{22} - S_{33} - S_{44} + S_{11}S_{22} - S_{12}S_{21} + S_{11}S_{33} - S_{13}S_{31} + S_{22}S_{33} - S_{23}S_{32} + S_{11}S_{44} - S_{14}S_{41} + \\
&S_{22}S_{44} - S_{24}S_{42} + S_{33}S_{44} - S_{34}S_{43} - S_{11}S_{22}S_{33} + S_{11}S_{23}S_{32} + S_{12}S_{21}S_{33} - S_{12}S_{23}S_{31} - S_{13}S_{21}S_{32} + \\
&S_{13}S_{31}S_{22} - S_{11}S_{22}S_{44} + S_{11}S_{24}S_{42} + S_{12}S_{21}S_{44} - S_{12}S_{24}S_{41} - S_{14}S_{21}S_{42} + S_{14}S_{41}S_{22} - S_{11}S_{33}S_{44} + \\
&S_{11}S_{34}S_{43} + S_{13}S_{31}S_{44} - S_{13}S_{34}S_{41} - S_{14}S_{31}S_{43} + S_{14}S_{33}S_{41} - S_{22}S_{33}S_{44} + S_{22}S_{34}S_{43} + S_{23}S_{32}S_{44} - \\
&S_{23}S_{34}S_{42} - S_{24}S_{32}S_{43} + S_{24}S_{33}S_{42} + S_{11}S_{22}S_{33}S_{44} - S_{11}S_{22}S_{34}S_{43} - S_{11}S_{23}S_{32}S_{44} + S_{11}S_{23}S_{34}S_{42} + \\
&S_{11}S_{24}S_{32}S_{43} - S_{11}S_{24}S_{33}S_{42} - S_{12}S_{21}S_{33}S_{44} + S_{12}S_{21}S_{34}S_{43} + S_{12}S_{23}S_{31}S_{44} - S_{12}S_{23}S_{34}S_{41} - \\
&S_{12}S_{24}S_{31}S_{43} + S_{12}S_{24}S_{33}S_{41} + S_{13}S_{21}S_{32}S_{44} - S_{13}S_{21}S_{34}S_{42} - S_{13}S_{22}S_{31}S_{44} + S_{13}S_{22}S_{34}S_{41} + \\
&S_{13}S_{24}S_{31}S_{42} - S_{13}S_{24}S_{32}S_{41} - S_{14}S_{21}S_{32}S_{43} + S_{14}S_{21}S_{33}S_{42} + S_{14}S_{22}S_{31}S_{43} - S_{14}S_{22}S_{33}S_{41} - \\
&S_{14}S_{23}S_{31}S_{42} + S_{14}S_{23}S_{32}S_{41}
\end{aligned}
$$

续表

$$
\begin{aligned}
\mathrm{NZ}_{11}=R_1(&1+S_{11}-S_{22}-S_{33}-S_{44}+S_{12}S_{21}-S_{11}S_{22}-S_{11}S_{33}+S_{13}S_{31}-S_{11}S_{44}+S_{14}S_{41}+S_{22}S_{33}-\\
&S_{23}S_{32}+S_{22}S_{44}-S_{24}S_{42}+S_{33}S_{44}-S_{34}S_{43}+S_{11}S_{22}S_{33}-S_{13}S_{22}S_{31}-S_{11}S_{23}S_{32}+S_{12}S_{23}S_{31}+\\
&S_{13}S_{21}S_{32}-S_{12}S_{21}S_{33}+S_{11}S_{22}S_{44}-S_{14}S_{22}S_{41}-S_{11}S_{24}S_{42}+S_{12}S_{24}S_{41}+S_{14}S_{21}S_{42}-\\
&S_{12}S_{21}S_{44}+S_{11}S_{33}S_{44}-S_{14}S_{33}S_{41}-S_{11}S_{34}S_{43}+S_{13}S_{34}S_{41}+S_{14}S_{31}S_{43}-S_{13}S_{31}S_{44}-\\
&S_{22}S_{33}S_{44}+S_{24}S_{33}S_{42}+S_{22}S_{34}S_{43}-S_{23}S_{34}S_{42}-S_{24}S_{32}S_{43}+S_{23}S_{32}S_{44}-S_{11}S_{22}S_{33}S_{44}+\\
&S_{11}S_{22}S_{34}S_{43}+S_{11}S_{23}S_{32}S_{44}-S_{11}S_{23}S_{34}S_{42}-S_{11}S_{24}S_{32}S_{43}+S_{11}S_{24}S_{33}S_{42}+S_{12}S_{21}S_{33}S_{44}-\\
&S_{12}S_{21}S_{34}S_{43}-S_{12}S_{23}S_{31}S_{44}+S_{12}S_{23}S_{34}S_{41}+S_{12}S_{24}S_{31}S_{43}-S_{12}S_{24}S_{33}S_{41}-S_{13}S_{21}S_{32}S_{44}+\\
&S_{13}S_{21}S_{34}S_{42}+S_{13}S_{22}S_{31}S_{44}-S_{13}S_{22}S_{34}S_{41}-S_{13}S_{24}S_{31}S_{42}+S_{13}S_{24}S_{32}S_{41}+S_{14}S_{21}S_{32}S_{43}-\\
&S_{14}S_{21}S_{33}S_{42}-S_{14}S_{22}S_{31}S_{43}+S_{14}S_{22}S_{33}S_{41}+S_{14}S_{23}S_{31}S_{42}-S_{14}S_{23}S_{32}S_{41})+\mathrm{j}X_1(-1+S_{11}+\\
&S_{22}+S_{33}+S_{44}-S_{11}S_{22}+S_{12}S_{21}-S_{22}S_{33}+S_{23}S_{32}-S_{11}S_{33}+S_{13}S_{31}-S_{22}S_{44}+S_{24}S_{42}-\\
&S_{33}S_{44}+S_{34}S_{43}-S_{11}S_{44}+S_{14}S_{41}+S_{11}S_{22}S_{33}-S_{13}S_{31}S_{22}-S_{11}S_{23}S_{32}+S_{12}S_{23}S_{31}+S_{13}S_{21}S_{32}-\\
&S_{12}S_{21}S_{33}+S_{11}S_{22}S_{44}-S_{14}S_{41}S_{22}-S_{11}S_{24}S_{42}+S_{12}S_{24}S_{41}+S_{14}S_{21}S_{42}-S_{12}S_{21}S_{44}+S_{11}S_{33}S_{44}-\\
&S_{14}S_{41}S_{33}-S_{11}S_{34}S_{43}+S_{13}S_{34}S_{41}+S_{14}S_{31}S_{43}-S_{13}S_{31}S_{44}+S_{22}S_{33}S_{44}-S_{24}S_{42}S_{33}-S_{22}S_{34}S_{43}+\\
&S_{23}S_{34}S_{42}+S_{24}S_{32}S_{43}-S_{23}S_{32}S_{44}-S_{11}S_{22}S_{33}S_{44}+S_{11}S_{22}S_{34}S_{43}+S_{11}S_{23}S_{32}S_{44}-S_{11}S_{23}S_{34}S_{42}-\\
&S_{11}S_{24}S_{32}S_{43}+S_{11}S_{24}S_{33}S_{42}+S_{12}S_{21}S_{33}S_{44}-S_{12}S_{21}S_{34}S_{43}-S_{12}S_{23}S_{31}S_{44}+S_{12}S_{23}S_{34}S_{41}+\\
&S_{12}S_{24}S_{31}S_{43}-S_{12}S_{24}S_{33}S_{41}-S_{13}S_{21}S_{32}S_{44}+S_{13}S_{21}S_{34}S_{42}+S_{13}S_{22}S_{31}S_{44}-S_{13}S_{22}S_{34}S_{41}-\\
&S_{13}S_{24}S_{31}S_{42}+S_{13}S_{24}S_{32}S_{41}+S_{14}S_{21}S_{32}S_{43}-S_{14}S_{21}S_{33}S_{42}-S_{14}S_{22}S_{31}S_{43}+S_{14}S_{22}S_{33}S_{41}+\\
&S_{14}S_{23}S_{31}S_{42}-S_{14}S_{23}S_{32}S_{41})
\end{aligned}
$$

$$
\begin{aligned}
\mathrm{NZ}_{22}=R_2(&1-S_{11}+S_{22}-S_{33}-S_{44}+S_{12}S_{21}-S_{11}S_{22}+S_{11}S_{33}-S_{13}S_{31}+S_{11}S_{44}-S_{14}S_{41}-S_{22}S_{33}+\\
&S_{23}S_{32}-S_{22}S_{44}+S_{24}S_{42}+S_{33}S_{44}-S_{34}S_{43}+S_{11}S_{22}S_{33}-S_{13}S_{22}S_{31}-S_{11}S_{23}S_{32}+S_{12}S_{23}S_{31}+\\
&S_{13}S_{21}S_{32}-S_{12}S_{21}S_{33}+S_{11}S_{22}S_{44}-S_{14}S_{22}S_{41}-S_{11}S_{24}S_{42}+S_{12}S_{24}S_{41}+S_{14}S_{21}S_{42}-\\
&S_{12}S_{21}S_{44}-S_{11}S_{33}S_{44}+S_{14}S_{33}S_{41}+S_{11}S_{34}S_{43}-S_{13}S_{34}S_{41}-S_{14}S_{31}S_{43}+S_{13}S_{31}S_{44}+\\
&S_{22}S_{33}S_{44}-S_{24}S_{33}S_{42}-S_{22}S_{34}S_{43}+S_{23}S_{34}S_{42}+S_{24}S_{32}S_{43}-S_{23}S_{32}S_{44}-S_{11}S_{22}S_{33}S_{44}+\\
&S_{11}S_{22}S_{34}S_{43}+S_{11}S_{23}S_{32}S_{44}-S_{11}S_{23}S_{34}S_{42}-S_{11}S_{24}S_{32}S_{43}+S_{11}S_{24}S_{33}S_{42}+S_{12}S_{21}S_{33}S_{44}-\\
&S_{12}S_{21}S_{34}S_{43}-S_{12}S_{23}S_{31}S_{44}+S_{12}S_{23}S_{34}S_{41}+S_{12}S_{24}S_{31}S_{43}-S_{12}S_{24}S_{33}S_{41}-S_{13}S_{21}S_{32}S_{44}+\\
&S_{13}S_{21}S_{34}S_{42}+S_{13}S_{22}S_{31}S_{44}-S_{13}S_{22}S_{34}S_{41}-S_{13}S_{24}S_{31}S_{42}+S_{13}S_{24}S_{32}S_{41}+S_{14}S_{21}S_{32}S_{43}-\\
&S_{14}S_{21}S_{33}S_{42}-S_{14}S_{22}S_{31}S_{43}+S_{14}S_{22}S_{33}S_{41}+S_{14}S_{23}S_{31}S_{42}-S_{14}S_{23}S_{32}S_{41})+\mathrm{j}X_2(-1+S_{11}+\\
&S_{22}+S_{33}+S_{44}-S_{11}S_{22}+S_{12}S_{21}-S_{22}S_{33}+S_{23}S_{32}-S_{11}S_{33}+S_{13}S_{31}-S_{22}S_{44}+S_{24}S_{42}-\\
&S_{33}S_{44}+S_{34}S_{43}-S_{11}S_{44}+S_{14}S_{41}+S_{11}S_{22}S_{33}-S_{13}S_{31}S_{22}-S_{11}S_{23}S_{32}+S_{12}S_{23}S_{31}+S_{13}S_{21}S_{32}-\\
&S_{12}S_{21}S_{33}+S_{11}S_{22}S_{44}-S_{14}S_{41}S_{22}-S_{11}S_{24}S_{42}+S_{12}S_{24}S_{41}+S_{14}S_{21}S_{42}-S_{12}S_{21}S_{44}+S_{11}S_{33}S_{44}-\\
&S_{14}S_{41}S_{33}-S_{11}S_{34}S_{43}+S_{13}S_{34}S_{41}+S_{14}S_{31}S_{43}-S_{13}S_{31}S_{44}+S_{22}S_{33}S_{44}-S_{24}S_{42}S_{33}-S_{22}S_{34}S_{43}+\\
&S_{23}S_{34}S_{42}+S_{24}S_{32}S_{43}-S_{23}S_{32}S_{44}-S_{11}S_{22}S_{33}S_{44}+S_{11}S_{22}S_{34}S_{43}+S_{11}S_{23}S_{32}S_{44}-S_{11}S_{23}S_{34}S_{42}-\\
&S_{11}S_{24}S_{32}S_{43}+S_{11}S_{24}S_{33}S_{42}+S_{12}S_{21}S_{33}S_{44}-S_{12}S_{21}S_{34}S_{43}-S_{12}S_{23}S_{31}S_{44}+S_{12}S_{23}S_{34}S_{41}+\\
&S_{12}S_{24}S_{31}S_{43}-S_{12}S_{24}S_{33}S_{41}-S_{13}S_{21}S_{32}S_{44}+S_{13}S_{21}S_{34}S_{42}+S_{13}S_{22}S_{31}S_{44}-S_{13}S_{22}S_{34}S_{41}-\\
&S_{13}S_{24}S_{31}S_{42}+S_{13}S_{24}S_{32}S_{41}+S_{14}S_{21}S_{32}S_{43}-S_{14}S_{21}S_{33}S_{42}-S_{14}S_{22}S_{31}S_{43}+S_{14}S_{22}S_{33}S_{41}+\\
&S_{14}S_{23}S_{31}S_{42}-S_{14}S_{23}S_{32}S_{41})
\end{aligned}
$$

续表

$$
\begin{aligned}
\mathrm{NZ}_{33}={}&R_3(1-S_{11}-S_{22}+S_{33}-S_{44}-S_{12}S_{21}+S_{11}S_{22}-S_{11}S_{33}+S_{13}S_{31}+S_{11}S_{44}-S_{14}S_{41}-S_{22}S_{33}+\\
&S_{23}S_{32}+S_{22}S_{44}-S_{24}S_{42}-S_{33}S_{44}+S_{34}S_{43}+S_{11}S_{22}S_{33}-S_{13}S_{22}S_{31}-S_{11}S_{23}S_{32}+S_{12}S_{23}S_{31}+\\
&S_{13}S_{21}S_{32}-S_{12}S_{21}S_{33}-S_{11}S_{22}S_{44}+S_{14}S_{22}S_{41}+S_{11}S_{24}S_{42}-S_{12}S_{24}S_{41}-S_{14}S_{21}S_{42}+\\
&S_{12}S_{21}S_{44}+S_{11}S_{33}S_{44}-S_{14}S_{33}S_{41}-S_{11}S_{34}S_{43}+S_{13}S_{34}S_{41}+S_{14}S_{31}S_{43}-S_{13}S_{31}S_{44}+\\
&S_{22}S_{33}S_{44}-S_{24}S_{33}S_{42}-S_{22}S_{34}S_{43}+S_{23}S_{34}S_{42}+S_{24}S_{32}S_{43}-S_{23}S_{32}S_{44}-S_{11}S_{22}S_{33}S_{44}+\\
&S_{11}S_{22}S_{34}S_{43}+S_{11}S_{23}S_{32}S_{44}-S_{11}S_{23}S_{34}S_{42}-S_{11}S_{24}S_{32}S_{43}+S_{11}S_{24}S_{33}S_{42}+S_{12}S_{21}S_{33}S_{44}-\\
&S_{12}S_{21}S_{34}S_{43}-S_{12}S_{23}S_{31}S_{44}+S_{12}S_{23}S_{34}S_{41}+S_{12}S_{24}S_{31}S_{43}-S_{12}S_{24}S_{33}S_{41}-S_{13}S_{21}S_{32}S_{44}+\\
&S_{13}S_{21}S_{34}S_{42}+S_{13}S_{22}S_{31}S_{44}-S_{13}S_{22}S_{34}S_{41}-S_{13}S_{24}S_{31}S_{42}+S_{13}S_{24}S_{32}S_{41}+S_{14}S_{21}S_{32}S_{43}-\\
&S_{14}S_{21}S_{33}S_{42}-S_{14}S_{22}S_{31}S_{43}+S_{14}S_{22}S_{33}S_{41}+S_{14}S_{23}S_{31}S_{42}-S_{14}S_{23}S_{32}S_{41})+\mathrm{j}X_3(-1+S_{11}+\\
&S_{22}+S_{33}+S_{44}-S_{11}S_{22}+S_{12}S_{21}-S_{22}S_{33}+S_{23}S_{32}-S_{11}S_{33}+S_{13}S_{31}-S_{22}S_{44}+S_{24}S_{42}-\\
&S_{33}S_{44}+S_{34}S_{43}-S_{11}S_{44}+S_{14}S_{41}+S_{11}S_{22}S_{33}-S_{13}S_{31}S_{22}-S_{11}S_{23}S_{32}+S_{12}S_{23}S_{31}+S_{13}S_{21}S_{32}-\\
&S_{12}S_{21}S_{33}+S_{11}S_{22}S_{44}-S_{14}S_{41}S_{22}-S_{11}S_{24}S_{42}+S_{12}S_{24}S_{41}+S_{14}S_{21}S_{42}-S_{12}S_{21}S_{44}+S_{11}S_{33}S_{44}-\\
&S_{14}S_{41}S_{33}-S_{11}S_{34}S_{43}+S_{13}S_{34}S_{41}+S_{14}S_{31}S_{43}-S_{13}S_{31}S_{44}+S_{22}S_{33}S_{44}-S_{24}S_{42}S_{33}-S_{22}S_{34}S_{43}+\\
&S_{23}S_{34}S_{42}+S_{24}S_{32}S_{43}-S_{23}S_{32}S_{44}-S_{11}S_{22}S_{33}S_{44}+S_{11}S_{22}S_{34}S_{43}+S_{11}S_{23}S_{32}S_{44}-S_{11}S_{23}S_{34}S_{42}-\\
&S_{11}S_{24}S_{32}S_{43}+S_{11}S_{24}S_{33}S_{42}+S_{12}S_{21}S_{33}S_{44}-S_{12}S_{21}S_{34}S_{43}-S_{12}S_{23}S_{31}S_{44}+S_{12}S_{23}S_{34}S_{41}+\\
&S_{12}S_{24}S_{31}S_{43}-S_{12}S_{24}S_{33}S_{41}-S_{13}S_{21}S_{32}S_{44}+S_{13}S_{21}S_{34}S_{42}+S_{13}S_{22}S_{31}S_{44}-S_{13}S_{22}S_{34}S_{41}-\\
&S_{13}S_{24}S_{31}S_{42}+S_{13}S_{24}S_{32}S_{41}+S_{14}S_{21}S_{32}S_{43}-S_{14}S_{21}S_{33}S_{42}-S_{14}S_{22}S_{31}S_{43}+S_{14}S_{22}S_{33}S_{41}+\\
&S_{14}S_{23}S_{31}S_{42}-S_{14}S_{23}S_{32}S_{41})
\end{aligned}
$$

$$
\begin{aligned}
\mathrm{NZ}_{44}={}&R_4(1-S_{11}-S_{22}-S_{33}+S_{44}-S_{12}S_{21}+S_{11}S_{22}+S_{11}S_{33}-S_{13}S_{31}-S_{11}S_{44}+S_{14}S_{41}+S_{22}S_{33}-\\
&S_{23}S_{32}-S_{22}S_{44}+S_{24}S_{42}-S_{33}S_{44}+S_{34}S_{43}-S_{11}S_{22}S_{33}+S_{13}S_{22}S_{31}+S_{11}S_{23}S_{32}-S_{12}S_{23}S_{31}-\\
&S_{13}S_{21}S_{32}+S_{12}S_{21}S_{33}+S_{11}S_{22}S_{44}-S_{14}S_{22}S_{41}-S_{11}S_{24}S_{42}+S_{12}S_{24}S_{41}+S_{14}S_{21}S_{42}-\\
&S_{12}S_{21}S_{44}+S_{11}S_{33}S_{44}-S_{14}S_{33}S_{41}-S_{11}S_{34}S_{43}+S_{13}S_{34}S_{41}+S_{14}S_{31}S_{43}-S_{13}S_{31}S_{44}+\\
&S_{22}S_{33}S_{44}-S_{24}S_{33}S_{42}-S_{22}S_{34}S_{43}+S_{23}S_{34}S_{42}+S_{24}S_{32}S_{43}-S_{23}S_{32}S_{44}-S_{11}S_{22}S_{33}S_{44}+\\
&S_{11}S_{22}S_{34}S_{43}+S_{11}S_{23}S_{32}S_{44}-S_{11}S_{23}S_{34}S_{42}-S_{11}S_{24}S_{32}S_{43}+S_{11}S_{24}S_{33}S_{42}+S_{12}S_{21}S_{33}S_{44}-\\
&S_{12}S_{21}S_{34}S_{43}-S_{12}S_{23}S_{31}S_{44}+S_{12}S_{23}S_{34}S_{41}+S_{12}S_{24}S_{31}S_{43}-S_{12}S_{24}S_{33}S_{41}-S_{13}S_{21}S_{32}S_{44}+\\
&S_{13}S_{21}S_{34}S_{42}+S_{13}S_{22}S_{31}S_{44}-S_{13}S_{22}S_{34}S_{41}-S_{13}S_{24}S_{31}S_{42}+S_{13}S_{24}S_{32}S_{41}+S_{14}S_{21}S_{32}S_{43}-\\
&S_{14}S_{21}S_{33}S_{42}-S_{14}S_{22}S_{31}S_{43}+S_{14}S_{22}S_{33}S_{41}+S_{14}S_{23}S_{31}S_{42}-S_{14}S_{23}S_{32}S_{41})+\mathrm{j}X_4(-1+S_{11}+\\
&S_{22}+S_{33}+S_{44}-S_{11}S_{22}+S_{12}S_{21}-S_{22}S_{33}+S_{23}S_{32}-S_{11}S_{33}+S_{13}S_{31}-S_{22}S_{44}+S_{24}S_{42}-\\
&S_{33}S_{44}+S_{34}S_{43}-S_{11}S_{44}+S_{14}S_{41}+S_{11}S_{22}S_{33}-S_{13}S_{31}S_{22}-S_{11}S_{23}S_{32}+S_{12}S_{23}S_{31}+S_{13}S_{21}S_{32}-\\
&S_{12}S_{21}S_{33}+S_{11}S_{22}S_{44}-S_{14}S_{41}S_{22}-S_{11}S_{24}S_{42}+S_{12}S_{24}S_{41}+S_{14}S_{21}S_{42}-S_{12}S_{21}S_{44}+S_{11}S_{33}S_{44}-\\
&S_{14}S_{41}S_{33}-S_{11}S_{34}S_{43}+S_{13}S_{34}S_{41}+S_{14}S_{31}S_{43}-S_{13}S_{31}S_{44}+S_{22}S_{33}S_{44}-S_{24}S_{42}S_{33}-S_{22}S_{34}S_{43}+\\
&S_{23}S_{34}S_{42}+S_{24}S_{32}S_{43}-S_{23}S_{32}S_{44}-S_{11}S_{22}S_{33}S_{44}+S_{11}S_{22}S_{34}S_{43}+S_{11}S_{23}S_{32}S_{44}-S_{11}S_{23}S_{34}S_{42}-\\
&S_{11}S_{24}S_{32}S_{43}+S_{11}S_{24}S_{33}S_{42}+S_{12}S_{21}S_{33}S_{44}-S_{12}S_{21}S_{34}S_{43}-S_{12}S_{23}S_{31}S_{44}+S_{12}S_{23}S_{34}S_{41}+\\
&S_{12}S_{24}S_{31}S_{43}-S_{12}S_{24}S_{33}S_{41}-S_{13}S_{21}S_{32}S_{44}+S_{13}S_{21}S_{34}S_{42}+S_{13}S_{22}S_{31}S_{44}-S_{13}S_{22}S_{34}S_{41}-\\
&S_{13}S_{24}S_{31}S_{42}+S_{13}S_{24}S_{32}S_{41}+S_{14}S_{21}S_{32}S_{43}-S_{14}S_{21}S_{33}S_{42}-S_{14}S_{22}S_{31}S_{43}+S_{14}S_{22}S_{33}S_{41}+\\
&S_{14}S_{23}S_{31}S_{42}-S_{14}S_{23}S_{32}S_{41})
\end{aligned}
$$

2.2 广义 N 端口网络 Y 参数与 S 参数之间的转换

2.2.1 Y 参数转换成 S 参数

2.1 节中已经求出了 Z 参数转换成 S 参数的公式，这里我们仍以广义 N 端口网络为例，推导 Y 参数转换成 S 参数的公式。将第 1 章中介绍的导纳矩阵的定义，即式（1-16），代入入射功率波和反射功率波的矩阵表达式中，可以得到：

$$\boldsymbol{a}=\frac{1}{2}\boldsymbol{G}_0(\boldsymbol{V}+\boldsymbol{Z}_0\boldsymbol{Y}\boldsymbol{V}) \tag{2-35a}$$

$$\boldsymbol{b}=\frac{1}{2}\boldsymbol{G}_0(\boldsymbol{V}-\boldsymbol{Z}_0^*\boldsymbol{Y}\boldsymbol{V}) \tag{2-35b}$$

运用矩阵乘法结合律可得：

$$\boldsymbol{a}=\frac{1}{2}\boldsymbol{G}_0(\boldsymbol{E}+\boldsymbol{Z}_0\boldsymbol{Y})\boldsymbol{V} \tag{2-36a}$$

$$\boldsymbol{b}=\frac{1}{2}\boldsymbol{G}_0(\boldsymbol{E}-\boldsymbol{Z}_0^*\boldsymbol{Y})\boldsymbol{V} \tag{2-36b}$$

式中，矩阵 $\boldsymbol{E}$ 是与矩阵 $\boldsymbol{Y}$、$\boldsymbol{V}$、$\boldsymbol{Z}_0$ 同阶的 N 阶单位矩阵。

将式（2-36a）的等式两侧左乘 $(\boldsymbol{E}+\boldsymbol{Z}_0\boldsymbol{Y})^{-1}\boldsymbol{G}_0^{-1}$，可以得到电压矩阵 $\boldsymbol{V}$ 的表达式：

$$2(\boldsymbol{E}+\boldsymbol{Z}_0\boldsymbol{Y})^{-1}\boldsymbol{G}_0^{-1}\boldsymbol{a}=\boldsymbol{V} \tag{2-37}$$

将上式代入式（2-36b）中，消去矩阵 $\boldsymbol{V}$，可得入射功率波矩阵 $\boldsymbol{a}$ 和反射功率波矩阵 $\boldsymbol{b}$ 之间的关系：

$$\boldsymbol{b}=\frac{1}{2}\boldsymbol{G}_0(\boldsymbol{E}-\boldsymbol{Z}_0^*\boldsymbol{Y})\times 2(\boldsymbol{E}+\boldsymbol{Z}_0\boldsymbol{Y})^{-1}\boldsymbol{G}_0^{-1}\boldsymbol{a}=\boldsymbol{G}_0(\boldsymbol{E}-\boldsymbol{Z}_0^*\boldsymbol{Y})(\boldsymbol{E}+\boldsymbol{Z}_0\boldsymbol{Y})^{-1}\boldsymbol{G}_0^{-1}\boldsymbol{a} \tag{2-38}$$

一般来说，网络各端口的端口阻抗是已知量，即矩阵 $\boldsymbol{G}_0$、$\boldsymbol{Z}_0$ 和 $\boldsymbol{Z}_0^*$ 已知。对比式（2-38）和式（1-39）中散射矩阵与功率波矩阵的关系，可以得到 $\boldsymbol{S}$ 矩阵的表达式：

$$\boldsymbol{S}=\boldsymbol{G}_0(\boldsymbol{E}-\boldsymbol{Z}_0^*\boldsymbol{Y})(\boldsymbol{E}+\boldsymbol{Z}_0\boldsymbol{Y})^{-1}\boldsymbol{G}_0^{-1} \tag{2-39}$$

推导得到的式（2-39）与文献［2］中给出的公式一致。由此可见，在已知网络 $\boldsymbol{Y}$ 矩阵和端口阻抗矩阵的情况下，可以通过该式求得网络的 $\boldsymbol{S}$ 矩阵。

2.2.2　S 参数转换成 Y 参数

在 S 参数转换为 Z 参数的推导过程中，已经求得电压矩阵 $\boldsymbol{V}$ 关于电流矩阵 $\boldsymbol{I}$ 的表达式，即式（2-16）。将电流矩阵 $\boldsymbol{I}$ 前面的系数移到电压矩阵 $\boldsymbol{V}$ 的一侧，可得电流矩阵 $\boldsymbol{I}$ 关于电压矩阵 $\boldsymbol{V}$ 的表达式：

$$\boldsymbol{I}=(\boldsymbol{S}\boldsymbol{G}_0\boldsymbol{Z}_0+\boldsymbol{G}_0\boldsymbol{Z}_0^*)^{-1}(\boldsymbol{G}_0-\boldsymbol{S}\boldsymbol{G}_0)\boldsymbol{V} \tag{2-40}$$

对比 $\boldsymbol{Y}$ 矩阵的定义式（1-16），可以得到：

$$\boldsymbol{Y}=(\boldsymbol{S}\boldsymbol{G}_0\boldsymbol{Z}_0+\boldsymbol{G}_0\boldsymbol{Z}_0^*)^{-1}(\boldsymbol{G}_0-\boldsymbol{S}\boldsymbol{G}_0) \tag{2-41}$$

对比式（2-17），可以看到求出的 $\boldsymbol{Y}$ 矩阵是 $\boldsymbol{Z}$ 矩阵的逆矩阵，这符合第 1 章中提到的 Z 参数与 Y 参数的关系。又因 $\boldsymbol{G}_0$、$\boldsymbol{Z}_0$ 和 $\boldsymbol{Z}_0^*$ 是对角矩阵，相乘可交换顺序，因此式（2-41）可变为

$$\boldsymbol{Y}=(\boldsymbol{S}\boldsymbol{Z}_0\boldsymbol{G}_0+\boldsymbol{Z}_0^*\boldsymbol{G}_0)^{-1}(\boldsymbol{G}_0-\boldsymbol{S}\boldsymbol{G}_0) \tag{2-42}$$

运用矩阵乘法结合律可得：

$$\boldsymbol{Y}=[(\boldsymbol{S}\boldsymbol{Z}_0+\boldsymbol{Z}_0^*)\boldsymbol{G}_0]^{-1}(\boldsymbol{E}-\boldsymbol{S})\boldsymbol{G}_0=\boldsymbol{G}_0^{-1}(\boldsymbol{S}\boldsymbol{Z}_0+\boldsymbol{Z}_0^*)^{-1}(\boldsymbol{E}-\boldsymbol{S})\boldsymbol{G}_0 \tag{2-43}$$

式中，矩阵 $\boldsymbol{E}$ 是与矩阵 $\boldsymbol{Z}_0$、$\boldsymbol{Z}_0^*$、$\boldsymbol{G}_0$ 同阶的 N 阶单位矩阵。式（2-43）与文献［2］中给出的公式一致。由此可见，在已知网络 $\boldsymbol{S}$ 矩阵和端口阻抗的情况下，即可求得网络的 $\boldsymbol{Y}$ 矩阵。

2.2.3　广义二端口网络 Y 参数与 S 参数之间的转换

1. Y 参数转换成 S 参数

对于二端口网络，其 $\boldsymbol{Y}$ 矩阵表示如下：

$$\boldsymbol{Y}=\begin{pmatrix} Y_{11} & Y_{12} \\ Y_{21} & Y_{22} \end{pmatrix} \tag{2-44}$$

将式（2-21）中的矩阵 $\boldsymbol{Z}_0$、$\boldsymbol{Z}_0^*$ 和 $\boldsymbol{G}_0$ 以及式（2-44）代入式（2-39）中，可得：

$$\begin{aligned}\boldsymbol{S}&=\boldsymbol{G}_0(\boldsymbol{E}-\boldsymbol{Z}_0^*\boldsymbol{Y})(\boldsymbol{E}+\boldsymbol{Z}_0\boldsymbol{Y})^{-1}\boldsymbol{G}_0^{-1}\\ &=\begin{pmatrix} \dfrac{1}{\sqrt{|R_1|}}(1-Z_1^*Y_{11}) & -\dfrac{1}{\sqrt{|R_1|}}Z_1^*Y_{12} \\ -\dfrac{1}{\sqrt{|R_2|}}Z_2^*Y_{21} & \dfrac{1}{\sqrt{|R_2|}}(1-Z_2^*Y_{22}) \end{pmatrix}\times\\ &\quad\frac{1}{\begin{vmatrix} 1+Z_1Y_{11} & Z_1Y_{12} \\ Z_2Y_{21} & 1+Z_2Y_{22} \end{vmatrix}}\begin{pmatrix} \sqrt{|R_1|}\,\mathrm{AS}_{11} & \sqrt{|R_2|}\,\mathrm{AS}_{21} \\ \sqrt{|R_1|}\,\mathrm{AS}_{12} & \sqrt{|R_2|}\,\mathrm{AS}_{22} \end{pmatrix}\end{aligned} \tag{2-45}$$

式中，$AS_{ij}(i,j=1,2)$为矩阵$(\boldsymbol{E}+\boldsymbol{Z}_0\boldsymbol{Y})$中各元素的代数余子式。将式（2-45）中分母上的行列式表示为 DS，即

$$\begin{aligned}\mathrm{DS}&=\begin{vmatrix}1+Z_1Y_{11} & Z_1Y_{12}\\ Z_2Y_{21} & 1+Z_2Y_{22}\end{vmatrix}\\&=1+Y_{11}R_1+Y_{22}R_2+Y_{11}Y_{22}R_1R_2-Y_{12}Y_{21}R_1R_2-Y_{11}Y_{22}X_1X_2+Y_{12}Y_{21}X_1X_2+\\&\quad \mathrm{j}(Y_{11}X_1+Y_{22}X_2+Y_{11}Y_{22}R_1X_2+Y_{11}Y_{22}R_2X_1-Y_{12}Y_{21}R_1X_2-Y_{12}Y_{21}R_2X_1)\end{aligned}\tag{2-46}$$

将式（2-45）中两个矩阵乘积的结果表示为矩阵 **NS**，即

$$\begin{aligned}\mathbf{NS}&=\begin{pmatrix}\mathrm{NS}_{11} & \mathrm{NS}_{12}\\ \mathrm{NS}_{21} & \mathrm{NS}_{22}\end{pmatrix}\\&=\begin{pmatrix}\dfrac{1}{\sqrt{|R_1|}}(1-Z_1^*Y_{11}) & -\dfrac{1}{\sqrt{|R_1|}}Z_1^*Y_{12}\\ -\dfrac{1}{\sqrt{|R_2|}}Z_2^*Y_{21} & \dfrac{1}{\sqrt{|R_2|}}(1-Z_2^*Y_{22})\end{pmatrix}\times\begin{pmatrix}\sqrt{|R_1|}\mathrm{AS}_{11} & \sqrt{|R_2|}\mathrm{AS}_{21}\\ \sqrt{|R_1|}\mathrm{AS}_{12} & \sqrt{|R_2|}\mathrm{AS}_{22}\end{pmatrix}\end{aligned}\tag{2-47}$$

则矩阵 $\boldsymbol{S}$ 可以简化表示为

$$\boldsymbol{S}=\frac{\mathbf{NS}}{\mathrm{DS}}=\frac{1}{\mathrm{DS}}\begin{pmatrix}\mathrm{NS}_{11} & \mathrm{NS}_{12}\\ \mathrm{NS}_{21} & \mathrm{NS}_{22}\end{pmatrix}\tag{2-48}$$

计算式（2-47）可以得到：

$$\begin{cases}\mathrm{NS}_{11}=1-Y_{11}R_1+Y_{22}R_2-Y_{11}Y_{22}R_1R_2+Y_{12}Y_{21}R_1R_2-Y_{11}Y_{22}X_1X_2+Y_{12}Y_{21}X_1X_2+\\ \qquad \mathrm{j}(Y_{11}X_1+Y_{22}X_2+Y_{11}Y_{22}R_2X_1-Y_{12}Y_{21}R_2X_1-Y_{11}Y_{22}R_1X_2+Y_{12}Y_{21}R_1X_2)\\ \mathrm{NS}_{22}=1-Y_{22}R_2+Y_{11}R_1-Y_{11}Y_{22}R_1R_2+Y_{12}Y_{21}R_1R_2-Y_{11}Y_{22}X_1X_2+Y_{12}Y_{21}X_1X_2+\\ \qquad \mathrm{j}(Y_{22}X_2+Y_{11}X_1+Y_{11}Y_{22}R_1X_2-Y_{12}Y_{21}R_1X_2-Y_{11}Y_{22}R_2X_1+Y_{12}Y_{21}R_2X_1)\\ \mathrm{NS}_{12}=-2R_1\sqrt{\left|\dfrac{R_2}{R_1}\right|}Y_{12},\quad \mathrm{NS}_{21}=-2R_2\sqrt{\left|\dfrac{R_1}{R_2}\right|}Y_{21}\end{cases}\tag{2-49}$$

如果令端口阻抗全部为实阻抗，即 $X_1=X_2=0$，则求得的式（2-46）和式（2-49）变为

$$\begin{cases}\mathrm{DS}=1+Y_{11}R_1+Y_{22}R_2+Y_{11}Y_{22}R_1R_2-Y_{12}Y_{21}R_1R_2\\ \mathrm{NS}_{11}=1-Y_{11}R_1+Y_{22}R_2-Y_{11}Y_{22}R_1R_2+Y_{12}Y_{21}R_1R_2\\ \mathrm{NS}_{22}=1-Y_{22}R_2+Y_{11}R_1-Y_{11}Y_{22}R_1R_2+Y_{12}Y_{21}R_1R_2\\ \mathrm{NS}_{12}=-2R_1\sqrt{\left|\dfrac{R_2}{R_1}\right|}Y_{12},\quad \mathrm{NS}_{21}=-2R_2\sqrt{\left|\dfrac{R_1}{R_2}\right|}Y_{21}\end{cases}\tag{2-50}$$

2. S 参数转换成 Y 参数

对于二端口网络，2.1 节中已经给出了其 **S** 矩阵和 $\boldsymbol{Z}_0$、$\boldsymbol{Z}_0^*$、$\boldsymbol{G}_0$矩阵的表达式，将这些矩阵表达式代入 S 参数转换成 Y 参数的转换公式（2-43）中，可得：

$$\boldsymbol{Y}=\boldsymbol{G}_0^{-1}(\boldsymbol{S}\boldsymbol{Z}_0+\boldsymbol{Z}_0^*)^{-1}(\boldsymbol{E}-\boldsymbol{S})\boldsymbol{G}_0=\frac{1}{\begin{vmatrix} Z_1S_{11}+Z_1^* & Z_2S_{12} \\ Z_1S_{21} & Z_2S_{22}+Z_2^* \end{vmatrix}}\times$$
$$\begin{pmatrix} \sqrt{|R_1|}\mathrm{AY}_{11} & \sqrt{|R_1|}\mathrm{AY}_{21} \\ \sqrt{|R_2|}\mathrm{AY}_{12} & \sqrt{|R_2|}\mathrm{AY}_{22} \end{pmatrix}\times\begin{pmatrix} \frac{1}{\sqrt{|R_1|}}(1-S_{11}) & -\frac{1}{\sqrt{|R_2|}}S_{12} \\ -\frac{1}{\sqrt{|R_1|}}S_{21} & \frac{1}{\sqrt{|R_2|}}(1-S_{22}) \end{pmatrix} \tag{2-51}$$

式中，$\mathrm{AY}_{ij}(i,j=1,2)$为矩阵$(\boldsymbol{S}\boldsymbol{Z}_0+\boldsymbol{Z}_0^*)$中各元素的代数余子式。将式（2-51）分母中的行列式表示为 DY，即

$$\begin{aligned}\mathrm{DY}&=\begin{vmatrix} Z_1S_{11}+Z_1^* & Z_2S_{12} \\ Z_1S_{21} & Z_2S_{22}+Z_2^* \end{vmatrix}\\ &=R_1R_2-X_1X_2+R_1R_2S_{11}+X_1X_2S_{11}+R_1R_2S_{22}+\\ &\quad X_1X_2S_{22}+R_1R_2S_{11}S_{22}-X_1X_2S_{11}S_{22}-R_1R_2S_{12}S_{21}+\\ &\quad X_1X_2S_{12}S_{21}+\mathrm{j}(-R_1X_2-R_2X_1-R_1X_2S_{11}+R_2X_1S_{11}+\\ &\quad R_1X_2S_{22}-R_2X_1S_{22}+R_1X_2S_{11}S_{22}+R_2X_1S_{11}S_{22}-\\ &\quad R_1X_2S_{12}S_{21}-R_2X_1S_{12}S_{21})\end{aligned} \tag{2-52}$$

将式（2-51）中两个矩阵乘积的结果表示为矩阵 **NY**，即

$$\begin{aligned}\mathbf{NY}&=\begin{pmatrix} \mathrm{NY}_{11} & \mathrm{NY}_{12} \\ \mathrm{NY}_{21} & \mathrm{NY}_{22} \end{pmatrix}\\ &=\begin{pmatrix} \sqrt{|R_1|}\mathrm{AY}_{11} & \sqrt{|R_1|}\mathrm{AY}_{21} \\ \sqrt{|R_2|}\mathrm{AY}_{12} & \sqrt{|R_2|}\mathrm{AY}_{22} \end{pmatrix}\times\begin{pmatrix} \frac{1}{\sqrt{|R_1|}}(1-S_{11}) & -\frac{1}{\sqrt{|R_2|}}S_{12} \\ -\frac{1}{\sqrt{|R_1|}}S_{21} & \frac{1}{\sqrt{|R_2|}}(1-S_{22}) \end{pmatrix}\end{aligned} \tag{2-53}$$

则矩阵 $\boldsymbol{Y}$ 可以表示为

$$\boldsymbol{Y}=\frac{\mathbf{NY}}{\mathrm{DY}}=\frac{1}{\mathrm{DY}}\begin{pmatrix}\mathrm{NY}_{11} & \mathrm{NY}_{12}\\ \mathrm{NY}_{21} & \mathrm{NY}_{22}\end{pmatrix} \tag{2-54}$$

通过计算式（2-51）可以得到：

$$\begin{cases}\mathrm{NY}_{11}=R_2-R_2S_{11}+R_2S_{22}+R_2S_{12}S_{21}-R_2S_{11}S_{22}+\\ \qquad \mathrm{j}(-X_2+X_2S_{11}+X_2S_{22}-X_2S_{11}S_{22}+X_2S_{12}S_{21})\\ \mathrm{NY}_{22}=R_1+R_1S_{11}-R_1S_{22}+R_1S_{12}S_{21}-R_1S_{11}S_{22}+\\ \qquad \mathrm{j}(-X_1+X_1S_{11}+X_1S_{22}-X_1S_{11}S_{22}+X_1S_{12}S_{21})\\ \mathrm{NY}_{12}=-2R_2\sqrt{\left|\dfrac{R_1}{R_2}\right|}S_{12},\quad \mathrm{NY}_{21}=-2R_1\sqrt{\left|\dfrac{R_2}{R_1}\right|}S_{21}\end{cases} \tag{2-55}$$

如果令端口阻抗全部为实阻抗，即 $X_1=X_2=0$，则求得的式（2-52）和式（2-55）变为

$$\begin{cases}\mathrm{DY}=R_1R_2+R_1R_2S_{11}+R_1R_2S_{22}+R_1R_2S_{11}S_{22}-R_1R_2S_{12}S_{21}\\ \mathrm{NY}_{11}=R_2-R_2S_{11}+R_2S_{22}+R_2S_{12}S_{21}-R_2S_{11}S_{22}\\ \mathrm{NY}_{22}=R_1+R_1S_{11}-R_1S_{22}+R_1S_{12}S_{21}-R_1S_{11}S_{22}\\ \mathrm{NY}_{12}=-2R_2\sqrt{\left|\dfrac{R_1}{R_2}\right|}S_{12},\quad \mathrm{NY}_{21}=-2R_1\sqrt{\left|\dfrac{R_2}{R_1}\right|}S_{21}\end{cases} \tag{2-56}$$

可以看到当端口阻抗为实数时，求得的二端口网络 Y 参数与 S 参数之间的转换式（2-50）及式（2-56）与文献［3］中给出的公式一致。对于复数端口阻抗，推导得到的式（2-49）及式（2-55）与文献［4］中给出的公式一致，几乎适用于所有二端口网络。

2.2.4 广义一端口至四端口网络 *Y* 参数与 *S* 参数之间的转换公式

本节以表格的形式给出广义一端口至四端口网络 S 参数与 Y 参数之间相互转换的公式，见表 2-9 至表 2-16。

1. *Y* 参数转换成 *S* 参数的公式

表 2-9 至表 2-12 给出了广义一端口至四端口网络 Y 参数转换成 S 参数的公式。

表 2-9 广义一端口网络 *Y* 参数转换成 *S* 参数的公式

NS_{ij}	1
1	$1-Y_{11}R_1+\mathrm{j}Y_{11}X_1$
$\mathrm{DS}=1+Y_{11}R_1+\mathrm{j}Y_{11}X_1$	

表 2-10　广义二端口网络 Y 参数转换成 S 参数的公式

NS_{ij}	1	2
1	$1-Y_{11}R_1+Y_{22}R_2-Y_{11}Y_{22}R_1R_2+Y_{12}Y_{21}R_1R_2-Y_{11}Y_{22}X_1X_2+Y_{12}Y_{21}X_1X_2+\mathrm{j}(Y_{11}X_1+Y_{22}X_2+Y_{11}Y_{22}R_2X_1-Y_{12}Y_{21}R_2X_1-Y_{11}Y_{22}R_1X_2+Y_{12}Y_{21}R_1X_2)$	$-2R_1\sqrt{\left\|\frac{R_2}{R_1}\right\|}Y_{12}$
2	$-2R_2\sqrt{\left\|\frac{R_1}{R_2}\right\|}Y_{21}$	$1-Y_{22}R_2+Y_{11}R_1-Y_{11}Y_{22}R_1R_2+Y_{12}Y_{21}R_1R_2-Y_{11}Y_{22}X_1X_2+Y_{12}Y_{21}X_1X_2+\mathrm{j}(Y_{22}X_2+Y_{11}X_1+Y_{11}Y_{22}R_1X_2-Y_{12}Y_{21}R_1X_2-Y_{11}Y_{22}R_2X_1+Y_{12}Y_{21}R_2X_1)$
$DS=1+Y_{11}R_1+Y_{22}R_2+Y_{11}Y_{22}R_1R_2-Y_{12}Y_{21}R_1R_2-Y_{11}Y_{22}X_1X_2+Y_{12}Y_{21}X_1X_2+\mathrm{j}(Y_{11}X_1+Y_{22}X_2+Y_{11}Y_{22}R_1X_2+Y_{11}Y_{22}R_2X_1-Y_{12}Y_{21}R_1X_2-Y_{12}Y_{21}R_2X_1)$		

表 2-11　广义三端口网络 Y 参数转换成 S 参数的公式

NS_{ij}	1	2	3
1	—	$-2R_1\sqrt{\left\|\frac{R_2}{R_1}\right\|}[Y_{12}+Y_{33}Y_{12}R_3-Y_{32}Y_{13}R_3+\mathrm{j}(Y_{33}Y_{12}X_3-Y_{32}Y_{13}X_3)]$	$-2R_1\sqrt{\left\|\frac{R_3}{R_1}\right\|}[Y_{13}+Y_{22}Y_{13}R_2-Y_{23}Y_{12}R_2+\mathrm{j}(Y_{22}Y_{13}X_2-Y_{23}Y_{12}X_2)]$
2	$-2R_2\sqrt{\left\|\frac{R_1}{R_2}\right\|}[Y_{21}+Y_{33}Y_{21}R_3-Y_{31}Y_{23}R_3+\mathrm{j}(Y_{33}Y_{21}X_3-Y_{31}Y_{23}X_3)]$	—	$-2R_2\sqrt{\left\|\frac{R_3}{R_2}\right\|}[Y_{23}+Y_{11}Y_{23}R_1-Y_{13}Y_{21}R_1+\mathrm{j}(Y_{11}Y_{23}X_1-Y_{13}Y_{21}X_1)]$
3	$-2R_3\sqrt{\left\|\frac{R_1}{R_3}\right\|}[Y_{31}+Y_{22}Y_{31}R_2-Y_{21}Y_{32}R_2+\mathrm{j}(Y_{22}Y_{31}X_2-Y_{21}Y_{32}X_2)]$	$-2R_3\sqrt{\left\|\frac{R_2}{R_3}\right\|}[Y_{32}+Y_{11}Y_{32}R_1-Y_{12}Y_{31}R_1+\mathrm{j}(Y_{11}Y_{32}X_1-Y_{12}Y_{31}X_1)]$	—
$DS=1+Y_{11}R_1+Y_{22}R_2+Y_{33}R_3+(R_1R_2-X_1X_2)(Y_{11}Y_{22}-Y_{12}Y_{21})+(R_1R_3-X_1X_3)(Y_{11}Y_{33}-Y_{13}Y_{31})+(R_3R_2-X_3X_2)(Y_{33}Y_{22}-Y_{32}Y_{23})+(Y_{11}Y_{22}Y_{33}+Y_{12}Y_{23}Y_{31}+Y_{13}Y_{21}Y_{32}-Y_{13}Y_{31}Y_{22}-Y_{23}Y_{32}Y_{11}-Y_{12}Y_{21}Y_{33})(R_1R_2R_3-R_3X_1X_2-R_1X_2X_3-R_2X_1X_3)+\mathrm{j}[Y_{11}X_1+Y_{22}X_2+Y_{33}X_3+(R_1X_2+R_2X_1)\times(Y_{11}Y_{22}-Y_{12}Y_{21})+(R_1X_3+R_3X_1)(Y_{11}Y_{33}-Y_{13}Y_{31})+(R_3X_2+R_2X_3)(Y_{33}Y_{22}-Y_{32}Y_{23})+(Y_{11}Y_{22}Y_{33}+Y_{12}Y_{23}Y_{31}+Y_{13}Y_{21}Y_{32}-Y_{13}Y_{31}Y_{22}-Y_{23}Y_{32}Y_{11}-Y_{12}Y_{21}Y_{33})(R_1R_3X_2+R_2R_3X_1+R_1R_2X_3-X_1X_2X_3)]$			

续表

$$NS_{11}=1-Y_{11}R_1+Y_{22}R_2+Y_{33}R_3-(Y_{11}Y_{22}-Y_{12}Y_{21})(R_1R_2+X_1X_2)-(Y_{11}Y_{33}-Y_{13}Y_{31})(R_1R_3+X_1X_3)+(Y_{22}Y_{33}-Y_{23}Y_{32})(R_2R_3-X_2X_3)+(Y_{11}Y_{22}Y_{33}+Y_{12}Y_{23}Y_{31}+Y_{13}Y_{21}Y_{32}-Y_{13}Y_{31}Y_{22}-Y_{23}Y_{32}Y_{11}-Y_{12}Y_{21}Y_{33})\times(-R_1R_2R_3+R_1X_2X_3-R_2X_1X_3-R_3X_1X_2)+\mathrm{j}[Y_{11}X_1+Y_{22}X_2+Y_{33}X_3+(Y_{11}Y_{22}-Y_{12}Y_{21})(R_2X_1-R_1X_2)+(Y_{11}Y_{33}-Y_{13}Y_{31})(R_3X_1-R_1X_3)+(Y_{22}Y_{33}-Y_{23}Y_{32})(R_2X_3+R_3X_2)+(Y_{11}Y_{22}Y_{33}+Y_{12}Y_{23}Y_{31}+Y_{13}Y_{21}Y_{32}-Y_{13}Y_{31}Y_{22}-Y_{23}Y_{32}Y_{11}-Y_{12}Y_{21}Y_{33})(-R_1R_2X_3-R_1R_3X_2+R_2R_3X_1-X_1X_2X_3)]$$

$$NS_{22}=1-Y_{22}R_2+Y_{11}R_1+Y_{33}R_3-(Y_{11}Y_{22}-Y_{12}Y_{21})(R_1R_2+X_1X_2)-(Y_{22}Y_{33}-Y_{23}Y_{32})(R_2R_3+X_2X_3)+(Y_{11}Y_{33}-Y_{13}Y_{31})(R_1R_3-X_1X_3)+(Y_{11}Y_{22}Y_{33}+Y_{12}Y_{23}Y_{31}+Y_{13}Y_{21}Y_{32}-Y_{13}Y_{31}Y_{22}-Y_{23}Y_{32}Y_{11}-Y_{12}Y_{21}Y_{33})\times(-R_1R_2R_3+R_2X_1X_3-R_1X_2X_3-R_3X_1X_2)+\mathrm{j}[Y_{11}X_1+Y_{22}X_2+Y_{33}X_3+(Y_{11}Y_{22}-Y_{12}Y_{21})(R_1X_2-R_2X_1)+(Y_{22}Y_{33}-Y_{23}Y_{32})(R_3X_2-R_2X_3)+(Y_{11}Y_{33}-Y_{13}Y_{31})(R_1X_3+R_3X_1)+(Y_{11}Y_{22}Y_{33}+Y_{12}Y_{23}Y_{31}+Y_{13}Y_{21}Y_{32}-Y_{13}Y_{31}Y_{22}-Y_{23}Y_{32}Y_{11}-Y_{12}Y_{21}Y_{33})(-R_1R_2X_3-R_2R_3X_1+R_1R_3X_2-X_1X_2X_3)]$$

$$NS_{33}=1-Y_{33}R_3+Y_{11}R_1+Y_{22}R_2-(Y_{11}Y_{33}-Y_{13}Y_{31})(R_1R_3+X_1X_3)-(Y_{22}Y_{33}-Y_{23}Y_{32})(R_2R_3+X_2X_3)+(Y_{11}Y_{22}-Y_{12}Y_{21})(R_1R_2-X_1X_2)+(Y_{11}Y_{22}Y_{33}+Y_{12}Y_{23}Y_{31}+Y_{13}Y_{21}Y_{32}-Y_{13}Y_{31}Y_{22}-Y_{23}Y_{32}Y_{11}-Y_{12}Y_{21}Y_{33})\times(-R_1R_2R_3+R_3X_1X_2-R_1X_2X_3-R_2X_1X_3)+\mathrm{j}[Y_{33}X_3+Y_{11}X_1+Y_{22}X_2+(Y_{11}Y_{33}-Y_{13}Y_{31})(R_1X_3-R_3X_1)+(Y_{22}Y_{33}-Y_{23}Y_{32})(R_2X_3-R_3X_2)+(Y_{11}Y_{22}-Y_{12}Y_{21})(R_1X_2+R_2X_1)+(Y_{11}Y_{22}Y_{33}+Y_{12}Y_{23}Y_{31}+Y_{13}Y_{21}Y_{32}-Y_{13}Y_{31}Y_{22}-Y_{23}Y_{32}Y_{11}-Y_{12}Y_{21}Y_{33})(-R_1R_3X_2-R_2R_3X_1+R_1R_2X_3-X_1X_2X_3)]$$

表 2-12 广义四端口网络 Y 参数转换成 S 参数的公式

NS_{ij}	1	2	3	4
1	—	$-2R_1\sqrt{\left\|\frac{R_2}{R_1}\right\|}\{Y_{12}+(Y_{33}Y_{12}-Y_{32}Y_{13})R_3+(Y_{44}Y_{12}-Y_{42}Y_{14})R_4+(Y_{33}Y_{44}Y_{12}+Y_{34}Y_{42}Y_{13}+Y_{32}Y_{43}Y_{14}-Y_{32}Y_{44}Y_{13}-Y_{33}Y_{42}Y_{14}-Y_{34}Y_{43}Y_{12})\times R_3R_4-(Y_{33}Y_{44}Y_{12}+Y_{34}Y_{42}Y_{13}+Y_{32}Y_{43}Y_{14}-Y_{32}Y_{44}Y_{13}-Y_{33}Y_{42}Y_{14}-Y_{34}Y_{43}Y_{12})X_3X_4+\mathrm{j}[(Y_{33}Y_{12}-Y_{32}Y_{13})X_3+(Y_{44}Y_{12}-Y_{42}Y_{14})X_4+(Y_{33}Y_{44}Y_{12}+Y_{34}Y_{42}Y_{13}+Y_{32}Y_{43}Y_{14}-Y_{32}Y_{44}Y_{13}-Y_{33}Y_{42}Y_{14}-Y_{34}Y_{43}Y_{12})\times R_3X_4+(Y_{33}Y_{44}Y_{12}+Y_{34}Y_{42}Y_{13}+Y_{32}Y_{43}Y_{14}-Y_{32}Y_{44}Y_{13}-Y_{33}Y_{42}Y_{14}-Y_{34}Y_{43}Y_{12})R_4X_3]\}$	$-2R_1\sqrt{\left\|\frac{R_3}{R_1}\right\|}\{Y_{13}+(Y_{22}Y_{13}-Y_{23}Y_{12})R_2+(Y_{44}Y_{13}-Y_{43}Y_{14})R_4+(Y_{22}Y_{44}Y_{13}+Y_{24}Y_{43}Y_{12}+Y_{23}Y_{42}Y_{14}-Y_{23}Y_{44}Y_{12}-Y_{24}Y_{42}Y_{13}-Y_{22}Y_{43}Y_{14})\times R_2R_4-(Y_{22}Y_{44}Y_{13}+Y_{24}Y_{43}Y_{12}+Y_{23}Y_{42}Y_{14}-Y_{23}Y_{44}Y_{12}-Y_{24}Y_{42}Y_{13}-Y_{22}Y_{43}Y_{14})X_2X_4+\mathrm{j}[(Y_{22}Y_{13}-Y_{23}Y_{12})X_2+(Y_{44}Y_{13}-Y_{43}Y_{14})X_4+(Y_{22}Y_{44}Y_{13}+Y_{24}Y_{43}Y_{12}+Y_{23}Y_{42}Y_{14}-Y_{23}Y_{44}Y_{12}-Y_{24}Y_{42}Y_{13}-Y_{22}Y_{43}Y_{14})\times R_2X_4+(Y_{22}Y_{44}Y_{13}+Y_{24}Y_{43}Y_{12}+Y_{23}Y_{42}Y_{14}-Y_{23}Y_{44}Y_{12}-Y_{24}Y_{42}Y_{13}-Y_{22}Y_{43}Y_{14})R_4X_2]\}$	$-2R_1\sqrt{\left\|\frac{R_4}{R_1}\right\|}\{Y_{14}+(Y_{22}Y_{14}-Y_{24}Y_{12})R_2+(Y_{33}Y_{14}-Y_{34}Y_{13})R_3+(Y_{22}Y_{33}Y_{14}+Y_{24}Y_{32}Y_{13}+Y_{23}Y_{34}Y_{12}-Y_{24}Y_{33}Y_{12}-Y_{23}Y_{32}Y_{14}-Y_{22}Y_{34}Y_{13})\times R_2R_3-(Y_{22}Y_{33}Y_{14}+Y_{24}Y_{32}Y_{13}+Y_{23}Y_{34}Y_{12}-Y_{24}Y_{33}Y_{12}-Y_{23}Y_{32}Y_{14}-Y_{22}Y_{34}Y_{13})X_2X_3+\mathrm{j}[(Y_{22}Y_{14}-Y_{24}Y_{12})X_2+(Y_{33}Y_{14}-Y_{34}Y_{13})X_3+(Y_{22}Y_{33}Y_{14}+Y_{24}Y_{32}Y_{13}+Y_{23}Y_{34}Y_{12}-Y_{24}Y_{33}Y_{12}-Y_{23}Y_{32}Y_{14}-Y_{22}Y_{34}Y_{13})\times R_2X_3+(Y_{22}Y_{33}Y_{14}+Y_{24}Y_{32}Y_{13}+Y_{23}Y_{34}Y_{12}-Y_{24}Y_{33}Y_{12}-Y_{23}Y_{32}Y_{14}-Y_{22}Y_{34}Y_{13})R_3X_2]\}$

续表

NS_{ij}	1	2	3	4
2	$-2R_2\sqrt{\left\lvert\frac{R_1}{R_2}\right\rvert}\{Y_{21}+(Y_{33}Y_{21}-Y_{31}Y_{23})R_3+(Y_{44}Y_{21}-Y_{41}Y_{24})R_4+(Y_{33}Y_{44}Y_{21}+Y_{34}Y_{41}Y_{23}+Y_{31}Y_{43}Y_{24}-Y_{23}Y_{31}Y_{44}-Y_{21}Y_{34}Y_{43}-Y_{24}Y_{33}Y_{41})\times R_3R_4-(Y_{33}Y_{44}Y_{21}+Y_{34}Y_{41}Y_{23}+Y_{31}Y_{43}Y_{24}-Y_{23}Y_{31}Y_{44}-Y_{21}Y_{34}Y_{43}-Y_{24}Y_{33}Y_{41})X_3X_4+j[(Y_{33}Y_{21}-Y_{31}Y_{23})X_3+(Y_{44}Y_{21}-Y_{41}Y_{23})X_4+(Y_{33}Y_{44}Y_{21}+Y_{34}Y_{41}Y_{23}+Y_{31}Y_{43}Y_{24}-Y_{23}Y_{31}Y_{44}-Y_{21}Y_{34}Y_{43}-Y_{24}Y_{33}Y_{41})\times R_3X_4+(Y_{33}Y_{44}Y_{21}+Y_{34}Y_{41}Y_{23}+Y_{31}Y_{43}Y_{24}-Y_{23}Y_{31}Y_{44}-Y_{21}Y_{34}Y_{43}-Y_{24}Y_{33}Y_{41})R_4X_3]\}$	—	$-2R_2\sqrt{\left\lvert\frac{R_3}{R_2}\right\rvert}\{Y_{23}+(Y_{11}Y_{23}-Y_{13}Y_{21})R_1+(Y_{44}Y_{23}-Y_{43}Y_{24})R_4+(Y_{11}Y_{44}Y_{23}+Y_{14}Y_{43}Y_{21}+Y_{13}Y_{41}Y_{24}-Y_{13}Y_{21}Y_{44}-Y_{11}Y_{24}Y_{43}-Y_{14}Y_{23}Y_{41})\times R_1R_4-(Y_{11}Y_{44}Y_{23}+Y_{14}Y_{43}Y_{21}+Y_{13}Y_{41}Y_{24}-Y_{13}Y_{21}Y_{44}-Y_{11}Y_{24}Y_{43}-Y_{14}Y_{23}Y_{41})X_1X_4+j[(Y_{11}Y_{23}-Y_{13}Y_{21})X_1+(Y_{44}Y_{23}-Y_{43}Y_{24})X_4+(Y_{11}Y_{44}Y_{23}+Y_{14}Y_{43}Y_{21}+Y_{13}Y_{41}Y_{24}-Y_{13}Y_{21}Y_{44}-Y_{11}Y_{24}Y_{43}-Y_{14}Y_{23}Y_{41})\times R_1X_4+(Y_{11}Y_{44}Y_{23}+Y_{14}Y_{43}Y_{21}+Y_{13}Y_{41}Y_{24}-Y_{13}Y_{21}Y_{44}-Y_{11}Y_{24}Y_{43}-Y_{14}Y_{23}Y_{41})R_4X_1]\}$	$-2R_2\sqrt{\left\lvert\frac{R_4}{R_2}\right\rvert}\{Y_{24}+(Y_{11}Y_{24}-Y_{14}Y_{21})R_1+(Y_{33}Y_{24}-Y_{34}Y_{23})R_3+(Y_{11}Y_{33}Y_{24}+Y_{13}Y_{34}Y_{21}+Y_{14}Y_{31}Y_{23}-Y_{14}Y_{21}Y_{33}-Y_{11}Y_{34}Y_{23}-Y_{13}Y_{24}Y_{31})\times R_1R_3-(Y_{11}Y_{33}Y_{24}+Y_{13}Y_{34}Y_{21}+Y_{14}Y_{31}Y_{23}-Y_{14}Y_{21}Y_{33}-Y_{11}Y_{34}Y_{23}-Y_{13}Y_{24}Y_{31})X_1X_3+j[(Y_{11}Y_{24}-Y_{14}Y_{21})X_1+(Y_{33}Y_{24}-Y_{34}Y_{23})X_3+(Y_{11}Y_{33}Y_{24}+Y_{13}Y_{34}Y_{21}+Y_{14}Y_{31}Y_{23}-Y_{14}Y_{21}Y_{33}-Y_{11}Y_{34}Y_{23}-Y_{13}Y_{24}Y_{31})\times R_1X_3+(Y_{11}Y_{33}Y_{24}+Y_{13}Y_{34}Y_{21}+Y_{14}Y_{31}Y_{23}-Y_{14}Y_{21}Y_{33}-Y_{11}Y_{34}Y_{23}-Y_{13}Y_{24}Y_{31})R_3X_1]\}$
3	$-2R_3\sqrt{\left\lvert\frac{R_1}{R_3}\right\rvert}\{Y_{31}+(Y_{22}Y_{31}-Y_{21}Y_{32})R_2+(Y_{44}Y_{31}-Y_{41}Y_{34})R_4+(Y_{22}Y_{44}Y_{31}+Y_{24}Y_{32}Y_{41}+Y_{21}Y_{34}Y_{42}-Y_{21}Y_{32}Y_{44}-Y_{24}Y_{31}Y_{42}-Y_{22}Y_{34}Y_{41})\times R_2R_4-(Y_{22}Y_{44}Y_{31}+Y_{24}Y_{32}Y_{41}+Y_{21}Y_{34}Y_{42}-Y_{21}Y_{32}Y_{44}-Y_{24}Y_{31}Y_{42}-Y_{22}Y_{34}Y_{41})X_2X_4+j[(Y_{22}Y_{31}-Y_{21}Y_{32})X_2+(Y_{44}Y_{31}-Y_{41}Y_{34})X_4+(Y_{22}Y_{44}Y_{31}+Y_{24}Y_{32}Y_{41}+Y_{21}Y_{34}Y_{42}-Y_{21}Y_{32}Y_{44}-Y_{24}Y_{31}Y_{42}-Y_{22}Y_{34}Y_{41})\times R_2X_4+(Y_{22}Y_{44}Y_{31}+Y_{24}Y_{32}Y_{41}+Y_{21}Y_{34}Y_{42}-Y_{21}Y_{32}Y_{44}-Y_{24}Y_{31}Y_{42}-Y_{22}Y_{34}Y_{41})R_4X_2]\}$	$-2R_3\sqrt{\left\lvert\frac{R_2}{R_3}\right\rvert}\{Y_{32}+(Y_{11}Y_{32}-Y_{12}Y_{31})R_1+(Y_{44}Y_{32}-Y_{42}Y_{34})R_4+(Y_{11}Y_{44}Y_{32}+Y_{14}Y_{31}Y_{42}+Y_{12}Y_{34}Y_{41}-Y_{12}Y_{31}Y_{44}-Y_{14}Y_{32}Y_{41}-Y_{11}Y_{34}Y_{42})\times R_1R_4-(Y_{11}Y_{44}Y_{32}+Y_{14}Y_{31}Y_{42}+Y_{12}Y_{34}Y_{41}-Y_{12}Y_{31}Y_{44}-Y_{14}Y_{32}Y_{41}-Y_{11}Y_{34}Y_{42})X_1X_4+j[(Y_{11}Y_{32}-Y_{12}Y_{31})X_1+(Y_{44}Y_{32}-Y_{42}Y_{34})X_4+(Y_{11}Y_{44}Y_{32}+Y_{14}Y_{31}Y_{42}+Y_{12}Y_{34}Y_{41}-Y_{12}Y_{31}Y_{44}-Y_{14}Y_{32}Y_{41}-Y_{11}Y_{34}Y_{42})\times R_1X_4+(Y_{11}Y_{44}Y_{32}+Y_{14}Y_{31}Y_{42}+Y_{12}Y_{34}Y_{41}-Y_{12}Y_{31}Y_{44}-Y_{14}Y_{32}Y_{41}-Y_{11}Y_{34}Y_{42})R_4X_1]\}$	—	$-2R_3\sqrt{\left\lvert\frac{R_4}{R_3}\right\rvert}\{Y_{34}+(Y_{11}Y_{34}-Y_{14}Y_{31})R_1+(Y_{22}Y_{34}-Y_{24}Y_{32})R_2+(Y_{11}Y_{22}Y_{34}+Y_{12}Y_{24}Y_{31}+Y_{14}Y_{21}Y_{32}-Y_{14}Y_{22}Y_{31}-Y_{11}Y_{24}Y_{32}-Y_{12}Y_{21}Y_{34})\times R_1R_2-(Y_{11}Y_{22}Y_{34}+Y_{12}Y_{24}Y_{31}+Y_{14}Y_{21}Y_{32}-Y_{14}Y_{22}Y_{31}-Y_{11}Y_{24}Y_{32}-Y_{12}Y_{21}Y_{34})X_1X_2+j[(Y_{11}Y_{34}-Y_{14}Y_{31})X_1+(Y_{22}Y_{34}-Y_{24}Y_{32})X_2+(Y_{11}Y_{22}Y_{34}+Y_{12}Y_{24}Y_{31}+Y_{14}Y_{21}Y_{32}-Y_{14}Y_{22}Y_{31}-Y_{11}Y_{24}Y_{32}-Y_{12}Y_{21}Y_{34})\times R_1X_2+(Y_{11}Y_{22}Y_{34}+Y_{12}Y_{24}Y_{31}+Y_{14}Y_{21}Y_{32}-Y_{14}Y_{22}Y_{31}-Y_{11}Y_{24}Y_{32}-Y_{12}Y_{21}Y_{34})R_2X_1]\}$

续表

NS_{ij}	1	2	3	4
4	$-2R_4\sqrt{\left\|\frac{R_1}{R_4}\right\|}\{Y_{41}+(Y_{22}Y_{41}-Y_{21}Y_{42})R_2+(Y_{33}Y_{41}-Y_{31}Y_{43})R_3+(Y_{22}Y_{33}Y_{41}+Y_{23}Y_{31}Y_{42}+Y_{21}Y_{32}Y_{43}-Y_{21}Y_{33}Y_{42}-Y_{23}Y_{32}Y_{41}-Y_{22}Y_{31}Y_{43})\times R_2R_3-(Y_{22}Y_{33}Y_{41}+Y_{23}Y_{31}Y_{42}+Y_{21}Y_{32}Y_{43}-Y_{21}Y_{33}Y_{42}-Y_{23}Y_{32}Y_{41}-Y_{22}Y_{31}Y_{43})X_2X_3+j[(Y_{22}Y_{41}-Y_{21}Y_{42})X_2+(Y_{33}Y_{41}-Y_{31}Y_{43})X_3+(Y_{22}Y_{33}Y_{41}+Y_{23}Y_{31}Y_{42}+Y_{21}Y_{32}Y_{43}-Y_{21}Y_{33}Y_{42}-Y_{23}Y_{32}Y_{41}-Y_{22}Y_{31}Y_{43})\times R_2X_3+(Y_{22}Y_{33}Y_{41}+Y_{23}Y_{31}Y_{42}+Y_{21}Y_{32}Y_{43}-Y_{21}Y_{33}Y_{42}-Y_{23}Y_{32}Y_{41}-Y_{22}Y_{31}Y_{43})R_3X_2]\}$	$-2R_4\sqrt{\left\|\frac{R_2}{R_4}\right\|}\{Y_{42}+(Y_{11}Y_{42}-Y_{12}Y_{41})R_1+(Y_{33}Y_{42}-Y_{32}Y_{43})R_3+(Y_{11}Y_{33}Y_{42}+Y_{13}Y_{32}Y_{41}+Y_{12}Y_{31}Y_{43}-Y_{12}Y_{33}Y_{41}-Y_{13}Y_{31}Y_{42}-Y_{11}Y_{32}Y_{43})\times R_1R_3-(Y_{11}Y_{33}Y_{42}+Y_{13}Y_{32}Y_{41}+Y_{12}Y_{31}Y_{43}-Y_{12}Y_{33}Y_{41}-Y_{13}Y_{31}Y_{42}-Y_{11}Y_{32}Y_{43})X_1X_3+j[(Y_{11}Y_{42}-Y_{12}Y_{41})X_1+(Y_{33}Y_{42}-Y_{32}Y_{43})X_3+(Y_{11}Y_{33}Y_{42}+Y_{13}Y_{32}Y_{41}+Y_{12}Y_{31}Y_{43}-Y_{12}Y_{33}Y_{41}-Y_{13}Y_{31}Y_{42}-Y_{11}Y_{32}Y_{43})\times R_1X_3+(Y_{11}Y_{33}Y_{42}+Y_{13}Y_{32}Y_{41}+Y_{12}Y_{31}Y_{43}-Y_{12}Y_{33}Y_{41}-Y_{13}Y_{31}Y_{42}-Y_{11}Y_{32}Y_{43})R_3X_1]\}$	$-2R_4\sqrt{\left\|\frac{R_3}{R_4}\right\|}\{Y_{43}+(Y_{11}Y_{43}-Y_{13}Y_{41})R_1+(Y_{22}Y_{43}-Y_{23}Y_{42})R_2+(Y_{11}Y_{22}Y_{43}+Y_{12}Y_{23}Y_{41}+Y_{13}Y_{21}Y_{42}-Y_{13}Y_{22}Y_{41}-Y_{12}Y_{21}Y_{43}-Y_{11}Y_{23}Y_{42})\times R_1R_2-(Y_{11}Y_{22}Y_{43}+Y_{12}Y_{23}Y_{41}+Y_{13}Y_{21}Y_{42}-Y_{13}Y_{22}Y_{41}-Y_{12}Y_{21}Y_{43}-Y_{11}Y_{23}Y_{42})X_1X_2+j[(Y_{11}Y_{43}-Y_{13}Y_{41})X_1+(Y_{22}Y_{43}-Y_{23}Y_{42})X_2+(Y_{11}Y_{22}Y_{43}+Y_{12}Y_{23}Y_{41}+Y_{13}Y_{21}Y_{42}-Y_{13}Y_{22}Y_{41}-Y_{12}Y_{21}Y_{43}-Y_{11}Y_{23}Y_{42})\times R_1X_2+(Y_{11}Y_{22}Y_{43}+Y_{12}Y_{23}Y_{41}+Y_{13}Y_{21}Y_{42}-Y_{13}Y_{22}Y_{41}-Y_{12}Y_{21}Y_{43}-Y_{11}Y_{23}Y_{42})R_2X_1]\}$	—

$$
\begin{aligned}
DS=&1+Y_{11}R_1+Y_{22}R_2+Y_{33}R_3+Y_{44}R_4+(R_1R_2-X_1X_2)(Y_{11}Y_{22}-Y_{12}Y_{21})+(R_1R_3-X_1X_3)(Y_{11}Y_{33}-Y_{13}Y_{31})+\\
&(R_3R_2-X_3X_2)(Y_{33}Y_{22}-Y_{32}Y_{23})+(R_1R_4-X_1X_4)(Y_{11}Y_{44}-Y_{14}Y_{41})+(R_4R_2-X_4X_2)(Y_{44}Y_{22}-Y_{42}Y_{24})+\\
&(R_3R_4-X_3X_4)(Y_{33}Y_{44}-Y_{34}Y_{43})+(R_1R_2R_3-R_3X_1X_2-R_1X_2X_3-R_2X_1X_3)(Y_{11}Y_{22}Y_{33}+Y_{12}Y_{23}Y_{31}+Y_{13}Y_{21}Y_{32}-\\
&Y_{13}Y_{31}Y_{22}-Y_{23}Y_{32}Y_{11}-Y_{12}Y_{21}Y_{33})+(R_1R_2R_4-R_4X_1X_2-R_1X_2X_4-R_2X_1X_4)(Y_{11}Y_{22}Y_{44}+Y_{12}Y_{24}Y_{41}+Y_{14}Y_{21}Y_{42}-\\
&Y_{14}Y_{41}Y_{22}-Y_{24}Y_{42}Y_{11}-Y_{12}Y_{21}Y_{44})+(R_1R_3R_4-R_4X_1X_3-R_1X_3X_4-R_3X_1X_4)(Y_{11}Y_{33}Y_{44}+Y_{13}Y_{34}Y_{41}+Y_{14}Y_{31}Y_{43}-\\
&Y_{14}Y_{41}Y_{33}-Y_{34}Y_{43}Y_{11}-Y_{13}Y_{31}Y_{44})+(R_2R_3R_4-R_4X_2X_3-R_2X_3X_4-R_3X_2X_4)(Y_{22}Y_{33}Y_{44}+Y_{23}Y_{34}Y_{42}+Y_{24}Y_{32}Y_{43}-\\
&Y_{24}Y_{42}Y_{33}-Y_{34}Y_{43}Y_{22}-Y_{23}Y_{32}Y_{44})+(R_1R_2R_3R_4-R_1R_2X_3X_4-R_1R_3X_2X_4-R_1R_4X_2X_3-R_2R_3X_1X_4-\\
&R_2R_4X_1X_3-R_3R_4X_1X_2+X_1X_2X_3X_4)(Y_{11}Y_{22}Y_{33}Y_{44}+Y_{11}Y_{23}Y_{34}Y_{42}+Y_{11}Y_{24}Y_{32}Y_{43}+Y_{12}Y_{21}Y_{34}Y_{43}+Y_{12}Y_{23}Y_{31}Y_{44}+\\
&Y_{12}Y_{24}Y_{33}Y_{41}+Y_{13}Y_{21}Y_{32}Y_{44}+Y_{13}Y_{22}Y_{34}Y_{41}+Y_{13}Y_{24}Y_{31}Y_{42}+Y_{14}Y_{21}Y_{33}Y_{42}+Y_{14}Y_{22}Y_{31}Y_{43}+Y_{14}Y_{23}Y_{32}Y_{41}-Y_{11}Y_{22}Y_{34}Y_{43}-\\
&Y_{11}Y_{23}Y_{32}Y_{44}-Y_{11}Y_{24}Y_{33}Y_{42}-Y_{12}Y_{21}Y_{33}Y_{44}-Y_{12}Y_{23}Y_{34}Y_{41}-Y_{12}Y_{24}Y_{31}Y_{43}-Y_{13}Y_{21}Y_{34}Y_{42}-Y_{13}Y_{22}Y_{31}Y_{44}-Y_{13}Y_{24}Y_{32}Y_{41}-\\
&Y_{14}Y_{21}Y_{32}Y_{43}-Y_{14}Y_{22}Y_{33}Y_{41}-Y_{14}Y_{23}Y_{31}Y_{42})+j[Y_{11}X_1+Y_{22}X_2+Y_{33}X_3+Y_{44}X_4+(R_1X_2+R_2X_1)(Y_{11}Y_{22}-Y_{12}Y_{21})+\\
&(R_1X_3+R_3X_1)(Y_{11}Y_{33}-Y_{13}Y_{31})+(R_1X_4+R_4X_1)(Y_{11}Y_{44}-Y_{14}Y_{41})+(R_2X_3+R_3X_2)(Y_{22}Y_{33}-Y_{23}Y_{32})+(R_2X_4+\\
&R_4X_2)(Y_{22}Y_{44}-Y_{24}Y_{42})+(R_3X_4+R_4X_3)(Y_{33}Y_{44}-Y_{34}Y_{43})+(R_1R_3X_2+R_2R_3X_1+R_1R_2X_3-X_1X_2X_3)\times\\
&(Y_{11}Y_{22}Y_{33}+Y_{12}Y_{23}Y_{31}+Y_{13}Y_{21}Y_{32}-Y_{13}Y_{31}Y_{22}-Y_{23}Y_{32}Y_{11}-Y_{12}Y_{21}Y_{33})+(R_1R_4X_2+R_2R_4X_1+R_1R_2X_4-X_1X_2X_4)\times\\
&(Y_{11}Y_{22}Y_{44}+Y_{12}Y_{24}Y_{41}+Y_{14}Y_{21}Y_{42}-Y_{14}Y_{41}Y_{22}-Y_{24}Y_{42}Y_{11}-Y_{12}Y_{21}Y_{44})+(R_1R_4X_3+R_3R_4X_1+R_1R_3X_4-X_1X_3X_4)\times\\
&(Y_{11}Y_{33}Y_{44}+Y_{13}Y_{34}Y_{41}+Y_{14}Y_{31}Y_{43}-Y_{14}Y_{41}Y_{33}-Y_{34}Y_{43}Y_{11}-Y_{13}Y_{31}Y_{44})+(R_2R_4X_3+R_3R_4X_2+R_2R_3X_4-X_2X_3X_4)\times\\
&(Y_{22}Y_{33}Y_{44}+Y_{23}Y_{34}Y_{42}+Y_{24}Y_{32}Y_{43}-Y_{24}Y_{42}Y_{33}-Y_{34}Y_{43}Y_{22}-Y_{23}Y_{32}Y_{44})+(R_1R_2R_3X_4+R_1R_2R_4X_3+R_1R_3R_4X_2+\\
&R_2R_3R_4X_1-R_1X_2X_3X_4-R_2X_1X_3X_4-R_3X_1X_2X_4-R_4X_1X_2X_3)(Y_{11}Y_{22}Y_{33}Y_{44}+Y_{11}Y_{23}Y_{34}Y_{42}+Y_{11}Y_{24}Y_{32}Y_{43}+\\
&Y_{12}Y_{21}Y_{34}Y_{43}+Y_{12}Y_{23}Y_{31}Y_{44}+Y_{12}Y_{24}Y_{33}Y_{41}+Y_{13}Y_{21}Y_{32}Y_{44}+Y_{13}Y_{22}Y_{34}Y_{41}+Y_{13}Y_{24}Y_{31}Y_{42}+Y_{14}Y_{21}Y_{33}Y_{42}+Y_{14}Y_{22}Y_{31}Y_{43}+\\
&Y_{14}Y_{23}Y_{32}Y_{41}-Y_{11}Y_{22}Y_{34}Y_{43}-Y_{11}Y_{23}Y_{32}Y_{44}-Y_{11}Y_{24}Y_{33}Y_{42}-Y_{12}Y_{21}Y_{33}Y_{44}-Y_{12}Y_{23}Y_{34}Y_{41}-Y_{12}Y_{24}Y_{31}Y_{43}-Y_{13}Y_{21}Y_{34}Y_{42}-\\
&Y_{13}Y_{22}Y_{31}Y_{44}-Y_{13}Y_{24}Y_{32}Y_{41}-Y_{14}Y_{21}Y_{32}Y_{43}-Y_{14}Y_{22}Y_{33}Y_{41}-Y_{14}Y_{23}Y_{31}Y_{42}]
\end{aligned}
$$

续表

$$\begin{aligned}
\mathrm{NS}_{11} = {} & 1-Y_{11}R_1+Y_{22}R_2+Y_{33}R_3+Y_{44}R_4-(Y_{11}Y_{22}-Y_{12}Y_{21})(R_1R_2+X_1X_2)-(Y_{11}Y_{33}-Y_{13}Y_{31})(R_1R_3+X_1X_3)- \\
& (Y_{11}Y_{44}-Y_{14}Y_{41})(R_1R_4+X_1X_4)+(Y_{22}Y_{33}-Y_{23}Y_{32})(R_2R_3-X_2X_3)+(Y_{22}Y_{44}-Y_{24}Y_{42})(R_2R_4-X_2X_4)+ \\
& (Y_{33}Y_{44}-Y_{34}Y_{43})(R_3R_4-X_3X_4)+(R_1X_2X_3-R_1R_2R_3-R_2X_1X_3-R_3X_1X_2)(Y_{11}Y_{22}Y_{33}+Y_{12}Y_{23}Y_{31}+Y_{13}Y_{21}Y_{32}- \\
& Y_{13}Y_{31}Y_{22}-Y_{23}Y_{32}Y_{11}-Y_{12}Y_{21}Y_{33})+(R_1X_2X_4-R_1R_2R_4-R_2X_1X_4-R_4X_1X_2)(Y_{11}Y_{22}Y_{44}+Y_{12}Y_{24}Y_{41}+Y_{14}Y_{21}Y_{42}- \\
& Y_{14}Y_{41}Y_{22}-Y_{24}Y_{42}Y_{11}-Y_{12}Y_{21}Y_{44})+(R_1X_3X_4-R_1R_3R_4-R_3X_1X_4-R_4X_1X_3)(Y_{11}Y_{33}Y_{44}+Y_{13}Y_{34}Y_{41}+Y_{14}Y_{31}Y_{43}- \\
& Y_{14}Y_{41}Y_{33}-Y_{34}Y_{43}Y_{11}-Y_{13}Y_{31}Y_{44})+(R_2R_3R_4-R_4X_2X_3-R_2X_3X_4-R_3X_2X_4)(Y_{22}Y_{33}Y_{44}+Y_{23}Y_{34}Y_{42}+ \\
& Y_{24}Y_{32}Y_{43}-Y_{24}Y_{42}Y_{33}-Y_{34}Y_{43}Y_{22}-Y_{23}Y_{32}Y_{44})+(R_1R_4X_2X_3+R_1R_2X_3X_4+R_1R_3X_2X_4-R_1R_2R_3R_4+ \\
& X_1X_2X_3X_4-R_2R_3X_1X_4-R_2R_4X_1X_3-R_3R_4X_1X_2)(Y_{11}Y_{22}Y_{33}Y_{44}+Y_{11}Y_{23}Y_{34}Y_{42}+Y_{11}Y_{24}Y_{32}Y_{43}+Y_{12}Y_{21}Y_{34}Y_{43}+ \\
& Y_{12}Y_{23}Y_{31}Y_{44}+Y_{12}Y_{24}Y_{33}Y_{41}+Y_{13}Y_{21}Y_{32}Y_{44}+Y_{13}Y_{22}Y_{34}Y_{41}+Y_{13}Y_{24}Y_{31}Y_{42}+Y_{14}Y_{21}Y_{33}Y_{42}+Y_{14}Y_{22}Y_{31}Y_{43}+Y_{14}Y_{23}Y_{32}Y_{41}- \\
& Y_{11}Y_{22}Y_{34}Y_{43}-Y_{11}Y_{23}Y_{32}Y_{44}-Y_{11}Y_{24}Y_{33}Y_{42}-Y_{12}Y_{21}Y_{33}Y_{44}-Y_{12}Y_{23}Y_{34}Y_{41}-Y_{12}Y_{24}Y_{31}Y_{43}-Y_{13}Y_{21}Y_{34}Y_{42}-Y_{13}Y_{22}Y_{31}Y_{44}- \\
& Y_{13}Y_{24}Y_{32}Y_{41}-Y_{14}Y_{21}Y_{32}Y_{43}-Y_{14}Y_{22}Y_{33}Y_{41}-Y_{14}Y_{23}Y_{31}Y_{42})+\mathrm{j}[Y_{11}X_1+Y_{22}X_2+Y_{33}X_3+Y_{44}X_4+(Y_{11}Y_{22}-Y_{12}Y_{21})\times \\
& (R_2X_1-R_1X_2)+(Y_{11}Y_{33}-Y_{13}Y_{31})(R_3X_1-R_1X_3)+(Y_{11}Y_{44}-Y_{14}Y_{41})(R_4X_1-R_1X_4)+(Y_{22}Y_{33}-Y_{23}Y_{32})\times \\
& (R_2X_3+R_3X_2)+(Y_{22}Y_{44}-Y_{24}Y_{42})(R_2X_4+R_4X_2)+(Y_{33}Y_{44}-Y_{34}Y_{43})(R_3X_4+R_4X_3)+(R_2R_3X_1- \\
& X_1X_2X_3-R_1R_2X_3-R_1R_3X_2)(Y_{11}Y_{22}Y_{33}+Y_{12}Y_{23}Y_{31}+Y_{13}Y_{21}Y_{32}-Y_{13}Y_{31}Y_{22}-Y_{23}Y_{32}Y_{11}-Y_{12}Y_{21}Y_{33})+(R_2R_4X_1- \\
& X_1X_2X_4-R_1R_2X_4-R_1R_4X_2)(Y_{11}Y_{22}Y_{44}+Y_{12}Y_{24}Y_{41}+Y_{14}Y_{21}Y_{42}-Y_{14}Y_{41}Y_{22}-Y_{24}Y_{42}Y_{11}-Y_{12}Y_{21}Y_{44})+(R_3R_4X_1- \\
& X_1X_3X_4-R_1R_3X_4-R_1R_4X_3)(Y_{11}Y_{33}Y_{44}+Y_{13}Y_{34}Y_{41}+Y_{14}Y_{31}Y_{43}-Y_{14}Y_{41}Y_{33}-Y_{34}Y_{43}Y_{11}-Y_{13}Y_{31}Y_{44})+(R_2R_3X_4- \\
& X_2X_3X_4+R_2R_4X_3+R_3R_4X_2)(Y_{22}Y_{33}Y_{44}+Y_{23}Y_{34}Y_{42}+Y_{24}Y_{32}Y_{43}-Y_{24}Y_{42}Y_{33}-Y_{34}Y_{43}Y_{22}-Y_{23}Y_{32}Y_{44})+ \\
& (R_1X_2X_3X_4-R_2R_3R_1X_4-R_2R_4R_1X_3-R_3R_4R_1X_2+R_2R_3R_4X_1-R_4X_1X_2X_3-R_2X_1X_3X_4-R_3X_1X_2X_4)\times \\
& (Y_{11}Y_{22}Y_{33}Y_{44}+Y_{11}Y_{23}Y_{34}Y_{42}+Y_{11}Y_{24}Y_{32}Y_{43}+Y_{12}Y_{21}Y_{34}Y_{43}+Y_{12}Y_{23}Y_{31}Y_{44}+Y_{12}Y_{24}Y_{33}Y_{41}+Y_{13}Y_{21}Y_{32}Y_{44}+Y_{13}Y_{22}Y_{34}Y_{41}+ \\
& Y_{13}Y_{24}Y_{31}Y_{42}+Y_{14}Y_{21}Y_{33}Y_{42}+Y_{14}Y_{22}Y_{31}Y_{43}+Y_{14}Y_{23}Y_{32}Y_{41}-Y_{11}Y_{22}Y_{34}Y_{43}-Y_{11}Y_{23}Y_{32}Y_{44}-Y_{11}Y_{24}Y_{33}Y_{42}-Y_{12}Y_{21}Y_{33}Y_{44}- \\
& Y_{12}Y_{23}Y_{34}Y_{41}-Y_{12}Y_{24}Y_{31}Y_{43}-Y_{13}Y_{21}Y_{34}Y_{42}-Y_{13}Y_{22}Y_{31}Y_{44}-Y_{13}Y_{24}Y_{32}Y_{41}-Y_{14}Y_{21}Y_{32}Y_{43}-Y_{14}Y_{22}Y_{33}Y_{41}-Y_{14}Y_{23}Y_{31}Y_{42})]
\end{aligned}$$

$$\begin{aligned}
\mathrm{NS}_{22} = {} & 1-Y_{22}R_2+Y_{11}R_1+Y_{33}R_3+Y_{44}R_4-(Y_{11}Y_{22}-Y_{12}Y_{21})(R_1R_2+X_1X_2)-(Y_{22}Y_{33}-Y_{23}Y_{32})(R_2R_3+X_2X_3)- \\
& (Y_{22}Y_{44}-Y_{24}Y_{42})(R_2R_4+X_2X_4)+(Y_{11}Y_{33}-Y_{13}Y_{31})(R_1R_3-X_1X_3)+(Y_{11}Y_{44}-Y_{14}Y_{41})(R_1R_4-X_1X_4)+ \\
& (Y_{33}Y_{44}-Y_{34}Y_{43})(R_3R_4-X_3X_4)+(R_2X_1X_3-R_1R_2R_3-R_1X_2X_3-R_3X_2X_1)(Y_{11}Y_{22}Y_{33}+Y_{12}Y_{23}Y_{31}+Y_{13}Y_{21}Y_{32}- \\
& Y_{13}Y_{31}Y_{22}-Y_{23}Y_{32}Y_{11}-Y_{12}Y_{21}Y_{33})+(R_2X_1X_4-R_1R_2R_4-R_1X_2X_4-R_4X_2X_1)(Y_{11}Y_{22}Y_{44}+Y_{12}Y_{24}Y_{41}+Y_{14}Y_{21}Y_{42}- \\
& Y_{14}Y_{41}Y_{22}-Y_{24}Y_{42}Y_{11}-Y_{12}Y_{21}Y_{44})+(R_2X_3X_4-R_2R_3R_4-R_3X_2X_4-R_4X_2X_3)(Y_{22}Y_{33}Y_{44}+Y_{23}Y_{34}Y_{42}+ \\
& Y_{24}Y_{32}Y_{43}-Y_{24}Y_{42}Y_{33}-Y_{34}Y_{43}Y_{22}-Y_{23}Y_{32}Y_{44})+(R_1R_3R_4-R_4X_1X_3-R_1X_3X_4-R_3X_1X_4)(Y_{11}Y_{33}Y_{44}+Y_{13}Y_{34}Y_{41}+ \\
& Y_{14}Y_{31}Y_{43}-Y_{14}Y_{41}Y_{33}-Y_{34}Y_{43}Y_{11}-Y_{13}Y_{31}Y_{44})+(R_2R_4X_1X_3+R_1R_2X_3X_4+R_2R_3X_1X_4-R_1R_2R_3R_4+ \\
& X_1X_2X_3X_4-R_1R_3X_2X_4-R_1R_4X_2X_3-R_3R_4X_1X_2)(Y_{11}Y_{22}Y_{33}Y_{44}+Y_{11}Y_{23}Y_{34}Y_{42}+Y_{11}Y_{24}Y_{32}Y_{43}+Y_{12}Y_{21}Y_{34}Y_{43}+ \\
& Y_{12}Y_{23}Y_{31}Y_{44}+Y_{12}Y_{24}Y_{33}Y_{41}+Y_{13}Y_{21}Y_{32}Y_{44}+Y_{13}Y_{22}Y_{34}Y_{41}+Y_{13}Y_{24}Y_{31}Y_{42}+Y_{14}Y_{21}Y_{33}Y_{42}+Y_{14}Y_{22}Y_{31}Y_{43}+Y_{14}Y_{23}Y_{32}Y_{41}- \\
& Y_{11}Y_{22}Y_{34}Y_{43}-Y_{11}Y_{23}Y_{32}Y_{44}-Y_{11}Y_{24}Y_{33}Y_{42}-Y_{12}Y_{21}Y_{33}Y_{44}-Y_{12}Y_{23}Y_{34}Y_{41}-Y_{12}Y_{24}Y_{31}Y_{43}-Y_{13}Y_{21}Y_{34}Y_{42}-Y_{13}Y_{22}Y_{31}Y_{44}- \\
& Y_{13}Y_{24}Y_{32}Y_{41}-Y_{14}Y_{21}Y_{32}Y_{43}-Y_{14}Y_{22}Y_{33}Y_{41}-Y_{14}Y_{23}Y_{31}Y_{42})+\mathrm{j}[Y_{11}X_1+Y_{22}X_2+Y_{33}X_3+Y_{44}X_4+(Y_{11}Y_{22}-Y_{12}Y_{21})\times \\
& (R_1X_2-R_2X_1)+(Y_{22}Y_{33}-Y_{23}Y_{32})(R_3X_2-R_2X_3)+(Y_{22}Y_{44}-Y_{24}Y_{42})(R_4X_2-R_2X_4)+(Y_{11}Y_{33}-Y_{13}Y_{31})\times \\
& (R_1X_3+R_3X_1)+(Y_{11}Y_{44}-Y_{14}Y_{41})(R_1X_4+R_4X_1)+(Y_{33}Y_{44}-Y_{34}Y_{43})(R_3X_4+R_4X_3)+(R_1R_3X_2-X_1X_2X_3- \\
& R_1R_2X_3-R_2R_3X_1)(Y_{11}Y_{22}Y_{33}+Y_{12}Y_{23}Y_{31}+Y_{13}Y_{21}Y_{32}-Y_{13}Y_{31}Y_{22}-Y_{23}Y_{32}Y_{11}-Y_{12}Y_{21}Y_{33})+(R_1R_4X_2-X_1X_2X_4- \\
& R_1R_2X_4-R_4R_2X_1)(Y_{11}Y_{22}Y_{44}+Y_{12}Y_{24}Y_{41}+Y_{14}Y_{21}Y_{42}-Y_{14}Y_{41}Y_{22}-Y_{24}Y_{42}Y_{11}-Y_{12}Y_{21}Y_{44})+(R_3R_4X_2-X_2X_3X_4- \\
& R_2R_3X_4-R_2R_4X_3)(Y_{22}Y_{33}Y_{44}+Y_{23}Y_{34}Y_{42}+Y_{24}Y_{32}Y_{43}-Y_{24}Y_{42}Y_{33}-Y_{34}Y_{43}Y_{22}-Y_{23}Y_{32}Y_{44})+(R_1R_3X_4- \\
& X_1X_3X_4+R_1R_4X_3+R_3R_4X_1)(Y_{11}Y_{33}Y_{44}+Y_{13}Y_{34}Y_{41}+Y_{14}Y_{31}Y_{43}-Y_{14}Y_{41}Y_{33}-Y_{34}Y_{43}Y_{11}-Y_{13}Y_{31}Y_{44})+ \\
& (R_2X_1X_3X_4-R_2R_3R_1X_4-R_2R_4R_1X_3-R_3R_4R_2X_1+R_1R_3R_4X_2-R_4X_1X_2X_3-R_1X_2X_3X_4-R_3X_1X_2X_4)\times \\
& (Y_{11}Y_{22}Y_{33}Y_{44}+Y_{11}Y_{23}Y_{34}Y_{42}+Y_{11}Y_{24}Y_{32}Y_{43}+Y_{12}Y_{21}Y_{34}Y_{43}+Y_{12}Y_{23}Y_{31}Y_{44}+Y_{12}Y_{24}Y_{33}Y_{41}+Y_{13}Y_{21}Y_{32}Y_{44}+Y_{13}Y_{22}Y_{34}Y_{41}+ \\
& Y_{13}Y_{24}Y_{31}Y_{42}+Y_{14}Y_{21}Y_{33}Y_{42}+Y_{14}Y_{22}Y_{31}Y_{43}+Y_{14}Y_{23}Y_{32}Y_{41}-Y_{11}Y_{22}Y_{34}Y_{43}-Y_{11}Y_{23}Y_{32}Y_{44}-Y_{11}Y_{24}Y_{33}Y_{42}-Y_{12}Y_{21}Y_{33}Y_{44}- \\
& Y_{12}Y_{23}Y_{34}Y_{41}-Y_{12}Y_{24}Y_{31}Y_{43}-Y_{13}Y_{21}Y_{34}Y_{42}-Y_{13}Y_{22}Y_{31}Y_{44}-Y_{13}Y_{24}Y_{32}Y_{41}-Y_{14}Y_{21}Y_{32}Y_{43}-Y_{14}Y_{22}Y_{33}Y_{41}-Y_{14}Y_{23}Y_{31}Y_{42})]
\end{aligned}$$

续表

$$
\begin{aligned}
\mathrm{NS}_{33}={}&1-Y_{33}R_3+Y_{11}R_1+Y_{22}R_1+Y_{44}R_4-(Y_{11}Y_{33}-Y_{13}Y_{31})(R_1R_3+X_1X_3)-(Y_{22}Y_{33}-Y_{23}Y_{32})(R_2R_3+X_2X_3)-\\
&(Y_{33}Y_{44}-Y_{34}Y_{43})(R_3R_4+X_3X_4)+(Y_{11}Y_{22}-Y_{12}Y_{21})(R_1R_2-X_1X_2)+(Y_{11}Y_{44}-Y_{14}Y_{41})(R_1R_4-X_1X_4)+\\
&(Y_{22}Y_{44}-Y_{24}Y_{42})(R_2R_4-X_2X_4)+(R_3X_1X_2-R_1R_2R_3-R_1X_2X_3-R_2X_1X_3)(Y_{11}Y_{22}Y_{33}+Y_{12}Y_{23}Y_{31}+Y_{13}Y_{21}Y_{32}-\\
&Y_{13}Y_{31}Y_{22}-Y_{23}Y_{32}Y_{11}-Y_{12}Y_{21}Y_{33})+(R_3X_1X_4-R_1R_3R_4-R_1X_4X_3-R_4X_1X_3)(Y_{11}Y_{33}Y_{44}+Y_{13}Y_{34}Y_{41}+Y_{14}Y_{31}Y_{43}-\\
&Y_{14}Y_{41}Y_{33}-Y_{34}Y_{43}Y_{11}-Y_{13}Y_{31}Y_{44})+(R_3X_2X_4-R_2R_3R_4-R_2X_4X_3-R_4X_2X_3)(Y_{22}Y_{33}Y_{44}+Y_{23}Y_{34}Y_{42}+\\
&Y_{24}Y_{32}Y_{43}-Y_{24}Y_{42}Y_{33}-Y_{34}Y_{43}Y_{22}-Y_{23}Y_{32}Y_{44})+(R_1R_2R_4-R_4X_1X_2-R_1X_2X_4-R_2X_1X_4)(Y_{11}Y_{22}Y_{44}+Y_{12}Y_{24}Y_{41}+\\
&Y_{14}Y_{21}Y_{42}-Y_{14}Y_{41}Y_{22}-Y_{24}Y_{42}Y_{11}-Y_{12}Y_{21}Y_{44})+(R_3R_4X_1X_2+R_1R_3X_2X_4+R_2R_3X_1X_4-R_1R_2R_3R_4+\\
&X_1X_2X_3X_4-R_1R_2X_3X_4-R_1R_4X_2X_3-R_2R_4X_1X_3)(Y_{11}Y_{22}Y_{33}Y_{44}+Y_{11}Y_{23}Y_{34}Y_{42}+Y_{11}Y_{24}Y_{32}Y_{43}+Y_{12}Y_{21}Y_{34}Y_{43}+\\
&Y_{12}Y_{23}Y_{31}Y_{44}+Y_{12}Y_{24}Y_{33}Y_{41}+Y_{13}Y_{21}Y_{32}Y_{44}+Y_{13}Y_{22}Y_{34}Y_{41}+Y_{13}Y_{24}Y_{31}Y_{42}+Y_{14}Y_{21}Y_{33}Y_{42}+Y_{14}Y_{22}Y_{31}Y_{43}+Y_{14}Y_{23}Y_{32}Y_{41}-\\
&Y_{11}Y_{22}Y_{34}Y_{43}-Y_{11}Y_{23}Y_{32}Y_{44}-Y_{11}Y_{24}Y_{33}Y_{42}-Y_{12}Y_{21}Y_{33}Y_{44}-Y_{12}Y_{23}Y_{34}Y_{41}-Y_{12}Y_{24}Y_{31}Y_{43}-Y_{13}Y_{21}Y_{34}Y_{42}-Y_{13}Y_{22}Y_{31}Y_{44}-\\
&Y_{13}Y_{24}Y_{32}Y_{41}-Y_{14}Y_{21}Y_{32}Y_{43}-Y_{14}Y_{22}Y_{33}Y_{41}-Y_{14}Y_{23}Y_{31}Y_{42})+\mathrm{j}[Y_{11}X_1+Y_{22}X_2+Y_{33}X_3+Y_{44}X_4+(Y_{11}Y_{33}-Y_{13}Y_{31})\times\\
&(R_1X_3-R_3X_1)+(Y_{22}Y_{33}-Y_{23}Y_{32})(R_2X_3-R_3X_2)+(Y_{33}Y_{44}-Y_{34}Y_{43})(R_4X_3-R_3X_4)+(Y_{11}Y_{22}-Y_{12}Y_{21})\times\\
&(R_1X_2+R_2X_1)+(Y_{11}Y_{44}-Y_{14}Y_{41})(R_1X_4+R_4X_1)+(Y_{22}Y_{44}-Y_{24}Y_{42})(R_2X_4+R_4X_2)+(R_1R_2X_3-X_1X_2X_3-\\
&R_1R_3X_2-R_2R_3X_1)(Y_{11}Y_{22}Y_{33}+Y_{12}Y_{23}Y_{31}+Y_{13}Y_{21}Y_{32}-Y_{13}Y_{31}Y_{22}-Y_{23}Y_{32}Y_{11}-Y_{12}Y_{21}Y_{33})+(R_1R_4X_3-X_1X_3X_4-\\
&R_1R_3X_4-R_4R_3X_1)(Y_{11}Y_{33}Y_{44}+Y_{13}Y_{34}Y_{41}+Y_{14}Y_{31}Y_{43}-Y_{14}Y_{41}Y_{33}-Y_{34}Y_{43}Y_{11}-Y_{13}Y_{31}Y_{44})+(R_2R_4X_3-X_2X_3X_4-\\
&R_2R_3X_4-R_4R_3X_2)(Y_{22}Y_{33}Y_{44}+Y_{23}Y_{34}Y_{42}+Y_{24}Y_{32}Y_{43}-Y_{24}Y_{42}Y_{33}-Y_{34}Y_{43}Y_{22}-Y_{23}Y_{32}Y_{44})+(R_1R_2X_4-\\
&X_1X_2X_4+R_1R_4X_2+R_2R_4X_1)(Y_{11}Y_{22}Y_{44}+Y_{12}Y_{24}Y_{41}+Y_{14}Y_{21}Y_{42}-Y_{14}Y_{41}Y_{22}-Y_{24}Y_{42}Y_{11}-Y_{12}Y_{21}Y_{44})+\\
&(R_3X_1X_2X_4-R_2R_3R_1X_4-R_3R_4R_1X_2-R_3R_4R_2X_1+R_1R_2R_4X_3-R_4X_1X_2X_3-R_1X_2X_3X_4-R_2X_1X_3X_4)\times\\
&(Y_{11}Y_{22}Y_{33}Y_{44}+Y_{11}Y_{23}Y_{34}Y_{42}+Y_{11}Y_{24}Y_{32}Y_{43}+Y_{12}Y_{21}Y_{34}Y_{43}+Y_{12}Y_{23}Y_{31}Y_{44}+Y_{12}Y_{24}Y_{33}Y_{41}+Y_{13}Y_{21}Y_{32}Y_{44}+Y_{13}Y_{22}Y_{34}Y_{41}+\\
&Y_{13}Y_{24}Y_{31}Y_{42}+Y_{14}Y_{21}Y_{33}Y_{42}+Y_{14}Y_{22}Y_{31}Y_{43}+Y_{14}Y_{23}Y_{32}Y_{41}-Y_{11}Y_{22}Y_{34}Y_{43}-Y_{11}Y_{23}Y_{32}Y_{44}-Y_{11}Y_{24}Y_{33}Y_{42}-Y_{12}Y_{21}Y_{33}Y_{44}-\\
&Y_{12}Y_{23}Y_{34}Y_{41}-Y_{12}Y_{24}Y_{31}Y_{43}-Y_{13}Y_{21}Y_{34}Y_{42}-Y_{13}Y_{22}Y_{31}Y_{44}-Y_{13}Y_{24}Y_{32}Y_{41}-Y_{14}Y_{21}Y_{32}Y_{43}-Y_{14}Y_{22}Y_{33}Y_{41}-Y_{14}Y_{23}Y_{31}Y_{42})]
\end{aligned}
$$

$$
\begin{aligned}
\mathrm{NS}_{44}={}&1-Y_{44}R_4+Y_{11}R_1+Y_{22}R_2+Y_{33}R_3-(Y_{11}Y_{44}-Y_{14}Y_{41})(R_1R_4+X_1X_4)-(Y_{22}Y_{44}-Y_{24}Y_{42})(R_2R_4+X_2X_4)-\\
&(Y_{33}Y_{44}-Y_{34}Y_{43})(R_3R_4+X_3X_4)+(Y_{11}Y_{22}-Y_{12}Y_{21})(R_1R_2-X_1X_2)+(Y_{11}Y_{33}-Y_{13}Y_{31})(R_1R_3-X_1X_3)+\\
&(Y_{22}Y_{33}-Y_{23}Y_{32})(R_2R_3-X_2X_3)+(R_4X_1X_2-R_1R_2R_4-R_1X_2X_4-R_2X_1X_4)(Y_{11}Y_{22}Y_{44}+Y_{12}Y_{24}Y_{41}+Y_{14}Y_{21}Y_{42}-\\
&Y_{14}Y_{41}Y_{22}-Y_{24}Y_{42}Y_{11}-Y_{12}Y_{21}Y_{44})+(R_4X_1X_3-R_1R_3R_4-R_1X_4X_3-R_3X_1X_4)(Y_{11}Y_{33}Y_{44}+Y_{13}Y_{34}Y_{41}+Y_{14}Y_{31}Y_{43}-\\
&Y_{14}Y_{41}Y_{33}-Y_{34}Y_{43}Y_{11}-Y_{13}Y_{31}Y_{44})+(R_4X_2X_3-R_2R_3R_4-R_2X_4X_3-R_3X_2X_4)(Y_{22}Y_{33}Y_{44}+Y_{23}Y_{34}Y_{42}+\\
&Y_{24}Y_{32}Y_{43}-Y_{24}Y_{42}Y_{33}-Y_{34}Y_{43}Y_{22}-Y_{23}Y_{32}Y_{44})+(R_1R_2R_3-R_3X_1X_2-R_1X_2X_3-R_2X_1X_3)(Y_{11}Y_{22}Y_{33}+Y_{12}Y_{23}Y_{31}+\\
&Y_{13}Y_{21}Y_{32}-Y_{13}Y_{31}Y_{22}-Y_{23}Y_{32}Y_{11}-Y_{12}Y_{21}Y_{33})+(R_4R_3X_1X_2+R_1R_4X_2X_3+R_2R_4X_1X_3-R_1R_2R_3R_4+\\
&X_1X_2X_3X_4-R_1R_2X_3X_4-R_1R_3X_2X_4-R_2R_3X_1X_4)(Y_{11}Y_{22}Y_{33}Y_{44}+Y_{11}Y_{23}Y_{34}Y_{42}+Y_{11}Y_{24}Y_{32}Y_{43}+Y_{12}Y_{21}Y_{34}Y_{43}+\\
&Y_{12}Y_{23}Y_{31}Y_{44}+Y_{12}Y_{24}Y_{33}Y_{41}+Y_{13}Y_{21}Y_{32}Y_{44}+Y_{13}Y_{22}Y_{34}Y_{41}+Y_{13}Y_{24}Y_{31}Y_{42}+Y_{14}Y_{21}Y_{33}Y_{42}+Y_{14}Y_{22}Y_{31}Y_{43}+Y_{14}Y_{23}Y_{32}Y_{41}-\\
&Y_{11}Y_{22}Y_{34}Y_{43}-Y_{11}Y_{23}Y_{32}Y_{44}-Y_{11}Y_{24}Y_{33}Y_{42}-Y_{12}Y_{21}Y_{33}Y_{44}-Y_{12}Y_{23}Y_{34}Y_{41}-Y_{12}Y_{24}Y_{31}Y_{43}-Y_{13}Y_{21}Y_{34}Y_{42}-Y_{13}Y_{22}Y_{31}Y_{44}-\\
&Y_{13}Y_{24}Y_{32}Y_{41}-Y_{14}Y_{21}Y_{32}Y_{43}-Y_{14}Y_{22}Y_{33}Y_{41}-Y_{14}Y_{23}Y_{31}Y_{42})+\mathrm{j}[Y_{11}X_1+Y_{22}X_2+Y_{33}X_3+Y_{44}X_4+(Y_{11}Y_{44}-Y_{14}Y_{41})\times\\
&(R_1X_4-R_4X_1)+(Y_{22}Y_{44}-Y_{24}Y_{42})(R_2X_4-R_4X_2)+(Y_{33}Y_{44}-Y_{34}Y_{43})(R_3X_4-R_4X_3)+(Y_{11}Y_{22}-Y_{12}Y_{21})\times\\
&(R_1X_2+R_2X_1)+(Y_{11}Y_{33}-Y_{13}Y_{31})(R_1X_3+R_3X_1)+(Y_{22}Y_{33}-Y_{23}Y_{32})(R_2X_3+R_3X_2)+(R_1R_2X_4-X_1X_2X_4-\\
&R_1R_4X_2-R_2R_4X_1)(Y_{11}Y_{22}Y_{44}+Y_{12}Y_{24}Y_{41}+Y_{14}Y_{21}Y_{42}-Y_{14}Y_{41}Y_{22}-Y_{24}Y_{42}Y_{11}-Y_{12}Y_{21}Y_{44})+(R_1R_3X_4-X_1X_3X_4-\\
&R_1R_4X_3-R_3R_4X_1)(Y_{11}Y_{33}Y_{44}+Y_{13}Y_{34}Y_{41}+Y_{14}Y_{31}Y_{43}-Y_{14}Y_{41}Y_{33}-Y_{34}Y_{43}Y_{11}-Y_{13}Y_{31}Y_{44})+(R_2R_3X_4-X_2X_3X_4-\\
&R_2R_4X_3-R_3R_4X_2)(Y_{22}Y_{33}Y_{44}+Y_{23}Y_{34}Y_{42}+Y_{24}Y_{32}Y_{43}-Y_{24}Y_{42}Y_{33}-Y_{34}Y_{43}Y_{22}-Y_{23}Y_{32}Y_{44})+(R_1R_2X_3-\\
&X_1X_2X_3+R_1R_3X_2+R_2R_3X_1)(Y_{11}Y_{22}Y_{33}+Y_{12}Y_{23}Y_{31}+Y_{13}Y_{21}Y_{32}-Y_{13}Y_{31}Y_{22}-Y_{23}Y_{32}Y_{11}-Y_{12}Y_{21}Y_{33})+\\
&(R_4X_1X_2X_3-R_2R_4R_1X_3-R_3R_4R_1X_2-R_3R_4R_2X_1+R_1R_2R_3X_4-R_3X_1X_2X_4-R_1X_2X_3X_4-R_2X_1X_3X_4)\times\\
&(Y_{11}Y_{22}Y_{33}Y_{44}+Y_{11}Y_{23}Y_{34}Y_{42}+Y_{11}Y_{24}Y_{32}Y_{43}+Y_{12}Y_{21}Y_{34}Y_{43}+Y_{12}Y_{23}Y_{31}Y_{44}+Y_{12}Y_{24}Y_{33}Y_{41}+Y_{13}Y_{21}Y_{32}Y_{44}+Y_{13}Y_{22}Y_{34}Y_{41}+\\
&Y_{13}Y_{24}Y_{31}Y_{42}+Y_{14}Y_{21}Y_{33}Y_{42}+Y_{14}Y_{22}Y_{31}Y_{43}+Y_{14}Y_{23}Y_{32}Y_{41}-Y_{11}Y_{22}Y_{34}Y_{43}-Y_{11}Y_{23}Y_{32}Y_{44}-Y_{11}Y_{24}Y_{33}Y_{42}-Y_{12}Y_{21}Y_{33}Y_{44}-\\
&Y_{12}Y_{23}Y_{34}Y_{41}-Y_{12}Y_{24}Y_{31}Y_{43}-Y_{13}Y_{21}Y_{34}Y_{42}-Y_{13}Y_{22}Y_{31}Y_{44}-Y_{13}Y_{24}Y_{32}Y_{41}-Y_{14}Y_{21}Y_{32}Y_{43}-Y_{14}Y_{22}Y_{33}Y_{41}-Y_{14}Y_{23}Y_{31}Y_{42})]
\end{aligned}
$$

2. S 参数转换成 Y 参数的公式

表 2-13 至表 2-16 给出了广义一端口至四端口网络 S 参数转换成 Y 参数的公式。

表 2-13　广义一端口网络 S 参数转换成 Y 参数的公式

NY_{ij}	1
1	$1-S_{11}$
$DY=R_1+R_1S_{11}+j(-X_1+X_1S_{11})$	

表 2-14　广义二端口网络 S 参数转换成 Y 参数的公式

NY_{ij}	1	2
1	$R_2-R_2S_{11}+R_2S_{22}+R_2S_{12}S_{21}-R_2S_{11}S_{22}+j(-X_2+X_2S_{11}+X_2S_{22}-X_2S_{11}S_{22}+X_2S_{12}S_{21})$	$-2R_2\sqrt{\left\lvert\frac{R_1}{R_2}\right\rvert}S_{12}$
2	$-2R_1\sqrt{\left\lvert\frac{R_2}{R_1}\right\rvert}S_{21}$	$R_1+R_1S_{11}-R_1S_{22}+R_1S_{12}S_{21}-R_1S_{11}S_{22}+j(-X_1+X_1S_{11}+X_1S_{22}-X_1S_{11}S_{22}+X_1S_{12}S_{21})$
$DY=R_1R_2-X_1X_2+R_1R_2S_{11}+X_1X_2S_{11}+R_1R_2S_{22}+X_1X_2S_{22}+R_1R_2S_{11}S_{22}-X_1X_2S_{11}S_{22}-R_1R_2S_{12}S_{21}+X_1X_2S_{12}S_{21}+j(-R_1X_2-R_2X_1-R_1X_2S_{11}+R_2X_1S_{11}+R_1X_2S_{22}-R_2X_1S_{22}+R_1X_2S_{11}S_{22}+R_2X_1S_{11}S_{22}-R_1X_2S_{12}S_{21}-R_2X_1S_{12}S_{21})$		

表 2-15　广义三端口网络 S 参数转换成 Y 参数的公式

NY_{ij}	1	2	3
1	—	$-2R_2\sqrt{\left\lvert\frac{R_1}{R_2}\right\rvert}[(S_{12}R_3+S_{12}S_{33}R_3-S_{13}S_{32}R_3)+j(-S_{12}X_3+S_{12}S_{33}X_3-S_{13}S_{32}X_3)]$	$-2R_3\sqrt{\left\lvert\frac{R_1}{R_3}\right\rvert}[(S_{13}R_2+S_{13}S_{22}R_2-S_{12}S_{23}R_2)+j(-S_{13}X_2+S_{13}S_{22}X_2-S_{12}S_{23}X_2)]$
2	$-2R_1\sqrt{\left\lvert\frac{R_2}{R_1}\right\rvert}[(S_{21}R_3+S_{21}S_{33}R_3-S_{23}S_{31}R_3)+j(-S_{21}X_3+S_{21}S_{33}X_3-S_{23}S_{31}X_3)]$	—	$-2R_3\sqrt{\left\lvert\frac{R_2}{R_3}\right\rvert}[(S_{23}R_1+S_{11}S_{23}R_1-S_{13}S_{21}R_1)+j(-S_{23}X_1+S_{11}S_{23}X_1-S_{13}S_{21}X_1)]$

续表

NY_{ij}	1	2	3
3	$-2R_1\sqrt{\left\|\frac{R_3}{R_1}\right\|}[(S_{31}R_2+S_{22}S_{31}R_2-S_{21}S_{32}R_2)+j(-S_{31}X_2+S_{22}S_{31}X_2-S_{21}S_{32}X_2)]$	$-2R_2\sqrt{\left\|\frac{R_3}{R_2}\right\|}[(S_{32}R_1+S_{11}S_{32}R_1-S_{12}S_{31}R_1)+j(-S_{32}X_1+S_{11}S_{32}X_1-S_{12}S_{31}X_1)]$	—

$$\begin{aligned}DY=&(1+S_{11})(R_1R_2R_3-R_1X_2X_3)-(1-S_{11})(R_2X_1X_3+R_3X_1X_2)+(S_{22}+S_{33})(R_1R_2R_3+R_1X_2X_3)+\\&(S_{22}-S_{33})(R_3X_1X_2-R_2X_1X_3)+(S_{11}S_{22}-S_{12}S_{21}+S_{11}S_{33}-S_{13}S_{31}+S_{22}S_{33}-S_{23}S_{32})R_1R_2R_3+\\&(S_{11}S_{22}-S_{12}S_{21}+S_{11}S_{33}-S_{13}S_{31}-S_{22}S_{33}+S_{23}S_{32})R_1X_2X_3+(S_{11}S_{22}-S_{12}S_{21}-S_{11}S_{33}+S_{13}S_{31}+\\&S_{22}S_{33}-S_{23}S_{32})R_2X_1X_3+(-S_{11}S_{22}+S_{12}S_{21}+S_{11}S_{33}-S_{13}S_{31}+S_{22}S_{33}-S_{23}S_{32})R_3X_1X_2+(S_{11}S_{22}S_{33}-\\&S_{11}S_{23}S_{32}-S_{12}S_{21}S_{33}+S_{12}S_{23}S_{31}+S_{13}S_{21}S_{32}-S_{13}S_{22}S_{31})(R_1R_2R_3-R_1X_2X_3-R_2X_1X_3-R_3X_1X_2)+\\&j[(1+S_{11})(-R_1R_2X_3-R_1R_3X_2)-(1-S_{11})(R_2R_3X_1-X_1X_2X_3)-(S_{22}-S_{33})(R_1R_2X_3-R_1R_3X_2)-\\&(S_{22}+S_{33})(R_2R_3X_1+X_1X_2X_3)+(-S_{11}S_{22}+S_{12}S_{21}+S_{11}S_{33}-S_{13}S_{31}+S_{22}S_{33}-S_{23}S_{32})R_1R_2X_3+\\&(S_{11}S_{22}-S_{12}S_{21}-S_{11}S_{33}+S_{13}S_{31}+S_{22}S_{33}-S_{23}S_{32})R_1R_3X_2+(S_{11}S_{22}-S_{12}S_{21}+S_{11}S_{33}-S_{13}S_{31}-\\&S_{22}S_{33}+S_{23}S_{32})R_2R_3X_1+(S_{11}S_{22}-S_{12}S_{21}+S_{11}S_{33}-S_{13}S_{31}+S_{22}S_{33}-S_{23}S_{32})X_1X_2X_3+(S_{11}S_{22}S_{33}-\\&S_{11}S_{23}S_{32}-S_{12}S_{21}S_{33}+S_{12}S_{23}S_{31}+S_{13}S_{21}S_{32}-S_{13}S_{22}S_{31})(R_1R_2X_3+R_1R_3X_2+R_2R_3X_1-X_1X_2X_3)]\end{aligned}$$

$$\begin{aligned}NY_{11}=&(1-S_{11}+S_{22}+S_{33})R_2R_3-(1-S_{11}-S_{22}-S_{33})X_2X_3-(S_{11}S_{22}-S_{12}S_{21})(R_2R_3+X_2X_3)-(S_{11}S_{33}-\\&S_{13}S_{31})(R_2R_3+X_2X_3)+(S_{22}S_{33}-S_{23}S_{32})(R_2R_3-X_2X_3)-(S_{11}S_{22}S_{33}-S_{11}S_{23}S_{32}-S_{12}S_{21}S_{33}+S_{12}S_{23}S_{31}+\\&S_{13}S_{21}S_{32}-S_{13}S_{31}S_{22})(R_2R_3-X_2X_3)+j[(-1+S_{11}-S_{22}+S_{33})R_2X_3-(1-S_{11}-S_{22}+S_{33})R_3X_2+(S_{11}S_{22}-\\&S_{12}S_{21})(R_2X_3-R_3X_2)-(S_{11}S_{33}-S_{13}S_{31})(R_2X_3-R_3X_2)+(S_{22}S_{33}-S_{23}S_{32})(R_2X_3+R_3X_2)-(S_{11}S_{22}S_{33}-\\&S_{11}S_{23}S_{32}-S_{12}S_{21}S_{33}+S_{12}S_{23}S_{31}+S_{13}S_{21}S_{32}-S_{13}S_{31}S_{22})(R_2X_3+R_3X_2)]\end{aligned}$$

$$\begin{aligned}NY_{22}=&(1+S_{11}-S_{22}+S_{33})R_1R_3-(1-S_{11}-S_{22}-S_{33})X_1X_3-(S_{11}S_{22}-S_{12}S_{21})(R_1R_3+X_1X_3)+(S_{11}S_{33}-\\&S_{13}S_{31})(R_1R_3-X_1X_3)-(S_{22}S_{33}-S_{23}S_{32})(R_1R_3+X_1X_3)-(S_{11}S_{22}S_{33}-S_{11}S_{23}S_{32}-S_{12}S_{21}S_{33}+S_{12}S_{23}S_{31}+\\&S_{13}S_{21}S_{32}-S_{13}S_{31}S_{22})(R_1R_3-X_1X_3)+j[(-1-S_{11}+S_{22}+S_{33})R_1X_3-(1-S_{11}-S_{22}+S_{33})R_3X_1+(S_{11}S_{22}-\\&S_{12}S_{21})(R_1X_3-R_3X_1)+(S_{11}S_{33}-S_{13}S_{31})(R_1X_3+R_3X_1)-(S_{22}S_{33}-S_{23}S_{32})(R_1X_3-R_3X_1)-(S_{11}S_{22}S_{33}-\\&S_{11}S_{23}S_{32}-S_{12}S_{21}S_{33}+S_{12}S_{23}S_{31}+S_{13}S_{21}S_{32}-S_{13}S_{31}S_{22})(R_1X_3+R_3X_1)]\end{aligned}$$

$$\begin{aligned}NY_{33}=&(1+S_{11}+S_{22}-S_{33})R_1R_2-(1-S_{11}-S_{22}-S_{33})X_1X_2+(S_{11}S_{22}-S_{12}S_{21})(R_1R_2-X_1X_2)-(S_{11}S_{33}-\\&S_{13}S_{31})(R_1R_2+X_1X_2)-(S_{22}S_{33}-S_{23}S_{32})(R_1R_2+X_1X_2)-(S_{11}S_{22}S_{33}-S_{11}S_{23}S_{32}-S_{12}S_{21}S_{33}+S_{12}S_{23}S_{31}+\\&S_{13}S_{21}S_{32}-S_{13}S_{31}S_{22})(R_1R_2-X_1X_2)+j[(-1-S_{11}+S_{22}+S_{33})R_1X_2-(1-S_{11}+S_{22}-S_{33})R_2X_1+(S_{11}S_{22}-\\&S_{12}S_{21})(R_1X_2+R_2X_1)+(S_{11}S_{33}-S_{13}S_{31})(R_1X_2-R_2X_1)-(S_{22}S_{33}-S_{23}S_{32})(R_1X_2-R_2X_1)-(S_{11}S_{22}S_{33}-\\&S_{11}S_{23}S_{32}-S_{12}S_{21}S_{33}+S_{12}S_{23}S_{31}+S_{13}S_{21}S_{32}-S_{13}S_{31}S_{22})(R_1X_2+R_2X_1)]\end{aligned}$$

表 2-16　广义四端口网络 S 参数转换成 Y 参数的公式

NY_{ij}	1	2	3	4
1	—	$-2R_2\sqrt{\left\|\frac{R_1}{R_2}\right\|}\{(S_{12}+S_{12}S_{33}S_{44}-S_{14}S_{33}S_{42}-S_{12}S_{34}S_{43}+S_{13}S_{34}S_{42}+S_{14}S_{32}S_{43}-S_{13}S_{32}S_{44})\times(R_3R_4-X_3X_4)+(S_{12}S_{33}-S_{13}S_{32}+S_{12}S_{44}-S_{14}S_{42})\times(R_3R_4+X_3X_4)+j[S_{12}(-R_3X_4-R_4X_3)+(S_{12}S_{33}-S_{13}S_{32})\times(-R_3X_4+R_4X_3)+(S_{12}S_{44}-S_{14}S_{42})\times(R_3X_4-R_4X_3)+(S_{12}S_{33}S_{44}-S_{14}S_{33}S_{42}-S_{12}S_{34}S_{43}+S_{13}S_{34}S_{42}+S_{14}S_{32}S_{43}-S_{13}S_{32}S_{44})\times(R_3X_4+R_4X_3)]\}$	$-2R_3\sqrt{\left\|\frac{R_1}{R_3}\right\|}\{(S_{13}-S_{12}S_{23}S_{44}+S_{14}S_{23}S_{42}+S_{12}S_{24}S_{43}-S_{13}S_{24}S_{42}-S_{14}S_{22}S_{43}+S_{13}S_{22}S_{44})\times(R_2R_4-X_2X_4)+(S_{13}S_{22}-S_{12}S_{23}+S_{13}S_{44}-S_{14}S_{43})\times(R_2R_4+X_2X_4)+j[S_{13}(-R_2X_4-R_4X_2)+(S_{13}S_{22}-S_{12}S_{23})\times(-R_2X_4+R_4X_2)+(S_{13}S_{44}-S_{14}S_{43})\times(R_2X_4-R_4X_2)-(S_{12}S_{23}S_{44}-S_{14}S_{23}S_{42}+S_{12}S_{24}S_{43}+S_{13}S_{24}S_{42}+S_{14}S_{22}S_{43}-S_{13}S_{22}S_{44})\times(R_2X_4+R_4X_2)]\}$	$-2R_4\sqrt{\left\|\frac{R_1}{R_4}\right\|}\{(S_{14}+S_{14}S_{22}S_{33}-S_{13}S_{22}S_{34}-S_{14}S_{23}S_{32}+S_{12}S_{23}S_{34}+S_{13}S_{24}S_{32}-S_{12}S_{24}S_{33})\times(R_2R_3-X_2X_3)+(S_{14}S_{22}-S_{24}S_{12}+S_{14}S_{33}-S_{13}S_{34})\times(R_2R_3+X_2X_3)+j[S_{14}(-R_2X_3-R_3X_2)+(S_{14}S_{22}-S_{24}S_{12})\times(-R_2X_3+R_3X_2)+(S_{14}S_{33}-S_{13}S_{34})\times(R_2X_3-R_3X_2)+(S_{14}S_{22}S_{33}-S_{13}S_{22}S_{34}-S_{14}S_{23}S_{32}+S_{12}S_{23}S_{34}+S_{13}S_{24}S_{32}-S_{12}S_{24}S_{33})\times(R_2X_3+R_3X_2)]\}$
2	$-2R_1\sqrt{\left\|\frac{R_2}{R_1}\right\|}\{(S_{21}+S_{21}S_{33}S_{44}-S_{24}S_{33}S_{41}-S_{21}S_{34}S_{43}+S_{23}S_{34}S_{41}+S_{24}S_{31}S_{43}-S_{23}S_{31}S_{44})\times(R_3R_4-X_3X_4)+(S_{21}S_{33}-S_{23}S_{31}+S_{21}S_{44}-S_{24}S_{41})\times(R_3R_4+X_3X_4)+j[-S_{21}(R_3X_4+R_4X_3)+(S_{12}S_{33}-S_{13}S_{32})\times(-R_3X_4+R_4X_3)+(S_{12}S_{44}-S_{14}S_{42})\times(R_3X_4-R_4X_3)+(S_{21}S_{33}S_{44}-S_{24}S_{33}S_{41}-S_{21}S_{34}S_{43}+S_{23}S_{34}S_{41}+S_{24}S_{31}S_{43}-S_{23}S_{31}S_{44})\times(R_3X_4+R_4X_3)]\}$	—	$-2R_3\sqrt{\left\|\frac{R_2}{R_3}\right\|}\{(S_{23}+S_{11}S_{23}S_{44}-S_{11}S_{24}S_{43}-S_{14}S_{23}S_{41}+S_{14}S_{21}S_{43}+S_{13}S_{24}S_{41}-S_{13}S_{21}S_{44})\times(R_1R_4-X_1X_4)+(S_{11}S_{23}-S_{13}S_{21}+S_{23}S_{44}-S_{24}S_{43})\times(R_1R_4+X_1X_4)+j[-S_{23}(R_1X_4+R_4X_1)+(S_{11}S_{23}-S_{13}S_{21})\times(-R_1X_4+R_4X_1)+(S_{23}S_{44}-S_{24}S_{43})\times(R_1X_4-R_4X_1)+(S_{11}S_{23}S_{44}-S_{11}S_{24}S_{43}-S_{14}S_{23}S_{41}+S_{14}S_{21}S_{43}+S_{13}S_{24}S_{41}-S_{13}S_{21}S_{44})\times(R_1X_4+R_4X_1)]\}$	$-2R_4\sqrt{\left\|\frac{R_2}{R_4}\right\|}\{(S_{24}+S_{11}S_{24}S_{33}-S_{11}S_{23}S_{34}-S_{13}S_{24}S_{31}+S_{13}S_{21}S_{34}+S_{14}S_{23}S_{31}-S_{14}S_{21}S_{33})\times(R_1R_3-X_1X_3)+(S_{11}S_{24}-S_{14}S_{21}+S_{24}S_{33}-S_{23}S_{34})\times(R_1R_3+X_1X_3)+j[-S_{24}(R_1X_3+R_3X_1)+(S_{11}S_{24}-S_{14}S_{21})\times(-R_1X_3+R_3X_1)+(S_{24}S_{33}-S_{23}S_{34})\times(R_1X_3-R_3X_1)+(S_{11}S_{24}S_{33}-S_{11}S_{23}S_{34}-S_{13}S_{24}S_{31}+S_{13}S_{21}S_{34}+S_{14}S_{23}S_{31}-S_{14}S_{21}S_{33})\times(R_1X_3+R_3X_1)]\}$

续表

NY_{ij}	1	2	3	4
3	$-2R_1\sqrt{\lvert\frac{R_3}{R_1}\rvert}\{(S_{31}-S_{21}S_{32}S_{44}+S_{21}S_{34}S_{42}+S_{22}S_{31}S_{44}-S_{22}S_{34}S_{41}-S_{24}S_{31}S_{42}+S_{24}S_{32}S_{41})\times(R_2R_4-X_2X_4)+(S_{22}S_{31}-S_{21}S_{32}+S_{31}S_{44}-S_{34}S_{41})\times(R_2R_4+X_2X_4)+j[-S_{31}(R_2X_4+R_4X_2)+(S_{22}S_{31}-S_{21}S_{32})\times(-R_2X_4+R_4X_2)+(S_{31}S_{44}-S_{34}S_{41})\times(R_2X_4-R_4X_2)+(S_{21}S_{34}S_{42}-S_{21}S_{32}S_{44}+S_{22}S_{31}S_{44}-S_{22}S_{34}S_{41}-S_{24}S_{31}S_{42}+S_{24}S_{32}S_{41})\times(R_2X_4+R_4X_2)]\}$	$-2R_2\sqrt{\lvert\frac{R_3}{R_2}\rvert}\{(S_{32}+S_{11}S_{32}S_{44}-S_{11}S_{34}S_{42}-S_{14}S_{32}S_{41}+S_{14}S_{31}S_{42}+S_{12}S_{34}S_{41}-S_{12}S_{31}S_{44})\times(R_1R_4-X_1X_4)+(S_{11}S_{32}-S_{12}S_{31}+S_{32}S_{44}-S_{34}S_{42})\times(R_1R_4+X_1X_4)+j[-S_{32}(R_1X_4+R_4X_1)+(S_{11}S_{32}-S_{12}S_{31})\times(-R_1X_4+R_4X_1)+(S_{32}S_{44}-S_{34}S_{42})\times(R_1X_4-R_4X_1)+(S_{11}S_{32}S_{44}-S_{11}S_{34}S_{42}-S_{14}S_{32}S_{41}+S_{14}S_{31}S_{42}+S_{12}S_{34}S_{41}-S_{12}S_{31}S_{44})\times(R_1X_4+R_4X_1)]\}$	—	$-2R_4\sqrt{\lvert\frac{R_3}{R_4}\rvert}\{(S_{34}+S_{11}S_{22}S_{34}-S_{11}S_{24}S_{32}-S_{12}S_{21}S_{34}+S_{12}S_{24}S_{31}+S_{14}S_{21}S_{32}-S_{14}S_{22}S_{31})\times(R_1R_2-X_1X_2)+(S_{11}S_{34}-S_{14}S_{31}+S_{22}S_{34}-S_{24}S_{32})\times(R_1R_2+X_1X_2)+j[-S_{34}(R_1X_2+R_2X_1)+(S_{11}S_{34}-S_{14}S_{31})\times(-R_1X_2+R_2X_1)+(S_{22}S_{34}-S_{24}S_{32})\times(R_1X_2-R_2X_1)+(S_{11}S_{22}S_{34}-S_{11}S_{24}S_{32}-S_{12}S_{21}S_{34}+S_{12}S_{24}S_{31}+S_{14}S_{21}S_{32}-S_{14}S_{22}S_{31})\times(R_1X_2+R_2X_1)]\}$
4	$-2R_1\sqrt{\lvert\frac{R_4}{R_1}\rvert}\{(S_{41}+S_{22}S_{33}S_{41}-S_{22}S_{31}S_{43}-S_{23}S_{32}S_{41}+S_{23}S_{31}S_{42}+S_{21}S_{32}S_{43}-S_{21}S_{33}S_{42})\times(R_2R_3-X_2X_3)+(S_{22}S_{41}-S_{21}S_{42}+S_{33}S_{41}-S_{31}S_{43})\times(R_2R_3+X_2X_3)+j[-S_{41}\times(R_2X_3+R_3X_2)+(S_{22}S_{41}-S_{21}S_{42})(-R_2X_3+R_3X_2)+(S_{33}S_{41}-S_{31}S_{43})(R_2X_3-R_3X_2)+(S_{22}S_{33}S_{41}-S_{22}S_{31}S_{43}-S_{23}S_{32}S_{41}+S_{23}S_{31}S_{42}+S_{21}S_{32}S_{43}-S_{21}S_{33}S_{42})(R_2X_3+R_3X_2)]\}$	$-2R_2\sqrt{\lvert\frac{R_4}{R_2}\rvert}\{(S_{42}+S_{11}S_{33}S_{42}-S_{11}S_{32}S_{43}-S_{12}S_{33}S_{41}+S_{12}S_{31}S_{43}+S_{13}S_{32}S_{41}-S_{13}S_{31}S_{42})\times(R_1R_3-X_1X_3)+(S_{11}S_{42}-S_{12}S_{41}+S_{33}S_{42}-S_{32}S_{43})\times(R_1R_3+X_1X_3)+j[-S_{42}\times(R_1X_3+R_3X_1)+(S_{11}S_{42}-S_{12}S_{41})(-R_1X_3+R_3X_1)+(S_{33}S_{42}-S_{32}S_{43})(R_1X_3-R_3X_1)+(S_{11}S_{33}S_{42}-S_{11}S_{32}S_{43}-S_{12}S_{33}S_{41}+S_{12}S_{31}S_{43}+S_{13}S_{32}S_{41}-S_{13}S_{31}S_{42})(R_1X_3+R_3X_1)]\}$	$-2R_3\sqrt{\lvert\frac{R_4}{R_3}\rvert}\{(S_{43}+S_{11}S_{22}S_{43}-S_{11}S_{23}S_{42}-S_{12}S_{21}S_{43}+S_{12}S_{23}S_{41}+S_{13}S_{21}S_{42}-S_{13}S_{22}S_{41})\times(R_1R_2-X_1X_2)+(S_{11}S_{43}-S_{13}S_{41}+S_{22}S_{43}-S_{23}S_{42})\times(R_1R_2+X_1X_2)+j[-S_{43}\times(R_1X_2+R_2X_1)+(S_{11}S_{43}-S_{13}S_{41})(-R_1X_2+R_2X_1)+(S_{22}S_{43}-S_{23}S_{42})(R_1X_2-R_2X_1)+(S_{11}S_{22}S_{43}-S_{11}S_{23}S_{42}-S_{12}S_{21}S_{43}+S_{12}S_{23}S_{41}+S_{13}S_{21}S_{42}-S_{13}S_{22}S_{41})(R_1X_2+R_2X_1)]\}$	—

续表

$$
\begin{aligned}
\mathrm{DY}=&(S_{11}S_{44}-S_{14}S_{41}+S_{22}S_{33}-S_{23}S_{32})(R_1R_2R_3R_4+R_1R_2X_3X_4+R_1R_3X_2X_4-R_1R_4X_2X_3-R_2R_3X_1X_4+R_2R_4X_1X_3+\\
&R_3R_4X_1X_2+X_1X_2X_3X_4)+(S_{11}S_{33}-S_{13}S_{31}+S_{22}S_{44}-S_{24}S_{42})(R_1R_2R_3R_4+R_1R_2X_3X_4-R_1R_3X_2X_4+R_1R_4X_2X_3+\\
&R_2R_3X_1X_4-R_2R_4X_1X_3+R_3R_4X_1X_2+X_1X_2X_3X_4)+(S_{11}S_{22}-S_{12}S_{21}+S_{33}S_{44}-S_{34}S_{43})(R_1R_2R_3R_4-R_1R_2X_3X_4+\\
&R_1R_3X_2X_4+R_1R_4X_2X_3+R_2R_3X_1X_4+R_2R_4X_1X_3-R_3R_4X_1X_2+X_1X_2X_3X_4)+(S_{44}+S_{11}S_{22}S_{33}-S_{11}S_{23}S_{32}-\\
&S_{12}S_{21}S_{33}+S_{12}S_{23}S_{31}+S_{13}S_{21}S_{32}-S_{13}S_{31}S_{22})(R_1R_2R_3R_4+R_1R_2X_3X_4+R_1R_3X_2X_4-R_1R_4X_2X_3+R_2R_3X_1X_4-\\
&R_2R_4X_1X_3-R_3R_4X_1X_2-X_1X_2X_3X_4)+(S_{33}+S_{11}S_{22}S_{44}-S_{11}S_{24}S_{42}-S_{12}S_{21}S_{44}+S_{12}S_{24}S_{41}+S_{14}S_{21}S_{42}-S_{14}S_{41}S_{22})\times\\
&(R_1R_2R_3R_4+R_1R_2X_3X_4-R_1R_3X_2X_4+R_1R_4X_2X_3-R_2R_3X_1X_4+R_2R_4X_1X_3-R_3R_4X_1X_2-X_1X_2X_3X_4)+(S_{22}+\\
&S_{11}S_{33}S_{44}-S_{11}S_{34}S_{43}-S_{13}S_{31}S_{44}+S_{13}S_{34}S_{41}+S_{14}S_{31}S_{43}-S_{14}S_{33}S_{41})(R_1R_2R_3R_4-R_1R_2X_3X_4+R_1R_3X_2X_4+R_1R_4X_2X_3-\\
&R_2R_3X_1X_4-R_2R_4X_1X_3+R_3R_4X_1X_2-X_1X_2X_3X_4)+(S_{11}+S_{22}S_{33}S_{44}-S_{22}S_{34}S_{43}-S_{23}S_{32}S_{44}+S_{23}S_{34}S_{42}+S_{24}S_{32}S_{43}-\\
&S_{24}S_{33}S_{42})(R_1R_2R_3R_4-R_1R_2X_3X_4-R_1R_3X_2X_4-R_1R_4X_2X_3+R_2R_3X_1X_4+R_2R_4X_1X_3+R_3R_4X_1X_2-X_1X_2X_3X_4)+\\
&(1+S_{11}S_{22}S_{33}S_{44}-S_{11}S_{22}S_{34}S_{43}-S_{11}S_{23}S_{32}S_{44}+S_{11}S_{23}S_{34}S_{42}+S_{11}S_{24}S_{32}S_{43}-S_{11}S_{24}S_{33}S_{42}-S_{12}S_{21}S_{33}S_{44}+S_{12}S_{21}S_{34}S_{43}+\\
&S_{12}S_{23}S_{31}S_{44}-S_{12}S_{23}S_{34}S_{41}-S_{12}S_{24}S_{31}S_{43}+S_{12}S_{24}S_{33}S_{41}+S_{13}S_{21}S_{32}S_{44}-S_{13}S_{21}S_{34}S_{42}-S_{13}S_{22}S_{31}S_{44}+S_{13}S_{22}S_{34}S_{41}+\\
&S_{13}S_{24}S_{31}S_{42}-S_{13}S_{24}S_{32}S_{41}-S_{14}S_{21}S_{32}S_{43}+S_{14}S_{21}S_{33}S_{42}+S_{14}S_{22}S_{31}S_{43}-S_{14}S_{22}S_{33}S_{41}-S_{14}S_{23}S_{31}S_{42}+S_{14}S_{23}S_{32}S_{41})\times\\
&(R_1R_2R_3R_4-R_1R_2X_3X_4-R_1R_3X_2X_4-R_1R_4X_2X_3-R_2R_3X_1X_4-R_2R_4X_1X_3-R_3R_4X_1X_2+X_1X_2X_3X_4)+\mathrm{j}[(S_{11}S_{22}-\\
&S_{12}S_{21}-S_{33}S_{44}+S_{34}S_{43})(-R_1R_2R_3X_4-R_1R_2R_4X_3+R_1R_3R_4X_2-R_1X_2X_3X_4+R_2R_3R_4X_1-R_2X_1X_3X_4+R_3X_1X_2X_4+\\
&R_4X_1X_2X_3)+(S_{11}S_{33}-S_{13}S_{31}-S_{22}S_{44}+S_{24}S_{42})(-R_1R_2R_3X_4+R_1R_2R_4X_3-R_1R_3R_4X_2-R_1X_2X_3X_4+R_2R_3R_4X_1+\\
&R_2X_1X_3X_4-R_3X_1X_2X_4+R_4X_1X_2X_3)+(S_{11}S_{44}-S_{14}S_{41}-S_{22}S_{33}+S_{23}S_{32})(R_1R_2R_3X_4-R_1R_2R_4X_3-R_1R_3R_4X_2-\\
&R_1X_2X_3X_4+R_2R_3R_4X_1+R_2X_1X_3X_4+R_3X_1X_2X_4-R_4X_1X_2X_3)+(-S_{44}+S_{11}S_{22}S_{33}-S_{11}S_{23}S_{32}-S_{12}S_{21}S_{33}+\\
&S_{12}S_{23}S_{31}+S_{13}S_{21}S_{32}-S_{13}S_{31}S_{22})\times(-R_1R_2R_3X_4+R_1R_2R_4X_3+R_1R_3R_4X_2+R_1X_2X_3X_4+R_2R_3R_4X_1+R_2X_1X_3X_4+\\
&R_3X_1X_2X_4-R_4X_1X_2X_3)+(-S_{33}+S_{11}S_{22}S_{44}-S_{11}S_{24}S_{42}-S_{12}S_{21}S_{44}+S_{12}S_{24}S_{41}+S_{14}S_{21}S_{42}-S_{14}S_{41}S_{22})(R_1R_2R_3X_4-\\
&R_1R_2R_4X_3+R_1R_3R_4X_2+R_1X_2X_3X_4+R_2R_3R_4X_1+R_2X_1X_3X_4-R_3X_1X_2X_4+R_4X_1X_2X_3)+(-S_{22}+S_{11}S_{33}S_{44}-\\
&S_{11}S_{34}S_{43}-S_{13}S_{31}S_{44}+S_{13}S_{34}S_{41}+S_{14}S_{31}S_{43}-S_{14}S_{33}S_{41})(R_1R_2R_3X_4+R_1R_2R_4X_3-R_1R_3R_4X_2+R_1X_2X_3X_4+\\
&R_2R_3R_4X_1-R_2X_1X_3X_4+R_3X_1X_2X_4+R_4X_1X_2X_3)+(-S_{11}+S_{22}S_{33}S_{44}-S_{22}S_{34}S_{43}-S_{23}S_{32}S_{44}+S_{23}S_{34}S_{42}+\\
&S_{24}S_{32}S_{43}-S_{24}S_{33}S_{42})(R_1R_2R_3X_4+R_1R_2R_4X_3+R_1R_3R_4X_2-R_1X_2X_3X_4-R_2R_3R_4X_1+R_2X_1X_3X_4+R_3X_1X_2X_4+\\
&R_4X_1X_2X_3)+(-1+S_{11}S_{22}S_{33}S_{44}-S_{11}S_{22}S_{34}S_{43}-S_{11}S_{23}S_{32}S_{44}+S_{11}S_{23}S_{34}S_{42}+S_{11}S_{24}S_{32}S_{43}-S_{11}S_{24}S_{33}S_{42}-\\
&S_{12}S_{21}S_{33}S_{44}+S_{12}S_{21}S_{34}S_{43}+S_{12}S_{23}S_{31}S_{44}-S_{12}S_{23}S_{34}S_{41}-S_{12}S_{24}S_{31}S_{43}+S_{12}S_{24}S_{33}S_{41}+S_{13}S_{21}S_{32}S_{44}-S_{13}S_{21}S_{34}S_{42}-\\
&S_{13}S_{22}S_{31}S_{44}+S_{13}S_{22}S_{34}S_{41}+S_{13}S_{24}S_{31}S_{42}-S_{13}S_{24}S_{32}S_{41}-S_{14}S_{21}S_{32}S_{43}+S_{14}S_{21}S_{33}S_{42}+S_{14}S_{22}S_{31}S_{43}-S_{14}S_{22}S_{33}S_{41}-\\
&S_{14}S_{23}S_{31}S_{42}+S_{14}S_{23}S_{32}S_{41})(R_1R_2R_3X_4+R_1R_2R_4X_3+R_1R_3R_4X_2-R_1X_2X_3X_4+R_2R_3R_4X_1-R_2X_1X_3X_4-\\
&R_3X_1X_2X_4-R_4X_1X_2X_3)]
\end{aligned}
$$

续表

$\mathrm{NY}_{11}=(1-S_{11})(R_2R_3R_4-R_2X_3X_4-R_3X_2X_4-R_4X_2X_3)+(S_{22}-S_{11}S_{22}+S_{12}S_{21})(R_2R_3R_4-R_2X_3X_4+R_3X_2X_4+R_4X_2X_3)+(S_{33}-S_{11}S_{33}+S_{13}S_{31})(R_2R_3R_4+R_2X_3X_4-R_3X_2X_4+R_4X_2X_3)+(S_{44}-S_{11}S_{44}+S_{14}S_{41})(R_2R_3R_4+R_2X_3X_4+R_3X_2X_4-R_4X_2X_3)+(S_{22}S_{33}-S_{23}S_{32}-S_{11}S_{22}S_{33}+S_{11}S_{23}S_{32}+S_{12}S_{21}S_{33}-S_{12}S_{23}S_{31}-S_{13}S_{21}S_{32}+S_{13}S_{31}S_{22})(R_2R_3R_4+R_2X_3X_4+R_3X_2X_4-R_4X_2X_3)+(S_{22}S_{44}-S_{24}S_{42}-S_{11}S_{22}S_{44}+S_{11}S_{24}S_{42}+S_{12}S_{21}S_{44}-S_{12}S_{24}S_{41}-S_{14}S_{21}S_{42}+S_{14}S_{41}S_{22})(R_2R_3R_4+R_2X_3X_4-R_3X_2X_4+R_4X_2X_3)+(S_{33}S_{44}-S_{34}S_{43}-S_{11}S_{33}S_{44}+S_{11}S_{34}S_{43}+S_{13}S_{31}S_{44}-S_{13}S_{34}S_{41}-S_{14}S_{31}S_{43}+S_{14}S_{33}S_{41})(R_2R_3R_4-R_2X_3X_4+R_3X_2X_4+R_4X_2X_3)+(S_{22}S_{33}S_{44}-S_{22}S_{34}S_{43}-S_{23}S_{32}S_{44}+S_{23}S_{34}S_{42}+S_{24}S_{32}S_{43}-S_{24}S_{33}S_{42}-S_{11}S_{22}S_{33}S_{44}+S_{11}S_{22}S_{34}S_{43}+S_{11}S_{23}S_{32}S_{44}-S_{11}S_{23}S_{34}S_{42}-S_{11}S_{24}S_{32}S_{43}+S_{11}S_{24}S_{33}S_{42}+S_{12}S_{21}S_{33}S_{44}-S_{12}S_{21}S_{34}S_{43}-S_{12}S_{23}S_{31}S_{44}+S_{12}S_{23}S_{34}S_{41}+S_{12}S_{24}S_{31}S_{43}-S_{12}S_{24}S_{33}S_{41}-S_{13}S_{21}S_{32}S_{44}+S_{13}S_{21}S_{34}S_{42}+S_{13}S_{22}S_{31}S_{44}-S_{13}S_{22}S_{34}S_{41}-S_{13}S_{24}S_{31}S_{42}+S_{13}S_{24}S_{32}S_{41}+S_{14}S_{21}S_{32}S_{43}-S_{14}S_{21}S_{33}S_{42}-S_{14}S_{22}S_{31}S_{43}+S_{14}S_{22}S_{33}S_{41}+S_{14}S_{23}S_{31}S_{42}-S_{14}S_{23}S_{32}S_{41})(R_2R_3R_4-R_2X_3X_4-R_3X_2X_4-R_4X_2X_3)+\mathrm{j}[(1-S_{11})(-R_2R_3X_4-R_2R_4X_3-R_3R_4X_2+X_2X_3X_4)+(S_{22}-S_{11}S_{22}+S_{12}S_{21})(-R_2R_3X_4-R_2R_4X_3+R_3R_4X_2-X_2X_3X_4)+(S_{33}-S_{11}S_{33}+S_{13}S_{31})\times(-R_2R_3X_4+R_2R_4X_3-R_3R_4X_2-X_2X_3X_4)+(S_{44}-S_{11}S_{44}+S_{14}S_{41})(R_2R_3X_4-R_2R_4X_3-R_3R_4X_2-X_2X_3X_4)+(S_{22}S_{33}-S_{23}S_{32}-S_{11}S_{22}S_{33}+S_{11}S_{23}S_{32}+S_{12}S_{21}S_{33}-S_{12}S_{23}S_{31}-S_{13}S_{21}S_{32}+S_{13}S_{31}S_{22})(-R_2R_3X_4+R_2R_4X_3+R_3R_4X_2+X_2X_3X_4)+(S_{22}S_{44}-S_{24}S_{42}-S_{11}S_{22}S_{44}+S_{11}S_{24}S_{42}+S_{12}S_{21}S_{44}-S_{12}S_{24}S_{41}-S_{14}S_{21}S_{42}+S_{14}S_{41}S_{22})(R_2R_3X_4-R_2R_4X_3+R_3R_4X_2+X_2X_3X_4)+(S_{33}S_{44}-S_{34}S_{43}-S_{11}S_{33}S_{44}+S_{11}S_{34}S_{43}+S_{13}S_{31}S_{44}-S_{13}S_{34}S_{41}-S_{14}S_{31}S_{43}+S_{14}S_{33}S_{41})(R_2R_3X_4+R_2R_4X_3-R_3R_4X_2+X_2X_3X_4)+(S_{22}S_{33}S_{44}-S_{22}S_{34}S_{43}-S_{23}S_{32}S_{44}+S_{23}S_{34}S_{42}+S_{24}S_{32}S_{43}-S_{24}S_{33}S_{42}-S_{11}S_{22}S_{33}S_{44}+S_{11}S_{22}S_{34}S_{43}+S_{11}S_{23}S_{32}S_{44}-S_{11}S_{23}S_{34}S_{42}-S_{11}S_{24}S_{32}S_{43}+S_{11}S_{24}S_{33}S_{42}+S_{12}S_{21}S_{33}S_{44}-S_{12}S_{21}S_{34}S_{43}-S_{12}S_{23}S_{31}S_{44}+S_{12}S_{23}S_{34}S_{41}+S_{12}S_{24}S_{31}S_{43}-S_{12}S_{24}S_{33}S_{41}-S_{13}S_{21}S_{32}S_{44}+S_{13}S_{21}S_{34}S_{42}+S_{13}S_{22}S_{31}S_{44}-S_{13}S_{22}S_{34}S_{41}-S_{13}S_{24}S_{31}S_{42}+S_{13}S_{24}S_{32}S_{41}+S_{14}S_{21}S_{32}S_{43}-S_{14}S_{21}S_{33}S_{42}-S_{14}S_{22}S_{31}S_{43}+S_{14}S_{22}S_{33}S_{41}+S_{14}S_{23}S_{31}S_{42}-S_{14}S_{23}S_{32}S_{41})(R_2R_3X_4+R_2R_4X_3+R_3R_4X_2-X_2X_3X_4)]$
$\mathrm{NY}_{22}=(1-S_{22})(R_1R_3R_4-R_1X_3X_4-R_3X_1X_4-R_4X_1X_3)+(S_{11}-S_{11}S_{22}+S_{12}S_{21})(R_1R_3R_4-R_1X_3X_4+R_3X_1X_4+R_4X_1X_3)+(S_{33}-S_{22}S_{33}+S_{23}S_{32})(R_1R_3R_4+R_1X_3X_4-R_3X_1X_4+R_4X_1X_3)+(S_{44}-S_{22}S_{44}+S_{24}S_{42})(R_1R_3R_4+R_1X_3X_4+R_3X_1X_4-R_4X_1X_3)+(S_{11}S_{33}-S_{13}S_{31}-S_{11}S_{22}S_{33}+S_{11}S_{23}S_{32}+S_{12}S_{21}S_{33}-S_{12}S_{23}S_{31}-S_{13}S_{21}S_{32}+S_{13}S_{31}S_{22})(R_1R_3R_4+R_1X_3X_4+R_3X_1X_4-R_4X_1X_3)+(S_{11}S_{44}-S_{14}S_{41}-S_{11}S_{22}S_{44}+S_{11}S_{24}S_{42}+S_{12}S_{21}S_{44}-S_{12}S_{24}S_{41}-S_{14}S_{21}S_{42}+S_{14}S_{41}S_{22})(R_1R_3R_4+R_1X_3X_4-R_3X_1X_4+R_4X_1X_3)+(S_{33}S_{44}-S_{34}S_{43}-S_{22}S_{33}S_{44}+S_{22}S_{34}S_{43}+S_{23}S_{32}S_{44}-S_{23}S_{34}S_{42}-S_{24}S_{32}S_{43}+S_{24}S_{33}S_{42})(R_1R_3R_4-R_1X_3X_4+R_3X_1X_4+R_4X_1X_3)+(S_{11}S_{33}S_{44}-S_{11}S_{34}S_{43}-S_{13}S_{31}S_{44}+S_{13}S_{34}S_{41}+S_{14}S_{31}S_{43}-S_{14}S_{33}S_{41}-S_{11}S_{22}S_{33}S_{44}+S_{11}S_{22}S_{34}S_{43}+S_{11}S_{23}S_{32}S_{44}-S_{11}S_{23}S_{34}S_{42}-S_{11}S_{24}S_{32}S_{43}+S_{11}S_{24}S_{33}S_{42}+S_{12}S_{21}S_{33}S_{44}-S_{12}S_{21}S_{34}S_{43}-S_{12}S_{23}S_{31}S_{44}+S_{12}S_{23}S_{34}S_{41}+S_{12}S_{24}S_{31}S_{43}-S_{12}S_{24}S_{33}S_{41}-S_{13}S_{21}S_{32}S_{44}+S_{13}S_{21}S_{34}S_{42}+S_{13}S_{22}S_{31}S_{44}-S_{13}S_{22}S_{34}S_{41}-S_{13}S_{24}S_{31}S_{42}+S_{13}S_{24}S_{32}S_{41}+S_{14}S_{21}S_{32}S_{43}-S_{14}S_{21}S_{33}S_{42}-S_{14}S_{22}S_{31}S_{43}+S_{14}S_{22}S_{33}S_{41}+S_{14}S_{23}S_{31}S_{42}-S_{14}S_{23}S_{32}S_{41})(R_1R_3R_4-R_1X_3X_4-R_3X_1X_4-R_4X_1X_3)+\mathrm{j}[(1-S_{22})(-R_1R_3X_4-R_1R_4X_3-R_3R_4X_1+X_1X_3X_4)+(S_{11}-S_{11}S_{22}+S_{12}S_{21})(-R_1R_3X_4-R_1R_4X_3+R_3R_4X_1-X_1X_3X_4)+(S_{33}-S_{22}S_{33}+S_{23}S_{32})\times(-R_1R_3X_4+R_1R_4X_3-R_3R_4X_1-X_1X_3X_4)+(S_{44}-S_{22}S_{44}+S_{24}S_{42})(R_1R_3X_4-R_1R_4X_3-R_3R_4X_1-X_1X_3X_4)+(S_{11}S_{33}-S_{13}S_{31}-S_{11}S_{22}S_{33}+S_{11}S_{23}S_{32}+S_{12}S_{21}S_{33}-S_{12}S_{23}S_{31}-S_{13}S_{21}S_{32}+S_{13}S_{31}S_{22})(-R_1R_3X_4+R_1R_4X_3+R_3R_4X_1+X_1X_3X_4)+(S_{11}S_{44}-S_{14}S_{41}-S_{11}S_{22}S_{44}+S_{11}S_{24}S_{42}+S_{12}S_{21}S_{44}-S_{12}S_{24}S_{41}-S_{14}S_{21}S_{42}+S_{14}S_{41}S_{22})(R_1R_3X_4-R_1R_4X_3+R_3R_4X_1+X_1X_3X_4)+(S_{33}S_{44}-S_{34}S_{43}-S_{22}S_{33}S_{44}+S_{22}S_{34}S_{43}+S_{23}S_{32}S_{44}-S_{23}S_{34}S_{42}-S_{24}S_{32}S_{43}+S_{24}S_{33}S_{42})\times(R_1R_3X_4+R_1R_4X_3-R_3R_4X_1+X_1X_3X_4)+(S_{11}S_{33}S_{44}-S_{11}S_{34}S_{43}-S_{13}S_{31}S_{44}+S_{13}S_{34}S_{41}+S_{14}S_{31}S_{43}-S_{14}S_{33}S_{41}-S_{11}S_{22}S_{33}S_{44}+S_{11}S_{22}S_{34}S_{43}+S_{11}S_{23}S_{32}S_{44}-S_{11}S_{23}S_{34}S_{42}-S_{11}S_{24}S_{32}S_{43}+S_{11}S_{24}S_{33}S_{42}+S_{12}S_{21}S_{33}S_{44}-S_{12}S_{21}S_{34}S_{43}-S_{12}S_{23}S_{31}S_{44}+S_{12}S_{23}S_{34}S_{41}+S_{12}S_{24}S_{31}S_{43}-S_{12}S_{24}S_{33}S_{41}-S_{13}S_{21}S_{32}S_{44}+S_{13}S_{21}S_{34}S_{42}+S_{13}S_{22}S_{31}S_{44}-S_{13}S_{22}S_{34}S_{41}-S_{13}S_{24}S_{31}S_{42}+S_{13}S_{24}S_{32}S_{41}+S_{14}S_{21}S_{32}S_{43}-S_{14}S_{21}S_{33}S_{42}-S_{14}S_{22}S_{31}S_{43}+S_{14}S_{22}S_{33}S_{41}+S_{14}S_{23}S_{31}S_{42}-S_{14}S_{23}S_{32}S_{41})\times(R_1R_3X_4+R_1R_4X_3+R_3R_4X_1-X_1X_3X_4)]$

续表

$$
\begin{aligned}
\mathrm{NY}_{33}=&(1-S_{33})(R_1R_2R_4-R_1X_2X_4-R_2X_1X_4-R_4X_1X_2)+(S_{11}-S_{11}S_{33}+S_{13}S_{31})(R_1R_2R_4-R_1X_2X_4+R_2X_1X_4+\\
&R_4X_1X_2)+(S_{22}-S_{22}S_{33}+S_{23}S_{32})(R_1R_2R_4+R_1X_2X_4-R_2X_1X_4+R_4X_1X_2)+(S_{44}-S_{33}S_{44}+S_{34}S_{43})(R_1R_2R_4+\\
&R_1X_2X_4+R_2X_1X_4-R_4X_1X_2)+(S_{11}S_{22}-S_{12}S_{21}-S_{11}S_{22}S_{33}+S_{11}S_{23}S_{32}+S_{12}S_{21}S_{33}-S_{12}S_{23}S_{31}-S_{13}S_{21}S_{32}+\\
&S_{13}S_{31}S_{22})(R_1R_2R_4+R_1X_2X_4+R_2X_1X_4-R_4X_1X_2)+(S_{11}S_{44}-S_{14}S_{41}-S_{11}S_{33}S_{44}+S_{11}S_{34}S_{43}+S_{13}S_{31}S_{44}-S_{13}S_{34}S_{41}-\\
&S_{14}S_{31}S_{43}+S_{14}S_{33}S_{41})(R_1R_2R_4+R_1X_2X_4-R_2X_1X_4+R_4X_1X_2)+(S_{22}S_{44}-S_{24}S_{42}-S_{22}S_{33}S_{44}+S_{22}S_{34}S_{43}+S_{23}S_{32}S_{44}-\\
&S_{23}S_{34}S_{42}-S_{24}S_{32}S_{43}+S_{24}S_{33}S_{42})(R_1R_2R_4-R_1X_2X_4+R_2X_1X_4+R_4X_1X_2)+(S_{11}S_{22}S_{44}-S_{11}S_{24}S_{42}-S_{12}S_{21}S_{44}+\\
&S_{12}S_{24}S_{41}+S_{14}S_{21}S_{42}-S_{14}S_{41}S_{22}-S_{11}S_{22}S_{33}S_{44}+S_{11}S_{22}S_{34}S_{43}+S_{11}S_{23}S_{32}S_{44}-S_{11}S_{23}S_{34}S_{42}-S_{11}S_{24}S_{32}S_{43}+\\
&S_{11}S_{24}S_{33}S_{42}+S_{12}S_{21}S_{33}S_{44}-S_{12}S_{21}S_{34}S_{43}-S_{12}S_{23}S_{31}S_{44}+S_{12}S_{23}S_{34}S_{41}+S_{12}S_{24}S_{31}S_{43}-S_{12}S_{24}S_{33}S_{41}-S_{13}S_{21}S_{32}S_{44}+\\
&S_{13}S_{21}S_{34}S_{42}+S_{13}S_{22}S_{31}S_{44}-S_{13}S_{22}S_{34}S_{41}-S_{13}S_{24}S_{31}S_{42}+S_{13}S_{24}S_{32}S_{41}+S_{14}S_{21}S_{32}S_{43}-S_{14}S_{21}S_{33}S_{42}-S_{14}S_{22}S_{31}S_{43}+\\
&S_{14}S_{22}S_{33}S_{41}+S_{14}S_{23}S_{31}S_{42}-S_{14}S_{23}S_{32}S_{41})(R_1R_2R_4-R_1X_2X_4-R_2X_1X_4-R_4X_1X_2)+\mathrm{j}[(1-S_{33})(-R_1R_2X_4-\\
&R_1R_4X_2-R_2R_4X_1+X_1X_2X_4)+(S_{11}-S_{11}S_{33}+S_{13}S_{31})(-R_1R_2X_4-R_1R_4X_2+R_2R_4X_1-X_1X_2X_4)+(S_{22}-S_{22}S_{33}+\\
&S_{23}S_{32})(-R_1R_2X_4+R_1R_4X_2-R_2R_4X_1-X_1X_2X_4)+(S_{44}-S_{33}S_{44}+S_{34}S_{43})(R_1R_2X_4-R_1R_4X_2-R_2R_4X_1-\\
&X_1X_2X_4)+(S_{11}S_{22}-S_{12}S_{21}-S_{11}S_{22}S_{33}+S_{11}S_{23}S_{32}+S_{12}S_{21}S_{33}-S_{12}S_{23}S_{31}-S_{13}S_{21}S_{32}+S_{13}S_{31}S_{22})(-R_1R_2X_4+\\
&R_1R_4X_2+R_2R_4X_1+X_1X_2X_4)+(S_{11}S_{44}-S_{14}S_{41}-S_{11}S_{33}S_{44}+S_{11}S_{34}S_{43}+S_{13}S_{31}S_{44}-S_{13}S_{34}S_{41}-S_{14}S_{31}S_{43}+\\
&S_{14}S_{33}S_{41})(R_1R_2X_4-R_1R_4X_2+R_2R_4X_1+X_1X_2X_4)+(S_{22}S_{44}-S_{24}S_{42}-S_{22}S_{33}S_{44}+S_{22}S_{34}S_{43}+S_{23}S_{32}S_{44}-S_{23}S_{34}S_{42}-\\
&S_{24}S_{32}S_{43}+S_{24}S_{33}S_{42})(R_1R_2X_4+R_1R_4X_2-R_2R_4X_1+X_1X_2X_4)+(S_{11}S_{22}S_{44}-S_{11}S_{24}S_{42}-S_{12}S_{21}S_{44}+S_{12}S_{24}S_{41}+\\
&S_{14}S_{21}S_{42}-S_{14}S_{41}S_{22}-S_{11}S_{22}S_{33}S_{44}+S_{11}S_{22}S_{34}S_{43}+S_{11}S_{23}S_{32}S_{44}-S_{11}S_{23}S_{34}S_{42}-S_{11}S_{24}S_{32}S_{43}+S_{11}S_{24}S_{33}S_{42}+\\
&S_{12}S_{21}S_{33}S_{44}-S_{12}S_{21}S_{34}S_{43}-S_{12}S_{23}S_{31}S_{44}+S_{12}S_{23}S_{34}S_{41}+S_{12}S_{24}S_{31}S_{43}-S_{12}S_{24}S_{33}S_{41}-S_{13}S_{21}S_{32}S_{44}+S_{13}S_{21}S_{34}S_{42}+\\
&S_{13}S_{22}S_{31}S_{44}-S_{13}S_{22}S_{34}S_{41}-S_{13}S_{24}S_{31}S_{42}+S_{13}S_{24}S_{32}S_{41}+S_{14}S_{21}S_{32}S_{43}-S_{14}S_{21}S_{33}S_{42}-S_{14}S_{22}S_{31}S_{43}+S_{14}S_{22}S_{33}S_{41}+\\
&S_{14}S_{23}S_{31}S_{42}-S_{14}S_{23}S_{32}S_{41})(R_1R_2X_4+R_1R_4X_2+R_2R_4X_1-X_1X_2X_4)]
\end{aligned}
$$

$$
\begin{aligned}
\mathrm{NY}_{44}=&(1-S_{44})(R_1R_2R_3-R_1X_2X_3-R_2X_1X_3-R_3X_1X_2)+(S_{11}-S_{11}S_{44}+S_{14}S_{41})(R_1R_2R_3-R_1X_2X_3+R_2X_1X_3+\\
&R_3X_1X_2)+(S_{22}-S_{22}S_{44}+S_{24}S_{42})(R_1R_2R_3+R_1X_2X_3-R_2X_1X_3+R_3X_1X_2)+(S_{33}-S_{33}S_{44}+S_{34}S_{43})(R_1R_2R_3+\\
&R_1X_2X_3+R_2X_1X_3-R_3X_1X_2)+(S_{11}S_{22}-S_{12}S_{21}-S_{11}S_{22}S_{44}+S_{11}S_{24}S_{42}+S_{12}S_{21}S_{44}-S_{12}S_{24}S_{41}-S_{14}S_{21}S_{42}+\\
&S_{14}S_{41}S_{22})(R_1R_2R_3+R_1X_2X_3+R_2X_1X_3-R_3X_1X_2)+(S_{11}S_{33}-S_{13}S_{31}-S_{11}S_{33}S_{44}+S_{11}S_{34}S_{43}+S_{13}S_{31}S_{44}-S_{13}S_{34}S_{41}-\\
&S_{14}S_{31}S_{43}+S_{14}S_{33}S_{41})(R_1R_2R_3+R_1X_2X_3-R_2X_1X_3+R_3X_1X_2)+(S_{22}S_{33}-S_{23}S_{32}-S_{22}S_{33}S_{44}+S_{22}S_{34}S_{43}+S_{23}S_{32}S_{44}-\\
&S_{23}S_{34}S_{42}-S_{24}S_{32}S_{43}+S_{24}S_{33}S_{42})(R_1R_2R_3-R_1X_2X_3+R_2X_1X_3+R_3X_1X_2)+(S_{11}S_{22}S_{33}-S_{11}S_{23}S_{32}-S_{12}S_{21}S_{33}+\\
&S_{12}S_{23}S_{31}+S_{13}S_{21}S_{32}-S_{13}S_{31}S_{22}-S_{11}S_{22}S_{33}S_{44}+S_{11}S_{22}S_{34}S_{43}+S_{11}S_{23}S_{32}S_{44}-S_{11}S_{23}S_{34}S_{42}-S_{11}S_{24}S_{32}S_{43}+\\
&S_{11}S_{24}S_{33}S_{42}+S_{12}S_{21}S_{33}S_{44}-S_{12}S_{21}S_{34}S_{43}-S_{12}S_{23}S_{31}S_{44}+S_{12}S_{23}S_{34}S_{41}+S_{12}S_{24}S_{31}S_{43}-S_{12}S_{24}S_{33}S_{41}-S_{13}S_{21}S_{32}S_{44}+\\
&S_{13}S_{21}S_{34}S_{42}+S_{13}S_{22}S_{31}S_{44}-S_{13}S_{22}S_{34}S_{41}-S_{13}S_{24}S_{31}S_{42}+S_{13}S_{24}S_{32}S_{41}+S_{14}S_{21}S_{32}S_{43}-S_{14}S_{21}S_{33}S_{42}-S_{14}S_{22}S_{31}S_{43}+\\
&S_{14}S_{22}S_{33}S_{41}+S_{14}S_{23}S_{31}S_{42}-S_{14}S_{23}S_{32}S_{41})(R_1R_2R_3-R_1X_2X_3-R_2X_1X_3-R_3X_1X_2)+\mathrm{j}[(1-S_{44})(-R_1R_2X_3-\\
&R_1R_3X_2-R_2R_3X_1+X_1X_2X_3)+(S_{11}-S_{11}S_{44}+S_{14}S_{41})(-R_1R_2X_3-R_1R_3X_2+R_2R_3X_1-X_1X_2X_3)+(S_{22}-S_{22}S_{44}+\\
&S_{24}S_{42})(-R_1R_2X_3+R_1R_3X_2-R_2R_3X_1-X_1X_2X_3)+(S_{33}-S_{33}S_{44}+S_{34}S_{43})(R_1R_2X_3-R_1R_3X_2-R_2R_3X_1-X_1X_2X_3)+\\
&(S_{11}S_{22}-S_{12}S_{21}-S_{11}S_{22}S_{44}+S_{11}S_{24}S_{42}+S_{12}S_{21}S_{44}-S_{12}S_{24}S_{41}-S_{14}S_{21}S_{42}+S_{14}S_{41}S_{22})(-R_1R_2X_3+R_1R_3X_2+R_2R_3X_1+\\
&X_1X_2X_3)+(S_{11}S_{33}-S_{13}S_{31}-S_{11}S_{33}S_{44}+S_{11}S_{34}S_{43}+S_{13}S_{31}S_{44}-S_{13}S_{34}S_{41}-S_{14}S_{31}S_{43}+S_{14}S_{33}S_{41})(R_1R_2X_3-R_1R_3X_2+\\
&R_2R_3X_1+X_1X_2X_3)+(S_{22}S_{33}-S_{23}S_{32}-S_{22}S_{33}S_{44}+S_{22}S_{34}S_{43}+S_{23}S_{32}S_{44}-S_{23}S_{34}S_{42}-S_{24}S_{32}S_{43}+S_{24}S_{33}S_{42})\times\\
&(R_1R_2X_3+R_1R_3X_2-R_2R_3X_1+X_1X_2X_3)+(S_{11}S_{22}S_{33}-S_{11}S_{23}S_{32}-S_{12}S_{21}S_{33}+S_{12}S_{23}S_{31}+S_{13}S_{21}S_{32}-S_{13}S_{31}S_{22}-\\
&S_{11}S_{22}S_{33}S_{44}+S_{11}S_{22}S_{34}S_{43}+S_{11}S_{23}S_{32}S_{44}-S_{11}S_{23}S_{34}S_{42}-S_{11}S_{24}S_{32}S_{43}+S_{11}S_{24}S_{33}S_{42}+S_{12}S_{21}S_{33}S_{44}-S_{12}S_{21}S_{34}S_{43}-\\
&S_{12}S_{23}S_{31}S_{44}+S_{12}S_{23}S_{34}S_{41}+S_{12}S_{24}S_{31}S_{43}-S_{12}S_{24}S_{33}S_{41}-S_{13}S_{21}S_{32}S_{44}+S_{13}S_{21}S_{34}S_{42}+S_{13}S_{22}S_{31}S_{44}-S_{13}S_{22}S_{34}S_{41}-\\
&S_{13}S_{24}S_{31}S_{42}+S_{13}S_{24}S_{32}S_{41}+S_{14}S_{21}S_{32}S_{43}-S_{14}S_{21}S_{33}S_{42}-S_{14}S_{22}S_{31}S_{43}+S_{14}S_{22}S_{33}S_{41}+S_{14}S_{23}S_{31}S_{42}-S_{14}S_{23}S_{32}S_{41})\times\\
&(R_1R_2X_3+R_1R_3X_2+R_2R_3X_1-X_1X_2X_3)]
\end{aligned}
$$

2.3 广义 N 端口网络 ABCD 参数与 S 参数之间的转换

2.3.1 广义 N 端口网络的 ABCD 参数

1. 二端口网络的 ABCD 参数

一个具有完整功能的微波电路和射频芯片通常是由许多简单的电路单元级联构成的，因此有必要使用 **ABCD** 矩阵来分析此类问题[3]。我们将结合文献［3］对二端口网络的 ABCD 参数进行介绍，以图 2-2 中的二端口网络为例，用端口 2 的电压和电流来表示端口 1 的电压和电流，即得到该网络的 **ABCD** 矩阵为

$$\begin{pmatrix} V_1 \\ I_1 \end{pmatrix} = \begin{pmatrix} A & B \\ C & D \end{pmatrix} \begin{pmatrix} V_2 \\ I_2 \end{pmatrix} \tag{2-57}$$

值得注意的是，式（2-57）中的 I_2（见图 2-2）与图 1-5 中二端口网络的 I_2 虽然大小相同但方向却相反。这是因为这样定义，能够在电路级联时，将前一级的输出电压和输出电流作为后一级的输入电压和输入电流，所有级联网络的电压、电流正方向相同[5-6]。图 2-3 中由 n 个二端口网络单元级联构成的网络就很好地说明了这一点。

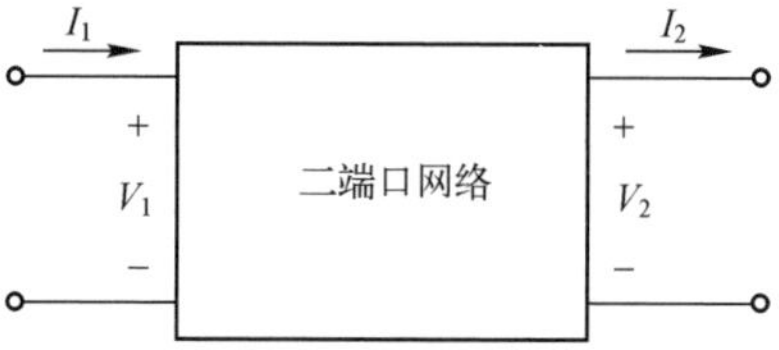

图 2-2　电流正方向定义

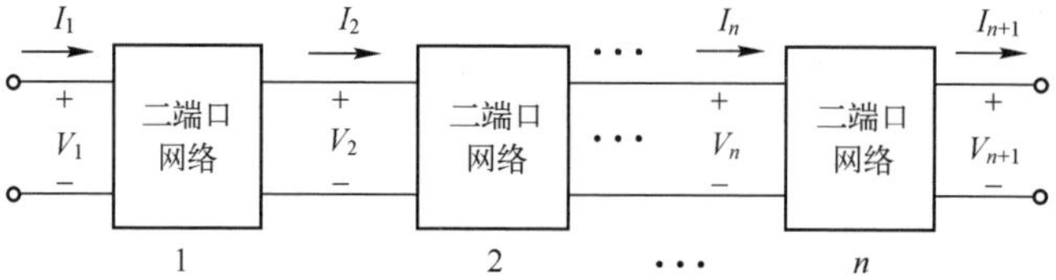

图 2-3　n 个二端口网络级联

对于图 2-3 所示的级联网络，分别将其 ABCD 矩阵表示为[3]

$$\begin{cases}\begin{pmatrix}V_1\\I_1\end{pmatrix}=\begin{pmatrix}A_1 & B_1\\C_1 & D_1\end{pmatrix}\begin{pmatrix}V_2\\I_2\end{pmatrix}\\\begin{pmatrix}V_2\\I_2\end{pmatrix}=\begin{pmatrix}A_2 & B_2\\C_2 & D_2\end{pmatrix}\begin{pmatrix}V_3\\I_3\end{pmatrix}\\\qquad\vdots\\\begin{pmatrix}V_n\\I_n\end{pmatrix}=\begin{pmatrix}A_n & B_n\\C_n & D_n\end{pmatrix}\begin{pmatrix}V_{n+1}\\I_{n+1}\end{pmatrix}\end{cases}\tag{2-58}$$

将式（2-58）中后一级公式代入前一级公式，迭代直到得出 V_1、I_1 与 V_{n+1}、I_{n+1} 之间的关系：

$$\begin{pmatrix}V_1\\I_1\end{pmatrix}=\begin{pmatrix}A_1 & B_1\\C_1 & D_1\end{pmatrix}\begin{pmatrix}A_2 & B_2\\C_2 & D_2\end{pmatrix}\cdots\begin{pmatrix}A_n & B_n\\C_n & D_n\end{pmatrix}\begin{pmatrix}V_{n+1}\\I_{n+1}\end{pmatrix}\tag{2-59}$$

若将图 2-3 中级联网络的 ABCD 矩阵表示为矩阵 $\boldsymbol{A}$，那么结合式（2-59）和二端口网络 ABCD 矩阵的定义可得：

$$\boldsymbol{A}=\begin{pmatrix}A_1 & B_1\\C_1 & D_1\end{pmatrix}\begin{pmatrix}A_2 & B_2\\C_2 & D_2\end{pmatrix}\cdots\begin{pmatrix}A_n & B_n\\C_n & D_n\end{pmatrix}\tag{2-60}$$

这说明级联网络的 ABCD 矩阵可由其每个级联单元的 ABCD 矩阵经过简单的连乘获得。

对于二端口网络的 ABCD 矩阵，即式（2-57），可以采用与求解二端口网络 $\boldsymbol{Z}$ 矩阵和 $\boldsymbol{Y}$ 矩阵相同的方法求解得到：

$$A=\left.\frac{V_1}{V_2}\right|_{I_2=0},\quad B=\left.\frac{V_1}{I_2}\right|_{V_2=0},\quad C=\left.\frac{I_1}{V_2}\right|_{I_2=0},\quad D=\left.\frac{I_1}{I_2}\right|_{V_2=0}\tag{2-61}$$

式中：A 为端口 2 开路时，端口 1 到端口 2 的电压传输系数的倒数，无量纲；B 为端口 2 短路时，端口 1 的电压和端口 2 的电流之比，具有阻抗量纲；C 为端口 2 开路时，端口 1 的电流与端口 2 电压的比值，具有导纳的量纲；D 为端口 2 短路时，端口 1 到端口 2 电流传输系数的倒数，无量纲[6]。关于 ABCD 矩阵的一些性质，可以得到如下结论：

（1）对称网络的 ABCD 矩阵：$A=D$。

（2）互易网络的 ABCD 矩阵：$AD-BC=1$。

（3）无耗网络的 ABCD 矩阵：$\mathrm{Im}(A)=\mathrm{Im}(D)=0$，$\mathrm{Re}(B)=\mathrm{Re}(C)=0$。

2. *N* 端口网络的 ABCD 参数

N 端口网络（$N\geqslant 2$）ABCD 矩阵的矩阵元素为 A_{ij}。当讨论这类网络的

ABCD 矩阵时，需要将网络的端口编号分为两组，这里借用去嵌电路网络模型[2]，如图 2-4 所示。

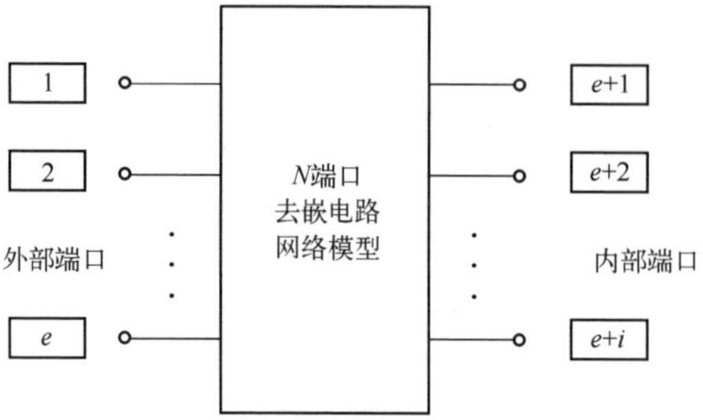

图 2-4　N 端口去嵌电路网络模型

去嵌电路网络模型中的端口可分为两类，第一类是外部端口，第二类是内部端口。为了让网络的 ABCD 参数与 S 参数可以相互转换，**ABCD** 矩阵必须是一个方阵。以图 2-4 为例，假设其是一个广义 N 端口网络（$N \geqslant 2$），且外部端口与内部端口的端口数相等，即 e 和 i 满足：

$$e = i = \frac{N}{2} \tag{2-62}$$

该网络的 **ABCD** 矩阵表示为

$$\mathbf{ABCD} = \begin{pmatrix} \boldsymbol{A} & \boldsymbol{B} \\ \boldsymbol{C} & \boldsymbol{D} \end{pmatrix} = \begin{pmatrix} A_{11} & A_{12} & \cdots & A_{1N} \\ A_{21} & A_{22} & \cdots & A_{2N} \\ \vdots & \vdots & \ddots & \vdots \\ A_{N1} & A_{N2} & \cdots & A_{NN} \end{pmatrix} \tag{2-63}$$

式中：

$$\boldsymbol{A} = \begin{pmatrix} A_{11} & \cdots & A_{1\frac{N}{2}} \\ \vdots & \ddots & \vdots \\ A_{\frac{N}{2}1} & \cdots & A_{\frac{N}{2}\frac{N}{2}} \end{pmatrix} \qquad \boldsymbol{B} = \begin{pmatrix} A_{1\left(\frac{N}{2}+1\right)} & \cdots & A_{1N} \\ \vdots & \ddots & \vdots \\ A_{\frac{N}{2}\left(\frac{N}{2}+1\right)} & \cdots & A_{\frac{N}{2}N} \end{pmatrix}$$

$$\boldsymbol{C} = \begin{pmatrix} A_{\left(\frac{N}{2}+1\right)1} & \cdots & A_{\left(\frac{N}{2}+1\right)\frac{N}{2}} \\ \vdots & \ddots & \vdots \\ A_{N1} & \cdots & A_{N\frac{N}{2}} \end{pmatrix} \qquad \boldsymbol{D} = \begin{pmatrix} A_{\left(\frac{N}{2}+1\right)\left(\frac{N}{2}+1\right)} & \cdots & A_{\left(\frac{N}{2}+1\right)N} \\ \vdots & \ddots & \vdots \\ A_{N\left(\frac{N}{2}+1\right)} & \cdots & A_{NN} \end{pmatrix}$$

下面基于图 2-4 来推导 N 端口网络 ABCD 参数与 S 参数相互转换的公式。

2.3.2　广义 N 端口网络 ABCD 参数与 S 参数之间的转换

1. ABCD 参数转换成 S 参数

对于图 2-4 所示的 N 端口去嵌电路网络模型，其外部端口的入射功率波矩阵和反射功率波矩阵分别用 $\boldsymbol{a}_e$ 和 $\boldsymbol{b}_e$ 表示，根据式（2-4）和式（2-5）可得：

$$\begin{cases} \boldsymbol{a}_e = \dfrac{1}{2}G_e(\boldsymbol{V}_e+\boldsymbol{Z}_e\boldsymbol{I}_e) \\ \boldsymbol{b}_e = \dfrac{1}{2}G_e(\boldsymbol{V}_e-\boldsymbol{Z}_e^*\boldsymbol{I}_e) \end{cases} \tag{2-64}$$

同理，对于网络内部端口的入射功率波 $\boldsymbol{a}_i$ 和反射功率波 $\boldsymbol{b}_i$ 有：

$$\begin{cases} \boldsymbol{a}_i = \dfrac{1}{2}\boldsymbol{G}_i(\boldsymbol{V}_i+\boldsymbol{Z}_i\boldsymbol{I}_i) \\ \boldsymbol{b}_i = \dfrac{1}{2}\boldsymbol{G}_i(\boldsymbol{V}_i-\boldsymbol{Z}_i^*\boldsymbol{I}_i) \end{cases} \tag{2-65}$$

式中，下标 e 表示外部端口号，下标 i 表示内部端口号，$\boldsymbol{V}_e$、$\boldsymbol{V}_i$、$\boldsymbol{I}_e$、$\boldsymbol{I}_i$ 分别表示外部端口 e 和内部端口 i 的电压矩阵和电流矩阵。

将二端口网络的前端电压和前端电流用后端电压和后端电流表示，即可得到二端口网络的 **ABCD** 矩阵。当网络端口数 $N\geqslant 2$ 时，借用去嵌电路网络模型，将外部端口电压和外部端口电流用内部端口电压和内部端口电流表示，就得到了该网络的 **ABCD** 矩阵，即[2]

$$\boldsymbol{V}_e = \boldsymbol{A}\boldsymbol{V}_i - \boldsymbol{B}\boldsymbol{I}_i \tag{2-66a}$$

$$\boldsymbol{I}_e = \boldsymbol{C}\boldsymbol{V}_i - \boldsymbol{D}\boldsymbol{I}_i \tag{2-66b}$$

流入网络内部端口的电流 $\boldsymbol{I}_i$ 的前面之所以有负号，是因为电路级联时，前一级流出内部端口的电流被当作后一级流入网络外部端口的电流，这样所有端口的电压与电流就指向同一个方向。

对式（2-64）进行简单的变换后可表示为

$$2\boldsymbol{G}_e^{-1}\boldsymbol{a}_e = \boldsymbol{V}_e+\boldsymbol{Z}_e\boldsymbol{I}_e \tag{2-67a}$$

$$2\boldsymbol{G}_e^{-1}\boldsymbol{b}_e = \boldsymbol{V}_e-\boldsymbol{Z}_e^*\boldsymbol{I}_e \tag{2-67b}$$

由式（2-67）可得：

$$\boldsymbol{Z}_e\boldsymbol{I}_e+\boldsymbol{Z}_e^*\boldsymbol{I}_e = 2\boldsymbol{G}_e^{-1}\boldsymbol{a}_e-2\boldsymbol{G}_e^{-1}\boldsymbol{b}_e \tag{2-68}$$

则 $\boldsymbol{I}_e$ 的表达式为

$$\boldsymbol{I}_e = 2(\boldsymbol{Z}_e+\boldsymbol{Z}_e^*)^{-1}\boldsymbol{G}_e^{-1}(\boldsymbol{a}_e-\boldsymbol{b}_e) \tag{2-69}$$

由于矩阵 $\boldsymbol{Z}_e$ 和矩阵 $\boldsymbol{G}_e$ 均为对角矩阵，根据定义，式（2-69）可简化为

$$\boldsymbol{I}_e = \boldsymbol{p}_e\boldsymbol{G}_e(\boldsymbol{a}_e-\boldsymbol{b}_e) \tag{2-70}$$

式中，$\boldsymbol{p}_e$为表示正负号的对角矩阵，其定义为

$$\boldsymbol{p}_e=\mathrm{diag}\left\{\frac{\mathrm{Re}(Z_1)}{|\mathrm{Re}(Z_1)|},\frac{\mathrm{Re}(Z_2)}{|\mathrm{Re}(Z_2)|},\cdots,\frac{\mathrm{Re}(Z_{N/2})}{|\mathrm{Re}(Z_{N/2})|}\right\} \tag{2-71}$$

由式（2-70）得到了电流$\boldsymbol{I}_e$的表达式后，接下来再利用式（2-67）求电压$\boldsymbol{V}_e$。在式（2-67a）的两侧同时左乘矩阵$\boldsymbol{Z}_e^*$，式（2-67b）的两侧同时左乘矩阵$\boldsymbol{Z}_e$，可得：

$$\begin{aligned}2\boldsymbol{Z}_e^*\boldsymbol{G}_e^{-1}\boldsymbol{a}_e&=\boldsymbol{Z}_e^*\boldsymbol{V}_e+\boldsymbol{Z}_e^*\boldsymbol{Z}_e\boldsymbol{I}_e\\2\boldsymbol{Z}_e\boldsymbol{G}_e^{-1}\boldsymbol{b}_e&=\boldsymbol{Z}_e\boldsymbol{V}_e-\boldsymbol{Z}_e^*\boldsymbol{Z}_e\boldsymbol{I}_e\end{aligned} \tag{2-72}$$

由式（2-72）可得：

$$\boldsymbol{Z}_e^*\boldsymbol{V}_e+\boldsymbol{Z}_e\boldsymbol{V}_e=2\boldsymbol{Z}_e^*\boldsymbol{G}_e^{-1}\boldsymbol{a}_e+2\boldsymbol{Z}_e\boldsymbol{G}_e^{-1}\boldsymbol{b}_e \tag{2-73}$$

则$\boldsymbol{V}_e$可表示为

$$\boldsymbol{V}_e=(\boldsymbol{Z}_e^*+\boldsymbol{Z}_e)^{-1}(2\boldsymbol{Z}_e^*\boldsymbol{G}_e^{-1}\boldsymbol{a}_e+2\boldsymbol{Z}_e\boldsymbol{G}_e^{-1}\boldsymbol{b}_e) \tag{2-74}$$

利用矩阵$\boldsymbol{Z}_e$和矩阵$\boldsymbol{G}_e$的定义可得：

$$\boldsymbol{V}_e=\boldsymbol{p}_e\boldsymbol{G}_e(\boldsymbol{Z}_e^*\boldsymbol{a}_e+\boldsymbol{Z}_e\boldsymbol{b}_e) \tag{2-75}$$

同理，对于网络的内部端口可以推导得出：

$$\boldsymbol{I}_i=\boldsymbol{p}_i\boldsymbol{G}_i(\boldsymbol{a}_i-\boldsymbol{b}_i) \tag{2-76}$$

$$\boldsymbol{V}_i=\boldsymbol{p}_i\boldsymbol{G}_i(\boldsymbol{Z}_i^*\boldsymbol{a}_i+\boldsymbol{Z}_i\boldsymbol{b}_i) \tag{2-77}$$

式中，$\boldsymbol{p}_i$为表示正负号的对角矩阵，其定义为

$$\boldsymbol{p}_i=\mathrm{diag}\left\{\frac{\mathrm{Re}(Z_{N/2+1})}{|\mathrm{Re}(Z_{N/2+1})|},\frac{\mathrm{Re}(Z_{N/2+2})}{|\mathrm{Re}(Z_{N/2+2})|},\cdots,\frac{\mathrm{Re}(Z_N)}{|\mathrm{Re}(Z_N)|}\right\} \tag{2-78}$$

将上面已经求出的$\boldsymbol{V}_e$、$\boldsymbol{V}_i$、$\boldsymbol{I}_e$、$\boldsymbol{I}_i$的表达式代入式（2-66）中，可得：

$$\begin{cases}\boldsymbol{p}_e\boldsymbol{G}_e(\boldsymbol{Z}_e^*\boldsymbol{a}_e+\boldsymbol{Z}_e\boldsymbol{b}_e)=\boldsymbol{A}\boldsymbol{p}_i\boldsymbol{G}_i(\boldsymbol{Z}_i^*\boldsymbol{a}_i+\boldsymbol{Z}_i\boldsymbol{b}_i)-\boldsymbol{B}\boldsymbol{p}_i\boldsymbol{G}_i(\boldsymbol{a}_i-\boldsymbol{b}_i)\\\boldsymbol{p}_e\boldsymbol{G}_e(\boldsymbol{a}_e-\boldsymbol{b}_e)=\boldsymbol{C}\boldsymbol{p}_i\boldsymbol{G}_i(\boldsymbol{Z}_i^*\boldsymbol{a}_i+\boldsymbol{Z}_i\boldsymbol{b}_i)-\boldsymbol{D}\boldsymbol{p}_i\boldsymbol{G}_i(\boldsymbol{a}_i-\boldsymbol{b}_i)\end{cases} \tag{2-79}$$

对其进行展开：

$$\begin{cases}\boldsymbol{p}_e\boldsymbol{G}_e\boldsymbol{Z}_e^*\boldsymbol{a}_e+\boldsymbol{p}_e\boldsymbol{G}_e\boldsymbol{Z}_e\boldsymbol{b}_e=\boldsymbol{A}\boldsymbol{p}_i\boldsymbol{G}_i\boldsymbol{Z}_i^*\boldsymbol{a}_i+\boldsymbol{A}\boldsymbol{p}_i\boldsymbol{G}_i\boldsymbol{Z}_i\boldsymbol{b}_i-\boldsymbol{B}\boldsymbol{p}_i\boldsymbol{G}_i\boldsymbol{a}_i+\boldsymbol{B}\boldsymbol{p}_i\boldsymbol{G}_i\boldsymbol{b}_i\\\boldsymbol{p}_e\boldsymbol{G}_e\boldsymbol{a}_e-\boldsymbol{p}_e\boldsymbol{G}_e\boldsymbol{b}_e=\boldsymbol{C}\boldsymbol{p}_i\boldsymbol{G}_i\boldsymbol{Z}_i^*\boldsymbol{a}_i+\boldsymbol{C}\boldsymbol{p}_i\boldsymbol{G}_i\boldsymbol{Z}_i\boldsymbol{b}_i-\boldsymbol{D}\boldsymbol{p}_i\boldsymbol{G}_i\boldsymbol{a}_i+\boldsymbol{D}\boldsymbol{p}_i\boldsymbol{G}_i\boldsymbol{b}_i\end{cases} \tag{2-80}$$

对上式重新排序，将含有反射功率波$\boldsymbol{b}_e$和$\boldsymbol{b}_i$的项放到等式的左侧，将含有入射功率波$\boldsymbol{a}_e$和$\boldsymbol{a}_i$的项放到等式的右侧，得到：

$$\begin{cases}\boldsymbol{p}_e\boldsymbol{G}_e\boldsymbol{Z}_e\boldsymbol{b}_e-\boldsymbol{A}\boldsymbol{p}_i\boldsymbol{G}_i\boldsymbol{Z}_i\boldsymbol{b}_i-\boldsymbol{B}\boldsymbol{p}_i\boldsymbol{G}_i\boldsymbol{b}_i=-\boldsymbol{p}_e\boldsymbol{G}_e\boldsymbol{Z}_e^*\boldsymbol{a}_e+\boldsymbol{A}\boldsymbol{p}_i\boldsymbol{G}_i\boldsymbol{Z}_i^*\boldsymbol{a}_i-\boldsymbol{B}\boldsymbol{p}_i\boldsymbol{G}_i\boldsymbol{a}_i\\-\boldsymbol{p}_e\boldsymbol{G}_e\boldsymbol{b}_e-\boldsymbol{C}\boldsymbol{p}_i\boldsymbol{G}_i\boldsymbol{Z}_i\boldsymbol{b}_i-\boldsymbol{D}\boldsymbol{p}_i\boldsymbol{G}_i\boldsymbol{b}_i=-\boldsymbol{p}_e\boldsymbol{G}_e\boldsymbol{a}_e+\boldsymbol{C}\boldsymbol{p}_i\boldsymbol{G}_i\boldsymbol{Z}_i^*\boldsymbol{a}_i-\boldsymbol{D}\boldsymbol{p}_i\boldsymbol{G}_i\boldsymbol{a}_i\end{cases} \tag{2-81}$$

写成矩阵的形式有：

$$\begin{pmatrix}\boldsymbol{p}_e\boldsymbol{G}_e\boldsymbol{Z}_e & -\boldsymbol{A}\boldsymbol{p}_i\boldsymbol{G}_i\boldsymbol{Z}_i-\boldsymbol{B}\boldsymbol{p}_i\boldsymbol{G}_i\\-\boldsymbol{p}_e\boldsymbol{G}_e & -\boldsymbol{C}\boldsymbol{p}_i\boldsymbol{G}_i\boldsymbol{Z}_i-\boldsymbol{D}\boldsymbol{p}_i\boldsymbol{G}_i\end{pmatrix}\begin{pmatrix}\boldsymbol{b}_e\\\boldsymbol{b}_i\end{pmatrix}=\begin{pmatrix}-\boldsymbol{p}_e\boldsymbol{G}_e\boldsymbol{Z}_e^* & \boldsymbol{A}\boldsymbol{p}_i\boldsymbol{G}_i\boldsymbol{Z}_i^*-\boldsymbol{B}\boldsymbol{p}_i\boldsymbol{G}_i\\-\boldsymbol{p}_e\boldsymbol{G}_e & \boldsymbol{C}\boldsymbol{p}_i\boldsymbol{G}_i\boldsymbol{Z}_i^*-\boldsymbol{D}\boldsymbol{p}_i\boldsymbol{G}_i\end{pmatrix}\begin{pmatrix}\boldsymbol{a}_e\\\boldsymbol{a}_i\end{pmatrix} \tag{2-82}$$

写成 $\boldsymbol{b}=\boldsymbol{Sa}$ 的形式为

$$\begin{pmatrix}\boldsymbol{b}_e\\ \boldsymbol{b}_i\end{pmatrix}=\begin{pmatrix}\boldsymbol{p}_e\boldsymbol{G}_e\boldsymbol{Z}_e & -\boldsymbol{A}\boldsymbol{p}_i\boldsymbol{G}_i\boldsymbol{Z}_i-\boldsymbol{B}\boldsymbol{p}_i\boldsymbol{G}_i\\ -\boldsymbol{p}_e\boldsymbol{G}_e & -\boldsymbol{C}\boldsymbol{p}_i\boldsymbol{G}_i\boldsymbol{Z}_i-\boldsymbol{D}\boldsymbol{p}_i\boldsymbol{G}_i\end{pmatrix}^{-1}\begin{pmatrix}-\boldsymbol{p}_e\boldsymbol{G}_e\boldsymbol{Z}_e^* & \boldsymbol{A}\boldsymbol{p}_i\boldsymbol{G}_i\boldsymbol{Z}_i^*-\boldsymbol{B}\boldsymbol{p}_i\boldsymbol{G}_i\\ -\boldsymbol{p}_e\boldsymbol{G}_e & \boldsymbol{C}\boldsymbol{p}_i\boldsymbol{G}_i\boldsymbol{Z}_i^*-\boldsymbol{D}\boldsymbol{p}_i\boldsymbol{G}_i\end{pmatrix}\begin{pmatrix}\boldsymbol{a}_e\\ \boldsymbol{a}_i\end{pmatrix}$$

（2-83）

根据式（2-83）可以得到散射矩阵：

$$\boldsymbol{S}=\begin{pmatrix}\boldsymbol{p}_e\boldsymbol{G}_e\boldsymbol{Z}_e & -\boldsymbol{A}\boldsymbol{p}_i\boldsymbol{G}_i\boldsymbol{Z}_i-\boldsymbol{B}\boldsymbol{p}_i\boldsymbol{G}_i\\ -\boldsymbol{p}_e\boldsymbol{G}_e & -\boldsymbol{C}\boldsymbol{p}_i\boldsymbol{G}_i\boldsymbol{Z}_i-\boldsymbol{D}\boldsymbol{p}_i\boldsymbol{G}_i\end{pmatrix}^{-1}\begin{pmatrix}-\boldsymbol{p}_e\boldsymbol{G}_e\boldsymbol{Z}_e^* & \boldsymbol{A}\boldsymbol{p}_i\boldsymbol{G}_i\boldsymbol{Z}_i^*-\boldsymbol{B}\boldsymbol{p}_i\boldsymbol{G}_i\\ -\boldsymbol{p}_e\boldsymbol{G}_e & \boldsymbol{C}\boldsymbol{p}_i\boldsymbol{G}_i\boldsymbol{Z}_i^*-\boldsymbol{D}\boldsymbol{p}_i\boldsymbol{G}_i\end{pmatrix} \quad (2-84)$$

注意，上面一系列的推导都是建立在图 2-4 所示的去嵌电路网络模型上，网络端口数必须是 2 的整数倍。一般来说，网络的端口阻抗是已知的，即 $\boldsymbol{p}_e$、$\boldsymbol{G}_e$、$\boldsymbol{Z}_e$ 和 $\boldsymbol{p}_i$、$\boldsymbol{G}_i$、$\boldsymbol{Z}_i$ 已知，因此只要给出网络的 ABCD 参数，即可通过式（2-84）求得网络的 S 参数。

2. *S* 参数转换成 ABCD 参数

式（2-64）和式（2-65）将网络所有端口的入射功率波和反射功率波分为两组表示，根据外部端口和内部端口的定义，将 $\boldsymbol{S}$ 矩阵分为四块，表示为

$$\boldsymbol{S}=\begin{pmatrix}\boldsymbol{S}_{ee} & \boldsymbol{S}_{ei}\\ \boldsymbol{S}_{ie} & \boldsymbol{S}_{ii}\end{pmatrix} \quad (2-85)$$

式中：矩阵 $\boldsymbol{S}_{ee}$ 中元素的下标均表示外部端口；矩阵 $\boldsymbol{S}_{ii}$ 中元素的下标均表示内部端口；矩阵 $\boldsymbol{S}_{ei}$ 中元素的下标第一个表示外部端口，第二个表示内部端口；矩阵 $\boldsymbol{S}_{ie}$ 中元素的下标第一个表示内部端口，第二个表示外部端口[2]。

图 2-5　四端口去嵌电路网络模型

以图 2-5 所示的四端口去嵌电路网络模型[2]为例，端口 1 和端口 2 为外部端口，端口 3 和端口 4 为内部端口，其 $\boldsymbol{S}$ 矩阵分块如下：

$$\boldsymbol{S}=\begin{pmatrix}\boldsymbol{S}_{ee} & \boldsymbol{S}_{ei}\\ \boldsymbol{S}_{ie} & \boldsymbol{S}_{ii}\end{pmatrix}=\begin{pmatrix}S_{11} & S_{12} & S_{13} & S_{14}\\ S_{21} & S_{22} & S_{23} & S_{24}\\ S_{31} & S_{32} & S_{33} & S_{34}\\ S_{41} & S_{42} & S_{43} & S_{44}\end{pmatrix}$$

$$\boldsymbol{S}_{ee}=\begin{pmatrix}S_{11} & S_{12}\\ S_{21} & S_{22}\end{pmatrix},\quad \boldsymbol{S}_{ei}=\begin{pmatrix}S_{13} & S_{14}\\ S_{23} & S_{24}\end{pmatrix},\quad \boldsymbol{S}_{ie}=\begin{pmatrix}S_{31} & S_{32}\\ S_{41} & S_{42}\end{pmatrix},\quad \boldsymbol{S}_{ii}=\begin{pmatrix}S_{33} & S_{34}\\ S_{43} & S_{44}\end{pmatrix}$$

（2-86）

同理，N 端口去嵌电路网络模型的 $\boldsymbol{S}$ 矩阵也可以分块，$\boldsymbol{S}$ 矩阵分块后，分块

矩阵与内部端口和外部端口的入射功率波以及反射功率波的关系为[2]

$$\begin{aligned} \boldsymbol{b}_e &= \boldsymbol{S}_{ee}\boldsymbol{a}_e + \boldsymbol{S}_{ei}\boldsymbol{a}_i \\ \boldsymbol{b}_i &= \boldsymbol{S}_{ie}\boldsymbol{a}_e + \boldsymbol{S}_{ii}\boldsymbol{a}_i \end{aligned} \tag{2-87}$$

将入射功率波和反射功率波的定义式（2-64）和式（2-65）代入式（2-87）中，可得：

$$\begin{aligned} \frac{1}{2}\boldsymbol{G}_e(\boldsymbol{V}_e - \boldsymbol{Z}_e^*\boldsymbol{I}_e) &= \boldsymbol{S}_{ee}\frac{1}{2}\boldsymbol{G}_e(\boldsymbol{V}_e + \boldsymbol{Z}_e\boldsymbol{I}_e) + \boldsymbol{S}_{ei}\frac{1}{2}\boldsymbol{G}_i(\boldsymbol{V}_i + \boldsymbol{Z}_i\boldsymbol{I}_i) \\ \frac{1}{2}\boldsymbol{G}_i(\boldsymbol{V}_i - \boldsymbol{Z}_i^*\boldsymbol{I}_i) &= \boldsymbol{S}_{ie}\frac{1}{2}\boldsymbol{G}_e(\boldsymbol{V}_e + \boldsymbol{Z}_e\boldsymbol{I}_e) + \boldsymbol{S}_{ii}\frac{1}{2}\boldsymbol{G}_i(\boldsymbol{V}_i + \boldsymbol{Z}_i\boldsymbol{I}_i) \end{aligned} \tag{2-88}$$

对上式进行展开，可得：

$$\begin{aligned} (\boldsymbol{G}_e - \boldsymbol{S}_{ee}\boldsymbol{G}_e)\boldsymbol{V}_e - (\boldsymbol{G}_e\boldsymbol{Z}_e^* + \boldsymbol{S}_{ee}\boldsymbol{G}_e\boldsymbol{Z}_e)\boldsymbol{I}_e &= \boldsymbol{S}_{ei}\boldsymbol{G}_i\boldsymbol{V}_i + \boldsymbol{S}_{ei}\boldsymbol{G}_i\boldsymbol{Z}_i\boldsymbol{I}_i \\ -\boldsymbol{S}_{ie}\boldsymbol{G}_e\boldsymbol{V}_e - \boldsymbol{S}_{ie}\boldsymbol{G}_e\boldsymbol{Z}_e\boldsymbol{I}_e &= (\boldsymbol{S}_{ii}\boldsymbol{G}_i - \boldsymbol{G}_i)\boldsymbol{V}_i + (\boldsymbol{S}_{ii}\boldsymbol{G}_i\boldsymbol{Z}_i + \boldsymbol{G}_i\boldsymbol{Z}_i^*)\boldsymbol{I}_i \end{aligned} \tag{2-89}$$

将式（2-89）写成矩阵的形式：

$$\begin{pmatrix} \boldsymbol{G}_e - \boldsymbol{S}_{ee}\boldsymbol{G}_e & -\boldsymbol{G}_e\boldsymbol{Z}_e^* - \boldsymbol{S}_{ee}\boldsymbol{G}_e\boldsymbol{Z}_e \\ -\boldsymbol{S}_{ie}\boldsymbol{G}_e & -\boldsymbol{S}_{ie}\boldsymbol{G}_e\boldsymbol{Z}_e \end{pmatrix}\begin{pmatrix} \boldsymbol{V}_e \\ \boldsymbol{I}_e \end{pmatrix} = \begin{pmatrix} \boldsymbol{S}_{ei}\boldsymbol{G}_i & -\boldsymbol{S}_{ei}\boldsymbol{G}_i\boldsymbol{Z}_i \\ \boldsymbol{S}_{ii}\boldsymbol{G}_i - \boldsymbol{G}_i & -\boldsymbol{S}_{ii}\boldsymbol{G}_i\boldsymbol{Z}_i - \boldsymbol{G}_i\boldsymbol{Z}_i^* \end{pmatrix}\begin{pmatrix} \boldsymbol{V}_i \\ -\boldsymbol{I}_i \end{pmatrix} \tag{2-90}$$

从而可得：

$$\begin{pmatrix} \boldsymbol{V}_e \\ \boldsymbol{I}_e \end{pmatrix} = \begin{pmatrix} \boldsymbol{G}_e - \boldsymbol{S}_{ee}\boldsymbol{G}_e & -\boldsymbol{G}_e\boldsymbol{Z}_e^* - \boldsymbol{S}_{ee}\boldsymbol{G}_e\boldsymbol{Z}_e \\ -\boldsymbol{S}_{ie}\boldsymbol{G}_e & -\boldsymbol{S}_{ie}\boldsymbol{G}_e\boldsymbol{Z}_e \end{pmatrix}^{-1}\begin{pmatrix} \boldsymbol{S}_{ei}\boldsymbol{G}_i & -\boldsymbol{S}_{ei}\boldsymbol{G}_i\boldsymbol{Z}_i \\ \boldsymbol{S}_{ii}\boldsymbol{G}_i - \boldsymbol{G}_i & -\boldsymbol{S}_{ii}\boldsymbol{G}_i\boldsymbol{Z}_i - \boldsymbol{G}_i\boldsymbol{Z}_i^* \end{pmatrix}\begin{pmatrix} \boldsymbol{V}_i \\ -\boldsymbol{I}_i \end{pmatrix} \tag{2-91}$$

则整个网络的 **ABCD** 矩阵可以表示为

$$\mathbf{ABCD} = \begin{pmatrix} \boldsymbol{G}_e - \boldsymbol{S}_{ee}\boldsymbol{G}_e & -\boldsymbol{G}_e\boldsymbol{Z}_e^* - \boldsymbol{S}_{ee}\boldsymbol{G}_e\boldsymbol{Z}_e \\ -\boldsymbol{S}_{ie}\boldsymbol{G}_e & -\boldsymbol{S}_{ie}\boldsymbol{G}_e\boldsymbol{Z}_e \end{pmatrix}^{-1}\begin{pmatrix} \boldsymbol{S}_{ei}\boldsymbol{G}_i & -\boldsymbol{S}_{ei}\boldsymbol{G}_i\boldsymbol{Z}_i \\ \boldsymbol{S}_{ii}\boldsymbol{G}_i - \boldsymbol{G}_i & -\boldsymbol{S}_{ii}\boldsymbol{G}_i\boldsymbol{Z}_i - \boldsymbol{G}_i\boldsymbol{Z}_i^* \end{pmatrix} \tag{2-92}$$

同理，网络端口数也必须是 2 的整数倍。由此可见，在已知网络 S 参数的情况下，可通过式（2-92）求其 ABCD 参数。

2.3.3 广义二端口网络 ABCD 参数与 S 参数之间的转换

1. ABCD 参数转换成 S 参数

对于广义二端口网络，将端口 1 看作外部端口，端口 2 看作内部端口，其 **ABCD**、$\boldsymbol{p}_e$、$\boldsymbol{G}_e$、$\boldsymbol{Z}_e$、$\boldsymbol{p}_i$、$\boldsymbol{G}_i$、$\boldsymbol{Z}_i$矩阵分别表示为

$$\mathbf{ABCD}=\begin{pmatrix} A & B \\ C & D \end{pmatrix}=\begin{pmatrix} A_{11} & A_{12} \\ A_{21} & A_{22} \end{pmatrix} \tag{2-93a}$$

$$\begin{cases} \boldsymbol{p}_e=\mathrm{diag}\left\{\dfrac{\mathrm{Re}(Z_1)}{|\mathrm{Re}(Z_1)|}\right\}=\mathrm{diag}\{p_1\},\boldsymbol{G}_e=\mathrm{diag}\{G_1\},\boldsymbol{Z}_e=\mathrm{diag}\{Z_1\},\boldsymbol{Z}_e^*=\mathrm{diag}\{Z_1^*\} \\ \boldsymbol{p}_i=\mathrm{diag}\left\{\dfrac{\mathrm{Re}(Z_2)}{|\mathrm{Re}(Z_2)|}\right\}=\mathrm{diag}\{p_2\},\boldsymbol{G}_i=\mathrm{diag}\{G_2\},\boldsymbol{Z}_i=\mathrm{diag}\{Z_2\},\boldsymbol{Z}_i^*=\mathrm{diag}\{Z_2^*\} \end{cases} \tag{2-93b}$$

把它们代入式（2-84）中，可以求得 $\boldsymbol{S}$ 矩阵：

$$\boldsymbol{S}=\begin{pmatrix} p_1G_1Z_1 & -A_{11}p_2G_2Z_2-A_{12}p_2G_2 \\ -p_1G_1 & -A_{21}p_2G_2Z_2-A_{22}p_2G_2 \end{pmatrix}^{-1}\begin{pmatrix} -p_1G_1Z_1^* & A_{11}p_2G_2Z_2^*-A_{12}p_2G_2 \\ -p_1G_1 & A_{21}p_2G_2Z_2^*-A_{22}p_2G_2 \end{pmatrix} \tag{2-94}$$

通过矩阵运算，则 S_{11}、S_{12}、S_{21}、S_{22}可以表示为

$$\begin{cases} S_{11}=\dfrac{-Z_1^*Z_2A_{21}-Z_1^*A_{22}+Z_2A_{11}+A_{12}}{Z_1Z_2A_{21}+Z_1A_{22}+Z_2A_{11}+A_{12}} \\ S_{12}=\dfrac{p_2G_2(Z_2^*+Z_2)(A_{11}A_{22}-A_{12}A_{21})}{p_1G_1(Z_1Z_2A_{21}+Z_1A_{22}+Z_2A_{11}+A_{12})} \\ S_{21}=\dfrac{p_1G_1(Z_1^*+Z_1)}{p_2G_2(Z_1Z_2A_{21}+Z_1A_{22}+Z_2A_{11}+A_{12})} \\ S_{22}=\dfrac{-Z_1Z_2^*A_{21}+Z_1A_{22}-Z_2^*A_{11}+A_{12}}{Z_1Z_2A_{21}+Z_1A_{22}+Z_2A_{11}+A_{12}} \end{cases} \tag{2-95}$$

当端口阻抗全部相等且为实数 Z_0时，式（2-95）变为

$$S_{11}=\frac{-Z_0A_{21}-A_{22}+A_{11}+A_{12}/Z_0}{Z_0A_{21}+A_{22}+A_{11}+A_{12}/Z_0} \tag{2-96a}$$

$$S_{12}=\frac{2(A_{11}A_{22}-A_{12}A_{21})}{Z_0A_{21}+A_{22}+A_{11}+A_{12}/Z_0} \tag{2-96b}$$

$$S_{21}=\frac{2}{Z_0A_{21}+A_{22}+A_{11}+A_{12}/Z_0} \tag{2-96c}$$

$$S_{22}=\frac{-Z_0A_{21}+A_{22}-A_{11}+A_{12}/Z_0}{Z_0A_{21}+A_{22}+A_{11}+A_{12}/Z_0} \tag{2-96d}$$

上式与文献［7］中二端口实阻抗网络（端口阻抗相等）的 ABCD 参数转换为 S 参数的公式一致，而推导得到的式（2-95）与文献［4］中的公式一致，端口阻抗可以取任意值。

2. S 参数转换成 ABCD 参数

广义二端口网络的 $\boldsymbol{p}_e$、$\boldsymbol{G}_e$、$\boldsymbol{Z}_e$、$\boldsymbol{p}_i$、$\boldsymbol{G}_i$、$\boldsymbol{Z}_i$ 矩阵的定义如式（2-93b）所示，其 **S** 矩阵及分块后的 **S** 矩阵表示如下：

$$\boldsymbol{S}=\begin{pmatrix} S_{11} & S_{12} \\ S_{21} & S_{22} \end{pmatrix} \tag{2-97}$$

$$\boldsymbol{S}_{ee}=S_{11},\quad \boldsymbol{S}_{ei}=S_{12},\quad \boldsymbol{S}_{ie}=S_{21},\quad \boldsymbol{S}_{ee}=S_{22}$$

把它们代入式（2-92）中，可得 **ABCD** 矩阵：

$$\mathbf{ABCD}=\begin{pmatrix} G_1-S_{11}G_1 & -G_1Z_1^*-S_{11}G_1Z_1 \\ -S_{21}G_1 & -S_{21}G_1Z_1 \end{pmatrix}^{-1}\begin{pmatrix} S_{12}G_2 & -S_{12}G_2Z_2 \\ S_{22}G_2-G_2 & -S_{22}G_2Z_2-G_2Z_2^* \end{pmatrix} \tag{2-98}$$

通过矩阵运算可得：

$$\begin{aligned}
A&=\frac{G_2(-Z_1^*S_{22}+Z_1S_{11}-Z_1S_{11}S_{22}+Z_1S_{12}S_{21}+Z_1^*)}{G_1(Z_1+Z_1^*)S_{21}}\\
B&=\frac{G_2(Z_1^*Z_2^*+Z_1^*Z_2S_{22}+Z_1Z_2^*S_{11}+Z_1Z_2S_{11}S_{22}-Z_1Z_2S_{12}S_{21})}{G_1(Z_1+Z_1^*)S_{21}}\\
C&=\frac{G_2(-S_{11}-S_{22}+S_{11}S_{22}-S_{12}S_{21}+1)}{G_1(Z_1+Z_1^*)S_{21}}\\
D&=\frac{G_2(-Z_2^*S_{11}+Z_2S_{22}-Z_2S_{11}S_{22}+Z_2S_{12}S_{21}+Z_2^*)}{G_1(Z_1+Z_1^*)S_{21}}
\end{aligned} \tag{2-99}$$

当端口阻抗全部相等且为实数 Z_0 时，式（2-99）可推导为

$$\begin{aligned}
A&=\frac{(1+S_{11}-S_{22}-S_{11}S_{22}+S_{12}S_{21})}{2S_{21}},\quad B=\frac{Z_0(1+S_{11}+S_{22}+S_{11}S_{22}-S_{12}S_{21})}{2S_{21}}\\
C&=\frac{(1-S_{11}-S_{22}+S_{11}S_{22}-S_{12}S_{21})}{2Z_0S_{21}},\quad D=\frac{(1-S_{11}+S_{22}-S_{11}S_{22}+S_{12}S_{21})}{2S_{21}}
\end{aligned} \tag{2-100}$$

上式与文献［7］中二端口实阻抗网络（端口阻抗相等）的 S 参数转换为 ABCD 参数的公式一致，而推导得到的式（2-99）与文献［4］中的公式一致，端口阻抗可以取任意值。

2.3.4 广义二端口和四端口网络 ABCD 参数与 S 参数之间的转换公式

本节给出了广义二端口和四端口网络 ABCD 参数与 S 参数相互转换的公式，见表 2-17 至表 2-20。

1. ABCD 参数转换成 S 参数的公式

表 2-17 和表 2-18 分别给出了广义二端口和四端口网络 ABCD 参数转换成 S 参数的公式。

表 2-17　广义二端口网络 ABCD 参数转换成 S 参数的公式

S_{ij}	1	2
1	$\frac{1}{DS}[(A_{12}-R_1A_{22}+R_2A_{11}-$ $R_1R_2A_{21}-X_1X_2A_{21})+j(X_1A_{22}+$ $X_2A_{11}-R_1X_2A_{21}+R_2X_1A_{21})]$	$\frac{1}{DS}\times 2R_2\sqrt{\left\|\frac{R_1}{R_2}\right\|\frac{p_2}{p_1}}\times$ $(A_{11}A_{22}-A_{12}A_{21})$
2	$\frac{1}{DS}\times 2R_1\sqrt{\left\|\frac{R_2}{R_1}\right\|\frac{p_1}{p_2}}$	$\frac{1}{DS}[(A_{12}+R_1A_{22}-R_2A_{11}-$ $R_1R_2A_{21}-X_1X_2A_{21})+j(X_1A_{22}+$ $X_2A_{11}+R_1X_2A_{21}-R_2X_1A_{21})]$
$DS=Z_1Z_2A_{21}+Z_1A_{22}+Z_2A_{11}+A_{12}$		

表 2-18　广义四端口网络 ABCD 参数转换成 S 参数的公式

S_{ij}	1	2	3	4
1	—	$-\frac{1}{DS}\times 2R_2\sqrt{\left\|\frac{R_1}{R_2}\right\|\frac{p_2}{p_1}}\times$ $\{(A_{13}A_{34}-A_{14}A_{33})+$ $(A_{11}A_{34}-A_{14}A_{31})R_3-$ $(A_{12}A_{33}-A_{13}A_{32})R_4+$ $(A_{11}A_{32}-A_{12}A_{31})(R_3R_4-$ $X_3X_4)+j[(A_{11}A_{34}-$ $A_{14}A_{31})X_3-(A_{12}A_{33}-$ $A_{13}A_{32})X_4+(A_{11}A_{32}-$ $A_{12}A_{31})(R_3X_4+R_4X_3)]\}$	$\frac{1}{DS}\times 2R_3\sqrt{\left\|\frac{R_1}{R_3}\right\|\frac{p_3}{p_1}}\times$ $\{A_{11}A_{24}A_{33}-A_{11}A_{23}A_{34}+$ $A_{13}A_{21}A_{34}-A_{13}A_{24}A_{31}-$ $A_{14}A_{21}A_{33}+A_{14}A_{23}A_{31}+$ $(A_{11}A_{33}A_{44}-A_{11}A_{34}A_{43}-$ $A_{13}A_{31}A_{44}+A_{13}A_{34}A_{41}+$ $A_{14}A_{31}A_{43}-A_{14}A_{33}A_{41})R_2+$ $(A_{11}A_{22}A_{33}-A_{11}A_{23}A_{32}-$ $A_{12}A_{21}A_{33}+A_{12}A_{23}A_{31}+$ $A_{13}A_{21}A_{32}-A_{13}A_{22}A_{31})R_4-$ $(A_{11}A_{32}A_{43}-A_{11}A_{33}A_{42}-$ $A_{12}A_{31}A_{43}+A_{12}A_{33}A_{41}+$ $A_{13}A_{31}A_{42}-A_{13}A_{32}A_{41})\times$ $(R_2R_4-X_2X_4)+$ $j[(A_{11}A_{33}A_{44}-A_{11}A_{34}A_{43}-$ $A_{13}A_{31}A_{44}+A_{13}A_{34}A_{41}+$ $A_{14}A_{31}A_{43}-A_{14}A_{33}A_{41})X_2+$ $(A_{11}A_{22}A_{33}-A_{11}A_{23}A_{32}-$ $A_{12}A_{21}A_{33}+A_{12}A_{23}A_{31}+$ $A_{13}A_{21}A_{32}-A_{13}A_{22}A_{31})X_4-$ $(A_{11}A_{32}A_{43}-A_{11}A_{33}A_{42}-$ $A_{12}A_{31}A_{43}+A_{12}A_{33}A_{41}+$ $A_{13}A_{31}A_{42}-A_{13}A_{32}A_{41})\times$ $(R_2X_4+R_4X_2)]\}$	$\frac{1}{DS}\times 2R_4\sqrt{\left\|\frac{R_1}{R_4}\right\|\frac{p_4}{p_1}}\times$ $\{A_{12}A_{24}A_{33}-A_{12}A_{23}A_{34}+$ $A_{13}A_{22}A_{34}-A_{13}A_{24}A_{32}-$ $A_{14}A_{22}A_{33}+A_{14}A_{23}A_{32}+$ $(A_{12}A_{33}A_{44}-A_{12}A_{34}A_{43}-$ $A_{13}A_{32}A_{44}+A_{13}A_{34}A_{42}+$ $A_{14}A_{32}A_{43}-A_{14}A_{33}A_{42})R_2+$ $(A_{11}A_{22}A_{34}-A_{11}A_{24}A_{32}-$ $A_{12}A_{21}A_{34}+A_{12}A_{24}A_{31}+$ $A_{14}A_{21}A_{32}-A_{14}A_{22}A_{31})R_3-$ $(A_{11}A_{32}A_{44}-A_{11}A_{34}A_{42}-$ $A_{12}A_{31}A_{44}+A_{12}A_{34}A_{41}+$ $A_{14}A_{31}A_{42}-A_{14}A_{32}A_{41})\times$ $(R_2R_3-X_2X_3)+$ $j[(A_{12}A_{33}A_{44}-A_{12}A_{34}A_{43}-$ $A_{13}A_{32}A_{44}+A_{13}A_{34}A_{42}+$ $A_{14}A_{32}A_{43}-A_{14}A_{33}A_{42})X_2+$ $(A_{11}A_{22}A_{34}-A_{11}A_{24}A_{32}-$ $A_{12}A_{21}A_{34}+A_{12}A_{24}A_{31}+$ $A_{14}A_{21}A_{32}-A_{14}A_{22}A_{31})X_3-$ $(A_{11}A_{32}A_{44}-A_{11}A_{34}A_{42}-$ $A_{12}A_{31}A_{44}+A_{12}A_{34}A_{41}+$ $A_{14}A_{31}A_{42}-A_{14}A_{32}A_{41})\times$ $(R_2X_3+R_3X_2)]\}$

续表

S_{ij}	1	2	3	4
2	$\frac{1}{\mathrm{DS}}\times 2R_1\sqrt{\left\lvert\frac{R_2}{R_1}\right\rvert\frac{p_1}{p_2}}\times\{(A_{23}A_{44}-A_{24}A_{43})+(A_{21}A_{44}-A_{24}A_{41})R_3-(A_{22}A_{43}-A_{23}A_{42})R_4+(A_{21}A_{42}-A_{22}A_{41})(R_3R_4-X_3X_4)+\mathrm{j}[(A_{21}A_{44}-A_{24}A_{41})X_3-(A_{22}A_{43}-A_{23}A_{42})X_4+(A_{21}A_{42}-A_{22}A_{41})(R_3X_4+R_4X_3)]\}$	—	$\frac{1}{\mathrm{DS}}\times 2R_3\sqrt{\left\lvert\frac{R_2}{R_3}\right\rvert\frac{p_3}{p_2}}\times\{A_{11}A_{24}A_{43}-A_{11}A_{23}A_{44}+A_{13}A_{21}A_{44}-A_{13}A_{24}A_{41}-A_{14}A_{21}A_{43}+A_{14}A_{23}A_{41}+(A_{21}A_{33}A_{44}-A_{21}A_{34}A_{43}-A_{23}A_{31}A_{44}+A_{23}A_{34}A_{41}+A_{24}A_{31}A_{43}-A_{24}A_{33}A_{41})R_1+(A_{11}A_{22}A_{43}-A_{11}A_{23}A_{42}-A_{12}A_{21}A_{43}+A_{12}A_{23}A_{41}+A_{13}A_{21}A_{42}-A_{13}A_{22}A_{41})R_4-(A_{21}A_{32}A_{43}-A_{21}A_{33}A_{42}-A_{22}A_{31}A_{43}+A_{22}A_{33}A_{41}+A_{23}A_{31}A_{42}-A_{23}A_{32}A_{41})\times(R_1R_4-X_1X_4)+\mathrm{j}[(A_{21}A_{33}A_{44}-A_{21}A_{34}A_{43}-A_{23}A_{31}A_{44}+A_{23}A_{34}A_{41}+A_{24}A_{31}A_{43}-A_{24}A_{33}A_{41})X_1+(A_{11}A_{22}A_{43}-A_{11}A_{23}A_{42}-A_{12}A_{21}A_{43}+A_{12}A_{23}A_{41}+A_{13}A_{21}A_{42}-A_{13}A_{22}A_{41})X_4-(A_{21}A_{32}A_{43}-A_{21}A_{33}A_{42}-A_{22}A_{31}A_{43}+A_{22}A_{33}A_{41}+A_{23}A_{31}A_{42}-A_{23}A_{32}A_{41})\times(R_1X_4+R_4X_1)]\}$	$\frac{1}{\mathrm{DS}}\times 2R_4\sqrt{\left\lvert\frac{R_2}{R_4}\right\rvert\frac{p_4}{p_2}}\times\{A_{12}A_{24}A_{43}-A_{12}A_{23}A_{44}+A_{13}A_{22}A_{44}-A_{13}A_{24}A_{42}-A_{14}A_{22}A_{43}+A_{14}A_{23}A_{42}+(A_{22}A_{33}A_{44}-A_{22}A_{34}A_{43}-A_{23}A_{32}A_{44}+A_{23}A_{34}A_{42}+A_{24}A_{32}A_{43}-A_{24}A_{33}A_{42})R_1+(A_{11}A_{22}A_{44}-A_{11}A_{24}A_{42}-A_{12}A_{21}A_{44}+A_{12}A_{24}A_{41}+A_{14}A_{21}A_{42}-A_{14}A_{22}A_{41})R_3-(A_{21}A_{32}A_{44}-A_{21}A_{34}A_{42}-A_{22}A_{31}A_{44}+A_{22}A_{34}A_{41}+A_{24}A_{31}A_{42}-A_{24}A_{32}A_{41})\times(R_1R_3-X_1X_3)+\mathrm{j}[(A_{22}A_{33}A_{44}-A_{22}A_{34}A_{43}-A_{23}A_{32}A_{44}+A_{23}A_{34}A_{42}+A_{24}A_{32}A_{43}-A_{24}A_{33}A_{42})X_1+(A_{11}A_{22}A_{44}-A_{11}A_{24}A_{42}-A_{12}A_{21}A_{44}+A_{12}A_{24}A_{41}+A_{14}A_{21}A_{42}-A_{14}A_{22}A_{41})X_3-(A_{21}A_{32}A_{44}-A_{21}A_{34}A_{42}-A_{22}A_{31}A_{44}+A_{22}A_{34}A_{41}+A_{24}A_{31}A_{42}-A_{24}A_{32}A_{41})\times(R_1X_3+R_3X_1)]\}$
3	$\frac{1}{\mathrm{DS}}\times 2R_1\sqrt{\left\lvert\frac{R_3}{R_1}\right\rvert\frac{p_1}{p_3}}\times\{A_{24}+A_{22}R_4+A_{44}R_2+A_{42}(R_2R_4-X_2X_4)+\mathrm{j}[A_{22}X_4+A_{44}X_2+A_{42}(R_2X_4+R_4X_2)]\}$	$-\frac{1}{\mathrm{DS}}\times 2R_2\sqrt{\left\lvert\frac{R_3}{R_2}\right\rvert\frac{p_2}{p_3}}\times\{A_{14}+A_{12}R_4+A_{34}R_1+A_{32}(R_1R_4-X_1X_4)+\mathrm{j}[A_{12}X_4+A_{34}X_1+A_{32}(R_1X_4+R_4X_1)]\}$	—	$-\frac{1}{\mathrm{DS}}\times 2R_4\sqrt{\left\lvert\frac{R_3}{R_4}\right\rvert\frac{p_4}{p_3}}\times\{(A_{12}A_{24}-A_{14}A_{22})-(A_{22}A_{34}-A_{24}A_{32})R_1+(A_{12}A_{44}-A_{14}A_{42})R_2+(A_{32}A_{44}-A_{34}A_{42})(R_1R_2-X_1X_2)+\mathrm{j}[(A_{24}A_{32}-A_{22}A_{34})X_1+(A_{12}A_{44}-A_{14}A_{42})X_2+(A_{32}A_{44}-A_{34}A_{42})(R_1X_2+R_2X_1)]\}$

续表

<table>
<tr><th>S_{ij}</th><th>1</th><th>2</th><th>3</th><th>4</th></tr>
<tr><td>4</td><td>$-\frac{1}{\mathrm{DS}}\times 2R_1\sqrt{\left|\frac{R_4}{R_1}\right|\frac{p_1}{p_4}}\times \{A_{23}+A_{21}R_3+A_{43}R_2+A_{41}(R_2R_3-X_2X_3)+\mathrm{j}[A_{21}X_3+A_{43}X_2+A_{41}(R_2X_3+R_3X_2)]\}$</td><td>$\frac{1}{\mathrm{DS}}\times 2R_2\sqrt{\left|\frac{R_4}{R_2}\right|\frac{p_2}{p_4}}\times \{A_{13}+A_{11}R_3+A_{33}R_1+A_{31}(R_1R_3-X_1X_3)+\mathrm{j}[A_{11}X_3+A_{33}X_1+A_{31}(R_1X_3+R_3X_1)]\}$</td><td>$\frac{1}{\mathrm{DS}}\times 2R_3\sqrt{\left|\frac{R_4}{R_3}\right|\frac{p_3}{p_4}}\times \{(A_{11}A_{23}-A_{13}A_{21})-(A_{21}A_{33}-A_{23}A_{31})R_1+(A_{11}A_{43}-A_{13}A_{41})R_2+(A_{31}A_{43}-A_{33}A_{41})(R_1R_2-X_1X_2)+\mathrm{j}[(A_{23}A_{31}-A_{21}A_{33})X_1+(A_{11}A_{43}-A_{13}A_{41})X_2+(A_{31}A_{43}-A_{33}A_{41})(R_1X_2+R_2X_1)]\}$</td><td>—</td></tr>
<tr><td colspan="5">$\mathrm{DS}=A_{13}A_{24}-A_{14}A_{23}-(A_{23}A_{34}-A_{24}A_{33})R_1+(A_{13}A_{44}-A_{14}A_{43})R_2+(A_{11}A_{24}-A_{14}A_{21})R_3-(A_{12}A_{23}-A_{13}A_{22})R_4+(A_{33}A_{44}-A_{34}A_{43})(R_1R_2-X_1X_2)-(A_{21}A_{34}-A_{24}A_{31})(R_1R_3-X_1X_3)+(A_{22}A_{33}-A_{23}A_{32})\times(R_1R_4-X_1X_4)+(A_{11}A_{44}-A_{14}A_{41})(R_2R_3-X_2X_3)-(A_{12}A_{43}-A_{13}A_{42})(R_2R_4-X_2X_4)+(A_{11}A_{22}-A_{12}A_{21})(R_3R_4-X_3X_4)+(A_{31}A_{44}-A_{34}A_{41})(R_1R_2R_3-R_1X_2X_3-R_2X_1X_3-R_3X_1X_2)-(A_{32}A_{43}-A_{33}A_{42})(R_1R_2R_4-R_1X_2X_4-R_2X_1X_4-R_4X_1X_2)-(A_{21}A_{32}-A_{22}A_{31})(R_1R_3R_4-R_1X_3X_4-R_3X_1X_4-R_4X_1X_3)+(A_{11}A_{42}-A_{12}A_{41})(R_2R_3R_4-R_2X_3X_4-R_3X_2X_4-R_4X_2X_3)+(A_{31}A_{42}-A_{32}A_{41})(R_1R_2R_3R_4-R_1R_2X_3X_4-R_1R_3X_2X_4-R_1R_4X_2X_3-R_2R_3X_1X_4-R_2R_4X_1X_3-R_3R_4X_1X_2+X_1X_2X_3X_4)+\mathrm{j}[(A_{24}A_{33}-A_{23}A_{34})X_1+(A_{13}A_{44}-A_{14}A_{43})X_2+(A_{11}A_{24}-A_{14}A_{21})X_3-(A_{12}A_{23}-A_{13}A_{22})X_4+(A_{33}A_{44}-A_{34}A_{43})(R_1X_2+R_2X_1)-(A_{21}A_{34}-A_{24}A_{31})(R_1X_3+R_3X_1)+(A_{22}A_{33}-A_{23}A_{32})(R_1X_4+R_4X_1)+(A_{11}A_{44}-A_{14}A_{41})(R_2X_3+R_3X_2)-(A_{12}A_{43}-A_{13}A_{42})(R_2X_4+R_4X_2)+(A_{11}A_{22}-A_{12}A_{21})(R_3X_4+R_4X_3)+(A_{31}A_{44}-A_{34}A_{41})(R_1R_2X_3+R_1R_3X_2+R_2R_3X_1-X_1X_2X_3)-(A_{32}A_{43}-A_{33}A_{42})(R_1R_2X_4+R_1R_4X_2+R_2R_4X_1-X_1X_2X_4)-(A_{21}A_{32}-A_{22}A_{31})(R_1R_3X_4+R_1R_4X_3+R_3R_4X_1-X_1X_3X_4)+(A_{11}A_{42}-A_{12}A_{41})(R_2R_3X_4+R_2R_4X_3+R_3R_4X_2-X_2X_3X_4)+(A_{31}A_{42}-A_{32}A_{41})(R_1R_2R_3X_4+R_1R_2R_4X_3+R_1R_3R_4X_2-R_1X_2X_3X_4+R_2R_3R_4X_1-R_2X_1X_3X_4-R_3X_1X_2X_4-R_4X_1X_2X_3)]$

$S_{11}=\frac{1}{\mathrm{DS}}\times\{A_{13}A_{24}-A_{14}A_{23}+(A_{23}A_{34}-A_{24}A_{33})R_1+(A_{13}A_{44}-A_{14}A_{43})R_2+(A_{11}A_{24}-A_{14}A_{21})R_3-(A_{12}A_{23}-A_{13}A_{22})R_4-(A_{33}A_{44}-A_{34}A_{43})(R_1R_2+X_1X_2)+(A_{21}A_{34}-A_{24}A_{31})(R_1R_3+X_1X_3)-(A_{22}A_{33}-A_{23}A_{32})(R_1R_4+X_1X_4)+(A_{11}A_{44}-A_{14}A_{41})(R_2R_3-X_2X_3)-(A_{12}A_{43}-A_{13}A_{42})(R_2R_4-X_2X_4)+(A_{11}A_{22}-A_{12}A_{21})(R_3R_4-X_3X_4)-(A_{31}A_{44}-A_{34}A_{41})(R_1R_2R_3-R_1X_2X_3+R_2X_1X_3+R_3X_1X_2)+(A_{32}A_{43}-A_{33}A_{42})\times(R_1R_2R_4-R_1X_2X_4+R_2X_1X_4+R_4X_1X_2)+(A_{21}A_{32}-A_{22}A_{31})(R_1R_3R_4-R_1X_3X_4+R_3X_1X_4+R_4X_1X_3)+(A_{11}A_{42}-A_{12}A_{41})(R_2R_3R_4-R_2X_3X_4-R_3X_2X_4-R_4X_2X_3)-(A_{31}A_{42}-A_{32}A_{41})(R_1R_2R_3R_4-R_1R_2X_3X_4-R_1R_3X_2X_4-R_1R_4X_2X_3+R_2R_3X_1X_4+R_2R_4X_1X_3+R_3R_4X_1X_2-X_1X_2X_3X_4)+\mathrm{j}[(A_{24}A_{33}-A_{23}A_{34})X_1+(A_{13}A_{44}-A_{14}A_{43})X_2+(A_{11}A_{24}-A_{14}A_{21})X_3-(A_{12}A_{23}-A_{13}A_{22})X_4-(A_{33}A_{44}-A_{34}A_{43})(R_1X_2-R_2X_1)+(A_{21}A_{34}-A_{24}A_{31})(R_1X_3-R_3X_1)-(A_{22}A_{33}-A_{23}A_{32})(R_1X_4-R_4X_1)+(A_{11}A_{44}-A_{14}A_{41})(R_2X_3+R_3X_2)-(A_{12}A_{43}-A_{13}A_{42})(R_2X_4+R_4X_2)+(A_{11}A_{22}-A_{12}A_{21})(R_3X_4+R_4X_3)-(A_{31}A_{44}-A_{34}A_{41})(R_1R_2X_3+R_1R_3X_2-R_2R_3X_1+X_1X_2X_3)+(A_{32}A_{43}-A_{33}A_{42})(R_1R_2X_4+R_1R_4X_2-R_2R_4X_1+X_1X_2X_4)+(A_{21}A_{32}-A_{22}A_{31})\times(R_1R_3X_4+R_1R_4X_3-R_3R_4X_1+X_1X_3X_4)+(A_{11}A_{42}-A_{12}A_{41})(R_2R_3X_4+R_2R_4X_3+R_3R_4X_2-X_2X_3X_4)-(A_{31}A_{42}-A_{32}A_{41})(R_1R_2R_3X_4+R_1R_2R_4X_3+R_1R_3R_4X_2-R_1X_2X_3X_4-R_2R_3R_4X_1+R_2X_1X_3X_4+R_3X_1X_2X_4+R_4X_1X_2X_3)]\}$</td></tr>
</table>

续表

$$
\begin{aligned}
S_{22}=\frac{1}{\mathrm{DS}}\times\{&A_{13}A_{24}-A_{14}A_{23}-(A_{23}A_{34}-A_{24}A_{33})R_1-(A_{13}A_{44}-A_{14}A_{43})R_2+(A_{11}A_{24}-A_{14}A_{21})R_3-(A_{12}A_{23}-\\
&A_{13}A_{22})R_4-(A_{33}A_{44}-A_{34}A_{43})(R_1R_2+X_1X_2)-(A_{21}A_{34}-A_{24}A_{31})(R_1R_3-X_1X_3)+(A_{22}A_{33}-A_{23}A_{32})\times\\
&(R_1R_4-X_1X_4)-(A_{11}A_{44}-A_{14}A_{41})(R_2R_3+X_2X_3)+(A_{12}A_{43}-A_{13}A_{42})(R_2R_4+X_2X_4)+(A_{11}A_{22}-A_{12}A_{21})\times\\
&(R_3R_4-X_3X_4)-(A_{31}A_{44}-A_{34}A_{41})(R_1R_2R_3+R_1X_2X_3-R_2X_1X_3+R_3X_1X_2)+(A_{32}A_{43}-A_{33}A_{42})(R_1R_2R_4+\\
&R_1X_2X_4-R_2X_1X_4+R_4X_1X_2)-(A_{21}A_{32}-A_{22}A_{31})(R_1R_3R_4-R_1X_3X_4-R_3X_1X_4-R_4X_1X_3)-(A_{11}A_{42}-\\
&A_{12}A_{41})(R_2R_3R_4-R_2X_3X_4+R_3X_2X_4+R_4X_2X_3)-(A_{31}A_{42}-A_{32}A_{41})(R_1R_2R_3R_4-R_1R_2X_3X_4+R_1R_3X_2X_4+\\
&R_1R_4X_2X_3-R_2R_3X_1X_4-R_2R_4X_1X_3+R_3R_4X_1X_2-X_1X_2X_3X_4)+\mathrm{j}[(A_{24}A_{33}-A_{23}A_{34})X_1+(A_{13}A_{44}-\\
&A_{14}A_{43})X_2+(A_{11}A_{24}-A_{14}A_{21})X_3-(A_{12}A_{23}-A_{13}A_{22})X_4+(A_{33}A_{44}-A_{34}A_{43})(R_1X_2-R_2X_1)-(A_{21}A_{34}-\\
&A_{24}A_{31})(R_1X_3+R_3X_1)+(A_{22}A_{33}-A_{23}A_{32})(R_1X_4+R_4X_1)-(A_{11}A_{44}-A_{14}A_{41})(R_2X_3-R_3X_2)+(A_{12}A_{43}-\\
&A_{13}A_{42})(R_2X_4-R_4X_2)+(A_{11}A_{22}-A_{12}A_{21})(R_3X_4+R_4X_3)-(A_{31}A_{44}-A_{34}A_{41})(R_1R_2X_3-R_1R_3X_2+R_2R_3X_1+\\
&X_1X_2X_3)+(A_{32}A_{43}-A_{33}A_{42})(R_1R_2X_4-R_1R_4X_2+R_2R_4X_1+X_1X_2X_4)-(A_{21}A_{32}-A_{22}A_{31})\times(R_1R_3X_4+R_1R_4X_3+\\
&R_3R_4X_1-X_1X_3X_4)-(A_{11}A_{42}-A_{12}A_{41})(R_2R_3X_4+R_2R_4X_3-R_3R_4X_2+X_2X_3X_4)-(A_{31}A_{42}-A_{32}A_{41})\times\\
&(R_1R_2R_3X_4+R_1R_2R_4X_3-R_1R_3R_4X_2+R_1X_2X_3X_4+R_2R_3R_4X_1-R_2X_1X_3X_4+R_3X_1X_2X_4+R_4X_1X_2X_3)]\}
\end{aligned}
$$

$$
\begin{aligned}
S_{33}=-\frac{1}{\mathrm{DS}}\times\{&A_{14}A_{23}-A_{13}A_{24}+(A_{23}A_{34}-A_{24}A_{33})R_1-(A_{13}A_{44}-A_{14}A_{43})R_2+(A_{11}A_{24}-A_{14}A_{21})R_3+(A_{12}A_{23}-\\
&A_{13}A_{22})R_4-(A_{33}A_{44}-A_{34}A_{43})(R_1R_2-X_1X_2)-(A_{21}A_{34}-A_{24}A_{31})(R_1R_3+X_1X_3)-(A_{22}A_{33}-A_{23}A_{32})\times\\
&(R_1R_4-X_1X_4)+(A_{11}A_{44}-A_{14}A_{41})(R_2R_3+X_2X_3)+(A_{12}A_{43}-A_{13}A_{42})(R_2R_4-X_2X_4)+(A_{11}A_{22}-A_{12}A_{21})\times\\
&(R_3R_4+X_3X_4)+(A_{31}A_{44}-A_{34}A_{41})(R_1R_2R_3+R_1X_2X_3+R_2X_1X_3-R_3X_1X_2)+(A_{32}A_{43}-A_{33}A_{42})(R_1R_2R_4-\\
&R_1X_2X_4-R_2X_1X_4-R_4X_1X_2)-(A_{21}A_{32}-A_{22}A_{31})(R_1R_3R_4+R_1X_3X_4-R_3X_1X_4+R_4X_1X_3)+(A_{11}A_{42}-\\
&A_{12}A_{41})(R_2R_3R_4+R_2X_3X_4-R_3X_2X_4+R_4X_2X_3)+(A_{31}A_{42}-A_{32}A_{41})(R_1R_2R_3R_4+R_1R_2X_3X_4-R_1R_3X_2X_4+\\
&R_1R_4X_2X_3-R_2R_3X_1X_4+R_2R_4X_1X_3-R_3R_4X_1X_2-X_1X_2X_3X_4)+\mathrm{j}[(A_{23}A_{34}-A_{24}A_{33})X_1-(A_{13}A_{44}-\\
&A_{14}A_{43})X_2-(A_{11}A_{24}-A_{14}A_{21})X_3+(A_{12}A_{23}-A_{13}A_{22})X_4-(A_{33}A_{44}-A_{34}A_{43})(R_1X_2+R_2X_1)+(A_{21}A_{34}-\\
&A_{24}A_{31})(R_1X_3-R_3X_1)-(A_{22}A_{33}-A_{23}A_{32})(R_1X_4+R_4X_1)-(A_{11}A_{44}-A_{14}A_{41})(R_2X_3-R_3X_2)+(A_{12}A_{43}-\\
&A_{13}A_{42})(R_2X_4+R_4X_2)+(A_{11}A_{22}-A_{12}A_{21})(R_3X_4-R_4X_3)+(A_{31}A_{44}-A_{34}A_{41})(-R_1R_2X_3+R_1R_3X_2+R_2R_3X_1+\\
&X_1X_2X_3)+(A_{32}A_{43}-A_{33}A_{42})(R_1R_2X_4+R_1R_4X_2+R_2R_4X_1-X_1X_2X_4)-(A_{21}A_{32}-A_{22}A_{31})(R_1R_3X_4-R_1R_4X_3+\\
&R_3R_4X_1+X_1X_3X_4)+(A_{11}A_{42}-A_{12}A_{41})(R_2R_3X_4-R_2R_4X_3+R_3R_4X_2+X_2X_3X_4)+(A_{31}A_{42}-A_{32}A_{41})\times\\
&(R_1R_2R_3X_4-R_1R_2R_4X_3+R_1R_3R_4X_2+R_1X_2X_3X_4+R_2R_3R_4X_1+R_2X_1X_3X_4-R_3X_1X_2X_4+R_4X_1X_2X_3)]\}
\end{aligned}
$$

$$
\begin{aligned}
S_{44}=-\frac{1}{\mathrm{DS}}\times\{&A_{14}A_{23}-A_{13}A_{24}+(A_{23}A_{34}-A_{24}A_{33})R_1-(A_{13}A_{44}-A_{14}A_{43})R_2-(A_{11}A_{24}-A_{14}A_{21})R_3-(A_{12}A_{23}-\\
&A_{13}A_{22})R_4-(A_{33}A_{44}-A_{34}A_{43})(R_1R_2-X_1X_2)+(A_{21}A_{34}-A_{24}A_{31})(R_1R_3-X_1X_3)+(A_{22}A_{33}-A_{23}A_{32})\times\\
&(R_1R_4+X_1X_4)-(A_{11}A_{44}-A_{14}A_{41})(R_2R_3-X_2X_3)-(A_{12}A_{43}-A_{13}A_{42})(R_2R_4+X_2X_4)+(A_{11}A_{22}-A_{12}A_{21})\times\\
&(R_3R_4+X_3X_4)-(A_{31}A_{44}-A_{34}A_{41})(R_1R_2R_3-R_1X_2X_3-R_2X_1X_3-R_3X_1X_2)-(A_{32}A_{43}-A_{33}A_{42})(R_1R_2R_4+\\
&R_1X_2X_4+R_2X_1X_4-R_4X_1X_2)-(A_{21}A_{32}-A_{22}A_{31})(R_1R_3R_4+R_1X_3X_4+R_3X_1X_4-R_4X_1X_3)+(A_{11}A_{42}-\\
&A_{12}A_{41})(R_2R_3R_4+R_2X_3X_4+R_3X_2X_4-R_4X_2X_3)+(A_{31}A_{42}-A_{32}A_{41})(R_1R_2R_3R_4+R_1R_2X_3X_4+R_1R_3X_2X_4-\\
&R_1R_4X_2X_3+R_2R_3X_1X_4-R_2R_4X_1X_3-R_3R_4X_1X_2-X_1X_2X_3X_4)+\mathrm{j}[(A_{23}A_{34}-A_{24}A_{33})X_1-(A_{13}A_{44}-\\
&A_{14}A_{43})X_2-(A_{11}A_{24}-A_{14}A_{21})X_3+(A_{12}A_{23}-A_{13}A_{22})X_4-(A_{33}A_{44}-A_{34}A_{43})(R_1X_2+R_2X_1)+(A_{21}A_{34}-\\
&A_{24}A_{31})(R_1X_3+R_3X_1)-(A_{22}A_{33}-A_{23}A_{32})(R_1X_4-R_4X_1)-(A_{11}A_{44}-A_{14}A_{41})(R_2X_3+R_3X_2)+(A_{12}A_{43}-\\
&A_{13}A_{42})(R_2X_4-R_4X_2)-(A_{11}A_{22}-A_{12}A_{21})(R_3X_4-R_4X_3)-(A_{31}A_{44}-A_{34}A_{41})(R_1R_2X_3+R_1R_3X_2+R_2R_3X_1-\\
&X_1X_2X_3)-(A_{32}A_{43}-A_{33}A_{42})(-R_1R_2X_4+R_1R_4X_2+R_2R_4X_1+X_1X_2X_4)-(A_{21}A_{32}-A_{22}A_{31})(-R_1R_3X_4+R_1R_4X_3+\\
&R_3R_4X_1+X_1X_3X_4)+(A_{11}A_{42}-A_{12}A_{41})(-R_2R_3X_4+R_2R_4X_3+R_3R_4X_2+X_2X_3X_4)+(A_{31}A_{42}-A_{32}A_{41})\times\\
&(-R_1R_2R_3X_4+R_1R_2R_4X_3+R_1R_3R_4X_2+R_1X_2X_3X_4+R_2R_3R_4X_1+R_2X_1X_3X_4+R_3X_1X_2X_4-R_4X_1X_2X_3)]\}
\end{aligned}
$$

2. S 参数转换成 ABCD 参数的公式

表 2-19 和表 2-20 分别给出了广义二端口和四端口网络 S 参数转换为 ABCD 参数的公式。

表 2-19　广义二端口网络 S 参数转换成 ABCD 参数的公式

A_{ij}	1	2
1	$\frac{1}{2R_1S_{21}}\times\sqrt{\left\lvert\frac{R_1}{R_2}\right\rvert}[(1+S_{11}-S_{22}-S_{11}S_{22}+S_{12}S_{21})R_1-\mathrm{j}(1-S_{11}-S_{22}+S_{11}S_{22}-S_{12}S_{21})X_1]$	$\frac{1}{2R_1S_{21}}\times\sqrt{\left\lvert\frac{R_1}{R_2}\right\rvert}\{(1+S_{11}+S_{22}+S_{11}S_{22}-S_{12}S_{21})R_1R_2-(1-S_{11}-S_{22}+S_{11}S_{22}-S_{12}S_{21})X_1X_2-\mathrm{j}[(1+S_{11}-S_{22}-S_{11}S_{22}+S_{12}S_{21})R_1X_2+(1-S_{11}+S_{22}-S_{11}S_{22}+S_{12}S_{21})R_2X_1]\}$
2	$\frac{1}{2R_1S_{21}}\times\sqrt{\left\lvert\frac{R_1}{R_2}\right\rvert}(1-S_{11}-S_{22}+S_{11}S_{22}-S_{12}S_{21})$	$\frac{1}{2R_1S_{21}}\times\sqrt{\left\lvert\frac{R_1}{R_2}\right\rvert}[R_2(1-S_{11}+S_{22}-S_{11}S_{22}+S_{12}S_{21})-\mathrm{j}X_2(1-S_{11}-S_{22}+S_{11}S_{22}-S_{12}S_{21})]$

表 2-20　广义四端口网络 S 参数转换成 ABCD 参数的公式

A_{ij}	1	2	3	4
1	$\frac{1}{2R_1\mathrm{DA}}\times\sqrt{\left\lvert\frac{R_1}{R_3}\right\rvert}\{(S_{42}+S_{32}S_{43}-S_{33}S_{42}+S_{11}S_{42}-S_{12}S_{41}+S_{11}S_{32}S_{43}-S_{11}S_{33}S_{42}-S_{12}S_{31}S_{43}+S_{12}S_{33}S_{41}+S_{13}S_{31}S_{42}-S_{13}S_{32}S_{41})\times R_1-\mathrm{j}[(S_{42}+S_{32}S_{43}-S_{33}S_{42}-S_{11}S_{42}+S_{12}S_{41}-S_{11}S_{32}S_{43}+S_{11}S_{33}S_{42}+S_{12}S_{31}S_{43}-S_{12}S_{33}S_{41}-S_{13}S_{31}S_{42}+S_{13}S_{32}S_{41})X_1]\}$	$\frac{1}{2R_1\mathrm{DA}}\times\sqrt{\left\lvert\frac{R_1}{R_4}\right\rvert}\{(-S_{32}+S_{32}S_{44}-S_{34}S_{42}-S_{11}S_{32}+S_{12}S_{31}+S_{11}S_{32}S_{44}-S_{11}S_{34}S_{42}-S_{12}S_{31}S_{44}+S_{12}S_{34}S_{41}+S_{14}S_{31}S_{42}-S_{14}S_{32}S_{41})\times R_1-\mathrm{j}[(-S_{32}+S_{32}S_{44}-S_{34}S_{42}+S_{11}S_{32}-S_{12}S_{31}-S_{11}S_{32}S_{44}+S_{11}S_{34}S_{42}+S_{12}S_{31}S_{44}-S_{12}S_{34}S_{41}-S_{14}S_{31}S_{42}+S_{14}S_{32}S_{41})X_1]\}$	$\frac{1}{2R_1\mathrm{DA}}\times\sqrt{\left\lvert\frac{R_1}{R_3}\right\rvert}\{(S_{42}-S_{32}S_{43}+S_{33}S_{42}+S_{11}S_{42}-S_{12}S_{41}-S_{11}S_{32}S_{43}+S_{11}S_{33}S_{42}+S_{12}S_{31}S_{43}-S_{12}S_{33}S_{41}-S_{13}S_{31}S_{42}+S_{13}S_{32}S_{41})R_1R_3-(S_{42}+S_{32}S_{43}-S_{33}S_{42}-S_{11}S_{42}+S_{12}S_{41}-S_{11}S_{32}S_{43}+S_{11}S_{33}S_{42}+S_{12}S_{31}S_{43}-S_{12}S_{33}S_{41}-S_{13}S_{31}S_{42}+S_{13}S_{32}S_{41})X_1X_3-\mathrm{j}[(S_{42}+S_{32}S_{43}-S_{33}S_{42}+S_{11}S_{42}-S_{12}S_{41}+S_{11}S_{32}S_{43}-S_{11}S_{33}S_{42}-S_{12}S_{31}S_{43}+S_{12}S_{33}S_{41}+S_{13}S_{31}S_{42}-S_{13}S_{32}S_{41})R_1X_3+(S_{42}-S_{32}S_{43}+S_{33}S_{42}-S_{11}S_{42}+S_{12}S_{41}+S_{11}S_{32}S_{43}-S_{11}S_{33}S_{42}-S_{12}S_{31}S_{43}+S_{12}S_{33}S_{41}+S_{13}S_{31}S_{42}-S_{13}S_{32}S_{41})R_3X_1]\}$	$-\frac{1}{2R_1\mathrm{DA}}\times\sqrt{\left\lvert\frac{R_1}{R_4}\right\rvert}\{(S_{32}+S_{32}S_{44}-S_{34}S_{42}+S_{11}S_{32}-S_{12}S_{31}+S_{11}S_{32}S_{44}-S_{11}S_{34}S_{42}-S_{12}S_{31}S_{44}+S_{12}S_{34}S_{41}+S_{14}S_{31}S_{42}-S_{14}S_{32}S_{41})R_1R_4-(S_{32}-S_{32}S_{44}+S_{34}S_{42}-S_{11}S_{32}+S_{12}S_{31}+S_{11}S_{32}S_{44}-S_{11}S_{34}S_{42}-S_{12}S_{31}S_{44}+S_{12}S_{34}S_{41}+S_{14}S_{31}S_{42}-S_{14}S_{32}S_{41})X_1X_4-\mathrm{j}[(S_{32}-S_{32}S_{44}+S_{34}S_{42}+S_{11}S_{32}-S_{12}S_{31}-S_{11}S_{32}S_{44}+S_{11}S_{34}S_{42}+S_{12}S_{31}S_{44}-S_{12}S_{34}S_{41}-S_{14}S_{31}S_{42}+S_{14}S_{32}S_{41})R_1X_4+(S_{32}+S_{32}S_{44}-S_{34}S_{42}-S_{11}S_{32}+S_{12}S_{31}-S_{11}S_{32}S_{44}+S_{11}S_{34}S_{42}+S_{12}S_{31}S_{44}-S_{12}S_{34}S_{41}-S_{14}S_{31}S_{42}+S_{14}S_{32}S_{41})R_4X_1]\}$

续表

A_{ij}	1	2	3	4
2	$\frac{1}{2R_2\mathrm{DA}}\times\sqrt{\left\|\frac{R_2}{R_3}\right\|}\{(-S_{41}-S_{31}S_{43}+S_{33}S_{41}+S_{21}S_{42}-S_{22}S_{41}+S_{21}S_{32}S_{43}-S_{21}S_{33}S_{42}-S_{22}S_{31}S_{43}+S_{22}S_{33}S_{41}+S_{23}S_{31}S_{42}-S_{23}S_{32}S_{41})\times R_2-\mathrm{j}[(-S_{41}-S_{31}S_{43}+S_{33}S_{41}-S_{21}S_{42}+S_{22}S_{41}-S_{21}S_{32}S_{43}+S_{21}S_{33}S_{42}+S_{22}S_{31}S_{43}-S_{22}S_{33}S_{41}-S_{23}S_{31}S_{42}+S_{23}S_{32}S_{41})X_2]\}$	$\frac{1}{2R_2\mathrm{DA}}\times\sqrt{\left\|\frac{R_2}{R_4}\right\|}\{(S_{31}-S_{31}S_{44}+S_{34}S_{41}-S_{21}S_{32}+S_{22}S_{31}+S_{21}S_{32}S_{44}-S_{21}S_{34}S_{42}-S_{22}S_{31}S_{44}+S_{22}S_{34}S_{41}+S_{24}S_{31}S_{42}-S_{24}S_{32}S_{41})\times R_2-\mathrm{j}[(S_{31}-S_{31}S_{44}+S_{34}S_{41}+S_{21}S_{32}-S_{22}S_{31}-S_{21}S_{32}S_{44}+S_{21}S_{34}S_{42}+S_{22}S_{31}S_{44}-S_{22}S_{34}S_{41}-S_{24}S_{31}S_{42}+S_{24}S_{32}S_{41})X_2]\}$	$\frac{1}{2R_2\mathrm{DA}}\times\sqrt{\left\|\frac{R_2}{R_3}\right\|}\{(-S_{41}+S_{31}S_{43}-S_{33}S_{41}+S_{21}S_{42}-S_{22}S_{41}-S_{21}S_{32}S_{43}+S_{21}S_{33}S_{42}+S_{22}S_{31}S_{43}-S_{22}S_{33}S_{41}-S_{23}S_{31}S_{42}+S_{23}S_{32}S_{41})R_2R_3+(S_{41}+S_{31}S_{43}-S_{33}S_{41}+S_{21}S_{42}-S_{22}S_{41}+S_{21}S_{32}S_{43}-S_{21}S_{33}S_{42}-S_{22}S_{31}S_{43}+S_{22}S_{33}S_{41}+S_{23}S_{31}S_{42}-S_{23}S_{32}S_{41})X_2X_3+\mathrm{j}[(S_{41}+S_{31}S_{43}-S_{33}S_{41}-S_{21}S_{42}+S_{22}S_{41}-S_{21}S_{32}S_{43}+S_{21}S_{33}S_{42}+S_{22}S_{31}S_{43}-S_{22}S_{33}S_{41}-S_{23}S_{31}S_{42}+S_{23}S_{32}S_{41})R_2X_3+(S_{41}-S_{31}S_{43}+S_{33}S_{41}+S_{21}S_{42}-S_{22}S_{41}-S_{21}S_{32}S_{43}+S_{21}S_{33}S_{42}+S_{22}S_{31}S_{43}-S_{22}S_{33}S_{41}-S_{23}S_{31}S_{42}+S_{23}S_{32}S_{41})R_3X_2]\}$	$\frac{1}{2R_2\mathrm{DA}}\times\sqrt{\left\|\frac{R_2}{R_4}\right\|}\{(S_{31}+S_{31}S_{44}-S_{34}S_{41}-S_{21}S_{32}+S_{22}S_{31}-S_{21}S_{32}S_{44}+S_{21}S_{34}S_{42}+S_{22}S_{31}S_{44}-S_{22}S_{34}S_{41}-S_{24}S_{31}S_{42}+S_{24}S_{32}S_{41})R_2R_4-(S_{31}-S_{31}S_{44}+S_{34}S_{41}+S_{21}S_{32}-S_{22}S_{31}-S_{21}S_{32}S_{44}+S_{21}S_{34}S_{42}+S_{22}S_{31}S_{44}-S_{22}S_{34}S_{41}-S_{24}S_{31}S_{42}+S_{24}S_{32}S_{41})X_2X_4-\mathrm{j}[(S_{31}-S_{31}S_{44}+S_{34}S_{41}-S_{21}S_{32}+S_{22}S_{31}+S_{21}S_{32}S_{44}-S_{21}S_{34}S_{42}-S_{22}S_{31}S_{44}+S_{22}S_{34}S_{41}+S_{24}S_{31}S_{42}-S_{24}S_{32}S_{41})R_2X_4+(S_{31}+S_{31}S_{44}-S_{34}S_{41}+S_{21}S_{32}-S_{22}S_{31}+S_{21}S_{32}S_{44}-S_{21}S_{34}S_{42}-S_{22}S_{31}S_{44}+S_{22}S_{34}S_{41}+S_{24}S_{31}S_{42}-S_{24}S_{32}S_{41})R_4X_2]\}$
3	$\frac{1}{2R_1\mathrm{DA}}\times\sqrt{\left\|\frac{R_1}{R_3}\right\|}(S_{42}-S_{11}S_{42}+S_{12}S_{41}+S_{32}S_{43}-S_{33}S_{42}-S_{11}S_{32}S_{43}+S_{11}S_{33}S_{42}+S_{12}S_{31}S_{43}-S_{12}S_{33}S_{41}-S_{13}S_{31}S_{42}+S_{13}S_{32}S_{41})$	$\frac{1}{2R_1\mathrm{DA}}\times\sqrt{\left\|\frac{R_1}{R_4}\right\|}(-S_{32}+S_{11}S_{32}-S_{12}S_{31}+S_{32}S_{44}-S_{34}S_{42}-S_{11}S_{32}S_{44}+S_{11}S_{34}S_{42}+S_{12}S_{31}S_{44}-S_{12}S_{34}S_{41}-S_{14}S_{31}S_{42}+S_{14}S_{32}S_{41})$	$\frac{1}{2R_1\mathrm{DA}}\times\sqrt{\left\|\frac{R_1}{R_3}\right\|}\{(S_{42}-S_{32}S_{43}+S_{33}S_{42}-S_{11}S_{42}+S_{12}S_{41}+S_{11}S_{32}S_{43}-S_{11}S_{33}S_{42}-S_{12}S_{31}S_{43}+S_{12}S_{33}S_{41}+S_{13}S_{31}S_{42}-S_{13}S_{32}S_{41})R_3-\mathrm{j}[(S_{42}+S_{32}S_{43}-S_{33}S_{42}-S_{11}S_{42}+S_{12}S_{41}-S_{11}S_{32}S_{43}+S_{11}S_{33}S_{42}+S_{12}S_{31}S_{43}-S_{12}S_{33}S_{41}-S_{13}S_{31}S_{42}+S_{13}S_{32}S_{41})X_3]\}$	$\frac{1}{2R_1\mathrm{DA}}\times\sqrt{\left\|\frac{R_1}{R_4}\right\|}\{(-S_{32}-S_{32}S_{44}+S_{34}S_{42}+S_{11}S_{32}-S_{12}S_{31}+S_{11}S_{32}S_{44}-S_{11}S_{34}S_{42}-S_{12}S_{31}S_{44}+S_{12}S_{34}S_{41}+S_{14}S_{31}S_{42}-S_{14}S_{32}S_{41})R_4+\mathrm{j}[(S_{32}-S_{32}S_{44}+S_{34}S_{42}-S_{11}S_{32}+S_{12}S_{31}+S_{11}S_{32}S_{44}-S_{11}S_{34}S_{42}-S_{12}S_{31}S_{44}+S_{12}S_{34}S_{41}+S_{14}S_{31}S_{42}-S_{14}S_{32}S_{41})X_4]\}$

续表

A_{ij}	1	2	3	4
4	$-\frac{1}{2R_2\mathrm{DA}}\times\sqrt{\left\lvert\frac{R_2}{R_3}\right\rvert}(S_{41}+S_{21}S_{42}-S_{22}S_{41}+S_{31}S_{43}-S_{33}S_{41}+S_{21}S_{32}S_{43}-S_{21}S_{33}S_{42}-S_{22}S_{31}S_{43}+S_{22}S_{33}S_{41}+S_{23}S_{31}S_{42}-S_{23}S_{32}S_{41})$	$\frac{1}{2R_2\mathrm{DA}}\times\sqrt{\left\lvert\frac{R_2}{R_4}\right\rvert}(S_{31}+S_{21}S_{32}-S_{22}S_{31}-S_{31}S_{44}+S_{34}S_{41}-S_{21}S_{32}S_{44}+S_{21}S_{34}S_{42}+S_{22}S_{31}S_{44}-S_{22}S_{34}S_{41}-S_{24}S_{31}S_{42}+S_{24}S_{32}S_{41})$	$\frac{1}{2R_2\mathrm{DA}}\times\sqrt{\left\lvert\frac{R_2}{R_3}\right\rvert}\{(-S_{41}+S_{31}S_{43}-S_{33}S_{41}-S_{21}S_{42}+S_{22}S_{41}+S_{21}S_{32}S_{43}-S_{21}S_{33}S_{42}-S_{22}S_{31}S_{43}+S_{22}S_{33}S_{41}+S_{23}S_{31}S_{42}-S_{23}S_{32}S_{41})R_3+\mathrm{j}[(S_{41}+S_{31}S_{43}-S_{33}S_{41}+S_{21}S_{42}-S_{22}S_{41}+S_{21}S_{32}S_{43}-S_{21}S_{33}S_{42}-S_{22}S_{31}S_{43}+S_{22}S_{33}S_{41}+S_{23}S_{31}S_{42}-S_{23}S_{32}S_{41})X_3]\}$	$\frac{1}{2R_2\mathrm{DA}}\times\sqrt{\left\lvert\frac{R_2}{R_4}\right\rvert}\{(S_{31}+S_{31}S_{44}-S_{34}S_{41}+S_{21}S_{32}-S_{22}S_{31}+S_{21}S_{32}S_{44}-S_{21}S_{34}S_{42}-S_{22}S_{31}S_{44}+S_{22}S_{34}S_{41}+S_{24}S_{31}S_{42}-S_{24}S_{32}S_{41})R_4-\mathrm{j}[(S_{31}-S_{31}S_{44}+S_{34}S_{41}+S_{21}S_{32}-S_{22}S_{31}-S_{21}S_{32}S_{44}+S_{21}S_{34}S_{42}+S_{22}S_{31}S_{44}-S_{22}S_{34}S_{41}-S_{24}S_{31}S_{42}+S_{24}S_{32}S_{41})X_4]\}$
$\mathrm{DA}=S_{31}S_{42}-S_{32}S_{41}$				

2.4　广义 *N* 端口网络 ABCD 参数与 *Z* 参数之间的转换

2.4.1　广义 *N* 端口网络的 ABCD 参数转换成 *Z* 参数

N 端口网络（$N\geqslant2$）的 ABCD 参数与 *Z* 参数转换时，将 **Z** 矩阵分为 4 块，表示如下[2]：

$$\boldsymbol{Z}=\begin{pmatrix}\boldsymbol{Z}_{ee} & \boldsymbol{Z}_{ei}\\ \boldsymbol{Z}_{ie} & \boldsymbol{Z}_{ii}\end{pmatrix}\tag{2-101}$$

根据 1.3 节中对于 *Z* 参数的定义可知：矩阵 $\boldsymbol{Z}_{ee}$ 中的元素表示外部端口的自阻抗或转移阻抗；矩阵 $\boldsymbol{Z}_{ii}$ 中的元素表示内部端口的自阻抗或转移阻抗；矩阵 $\boldsymbol{Z}_{ei}$ 中的元素表示外部端口与内部端口之间的转移阻抗；矩阵 $\boldsymbol{Z}_{ie}$ 中的元素表示内部端口与外部端口之间的转移阻抗。

分块后的阻抗矩阵与电流、电压矩阵 $\boldsymbol{V}_e$、$\boldsymbol{V}_i$、$\boldsymbol{I}_e$、$\boldsymbol{I}_i$ 之间的关系可表示为

$$\boldsymbol{V}_e=\boldsymbol{Z}_{ee}\boldsymbol{I}_e+\boldsymbol{Z}_{ei}\boldsymbol{I}_i\tag{2-102a}$$

$$\boldsymbol{V}_i=\boldsymbol{Z}_{ie}\boldsymbol{I}_e+\boldsymbol{Z}_{ii}\boldsymbol{I}_i\tag{2-102b}$$

考虑到 **ABCD** 矩阵的定义式（2-66）和分块后 **Z** 矩阵的定义式（2-102）中均含有矩阵 $\boldsymbol{V}_e$、$\boldsymbol{V}_i$、$\boldsymbol{I}_e$、$\boldsymbol{I}_i$，根据式（2-66a）可以很容易地求出 $\boldsymbol{V}_i$ 为

$$\boldsymbol{V}_i=\boldsymbol{A}^{-1}\boldsymbol{V}_e+\boldsymbol{A}^{-1}\boldsymbol{B}\boldsymbol{I}_i \tag{2-103}$$

将它代入式（2-66b），可得：

$$\boldsymbol{I}_e=\boldsymbol{C}(\boldsymbol{A}^{-1}\boldsymbol{V}_e+\boldsymbol{A}^{-1}\boldsymbol{B}\boldsymbol{I}_i)-\boldsymbol{D}\boldsymbol{I}_i \tag{2-104}$$

根据式（2-104）可得：

$$\boldsymbol{C}\boldsymbol{A}^{-1}\boldsymbol{V}_e=\boldsymbol{I}_e-\boldsymbol{C}\boldsymbol{A}^{-1}\boldsymbol{B}\boldsymbol{I}_i+\boldsymbol{D}\boldsymbol{I}_i \tag{2-105}$$

等式两侧同时左乘 $\boldsymbol{AC}^{-1}$，可得：

$$\boldsymbol{V}_e=\boldsymbol{A}\boldsymbol{C}^{-1}\boldsymbol{I}_e+(\boldsymbol{A}\boldsymbol{C}^{-1}\boldsymbol{D}-\boldsymbol{B})\boldsymbol{I}_i \tag{2-106}$$

由式（2-66b）可得：

$$\boldsymbol{V}_i=\boldsymbol{C}^{-1}\boldsymbol{I}_e+\boldsymbol{C}^{-1}\boldsymbol{D}\boldsymbol{I}_i \tag{2-107}$$

结合式（2-106）、式（2-107）和式（2-102）可得：

$$\begin{aligned}&\boldsymbol{Z}_{ee}=\boldsymbol{A}\boldsymbol{C}^{-1},\quad \boldsymbol{Z}_{ei}=\boldsymbol{A}\boldsymbol{C}^{-1}\boldsymbol{D}-\boldsymbol{B}\\&\boldsymbol{Z}_{ie}=\boldsymbol{C}^{-1},\quad \boldsymbol{Z}_{ii}=\boldsymbol{C}^{-1}\boldsymbol{D}\end{aligned} \tag{2-108}$$

写成矩阵形式，即

$$\boldsymbol{Z}=\begin{pmatrix}\boldsymbol{A}\boldsymbol{C}^{-1} & \boldsymbol{A}\boldsymbol{C}^{-1}\boldsymbol{D}-\boldsymbol{B}\\ \boldsymbol{C}^{-1} & \boldsymbol{C}^{-1}\boldsymbol{D}\end{pmatrix} \tag{2-109}$$

推导得到的式（2-109）与文献［2］中给出的公式一致。由此可见，在已知网络 ABCD 参数的情况下，将其代入式（2-109）即可求得网络的 Z 参数。

2.4.2 广义 N 端口网络的 Z 参数转换成 ABCD 参数

本节的推导思路与 2.3 节相同，通过将分块后 **Z** 矩阵的定义式表示成 **ABCD** 矩阵定义式的形式从而获得转换公式。根据式（2-102b）可得出电流矩阵 $\boldsymbol{I}_e$ 的表达式：

$$\boldsymbol{I}_e=\boldsymbol{Z}_{ie}^{-1}\boldsymbol{V}_i-\boldsymbol{Z}_{ie}^{-1}\boldsymbol{Z}_{ii}\boldsymbol{I}_i \tag{2-110}$$

将其代入式（2-102a），可得：

$$\boldsymbol{V}_e=\boldsymbol{Z}_{ee}(\boldsymbol{Z}_{ie}^{-1}\boldsymbol{V}_i-\boldsymbol{Z}_{ie}^{-1}\boldsymbol{Z}_{ii}\boldsymbol{I}_i)+\boldsymbol{Z}_{ei}\boldsymbol{I}_i \tag{2-111}$$

展开并整理成与 **ABCD** 矩阵相同的形式

$$\boldsymbol{V}_e=\boldsymbol{Z}_{ee}\boldsymbol{Z}_{ie}^{-1}\boldsymbol{V}_i-(\boldsymbol{Z}_{ee}\boldsymbol{Z}_{ie}^{-1}\boldsymbol{Z}_{ii}-\boldsymbol{Z}_{ei})\boldsymbol{I}_i \tag{2-112}$$

结合式（2-110）、式（2-112）和 **ABCD** 矩阵定义式（2-66）可得：

$$\begin{aligned}&\boldsymbol{A}=\boldsymbol{Z}_{ee}\boldsymbol{Z}_{ie}^{-1},\quad \boldsymbol{B}=\boldsymbol{Z}_{ee}\boldsymbol{Z}_{ie}^{-1}\boldsymbol{Z}_{ii}-\boldsymbol{Z}_{ei}\\&\boldsymbol{C}=\boldsymbol{Z}_{ie}^{-1},\quad \boldsymbol{D}=\boldsymbol{Z}_{ie}^{-1}\boldsymbol{Z}_{ii}\end{aligned} \tag{2-113}$$

可得整个网络的 **ABCD** 矩阵为

$$\mathbf{ABCD}=\begin{pmatrix}\boldsymbol{Z}_{ee}\boldsymbol{Z}_{ie}^{-1} & \boldsymbol{Z}_{ee}\boldsymbol{Z}_{ie}^{-1}\boldsymbol{Z}_{ii}-\boldsymbol{Z}_{ei}\\ \boldsymbol{Z}_{ie}^{-1} & \boldsymbol{Z}_{ie}^{-1}\boldsymbol{Z}_{ii}\end{pmatrix} \tag{2-114}$$

推导得到的式（2-114）与文献［2］中给出的公式一致。由此可见，在已知网络 Z 参数的情况下，将其代入式（2-114）即可求得网络的 ABCD 参数。

2.4.3　广义二端口网络 ABCD 参数与 Z 参数之间的转换

1. ABCD 参数转换成 Z 参数

对于广义二端口网络，将端口 1 看作外部端口，端口 2 看作内部端口，其 **ABCD** 矩阵与式（2-93a）相同。将 **ABCD** 矩阵代入转换公式（2-109）中可得：

$$\mathbf{Z}=\begin{pmatrix} A_{11}A_{21}^{-1} & A_{11}A_{21}^{-1}A_{22}-A_{12} \\ A_{21}^{-1} & A_{21}^{-1}A_{22} \end{pmatrix} \tag{2-115}$$

则 Z_{11}、Z_{12}、Z_{21}、Z_{22}可以表示为

$$\begin{aligned} Z_{11}&=\frac{A_{11}}{A_{21}},\quad Z_{12}=\frac{A_{11}A_{22}-A_{12}A_{21}}{A_{21}} \\ Z_{21}&=\frac{1}{A_{21}},\quad Z_{22}=\frac{A_{22}}{A_{21}} \end{aligned} \tag{2-116}$$

这与文献［7］中给出的转换公式一致。

2. Z 参数转换成 ABCD 参数

广义二端口网络的 **Z** 矩阵可以表示为式（2-117），将它代入式（2-114）中可得如式（2-118）所示的 **ABCD** 矩阵。

$$\mathbf{Z}=\begin{pmatrix} \mathbf{Z}_{ee} & \mathbf{Z}_{ei} \\ \mathbf{Z}_{ie} & \mathbf{Z}_{ii} \end{pmatrix}=\begin{pmatrix} Z_{11} & Z_{12} \\ Z_{21} & Z_{22} \end{pmatrix} \tag{2-117}$$

$$\mathbf{ABCD}=\begin{pmatrix} Z_{11}Z_{21}^{-1} & Z_{11}Z_{21}^{-1}Z_{22}-Z_{12} \\ Z_{21}^{-1} & Z_{21}^{-1}Z_{22} \end{pmatrix} \tag{2-118}$$

则 A_{11}、A_{12}、A_{21}、A_{22}可以表示为

$$\begin{aligned} A_{11}&=\frac{Z_{11}}{Z_{21}},\quad A_{12}=\frac{Z_{11}Z_{22}-Z_{12}Z_{21}}{Z_{21}} \\ A_{21}&=\frac{1}{Z_{21}},\quad A_{22}=\frac{Z_{22}}{Z_{21}} \end{aligned} \tag{2-119}$$

这与文献［7］中给出的转换公式一致。

2.4.4 广义二端口和四端口网络 Z 参数与 ABCD 参数之间的转换公式

本节给出了广义二端口和四端口网络 ABCD 参数与 Z 参数相互转换的公式，见表 2-21 至表 2-24。

1. ABCD 参数转换成 Z 参数的公式

表 2-21 和表 2-22 分别给出了广义二端口和四端口网络 ABCD 参数转换为 Z 参数的公式。

表 2-21 广义二端口网络 ABCD 参数转换成 Z 参数的公式

Z_{ij}	1	2
1	$\frac{A_{11}}{A_{21}}$	$\frac{A_{11}A_{22}-A_{12}A_{21}}{A_{21}}$
2	$\frac{1}{A_{21}}$	$\frac{A_{22}}{A_{21}}$

表 2-22 广义四端口网络 ABCD 参数转换成 Z 参数的公式

Z_{ij}	1	2	3	4
1	$\frac{A_{11}A_{42}-A_{12}A_{41}}{A_{31}A_{42}-A_{32}A_{41}}$	$\frac{A_{12}A_{31}-A_{11}A_{32}}{A_{31}A_{42}-A_{32}A_{41}}$	$-\frac{1}{A_{31}A_{42}-A_{32}A_{41}}\times(A_{11}A_{32}A_{43}-A_{11}A_{33}A_{42}-A_{12}A_{31}A_{43}+A_{12}A_{33}A_{41}+A_{13}A_{31}A_{42}-A_{13}A_{32}A_{41})$	$-\frac{1}{A_{31}A_{42}-A_{32}A_{41}}\times(A_{11}A_{32}A_{44}-A_{11}A_{34}A_{42}-A_{12}A_{31}A_{44}+A_{12}A_{34}A_{41}+A_{14}A_{31}A_{42}-A_{14}A_{32}A_{41})$
2	$\frac{A_{21}A_{42}-A_{22}A_{41}}{A_{31}A_{42}-A_{32}A_{41}}$	$\frac{A_{22}A_{31}-A_{21}A_{32}}{A_{31}A_{42}-A_{32}A_{41}}$	$-\frac{1}{A_{31}A_{42}-A_{32}A_{41}}\times(A_{21}A_{32}A_{43}-A_{21}A_{33}A_{42}-A_{22}A_{31}A_{43}+A_{22}A_{33}A_{41}+A_{23}A_{31}A_{42}-A_{23}A_{32}A_{41})$	$-\frac{1}{A_{31}A_{42}-A_{32}A_{41}}\times(A_{21}A_{32}A_{44}-A_{21}A_{34}A_{42}-A_{22}A_{31}A_{44}+A_{22}A_{34}A_{41}+A_{24}A_{31}A_{42}-A_{24}A_{32}A_{41})$
3	$\frac{A_{42}}{A_{31}A_{42}-A_{32}A_{41}}$	$-\frac{A_{32}}{A_{31}A_{42}-A_{32}A_{41}}$	$\frac{A_{33}A_{42}-A_{32}A_{43}}{A_{31}A_{42}-A_{32}A_{41}}$	$\frac{A_{34}A_{42}-A_{32}A_{44}}{A_{31}A_{42}-A_{32}A_{41}}$
4	$-\frac{A_{41}}{A_{31}A_{42}-A_{32}A_{41}}$	$\frac{A_{31}}{A_{31}A_{42}-A_{32}A_{41}}$	$\frac{A_{31}A_{43}-A_{33}A_{41}}{A_{31}A_{42}-A_{32}A_{41}}$	$\frac{A_{31}A_{44}-A_{34}A_{41}}{A_{31}A_{42}-A_{32}A_{41}}$

2. Z 参数转换成 ABCD 参数的公式

表 2-23 和表 2-24 分别给出了广义二端口和四端口网络 Z 参数转换为 ABCD 参数的公式。

表 2-23　广义二端口网络 Z 参数转换成 ABCD 参数的公式

A_{ij}	1	2
1	$\frac{Z_{11}}{Z_{21}}$	$\frac{Z_{11}Z_{22}-Z_{12}Z_{21}}{Z_{21}}$
2	$\frac{1}{Z_{21}}$	$\frac{Z_{22}}{Z_{21}}$

表 2-24　广义四端口网络 Z 参数转换成 ABCD 参数的公式

A_{ij}	1	2	3	4
1	$\frac{Z_{11}Z_{42}-Z_{12}Z_{41}}{Z_{31}Z_{42}-Z_{32}Z_{41}}$	$-\frac{Z_{11}Z_{32}-Z_{12}Z_{31}}{Z_{31}Z_{42}-Z_{32}Z_{41}}$	$-\frac{1}{Z_{31}Z_{42}-Z_{32}Z_{41}}(Z_{11}Z_{32}Z_{43}-Z_{11}Z_{33}Z_{42}-Z_{12}Z_{31}Z_{43}+Z_{12}Z_{33}Z_{41}+Z_{13}Z_{31}Z_{42}-Z_{13}Z_{32}Z_{41})$	$-\frac{1}{Z_{31}Z_{42}-Z_{32}Z_{41}}(Z_{11}Z_{32}Z_{44}-Z_{11}Z_{34}Z_{42}-Z_{12}Z_{31}Z_{44}+Z_{12}Z_{34}Z_{41}+Z_{14}Z_{31}Z_{42}-Z_{14}Z_{32}Z_{41})$
2	$\frac{Z_{21}Z_{42}-Z_{22}Z_{41}}{Z_{31}Z_{42}-Z_{32}Z_{41}}$	$-\frac{Z_{21}Z_{32}-Z_{22}Z_{31}}{Z_{31}Z_{42}-Z_{32}Z_{41}}$	$-\frac{1}{Z_{31}Z_{42}-Z_{32}Z_{41}}(Z_{21}Z_{32}Z_{43}-Z_{21}Z_{33}Z_{42}-Z_{22}Z_{31}Z_{43}+Z_{22}Z_{33}Z_{41}+Z_{23}Z_{31}Z_{42}-Z_{23}Z_{32}Z_{41})$	$-\frac{1}{Z_{31}Z_{42}-Z_{32}Z_{41}}(Z_{21}Z_{32}Z_{44}-Z_{21}Z_{34}Z_{42}-Z_{22}Z_{31}Z_{44}+Z_{22}Z_{34}Z_{41}+Z_{24}Z_{31}Z_{42}-Z_{24}Z_{32}Z_{41})$
3	$\frac{Z_{42}}{Z_{31}Z_{42}-Z_{32}Z_{41}}$	$-\frac{Z_{32}}{Z_{31}Z_{42}-Z_{32}Z_{41}}$	$-\frac{Z_{32}Z_{43}-Z_{33}Z_{42}}{Z_{31}Z_{42}-Z_{32}Z_{41}}$	$-\frac{Z_{32}Z_{44}-Z_{34}Z_{42}}{Z_{31}Z_{42}-Z_{32}Z_{41}}$
4	$-\frac{Z_{41}}{Z_{31}Z_{42}-Z_{32}Z_{41}}$	$\frac{Z_{31}}{Z_{31}Z_{42}-Z_{32}Z_{41}}$	$\frac{Z_{31}Z_{43}-Z_{33}Z_{41}}{Z_{31}Z_{42}-Z_{32}Z_{41}}$	$\frac{Z_{31}Z_{44}-Z_{34}Z_{41}}{Z_{31}Z_{42}-Z_{32}Z_{41}}$

2.5　广义 *N* 端口网络 ABCD 参数与 *Y* 参数之间的转换

2.5.1　广义 *N* 端口网络的 ABCD 参数转换成 *Y* 参数

N 端口网络（$N \geqslant 2$）的 ABCD 参数与 *Y* 参数转换时，**Y** 矩阵可分块如下[2]：

$$\boldsymbol{Y}=\begin{pmatrix}\boldsymbol{Y}_{ee} & \boldsymbol{Y}_{ei}\\ \boldsymbol{Y}_{ie} & \boldsymbol{Y}_{ii}\end{pmatrix} \tag{2-120}$$

矩阵 **Y** 的分块矩阵与电压、电流矩阵 $\boldsymbol{V}_e$、$\boldsymbol{V}_i$、$\boldsymbol{I}_e$、$\boldsymbol{I}_i$之间的关系可表示为

$$\boldsymbol{I}_e=\boldsymbol{Y}_{ee}\boldsymbol{V}_e+\boldsymbol{Y}_{ei}\boldsymbol{V}_i \tag{2-121a}$$

$$I_i = Y_{ie}V_e + Y_{ii}V_i \tag{2-121b}$$

由 **ABCD** 矩阵的定义式（2-66a），可得到 I_i 的表达式：

$$I_i = -B^{-1}V_e + B^{-1}AV_i \tag{2-122}$$

将式（2-122）代入式（2-66b），整理可得：

$$I_e = DB^{-1}V_e + (C - DB^{-1}A)V_i \tag{2-123}$$

结合式（2-121）至式（2-123），可以得到：

$$\begin{aligned} Y_{ee} &= DB^{-1}, \quad Y_{ei} = C - DB^{-1}A \\ Y_{ie} &= -B^{-1}, \quad Y_{ii} = B^{-1}A \end{aligned} \tag{2-124}$$

写成矩阵形式，即

$$Y = \begin{pmatrix} DB^{-1} & C - DB^{-1}A \\ -B^{-1} & B^{-1}A \end{pmatrix} \tag{2-125}$$

推导得到的式（2-125）与文献［2］中给出的公式一致。由此可见，在已知网络 ABCD 参数的情况下，可通过该式求得网络的 Y 参数。

2.5.2 广义 *N* 端口网络的 *Y* 参数转换成 ABCD 参数

由式（2-121b）可求得 V_e 的表达式：

$$V_e = Y_{ie}^{-1}I_i - Y_{ie}^{-1}Y_{ii}V_i \tag{2-126}$$

整理可得：

$$V_e = -Y_{ie}^{-1}Y_{ii}V_i - (-Y_{ie}^{-1})I_i \tag{2-127}$$

将式（2-127）代入式（2-121a），整理可得：

$$I_e = (Y_{ei} - Y_{ee}Y_{ie}^{-1}Y_{ii})V_i - (-Y_{ee}Y_{ie}^{-1})I_i \tag{2-128}$$

结合式（2-127）和式（2-128）以及 **ABCD** 矩阵的定义式可以得到：

$$\begin{aligned} A &= -Y_{ie}^{-1}Y_{ii}, \quad B = -Y_{ie}^{-1} \\ C &= Y_{ei} - Y_{ee}Y_{ie}^{-1}Y_{ii}, \quad D = -Y_{ee}Y_{ie}^{-1} \end{aligned} \tag{2-129}$$

则整个网络的 **ABCD** 矩阵可以表示为

$$\mathbf{ABCD} = \begin{pmatrix} -Y_{ie}^{-1}Y_{ii} & -Y_{ie}^{-1} \\ Y_{ei} - Y_{ee}Y_{ie}^{-1}Y_{ii} & -Y_{ee}Y_{ie}^{-1} \end{pmatrix} \tag{2-130}$$

推导得到的式（2-130）与文献［2］中给出的公式一致。由此可见，在已知网络 Y 参数的情况下，可通过该式求得网络的 ABCD 参数。

2.5.3 广义二端口网络 ABCD 参数与 *Y* 参数之间的转换

1. ABCD 参数转换成 *Y* 参数

对于广义二端口网络，将端口 1 看作外部端口，端口 2 看作内部端口，其

ABCD 矩阵与式（2-93a）相同。将 **ABCD** 矩阵代入转换公式（2-125）中，可得：

$$\boldsymbol{Y}=\begin{pmatrix} A_{22}A_{12}^{-1} & A_{21}-A_{11}A_{12}^{-1}A_{22} \\ -A_{12}^{-1} & A_{12}^{-1}A_{11} \end{pmatrix} \tag{2-131}$$

则 Y_{11}、Y_{12}、Y_{21}、Y_{22}可分别表示为

$$\begin{aligned} &Y_{11}=\frac{A_{22}}{A_{12}}, \quad Y_{12}=\frac{A_{12}A_{21}-A_{11}A_{22}}{A_{12}} \\ &Y_{21}=-\frac{1}{A_{12}}, \quad Y_{22}=\frac{A_{11}}{A_{12}} \end{aligned} \tag{2-132}$$

这与文献［7］中给出的转换公式一致。

2. *Y* 参数转换成 ABCD 参数

广义二端口网络的 ***Y*** 矩阵可以表示为式（2-133），将它代入式（2-130）中可得如式（2-134）所示的 **ABCD** 矩阵。

$$\boldsymbol{Y}=\begin{pmatrix} \boldsymbol{Y}_{ee} & \boldsymbol{Y}_{ei} \\ \boldsymbol{Y}_{ie} & \boldsymbol{Y}_{ii} \end{pmatrix}=\begin{pmatrix} Y_{11} & Y_{12} \\ Y_{21} & Y_{22} \end{pmatrix} \tag{2-133}$$

$$\mathbf{ABCD}=\begin{pmatrix} -Y_{21}^{-1}Y_{22} & -Y_{21}^{-1} \\ Y_{12}-Y_{11}Y_{21}^{-1}Y_{22} & -Y_{11}Y_{21}^{-1} \end{pmatrix} \tag{2-134}$$

则 A_{11}、A_{12}、A_{21}、A_{22}可分别表示为

$$\begin{aligned} &A_{11}=-\frac{Y_{22}}{Y_{21}}, \quad A_{12}=-\frac{1}{Y_{21}} \\ &A_{21}=\frac{Y_{12}Y_{21}-Y_{11}Y_{22}}{Y_{21}}, \quad A_{22}=-\frac{Y_{11}}{Y_{21}} \end{aligned} \tag{2-135}$$

这与文献［7］中给出的转换公式一致。

2.5.4　广义二端口和四端口网络 *Y* 参数与 ABCD 参数之间的转换公式

本节给出了广义二端口和四端口网络 ABCD 参数与 *Y* 参数相互转换的公式，见表 2-25 至表 2-28。

1. ABCD 参数转换成 *Y* 参数的公式

表 2-25 和表 2-26 分别给出了广义二端口和四端口网络 *ABCD* 参数转换为 *Y* 参数的公式。

表 2-25 广义二端口网络 ABCD 参数转换成 Y 参数的公式

Y_{ij}	1	2
1	$\frac{A_{22}}{A_{12}}$	$\frac{A_{12}A_{21}-A_{11}A_{22}}{A_{12}}$
2	$-\frac{1}{A_{12}}$	$\frac{A_{11}}{A_{12}}$

表 2-26 广义四端口网络 ABCD 参数转换成 Y 参数的公式

Y_{ij}	1	2	3	4
1	$\frac{A_{24}A_{33}-A_{23}A_{34}}{A_{13}A_{24}-A_{14}A_{23}}$	$\frac{A_{13}A_{34}-A_{14}A_{33}}{A_{13}A_{24}-A_{14}A_{23}}$	$\frac{1}{A_{13}A_{24}-A_{14}A_{23}}\times(A_{11}A_{23}A_{34}-A_{11}A_{24}A_{33}-A_{13}A_{21}A_{34}+A_{13}A_{24}A_{31}+A_{14}A_{21}A_{33}-A_{14}A_{23}A_{31})$	$\frac{1}{A_{13}A_{24}-A_{14}A_{23}}\times(A_{12}A_{23}A_{34}-A_{12}A_{24}A_{33}-A_{13}A_{22}A_{34}+A_{13}A_{24}A_{32}+A_{14}A_{22}A_{33}-A_{14}A_{23}A_{32})$
2	$\frac{A_{24}A_{43}-A_{23}A_{44}}{A_{13}A_{24}-A_{14}A_{23}}$	$\frac{A_{13}A_{44}-A_{14}A_{43}}{A_{13}A_{24}-A_{14}A_{23}}$	$\frac{1}{A_{13}A_{24}-A_{14}A_{23}}\times(A_{11}A_{23}A_{44}-A_{11}A_{24}A_{43}-A_{13}A_{21}A_{44}+A_{13}A_{24}A_{41}+A_{14}A_{21}A_{43}-A_{14}A_{23}A_{41})$	$\frac{1}{A_{13}A_{24}-A_{14}A_{23}}\times(A_{12}A_{23}A_{44}-A_{12}A_{24}A_{43}-A_{13}A_{22}A_{44}+A_{13}A_{24}A_{42}+A_{14}A_{22}A_{43}-A_{14}A_{23}A_{42})$
3	$-\frac{A_{24}}{A_{13}A_{24}-A_{14}A_{23}}$	$\frac{A_{14}}{A_{13}A_{24}-A_{14}A_{23}}$	$\frac{A_{11}A_{24}-A_{14}A_{21}}{A_{13}A_{24}-A_{14}A_{23}}$	$\frac{A_{12}A_{24}-A_{14}A_{22}}{A_{13}A_{24}-A_{14}A_{23}}$
4	$\frac{A_{23}}{A_{13}A_{24}-A_{14}A_{23}}$	$-\frac{A_{13}}{A_{13}A_{24}-A_{14}A_{23}}$	$\frac{A_{13}A_{21}-A_{11}A_{23}}{A_{13}A_{24}-A_{14}A_{23}}$	$\frac{A_{13}A_{22}-A_{12}A_{23}}{A_{13}A_{24}-A_{14}A_{23}}$

2. *Y* 参数转换成 ABCD 参数的公式

表 2-27 和表 2-28 分别给出了广义二端口和四端口网络 *Y* 参数转换为 ABCD 参数的公式。

表 2-27 广义二端口网络 Y 参数转换成 ABCD 参数的公式

A_{ij}	1	2
1	$-\frac{Y_{22}}{Y_{21}}$	$-\frac{1}{Y_{21}}$
2	$-\frac{Y_{11}Y_{22}-Y_{12}Y_{21}}{Y_{21}}$	$-\frac{Y_{11}}{Y_{21}}$

表 2-28　广义四端口网络 Y 参数转换成 ABCD 参数的公式

A_{ij}	1	2	3	4
1	$\frac{Y_{32}Y_{43}-Y_{33}Y_{42}}{Y_{31}Y_{42}-Y_{32}Y_{41}}$	$\frac{Y_{32}Y_{44}-Y_{34}Y_{42}}{Y_{31}Y_{42}-Y_{32}Y_{41}}$	$-\frac{Y_{42}}{Y_{31}Y_{42}-Y_{32}Y_{41}}$	$\frac{Y_{32}}{Y_{31}Y_{42}-Y_{32}Y_{41}}$
2	$-\frac{Y_{31}Y_{43}-Y_{33}Y_{41}}{Y_{31}Y_{42}-Y_{32}Y_{41}}$	$-\frac{Y_{31}Y_{44}-Y_{34}Y_{41}}{Y_{31}Y_{42}-Y_{32}Y_{41}}$	$\frac{Y_{41}}{Y_{31}Y_{42}-Y_{32}Y_{41}}$	$-\frac{Y_{31}}{Y_{31}Y_{42}-Y_{32}Y_{41}}$
3	$\frac{1}{Y_{31}Y_{42}-Y_{32}Y_{41}}\times(Y_{11}Y_{32}Y_{43}-Y_{11}Y_{33}Y_{42}-Y_{12}Y_{31}Y_{43}+Y_{12}Y_{33}Y_{41}+Y_{13}Y_{31}Y_{42}-Y_{13}Y_{32}Y_{41})$	$\frac{1}{Y_{31}Y_{42}-Y_{32}Y_{41}}\times(Y_{11}Y_{32}Y_{44}-Y_{11}Y_{34}Y_{42}-Y_{12}Y_{31}Y_{44}+Y_{12}Y_{34}Y_{41}+Y_{14}Y_{31}Y_{42}-Y_{14}Y_{32}Y_{41})$	$-\frac{Y_{11}Y_{42}-Y_{12}Y_{41}}{Y_{31}Y_{42}-Y_{32}Y_{41}}$	$\frac{Y_{11}Y_{32}-Y_{12}Y_{31}}{Y_{31}Y_{42}-Y_{32}Y_{41}}$
4	$\frac{1}{Y_{31}Y_{42}-Y_{32}Y_{41}}\times(Y_{21}Y_{32}Y_{43}-Y_{21}Y_{33}Y_{42}-Y_{22}Y_{31}Y_{43}+Y_{22}Y_{33}Y_{41}+Y_{23}Y_{31}Y_{42}-Y_{23}Y_{32}Y_{41})$	$\frac{1}{Y_{31}Y_{42}-Y_{32}Y_{41}}\times(Y_{21}Y_{32}Y_{44}-Y_{21}Y_{34}Y_{42}-Y_{22}Y_{31}Y_{44}+Y_{22}Y_{34}Y_{41}+Y_{24}Y_{31}Y_{42}-Y_{24}Y_{32}Y_{41})$	$-\frac{Y_{21}Y_{42}-Y_{22}Y_{41}}{Y_{31}Y_{42}-Y_{32}Y_{41}}$	$\frac{Y_{21}Y_{32}-Y_{22}Y_{31}}{Y_{31}Y_{42}-Y_{32}Y_{41}}$

2.6　广义 N 端口网络参数相互转换的通项公式

2.6.1　符号及运算定义

在进行通项公式的推导之前，先介绍一些符号及运算的定义。子集是集合中的一个基本概念，如果集合 A 的任意一个元素都是集合 B 中的元素，那么集合 A 称为集合 B 的子集。集合 B 的子集可以是空集也可以是集合 B 本身。英文中用 subset 表示子集的概念，这里我们用其复数形式 Subsets 表示一个集合的全部子集所组成的集合，并将其简写为 sub。例如，对于集合{1，2，3}，其全部子集所构成的集合可以表示为

$$\mathrm{sub}=\{\{\varnothing\},\{1\},\{2\},\{3\},\{1,2\},\{1,3\},\{2,3\},\{1,2,3\}\} \tag{2-136}$$

数学中用 card(A) 来表示集合 A 中元素的个数，例如 card({1，2，3}) = 3，对于空集则有 card({∅}) = 0。

补集也是集合中的一个基本概念，包括绝对补集和相对补集，这里仅介绍后面运算需要用到的绝对补集。设有集合 U，集合 A 是集合 U 的子集，那么集合 U 中所有不属于集合 A 的元素构成的集合即为集合 A 在集合 U 中的补集，记为$\complement_U A$。

为便于表示通项公式以及第 3 章中网络参数的转换公式，我们采用文献［8］中对于任意矩阵子矩阵的表示方式。设有集合 m 和集合 l，两个集合的元素个数相同，表示如下：

$$\begin{aligned} m&=\{m_1,m_2,\cdots,m_n\} \\ l&=\{l_1,l_2,\cdots,l_n\} \end{aligned} \tag{2-137}$$

$$\boldsymbol{S}[m|l]=\boldsymbol{S}[m_1,m_2,\cdots,m_n|l_1,l_2,\cdots,l_n] \tag{2-138}$$

式（2-138）表示由集合 m 中的元素选取矩阵 $\boldsymbol{S}$ 的行，由集合 l 中的元素选取矩阵 $\boldsymbol{S}$ 的列所组成的 $\boldsymbol{S}$ 的 $n\times n$ 阶子矩阵，该子矩阵的行列式记为 $|\mathbf{MS}_{m,l}|$。特别地，$|\mathbf{MS}_{\varnothing,\varnothing}|=1$[9]。例如，给出矩阵 $\boldsymbol{S}$，集合 m 和 l 如下：

$$\boldsymbol{S}=\begin{pmatrix} S_{11} & S_{12} & S_{13} \\ S_{21} & S_{22} & S_{23} \\ S_{31} & S_{32} & S_{33} \end{pmatrix} \tag{2-139}$$

$$m=\{1,2\},\quad l=\{2,3\}$$

$$|\mathbf{MS}_{m,l}|=\begin{vmatrix} S_{12} & S_{13} \\ S_{22} & S_{23} \end{vmatrix}=S_{12}S_{23}-S_{13}S_{22} \tag{2-140}$$

后续通项公式中也会用到并集的概念，即给定两个集合 A 和 B，把它们所有元素组合在一起构成的集合称为集合 A 和集合 B 的并集，记为 $A\cup B$。

2.6.2 Z 参数与 S 参数之间转换的通项公式

1. Z 参数转换成 S 参数

在 2.1.1 节中推导出了 Z 参数转换为 S 参数的公式，即式（2-11），现对其进行求解。对于任意端口的网络（这里以 N 端口表示），将式（2-11）中 $\boldsymbol{G}_0(\boldsymbol{Z}-\boldsymbol{Z}_0^*)$ 和 $(\boldsymbol{Z}+\boldsymbol{Z}_0)^{-1}\boldsymbol{G}_0^{-1}$ 的运算结果看成一个整体，分别记作矩阵 $\boldsymbol{p}$ 和矩阵 $\boldsymbol{q}$，则有

$$\boldsymbol{S}=\boldsymbol{p}\times\boldsymbol{q} \tag{2-141a}$$

$$\boldsymbol{p}=\begin{pmatrix} G_1(Z_{11}-Z_1^*) & G_1Z_{12} & \cdots & G_1Z_{1N} \\ G_2Z_{21} & G_2(Z_{22}-Z_2^*) & \cdots & G_2Z_{2N} \\ \vdots & \vdots & \ddots & \vdots \\ G_NZ_{N1} & G_NZ_{N2} & \cdots & G_N(Z_{NN}-Z_N^*) \end{pmatrix} \tag{2-141b}$$

$$q=\frac{1}{\begin{vmatrix} Z_{11}+Z_1 & Z_{12} & \cdots & Z_{1N} \\ Z_{21} & Z_{22}+Z_2 & \cdots & Z_{2N} \\ \vdots & \vdots & \ddots & \vdots \\ Z_{N1} & Z_{N2} & \cdots & Z_{NN}+Z_N \end{vmatrix}}\begin{pmatrix} \frac{1}{G_1}A_{11} & \frac{1}{G_2}A_{21} & \cdots & \frac{1}{G_N}A_{N1} \\ \frac{1}{G_1}A_{12} & \frac{1}{G_2}A_{22} & \cdots & \frac{1}{G_N}A_{N2} \\ \vdots & \vdots & \ddots & \vdots \\ \frac{1}{G_1}A_{1N} & \frac{1}{G_2}A_{2N} & \cdots & \frac{1}{G_N}A_{NN} \end{pmatrix}$$

(2-141c)

式中，$A_{ij}(i, j=1, 2, \cdots, N)$为矩阵（$\mathbf{Z}+\mathbf{Z}_0$）中各元素的代数余子式。定义上式分母中的行列式为 DS，即

$$\mathrm{DS}=\begin{vmatrix} Z_{11}+Z_1 & Z_{12} & \cdots & Z_{1N} \\ Z_{21} & Z_{22}+Z_2 & \cdots & Z_{2N} \\ \vdots & \vdots & \ddots & \vdots \\ Z_{N1} & Z_{N2} & \cdots & Z_{NN}+Z_N \end{vmatrix} \tag{2-142}$$

由于网络端口数为 N，定义全集 u 为

$$u=\{1,2,3,\cdots,N\} \tag{2-143}$$

根据式（2-136）可得它的所有子集为

$$\mathrm{sub}=\mathrm{Subsets}\{1,2,\cdots,N\} \tag{2-144}$$

接下来对矩阵行列式及其代数余子式进行运算，我们将结合文献［9］中的相关分析进行运算表示，式（2-142）可以表示为

$$\mathrm{DS}=\begin{vmatrix} Z_{11}+Z_1 & Z_{12} & \cdots & Z_{1N} \\ Z_{21} & Z_{22}+Z_2 & \cdots & Z_{2N} \\ \vdots & \vdots & \ddots & \vdots \\ Z_{N1} & Z_{N2} & \cdots & Z_{NN}+Z_N \end{vmatrix}=\sum_{m\in \mathrm{sub}}|\mathbf{MZ}_{m,m}|\,|(\mathbf{Z}_0)_{\complement_u m,\complement_u m}|$$

(2-145)

式（2-145）中表示端口阻抗矩阵 $\mathbf{Z}_0$子矩阵的行列式前面没有加 $\boldsymbol{M}$，这是为了与阻抗矩阵 $\mathbf{Z}$ 作区分。结合 DS 引入矩阵 **NS**，将矩阵 $\boldsymbol{S}$ 表示为

$$\boldsymbol{S}=\frac{\mathbf{NS}}{\mathrm{DS}}=\frac{1}{\mathrm{DS}}\begin{pmatrix} \mathrm{NS}_{11} & \mathrm{NS}_{12} & \cdots & \mathrm{NS}_{1N} \\ \mathrm{NS}_{21} & \mathrm{NS}_{22} & \cdots & \mathrm{NS}_{2N} \\ \vdots & \vdots & \ddots & \vdots \\ \mathrm{NS}_{N1} & \mathrm{NS}_{N2} & \cdots & \mathrm{NS}_{NN} \end{pmatrix} \tag{2-146}$$

定义集合 u_i、g_i和 h_i如下：

$$u_i=\complement_u\{i\} \tag{2-147a}$$

$$g_i = \{x \mid i \in x, x \in \text{Subsets}\{1,2,\cdots,N\}\} \tag{2-147b}$$

$$h_i = \{x \mid i \notin x, x \in \text{Subsets}\{1,2,\cdots,N\}\} \tag{2-147c}$$

式（2-147c）所示的集合 h_i 中包括空集。结合式（2-141），矩阵 $\boldsymbol{S}$ 的对角线元素为同一形式，可用一个通项公式表达，记为 NS_{ii}，其中 $i=1, 2, \cdots, N$，表示如下：

$$\begin{aligned}\text{NS}_{ii} &= \sum_{n=1}^{N} Z_{in}A_{in} - A_{ii}Z_i^* = \sum_{m\in g_i} |\mathbf{MZ}_{m,m}| \, |(\boldsymbol{Z}_0)_{\complement_u m, \complement_u m}| - \\ &\sum_{m\in h_i} |\mathbf{MZ}_{m,m}| \, |(\boldsymbol{Z}_0)_{\complement_{u_i} m, \complement_{u_i} m}| Z_i^*\end{aligned} \tag{2-148}$$

定义集合 u_{ij} 和 p_{ij} 如下：

$$\begin{aligned} u_{ij} &= \complement_u \{i,j\} \\ p_{ij} &= \{x \mid i,j \notin x, x \in \text{Subsets}\{1,2,\cdots,N\}\}\end{aligned} \tag{2-149}$$

式（2-149）中的集合 p_{ij} 中包含空集。矩阵 $\boldsymbol{S}$ 中除对角线外的其他元素可用一个通项公式表达，记为 NS_{ij}，其中 $i, j=1, 2, \cdots, N$，但 $i\neq j$。根据式（2-141）可得：

$$\begin{aligned}\text{NS}_{ij} &= -\sqrt{\left|\frac{R_j}{R_i}\right|} A_{ji}Z_i^* + \sum_{n=1}^{N} \sqrt{\left|\frac{R_j}{R_i}\right|} A_{jn}Z_{in} \\ &= 2R_i \sqrt{\left|\frac{R_j}{R_i}\right|} \sum_{m\in p_{ij}} |\mathbf{MZ}_{\{i\}\cup m, \{j\}\cup m}| \, |(\boldsymbol{Z}_0)_{\complement_{u_{ij}} m, \complement_{u_{ij}} m}|\end{aligned} \tag{2-150}$$

结合各个集合的定义，联立式（2-145）、式（2-146）、式（2-148）和式（2-150），可由通项公式得到矩阵 $\boldsymbol{S}$ 中所有元素的表达式。

2. *S* 参数转换成 *Z* 参数

在 2.1.2 节中推导出了 S 参数转换为 Z 参数的公式，即式（2-20），现对其进行求解。同理，对于任意端口的网络（这里以 N 端口表示），将 $(\boldsymbol{SZ}_0+\boldsymbol{Z}_0^*)\boldsymbol{G}_0$ 和 $\boldsymbol{G}_0^{-1}(\boldsymbol{E}-\boldsymbol{S})^{-1}$ 的运算结果看成一个整体，分别记作矩阵 $\boldsymbol{p}$ 和矩阵 $\boldsymbol{q}$，则有

$$\boldsymbol{Z} = \boldsymbol{q} \times \boldsymbol{p} \tag{2-151a}$$

$$\boldsymbol{p} = \begin{pmatrix} G_1(Z_1S_{11}+Z_1^*) & G_2Z_2S_{12} & \cdots & G_NZ_NS_{1N} \\ G_1Z_1S_{21} & G_2(Z_2S_{22}+Z_2^*) & \cdots & G_NZ_NS_{2N} \\ \vdots & \vdots & \ddots & \vdots \\ G_1Z_1S_{N1} & G_2Z_2S_{N2} & \cdots & G_N(Z_NS_{NN}+Z_N^*) \end{pmatrix} \tag{2-151b}$$

$$q=\frac{1}{\begin{vmatrix}1-S_{11} & -S_{12} & \cdots & -S_{1N}\\ -S_{21} & 1-S_{22} & \cdots & -S_{2N}\\ \vdots & \vdots & \ddots & \vdots\\ -S_{N1} & -S_{N2} & \cdots & 1-S_{NN}\end{vmatrix}}\begin{pmatrix}\frac{1}{G_1}A_{11} & \frac{1}{G_1}A_{21} & \cdots & \frac{1}{G_1}A_{N1}\\ \frac{1}{G_2}A_{12} & \frac{1}{G_2}A_{22} & \cdots & \frac{1}{G_2}A_{N2}\\ \vdots & \vdots & \ddots & \vdots\\ \frac{1}{G_N}A_{1N} & \frac{1}{G_N}A_{2N} & \cdots & \frac{1}{G_N}A_{NN}\end{pmatrix} \tag{2-151c}$$

式中，$A_{ij}(i,j=1,2,\cdots,N)$为矩阵（$\boldsymbol{E}-\boldsymbol{S}$）中各元素的代数余子式。定义上式分母中的行列式为 DZ，即

$$\mathrm{DZ}=\begin{vmatrix}1-S_{11} & -S_{12} & \cdots & -S_{1N}\\ -S_{21} & 1-S_{22} & \cdots & -S_{2N}\\ \vdots & \vdots & \ddots & \vdots\\ -S_{N1} & -S_{N2} & \cdots & 1-S_{NN}\end{vmatrix} \tag{2-152}$$

由于网络端口数为 N，全集及其所有子集 sub 与式（2-143）和式（2-144）的表示相同，同样进行两个矩阵相加的行列式计算，那么式（2-152）可以表示为

$$\mathrm{DZ}=\begin{vmatrix}1-S_{11} & -S_{12} & \cdots & -S_{1N}\\ -S_{21} & 1-S_{22} & \cdots & -S_{2N}\\ \vdots & \vdots & \ddots & \vdots\\ -S_{N1} & -S_{N2} & \cdots & 1-S_{NN}\end{vmatrix}=\sum_{m\in\mathrm{sub}}|\mathbf{MS}_{m,m}|(-1)^{\mathrm{card}(m)} \tag{2-153}$$

矩阵 $\mathbf{Z}$ 表示为

$$\mathbf{Z}=\frac{\mathbf{NZ}}{\mathrm{DZ}}=\frac{1}{\mathrm{DZ}}\begin{pmatrix}\mathrm{NZ}_{11} & \mathrm{NZ}_{12} & \cdots & \mathrm{NZ}_{1N}\\ \mathrm{NZ}_{21} & \mathrm{NZ}_{22} & \cdots & \mathrm{NZ}_{2N}\\ \vdots & \vdots & \ddots & \vdots\\ \mathrm{NZ}_{N1} & \mathrm{NZ}_{N2} & \cdots & \mathrm{NZ}_{NN}\end{pmatrix} \tag{2-154}$$

式（2-151）中矩阵 $\mathbf{Z}$ 对角线元素为同一形式，可用一个通项公式表达，记为 NZ_{ii}，即

$$\begin{aligned}\mathrm{NZ}_{ii}&=\sum_{n=1}^{N}Z_iS_{ni}A_{ni}+A_{ii}Z_i^*=\sum_{m\in h_i}|\mathbf{MS}_{m,m}|(-1)^{\mathrm{card}(m)}Z_i^*-\\&\sum_{m\in g_i}|\mathbf{MS}_{m,m}|(-1)^{\mathrm{card}(m)}Z_i\end{aligned} \tag{2-155}$$

式中：$i=1, 2, \cdots, N$；集合 h_i 和 g_i 的定义如式（2-147）所示。矩阵 $\boldsymbol{Z}$ 中除对角线外的其他元素可用一个通项公式表达，记为 NZ_{ij}，其中 $i, j=1, 2, \cdots, N$，但 $i\neq j$。根据式（2-151）可得：

$$\begin{aligned}\mathrm{NZ}_{ij} &= \sqrt{\left|\frac{R_i}{R_j}\right|}A_{ji}Z_j^* + \sum_{n=1}^{N}\sqrt{\left|\frac{R_i}{R_j}\right|}A_{ni}S_{nj}Z_j \\ &= 2R_j\sqrt{\left|\frac{R_i}{R_j}\right|}\sum_{m\in p_{ij}}\left|\mathbf{MS}_{\{i\}\cup m, \{j\}\cup m}\right|(-1)^{\mathrm{card}(m)}\end{aligned} \tag{2-156}$$

其中集合 p_{ij} 的定义如式（2-149）所示。联立式（2-153）至式（2-156），可由通项公式得到矩阵 $\boldsymbol{Z}$ 中所有元素的表达式。

2.6.3 Y 参数与 S 参数之间转换的通项公式

1. Y 参数转换成 S 参数

在 2.2.1 节中推导出了 Y 参数转换为 S 参数的公式，即式（2-39），现对其进行求解。对于任意端口的网络（这里以 N 端口表示），将 $\boldsymbol{G}_0(\boldsymbol{E}-\boldsymbol{Z}_0^*\boldsymbol{Y})$ 和 $(\boldsymbol{E}+\boldsymbol{Z}_0\boldsymbol{Y})^{-1}\boldsymbol{G}_0^{-1}$ 的运算结果看成一个整体，分别记作矩阵 $\boldsymbol{p}$ 和矩阵 $\boldsymbol{q}$，则有

$$\boldsymbol{S}=\boldsymbol{p}\times\boldsymbol{q} \tag{2-157a}$$

$$\boldsymbol{p}=\begin{pmatrix} G_1(1-Z_1^*Y_{11}) & -G_1Z_1^*Y_{12} & \cdots & -G_1Z_1^*Y_{1N} \\ -G_2Z_2^*Y_{21} & G_2(1-Z_2^*Y_{22}) & \cdots & -G_2Z_2^*Y_{2N} \\ \vdots & \vdots & \ddots & \vdots \\ -G_NZ_N^*Y_{N1} & -G_NZ_N^*Y_{N2} & \cdots & G_N(1-Z_N^*Y_{NN}) \end{pmatrix} \tag{2-157b}$$

$$\boldsymbol{q}=\frac{1}{\begin{vmatrix} 1+Z_1Y_{11} & Z_1Y_{12} & \cdots & Z_1Y_{1N} \\ Z_2Y_{21} & 1+Z_2Y_{22} & \cdots & Z_2Y_{2N} \\ \vdots & \vdots & \ddots & \vdots \\ Z_NY_{N1} & Z_NY_{N2} & \cdots & 1+Z_NY_{NN} \end{vmatrix}}\begin{pmatrix} \frac{1}{G_1}A_{11} & \frac{1}{G_2}A_{21} & \cdots & \frac{1}{G_N}A_{N1} \\ \frac{1}{G_1}A_{12} & \frac{1}{G_2}A_{22} & \cdots & \frac{1}{G_N}A_{N2} \\ \vdots & \vdots & \ddots & \vdots \\ \frac{1}{G_1}A_{1N} & \frac{1}{G_2}A_{2N} & \cdots & \frac{1}{G_N}A_{NN} \end{pmatrix} \tag{2-157c}$$

式中，$A_{ij}(i, j=1, 2, \cdots, N)$ 为矩阵 $\boldsymbol{E}+\boldsymbol{Z}_0\boldsymbol{Y}$ 中各元素的代数余子式。定义上式分母中的行列式为 DS，即

$$
\mathrm{DS}=\begin{vmatrix} 1+Z_1Y_{11} & Z_1Y_{12} & \cdots & Z_1Y_{1N} \\ Z_2Y_{21} & 1+Z_2Y_{22} & \cdots & Z_2Y_{2N} \\ \vdots & \vdots & \ddots & \vdots \\ Z_NY_{N1} & Z_NY_{N2} & \cdots & 1+Z_NY_{NN} \end{vmatrix} \tag{2-158}
$$

由于网络端口数为 N，全集及其全部子集分别如式（2-143）和式（2-144）所示，根据式（2-158）可求得：

$$
\mathrm{DS}=\sum_{m\in \mathrm{sub}} |\mathbf{MY}_{m,m}||(Z_0)_{m,m}| \tag{2-159}
$$

矩阵 $\boldsymbol{S}$ 表示为

$$
\boldsymbol{S}=\frac{\mathbf{NS}}{\mathrm{DS}}=\frac{1}{\mathrm{DS}}\begin{pmatrix} \mathrm{NS}_{11} & \mathrm{NS}_{12} & \cdots & \mathrm{NS}_{1N} \\ \mathrm{NS}_{21} & \mathrm{NS}_{22} & \cdots & \mathrm{NS}_{2N} \\ \vdots & \vdots & \ddots & \vdots \\ \mathrm{NS}_{N1} & \mathrm{NS}_{N2} & \cdots & \mathrm{NS}_{NN} \end{pmatrix} \tag{2-160}
$$

式（2-157）中矩阵 $\boldsymbol{S}$ 对角线元素为同一形式，可用一个通项公式表达，记为 NS_{ii}，即

$$
\mathrm{NS}_{ii}=A_{ii}-\sum_{n=1}^{N} Z_i^* Y_{in}A_{in}=\sum_{m\in h_i}(|\mathbf{MY}_{m,m}|-|\mathbf{MY}_{\{i\}\cup m,\{i\}\cup m}|Z_i^*)|(\boldsymbol{Z}_0)_{m,m}| \tag{2-161}
$$

式中：$i=1, 2, \cdots, N$；集合 h_i 的定义与式（2-147）相同。矩阵 $\boldsymbol{S}$ 中除对角线外的其他元素可用一个通项公式表达，记为 NS_{ij}，其中 $i, j=1, 2, \cdots, N$，但 $i\neq j$。根据式（2-157）可得：

$$
\begin{aligned}
\mathrm{NS}_{ij} &= \sqrt{\left|\frac{R_j}{R_i}\right|}A_{ji}-\sum_{n=1}^{N}\sqrt{\left|\frac{R_j}{R_i}\right|}A_{jn}Z_i^* Y_{in} \\
&= -2R_i\sqrt{\left|\frac{R_j}{R_i}\right|}\sum_{m\in p_{ij}}|\mathbf{MY}_{\{i\}\cup m,\{j\}\cup m}||(\boldsymbol{Z}_0)_{m,m}|
\end{aligned} \tag{2-162}
$$

其中集合 p_{ij} 的定义如式（2-149）所示。联立式（2-159）至式（2-162），可由通项公式得到矩阵 $\boldsymbol{S}$ 中所有元素的表达式。

2. S 参数转换成 Y 参数

在 2.2.2 节中推导出了 S 参数转换为 Y 参数的公式，即式（2-43），现对其进行求解。同理，对于任意端口的网络（这里以 N 端口表示），将 $(\boldsymbol{E}-\boldsymbol{S})\boldsymbol{G}_0$ 和 $\boldsymbol{G}_0^{-1}(\boldsymbol{SZ}_0+\boldsymbol{Z}_0^*)^{-1}$ 的运算结果看成一个整体，分别记作矩阵 $\boldsymbol{p}$ 和矩阵 $\boldsymbol{q}$，则有

$$\boldsymbol{Y}=\boldsymbol{q}\times\boldsymbol{p} \tag{2-163a}$$

$$\boldsymbol{p}=\begin{pmatrix} G_1(1-S_{11}) & -G_2S_{12} & \cdots & -G_NS_{1N} \\ -G_1S_{21} & G_2(1-S_{22}) & \cdots & -G_NS_{2N} \\ \vdots & \vdots & \ddots & \vdots \\ -G_1S_{N1} & -G_2S_{N2} & \cdots & G_N(1-S_{NN}) \end{pmatrix} \tag{2-163b}$$

$$\boldsymbol{q}=\frac{1}{\begin{vmatrix} Z_1S_{11}+Z_1^* & Z_2S_{12} & \cdots & Z_NS_{1N} \\ Z_1S_{21} & Z_2S_{22}+Z_2^* & \cdots & Z_NS_{2N} \\ \vdots & \vdots & \ddots & \vdots \\ Z_1S_{N1} & Z_2S_{N2} & \cdots & Z_NS_{NN}+Z_N^* \end{vmatrix}}\begin{pmatrix} \frac{1}{G_1}A_{11} & \frac{1}{G_1}A_{21} & \cdots & \frac{1}{G_1}A_{N1} \\ \frac{1}{G_2}A_{12} & \frac{1}{G_2}A_{22} & \cdots & \frac{1}{G_2}A_{N2} \\ \vdots & \vdots & \ddots & \vdots \\ \frac{1}{G_N}A_{1N} & \frac{1}{G_N}A_{2N} & \cdots & \frac{1}{G_N}A_{NN} \end{pmatrix} \tag{2-163c}$$

式中，$A_{ij}(i,j=1,2,\cdots,N)$为矩阵 $\boldsymbol{SZ}_0+\boldsymbol{Z}_0^*$ 中各元素的代数余子式。定义上式分母中的行列式为 DY，即

$$\mathrm{DY}=\begin{vmatrix} Z_1S_{11}+Z_1^* & Z_2S_{12} & \cdots & Z_NS_{1N} \\ Z_1S_{21} & Z_2S_{22}+Z_2^* & \cdots & Z_NS_{2N} \\ \vdots & \vdots & \ddots & \vdots \\ Z_1S_{N1} & Z_2S_{N2} & \cdots & Z_NS_{NN}+Z_N^* \end{vmatrix} \tag{2-164}$$

由于网络端口数为 N，全集和其子集如式（2-143）和式（2-144）所示，根据式（2-164）可以求得：

$$\begin{aligned}\mathrm{DY}&=\begin{vmatrix} Z_1S_{11}+Z_1^* & Z_2S_{12} & \cdots & Z_NS_{1N} \\ Z_1S_{21} & Z_2S_{22}+Z_2^* & \cdots & Z_NS_{2N} \\ \vdots & \vdots & \ddots & \vdots \\ Z_1S_{N1} & Z_2S_{N2} & \cdots & Z_NS_{NN}+Z_N^* \end{vmatrix} \\ &=\sum_{m\in\mathrm{sub}}|\mathbf{MS}_{m,m}||(\boldsymbol{Z}_0)_{m,m}||(\boldsymbol{Z}_0^*)_{\complement_u m,\complement_u m}|\end{aligned} \tag{2-165}$$

矩阵 $\boldsymbol{Y}$ 表示为

$$
\boldsymbol{Y}=\frac{\mathbf{NY}}{\mathrm{DY}}=\frac{1}{\mathrm{DY}}\begin{pmatrix} \mathrm{NY}_{11} & \mathrm{NY}_{12} & \cdots & \mathrm{NY}_{1N} \\ \mathrm{NY}_{21} & \mathrm{NY}_{22} & \cdots & \mathrm{NY}_{2N} \\ \vdots & \vdots & \ddots & \vdots \\ \mathrm{NY}_{N1} & \mathrm{NY}_{N2} & \cdots & \mathrm{NY}_{NN} \end{pmatrix} \tag{2-166}
$$

式（2-163）中矩阵 $\boldsymbol{Y}$ 对角线元素为同一形式，可用一个通项公式表达，记为 NY_{ii}，即

$$
\begin{aligned}
\mathrm{NY}_{ii} &= A_{ii} - \sum_{n=1}^{N} S_{ni} A_{ni} \\
&= \sum_{m \in h_i} \left| (\boldsymbol{Z}_0)_{m,m} \right| \left| (\boldsymbol{Z}_0^*)_{\complement_{u_i} m, \complement_{u_i} m} \right| \left(\left| \mathbf{MS}_{m,m} \right| - \left| \mathbf{MS}_{\{i\} \cup m, \{i\} \cup m} \right| \right)
\end{aligned} \tag{2-167}
$$

式中：$i=1, 2, \cdots, N$；集合 h_i 和 g_i 的定义如式（2-147）所示。矩阵 $\boldsymbol{Y}$ 中除对角线外的其他元素可用一个通项公式表达，记为 NY_{ij}，其中 $i, j=1, 2, \cdots, N$，但 $i \neq j$。根据式（2-163）可得：

$$
\begin{aligned}
\mathrm{NY}_{ij} &= \sqrt{\left| \frac{R_i}{R_j} \right|} A_{ji} - \sum_{n=1}^{N} \sqrt{\left| \frac{R_i}{R_j} \right|} A_{ni} S_{nj} \\
&= -2R_j \sqrt{\left| \frac{R_i}{R_j} \right|} \sum_{m \in p_{ij}} \left| \mathbf{MS}_{\{i\} \cup m, \{j\} \cup m} \right| \left| (\boldsymbol{Z}_0)_{m,m} \right| \left| (\boldsymbol{Z}_0^*)_{\complement_{u_{ij}} m, \complement_{u_{ij}} m} \right|
\end{aligned} \tag{2-168}
$$

其中集合 p_{ij} 的定义如式（2-149）所示。联立式（2-165）至式（2-168），可由通项公式得到矩阵 $\boldsymbol{Y}$ 中所有元素的表达式。

参考文献

[1] Ma M, You F, Wei M, et al. A generalized multiport conversion between S parameter and ABCD parameter [C]. 2022 International Conference on Microwave and Millimeter Wave Technology (ICMMT), 2022: 1-3.

[2] Reverrand T. Multiport conversions between S, Z, Y, H, ABCD, and T parameters [C]. 2018 International Workshop on Integrated Nonlinear Microwave and Millimetre-wave Circuits (INMMIC), 2018: 1-3.

[3] Zhu L, Sun S, Li R. Microwave Bandpass Filters for Wideband Communication [M]. Hoboken, NJ, USA: John Wiley & Sons, 2012.

[4] Frickey D A. Conversions between S, Z, Y, H, ABCD, and T parameters which are valid for complex source and load impedances [J]. IEEE Transactions on Microwave Theory and Tech-

niques, 1994, 42 (2): 205-211.

[5] 徐锐敏，等. 微波网络及其应用 [M]. 北京：科学出版社，2010.

[6] 清华大学《微带电路》编写组. 微带电路 [M]. 北京：清华大学出版社，2017.

[7] David M Pozar. 微波工程（第四版）[M]. 谭云华，等译. 北京：电子工业出版社，2019.

[8] Thompson R C. Principal submatrices IX: interlacing inequalities for singular values of submatrices [J]. Linear Algebra and its Applications, 1972, 5 (1), 1-12.

[9] Tsatsomeros M J. Principal pivot transforms: properties and applications [J]. Linear Algebra and its Applications, 2000, 307 (1-3), 151-165.

第 3 章

N 端口复阻抗网络参数转换公式

第 2 章中介绍了表征微波网络特性的 Z 参数、Y 参数、S 参数、ABCD 参数之间转换公式的推导过程，并在章末给出了 N 端口复阻抗网络参数转换的符号定义及通项公式。根据通项公式，本章给出二端口至六端口复阻抗网络参数间相互转换的简化公式，以便读者可以根据网络端口数选择相应的公式对微波网络进行分析。

3.1　二端口至六端口复阻抗网络 Z 参数转换为 S 参数

本节给出二端口至六端口复阻抗网络的 Z 参数转换为 S 参数的简化公式，见表 3-1 至表 3-5。

表 3-1　二端口网络 Z 参数转换成 S 参数的简化公式

NS_{ij}	1	2
1	$\lvert \mathbf{MZ}_{\{1,2\},\{1,2\}}\rvert+\lvert \mathbf{MZ}_{\{1\},\{1\}}\rvert\lvert(\mathbf{Z}_0)_{\{2\},\{2\}}\rvert-(\lvert \mathbf{MZ}_{\{2\},\{2\}}\rvert+\lvert(\mathbf{Z}_0)_{\{2\},\{2\}}\rvert)Z_1^*$	$2R_1\sqrt{\left\lvert\frac{R_2}{R_1}\right\rvert}\lvert \mathbf{MZ}_{\{1\},\{2\}}\rvert$
2	$2R_2\sqrt{\left\lvert\frac{R_1}{R_2}\right\rvert}\lvert \mathbf{MZ}_{\{2\},\{1\}}\rvert$	$\lvert \mathbf{MZ}_{\{2,1\},\{2,1\}}\rvert+\lvert \mathbf{MZ}_{\{2\},\{2\}}\rvert\lvert(\mathbf{Z}_0)_{\{1\},\{1\}}\rvert-(\lvert \mathbf{MZ}_{\{1\},\{1\}}\rvert+\lvert(\mathbf{Z}_0)_{\{1\},\{1\}}\rvert)Z_2^*$
$DS=\lvert \mathbf{MZ}_{\{1,2\},\{1,2\}}\rvert+\lvert \mathbf{MZ}_{\{1\},\{1\}}\rvert\lvert(\mathbf{Z}_0)_{\{2\},\{2\}}\rvert+\lvert \mathbf{MZ}_{\{2\},\{2\}}\rvert\lvert(\mathbf{Z}_0)_{\{1\},\{1\}}\rvert+\lvert(\mathbf{Z}_0)_{\{1,2\},\{1,2\}}\rvert$		

表 3-2　三端口网络 Z 参数转换成 S 参数的简化公式

NS_{ij}	1	2	3
1	—	$2R_1\sqrt{\left\lvert\frac{R_2}{R_1}\right\rvert}(\lvert\mathbf{MZ}_{\{3,1\},\{3,2\}}\rvert+\lvert\mathbf{MZ}_{\{1\},\{2\}}\rvert\lvert(\mathbf{Z}_0)_{\{3\},\{3\}}\rvert)$	$2R_1\sqrt{\left\lvert\frac{R_3}{R_1}\right\rvert}(\lvert\mathbf{MZ}_{\{2,1\},\{2,3\}}\rvert+\lvert\mathbf{MZ}_{\{1\},\{3\}}\rvert\lvert(\mathbf{Z}_0)_{\{2\},\{2\}}\rvert)$
2	$2R_2\sqrt{\left\lvert\frac{R_1}{R_2}\right\rvert}(\lvert\mathbf{MZ}_{\{3,2\},\{3,1\}}\rvert+\lvert\mathbf{MZ}_{\{2\},\{1\}}\rvert\lvert(\mathbf{Z}_0)_{\{3\},\{3\}}\rvert)$	—	$2R_2\sqrt{\left\lvert\frac{R_3}{R_2}\right\rvert}(\lvert\mathbf{MZ}_{\{1,2\},\{1,3\}}\rvert+\lvert\mathbf{MZ}_{\{2\},\{3\}}\rvert\lvert(\mathbf{Z}_0)_{\{1\},\{1\}}\rvert)$
3	$2R_3\sqrt{\left\lvert\frac{R_1}{R_3}\right\rvert}(\lvert\mathbf{MZ}_{\{2,3\},\{2,1\}}\rvert+\lvert\mathbf{MZ}_{\{3\},\{1\}}\rvert\lvert(\mathbf{Z}_0)_{\{2\},\{2\}}\rvert)$	$2R_3\sqrt{\left\lvert\frac{R_2}{R_3}\right\rvert}(\lvert\mathbf{MZ}_{\{1,3\},\{1,2\}}\rvert+\lvert\mathbf{MZ}_{\{3\},\{2\}}\rvert\lvert(\mathbf{Z}_0)_{\{1\},\{1\}}\rvert)$	—

$$
\begin{aligned}
\mathrm{DS}=\ &|\mathbf{MZ}_{\{1,2,3\},\{1,2,3\}}|+|\mathbf{MZ}_{\{1,2\},\{1,2\}}||(\mathbf{Z}_0)_{\{3\},\{3\}}|+|\mathbf{MZ}_{\{1,3\},\{1,3\}}||(\mathbf{Z}_0)_{\{2\},\{2\}}|+\\
&|\mathbf{MZ}_{\{2,3\},\{2,3\}}||(\mathbf{Z}_0)_{\{1\},\{1\}}|+|\mathbf{MZ}_{\{1\},\{1\}}||(\mathbf{Z}_0)_{\{2,3\},\{2,3\}}|+|\mathbf{MZ}_{\{2\},\{2\}}||(\mathbf{Z}_0)_{\{1,3\},\{1,3\}}|+\\
&|\mathbf{MZ}_{\{3\},\{3\}}||(\mathbf{Z}_0)_{\{1,2\},\{1,2\}}|+|(\mathbf{Z}_0)_{\{1,2,3\},\{1,2,3\}}|
\end{aligned}
$$

$$
\begin{aligned}
\mathrm{NS}_{11}=\ &|\mathbf{MZ}_{\{1,2,3\},\{1,2,3\}}|+|\mathbf{MZ}_{\{1,2\},\{1,2\}}||(\mathbf{Z}_0)_{\{3\},\{3\}}|+|\mathbf{MZ}_{\{1,3\},\{1,3\}}||(\mathbf{Z}_0)_{\{2\},\{2\}}|+\\
&|\mathbf{MZ}_{\{1\},\{1\}}||(\mathbf{Z}_0)_{\{2,3\},\{2,3\}}|-(|\mathbf{MZ}_{\{2,3\},\{2,3\}}|+|\mathbf{MZ}_{\{2\},\{2\}}||(\mathbf{Z}_0)_{\{3\},\{3\}}|+\\
&|\mathbf{MZ}_{\{3\},\{3\}}||(\mathbf{Z}_0)_{\{2\},\{2\}}|+|(\mathbf{Z}_0)_{\{2,3\},\{2,3\}}|)Z_1^*
\end{aligned}
$$

$$
\begin{aligned}
\mathrm{NS}_{22}=\ &|\mathbf{MZ}_{\{1,2,3\},\{1,2,3\}}|+|\mathbf{MZ}_{\{1,2\},\{1,2\}}||(\mathbf{Z}_0)_{\{3\},\{3\}}|+|\mathbf{MZ}_{\{2,3\},\{2,3\}}||(\mathbf{Z}_0)_{\{1\},\{1\}}|+\\
&|\mathbf{MZ}_{\{2\},\{2\}}||(\mathbf{Z}_0)_{\{1,3\},\{1,3\}}|-(|\mathbf{MZ}_{\{1,3\},\{1,3\}}|+|\mathbf{MZ}_{\{1\},\{1\}}||(\mathbf{Z}_0)_{\{3\},\{3\}}|+\\
&|\mathbf{MZ}_{\{3\},\{3\}}||(\mathbf{Z}_0)_{\{1\},\{1\}}|+|(\mathbf{Z}_0)_{\{1,3\},\{1,3\}}|)Z_2^*
\end{aligned}
$$

$$
\begin{aligned}
\mathrm{NS}_{33}=\ &|\mathbf{MZ}_{\{1,2,3\},\{1,2,3\}}|+|\mathbf{MZ}_{\{1,3\},\{1,3\}}||(\mathbf{Z}_0)_{\{2\},\{2\}}|+|\mathbf{MZ}_{\{2,3\},\{2,3\}}||(\mathbf{Z}_0)_{\{1\},\{1\}}|+\\
&|\mathbf{MZ}_{\{3\},\{3\}}||(\mathbf{Z}_0)_{\{1,2\},\{1,2\}}|-(|\mathbf{MZ}_{\{1,2\},\{1,2\}}|+|\mathbf{MZ}_{\{1\},\{1\}}||(\mathbf{Z}_0)_{\{2\},\{2\}}|+\\
&|\mathbf{MZ}_{\{2\},\{2\}}||(\mathbf{Z}_0)_{\{1\},\{1\}}|+|(\mathbf{Z}_0)_{\{1,2\},\{1,2\}}|)Z_3^*
\end{aligned}
$$

表 3-3　四端口网络 Z 参数转换成 S 参数的简化公式

NS_{ij}	1	2	3	4
1	—	$2R_1\sqrt{\left\lvert\frac{R_2}{R_1}\right\rvert}\times(\lvert\mathbf{MZ}_{\{3,4,1\},\{3,4,2\}}\rvert+\lvert\mathbf{MZ}_{\{3,1\},\{3,2\}}\rvert\lvert(\mathbf{Z}_0)_{\{4\},\{4\}}\rvert+\lvert\mathbf{MZ}_{\{4,1\},\{4,2\}}\rvert\lvert(\mathbf{Z}_0)_{\{3\},\{3\}}\rvert+\lvert\mathbf{MZ}_{\{1\},\{2\}}\rvert\lvert(\mathbf{Z}_0)_{\{3,4\},\{3,4\}}\rvert)$	$2R_1\sqrt{\left\lvert\frac{R_3}{R_1}\right\rvert}\times(\lvert\mathbf{MZ}_{\{2,4,1\},\{2,4,3\}}\rvert+\lvert\mathbf{MZ}_{\{2,1\},\{2,3\}}\rvert\lvert(\mathbf{Z}_0)_{\{4\},\{4\}}\rvert+\lvert\mathbf{MZ}_{\{4,1\},\{4,3\}}\rvert\lvert(\mathbf{Z}_0)_{\{2\},\{2\}}\rvert+\lvert\mathbf{MZ}_{\{1\},\{3\}}\rvert\lvert(\mathbf{Z}_0)_{\{2,4\},\{2,4\}}\rvert)$	$2R_1\sqrt{\left\lvert\frac{R_4}{R_1}\right\rvert}\times(\lvert\mathbf{MZ}_{\{2,3,1\},\{2,3,4\}}\rvert+\lvert\mathbf{MZ}_{\{2,1\},\{2,4\}}\rvert\lvert(\mathbf{Z}_0)_{\{3\},\{3\}}\rvert+\lvert\mathbf{MZ}_{\{3,1\},\{3,4\}}\rvert\lvert(\mathbf{Z}_0)_{\{2\},\{2\}}\rvert+\lvert\mathbf{MZ}_{\{1\},\{4\}}\rvert\lvert(\mathbf{Z}_0)_{\{2,3\},\{2,3\}}\rvert)$

续表

NS_{ij}	1	2	3	4
2	$2R_2\sqrt{\left\|\frac{R_1}{R_2}\right\|}\times(\|\mathbf{MZ}_{\{3,4,2\},\{3,4,1\}}\|+\|\mathbf{MZ}_{\{3,2\},\{3,1\}}\|\|(\mathbf{Z}_0)_{\{4\},\{4\}}\|+\|\mathbf{MZ}_{\{4,2\},\{4,1\}}\|\|(\mathbf{Z}_0)_{\{3\},\{3\}}\|+\|\mathbf{MZ}_{\{2\},\{1\}}\|\|(\mathbf{Z}_0)_{\{3,4\},\{3,4\}}\|)$	—	$2R_2\sqrt{\left\|\frac{R_3}{R_2}\right\|}\times(\|\mathbf{MZ}_{\{1,4,2\},\{1,4,3\}}\|+\|\mathbf{MZ}_{\{1,2\},\{1,3\}}\|\|(\mathbf{Z}_0)_{\{4\},\{4\}}\|+\|\mathbf{MZ}_{\{4,2\},\{4,3\}}\|\|(\mathbf{Z}_0)_{\{1\},\{1\}}\|+\|\mathbf{MZ}_{\{2\},\{3\}}\|\|(\mathbf{Z}_0)_{\{1,4\},\{1,4\}}\|)$	$2R_2\sqrt{\left\|\frac{R_4}{R_2}\right\|}\times(\|\mathbf{MZ}_{\{1,3,2\},\{1,3,4\}}\|+\|\mathbf{MZ}_{\{1,2\},\{1,4\}}\|\|(\mathbf{Z}_0)_{\{3\},\{3\}}\|+\|\mathbf{MZ}_{\{3,2\},\{3,4\}}\|\|(\mathbf{Z}_0)_{\{1\},\{1\}}\|+\|\mathbf{MZ}_{\{2\},\{4\}}\|\|(\mathbf{Z}_0)_{\{1,3\},\{1,3\}}\|)$
3	$2R_3\sqrt{\left\|\frac{R_1}{R_3}\right\|}\times(\|\mathbf{MZ}_{\{2,4,3\},\{2,4,1\}}\|+\|\mathbf{MZ}_{\{2,3\},\{2,1\}}\|\|(\mathbf{Z}_0)_{\{4\},\{4\}}\|+\|\mathbf{MZ}_{\{4,3\},\{4,1\}}\|\|(\mathbf{Z}_0)_{\{2\},\{2\}}\|+\|\mathbf{MZ}_{\{3\},\{1\}}\|\|(\mathbf{Z}_0)_{\{2,4\},\{2,4\}}\|)$	$2R_3\sqrt{\left\|\frac{R_2}{R_3}\right\|}\times(\|\mathbf{MZ}_{\{1,4,3\},\{1,4,2\}}\|+\|\mathbf{MZ}_{\{1,3\},\{1,2\}}\|\|(\mathbf{Z}_0)_{\{4\},\{4\}}\|+\|\mathbf{MZ}_{\{4,3\},\{4,2\}}\|\|(\mathbf{Z}_0)_{\{1\},\{1\}}\|+\|\mathbf{MZ}_{\{3\},\{2\}}\|\|(\mathbf{Z}_0)_{\{1,4\},\{1,4\}}\|)$	—	$2R_3\sqrt{\left\|\frac{R_4}{R_3}\right\|}\times(\|\mathbf{MZ}_{\{1,2,3\},\{1,2,4\}}\|+\|\mathbf{MZ}_{\{1,3\},\{1,4\}}\|\|(\mathbf{Z}_0)_{\{2\},\{2\}}\|+\|\mathbf{MZ}_{\{2,3\},\{2,4\}}\|\|(\mathbf{Z}_0)_{\{1\},\{1\}}\|+\|\mathbf{MZ}_{\{3\},\{4\}}\|\|(\mathbf{Z}_0)_{\{1,2\},\{1,2\}}\|)$
4	$2R_4\sqrt{\left\|\frac{R_1}{R_4}\right\|}\times(\|\mathbf{MZ}_{\{2,3,4\},\{2,3,1\}}\|+\|\mathbf{MZ}_{\{2,4\},\{2,1\}}\|\|(\mathbf{Z}_0)_{\{3\},\{3\}}\|+\|\mathbf{MZ}_{\{3,4\},\{3,1\}}\|\|(\mathbf{Z}_0)_{\{2\},\{2\}}\|+\|\mathbf{MZ}_{\{4\},\{1\}}\|\|(\mathbf{Z}_0)_{\{2,3\},\{2,3\}}\|)$	$2R_4\sqrt{\left\|\frac{R_2}{R_4}\right\|}\times(\|\mathbf{MZ}_{\{1,3,4\},\{1,3,2\}}\|+\|\mathbf{MZ}_{\{1,4\},\{1,2\}}\|\|(\mathbf{Z}_0)_{\{3\},\{3\}}\|+\|\mathbf{MZ}_{\{3,4\},\{3,2\}}\|\|(\mathbf{Z}_0)_{\{1\},\{1\}}\|+\|\mathbf{MZ}_{\{4\},\{2\}}\|\|(\mathbf{Z}_0)_{\{1,3\},\{1,3\}}\|)$	$2R_4\sqrt{\left\|\frac{R_3}{R_4}\right\|}\times(\|\mathbf{MZ}_{\{1,2,4\},\{1,2,3\}}\|+\|\mathbf{MZ}_{\{1,4\},\{1,3\}}\|\|(\mathbf{Z}_0)_{\{2\},\{2\}}\|+\|\mathbf{MZ}_{\{2,4\},\{2,3\}}\|\|(\mathbf{Z}_0)_{\{1\},\{1\}}\|+\|\mathbf{MZ}_{\{4\},\{3\}}\|\|(\mathbf{Z}_0)_{\{1,2\},\{1,2\}}\|)$	—

$$DS=|\mathbf{MZ}_{\{1,2,3,4\},\{1,2,3,4\}}|+|\mathbf{MZ}_{\{1,2,3\},\{1,2,3\}}||(\mathbf{Z}_0)_{\{4\},\{4\}}|+|\mathbf{MZ}_{\{1,2,4\},\{1,2,4\}}||(\mathbf{Z}_0)_{\{3\},\{3\}}|+|\mathbf{MZ}_{\{1,3,4\},\{1,3,4\}}||(\mathbf{Z}_0)_{\{2\},\{2\}}|+|\mathbf{MZ}_{\{2,3,4\},\{2,3,4\}}||(\mathbf{Z}_0)_{\{1\},\{1\}}|+|\mathbf{MZ}_{\{1,2\},\{1,2\}}||(\mathbf{Z}_0)_{\{3,4\},\{3,4\}}|+|\mathbf{MZ}_{\{1,3\},\{1,3\}}||(\mathbf{Z}_0)_{\{2,4\},\{2,4\}}|+|\mathbf{MZ}_{\{1,4\},\{1,4\}}||(\mathbf{Z}_0)_{\{2,3\},\{2,3\}}|+|\mathbf{MZ}_{\{2,3\},\{2,3\}}||(\mathbf{Z}_0)_{\{1,4\},\{1,4\}}|+|\mathbf{MZ}_{\{2,4\},\{2,4\}}||(\mathbf{Z}_0)_{\{1,3\},\{1,3\}}|+|\mathbf{MZ}_{\{3,4\},\{3,4\}}||(\mathbf{Z}_0)_{\{1,2\},\{1,2\}}|+|\mathbf{MZ}_{\{1\},\{1\}}||(\mathbf{Z}_0)_{\{2,3,4\},\{2,3,4\}}|+|\mathbf{MZ}_{\{2\},\{2\}}||(\mathbf{Z}_0)_{\{1,3,4\},\{1,3,4\}}|+|\mathbf{MZ}_{\{3\},\{3\}}||(\mathbf{Z}_0)_{\{1,2,4\},\{1,2,4\}}|+|\mathbf{MZ}_{\{4\},\{4\}}||(\mathbf{Z}_0)_{\{1,2,3\},\{1,2,3\}}|+|(\mathbf{Z}_0)_{\{1,2,3,4\},\{1,2,3,4\}}|$$

$$NS_{11}=|\mathbf{MZ}_{\{1,2,3,4\},\{1,2,3,4\}}|+|\mathbf{MZ}_{\{1,2,3\},\{1,2,3\}}||(\mathbf{Z}_0)_{\{4\},\{4\}}|+|\mathbf{MZ}_{\{1,2,4\},\{1,2,4\}}||(\mathbf{Z}_0)_{\{3\},\{3\}}|+|\mathbf{MZ}_{\{1,3,4\},\{1,3,4\}}||(\mathbf{Z}_0)_{\{2\},\{2\}}|+|\mathbf{MZ}_{\{1,2\},\{1,2\}}||(\mathbf{Z}_0)_{\{3,4\},\{3,4\}}|+|\mathbf{MZ}_{\{1,3\},\{1,3\}}||(\mathbf{Z}_0)_{\{2,4\},\{2,4\}}|+|\mathbf{MZ}_{\{1,4\},\{1,4\}}||(\mathbf{Z}_0)_{\{2,3\},\{2,3\}}|+|\mathbf{MZ}_{\{1\},\{1\}}||(\mathbf{Z}_0)_{\{2,3,4\},\{2,3,4\}}|-(|\mathbf{MZ}_{\{2,3,4\},\{2,3,4\}}|+|\mathbf{MZ}_{\{2,3\},\{2,3\}}|\times|(\mathbf{Z}_0)_{\{4\},\{4\}}|+|\mathbf{MZ}_{\{2,4\},\{2,4\}}||(\mathbf{Z}_0)_{\{3\},\{3\}}|+|\mathbf{MZ}_{\{3,4\},\{3,4\}}||(\mathbf{Z}_0)_{\{2\},\{2\}}|+|\mathbf{MZ}_{\{2\},\{2\}}||(\mathbf{Z}_0)_{\{3,4\},\{3,4\}}|+|\mathbf{MZ}_{\{3\},\{3\}}||(\mathbf{Z}_0)_{\{2,4\},\{2,4\}}|+|\mathbf{MZ}_{\{4\},\{4\}}||(\mathbf{Z}_0)_{\{2,3\},\{2,3\}}|+|(\mathbf{Z}_0)_{\{2,3,4\},\{2,3,4\}}|)Z_1^*$$

续表

$$
\begin{aligned}
\mathrm{NS}_{22}= & |\mathbf{MZ}_{\{1,2,3,4\},\{1,2,3,4\}}|+|\mathbf{MZ}_{\{1,2,3\},\{1,2,3\}}||(\mathbf{Z}_0)_{\{4\},\{4\}}|+|\mathbf{MZ}_{\{1,2,4\},\{1,2,4\}}||(\mathbf{Z}_0)_{\{3\},\{3\}}|+\\
& |\mathbf{MZ}_{\{2,3,4\},\{2,3,4\}}||(\mathbf{Z}_0)_{\{1\},\{1\}}|+|\mathbf{MZ}_{\{1,2\},\{1,2\}}||(\mathbf{Z}_0)_{\{3,4\},\{3,4\}}|+|\mathbf{MZ}_{\{2,3\},\{2,3\}}||(\mathbf{Z}_0)_{\{1,4\},\{1,4\}}|+\\
& |\mathbf{MZ}_{\{2,4\},\{2,4\}}||(\mathbf{Z}_0)_{\{1,3\},\{1,3\}}|+|\mathbf{MZ}_{\{2\},\{2\}}||(\mathbf{Z}_0)_{\{1,3,4\},\{1,3,4\}}|-(|\mathbf{MZ}_{\{1,3,4\},\{1,3,4\}}|+|\mathbf{MZ}_{\{1,3\},\{1,3\}}|\times\\
& |(\mathbf{Z}_0)_{\{4\},\{4\}}|+|\mathbf{MZ}_{\{1,4\},\{1,4\}}||(\mathbf{Z}_0)_{\{3\},\{3\}}|+|\mathbf{MZ}_{\{3,4\},\{3,4\}}||(\mathbf{Z}_0)_{\{1\},\{1\}}|+|\mathbf{MZ}_{\{1\},\{1\}}||(\mathbf{Z}_0)_{\{3,4\},\{3,4\}}|+\\
& |\mathbf{MZ}_{\{3\},\{3\}}||(\mathbf{Z}_0)_{\{1,4\},\{1,4\}}|+|\mathbf{MZ}_{\{4\},\{4\}}||(\mathbf{Z}_0)_{\{1,3\},\{1,3\}}|+|(\mathbf{Z}_0)_{\{1,3,4\},\{1,3,4\}}|)Z_2^*
\end{aligned}
$$

$$
\begin{aligned}
\mathrm{NS}_{33}= & |\mathbf{MZ}_{\{1,2,3,4\},\{1,2,3,4\}}|+|\mathbf{MZ}_{\{1,2,3\},\{1,2,3\}}||(\mathbf{Z}_0)_{\{4\},\{4\}}|+|\mathbf{MZ}_{\{1,3,4\},\{1,3,4\}}||(\mathbf{Z}_0)_{\{2\},\{2\}}|+\\
& |\mathbf{MZ}_{\{2,3,4\},\{2,3,4\}}||(\mathbf{Z}_0)_{\{1\},\{1\}}|+|\mathbf{MZ}_{\{1,3\},\{1,3\}}||(\mathbf{Z}_0)_{\{2,4\},\{2,4\}}|+|\mathbf{MZ}_{\{2,3\},\{2,3\}}||(\mathbf{Z}_0)_{\{1,4\},\{1,4\}}|+\\
& |\mathbf{MZ}_{\{3,4\},\{3,4\}}||(\mathbf{Z}_0)_{\{1,2\},\{1,2\}}|+|\mathbf{MZ}_{\{3\},\{3\}}||(\mathbf{Z}_0)_{\{1,2,4\},\{1,2,4\}}|-(|\mathbf{MZ}_{\{1,2,4\},\{1,2,4\}}|+|\mathbf{MZ}_{\{1,2\},\{1,2\}}|\times\\
& |(\mathbf{Z}_0)_{\{4\},\{4\}}|+|\mathbf{MZ}_{\{1,4\},\{1,4\}}||(\mathbf{Z}_0)_{\{2\},\{2\}}|+|\mathbf{MZ}_{\{2,4\},\{2,4\}}||(\mathbf{Z}_0)_{\{1\},\{1\}}|+|\mathbf{MZ}_{\{1\},\{1\}}||(\mathbf{Z}_0)_{\{2,4\},\{2,4\}}|+\\
& |\mathbf{MZ}_{\{2\},\{2\}}||(\mathbf{Z}_0)_{\{1,4\},\{1,4\}}|+|\mathbf{MZ}_{\{4\},\{4\}}||(\mathbf{Z}_0)_{\{1,2\},\{1,2\}}|+|(\mathbf{Z}_0)_{\{1,2,4\},\{1,2,4\}}|)Z_3^*
\end{aligned}
$$

$$
\begin{aligned}
\mathrm{NS}_{44}= & |\mathbf{MZ}_{\{1,2,3,4\},\{1,2,3,4\}}|+|\mathbf{MZ}_{\{1,2,4\},\{1,2,4\}}||(\mathbf{Z}_0)_{\{3\},\{3\}}|+|\mathbf{MZ}_{\{1,3,4\},\{1,3,4\}}||(\mathbf{Z}_0)_{\{2\},\{2\}}|+\\
& |\mathbf{MZ}_{\{2,3,4\},\{2,3,4\}}||(\mathbf{Z}_0)_{\{1\},\{1\}}|+|\mathbf{MZ}_{\{1,4\},\{1,4\}}||(\mathbf{Z}_0)_{\{2,3\},\{2,3\}}|+|\mathbf{MZ}_{\{2,4\},\{2,4\}}||(\mathbf{Z}_0)_{\{1,3\},\{1,3\}}|+\\
& |\mathbf{MZ}_{\{3,4\},\{3,4\}}||(\mathbf{Z}_0)_{\{1,2\},\{1,2\}}|+|\mathbf{MZ}_{\{4\},\{4\}}||(\mathbf{Z}_0)_{\{1,2,3\},\{1,2,3\}}|-(|\mathbf{MZ}_{\{1,2,3\},\{1,2,3\}}|+|\mathbf{MZ}_{\{1,2\},\{1,2\}}|\times\\
& |(\mathbf{Z}_0)_{\{3\},\{3\}}|+|\mathbf{MZ}_{\{1,3\},\{1,3\}}||(\mathbf{Z}_0)_{\{2\},\{2\}}|+|\mathbf{MZ}_{\{2,3\},\{2,3\}}||(\mathbf{Z}_0)_{\{1\},\{1\}}|+|\mathbf{MZ}_{\{1\},\{1\}}||(\mathbf{Z}_0)_{\{2,3\},\{2,3\}}|+\\
& |\mathbf{MZ}_{\{2\},\{2\}}||(\mathbf{Z}_0)_{\{1,3\},\{1,3\}}|+|\mathbf{MZ}_{\{3\},\{3\}}||(\mathbf{Z}_0)_{\{1,2\},\{1,2\}}|+|(\mathbf{Z}_0)_{\{1,2,3\},\{1,2,3\}}|)Z_4^*
\end{aligned}
$$

表 3-4 五端口网络 Z 参数转换成 S 参数的简化公式

NS_{ij}	1	2	3	4	5
1	—	$2R_1\sqrt{\left\|\frac{R_2}{R_1}\right\|}\times(\|\mathbf{MZ}_{\{3,4,5,1\},\{3,4,5,2\}}\|+\|\mathbf{MZ}_{\{3,4,1\},\{3,4,2\}}\|\|(\mathbf{Z}_0)_{\{5\},\{5\}}\|+\|\mathbf{MZ}_{\{3,5,1\},\{3,5,2\}}\|\|(\mathbf{Z}_0)_{\{4\},\{4\}}\|+\|\mathbf{MZ}_{\{4,5,1\},\{4,5,2\}}\|\|(\mathbf{Z}_0)_{\{3\},\{3\}}\|+\|\mathbf{MZ}_{\{3,1\},\{3,2\}}\|\|(\mathbf{Z}_0)_{\{4,5\},\{4,5\}}\|+\|\mathbf{MZ}_{\{4,1\},\{4,2\}}\|\|(\mathbf{Z}_0)_{\{3,5\},\{3,5\}}\|+\|\mathbf{MZ}_{\{5,1\},\{5,2\}}\|\|(\mathbf{Z}_0)_{\{3,4\},\{3,4\}}\|+\|\mathbf{MZ}_{\{1\},\{2\}}\|\|(\mathbf{Z}_0)_{\{3,4,5\},\{3,4,5\}}\|)$	$2R_1\sqrt{\left\|\frac{R_3}{R_1}\right\|}\times(\|\mathbf{MZ}_{\{2,4,5,1\},\{2,4,5,3\}}\|+\|\mathbf{MZ}_{\{2,4,1\},\{2,4,3\}}\|\|(\mathbf{Z}_0)_{\{5\},\{5\}}\|+\|\mathbf{MZ}_{\{2,5,1\},\{2,5,3\}}\|\|(\mathbf{Z}_0)_{\{4\},\{4\}}\|+\|\mathbf{MZ}_{\{4,5,1\},\{4,5,3\}}\|\|(\mathbf{Z}_0)_{\{2\},\{2\}}\|+\|\mathbf{MZ}_{\{2,1\},\{2,3\}}\|\|(\mathbf{Z}_0)_{\{4,5\},\{4,5\}}\|+\|\mathbf{MZ}_{\{4,1\},\{4,3\}}\|\|(\mathbf{Z}_0)_{\{2,5\},\{2,5\}}\|+\|\mathbf{MZ}_{\{5,1\},\{5,3\}}\|\|(\mathbf{Z}_0)_{\{2,4\},\{2,4\}}\|+\|\mathbf{MZ}_{\{1\},\{3\}}\|\|(\mathbf{Z}_0)_{\{2,4,5\},\{2,4,5\}}\|)$	$2R_1\sqrt{\left\|\frac{R_4}{R_1}\right\|}\times(\|\mathbf{MZ}_{\{2,3,5,1\},\{2,3,5,4\}}\|+\|\mathbf{MZ}_{\{2,3,1\},\{2,3,4\}}\|\|(\mathbf{Z}_0)_{\{5\},\{5\}}\|+\|\mathbf{MZ}_{\{2,5,1\},\{2,5,4\}}\|\|(\mathbf{Z}_0)_{\{3\},\{3\}}\|+\|\mathbf{MZ}_{\{3,5,1\},\{3,5,4\}}\|\|(\mathbf{Z}_0)_{\{2\},\{2\}}\|+\|\mathbf{MZ}_{\{2,1\},\{2,4\}}\|\|(\mathbf{Z}_0)_{\{3,5\},\{3,5\}}\|+\|\mathbf{MZ}_{\{3,1\},\{3,4\}}\|\|(\mathbf{Z}_0)_{\{2,5\},\{2,5\}}\|+\|\mathbf{MZ}_{\{5,1\},\{5,4\}}\|\|(\mathbf{Z}_0)_{\{2,3\},\{2,3\}}\|+\|\mathbf{MZ}_{\{1\},\{4\}}\|\|(\mathbf{Z}_0)_{\{2,3,5\},\{2,3,5\}}\|)$	$2R_1\sqrt{\left\|\frac{R_5}{R_1}\right\|}\times(\|\mathbf{MZ}_{\{2,3,4,1\},\{2,3,4,5\}}\|+\|\mathbf{MZ}_{\{2,3,1\},\{2,3,5\}}\|\|(\mathbf{Z}_0)_{\{4\},\{4\}}\|+\|\mathbf{MZ}_{\{2,4,1\},\{2,4,5\}}\|\|(\mathbf{Z}_0)_{\{3\},\{3\}}\|+\|\mathbf{MZ}_{\{3,4,1\},\{3,4,5\}}\|\|(\mathbf{Z}_0)_{\{2\},\{2\}}\|+\|\mathbf{MZ}_{\{2,1\},\{2,5\}}\|\|(\mathbf{Z}_0)_{\{3,4\},\{3,4\}}\|+\|\mathbf{MZ}_{\{3,1\},\{3,5\}}\|\|(\mathbf{Z}_0)_{\{2,4\},\{2,4\}}\|+\|\mathbf{MZ}_{\{4,1\},\{4,5\}}\|\|(\mathbf{Z}_0)_{\{2,3\},\{2,3\}}\|+\|\mathbf{MZ}_{\{1\},\{5\}}\|\|(\mathbf{Z}_0)_{\{2,3,4\},\{2,3,4\}}\|)$

续表

NS_{ij}	1	2	3	4	5
2	$2R_2\sqrt{\left\lvert\frac{R_1}{R_2}\right\rvert}\times(\lvert\mathbf{MZ}_{\{3,4,5,2\},\{3,4,5,1\}}\rvert+\lvert\mathbf{MZ}_{\{3,4,2\},\{3,4,1\}}\rvert\lvert(\mathbf{Z}_0)_{\{5\},\{5\}}\rvert+\lvert\mathbf{MZ}_{\{3,5,2\},\{3,5,1\}}\rvert\lvert(\mathbf{Z}_0)_{\{4\},\{4\}}\rvert+\lvert\mathbf{MZ}_{\{4,5,2\},\{4,5,1\}}\rvert\lvert(\mathbf{Z}_0)_{\{3\},\{3\}}\rvert+\lvert\mathbf{MZ}_{\{3,2\},\{3,1\}}\rvert\lvert(\mathbf{Z}_0)_{\{4,5\},\{4,5\}}\rvert+\lvert\mathbf{MZ}_{\{4,2\},\{4,1\}}\rvert\lvert(\mathbf{Z}_0)_{\{3,5\},\{3,5\}}\rvert+\lvert\mathbf{MZ}_{\{5,2\},\{5,1\}}\rvert\lvert(\mathbf{Z}_0)_{\{3,4\},\{3,4\}}\rvert+\lvert\mathbf{MZ}_{\{2\},\{1\}}\rvert\lvert(\mathbf{Z}_0)_{\{3,4,5\},\{3,4,5\}}\rvert)$	—	$2R_2\sqrt{\left\lvert\frac{R_3}{R_2}\right\rvert}\times(\lvert\mathbf{MZ}_{\{1,4,5,2\},\{1,4,5,3\}}\rvert+\lvert\mathbf{MZ}_{\{1,4,2\},\{1,4,3\}}\rvert\lvert(\mathbf{Z}_0)_{\{5\},\{5\}}\rvert+\lvert\mathbf{MZ}_{\{1,5,2\},\{1,5,3\}}\rvert\lvert(\mathbf{Z}_0)_{\{4\},\{4\}}\rvert+\lvert\mathbf{MZ}_{\{4,5,2\},\{4,5,3\}}\rvert\lvert(\mathbf{Z}_0)_{\{1\},\{1\}}\rvert+\lvert\mathbf{MZ}_{\{1,2\},\{1,3\}}\rvert\lvert(\mathbf{Z}_0)_{\{4,5\},\{4,5\}}\rvert+\lvert\mathbf{MZ}_{\{4,2\},\{4,3\}}\rvert\lvert(\mathbf{Z}_0)_{\{1,5\},\{1,5\}}\rvert+\lvert\mathbf{MZ}_{\{5,2\},\{5,3\}}\rvert\lvert(\mathbf{Z}_0)_{\{1,4\},\{1,4\}}\rvert+\lvert\mathbf{MZ}_{\{2\},\{3\}}\rvert\lvert(\mathbf{Z}_0)_{\{1,4,5\},\{1,4,5\}}\rvert)$	$2R_2\sqrt{\left\lvert\frac{R_4}{R_2}\right\rvert}\times(\lvert\mathbf{MZ}_{\{1,3,5,2\},\{1,3,5,4\}}\rvert+\lvert\mathbf{MZ}_{\{1,3,2\},\{1,3,4\}}\rvert\lvert(\mathbf{Z}_0)_{\{5\},\{5\}}\rvert+\lvert\mathbf{MZ}_{\{1,5,2\},\{1,5,4\}}\rvert\lvert(\mathbf{Z}_0)_{\{3\},\{3\}}\rvert+\lvert\mathbf{MZ}_{\{3,5,2\},\{3,5,4\}}\rvert\lvert(\mathbf{Z}_0)_{\{1\},\{1\}}\rvert+\lvert\mathbf{MZ}_{\{1,2\},\{1,4\}}\rvert\lvert(\mathbf{Z}_0)_{\{3,5\},\{3,5\}}\rvert+\lvert\mathbf{MZ}_{\{3,2\},\{3,4\}}\rvert\lvert(\mathbf{Z}_0)_{\{1,5\},\{1,5\}}\rvert+\lvert\mathbf{MZ}_{\{5,2\},\{5,4\}}\rvert\lvert(\mathbf{Z}_0)_{\{1,3\},\{1,3\}}\rvert+\lvert\mathbf{MZ}_{\{2\},\{4\}}\rvert\lvert(\mathbf{Z}_0)_{\{1,3,5\},\{1,3,5\}}\rvert)$	$2R_2\sqrt{\left\lvert\frac{R_5}{R_2}\right\rvert}\times(\lvert\mathbf{MZ}_{\{1,3,4,2\},\{1,3,4,5\}}\rvert+\lvert\mathbf{MZ}_{\{1,3,2\},\{1,3,5\}}\rvert\lvert(\mathbf{Z}_0)_{\{4\},\{4\}}\rvert+\lvert\mathbf{MZ}_{\{1,4,2\},\{1,4,5\}}\rvert\lvert(\mathbf{Z}_0)_{\{3\},\{3\}}\rvert+\lvert\mathbf{MZ}_{\{3,4,2\},\{3,4,5\}}\rvert\lvert(\mathbf{Z}_0)_{\{1\},\{1\}}\rvert+\lvert\mathbf{MZ}_{\{1,2\},\{1,5\}}\rvert\lvert(\mathbf{Z}_0)_{\{3,4\},\{3,4\}}\rvert+\lvert\mathbf{MZ}_{\{3,2\},\{3,5\}}\rvert\lvert(\mathbf{Z}_0)_{\{1,4\},\{1,4\}}\rvert+\lvert\mathbf{MZ}_{\{4,2\},\{4,5\}}\rvert\lvert(\mathbf{Z}_0)_{\{1,3\},\{1,3\}}\rvert+\lvert\mathbf{MZ}_{\{2\},\{5\}}\rvert\lvert(\mathbf{Z}_0)_{\{1,3,4\},\{1,3,4\}}\rvert)$
3	$2R_3\sqrt{\left\lvert\frac{R_1}{R_3}\right\rvert}\times(\lvert\mathbf{MZ}_{\{2,4,5,3\},\{2,4,5,1\}}\rvert+\lvert\mathbf{MZ}_{\{2,4,3\},\{2,4,1\}}\rvert\lvert(\mathbf{Z}_0)_{\{5\},\{5\}}\rvert+\lvert\mathbf{MZ}_{\{2,5,3\},\{2,5,1\}}\rvert\lvert(\mathbf{Z}_0)_{\{4\},\{4\}}\rvert+\lvert\mathbf{MZ}_{\{4,5,3\},\{4,5,1\}}\rvert\lvert(\mathbf{Z}_0)_{\{2\},\{2\}}\rvert+\lvert\mathbf{MZ}_{\{2,3\},\{2,1\}}\rvert\lvert(\mathbf{Z}_0)_{\{4,5\},\{4,5\}}\rvert+\lvert\mathbf{MZ}_{\{4,3\},\{4,1\}}\rvert\lvert(\mathbf{Z}_0)_{\{2,5\},\{2,5\}}\rvert+\lvert\mathbf{MZ}_{\{5,3\},\{5,1\}}\rvert\lvert(\mathbf{Z}_0)_{\{2,4\},\{2,4\}}\rvert+\lvert\mathbf{MZ}_{\{3\},\{1\}}\rvert\lvert(\mathbf{Z}_0)_{\{2,4,5\},\{2,4,5\}}\rvert)$	$2R_3\sqrt{\left\lvert\frac{R_2}{R_3}\right\rvert}\times(\lvert\mathbf{MZ}_{\{1,4,5,3\},\{1,4,5,2\}}\rvert+\lvert\mathbf{MZ}_{\{1,4,3\},\{1,4,2\}}\rvert\lvert(\mathbf{Z}_0)_{\{5\},\{5\}}\rvert+\lvert\mathbf{MZ}_{\{1,5,3\},\{1,5,2\}}\rvert\lvert(\mathbf{Z}_0)_{\{4\},\{4\}}\rvert+\lvert\mathbf{MZ}_{\{4,5,3\},\{4,5,2\}}\rvert\lvert(\mathbf{Z}_0)_{\{1\},\{1\}}\rvert+\lvert\mathbf{MZ}_{\{1,3\},\{1,2\}}\rvert\lvert(\mathbf{Z}_0)_{\{4,5\},\{4,5\}}\rvert+\lvert\mathbf{MZ}_{\{4,3\},\{4,2\}}\rvert\lvert(\mathbf{Z}_0)_{\{1,5\},\{1,5\}}\rvert+\lvert\mathbf{MZ}_{\{5,3\},\{5,2\}}\rvert\lvert(\mathbf{Z}_0)_{\{1,4\},\{1,4\}}\rvert+\lvert\mathbf{MZ}_{\{3\},\{2\}}\rvert\lvert(\mathbf{Z}_0)_{\{1,4,5\},\{1,4,5\}}\rvert)$	—	$2R_3\sqrt{\left\lvert\frac{R_4}{R_3}\right\rvert}\times(\lvert\mathbf{MZ}_{\{1,2,5,3\},\{1,2,5,4\}}\rvert+\lvert\mathbf{MZ}_{\{1,2,3\},\{1,2,4\}}\rvert\lvert(\mathbf{Z}_0)_{\{5\},\{5\}}\rvert+\lvert\mathbf{MZ}_{\{1,5,3\},\{1,5,4\}}\rvert\lvert(\mathbf{Z}_0)_{\{2\},\{2\}}\rvert+\lvert\mathbf{MZ}_{\{2,5,3\},\{2,5,4\}}\rvert\lvert(\mathbf{Z}_0)_{\{1\},\{1\}}\rvert+\lvert\mathbf{MZ}_{\{1,3\},\{1,4\}}\rvert\lvert(\mathbf{Z}_0)_{\{2,5\},\{2,5\}}\rvert+\lvert\mathbf{MZ}_{\{2,3\},\{2,4\}}\rvert\lvert(\mathbf{Z}_0)_{\{1,5\},\{1,5\}}\rvert+\lvert\mathbf{MZ}_{\{5,3\},\{5,4\}}\rvert\lvert(\mathbf{Z}_0)_{\{1,2\},\{1,2\}}\rvert+\lvert\mathbf{MZ}_{\{3\},\{4\}}\rvert\lvert(\mathbf{Z}_0)_{\{1,2,5\},\{1,2,5\}}\rvert)$	$2R_3\sqrt{\left\lvert\frac{R_5}{R_3}\right\rvert}\times(\lvert\mathbf{MZ}_{\{1,2,4,3\},\{1,2,4,5\}}\rvert+\lvert\mathbf{MZ}_{\{1,2,3\},\{1,2,5\}}\rvert\lvert(\mathbf{Z}_0)_{\{4\},\{4\}}\rvert+\lvert\mathbf{MZ}_{\{1,4,3\},\{1,4,5\}}\rvert\lvert(\mathbf{Z}_0)_{\{2\},\{2\}}\rvert+\lvert\mathbf{MZ}_{\{2,4,3\},\{2,4,5\}}\rvert\lvert(\mathbf{Z}_0)_{\{1\},\{1\}}\rvert+\lvert\mathbf{MZ}_{\{1,3\},\{1,5\}}\rvert\lvert(\mathbf{Z}_0)_{\{2,4\},\{2,4\}}\rvert+\lvert\mathbf{MZ}_{\{2,3\},\{2,5\}}\rvert\lvert(\mathbf{Z}_0)_{\{1,4\},\{1,4\}}\rvert+\lvert\mathbf{MZ}_{\{4,3\},\{4,5\}}\rvert\lvert(\mathbf{Z}_0)_{\{1,2\},\{1,2\}}\rvert+\lvert\mathbf{MZ}_{\{3\},\{5\}}\rvert\lvert(\mathbf{Z}_0)_{\{1,2,4\},\{1,2,4\}}\rvert)$

续表

NS_{ij}	1	2	3	4	5
4	$2R_4\sqrt{\left\|\frac{R_1}{R_4}\right\|}\times$ $(\|\mathbf{MZ}_{\{2,3,5,4\},\{2,3,5,1\}}\|+$ $\|\mathbf{MZ}_{\{2,3,4\},\{2,3,1\}}\|$ $\|(\mathbf{Z}_0)_{\{5\},\{5\}}\|+$ $\|\mathbf{MZ}_{\{2,5,4\},\{2,5,1\}}\|$ $\|(\mathbf{Z}_0)_{\{3\},\{3\}}\|+$ $\|\mathbf{MZ}_{\{3,5,4\},\{3,5,1\}}\|$ $\|(\mathbf{Z}_0)_{\{2\},\{2\}}\|+$ $\|\mathbf{MZ}_{\{2,4\},\{2,1\}}\|$ $\|(\mathbf{Z}_0)_{\{3,5\},\{3,5\}}\|+$ $\|\mathbf{MZ}_{\{3,4\},\{3,1\}}\|$ $\|(\mathbf{Z}_0)_{\{2,5\},\{2,5\}}\|+$ $\|\mathbf{MZ}_{\{5,4\},\{5,1\}}\|$ $\|(\mathbf{Z}_0)_{\{2,3\},\{2,3\}}\|+$ $\|\mathbf{MZ}_{\{4\},\{1\}}\|$ $\|(\mathbf{Z}_0)_{\{2,3,5\},\{2,3,5\}}\|)$	$2R_4\sqrt{\left\|\frac{R_2}{R_4}\right\|}\times$ $(\|\mathbf{MZ}_{\{1,3,5,4\},\{1,3,5,2\}}\|+$ $\|\mathbf{MZ}_{\{1,3,4\},\{1,3,2\}}\|$ $\|(\mathbf{Z}_0)_{\{5\},\{5\}}\|+$ $\|\mathbf{MZ}_{\{1,5,4\},\{1,5,2\}}\|$ $\|(\mathbf{Z}_0)_{\{3\},\{3\}}\|+$ $\|\mathbf{MZ}_{\{3,5,4\},\{3,5,2\}}\|$ $\|(\mathbf{Z}_0)_{\{1\},\{1\}}\|+$ $\|\mathbf{MZ}_{\{1,4\},\{1,2\}}\|$ $\|(\mathbf{Z}_0)_{\{3,5\},\{3,5\}}\|+$ $\|\mathbf{MZ}_{\{3,4\},\{3,2\}}\|$ $\|(\mathbf{Z}_0)_{\{1,5\},\{1,5\}}\|+$ $\|\mathbf{MZ}_{\{5,4\},\{5,2\}}\|$ $\|(\mathbf{Z}_0)_{\{1,3\},\{1,3\}}\|+$ $\|\mathbf{MZ}_{\{4\},\{2\}}\|$ $\|(\mathbf{Z}_0)_{\{1,3,5\},\{1,3,5\}}\|)$	$2R_4\sqrt{\left\|\frac{R_3}{R_4}\right\|}\times$ $(\|\mathbf{MZ}_{\{1,2,5,4\},\{1,2,5,3\}}\|+$ $\|\mathbf{MZ}_{\{1,2,4\},\{1,2,3\}}\|$ $\|(\mathbf{Z}_0)_{\{5\},\{5\}}\|+$ $\|\mathbf{MZ}_{\{1,5,4\},\{1,5,3\}}\|$ $\|(\mathbf{Z}_0)_{\{2\},\{2\}}\|+$ $\|\mathbf{MZ}_{\{2,5,4\},\{2,5,3\}}\|$ $\|(\mathbf{Z}_0)_{\{1\},\{1\}}\|+$ $\|\mathbf{MZ}_{\{1,4\},\{1,3\}}\|$ $\|(\mathbf{Z}_0)_{\{2,5\},\{2,5\}}\|+$ $\|\mathbf{MZ}_{\{2,4\},\{2,3\}}\|$ $\|(\mathbf{Z}_0)_{\{1,5\},\{1,5\}}\|+$ $\|\mathbf{MZ}_{\{5,4\},\{5,3\}}\|$ $\|(\mathbf{Z}_0)_{\{1,2\},\{1,2\}}\|+$ $\|\mathbf{MZ}_{\{4\},\{3\}}\|$ $\|(\mathbf{Z}_0)_{\{1,2,5\},\{1,2,5\}}\|)$	—	$2R_4\sqrt{\left\|\frac{R_5}{R_4}\right\|}\times$ $(\|\mathbf{MZ}_{\{1,2,3,4\},\{1,2,3,5\}}\|+$ $\|\mathbf{MZ}_{\{1,2,4\},\{1,2,5\}}\|$ $\|(\mathbf{Z}_0)_{\{3\},\{3\}}\|+$ $\|\mathbf{MZ}_{\{1,3,4\},\{1,3,5\}}\|$ $\|(\mathbf{Z}_0)_{\{2\},\{2\}}\|+$ $\|\mathbf{MZ}_{\{2,3,4\},\{2,3,5\}}\|$ $\|(\mathbf{Z}_0)_{\{1\},\{1\}}\|+$ $\|\mathbf{MZ}_{\{1,4\},\{1,5\}}\|$ $\|(\mathbf{Z}_0)_{\{2,3\},\{2,3\}}\|+$ $\|\mathbf{MZ}_{\{2,4\},\{2,5\}}\|$ $\|(\mathbf{Z}_0)_{\{1,3\},\{1,3\}}\|+$ $\|\mathbf{MZ}_{\{3,4\},\{3,5\}}\|$ $\|(\mathbf{Z}_0)_{\{1,2\},\{1,2\}}\|+$ $\|\mathbf{MZ}_{\{4\},\{5\}}\|$ $\|(\mathbf{Z}_0)_{\{1,2,3\},\{1,2,3\}}\|)$
5	$2R_5\sqrt{\left\|\frac{R_1}{R_5}\right\|}\times$ $(\|\mathbf{MZ}_{\{2,3,4,5\},\{2,3,4,1\}}\|+$ $\|\mathbf{MZ}_{\{2,3,5\},\{2,3,1\}}\|$ $\|(\mathbf{Z}_0)_{\{4\},\{4\}}\|+$ $\|\mathbf{MZ}_{\{2,4,5\},\{2,4,1\}}\|$ $\|(\mathbf{Z}_0)_{\{3\},\{3\}}\|+$ $\|\mathbf{MZ}_{\{3,4,5\},\{3,4,1\}}\|$ $\|(\mathbf{Z}_0)_{\{2\},\{2\}}\|+$ $\|\mathbf{MZ}_{\{2,5\},\{2,1\}}\|$ $\|(\mathbf{Z}_0)_{\{3,4\},\{3,4\}}\|+$ $\|\mathbf{MZ}_{\{3,5\},\{3,1\}}\|$ $\|(\mathbf{Z}_0)_{\{2,4\},\{2,4\}}\|+$ $\|\mathbf{MZ}_{\{4,5\},\{4,1\}}\|$ $\|(\mathbf{Z}_0)_{\{2,3\},\{2,3\}}\|+$ $\|\mathbf{MZ}_{\{5\},\{1\}}\|$ $\|(\mathbf{Z}_0)_{\{2,3,4\},\{2,3,4\}}\|)$	$2R_5\sqrt{\left\|\frac{R_2}{R_5}\right\|}\times$ $(\|\mathbf{MZ}_{\{1,3,4,5\},\{1,3,4,2\}}\|+$ $\|\mathbf{MZ}_{\{1,3,5\},\{1,3,2\}}\|$ $\|(\mathbf{Z}_0)_{\{4\},\{4\}}\|+$ $\|\mathbf{MZ}_{\{1,4,5\},\{1,4,2\}}\|$ $\|(\mathbf{Z}_0)_{\{3\},\{3\}}\|+$ $\|\mathbf{MZ}_{\{3,4,5\},\{3,4,2\}}\|$ $\|(\mathbf{Z}_0)_{\{1\},\{1\}}\|+$ $\|\mathbf{MZ}_{\{1,5\},\{1,2\}}\|$ $\|(\mathbf{Z}_0)_{\{3,4\},\{3,4\}}\|+$ $\|\mathbf{MZ}_{\{3,5\},\{3,2\}}\|$ $\|(\mathbf{Z}_0)_{\{1,4\},\{1,4\}}\|+$ $\|\mathbf{MZ}_{\{4,5\},\{4,2\}}\|$ $\|(\mathbf{Z}_0)_{\{1,3\},\{1,3\}}\|+$ $\|\mathbf{MZ}_{\{5\},\{2\}}\|$ $\|(\mathbf{Z}_0)_{\{1,3,4\},\{1,3,4\}}\|)$	$2R_5\sqrt{\left\|\frac{R_3}{R_5}\right\|}\times$ $(\|\mathbf{MZ}_{\{1,2,4,5\},\{1,2,4,3\}}\|+$ $\|\mathbf{MZ}_{\{1,2,5\},\{1,2,3\}}\|$ $\|(\mathbf{Z}_0)_{\{4\},\{4\}}\|+$ $\|\mathbf{MZ}_{\{1,4,5\},\{1,4,3\}}\|$ $\|(\mathbf{Z}_0)_{\{2\},\{2\}}\|+$ $\|\mathbf{MZ}_{\{2,4,5\},\{2,4,3\}}\|$ $\|(\mathbf{Z}_0)_{\{1\},\{1\}}\|+$ $\|\mathbf{MZ}_{\{1,5\},\{1,3\}}\|$ $\|(\mathbf{Z}_0)_{\{2,4\},\{2,4\}}\|+$ $\|\mathbf{MZ}_{\{2,5\},\{2,3\}}\|$ $\|(\mathbf{Z}_0)_{\{1,4\},\{1,4\}}\|+$ $\|\mathbf{MZ}_{\{4,5\},\{4,3\}}\|$ $\|(\mathbf{Z}_0)_{\{1,2\},\{1,2\}}\|+$ $\|\mathbf{MZ}_{\{5\},\{3\}}\|$ $\|(\mathbf{Z}_0)_{\{1,2,4\},\{1,2,4\}}\|)$	$2R_5\sqrt{\left\|\frac{R_4}{R_5}\right\|}\times$ $(\|\mathbf{MZ}_{\{1,2,3,5\},\{1,2,3,4\}}\|+$ $\|\mathbf{MZ}_{\{1,2,5\},\{1,2,4\}}\|$ $\|(\mathbf{Z}_0)_{\{3\},\{3\}}\|+$ $\|\mathbf{MZ}_{\{1,3,5\},\{1,3,4\}}\|$ $\|(\mathbf{Z}_0)_{\{2\},\{2\}}\|+$ $\|\mathbf{MZ}_{\{2,3,5\},\{2,3,4\}}\|$ $\|(\mathbf{Z}_0)_{\{1\},\{1\}}\|+$ $\|\mathbf{MZ}_{\{1,5\},\{1,4\}}\|$ $\|(\mathbf{Z}_0)_{\{2,3\},\{2,3\}}\|+$ $\|\mathbf{MZ}_{\{2,5\},\{2,4\}}\|$ $\|(\mathbf{Z}_0)_{\{1,3\},\{1,3\}}\|+$ $\|\mathbf{MZ}_{\{3,5\},\{3,4\}}\|$ $\|(\mathbf{Z}_0)_{\{1,2\},\{1,2\}}\|+$ $\|\mathbf{MZ}_{\{5\},\{4\}}\|$ $\|(\mathbf{Z}_0)_{\{1,2,3\},\{1,2,3\}}\|)$	—

续表

$$
\begin{aligned}
\mathrm{DS} = {} & |\mathbf{MZ}_{\{1,2,3,4,5\},\{1,2,3,4,5\}}| + |\mathbf{MZ}_{\{1,2,3,4\},\{1,2,3,4\}}||(\mathbf{Z}_0)_{\{5\},\{5\}}| + |\mathbf{MZ}_{\{1,2,3,5\},\{1,2,3,5\}}||(\mathbf{Z}_0)_{\{4\},\{4\}}| + \\
& |\mathbf{MZ}_{\{1,2,4,5\},\{1,2,4,5\}}||(\mathbf{Z}_0)_{\{3\},\{3\}}| + |\mathbf{MZ}_{\{1,3,4,5\},\{1,3,4,5\}}||(\mathbf{Z}_0)_{\{2\},\{2\}}| + |\mathbf{MZ}_{\{2,3,4,5\},\{2,3,4,5\}}||(\mathbf{Z}_0)_{\{1\},\{1\}}| + \\
& |\mathbf{MZ}_{\{1,2,3\},\{1,2,3\}}||(\mathbf{Z}_0)_{\{4,5\},\{4,5\}}| + |\mathbf{MZ}_{\{1,2,4\},\{1,2,4\}}||(\mathbf{Z}_0)_{\{3,5\},\{3,5\}}| + |\mathbf{MZ}_{\{1,2,5\},\{1,2,5\}}||(\mathbf{Z}_0)_{\{3,4\},\{3,4\}}| + \\
& |\mathbf{MZ}_{\{1,3,4\},\{1,3,4\}}||(\mathbf{Z}_0)_{\{2,5\},\{2,5\}}| + |\mathbf{MZ}_{\{1,3,5\},\{1,3,5\}}||(\mathbf{Z}_0)_{\{2,4\},\{2,4\}}| + |\mathbf{MZ}_{\{1,4,5\},\{1,4,5\}}||(\mathbf{Z}_0)_{\{2,3\},\{2,3\}}| + \\
& |\mathbf{MZ}_{\{2,3,4\},\{2,3,4\}}||(\mathbf{Z}_0)_{\{1,5\},\{1,5\}}| + |\mathbf{MZ}_{\{2,3,5\},\{2,3,5\}}||(\mathbf{Z}_0)_{\{1,4\},\{1,4\}}| + |\mathbf{MZ}_{\{2,4,5\},\{2,4,5\}}||(\mathbf{Z}_0)_{\{1,3\},\{1,3\}}| + \\
& |\mathbf{MZ}_{\{3,4,5\},\{3,4,5\}}||(\mathbf{Z}_0)_{\{1,2\},\{1,2\}}| + |\mathbf{MZ}_{\{1,2\},\{1,2\}}||(\mathbf{Z}_0)_{\{3,4,5\},\{3,4,5\}}| + |\mathbf{MZ}_{\{1,3\},\{1,3\}}||(\mathbf{Z}_0)_{\{2,4,5\},\{2,4,5\}}| + \\
& |\mathbf{MZ}_{\{1,4\},\{1,4\}}||(\mathbf{Z}_0)_{\{2,3,5\},\{2,3,5\}}| + |\mathbf{MZ}_{\{1,5\},\{1,5\}}||(\mathbf{Z}_0)_{\{2,3,4\},\{2,3,4\}}| + |\mathbf{MZ}_{\{2,3\},\{2,3\}}||(\mathbf{Z}_0)_{\{1,4,5\},\{1,4,5\}}| + \\
& |\mathbf{MZ}_{\{2,4\},\{2,4\}}||(\mathbf{Z}_0)_{\{1,3,5\},\{1,3,5\}}| + |\mathbf{MZ}_{\{2,5\},\{2,5\}}||(\mathbf{Z}_0)_{\{1,3,4\},\{1,3,4\}}| + |\mathbf{MZ}_{\{3,4\},\{3,4\}}||(\mathbf{Z}_0)_{\{1,2,5\},\{1,2,5\}}| + \\
& |\mathbf{MZ}_{\{3,5\},\{3,5\}}||(\mathbf{Z}_0)_{\{1,2,4\},\{1,2,4\}}| + |\mathbf{MZ}_{\{4,5\},\{4,5\}}||(\mathbf{Z}_0)_{\{1,2,3\},\{1,2,3\}}| + |\mathbf{MZ}_{\{1\},\{1\}}||(\mathbf{Z}_0)_{\{2,3,4,5\},\{2,3,4,5\}}| + \\
& |\mathbf{MZ}_{\{2\},\{2\}}||(\mathbf{Z}_0)_{\{1,3,4,5\},\{1,3,4,5\}}| + |\mathbf{MZ}_{\{3\},\{3\}}||(\mathbf{Z}_0)_{\{1,2,4,5\},\{1,2,4,5\}}| + |\mathbf{MZ}_{\{4\},\{4\}}||(\mathbf{Z}_0)_{\{1,2,3,5\},\{1,2,3,5\}}| + \\
& |\mathbf{MZ}_{\{5\},\{5\}}||(\mathbf{Z}_0)_{\{1,2,3,4\},\{1,2,3,4\}}| + |(\mathbf{Z}_0)_{\{1,2,3,4,5\},\{1,2,3,4,5\}}|
\end{aligned}
$$

$$
\begin{aligned}
\mathrm{NS}_{11} = {} & |\mathbf{MZ}_{\{1,2,3,4,5\},\{1,2,3,4,5\}}| + |\mathbf{MZ}_{\{1,2,3,4\},\{1,2,3,4\}}||(\mathbf{Z}_0)_{\{5\},\{5\}}| + |\mathbf{MZ}_{\{1,2,3,5\},\{1,2,3,5\}}||(\mathbf{Z}_0)_{\{4\},\{4\}}| + \\
& |\mathbf{MZ}_{\{1,2,4,5\},\{1,2,4,5\}}||(\mathbf{Z}_0)_{\{3\},\{3\}}| + |\mathbf{MZ}_{\{1,3,4,5\},\{1,3,4,5\}}||(\mathbf{Z}_0)_{\{2\},\{2\}}| + |\mathbf{MZ}_{\{1,2,3\},\{1,2,3\}}||(\mathbf{Z}_0)_{\{4,5\},\{4,5\}}| + \\
& |\mathbf{MZ}_{\{1,2,4\},\{1,2,4\}}||(\mathbf{Z}_0)_{\{3,5\},\{3,5\}}| + |\mathbf{MZ}_{\{1,2,5\},\{1,2,5\}}||(\mathbf{Z}_0)_{\{3,4\},\{3,4\}}| + |\mathbf{MZ}_{\{1,3,4\},\{1,3,4\}}||(\mathbf{Z}_0)_{\{2,5\},\{2,5\}}| + \\
& |\mathbf{MZ}_{\{1,3,5\},\{1,3,5\}}||(\mathbf{Z}_0)_{\{2,4\},\{2,4\}}| + |\mathbf{MZ}_{\{1,4,5\},\{1,4,5\}}||(\mathbf{Z}_0)_{\{2,3\},\{2,3\}}| + |\mathbf{MZ}_{\{1,2\},\{1,2\}}||(\mathbf{Z}_0)_{\{3,4,5\},\{3,4,5\}}| + \\
& |\mathbf{MZ}_{\{1,3\},\{1,3\}}||(\mathbf{Z}_0)_{\{2,4,5\},\{2,4,5\}}| + |\mathbf{MZ}_{\{1,4\},\{1,4\}}||(\mathbf{Z}_0)_{\{2,3,5\},\{2,3,5\}}| + |\mathbf{MZ}_{\{1,5\},\{1,5\}}||(\mathbf{Z}_0)_{\{2,3,4\},\{2,3,4\}}| + \\
& |\mathbf{MZ}_{\{1\},\{1\}}||(\mathbf{Z}_0)_{\{2,3,4,5\},\{2,3,4,5\}}| - (|\mathbf{MZ}_{\{2,3,4,5\},\{2,3,4,5\}}| + |\mathbf{MZ}_{\{2,3,4\},\{2,3,4\}}||(\mathbf{Z}_0)_{\{5\},\{5\}}| + \\
& |\mathbf{MZ}_{\{2,3,5\},\{2,3,5\}}||(\mathbf{Z}_0)_{\{4\},\{4\}}| + |\mathbf{MZ}_{\{2,4,5\},\{2,4,5\}}||(\mathbf{Z}_0)_{\{3\},\{3\}}| + |\mathbf{MZ}_{\{3,4,5\},\{3,4,5\}}||(\mathbf{Z}_0)_{\{2\},\{2\}}| + \\
& |\mathbf{MZ}_{\{2,3\},\{2,3\}}||(\mathbf{Z}_0)_{\{4,5\},\{4,5\}}| + |\mathbf{MZ}_{\{2,4\},\{2,4\}}||(\mathbf{Z}_0)_{\{3,5\},\{3,5\}}| + |\mathbf{MZ}_{\{2,5\},\{2,5\}}||(\mathbf{Z}_0)_{\{3,4\},\{3,4\}}| + \\
& |\mathbf{MZ}_{\{3,4\},\{3,4\}}||(\mathbf{Z}_0)_{\{2,5\},\{2,5\}}| + |\mathbf{MZ}_{\{3,5\},\{3,5\}}||(\mathbf{Z}_0)_{\{2,4\},\{2,4\}}| + |\mathbf{MZ}_{\{4,5\},\{4,5\}}||(\mathbf{Z}_0)_{\{2,3\},\{2,3\}}| + \\
& |\mathbf{MZ}_{\{2\},\{2\}}||(\mathbf{Z}_0)_{\{3,4,5\},\{3,4,5\}}| + |\mathbf{MZ}_{\{3\},\{3\}}||(\mathbf{Z}_0)_{\{2,4,5\},\{2,4,5\}}| + |\mathbf{MZ}_{\{4\},\{4\}}||(\mathbf{Z}_0)_{\{2,3,5\},\{2,3,5\}}| + \\
& |\mathbf{MZ}_{\{5\},\{5\}}||(\mathbf{Z}_0)_{\{2,3,4\},\{2,3,4\}}| + |(\mathbf{Z}_0)_{\{2,3,4,5\},\{2,3,4,5\}}|)Z_1^*
\end{aligned}
$$

$$
\begin{aligned}
\mathrm{NS}_{22} = {} & |\mathbf{MZ}_{\{1,2,3,4,5\},\{1,2,3,4,5\}}| + |\mathbf{MZ}_{\{1,2,3,4\},\{1,2,3,4\}}||(\mathbf{Z}_0)_{\{5\},\{5\}}| + |\mathbf{MZ}_{\{1,2,3,5\},\{1,2,3,5\}}||(\mathbf{Z}_0)_{\{4\},\{4\}}| + \\
& |\mathbf{MZ}_{\{1,2,4,5\},\{1,2,4,5\}}||(\mathbf{Z}_0)_{\{3\},\{3\}}| + |\mathbf{MZ}_{\{2,3,4,5\},\{2,3,4,5\}}||(\mathbf{Z}_0)_{\{1\},\{1\}}| + |\mathbf{MZ}_{\{1,2,3\},\{1,2,3\}}||(\mathbf{Z}_0)_{\{4,5\},\{4,5\}}| + \\
& |\mathbf{MZ}_{\{1,2,4\},\{1,2,4\}}||(\mathbf{Z}_0)_{\{3,5\},\{3,5\}}| + |\mathbf{MZ}_{\{1,2,5\},\{1,2,5\}}||(\mathbf{Z}_0)_{\{3,4\},\{3,4\}}| + |\mathbf{MZ}_{\{2,3,4\},\{2,3,4\}}||(\mathbf{Z}_0)_{\{1,5\},\{1,5\}}| + \\
& |\mathbf{MZ}_{\{2,3,5\},\{2,3,5\}}||(\mathbf{Z}_0)_{\{1,4\},\{1,4\}}| + |\mathbf{MZ}_{\{2,4,5\},\{2,4,5\}}||(\mathbf{Z}_0)_{\{1,3\},\{1,3\}}| + |\mathbf{MZ}_{\{1,2\},\{1,2\}}||(\mathbf{Z}_0)_{\{3,4,5\},\{3,4,5\}}| + \\
& |\mathbf{MZ}_{\{2,3\},\{2,3\}}||(\mathbf{Z}_0)_{\{1,4,5\},\{1,4,5\}}| + |\mathbf{MZ}_{\{2,4\},\{2,4\}}||(\mathbf{Z}_0)_{\{1,3,5\},\{1,3,5\}}| + |\mathbf{MZ}_{\{2,5\},\{2,5\}}||(\mathbf{Z}_0)_{\{1,3,4\},\{1,3,4\}}| + \\
& |\mathbf{MZ}_{\{2\},\{2\}}||(\mathbf{Z}_0)_{\{1,3,4,5\},\{1,3,4,5\}}| - (|\mathbf{MZ}_{\{1,3,4,5\},\{1,3,4,5\}}| + |\mathbf{MZ}_{\{1,3,4\},\{1,3,4\}}||(\mathbf{Z}_0)_{\{5\},\{5\}}| + \\
& |\mathbf{MZ}_{\{1,3,5\},\{1,3,5\}}||(\mathbf{Z}_0)_{\{4\},\{4\}}| + |\mathbf{MZ}_{\{1,4,5\},\{1,4,5\}}||(\mathbf{Z}_0)_{\{3\},\{3\}}| + |\mathbf{MZ}_{\{3,4,5\},\{3,4,5\}}||(\mathbf{Z}_0)_{\{1\},\{1\}}| + \\
& |\mathbf{MZ}_{\{1,3\},\{1,3\}}||(\mathbf{Z}_0)_{\{4,5\},\{4,5\}}| + |\mathbf{MZ}_{\{1,4\},\{1,4\}}||(\mathbf{Z}_0)_{\{3,5\},\{3,5\}}| + |\mathbf{MZ}_{\{1,5\},\{1,5\}}||(\mathbf{Z}_0)_{\{3,4\},\{3,4\}}| + \\
& |\mathbf{MZ}_{\{3,4\},\{3,4\}}||(\mathbf{Z}_0)_{\{1,5\},\{1,5\}}| + |\mathbf{MZ}_{\{3,5\},\{3,5\}}||(\mathbf{Z}_0)_{\{1,4\},\{1,4\}}| + |\mathbf{MZ}_{\{4,5\},\{4,5\}}||(\mathbf{Z}_0)_{\{1,3\},\{1,3\}}| + \\
& |\mathbf{MZ}_{\{1\},\{1\}}||(\mathbf{Z}_0)_{\{3,4,5\},\{3,4,5\}}| + |\mathbf{MZ}_{\{3\},\{3\}}||(\mathbf{Z}_0)_{\{1,4,5\},\{1,4,5\}}| + |\mathbf{MZ}_{\{4\},\{4\}}||(\mathbf{Z}_0)_{\{1,3,5\},\{1,3,5\}}| + \\
& |\mathbf{MZ}_{\{5\},\{5\}}||(\mathbf{Z}_0)_{\{1,3,4\},\{1,3,4\}}| + |(\mathbf{Z}_0)_{\{1,3,4,5\},\{1,3,4,5\}}|)Z_2^*
\end{aligned}
$$

续表

$$
\begin{aligned}
NS_{33}= & |\mathbf{MZ}_{\{1,2,3,4,5\},\{1,2,3,4,5\}}|+|\mathbf{MZ}_{\{1,2,3,4\},\{1,2,3,4\}}||(\mathbf{Z}_0)_{\{5\},\{5\}}|+|\mathbf{MZ}_{\{1,2,3,5\},\{1,2,3,5\}}||(\mathbf{Z}_0)_{\{4\},\{4\}}|+\\
& |\mathbf{MZ}_{\{1,3,4,5\},\{1,3,4,5\}}||(\mathbf{Z}_0)_{\{2\},\{2\}}|+|\mathbf{MZ}_{\{2,3,4,5\},\{2,3,4,5\}}||(\mathbf{Z}_0)_{\{1\},\{1\}}|+|\mathbf{MZ}_{\{1,2,3\},\{1,2,3\}}||(\mathbf{Z}_0)_{\{4,5\},\{4,5\}}|+\\
& |\mathbf{MZ}_{\{1,3,4\},\{1,3,4\}}||(\mathbf{Z}_0)_{\{2,5\},\{2,5\}}|+|\mathbf{MZ}_{\{1,3,5\},\{1,3,5\}}||(\mathbf{Z}_0)_{\{2,4\},\{2,4\}}|+|\mathbf{MZ}_{\{2,3,4\},\{2,3,4\}}||(\mathbf{Z}_0)_{\{1,5\},\{1,5\}}|+\\
& |\mathbf{MZ}_{\{2,3,5\},\{2,3,5\}}||(\mathbf{Z}_0)_{\{1,4\},\{1,4\}}|+|\mathbf{MZ}_{\{3,4,5\},\{3,4,5\}}||(\mathbf{Z}_0)_{\{1,2\},\{1,2\}}|+|\mathbf{MZ}_{\{1,3\},\{1,3\}}||(\mathbf{Z}_0)_{\{2,4,5\},\{2,4,5\}}|+\\
& |\mathbf{MZ}_{\{2,3\},\{2,3\}}||(\mathbf{Z}_0)_{\{1,4,5\},\{1,4,5\}}|+|\mathbf{MZ}_{\{3,4\},\{3,4\}}||(\mathbf{Z}_0)_{\{1,2,5\},\{1,2,5\}}|+|\mathbf{MZ}_{\{3,5\},\{3,5\}}||(\mathbf{Z}_0)_{\{1,2,4\},\{1,2,4\}}|+\\
& |\mathbf{MZ}_{\{3\},\{3\}}||(\mathbf{Z}_0)_{\{1,2,4,5\},\{1,2,4,5\}}|-(|\mathbf{MZ}_{\{1,2,4,5\},\{1,2,4,5\}}|+|\mathbf{MZ}_{\{1,2,4\},\{1,2,4\}}||(\mathbf{Z}_0)_{\{5\},\{5\}}|+\\
& |\mathbf{MZ}_{\{1,2,5\},\{1,2,5\}}||(\mathbf{Z}_0)_{\{4\},\{4\}}|+|\mathbf{MZ}_{\{1,4,5\},\{1,4,5\}}||(\mathbf{Z}_0)_{\{2\},\{2\}}|+|\mathbf{MZ}_{\{2,4,5\},\{2,4,5\}}||(\mathbf{Z}_0)_{\{1\},\{1\}}|+\\
& |\mathbf{MZ}_{\{1,2\},\{1,2\}}||(\mathbf{Z}_0)_{\{4,5\},\{4,5\}}|+|\mathbf{MZ}_{\{1,4\},\{1,4\}}||(\mathbf{Z}_0)_{\{2,5\},\{2,5\}}|+|\mathbf{MZ}_{\{1,5\},\{1,5\}}||(\mathbf{Z}_0)_{\{2,4\},\{2,4\}}|+\\
& |\mathbf{MZ}_{\{2,4\},\{2,4\}}||(\mathbf{Z}_0)_{\{1,5\},\{1,5\}}|+|\mathbf{MZ}_{\{2,5\},\{2,5\}}||(\mathbf{Z}_0)_{\{1,4\},\{1,4\}}|+|\mathbf{MZ}_{\{4,5\},\{4,5\}}||(\mathbf{Z}_0)_{\{1,2\},\{1,2\}}|+\\
& |\mathbf{MZ}_{\{1\},\{1\}}||(\mathbf{Z}_0)_{\{2,4,5\},\{2,4,5\}}|+|\mathbf{MZ}_{\{2\},\{2\}}||(\mathbf{Z}_0)_{\{1,4,5\},\{1,4,5\}}|+|\mathbf{MZ}_{\{4\},\{4\}}||(\mathbf{Z}_0)_{\{1,2,5\},\{1,2,5\}}|+\\
& |\mathbf{MZ}_{\{5\},\{5\}}||(\mathbf{Z}_0)_{\{1,2,4\},\{1,2,4\}}|+|(\mathbf{Z}_0)_{\{1,2,4,5\},\{1,2,4,5\}}|)Z_3^*
\end{aligned}
$$

$$
\begin{aligned}
NS_{44}= & |\mathbf{MZ}_{\{1,2,3,4,5\},\{1,2,3,4,5\}}|+|\mathbf{MZ}_{\{1,2,3,4\},\{1,2,3,4\}}||(\mathbf{Z}_0)_{\{5\},\{5\}}|+|\mathbf{MZ}_{\{1,2,4,5\},\{1,2,4,5\}}||(\mathbf{Z}_0)_{\{3\},\{3\}}|+\\
& |\mathbf{MZ}_{\{1,3,4,5\},\{1,3,4,5\}}||(\mathbf{Z}_0)_{\{2\},\{2\}}|+|\mathbf{MZ}_{\{2,3,4,5\},\{2,3,4,5\}}||(\mathbf{Z}_0)_{\{1\},\{1\}}|+|\mathbf{MZ}_{\{1,2,4\},\{1,2,4\}}||(\mathbf{Z}_0)_{\{3,5\},\{3,5\}}|+\\
& |\mathbf{MZ}_{\{1,3,4\},\{1,3,4\}}||(\mathbf{Z}_0)_{\{2,5\},\{2,5\}}|+|\mathbf{MZ}_{\{1,4,5\},\{1,4,5\}}||(\mathbf{Z}_0)_{\{2,3\},\{2,3\}}|+|\mathbf{MZ}_{\{2,3,4\},\{2,3,4\}}||(\mathbf{Z}_0)_{\{1,5\},\{1,5\}}|+\\
& |\mathbf{MZ}_{\{2,4,5\},\{2,4,5\}}||(\mathbf{Z}_0)_{\{1,3\},\{1,3\}}|+|\mathbf{MZ}_{\{3,4,5\},\{3,4,5\}}||(\mathbf{Z}_0)_{\{1,2\},\{1,2\}}|+|\mathbf{MZ}_{\{1,4\},\{1,4\}}||(\mathbf{Z}_0)_{\{2,3,5\},\{2,3,5\}}|+\\
& |\mathbf{MZ}_{\{2,4\},\{2,4\}}||(\mathbf{Z}_0)_{\{1,3,5\},\{1,3,5\}}|+|\mathbf{MZ}_{\{3,4\},\{3,4\}}||(\mathbf{Z}_0)_{\{1,2,5\},\{1,2,5\}}|+|\mathbf{MZ}_{\{4,5\},\{4,5\}}||(\mathbf{Z}_0)_{\{1,2,3\},\{1,2,3\}}|+\\
& |\mathbf{MZ}_{\{4\},\{4\}}||(\mathbf{Z}_0)_{\{1,2,3,5\},\{1,2,3,5\}}|-(|\mathbf{MZ}_{\{1,2,3,5\},\{1,2,3,5\}}|+|\mathbf{MZ}_{\{1,2,3\},\{1,2,3\}}||(\mathbf{Z}_0)_{\{5\},\{5\}}|+\\
& |\mathbf{MZ}_{\{1,2,5\},\{1,2,5\}}||(\mathbf{Z}_0)_{\{3\},\{3\}}|+|\mathbf{MZ}_{\{1,3,5\},\{1,3,5\}}||(\mathbf{Z}_0)_{\{2\},\{2\}}|+|\mathbf{MZ}_{\{2,3,5\},\{2,3,5\}}||(\mathbf{Z}_0)_{\{1\},\{1\}}|+\\
& |\mathbf{MZ}_{\{1,2\},\{1,2\}}||(\mathbf{Z}_0)_{\{3,5\},\{3,5\}}|+|\mathbf{MZ}_{\{1,3\},\{1,3\}}||(\mathbf{Z}_0)_{\{2,5\},\{2,5\}}|+|\mathbf{MZ}_{\{1,5\},\{1,5\}}||(\mathbf{Z}_0)_{\{2,3\},\{2,3\}}|+\\
& |\mathbf{MZ}_{\{2,3\},\{2,3\}}||(\mathbf{Z}_0)_{\{1,5\},\{1,5\}}|+|\mathbf{MZ}_{\{2,5\},\{2,5\}}||(\mathbf{Z}_0)_{\{1,3\},\{1,3\}}|+|\mathbf{MZ}_{\{3,5\},\{3,5\}}||(\mathbf{Z}_0)_{\{1,2\},\{1,2\}}|+\\
& |\mathbf{MZ}_{\{1\},\{1\}}||(\mathbf{Z}_0)_{\{2,3,5\},\{2,3,5\}}|+|\mathbf{MZ}_{\{2\},\{2\}}||(\mathbf{Z}_0)_{\{1,3,5\},\{1,3,5\}}|+|\mathbf{MZ}_{\{3\},\{3\}}||(\mathbf{Z}_0)_{\{1,2,5\},\{1,2,5\}}|+\\
& |\mathbf{MZ}_{\{5\},\{5\}}||(\mathbf{Z}_0)_{\{1,2,3\},\{1,2,3\}}|+|(\mathbf{Z}_0)_{\{1,2,3,5\},\{1,2,3,5\}}|)Z_4^*
\end{aligned}
$$

$$
\begin{aligned}
NS_{55}= & |\mathbf{MZ}_{\{1,2,3,4,5\},\{1,2,3,4,5\}}|+|\mathbf{MZ}_{\{1,2,3,5\},\{1,2,3,5\}}||(\mathbf{Z}_0)_{\{4\},\{4\}}|+|\mathbf{MZ}_{\{1,2,4,5\},\{1,2,4,5\}}||(\mathbf{Z}_0)_{\{3\},\{3\}}|+\\
& |\mathbf{MZ}_{\{1,3,4,5\},\{1,3,4,5\}}||(\mathbf{Z}_0)_{\{2\},\{2\}}|+|\mathbf{MZ}_{\{2,3,4,5\},\{2,3,4,5\}}||(\mathbf{Z}_0)_{\{1\},\{1\}}|+|\mathbf{MZ}_{\{1,2,5\},\{1,2,5\}}||(\mathbf{Z}_0)_{\{3,4\},\{3,4\}}|+\\
& |\mathbf{MZ}_{\{1,3,5\},\{1,3,5\}}||(\mathbf{Z}_0)_{\{2,4\},\{2,4\}}|+|\mathbf{MZ}_{\{1,4,5\},\{1,4,5\}}||(\mathbf{Z}_0)_{\{2,3\},\{2,3\}}|+|\mathbf{MZ}_{\{2,3,5\},\{2,3,5\}}||(\mathbf{Z}_0)_{\{1,4\},\{1,4\}}|+\\
& |\mathbf{MZ}_{\{2,4,5\},\{2,4,5\}}||(\mathbf{Z}_0)_{\{1,3\},\{1,3\}}|+|\mathbf{MZ}_{\{3,4,5\},\{3,4,5\}}||(\mathbf{Z}_0)_{\{1,2\},\{1,2\}}|+|\mathbf{MZ}_{\{1,5\},\{1,5\}}||(\mathbf{Z}_0)_{\{2,3,4\},\{2,3,4\}}|+\\
& |\mathbf{MZ}_{\{2,5\},\{2,5\}}||(\mathbf{Z}_0)_{\{1,3,4\},\{1,3,4\}}|+|\mathbf{MZ}_{\{3,5\},\{3,5\}}||(\mathbf{Z}_0)_{\{1,2,4\},\{1,2,4\}}|+|\mathbf{MZ}_{\{4,5\},\{4,5\}}||(\mathbf{Z}_0)_{\{1,2,3\},\{1,2,3\}}|+\\
& |\mathbf{MZ}_{\{5\},\{5\}}||(\mathbf{Z}_0)_{\{1,2,3,4\},\{1,2,3,4\}}|-(|\mathbf{MZ}_{\{1,2,3,4\},\{1,2,3,4\}}|+|\mathbf{MZ}_{\{1,2,3\},\{1,2,3\}}||(\mathbf{Z}_0)_{\{4\},\{4\}}|+\\
& |\mathbf{MZ}_{\{1,2,4\},\{1,2,4\}}||(\mathbf{Z}_0)_{\{3\},\{3\}}|+|\mathbf{MZ}_{\{1,3,4\},\{1,3,4\}}||(\mathbf{Z}_0)_{\{2\},\{2\}}|+|\mathbf{MZ}_{\{2,3,4\},\{2,3,4\}}||(\mathbf{Z}_0)_{\{1\},\{1\}}|+\\
& |\mathbf{MZ}_{\{1,2\},\{1,2\}}||(\mathbf{Z}_0)_{\{3,4\},\{3,4\}}|+|\mathbf{MZ}_{\{1,3\},\{1,3\}}||(\mathbf{Z}_0)_{\{2,4\},\{2,4\}}|+|\mathbf{MZ}_{\{1,4\},\{1,4\}}||(\mathbf{Z}_0)_{\{2,3\},\{2,3\}}|+\\
& |\mathbf{MZ}_{\{2,3\},\{2,3\}}||(\mathbf{Z}_0)_{\{1,4\},\{1,4\}}|+|\mathbf{MZ}_{\{2,4\},\{2,4\}}||(\mathbf{Z}_0)_{\{1,3\},\{1,3\}}|+|\mathbf{MZ}_{\{3,4\},\{3,4\}}||(\mathbf{Z}_0)_{\{1,2\},\{1,2\}}|+\\
& |\mathbf{MZ}_{\{1\},\{1\}}||(\mathbf{Z}_0)_{\{2,3,4\},\{2,3,4\}}|+|\mathbf{MZ}_{\{2\},\{2\}}||(\mathbf{Z}_0)_{\{1,3,4\},\{1,3,4\}}|+|\mathbf{MZ}_{\{3\},\{3\}}||(\mathbf{Z}_0)_{\{1,2,4\},\{1,2,4\}}|+\\
& |\mathbf{MZ}_{\{4\},\{4\}}||(\mathbf{Z}_0)_{\{1,2,3\},\{1,2,3\}}|+|(\mathbf{Z}_0)_{\{1,2,3,4\},\{1,2,3,4\}}|)Z_5^*
\end{aligned}
$$

表 3-5　六端口网络 Z 参数转换成 S 参数的简化公式

NS_{ij}	1	2	3
1	—	$2R_1\sqrt{\left\|\frac{R_2}{R_1}\right\|}\times$ $(\|\mathbf{MZ}_{\{3,4,5,6,1\},\{3,4,5,6,2\}}\|+$ $\|\mathbf{MZ}_{\{3,4,5,1\},\{3,4,5,2\}}\|$ $\|(\mathbf{Z}_0)_{\{6\},\{6\}}\|+$ $\|\mathbf{MZ}_{\{3,4,6,1\},\{3,4,6,2\}}\|$ $\|(\mathbf{Z}_0)_{\{5\},\{5\}}\|+$ $\|\mathbf{MZ}_{\{3,5,6,1\},\{3,5,6,2\}}\|$ $\|(\mathbf{Z}_0)_{\{4\},\{4\}}\|+$ $\|\mathbf{MZ}_{\{4,5,6,1\},\{4,5,6,2\}}\|$ $\|(\mathbf{Z}_0)_{\{3\},\{3\}}\|+$ $\|\mathbf{MZ}_{\{3,4,1\},\{3,4,2\}}\|$ $\|(\mathbf{Z}_0)_{\{5,6\},\{5,6\}}\|+$ $\|\mathbf{MZ}_{\{3,5,1\},\{3,5,2\}}\|$ $\|(\mathbf{Z}_0)_{\{4,6\},\{4,6\}}\|+$ $\|\mathbf{MZ}_{\{3,6,1\},\{3,6,2\}}\|$ $\|(\mathbf{Z}_0)_{\{4,5\},\{4,5\}}\|+$ $\|\mathbf{MZ}_{\{4,5,1\},\{4,5,2\}}\|$ $\|(\mathbf{Z}_0)_{\{3,6\},\{3,6\}}\|+$ $\|\mathbf{MZ}_{\{4,6,1\},\{4,6,2\}}\|$ $\|(\mathbf{Z}_0)_{\{3,5\},\{3,5\}}\|+$ $\|\mathbf{MZ}_{\{5,6,1\},\{5,6,2\}}\|$ $\|(\mathbf{Z}_0)_{\{3,4\},\{3,4\}}\|+$ $\|\mathbf{MZ}_{\{3,1\},\{3,2\}}\|$ $\|(\mathbf{Z}_0)_{\{4,5,6\},\{4,5,6\}}\|+$ $\|\mathbf{MZ}_{\{4,1\},\{4,2\}}\|$ $\|(\mathbf{Z}_0)_{\{3,5,6\},\{3,5,6\}}\|+$ $\|\mathbf{MZ}_{\{5,1\},\{5,2\}}\|$ $\|(\mathbf{Z}_0)_{\{3,4,6\},\{3,4,6\}}\|+$ $\|\mathbf{MZ}_{\{6,1\},\{6,2\}}\|$ $\|(\mathbf{Z}_0)_{\{3,4,5\},\{3,4,5\}}\|+$ $\|\mathbf{MZ}_{\{1\},\{2\}}\|$ $\|(\mathbf{Z}_0)_{\{3,4,5,6\},\{3,4,5,6\}}\|)$	$2R_1\sqrt{\left\|\frac{R_3}{R_1}\right\|}\times$ $(\|\mathbf{MZ}_{\{2,4,5,6,1\},\{2,4,5,6,3\}}\|+$ $\|\mathbf{MZ}_{\{2,4,5,1\},\{2,4,5,3\}}\|$ $\|(\mathbf{Z}_0)_{\{6\},\{6\}}\|+$ $\|\mathbf{MZ}_{\{2,4,6,1\},\{2,4,6,3\}}\|$ $\|(\mathbf{Z}_0)_{\{5\},\{5\}}\|+$ $\|\mathbf{MZ}_{\{2,5,6,1\},\{2,5,6,3\}}\|$ $\|(\mathbf{Z}_0)_{\{4\},\{4\}}\|+$ $\|\mathbf{MZ}_{\{4,5,6,1\},\{4,5,6,3\}}\|$ $\|(\mathbf{Z}_0)_{\{2\},\{2\}}\|+$ $\|\mathbf{MZ}_{\{2,4,1\},\{2,4,3\}}\|$ $\|(\mathbf{Z}_0)_{\{5,6\},\{5,6\}}\|+$ $\|\mathbf{MZ}_{\{2,5,1\},\{2,5,3\}}\|$ $\|(\mathbf{Z}_0)_{\{4,6\},\{4,6\}}\|+$ $\|\mathbf{MZ}_{\{2,6,1\},\{2,6,3\}}\|$ $\|(\mathbf{Z}_0)_{\{4,5\},\{4,5\}}\|+$ $\|\mathbf{MZ}_{\{4,5,1\},\{4,5,3\}}\|$ $\|(\mathbf{Z}_0)_{\{2,6\},\{2,6\}}\|+$ $\|\mathbf{MZ}_{\{4,6,1\},\{4,6,3\}}\|$ $\|(\mathbf{Z}_0)_{\{2,5\},\{2,5\}}\|+$ $\|\mathbf{MZ}_{\{5,6,1\},\{5,6,3\}}\|$ $\|(\mathbf{Z}_0)_{\{2,4\},\{2,4\}}\|+$ $\|\mathbf{MZ}_{\{2,1\},\{2,3\}}\|$ $\|(\mathbf{Z}_0)_{\{4,5,6\},\{4,5,6\}}\|+$ $\|\mathbf{MZ}_{\{4,1\},\{4,3\}}\|$ $\|(\mathbf{Z}_0)_{\{2,5,6\},\{2,5,6\}}\|+$ $\|\mathbf{MZ}_{\{5,1\},\{5,3\}}\|$ $\|(\mathbf{Z}_0)_{\{2,4,6\},\{2,4,6\}}\|+$ $\|\mathbf{MZ}_{\{6,1\},\{6,3\}}\|$ $\|(\mathbf{Z}_0)_{\{2,4,5\},\{2,4,5\}}\|+$ $\|\mathbf{MZ}_{\{1\},\{3\}}\|$ $\|(\mathbf{Z}_0)_{\{2,4,5,6\},\{2,4,5,6\}}\|)$

续表

NS_{ij}	1	2	3
2	$2R_2\sqrt{\left\|\frac{R_1}{R_2}\right\|}\times$ $(\ \|\mathbf{MZ}_{\{3,4,5,6,2\},\{3,4,5,6,1\}}\|+$ $\|\mathbf{MZ}_{\{3,4,5,2\},\{3,4,5,1\}}\|$ $\|(\mathbf{Z}_0)_{\{6\},\{6\}}\|+$ $\|\mathbf{MZ}_{\{3,4,6,2\},\{3,4,6,1\}}\|$ $\|(\mathbf{Z}_0)_{\{5\},\{5\}}\|+$ $\|\mathbf{MZ}_{\{3,5,6,2\},\{3,5,6,1\}}\|$ $\|(\mathbf{Z}_0)_{\{4\},\{4\}}\|+$ $\|\mathbf{MZ}_{\{4,5,6,2\},\{4,5,6,1\}}\|$ $\|(\mathbf{Z}_0)_{\{3\},\{3\}}\|+$ $\|\mathbf{MZ}_{\{3,4,2\},\{3,4,1\}}\|$ $\|(\mathbf{Z}_0)_{\{5,6\},\{5,6\}}\|+$ $\|\mathbf{MZ}_{\{3,5,2\},\{3,5,1\}}\|$ $\|(\mathbf{Z}_0)_{\{4,6\},\{4,6\}}\|+$ $\|\mathbf{MZ}_{\{3,6,2\},\{3,6,1\}}\|$ $\|(\mathbf{Z}_0)_{\{4,5\},\{4,5\}}\|+$ $\|\mathbf{MZ}_{\{4,5,2\},\{4,5,1\}}\|$ $\|(\mathbf{Z}_0)_{\{3,6\},\{3,6\}}\|+$ $\|\mathbf{MZ}_{\{4,6,2\},\{4,6,1\}}\|$ $\|(\mathbf{Z}_0)_{\{3,5\},\{3,5\}}\|+$ $\|\mathbf{MZ}_{\{5,6,2\},\{5,6,1\}}\|$ $\|(\mathbf{Z}_0)_{\{3,4\},\{3,4\}}\|+$ $\|\mathbf{MZ}_{\{3,2\},\{3,1\}}\|$ $\|(\mathbf{Z}_0)_{\{4,5,6\},\{4,5,6\}}\|+$ $\|\mathbf{MZ}_{\{4,2\},\{4,1\}}\|$ $\|(\mathbf{Z}_0)_{\{3,5,6\},\{3,5,6\}}\|+$ $\|\mathbf{MZ}_{\{5,2\},\{5,1\}}\|$ $\|(\mathbf{Z}_0)_{\{3,4,6\},\{3,4,6\}}\|+$ $\|\mathbf{MZ}_{\{6,2\},\{6,1\}}\|$ $\|(\mathbf{Z}_0)_{\{3,4,5\},\{3,4,5\}}\|+$ $\|\mathbf{MZ}_{\{2\},\{1\}}\|$ $\|(\mathbf{Z}_0)_{\{3,4,5,6\},\{3,4,5,6\}}\|)$	—	$2R_2\sqrt{\left\|\frac{R_3}{R_2}\right\|}\times$ $(\ \|\mathbf{MZ}_{\{1,4,5,6,2\},\{1,4,5,6,3\}}\|+$ $\|\mathbf{MZ}_{\{1,4,5,2\},\{1,4,5,3\}}\|$ $\|(\mathbf{Z}_0)_{\{6\},\{6\}}\|+$ $\|\mathbf{MZ}_{\{1,4,6,2\},\{1,4,6,3\}}\|$ $\|(\mathbf{Z}_0)_{\{5\},\{5\}}\|+$ $\|\mathbf{MZ}_{\{1,5,6,2\},\{1,5,6,3\}}\|$ $\|(\mathbf{Z}_0)_{\{4\},\{4\}}\|+$ $\|\mathbf{MZ}_{\{4,5,6,2\},\{4,5,6,3\}}\|$ $\|(\mathbf{Z}_0)_{\{1\},\{1\}}\|+$ $\|\mathbf{MZ}_{\{1,4,2\},\{1,4,3\}}\|$ $\|(\mathbf{Z}_0)_{\{5,6\},\{5,6\}}\|+$ $\|\mathbf{MZ}_{\{1,5,2\},\{1,5,3\}}\|$ $\|(\mathbf{Z}_0)_{\{4,6\},\{4,6\}}\|+$ $\|\mathbf{MZ}_{\{1,6,2\},\{1,6,3\}}\|$ $\|(\mathbf{Z}_0)_{\{4,5\},\{4,5\}}\|+$ $\|\mathbf{MZ}_{\{4,5,2\},\{4,5,3\}}\|$ $\|(\mathbf{Z}_0)_{\{1,6\},\{1,6\}}\|+$ $\|\mathbf{MZ}_{\{4,6,2\},\{4,6,3\}}\|$ $\|(\mathbf{Z}_0)_{\{1,5\},\{1,5\}}\|+$ $\|\mathbf{MZ}_{\{5,6,2\},\{5,6,3\}}\|$ $\|(\mathbf{Z}_0)_{\{1,4\},\{1,4\}}\|+$ $\|\mathbf{MZ}_{\{1,2\},\{1,3\}}\|$ $\|(\mathbf{Z}_0)_{\{4,5,6\},\{4,5,6\}}\|+$ $\|\mathbf{MZ}_{\{4,2\},\{4,3\}}\|$ $\|(\mathbf{Z}_0)_{\{1,5,6\},\{1,5,6\}}\|+$ $\|\mathbf{MZ}_{\{5,2\},\{5,3\}}\|$ $\|(\mathbf{Z}_0)_{\{1,4,6\},\{1,4,6\}}\|+$ $\|\mathbf{MZ}_{\{6,2\},\{6,3\}}\|$ $\|(\mathbf{Z}_0)_{\{1,4,5\},\{1,4,5\}}\|+$ $\|\mathbf{MZ}_{\{2\},\{3\}}\|$ $\|(\mathbf{Z}_0)_{\{1,4,5,6\},\{1,4,5,6\}}\|)$

续表

NS_{ij}	1	2	3
3	$2R_3\sqrt{\left\lvert\frac{R_1}{R_3}\right\rvert}\times$ $(\lvert\mathbf{MZ}_{\{2,4,5,6,3\},\{2,4,5,6,1\}}\rvert+$ $\lvert\mathbf{MZ}_{\{2,4,5,3\},\{2,4,5,1\}}\rvert$ $\lvert(\mathbf{Z}_0)_{\{6\},\{6\}}\rvert+$ $\lvert\mathbf{MZ}_{\{2,4,6,3\},\{2,4,6,1\}}\rvert$ $\lvert(\mathbf{Z}_0)_{\{5\},\{5\}}\rvert+$ $\lvert\mathbf{MZ}_{\{2,5,6,3\},\{2,5,6,1\}}\rvert$ $\lvert(\mathbf{Z}_0)_{\{4\},\{4\}}\rvert+$ $\lvert\mathbf{MZ}_{\{4,5,6,3\},\{4,5,6,1\}}\rvert$ $\lvert(\mathbf{Z}_0)_{\{2\},\{2\}}\rvert+$ $\lvert\mathbf{MZ}_{\{2,4,3\},\{2,4,1\}}\rvert$ $\lvert(\mathbf{Z}_0)_{\{5,6\},\{5,6\}}\rvert+$ $\lvert\mathbf{MZ}_{\{2,5,3\},\{2,5,1\}}\rvert$ $\lvert(\mathbf{Z}_0)_{\{4,6\},\{4,6\}}\rvert+$ $\lvert\mathbf{MZ}_{\{2,6,3\},\{2,6,1\}}\rvert$ $\lvert(\mathbf{Z}_0)_{\{4,5\},\{4,5\}}\rvert+$ $\lvert\mathbf{MZ}_{\{4,5,3\},\{4,5,1\}}\rvert$ $\lvert(\mathbf{Z}_0)_{\{2,6\},\{2,6\}}\rvert+$ $\lvert\mathbf{MZ}_{\{4,6,3\},\{4,6,1\}}\rvert$ $\lvert(\mathbf{Z}_0)_{\{2,5\},\{2,5\}}\rvert+$ $\lvert\mathbf{MZ}_{\{5,6,3\},\{5,6,1\}}\rvert$ $\lvert(\mathbf{Z}_0)_{\{2,4\},\{2,4\}}\rvert+$ $\lvert\mathbf{MZ}_{\{2,3\},\{2,1\}}\rvert$ $\lvert(\mathbf{Z}_0)_{\{4,5,6\},\{4,5,6\}}\rvert+$ $\lvert\mathbf{MZ}_{\{4,3\},\{4,1\}}\rvert$ $\lvert(\mathbf{Z}_0)_{\{2,5,6\},\{2,5,6\}}\rvert+$ $\lvert\mathbf{MZ}_{\{5,3\},\{5,1\}}\rvert$ $\lvert(\mathbf{Z}_0)_{\{2,4,6\},\{2,4,6\}}\rvert+$ $\lvert\mathbf{MZ}_{\{6,3\},\{6,1\}}\rvert$ $\lvert(\mathbf{Z}_0)_{\{2,4,5\},\{2,4,5\}}\rvert+$ $\lvert\mathbf{MZ}_{\{3\},\{1\}}\rvert$ $\lvert(\mathbf{Z}_0)_{\{2,4,5,6\},\{2,4,5,6\}}\rvert)$	$2R_3\sqrt{\left\lvert\frac{R_2}{R_3}\right\rvert}\times$ $(\lvert\mathbf{MZ}_{\{1,4,5,6,3\},\{1,4,5,6,2\}}\rvert+$ $\lvert\mathbf{MZ}_{\{1,4,5,3\},\{1,4,5,2\}}\rvert$ $\lvert(\mathbf{Z}_0)_{\{6\},\{6\}}\rvert+$ $\lvert\mathbf{MZ}_{\{1,4,6,3\},\{1,4,6,2\}}\rvert$ $\lvert(\mathbf{Z}_0)_{\{5\},\{5\}}\rvert+$ $\lvert\mathbf{MZ}_{\{1,5,6,3\},\{1,5,6,2\}}\rvert$ $\lvert(\mathbf{Z}_0)_{\{4\},\{4\}}\rvert+$ $\lvert\mathbf{MZ}_{\{4,5,6,3\},\{4,5,6,2\}}\rvert$ $\lvert(\mathbf{Z}_0)_{\{1\},\{1\}}\rvert+$ $\lvert\mathbf{MZ}_{\{1,4,3\},\{1,4,2\}}\rvert$ $\lvert(\mathbf{Z}_0)_{\{5,6\},\{5,6\}}\rvert+$ $\lvert\mathbf{MZ}_{\{1,5,3\},\{1,5,2\}}\rvert$ $\lvert(\mathbf{Z}_0)_{\{4,6\},\{4,6\}}\rvert+$ $\lvert\mathbf{MZ}_{\{1,6,3\},\{1,6,2\}}\rvert$ $\lvert(\mathbf{Z}_0)_{\{4,5\},\{4,5\}}\rvert+$ $\lvert\mathbf{MZ}_{\{4,5,3\},\{4,5,2\}}\rvert$ $\lvert(\mathbf{Z}_0)_{\{1,6\},\{1,6\}}\rvert+$ $\lvert\mathbf{MZ}_{\{4,6,3\},\{4,6,2\}}\rvert$ $\lvert(\mathbf{Z}_0)_{\{1,5\},\{1,5\}}\rvert+$ $\lvert\mathbf{MZ}_{\{5,6,3\},\{5,6,2\}}\rvert$ $\lvert(\mathbf{Z}_0)_{\{1,4\},\{1,4\}}\rvert+$ $\lvert\mathbf{MZ}_{\{1,3\},\{1,2\}}\rvert$ $\lvert(\mathbf{Z}_0)_{\{4,5,6\},\{4,5,6\}}\rvert+$ $\lvert\mathbf{MZ}_{\{4,3\},\{4,2\}}\rvert$ $\lvert(\mathbf{Z}_0)_{\{1,5,6\},\{1,5,6\}}\rvert+$ $\lvert\mathbf{MZ}_{\{5,3\},\{5,2\}}\rvert$ $\lvert(\mathbf{Z}_0)_{\{1,4,6\},\{1,4,6\}}\rvert+$ $\lvert\mathbf{MZ}_{\{6,3\},\{6,2\}}\rvert$ $\lvert(\mathbf{Z}_0)_{\{1,4,5\},\{1,4,5\}}\rvert+$ $\lvert\mathbf{MZ}_{\{3\},\{2\}}\rvert$ $\lvert(\mathbf{Z}_0)_{\{1,4,5,6\},\{1,4,5,6\}}\rvert)$	—

续表

NS_{ij}	1	2	3
4	$2R_4\sqrt{\left\|\frac{R_1}{R_4}\right\|}\times$ $(\ \|\mathbf{MZ}_{\{2,3,5,6,4\},\{2,3,5,6,1\}}\|+$ $\|\mathbf{MZ}_{\{2,3,5,4\},\{2,3,5,1\}}\|$ $\|(\mathbf{Z}_0)_{\{6\},\{6\}}\|+$ $\|\mathbf{MZ}_{\{2,3,6,4\},\{2,3,6,1\}}\|$ $\|(\mathbf{Z}_0)_{\{5\},\{5\}}\|+$ $\|\mathbf{MZ}_{\{2,5,6,4\},\{2,5,6,1\}}\|$ $\|(\mathbf{Z}_0)_{\{3\},\{3\}}\|+$ $\|\mathbf{MZ}_{\{3,5,6,4\},\{3,5,6,1\}}\|$ $\|(\mathbf{Z}_0)_{\{2\},\{2\}}\|+$ $\|\mathbf{MZ}_{\{2,3,4\},\{2,3,1\}}\|$ $\|(\mathbf{Z}_0)_{\{5,6\},\{5,6\}}\|+$ $\|\mathbf{MZ}_{\{2,5,4\},\{2,5,1\}}\|$ $\|(\mathbf{Z}_0)_{\{3,6\},\{3,6\}}\|+$ $\|\mathbf{MZ}_{\{2,6,4\},\{2,6,1\}}\|$ $\|(\mathbf{Z}_0)_{\{3,5\},\{3,5\}}\|+$ $\|\mathbf{MZ}_{\{3,5,4\},\{3,5,1\}}\|$ $\|(\mathbf{Z}_0)_{\{2,6\},\{2,6\}}\|+$ $\|\mathbf{MZ}_{\{3,6,4\},\{3,6,1\}}\|$ $\|(\mathbf{Z}_0)_{\{2,5\},\{2,5\}}\|+$ $\|\mathbf{MZ}_{\{5,6,4\},\{5,6,1\}}\|$ $\|(\mathbf{Z}_0)_{\{2,3\},\{2,3\}}\|+$ $\|\mathbf{MZ}_{\{2,4\},\{2,1\}}\|$ $\|(\mathbf{Z}_0)_{\{3,5,6\},\{3,5,6\}}\|+$ $\|\mathbf{MZ}_{\{3,4\},\{3,1\}}\|$ $\|(\mathbf{Z}_0)_{\{2,5,6\},\{2,5,6\}}\|+$ $\|\mathbf{MZ}_{\{5,4\},\{5,1\}}\|$ $\|(\mathbf{Z}_0)_{\{2,3,6\},\{2,3,6\}}\|+$ $\|\mathbf{MZ}_{\{6,4\},\{6,1\}}\|$ $\|(\mathbf{Z}_0)_{\{2,3,5\},\{2,3,5\}}\|+$ $\|\mathbf{MZ}_{\{4\},\{1\}}\|$ $\|(\mathbf{Z}_0)_{\{2,3,5,6\},\{2,3,5,6\}}\|)$	$2R_4\sqrt{\left\|\frac{R_2}{R_4}\right\|}\times$ $(\ \|\mathbf{MZ}_{\{1,3,5,6,4\},\{1,3,5,6,2\}}\|+$ $\|\mathbf{MZ}_{\{1,3,5,4\},\{1,3,5,2\}}\|$ $\|(\mathbf{Z}_0)_{\{6\},\{6\}}\|+$ $\|\mathbf{MZ}_{\{1,3,6,4\},\{1,3,6,2\}}\|$ $\|(\mathbf{Z}_0)_{\{5\},\{5\}}\|+$ $\|\mathbf{MZ}_{\{1,5,6,4\},\{1,5,6,2\}}\|$ $\|(\mathbf{Z}_0)_{\{3\},\{3\}}\|+$ $\|\mathbf{MZ}_{\{3,5,6,4\},\{3,5,6,2\}}\|$ $\|(\mathbf{Z}_0)_{\{1\},\{1\}}\|+$ $\|\mathbf{MZ}_{\{1,3,4\},\{1,3,2\}}\|$ $\|(\mathbf{Z}_0)_{\{5,6\},\{5,6\}}\|+$ $\|\mathbf{MZ}_{\{1,5,4\},\{1,5,2\}}\|$ $\|(\mathbf{Z}_0)_{\{3,6\},\{3,6\}}\|+$ $\|\mathbf{MZ}_{\{1,6,4\},\{1,6,2\}}\|$ $\|(\mathbf{Z}_0)_{\{3,5\},\{3,5\}}\|+$ $\|\mathbf{MZ}_{\{3,5,4\},\{3,5,2\}}\|$ $\|(\mathbf{Z}_0)_{\{1,6\},\{1,6\}}\|+$ $\|\mathbf{MZ}_{\{3,6,4\},\{3,6,2\}}\|$ $\|(\mathbf{Z}_0)_{\{1,5\},\{1,5\}}\|+$ $\|\mathbf{MZ}_{\{5,6,4\},\{5,6,2\}}\|$ $\|(\mathbf{Z}_0)_{\{1,3\},\{1,3\}}\|+$ $\|\mathbf{MZ}_{\{1,4\},\{1,2\}}\|$ $\|(\mathbf{Z}_0)_{\{3,5,6\},\{3,5,6\}}\|+$ $\|\mathbf{MZ}_{\{3,4\},\{3,2\}}\|$ $\|(\mathbf{Z}_0)_{\{1,5,6\},\{1,5,6\}}\|+$ $\|\mathbf{MZ}_{\{5,4\},\{5,2\}}\|$ $\|(\mathbf{Z}_0)_{\{1,3,6\},\{1,3,6\}}\|+$ $\|\mathbf{MZ}_{\{6,4\},\{6,2\}}\|$ $\|(\mathbf{Z}_0)_{\{1,3,5\},\{1,3,5\}}\|+$ $\|\mathbf{MZ}_{\{4\},\{2\}}\|$ $\|(\mathbf{Z}_0)_{\{1,3,5,6\},\{1,3,5,6\}}\|)$	$2R_4\sqrt{\left\|\frac{R_3}{R_4}\right\|}\times$ $(\ \|\mathbf{MZ}_{\{1,2,5,6,4\},\{1,2,5,6,3\}}\|+$ $\|\mathbf{MZ}_{\{1,2,5,4\},\{1,2,5,3\}}\|$ $\|(\mathbf{Z}_0)_{\{6\},\{6\}}\|+$ $\|\mathbf{MZ}_{\{1,2,6,4\},\{1,2,6,3\}}\|$ $\|(\mathbf{Z}_0)_{\{5\},\{5\}}\|+$ $\|\mathbf{MZ}_{\{1,5,6,4\},\{1,5,6,3\}}\|$ $\|(\mathbf{Z}_0)_{\{2\},\{2\}}\|+$ $\|\mathbf{MZ}_{\{2,5,6,4\},\{2,5,6,3\}}\|$ $\|(\mathbf{Z}_0)_{\{1\},\{1\}}\|+$ $\|\mathbf{MZ}_{\{1,2,4\},\{1,2,3\}}\|$ $\|(\mathbf{Z}_0)_{\{5,6\},\{5,6\}}\|+$ $\|\mathbf{MZ}_{\{1,5,4\},\{1,5,3\}}\|$ $\|(\mathbf{Z}_0)_{\{2,6\},\{2,6\}}\|+$ $\|\mathbf{MZ}_{\{1,6,4\},\{1,6,3\}}\|$ $\|(\mathbf{Z}_0)_{\{2,5\},\{2,5\}}\|+$ $\|\mathbf{MZ}_{\{2,5,4\},\{2,5,3\}}\|$ $\|(\mathbf{Z}_0)_{\{1,6\},\{1,6\}}\|+$ $\|\mathbf{MZ}_{\{2,6,4\},\{2,6,3\}}\|$ $\|(\mathbf{Z}_0)_{\{1,5\},\{1,5\}}\|+$ $\|\mathbf{MZ}_{\{5,6,4\},\{5,6,3\}}\|$ $\|(\mathbf{Z}_0)_{\{1,2\},\{1,2\}}\|+$ $\|\mathbf{MZ}_{\{1,4\},\{1,3\}}\|$ $\|(\mathbf{Z}_0)_{\{2,5,6\},\{2,5,6\}}\|+$ $\|\mathbf{MZ}_{\{2,4\},\{2,3\}}\|$ $\|(\mathbf{Z}_0)_{\{1,5,6\},\{1,5,6\}}\|+$ $\|\mathbf{MZ}_{\{5,4\},\{5,3\}}\|$ $\|(\mathbf{Z}_0)_{\{1,2,6\},\{1,2,6\}}\|+$ $\|\mathbf{MZ}_{\{6,4\},\{6,3\}}\|$ $\|(\mathbf{Z}_0)_{\{1,2,5\},\{1,2,5\}}\|+$ $\|\mathbf{MZ}_{\{4\},\{3\}}\|$ $\|(\mathbf{Z}_0)_{\{1,2,5,6\},\{1,2,5,6\}}\|)$

续表

NS_{ij}	1	2	3
5	$2R_5\sqrt{\left\lvert\frac{R_1}{R_5}\right\rvert}\times$ $(\lvert\mathbf{MZ}_{\{2,3,4,6,5\},\{2,3,4,6,1\}}\rvert+$ $\lvert\mathbf{MZ}_{\{2,3,4,5\},\{2,3,4,1\}}\rvert$ $\lvert(\mathbf{Z}_0)_{\{6\},\{6\}}\rvert+$ $\lvert\mathbf{MZ}_{\{2,3,6,5\},\{2,3,6,1\}}\rvert$ $\lvert(\mathbf{Z}_0)_{\{4\},\{4\}}\rvert+$ $\lvert\mathbf{MZ}_{\{2,4,6,5\},\{2,4,6,1\}}\rvert$ $\lvert(\mathbf{Z}_0)_{\{3\},\{3\}}\rvert+$ $\lvert\mathbf{MZ}_{\{3,4,6,5\},\{3,4,6,1\}}\rvert$ $\lvert(\mathbf{Z}_0)_{\{2\},\{2\}}\rvert+$ $\lvert\mathbf{MZ}_{\{2,3,5\},\{2,3,1\}}\rvert$ $\lvert(\mathbf{Z}_0)_{\{4,6\},\{4,6\}}\rvert+$ $\lvert\mathbf{MZ}_{\{2,4,5\},\{2,4,1\}}\rvert$ $\lvert(\mathbf{Z}_0)_{\{3,6\},\{3,6\}}\rvert+$ $\lvert\mathbf{MZ}_{\{2,6,5\},\{2,6,1\}}\rvert$ $\lvert(\mathbf{Z}_0)_{\{3,4\},\{3,4\}}\rvert+$ $\lvert\mathbf{MZ}_{\{3,4,5\},\{3,4,1\}}\rvert$ $\lvert(\mathbf{Z}_0)_{\{2,6\},\{2,6\}}\rvert+$ $\lvert\mathbf{MZ}_{\{3,6,5\},\{3,6,1\}}\rvert$ $\lvert(\mathbf{Z}_0)_{\{2,4\},\{2,4\}}\rvert+$ $\lvert\mathbf{MZ}_{\{4,6,5\},\{4,6,1\}}\rvert$ $\lvert(\mathbf{Z}_0)_{\{2,3\},\{2,3\}}\rvert+$ $\lvert\mathbf{MZ}_{\{2,5\},\{2,1\}}\rvert$ $\lvert(\mathbf{Z}_0)_{\{3,4,6\},\{3,4,6\}}\rvert+$ $\lvert\mathbf{MZ}_{\{3,5\},\{3,1\}}\rvert$ $\lvert(\mathbf{Z}_0)_{\{2,4,6\},\{2,4,6\}}\rvert+$ $\lvert\mathbf{MZ}_{\{4,5\},\{4,1\}}\rvert$ $\lvert(\mathbf{Z}_0)_{\{2,3,6\},\{2,3,6\}}\rvert+$ $\lvert\mathbf{MZ}_{\{6,5\},\{6,1\}}\rvert$ $\lvert(\mathbf{Z}_0)_{\{2,3,4\},\{2,3,4\}}\rvert+$ $\lvert\mathbf{MZ}_{\{5\},\{1\}}\rvert$ $\lvert(\mathbf{Z}_0)_{\{2,3,4,6\},\{2,3,4,6\}}\rvert)$	$2R_5\sqrt{\left\lvert\frac{R_2}{R_5}\right\rvert}\times$ $(\lvert\mathbf{MZ}_{\{1,3,4,6,5\},\{1,3,4,6,2\}}\rvert+$ $\lvert\mathbf{MZ}_{\{1,3,4,5\},\{1,3,4,2\}}\rvert$ $\lvert(\mathbf{Z}_0)_{\{6\},\{6\}}\rvert+$ $\lvert\mathbf{MZ}_{\{1,3,6,5\},\{1,3,6,2\}}\rvert$ $\lvert(\mathbf{Z}_0)_{\{4\},\{4\}}\rvert+$ $\lvert\mathbf{MZ}_{\{1,4,6,5\},\{1,4,6,2\}}\rvert$ $\lvert(\mathbf{Z}_0)_{\{3\},\{3\}}\rvert+$ $\lvert\mathbf{MZ}_{\{3,4,6,5\},\{3,4,6,2\}}\rvert$ $\lvert(\mathbf{Z}_0)_{\{1\},\{1\}}\rvert+$ $\lvert\mathbf{MZ}_{\{1,3,5\},\{1,3,2\}}\rvert$ $\lvert(\mathbf{Z}_0)_{\{4,6\},\{4,6\}}\rvert+$ $\lvert\mathbf{MZ}_{\{1,4,5\},\{1,4,2\}}\rvert$ $\lvert(\mathbf{Z}_0)_{\{3,6\},\{3,6\}}\rvert+$ $\lvert\mathbf{MZ}_{\{1,6,5\},\{1,6,2\}}\rvert$ $\lvert(\mathbf{Z}_0)_{\{3,4\},\{3,4\}}\rvert+$ $\lvert\mathbf{MZ}_{\{3,4,5\},\{3,4,2\}}\rvert$ $\lvert(\mathbf{Z}_0)_{\{1,6\},\{1,6\}}\rvert+$ $\lvert\mathbf{MZ}_{\{3,6,5\},\{3,6,2\}}\rvert$ $\lvert(\mathbf{Z}_0)_{\{1,4\},\{1,4\}}\rvert+$ $\lvert\mathbf{MZ}_{\{4,6,5\},\{4,6,2\}}\rvert$ $\lvert(\mathbf{Z}_0)_{\{1,3\},\{1,3\}}\rvert+$ $\lvert\mathbf{MZ}_{\{1,5\},\{1,2\}}\rvert$ $\lvert(\mathbf{Z}_0)_{\{3,4,6\},\{3,4,6\}}\rvert+$ $\lvert\mathbf{MZ}_{\{3,5\},\{3,2\}}\rvert$ $\lvert(\mathbf{Z}_0)_{\{1,4,6\},\{1,4,6\}}\rvert+$ $\lvert\mathbf{MZ}_{\{4,5\},\{4,2\}}\rvert$ $\lvert(\mathbf{Z}_0)_{\{1,3,6\},\{1,3,6\}}\rvert+$ $\lvert\mathbf{MZ}_{\{6,5\},\{6,2\}}\rvert$ $\lvert(\mathbf{Z}_0)_{\{1,3,4\},\{1,3,4\}}\rvert+$ $\lvert\mathbf{MZ}_{\{5\},\{2\}}\rvert$ $\lvert(\mathbf{Z}_0)_{\{1,3,4,6\},\{1,3,4,6\}}\rvert)$	$2R_5\sqrt{\left\lvert\frac{R_3}{R_5}\right\rvert}\times$ $(\lvert\mathbf{MZ}_{\{1,2,4,6,5\},\{1,2,4,6,3\}}\rvert+$ $\lvert\mathbf{MZ}_{\{1,2,4,5\},\{1,2,4,3\}}\rvert$ $\lvert(\mathbf{Z}_0)_{\{6\},\{6\}}\rvert+$ $\lvert\mathbf{MZ}_{\{1,2,6,5\},\{1,2,6,3\}}\rvert$ $\lvert(\mathbf{Z}_0)_{\{4\},\{4\}}\rvert+$ $\lvert\mathbf{MZ}_{\{1,4,6,5\},\{1,4,6,3\}}\rvert$ $\lvert(\mathbf{Z}_0)_{\{2\},\{2\}}\rvert+$ $\lvert\mathbf{MZ}_{\{2,4,6,5\},\{2,4,6,3\}}\rvert$ $\lvert(\mathbf{Z}_0)_{\{1\},\{1\}}\rvert+$ $\lvert\mathbf{MZ}_{\{1,2,5\},\{1,2,3\}}\rvert$ $\lvert(\mathbf{Z}_0)_{\{4,6\},\{4,6\}}\rvert+$ $\lvert\mathbf{MZ}_{\{1,4,5\},\{1,4,3\}}\rvert$ $\lvert(\mathbf{Z}_0)_{\{2,6\},\{2,6\}}\rvert+$ $\lvert\mathbf{MZ}_{\{1,6,5\},\{1,6,3\}}\rvert$ $\lvert(\mathbf{Z}_0)_{\{2,4\},\{2,4\}}\rvert+$ $\lvert\mathbf{MZ}_{\{2,4,5\},\{2,4,3\}}\rvert$ $\lvert(\mathbf{Z}_0)_{\{1,6\},\{1,6\}}\rvert+$ $\lvert\mathbf{MZ}_{\{2,6,5\},\{2,6,3\}}\rvert$ $\lvert(\mathbf{Z}_0)_{\{1,4\},\{1,4\}}\rvert+$ $\lvert\mathbf{MZ}_{\{4,6,5\},\{4,6,3\}}\rvert$ $\lvert(\mathbf{Z}_0)_{\{1,2\},\{1,2\}}\rvert+$ $\lvert\mathbf{MZ}_{\{1,5\},\{1,3\}}\rvert$ $\lvert(\mathbf{Z}_0)_{\{2,4,6\},\{2,4,6\}}\rvert+$ $\lvert\mathbf{MZ}_{\{2,5\},\{2,3\}}\rvert$ $\lvert(\mathbf{Z}_0)_{\{1,4,6\},\{1,4,6\}}\rvert+$ $\lvert\mathbf{MZ}_{\{4,5\},\{4,3\}}\rvert$ $\lvert(\mathbf{Z}_0)_{\{1,2,6\},\{1,2,6\}}\rvert+$ $\lvert\mathbf{MZ}_{\{6,5\},\{6,3\}}\rvert$ $\lvert(\mathbf{Z}_0)_{\{1,2,4\},\{1,2,4\}}\rvert+$ $\lvert\mathbf{MZ}_{\{5\},\{3\}}\rvert$ $\lvert(\mathbf{Z}_0)_{\{1,2,4,6\},\{1,2,4,6\}}\rvert)$

续表

NS_{ij}	1	2	3
6	$2R_6\sqrt{\left\|\frac{R_1}{R_6}\right\|}\times$ $(\|\mathbf{MZ}_{\{2,3,4,5,6\},\{2,3,4,5,1\}}\|+$ $\|\mathbf{MZ}_{\{2,3,4,6\},\{2,3,4,1\}}\|$ $\|(\mathbf{Z}_0)_{\{5\},\{5\}}\|+$ $\|\mathbf{MZ}_{\{2,3,5,6\},\{2,3,5,1\}}\|$ $\|(\mathbf{Z}_0)_{\{4\},\{4\}}\|+$ $\|\mathbf{MZ}_{\{2,4,5,6\},\{2,4,5,1\}}\|$ $\|(\mathbf{Z}_0)_{\{3\},\{3\}}\|+$ $\|\mathbf{MZ}_{\{3,4,5,6\},\{3,4,5,1\}}\|$ $\|(\mathbf{Z}_0)_{\{2\},\{2\}}\|+$ $\|\mathbf{MZ}_{\{2,3,6\},\{2,3,1\}}\|$ $\|(\mathbf{Z}_0)_{\{4,5\},\{4,5\}}\|+$ $\|\mathbf{MZ}_{\{2,4,6\},\{2,4,1\}}\|$ $\|(\mathbf{Z}_0)_{\{3,5\},\{3,5\}}\|+$ $\|\mathbf{MZ}_{\{2,5,6\},\{2,5,1\}}\|$ $\|(\mathbf{Z}_0)_{\{3,4\},\{3,4\}}\|+$ $\|\mathbf{MZ}_{\{3,4,6\},\{3,4,1\}}\|$ $\|(\mathbf{Z}_0)_{\{2,5\},\{2,5\}}\|+$ $\|\mathbf{MZ}_{\{3,5,6\},\{3,5,1\}}\|$ $\|(\mathbf{Z}_0)_{\{2,4\},\{2,4\}}\|+$ $\|\mathbf{MZ}_{\{4,5,6\},\{4,5,1\}}\|$ $\|(\mathbf{Z}_0)_{\{2,3\},\{2,3\}}\|+$ $\|\mathbf{MZ}_{\{2,6\},\{2,1\}}\|$ $\|(\mathbf{Z}_0)_{\{3,4,5\},\{3,4,5\}}\|+$ $\|\mathbf{MZ}_{\{3,6\},\{3,1\}}\|$ $\|(\mathbf{Z}_0)_{\{2,4,5\},\{2,4,5\}}\|+$ $\|\mathbf{MZ}_{\{4,6\},\{4,1\}}\|$ $\|(\mathbf{Z}_0)_{\{2,3,5\},\{2,3,5\}}\|+$ $\|\mathbf{MZ}_{\{5,6\},\{5,1\}}\|$ $\|(\mathbf{Z}_0)_{\{2,3,4\},\{2,3,4\}}\|+$ $\|\mathbf{MZ}_{\{6\},\{1\}}\|$ $\|(\mathbf{Z}_0)_{\{2,3,4,5\},\{2,3,4,5\}}\|)$	$2R_6\sqrt{\left\|\frac{R_2}{R_6}\right\|}\times$ $(\|\mathbf{MZ}_{\{1,3,4,5,6\},\{1,3,4,5,2\}}\|+$ $\|\mathbf{MZ}_{\{1,3,4,6\},\{1,3,4,2\}}\|$ $\|(\mathbf{Z}_0)_{\{5\},\{5\}}\|+$ $\|\mathbf{MZ}_{\{1,3,5,6\},\{1,3,5,2\}}\|$ $\|(\mathbf{Z}_0)_{\{4\},\{4\}}\|+$ $\|\mathbf{MZ}_{\{1,4,5,6\},\{1,4,5,2\}}\|$ $\|(\mathbf{Z}_0)_{\{3\},\{3\}}\|+$ $\|\mathbf{MZ}_{\{3,4,5,6\},\{3,4,5,2\}}\|$ $\|(\mathbf{Z}_0)_{\{1\},\{1\}}\|+$ $\|\mathbf{MZ}_{\{1,3,6\},\{1,3,2\}}\|$ $\|(\mathbf{Z}_0)_{\{4,5\},\{4,5\}}\|+$ $\|\mathbf{MZ}_{\{1,4,6\},\{1,4,2\}}\|$ $\|(\mathbf{Z}_0)_{\{3,5\},\{3,5\}}\|+$ $\|\mathbf{MZ}_{\{1,5,6\},\{1,5,2\}}\|$ $\|(\mathbf{Z}_0)_{\{3,4\},\{3,4\}}\|+$ $\|\mathbf{MZ}_{\{3,4,6\},\{3,4,2\}}\|$ $\|(\mathbf{Z}_0)_{\{1,5\},\{1,5\}}\|+$ $\|\mathbf{MZ}_{\{3,5,6\},\{3,5,2\}}\|$ $\|(\mathbf{Z}_0)_{\{1,4\},\{1,4\}}\|+$ $\|\mathbf{MZ}_{\{4,5,6\},\{4,5,2\}}\|$ $\|(\mathbf{Z}_0)_{\{1,3\},\{1,3\}}\|+$ $\|\mathbf{MZ}_{\{1,6\},\{1,2\}}\|$ $\|(\mathbf{Z}_0)_{\{3,4,5\},\{3,4,5\}}\|+$ $\|\mathbf{MZ}_{\{3,6\},\{3,2\}}\|$ $\|(\mathbf{Z}_0)_{\{1,4,5\},\{1,4,5\}}\|+$ $\|\mathbf{MZ}_{\{4,6\},\{4,2\}}\|$ $\|(\mathbf{Z}_0)_{\{1,3,5\},\{1,3,5\}}\|+$ $\|\mathbf{MZ}_{\{5,6\},\{5,2\}}\|$ $\|(\mathbf{Z}_0)_{\{1,3,4\},\{1,3,4\}}\|+$ $\|\mathbf{MZ}_{\{6\},\{2\}}\|$ $\|(\mathbf{Z}_0)_{\{1,3,4,5\},\{1,3,4,5\}}\|)$	$2R_3\sqrt{\left\|\frac{R_6}{R_3}\right\|}\times$ $(\|\mathbf{MZ}_{\{1,2,4,5,3\},\{1,2,4,5,6\}}\|+$ $\|\mathbf{MZ}_{\{1,2,4,3\},\{1,2,4,6\}}\|$ $\|(\mathbf{Z}_0)_{\{5\},\{5\}}\|+$ $\|\mathbf{MZ}_{\{1,2,5,3\},\{1,2,5,6\}}\|$ $\|(\mathbf{Z}_0)_{\{4\},\{4\}}\|+$ $\|\mathbf{MZ}_{\{1,4,5,3\},\{1,4,5,6\}}\|$ $\|(\mathbf{Z}_0)_{\{2\},\{2\}}\|+$ $\|\mathbf{MZ}_{\{2,4,5,3\},\{2,4,5,6\}}\|$ $\|(\mathbf{Z}_0)_{\{1\},\{1\}}\|+$ $\|\mathbf{MZ}_{\{1,2,3\},\{1,2,6\}}\|$ $\|(\mathbf{Z}_0)_{\{4,5\},\{4,5\}}\|+$ $\|\mathbf{MZ}_{\{1,4,3\},\{1,4,6\}}\|$ $\|(\mathbf{Z}_0)_{\{2,5\},\{2,5\}}\|+$ $\|\mathbf{MZ}_{\{1,5,3\},\{1,5,6\}}\|$ $\|(\mathbf{Z}_0)_{\{2,4\},\{2,4\}}\|+$ $\|\mathbf{MZ}_{\{2,4,3\},\{2,4,6\}}\|$ $\|(\mathbf{Z}_0)_{\{1,5\},\{1,5\}}\|+$ $\|\mathbf{MZ}_{\{2,5,3\},\{2,5,6\}}\|$ $\|(\mathbf{Z}_0)_{\{1,4\},\{1,4\}}\|+$ $\|\mathbf{MZ}_{\{4,5,3\},\{4,5,6\}}\|$ $\|(\mathbf{Z}_0)_{\{1,2\},\{1,2\}}\|+$ $\|\mathbf{MZ}_{\{1,3\},\{1,6\}}\|$ $\|(\mathbf{Z}_0)_{\{2,4,5\},\{2,4,5\}}\|+$ $\|\mathbf{MZ}_{\{2,3\},\{2,6\}}\|$ $\|(\mathbf{Z}_0)_{\{1,4,5\},\{1,4,5\}}\|+$ $\|\mathbf{MZ}_{\{4,3\},\{4,6\}}\|$ $\|(\mathbf{Z}_0)_{\{1,2,5\},\{1,2,5\}}\|+$ $\|\mathbf{MZ}_{\{5,3\},\{5,6\}}\|$ $\|(\mathbf{Z}_0)_{\{1,2,4\},\{1,2,4\}}\|+$ $\|\mathbf{MZ}_{\{3\},\{6\}}\|$ $\|(\mathbf{Z}_0)_{\{1,2,4,5\},\{1,2,4,5\}}\|)$

续表

NS_{ij}	4	5	6
1	$2R_1\sqrt{\left\|\frac{R_4}{R_1}\right\|}\times$ $(\|\mathbf{MZ}_{\{2,3,5,6,1\},\{2,3,5,6,4\}}\|+$ $\|\mathbf{MZ}_{\{2,3,5,1\},\{2,3,5,4\}}\|$ $\|(\mathbf{Z}_0)_{\{6\},\{6\}}\|+$ $\|\mathbf{MZ}_{\{2,3,6,1\},\{2,3,6,4\}}\|$ $\|(\mathbf{Z}_0)_{\{5\},\{5\}}\|+$ $\|\mathbf{MZ}_{\{2,5,6,1\},\{2,5,6,4\}}\|$ $\|(\mathbf{Z}_0)_{\{3\},\{3\}}\|+$ $\|\mathbf{MZ}_{\{3,5,6,1\},\{3,5,6,4\}}\|$ $\|(\mathbf{Z}_0)_{\{2\},\{2\}}\|+$ $\|\mathbf{MZ}_{\{2,3,1\},\{2,3,4\}}\|$ $\|(\mathbf{Z}_0)_{\{5,6\},\{5,6\}}\|+$ $\|\mathbf{MZ}_{\{2,5,1\},\{2,5,4\}}\|$ $\|(\mathbf{Z}_0)_{\{3,6\},\{3,6\}}\|+$ $\|\mathbf{MZ}_{\{2,6,1\},\{2,6,4\}}\|$ $\|(\mathbf{Z}_0)_{\{3,5\},\{3,5\}}\|+$ $\|\mathbf{MZ}_{\{3,5,1\},\{3,5,4\}}\|$ $\|(\mathbf{Z}_0)_{\{2,6\},\{2,6\}}\|+$ $\|\mathbf{MZ}_{\{3,6,1\},\{3,6,4\}}\|$ $\|(\mathbf{Z}_0)_{\{2,5\},\{2,5\}}\|+$ $\|\mathbf{MZ}_{\{5,6,1\},\{5,6,4\}}\|$ $\|(\mathbf{Z}_0)_{\{2,3\},\{2,3\}}\|+$ $\|\mathbf{MZ}_{\{2,1\},\{2,4\}}\|$ $\|(\mathbf{Z}_0)_{\{3,5,6\},\{3,5,6\}}\|+$ $\|\mathbf{MZ}_{\{3,1\},\{3,4\}}\|$ $\|(\mathbf{Z}_0)_{\{2,5,6\},\{2,5,6\}}\|+$ $\|\mathbf{MZ}_{\{5,1\},\{5,4\}}\|$ $\|(\mathbf{Z}_0)_{\{2,3,6\},\{2,3,6\}}\|+$ $\|\mathbf{MZ}_{\{6,1\},\{6,4\}}\|$ $\|(\mathbf{Z}_0)_{\{2,3,5\},\{2,3,5\}}\|+$ $\|\mathbf{MZ}_{\{1\},\{4\}}\|$ $\|(\mathbf{Z}_0)_{\{2,3,5,6\},\{2,3,5,6\}}\|)$	$2R_1\sqrt{\left\|\frac{R_5}{R_1}\right\|}\times$ $(\|\mathbf{MZ}_{\{2,3,4,6,1\},\{2,3,4,6,5\}}\|+$ $\|\mathbf{MZ}_{\{2,3,4,1\},\{2,3,4,5\}}\|$ $\|(\mathbf{Z}_0)_{\{6\},\{6\}}\|+$ $\|\mathbf{MZ}_{\{2,3,6,1\},\{2,3,6,5\}}\|$ $\|(\mathbf{Z}_0)_{\{4\},\{4\}}\|+$ $\|\mathbf{MZ}_{\{2,4,6,1\},\{2,4,6,5\}}\|$ $\|(\mathbf{Z}_0)_{\{3\},\{3\}}\|+$ $\|\mathbf{MZ}_{\{3,4,6,1\},\{3,4,6,5\}}\|$ $\|(\mathbf{Z}_0)_{\{2\},\{2\}}\|+$ $\|\mathbf{MZ}_{\{2,3,1\},\{2,3,5\}}\|$ $\|(\mathbf{Z}_0)_{\{4,6\},\{4,6\}}\|+$ $\|\mathbf{MZ}_{\{2,4,1\},\{2,4,5\}}\|$ $\|(\mathbf{Z}_0)_{\{3,6\},\{3,6\}}\|+$ $\|\mathbf{MZ}_{\{2,6,1\},\{2,6,5\}}\|$ $\|(\mathbf{Z}_0)_{\{3,4\},\{3,4\}}\|+$ $\|\mathbf{MZ}_{\{3,4,1\},\{3,4,5\}}\|$ $\|(\mathbf{Z}_0)_{\{2,6\},\{2,6\}}\|+$ $\|\mathbf{MZ}_{\{3,6,1\},\{3,6,5\}}\|$ $\|(\mathbf{Z}_0)_{\{2,4\},\{2,4\}}\|+$ $\|\mathbf{MZ}_{\{4,6,1\},\{4,6,5\}}\|$ $\|(\mathbf{Z}_0)_{\{2,3\},\{2,3\}}\|+$ $\|\mathbf{MZ}_{\{2,1\},\{2,5\}}\|$ $\|(\mathbf{Z}_0)_{\{3,4,6\},\{3,4,6\}}\|+$ $\|\mathbf{MZ}_{\{3,1\},\{3,5\}}\|$ $\|(\mathbf{Z}_0)_{\{2,4,6\},\{2,4,6\}}\|+$ $\|\mathbf{MZ}_{\{4,1\},\{4,5\}}\|$ $\|(\mathbf{Z}_0)_{\{2,3,6\},\{2,3,6\}}\|+$ $\|\mathbf{MZ}_{\{6,1\},\{6,5\}}\|$ $\|(\mathbf{Z}_0)_{\{2,3,4\},\{2,3,4\}}\|+$ $\|\mathbf{MZ}_{\{1\},\{5\}}\|$ $\|(\mathbf{Z}_0)_{\{2,3,4,6\},\{2,3,4,6\}}\|)$	$2R_1\sqrt{\left\|\frac{R_6}{R_1}\right\|}\times$ $(\|\mathbf{MZ}_{\{2,3,4,5,1\},\{2,3,4,5,6\}}\|+$ $\|\mathbf{MZ}_{\{2,3,4,1\},\{2,3,4,6\}}\|$ $\|(\mathbf{Z}_0)_{\{5\},\{5\}}\|+$ $\|\mathbf{MZ}_{\{2,3,5,1\},\{2,3,5,6\}}\|$ $\|(\mathbf{Z}_0)_{\{4\},\{4\}}\|+$ $\|\mathbf{MZ}_{\{2,4,5,1\},\{2,4,5,6\}}\|$ $\|(\mathbf{Z}_0)_{\{3\},\{3\}}\|+$ $\|\mathbf{MZ}_{\{3,4,5,1\},\{3,4,5,6\}}\|$ $\|(\mathbf{Z}_0)_{\{2\},\{2\}}\|+$ $\|\mathbf{MZ}_{\{2,3,1\},\{2,3,6\}}\|$ $\|(\mathbf{Z}_0)_{\{4,5\},\{4,5\}}\|+$ $\|\mathbf{MZ}_{\{2,4,1\},\{2,4,6\}}\|$ $\|(\mathbf{Z}_0)_{\{3,5\},\{3,5\}}\|+$ $\|\mathbf{MZ}_{\{2,5,1\},\{2,5,6\}}\|$ $\|(\mathbf{Z}_0)_{\{3,4\},\{3,4\}}\|+$ $\|\mathbf{MZ}_{\{3,4,1\},\{3,4,6\}}\|$ $\|(\mathbf{Z}_0)_{\{2,5\},\{2,5\}}\|+$ $\|\mathbf{MZ}_{\{3,5,1\},\{3,5,6\}}\|$ $\|(\mathbf{Z}_0)_{\{2,4\},\{2,4\}}\|+$ $\|\mathbf{MZ}_{\{4,5,1\},\{4,5,6\}}\|$ $\|(\mathbf{Z}_0)_{\{2,3\},\{2,3\}}\|+$ $\|\mathbf{MZ}_{\{2,1\},\{2,6\}}\|$ $\|(\mathbf{Z}_0)_{\{3,4,5\},\{3,4,5\}}\|+$ $\|\mathbf{MZ}_{\{3,1\},\{3,6\}}\|$ $\|(\mathbf{Z}_0)_{\{2,4,5\},\{2,4,5\}}\|+$ $\|\mathbf{MZ}_{\{4,1\},\{4,6\}}\|$ $\|(\mathbf{Z}_0)_{\{2,3,5\},\{2,3,5\}}\|+$ $\|\mathbf{MZ}_{\{5,1\},\{5,6\}}\|$ $\|(\mathbf{Z}_0)_{\{2,3,4\},\{2,3,4\}}\|+$ $\|\mathbf{MZ}_{\{1\},\{6\}}\|$ $\|(\mathbf{Z}_0)_{\{2,3,4,5\},\{2,3,4,5\}}\|)$

续表

NS_{ij}	4	5	6
2	$2R_2\sqrt{\left\lvert\frac{R_4}{R_2}\right\rvert}\times(\lvert\mathbf{MZ}_{\{1,3,5,6,2\},\{1,3,5,6,4\}}\rvert+\lvert\mathbf{MZ}_{\{1,3,5,2\},\{1,3,5,4\}}\rvert\lvert(\mathbf{Z}_0)_{\{6\},\{6\}}\rvert+\lvert\mathbf{MZ}_{\{1,3,6,2\},\{1,3,6,4\}}\rvert\lvert(\mathbf{Z}_0)_{\{5\},\{5\}}\rvert+\lvert\mathbf{MZ}_{\{1,5,6,2\},\{1,5,6,4\}}\rvert\lvert(\mathbf{Z}_0)_{\{3\},\{3\}}\rvert+\lvert\mathbf{MZ}_{\{3,5,6,2\},\{3,5,6,4\}}\rvert\lvert(\mathbf{Z}_0)_{\{1\},\{1\}}\rvert+\lvert\mathbf{MZ}_{\{1,3,2\},\{1,3,4\}}\rvert\lvert(\mathbf{Z}_0)_{\{5,6\},\{5,6\}}\rvert+\lvert\mathbf{MZ}_{\{1,5,2\},\{1,5,4\}}\rvert\lvert(\mathbf{Z}_0)_{\{3,6\},\{3,6\}}\rvert+\lvert\mathbf{MZ}_{\{1,6,2\},\{1,6,4\}}\rvert\lvert(\mathbf{Z}_0)_{\{3,5\},\{3,5\}}\rvert+\lvert\mathbf{MZ}_{\{3,5,2\},\{3,5,4\}}\rvert\lvert(\mathbf{Z}_0)_{\{1,6\},\{1,6\}}\rvert+\lvert\mathbf{MZ}_{\{3,6,2\},\{3,6,4\}}\rvert\lvert(\mathbf{Z}_0)_{\{1,5\},\{1,5\}}\rvert+\lvert\mathbf{MZ}_{\{5,6,2\},\{5,6,4\}}\rvert\lvert(\mathbf{Z}_0)_{\{1,3\},\{1,3\}}\rvert+\lvert\mathbf{MZ}_{\{1,2\},\{1,4\}}\rvert\lvert(\mathbf{Z}_0)_{\{3,5,6\},\{3,5,6\}}\rvert+\lvert\mathbf{MZ}_{\{3,2\},\{3,4\}}\rvert\lvert(\mathbf{Z}_0)_{\{1,5,6\},\{1,5,6\}}\rvert+\lvert\mathbf{MZ}_{\{5,2\},\{5,4\}}\rvert\lvert(\mathbf{Z}_0)_{\{1,3,6\},\{1,3,6\}}\rvert+\lvert\mathbf{MZ}_{\{6,2\},\{6,4\}}\rvert\lvert(\mathbf{Z}_0)_{\{1,3,5\},\{1,3,5\}}\rvert+\lvert\mathbf{MZ}_{\{2\},\{4\}}\rvert\lvert(\mathbf{Z}_0)_{\{1,3,5,6\},\{1,3,5,6\}}\rvert)$	$2R_2\sqrt{\left\lvert\frac{R_5}{R_2}\right\rvert}\times(\lvert\mathbf{MZ}_{\{1,3,4,6,2\},\{1,3,4,6,5\}}\rvert+\lvert\mathbf{MZ}_{\{1,3,4,2\},\{1,3,4,5\}}\rvert\lvert(\mathbf{Z}_0)_{\{6\},\{6\}}\rvert+\lvert\mathbf{MZ}_{\{1,3,6,2\},\{1,3,6,5\}}\rvert\lvert(\mathbf{Z}_0)_{\{4\},\{4\}}\rvert+\lvert\mathbf{MZ}_{\{1,4,6,2\},\{1,4,6,5\}}\rvert\lvert(\mathbf{Z}_0)_{\{3\},\{3\}}\rvert+\lvert\mathbf{MZ}_{\{3,4,6,2\},\{3,4,6,5\}}\rvert\lvert(\mathbf{Z}_0)_{\{1\},\{1\}}\rvert+\lvert\mathbf{MZ}_{\{1,3,2\},\{1,3,5\}}\rvert\lvert(\mathbf{Z}_0)_{\{4,6\},\{4,6\}}\rvert+\lvert\mathbf{MZ}_{\{1,4,2\},\{1,4,5\}}\rvert\lvert(\mathbf{Z}_0)_{\{3,6\},\{3,6\}}\rvert+\lvert\mathbf{MZ}_{\{1,6,2\},\{1,6,5\}}\rvert\lvert(\mathbf{Z}_0)_{\{3,4\},\{3,4\}}\rvert+\lvert\mathbf{MZ}_{\{3,4,2\},\{3,4,5\}}\rvert\lvert(\mathbf{Z}_0)_{\{1,6\},\{1,6\}}\rvert+\lvert\mathbf{MZ}_{\{3,6,2\},\{3,6,5\}}\rvert\lvert(\mathbf{Z}_0)_{\{1,4\},\{1,4\}}\rvert+\lvert\mathbf{MZ}_{\{4,6,2\},\{4,6,5\}}\rvert\lvert(\mathbf{Z}_0)_{\{1,3\},\{1,3\}}\rvert+\lvert\mathbf{MZ}_{\{1,2\},\{1,5\}}\rvert\lvert(\mathbf{Z}_0)_{\{3,4,6\},\{3,4,6\}}\rvert+\lvert\mathbf{MZ}_{\{3,2\},\{3,5\}}\rvert\lvert(\mathbf{Z}_0)_{\{1,4,6\},\{1,4,6\}}\rvert+\lvert\mathbf{MZ}_{\{4,2\},\{4,5\}}\rvert\lvert(\mathbf{Z}_0)_{\{1,3,6\},\{1,3,6\}}\rvert+\lvert\mathbf{MZ}_{\{6,2\},\{6,5\}}\rvert\lvert(\mathbf{Z}_0)_{\{1,3,4\},\{1,3,4\}}\rvert+\lvert\mathbf{MZ}_{\{2\},\{5\}}\rvert\lvert(\mathbf{Z}_0)_{\{1,3,4,6\},\{1,3,4,6\}}\rvert)$	$2R_2\sqrt{\left\lvert\frac{R_6}{R_2}\right\rvert}\times(\lvert\mathbf{MZ}_{\{1,3,4,5,2\},\{1,3,4,5,6\}}\rvert+\lvert\mathbf{MZ}_{\{1,3,4,2\},\{1,3,4,6\}}\rvert\lvert(\mathbf{Z}_0)_{\{5\},\{5\}}\rvert+\lvert\mathbf{MZ}_{\{1,3,5,2\},\{1,3,5,6\}}\rvert\lvert(\mathbf{Z}_0)_{\{4\},\{4\}}\rvert+\lvert\mathbf{MZ}_{\{1,4,5,2\},\{1,4,5,6\}}\rvert\lvert(\mathbf{Z}_0)_{\{3\},\{3\}}\rvert+\lvert\mathbf{MZ}_{\{3,4,5,2\},\{3,4,5,6\}}\rvert\lvert(\mathbf{Z}_0)_{\{1\},\{1\}}\rvert+\lvert\mathbf{MZ}_{\{1,3,2\},\{1,3,6\}}\rvert\lvert(\mathbf{Z}_0)_{\{4,5\},\{4,5\}}\rvert+\lvert\mathbf{MZ}_{\{1,4,2\},\{1,4,6\}}\rvert\lvert(\mathbf{Z}_0)_{\{3,5\},\{3,5\}}\rvert+\lvert\mathbf{MZ}_{\{1,5,2\},\{1,5,6\}}\rvert\lvert(\mathbf{Z}_0)_{\{3,4\},\{3,4\}}\rvert+\lvert\mathbf{MZ}_{\{3,4,2\},\{3,4,6\}}\rvert\lvert(\mathbf{Z}_0)_{\{1,5\},\{1,5\}}\rvert+\lvert\mathbf{MZ}_{\{3,5,2\},\{3,5,6\}}\rvert\lvert(\mathbf{Z}_0)_{\{1,4\},\{1,4\}}\rvert+\lvert\mathbf{MZ}_{\{4,5,2\},\{4,5,6\}}\rvert\lvert(\mathbf{Z}_0)_{\{1,3\},\{1,3\}}\rvert+\lvert\mathbf{MZ}_{\{1,2\},\{1,6\}}\rvert\lvert(\mathbf{Z}_0)_{\{3,4,5\},\{3,4,5\}}\rvert+\lvert\mathbf{MZ}_{\{3,2\},\{3,6\}}\rvert\lvert(\mathbf{Z}_0)_{\{1,4,5\},\{1,4,5\}}\rvert+\lvert\mathbf{MZ}_{\{4,2\},\{4,6\}}\rvert\lvert(\mathbf{Z}_0)_{\{1,3,5\},\{1,3,5\}}\rvert+\lvert\mathbf{MZ}_{\{5,2\},\{5,6\}}\rvert\lvert(\mathbf{Z}_0)_{\{1,3,4\},\{1,3,4\}}\rvert+\lvert\mathbf{MZ}_{\{2\},\{6\}}\rvert\lvert(\mathbf{Z}_0)_{\{1,3,4,5\},\{1,3,4,5\}}\rvert)$

续表

NS_{ij}	4	5	6
3	$2R_3\sqrt{\left\|\frac{R_4}{R_3}\right\|}\times(\|\mathbf{MZ}_{\{1,2,5,6,3\},\{1,2,5,6,4\}}\|+\|\mathbf{MZ}_{\{1,2,5,3\},\{1,2,5,4\}}\|\|(\mathbf{Z}_0)_{\{6\},\{6\}}\|+\|\mathbf{MZ}_{\{1,2,6,3\},\{1,2,6,4\}}\|\|(\mathbf{Z}_0)_{\{5\},\{5\}}\|+\|\mathbf{MZ}_{\{1,5,6,3\},\{1,5,6,4\}}\|\|(\mathbf{Z}_0)_{\{2\},\{2\}}\|+\|\mathbf{MZ}_{\{2,5,6,3\},\{2,5,6,4\}}\|\|(\mathbf{Z}_0)_{\{1\},\{1\}}\|+\|\mathbf{MZ}_{\{1,2,3\},\{1,2,4\}}\|\|(\mathbf{Z}_0)_{\{5,6\},\{5,6\}}\|+\|\mathbf{MZ}_{\{1,5,3\},\{1,5,4\}}\|\|(\mathbf{Z}_0)_{\{2,6\},\{2,6\}}\|+\|\mathbf{MZ}_{\{1,6,3\},\{1,6,4\}}\|\|(\mathbf{Z}_0)_{\{2,5\},\{2,5\}}\|+\|\mathbf{MZ}_{\{2,5,3\},\{2,5,4\}}\|\|(\mathbf{Z}_0)_{\{1,6\},\{1,6\}}\|+\|\mathbf{MZ}_{\{2,6,3\},\{2,6,4\}}\|\|(\mathbf{Z}_0)_{\{1,5\},\{1,5\}}\|+\|\mathbf{MZ}_{\{5,6,3\},\{5,6,4\}}\|\|(\mathbf{Z}_0)_{\{1,2\},\{1,2\}}\|+\|\mathbf{MZ}_{\{1,3\},\{1,4\}}\|\|(\mathbf{Z}_0)_{\{2,5,6\},\{2,5,6\}}\|+\|\mathbf{MZ}_{\{2,3\},\{2,4\}}\|\|(\mathbf{Z}_0)_{\{1,5,6\},\{1,5,6\}}\|+\|\mathbf{MZ}_{\{5,3\},\{5,4\}}\|\|(\mathbf{Z}_0)_{\{1,2,6\},\{1,2,6\}}\|+\|\mathbf{MZ}_{\{6,3\},\{6,4\}}\|\|(\mathbf{Z}_0)_{\{1,2,5\},\{1,2,5\}}\|+\|\mathbf{MZ}_{\{3\},\{4\}}\|\|(\mathbf{Z}_0)_{\{1,2,5,6\},\{1,2,5,6\}}\|)$	$2R_3\sqrt{\left\|\frac{R_5}{R_3}\right\|}\times(\|\mathbf{MZ}_{\{1,2,4,6,3\},\{1,2,4,6,5\}}\|+\|\mathbf{MZ}_{\{1,2,4,3\},\{1,2,4,5\}}\|\|(\mathbf{Z}_0)_{\{6\},\{6\}}\|+\|\mathbf{MZ}_{\{1,2,6,3\},\{1,2,6,5\}}\|\|(\mathbf{Z}_0)_{\{4\},\{4\}}\|+\|\mathbf{MZ}_{\{1,4,6,3\},\{1,4,6,5\}}\|\|(\mathbf{Z}_0)_{\{2\},\{2\}}\|+\|\mathbf{MZ}_{\{2,4,6,3\},\{2,4,6,5\}}\|\|(\mathbf{Z}_0)_{\{1\},\{1\}}\|+\|\mathbf{MZ}_{\{1,2,3\},\{1,2,5\}}\|\|(\mathbf{Z}_0)_{\{4,6\},\{4,6\}}\|+\|\mathbf{MZ}_{\{1,4,3\},\{1,4,5\}}\|\|(\mathbf{Z}_0)_{\{2,6\},\{2,6\}}\|+\|\mathbf{MZ}_{\{1,6,3\},\{1,6,5\}}\|\|(\mathbf{Z}_0)_{\{2,4\},\{2,4\}}\|+\|\mathbf{MZ}_{\{2,4,3\},\{2,4,5\}}\|\|(\mathbf{Z}_0)_{\{1,6\},\{1,6\}}\|+\|\mathbf{MZ}_{\{2,6,3\},\{2,6,5\}}\|\|(\mathbf{Z}_0)_{\{1,4\},\{1,4\}}\|+\|\mathbf{MZ}_{\{4,6,3\},\{4,6,5\}}\|\|(\mathbf{Z}_0)_{\{1,2\},\{1,2\}}\|+\|\mathbf{MZ}_{\{1,3\},\{1,5\}}\|\|(\mathbf{Z}_0)_{\{2,4,6\},\{2,4,6\}}\|+\|\mathbf{MZ}_{\{2,3\},\{2,5\}}\|\|(\mathbf{Z}_0)_{\{1,4,6\},\{1,4,6\}}\|+\|\mathbf{MZ}_{\{4,3\},\{4,5\}}\|\|(\mathbf{Z}_0)_{\{1,2,6\},\{1,2,6\}}\|+\|\mathbf{MZ}_{\{6,3\},\{6,5\}}\|\|(\mathbf{Z}_0)_{\{1,2,4\},\{1,2,4\}}\|+\|\mathbf{MZ}_{\{3\},\{5\}}\|\|(\mathbf{Z}_0)_{\{1,2,4,6\},\{1,2,4,6\}}\|)$	$2R_3\sqrt{\left\|\frac{R_6}{R_3}\right\|}\times(\|\mathbf{MZ}_{\{1,2,4,5,3\},\{1,2,4,5,6\}}\|+\|\mathbf{MZ}_{\{1,2,4,3\},\{1,2,4,6\}}\|\|(\mathbf{Z}_0)_{\{5\},\{5\}}\|+\|\mathbf{MZ}_{\{1,2,5,3\},\{1,2,5,6\}}\|\|(\mathbf{Z}_0)_{\{4\},\{4\}}\|+\|\mathbf{MZ}_{\{1,4,5,3\},\{1,4,5,6\}}\|\|(\mathbf{Z}_0)_{\{2\},\{2\}}\|+\|\mathbf{MZ}_{\{2,4,5,3\},\{2,4,5,6\}}\|\|(\mathbf{Z}_0)_{\{1\},\{1\}}\|+\|\mathbf{MZ}_{\{1,2,3\},\{1,2,6\}}\|\|(\mathbf{Z}_0)_{\{4,5\},\{4,5\}}\|+\|\mathbf{MZ}_{\{1,4,3\},\{1,4,6\}}\|\|(\mathbf{Z}_0)_{\{2,5\},\{2,5\}}\|+\|\mathbf{MZ}_{\{1,5,3\},\{1,5,6\}}\|\|(\mathbf{Z}_0)_{\{2,4\},\{2,4\}}\|+\|\mathbf{MZ}_{\{2,4,3\},\{2,4,6\}}\|\|(\mathbf{Z}_0)_{\{1,5\},\{1,5\}}\|+\|\mathbf{MZ}_{\{2,5,3\},\{2,5,6\}}\|\|(\mathbf{Z}_0)_{\{1,4\},\{1,4\}}\|+\|\mathbf{MZ}_{\{4,5,3\},\{4,5,6\}}\|\|(\mathbf{Z}_0)_{\{1,2\},\{1,2\}}\|+\|\mathbf{MZ}_{\{1,3\},\{1,6\}}\|\|(\mathbf{Z}_0)_{\{2,4,5\},\{2,4,5\}}\|+\|\mathbf{MZ}_{\{2,3\},\{2,6\}}\|\|(\mathbf{Z}_0)_{\{1,4,5\},\{1,4,5\}}\|+\|\mathbf{MZ}_{\{4,3\},\{4,6\}}\|\|(\mathbf{Z}_0)_{\{1,2,5\},\{1,2,5\}}\|+\|\mathbf{MZ}_{\{5,3\},\{5,6\}}\|\|(\mathbf{Z}_0)_{\{1,2,4\},\{1,2,4\}}\|+\|\mathbf{MZ}_{\{3\},\{6\}}\|\|(\mathbf{Z}_0)_{\{1,2,4,5\},\{1,2,4,5\}}\|)$

续表

NS_{ij}	4	5	6
4	—	$2R_4\sqrt{\left\|\frac{R_5}{R_4}\right\|}\times$ $(\|\mathbf{MZ}_{\{1,2,3,6,4\},\{1,2,3,6,5\}}\|+$ $\|\mathbf{MZ}_{\{1,2,3,4\},\{1,2,3,5\}}\|$ $\|(\mathbf{Z}_0)_{\{6\},\{6\}}\|+$ $\|\mathbf{MZ}_{\{1,2,6,4\},\{1,2,6,5\}}\|$ $\|(\mathbf{Z}_0)_{\{3\},\{3\}}\|+$ $\|\mathbf{MZ}_{\{1,3,6,4\},\{1,3,6,5\}}\|$ $\|(\mathbf{Z}_0)_{\{2\},\{2\}}\|+$ $\|\mathbf{MZ}_{\{2,3,6,4\},\{2,3,6,5\}}\|$ $\|(\mathbf{Z}_0)_{\{1\},\{1\}}\|+$ $\|\mathbf{MZ}_{\{1,2,4\},\{1,2,5\}}\|$ $\|(\mathbf{Z}_0)_{\{3,6\},\{3,6\}}\|+$ $\|\mathbf{MZ}_{\{1,3,4\},\{1,3,5\}}\|$ $\|(\mathbf{Z}_0)_{\{2,6\},\{2,6\}}\|+$ $\|\mathbf{MZ}_{\{1,6,4\},\{1,6,5\}}\|$ $\|(\mathbf{Z}_0)_{\{2,3\},\{2,3\}}\|+$ $\|\mathbf{MZ}_{\{2,3,4\},\{2,3,5\}}\|$ $\|(\mathbf{Z}_0)_{\{1,6\},\{1,6\}}\|+$ $\|\mathbf{MZ}_{\{2,6,4\},\{2,6,5\}}\|$ $\|(\mathbf{Z}_0)_{\{1,3\},\{1,3\}}\|+$ $\|\mathbf{MZ}_{\{3,6,4\},\{3,6,5\}}\|$ $\|(\mathbf{Z}_0)_{\{1,2\},\{1,2\}}\|+$ $\|\mathbf{MZ}_{\{1,4\},\{1,5\}}\|$ $\|(\mathbf{Z}_0)_{\{2,3,6\},\{2,3,6\}}\|+$ $\|\mathbf{MZ}_{\{2,4\},\{2,5\}}\|$ $\|(\mathbf{Z}_0)_{\{1,3,6\},\{1,3,6\}}\|+$ $\|\mathbf{MZ}_{\{3,4\},\{3,5\}}\|$ $\|(\mathbf{Z}_0)_{\{1,2,6\},\{1,2,6\}}\|+$ $\|\mathbf{MZ}_{\{6,4\},\{6,5\}}\|$ $\|(\mathbf{Z}_0)_{\{1,2,3\},\{1,2,3\}}\|+$ $\|\mathbf{MZ}_{\{4\},\{5\}}\|$ $\|(\mathbf{Z}_0)_{\{1,2,3,6\},\{1,2,3,6\}}\|)$	$2R_4\sqrt{\left\|\frac{R_6}{R_4}\right\|}\times$ $(\|\mathbf{MZ}_{\{1,2,3,5,4\},\{1,2,3,5,6\}}\|+$ $\|\mathbf{MZ}_{\{1,2,3,4\},\{1,2,3,6\}}\|$ $\|(\mathbf{Z}_0)_{\{5\},\{5\}}\|+$ $\|\mathbf{MZ}_{\{1,2,5,4\},\{1,2,5,6\}}\|$ $\|(\mathbf{Z}_0)_{\{3\},\{3\}}\|+$ $\|\mathbf{MZ}_{\{1,3,5,4\},\{1,3,5,6\}}\|$ $\|(\mathbf{Z}_0)_{\{2\},\{2\}}\|+$ $\|\mathbf{MZ}_{\{2,3,5,4\},\{2,3,5,6\}}\|$ $\|(\mathbf{Z}_0)_{\{1\},\{1\}}\|+$ $\|\mathbf{MZ}_{\{1,2,4\},\{1,2,6\}}\|$ $\|(\mathbf{Z}_0)_{\{3,5\},\{3,5\}}\|+$ $\|\mathbf{MZ}_{\{1,3,4\},\{1,3,6\}}\|$ $\|(\mathbf{Z}_0)_{\{2,5\},\{2,5\}}\|+$ $\|\mathbf{MZ}_{\{1,5,4\},\{1,5,6\}}\|$ $\|(\mathbf{Z}_0)_{\{2,3\},\{2,3\}}\|+$ $\|\mathbf{MZ}_{\{2,3,4\},\{2,3,6\}}\|$ $\|(\mathbf{Z}_0)_{\{1,5\},\{1,5\}}\|+$ $\|\mathbf{MZ}_{\{2,5,4\},\{2,5,6\}}\|$ $\|(\mathbf{Z}_0)_{\{1,3\},\{1,3\}}\|+$ $\|\mathbf{MZ}_{\{3,5,4\},\{3,5,6\}}\|$ $\|(\mathbf{Z}_0)_{\{1,2\},\{1,2\}}\|+$ $\|\mathbf{MZ}_{\{1,4\},\{1,6\}}\|$ $\|(\mathbf{Z}_0)_{\{2,3,5\},\{2,3,5\}}\|+$ $\|\mathbf{MZ}_{\{2,4\},\{2,6\}}\|$ $\|(\mathbf{Z}_0)_{\{1,3,5\},\{1,3,5\}}\|+$ $\|\mathbf{MZ}_{\{3,4\},\{3,6\}}\|$ $\|(\mathbf{Z}_0)_{\{1,2,5\},\{1,2,5\}}\|+$ $\|\mathbf{MZ}_{\{5,4\},\{5,6\}}\|$ $\|(\mathbf{Z}_0)_{\{1,2,3\},\{1,2,3\}}\|+$ $\|\mathbf{MZ}_{\{4\},\{6\}}\|$ $\|(\mathbf{Z}_0)_{\{1,2,3,5\},\{1,2,3,5\}}\|)$

续表

NS_{ij}	4	5	6
5	$2R_5\sqrt{\left\lvert\frac{R_4}{R_5}\right\rvert}\times$ $(\lvert\mathbf{MZ}_{\{1,2,3,6,5\},\{1,2,3,6,4\}}\rvert+$ $\lvert\mathbf{MZ}_{\{1,2,3,5\},\{1,2,3,4\}}\rvert$ $\lvert(\mathbf{Z}_0)_{\{6\},\{6\}}\rvert+$ $\lvert\mathbf{MZ}_{\{1,2,6,5\},\{1,2,6,4\}}\rvert$ $\lvert(\mathbf{Z}_0)_{\{3\},\{3\}}\rvert+$ $\lvert\mathbf{MZ}_{\{1,3,6,5\},\{1,3,6,4\}}\rvert$ $\lvert(\mathbf{Z}_0)_{\{2\},\{2\}}\rvert+$ $\lvert\mathbf{MZ}_{\{2,3,6,5\},\{2,3,6,4\}}\rvert$ $\lvert(\mathbf{Z}_0)_{\{1\},\{1\}}\rvert+$ $\lvert\mathbf{MZ}_{\{1,2,5\},\{1,2,4\}}\rvert$ $\lvert(\mathbf{Z}_0)_{\{3,6\},\{3,6\}}\rvert+$ $\lvert\mathbf{MZ}_{\{1,3,5\},\{1,3,4\}}\rvert$ $\lvert(\mathbf{Z}_0)_{\{2,6\},\{2,6\}}\rvert+$ $\lvert\mathbf{MZ}_{\{1,6,5\},\{1,6,4\}}\rvert$ $\lvert(\mathbf{Z}_0)_{\{2,3\},\{2,3\}}\rvert+$ $\lvert\mathbf{MZ}_{\{2,3,5\},\{2,3,4\}}\rvert$ $\lvert(\mathbf{Z}_0)_{\{1,6\},\{1,6\}}\rvert+$ $\lvert\mathbf{MZ}_{\{2,6,5\},\{2,6,4\}}\rvert$ $\lvert(\mathbf{Z}_0)_{\{1,3\},\{1,3\}}\rvert+$ $\lvert\mathbf{MZ}_{\{3,6,5\},\{3,6,4\}}\rvert$ $\lvert(\mathbf{Z}_0)_{\{1,2\},\{1,2\}}\rvert+$ $\lvert\mathbf{MZ}_{\{1,5\},\{1,4\}}\rvert$ $\lvert(\mathbf{Z}_0)_{\{2,3,6\},\{2,3,6\}}\rvert+$ $\lvert\mathbf{MZ}_{\{2,5\},\{2,4\}}\rvert$ $\lvert(\mathbf{Z}_0)_{\{1,3,6\},\{1,3,6\}}\rvert+$ $\lvert\mathbf{MZ}_{\{3,5\},\{3,4\}}\rvert$ $\lvert(\mathbf{Z}_0)_{\{1,2,6\},\{1,2,6\}}\rvert+$ $\lvert\mathbf{MZ}_{\{6,5\},\{6,4\}}\rvert$ $\lvert(\mathbf{Z}_0)_{\{1,2,3\},\{1,2,3\}}\rvert+$ $\lvert\mathbf{MZ}_{\{5\},\{4\}}\rvert$ $\lvert(\mathbf{Z}_0)_{\{1,2,3,6\},\{1,2,3,6\}}\rvert)$	—	$2R_5\sqrt{\left\lvert\frac{R_6}{R_5}\right\rvert}\times$ $(\lvert\mathbf{MZ}_{\{1,2,3,4,5\},\{1,2,3,4,6\}}\rvert+$ $\lvert\mathbf{MZ}_{\{1,2,3,5\},\{1,2,3,6\}}\rvert$ $\lvert(\mathbf{Z}_0)_{\{4\},\{4\}}\rvert+$ $\lvert\mathbf{MZ}_{\{1,2,4,5\},\{1,2,4,6\}}\rvert$ $\lvert(\mathbf{Z}_0)_{\{3\},\{3\}}\rvert+$ $\lvert\mathbf{MZ}_{\{1,3,4,5\},\{1,3,4,6\}}\rvert$ $\lvert(\mathbf{Z}_0)_{\{2\},\{2\}}\rvert+$ $\lvert\mathbf{MZ}_{\{2,3,4,5\},\{2,3,4,6\}}\rvert$ $\lvert(\mathbf{Z}_0)_{\{1\},\{1\}}\rvert+$ $\lvert\mathbf{MZ}_{\{1,2,5\},\{1,2,6\}}\rvert$ $\lvert(\mathbf{Z}_0)_{\{3,4\},\{3,4\}}\rvert+$ $\lvert\mathbf{MZ}_{\{1,3,5\},\{1,3,6\}}\rvert$ $\lvert(\mathbf{Z}_0)_{\{2,4\},\{2,4\}}\rvert+$ $\lvert\mathbf{MZ}_{\{1,4,5\},\{1,4,6\}}\rvert$ $\lvert(\mathbf{Z}_0)_{\{2,3\},\{2,3\}}\rvert+$ $\lvert\mathbf{MZ}_{\{2,3,5\},\{2,3,6\}}\rvert$ $\lvert(\mathbf{Z}_0)_{\{1,4\},\{1,4\}}\rvert+$ $\lvert\mathbf{MZ}_{\{2,4,5\},\{2,4,6\}}\rvert$ $\lvert(\mathbf{Z}_0)_{\{1,3\},\{1,3\}}\rvert+$ $\lvert\mathbf{MZ}_{\{3,4,5\},\{3,4,6\}}\rvert$ $\lvert(\mathbf{Z}_0)_{\{1,2\},\{1,2\}}\rvert+$ $\lvert\mathbf{MZ}_{\{1,5\},\{1,6\}}\rvert$ $\lvert(\mathbf{Z}_0)_{\{2,3,4\},\{2,3,4\}}\rvert+$ $\lvert\mathbf{MZ}_{\{2,5\},\{2,6\}}\rvert$ $\lvert(\mathbf{Z}_0)_{\{1,3,4\},\{1,3,4\}}\rvert+$ $\lvert\mathbf{MZ}_{\{3,5\},\{3,6\}}\rvert$ $\lvert(\mathbf{Z}_0)_{\{1,2,4\},\{1,2,4\}}\rvert+$ $\lvert\mathbf{MZ}_{\{4,5\},\{4,6\}}\rvert$ $\lvert(\mathbf{Z}_0)_{\{1,2,3\},\{1,2,3\}}\rvert+$ $\lvert\mathbf{MZ}_{\{5\},\{6\}}\rvert$ $\lvert(\mathbf{Z}_0)_{\{1,2,3,4\},\{1,2,3,4\}}\rvert)$

续表

NS_{ij}	4	5	6
6	$2R_6\sqrt{\left\|\frac{R_4}{R_6}\right\|}\times$ $(\|\mathbf{MZ}_{\{1,2,3,5,6\},\{1,2,3,5,4\}}\|+$ $\|\mathbf{MZ}_{\{1,2,3,6\},\{1,2,3,4\}}\|$ $\|(\mathbf{Z}_0)_{\{5\},\{5\}}\|+$ $\|\mathbf{MZ}_{\{1,2,5,6\},\{1,2,5,4\}}\|$ $\|(\mathbf{Z}_0)_{\{3\},\{3\}}\|+$ $\|\mathbf{MZ}_{\{1,3,5,6\},\{1,3,5,4\}}\|$ $\|(\mathbf{Z}_0)_{\{2\},\{2\}}\|+$ $\|\mathbf{MZ}_{\{2,3,5,6\},\{2,3,5,4\}}\|$ $\|(\mathbf{Z}_0)_{\{1\},\{1\}}\|+$ $\|\mathbf{MZ}_{\{1,2,6\},\{1,2,4\}}\|$ $\|(\mathbf{Z}_0)_{\{3,5\},\{3,5\}}\|+$ $\|\mathbf{MZ}_{\{1,3,6\},\{1,3,4\}}\|$ $\|(\mathbf{Z}_0)_{\{2,5\},\{2,5\}}\|+$ $\|\mathbf{MZ}_{\{1,5,6\},\{1,5,4\}}\|$ $\|(\mathbf{Z}_0)_{\{2,3\},\{2,3\}}\|+$ $\|\mathbf{MZ}_{\{2,3,6\},\{2,3,4\}}\|$ $\|(\mathbf{Z}_0)_{\{1,5\},\{1,5\}}\|+$ $\|\mathbf{MZ}_{\{2,5,6\},\{2,5,4\}}\|$ $\|(\mathbf{Z}_0)_{\{1,3\},\{1,3\}}\|+$ $\|\mathbf{MZ}_{\{3,5,6\},\{3,5,4\}}\|$ $\|(\mathbf{Z}_0)_{\{1,2\},\{1,2\}}\|+$ $\|\mathbf{MZ}_{\{1,6\},\{1,4\}}\|$ $\|(\mathbf{Z}_0)_{\{2,3,5\},\{2,3,5\}}\|+$ $\|\mathbf{MZ}_{\{2,6\},\{2,4\}}\|$ $\|(\mathbf{Z}_0)_{\{1,3,5\},\{1,3,5\}}\|+$ $\|\mathbf{MZ}_{\{3,6\},\{3,4\}}\|$ $\|(\mathbf{Z}_0)_{\{1,2,5\},\{1,2,5\}}\|+$ $\|\mathbf{MZ}_{\{5,6\},\{5,4\}}\|$ $\|(\mathbf{Z}_0)_{\{1,2,3\},\{1,2,3\}}\|+$ $\|\mathbf{MZ}_{\{6\},\{4\}}\|$ $\|(\mathbf{Z}_0)_{\{1,2,3,5\},\{1,2,3,5\}}\|)$	$2R_6\sqrt{\left\|\frac{R_5}{R_6}\right\|}\times$ $(\|\mathbf{MZ}_{\{1,2,3,4,6\},\{1,2,3,4,5\}}\|+$ $\|\mathbf{MZ}_{\{1,2,3,6\},\{1,2,3,5\}}\|$ $\|(\mathbf{Z}_0)_{\{4\},\{4\}}\|+$ $\|\mathbf{MZ}_{\{1,2,4,6\},\{1,2,4,5\}}\|$ $\|(\mathbf{Z}_0)_{\{3\},\{3\}}\|+$ $\|\mathbf{MZ}_{\{1,3,4,6\},\{1,3,4,5\}}\|$ $\|(\mathbf{Z}_0)_{\{2\},\{2\}}\|+$ $\|\mathbf{MZ}_{\{2,3,4,6\},\{2,3,4,5\}}\|$ $\|(\mathbf{Z}_0)_{\{1\},\{1\}}\|+$ $\|\mathbf{MZ}_{\{1,2,6\},\{1,2,5\}}\|$ $\|(\mathbf{Z}_0)_{\{3,4\},\{3,4\}}\|+$ $\|\mathbf{MZ}_{\{1,3,6\},\{1,3,5\}}\|$ $\|(\mathbf{Z}_0)_{\{2,4\},\{2,4\}}\|+$ $\|\mathbf{MZ}_{\{1,4,6\},\{1,4,5\}}\|$ $\|(\mathbf{Z}_0)_{\{2,3\},\{2,3\}}\|+$ $\|\mathbf{MZ}_{\{2,3,6\},\{2,3,5\}}\|$ $\|(\mathbf{Z}_0)_{\{1,4\},\{1,4\}}\|+$ $\|\mathbf{MZ}_{\{2,4,6\},\{2,4,5\}}\|$ $\|(\mathbf{Z}_0)_{\{1,3\},\{1,3\}}\|+$ $\|\mathbf{MZ}_{\{3,4,6\},\{3,4,5\}}\|$ $\|(\mathbf{Z}_0)_{\{1,2\},\{1,2\}}\|+$ $\|\mathbf{MZ}_{\{1,6\},\{1,5\}}\|$ $\|(\mathbf{Z}_0)_{\{2,3,4\},\{2,3,4\}}\|+$ $\|\mathbf{MZ}_{\{2,6\},\{2,5\}}\|$ $\|(\mathbf{Z}_0)_{\{1,3,4\},\{1,3,4\}}\|+$ $\|\mathbf{MZ}_{\{3,6\},\{3,5\}}\|$ $\|(\mathbf{Z}_0)_{\{1,2,4\},\{1,2,4\}}\|+$ $\|\mathbf{MZ}_{\{4,6\},\{4,5\}}\|$ $\|(\mathbf{Z}_0)_{\{1,2,3\},\{1,2,3\}}\|+$ $\|\mathbf{MZ}_{\{6\},\{5\}}\|$ $\|(\mathbf{Z}_0)_{\{1,2,3,4\},\{1,2,3,4\}}\|)$	—

续表

$$
\begin{aligned}
\mathrm{DS}=\;&|\mathbf{MZ}_{\{1,2,3,4,5,6\},\{1,2,3,4,5,6\}}|+|\mathbf{MZ}_{\{1,2,3,4,5\},\{1,2,3,4,5\}}||(\mathbf{Z}_0)_{\{6\},\{6\}}|+|\mathbf{MZ}_{\{1,2,3,4,6\},\{1,2,3,4,6\}}||(\mathbf{Z}_0)_{\{5\},\{5\}}|+\\
&|\mathbf{MZ}_{\{1,2,3,5,6\},\{1,2,3,5,6\}}||(\mathbf{Z}_0)_{\{4\},\{4\}}|+|\mathbf{MZ}_{\{1,2,4,5,6\},\{1,2,4,5,6\}}||(\mathbf{Z}_0)_{\{3\},\{3\}}|+|\mathbf{MZ}_{\{1,3,4,5,6\},\{1,3,4,5,6\}}||(\mathbf{Z}_0)_{\{2\},\{2\}}|+\\
&|\mathbf{MZ}_{\{2,3,4,5,6\},\{2,3,4,5,6\}}||(\mathbf{Z}_0)_{\{1\},\{1\}}|+|\mathbf{MZ}_{\{1,2,3,4\},\{1,2,3,4\}}||(\mathbf{Z}_0)_{\{5,6\},\{5,6\}}|+|\mathbf{MZ}_{\{1,2,3,5\},\{1,2,3,5\}}||(\mathbf{Z}_0)_{\{4,6\},\{4,6\}}|+\\
&|\mathbf{MZ}_{\{1,2,3,6\},\{1,2,3,6\}}||(\mathbf{Z}_0)_{\{4,5\},\{4,5\}}|+|\mathbf{MZ}_{\{1,2,4,5\},\{1,2,4,5\}}||(\mathbf{Z}_0)_{\{3,6\},\{3,6\}}|+|\mathbf{MZ}_{\{1,2,4,6\},\{1,2,4,6\}}||(\mathbf{Z}_0)_{\{3,5\},\{3,5\}}|+\\
&|\mathbf{MZ}_{\{1,2,5,6\},\{1,2,5,6\}}||(\mathbf{Z}_0)_{\{3,4\},\{3,4\}}|+|\mathbf{MZ}_{\{1,3,4,5\},\{1,3,4,5\}}||(\mathbf{Z}_0)_{\{2,6\},\{2,6\}}|+|\mathbf{MZ}_{\{1,3,4,6\},\{1,3,4,6\}}||(\mathbf{Z}_0)_{\{2,5\},\{2,5\}}|+\\
&|\mathbf{MZ}_{\{1,3,5,6\},\{1,3,5,6\}}||(\mathbf{Z}_0)_{\{2,4\},\{2,4\}}|+|\mathbf{MZ}_{\{1,4,5,6\},\{1,4,5,6\}}||(\mathbf{Z}_0)_{\{2,3\},\{2,3\}}|+|\mathbf{MZ}_{\{2,3,4,5\},\{2,3,4,5\}}||(\mathbf{Z}_0)_{\{1,6\},\{1,6\}}|+\\
&|\mathbf{MZ}_{\{2,3,4,6\},\{2,3,4,6\}}||(\mathbf{Z}_0)_{\{1,5\},\{1,5\}}|+|\mathbf{MZ}_{\{2,3,5,6\},\{2,3,5,6\}}||(\mathbf{Z}_0)_{\{1,4\},\{1,4\}}|+|\mathbf{MZ}_{\{2,4,5,6\},\{2,4,5,6\}}||(\mathbf{Z}_0)_{\{1,3\},\{1,3\}}|+\\
&|\mathbf{MZ}_{\{3,4,5,6\},\{3,4,5,6\}}||(\mathbf{Z}_0)_{\{1,2\},\{1,2\}}|+|\mathbf{MZ}_{\{1,2,3\},\{1,2,3\}}||(\mathbf{Z}_0)_{\{4,5,6\},\{4,5,6\}}|+|\mathbf{MZ}_{\{1,2,4\},\{1,2,4\}}||(\mathbf{Z}_0)_{\{3,5,6\},\{3,5,6\}}|+\\
&|\mathbf{MZ}_{\{1,2,5\},\{1,2,5\}}||(\mathbf{Z}_0)_{\{3,4,6\},\{3,4,6\}}|+|\mathbf{MZ}_{\{1,2,6\},\{1,2,6\}}||(\mathbf{Z}_0)_{\{3,4,5\},\{3,4,5\}}|+|\mathbf{MZ}_{\{1,3,4\},\{1,3,4\}}||(\mathbf{Z}_0)_{\{2,5,6\},\{2,5,6\}}|+\\
&|\mathbf{MZ}_{\{1,3,5\},\{1,3,5\}}||(\mathbf{Z}_0)_{\{2,4,6\},\{2,4,6\}}|+|\mathbf{MZ}_{\{1,3,6\},\{1,3,6\}}||(\mathbf{Z}_0)_{\{2,4,5\},\{2,4,5\}}|+|\mathbf{MZ}_{\{1,4,5\},\{1,4,5\}}||(\mathbf{Z}_0)_{\{2,3,6\},\{2,3,6\}}|+\\
&|\mathbf{MZ}_{\{1,4,6\},\{1,4,6\}}||(\mathbf{Z}_0)_{\{2,3,5\},\{2,3,5\}}|+|\mathbf{MZ}_{\{1,5,6\},\{1,5,6\}}||(\mathbf{Z}_0)_{\{2,3,4\},\{2,3,4\}}|+|\mathbf{MZ}_{\{2,3,4\},\{2,3,4\}}||(\mathbf{Z}_0)_{\{1,5,6\},\{1,5,6\}}|+\\
&|\mathbf{MZ}_{\{2,3,5\},\{2,3,5\}}||(\mathbf{Z}_0)_{\{1,4,6\},\{1,4,6\}}|+|\mathbf{MZ}_{\{2,3,6\},\{2,3,6\}}||(\mathbf{Z}_0)_{\{1,4,5\},\{1,4,5\}}|+|\mathbf{MZ}_{\{2,4,5\},\{2,4,5\}}||(\mathbf{Z}_0)_{\{1,3,6\},\{1,3,6\}}|+\\
&|\mathbf{MZ}_{\{2,4,6\},\{2,4,6\}}||(\mathbf{Z}_0)_{\{1,3,5\},\{1,3,5\}}|+|\mathbf{MZ}_{\{2,5,6\},\{2,5,6\}}||(\mathbf{Z}_0)_{\{1,3,4\},\{1,3,4\}}|+|\mathbf{MZ}_{\{3,4,5\},\{3,4,5\}}||(\mathbf{Z}_0)_{\{1,2,6\},\{1,2,6\}}|+\\
&|\mathbf{MZ}_{\{3,4,6\},\{3,4,6\}}||(\mathbf{Z}_0)_{\{1,2,5\},\{1,2,5\}}|+|\mathbf{MZ}_{\{3,5,6\},\{3,5,6\}}||(\mathbf{Z}_0)_{\{1,2,4\},\{1,2,4\}}|+|\mathbf{MZ}_{\{4,5,6\},\{4,5,6\}}||(\mathbf{Z}_0)_{\{1,2,3\},\{1,2,3\}}|+\\
&|\mathbf{MZ}_{\{1,2\},\{1,2\}}||(\mathbf{Z}_0)_{\{3,4,5,6\},\{3,4,5,6\}}|+|\mathbf{MZ}_{\{1,3\},\{1,3\}}||(\mathbf{Z}_0)_{\{2,4,5,6\},\{2,4,5,6\}}|+|\mathbf{MZ}_{\{1,4\},\{1,4\}}||(\mathbf{Z}_0)_{\{2,3,5,6\},\{2,3,5,6\}}|+\\
&|\mathbf{MZ}_{\{1,5\},\{1,5\}}||(\mathbf{Z}_0)_{\{2,3,4,6\},\{2,3,4,6\}}|+|\mathbf{MZ}_{\{1,6\},\{1,6\}}||(\mathbf{Z}_0)_{\{2,3,4,5\},\{2,3,4,5\}}|+|\mathbf{MZ}_{\{2,3\},\{2,3\}}||(\mathbf{Z}_0)_{\{1,4,5,6\},\{1,4,5,6\}}|+\\
&|\mathbf{MZ}_{\{2,4\},\{2,4\}}||(\mathbf{Z}_0)_{\{1,3,5,6\},\{1,3,5,6\}}|+|\mathbf{MZ}_{\{2,5\},\{2,5\}}||(\mathbf{Z}_0)_{\{1,3,4,6\},\{1,3,4,6\}}|+|\mathbf{MZ}_{\{2,6\},\{2,6\}}||(\mathbf{Z}_0)_{\{1,3,4,5\},\{1,3,4,5\}}|+\\
&|\mathbf{MZ}_{\{3,4\},\{3,4\}}||(\mathbf{Z}_0)_{\{1,2,5,6\},\{1,2,5,6\}}|+|\mathbf{MZ}_{\{3,5\},\{3,5\}}||(\mathbf{Z}_0)_{\{1,2,4,6\},\{1,2,4,6\}}|+|\mathbf{MZ}_{\{3,6\},\{3,6\}}||(\mathbf{Z}_0)_{\{1,2,4,5\},\{1,2,4,5\}}|+\\
&|\mathbf{MZ}_{\{4,5\},\{4,5\}}||(\mathbf{Z}_0)_{\{1,2,3,6\},\{1,2,3,6\}}|+|\mathbf{MZ}_{\{4,6\},\{4,6\}}||(\mathbf{Z}_0)_{\{1,2,3,5\},\{1,2,3,5\}}|+|\mathbf{MZ}_{\{5,6\},\{5,6\}}||(\mathbf{Z}_0)_{\{1,2,3,4\},\{1,2,3,4\}}|+\\
&|\mathbf{MZ}_{\{1\},\{1\}}||(\mathbf{Z}_0)_{\{2,3,4,5,6\},\{2,3,4,5,6\}}|+|\mathbf{MZ}_{\{2\},\{2\}}||(\mathbf{Z}_0)_{\{1,3,4,5,6\},\{1,3,4,5,6\}}|+|\mathbf{MZ}_{\{3\},\{3\}}||(\mathbf{Z}_0)_{\{1,2,4,5,6\},\{1,2,4,5,6\}}|+\\
&|\mathbf{MZ}_{\{4\},\{4\}}||(\mathbf{Z}_0)_{\{1,2,3,5,6\},\{1,2,3,5,6\}}|+|\mathbf{MZ}_{\{5\},\{5\}}||(\mathbf{Z}_0)_{\{1,2,3,4,6\},\{1,2,3,4,6\}}|+|\mathbf{MZ}_{\{6\},\{6\}}||(\mathbf{Z}_0)_{\{1,2,3,4,5\},\{1,2,3,4,5\}}|+\\
&|(\mathbf{Z}_0)_{\{1,2,3,4,5,6\},\{1,2,3,4,5,6\}}|
\end{aligned}
$$

$$
\begin{aligned}
\mathrm{NS}_{11}=\;&|\mathbf{MZ}_{\{1,2,3,4,5,6\},\{1,2,3,4,5,6\}}|+|\mathbf{MZ}_{\{1,2,3,4,5\},\{1,2,3,4,5\}}||(\mathbf{Z}_0)_{\{6\},\{6\}}|+|\mathbf{MZ}_{\{1,2,3,4,6\},\{1,2,3,4,6\}}||(\mathbf{Z}_0)_{\{5\},\{5\}}|+\\
&|\mathbf{MZ}_{\{1,2,3,5,6\},\{1,2,3,5,6\}}||(\mathbf{Z}_0)_{\{4\},\{4\}}|+|\mathbf{MZ}_{\{1,2,4,5,6\},\{1,2,4,5,6\}}||(\mathbf{Z}_0)_{\{3\},\{3\}}|+|\mathbf{MZ}_{\{1,3,4,5,6\},\{1,3,4,5,6\}}||(\mathbf{Z}_0)_{\{2\},\{2\}}|+\\
&|\mathbf{MZ}_{\{1,2,3,4\},\{1,2,3,4\}}||(\mathbf{Z}_0)_{\{5,6\},\{5,6\}}|+|\mathbf{MZ}_{\{1,2,3,5\},\{1,2,3,5\}}||(\mathbf{Z}_0)_{\{4,6\},\{4,6\}}|+|\mathbf{MZ}_{\{1,2,3,6\},\{1,2,3,6\}}||(\mathbf{Z}_0)_{\{4,5\},\{4,5\}}|+\\
&|\mathbf{MZ}_{\{1,2,4,5\},\{1,2,4,5\}}||(\mathbf{Z}_0)_{\{3,6\},\{3,6\}}|+|\mathbf{MZ}_{\{1,2,4,6\},\{1,2,4,6\}}||(\mathbf{Z}_0)_{\{3,5\},\{3,5\}}|+|\mathbf{MZ}_{\{1,2,5,6\},\{1,2,5,6\}}||(\mathbf{Z}_0)_{\{3,4\},\{3,4\}}|+\\
&|\mathbf{MZ}_{\{1,3,4,5\},\{1,3,4,5\}}||(\mathbf{Z}_0)_{\{2,6\},\{2,6\}}|+|\mathbf{MZ}_{\{1,3,4,6\},\{1,3,4,6\}}||(\mathbf{Z}_0)_{\{2,5\},\{2,5\}}|+|\mathbf{MZ}_{\{1,3,5,6\},\{1,3,5,6\}}||(\mathbf{Z}_0)_{\{2,4\},\{2,4\}}|+\\
&|\mathbf{MZ}_{\{1,4,5,6\},\{1,4,5,6\}}||(\mathbf{Z}_0)_{\{2,3\},\{2,3\}}|+|\mathbf{MZ}_{\{1,2,3\},\{1,2,3\}}||(\mathbf{Z}_0)_{\{4,5,6\},\{4,5,6\}}|+|\mathbf{MZ}_{\{1,2,4\},\{1,2,4\}}||(\mathbf{Z}_0)_{\{3,5,6\},\{3,5,6\}}|+\\
&|\mathbf{MZ}_{\{1,2,5\},\{1,2,5\}}||(\mathbf{Z}_0)_{\{3,4,6\},\{3,4,6\}}|+|\mathbf{MZ}_{\{1,2,6\},\{1,2,6\}}||(\mathbf{Z}_0)_{\{3,4,5\},\{3,4,5\}}|+|\mathbf{MZ}_{\{1,3,4\},\{1,3,4\}}||(\mathbf{Z}_0)_{\{2,5,6\},\{2,5,6\}}|+\\
&|\mathbf{MZ}_{\{1,3,5\},\{1,3,5\}}||(\mathbf{Z}_0)_{\{2,4,6\},\{2,4,6\}}|+|\mathbf{MZ}_{\{1,3,6\},\{1,3,6\}}||(\mathbf{Z}_0)_{\{2,4,5\},\{2,4,5\}}|+|\mathbf{MZ}_{\{1,4,5\},\{1,4,5\}}||(\mathbf{Z}_0)_{\{2,3,6\},\{2,3,6\}}|+\\
&|\mathbf{MZ}_{\{1,4,6\},\{1,4,6\}}||(\mathbf{Z}_0)_{\{2,3,5\},\{2,3,5\}}|+|\mathbf{MZ}_{\{1,5,6\},\{1,5,6\}}||(\mathbf{Z}_0)_{\{2,3,4\},\{2,3,4\}}|+|\mathbf{MZ}_{\{1,2\},\{1,2\}}||(\mathbf{Z}_0)_{\{3,4,5,6\},\{3,4,5,6\}}|+\\
&|\mathbf{MZ}_{\{1,3\},\{1,3\}}||(\mathbf{Z}_0)_{\{2,4,5,6\},\{2,4,5,6\}}|+|\mathbf{MZ}_{\{1,4\},\{1,4\}}||(\mathbf{Z}_0)_{\{2,3,5,6\},\{2,3,5,6\}}|+|\mathbf{MZ}_{\{1,5\},\{1,5\}}||(\mathbf{Z}_0)_{\{2,3,4,6\},\{2,3,4,6\}}|+\\
&|\mathbf{MZ}_{\{1,6\},\{1,6\}}||(\mathbf{Z}_0)_{\{2,3,4,5\},\{2,3,4,5\}}|+|\mathbf{MZ}_{\{1\},\{1\}}||(\mathbf{Z}_0)_{\{2,3,4,5,6\},\{2,3,4,5,6\}}|+(|\mathbf{MZ}_{\{2,3,4,5,6\},\{2,3,4,5,6\}}|+\\
&|\mathbf{MZ}_{\{2,3,4,5\},\{2,3,4,5\}}||(\mathbf{Z}_0)_{\{6\},\{6\}}|+|\mathbf{MZ}_{\{2,3,4,6\},\{2,3,4,6\}}||(\mathbf{Z}_0)_{\{5\},\{5\}}|+|\mathbf{MZ}_{\{2,3,5,6\},\{2,3,5,6\}}||(\mathbf{Z}_0)_{\{4\},\{4\}}|+\\
&|\mathbf{MZ}_{\{2,4,5,6\},\{2,4,5,6\}}||(\mathbf{Z}_0)_{\{3\},\{3\}}|+|\mathbf{MZ}_{\{3,4,5,6\},\{3,4,5,6\}}||(\mathbf{Z}_0)_{\{2\},\{2\}}|+|\mathbf{MZ}_{\{2,3,4\},\{2,3,4\}}||(\mathbf{Z}_0)_{\{5,6\},\{5,6\}}|+\\
&|\mathbf{MZ}_{\{2,3,5\},\{2,3,5\}}||(\mathbf{Z}_0)_{\{4,6\},\{4,6\}}|+|\mathbf{MZ}_{\{2,3,6\},\{2,3,6\}}||(\mathbf{Z}_0)_{\{4,5\},\{4,5\}}|+|\mathbf{MZ}_{\{2,4,5\},\{2,4,5\}}||(\mathbf{Z}_0)_{\{3,6\},\{3,6\}}|+\\
&|\mathbf{MZ}_{\{2,4,6\},\{2,4,6\}}||(\mathbf{Z}_0)_{\{3,5\},\{3,5\}}|+|\mathbf{MZ}_{\{2,5,6\},\{2,5,6\}}||(\mathbf{Z}_0)_{\{3,4\},\{3,4\}}|+|\mathbf{MZ}_{\{3,4,5\},\{3,4,5\}}||(\mathbf{Z}_0)_{\{2,6\},\{2,6\}}|+\\
&|\mathbf{MZ}_{\{3,4,6\},\{3,4,6\}}||(\mathbf{Z}_0)_{\{2,5\},\{2,5\}}|+|\mathbf{MZ}_{\{3,5,6\},\{3,5,6\}}||(\mathbf{Z}_0)_{\{2,4\},\{2,4\}}|+|\mathbf{MZ}_{\{4,5,6\},\{4,5,6\}}||(\mathbf{Z}_0)_{\{2,3\},\{2,3\}}|+\\
&|\mathbf{MZ}_{\{2,3\},\{2,3\}}||(\mathbf{Z}_0)_{\{4,5,6\},\{4,5,6\}}|+|\mathbf{MZ}_{\{2,4\},\{2,4\}}||(\mathbf{Z}_0)_{\{3,5,6\},\{3,5,6\}}|+|\mathbf{MZ}_{\{2,5\},\{2,5\}}||(\mathbf{Z}_0)_{\{3,4,6\},\{3,4,6\}}|+\\
&|\mathbf{MZ}_{\{2,6\},\{2,6\}}||(\mathbf{Z}_0)_{\{3,4,5\},\{3,4,5\}}|+|\mathbf{MZ}_{\{3,4\},\{3,4\}}||(\mathbf{Z}_0)_{\{2,5,6\},\{2,5,6\}}|+|\mathbf{MZ}_{\{3,5\},\{3,5\}}||(\mathbf{Z}_0)_{\{2,4,6\},\{2,4,6\}}|+\\
&|\mathbf{MZ}_{\{3,6\},\{3,6\}}||(\mathbf{Z}_0)_{\{2,4,5\},\{2,4,5\}}|+|\mathbf{MZ}_{\{4,5\},\{4,5\}}||(\mathbf{Z}_0)_{\{2,3,6\},\{2,3,6\}}|+|\mathbf{MZ}_{\{4,6\},\{4,6\}}||(\mathbf{Z}_0)_{\{2,3,5\},\{2,3,5\}}|+\\
&|\mathbf{MZ}_{\{5,6\},\{5,6\}}||(\mathbf{Z}_0)_{\{2,3,4\},\{2,3,4\}}|+|\mathbf{MZ}_{\{2\},\{2\}}||(\mathbf{Z}_0)_{\{3,4,5,6\},\{3,4,5,6\}}|+|\mathbf{MZ}_{\{3\},\{3\}}||(\mathbf{Z}_0)_{\{2,4,5,6\},\{2,4,5,6\}}|+\\
&|\mathbf{MZ}_{\{4\},\{4\}}||(\mathbf{Z}_0)_{\{2,3,5,6\},\{2,3,5,6\}}|+|\mathbf{MZ}_{\{5\},\{5\}}||(\mathbf{Z}_0)_{\{2,3,4,6\},\{2,3,4,6\}}|+|\mathbf{MZ}_{\{6\},\{6\}}||(\mathbf{Z}_0)_{\{2,3,4,5\},\{2,3,4,5\}}|+\\
&|(\mathbf{Z}_0)_{\{2,3,4,5,6\},\{2,3,4,5,6\}}|)Z_1^*
\end{aligned}
$$

续表

$$
\begin{aligned}
\mathrm{NS}_{22}=\ &|\mathbf{MZ}_{\{1,2,3,4,5,6\},\{1,2,3,4,5,6\}}|+|\mathbf{MZ}_{\{1,2,3,4,5\},\{1,2,3,4,5\}}||(\mathbf{Z}_0)_{\{6\},\{6\}}|+|\mathbf{MZ}_{\{1,2,3,4,6\},\{1,2,3,4,6\}}||(\mathbf{Z}_0)_{\{5\},\{5\}}|+\\
&|\mathbf{MZ}_{\{1,2,3,5,6\},\{1,2,3,5,6\}}||(\mathbf{Z}_0)_{\{4\},\{4\}}|+|\mathbf{MZ}_{\{1,2,4,5,6\},\{1,2,4,5,6\}}||(\mathbf{Z}_0)_{\{3\},\{3\}}|+|\mathbf{MZ}_{\{2,3,4,5,6\},\{2,3,4,5,6\}}||(\mathbf{Z}_0)_{\{1\},\{1\}}|+\\
&|\mathbf{MZ}_{\{1,2,3,4\},\{1,2,3,4\}}||(\mathbf{Z}_0)_{\{5,6\},\{5,6\}}|+|\mathbf{MZ}_{\{1,2,3,5\},\{1,2,3,5\}}||(\mathbf{Z}_0)_{\{4,6\},\{4,6\}}|+|\mathbf{MZ}_{\{1,2,3,6\},\{1,2,3,6\}}||(\mathbf{Z}_0)_{\{4,5\},\{4,5\}}|+\\
&|\mathbf{MZ}_{\{1,2,4,5\},\{1,2,4,5\}}||(\mathbf{Z}_0)_{\{3,6\},\{3,6\}}|+|\mathbf{MZ}_{\{1,2,4,6\},\{1,2,4,6\}}||(\mathbf{Z}_0)_{\{3,5\},\{3,5\}}|+|\mathbf{MZ}_{\{1,2,5,6\},\{1,2,5,6\}}||(\mathbf{Z}_0)_{\{3,4\},\{3,4\}}|+\\
&|\mathbf{MZ}_{\{2,3,4,5\},\{2,3,4,5\}}||(\mathbf{Z}_0)_{\{1,6\},\{1,6\}}|+|\mathbf{MZ}_{\{2,3,4,6\},\{2,3,4,6\}}||(\mathbf{Z}_0)_{\{1,5\},\{1,5\}}|+|\mathbf{MZ}_{\{2,3,5,6\},\{2,3,5,6\}}||(\mathbf{Z}_0)_{\{1,4\},\{1,4\}}|+\\
&|\mathbf{MZ}_{\{2,4,5,6\},\{2,4,5,6\}}||(\mathbf{Z}_0)_{\{1,3\},\{1,3\}}|+|\mathbf{MZ}_{\{1,2,3\},\{1,2,3\}}||(\mathbf{Z}_0)_{\{4,5,6\},\{4,5,6\}}|+|\mathbf{MZ}_{\{1,2,4\},\{1,2,4\}}||(\mathbf{Z}_0)_{\{3,5,6\},\{3,5,6\}}|+\\
&|\mathbf{MZ}_{\{1,2,5\},\{1,2,5\}}||(\mathbf{Z}_0)_{\{3,4,6\},\{3,4,6\}}|+|\mathbf{MZ}_{\{1,2,6\},\{1,2,6\}}||(\mathbf{Z}_0)_{\{3,4,5\},\{3,4,5\}}|+|\mathbf{MZ}_{\{2,3,4\},\{2,3,4\}}||(\mathbf{Z}_0)_{\{1,5,6\},\{1,5,6\}}|+\\
&|\mathbf{MZ}_{\{2,3,5\},\{2,3,5\}}||(\mathbf{Z}_0)_{\{1,4,6\},\{1,4,6\}}|+|\mathbf{MZ}_{\{2,3,6\},\{2,3,6\}}||(\mathbf{Z}_0)_{\{1,4,5\},\{1,4,5\}}|+|\mathbf{MZ}_{\{2,4,5\},\{2,4,5\}}||(\mathbf{Z}_0)_{\{1,3,6\},\{1,3,6\}}|+\\
&|\mathbf{MZ}_{\{2,4,6\},\{2,4,6\}}||(\mathbf{Z}_0)_{\{1,3,5\},\{1,3,5\}}|+|\mathbf{MZ}_{\{2,5,6\},\{2,5,6\}}||(\mathbf{Z}_0)_{\{1,3,4\},\{1,3,4\}}|+|\mathbf{MZ}_{\{1,2\},\{1,2\}}||(\mathbf{Z}_0)_{\{3,4,5,6\},\{3,4,5,6\}}|+\\
&|\mathbf{MZ}_{\{2,3\},\{2,3\}}||(\mathbf{Z}_0)_{\{1,4,5,6\},\{1,4,5,6\}}|+|\mathbf{MZ}_{\{2,4\},\{2,4\}}||(\mathbf{Z}_0)_{\{1,3,5,6\},\{1,3,5,6\}}|+|\mathbf{MZ}_{\{2,5\},\{2,5\}}||(\mathbf{Z}_0)_{\{1,3,4,6\},\{1,3,4,6\}}|+\\
&|\mathbf{MZ}_{\{2,6\},\{2,6\}}||(\mathbf{Z}_0)_{\{1,3,4,5\},\{1,3,4,5\}}|+|\mathbf{MZ}_{\{2\},\{2\}}||(\mathbf{Z}_0)_{\{1,3,4,5,6\},\{1,3,4,5,6\}}|-(|\mathbf{MZ}_{\{1,3,4,5,6\},\{1,3,4,5,6\}}|+\\
&|\mathbf{MZ}_{\{1,3,4,5\},\{1,3,4,5\}}||(\mathbf{Z}_0)_{\{6\},\{6\}}|+|\mathbf{MZ}_{\{1,3,4,6\},\{1,3,4,6\}}||(\mathbf{Z}_0)_{\{5\},\{5\}}|+|\mathbf{MZ}_{\{1,3,5,6\},\{1,3,5,6\}}||(\mathbf{Z}_0)_{\{4\},\{4\}}|+\\
&|\mathbf{MZ}_{\{1,4,5,6\},\{1,4,5,6\}}||(\mathbf{Z}_0)_{\{3\},\{3\}}|+|\mathbf{MZ}_{\{3,4,5,6\},\{3,4,5,6\}}||(\mathbf{Z}_0)_{\{1\},\{1\}}|+|\mathbf{MZ}_{\{1,3,4\},\{1,3,4\}}||(\mathbf{Z}_0)_{\{5,6\},\{5,6\}}|+\\
&|\mathbf{MZ}_{\{1,3,5\},\{1,3,5\}}||(\mathbf{Z}_0)_{\{4,6\},\{4,6\}}|+|\mathbf{MZ}_{\{1,3,6\},\{1,3,6\}}||(\mathbf{Z}_0)_{\{4,5\},\{4,5\}}|+|\mathbf{MZ}_{\{1,4,5\},\{1,4,5\}}||(\mathbf{Z}_0)_{\{3,6\},\{3,6\}}|+\\
&|\mathbf{MZ}_{\{1,4,6\},\{1,4,6\}}||(\mathbf{Z}_0)_{\{3,5\},\{3,5\}}|+|\mathbf{MZ}_{\{1,5,6\},\{1,5,6\}}||(\mathbf{Z}_0)_{\{3,4\},\{3,4\}}|+|\mathbf{MZ}_{\{3,4,5\},\{3,4,5\}}||(\mathbf{Z}_0)_{\{1,6\},\{1,6\}}|+\\
&|\mathbf{MZ}_{\{3,4,6\},\{3,4,6\}}||(\mathbf{Z}_0)_{\{1,5\},\{1,5\}}|+|\mathbf{MZ}_{\{3,5,6\},\{3,5,6\}}||(\mathbf{Z}_0)_{\{1,4\},\{1,4\}}|+|\mathbf{MZ}_{\{4,5,6\},\{4,5,6\}}||(\mathbf{Z}_0)_{\{1,3\},\{1,3\}}|+\\
&|\mathbf{MZ}_{\{1,3\},\{1,3\}}||(\mathbf{Z}_0)_{\{4,5,6\},\{4,5,6\}}|+|\mathbf{MZ}_{\{1,4\},\{1,4\}}||(\mathbf{Z}_0)_{\{3,5,6\},\{3,5,6\}}|+|\mathbf{MZ}_{\{1,5\},\{1,5\}}||(\mathbf{Z}_0)_{\{3,4,6\},\{3,4,6\}}|+\\
&|\mathbf{MZ}_{\{1,6\},\{1,6\}}||(\mathbf{Z}_0)_{\{3,4,5\},\{3,4,5\}}|+|\mathbf{MZ}_{\{3,4\},\{3,4\}}||(\mathbf{Z}_0)_{\{1,5,6\},\{1,5,6\}}|+|\mathbf{MZ}_{\{3,5\},\{3,5\}}||(\mathbf{Z}_0)_{\{1,4,6\},\{1,4,6\}}|+\\
&|\mathbf{MZ}_{\{3,6\},\{3,6\}}||(\mathbf{Z}_0)_{\{1,4,5\},\{1,4,5\}}|+|\mathbf{MZ}_{\{4,5\},\{4,5\}}||(\mathbf{Z}_0)_{\{1,3,6\},\{1,3,6\}}|+|\mathbf{MZ}_{\{4,6\},\{4,6\}}||(\mathbf{Z}_0)_{\{1,3,5\},\{1,3,5\}}|+\\
&|\mathbf{MZ}_{\{5,6\},\{5,6\}}||(\mathbf{Z}_0)_{\{1,3,4\},\{1,3,4\}}|+|\mathbf{MZ}_{\{1\},\{1\}}||(\mathbf{Z}_0)_{\{3,4,5,6\},\{3,4,5,6\}}|+|\mathbf{MZ}_{\{3\},\{3\}}||(\mathbf{Z}_0)_{\{1,4,5,6\},\{1,4,5,6\}}|+\\
&|\mathbf{MZ}_{\{4\},\{4\}}||(\mathbf{Z}_0)_{\{1,3,5,6\},\{1,3,5,6\}}|+|\mathbf{MZ}_{\{5\},\{5\}}||(\mathbf{Z}_0)_{\{1,3,4,6\},\{1,3,4,6\}}|+|\mathbf{MZ}_{\{6\},\{6\}}||(\mathbf{Z}_0)_{\{1,3,4,5\},\{1,3,4,5\}}|+\\
&|(\mathbf{Z}_0)_{\{1,3,4,5,6\},\{1,3,4,5,6\}}|)Z_2^*
\end{aligned}
$$

$$
\begin{aligned}
\mathrm{NS}_{33}=\ &|\mathbf{MZ}_{\{1,2,3,4,5,6\},\{1,2,3,4,5,6\}}|+|\mathbf{MZ}_{\{1,2,3,4,5\},\{1,2,3,4,5\}}||(\mathbf{Z}_0)_{\{6\},\{6\}}|+|\mathbf{MZ}_{\{1,2,3,4,6\},\{1,2,3,4,6\}}||(\mathbf{Z}_0)_{\{5\},\{5\}}|+\\
&|\mathbf{MZ}_{\{1,2,3,5,6\},\{1,2,3,5,6\}}||(\mathbf{Z}_0)_{\{4\},\{4\}}|+|\mathbf{MZ}_{\{1,3,4,5,6\},\{1,3,4,5,6\}}||(\mathbf{Z}_0)_{\{2\},\{2\}}|+|\mathbf{MZ}_{\{2,3,4,5,6\},\{2,3,4,5,6\}}||(\mathbf{Z}_0)_{\{1\},\{1\}}|+\\
&|\mathbf{MZ}_{\{1,2,3,4\},\{1,2,3,4\}}||(\mathbf{Z}_0)_{\{5,6\},\{5,6\}}|+|\mathbf{MZ}_{\{1,2,3,5\},\{1,2,3,5\}}||(\mathbf{Z}_0)_{\{4,6\},\{4,6\}}|+|\mathbf{MZ}_{\{1,2,3,6\},\{1,2,3,6\}}||(\mathbf{Z}_0)_{\{4,5\},\{4,5\}}|+\\
&|\mathbf{MZ}_{\{1,3,4,5\},\{1,3,4,5\}}||(\mathbf{Z}_0)_{\{2,6\},\{2,6\}}|+|\mathbf{MZ}_{\{1,3,4,6\},\{1,3,4,6\}}||(\mathbf{Z}_0)_{\{2,5\},\{2,5\}}|+|\mathbf{MZ}_{\{1,3,5,6\},\{1,3,5,6\}}||(\mathbf{Z}_0)_{\{2,4\},\{2,4\}}|+\\
&|\mathbf{MZ}_{\{2,3,4,5\},\{2,3,4,5\}}||(\mathbf{Z}_0)_{\{1,6\},\{1,6\}}|+|\mathbf{MZ}_{\{2,3,4,6\},\{2,3,4,6\}}||(\mathbf{Z}_0)_{\{1,5\},\{1,5\}}|+|\mathbf{MZ}_{\{2,3,5,6\},\{2,3,5,6\}}||(\mathbf{Z}_0)_{\{1,4\},\{1,4\}}|+\\
&|\mathbf{MZ}_{\{3,4,5,6\},\{3,4,5,6\}}||(\mathbf{Z}_0)_{\{1,2\},\{1,2\}}|+|\mathbf{MZ}_{\{1,2,3\},\{1,2,3\}}||(\mathbf{Z}_0)_{\{4,5,6\},\{4,5,6\}}|+|\mathbf{MZ}_{\{1,3,4\},\{1,3,4\}}||(\mathbf{Z}_0)_{\{2,5,6\},\{2,5,6\}}|+\\
&|\mathbf{MZ}_{\{1,3,5\},\{1,3,5\}}||(\mathbf{Z}_0)_{\{2,4,6\},\{2,4,6\}}|+|\mathbf{MZ}_{\{1,3,6\},\{1,3,6\}}||(\mathbf{Z}_0)_{\{2,4,5\},\{2,4,5\}}|+|\mathbf{MZ}_{\{2,3,4\},\{2,3,4\}}||(\mathbf{Z}_0)_{\{1,5,6\},\{1,5,6\}}|+\\
&|\mathbf{MZ}_{\{2,3,5\},\{2,3,5\}}||(\mathbf{Z}_0)_{\{1,4,6\},\{1,4,6\}}|+|\mathbf{MZ}_{\{2,3,6\},\{2,3,6\}}||(\mathbf{Z}_0)_{\{1,4,5\},\{1,4,5\}}|+|\mathbf{MZ}_{\{3,4,5\},\{3,4,5\}}||(\mathbf{Z}_0)_{\{1,2,6\},\{1,2,6\}}|+\\
&|\mathbf{MZ}_{\{3,4,6\},\{3,4,6\}}||(\mathbf{Z}_0)_{\{1,2,5\},\{1,2,5\}}|+|\mathbf{MZ}_{\{3,5,6\},\{3,5,6\}}||(\mathbf{Z}_0)_{\{1,2,4\},\{1,2,4\}}|+|\mathbf{MZ}_{\{1,3\},\{1,3\}}||(\mathbf{Z}_0)_{\{2,4,5,6\},\{2,4,5,6\}}|+\\
&|\mathbf{MZ}_{\{2,3\},\{2,3\}}||(\mathbf{Z}_0)_{\{1,4,5,6\},\{1,4,5,6\}}|+|\mathbf{MZ}_{\{3,4\},\{3,4\}}||(\mathbf{Z}_0)_{\{1,2,5,6\},\{1,2,5,6\}}|+|\mathbf{MZ}_{\{3,5\},\{3,5\}}||(\mathbf{Z}_0)_{\{1,2,4,6\},\{1,2,4,6\}}|+\\
&|\mathbf{MZ}_{\{3,6\},\{3,6\}}||(\mathbf{Z}_0)_{\{1,2,4,5\},\{1,2,4,5\}}|+|\mathbf{MZ}_{\{3\},\{3\}}||(\mathbf{Z}_0)_{\{1,2,4,5,6\},\{1,2,4,5,6\}}|-(|\mathbf{MZ}_{\{1,2,4,5,6\},\{1,2,4,5,6\}}|+\\
&|\mathbf{MZ}_{\{1,2,4,5\},\{1,2,3,4,5\}}||(\mathbf{Z}_0)_{\{6\},\{6\}}|+|\mathbf{MZ}_{\{1,2,4,6\},\{1,2,4,6\}}||(\mathbf{Z}_0)_{\{5\},\{5\}}|+|\mathbf{MZ}_{\{1,2,5,6\},\{1,2,5,6\}}||(\mathbf{Z}_0)_{\{4\},\{4\}}|+\\
&|\mathbf{MZ}_{\{1,4,5,6\},\{1,4,5,6\}}||(\mathbf{Z}_0)_{\{2\},\{2\}}|+|\mathbf{MZ}_{\{2,4,5,6\},\{2,4,5,6\}}||(\mathbf{Z}_0)_{\{1\},\{1\}}|+|\mathbf{MZ}_{\{1,2,4\},\{1,2,4\}}||(\mathbf{Z}_0)_{\{5,6\},\{5,6\}}|+\\
&|\mathbf{MZ}_{\{1,2,5\},\{1,2,5\}}||(\mathbf{Z}_0)_{\{4,6\},\{4,6\}}|+|\mathbf{MZ}_{\{1,2,6\},\{1,2,6\}}||(\mathbf{Z}_0)_{\{4,5\},\{4,5\}}|+|\mathbf{MZ}_{\{1,4,5\},\{1,4,5\}}||(\mathbf{Z}_0)_{\{2,6\},\{2,6\}}|+\\
&|\mathbf{MZ}_{\{1,4,6\},\{1,4,6\}}||(\mathbf{Z}_0)_{\{2,5\},\{2,5\}}|+|\mathbf{MZ}_{\{1,5,6\},\{1,5,6\}}||(\mathbf{Z}_0)_{\{2,4\},\{2,4\}}|+|\mathbf{MZ}_{\{2,4,5\},\{2,4,5\}}||(\mathbf{Z}_0)_{\{1,6\},\{1,6\}}|+\\
&|\mathbf{MZ}_{\{2,4,6\},\{2,4,6\}}||(\mathbf{Z}_0)_{\{1,5\},\{1,5\}}|+|\mathbf{MZ}_{\{2,5,6\},\{2,5,6\}}||(\mathbf{Z}_0)_{\{1,4\},\{1,4\}}|+|\mathbf{MZ}_{\{4,5,6\},\{4,5,6\}}||(\mathbf{Z}_0)_{\{1,2\},\{1,2\}}|+\\
&|\mathbf{MZ}_{\{1,2\},\{1,2\}}||(\mathbf{Z}_0)_{\{4,5,6\},\{4,5,6\}}|+|\mathbf{MZ}_{\{1,4\},\{1,4\}}||(\mathbf{Z}_0)_{\{2,5,6\},\{2,5,6\}}|+|\mathbf{MZ}_{\{1,5\},\{1,5\}}||(\mathbf{Z}_0)_{\{2,4,6\},\{2,4,6\}}|+\\
&|\mathbf{MZ}_{\{1,6\},\{1,6\}}||(\mathbf{Z}_0)_{\{2,4,5\},\{2,4,5\}}|+|\mathbf{MZ}_{\{2,4\},\{2,4\}}||(\mathbf{Z}_0)_{\{1,5,6\},\{1,5,6\}}|+|\mathbf{MZ}_{\{2,5\},\{2,5\}}||(\mathbf{Z}_0)_{\{1,4,6\},\{1,4,6\}}|+\\
&|\mathbf{MZ}_{\{2,6\},\{2,6\}}||(\mathbf{Z}_0)_{\{1,4,5\},\{1,4,5\}}|+|\mathbf{MZ}_{\{4,5\},\{4,5\}}||(\mathbf{Z}_0)_{\{1,2,6\},\{1,2,6\}}|+|\mathbf{MZ}_{\{4,6\},\{4,6\}}||(\mathbf{Z}_0)_{\{1,2,5\},\{1,2,5\}}|+\\
&|\mathbf{MZ}_{\{5,6\},\{5,6\}}||(\mathbf{Z}_0)_{\{1,2,4\},\{1,2,4\}}|+|\mathbf{MZ}_{\{1\},\{1\}}||(\mathbf{Z}_0)_{\{2,4,5,6\},\{2,4,5,6\}}|+|\mathbf{MZ}_{\{2\},\{2\}}||(\mathbf{Z}_0)_{\{1,4,5,6\},\{1,4,5,6\}}|+\\
&|\mathbf{MZ}_{\{4\},\{4\}}||(\mathbf{Z}_0)_{\{1,2,5,6\},\{1,2,5,6\}}|+|\mathbf{MZ}_{\{5\},\{5\}}||(\mathbf{Z}_0)_{\{1,2,4,6\},\{1,2,4,6\}}|+|\mathbf{MZ}_{\{6\},\{6\}}||(\mathbf{Z}_0)_{\{1,2,4,5\},\{1,2,4,5\}}|+\\
&|(\mathbf{Z}_0)_{\{1,2,4,5,6\},\{1,2,4,5,6\}}|)Z_3^*
\end{aligned}
$$

续表

$$
\begin{aligned}
\mathrm{NS}_{44}= & |\mathbf{MZ}_{\{1,2,3,4,5,6\},\{1,2,3,4,5,6\}}|+|\mathbf{MZ}_{\{1,2,3,4,5\},\{1,2,3,4,5\}}||(\mathbf{Z}_0)_{\{6\},\{6\}}|+|\mathbf{MZ}_{\{1,2,3,4,6\},\{1,2,3,4,6\}}||(\mathbf{Z}_0)_{\{5\},\{5\}}|+\\
& |\mathbf{MZ}_{\{1,2,4,5,6\},\{1,2,4,5,6\}}||(\mathbf{Z}_0)_{\{3\},\{3\}}|+|\mathbf{MZ}_{\{1,3,4,5,6\},\{1,3,4,5,6\}}||(\mathbf{Z}_0)_{\{2\},\{2\}}|+|\mathbf{MZ}_{\{2,3,4,5,6\},\{2,3,4,5,6\}}||(\mathbf{Z}_0)_{\{1\},\{1\}}|+\\
& |\mathbf{MZ}_{\{1,2,3,4\},\{1,2,3,4\}}||(\mathbf{Z}_0)_{\{5,6\},\{5,6\}}|+|\mathbf{MZ}_{\{1,2,4,5\},\{1,2,4,5\}}||(\mathbf{Z}_0)_{\{3,6\},\{3,6\}}|+|\mathbf{MZ}_{\{1,2,4,6\},\{1,2,4,6\}}||(\mathbf{Z}_0)_{\{3,5\},\{3,5\}}|+\\
& |\mathbf{MZ}_{\{1,3,4,5\},\{1,3,4,5\}}||(\mathbf{Z}_0)_{\{2,6\},\{2,6\}}|+|\mathbf{MZ}_{\{1,3,4,6\},\{1,3,4,6\}}||(\mathbf{Z}_0)_{\{2,5\},\{2,5\}}|+|\mathbf{MZ}_{\{1,4,5,6\},\{1,4,5,6\}}||(\mathbf{Z}_0)_{\{2,3\},\{2,3\}}|+\\
& |\mathbf{MZ}_{\{2,3,4,5\},\{2,3,4,5\}}||(\mathbf{Z}_0)_{\{1,6\},\{1,6\}}|+|\mathbf{MZ}_{\{2,3,4,6\},\{2,3,4,6\}}||(\mathbf{Z}_0)_{\{1,5\},\{1,5\}}|+|\mathbf{MZ}_{\{2,4,5,6\},\{2,4,5,6\}}||(\mathbf{Z}_0)_{\{1,3\},\{1,3\}}|+\\
& |\mathbf{MZ}_{\{3,4,5,6\},\{3,4,5,6\}}||(\mathbf{Z}_0)_{\{1,2\},\{1,2\}}|+|\mathbf{MZ}_{\{1,2,4\},\{1,2,4\}}||(\mathbf{Z}_0)_{\{3,5,6\},\{3,5,6\}}|+|\mathbf{MZ}_{\{1,3,4\},\{1,3,4\}}||(\mathbf{Z}_0)_{\{2,5,6\},\{2,5,6\}}|+\\
& |\mathbf{MZ}_{\{1,4,5\},\{1,4,5\}}||(\mathbf{Z}_0)_{\{2,3,6\},\{2,3,6\}}|+|\mathbf{MZ}_{\{1,4,6\},\{1,4,6\}}||(\mathbf{Z}_0)_{\{2,3,5\},\{2,3,5\}}|+|\mathbf{MZ}_{\{2,3,4\},\{2,3,4\}}||(\mathbf{Z}_0)_{\{1,5,6\},\{1,5,6\}}|+\\
& |\mathbf{MZ}_{\{2,4,5\},\{2,4,5\}}||(\mathbf{Z}_0)_{\{1,3,6\},\{1,3,6\}}|+|\mathbf{MZ}_{\{2,4,6\},\{2,4,6\}}||(\mathbf{Z}_0)_{\{1,3,5\},\{1,3,5\}}|+|\mathbf{MZ}_{\{3,4,5\},\{3,4,5\}}||(\mathbf{Z}_0)_{\{1,2,6\},\{1,2,6\}}|+\\
& |\mathbf{MZ}_{\{3,4,6\},\{3,4,6\}}||(\mathbf{Z}_0)_{\{1,2,5\},\{1,2,5\}}|+|\mathbf{MZ}_{\{4,5,6\},\{4,5,6\}}||(\mathbf{Z}_0)_{\{1,2,3\},\{1,2,3\}}|+|\mathbf{MZ}_{\{1,4\},\{1,4\}}||(\mathbf{Z}_0)_{\{2,3,5,6\},\{2,3,5,6\}}|+\\
& |\mathbf{MZ}_{\{2,4\},\{2,4\}}||(\mathbf{Z}_0)_{\{1,3,5,6\},\{1,3,5,6\}}|+|\mathbf{MZ}_{\{3,4\},\{3,4\}}||(\mathbf{Z}_0)_{\{1,2,5,6\},\{1,2,5,6\}}|+|\mathbf{MZ}_{\{4,5\},\{4,5\}}||(\mathbf{Z}_0)_{\{1,2,3,6\},\{1,2,3,6\}}|+\\
& |\mathbf{MZ}_{\{4,6\},\{4,6\}}||(\mathbf{Z}_0)_{\{1,2,3,5\},\{1,2,3,5\}}|+|\mathbf{MZ}_{\{4\},\{4\}}||(\mathbf{Z}_0)_{\{1,2,3,5,6\},\{1,2,3,5,6\}}|-(|\mathbf{MZ}_{\{1,2,3,5,6\},\{1,2,3,5,6\}}|+\\
& |\mathbf{MZ}_{\{1,2,3,5\},\{1,2,3,5\}}||(\mathbf{Z}_0)_{\{6\},\{6\}}|+|\mathbf{MZ}_{\{1,2,3,6\},\{1,2,3,6\}}||(\mathbf{Z}_0)_{\{5\},\{5\}}|+|\mathbf{MZ}_{\{1,2,5,6\},\{1,2,5,6\}}||(\mathbf{Z}_0)_{\{3\},\{3\}}|+\\
& |\mathbf{MZ}_{\{1,3,5,6\},\{1,3,5,6\}}||(\mathbf{Z}_0)_{\{2\},\{2\}}|+|\mathbf{MZ}_{\{2,3,5,6\},\{2,3,5,6\}}||(\mathbf{Z}_0)_{\{1\},\{1\}}|+|\mathbf{MZ}_{\{1,2,3\},\{1,2,3\}}||(\mathbf{Z}_0)_{\{5,6\},\{5,6\}}|+\\
& |\mathbf{MZ}_{\{1,2,5\},\{1,2,5\}}||(\mathbf{Z}_0)_{\{3,6\},\{3,6\}}|+|\mathbf{MZ}_{\{1,2,6\},\{1,2,6\}}||(\mathbf{Z}_0)_{\{3,5\},\{3,5\}}|+|\mathbf{MZ}_{\{1,3,5\},\{1,3,5\}}||(\mathbf{Z}_0)_{\{2,6\},\{2,6\}}|+\\
& |\mathbf{MZ}_{\{1,3,6\},\{1,3,6\}}||(\mathbf{Z}_0)_{\{2,5\},\{2,5\}}|+|\mathbf{MZ}_{\{1,5,6\},\{1,5,6\}}||(\mathbf{Z}_0)_{\{2,3\},\{2,3\}}|+|\mathbf{MZ}_{\{2,3,5\},\{2,3,5\}}||(\mathbf{Z}_0)_{\{1,6\},\{1,6\}}|+\\
& |\mathbf{MZ}_{\{2,3,6\},\{2,3,6\}}||(\mathbf{Z}_0)_{\{1,5\},\{1,5\}}|+|\mathbf{MZ}_{\{2,5,6\},\{2,5,6\}}||(\mathbf{Z}_0)_{\{1,3\},\{1,3\}}|+|\mathbf{MZ}_{\{3,5,6\},\{3,5,6\}}||(\mathbf{Z}_0)_{\{1,2\},\{1,2\}}|+\\
& |\mathbf{MZ}_{\{1,2\},\{1,2\}}||(\mathbf{Z}_0)_{\{3,5,6\},\{3,5,6\}}|+|\mathbf{MZ}_{\{1,3\},\{1,3\}}||(\mathbf{Z}_0)_{\{2,5,6\},\{2,5,6\}}|+|\mathbf{MZ}_{\{1,5\},\{1,5\}}||(\mathbf{Z}_0)_{\{2,3,6\},\{2,3,6\}}|+\\
& |\mathbf{MZ}_{\{1,6\},\{1,6\}}||(\mathbf{Z}_0)_{\{2,3,5\},\{2,3,5\}}|+|\mathbf{MZ}_{\{2,3\},\{2,3\}}||(\mathbf{Z}_0)_{\{1,5,6\},\{1,5,6\}}|+|\mathbf{MZ}_{\{2,5\},\{2,5\}}||(\mathbf{Z}_0)_{\{1,3,6\},\{1,3,6\}}|+\\
& |\mathbf{MZ}_{\{2,6\},\{2,6\}}||(\mathbf{Z}_0)_{\{1,3,5\},\{1,3,5\}}|+|\mathbf{MZ}_{\{3,5\},\{3,5\}}||(\mathbf{Z}_0)_{\{1,2,6\},\{1,2,6\}}|+|\mathbf{MZ}_{\{3,6\},\{3,6\}}||(\mathbf{Z}_0)_{\{1,2,5\},\{1,2,5\}}|+\\
& |\mathbf{MZ}_{\{5,6\},\{5,6\}}||(\mathbf{Z}_0)_{\{1,2,3\},\{1,2,3\}}|+|\mathbf{MZ}_{\{1\},\{1\}}||(\mathbf{Z}_0)_{\{2,3,5,6\},\{2,3,5,6\}}|+|\mathbf{MZ}_{\{2\},\{2\}}||(\mathbf{Z}_0)_{\{1,3,5,6\},\{1,3,5,6\}}|+\\
& |\mathbf{MZ}_{\{3\},\{3\}}||(\mathbf{Z}_0)_{\{1,2,5,6\},\{1,2,5,6\}}|+|\mathbf{MZ}_{\{5\},\{5\}}||(\mathbf{Z}_0)_{\{1,2,3,6\},\{1,2,3,6\}}|+|\mathbf{MZ}_{\{6\},\{6\}}||(\mathbf{Z}_0)_{\{1,2,3,5\},\{1,2,3,5\}}|+\\
& |(\mathbf{Z}_0)_{\{1,2,3,5,6\},\{1,2,3,5,6\}}|)Z_4^*
\end{aligned}
$$

$$
\begin{aligned}
\mathrm{NS}_{55}= & |\mathbf{MZ}_{\{1,2,3,4,5,6\},\{1,2,3,4,5,6\}}|+|\mathbf{MZ}_{\{1,2,3,4,5\},\{1,2,3,4,5\}}||(\mathbf{Z}_0)_{\{6\},\{6\}}|+|\mathbf{MZ}_{\{1,2,3,5,6\},\{1,2,3,5,6\}}||(\mathbf{Z}_0)_{\{4\},\{4\}}|+\\
& |\mathbf{MZ}_{\{1,2,4,5,6\},\{1,2,4,5,6\}}||(\mathbf{Z}_0)_{\{3\},\{3\}}|+|\mathbf{MZ}_{\{1,3,4,5,6\},\{1,3,4,5,6\}}||(\mathbf{Z}_0)_{\{2\},\{2\}}|+|\mathbf{MZ}_{\{2,3,4,5,6\},\{2,3,4,5,6\}}||(\mathbf{Z}_0)_{\{1\},\{1\}}|+\\
& |\mathbf{MZ}_{\{1,2,3,5\},\{1,2,3,5\}}||(\mathbf{Z}_0)_{\{4,6\},\{4,6\}}|+|\mathbf{MZ}_{\{1,2,4,5\},\{1,2,4,5\}}||(\mathbf{Z}_0)_{\{3,6\},\{3,6\}}|+|\mathbf{MZ}_{\{1,2,5,6\},\{1,2,5,6\}}||(\mathbf{Z}_0)_{\{3,4\},\{3,4\}}|+\\
& |\mathbf{MZ}_{\{1,3,4,5\},\{1,3,4,5\}}||(\mathbf{Z}_0)_{\{2,6\},\{2,6\}}|+|\mathbf{MZ}_{\{1,3,5,6\},\{1,3,5,6\}}||(\mathbf{Z}_0)_{\{2,4\},\{2,4\}}|+|\mathbf{MZ}_{\{1,4,5,6\},\{1,4,5,6\}}||(\mathbf{Z}_0)_{\{2,3\},\{2,3\}}|+\\
& |\mathbf{MZ}_{\{2,3,4,5\},\{2,3,4,5\}}||(\mathbf{Z}_0)_{\{1,6\},\{1,6\}}|+|\mathbf{MZ}_{\{2,3,5,6\},\{2,3,5,6\}}||(\mathbf{Z}_0)_{\{1,4\},\{1,4\}}|+|\mathbf{MZ}_{\{2,4,5,6\},\{2,4,5,6\}}||(\mathbf{Z}_0)_{\{1,3\},\{1,3\}}|+\\
& |\mathbf{MZ}_{\{3,4,5,6\},\{3,4,5,6\}}||(\mathbf{Z}_0)_{\{1,2\},\{1,2\}}|+|\mathbf{MZ}_{\{1,2,5\},\{1,2,5\}}||(\mathbf{Z}_0)_{\{3,4,6\},\{3,4,6\}}|+|\mathbf{MZ}_{\{1,3,5\},\{1,3,5\}}||(\mathbf{Z}_0)_{\{2,4,6\},\{2,4,6\}}|+\\
& |\mathbf{MZ}_{\{1,4,5\},\{1,4,5\}}||(\mathbf{Z}_0)_{\{2,3,6\},\{2,3,6\}}|+|\mathbf{MZ}_{\{1,5,6\},\{1,5,6\}}||(\mathbf{Z}_0)_{\{2,3,4\},\{2,3,4\}}|+|\mathbf{MZ}_{\{2,3,5\},\{2,3,5\}}||(\mathbf{Z}_0)_{\{1,4,6\},\{1,4,6\}}|+\\
& |\mathbf{MZ}_{\{2,4,5\},\{2,4,5\}}||(\mathbf{Z}_0)_{\{1,3,6\},\{1,3,6\}}|+|\mathbf{MZ}_{\{2,5,6\},\{2,5,6\}}||(\mathbf{Z}_0)_{\{1,3,4\},\{1,3,4\}}|+|\mathbf{MZ}_{\{3,4,5\},\{3,4,5\}}||(\mathbf{Z}_0)_{\{1,2,6\},\{1,2,6\}}|+\\
& |\mathbf{MZ}_{\{3,5,6\},\{3,5,6\}}||(\mathbf{Z}_0)_{\{1,2,4\},\{1,2,4\}}|+|\mathbf{MZ}_{\{4,5,6\},\{4,5,6\}}||(\mathbf{Z}_0)_{\{1,2,3\},\{1,2,3\}}|+|\mathbf{MZ}_{\{1,5\},\{1,5\}}||(\mathbf{Z}_0)_{\{2,3,4,6\},\{2,3,4,6\}}|+\\
& |\mathbf{MZ}_{\{2,5\},\{2,5\}}||(\mathbf{Z}_0)_{\{1,3,4,6\},\{1,3,4,6\}}|+|\mathbf{MZ}_{\{3,5\},\{3,5\}}||(\mathbf{Z}_0)_{\{1,2,4,6\},\{1,2,4,6\}}|+|\mathbf{MZ}_{\{4,5\},\{4,5\}}||(\mathbf{Z}_0)_{\{1,2,3,6\},\{1,2,3,6\}}|+\\
& |\mathbf{MZ}_{\{5,6\},\{5,6\}}||(\mathbf{Z}_0)_{\{1,2,3,4\},\{1,2,3,4\}}|+|\mathbf{MZ}_{\{5\},\{5\}}||(\mathbf{Z}_0)_{\{1,2,3,4,6\},\{1,2,3,4,6\}}|-(|\mathbf{MZ}_{\{1,2,3,4,6\},\{1,2,3,4,6\}}|+\\
& |\mathbf{MZ}_{\{1,2,3,4\},\{1,2,3,4\}}||(\mathbf{Z}_0)_{\{6\},\{6\}}|+|\mathbf{MZ}_{\{1,2,3,6\},\{1,2,3,6\}}||(\mathbf{Z}_0)_{\{4\},\{4\}}|+|\mathbf{MZ}_{\{1,2,4,6\},\{1,2,4,6\}}||(\mathbf{Z}_0)_{\{3\},\{3\}}|+\\
& |\mathbf{MZ}_{\{1,3,4,6\},\{1,3,4,6\}}||(\mathbf{Z}_0)_{\{2\},\{2\}}|+|\mathbf{MZ}_{\{2,3,4,6\},\{2,3,4,6\}}||(\mathbf{Z}_0)_{\{1\},\{1\}}|+|\mathbf{MZ}_{\{1,2,3\},\{1,2,3\}}||(\mathbf{Z}_0)_{\{4,6\},\{4,6\}}|+\\
& |\mathbf{MZ}_{\{1,2,4\},\{1,2,4\}}||(\mathbf{Z}_0)_{\{3,6\},\{3,6\}}|+|\mathbf{MZ}_{\{1,2,6\},\{1,2,6\}}||(\mathbf{Z}_0)_{\{3,4\},\{3,4\}}|+|\mathbf{MZ}_{\{1,3,4\},\{1,3,4\}}||(\mathbf{Z}_0)_{\{2,6\},\{2,6\}}|+\\
& |\mathbf{MZ}_{\{1,3,6\},\{1,3,6\}}||(\mathbf{Z}_0)_{\{2,4\},\{2,4\}}|+|\mathbf{MZ}_{\{1,4,6\},\{1,4,6\}}||(\mathbf{Z}_0)_{\{2,3\},\{2,3\}}|+|\mathbf{MZ}_{\{2,3,4\},\{2,3,4\}}||(\mathbf{Z}_0)_{\{1,6\},\{1,6\}}|+\\
& |\mathbf{MZ}_{\{2,3,6\},\{2,3,6\}}||(\mathbf{Z}_0)_{\{1,4\},\{1,4\}}|+|\mathbf{MZ}_{\{2,4,6\},\{2,4,6\}}||(\mathbf{Z}_0)_{\{1,3\},\{1,3\}}|+|\mathbf{MZ}_{\{3,4,6\},\{3,4,6\}}||(\mathbf{Z}_0)_{\{1,2\},\{1,2\}}|+\\
& |\mathbf{MZ}_{\{1,2\},\{1,2\}}||(\mathbf{Z}_0)_{\{3,4,6\},\{3,4,6\}}|+|\mathbf{MZ}_{\{1,3\},\{1,3\}}||(\mathbf{Z}_0)_{\{2,4,6\},\{2,4,6\}}|+|\mathbf{MZ}_{\{1,4\},\{1,4\}}||(\mathbf{Z}_0)_{\{2,3,6\},\{2,3,6\}}|+\\
& |\mathbf{MZ}_{\{1,6\},\{1,6\}}||(\mathbf{Z}_0)_{\{2,3,4\},\{2,3,4\}}|+|\mathbf{MZ}_{\{2,3\},\{2,3\}}||(\mathbf{Z}_0)_{\{1,4,6\},\{1,4,6\}}|+|\mathbf{MZ}_{\{2,4\},\{2,4\}}||(\mathbf{Z}_0)_{\{1,3,6\},\{1,3,6\}}|+\\
& |\mathbf{MZ}_{\{2,6\},\{2,6\}}||(\mathbf{Z}_0)_{\{1,3,4\},\{1,3,4\}}|+|\mathbf{MZ}_{\{3,4\},\{3,4\}}||(\mathbf{Z}_0)_{\{1,2,6\},\{1,2,6\}}|+|\mathbf{MZ}_{\{3,6\},\{3,6\}}||(\mathbf{Z}_0)_{\{1,2,4\},\{1,2,4\}}|+\\
& |\mathbf{MZ}_{\{4,6\},\{4,6\}}||(\mathbf{Z}_0)_{\{1,2,3\},\{1,2,3\}}|+|\mathbf{MZ}_{\{1\},\{1\}}||(\mathbf{Z}_0)_{\{2,3,4,6\},\{2,3,4,6\}}|+|\mathbf{MZ}_{\{2\},\{2\}}||(\mathbf{Z}_0)_{\{1,3,4,6\},\{1,3,4,6\}}|+\\
& |\mathbf{MZ}_{\{3\},\{3\}}||(\mathbf{Z}_0)_{\{1,2,4,6\},\{1,2,4,6\}}|+|\mathbf{MZ}_{\{4\},\{4\}}||(\mathbf{Z}_0)_{\{1,2,3,6\},\{1,2,3,6\}}|+|\mathbf{MZ}_{\{6\},\{6\}}||(\mathbf{Z}_0)_{\{1,2,3,4\},\{1,2,3,4\}}|+\\
& |(\mathbf{Z}_0)_{\{1,2,3,4,6\},\{1,2,3,4,6\}}|)Z_5^*
\end{aligned}
$$

续表

$$
\begin{aligned}
\mathrm{NS}_{66}=&|\mathbf{MZ}_{\{1,2,3,4,5,6\},\{1,2,3,4,5,6\}}|+|\mathbf{MZ}_{\{1,2,3,4,6\},\{1,2,3,4,6\}}||(\mathbf{Z}_0)_{\{5\},\{5\}}|+|\mathbf{MZ}_{\{1,2,3,5,6\},\{1,2,3,5,6\}}||(\mathbf{Z}_0)_{\{4\},\{4\}}|+\\
&|\mathbf{MZ}_{\{1,2,4,5,6\},\{1,2,4,5,6\}}||(\mathbf{Z}_0)_{\{3\},\{3\}}|+|\mathbf{MZ}_{\{1,3,4,5,6\},\{1,3,4,5,6\}}||(\mathbf{Z}_0)_{\{2\},\{2\}}|+|\mathbf{MZ}_{\{2,3,4,5,6\},\{2,3,4,5,6\}}||(\mathbf{Z}_0)_{\{1\},\{1\}}|+\\
&|\mathbf{MZ}_{\{1,2,3,6\},\{1,2,3,6\}}||(\mathbf{Z}_0)_{\{4,5\},\{4,5\}}|+|\mathbf{MZ}_{\{1,2,4,6\},\{1,2,4,6\}}||(\mathbf{Z}_0)_{\{3,5\},\{3,5\}}|+|\mathbf{MZ}_{\{1,2,5,6\},\{1,2,5,6\}}||(\mathbf{Z}_0)_{\{3,4\},\{3,4\}}|+\\
&|\mathbf{MZ}_{\{1,3,4,6\},\{1,3,4,6\}}||(\mathbf{Z}_0)_{\{2,5\},\{2,5\}}|+|\mathbf{MZ}_{\{1,3,5,6\},\{1,3,5,6\}}||(\mathbf{Z}_0)_{\{2,4\},\{2,4\}}|+|\mathbf{MZ}_{\{1,4,5,6\},\{1,4,5,6\}}||(\mathbf{Z}_0)_{\{2,3\},\{2,3\}}|+\\
&|\mathbf{MZ}_{\{2,3,4,6\},\{2,3,4,6\}}||(\mathbf{Z}_0)_{\{1,5\},\{1,5\}}|+|\mathbf{MZ}_{\{2,3,5,6\},\{2,3,5,6\}}||(\mathbf{Z}_0)_{\{1,4\},\{1,4\}}|+|\mathbf{MZ}_{\{2,4,5,6\},\{2,4,5,6\}}||(\mathbf{Z}_0)_{\{1,3\},\{1,3\}}|+\\
&|\mathbf{MZ}_{\{3,4,5,6\},\{3,4,5,6\}}||(\mathbf{Z}_0)_{\{1,2\},\{1,2\}}|+|\mathbf{MZ}_{\{1,2,6\},\{1,2,6\}}||(\mathbf{Z}_0)_{\{3,4,5\},\{3,4,5\}}|+|\mathbf{MZ}_{\{1,3,6\},\{1,3,6\}}||(\mathbf{Z}_0)_{\{2,4,5\},\{2,4,5\}}|+\\
&|\mathbf{MZ}_{\{1,4,6\},\{1,4,6\}}||(\mathbf{Z}_0)_{\{2,3,5\},\{2,3,5\}}|+|\mathbf{MZ}_{\{1,5,6\},\{1,5,6\}}||(\mathbf{Z}_0)_{\{2,3,4\},\{2,3,4\}}|+|\mathbf{MZ}_{\{2,3,6\},\{2,3,6\}}||(\mathbf{Z}_0)_{\{1,4,5\},\{1,4,5\}}|+\\
&|\mathbf{MZ}_{\{2,4,6\},\{2,4,6\}}||(\mathbf{Z}_0)_{\{1,3,5\},\{1,3,5\}}|+|\mathbf{MZ}_{\{2,5,6\},\{2,5,6\}}||(\mathbf{Z}_0)_{\{1,3,4\},\{1,3,4\}}|+|\mathbf{MZ}_{\{3,4,6\},\{3,4,6\}}||(\mathbf{Z}_0)_{\{1,2,5\},\{1,2,5\}}|+\\
&|\mathbf{MZ}_{\{3,5,6\},\{3,5,6\}}||(\mathbf{Z}_0)_{\{1,2,4\},\{1,2,4\}}|+|\mathbf{MZ}_{\{4,5,6\},\{4,5,6\}}||(\mathbf{Z}_0)_{\{1,2,3\},\{1,2,3\}}|+|\mathbf{MZ}_{\{1,6\},\{1,6\}}||(\mathbf{Z}_0)_{\{2,3,4,5\},\{2,3,4,5\}}|+\\
&|\mathbf{MZ}_{\{2,6\},\{2,6\}}||(\mathbf{Z}_0)_{\{1,3,4,5\},\{1,3,4,5\}}|+|\mathbf{MZ}_{\{3,6\},\{3,6\}}||(\mathbf{Z}_0)_{\{1,2,4,5\},\{1,2,4,5\}}|+|\mathbf{MZ}_{\{4,6\},\{4,6\}}||(\mathbf{Z}_0)_{\{1,2,3,5\},\{1,2,3,5\}}|+\\
&|\mathbf{MZ}_{\{5,6\},\{5,6\}}||(\mathbf{Z}_0)_{\{1,2,3,4\},\{1,2,3,4\}}|+|\mathbf{MZ}_{\{6\},\{6\}}||(\mathbf{Z}_0)_{\{1,2,3,4,5\},\{1,2,3,4,5\}}|-(|\mathbf{MZ}_{\{1,2,3,4,5\},\{1,2,3,4,5\}}|+\\
&|\mathbf{MZ}_{\{1,2,3,4\},\{1,2,3,4\}}||(\mathbf{Z}_0)_{\{5\},\{5\}}|+|\mathbf{MZ}_{\{1,2,3,5\},\{1,2,3,5\}}||(\mathbf{Z}_0)_{\{4\},\{4\}}|+|\mathbf{MZ}_{\{1,2,4,5\},\{1,2,4,5\}}||(\mathbf{Z}_0)_{\{3\},\{3\}}|+\\
&|\mathbf{MZ}_{\{1,3,4,5\},\{1,3,4,5\}}||(\mathbf{Z}_0)_{\{2\},\{2\}}|+|\mathbf{MZ}_{\{2,3,4,5\},\{2,3,4,5\}}||(\mathbf{Z}_0)_{\{1\},\{1\}}|+|\mathbf{MZ}_{\{1,2,3\},\{1,2,3\}}||(\mathbf{Z}_0)_{\{4,5\},\{4,5\}}|+\\
&|\mathbf{MZ}_{\{1,2,4\},\{1,2,4\}}||(\mathbf{Z}_0)_{\{3,5\},\{3,5\}}|+|\mathbf{MZ}_{\{1,2,5\},\{1,2,5\}}||(\mathbf{Z}_0)_{\{3,4\},\{3,4\}}|+|\mathbf{MZ}_{\{1,3,4\},\{1,3,4\}}||(\mathbf{Z}_0)_{\{2,5\},\{2,5\}}|+\\
&|\mathbf{MZ}_{\{1,3,5\},\{1,3,5\}}||(\mathbf{Z}_0)_{\{2,4\},\{2,4\}}|+|\mathbf{MZ}_{\{1,4,5\},\{1,4,5\}}||(\mathbf{Z}_0)_{\{2,3\},\{2,3\}}|+|\mathbf{MZ}_{\{2,3,4\},\{2,3,4\}}||(\mathbf{Z}_0)_{\{1,5\},\{1,5\}}|+\\
&|\mathbf{MZ}_{\{2,3,5\},\{2,3,5\}}||(\mathbf{Z}_0)_{\{1,4\},\{1,4\}}|+|\mathbf{MZ}_{\{2,4,5\},\{2,4,5\}}||(\mathbf{Z}_0)_{\{1,3\},\{1,3\}}|+|\mathbf{MZ}_{\{3,4,5\},\{3,4,5\}}||(\mathbf{Z}_0)_{\{1,2\},\{1,2\}}|+\\
&|\mathbf{MZ}_{\{1,2\},\{1,2\}}||(\mathbf{Z}_0)_{\{3,4,5\},\{3,4,5}|+|\mathbf{MZ}_{\{1,3\},\{1,3\}}||(\mathbf{Z}_0)_{\{2,4,5\},\{2,4,5\}}|+|\mathbf{MZ}_{\{1,4\},\{1,4\}}||(\mathbf{Z}_0)_{\{2,3,5\},\{2,3,5\}}|+\\
&|\mathbf{MZ}_{\{1,5\},\{1,5\}}||(\mathbf{Z}_0)_{\{2,3,4\},\{2,3,4\}}|+|\mathbf{MZ}_{\{2,3\},\{2,3\}}||(\mathbf{Z}_0)_{\{1,4,5\},\{1,4,5\}}|+|\mathbf{MZ}_{\{2,4\},\{2,4\}}||(\mathbf{Z}_0)_{\{1,3,5\},\{1,3,5\}}|+\\
&|\mathbf{MZ}_{\{2,5\},\{2,5\}}||(\mathbf{Z}_0)_{\{1,3,4\},\{1,3,4\}}|+|\mathbf{MZ}_{\{3,4\},\{3,4\}}||(\mathbf{Z}_0)_{\{1,2,5\},\{1,2,5\}}|+|\mathbf{MZ}_{\{3,5\},\{3,5\}}||(\mathbf{Z}_0)_{\{1,2,4\},\{1,2,4\}}|+\\
&|\mathbf{MZ}_{\{4,5\},\{4,5\}}||(\mathbf{Z}_0)_{\{1,2,3\},\{1,2,3\}}|+|\mathbf{MZ}_{\{1\},\{1\}}||(\mathbf{Z}_0)_{\{2,3,4,5\},\{2,3,4,5\}}|+|\mathbf{MZ}_{\{2\},\{2\}}||(\mathbf{Z}_0)_{\{1,3,4,5\},\{1,3,4,5\}}|+\\
&|\mathbf{MZ}_{\{3\},\{3\}}||(\mathbf{Z}_0)_{\{1,2,4,5\},\{1,2,4,5\}}|+|\mathbf{MZ}_{\{4\},\{4\}}||(\mathbf{Z}_0)_{\{1,2,3,5\},\{1,2,3,5\}}|+|\mathbf{MZ}_{\{5\},\{5\}}||(\mathbf{Z}_0)_{\{1,2,3,4\},\{1,2,3,4\}}|+\\
&|(\mathbf{Z}_0)_{\{1,2,3,4,5\},\{1,2,3,4,5\}}|)Z_6^*
\end{aligned}
$$

3.2 二端口至六端口复阻抗网络 S 参数转换为 Z 参数

本节给出二端口至六端口复阻抗网络的 S 参数转换为 Z 参数的简化公式，见表 3-6 至表 3-10。

表 3-6　二端口网络 S 参数转换成 Z 参数的简化公式

NZ_{ij}	1	2
1	$(1-\|\mathbf{MS}_{\{2\},\{2\}}\|)Z_1^*+$ $(\|\mathbf{MS}_{\{1\},\{1\}}\|-\|\mathbf{MS}_{\{1,2\},\{1,2\}}\|)Z_1$	$2R_2\sqrt{\left\|\frac{R_1}{R_2}\right\|}\|\mathbf{MS}_{\{1\},\{2\}}\|$
2	$2R_1\sqrt{\left\|\frac{R_2}{R_1}\right\|}\|\mathbf{MS}_{\{2\},\{1\}}\|$	$(1-\|\mathbf{MS}_{\{1\},\{1\}}\|)Z_2^*+$ $(\|\mathbf{MS}_{\{2\},\{2\}}\|-\|\mathbf{MS}_{\{1,2\},\{1,2\}}\|)Z_2$
$\mathrm{DZ}=1-\|\mathbf{MS}_{\{1\},\{1\}}\|-\|\mathbf{MS}_{\{2\},\{2\}}\|+\|\mathbf{MS}_{\{1,2\},\{1,2\}}\|$		

表 3-7　三端口网络 S 参数转换成 Z 参数的简化公式

NZ_{ij}	1	2	3
1	—	$2R_2\sqrt{\left\|\frac{R_1}{R_2}\right\|}(\|\mathbf{MS}_{\{1\},\{2\}}\|-\|\mathbf{MS}_{\{3,1\},\{3,2\}}\|)$	$2R_3\sqrt{\left\|\frac{R_1}{R_3}\right\|}(\|\mathbf{MS}_{\{1\},\{3\}}\|-\|\mathbf{MS}_{\{2,1\},\{2,3\}}\|)$
2	$2R_1\sqrt{\left\|\frac{R_2}{R_1}\right\|}(\|\mathbf{MS}_{\{2\},\{1\}}\|-\|\mathbf{MS}_{\{3,2\},\{3,1\}}\|)$	—	$2R_3\sqrt{\left\|\frac{R_2}{R_3}\right\|}(\|\mathbf{MS}_{\{2\},\{3\}}\|-\|\mathbf{MS}_{\{1,2\},\{1,3\}}\|)$
3	$2R_1\sqrt{\left\|\frac{R_3}{R_1}\right\|}(\|\mathbf{MS}_{\{3\},\{1\}}\|-\|\mathbf{MS}_{\{2,3\},\{2,1\}}\|)$	$2R_2\sqrt{\left\|\frac{R_3}{R_2}\right\|}(\|\mathbf{MS}_{\{3\},\{2\}}\|-\|\mathbf{MS}_{\{1,3\},\{1,2\}}\|)$	—

$$DZ=1-|\mathbf{MS}_{\{1\},\{1\}}|-|\mathbf{MS}_{\{2\},\{2\}}|-|\mathbf{MS}_{\{3\},\{3\}}|+|\mathbf{MS}_{\{1,2\},\{1,2\}}|+|\mathbf{MS}_{\{1,3\},\{1,3\}}|+|\mathbf{MS}_{\{2,3\},\{2,3\}}|-|\mathbf{MS}_{\{1,2,3\},\{1,2,3\}}|$$

$$NZ_{11}=(1-|\mathbf{MS}_{\{2\},\{2\}}|-|\mathbf{MS}_{\{3\},\{3\}}|+|\mathbf{MS}_{\{2,3\},\{2,3\}}|)Z_1^*+(|\mathbf{MS}_{\{1\},\{1\}}|-|\mathbf{MS}_{\{1,2\},\{1,2\}}|-|\mathbf{MS}_{\{1,3\},\{1,3\}}|+|\mathbf{MS}_{\{1,2,3\},\{1,2,3\}}|)Z_1$$

$$NZ_{22}=(1-|\mathbf{MS}_{\{1\},\{1\}}|-|\mathbf{MS}_{\{3\},\{3\}}|+|\mathbf{MS}_{\{1,3\},\{1,3\}}|)Z_2^*+(|\mathbf{MS}_{\{2\},\{2\}}|-|\mathbf{MS}_{\{1,2\},\{1,2\}}|-|\mathbf{MS}_{\{2,3\},\{2,3\}}|+|\mathbf{MS}_{\{1,2,3\},\{1,2,3\}}|)Z_2$$

$$NZ_{33}=(1-|\mathbf{MS}_{\{1\},\{1\}}|-|\mathbf{MS}_{\{2\},\{2\}}|+|\mathbf{MS}_{\{1,2\},\{1,2\}}|)Z_3^*+(|\mathbf{MS}_{\{3\},\{3\}}|-|\mathbf{MS}_{\{1,3\},\{1,3\}}|-|\mathbf{MS}_{\{2,3\},\{2,3\}}|+|\mathbf{MS}_{\{1,2,3\},\{1,2,3\}}|)Z_3$$

表 3-8　四端口网络 S 参数转换成 Z 参数的简化公式

NZ_{ij}	1	2	3	4
1	—	$2R_2\sqrt{\left\|\frac{R_1}{R_2}\right\|}\times(\|\mathbf{MS}_{\{1\},\{2\}}\|-\|\mathbf{MS}_{\{3,1\},\{3,2\}}\|-\|\mathbf{MS}_{\{4,1\},\{4,2\}}\|+\|\mathbf{MS}_{\{3,4,1\},\{3,4,2\}}\|)$	$2R_3\sqrt{\left\|\frac{R_1}{R_3}\right\|}\times(\|\mathbf{MS}_{\{1\},\{3\}}\|-\|\mathbf{MS}_{\{2,1\},\{2,3\}}\|-\|\mathbf{MS}_{\{4,1\},\{4,3\}}\|+\|\mathbf{MS}_{\{2,4,1\},\{2,4,3\}}\|)$	$2R_4\sqrt{\left\|\frac{R_1}{R_4}\right\|}\times(\|\mathbf{MS}_{\{1\},\{4\}}\|-\|\mathbf{MS}_{\{2,1\},\{2,4\}}\|-\|\mathbf{MS}_{\{3,1\},\{3,4\}}\|+\|\mathbf{MS}_{\{2,3,1\},\{2,3,4\}}\|)$
2	$2R_1\sqrt{\left\|\frac{R_2}{R_1}\right\|}\times(\|\mathbf{MS}_{\{2\},\{1\}}\|-\|\mathbf{MS}_{\{3,2\},\{3,1\}}\|-\|\mathbf{MS}_{\{4,2\},\{4,1\}}\|+\|\mathbf{MS}_{\{3,4,2\},\{3,4,1\}}\|)$	—	$2R_3\sqrt{\left\|\frac{R_2}{R_3}\right\|}\times(\|\mathbf{MS}_{\{2\},\{3\}}\|-\|\mathbf{MS}_{\{1,2\},\{1,3\}}\|-\|\mathbf{MS}_{\{4,2\},\{4,3\}}\|+\|\mathbf{MS}_{\{1,4,2\},\{1,4,3\}}\|)$	$2R_4\sqrt{\left\|\frac{R_2}{R_4}\right\|}\times(\|\mathbf{MS}_{\{2\},\{4\}}\|-\|\mathbf{MS}_{\{1,2\},\{1,4\}}\|-\|\mathbf{MS}_{\{3,2\},\{3,4\}}\|+\|\mathbf{MS}_{\{1,3,2\},\{1,3,4\}}\|)$

续表

NZ_{ij}	1	2	3	4
3	$2R_1\sqrt{\left\lvert\frac{R_3}{R_1}\right\rvert}\times(\lvert\mathbf{MS}_{\{3\},\{1\}}\rvert-\lvert\mathbf{MS}_{\{2,3\},\{2,1\}}\rvert-\lvert\mathbf{MS}_{\{4,3\},\{4,1\}}\rvert+\lvert\mathbf{MS}_{\{2,4,3\},\{2,4,1\}}\rvert)$	$2R_2\sqrt{\left\lvert\frac{R_3}{R_2}\right\rvert}\times(\lvert\mathbf{MS}_{\{3\},\{2\}}\rvert-\lvert\mathbf{MS}_{\{1,3\},\{1,2\}}\rvert-\lvert\mathbf{MS}_{\{4,3\},\{4,2\}}\rvert+\lvert\mathbf{MS}_{\{1,4,3\},\{1,4,2\}}\rvert)$	—	$2R_4\sqrt{\left\lvert\frac{R_3}{R_4}\right\rvert}\times(\lvert\mathbf{MS}_{\{3\},\{4\}}\rvert-\lvert\mathbf{MS}_{\{1,3\},\{1,4\}}\rvert-\lvert\mathbf{MS}_{\{2,3\},\{2,4\}}\rvert+\lvert\mathbf{MS}_{\{1,2,3\},\{1,2,4\}}\rvert)$
4	$2R_1\sqrt{\left\lvert\frac{R_4}{R_1}\right\rvert}\times(\lvert\mathbf{MS}_{\{4\},\{1\}}\rvert-\lvert\mathbf{MS}_{\{2,4\},\{2,1\}}\rvert-\lvert\mathbf{MS}_{\{3,4\},\{3,1\}}\rvert+\lvert\mathbf{MS}_{\{2,3,4\},\{2,3,1\}}\rvert)$	$2R_2\sqrt{\left\lvert\frac{R_4}{R_2}\right\rvert}\times(\lvert\mathbf{MS}_{\{4\},\{2\}}\rvert-\lvert\mathbf{MS}_{\{1,4\},\{1,2\}}\rvert-\lvert\mathbf{MS}_{\{3,4\},\{3,2\}}\rvert+\lvert\mathbf{MS}_{\{1,3,4\},\{1,3,2\}}\rvert)$	$2R_3\sqrt{\left\lvert\frac{R_4}{R_3}\right\rvert}\times(\lvert\mathbf{MS}_{\{4\},\{3\}}\rvert-\lvert\mathbf{MS}_{\{1,4\},\{1,3\}}\rvert-\lvert\mathbf{MS}_{\{2,4\},\{2,3\}}\rvert+\lvert\mathbf{MS}_{\{1,2,4\},\{1,2,3\}}\rvert)$	—

$$DZ=1-|\mathbf{MS}_{\{1\},\{1\}}|-|\mathbf{MS}_{\{2\},\{2\}}|-|\mathbf{MS}_{\{3\},\{3\}}|-|\mathbf{MS}_{\{4\},\{4\}}|+|\mathbf{MS}_{\{1,2\},\{1,2\}}|+|\mathbf{MS}_{\{1,3\},\{1,3\}}|+|\mathbf{MS}_{\{1,4\},\{1,4\}}|+|\mathbf{MS}_{\{2,3\},\{2,3\}}|+|\mathbf{MS}_{\{2,4\},\{2,4\}}|+|\mathbf{MS}_{\{3,4\},\{3,4\}}|-|\mathbf{MS}_{\{1,2,3\},\{1,2,3\}}|-|\mathbf{MS}_{\{1,2,4\},\{1,2,4\}}|-|\mathbf{MS}_{\{1,3,4\},\{1,3,4\}}|-|\mathbf{MS}_{\{2,3,4\},\{2,3,4\}}|+|\mathbf{MS}_{\{1,2,3,4\},\{1,2,3,4\}}|$$

$$NZ_{11}=(1-|\mathbf{MS}_{\{2\},\{2\}}|-|\mathbf{MS}_{\{3\},\{3\}}|-|\mathbf{MS}_{\{4\},\{4\}}|+|\mathbf{MS}_{\{2,3\},\{2,3\}}|+|\mathbf{MS}_{\{2,4\},\{2,4\}}|+|\mathbf{MS}_{\{3,4\},\{3,4\}}|-|\mathbf{MS}_{\{2,3,4\},\{2,3,4\}}|)Z_1^*+(|\mathbf{MS}_{\{1\},\{1\}}|-|\mathbf{MS}_{\{1,2\},\{1,2\}}|-|\mathbf{MS}_{\{1,3\},\{1,3\}}|-|\mathbf{MS}_{\{1,4\},\{1,4\}}|+|\mathbf{MS}_{\{1,2,3\},\{1,2,3\}}|+|\mathbf{MS}_{\{1,2,4\},\{1,2,4\}}|+|\mathbf{MS}_{\{1,3,4\},\{1,3,4\}}|-|\mathbf{MS}_{\{1,2,3,4\},\{1,2,3,4\}}|)Z_1$$

$$NZ_{22}=(1-|\mathbf{MS}_{\{1\},\{1\}}|-|\mathbf{MS}_{\{3\},\{3\}}|-|\mathbf{MS}_{\{4\},\{4\}}|+|\mathbf{MS}_{\{1,3\},\{1,3\}}|+|\mathbf{MS}_{\{1,4\},\{1,4\}}|+|\mathbf{MS}_{\{3,4\},\{3,4\}}|-|\mathbf{MS}_{\{1,3,4\},\{1,3,4\}}|)Z_2^*+(|\mathbf{MS}_{\{2\},\{2\}}|-|\mathbf{MS}_{\{1,2\},\{1,2\}}|-|\mathbf{MS}_{\{2,3\},\{2,3\}}|-|\mathbf{MS}_{\{2,4\},\{2,4\}}|+|\mathbf{MS}_{\{1,2,3\},\{1,2,3\}}|+|\mathbf{MS}_{\{1,2,4\},\{1,2,4\}}|+|\mathbf{MS}_{\{2,3,4\},\{2,3,4\}}|-|\mathbf{MS}_{\{1,2,3,4\},\{1,2,3,4\}}|)Z_2$$

$$NZ_{33}=(1-|\mathbf{MS}_{\{1\},\{1\}}|-|\mathbf{MS}_{\{2\},\{2\}}|-|\mathbf{MS}_{\{4\},\{4\}}|+|\mathbf{MS}_{\{1,2\},\{1,2\}}|+|\mathbf{MS}_{\{1,4\},\{1,4\}}|+|\mathbf{MS}_{\{2,4\},\{2,4\}}|-|\mathbf{MS}_{\{1,2,4\},\{1,2,4\}}|)Z_3^*+(|\mathbf{MS}_{\{3\},\{3\}}|-|\mathbf{MS}_{\{1,3\},\{1,3\}}|-|\mathbf{MS}_{\{2,3\},\{2,3\}}|-|\mathbf{MS}_{\{3,4\},\{3,4\}}|+|\mathbf{MS}_{\{1,2,3\},\{1,2,3\}}|+|\mathbf{MS}_{\{1,3,4\},\{1,3,4\}}|+|\mathbf{MS}_{\{2,3,4\},\{2,3,4\}}|-|\mathbf{MS}_{\{1,2,3,4\},\{1,2,3,4\}}|)Z_3$$

$$NZ_{44}=(1-|\mathbf{MS}_{\{1\},\{1\}}|-|\mathbf{MS}_{\{2\},\{2\}}|-|\mathbf{MS}_{\{3\},\{3\}}|+|\mathbf{MS}_{\{1,2\},\{1,2\}}|+|\mathbf{MS}_{\{1,3\},\{1,3\}}|+|\mathbf{MS}_{\{2,3\},\{2,3\}}|-|\mathbf{MS}_{\{1,2,3\},\{1,2,3\}}|)Z_4^*+(|\mathbf{MS}_{\{4\},\{4\}}|-|\mathbf{MS}_{\{1,4\},\{1,4\}}|-|\mathbf{MS}_{\{2,4\},\{2,4\}}|-|\mathbf{MS}_{\{3,4\},\{3,4\}}|+|\mathbf{MS}_{\{1,2,4\},\{1,2,4\}}|+|\mathbf{MS}_{\{1,3,4\},\{1,3,4\}}|+|\mathbf{MS}_{\{2,3,4\},\{2,3,4\}}|-|\mathbf{MS}_{\{1,2,3,4\},\{1,2,3,4\}}|)Z_4$$

表 3-9　五端口网络 S 参数转换成 Z 参数的简化公式

NZ_{ij}	1	2	3	4	5
1	—	$2R_2\sqrt{\left\|\frac{R_1}{R_2}\right\|}\times$ $(\|\mathbf{MS}_{\{1\},\{2\}}\|-$ $\|\mathbf{MS}_{\{3,1\},\{3,2\}}\|-$ $\|\mathbf{MS}_{\{4,1\},\{4,2\}}\|-$ $\|\mathbf{MS}_{\{5,1\},\{5,2\}}\|+$ $\|\mathbf{MS}_{\{3,4,1\},\{3,4,2\}}\|+$ $\|\mathbf{MS}_{\{3,5,1\},\{3,5,2\}}\|+$ $\|\mathbf{MS}_{\{4,5,1\},\{4,5,2\}}\|-$ $\|\mathbf{MS}_{\{3,4,5,1\},\{3,4,5,2\}}\|)$	$2R_3\sqrt{\left\|\frac{R_1}{R_3}\right\|}\times$ $(\|\mathbf{MS}_{\{1\},\{3\}}\|-$ $\|\mathbf{MS}_{\{2,1\},\{2,3\}}\|-$ $\|\mathbf{MS}_{\{4,1\},\{4,3\}}\|-$ $\|\mathbf{MS}_{\{5,1\},\{5,3\}}\|+$ $\|\mathbf{MS}_{\{2,4,1\},\{2,4,3\}}\|+$ $\|\mathbf{MS}_{\{2,5,1\},\{2,5,3\}}\|+$ $\|\mathbf{MS}_{\{4,5,1\},\{4,5,3\}}\|-$ $\|\mathbf{MS}_{\{2,4,5,1\},\{2,4,5,3\}}\|)$	$2R_4\sqrt{\left\|\frac{R_1}{R_4}\right\|}\times$ $(\|\mathbf{MS}_{\{1\},\{4\}}\|-$ $\|\mathbf{MS}_{\{2,1\},\{2,4\}}\|-$ $\|\mathbf{MS}_{\{3,1\},\{3,4\}}\|-$ $\|\mathbf{MS}_{\{5,1\},\{5,4\}}\|+$ $\|\mathbf{MS}_{\{2,3,1\},\{2,3,4\}}\|+$ $\|\mathbf{MS}_{\{2,5,1\},\{2,5,4\}}\|+$ $\|\mathbf{MS}_{\{3,5,1\},\{3,5,4\}}\|-$ $\|\mathbf{MS}_{\{2,3,5,1\},\{2,3,5,4\}}\|)$	$2R_5\sqrt{\left\|\frac{R_1}{R_5}\right\|}\times$ $(\|\mathbf{MS}_{\{1\},\{5\}}\|-$ $\|\mathbf{MS}_{\{2,1\},\{2,5\}}\|-$ $\|\mathbf{MS}_{\{3,1\},\{3,5\}}\|-$ $\|\mathbf{MS}_{\{4,1\},\{4,5\}}\|+$ $\|\mathbf{MS}_{\{2,3,1\},\{2,3,5\}}\|+$ $\|\mathbf{MS}_{\{2,4,1\},\{2,4,5\}}\|+$ $\|\mathbf{MS}_{\{3,4,1\},\{3,4,5\}}\|-$ $\|\mathbf{MS}_{\{2,3,4,1\},\{2,3,4,5\}}\|)$
2	$2R_1\sqrt{\left\|\frac{R_2}{R_1}\right\|}\times$ $(\|\mathbf{MS}_{\{2\},\{1\}}\|-$ $\|\mathbf{MS}_{\{3,2\},\{3,1\}}\|-$ $\|\mathbf{MS}_{\{4,2\},\{4,1\}}\|-$ $\|\mathbf{MS}_{\{5,2\},\{5,1\}}\|+$ $\|\mathbf{MS}_{\{3,4,2\},\{3,4,1\}}\|+$ $\|\mathbf{MS}_{\{3,5,2\},\{3,5,1\}}\|+$ $\|\mathbf{MS}_{\{4,5,2\},\{4,5,1\}}\|-$ $\|\mathbf{MS}_{\{3,4,5,2\},\{3,4,5,1\}}\|)$	—	$2R_3\sqrt{\left\|\frac{R_2}{R_3}\right\|}\times$ $(\|\mathbf{MS}_{\{2\},\{3\}}\|-$ $\|\mathbf{MS}_{\{1,2\},\{1,3\}}\|-$ $\|\mathbf{MS}_{\{4,2\},\{4,3\}}\|-$ $\|\mathbf{MS}_{\{5,2\},\{5,3\}}\|+$ $\|\mathbf{MS}_{\{1,4,2\},\{1,4,3\}}\|+$ $\|\mathbf{MS}_{\{1,5,2\},\{1,5,3\}}\|+$ $\|\mathbf{MS}_{\{4,5,2\},\{4,5,3\}}\|-$ $\|\mathbf{MS}_{\{1,4,5,2\},\{1,4,5,3\}}\|)$	$2R_4\sqrt{\left\|\frac{R_2}{R_4}\right\|}\times$ $(\|\mathbf{MS}_{\{2\},\{4\}}\|-$ $\|\mathbf{MS}_{\{1,2\},\{1,4\}}\|-$ $\|\mathbf{MS}_{\{3,2\},\{3,4\}}\|-$ $\|\mathbf{MS}_{\{5,2\},\{5,4\}}\|+$ $\|\mathbf{MS}_{\{1,3,2\},\{1,3,4\}}\|+$ $\|\mathbf{MS}_{\{1,5,2\},\{1,5,4\}}\|+$ $\|\mathbf{MS}_{\{3,5,2\},\{3,5,4\}}\|-$ $\|\mathbf{MS}_{\{1,3,5,2\},\{1,3,5,4\}}\|)$	$2R_5\sqrt{\left\|\frac{R_2}{R_5}\right\|}\times$ $(\|\mathbf{MS}_{\{2\},\{5\}}\|-$ $\|\mathbf{MS}_{\{1,2\},\{1,5\}}\|-$ $\|\mathbf{MS}_{\{3,2\},\{3,5\}}\|-$ $\|\mathbf{MS}_{\{4,2\},\{4,5\}}\|+$ $\|\mathbf{MS}_{\{1,3,2\},\{1,3,5\}}\|+$ $\|\mathbf{MS}_{\{1,4,2\},\{1,4,5\}}\|+$ $\|\mathbf{MS}_{\{3,4,2\},\{3,4,5\}}\|-$ $\|\mathbf{MS}_{\{1,3,4,2\},\{1,3,4,5\}}\|)$
3	$2R_1\sqrt{\left\|\frac{R_3}{R_1}\right\|}\times$ $(\|\mathbf{MS}_{\{3\},\{1\}}\|-$ $\|\mathbf{MS}_{\{2,3\},\{2,1\}}\|-$ $\|\mathbf{MS}_{\{4,3\},\{4,1\}}\|-$ $\|\mathbf{MS}_{\{5,3\},\{5,1\}}\|+$ $\|\mathbf{MS}_{\{2,4,3\},\{2,4,1\}}\|+$ $\|\mathbf{MS}_{\{2,5,3\},\{2,5,1\}}\|+$ $\|\mathbf{MS}_{\{4,5,3\},\{4,5,1\}}\|-$ $\|\mathbf{MS}_{\{2,4,5,3\},\{2,4,5,1\}}\|)$	$2R_2\sqrt{\left\|\frac{R_3}{R_2}\right\|}\times$ $(\|\mathbf{MS}_{\{3\},\{2\}}\|-$ $\|\mathbf{MS}_{\{1,3\},\{1,2\}}\|-$ $\|\mathbf{MS}_{\{4,3\},\{4,2\}}\|-$ $\|\mathbf{MS}_{\{5,3\},\{5,2\}}\|+$ $\|\mathbf{MS}_{\{1,4,3\},\{1,4,2\}}\|+$ $\|\mathbf{MS}_{\{1,5,3\},\{1,5,2\}}\|+$ $\|\mathbf{MS}_{\{4,5,3\},\{4,5,2\}}\|-$ $\|\mathbf{MS}_{\{1,4,5,3\},\{1,4,5,2\}}\|)$	—	$2R_4\sqrt{\left\|\frac{R_3}{R_4}\right\|}\times$ $(\|\mathbf{MS}_{\{3\},\{4\}}\|-$ $\|\mathbf{MS}_{\{1,3\},\{1,4\}}\|-$ $\|\mathbf{MS}_{\{2,3\},\{2,4\}}\|-$ $\|\mathbf{MS}_{\{5,3\},\{5,4\}}\|+$ $\|\mathbf{MS}_{\{1,2,3\},\{1,2,4\}}\|+$ $\|\mathbf{MS}_{\{1,5,3\},\{1,5,4\}}\|+$ $\|\mathbf{MS}_{\{2,5,3\},\{2,5,4\}}\|-$ $\|\mathbf{MS}_{\{1,2,5,3\},\{1,2,5,4\}}\|)$	$2R_5\sqrt{\left\|\frac{R_3}{R_5}\right\|}\times$ $(\|\mathbf{MS}_{\{3\},\{5\}}\|-$ $\|\mathbf{MS}_{\{1,3\},\{1,5\}}\|-$ $\|\mathbf{MS}_{\{2,3\},\{2,5\}}\|-$ $\|\mathbf{MS}_{\{4,3\},\{4,5\}}\|+$ $\|\mathbf{MS}_{\{1,2,3\},\{1,2,5\}}\|+$ $\|\mathbf{MS}_{\{1,4,3\},\{1,4,5\}}\|+$ $\|\mathbf{MS}_{\{2,4,3\},\{2,4,5\}}\|-$ $\|\mathbf{MS}_{\{1,2,4,3\},\{1,2,4,5\}}\|)$

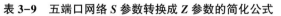

续表

NZ_{ij}	1	2	3	4	5
4	$2R_1\sqrt{\left\lvert\frac{R_4}{R_1}\right\rvert}\times$ $(\lvert\mathbf{MS}_{\{4\},\{1\}}\rvert-$ $\lvert\mathbf{MS}_{\{2,4\},\{2,1\}}\rvert-$ $\lvert\mathbf{MS}_{\{3,4\},\{3,1\}}\rvert-$ $\lvert\mathbf{MS}_{\{5,4\},\{5,1\}}\rvert+$ $\lvert\mathbf{MS}_{\{2,3,4\},\{2,3,1\}}\rvert+$ $\lvert\mathbf{MS}_{\{2,5,4\},\{2,5,1\}}\rvert+$ $\lvert\mathbf{MS}_{\{3,5,4\},\{3,5,1\}}\rvert-$ $\lvert\mathbf{MS}_{\{2,3,5,4\},\{2,3,5,1\}}\rvert)$	$2R_2\sqrt{\left\lvert\frac{R_4}{R_2}\right\rvert}\times$ $(\lvert\mathbf{MS}_{\{4\},\{2\}}\rvert-$ $\lvert\mathbf{MS}_{\{1,4\},\{1,2\}}\rvert-$ $\lvert\mathbf{MS}_{\{3,4\},\{3,2\}}\rvert-$ $\lvert\mathbf{MS}_{\{5,4\},\{5,2\}}\rvert+$ $\lvert\mathbf{MS}_{\{1,3,4\},\{1,3,2\}}\rvert+$ $\lvert\mathbf{MS}_{\{1,5,4\},\{1,5,2\}}\rvert+$ $\lvert\mathbf{MS}_{\{3,5,4\},\{3,5,2\}}\rvert-$ $\lvert\mathbf{MS}_{\{1,3,5,4\},\{1,3,5,2\}}\rvert)$	$2R_3\sqrt{\left\lvert\frac{R_4}{R_3}\right\rvert}\times$ $(\lvert\mathbf{MS}_{\{4\},\{3\}}\rvert-$ $\lvert\mathbf{MS}_{\{1,4\},\{1,3\}}\rvert-$ $\lvert\mathbf{MS}_{\{2,4\},\{2,3\}}\rvert-$ $\lvert\mathbf{MS}_{\{5,4\},\{5,3\}}\rvert+$ $\lvert\mathbf{MS}_{\{1,2,4\},\{1,2,3\}}\rvert+$ $\lvert\mathbf{MS}_{\{1,5,4\},\{1,5,3\}}\rvert+$ $\lvert\mathbf{MS}_{\{2,5,4\},\{2,5,3\}}\rvert-$ $\lvert\mathbf{MS}_{\{1,2,5,4\},\{1,2,5,3\}}\rvert)$	—	$2R_5\sqrt{\left\lvert\frac{R_4}{R_5}\right\rvert}\times$ $(\lvert\mathbf{MS}_{\{4\},\{5\}}\rvert-$ $\lvert\mathbf{MS}_{\{1,4\},\{1,5\}}\rvert-$ $\lvert\mathbf{MS}_{\{2,4\},\{2,5\}}\rvert-$ $\lvert\mathbf{MS}_{\{3,4\},\{3,5\}}\rvert+$ $\lvert\mathbf{MS}_{\{1,2,4\},\{1,2,5\}}\rvert+$ $\lvert\mathbf{MS}_{\{1,3,4\},\{1,3,5\}}\rvert+$ $\lvert\mathbf{MS}_{\{2,3,4\},\{2,3,5\}}\rvert-$ $\lvert\mathbf{MS}_{\{1,2,3,4\},\{1,2,3,5\}}\rvert)$
5	$2R_1\sqrt{\left\lvert\frac{R_5}{R_1}\right\rvert}\times$ $(\lvert\mathbf{MS}_{\{5\},\{1\}}\rvert-$ $\lvert\mathbf{MS}_{\{2,5\},\{2,1\}}\rvert-$ $\lvert\mathbf{MS}_{\{3,5\},\{3,1\}}\rvert-$ $\lvert\mathbf{MS}_{\{4,5\},\{4,1\}}\rvert+$ $\lvert\mathbf{MS}_{\{2,3,5\},\{2,3,1\}}\rvert+$ $\lvert\mathbf{MS}_{\{2,4,5\},\{2,4,1\}}\rvert+$ $\lvert\mathbf{MS}_{\{3,4,5\},\{3,4,1\}}\rvert-$ $\lvert\mathbf{MS}_{\{2,3,4,5\},\{2,3,4,1\}}\rvert)$	$2R_2\sqrt{\left\lvert\frac{R_5}{R_2}\right\rvert}\times$ $(\lvert\mathbf{MS}_{\{5\},\{2\}}\rvert-$ $\lvert\mathbf{MS}_{\{1,5\},\{1,2\}}\rvert-$ $\lvert\mathbf{MS}_{\{3,5\},\{3,2\}}\rvert-$ $\lvert\mathbf{MS}_{\{4,5\},\{4,2\}}\rvert+$ $\lvert\mathbf{MS}_{\{1,3,5\},\{1,3,2\}}\rvert+$ $\lvert\mathbf{MS}_{\{1,4,5\},\{1,4,2\}}\rvert+$ $\lvert\mathbf{MS}_{\{3,4,5\},\{3,4,2\}}\rvert-$ $\lvert\mathbf{MS}_{\{1,3,4,5\},\{1,3,4,2\}}\rvert)$	$2R_3\sqrt{\left\lvert\frac{R_5}{R_3}\right\rvert}\times$ $(\lvert\mathbf{MS}_{\{5\},\{3\}}\rvert-$ $\lvert\mathbf{MS}_{\{1,5\},\{1,3\}}\rvert-$ $\lvert\mathbf{MS}_{\{2,5\},\{2,3\}}\rvert-$ $\lvert\mathbf{MS}_{\{4,5\},\{4,3\}}\rvert+$ $\lvert\mathbf{MS}_{\{1,2,5\},\{1,2,3\}}\rvert+$ $\lvert\mathbf{MS}_{\{1,4,5\},\{1,4,3\}}\rvert+$ $\lvert\mathbf{MS}_{\{2,4,5\},\{2,4,3\}}\rvert-$ $\lvert\mathbf{MS}_{\{1,2,4,5\},\{1,2,4,3\}}\rvert)$	$2R_4\sqrt{\left\lvert\frac{R_5}{R_4}\right\rvert}\times$ $(\lvert\mathbf{MS}_{\{5\},\{4\}}\rvert-$ $\lvert\mathbf{MS}_{\{1,5\},\{1,4\}}\rvert-$ $\lvert\mathbf{MS}_{\{2,5\},\{2,4\}}\rvert-$ $\lvert\mathbf{MS}_{\{3,5\},\{3,4\}}\rvert+$ $\lvert\mathbf{MS}_{\{1,2,5\},\{1,2,4\}}\rvert+$ $\lvert\mathbf{MS}_{\{1,3,5\},\{1,3,4\}}\rvert+$ $\lvert\mathbf{MS}_{\{2,3,5\},\{2,3,4\}}\rvert-$ $\lvert\mathbf{MS}_{\{1,2,3,5\},\{1,2,3,4\}}\rvert)$	—

$$
\begin{aligned}
DZ = 1 &- \lvert\mathbf{MS}_{\{1\},\{1\}}\rvert - \lvert\mathbf{MS}_{\{2\},\{2\}}\rvert - \lvert\mathbf{MS}_{\{3\},\{3\}}\rvert - \lvert\mathbf{MS}_{\{4\},\{4\}}\rvert - \lvert\mathbf{MS}_{\{5\},\{5\}}\rvert + \lvert\mathbf{MS}_{\{1,2\},\{1,2\}}\rvert + \\
&\lvert\mathbf{MS}_{\{1,3\},\{1,3\}}\rvert + \lvert\mathbf{MS}_{\{1,4\},\{1,4\}}\rvert + \lvert\mathbf{MS}_{\{1,5\},\{1,5\}}\rvert + \lvert\mathbf{MS}_{\{2,3\},\{2,3\}}\rvert + \lvert\mathbf{MS}_{\{2,4\},\{2,4\}}\rvert + \lvert\mathbf{MS}_{\{2,5\},\{2,5\}}\rvert + \\
&\lvert\mathbf{MS}_{\{3,4\},\{3,4\}}\rvert + \lvert\mathbf{MS}_{\{3,5\},\{3,5\}}\rvert + \lvert\mathbf{MS}_{\{4,5\},\{4,5\}}\rvert - \lvert\mathbf{MS}_{\{1,2,3\},\{1,2,3\}}\rvert - \lvert\mathbf{MS}_{\{1,2,4\},\{1,2,4\}}\rvert - \\
&\lvert\mathbf{MS}_{\{1,2,5\},\{1,2,5\}}\rvert - \lvert\mathbf{MS}_{\{1,3,4\},\{1,3,4\}}\rvert - \lvert\mathbf{MS}_{\{1,3,5\},\{1,3,5\}}\rvert - \lvert\mathbf{MS}_{\{1,4,5\},\{1,4,5\}}\rvert - \lvert\mathbf{MS}_{\{2,3,4\},\{2,3,4\}}\rvert - \\
&\lvert\mathbf{MS}_{\{2,3,5\},\{2,3,5\}}\rvert - \lvert\mathbf{MS}_{\{2,4,5\},\{2,4,5\}}\rvert - \lvert\mathbf{MS}_{\{3,4,5\},\{3,4,5\}}\rvert + \lvert\mathbf{MS}_{\{1,2,3,4\},\{1,2,3,4\}}\rvert + \\
&\lvert\mathbf{MS}_{\{1,2,3,5\},\{1,2,3,5\}}\rvert + \lvert\mathbf{MS}_{\{1,2,4,5\},\{1,2,4,5\}}\rvert + \lvert\mathbf{MS}_{\{1,3,4,5\},\{1,3,4,5\}}\rvert + \\
&\lvert\mathbf{MS}_{\{2,3,4,5\},\{2,3,4,5\}}\rvert - \lvert\mathbf{MS}_{\{1,2,3,4,5\},\{1,2,3,4,5\}}\rvert
\end{aligned}
$$

$$
\begin{aligned}
NZ_{11} = (1 &- \lvert\mathbf{MS}_{\{2\},\{2\}}\rvert - \lvert\mathbf{MS}_{\{3\},\{3\}}\rvert - \lvert\mathbf{MS}_{\{4\},\{4\}}\rvert - \lvert\mathbf{MS}_{\{5\},\{5\}}\rvert + \lvert\mathbf{MS}_{\{2,3\},\{2,3\}}\rvert + \lvert\mathbf{MS}_{\{2,4\},\{2,4\}}\rvert + \\
&\lvert\mathbf{MS}_{\{2,5\},\{2,5\}}\rvert + \lvert\mathbf{MS}_{\{3,4\},\{3,4\}}\rvert + \lvert\mathbf{MS}_{\{3,5\},\{3,5\}}\rvert + \lvert\mathbf{MS}_{\{4,5\},\{4,5\}}\rvert - \lvert\mathbf{MS}_{\{2,3,4\},\{2,3,4\}}\rvert - \\
&\lvert\mathbf{MS}_{\{2,3,5\},\{2,3,5\}}\rvert - \lvert\mathbf{MS}_{\{2,4,5\},\{2,4,5\}}\rvert - \lvert\mathbf{MS}_{\{3,4,5\},\{3,4,5\}}\rvert + \lvert\mathbf{MS}_{\{2,3,4,5\},\{2,3,4,5\}}\rvert)Z_1^* + \\
&(\lvert\mathbf{MS}_{\{1\},\{1\}}\rvert - \lvert\mathbf{MS}_{\{1,2\},\{1,2\}}\rvert - \lvert\mathbf{MS}_{\{1,3\},\{1,3\}}\rvert - \lvert\mathbf{MS}_{\{1,4\},\{1,4\}}\rvert - \lvert\mathbf{MS}_{\{1,5\},\{1,5\}}\rvert + \\
&\lvert\mathbf{MS}_{\{1,2,3\},\{1,2,3\}}\rvert + \lvert\mathbf{MS}_{\{1,2,4\},\{1,2,4\}}\rvert + \lvert\mathbf{MS}_{\{1,2,5\},\{1,2,5\}}\rvert + \lvert\mathbf{MS}_{\{1,3,4\},\{1,3,4\}}\rvert + \\
&\lvert\mathbf{MS}_{\{1,3,5\},\{1,3,5\}}\rvert + \lvert\mathbf{MS}_{\{1,4,5\},\{1,4,5\}}\rvert - \lvert\mathbf{MS}_{\{1,2,3,4\},\{1,2,3,4\}}\rvert - \lvert\mathbf{MS}_{\{1,2,3,5\},\{1,2,3,5\}}\rvert - \\
&\lvert\mathbf{MS}_{\{1,2,4,5\},\{1,2,4,5\}}\rvert - \lvert\mathbf{MS}_{\{1,3,4,5\},\{1,3,4,5\}}\rvert + \lvert\mathbf{MS}_{\{1,2,3,4,5\},\{1,2,3,4,5\}}\rvert)Z_1
\end{aligned}
$$

续表

$$
\begin{aligned}
\mathrm{NZ}_{22} = (&1-|\mathbf{MS}_{\{1\},\{1\}}|-|\mathbf{MS}_{\{3\},\{3\}}|-|\mathbf{MS}_{\{4\},\{4\}}|-|\mathbf{MS}_{\{5\},\{5\}}|+|\mathbf{MS}_{\{1,3\},\{1,3\}}|+|\mathbf{MS}_{\{1,4\},\{1,4\}}|+\\
&|\mathbf{MS}_{\{1,5\},\{1,5\}}|+|\mathbf{MS}_{\{3,4\},\{3,4\}}|+|\mathbf{MS}_{\{3,5\},\{3,5\}}|+|\mathbf{MS}_{\{4,5\},\{4,5\}}|-|\mathbf{MS}_{\{1,3,4\},\{1,3,4\}}|-\\
&|\mathbf{MS}_{\{1,3,5\},\{1,3,5\}}|-|\mathbf{MS}_{\{1,4,5\},\{1,4,5\}}|-|\mathbf{MS}_{\{3,4,5\},\{3,4,5\}}|+|\mathbf{MS}_{\{1,3,4,5\},\{1,3,4,5\}}|)Z_2^*+\\
&(|\mathbf{MS}_{\{2\},\{2\}}|-|\mathbf{MS}_{\{1,2\},\{1,2\}}|-|\mathbf{MS}_{\{2,3\},\{2,3\}}|-|\mathbf{MS}_{\{2,4\},\{2,4\}}|-|\mathbf{MS}_{\{2,5\},\{2,5\}}|+\\
&|\mathbf{MS}_{\{1,2,3\},\{1,2,3\}}|+|\mathbf{MS}_{\{1,2,4\},\{1,2,4\}}|+|\mathbf{MS}_{\{1,2,5\},\{1,2,5\}}|+|\mathbf{MS}_{\{2,3,4\},\{2,3,4\}}|+|\mathbf{MS}_{\{2,3,5\},\{2,3,5\}}|+\\
&|\mathbf{MS}_{\{2,4,5\},\{2,4,5\}}|-|\mathbf{MS}_{\{1,2,3,4\},\{1,2,3,4\}}|-|\mathbf{MS}_{\{1,2,3,5\},\{1,2,3,5\}}|-|\mathbf{MS}_{\{1,2,4,5\},\{1,2,4,5\}}|-\\
&|\mathbf{MS}_{\{2,3,4,5\},\{2,3,4,5\}}|+|\mathbf{MS}_{\{1,2,3,4,5\},\{1,2,3,4,5\}}|)Z_2
\end{aligned}
$$

$$
\begin{aligned}
\mathrm{NZ}_{33} = (&1-|\mathbf{MS}_{\{1\},\{1\}}|-|\mathbf{MS}_{\{2\},\{2\}}|-|\mathbf{MS}_{\{4\},\{4\}}|-|\mathbf{MS}_{\{5\},\{5\}}|+|\mathbf{MS}_{\{1,2\},\{1,2\}}|+|\mathbf{MS}_{\{1,4\},\{1,4\}}|+\\
&|\mathbf{MS}_{\{1,5\},\{1,5\}}|+|\mathbf{MS}_{\{2,4\},\{2,4\}}|+|\mathbf{MS}_{\{2,5\},\{2,5\}}|+|\mathbf{MS}_{\{4,5\},\{4,5\}}|-|\mathbf{MS}_{\{1,2,4\},\{1,2,4\}}|-\\
&|\mathbf{MS}_{\{1,2,5\},\{1,2,5\}}|-|\mathbf{MS}_{\{1,4,5\},\{1,4,5\}}|-|\mathbf{MS}_{\{2,4,5\},\{2,4,5\}}|+|\mathbf{MS}_{\{1,2,4,5\},\{1,2,4,5\}}|)Z_3^*+\\
&(|\mathbf{MS}_{\{3\},\{3\}}|-|\mathbf{MS}_{\{1,3\},\{1,3\}}|-|\mathbf{MS}_{\{2,3\},\{2,3\}}|-|\mathbf{MS}_{\{3,4\},\{3,4\}}|-|\mathbf{MS}_{\{3,5\},\{3,5\}}|+\\
&|\mathbf{MS}_{\{1,2,3\},\{1,2,3\}}|+|\mathbf{MS}_{\{1,3,4\},\{1,3,4\}}|+|\mathbf{MS}_{\{1,3,5\},\{1,3,5\}}|+|\mathbf{MS}_{\{2,3,4\},\{2,3,4\}}|+|\mathbf{MS}_{\{2,3,5\},\{2,3,5\}}|+\\
&|\mathbf{MS}_{\{3,4,5\},\{3,4,5\}}|-|\mathbf{MS}_{\{1,2,3,4\},\{1,2,3,4\}}|-|\mathbf{MS}_{\{1,2,3,5\},\{1,2,3,5\}}|-|\mathbf{MS}_{\{1,3,4,5\},\{1,3,4,5\}}|-\\
&|\mathbf{MS}_{\{2,3,4,5\},\{2,3,4,5\}}|+|\mathbf{MS}_{\{1,2,3,4,5\},\{1,2,3,4,5\}}|)Z_3
\end{aligned}
$$

$$
\begin{aligned}
\mathrm{NZ}_{44} = (&1-|\mathbf{MS}_{\{1\},\{1\}}|-|\mathbf{MS}_{\{2\},\{2\}}|-|\mathbf{MS}_{\{3\},\{3\}}|-|\mathbf{MS}_{\{5\},\{5\}}|+|\mathbf{MS}_{\{1,2\},\{1,2\}}|+|\mathbf{MS}_{\{1,3\},\{1,3\}}|+\\
&|\mathbf{MS}_{\{1,5\},\{1,5\}}|+|\mathbf{MS}_{\{2,3\},\{2,3\}}|+|\mathbf{MS}_{\{2,5\},\{2,5\}}|+|\mathbf{MS}_{\{3,5\},\{3,5\}}|-|\mathbf{MS}_{\{1,2,3],\{1,2,3\}}|-\\
&|\mathbf{MS}_{\{1,2,5\},\{1,2,5\}}|-|\mathbf{MS}_{\{1,3,5\},\{1,3,5\}}|-|\mathbf{MS}_{\{2,3,5\},\{2,3,5\}}|+|\mathbf{MS}_{\{1,2,3,5\},\{1,2,3,5\}}|)Z_4^*+\\
&(|\mathbf{MS}_{\{4\},\{4\}}|-|\mathbf{MS}_{\{1,4\},\{1,4\}}|-|\mathbf{MS}_{\{2,4\},\{2,4\}}|-|\mathbf{MS}_{\{3,4\},\{3,4\}}|-|\mathbf{MS}_{\{4,5\},\{4,5\}}|+\\
&|\mathbf{MS}_{\{1,2,4\},\{1,2,4\}}|+|\mathbf{MS}_{\{1,3,4\},\{1,3,4\}}|+|\mathbf{MS}_{\{1,4,5\},\{1,4,5\}}|+|\mathbf{MS}_{\{2,3,4\},\{2,3,4\}}|+|\mathbf{MS}_{\{2,4,5\},\{2,4,5\}}|+\\
&|\mathbf{MS}_{\{3,4,5\},\{3,4,5\}}|-|\mathbf{MS}_{\{1,2,3,4\},\{1,2,3,4\}}|-|\mathbf{MS}_{\{1,2,4,5\},\{1,2,4,5\}}|-|\mathbf{MS}_{\{1,3,4,5\},\{1,3,4,5\}}|-\\
&|\mathbf{MS}_{\{2,3,4,5\},\{2,3,4,5\}}|+|\mathbf{MS}_{\{1,2,3,4,5\},\{1,2,3,4,5\}}|)Z_4
\end{aligned}
$$

$$
\begin{aligned}
\mathrm{NZ}_{55} = (&1-|\mathbf{MS}_{\{1\},\{1\}}|-|\mathbf{MS}_{\{2\},\{2\}}|-|\mathbf{MS}_{\{3\},\{3\}}|-|\mathbf{MS}_{\{4\},\{4\}}|+|\mathbf{MS}_{\{1,2\},\{1,2\}}|+|\mathbf{MS}_{\{1,3\},\{1,3\}}|+\\
&|\mathbf{MS}_{\{1,4\},\{1,4\}}|+|\mathbf{MS}_{\{2,3\},\{2,3\}}|+|\mathbf{MS}_{\{2,4\},\{2,4\}}|+|\mathbf{MS}_{\{3,4\},\{3,4\}}|-|\mathbf{MS}_{\{1,2,3\},\{1,2,3\}}|-\\
&|\mathbf{MS}_{\{1,2,4\},\{1,2,4\}}|-|\mathbf{MS}_{\{1,3,4\},\{1,3,4\}}|-|\mathbf{MS}_{\{2,3,4\},\{2,3,4\}}|+|\mathbf{MS}_{\{1,2,3,4\},\{1,2,3,4\}}|)Z_5^*+\\
&(|\mathbf{MS}_{\{5\},\{5\}}|-|\mathbf{MS}_{\{1,5\},\{1,5\}}|-|\mathbf{MS}_{\{2,5\},\{2,5\}}|-|\mathbf{MS}_{\{3,5\},\{3,5\}}|-|\mathbf{MS}_{\{4,5\},\{4,5\}}|+\\
&|\mathbf{MS}_{\{1,2,5\},\{1,2,5\}}|+|\mathbf{MS}_{\{1,3,5\},\{1,3,5\}}|+|\mathbf{MS}_{\{1,4,5\},\{1,4,5\}}|+|\mathbf{MS}_{\{2,3,5\},\{2,3,5\}}|+|\mathbf{MS}_{\{2,4,5\},\{2,4,5\}}|+\\
&|\mathbf{MS}_{\{3,4,5\},\{3,4,5\}}|-|\mathbf{MS}_{\{1,2,3,5\},\{1,2,3,5\}}|-|\mathbf{MS}_{\{1,2,4,5\},\{1,2,4,5\}}|-|\mathbf{MS}_{\{1,3,4,5\},\{1,3,4,5\}}|-\\
&|\mathbf{MS}_{\{2,3,4,5\},\{2,3,4,5\}}|+|\mathbf{MS}_{\{1,2,3,4,5\},\{1,2,3,4,5\}}|)Z_5
\end{aligned}
$$

表 3-10　六端口网络 S 参数转换成 Z 参数的简化公式

NZ_{ij}	1	2	3
1	—	$2R_2\sqrt{\left\|\frac{R_1}{R_2}\right\|}\times(\|\mathbf{MS}_{\{1\},\{2\}}\|-$ $\|\mathbf{MS}_{\{3,1\},\{3,2\}}\|-$ $\|\mathbf{MS}_{\{4,1\},\{4,2\}}\|-$ $\|\mathbf{MS}_{\{5,1\},\{5,2\}}\|-$ $\|\mathbf{MS}_{\{6,1\},\{6,2\}}\|+$ $\|\mathbf{MS}_{\{3,4,1\},\{3,4,2\}}\|+$ $\|\mathbf{MS}_{\{3,5,1\},\{3,5,2\}}\|+$ $\|\mathbf{MS}_{\{3,6,1\},\{3,6,2\}}\|+$ $\|\mathbf{MS}_{\{4,5,1\},\{4,5,2\}}\|+$ $\|\mathbf{MS}_{\{4,6,1\},\{4,6,2\}}\|+$ $\|\mathbf{MS}_{\{5,6,1\},\{5,6,2\}}\|-$ $\|\mathbf{MS}_{\{3,4,5,1\},\{3,4,5,2\}}\|-$ $\|\mathbf{MS}_{\{3,4,6,1\},\{3,4,6,2\}}\|-$ $\|\mathbf{MS}_{\{3,5,6,1\},\{3,5,6,2\}}\|-$ $\|\mathbf{MS}_{\{4,5,6,1\},\{4,5,6,2\}}\|+$ $\|\mathbf{MS}_{\{3,4,5,6,1\},\{3,4,5,6,2\}}\|)$	$2R_3\sqrt{\left\|\frac{R_1}{R_3}\right\|}\times(\|\mathbf{MS}_{\{1\},\{3\}}\|-$ $\|\mathbf{MS}_{\{2,1\},\{2,3\}}\|-$ $\|\mathbf{MS}_{\{4,1\},\{4,3\}}\|-$ $\|\mathbf{MS}_{\{5,1\},\{5,3\}}\|-$ $\|\mathbf{MS}_{\{6,1\},\{6,3\}}\|+$ $\|\mathbf{MS}_{\{2,4,1\},\{2,4,3\}}\|+$ $\|\mathbf{MS}_{\{2,5,1\},\{2,5,3\}}\|+$ $\|\mathbf{MS}_{\{2,6,1\},\{2,6,3\}}\|+$ $\|\mathbf{MS}_{\{4,5,1\},\{4,5,3\}}\|+$ $\|\mathbf{MS}_{\{4,6,1\},\{4,6,3\}}\|+$ $\|\mathbf{MS}_{\{5,6,1\},\{5,6,3\}}\|-$ $\|\mathbf{MS}_{\{2,4,5,1\},\{2,4,5,3\}}\|-$ $\|\mathbf{MS}_{\{2,4,6,1\},\{2,4,6,3\}}\|-$ $\|\mathbf{MS}_{\{2,5,6,1\},\{2,5,6,3\}}\|-$ $\|\mathbf{MS}_{\{4,5,6,1\},\{4,5,6,3\}}\|+$ $\|\mathbf{MS}_{\{2,4,5,6,1\},\{2,4,5,6,3\}}\|)$
2	$2R_1\sqrt{\left\|\frac{R_2}{R_1}\right\|}\times(\|\mathbf{MS}_{\{2\},\{1\}}\|-$ $\|\mathbf{MS}_{\{3,2\},\{3,1\}}\|-$ $\|\mathbf{MS}_{\{4,2\},\{4,1\}}\|-$ $\|\mathbf{MS}_{\{5,2\},\{5,1\}}\|-$ $\|\mathbf{MS}_{\{6,2\},\{6,1\}}\|+$ $\|\mathbf{MS}_{\{3,4,2\},\{3,4,1\}}\|+$ $\|\mathbf{MS}_{\{3,5,2\},\{3,5,1\}}\|+$ $\|\mathbf{MS}_{\{3,6,2\},\{3,6,1\}}\|+$ $\|\mathbf{MS}_{\{4,5,2\},\{4,5,1\}}\|+$ $\|\mathbf{MS}_{\{4,6,2\},\{4,6,1\}}\|+$ $\|\mathbf{MS}_{\{5,6,2\},\{5,6,1\}}\|-$ $\|\mathbf{MS}_{\{3,4,5,2\},\{3,4,5,1\}}\|-$ $\|\mathbf{MS}_{\{3,4,6,2\},\{3,4,6,1\}}\|-$ $\|\mathbf{MS}_{\{3,5,6,2\},\{3,5,6,1\}}\|-$ $\|\mathbf{MS}_{\{4,5,6,2\},\{4,5,6,1\}}\|+$ $\|\mathbf{MS}_{\{3,4,5,6,2\},\{3,4,5,6,1\}}\|)$	—	$2R_3\sqrt{\left\|\frac{R_2}{R_3}\right\|}\times(\|\mathbf{MS}_{\{2\},\{3\}}\|-$ $\|\mathbf{MS}_{\{1,2\},\{1,3\}}\|-$ $\|\mathbf{MS}_{\{4,2\},\{4,3\}}\|-$ $\|\mathbf{MS}_{\{5,2\},\{5,3\}}\|-$ $\|\mathbf{MS}_{\{6,2\},\{6,3\}}\|+$ $\|\mathbf{MS}_{\{1,4,2\},\{1,4,3\}}\|+$ $\|\mathbf{MS}_{\{1,5,2\},\{1,5,3\}}\|+$ $\|\mathbf{MS}_{\{1,6,2\},\{1,6,3\}}\|+$ $\|\mathbf{MS}_{\{4,5,2\},\{4,5,3\}}\|+$ $\|\mathbf{MS}_{\{4,6,2\},\{4,6,3\}}\|+$ $\|\mathbf{MS}_{\{5,6,2\},\{5,6,3\}}\|-$ $\|\mathbf{MS}_{\{1,4,5,2\},\{1,4,5,3\}}\|-$ $\|\mathbf{MS}_{\{1,4,6,2\},\{1,4,6,3\}}\|-$ $\|\mathbf{MS}_{\{1,5,6,2\},\{1,5,6,3\}}\|-$ $\|\mathbf{MS}_{\{4,5,6,2\},\{4,5,6,3\}}\|+$ $\|\mathbf{MS}_{\{1,4,5,6,2\},\{1,4,5,6,3\}}\|)$

续表

NZ_{ij}	1	2	3
3	$2R_1\sqrt{\left\lvert\frac{R_3}{R_1}\right\rvert}\times(\lvert\mathbf{MS}_{\{3\},\{1\}}\rvert-$ $\lvert\mathbf{MS}_{\{2,3\},\{2,1\}}\rvert-$ $\lvert\mathbf{MS}_{\{4,3\},\{4,1\}}\rvert-$ $\lvert\mathbf{MS}_{\{5,3\},\{5,1\}}\rvert-$ $\lvert\mathbf{MS}_{\{6,3\},\{6,1\}}\rvert+$ $\lvert\mathbf{MS}_{\{2,4,3\},\{2,4,1\}}\rvert+$ $\lvert\mathbf{MS}_{\{2,5,3\},\{2,5,1\}}\rvert+$ $\lvert\mathbf{MS}_{\{2,6,3\},\{2,6,1\}}\rvert+$ $\lvert\mathbf{MS}_{\{4,5,3\},\{4,5,1\}}\rvert+$ $\lvert\mathbf{MS}_{\{4,6,3\},\{4,6,1\}}\rvert+$ $\lvert\mathbf{MS}_{\{5,6,3\},\{5,6,1\}}\rvert-$ $\lvert\mathbf{MS}_{\{2,4,5,3\},\{2,4,5,1\}}\rvert-$ $\lvert\mathbf{MS}_{\{2,4,6,3\},\{2,4,6,1\}}\rvert-$ $\lvert\mathbf{MS}_{\{2,5,6,3\},\{2,5,6,1\}}\rvert-$ $\lvert\mathbf{MS}_{\{4,5,6,3\},\{4,5,6,1\}}\rvert+$ $\lvert\mathbf{MS}_{\{2,4,5,6,3\},\{2,4,5,6,1\}}\rvert)$	$2R_2\sqrt{\left\lvert\frac{R_3}{R_2}\right\rvert}\times(\lvert\mathbf{MS}_{\{3\},\{2\}}\rvert-$ $\lvert\mathbf{MS}_{\{1,3\},\{1,2\}}\rvert-$ $\lvert\mathbf{MS}_{\{4,3\},\{4,2\}}\rvert-$ $\lvert\mathbf{MS}_{\{5,3\},\{5,2\}}\rvert-$ $\lvert\mathbf{MS}_{\{6,3\},\{6,2\}}\rvert+$ $\lvert\mathbf{MS}_{\{1,4,3\},\{1,4,2\}}\rvert+$ $\lvert\mathbf{MS}_{\{1,5,3\},\{1,5,2\}}\rvert+$ $\lvert\mathbf{MS}_{\{1,6,3\},\{1,6,2\}}\rvert+$ $\lvert\mathbf{MS}_{\{4,5,3\},\{4,5,2\}}\rvert+$ $\lvert\mathbf{MS}_{\{4,6,3\},\{4,6,2\}}\rvert+$ $\lvert\mathbf{MS}_{\{5,6,3\},\{5,6,2\}}\rvert-$ $\lvert\mathbf{MS}_{\{1,4,5,3\},\{1,4,5,2\}}\rvert-$ $\lvert\mathbf{MS}_{\{1,4,6,3\},\{1,4,6,2\}}\rvert-$ $\lvert\mathbf{MS}_{\{1,5,6,3\},\{1,5,6,2\}}\rvert-$ $\lvert\mathbf{MS}_{\{4,5,6,3\},\{4,5,6,2\}}\rvert+$ $\lvert\mathbf{MS}_{\{1,4,5,6,3\},\{1,4,5,6,2\}}\rvert)$	—
4	$2R_1\sqrt{\left\lvert\frac{R_4}{R_1}\right\rvert}\times(\lvert\mathbf{MS}_{\{4\},\{1\}}\rvert-$ $\lvert\mathbf{MS}_{\{2,4\},\{2,1\}}\rvert-$ $\lvert\mathbf{MS}_{\{3,4\},\{3,1\}}\rvert-$ $\lvert\mathbf{MS}_{\{5,4\},\{5,1\}}\rvert-$ $\lvert\mathbf{MS}_{\{6,4\},\{6,1\}}\rvert+$ $\lvert\mathbf{MS}_{\{2,3,4\},\{2,3,1\}}\rvert+$ $\lvert\mathbf{MS}_{\{2,5,4\},\{2,5,1\}}\rvert+$ $\lvert\mathbf{MS}_{\{2,6,4\},\{2,6,1\}}\rvert+$ $\lvert\mathbf{MS}_{\{3,5,4\},\{3,5,1\}}\rvert+$ $\lvert\mathbf{MS}_{\{3,6,4\},\{3,6,1\}}\rvert+$ $\lvert\mathbf{MS}_{\{5,6,4\},\{5,6,1\}}\rvert-$ $\lvert\mathbf{MS}_{\{2,3,5,4\},\{2,3,5,1\}}\rvert-$ $\lvert\mathbf{MS}_{\{2,3,6,4\},\{2,3,6,1\}}\rvert-$ $\lvert\mathbf{MS}_{\{2,5,6,4\},\{2,5,6,1\}}\rvert-$ $\lvert\mathbf{MS}_{\{3,5,6,4\},\{3,5,6,1\}}\rvert+$ $\lvert\mathbf{MS}_{\{2,3,5,6,4\},\{2,3,5,6,1\}}\rvert)$	$2R_2\sqrt{\left\lvert\frac{R_4}{R_2}\right\rvert}\times(\lvert\mathbf{MS}_{\{4\},\{2\}}\rvert-$ $\lvert\mathbf{MS}_{\{1,4\},\{1,2\}}\rvert-$ $\lvert\mathbf{MS}_{\{3,4\},\{3,2\}}\rvert-$ $\lvert\mathbf{MS}_{\{5,4\},\{5,2\}}\rvert-$ $\lvert\mathbf{MS}_{\{6,4\},\{6,2\}}\rvert+$ $\lvert\mathbf{MS}_{\{1,3,4\},\{1,3,2\}}\rvert+$ $\lvert\mathbf{MS}_{\{1,5,4\},\{1,5,2\}}\rvert+$ $\lvert\mathbf{MS}_{\{1,6,4\},\{1,6,2\}}\rvert+$ $\lvert\mathbf{MS}_{\{3,5,4\},\{3,5,2\}}\rvert+$ $\lvert\mathbf{MS}_{\{3,6,4\},\{3,6,2\}}\rvert+$ $\lvert\mathbf{MS}_{\{5,6,4\},\{5,6,2\}}\rvert-$ $\lvert\mathbf{MS}_{\{1,3,5,4\},\{1,3,5,2\}}\rvert-$ $\lvert\mathbf{MS}_{\{1,3,6,4\},\{1,3,6,2\}}\rvert-$ $\lvert\mathbf{MS}_{\{1,5,6,4\},\{1,5,6,2\}}\rvert-$ $\lvert\mathbf{MS}_{\{3,5,6,4\},\{3,5,6,2\}}\rvert+$ $\lvert\mathbf{MS}_{\{1,3,5,6,4\},\{1,3,5,6,2\}}\rvert)$	$2R_3\sqrt{\left\lvert\frac{R_4}{R_3}\right\rvert}\times(\lvert\mathbf{MS}_{\{4\},\{3\}}\rvert-$ $\lvert\mathbf{MS}_{\{1,4\},\{1,3\}}\rvert-$ $\lvert\mathbf{MS}_{\{2,4\},\{2,3\}}\rvert-$ $\lvert\mathbf{MS}_{\{5,4\},\{5,3\}}\rvert-$ $\lvert\mathbf{MS}_{\{6,4\},\{6,3\}}\rvert+$ $\lvert\mathbf{MS}_{\{1,2,4\},\{1,2,3\}}\rvert+$ $\lvert\mathbf{MS}_{\{1,5,4\},\{1,5,3\}}\rvert+$ $\lvert\mathbf{MS}_{\{1,6,4\},\{1,6,3\}}\rvert+$ $\lvert\mathbf{MS}_{\{2,5,4\},\{2,5,3\}}\rvert+$ $\lvert\mathbf{MS}_{\{2,6,4\},\{2,6,3\}}\rvert+$ $\lvert\mathbf{MS}_{\{5,6,4\},\{5,6,3\}}\rvert-$ $\lvert\mathbf{MS}_{\{1,2,5,4\},\{1,2,5,3\}}\rvert-$ $\lvert\mathbf{MS}_{\{1,2,6,4\},\{1,2,6,3\}}\rvert-$ $\lvert\mathbf{MS}_{\{1,5,6,4\},\{1,5,6,3\}}\rvert-$ $\lvert\mathbf{MS}_{\{2,5,6,4\},\{2,5,6,3\}}\rvert+$ $\lvert\mathbf{MS}_{\{1,2,5,6,4\},\{1,2,5,6,3\}}\rvert)$

续表

NZ_{ij}	1	2	3
5	$2R_1\sqrt{\left\|\frac{R_5}{R_1}\right\|}\times(\|\mathbf{MS}_{\{5\},\{1\}}\|-$ $\|\mathbf{MS}_{\{2,5\},\{2,1\}}\|-$ $\|\mathbf{MS}_{\{3,5\},\{3,1\}}\|-$ $\|\mathbf{MS}_{\{4,5\},\{4,1\}}\|-$ $\|\mathbf{MS}_{\{6,5\},\{6,1\}}\|+$ $\|\mathbf{MS}_{\{2,3,5\},\{2,3,1\}}\|+$ $\|\mathbf{MS}_{\{2,4,5\},\{2,4,1\}}\|+$ $\|\mathbf{MS}_{\{2,6,5\},\{2,6,1\}}\|+$ $\|\mathbf{MS}_{\{3,4,5\},\{3,4,1\}}\|+$ $\|\mathbf{MS}_{\{3,6,5\},\{3,6,1\}}\|+$ $\|\mathbf{MS}_{\{4,6,5\},\{4,6,1\}}\|-$ $\|\mathbf{MS}_{\{2,3,4,5\},\{2,3,4,1\}}\|-$ $\|\mathbf{MS}_{\{2,3,6,5\},\{2,3,6,1\}}\|-$ $\|\mathbf{MS}_{\{2,4,6,5\},\{2,4,6,1\}}\|-$ $\|\mathbf{MS}_{\{3,4,6,5\},\{3,4,6,1\}}\|+$ $\|\mathbf{MS}_{\{2,3,4,6,5\},\{2,3,4,6,1\}}\|)$	$2R_2\sqrt{\left\|\frac{R_5}{R_2}\right\|}\times(\|\mathbf{MS}_{\{5\},\{2\}}\|-$ $\|\mathbf{MS}_{\{1,5\},\{1,2\}}\|-$ $\|\mathbf{MS}_{\{3,5\},\{3,2\}}\|-$ $\|\mathbf{MS}_{\{4,5\},\{4,2\}}\|-$ $\|\mathbf{MS}_{\{6,5\},\{6,2\}}\|+$ $\|\mathbf{MS}_{\{1,3,5\},\{1,3,2\}}\|+$ $\|\mathbf{MS}_{\{1,4,5\},\{1,4,2\}}\|+$ $\|\mathbf{MS}_{\{1,6,5\},\{1,6,2\}}\|+$ $\|\mathbf{MS}_{\{3,4,5\},\{3,4,2\}}\|+$ $\|\mathbf{MS}_{\{3,6,5\},\{3,6,2\}}\|+$ $\|\mathbf{MS}_{\{4,6,5\},\{4,6,2\}}\|-$ $\|\mathbf{MS}_{\{1,3,4,5\},\{1,3,4,2\}}\|-$ $\|\mathbf{MS}_{\{1,3,6,5\},\{1,3,6,2\}}\|-$ $\|\mathbf{MS}_{\{1,4,6,5\},\{1,4,6,2\}}\|-$ $\|\mathbf{MS}_{\{3,4,6,5\},\{3,4,6,2\}}\|+$ $\|\mathbf{MS}_{\{1,3,4,6,5\},\{1,3,4,6,2\}}\|)$	$2R_3\sqrt{\left\|\frac{R_5}{R_3}\right\|}\times(\|\mathbf{MS}_{\{5\},\{3\}}\|-$ $\|\mathbf{MS}_{\{1,5\},\{1,3\}}\|-$ $\|\mathbf{MS}_{\{2,5\},\{2,3\}}\|-$ $\|\mathbf{MS}_{\{4,5\},\{4,3\}}\|-$ $\|\mathbf{MS}_{\{6,5\},\{6,3\}}\|+$ $\|\mathbf{MS}_{\{1,2,5\},\{1,2,3\}}\|+$ $\|\mathbf{MS}_{\{1,4,5\},\{1,4,3\}}\|+$ $\|\mathbf{MS}_{\{1,6,5\},\{1,6,3\}}\|+$ $\|\mathbf{MS}_{\{2,4,5\},\{2,4,3\}}\|+$ $\|\mathbf{MS}_{\{2,6,5\},\{2,6,3\}}\|+$ $\|\mathbf{MS}_{\{4,6,5\},\{4,6,3\}}\|-$ $\|\mathbf{MS}_{\{1,2,4,5\},\{1,2,4,3\}}\|-$ $\|\mathbf{MS}_{\{1,2,6,5\},\{1,2,6,3\}}\|-$ $\|\mathbf{MS}_{\{1,4,6,5\},\{1,4,6,3\}}\|-$ $\|\mathbf{MS}_{\{2,4,6,5\},\{2,4,6,3\}}\|+$ $\|\mathbf{MS}_{\{1,2,4,6,5\},\{1,2,4,6,3\}}\|)$
6	$2R_1\sqrt{\left\|\frac{R_6}{R_1}\right\|}\times(\|\mathbf{MS}_{\{6\},\{1\}}\|-$ $\|\mathbf{MS}_{\{2,6\},\{2,1\}}\|-$ $\|\mathbf{MS}_{\{3,6\},\{3,1\}}\|-$ $\|\mathbf{MS}_{\{4,6\},\{4,1\}}\|-$ $\|\mathbf{MS}_{\{5,6\},\{5,1\}}\|+$ $\|\mathbf{MS}_{\{2,3,6\},\{2,3,1\}}\|+$ $\|\mathbf{MS}_{\{2,4,6\},\{2,4,1\}}\|+$ $\|\mathbf{MS}_{\{2,5,6\},\{2,5,1\}}\|+$ $\|\mathbf{MS}_{\{3,4,6\},\{3,4,1\}}\|+$ $\|\mathbf{MS}_{\{3,5,6\},\{3,5,1\}}\|+$ $\|\mathbf{MS}_{\{4,5,6\},\{4,5,1\}}\|-$ $\|\mathbf{MS}_{\{2,3,4,6\},\{2,3,4,1\}}\|-$ $\|\mathbf{MS}_{\{2,3,5,6\},\{2,3,5,1\}}\|-$ $\|\mathbf{MS}_{\{2,4,5,6\},\{2,4,5,1\}}\|-$ $\|\mathbf{MS}_{\{3,4,5,6\},\{3,4,5,1\}}\|+$ $\|\mathbf{MS}_{\{2,3,4,5,6\},\{2,3,4,5,1\}}\|)$	$2R_2\sqrt{\left\|\frac{R_6}{R_2}\right\|}\times(\|\mathbf{MS}_{\{6\},\{2\}}\|-$ $\|\mathbf{MS}_{\{1,6\},\{1,2\}}\|-$ $\|\mathbf{MS}_{\{3,6\},\{3,2\}}\|-$ $\|\mathbf{MS}_{\{4,6\},\{4,2\}}\|-$ $\|\mathbf{MS}_{\{5,6\},\{5,2\}}\|+$ $\|\mathbf{MS}_{\{1,3,6\},\{1,3,2\}}\|+$ $\|\mathbf{MS}_{\{1,4,6\},\{1,4,2\}}\|+$ $\|\mathbf{MS}_{\{1,5,6\},\{1,5,2\}}\|+$ $\|\mathbf{MS}_{\{3,4,6\},\{3,4,2\}}\|+$ $\|\mathbf{MS}_{\{3,5,6\},\{3,5,2\}}\|+$ $\|\mathbf{MS}_{\{4,5,6\},\{4,5,2\}}\|-$ $\|\mathbf{MS}_{\{1,3,4,6\},\{1,3,4,2\}}\|-$ $\|\mathbf{MS}_{\{1,3,5,6\},\{1,3,5,2\}}\|-$ $\|\mathbf{MS}_{\{1,4,5,6\},\{1,4,5,2\}}\|-$ $\|\mathbf{MS}_{\{3,4,5,6\},\{3,4,5,2\}}\|+$ $\|\mathbf{MS}_{\{1,3,4,5,6\},\{1,3,4,5,2\}}\|)$	$2R_3\sqrt{\left\|\frac{R_6}{R_3}\right\|}\times(\|\mathbf{MS}_{\{6\},\{3\}}\|-$ $\|\mathbf{MS}_{\{1,6\},\{1,3\}}\|-$ $\|\mathbf{MS}_{\{2,6\},\{2,3\}}\|-$ $\|\mathbf{MS}_{\{4,6\},\{4,3\}}\|-$ $\|\mathbf{MS}_{\{5,6\},\{5,3\}}\|+$ $\|\mathbf{MS}_{\{1,2,6\},\{1,2,3\}}\|+$ $\|\mathbf{MS}_{\{1,4,6\},\{1,4,3\}}\|+$ $\|\mathbf{MS}_{\{1,5,6\},\{1,5,3\}}\|+$ $\|\mathbf{MS}_{\{2,4,6\},\{2,4,3\}}\|+$ $\|\mathbf{MS}_{\{2,5,6\},\{2,5,3\}}\|+$ $\|\mathbf{MS}_{\{4,5,6\},\{4,5,3\}}\|-$ $\|\mathbf{MS}_{\{1,2,4,6\},\{1,2,4,3\}}\|-$ $\|\mathbf{MS}_{\{1,2,5,6\},\{1,2,5,3\}}\|-$ $\|\mathbf{MS}_{\{1,4,5,6\},\{1,4,5,3\}}\|-$ $\|\mathbf{MS}_{\{2,4,5,6\},\{2,4,5,3\}}\|+$ $\|\mathbf{MS}_{\{1,2,4,5,6\},\{1,2,4,5,3\}}\|)$

续表

NZ_{ij}	4	5	6
1	$2R_4\sqrt{\left\|\frac{R_1}{R_4}\right\|}\times(\|\mathbf{MS}_{\{1\},\{4\}}\|-$ $\|\mathbf{MS}_{\{2,1\},\{2,4\}}\|-$ $\|\mathbf{MS}_{\{3,1\},\{3,4\}}\|-$ $\|\mathbf{MS}_{\{5,1\},\{5,4\}}\|-$ $\|\mathbf{MS}_{\{6,1\},\{6,4\}}\|+$ $\|\mathbf{MS}_{\{2,3,1\},\{2,3,4\}}\|+$ $\|\mathbf{MS}_{\{2,5,1\},\{2,5,4\}}\|+$ $\|\mathbf{MS}_{\{2,6,1\},\{2,6,4\}}\|+$ $\|\mathbf{MS}_{\{3,5,1\},\{3,5,4\}}\|+$ $\|\mathbf{MS}_{\{3,6,1\},\{3,6,4\}}\|+$ $\|\mathbf{MS}_{\{5,6,1\},\{5,6,4\}}\|-$ $\|\mathbf{MS}_{\{2,3,5,1\},\{2,3,5,4\}}\|-$ $\|\mathbf{MS}_{\{2,3,6,1\},\{2,3,6,4\}}\|-$ $\|\mathbf{MS}_{\{2,5,6,1\},\{2,5,6,4\}}\|-$ $\|\mathbf{MS}_{\{3,5,6,1\},\{3,5,6,4\}}\|+$ $\|\mathbf{MS}_{\{2,3,5,6,1\},\{2,3,5,6,4\}}\|)$	$2R_5\sqrt{\left\|\frac{R_1}{R_5}\right\|}\times(\|\mathbf{MS}_{\{1\},\{5\}}\|-$ $\|\mathbf{MS}_{\{2,1\},\{2,5\}}\|-$ $\|\mathbf{MS}_{\{3,1\},\{3,5\}}\|-$ $\|\mathbf{MS}_{\{4,1\},\{4,5\}}\|-$ $\|\mathbf{MS}_{\{6,1\},\{6,5\}}\|+$ $\|\mathbf{MS}_{\{2,3,1\},\{2,3,5\}}\|+$ $\|\mathbf{MS}_{\{2,4,1\},\{2,4,5\}}\|+$ $\|\mathbf{MS}_{\{2,6,1\},\{2,6,5\}}\|+$ $\|\mathbf{MS}_{\{3,4,1\},\{3,4,5\}}\|+$ $\|\mathbf{MS}_{\{3,6,1\},\{3,6,5\}}\|+$ $\|\mathbf{MS}_{\{4,6,1\},\{4,6,5\}}\|-$ $\|\mathbf{MS}_{\{2,3,4,1\},\{2,3,4,5\}}\|-$ $\|\mathbf{MS}_{\{2,3,6,1\},\{2,3,6,5\}}\|-$ $\|\mathbf{MS}_{\{2,4,6,1\},\{2,4,6,5\}}\|-$ $\|\mathbf{MS}_{\{3,4,6,1\},\{3,4,6,5\}}\|+$ $\|\mathbf{MS}_{\{2,3,4,6,1\},\{2,3,4,6,5\}}\|)$	$2R_6\sqrt{\left\|\frac{R_1}{R_6}\right\|}\times(\|\mathbf{MS}_{\{1\},\{6\}}\|-$ $\|\mathbf{MS}_{\{2,1\},\{2,6\}}\|-$ $\|\mathbf{MS}_{\{3,1\},\{3,6\}}\|-$ $\|\mathbf{MS}_{\{4,1\},\{4,6\}}\|-$ $\|\mathbf{MS}_{\{5,1\},\{5,6\}}\|+$ $\|\mathbf{MS}_{\{2,3,1\},\{2,3,6\}}\|+$ $\|\mathbf{MS}_{\{2,4,1\},\{2,4,6\}}\|+$ $\|\mathbf{MS}_{\{2,5,1\},\{2,5,6\}}\|+$ $\|\mathbf{MS}_{\{3,4,1\},\{3,4,6\}}\|+$ $\|\mathbf{MS}_{\{3,5,1\},\{3,5,6\}}\|+$ $\|\mathbf{MS}_{\{4,5,1\},\{4,5,6\}}\|-$ $\|\mathbf{MS}_{\{2,3,4,1\},\{2,3,4,6\}}\|-$ $\|\mathbf{MS}_{\{2,3,5,1\},\{2,3,5,6\}}\|-$ $\|\mathbf{MS}_{\{2,4,5,1\},\{2,4,5,6\}}\|-$ $\|\mathbf{MS}_{\{3,4,5,1\},\{3,4,5,6\}}\|+$ $\|\mathbf{MS}_{\{2,3,4,5,1\},\{2,3,4,5,6\}}\|)$
2	$2R_4\sqrt{\left\|\frac{R_2}{R_4}\right\|}\times(\|\mathbf{MS}_{\{2\},\{4\}}\|-$ $\|\mathbf{MS}_{\{1,2\},\{1,4\}}\|-$ $\|\mathbf{MS}_{\{3,2\},\{3,4\}}\|-$ $\|\mathbf{MS}_{\{5,2\},\{5,4\}}\|-$ $\|\mathbf{MS}_{\{6,2\},\{6,4\}}\|+$ $\|\mathbf{MS}_{\{1,3,2\},\{1,3,4\}}\|+$ $\|\mathbf{MS}_{\{1,5,2\},\{1,5,4\}}\|+$ $\|\mathbf{MS}_{\{1,6,2\},\{1,6,4\}}\|+$ $\|\mathbf{MS}_{\{3,5,2\},\{3,5,4\}}\|+$ $\|\mathbf{MS}_{\{3,6,2\},\{3,6,4\}}\|+$ $\|\mathbf{MS}_{\{5,6,2\},\{5,6,4\}}\|-$ $\|\mathbf{MS}_{\{1,3,5,2\},\{1,3,5,4\}}\|-$ $\|\mathbf{MS}_{\{1,3,6,2\},\{1,3,6,4\}}\|-$ $\|\mathbf{MS}_{\{1,5,6,2\},\{1,5,6,4\}}\|-$ $\|\mathbf{MS}_{\{3,5,6,2\},\{3,5,6,4\}}\|+$ $\|\mathbf{MS}_{\{1,3,5,6,2\},\{1,3,5,6,4\}}\|)$	$2R_5\sqrt{\left\|\frac{R_2}{R_5}\right\|}\times(\|\mathbf{MS}_{\{2\},\{5\}}\|-$ $\|\mathbf{MS}_{\{1,2\},\{1,5\}}\|-$ $\|\mathbf{MS}_{\{3,2\},\{3,5\}}\|-$ $\|\mathbf{MS}_{\{4,2\},\{4,5\}}\|-$ $\|\mathbf{MS}_{\{6,2\},\{6,5\}}\|+$ $\|\mathbf{MS}_{\{1,3,2\},\{1,3,5\}}\|+$ $\|\mathbf{MS}_{\{1,4,2\},\{1,4,5\}}\|+$ $\|\mathbf{MS}_{\{1,6,2\},\{1,6,5\}}\|+$ $\|\mathbf{MS}_{\{3,4,2\},\{3,4,5\}}\|+$ $\|\mathbf{MS}_{\{3,6,2\},\{3,6,5\}}\|+$ $\|\mathbf{MS}_{\{4,6,2\},\{4,6,5\}}\|-$ $\|\mathbf{MS}_{\{1,3,4,2\},\{1,3,4,5\}}\|-$ $\|\mathbf{MS}_{\{1,3,6,2\},\{1,3,6,5\}}\|-$ $\|\mathbf{MS}_{\{1,4,6,2\},\{1,4,6,5\}}\|-$ $\|\mathbf{MS}_{\{3,4,6,2\},\{3,4,6,5\}}\|+$ $\|\mathbf{MS}_{\{1,3,4,6,2\},\{1,3,4,6,5\}}\|)$	$2R_6\sqrt{\left\|\frac{R_2}{R_6}\right\|}\times(\|\mathbf{MS}_{\{2\},\{6\}}\|-$ $\|\mathbf{MS}_{\{1,2\},\{1,6\}}\|-$ $\|\mathbf{MS}_{\{3,2\},\{3,6\}}\|-$ $\|\mathbf{MS}_{\{4,2\},\{4,6\}}\|-$ $\|\mathbf{MS}_{\{5,2\},\{5,6\}}\|+$ $\|\mathbf{MS}_{\{1,3,2\},\{1,3,6\}}\|+$ $\|\mathbf{MS}_{\{1,4,2\},\{1,4,6\}}\|+$ $\|\mathbf{MS}_{\{1,5,2\},\{1,5,6\}}\|+$ $\|\mathbf{MS}_{\{3,4,2\},\{3,4,6\}}\|+$ $\|\mathbf{MS}_{\{3,5,2\},\{3,5,6\}}\|+$ $\|\mathbf{MS}_{\{4,5,2\},\{4,5,6\}}\|-$ $\|\mathbf{MS}_{\{1,3,4,2\},\{1,3,4,6\}}\|-$ $\|\mathbf{MS}_{\{1,3,5,2\},\{1,3,5,6\}}\|-$ $\|\mathbf{MS}_{\{1,4,5,2\},\{1,4,5,6\}}\|-$ $\|\mathbf{MS}_{\{3,4,5,2\},\{3,4,5,6\}}\|+$ $\|\mathbf{MS}_{\{1,3,4,5,2\},\{1,3,4,5,6\}}\|)$

续表

NZ_{ij}	4	5	6
3	$2R_4\sqrt{\left\|\frac{R_3}{R_4}\right\|\times(\|\mathbf{MS}_{\{3\},\{4\}}\|-}$ $\|\mathbf{MS}_{\{1,3\},\{1,4\}}\|-$ $\|\mathbf{MS}_{\{2,3\},\{2,4\}}\|-$ $\|\mathbf{MS}_{\{5,3\},\{5,4\}}\|-$ $\|\mathbf{MS}_{\{6,3\},\{6,4\}}\|+$ $\|\mathbf{MS}_{\{1,2,3\},\{1,2,4\}}\|+$ $\|\mathbf{MS}_{\{1,5,3\},\{1,5,4\}}\|+$ $\|\mathbf{MS}_{\{1,6,3\},\{1,6,4\}}\|+$ $\|\mathbf{MS}_{\{2,5,3\},\{2,5,4\}}\|+$ $\|\mathbf{MS}_{\{2,6,3\},\{2,6,4\}}\|+$ $\|\mathbf{MS}_{\{5,6,3\},\{5,6,4\}}\|-$ $\|\mathbf{MS}_{\{1,2,5,3\},\{1,2,5,4\}}\|-$ $\|\mathbf{MS}_{\{1,2,6,3\},\{1,2,6,4\}}\|-$ $\|\mathbf{MS}_{\{1,5,6,3\},\{1,5,6,4\}}\|-$ $\|\mathbf{MS}_{\{2,5,6,3\},\{2,5,6,4\}}\|+$ $\|\mathbf{MS}_{\{1,2,5,6,3\},\{1,2,5,6,4\}}\|)$	$2R_5\sqrt{\left\|\frac{R_3}{R_5}\right\|\times(\|\mathbf{MS}_{\{3\},\{5\}}\|-}$ $\|\mathbf{MS}_{\{1,3\},\{1,5\}}\|-$ $\|\mathbf{MS}_{\{2,3\},\{2,5\}}\|-$ $\|\mathbf{MS}_{\{4,3\},\{4,5\}}\|-$ $\|\mathbf{MS}_{\{6,3\},\{6,5\}}\|+$ $\|\mathbf{MS}_{\{1,2,3\},\{1,2,5\}}\|+$ $\|\mathbf{MS}_{\{1,4,3\},\{1,4,5\}}\|+$ $\|\mathbf{MS}_{\{1,6,3\},\{1,6,5\}}\|+$ $\|\mathbf{MS}_{\{2,4,3\},\{2,4,5\}}\|+$ $\|\mathbf{MS}_{\{2,6,3\},\{2,6,5\}}\|+$ $\|\mathbf{MS}_{\{4,6,3\},\{4,6,5\}}\|-$ $\|\mathbf{MS}_{\{1,2,4,3\},\{1,2,4,5\}}\|-$ $\|\mathbf{MS}_{\{1,2,6,3\},\{1,2,6,5\}}\|-$ $\|\mathbf{MS}_{\{1,4,6,3\},\{1,4,6,5\}}\|-$ $\|\mathbf{MS}_{\{2,4,6,3\},\{2,4,6,5\}}\|+$ $\|\mathbf{MS}_{\{1,2,4,6,3\},\{1,2,4,6,5\}}\|)$	$2R_6\sqrt{\left\|\frac{R_3}{R_6}\right\|\times(\|\mathbf{MS}_{\{3\},\{6\}}\|-}$ $\|\mathbf{MS}_{\{1,3\},\{1,6\}}\|-$ $\|\mathbf{MS}_{\{2,3\},\{2,6\}}\|-$ $\|\mathbf{MS}_{\{4,3\},\{4,6\}}\|-$ $\|\mathbf{MS}_{\{5,3\},\{5,6\}}\|+$ $\|\mathbf{MS}_{\{1,2,3\},\{1,2,6\}}\|+$ $\|\mathbf{MS}_{\{1,4,3\},\{1,4,6\}}\|+$ $\|\mathbf{MS}_{\{1,5,3\},\{1,5,6\}}\|+$ $\|\mathbf{MS}_{\{2,4,3\},\{2,4,6\}}\|+$ $\|\mathbf{MS}_{\{2,5,3\},\{2,5,6\}}\|+$ $\|\mathbf{MS}_{\{4,5,3\},\{4,5,6\}}\|-$ $\|\mathbf{MS}_{\{1,2,4,3\},\{1,2,4,6\}}\|-$ $\|\mathbf{MS}_{\{1,2,5,3\},\{1,2,5,6\}}\|-$ $\|\mathbf{MS}_{\{1,4,5,3\},\{1,4,5,6\}}\|-$ $\|\mathbf{MS}_{\{2,4,5,3\},\{2,4,5,6\}}\|+$ $\|\mathbf{MS}_{\{1,2,4,5,3\},\{1,2,4,5,6\}}\|)$
4	—	$2R_5\sqrt{\left\|\frac{R_4}{R_5}\right\|\times(\|\mathbf{MS}_{\{4\},\{5\}}\|-}$ $\|\mathbf{MS}_{\{1,4\},\{1,5\}}\|-$ $\|\mathbf{MS}_{\{2,4\},\{2,5\}}\|-$ $\|\mathbf{MS}_{\{3,4\},\{3,5\}}\|-$ $\|\mathbf{MS}_{\{6,4\},\{6,5\}}\|+$ $\|\mathbf{MS}_{\{1,2,4\},\{1,2,5\}}\|+$ $\|\mathbf{MS}_{\{1,3,4\},\{1,3,5\}}\|+$ $\|\mathbf{MS}_{\{1,6,4\},\{1,6,5\}}\|+$ $\|\mathbf{MS}_{\{2,3,4\},\{2,3,5\}}\|+$ $\|\mathbf{MS}_{\{2,6,4\},\{2,6,5\}}\|+$ $\|\mathbf{MS}_{\{3,6,4\},\{3,6,5\}}\|-$ $\|\mathbf{MS}_{\{1,2,3,4\},\{1,2,3,5\}}\|-$ $\|\mathbf{MS}_{\{1,2,6,4\},\{1,2,6,5\}}\|-$ $\|\mathbf{MS}_{\{1,3,6,4\},\{1,3,6,5\}}\|-$ $\|\mathbf{MS}_{\{2,3,6,4\},\{2,3,6,5\}}\|+$ $\|\mathbf{MS}_{\{1,2,3,6,4\},\{1,2,3,6,5\}}\|)$	$2R_6\sqrt{\left\|\frac{R_4}{R_6}\right\|\times(\|\mathbf{MS}_{\{4\},\{6\}}\|-}$ $\|\mathbf{MS}_{\{1,4\},\{1,6\}}\|-$ $\|\mathbf{MS}_{\{2,4\},\{2,6\}}\|-$ $\|\mathbf{MS}_{\{3,4\},\{3,6\}}\|-$ $\|\mathbf{MS}_{\{5,4\},\{5,6\}}\|+$ $\|\mathbf{MS}_{\{1,2,4\},\{1,2,6\}}\|+$ $\|\mathbf{MS}_{\{1,3,4\},\{1,3,6\}}\|+$ $\|\mathbf{MS}_{\{1,5,4\},\{1,5,6\}}\|+$ $\|\mathbf{MS}_{\{2,3,4\},\{2,3,6\}}\|+$ $\|\mathbf{MS}_{\{2,5,4\},\{2,5,6\}}\|+$ $\|\mathbf{MS}_{\{3,5,4\},\{3,5,6\}}\|-$ $\|\mathbf{MS}_{\{1,2,3,4\},\{1,2,3,6\}}\|-$ $\|\mathbf{MS}_{\{1,2,5,4\},\{1,2,5,6\}}\|-$ $\|\mathbf{MS}_{\{1,3,5,4\},\{1,3,5,6\}}\|-$ $\|\mathbf{MS}_{\{2,3,5,4\},\{2,3,5,6\}}\|+$ $\|\mathbf{MS}_{\{1,2,3,5,4\},\{1,2,3,5,6\}}\|)$

续表

NZ_{ij}	4	5	6
5	$2R_4\sqrt{\left\|\frac{R_5}{R_4}\right\|}\times(\|\mathbf{MS}_{\{5\},\{4\}}\|-\|\mathbf{MS}_{\{1,5\},\{1,4\}}\|-\|\mathbf{MS}_{\{2,5\},\{2,4\}}\|-\|\mathbf{MS}_{\{3,5\},\{3,4\}}\|-\|\mathbf{MS}_{\{6,5\},\{6,4\}}\|+\|\mathbf{MS}_{\{1,2,5\},\{1,2,4\}}\|+\|\mathbf{MS}_{\{1,3,5\},\{1,3,4\}}\|+\|\mathbf{MS}_{\{1,6,5\},\{1,6,4\}}\|+\|\mathbf{MS}_{\{2,3,5\},\{2,3,4\}}\|+\|\mathbf{MS}_{\{2,6,5\},\{2,6,4\}}\|+\|\mathbf{MS}_{\{3,6,5\},\{3,6,4\}}\|-\|\mathbf{MS}_{\{1,2,3,5\},\{1,2,3,4\}}\|-\|\mathbf{MS}_{\{1,2,6,5\},\{1,2,6,4\}}\|-\|\mathbf{MS}_{\{1,3,6,5\},\{1,3,6,4\}}\|-\|\mathbf{MS}_{\{2,3,6,5\},\{2,3,6,4\}}\|+\|\mathbf{MS}_{\{1,2,3,6,5\},\{1,2,3,6,4\}}\|)$	—	$2R_6\sqrt{\left\|\frac{R_5}{R_6}\right\|}\times(\|\mathbf{MS}_{\{5\},\{6\}}\|-\|\mathbf{MS}_{\{1,5\},\{1,6\}}\|-\|\mathbf{MS}_{\{2,5\},\{2,6\}}\|-\|\mathbf{MS}_{\{3,5\},\{3,6\}}\|-\|\mathbf{MS}_{\{4,5\},\{4,6\}}\|+\|\mathbf{MS}_{\{1,2,5\},\{1,2,6\}}\|+\|\mathbf{MS}_{\{1,3,5\},\{1,3,6\}}\|+\|\mathbf{MS}_{\{1,4,5\},\{1,4,6\}}\|+\|\mathbf{MS}_{\{2,3,5\},\{2,3,6\}}\|+\|\mathbf{MS}_{\{2,4,5\},\{2,4,6\}}\|+\|\mathbf{MS}_{\{3,4,5\},\{3,4,6\}}\|-\|\mathbf{MS}_{\{1,2,3,5\},\{1,2,3,6\}}\|-\|\mathbf{MS}_{\{1,2,4,5\},\{1,2,4,6\}}\|-\|\mathbf{MS}_{\{1,3,4,5\},\{1,3,4,6\}}\|-\|\mathbf{MS}_{\{2,3,4,5\},\{2,3,4,6\}}\|+\|\mathbf{MS}_{\{1,2,3,4,5\},\{1,2,3,4,6\}}\|)$
6	$2R_4\sqrt{\left\|\frac{R_6}{R_4}\right\|}\times(\|\mathbf{MS}_{\{6\},\{4\}}\|-\|\mathbf{MS}_{\{1,6\},\{1,4\}}\|-\|\mathbf{MS}_{\{2,6\},\{2,4\}}\|-\|\mathbf{MS}_{\{3,6\},\{3,4\}}\|-\|\mathbf{MS}_{\{5,6\},\{5,4\}}\|+\|\mathbf{MS}_{\{1,2,6\},\{1,2,4\}}\|+\|\mathbf{MS}_{\{1,3,6\},\{1,3,4\}}\|+\|\mathbf{MS}_{\{1,5,6\},\{1,5,4\}}\|+\|\mathbf{MS}_{\{2,3,6\},\{2,3,4\}}\|+\|\mathbf{MS}_{\{2,5,6\},\{2,5,4\}}\|+\|\mathbf{MS}_{\{3,5,6\},\{3,5,4\}}\|-\|\mathbf{MS}_{\{1,2,3,6\},\{1,2,3,4\}}\|-\|\mathbf{MS}_{\{1,2,5,6\},\{1,2,5,4\}}\|-\|\mathbf{MS}_{\{1,3,5,6\},\{1,3,5,4\}}\|-\|\mathbf{MS}_{\{2,3,5,6\},\{2,3,5,4\}}\|+\|\mathbf{MS}_{\{1,2,3,5,6\},\{1,2,3,5,4\}}\|)$	$2R_5\sqrt{\left\|\frac{R_6}{R_5}\right\|}\times(\|\mathbf{MS}_{\{6\},\{5\}}\|-\|\mathbf{MS}_{\{1,6\},\{1,5\}}\|-\|\mathbf{MS}_{\{2,6\},\{2,5\}}\|-\|\mathbf{MS}_{\{3,6\},\{3,5\}}\|-\|\mathbf{MS}_{\{4,6\},\{4,5\}}\|+\|\mathbf{MS}_{\{1,2,6\},\{1,2,5\}}\|+\|\mathbf{MS}_{\{1,3,6\},\{1,3,5\}}\|+\|\mathbf{MS}_{\{1,4,6\},\{1,4,5\}}\|+\|\mathbf{MS}_{\{2,3,6\},\{2,3,5\}}\|+\|\mathbf{MS}_{\{2,4,6\},\{2,4,5\}}\|+\|\mathbf{MS}_{\{3,4,6\},\{3,4,5\}}\|-\|\mathbf{MS}_{\{1,2,3,6\},\{1,2,3,5\}}\|-\|\mathbf{MS}_{\{1,2,4,6\},\{1,2,4,5\}}\|-\|\mathbf{MS}_{\{1,3,4,6\},\{1,3,4,5\}}\|-\|\mathbf{MS}_{\{2,3,4,6\},\{2,3,4,5\}}\|+\|\mathbf{MS}_{\{1,2,3,4,6\},\{1,2,3,4,5\}}\|)$	—

续表

$$\begin{aligned}
\mathrm{DZ}=1-&|\mathbf{MS}_{\{1\},\{1\}}|-|\mathbf{MS}_{\{2\},\{2\}}|-|\mathbf{MS}_{\{3\},\{3\}}|-|\mathbf{MS}_{\{4\},\{4\}}|-|\mathbf{MS}_{\{5\},\{5\}}|-|\mathbf{MS}_{\{6\},\{6\}}|+|\mathbf{MS}_{\{1,2\},\{1,2\}}|+\\
&|\mathbf{MS}_{\{1,3\},\{1,3\}}|+|\mathbf{MS}_{\{1,4\},\{1,4\}}|+|\mathbf{MS}_{\{1,5\},\{1,5\}}|+|\mathbf{MS}_{\{1,6\},\{1,6\}}|+|\mathbf{MS}_{\{2,3\},\{2,3\}}|+|\mathbf{MS}_{\{2,4\},\{2,4\}}|+\\
&|\mathbf{MS}_{\{2,5\},\{2,5\}}|+|\mathbf{MS}_{\{2,6\},\{2,6\}}|+|\mathbf{MS}_{\{3,4\},\{3,4\}}|+|\mathbf{MS}_{\{3,5\},\{3,5\}}|+|\mathbf{MS}_{\{3,6\},\{3,6\}}|+|\mathbf{MS}_{\{4,5\},\{4,5\}}|+\\
&|\mathbf{MS}_{\{4,6\},\{4,6\}}|+|\mathbf{MS}_{\{5,6\},\{5,6\}}|-|\mathbf{MS}_{\{1,2,3\},\{1,2,3\}}|-|\mathbf{MS}_{\{1,2,4\},\{1,2,4\}}|-|\mathbf{MS}_{\{1,2,5\},\{1,2,5\}}|-\\
&|\mathbf{MS}_{\{1,2,6\},\{1,2,6\}}|-|\mathbf{MS}_{\{1,3,4\},\{1,3,4\}}|-|\mathbf{MS}_{\{1,3,5\},\{1,3,5\}}|-|\mathbf{MS}_{\{1,3,6\},\{1,3,6\}}|-|\mathbf{MS}_{\{1,4,5\},\{1,4,5\}}|-\\
&|\mathbf{MS}_{\{1,4,6\},\{1,4,6\}}|-|\mathbf{MS}_{\{1,5,6\},\{1,5,6\}}|-|\mathbf{MS}_{\{2,3,4\},\{2,3,4\}}|-|\mathbf{MS}_{\{2,3,5\},\{2,3,5\}}|-|\mathbf{MS}_{\{2,3,6\},\{2,3,6\}}|-\\
&|\mathbf{MS}_{\{2,4,5\},\{2,4,5\}}|-|\mathbf{MS}_{\{2,4,6\},\{2,4,6\}}|-|\mathbf{MS}_{\{2,5,6\},\{2,5,6\}}|-|\mathbf{MS}_{\{3,4,5\},\{3,4,5\}}|-|\mathbf{MS}_{\{3,4,6\},\{3,4,6\}}|-\\
&|\mathbf{MS}_{\{3,5,6\},\{3,5,6\}}|-|\mathbf{MS}_{\{4,5,6\},\{4,5,6\}}|+|\mathbf{MS}_{\{1,2,3,4\},\{1,2,3,4\}}|+|\mathbf{MS}_{\{1,2,3,5\},\{1,2,3,5\}}|+\\
&|\mathbf{MS}_{\{1,2,3,6\},\{1,2,3,6\}}|+|\mathbf{MS}_{\{1,2,4,5\},\{1,2,4,5\}}|+|\mathbf{MS}_{\{1,2,4,6\},\{1,2,4,6\}}|+|\mathbf{MS}_{\{1,2,5,6\},\{1,2,5,6\}}|+\\
&|\mathbf{MS}_{\{1,3,4,5\},\{1,3,4,5\}}|+|\mathbf{MS}_{\{1,3,4,6\},\{1,3,4,6\}}|+|\mathbf{MS}_{\{1,3,5,6\},\{1,3,5,6\}}|+|\mathbf{MS}_{\{1,4,5,6\},\{1,4,5,6\}}|+\\
&|\mathbf{MS}_{\{2,3,4,5\},\{2,3,4,5\}}|+|\mathbf{MS}_{\{2,3,4,6\},\{2,3,4,6\}}|+|\mathbf{MS}_{\{2,3,5,6\},\{2,3,5,6\}}|+|\mathbf{MS}_{\{2,4,5,6\},\{2,4,5,6\}}|+\\
&|\mathbf{MS}_{\{3,4,5,6\},\{3,4,5,6\}}|-|\mathbf{MS}_{\{1,2,3,4,5\},\{1,2,3,4,5\}}|-|\mathbf{MS}_{\{1,2,3,4,6\},\{1,2,3,4,6\}}|-|\mathbf{MS}_{\{1,2,3,5,6\},\{1,2,3,5,6\}}|-\\
&|\mathbf{MS}_{\{1,2,4,5,6\},\{1,2,4,5,6\}}|-|\mathbf{MS}_{\{1,3,4,5,6\},\{1,3,4,5,6\}}|-|\mathbf{MS}_{\{2,3,4,5,6\},\{2,3,4,5,6\}}|+\\
&|\mathbf{MS}_{\{1,2,3,4,5,6\},\{1,2,3,4,5,6\}}|
\end{aligned}$$

$$\begin{aligned}
\mathrm{NZ}_{11}=(1-&|\mathbf{MS}_{\{2\},\{2\}}|-|\mathbf{MS}_{\{3\},\{3\}}|-|\mathbf{MS}_{\{4\},\{4\}}|-|\mathbf{MS}_{\{5\},\{5\}}|-|\mathbf{MS}_{\{6\},\{6\}}|+|\mathbf{MS}_{\{2,3\},\{2,3\}}|+|\mathbf{MS}_{\{2,4\},\{2,4\}}|+\\
&|\mathbf{MS}_{\{2,5\},\{2,5\}}|+|\mathbf{MS}_{\{2,6\},\{2,6\}}|+|\mathbf{MS}_{\{3,4\},\{3,4\}}|+|\mathbf{MS}_{\{3,5\},\{3,5\}}|+|\mathbf{MS}_{\{3,6\},\{3,6\}}|+|\mathbf{MS}_{\{4,5\},\{4,5\}}|+\\
&|\mathbf{MS}_{\{4,6\},\{4,6\}}|+|\mathbf{MS}_{\{5,6\},\{5,6\}}|-|\mathbf{MS}_{\{2,3,4\},\{2,3,4\}}|-|\mathbf{MS}_{\{2,3,5\},\{2,3,5\}}|-|\mathbf{MS}_{\{2,3,6\},\{2,3,6\}}|-\\
&|\mathbf{MS}_{\{2,4,5\},\{2,4,5\}}|-|\mathbf{MS}_{\{2,4,6\},\{2,4,6\}}|-|\mathbf{MS}_{\{2,5,6\},\{2,5,6\}}|-|\mathbf{MS}_{\{3,4,5\},\{3,4,5\}}|-|\mathbf{MS}_{\{3,4,6\},\{3,4,6\}}|-\\
&|\mathbf{MS}_{\{3,5,6\},\{3,5,6\}}|-|\mathbf{MS}_{\{4,5,6\},\{4,5,6\}}|+|\mathbf{MS}_{\{2,3,4,5\},\{2,3,4,5\}}|+|\mathbf{MS}_{\{2,3,4,6\},\{2,3,4,6\}}|+\\
&|\mathbf{MS}_{\{2,3,5,6\},\{2,3,5,6\}}|+|\mathbf{MS}_{\{2,4,5,6\},\{2,4,5,6\}}|+|\mathbf{MS}_{\{3,4,5,6\},\{3,4,5,6\}}|-|\mathbf{MS}_{\{2,3,4,5,6\},\{2,3,4,5,6\}}|)Z_1^*+\\
(&|\mathbf{MS}_{\{1\},\{1\}}|-|\mathbf{MS}_{\{1,2\},\{1,2\}}|-|\mathbf{MS}_{\{1,3\},\{1,3\}}|-|\mathbf{MS}_{\{1,4\},\{1,4\}}|-|\mathbf{MS}_{\{1,5\},\{1,5\}}|-|\mathbf{MS}_{\{1,6\},\{1,6\}}|+\\
&|\mathbf{MS}_{\{1,2,3],\{1,2,3\}}|+|\mathbf{MS}_{\{1,2,4\},\{1,2,4\}}|+|\mathbf{MS}_{\{1,2,5\},\{1,2,5\}}|+|\mathbf{MS}_{\{1,2,6\},\{1,2,6\}}|+|\mathbf{MS}_{\{1,3,4\},\{1,3,4\}}|+\\
&|\mathbf{MS}_{\{1,3,5\},\{1,3,5\}}|+|\mathbf{MS}_{\{1,3,6\},\{1,3,6\}}|+|\mathbf{MS}_{\{1,4,5\},\{1,4,5\}}|+|\mathbf{MS}_{\{1,4,6\},\{1,4,6\}}|+|\mathbf{MS}_{\{1,5,6\},\{1,5,6\}}|-\\
&|\mathbf{MS}_{\{1,2,3,4\},\{1,2,3,4\}}|-|\mathbf{MS}_{\{1,2,3,5\},\{1,2,3,5\}}|-|\mathbf{MS}_{\{1,2,3,6\},\{1,2,3,6\}}|-|\mathbf{MS}_{\{1,2,4,5\},\{1,2,4,5\}}|-\\
&|\mathbf{MS}_{\{1,2,4,6\},\{1,2,4,6\}}|-|\mathbf{MS}_{\{1,2,5,6\},\{1,2,5,6\}}|-|\mathbf{MS}_{\{1,3,4,5\},\{1,3,4,5\}}|-|\mathbf{MS}_{\{1,3,4,6\},\{1,3,4,6\}}|-\\
&|\mathbf{MS}_{\{1,3,5,6\},\{1,3,5,6\}}|-|\mathbf{MS}_{\{1,4,5,6\},\{1,4,5,6\}}|+|\mathbf{MS}_{\{1,2,3,4,5\},\{1,2,3,4,5\}}|+|\mathbf{MS}_{\{1,2,3,4,6\},\{1,2,3,4,6\}}|+\\
&|\mathbf{MS}_{\{1,2,3,5,6\},\{1,2,3,5,6\}}|+|\mathbf{MS}_{\{1,2,4,5,6\},\{1,2,4,5,6\}}|+|\mathbf{MS}_{\{1,3,4,5,6\},\{1,3,4,5,6\}}|-\\
&|\mathbf{MS}_{\{1,2,3,4,5,6\},\{1,2,3,4,5,6\}}|)Z_1
\end{aligned}$$

$$\begin{aligned}
\mathrm{NZ}_{22}=(1-&|\mathbf{MS}_{\{1\},\{1\}}|-|\mathbf{MS}_{\{3\},\{3\}}|-|\mathbf{MS}_{\{4\},\{4\}}|-|\mathbf{MS}_{\{5\},\{5\}}|-|\mathbf{MS}_{\{6\},\{6\}}|+|\mathbf{MS}_{\{1,3\},\{1,3\}}|+|\mathbf{MS}_{\{1,4\},\{1,4\}}|+\\
&|\mathbf{MS}_{\{1,5\},\{1,5\}}|+|\mathbf{MS}_{\{1,6\},\{1,6\}}|+|\mathbf{MS}_{\{3,4\},\{3,4\}}|+|\mathbf{MS}_{\{3,5\},\{3,5\}}|+|\mathbf{MS}_{\{3,6\},\{3,6\}}|+|\mathbf{MS}_{\{4,5\},\{4,5\}}|+\\
&|\mathbf{MS}_{\{4,6\},\{4,6\}}|+|\mathbf{MS}_{\{5,6\},\{5,6\}}|-|\mathbf{MS}_{\{1,3,4\},\{1,3,4\}}|-|\mathbf{MS}_{\{1,3,5\},\{1,3,5\}}|-|\mathbf{MS}_{\{1,3,6\},\{1,3,6\}}|-\\
&|\mathbf{MS}_{\{1,4,5\},\{1,4,5\}}|-|\mathbf{MS}_{\{1,4,6\},\{1,4,6\}}|-|\mathbf{MS}_{\{1,5,6\},\{1,5,6\}}|-|\mathbf{MS}_{\{3,4,5\},\{3,4,5\}}|-|\mathbf{MS}_{\{3,4,6\},\{3,4,6\}}|-\\
&|\mathbf{MS}_{\{3,5,6\},\{3,5,6\}}|-|\mathbf{MS}_{\{4,5,6\},\{4,5,6\}}|+|\mathbf{MS}_{\{1,3,4,5\},\{1,3,4,5\}}|+|\mathbf{MS}_{\{1,3,4,6\},\{1,3,4,6\}}|+\\
&|\mathbf{MS}_{\{1,3,5,6\},\{1,3,5,6\}}|+|\mathbf{MS}_{\{1,4,5,6\},\{1,4,5,6\}}|+|\mathbf{MS}_{\{3,4,5,6\},\{3,4,5,6\}}|-|\mathbf{MS}_{\{1,3,4,5,6\},\{1,3,4,5,6\}}|)Z_2^*+\\
(&|\mathbf{MS}_{\{2\},\{2\}}|-|\mathbf{MS}_{\{1,2\},\{1,2\}}|-|\mathbf{MS}_{\{2,3\},\{2,3\}}|-|\mathbf{MS}_{\{2,4\},\{2,4\}}|-|\mathbf{MS}_{\{2,5\},\{2,5\}}|-|\mathbf{MS}_{\{2,6\},\{2,6\}}|+\\
&|\mathbf{MS}_{\{1,2,3],\{1,2,3\}}|+|\mathbf{MS}_{\{1,2,4\},\{1,2,4\}}|+|\mathbf{MS}_{\{1,2,5\},\{1,2,5\}}|+|\mathbf{MS}_{\{1,2,6\},\{1,2,6\}}|+|\mathbf{MS}_{\{2,3,4\},\{2,3,4\}}|+\\
&|\mathbf{MS}_{\{2,3,5\},\{2,3,5\}}|+|\mathbf{MS}_{\{2,3,6\},\{2,3,6\}}|+|\mathbf{MS}_{\{2,4,5\},\{2,4,5\}}|+|\mathbf{MS}_{\{2,4,6\},\{2,4,6\}}|+|\mathbf{MS}_{\{2,5,6\},\{2,5,6\}}|-\\
&|\mathbf{MS}_{\{1,2,3,4\},\{1,2,3,4\}}|-|\mathbf{MS}_{\{1,2,3,5\},\{1,2,3,5\}}|-|\mathbf{MS}_{\{1,2,3,6\},\{1,2,3,6\}}|-|\mathbf{MS}_{\{1,2,4,5\},\{1,2,4,5\}}|-\\
&|\mathbf{MS}_{\{1,2,4,6\},\{1,2,4,6\}}|-|\mathbf{MS}_{\{1,2,5,6\},\{1,2,5,6\}}|-|\mathbf{MS}_{\{2,3,4,5\},\{2,3,4,5\}}|-|\mathbf{MS}_{\{2,3,4,6\},\{2,3,4,6\}}|-\\
&|\mathbf{MS}_{\{2,3,5,6\},\{2,3,5,6\}}|-|\mathbf{MS}_{\{2,4,5,6\},\{2,4,5,6\}}|+|\mathbf{MS}_{\{1,2,3,4,5\},\{1,2,3,4,5\}}|+|\mathbf{MS}_{\{1,2,3,4,6\},\{1,2,3,4,6\}}|+\\
&|\mathbf{MS}_{\{1,2,3,5,6\},\{1,2,3,5,6\}}|+|\mathbf{MS}_{\{1,2,4,5,6\},\{1,2,4,5,6\}}|+|\mathbf{MS}_{\{2,3,4,5,6\},\{2,3,4,5,6\}}|-\\
&|\mathbf{MS}_{\{1,2,3,4,5,6\},\{1,2,3,4,5,6\}}|)Z_2
\end{aligned}$$

续表

$$
\begin{aligned}
\mathrm{NZ}_{33}=(&1-|\mathbf{MS}_{\{1\},\{1\}}|-|\mathbf{MS}_{\{2\},\{2\}}|-|\mathbf{MS}_{\{4\},\{4\}}|-|\mathbf{MS}_{\{5\},\{5\}}|-|\mathbf{MS}_{\{6\},\{6\}}|+|\mathbf{MS}_{\{1,2\},\{1,2\}}|+|\mathbf{MS}_{\{1,4\},\{1,4\}}|+\\
&|\mathbf{MS}_{\{1,5\},\{1,5\}}|+|\mathbf{MS}_{\{1,6\},\{1,6\}}|+|\mathbf{MS}_{\{2,4\},\{2,4\}}|+|\mathbf{MS}_{\{2,5\},\{2,5\}}|+|\mathbf{MS}_{\{2,6\},\{2,6\}}|+|\mathbf{MS}_{\{4,5\},\{4,5\}}|+\\
&|\mathbf{MS}_{\{4,6\},\{4,6\}}|+|\mathbf{MS}_{\{5,6\},\{5,6\}}|-|\mathbf{MS}_{\{1,2,4\},\{1,2,4\}}|-|\mathbf{MS}_{\{1,2,5\},\{1,2,5\}}|-|\mathbf{MS}_{\{1,2,6\},\{1,2,6\}}|-\\
&|\mathbf{MS}_{\{1,4,5\},\{1,4,5\}}|-|\mathbf{MS}_{\{1,4,6\},\{1,4,6\}}|-|\mathbf{MS}_{\{1,5,6\},\{1,5,6\}}|-|\mathbf{MS}_{\{2,4,5\},\{2,4,5\}}|-|\mathbf{MS}_{\{2,4,6\},\{2,4,6\}}|-\\
&|\mathbf{MS}_{\{2,5,6\},\{2,5,6\}}|-|\mathbf{MS}_{\{4,5,6\},\{4,5,6\}}|+|\mathbf{MS}_{\{1,2,4,5\},\{1,2,4,5\}}|+|\mathbf{MS}_{\{1,2,4,6\},\{1,2,4,6\}}|+\\
&|\mathbf{MS}_{\{1,2,5,6\},\{1,2,5,6\}}|+|\mathbf{MS}_{\{1,4,5,6\},\{1,4,5,6\}}|+|\mathbf{MS}_{\{2,4,5,6\},\{2,4,5,6\}}|-|\mathbf{MS}_{\{1,2,4,5,6\},\{1,2,4,5,6\}}|)Z_3^*+\\
(&|\mathbf{MS}_{\{3\},\{3\}}|-|\mathbf{MS}_{\{1,3\},\{1,3\}}|-|\mathbf{MS}_{\{2,3\},\{2,3\}}|-|\mathbf{MS}_{\{3,4\},\{3,4\}}|-|\mathbf{MS}_{\{3,5\},\{3,5\}}|-|\mathbf{MS}_{\{3,6\},\{3,6\}}|+\\
&|\mathbf{MS}_{\{1,2,3\},\{1,2,3\}}|+|\mathbf{MS}_{\{1,3,4\},\{1,3,4\}}|+|\mathbf{MS}_{\{1,3,5\},\{1,3,5\}}|+|\mathbf{MS}_{\{1,3,6\},\{1,3,6\}}|+|\mathbf{MS}_{\{2,3,4\},\{2,3,4\}}|+\\
&|\mathbf{MS}_{\{2,3,5\},\{2,3,5\}}|+|\mathbf{MS}_{\{2,3,6\},\{2,3,6\}}|+|\mathbf{MS}_{\{3,4,5\},\{3,4,5\}}|+|\mathbf{MS}_{\{3,4,6\},\{3,4,6\}}|+|\mathbf{MS}_{\{3,5,6\},\{3,5,6\}}|-\\
&|\mathbf{MS}_{\{1,2,3,4\},\{1,2,3,4\}}|-|\mathbf{MS}_{\{1,2,3,5\},\{1,2,3,5\}}|-|\mathbf{MS}_{\{1,2,3,6\},\{1,2,3,6\}}|-|\mathbf{MS}_{\{1,3,4,5\},\{1,3,4,5\}}|-\\
&|\mathbf{MS}_{\{1,3,4,6\},\{1,3,4,6\}}|-|\mathbf{MS}_{\{1,3,5,6\},\{1,3,5,6\}}|-|\mathbf{MS}_{\{2,3,4,5\},\{2,3,4,5\}}|-|\mathbf{MS}_{\{2,3,4,6\},\{2,3,4,6\}}|-\\
&|\mathbf{MS}_{\{2,3,5,6\},\{2,3,5,6\}}|-|\mathbf{MS}_{\{3,4,5,6\},\{3,4,5,6\}}|+|\mathbf{MS}_{\{1,2,3,4,5\},\{1,2,3,4,5\}}|+|\mathbf{MS}_{\{1,2,3,4,6\},\{1,2,3,4,6\}}|+\\
&|\mathbf{MS}_{\{1,2,3,5,6\},\{1,2,3,5,6\}}|+|\mathbf{MS}_{\{1,3,4,5,6\},\{1,3,4,5,6\}}|+|\mathbf{MS}_{\{2,3,4,5,6\},\{2,3,4,5,6\}}|-\\
&|\mathbf{MS}_{\{1,2,3,4,5,6\},\{1,2,3,4,5,6\}}|)Z_3
\end{aligned}
$$

$$
\begin{aligned}
\mathrm{NZ}_{44}=(&1-|\mathbf{MS}_{\{1\},\{1\}}|-|\mathbf{MS}_{\{2\},\{2\}}|-|\mathbf{MS}_{\{3\},\{3\}}|-|\mathbf{MS}_{\{5\},\{5\}}|-|\mathbf{MS}_{\{6\},\{6\}}|+|\mathbf{MS}_{\{1,2\},\{1,2\}}|+|\mathbf{MS}_{\{1,3\},\{1,3\}}|+\\
&|\mathbf{MS}_{\{1,5\},\{1,5\}}|+|\mathbf{MS}_{\{1,6\},\{1,6\}}|+|\mathbf{MS}_{\{2,3\},\{2,3\}}|+|\mathbf{MS}_{\{2,5\},\{2,5\}}|+|\mathbf{MS}_{\{2,6\},\{2,6\}}|+|\mathbf{MS}_{\{3,5\},\{3,5\}}|+\\
&|\mathbf{MS}_{\{3,6\},\{3,6\}}|+|\mathbf{MS}_{\{5,6\},\{5,6\}}|-|\mathbf{MS}_{\{1,2,3\},\{1,2,3\}}|-|\mathbf{MS}_{\{1,2,5\},\{1,2,5\}}|-|\mathbf{MS}_{\{1,2,6\},\{1,2,6\}}|-\\
&|\mathbf{MS}_{\{1,3,5\},\{1,3,5\}}|-|\mathbf{MS}_{\{1,3,6\},\{1,3,6\}}|-|\mathbf{MS}_{\{1,5,6\},\{1,5,6\}}|-|\mathbf{MS}_{\{2,3,5\},\{2,3,5\}}|-|\mathbf{MS}_{\{2,3,6\},\{2,3,6\}}|-\\
&|\mathbf{MS}_{\{2,5,6\},\{2,5,6\}}|-|\mathbf{MS}_{\{3,5,6\},\{3,5,6\}}|+|\mathbf{MS}_{\{1,2,3,5\},\{1,2,3,5\}}|+|\mathbf{MS}_{\{1,2,3,6\},\{1,2,3,6\}}|+\\
&|\mathbf{MS}_{\{1,2,5,6\},\{1,2,5,6\}}|+|\mathbf{MS}_{\{1,3,5,6\},\{1,3,5,6\}}|+|\mathbf{MS}_{\{2,3,5,6\},\{2,3,5,6\}}|-|\mathbf{MS}_{\{1,2,3,5,6\},\{1,2,3,5,6\}}|)Z_4^*+\\
(&|\mathbf{MS}_{\{4\},\{4\}}|-|\mathbf{MS}_{\{1,4\},\{1,4\}}|-|\mathbf{MS}_{\{2,4\},\{2,4\}}|-|\mathbf{MS}_{\{3,4\},\{3,4\}}|-|\mathbf{MS}_{\{4,5\},\{4,5\}}|-|\mathbf{MS}_{\{4,6\},\{4,6\}}|+\\
&|\mathbf{MS}_{\{1,2,4\},\{1,2,4\}}|+|\mathbf{MS}_{\{1,3,4\},\{1,3,4\}}|+|\mathbf{MS}_{\{1,4,5\},\{1,4,5\}}|+|\mathbf{MS}_{\{1,4,6\},\{1,4,6\}}|+|\mathbf{MS}_{\{2,3,4\},\{2,3,4\}}|+\\
&|\mathbf{MS}_{\{2,4,5\},\{2,4,5\}}|+|\mathbf{MS}_{\{2,4,6\},\{2,4,6\}}|+|\mathbf{MS}_{\{3,4,5\},\{3,4,5\}}|+|\mathbf{MS}_{\{3,4,6\},\{3,4,6\}}|+|\mathbf{MS}_{\{4,5,6\},\{4,5,6\}}|-\\
&|\mathbf{MS}_{\{1,2,3,4\},\{1,2,3,4\}}|-|\mathbf{MS}_{\{1,2,4,5\},\{1,2,4,5\}}|-|\mathbf{MS}_{\{1,2,4,6\},\{1,2,4,6\}}|-|\mathbf{MS}_{\{1,3,4,5\},\{1,3,4,5\}}|-\\
&|\mathbf{MS}_{\{1,3,4,6\},\{1,3,4,6\}}|-|\mathbf{MS}_{\{1,4,5,6\},\{1,4,5,6\}}|-|\mathbf{MS}_{\{2,3,4,5\},\{2,3,4,5\}}|-|\mathbf{MS}_{\{2,3,4,6\},\{2,3,4,6\}}|-\\
&|\mathbf{MS}_{\{2,4,5,6\},\{2,4,5,6\}}|-|\mathbf{MS}_{\{3,4,5,6\},\{3,4,5,6\}}|+|\mathbf{MS}_{\{1,2,3,4,5\},\{1,2,3,4,5\}}|+|\mathbf{MS}_{\{1,2,3,4,6\},\{1,2,3,4,6\}}|+\\
&|\mathbf{MS}_{\{1,2,4,5,6\},\{1,2,4,5,6\}}|+|\mathbf{MS}_{\{1,3,4,5,6\},\{1,3,4,5,6\}}|+|\mathbf{MS}_{\{2,3,4,5,6\},\{2,3,4,5,6\}}|-\\
&|\mathbf{MS}_{\{1,2,3,4,5,6\},\{1,2,3,4,5,6\}}|)Z_4
\end{aligned}
$$

$$
\begin{aligned}
\mathrm{NZ}_{55}=(&1-|\mathbf{MS}_{\{1\},\{1\}}|-|\mathbf{MS}_{\{2\},\{2\}}|-|\mathbf{MS}_{\{3\},\{3\}}|-|\mathbf{MS}_{\{4\},\{4\}}|-|\mathbf{MS}_{\{6\},\{6\}}|+|\mathbf{MS}_{\{1,2\},\{1,2\}}|+|\mathbf{MS}_{\{1,3\},\{1,3\}}|+\\
&|\mathbf{MS}_{\{1,4\},\{1,4\}}|+|\mathbf{MS}_{\{1,6\},\{1,6\}}|+|\mathbf{MS}_{\{2,3\},\{2,3\}}|+|\mathbf{MS}_{\{2,4\},\{2,4\}}|+|\mathbf{MS}_{\{2,6\},\{2,6\}}|+|\mathbf{MS}_{\{3,4\},\{3,4\}}|+\\
&|\mathbf{MS}_{\{3,6\},\{3,6\}}|+|\mathbf{MS}_{\{4,6\},\{4,6\}}|-|\mathbf{MS}_{\{1,2,3\},\{1,2,3\}}|-|\mathbf{MS}_{\{1,2,4\},\{1,2,4\}}|-|\mathbf{MS}_{\{1,2,6\},\{1,2,6\}}|-\\
&|\mathbf{MS}_{\{1,3,4\},\{1,3,4\}}|-|\mathbf{MS}_{\{1,3,6\},\{1,3,6\}}|-|\mathbf{MS}_{\{1,4,6\},\{1,4,6\}}|-|\mathbf{MS}_{\{2,3,4\},\{2,3,4\}}|-|\mathbf{MS}_{\{2,3,6\},\{2,3,6\}}|-\\
&|\mathbf{MS}_{\{2,4,6\},\{2,4,6\}}|-|\mathbf{MS}_{\{3,4,6\},\{3,4,6\}}|+|\mathbf{MS}_{\{1,2,3,4\},\{1,2,3,4\}}|+|\mathbf{MS}_{\{1,2,3,6\},\{1,2,3,6\}}|+\\
&|\mathbf{MS}_{\{1,2,4,6\},\{1,2,4,6\}}|+|\mathbf{MS}_{\{1,3,4,6\},\{1,3,4,6\}}|+|\mathbf{MS}_{\{2,3,4,6\},\{2,3,4,6\}}|-|\mathbf{MS}_{\{1,2,3,4,6\},\{1,2,3,4,6\}}|)Z_5^*+\\
(&|\mathbf{MS}_{\{5\},\{5\}}|-|\mathbf{MS}_{\{1,5\},\{1,5\}}|-|\mathbf{MS}_{\{2,5\},\{2,5\}}|-|\mathbf{MS}_{\{3,5\},\{3,5\}}|-|\mathbf{MS}_{\{4,5\},\{4,5\}}|-|\mathbf{MS}_{\{5,6\},\{5,6\}}|+\\
&|\mathbf{MS}_{\{1,2,5\},\{1,2,5\}}|+|\mathbf{MS}_{\{1,3,5\},\{1,3,5\}}|+|\mathbf{MS}_{\{1,4,5\},\{1,4,5\}}|+|\mathbf{MS}_{\{1,5,6\},\{1,5,6\}}|+|\mathbf{MS}_{\{2,3,5\},\{2,3,5\}}|+\\
&|\mathbf{MS}_{\{2,4,5\},\{2,4,5\}}|+|\mathbf{MS}_{\{2,5,6\},\{2,5,6\}}|+|\mathbf{MS}_{\{3,4,5\},\{3,4,5\}}|+|\mathbf{MS}_{\{3,5,6\},\{3,5,6\}}|+|\mathbf{MS}_{\{4,5,6\},\{4,5,6\}}|-\\
&|\mathbf{MS}_{\{1,2,3,5\},\{1,2,3,5\}}|-|\mathbf{MS}_{\{1,2,4,5\},\{1,2,4,5\}}|-|\mathbf{MS}_{\{1,2,5,6\},\{1,2,5,6\}}|-|\mathbf{MS}_{\{1,3,4,5\},\{1,3,4,5\}}|-\\
&|\mathbf{MS}_{\{1,3,5,6\},\{1,3,5,6\}}|-|\mathbf{MS}_{\{1,4,5,6\},\{1,4,5,6\}}|-|\mathbf{MS}_{\{2,3,4,5\},\{2,3,4,5\}}|-|\mathbf{MS}_{\{2,3,5,6\},\{2,3,5,6\}}|-\\
&|\mathbf{MS}_{\{2,4,5,6\},\{2,4,5,6\}}|-|\mathbf{MS}_{\{3,4,5,6\},\{3,4,5,6\}}|+|\mathbf{MS}_{\{1,2,3,4,5\},\{1,2,3,4,5\}}|+|\mathbf{MS}_{\{1,2,3,5,6\},\{1,2,3,5,6\}}|+\\
&|\mathbf{MS}_{\{1,2,4,5,6\},\{1,2,4,5,6\}}|+|\mathbf{MS}_{\{1,3,4,5,6\},\{1,3,4,5,6\}}|+|\mathbf{MS}_{\{2,3,4,5,6\},\{2,3,4,5,6\}}|-\\
&|\mathbf{MS}_{\{1,2,3,4,5,6\},\{1,2,3,4,5,6\}}|)Z_5
\end{aligned}
$$

续表

$\mathrm{NZ}_{66}=(1-\lvert\mathbf{MS}_{\{1\},\{1\}}\rvert-\lvert\mathbf{MS}_{\{2\},\{2\}}\rvert-\lvert\mathbf{MS}_{\{3\},\{3\}}\rvert-\lvert\mathbf{MS}_{\{4\},\{4\}}\rvert-\lvert\mathbf{MS}_{\{5\},\{5\}}\rvert+\lvert\mathbf{MS}_{\{1,2\},\{1,2\}}\rvert+\lvert\mathbf{MS}_{\{1,3\},\{1,3\}}\rvert+$ $\lvert\mathbf{MS}_{\{1,4\},\{1,4\}}\rvert+\lvert\mathbf{MS}_{\{1,5\},\{1,5\}}\rvert+\lvert\mathbf{MS}_{\{2,3\},\{2,3\}}\rvert+\lvert\mathbf{MS}_{\{2,4\},\{2,4\}}\rvert+\lvert\mathbf{MS}_{\{2,5\},\{2,5\}}\rvert+\lvert\mathbf{MS}_{\{3,4\},\{3,4\}}\rvert+$ $\lvert\mathbf{MS}_{\{3,5\},\{3,5\}}\rvert+\lvert\mathbf{MS}_{\{4,5\},\{4,5\}}\rvert-\lvert\mathbf{MS}_{\{1,2,3\},\{1,2,3\}}\rvert-\lvert\mathbf{MS}_{\{1,2,4\},\{1,2,4\}}\rvert-\lvert\mathbf{MS}_{\{1,2,5\},\{1,2,5\}}\rvert-$ $\lvert\mathbf{MS}_{\{1,3,4\},\{1,3,4\}}\rvert-\lvert\mathbf{MS}_{\{1,3,5\},\{1,3,5\}}\rvert-\lvert\mathbf{MS}_{\{1,4,5\},\{1,4,5\}}\rvert-\lvert\mathbf{MS}_{\{2,3,4\},\{2,3,4\}}\rvert-\lvert\mathbf{MS}_{\{2,3,5\},\{2,3,5\}}\rvert-$ $\lvert\mathbf{MS}_{\{2,4,5\},\{2,4,5\}}\rvert-\lvert\mathbf{MS}_{\{3,4,5\},\{3,4,5\}}\rvert+\lvert\mathbf{MS}_{\{1,2,3,4\},\{1,2,3,4\}}\rvert+\lvert\mathbf{MS}_{\{1,2,3,5\},\{1,2,3,5\}}\rvert+$ $\lvert\mathbf{MS}_{\{1,2,4,5\},\{1,2,4,5\}}\rvert+\lvert\mathbf{MS}_{\{1,3,4,5\},\{1,3,4,5\}}\rvert+\lvert\mathbf{MS}_{\{2,3,4,5\},\{2,3,4,5\}}\rvert-\lvert\mathbf{MS}_{\{1,2,3,4,5\},\{1,2,3,4,5\}}\rvert)Z_6^*+$ $(\lvert\mathbf{MS}_{\{6\},\{6\}}\rvert-\lvert\mathbf{MS}_{\{1,6\},\{1,6\}}\rvert-\lvert\mathbf{MS}_{\{2,6\},\{2,6\}}\rvert-\lvert\mathbf{MS}_{\{3,6\},\{3,6\}}\rvert-\lvert\mathbf{MS}_{\{4,6\},\{4,6\}}\rvert-\lvert\mathbf{MS}_{\{5,6\},\{5,6\}}\rvert+$ $\lvert\mathbf{MS}_{\{1,2,6\},\{1,2,6\}}\rvert+\lvert\mathbf{MS}_{\{1,3,6\},\{1,3,6\}}\rvert+\lvert\mathbf{MS}_{\{1,4,6\},\{1,4,6\}}\rvert+\lvert\mathbf{MS}_{\{1,5,6\},\{1,5,6\}}\rvert+\lvert\mathbf{MS}_{\{2,3,6\},\{2,3,6\}}\rvert+$ $\lvert\mathbf{MS}_{\{2,4,6\},\{2,4,6\}}\rvert+\lvert\mathbf{MS}_{\{2,5,6\},\{2,5,6\}}\rvert+\lvert\mathbf{MS}_{\{3,4,6\},\{3,4,6\}}\rvert+\lvert\mathbf{MS}_{\{3,5,6\},\{3,5,6\}}\rvert+\lvert\mathbf{MS}_{\{4,5,6\},\{4,5,6\}}\rvert-$ $\lvert\mathbf{MS}_{\{1,2,3,6\},\{1,2,3,6\}}\rvert-\lvert\mathbf{MS}_{\{1,2,4,6\},\{1,2,4,6\}}\rvert-\lvert\mathbf{MS}_{\{1,2,5,6\},\{1,2,5,6\}}\rvert-\lvert\mathbf{MS}_{\{1,3,4,6\},\{1,3,4,6\}}\rvert-$ $\lvert\mathbf{MS}_{\{1,3,5,6\},\{1,3,5,6\}}\rvert-\lvert\mathbf{MS}_{\{1,4,5,6\},\{1,4,5,6\}}\rvert-\lvert\mathbf{MS}_{\{2,3,4,6\},\{2,3,4,6\}}\rvert-\lvert\mathbf{MS}_{\{2,3,5,6\},\{2,3,5,6\}}\rvert-$ $\lvert\mathbf{MS}_{\{2,4,5,6\},\{2,4,5,6\}}\rvert-\lvert\mathbf{MS}_{\{3,4,5,6\},\{3,4,5,6\}}\rvert+\lvert\mathbf{MS}_{\{1,2,3,4,6\},\{1,2,3,4,6\}}\rvert+\lvert\mathbf{MS}_{\{1,2,3,5,6\},\{1,2,3,5,6\}}\rvert+$ $\lvert\mathbf{MS}_{\{1,2,4,5,6\},\{1,2,4,5,6\}}\rvert+\lvert\mathbf{MS}_{\{1,3,4,5,6\},\{1,3,4,5,6\}}\rvert+\lvert\mathbf{MS}_{\{2,3,4,5,6\},\{2,3,4,5,6\}}\rvert-$ $\lvert\mathbf{MS}_{\{1,2,3,4,5,6\},\{1,2,3,4,5,6\}}\rvert)Z_6$

3.3　二端口至六端口复阻抗网络 Y 参数转换为 S 参数

本节给出二端口至六端口复阻抗网络的 Y 参数转换为 S 参数的简化公式，见表 3-11 至表 3-15。

表 3-11　二端口网络 Y 参数转换成 S 参数的简化公式

NS_{ij}	1	2
1	$1-\lvert\mathbf{MY}_{\{1\},\{1\}}\rvert Z_1^*+(\lvert\mathbf{MY}_{\{2\},\{2\}}\rvert-\lvert\mathbf{MY}_{\{1,2\},\{1,2\}}\rvert Z_1^*)\lvert(\mathbf{Z}_0)_{\{2\},\{2\}}\rvert$	$-2R_1\sqrt{\left\lvert\dfrac{R_2}{R_1}\right\rvert}\lvert\mathbf{MY}_{\{1\},\{2\}}\rvert$
2	$-2R_2\sqrt{\left\lvert\dfrac{R_1}{R_2}\right\rvert}\lvert\mathbf{MY}_{\{2\},\{1\}}\rvert$	$1-\lvert\mathbf{MY}_{\{2\},\{2\}}\rvert Z_2^*+(\lvert\mathbf{MY}_{\{1\},\{1\}}\rvert-\lvert\mathbf{MY}_{\{1,2\},\{1,2\}}\rvert Z_2^*)\lvert(\mathbf{Z}_0)_{\{1\},\{1\}}\rvert$
$\mathrm{DS}=1+\lvert\mathbf{MY}_{\{1\},\{1\}}\rvert\lvert(\mathbf{Z}_0)_{\{1\},\{1\}}\rvert+\lvert\mathbf{MY}_{\{2\},\{2\}}\rvert\lvert(\mathbf{Z}_0)_{\{2\},\{2\}}\rvert+\lvert\mathbf{MY}_{\{1,2\},\{1,2\}}\rvert\lvert(\mathbf{Z}_0)_{\{1,2\},\{1,2\}}\rvert$		

表 3-12　三端口网络 Y 参数转换成 S 参数的简化公式

NS_{ij}	1	2	3
1	—	$-2R_1\sqrt{\left\lvert\dfrac{R_2}{R_1}\right\rvert}(\lvert\mathbf{MY}_{\{1\},\{2\}}\rvert+\lvert\mathbf{MY}_{\{3,1\},\{3,2\}}\rvert\lvert(\mathbf{Z}_0)_{\{3\},\{3\}}\rvert)$	$-2R_1\sqrt{\left\lvert\dfrac{R_3}{R_1}\right\rvert}(\lvert\mathbf{MY}_{\{1\},\{3\}}\rvert+\lvert\mathbf{MY}_{\{2,1\},\{2,3\}}\rvert\lvert(\mathbf{Z}_0)_{\{2\},\{2\}}\rvert)$

续表

NS_{ij}	1	2	3
2	$-2R_2\sqrt{\left\vert\frac{R_1}{R_2}\right\vert}(\vert\mathbf{MY}_{\{2\},\{1\}}\vert+\vert\mathbf{MY}_{\{3,2\},\{3,1\}}\vert\vert(\mathbf{Z}_0)_{\{3\},\{3\}}\vert)$	—	$-2R_2\sqrt{\left\vert\frac{R_3}{R_2}\right\vert}(\vert\mathbf{MY}_{\{2\},\{3\}}\vert+\vert\mathbf{MY}_{\{1,2\},\{1,3\}}\vert\vert(\mathbf{Z}_0)_{\{1\},\{1\}}\vert)$
3	$-2R_3\sqrt{\left\vert\frac{R_1}{R_3}\right\vert}(\vert\mathbf{MY}_{\{3\},\{1\}}\vert+\vert\mathbf{MY}_{\{2,3\},\{2,1\}}\vert\vert(\mathbf{Z}_0)_{\{2\},\{2\}}\vert)$	$-2R_3\sqrt{\left\vert\frac{R_2}{R_3}\right\vert}(\vert\mathbf{MY}_{\{3\},\{2\}}\vert+\vert\mathbf{MY}_{\{1,3\},\{1,2\}}\vert\vert(\mathbf{Z}_0)_{\{1\},\{1\}}\vert)$	—
$DS=1+\vert\mathbf{MY}_{\{1\},\{1\}}\vert\vert(\mathbf{Z}_0)_{\{1\},\{1\}}\vert+\vert\mathbf{MY}_{\{2\},\{2\}}\vert\vert(\mathbf{Z}_0)_{\{2\},\{2\}}\vert+\vert\mathbf{MY}_{\{3\},\{3\}}\vert\vert(\mathbf{Z}_0)_{\{3\},\{3\}}\vert+\vert\mathbf{MY}_{\{1,2\},\{1,2\}}\vert\vert(\mathbf{Z}_0)_{\{1,2\},\{1,2\}}\vert+\vert\mathbf{MY}_{\{1,3\},\{1,3\}}\vert\vert(\mathbf{Z}_0)_{\{1,3\},\{1,3\}}\vert+\vert\mathbf{MY}_{\{2,3\},\{2,3\}}\vert\vert(\mathbf{Z}_0)_{\{2,3\},\{2,3\}}\vert+\vert\mathbf{MY}_{\{1,2,3\},\{1,2,3\}}\vert\vert(\mathbf{Z}_0)_{\{1,2,3\},\{1,2,3\}}\vert$			
$NS_{11}=1-\vert\mathbf{MY}_{\{1\},\{1\}}\vert Z_1^*+(\vert\mathbf{MY}_{\{2\},\{2\}}\vert-\vert\mathbf{MY}_{\{1,2\},\{1,2\}}\vert Z_1^*)\vert(\mathbf{Z}_0)_{\{2\},\{2\}}\vert+(\vert\mathbf{MY}_{\{3\},\{3\}}\vert-\vert\mathbf{MY}_{\{1,3\},\{1,3\}}\vert Z_1^*)\vert(\mathbf{Z}_0)_{\{3\},\{3\}}\vert+(\vert\mathbf{MY}_{\{2,3\},\{2,3\}}\vert-\vert\mathbf{MY}_{\{1,2,3\},\{1,2,3\}}\vert Z_1^*)\vert(\mathbf{Z}_0)_{\{2,3\},\{2,3\}}\vert$			
$NS_{22}=1-\vert\mathbf{MY}_{\{2\},\{2\}}\vert Z_2^*+(\vert\mathbf{MY}_{\{1\},\{1\}}\vert-\vert\mathbf{MY}_{\{1,2\},\{1,2\}}\vert Z_2^*)\vert(\mathbf{Z}_0)_{\{1\},\{1\}}\vert+(\vert\mathbf{MY}_{\{3\},\{3\}}\vert-\vert\mathbf{MY}_{\{2,3\},\{2,3\}}\vert Z_2^*)\vert(\mathbf{Z}_0)_{\{3\},\{3\}}\vert+(\vert\mathbf{MY}_{\{1,3\},\{1,3\}}\vert-\vert\mathbf{MY}_{\{1,2,3\},\{1,2,3\}}\vert Z_2^*)\vert(\mathbf{Z}_0)_{\{1,3\},\{1,3\}}\vert$			
$NS_{33}=1-\vert\mathbf{MY}_{\{3\},\{3\}}\vert Z_3^*+(\vert\mathbf{MY}_{\{1\},\{1\}}\vert-\vert\mathbf{MY}_{\{1,3\},\{1,3\}}\vert Z_3^*)\vert(\mathbf{Z}_0)_{\{1\},\{1\}}\vert+(\vert\mathbf{MY}_{\{2\},\{2\}}\vert-\vert\mathbf{MY}_{\{2,3\},\{2,3\}}\vert Z_3^*)\vert(\mathbf{Z}_0)_{\{2\},\{2\}}\vert+(\vert\mathbf{MY}_{\{1,2\},\{1,2\}}\vert-\vert\mathbf{MY}_{\{1,2,3\},\{1,2,3\}}\vert Z_3^*)\vert(\mathbf{Z}_0)_{\{1,2\},\{1,2\}}\vert$			

表 3-13　四端口网络 *Y* 参数转换成 *S* 参数的简化公式

NS_{ij}	1	2	3	4
1	—	$-2R_1\sqrt{\left\vert\frac{R_2}{R_1}\right\vert}(\vert\mathbf{MY}_{\{1\},\{2\}}\vert+\vert\mathbf{MY}_{\{3,1\},\{3,2\}}\vert\vert(\mathbf{Z}_0)_{\{3\},\{3\}}\vert+\vert\mathbf{MY}_{\{4,1\},\{4,2\}}\vert\vert(\mathbf{Z}_0)_{\{4\},\{4\}}\vert+\vert\mathbf{MY}_{\{3,4,1\},\{3,4,2\}}\vert\times\vert(\mathbf{Z}_0)_{\{3,4\},\{3,4\}}\vert)$	$-2R_1\sqrt{\left\vert\frac{R_3}{R_1}\right\vert}(\vert\mathbf{MY}_{\{1\},\{3\}}\vert+\vert\mathbf{MY}_{\{2,1\},\{2,3\}}\vert\vert(\mathbf{Z}_0)_{\{2\},\{2\}}\vert+\vert\mathbf{MY}_{\{4,1\},\{4,3\}}\vert\vert(\mathbf{Z}_0)_{\{4\},\{4\}}\vert+\vert\mathbf{MY}_{\{2,4,1\},\{2,4,3\}}\vert\times\vert(\mathbf{Z}_0)_{\{2,4\},\{2,4\}}\vert)$	$-2R_1\sqrt{\left\vert\frac{R_4}{R_1}\right\vert}(\vert\mathbf{MY}_{\{1\},\{4\}}\vert+\vert\mathbf{MY}_{\{2,1\},\{2,4\}}\vert\vert(\mathbf{Z}_0)_{\{2\},\{2\}}\vert+\vert\mathbf{MY}_{\{3,1\},\{3,4\}}\vert\vert(\mathbf{Z}_0)_{\{3\},\{3\}}\vert+\vert\mathbf{MY}_{\{2,3,1\},\{2,3,4\}}\vert\times\vert(\mathbf{Z}_0)_{\{2,3\},\{2,3\}}\vert)$

续表

NS_{ij}	1	2	3	4
2	$-2R_2\sqrt{\left\lvert\frac{R_1}{R_2}\right\rvert}$ $(\lvert\mathbf{MY}_{\{2\},\{1\}}\rvert+$ $\lvert\mathbf{MY}_{\{3,2\},\{3,1\}}\rvert$ $\lvert(\mathbf{Z}_0)_{\{3\},\{3\}}\rvert+$ $\lvert\mathbf{MY}_{\{4,2\},\{4,1\}}\rvert$ $\lvert(\mathbf{Z}_0)_{\{4\},\{4\}}\rvert+$ $\lvert\mathbf{MY}_{\{3,4,2\},\{3,4,1\}}\rvert\times$ $\lvert(\mathbf{Z}_0)_{\{3,4\},\{3,4\}}\rvert)$	—	$-2R_2\sqrt{\left\lvert\frac{R_3}{R_2}\right\rvert}$ $(\lvert\mathbf{MY}_{\{2\},\{3\}}\rvert+$ $\lvert\mathbf{MY}_{\{1,2\},\{1,3\}}\rvert$ $\lvert(\mathbf{Z}_0)_{\{1\},\{1\}}\rvert+$ $\lvert\mathbf{MY}_{\{4,2\},\{4,3\}}\rvert$ $\lvert(\mathbf{Z}_0)_{\{4\},\{4\}}\rvert+$ $\lvert\mathbf{MY}_{\{1,4,2\},\{1,4,3\}}\rvert\times$ $\lvert(\mathbf{Z}_0)_{\{1,4\},\{1,4\}}\rvert)$	$-2R_2\sqrt{\left\lvert\frac{R_4}{R_2}\right\rvert}$ $(\lvert\mathbf{MY}_{\{2\},\{4\}}\rvert+$ $\lvert\mathbf{MY}_{\{1,2\},\{1,4\}}\rvert$ $\lvert(\mathbf{Z}_0)_{\{1\},\{1\}}\rvert+$ $\lvert\mathbf{MY}_{\{3,2\},\{3,4\}}\rvert$ $\lvert(\mathbf{Z}_0)_{\{3\},\{3\}}\rvert+$ $\lvert\mathbf{MY}_{\{1,3,2\},\{1,3,4\}}\rvert\times$ $\lvert(\mathbf{Z}_0)_{\{1,3\},\{1,3\}}\rvert)$
3	$-2R_3\sqrt{\left\lvert\frac{R_1}{R_3}\right\rvert}$ $(\lvert\mathbf{MY}_{\{3\},\{1\}}\rvert+$ $\lvert\mathbf{MY}_{\{2,3\},\{2,1\}}\rvert$ $\lvert(\mathbf{Z}_0)_{\{2\},\{2\}}\rvert+$ $\lvert\mathbf{MY}_{\{4,3\},\{4,1\}}\rvert$ $\lvert(\mathbf{Z}_0)_{\{4\},\{4\}}\rvert+$ $\lvert\mathbf{MY}_{\{2,4,3\},\{2,4,1\}}\rvert\times$ $\lvert(\mathbf{Z}_0)_{\{2,4\},\{2,4\}}\rvert)$	$-2R_3\sqrt{\left\lvert\frac{R_2}{R_3}\right\rvert}$ $(\lvert\mathbf{MY}_{\{3\},\{2\}}\rvert+$ $\lvert\mathbf{MY}_{\{1,3\},\{1,2\}}\rvert$ $\lvert(\mathbf{Z}_0)_{\{1\},\{1\}}\rvert+$ $\lvert\mathbf{MY}_{\{4,3\},\{4,2\}}\rvert$ $\lvert(\mathbf{Z}_0)_{\{4\},\{4\}}\rvert+$ $\lvert\mathbf{MY}_{\{1,4,3\},\{1,4,2\}}\rvert\times$ $\lvert(\mathbf{Z}_0)_{\{1,4\},\{1,4\}}\rvert)$	—	$2R_3\sqrt{\left\lvert\frac{R_4}{R_3}\right\rvert}$ $(\lvert\mathbf{MY}_{\{3\},\{4\}}\rvert+$ $\lvert\mathbf{MY}_{\{1,3\},\{1,4\}}\rvert$ $\lvert(\mathbf{Z}_0)_{\{1\},\{1\}}\rvert+$ $\lvert\mathbf{MY}_{\{2,3\},\{2,4\}}\rvert$ $\lvert(\mathbf{Z}_0)_{\{2\},\{2\}}\rvert+$ $\lvert\mathbf{MY}_{\{1,2,3\},\{1,2,4\}}\rvert\times$ $\lvert(\mathbf{Z}_0)_{\{1,2\},\{1,2\}}\rvert)$
4	$-2R_4\sqrt{\left\lvert\frac{R_1}{R_4}\right\rvert}$ $(\lvert\mathbf{MY}_{\{4\},\{1\}}\rvert+$ $\lvert\mathbf{MY}_{\{2,4\},\{2,1\}}\rvert$ $\lvert(\mathbf{Z}_0)_{\{2\},\{2\}}\rvert+$ $\lvert\mathbf{MY}_{\{3,4\},\{3,1\}}\rvert$ $\lvert(\mathbf{Z}_0)_{\{3\},\{3\}}\rvert+$ $\lvert\mathbf{MY}_{\{2,3,4\},\{2,3,1\}}\rvert\times$ $\lvert(\mathbf{Z}_0)_{\{2,3\},\{2,3\}}\rvert)$	$-2R_4\sqrt{\left\lvert\frac{R_2}{R_4}\right\rvert}$ $(\lvert\mathbf{MY}_{\{4\},\{2\}}\rvert+$ $\lvert\mathbf{MY}_{\{1,4\},\{1,2\}}\rvert$ $\lvert(\mathbf{Z}_0)_{\{1\},\{1\}}\rvert+$ $\lvert\mathbf{MY}_{\{3,4\},\{3,2\}}\rvert$ $\lvert(\mathbf{Z}_0)_{\{3\},\{3\}}\rvert+$ $\lvert\mathbf{MY}_{\{1,3,4\},\{1,3,2\}}\rvert\times$ $\lvert(\mathbf{Z}_0)_{\{1,3\},\{1,3\}}\rvert)$	$-2R_4\sqrt{\left\lvert\frac{R_3}{R_4}\right\rvert}$ $(\lvert\mathbf{MY}_{\{4\},\{3\}}\rvert+$ $\lvert\mathbf{MY}_{\{1,4\},\{1,3\}}\rvert$ $\lvert(\mathbf{Z}_0)_{\{1\},\{1\}}\rvert+$ $\lvert\mathbf{MY}_{\{2,4\},\{2,3\}}\rvert$ $\lvert(\mathbf{Z}_0)_{\{2\},\{2\}}\rvert+$ $\lvert\mathbf{MY}_{\{1,2,4\},\{1,2,3\}}\rvert\times$ $\lvert(\mathbf{Z}_0)_{\{1,2\},\{1,2\}}\rvert)$	—

续表

$$
\begin{aligned}
\mathrm{DS}=1&+|\mathbf{MY}_{\{1\},\{1\}}||(\mathbf{Z}_0)_{\{1\},\{1\}}|+|\mathbf{MY}_{\{2\},\{2\}}||(\mathbf{Z}_0)_{\{2\},\{2\}}|+|\mathbf{MY}_{\{3\},\{3\}}||(\mathbf{Z}_0)_{\{3\},\{3\}}|+\\
&|\mathbf{MY}_{\{4\},\{4\}}||(\mathbf{Z}_0)_{\{4\},\{4\}}|+|\mathbf{MY}_{\{1,2\},\{1,2\}}||(\mathbf{Z}_0)_{\{1,2\},\{1,2\}}|+|\mathbf{MY}_{\{1,3\},\{1,3\}}||(\mathbf{Z}_0)_{\{1,3\},\{1,3\}}|+\\
&|\mathbf{MY}_{\{1,4\},\{1,4\}}||(\mathbf{Z}_0)_{\{1,4\},\{1,4\}}|+|\mathbf{MY}_{\{2,3\},\{2,3\}}||(\mathbf{Z}_0)_{\{2,3\},\{2,3\}}|+|\mathbf{MY}_{\{2,4\},\{2,4\}}||(\mathbf{Z}_0)_{\{2,4\},\{2,4\}}|+\\
&|\mathbf{MY}_{\{3,4\},\{3,4\}}||(\mathbf{Z}_0)_{\{3,4\},\{3,4\}}|+|\mathbf{MY}_{\{1,2,3\},\{1,2,3\}}||(\mathbf{Z}_0)_{\{1,2,3\},\{1,2,3\}}|+\\
&|\mathbf{MY}_{\{1,2,4\},\{1,2,4\}}||(\mathbf{Z}_0)_{\{1,2,4\},\{1,2,4\}}|+|\mathbf{MY}_{\{1,3,4\},\{1,3,4\}}||(\mathbf{Z}_0)_{\{1,3,4\},\{1,3,4\}}|+\\
&|\mathbf{MY}_{\{2,3,4\},\{2,3,4\}}||(\mathbf{Z}_0)_{\{2,3,4\},\{2,3,4\}}|+|\mathbf{MY}_{\{1,2,3,4\},\{1,2,3,4\}}||(\mathbf{Z}_0)_{\{1,2,3,4\},\{1,2,3,4\}}|
\end{aligned}
$$

$$
\begin{aligned}
\mathrm{NS}_{11}=1&-|\mathbf{MY}_{\{1\},\{1\}}|Z_1^*+(|\mathbf{MY}_{\{2\},\{2\}}|-|\mathbf{MY}_{\{1,2\},\{1,2\}}|Z_1^*)|(\mathbf{Z}_0)_{\{2\},\{2\}}|+(|\mathbf{MY}_{\{3\},\{3\}}|-\\
&|\mathbf{MY}_{\{1,3\},\{1,3\}}|Z_1^*)\times|(\mathbf{Z}_0)_{\{3\},\{3\}}|+(|\mathbf{MY}_{\{4\},\{4\}}|-|\mathbf{MY}_{\{1,4\},\{1,4\}}|Z_1^*)|(\mathbf{Z}_0)_{\{4\},\{4\}}|+\\
&(|\mathbf{MY}_{\{2,3\},\{2,3\}}|-|\mathbf{MY}_{\{1,2,3\},\{1,2,3\}}|Z_1^*)|(\mathbf{Z}_0)_{\{2,3\},\{2,3\}}|+(|\mathbf{MY}_{\{2,4\},\{2,4\}}|-\\
&|\mathbf{MY}_{\{1,2,4\},\{1,2,4\}}|Z_1^*)|(\mathbf{Z}_0)_{\{2,4\},\{2,4\}}|+(|\mathbf{MY}_{\{3,4\},\{3,4\}}|-|\mathbf{MY}_{\{1,3,4\},\{1,3,4\}}|Z_1^*)|(\mathbf{Z}_0)_{\{3,4\},\{3,4\}}|+\\
&(|\mathbf{MY}_{\{2,3,4\},\{2,3,4\}}|-|\mathbf{MY}_{\{1,2,3,4\},\{1,2,3,4\}}|Z_1^*)|(\mathbf{Z}_0)_{\{2,3,4\},\{2,3,4\}}|
\end{aligned}
$$

$$
\begin{aligned}
\mathrm{NS}_{22}=1&-|\mathbf{MY}_{\{2\},\{2\}}|Z_2^*+(|\mathbf{MY}_{\{1\},\{1\}}|-|\mathbf{MY}_{\{1,2\},\{1,2\}}|Z_2^*)|(\mathbf{Z}_0)_{\{1\},\{1\}}|+(|\mathbf{MY}_{\{3\},\{3\}}|-\\
&|\mathbf{MY}_{\{2,3\},\{2,3\}}|Z_2^*)\times|(\mathbf{Z}_0)_{\{3\},\{3\}}|+(|\mathbf{MY}_{\{4\},\{4\}}|-|\mathbf{MY}_{\{2,4\},\{2,4\}}|Z_2^*)|(\mathbf{Z}_0)_{\{4\},\{4\}}|+\\
&(|\mathbf{MY}_{\{1,3\},\{1,3\}}|-|\mathbf{MY}_{\{1,2,3\},\{1,2,3\}}|Z_2^*)|(\mathbf{Z}_0)_{\{1,3\},\{1,3\}}|+(|\mathbf{MY}_{\{1,4\},\{1,4\}}|-\\
&|\mathbf{MY}_{\{1,2,4\},\{1,2,4\}}|Z_2^*)|(\mathbf{Z}_0)_{\{1,4\},\{1,4\}}|+(|\mathbf{MY}_{\{3,4\},\{3,4\}}|-|\mathbf{MY}_{\{2,3,4\},\{2,3,4\}}|Z_2^*)|(\mathbf{Z}_0)_{\{3,4\},\{3,4\}}|+\\
&(|\mathbf{MY}_{\{1,3,4\},\{1,3,4\}}|-|\mathbf{MY}_{\{1,2,3,4\},\{1,2,3,4\}}|Z_2^*)|(\mathbf{Z}_0)_{\{1,3,4\},\{1,3,4\}}|
\end{aligned}
$$

$$
\begin{aligned}
\mathrm{NS}_{33}=1&-|\mathbf{MY}_{\{3\},\{3\}}|Z_3^*+(|\mathbf{MY}_{\{1\},\{1\}}|-|\mathbf{MY}_{\{1,3\},\{1,3\}}|Z_3^*)|(\mathbf{Z}_0)_{\{1\},\{1\}}|+(|\mathbf{MY}_{\{2\},\{2\}}|-\\
&|\mathbf{MY}_{\{2,3\},\{2,3\}}|Z_3^*)\times|(\mathbf{Z}_0)_{\{2\},\{2\}}|+(|\mathbf{MY}_{\{4\},\{4\}}|-|\mathbf{MY}_{\{3,4\},\{3,4\}}|Z_3^*)|(\mathbf{Z}_0)_{\{4\},\{4\}}|+\\
&(|\mathbf{MY}_{\{1,2\},\{1,2\}}|-|\mathbf{MY}_{\{1,2,3\},\{1,2,3\}}|Z_3^*)|(\mathbf{Z}_0)_{\{1,2\},\{1,2\}}|+(|\mathbf{MY}_{\{1,4\},\{1,4\}}|-\\
&|\mathbf{MY}_{\{1,3,4\},\{1,3,4\}}|Z_3^*)|(\mathbf{Z}_0)_{\{1,4\},\{1,4\}}|+(|\mathbf{MY}_{\{2,4\},\{2,4\}}|-|\mathbf{MY}_{\{2,3,4\},\{2,3,4\}}|Z_3^*)|(\mathbf{Z}_0)_{\{2,4\},\{2,4\}}|+\\
&(|\mathbf{MY}_{\{1,2,4\},\{1,2,4\}}|-|\mathbf{MY}_{\{1,2,3,4\},\{1,2,3,4\}}|Z_3^*)|(\mathbf{Z}_0)_{\{1,2,4\},\{1,2,4\}}|
\end{aligned}
$$

$$
\begin{aligned}
\mathrm{NS}_{44}=1&-|\mathbf{MY}_{\{4\},\{4\}}|Z_4^*+(|\mathbf{MY}_{\{1\},\{1\}}|-|\mathbf{MY}_{\{1,4\},\{1,4\}}|Z_4^*)|(\mathbf{Z}_0)_{\{1\},\{1\}}|+(|\mathbf{MY}_{\{2\},\{2\}}|-\\
&|\mathbf{MY}_{\{2,4\},\{2,4\}}|Z_4^*)\times|(\mathbf{Z}_0)_{\{2\},\{2\}}|+(|\mathbf{MY}_{\{3\},\{3\}}|-|\mathbf{MY}_{\{3,4\},\{3,4\}}|Z_4^*)|(\mathbf{Z}_0)_{\{3\},\{3\}}|+\\
&(|\mathbf{MY}_{\{1,2\},\{1,2\}}|-|\mathbf{MY}_{\{1,2,4\},\{1,2,4\}}|Z_4^*)|(\mathbf{Z}_0)_{\{1,2\},\{1,2\}}|+(|\mathbf{MY}_{\{1,3\},\{1,3\}}|-\\
&|\mathbf{MY}_{\{1,3,4\},\{1,3,4\}}|Z_4^*)|(\mathbf{Z}_0)_{\{1,3\},\{1,3\}}|+(|\mathbf{MY}_{\{2,3\},\{2,3\}}|-|\mathbf{MY}_{\{2,3,4\},\{2,3,4\}}|Z_4^*)|(\mathbf{Z}_0)_{\{2,3\},\{2,3\}}|+\\
&(|\mathbf{MY}_{\{1,2,3\},\{1,2,3\}}|-|\mathbf{MY}_{\{1,2,3,4\},\{1,2,3,4\}}|Z_4^*)|(\mathbf{Z}_0)_{\{1,2,3\},\{1,2,3\}}|
\end{aligned}
$$

表 3-14　五端口网络 Y 参数转换成 S 参数的简化公式

NS_{ij}	1	2
1	—	$-2R_1\sqrt{\left\lvert\frac{R_2}{R_1}\right\rvert}(\lvert\mathbf{MY}_{\{1\},\{2\}}\rvert+$ $\lvert\mathbf{MY}_{\{3,1\},\{3,2\}}\rvert\lvert(\mathbf{Z}_0)_{\{3\},\{3\}}\rvert+$ $\lvert\mathbf{MY}_{\{4,1\},\{4,2\}}\rvert\lvert(\mathbf{Z}_0)_{\{4\},\{4\}}\rvert+$ $\lvert\mathbf{MY}_{\{5,1\},\{5,2\}}\rvert\lvert(\mathbf{Z}_0)_{\{5\},\{5\}}\rvert+$ $\lvert\mathbf{MY}_{\{3,4,1\},\{3,4,2\}}\rvert\lvert(\mathbf{Z}_0)_{\{3,4\},\{3,4\}}\rvert+$ $\lvert\mathbf{MY}_{\{3,5,1\},\{3,5,2\}}\rvert\lvert(\mathbf{Z}_0)_{\{3,5\},\{3,5\}}\rvert+$ $\lvert\mathbf{MY}_{\{4,5,1\},\{4,5,2\}}\rvert\lvert(\mathbf{Z}_0)_{\{4,5\},\{4,5\}}\rvert+$ $\lvert\mathbf{MY}_{\{3,4,5,1\},\{3,4,5,2\}}\rvert\lvert(\mathbf{Z}_0)_{\{3,4,5\},\{3,4,5\}}\rvert)$
2	$-2R_2\sqrt{\left\lvert\frac{R_1}{R_2}\right\rvert}(\lvert\mathbf{MY}_{\{2\},\{1\}}\rvert+$ $\lvert\mathbf{MY}_{\{3,2\},\{3,1\}}\rvert\lvert(\mathbf{Z}_0)_{\{3\},\{3\}}\rvert+$ $\lvert\mathbf{MY}_{\{4,2\},\{4,1\}}\rvert\lvert(\mathbf{Z}_0)_{\{4\},\{4\}}\rvert+$ $\lvert\mathbf{MY}_{\{5,2\},\{5,1\}}\rvert\lvert(\mathbf{Z}_0)_{\{5\},\{5\}}\rvert+$ $\lvert\mathbf{MY}_{\{3,4,2\},\{3,4,1\}}\rvert\lvert(\mathbf{Z}_0)_{\{3,4\},\{3,4\}}\rvert+$ $\lvert\mathbf{MY}_{\{3,5,2\},\{3,5,1\}}\rvert\lvert(\mathbf{Z}_0)_{\{3,5\},\{3,5\}}\rvert+$ $\lvert\mathbf{MY}_{\{4,5,2\},\{4,5,1\}}\rvert\lvert(\mathbf{Z}_0)_{\{4,5\},\{4,5\}}\rvert+$ $\lvert\mathbf{MY}_{\{3,4,5,2\},\{3,4,5,1\}}\rvert\lvert(\mathbf{Z}_0)_{\{3,4,5\},\{3,4,5\}}\rvert)$	—
3	$-2R_3\sqrt{\left\lvert\frac{R_1}{R_3}\right\rvert}(\lvert\mathbf{MY}_{\{3\},\{1\}}\rvert+$ $\lvert\mathbf{MY}_{\{2,3\},\{2,1\}}\rvert\lvert(\mathbf{Z}_0)_{\{2\},\{2\}}\rvert+$ $\lvert\mathbf{MY}_{\{4,3\},\{4,1\}}\rvert\lvert(\mathbf{Z}_0)_{\{4\},\{4\}}\rvert+$ $\lvert\mathbf{MY}_{\{5,3\},\{5,1\}}\rvert\lvert(\mathbf{Z}_0)_{\{5\},\{5\}}\rvert+$ $\lvert\mathbf{MY}_{\{2,4,3\},\{2,4,1\}}\rvert\lvert(\mathbf{Z}_0)_{\{2,4\},\{2,4\}}\rvert+$ $\lvert\mathbf{MY}_{\{2,5,3\},\{2,5,1\}}\rvert\lvert(\mathbf{Z}_0)_{\{2,5\},\{2,5\}}\rvert+$ $\lvert\mathbf{MY}_{\{4,5,3\},\{4,5,1\}}\rvert\lvert(\mathbf{Z}_0)_{\{4,5\},\{4,5\}}\rvert+$ $\lvert\mathbf{MY}_{\{2,4,5,3\},\{2,4,5,1\}}\rvert\lvert(\mathbf{Z}_0)_{\{2,4,5\},\{2,4,5\}}\rvert)$	$-2R_3\sqrt{\left\lvert\frac{R_2}{R_3}\right\rvert}(\lvert\mathbf{MY}_{\{3\},\{2\}}\rvert+$ $\lvert\mathbf{MY}_{\{1,3\},\{1,2\}}\rvert\lvert(\mathbf{Z}_0)_{\{1\},\{1\}}\rvert+$ $\lvert\mathbf{MY}_{\{4,3\},\{4,2\}}\rvert\lvert(\mathbf{Z}_0)_{\{4\},\{4\}}\rvert+$ $\lvert\mathbf{MY}_{\{5,3\},\{5,2\}}\rvert\lvert(\mathbf{Z}_0)_{\{5\},\{5\}}\rvert+$ $\lvert\mathbf{MY}_{\{1,4,3\},\{1,4,2\}}\rvert\lvert(\mathbf{Z}_0)_{\{1,4\},\{1,4\}}\rvert+$ $\lvert\mathbf{MY}_{\{1,5,3\},\{1,5,2\}}\rvert\lvert(\mathbf{Z}_0)_{\{1,5\},\{1,5\}}\rvert+$ $\lvert\mathbf{MY}_{\{4,5,3\},\{4,5,2\}}\rvert\lvert(\mathbf{Z}_0)_{\{4,5\},\{4,5\}}\rvert+$ $\lvert\mathbf{MY}_{\{1,4,5,3\},\{1,4,5,2\}}\rvert\lvert(\mathbf{Z}_0)_{\{1,4,5\},\{1,4,5\}}\rvert)$
4	$-2R_4\sqrt{\left\lvert\frac{R_1}{R_4}\right\rvert}(\lvert\mathbf{MY}_{\{4\},\{1\}}\rvert+$ $\lvert\mathbf{MY}_{\{2,4\},\{2,1\}}\rvert\lvert(\mathbf{Z}_0)_{\{2\},\{2\}}\rvert+$ $\lvert\mathbf{MY}_{\{3,4\},\{3,1\}}\rvert\lvert(\mathbf{Z}_0)_{\{3\},\{3\}}\rvert+$ $\lvert\mathbf{MY}_{\{5,4\},\{5,1\}}\rvert\lvert(\mathbf{Z}_0)_{\{5\},\{5\}}\rvert+$ $\lvert\mathbf{MY}_{\{2,3,4\},\{2,3,1\}}\rvert\lvert(\mathbf{Z}_0)_{\{2,3\},\{2,3\}}\rvert+$ $\lvert\mathbf{MY}_{\{2,5,4\},\{2,5,1\}}\rvert\lvert(\mathbf{Z}_0)_{\{2,5\},\{2,5\}}\rvert+$ $\lvert\mathbf{MY}_{\{3,5,4\},\{3,5,1\}}\rvert\lvert(\mathbf{Z}_0)_{\{3,5\},\{3,5\}}\rvert+$ $\lvert\mathbf{MY}_{\{2,3,5,4\},\{2,3,5,1\}}\rvert\lvert(\mathbf{Z}_0)_{\{2,3,5\},\{2,3,5\}}\rvert)$	$-2R_4\sqrt{\left\lvert\frac{R_2}{R_4}\right\rvert}(\lvert\mathbf{MY}_{\{4\},\{2\}}\rvert+$ $\lvert\mathbf{MY}_{\{1,4\},\{1,2\}}\rvert\lvert(\mathbf{Z}_0)_{\{1\},\{1\}}\rvert+$ $\lvert\mathbf{MY}_{\{3,4\},\{3,2\}}\rvert\lvert(\mathbf{Z}_0)_{\{3\},\{3\}}\rvert+$ $\lvert\mathbf{MY}_{\{5,4\},\{5,2\}}\rvert\lvert(\mathbf{Z}_0)_{\{5\},\{5\}}\rvert+$ $\lvert\mathbf{MY}_{\{1,3,4\},\{1,3,2\}}\rvert\lvert(\mathbf{Z}_0)_{\{1,3\},\{1,3\}}\rvert+$ $\lvert\mathbf{MY}_{\{1,5,4\},\{1,5,2\}}\rvert\lvert(\mathbf{Z}_0)_{\{1,5\},\{1,5\}}\rvert+$ $\lvert\mathbf{MY}_{\{3,5,4\},\{3,5,2\}}\rvert\lvert(\mathbf{Z}_0)_{\{3,5\},\{3,5\}}\rvert+$ $\lvert\mathbf{MY}_{\{1,3,5,4\},\{1,3,5,2\}}\rvert\lvert(\mathbf{Z}_0)_{\{1,3,5\},\{1,3,5\}}\rvert)$

续表

NS_{ij}	1	2
5	$-2R_5\sqrt{\left\lvert\frac{R_1}{R_5}\right\rvert}(\lvert\mathbf{MY}_{\{5\},\{1\}}\rvert+$ $\lvert\mathbf{MY}_{\{2,5\},\{2,1\}}\rvert\lvert(\mathbf{Z}_0)_{\{2\},\{2\}}\rvert+$ $\lvert\mathbf{MY}_{\{3,5\},\{3,1\}}\rvert\lvert(\mathbf{Z}_0)_{\{3\},\{3\}}\rvert+$ $\lvert\mathbf{MY}_{\{4,5\},\{4,1\}}\rvert\lvert(\mathbf{Z}_0)_{\{4\},\{4\}}\rvert+$ $\lvert\mathbf{MY}_{\{2,3,5\},\{2,3,1\}}\rvert\lvert(\mathbf{Z}_0)_{\{2,3\},\{2,3\}}\rvert+$ $\lvert\mathbf{MY}_{\{2,4,5\},\{2,4,1\}}\rvert\lvert(\mathbf{Z}_0)_{\{2,4\},\{2,4\}}\rvert+$ $\lvert\mathbf{MY}_{\{3,4,5\},\{3,4,1\}}\rvert\lvert(\mathbf{Z}_0)_{\{3,4\},\{3,4\}}\rvert+$ $\lvert\mathbf{MY}_{\{2,3,4,5\},\{2,3,4,1\}}\rvert\lvert(\mathbf{Z}_0)_{\{2,3,4\},\{2,3,4\}}\rvert)$	$-2R_5\sqrt{\left\lvert\frac{R_2}{R_5}\right\rvert}(\lvert\mathbf{MY}_{\{5\},\{2\}}\rvert+$ $\lvert\mathbf{MY}_{\{1,5\},\{1,2\}}\rvert\lvert(\mathbf{Z}_0)_{\{1\},\{1\}}\rvert+$ $\lvert\mathbf{MY}_{\{3,5\},\{3,2\}}\rvert\lvert(\mathbf{Z}_0)_{\{3\},\{3\}}\rvert+$ $\lvert\mathbf{MY}_{\{4,5\},\{4,2\}}\rvert\lvert(\mathbf{Z}_0)_{\{4\},\{4\}}\rvert+$ $\lvert\mathbf{MY}_{\{1,3,5\},\{1,3,2\}}\rvert\lvert(\mathbf{Z}_0)_{\{1,3\},\{1,3\}}\rvert+$ $\lvert\mathbf{MY}_{\{1,4,5\},\{1,4,2\}}\rvert\lvert(\mathbf{Z}_0)_{\{1,4\},\{1,4\}}\rvert+$ $\lvert\mathbf{MY}_{\{3,4,5\},\{3,4,2\}}\rvert\lvert(\mathbf{Z}_0)_{\{3,4\},\{3,4\}}\rvert+$ $\lvert\mathbf{MY}_{\{1,3,4,5\},\{1,3,4,2\}}\rvert\lvert(\mathbf{Z}_0)_{\{1,3,4\},\{1,3,4\}}\rvert)$

NS_{ij}	3	4	5
1	$-2R_1\sqrt{\left\lvert\frac{R_3}{R_1}\right\rvert}(\lvert\mathbf{MY}_{\{1\},\{3\}}\rvert+$ $\lvert\mathbf{MY}_{\{2,1\},\{2,3\}}\rvert\lvert(\mathbf{Z}_0)_{\{2\},\{2\}}\rvert+$ $\lvert\mathbf{MY}_{\{4,1\},\{4,3\}}\rvert\lvert(\mathbf{Z}_0)_{\{4\},\{4\}}\rvert+$ $\lvert\mathbf{MY}_{\{5,1\},\{5,3\}}\rvert\lvert(\mathbf{Z}_0)_{\{5\},\{5\}}\rvert+$ $\lvert\mathbf{MY}_{\{2,4,1\},\{2,4,3\}}\rvert$ $\lvert(\mathbf{Z}_0)_{\{2,4\},\{2,4\}}\rvert+$ $\lvert\mathbf{MY}_{\{2,5,1\},\{2,5,3\}}\rvert$ $\lvert(\mathbf{Z}_0)_{\{2,5\},\{2,5\}}\rvert+$ $\lvert\mathbf{MY}_{\{4,5,1\},\{4,5,3\}}\rvert$ $\lvert(\mathbf{Z}_0)_{\{4,5\},\{4,5\}}\rvert+$ $\lvert\mathbf{MY}_{\{2,4,5,1\},\{2,4,5,3\}}\rvert$ $\lvert(\mathbf{Z}_0)_{\{2,4,5\},\{2,4,5\}}\rvert)$	$-2R_1\sqrt{\left\lvert\frac{R_4}{R_1}\right\rvert}(\lvert\mathbf{MY}_{\{1\},\{4\}}\rvert+$ $\lvert\mathbf{MY}_{\{2,1\},\{2,4\}}\rvert\lvert(\mathbf{Z}_0)_{\{2\},\{2\}}\rvert+$ $\lvert\mathbf{MY}_{\{3,1\},\{3,4\}}\rvert\lvert(\mathbf{Z}_0)_{\{3\},\{3\}}\rvert+$ $\lvert\mathbf{MY}_{\{5,1\},\{5,4\}}\rvert\lvert(\mathbf{Z}_0)_{\{5\},\{5\}}\rvert+$ $\lvert\mathbf{MY}_{\{2,3,1\},\{2,3,4\}}\rvert$ $\lvert(\mathbf{Z}_0)_{\{2,3\},\{2,3\}}\rvert+$ $\lvert\mathbf{MY}_{\{2,5,1\},\{2,5,4\}}\rvert$ $\lvert(\mathbf{Z}_0)_{\{2,5\},\{2,5\}}\rvert+$ $\lvert\mathbf{MY}_{\{3,5,1\},\{3,5,4\}}\rvert$ $\lvert(\mathbf{Z}_0)_{\{3,5\},\{3,5\}}\rvert+$ $\lvert\mathbf{MY}_{\{2,3,5,1\},\{2,3,5,4\}}\rvert$ $\lvert(\mathbf{Z}_0)_{\{2,3,5\},\{2,3,5\}}\rvert)$	$-2R_1\sqrt{\left\lvert\frac{R_5}{R_1}\right\rvert}(\lvert\mathbf{MY}_{\{1\},\{5\}}\rvert+$ $\lvert\mathbf{MY}_{\{2,1\},\{2,5\}}\rvert\lvert(\mathbf{Z}_0)_{\{2\},\{2\}}\rvert+$ $\lvert\mathbf{MY}_{\{3,1\},\{3,5\}}\rvert\lvert(\mathbf{Z}_0)_{\{3\},\{3\}}\rvert+$ $\lvert\mathbf{MY}_{\{4,1\},\{4,5\}}\rvert\lvert(\mathbf{Z}_0)_{\{4\},\{4\}}\rvert+$ $\lvert\mathbf{MY}_{\{2,3,1\},\{2,3,5\}}\rvert$ $\lvert(\mathbf{Z}_0)_{\{2,3\},\{2,3\}}\rvert+$ $\lvert\mathbf{MY}_{\{2,4,1\},\{2,4,5\}}\rvert$ $\lvert(\mathbf{Z}_0)_{\{2,4\},\{2,4\}}\rvert+$ $\lvert\mathbf{MY}_{\{3,4,1\},\{3,4,5\}}\rvert$ $\lvert(\mathbf{Z}_0)_{\{3,4\},\{3,4\}}\rvert+$ $\lvert\mathbf{MY}_{\{2,3,4,1\},\{2,3,4,5\}}\rvert$ $\lvert(\mathbf{Z}_0)_{\{2,3,4\},\{2,3,4\}}\rvert)$
2	$-2R_2\sqrt{\left\lvert\frac{R_3}{R_2}\right\rvert}(\lvert\mathbf{MY}_{\{2\},\{3\}}\rvert+$ $\lvert\mathbf{MY}_{\{1,2\},\{1,3\}}\rvert\lvert(\mathbf{Z}_0)_{\{1\},\{1\}}\rvert+$ $\lvert\mathbf{MY}_{\{4,2\},\{4,3\}}\rvert\lvert(\mathbf{Z}_0)_{\{4\},\{4\}}\rvert+$ $\lvert\mathbf{MY}_{\{5,2\},\{5,3\}}\rvert\lvert(\mathbf{Z}_0)_{\{5\},\{5\}}\rvert+$ $\lvert\mathbf{MY}_{\{1,4,2\},\{1,4,3\}}\rvert$ $\lvert(\mathbf{Z}_0)_{\{1,4\},\{1,4\}}\rvert+$ $\lvert\mathbf{MY}_{\{1,5,2\},\{1,5,3\}}\rvert$ $\lvert(\mathbf{Z}_0)_{\{1,5\},\{1,5\}}\rvert+$ $\lvert\mathbf{MY}_{\{4,5,2\},\{4,5,3\}}\rvert$ $\lvert(\mathbf{Z}_0)_{\{4,5\},\{4,5\}}\rvert+$ $\lvert\mathbf{MY}_{\{1,4,5,2\},\{1,4,5,3\}}\rvert$ $\lvert(\mathbf{Z}_0)_{\{1,4,5\},\{1,4,5\}}\rvert)$	$-2R_2\sqrt{\left\lvert\frac{R_4}{R_2}\right\rvert}(\lvert\mathbf{MY}_{\{2\},\{4\}}\rvert+$ $\lvert\mathbf{MY}_{\{1,2\},\{1,4\}}\rvert\lvert(\mathbf{Z}_0)_{\{1\},\{1\}}\rvert+$ $\lvert\mathbf{MY}_{\{3,2\},\{3,4\}}\rvert\lvert(\mathbf{Z}_0)_{\{3\},\{3\}}\rvert+$ $\lvert\mathbf{MY}_{\{5,2\},\{5,4\}}\rvert\lvert(\mathbf{Z}_0)_{\{5\},\{5\}}\rvert+$ $\lvert\mathbf{MY}_{\{1,3,2\},\{1,3,4\}}\rvert$ $\lvert(\mathbf{Z}_0)_{\{1,3\},\{1,3\}}\rvert+$ $\lvert\mathbf{MY}_{\{1,5,2\},\{1,5,4\}}\rvert$ $\lvert(\mathbf{Z}_0)_{\{1,5\},\{1,5\}}\rvert+$ $\lvert\mathbf{MY}_{\{3,5,2\},\{3,5,4\}}\rvert$ $\lvert(\mathbf{Z}_0)_{\{3,5\},\{3,5\}}\rvert+$ $\lvert\mathbf{MY}_{\{1,3,5,2\},\{1,3,5,4\}}\rvert$ $\lvert(\mathbf{Z}_0)_{\{1,3,5\},\{1,3,5\}}\rvert)$	$-2R_2\sqrt{\left\lvert\frac{R_5}{R_2}\right\rvert}(\lvert\mathbf{MY}_{\{2\},\{5\}}\rvert+$ $\lvert\mathbf{MY}_{\{1,2\},\{1,5\}}\rvert\lvert(\mathbf{Z}_0)_{\{1\},\{1\}}\rvert+$ $\lvert\mathbf{MY}_{\{3,2\},\{3,5\}}\rvert\lvert(\mathbf{Z}_0)_{\{3\},\{3\}}\rvert+$ $\lvert\mathbf{MY}_{\{4,2\},\{4,5\}}\rvert\lvert(\mathbf{Z}_0)_{\{4\},\{4\}}\rvert+$ $\lvert\mathbf{MY}_{\{1,3,2\},\{1,3,5\}}\rvert$ $\lvert(\mathbf{Z}_0)_{\{1,3\},\{1,3\}}\rvert+$ $\lvert\mathbf{MY}_{\{1,4,2\},\{1,4,5\}}\rvert$ $\lvert(\mathbf{Z}_0)_{\{1,4\},\{1,4\}}\rvert+$ $\lvert\mathbf{MY}_{\{3,4,2\},\{3,4,5\}}\rvert$ $\lvert(\mathbf{Z}_0)_{\{3,4\},\{3,4\}}\rvert+$ $\lvert\mathbf{MY}_{\{1,3,4,2\},\{1,3,4,5\}}\rvert$ $\lvert(\mathbf{Z}_0)_{\{1,3,4\},\{1,3,4\}}\rvert)$

续表

NS_{ij}	3	4	5
3	—	$-2R_3\sqrt{\left\vert\frac{R_4}{R_3}\right\vert}(\vert\mathbf{MY}_{\{3\},\{4\}}\vert+\vert\mathbf{MY}_{\{1,3\},\{1,4\}}\vert\vert(\mathbf{Z}_0)_{\{1\},\{1\}}\vert+\vert\mathbf{MY}_{\{2,3\},\{2,4\}}\vert\vert(\mathbf{Z}_0)_{\{2\},\{2\}}\vert+\vert\mathbf{MY}_{\{5,3\},\{5,4\}}\vert\vert(\mathbf{Z}_0)_{\{5\},\{5\}}\vert+\vert\mathbf{MY}_{\{1,2,3\},\{1,2,4\}}\vert\vert(\mathbf{Z}_0)_{\{1,2\},\{1,2\}}\vert+\vert\mathbf{MY}_{\{1,5,3\},\{1,5,4\}}\vert\vert(\mathbf{Z}_0)_{\{1,5\},\{1,5\}}\vert+\vert\mathbf{MY}_{\{2,5,3\},\{2,5,4\}}\vert\vert(\mathbf{Z}_0)_{\{2,5\},\{2,5\}}\vert+\vert\mathbf{MY}_{\{1,2,5,3\},\{1,2,5,4\}}\vert\vert(\mathbf{Z}_0)_{\{1,2,5\},\{1,2,5\}}\vert)$	$-2R_3\sqrt{\left\vert\frac{R_5}{R_3}\right\vert}(\vert\mathbf{MY}_{\{3\},\{5\}}\vert+\vert\mathbf{MY}_{\{1,3\},\{1,5\}}\vert\vert(\mathbf{Z}_0)_{\{1\},\{1\}}\vert+\vert\mathbf{MY}_{\{2,3\},\{2,5\}}\vert\vert(\mathbf{Z}_0)_{\{2\},\{2\}}\vert+\vert\mathbf{MY}_{\{4,3\},\{4,5\}}\vert\vert(\mathbf{Z}_0)_{\{4\},\{4\}}\vert+\vert\mathbf{MY}_{\{1,2,3\},\{1,2,5\}}\vert\vert(\mathbf{Z}_0)_{\{1,2\},\{1,2\}}\vert+\vert\mathbf{MY}_{\{1,4,3\},\{1,4,5\}}\vert\vert(\mathbf{Z}_0)_{\{1,4\},\{1,4\}}\vert+\vert\mathbf{MY}_{\{2,4,3\},\{2,4,5\}}\vert\vert(\mathbf{Z}_0)_{\{2,4\},\{2,4\}}\vert+\vert\mathbf{MY}_{\{1,2,4,3\},\{1,2,4,5\}}\vert\vert(\mathbf{Z}_0)_{\{1,2,4\},\{1,2,4\}}\vert)$
4	$-2R_4\sqrt{\left\vert\frac{R_3}{R_4}\right\vert}(\vert\mathbf{MY}_{\{4\},\{3\}}\vert+\vert\mathbf{MY}_{\{1,4\},\{1,3\}}\vert\vert(\mathbf{Z}_0)_{\{1\},\{1\}}\vert+\vert\mathbf{MY}_{\{2,4\},\{2,3\}}\vert\vert(\mathbf{Z}_0)_{\{2\},\{2\}}\vert+\vert\mathbf{MY}_{\{5,4\},\{5,3\}}\vert\vert(\mathbf{Z}_0)_{\{5\},\{5\}}\vert+\vert\mathbf{MY}_{\{1,2,4\},\{1,2,3\}}\vert\vert(\mathbf{Z}_0)_{\{1,2\},\{1,2\}}\vert+\vert\mathbf{MY}_{\{1,5,4\},\{1,5,3\}}\vert\vert(\mathbf{Z}_0)_{\{1,5\},\{1,5\}}\vert+\vert\mathbf{MY}_{\{2,5,4\},\{2,5,3\}}\vert\vert(\mathbf{Z}_0)_{\{2,5\},\{2,5\}}\vert+\vert\mathbf{MY}_{\{1,2,5,4\},\{1,2,5,3\}}\vert\vert(\mathbf{Z}_0)_{\{1,2,5\},\{1,2,5\}}\vert)$	—	$-2R_4\sqrt{\left\vert\frac{R_5}{R_4}\right\vert}(\vert\mathbf{MY}_{\{4\},\{5\}}\vert+\vert\mathbf{MY}_{\{1,4\},\{1,5\}}\vert\vert(\mathbf{Z}_0)_{\{1\},\{1\}}\vert+\vert\mathbf{MY}_{\{2,4\},\{2,5\}}\vert\vert(\mathbf{Z}_0)_{\{2\},\{2\}}\vert+\vert\mathbf{MY}_{\{3,4\},\{3,5\}}\vert\vert(\mathbf{Z}_0)_{\{3\},\{3\}}\vert+\vert\mathbf{MY}_{\{1,2,4\},\{1,2,5\}}\vert\vert(\mathbf{Z}_0)_{\{1,2\},\{1,2\}}\vert+\vert\mathbf{MY}_{\{1,3,4\},\{1,3,5\}}\vert\vert(\mathbf{Z}_0)_{\{1,3\},\{1,3\}}\vert+\vert\mathbf{MY}_{\{2,3,4\},\{2,3,5\}}\vert\vert(\mathbf{Z}_0)_{\{2,3\},\{2,3\}}\vert+\vert\mathbf{MY}_{\{1,2,3,4\},\{1,2,3,5\}}\vert\vert(\mathbf{Z}_0)_{\{1,2,3\},\{1,2,3\}}\vert)$
5	$-2R_5\sqrt{\left\vert\frac{R_3}{R_5}\right\vert}(\vert\mathbf{MY}_{\{5\},\{3\}}\vert+\vert\mathbf{MY}_{\{1,5\},\{1,3\}}\vert\vert(\mathbf{Z}_0)_{\{1\},\{1\}}\vert+\vert\mathbf{MY}_{\{2,5\},\{2,3\}}\vert\vert(\mathbf{Z}_0)_{\{2\},\{2\}}\vert+\vert\mathbf{MY}_{\{4,5\},\{4,3\}}\vert\vert(\mathbf{Z}_0)_{\{4\},\{4\}}\vert+\vert\mathbf{MY}_{\{1,2,5\},\{1,2,3\}}\vert\vert(\mathbf{Z}_0)_{\{1,2\},\{1,2\}}\vert+\vert\mathbf{MY}_{\{1,4,5\},\{1,4,3\}}\vert\vert(\mathbf{Z}_0)_{\{1,4\},\{1,4\}}\vert+\vert\mathbf{MY}_{\{2,4,5\},\{2,4,3\}}\vert\vert(\mathbf{Z}_0)_{\{2,4\},\{2,4\}}\vert+\vert\mathbf{MY}_{\{1,2,4,5\},\{1,2,4,3\}}\vert\vert(\mathbf{Z}_0)_{\{1,2,4\},\{1,2,4\}}\vert)$	$-2R_5\sqrt{\left\vert\frac{R_4}{R_5}\right\vert}(\vert\mathbf{MY}_{\{5\},\{4\}}\vert+\vert\mathbf{MY}_{\{1,5\},\{1,4\}}\vert\vert(\mathbf{Z}_0)_{\{1\},\{1\}}\vert+\vert\mathbf{MY}_{\{2,5\},\{2,4\}}\vert\vert(\mathbf{Z}_0)_{\{2\},\{2\}}\vert+\vert\mathbf{MY}_{\{3,5\},\{3,4\}}\vert\vert(\mathbf{Z}_0)_{\{3\},\{3\}}\vert+\vert\mathbf{MY}_{\{1,2,5\},\{1,2,4\}}\vert\vert(\mathbf{Z}_0)_{\{1,2\},\{1,2\}}\vert+\vert\mathbf{MY}_{\{1,3,5\},\{1,3,4\}}\vert\vert(\mathbf{Z}_0)_{\{1,3\},\{1,3\}}\vert+\vert\mathbf{MY}_{\{2,3,5\},\{2,3,4\}}\vert\vert(\mathbf{Z}_0)_{\{2,3\},\{2,3\}}\vert+\vert\mathbf{MY}_{\{1,2,3,5\},\{1,2,3,4\}}\vert\vert(\mathbf{Z}_0)_{\{1,2,3\},\{1,2,3\}}\vert)$	—

续表

$$
\begin{aligned}
\mathrm{DS}=1&+|\mathbf{MY}_{\{1\},\{1\}}||(\mathbf{Z}_0)_{\{1\},\{1\}}|+|\mathbf{MY}_{\{2\},\{2\}}||(\mathbf{Z}_0)_{\{2\},\{2\}}|+|\mathbf{MY}_{\{3\},\{3\}}||(\mathbf{Z}_0)_{\{3\},\{3\}}|+\\
&|\mathbf{MY}_{\{4\},\{4\}}||(\mathbf{Z}_0)_{\{4\},\{4\}}|+|\mathbf{MY}_{\{5\},\{5\}}||(\mathbf{Z}_0)_{\{5\},\{5\}}|+|\mathbf{MY}_{\{1,2\},\{1,2\}}||(\mathbf{Z}_0)_{\{1,2\},\{1,2\}}|+\\
&|\mathbf{MY}_{\{1,3\},\{1,3\}}||(\mathbf{Z}_0)_{\{1,3\},\{1,3\}}|+|\mathbf{MY}_{\{1,4\},\{1,4\}}||(\mathbf{Z}_0)_{\{1,4\},\{1,4\}}|+|\mathbf{MY}_{\{1,5\},\{1,5\}}||(\mathbf{Z}_0)_{\{1,5\},\{1,5\}}|+\\
&|\mathbf{MY}_{\{2,3\},\{2,3\}}||(\mathbf{Z}_0)_{\{2,3\},\{2,3\}}|+|\mathbf{MY}_{\{2,4\},\{2,4\}}||(\mathbf{Z}_0)_{\{2,4\},\{2,4\}}|+|\mathbf{MY}_{\{2,5\},\{2,5\}}|\times\\
&|(\mathbf{Z}_0)_{\{2,5\},\{2,5\}}|+|\mathbf{MY}_{\{3,4\},\{3,4\}}||(\mathbf{Z}_0)_{\{3,4\},\{3,4\}}|+|\mathbf{MY}_{\{3,5\},\{3,5\}}||(\mathbf{Z}_0)_{\{3,5\},\{3,5\}}|+\\
&|\mathbf{MY}_{\{4,5\},\{4,5\}}||(\mathbf{Z}_0)_{\{4,5\},\{4,5\}}|+|\mathbf{MY}_{\{1,2,3\},\{1,2,3\}}||(\mathbf{Z}_0)_{\{1,2,3\},\{1,2,3\}}|+\\
&|\mathbf{MY}_{\{1,2,4\},\{1,2,4\}}||(\mathbf{Z}_0)_{\{1,2,4\},\{1,2,4\}}|+|\mathbf{MY}_{\{1,2,5\},\{1,2,5\}}||(\mathbf{Z}_0)_{\{1,2,5\},\{1,2,5\}}|+\\
&|\mathbf{MY}_{\{1,3,4\},\{1,3,4\}}||(\mathbf{Z}_0)_{\{1,3,4\},\{1,3,4\}}|+|\mathbf{MY}_{\{1,3,5\},\{1,3,5\}}||(\mathbf{Z}_0)_{\{1,3,5\},\{1,3,5\}}|+\\
&|\mathbf{MY}_{\{1,4,5\},\{1,4,5\}}||(\mathbf{Z}_0)_{\{1,4,5\},\{1,4,5\}}|+|\mathbf{MY}_{\{2,3,4\},\{2,3,4\}}||(\mathbf{Z}_0)_{\{2,3,4\},\{2,3,4\}}|+\\
&|\mathbf{MY}_{\{2,3,5\},\{2,3,5\}}||(\mathbf{Z}_0)_{\{2,3,5\},\{2,3,5\}}|+|\mathbf{MY}_{\{2,4,5\},\{2,4,5\}}||(\mathbf{Z}_0)_{\{2,4,5\},\{2,4,5\}}|+\\
&|\mathbf{MY}_{\{3,4,5\},\{3,4,5\}}||(\mathbf{Z}_0)_{\{3,4,5\},\{3,4,5\}}|+|\mathbf{MY}_{\{1,2,3,4\},\{1,2,3,4\}}||(\mathbf{Z}_0)_{\{1,2,3,4\},\{1,2,3,4\}}|+\\
&|\mathbf{MY}_{\{1,2,3,5\},\{1,2,3,5\}}|\times|(\mathbf{Z}_0)_{\{1,2,3,5\},\{1,2,3,5\}}|+|\mathbf{MY}_{\{1,2,4,5\},\{1,2,4,5\}}||(\mathbf{Z}_0)_{\{1,2,4,5\},\{1,2,4,5\}}|+\\
&|\mathbf{MY}_{\{1,3,4,5\},\{1,3,4,5\}}||(\mathbf{Z}_0)_{\{1,3,4,5\},\{1,3,4,5\}}|+|\mathbf{MY}_{\{2,3,4,5\},\{2,3,4,5\}}||(\mathbf{Z}_0)_{\{2,3,4,5\},\{2,3,4,5\}}|+\\
&|\mathbf{MY}_{\{1,2,3,4,5\},\{1,2,3,4,5\}}||(\mathbf{Z}_0)_{\{1,2,3,4,5\},\{1,2,3,4,5\}}|
\end{aligned}
$$

$$
\begin{aligned}
\mathrm{NS}_{11}=1&-|\mathbf{MY}_{\{1\},\{1\}}|Z_1^*+(|\mathbf{MY}_{\{2\},\{2\}}|-|\mathbf{MY}_{\{1,2\},\{1,2\}}|Z_1^*)|(\mathbf{Z}_0)_{\{2\},\{2\}}|+(|\mathbf{MY}_{\{3\},\{3\}}|-\\
&|\mathbf{MY}_{\{1,3\},\{1,3\}}|Z_1^*)\times|(\mathbf{Z}_0)_{\{3\},\{3\}}|+(|\mathbf{MY}_{\{4\},\{4\}}|-|\mathbf{MY}_{\{1,4\},\{1,4\}}|Z_1^*)|(\mathbf{Z}_0)_{\{4\},\{4\}}|+(|\mathbf{MY}_{\{5\},\{5\}}|-\\
&|\mathbf{MY}_{\{1,5\},\{1,5\}}|Z_1^*)|(\mathbf{Z}_0)_{\{5\},\{5\}}|+(|\mathbf{MY}_{\{2,3\},\{2,3\}}|-|\mathbf{MY}_{\{1,2,3\},\{1,2,3\}}|Z_1^*)|(\mathbf{Z}_0)_{\{2,3\},\{2,3\}}|+\\
&(|\mathbf{MY}_{\{2,4\},\{2,4\}}|-|\mathbf{MY}_{\{1,2,4\},\{1,2,4\}}|Z_1^*)|(\mathbf{Z}_0)_{\{2,4\},\{2,4\}}|+(|\mathbf{MY}_{\{2,5\},\{2,5\}}|-\\
&|\mathbf{MY}_{\{1,2,5\},\{1,2,5\}}|Z_1^*)|(\mathbf{Z}_0)_{\{2,5\},\{2,5\}}|+(|\mathbf{MY}_{\{3,4\},\{3,4\}}|-|\mathbf{MY}_{\{1,3,4\},\{1,3,4\}}|Z_1^*)|(\mathbf{Z}_0)_{\{3,4\},\{3,4\}}|+\\
&(|\mathbf{MY}_{\{3,5\},\{3,5\}}|-|\mathbf{MY}_{\{1,3,5\},\{1,3,5\}}|Z_1^*)|(\mathbf{Z}_0)_{\{3,5\},\{3,5\}}|+(|\mathbf{MY}_{\{4,5\},\{4,5\}}|-\\
&|\mathbf{MY}_{\{1,4,5\},\{1,4,5\}}|Z_1^*)|(\mathbf{Z}_0)_{\{4,5\},\{4,5\}}|+(|\mathbf{MY}_{\{2,3,4\},\{2,3,4\}}|-\\
&|\mathbf{MY}_{\{1,2,3,4\},\{1,2,3,4\}}|Z_1^*)|(\mathbf{Z}_0)_{\{2,3,4\},\{2,3,4\}}|+(|\mathbf{MY}_{\{2,3,5\},\{2,3,5\}}|-|\mathbf{MY}_{\{1,2,3,5\},\{1,2,3,5\}}|Z_1^*)\times\\
&|(\mathbf{Z}_0)_{\{2,3,5\},\{2,3,5\}}|+(|\mathbf{MY}_{\{2,4,5\},\{2,4,5\}}|-|\mathbf{MY}_{\{1,2,4,5\},\{1,2,4,5\}}|Z_1^*)|(\mathbf{Z}_0)_{\{2,4,5\},\{2,4,5\}}|+\\
&(|\mathbf{MY}_{\{3,4,5\},\{3,4,5\}}|-|\mathbf{MY}_{\{1,3,4,5\},\{1,3,4,5\}}|Z_1^*)|(\mathbf{Z}_0)_{\{3,4,5\},\{3,4,5\}}|+(|\mathbf{MY}_{\{2,3,4,5\},\{2,3,4,5\}}|-\\
&|\mathbf{MY}_{\{1,2,3,4,5\},\{1,2,3,4,5\}}|Z_1^*)|(\mathbf{Z}_0)_{\{2,3,4,5\},\{2,3,4,5\}}|
\end{aligned}
$$

$$
\begin{aligned}
\mathrm{NS}_{22}=1&-|\mathbf{MY}_{\{2\},\{2\}}|Z_2^*+(|\mathbf{MY}_{\{1\},\{1\}}|-|\mathbf{MY}_{\{1,2\},\{1,2\}}|Z_2^*)|(\mathbf{Z}_0)_{\{1\},\{1\}}|+(|\mathbf{MY}_{\{3\},\{3\}}|-\\
&|\mathbf{MY}_{\{2,3\},\{2,3\}}|Z_2^*)\times|(\mathbf{Z}_0)_{\{3\},\{3\}}|+(|\mathbf{MY}_{\{4\},\{4\}}|-|\mathbf{MY}_{\{2,4\},\{2,4\}}|Z_2^*)|(\mathbf{Z}_0)_{\{4\},\{4\}}|+(|\mathbf{MY}_{\{5\},\{5\}}|-\\
&|\mathbf{MY}_{\{2,5\},\{2,5\}}|Z_2^*)|(\mathbf{Z}_0)_{\{5\},\{5\}}|+(|\mathbf{MY}_{\{1,3\},\{1,3\}}|-|\mathbf{MY}_{\{1,2,3\},\{1,2,3\}}|Z_2^*)|(\mathbf{Z}_0)_{\{1,3\},\{1,3\}}|+\\
&(|\mathbf{MY}_{\{1,4\},\{1,4\}}|-|\mathbf{MY}_{\{1,2,4\},\{1,2,4\}}|Z_2^*)|(\mathbf{Z}_0)_{\{1,4\},\{1,4\}}|+(|\mathbf{MY}_{\{1,5\},\{1,5\}}|-\\
&|\mathbf{MY}_{\{1,2,5\},\{1,2,5\}}|Z_2^*)|(\mathbf{Z}_0)_{\{1,5\},\{1,5\}}|+(|\mathbf{MY}_{\{3,4\},\{3,4\}}|-|\mathbf{MY}_{\{2,3,4\},\{2,3,4\}}|Z_2^*)|(\mathbf{Z}_0)_{\{3,4\},\{3,4\}}|+\\
&(|\mathbf{MY}_{\{3,5\},\{3,5\}}|-|\mathbf{MY}_{\{2,3,5\},\{2,3,5\}}|Z_2^*)|(\mathbf{Z}_0)_{\{3,5\},\{3,5\}}|+(|\mathbf{MY}_{\{4,5\},\{4,5\}}|-\\
&|\mathbf{MY}_{\{2,4,5\},\{2,4,5\}}|Z_2^*)|(\mathbf{Z}_0)_{\{4,5\},\{4,5\}}|+(|\mathbf{MY}_{\{1,3,4\},\{1,3,4\}}|-\\
&|\mathbf{MY}_{\{1,2,3,4\},\{1,2,3,4\}}|Z_2^*)|(\mathbf{Z}_0)_{\{1,3,4\},\{1,3,4\}}|+(|\mathbf{MY}_{\{1,3,5\},\{1,3,5\}}|-|\mathbf{MY}_{\{1,2,3,5\},\{1,2,3,5\}}|Z_2^*)\times\\
&|(\mathbf{Z}_0)_{\{1,3,5\},\{1,3,5\}}|+(|\mathbf{MY}_{\{1,4,5\},\{1,4,5\}}|-|\mathbf{MY}_{\{1,2,4,5\},\{1,2,4,5\}}|Z_2^*)|(\mathbf{Z}_0)_{\{1,4,5\},\{1,4,5\}}|+\\
&(|\mathbf{MY}_{\{3,4,5\},\{3,4,5\}}|-|\mathbf{MY}_{\{2,3,4,5\},\{2,3,4,5\}}|Z_2^*)|(\mathbf{Z}_0)_{\{3,4,5\},\{3,4,5\}}|+(|\mathbf{MY}_{\{1,3,4,5\},\{1,3,4,5\}}|-\\
&|\mathbf{MY}_{\{1,2,3,4,5\},\{1,2,3,4,5\}}|Z_2^*)|(\mathbf{Z}_0)_{\{1,3,4,5\},\{1,3,4,5\}}|
\end{aligned}
$$

续表

$$\begin{aligned}
NS_{33}=1&-|\mathbf{MY}_{\{3\},\{3\}}|Z_3^*+(|\mathbf{MY}_{\{1\},\{1\}}|-|\mathbf{MY}_{\{1,3\},\{1,3\}}|Z_3^*)|(\mathbf{Z}_0)_{\{1\},\{1\}}|+(|\mathbf{MY}_{\{2\},\{2\}}|-\\
&|\mathbf{MY}_{\{2,3\},\{2,3\}}|Z_3^*)\times|(\mathbf{Z}_0)_{\{2\},\{2\}}|+(|\mathbf{MY}_{\{4\},\{4\}}|-|\mathbf{MY}_{\{3,4\},\{3,4\}}|Z_3^*)|(\mathbf{Z}_0)_{\{4\},\{4\}}|+(|\mathbf{MY}_{\{5\},\{5\}}|-\\
&|\mathbf{MY}_{\{3,5\},\{3,5\}}|Z_3^*)|(\mathbf{Z}_0)_{\{5\},\{5\}}|+(|\mathbf{MY}_{\{1,2\},\{1,2\}}|-|\mathbf{MY}_{\{1,2,3\},\{1,2,3\}}|Z_3^*)|(\mathbf{Z}_0)_{\{1,2\},\{1,2\}}|+\\
&(|\mathbf{MY}_{\{1,4\},\{1,4\}}|-|\mathbf{MY}_{\{1,3,4\},\{1,3,4\}}|Z_3^*)|(\mathbf{Z}_0)_{\{1,4\},\{1,4\}}|+(|\mathbf{MY}_{\{1,5\},\{1,5\}}|-\\
&|\mathbf{MY}_{\{1,3,5\},\{1,3,5\}}|Z_3^*)|(\mathbf{Z}_0)_{\{1,5\},\{1,5\}}|+(|\mathbf{MY}_{\{2,4\},\{2,4\}}|-|\mathbf{MY}_{\{2,3,4\},\{2,3,4\}}|Z_3^*)|(\mathbf{Z}_0)_{\{2,4\},\{2,4\}}|+\\
&(|\mathbf{MY}_{\{2,5\},\{2,5\}}|-|\mathbf{MY}_{\{2,3,5\},\{2,3,5\}}|Z_3^*)|(\mathbf{Z}_0)_{\{2,5\},\{2,5\}}|+(|\mathbf{MY}_{\{4,5\},\{4,5\}}|-\\
&|\mathbf{MY}_{\{3,4,5\},\{3,4,5\}}|Z_3^*)|(\mathbf{Z}_0)_{\{4,5\},\{4,5\}}|+(|\mathbf{MY}_{\{1,2,4\},\{1,2,4\}}|-\\
&|\mathbf{MY}_{\{1,2,3,4\},\{1,2,3,4\}}|Z_3^*)|(\mathbf{Z}_0)_{\{1,2,4\},\{1,2,4\}}|+(|\mathbf{MY}_{\{1,2,5\},\{1,2,5\}}|-|\mathbf{MY}_{\{1,2,3,5\},\{1,2,3,5\}}|Z_3^*)\times\\
&|(\mathbf{Z}_0)_{\{1,2,5\},\{1,2,5\}}|+(|\mathbf{MY}_{\{1,4,5\},\{1,4,5\}}|-|\mathbf{MY}_{\{1,3,4,5\},\{1,3,4,5\}}|Z_3^*)|(\mathbf{Z}_0)_{\{1,4,5\},\{1,4,5\}}|+\\
&(|\mathbf{MY}_{\{2,4,5\},\{2,4,5\}}|-|\mathbf{MY}_{\{2,3,4,5\},\{2,3,4,5\}}|Z_3^*)|(\mathbf{Z}_0)_{\{2,4,5\},\{2,4,5\}}|+(|\mathbf{MY}_{\{1,2,4,5\},\{1,2,4,5\}}|-\\
&|\mathbf{MY}_{\{1,2,3,4,5\},\{1,2,3,4,5\}}|Z_3^*)|(\mathbf{Z}_0)_{\{1,2,4,5\},\{1,2,4,5\}}|
\end{aligned}$$

$$\begin{aligned}
NS_{44}=1&-|\mathbf{MY}_{\{4\},\{4\}}|Z_4^*+(|\mathbf{MY}_{\{1\},\{1\}}|-|\mathbf{MY}_{\{1,4\},\{1,4\}}|Z_4^*)|(\mathbf{Z}_0)_{\{1\},\{1\}}|+(|\mathbf{MY}_{\{2\},\{2\}}|-\\
&|\mathbf{MY}_{\{2,4\},\{2,4\}}|Z_4^*)\times|(\mathbf{Z}_0)_{\{2\},\{2\}}|+(|\mathbf{MY}_{\{3\},\{3\}}|-|\mathbf{MY}_{\{3,4\},\{3,4\}}|Z_4^*)|(\mathbf{Z}_0)_{\{3\},\{3\}}|+(|\mathbf{MY}_{\{5\},\{5\}}|-\\
&|\mathbf{MY}_{\{4,5\},\{4,5\}}|Z_4^*)|(\mathbf{Z}_0)_{\{5\},\{5\}}|+(|\mathbf{MY}_{\{1,2\},\{1,2\}}|-|\mathbf{MY}_{\{1,2,4\},\{1,2,4\}}|Z_4^*)|(\mathbf{Z}_0)_{\{1,2\},\{1,2\}}|+\\
&(|\mathbf{MY}_{\{1,3\},\{1,3\}}|-|\mathbf{MY}_{\{1,3,4\},\{1,3,4\}}|Z_4^*)|(\mathbf{Z}_0)_{\{1,3\},\{1,3\}}|+(|\mathbf{MY}_{\{1,5\},\{1,5\}}|-\\
&|\mathbf{MY}_{\{1,4,5\},\{1,4,5\}}|Z_4^*)|(\mathbf{Z}_0)_{\{1,5\},\{1,5\}}|+(|\mathbf{MY}_{\{2,3\},\{2,3\}}|-|\mathbf{MY}_{\{2,3,4\},\{2,3,4\}}|Z_4^*)|(\mathbf{Z}_0)_{\{2,3\},\{2,3\}}|+\\
&(|\mathbf{MY}_{\{2,5\},\{2,5\}}|-|\mathbf{MY}_{\{2,4,5\},\{2,4,5\}}|Z_4^*)|(\mathbf{Z}_0)_{\{2,5\},\{2,5\}}|+(|\mathbf{MY}_{\{3,5\},\{3,5\}}|-\\
&|\mathbf{MY}_{\{3,4,5\},\{3,4,5\}}|Z_4^*)|(\mathbf{Z}_0)_{\{3,5\},\{3,5\}}|+(|\mathbf{MY}_{\{1,2,3\},\{1,2,3\}}|-\\
&|\mathbf{MY}_{\{1,2,3,4\},\{1,2,3,4\}}|Z_4^*)|(\mathbf{Z}_0)_{\{1,2,3\},\{1,2,3\}}|+(|\mathbf{MY}_{\{1,2,5\},\{1,2,5\}}|-|\mathbf{MY}_{\{1,2,4,5\},\{1,2,4,5\}}|Z_4^*)\times\\
&|(\mathbf{Z}_0)_{\{1,2,5\},\{1,2,5\}}|+(|\mathbf{MY}_{\{1,3,5\},\{1,3,5\}}|-|\mathbf{MY}_{\{1,3,4,5\},\{1,3,4,5\}}|Z_4^*)|(\mathbf{Z}_0)_{\{1,3,5\},\{1,3,5\}}|+\\
&(|\mathbf{MY}_{\{2,3,5\},\{2,3,5\}}|-|\mathbf{MY}_{\{2,3,4,5\},\{2,3,4,5\}}|Z_4^*)|(\mathbf{Z}_0)_{\{2,3,5\},\{2,3,5\}}|+(|\mathbf{MY}_{\{1,2,3,5\},\{1,2,3,5\}}|-\\
&|\mathbf{MY}_{\{1,2,3,4,5\},\{1,2,3,4,5\}}|Z_4^*)|(\mathbf{Z}_0)_{\{1,2,3,5\},\{1,2,3,5\}}|
\end{aligned}$$

$$\begin{aligned}
NS_{55}=1&-|\mathbf{MY}_{\{5\},\{5\}}|Z_5^*+(|\mathbf{MY}_{\{1\},\{1\}}|-|\mathbf{MY}_{\{1,5\},\{1,5\}}|Z_5^*)|(\mathbf{Z}_0)_{\{1\},\{1\}}|+(|\mathbf{MY}_{\{2\},\{2\}}|-\\
&|\mathbf{MY}_{\{2,5\},\{2,5\}}|Z_5^*)\times|(\mathbf{Z}_0)_{\{2\},\{2\}}|+(|\mathbf{MY}_{\{3\},\{3\}}|-|\mathbf{MY}_{\{3,5\},\{3,5\}}|Z_5^*)|(\mathbf{Z}_0)_{\{3\},\{3\}}|+(|\mathbf{MY}_{\{4\},\{4\}}|-\\
&|\mathbf{MY}_{\{4,5\},\{4,5\}}|Z_5^*)|(\mathbf{Z}_0)_{\{4\},\{4\}}|+(|\mathbf{MY}_{\{1,2\},\{1,2\}}|-|\mathbf{MY}_{\{1,2,5\},\{1,2,5\}}|Z_5^*)|(\mathbf{Z}_0)_{\{1,2\},\{1,2\}}|+\\
&(|\mathbf{MY}_{\{1,3\},\{1,3\}}|-|\mathbf{MY}_{\{1,3,5\},\{1,3,5\}}|Z_5^*)|(\mathbf{Z}_0)_{\{1,3\},\{1,3\}}|+(|\mathbf{MY}_{\{1,4\},\{1,4\}}|-\\
&|\mathbf{MY}_{\{1,4,5\},\{1,4,5\}}|Z_5^*)|(\mathbf{Z}_0)_{\{1,4\},\{1,4\}}|+(|\mathbf{MY}_{\{2,3\},\{2,3\}}|-|\mathbf{MY}_{\{2,3,5\},\{2,3,5\}}|Z_5^*)|(\mathbf{Z}_0)_{\{2,3\},\{2,3\}}|+\\
&(|\mathbf{MY}_{\{2,4\},\{2,4\}}|-|\mathbf{MY}_{\{2,4,5\},\{2,4,5\}}|Z_5^*)|(\mathbf{Z}_0)_{\{2,4\},\{2,4\}}|+(|\mathbf{MY}_{\{3,4\},\{3,4\}}|-\\
&|\mathbf{MY}_{\{3,4,5\},\{3,4,5\}}|Z_5^*)|(\mathbf{Z}_0)_{\{3,4\},\{3,4\}}|+(|\mathbf{MY}_{\{1,2,3\},\{1,2,3\}}|-\\
&|\mathbf{MY}_{\{1,2,3,5\},\{1,2,3,5\}}|Z_5^*)|(\mathbf{Z}_0)_{\{1,2,3\},\{1,2,3\}}|+(|\mathbf{MY}_{\{1,2,4\},\{1,2,4\}}|-|\mathbf{MY}_{\{1,2,4,5\},\{1,2,4,5\}}|Z_5^*)\times\\
&|(\mathbf{Z}_0)_{\{1,2,4\},\{1,2,4\}}|+(|\mathbf{MY}_{\{1,3,4\},\{1,3,4\}}|-|\mathbf{MY}_{\{1,3,4,5\},\{1,3,4,5\}}|Z_5^*)|(\mathbf{Z}_0)_{\{1,3,4\},\{1,3,4\}}|+\\
&(|\mathbf{MY}_{\{2,3,4\},\{2,3,4\}}|-|\mathbf{MY}_{\{2,3,4,5\},\{2,3,4,5\}}|Z_5^*)|(\mathbf{Z}_0)_{\{2,3,4\},\{2,3,4\}}|+(|\mathbf{MY}_{\{1,2,3,4\},\{1,2,3,4\}}|-\\
&|\mathbf{MY}_{\{1,2,3,4,5\},\{1,2,3,4,5\}}|Z_5^*)|(\mathbf{Z}_0)_{\{1,2,3,4\},\{1,2,3,4\}}|
\end{aligned}$$

表 3-15　六端口网络 Y 参数转换成 S 参数的简化公式

NS_{ij}	1	2	3
1	—	$-2R_1\sqrt{\left\|\frac{R_2}{R_1}\right\|}(\|\mathbf{MY}_{\{1\},\{2\}}\|+$ $\|\mathbf{MY}_{\{3,1\},\{3,2\}}\|$ $\|(\mathbf{Z}_0)_{\{3\},\{3\}}\|+$ $\|\mathbf{MY}_{\{4,1\},\{4,2\}}\|$ $\|(\mathbf{Z}_0)_{\{4\},\{4\}}\|+$ $\|\mathbf{MY}_{\{5,1\},\{5,2\}}\|$ $\|(\mathbf{Z}_0)_{\{5\},\{5\}}\|+$ $\|\mathbf{MY}_{\{6,1\},\{6,2\}}\|$ $\|(\mathbf{Z}_0)_{\{6\},\{6\}}\|+$ $\|\mathbf{MY}_{\{3,4,1\},\{3,4,2\}}\|$ $\|(\mathbf{Z}_0)_{\{3,4\},\{3,4\}}\|+$ $\|\mathbf{MY}_{\{3,5,1\},\{3,5,2\}}\|$ $\|(\mathbf{Z}_0)_{\{3,5\},\{3,5\}}\|+$ $\|\mathbf{MY}_{\{3,6,1\},\{3,6,2\}}\|$ $\|(\mathbf{Z}_0)_{\{3,6\},\{3,6\}}\|+$ $\|\mathbf{MY}_{\{4,5,1\},\{4,5,2\}}\|$ $\|(\mathbf{Z}_0)_{\{4,5\},\{4,5\}}\|+$ $\|\mathbf{MY}_{\{4,6,1\},\{4,6,2\}}\|$ $\|(\mathbf{Z}_0)_{\{4,6\},\{4,6\}}\|+$ $\|\mathbf{MY}_{\{5,6,1\},\{5,6,2\}}\|$ $\|(\mathbf{Z}_0)_{\{5,6\},\{5,6\}}\|+$ $\|\mathbf{MY}_{\{3,4,5,1\},\{3,4,5,2\}}\|$ $\|(\mathbf{Z}_0)_{\{3,4,5\},\{3,4,5\}}\|+$ $\|\mathbf{MY}_{\{3,4,6,1\},\{3,4,6,2\}}\|$ $\|(\mathbf{Z}_0)_{\{3,4,6\},\{3,4,6\}}\|+$ $\|\mathbf{MY}_{\{3,5,6,1\},\{3,5,6,2\}}\|$ $\|(\mathbf{Z}_0)_{\{3,5,6\},\{3,5,6\}}\|+$ $\|\mathbf{MY}_{\{4,5,6,1\},\{4,5,6,2\}}\|$ $\|(\mathbf{Z}_0)_{\{4,5,6\},\{4,5,6\}}\|+$ $\|\mathbf{MY}_{\{3,4,5,6,1\},\{3,4,5,6,2\}}\|$ $\|(\mathbf{Z}_0)_{\{3,4,5,6\},\{3,4,5,6\}}\|)$	$-2R_1\sqrt{\left\|\frac{R_3}{R_1}\right\|}(\|\mathbf{MY}_{\{1\},\{3\}}\|+$ $\|\mathbf{MY}_{\{2,1\},\{2,3\}}\|$ $\|(\mathbf{Z}_0)_{\{2\},\{2\}}\|+$ $\|\mathbf{MY}_{\{4,1\},\{4,3\}}\|$ $\|(\mathbf{Z}_0)_{\{4\},\{4\}}\|+$ $\|\mathbf{MY}_{\{5,1\},\{5,3\}}\|$ $\|(\mathbf{Z}_0)_{\{5\},\{5\}}\|+$ $\|\mathbf{MY}_{\{6,1\},\{6,3\}}\|$ $\|(\mathbf{Z}_0)_{\{6\},\{6\}}\|+$ $\|\mathbf{MY}_{\{2,4,1\},\{2,4,3\}}\|$ $\|(\mathbf{Z}_0)_{\{2,4\},\{2,4\}}\|+$ $\|\mathbf{MY}_{\{2,5,1\},\{2,5,3\}}\|$ $\|(\mathbf{Z}_0)_{\{2,5\},\{2,5\}}\|+$ $\|\mathbf{MY}_{\{2,6,1\},\{2,6,3\}}\|$ $\|(\mathbf{Z}_0)_{\{2,6\},\{2,6\}}\|+$ $\|\mathbf{MY}_{\{4,5,1\},\{4,5,3\}}\|$ $\|(\mathbf{Z}_0)_{\{4,5\},\{4,5\}}\|+$ $\|\mathbf{MY}_{\{4,6,1\},\{4,6,3\}}\|$ $\|(\mathbf{Z}_0)_{\{4,6\},\{4,6\}}\|+$ $\|\mathbf{MY}_{\{5,6,1\},\{5,6,3\}}\|$ $\|(\mathbf{Z}_0)_{\{5,6\},\{5,6\}}\|+$ $\|\mathbf{MY}_{\{2,4,5,1\},\{2,4,5,3\}}\|$ $\|(\mathbf{Z}_0)_{\{2,4,5\},\{2,4,5\}}\|+$ $\|\mathbf{MY}_{\{2,4,6,1\},\{2,4,6,3\}}\|$ $\|(\mathbf{Z}_0)_{\{2,4,6\},\{2,4,6\}}\|+$ $\|\mathbf{MY}_{\{2,5,6,1\},\{2,5,6,3\}}\|$ $\|(\mathbf{Z}_0)_{\{2,5,6\},\{2,5,6\}}\|+$ $\|\mathbf{MY}_{\{4,5,6,1\},\{4,5,6,3\}}\|$ $\|(\mathbf{Z}_0)_{\{4,5,6\},\{4,5,6\}}\|+$ $\|\mathbf{MY}_{\{2,4,5,6,1\},\{2,4,5,6,3\}}\|$ $\|(\mathbf{Z}_0)_{\{2,4,5,6\},\{2,4,5,6\}}\|)$

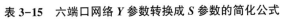

续表

NS_{ij}	1	2	3
2	$-2R_2\sqrt{\left\lvert\frac{R_1}{R_2}\right\rvert}(\lvert\mathbf{MY}_{\{2\},\{1\}}\rvert+$ $\lvert\mathbf{MY}_{\{3,2\},\{3,1\}}\rvert$ $\lvert(\mathbf{Z}_0)_{\{3\},\{3\}}\rvert+$ $\lvert\mathbf{MY}_{\{4,2\},\{4,1\}}\rvert$ $\lvert(\mathbf{Z}_0)_{\{4\},\{4\}}\rvert+$ $\lvert\mathbf{MY}_{\{5,2\},\{5,1\}}\rvert$ $\lvert(\mathbf{Z}_0)_{\{5\},\{5\}}\rvert+$ $\lvert\mathbf{MY}_{\{6,2\},\{6,1\}}\rvert$ $\lvert(\mathbf{Z}_0)_{\{6\},\{6\}}\rvert+$ $\lvert\mathbf{MY}_{\{3,4,2\},\{3,4,1\}}\rvert$ $\lvert(\mathbf{Z}_0)_{\{3,4\},\{3,4\}}\rvert+$ $\lvert\mathbf{MY}_{\{3,5,2\},\{3,5,1\}}\rvert$ $\lvert(\mathbf{Z}_0)_{\{3,5\},\{3,5\}}\rvert+$ $\lvert\mathbf{MY}_{\{3,6,2\},\{3,6,1\}}\rvert$ $\lvert(\mathbf{Z}_0)_{\{3,6\},\{3,6\}}\rvert+$ $\lvert\mathbf{MY}_{\{4,5,2\},\{4,5,1\}}\rvert$ $\lvert(\mathbf{Z}_0)_{\{4,5\},\{4,5\}}\rvert+$ $\lvert\mathbf{MY}_{\{4,6,2\},\{4,6,1\}}\rvert$ $\lvert(\mathbf{Z}_0)_{\{4,6\},\{4,6\}}\rvert+$ $\lvert\mathbf{MY}_{\{5,6,2\},\{5,6,1\}}\rvert$ $\lvert(\mathbf{Z}_0)_{\{5,6\},\{5,6\}}\rvert+$ $\lvert\mathbf{MY}_{\{3,4,5,2\},\{3,4,5,1\}}\rvert$ $\lvert(\mathbf{Z}_0)_{\{3,4,5\},\{3,4,5\}}\rvert+$ $\lvert\mathbf{MY}_{\{3,4,6,2\},\{3,4,6,1\}}\rvert$ $\lvert(\mathbf{Z}_0)_{\{3,4,6\},\{3,4,6\}}\rvert+$ $\lvert\mathbf{MY}_{\{3,5,6,2\},\{3,5,6,1\}}\rvert$ $\lvert(\mathbf{Z}_0)_{\{3,5,6\},\{3,5,6\}}\rvert+$ $\lvert\mathbf{MY}_{\{4,5,6,2\},\{4,5,6,1\}}\rvert$ $\lvert(\mathbf{Z}_0)_{\{4,5,6\},\{4,5,6\}}\rvert+$ $\lvert\mathbf{MY}_{\{3,4,5,6,2\},\{3,4,5,6,1\}}\rvert$ $\lvert(\mathbf{Z}_0)_{\{3,4,5,6\},\{3,4,5,6\}}\rvert)$	—	$-2R_2\sqrt{\left\lvert\frac{R_3}{R_2}\right\rvert}(\lvert\mathbf{MY}_{\{2\},\{3\}}\rvert+$ $\lvert\mathbf{MY}_{\{1,2\},\{1,3\}}\rvert$ $\lvert(\mathbf{Z}_0)_{\{1\},\{1\}}\rvert+$ $\lvert\mathbf{MY}_{\{4,2\},\{4,3\}}\rvert$ $\lvert(\mathbf{Z}_0)_{\{4\},\{4\}}\rvert+$ $\lvert\mathbf{MY}_{\{5,2\},\{5,3\}}\rvert$ $\lvert(\mathbf{Z}_0)_{\{5\},\{5\}}\rvert+$ $\lvert\mathbf{MY}_{\{6,2\},\{6,3\}}\rvert$ $\lvert(\mathbf{Z}_0)_{\{6\},\{6\}}\rvert+$ $\lvert\mathbf{MY}_{\{1,4,2\},\{2,4,3\}}\rvert$ $\lvert(\mathbf{Z}_0)_{\{1,4\},\{1,4\}}\rvert+$ $\lvert\mathbf{MY}_{\{1,5,2\},\{1,5,3\}}\rvert$ $\lvert(\mathbf{Z}_0)_{\{1,5\},\{1,5\}}\rvert+$ $\lvert\mathbf{MY}_{\{1,6,2\},\{1,6,3\}}\rvert$ $\lvert(\mathbf{Z}_0)_{\{1,6\},\{1,6\}}\rvert+$ $\lvert\mathbf{MY}_{\{4,5,2\},\{4,5,3\}}\rvert$ $\lvert(\mathbf{Z}_0)_{\{4,5\},\{4,5\}}\rvert+$ $\lvert\mathbf{MY}_{\{4,6,2\},\{4,6,3\}}\rvert$ $\lvert(\mathbf{Z}_0)_{\{4,6\},\{4,6\}}\rvert+$ $\lvert\mathbf{MY}_{\{5,6,2\},\{5,6,3\}}\rvert$ $\lvert(\mathbf{Z}_0)_{\{5,6\},\{5,6\}}\rvert+$ $\lvert\mathbf{MY}_{\{1,4,5,2\},\{1,4,5,3\}}\rvert$ $\lvert(\mathbf{Z}_0)_{\{1,4,5\},\{1,4,5\}}\rvert+$ $\lvert\mathbf{MY}_{\{1,4,6,2\},\{1,4,6,3\}}\rvert$ $\lvert(\mathbf{Z}_0)_{\{1,4,6\},\{1,4,6\}}\rvert+$ $\lvert\mathbf{MY}_{\{1,5,6,2\},\{1,5,6,3\}}\rvert$ $\lvert(\mathbf{Z}_0)_{\{1,5,6\},\{1,5,6\}}\rvert+$ $\lvert\mathbf{MY}_{\{4,5,6,2\},\{4,5,6,3\}}\rvert$ $\lvert(\mathbf{Z}_0)_{\{4,5,6\},\{4,5,6\}}\rvert+$ $\lvert\mathbf{MY}_{\{1,4,5,6,2\},\{2,4,5,6,3\}}\rvert$ $\lvert(\mathbf{Z}_0)_{\{1,4,5,6\},\{1,4,5,6\}}\rvert)$

续表

NS_{ij}	1	2	3
3	$-2R_3\sqrt{\left\lvert\frac{R_1}{R_3}\right\rvert}(\lvert\mathbf{MY}_{\{3\},\{1\}}\rvert+$ $\lvert\mathbf{MY}_{\{2,3\},\{2,1\}}\rvert$ $\lvert(\mathbf{Z}_0)_{\{2\},\{2\}}\rvert+$ $\lvert\mathbf{MY}_{\{4,3\},\{4,1\}}\rvert$ $\lvert(\mathbf{Z}_0)_{\{4\},\{4\}}\rvert+$ $\lvert\mathbf{MY}_{\{5,3\},\{5,1\}}\rvert$ $\lvert(\mathbf{Z}_0)_{\{5\},\{5\}}\rvert+$ $\lvert\mathbf{MY}_{\{6,3\},\{6,1\}}\rvert$ $\lvert(\mathbf{Z}_0)_{\{6\},\{6\}}\rvert+$ $\lvert\mathbf{MY}_{\{2,4,3\},\{2,4,1\}}\rvert$ $\lvert(\mathbf{Z}_0)_{\{2,4\},\{2,4\}}\rvert+$ $\lvert\mathbf{MY}_{\{2,5,3\},\{2,5,1\}}\rvert$ $\lvert(\mathbf{Z}_0)_{\{2,5\},\{2,5\}}\rvert+$ $\lvert\mathbf{MY}_{\{2,6,3\},\{2,6,1\}}\rvert$ $\lvert(\mathbf{Z}_0)_{\{2,6\},\{2,6\}}\rvert+$ $\lvert\mathbf{MY}_{\{4,5,3\},\{4,5,1\}}\rvert$ $\lvert(\mathbf{Z}_0)_{\{4,5\},\{4,5\}}\rvert+$ $\lvert\mathbf{MY}_{\{4,6,3\},\{4,6,1\}}\rvert$ $\lvert(\mathbf{Z}_0)_{\{4,6\},\{4,6\}}\rvert+$ $\lvert\mathbf{MY}_{\{5,6,3\},\{5,6,1\}}\rvert$ $\lvert(\mathbf{Z}_0)_{\{5,6\},\{5,6\}}\rvert+$ $\lvert\mathbf{MY}_{\{2,4,5,3\},\{2,4,5,1\}}\rvert$ $\lvert(\mathbf{Z}_0)_{\{2,4,5\},\{2,4,5\}}\rvert+$ $\lvert\mathbf{MY}_{\{2,4,6,3\},\{2,4,6,1\}}\rvert$ $\lvert(\mathbf{Z}_0)_{\{2,4,6\},\{2,4,6\}}\rvert+$ $\lvert\mathbf{MY}_{\{2,5,6,3\},\{2,5,6,1\}}\rvert$ $\lvert(\mathbf{Z}_0)_{\{2,5,6\},\{2,5,6\}}\rvert+$ $\lvert\mathbf{MY}_{\{4,5,6,3\},\{4,5,6,1\}}\rvert$ $\lvert(\mathbf{Z}_0)_{\{4,5,6\},\{4,5,6\}}\rvert+$ $\lvert\mathbf{MY}_{\{2,4,5,6,3\},\{2,4,5,6,1\}}\rvert$ $\lvert(\mathbf{Z}_0)_{\{2,4,5,6\},\{2,4,5,6\}}\rvert)$	$-2R_3\sqrt{\left\lvert\frac{R_2}{R_3}\right\rvert}(\lvert\mathbf{MY}_{\{3\},\{2\}}\rvert+$ $\lvert\mathbf{MY}_{\{1,3\},\{1,2\}}\rvert$ $\lvert(\mathbf{Z}_0)_{\{1\},\{1\}}\rvert+$ $\lvert\mathbf{MY}_{\{4,3\},\{4,2\}}\rvert$ $\lvert(\mathbf{Z}_0)_{\{4\},\{4\}}\rvert+$ $\lvert\mathbf{MY}_{\{5,3\},\{5,2\}}\rvert$ $\lvert(\mathbf{Z}_0)_{\{5\},\{5\}}\rvert+$ $\lvert\mathbf{MY}_{\{6,3\},\{6,2\}}\rvert$ $\lvert(\mathbf{Z}_0)_{\{6\},\{6\}}\rvert+$ $\lvert\mathbf{MY}_{\{1,4,3\},\{2,4,2\}}\rvert$ $\lvert(\mathbf{Z}_0)_{\{1,4\},\{1,4\}}\rvert+$ $\lvert\mathbf{MY}_{\{1,5,3\},\{1,5,2\}}\rvert$ $\lvert(\mathbf{Z}_0)_{\{1,5\},\{1,5\}}\rvert+$ $\lvert\mathbf{MY}_{\{1,6,3\},\{1,6,2\}}\rvert$ $\lvert(\mathbf{Z}_0)_{\{1,6\},\{1,6\}}\rvert+$ $\lvert\mathbf{MY}_{\{4,5,3\},\{4,5,2\}}\rvert$ $\lvert(\mathbf{Z}_0)_{\{4,5\},\{4,5\}}\rvert+$ $\lvert\mathbf{MY}_{\{4,6,3\},\{4,6,2\}}\rvert$ $\lvert(\mathbf{Z}_0)_{\{4,6\},\{4,6\}}\rvert+$ $\lvert\mathbf{MY}_{\{5,6,3\},\{5,6,2\}}\rvert$ $\lvert(\mathbf{Z}_0)_{\{5,6\},\{5,6\}}\rvert+$ $\lvert\mathbf{MY}_{\{1,4,5,3\},\{1,4,5,2\}}\rvert$ $\lvert(\mathbf{Z}_0)_{\{1,4,5\},\{1,4,5\}}\rvert+$ $\lvert\mathbf{MY}_{\{1,4,6,3\},\{1,4,6,2\}}\rvert$ $\lvert(\mathbf{Z}_0)_{\{1,4,6\},\{1,4,6\}}\rvert+$ $\lvert\mathbf{MY}_{\{1,5,6,3\},\{1,5,6,2\}}\rvert$ $\lvert(\mathbf{Z}_0)_{\{1,5,6\},\{1,5,6\}}\rvert+$ $\lvert\mathbf{MY}_{\{4,5,6,3\},\{4,5,6,2\}}\rvert$ $\lvert(\mathbf{Z}_0)_{\{4,5,6\},\{4,5,6\}}\rvert+$ $\lvert\mathbf{MY}_{\{1,4,5,6,3\},\{2,4,5,6,2\}}\rvert$ $\lvert(\mathbf{Z}_0)_{\{1,4,5,6\},\{1,4,5,6\}}\rvert)$	—

续表

NS_{ij}	1	2	3
4	$-2R_4\sqrt{\left\|\frac{R_1}{R_4}\right\|}(\|\mathbf{MY}_{\{4\},\{1\}}\|+$ $\|\mathbf{MY}_{\{2,4\},\{2,1\}}\|$ $\|(\mathbf{Z}_0)_{\{2\},\{2\}}\|+$ $\|\mathbf{MY}_{\{3,4\},\{3,1\}}\|$ $\|(\mathbf{Z}_0)_{\{3\},\{3\}}\|+$ $\|\mathbf{MY}_{\{5,4\},\{5,1\}}\|$ $\|(\mathbf{Z}_0)_{\{5\},\{5\}}\|+$ $\|\mathbf{MY}_{\{6,4\},\{6,1\}}\|$ $\|(\mathbf{Z}_0)_{\{6\},\{6\}}\|+$ $\|\mathbf{MY}_{\{2,3,4\},\{2,3,1\}}\|$ $\|(\mathbf{Z}_0)_{\{2,3\},\{2,3\}}\|+$ $\|\mathbf{MY}_{\{2,5,4\},\{2,5,1\}}\|$ $\|(\mathbf{Z}_0)_{\{2,5\},\{2,5\}}\|+$ $\|\mathbf{MY}_{\{2,6,4\},\{2,6,1\}}\|$ $\|(\mathbf{Z}_0)_{\{2,6\},\{2,6\}}\|+$ $\|\mathbf{MY}_{\{3,5,4\},\{3,5,1\}}\|$ $\|(\mathbf{Z}_0)_{\{3,5\},\{3,5\}}\|+$ $\|\mathbf{MY}_{\{3,6,4\},\{3,6,1\}}\|$ $\|(\mathbf{Z}_0)_{\{3,6\},\{3,6\}}\|+$ $\|\mathbf{MY}_{\{5,6,4\},\{5,6,1\}}\|$ $\|(\mathbf{Z}_0)_{\{5,6\},\{5,6\}}\|+$ $\|\mathbf{MY}_{\{2,3,5,4\},\{2,3,5,1\}}\|$ $\|(\mathbf{Z}_0)_{\{2,3,5\},\{2,3,5\}}\|+$ $\|\mathbf{MY}_{\{2,3,6,4\},\{2,3,6,1\}}\|$ $\|(\mathbf{Z}_0)_{\{2,3,6\},\{2,3,6\}}\|+$ $\|\mathbf{MY}_{\{2,5,6,4\},\{2,5,6,1\}}\|$ $\|(\mathbf{Z}_0)_{\{2,5,6\},\{2,5,6\}}\|+$ $\|\mathbf{MY}_{\{3,5,6,4\},\{3,5,6,1\}}\|$ $\|(\mathbf{Z}_0)_{\{3,5,6\},\{3,5,6\}}\|+$ $\|\mathbf{MY}_{\{2,3,5,6,4\},\{2,3,5,6,1\}}\|$ $\|(\mathbf{Z}_0)_{\{2,3,5,6\},\{2,3,5,6\}}\|)$	$-2R_4\sqrt{\left\|\frac{R_2}{R_4}\right\|}(\|\mathbf{MY}_{\{4\},\{2\}}\|+$ $\|\mathbf{MY}_{\{1,4\},\{1,2\}}\|$ $\|(\mathbf{Z}_0)_{\{1\},\{1\}}\|+$ $\|\mathbf{MY}_{\{3,4\},\{3,2\}}\|$ $\|(\mathbf{Z}_0)_{\{3\},\{3\}}\|+$ $\|\mathbf{MY}_{\{5,4\},\{5,2\}}\|$ $\|(\mathbf{Z}_0)_{\{5\},\{5\}}\|+$ $\|\mathbf{MY}_{\{6,4\},\{6,2\}}\|$ $\|(\mathbf{Z}_0)_{\{6\},\{6\}}\|+$ $\|\mathbf{MY}_{\{1,3,4\},\{1,3,2\}}\|$ $\|(\mathbf{Z}_0)_{\{1,3\},\{1,3\}}\|+$ $\|\mathbf{MY}_{\{1,5,4\},\{1,5,2\}}\|$ $\|(\mathbf{Z}_0)_{\{1,5\},\{1,5\}}\|+$ $\|\mathbf{MY}_{\{1,6,4\},\{1,6,2\}}\|$ $\|(\mathbf{Z}_0)_{\{1,6\},\{1,6\}}\|+$ $\|\mathbf{MY}_{\{3,5,4\},\{3,5,2\}}\|$ $\|(\mathbf{Z}_0)_{\{3,5\},\{3,5\}}\|+$ $\|\mathbf{MY}_{\{3,6,4\},\{3,6,2\}}\|$ $\|(\mathbf{Z}_0)_{\{3,6\},\{3,6\}}\|+$ $\|\mathbf{MY}_{\{5,6,4\},\{5,6,2\}}\|$ $\|(\mathbf{Z}_0)_{\{5,6\},\{5,6\}}\|+$ $\|\mathbf{MY}_{\{1,3,5,4\},\{1,3,5,2\}}\|$ $\|(\mathbf{Z}_0)_{\{1,3,5\},\{1,3,5\}}\|+$ $\|\mathbf{MY}_{\{1,3,6,4\},\{1,3,6,2\}}\|$ $\|(\mathbf{Z}_0)_{\{1,3,6\},\{1,3,6\}}\|+$ $\|\mathbf{MY}_{\{1,5,6,4\},\{1,5,6,2\}}\|$ $\|(\mathbf{Z}_0)_{\{1,5,6\},\{1,5,6\}}\|+$ $\|\mathbf{MY}_{\{3,5,6,4\},\{3,5,6,2\}}\|$ $\|(\mathbf{Z}_0)_{\{3,5,6\},\{3,5,6\}}\|+$ $\|\mathbf{MY}_{\{1,3,5,6,4\},\{1,3,5,6,2\}}\|$ $\|(\mathbf{Z}_0)_{\{1,3,5,6\},\{1,3,5,6\}}\|)$	$-2R_4\sqrt{\left\|\frac{R_3}{R_4}\right\|}(\|\mathbf{MY}_{\{4\},\{3\}}\|+$ $\|\mathbf{MY}_{\{1,4\},\{1,3\}}\|$ $\|(\mathbf{Z}_0)_{\{1\},\{1\}}\|+$ $\|\mathbf{MY}_{\{2,4\},\{2,3\}}\|$ $\|(\mathbf{Z}_0)_{\{2\},\{2\}}\|+$ $\|\mathbf{MY}_{\{5,4\},\{5,3\}}\|$ $\|(\mathbf{Z}_0)_{\{5\},\{5\}}\|+$ $\|\mathbf{MY}_{\{6,4\},\{6,3\}}\|$ $\|(\mathbf{Z}_0)_{\{6\},\{6\}}\|+$ $\|\mathbf{MY}_{\{1,2,4\},\{1,2,3\}}\|$ $\|(\mathbf{Z}_0)_{\{1,2\},\{1,2\}}\|+$ $\|\mathbf{MY}_{\{1,5,4\},\{1,5,3\}}\|$ $\|(\mathbf{Z}_0)_{\{1,5\},\{1,5\}}\|+$ $\|\mathbf{MY}_{\{1,6,4\},\{1,6,3\}}\|$ $\|(\mathbf{Z}_0)_{\{1,6\},\{1,6\}}\|+$ $\|\mathbf{MY}_{\{2,5,4\},\{2,5,3\}}\|$ $\|(\mathbf{Z}_0)_{\{2,5\},\{2,5\}}\|+$ $\|\mathbf{MY}_{\{2,6,4\},\{2,6,3\}}\|$ $\|(\mathbf{Z}_0)_{\{2,6\},\{2,6\}}\|+$ $\|\mathbf{MY}_{\{5,6,4\},\{5,6,3\}}\|$ $\|(\mathbf{Z}_0)_{\{5,6\},\{5,6\}}\|+$ $\|\mathbf{MY}_{\{1,2,5,4\},\{1,2,5,3\}}\|$ $\|(\mathbf{Z}_0)_{\{1,2,5\},\{1,2,5\}}\|+$ $\|\mathbf{MY}_{\{1,2,6,4\},\{1,2,6,3\}}\|$ $\|(\mathbf{Z}_0)_{\{1,2,6\},\{1,2,6\}}\|+$ $\|\mathbf{MY}_{\{1,5,6,4\},\{1,5,6,3\}}\|$ $\|(\mathbf{Z}_0)_{\{1,5,6\},\{1,5,6\}}\|+$ $\|\mathbf{MY}_{\{2,5,6,4\},\{2,5,6,3\}}\|$ $\|(\mathbf{Z}_0)_{\{2,5,6\},\{2,5,6\}}\|+$ $\|\mathbf{MY}_{\{1,2,5,6,4\},\{1,2,5,6,3\}}\|$ $\|(\mathbf{Z}_0)_{\{1,2,5,6\},\{1,2,5,6\}}\|)$

续表

NS_{ij}	1	2	3
5	$-2R_5\sqrt{\left\lvert\frac{R_1}{R_5}\right\rvert}(\lvert\mathbf{MY}_{\{5\},\{1\}}\rvert+$ $\lvert\mathbf{MY}_{\{2,5\},\{2,1\}}\rvert$ $\lvert(\mathbf{Z}_0)_{\{2\},\{2\}}\rvert+$ $\lvert\mathbf{MY}_{\{3,5\},\{3,1\}}\rvert$ $\lvert(\mathbf{Z}_0)_{\{3\},\{3\}}\rvert+$ $\lvert\mathbf{MY}_{\{4,5\},\{4,1\}}\rvert$ $\lvert(\mathbf{Z}_0)_{\{4\},\{4\}}\rvert+$ $\lvert\mathbf{MY}_{\{6,5\},\{6,1\}}\rvert$ $\lvert(\mathbf{Z}_0)_{\{6\},\{6\}}\rvert+$ $\lvert\mathbf{MY}_{\{2,3,5\},\{2,3,1\}}\rvert$ $\lvert(\mathbf{Z}_0)_{\{2,3\},\{2,3\}}\rvert+$ $\lvert\mathbf{MY}_{\{2,4,5\},\{2,4,1\}}\rvert$ $\lvert(\mathbf{Z}_0)_{\{2,4\},\{2,4\}}\rvert+$ $\lvert\mathbf{MY}_{\{2,6,5\},\{2,6,1\}}\rvert$ $\lvert(\mathbf{Z}_0)_{\{2,6\},\{2,6\}}\rvert+$ $\lvert\mathbf{MY}_{\{3,4,5\},\{3,4,1\}}\rvert$ $\lvert(\mathbf{Z}_0)_{\{3,4\},\{3,4\}}\rvert+$ $\lvert\mathbf{MY}_{\{3,6,5\},\{3,6,1\}}\rvert$ $\lvert(\mathbf{Z}_0)_{\{3,6\},\{3,6\}}\rvert+$ $\lvert\mathbf{MY}_{\{4,6,5\},\{4,6,1\}}\rvert$ $\lvert(\mathbf{Z}_0)_{\{4,6\},\{4,6\}}\rvert+$ $\lvert\mathbf{MY}_{\{2,3,4,5\},\{2,3,4,1\}}\rvert$ $\lvert(\mathbf{Z}_0)_{\{2,3,4\},\{2,3,4\}}\rvert+$ $\lvert\mathbf{MY}_{\{2,3,6,5\},\{2,3,6,1\}}\rvert$ $\lvert(\mathbf{Z}_0)_{\{2,3,6\},\{2,3,6\}}\rvert+$ $\lvert\mathbf{MY}_{\{2,4,6,5\},\{2,4,6,1\}}\rvert$ $\lvert(\mathbf{Z}_0)_{\{2,4,6\},\{2,4,6\}}\rvert+$ $\lvert\mathbf{MY}_{\{3,4,6,5\},\{3,4,6,1\}}\rvert$ $\lvert(\mathbf{Z}_0)_{\{3,4,6\},\{3,4,6\}}\rvert+$ $\lvert\mathbf{MY}_{\{2,3,4,6,5\},\{2,3,4,6,1\}}\rvert$ $\lvert(\mathbf{Z}_0)_{\{2,3,4,6\},\{2,3,4,6\}}\rvert)$	$-2R_5\sqrt{\left\lvert\frac{R_2}{R_5}\right\rvert}(\lvert\mathbf{MY}_{\{5\},\{2\}}\rvert+$ $\lvert\mathbf{MY}_{\{1,5\},\{1,2\}}\rvert$ $\lvert(\mathbf{Z}_0)_{\{1\},\{1\}}\rvert+$ $\lvert\mathbf{MY}_{\{3,5\},\{3,2\}}\rvert$ $\lvert(\mathbf{Z}_0)_{\{3\},\{3\}}\rvert+$ $\lvert\mathbf{MY}_{\{4,5\},\{4,2\}}\rvert$ $\lvert(\mathbf{Z}_0)_{\{4\},\{4\}}\rvert+$ $\lvert\mathbf{MY}_{\{6,5\},\{6,2\}}\rvert$ $\lvert(\mathbf{Z}_0)_{\{6\},\{6\}}\rvert+$ $\lvert\mathbf{MY}_{\{1,3,5\},\{1,3,2\}}\rvert$ $\lvert(\mathbf{Z}_0)_{\{1,3\},\{1,3\}}\rvert+$ $\lvert\mathbf{MY}_{\{1,4,5\},\{1,4,2\}}\rvert$ $\lvert(\mathbf{Z}_0)_{\{1,4\},\{1,4\}}\rvert+$ $\lvert\mathbf{MY}_{\{1,6,5\},\{1,6,2\}}\rvert$ $\lvert(\mathbf{Z}_0)_{\{1,6\},\{1,6\}}\rvert+$ $\lvert\mathbf{MY}_{\{3,4,5\},\{3,4,2\}}\rvert$ $\lvert(\mathbf{Z}_0)_{\{3,4\},\{3,4\}}\rvert+$ $\lvert\mathbf{MY}_{\{3,6,5\},\{3,6,2\}}\rvert$ $\lvert(\mathbf{Z}_0)_{\{3,6\},\{3,6\}}\rvert+$ $\lvert\mathbf{MY}_{\{4,6,5\},\{4,6,2\}}\rvert$ $\lvert(\mathbf{Z}_0)_{\{4,6\},\{4,6\}}\rvert+$ $\lvert\mathbf{MY}_{\{1,3,4,5\},\{1,3,4,2\}}\rvert$ $\lvert(\mathbf{Z}_0)_{\{1,3,4\},\{1,3,4\}}\rvert+$ $\lvert\mathbf{MY}_{\{1,3,6,5\},\{1,3,6,2\}}\rvert$ $\lvert(\mathbf{Z}_0)_{\{1,3,6\},\{1,3,6\}}\rvert+$ $\lvert\mathbf{MY}_{\{1,4,6,5\},\{1,4,6,2\}}\rvert$ $\lvert(\mathbf{Z}_0)_{\{1,4,6\},\{1,4,6\}}\rvert+$ $\lvert\mathbf{MY}_{\{3,4,6,5\},\{3,4,6,2\}}\rvert$ $\lvert(\mathbf{Z}_0)_{\{3,4,6\},\{3,4,6\}}\rvert+$ $\lvert\mathbf{MY}_{\{1,3,4,6,5\},\{1,3,4,6,2\}}\rvert$ $\lvert(\mathbf{Z}_0)_{\{1,3,4,6\},\{1,3,4,6\}}\rvert)$	$-2R_5\sqrt{\left\lvert\frac{R_3}{R_5}\right\rvert}(\lvert\mathbf{MY}_{\{5\},\{3\}}\rvert+$ $\lvert\mathbf{MY}_{\{1,5\},\{1,3\}}\rvert$ $\lvert(\mathbf{Z}_0)_{\{1\},\{1\}}\rvert+$ $\lvert\mathbf{MY}_{\{2,5\},\{2,3\}}\rvert$ $\lvert(\mathbf{Z}_0)_{\{2\},\{2\}}\rvert+$ $\lvert\mathbf{MY}_{\{4,5\},\{4,3\}}\rvert$ $\lvert(\mathbf{Z}_0)_{\{4\},\{4\}}\rvert+$ $\lvert\mathbf{MY}_{\{6,5\},\{6,3\}}\rvert$ $\lvert(\mathbf{Z}_0)_{\{6\},\{6\}}\rvert+$ $\lvert\mathbf{MY}_{\{1,2,5\},\{1,2,3\}}\rvert$ $\lvert(\mathbf{Z}_0)_{\{1,2\},\{1,2\}}\rvert+$ $\lvert\mathbf{MY}_{\{1,4,5\},\{1,4,3\}}\rvert$ $\lvert(\mathbf{Z}_0)_{\{1,4\},\{1,4\}}\rvert+$ $\lvert\mathbf{MY}_{\{1,6,5\},\{1,6,3\}}\rvert$ $\lvert(\mathbf{Z}_0)_{\{1,6\},\{1,6\}}\rvert+$ $\lvert\mathbf{MY}_{\{2,4,5\},\{2,4,3\}}\rvert$ $\lvert(\mathbf{Z}_0)_{\{2,4\},\{2,4\}}\rvert+$ $\lvert\mathbf{MY}_{\{2,6,5\},\{2,6,3\}}\rvert$ $\lvert(\mathbf{Z}_0)_{\{2,6\},\{2,6\}}\rvert+$ $\lvert\mathbf{MY}_{\{4,6,5\},\{4,6,3\}}\rvert$ $\lvert(\mathbf{Z}_0)_{\{4,6\},\{4,6\}}\rvert+$ $\lvert\mathbf{MY}_{\{1,2,4,5\},\{1,2,4,3\}}\rvert$ $\lvert(\mathbf{Z}_0)_{\{1,2,4\},\{1,2,4\}}\rvert+$ $\lvert\mathbf{MY}_{\{1,2,6,5\},\{1,2,6,3\}}\rvert$ $\lvert(\mathbf{Z}_0)_{\{1,2,6\},\{1,2,6\}}\rvert+$ $\lvert\mathbf{MY}_{\{1,4,6,5\},\{1,4,6,3\}}\rvert$ $\lvert(\mathbf{Z}_0)_{\{1,4,6\},\{1,4,6\}}\rvert+$ $\lvert\mathbf{MY}_{\{2,4,6,5\},\{2,4,6,3\}}\rvert$ $\lvert(\mathbf{Z}_0)_{\{2,4,6\},\{2,4,6\}}\rvert+$ $\lvert\mathbf{MY}_{\{1,2,4,6,5\},\{1,2,4,6,3\}}\rvert$ $\lvert(\mathbf{Z}_0)_{\{1,2,4,6\},\{1,2,4,6\}}\rvert)$

续表

NS_{ij}	1	2	3
6	$-2R_6\sqrt{\left\|\frac{R_1}{R_6}\right\|}(\|\mathbf{MY}_{\{6\},\{1\}}\|+$ $\|\mathbf{MY}_{\{2,6\},\{2,1\}}\|$ $\|(\mathbf{Z}_0)_{\{2\},\{2\}}\|+$ $\|\mathbf{MY}_{\{3,6\},\{3,1\}}\|$ $\|(\mathbf{Z}_0)_{\{3\},\{3\}}\|+$ $\|\mathbf{MY}_{\{4,6\},\{4,1\}}\|$ $\|(\mathbf{Z}_0)_{\{4\},\{4\}}\|+$ $\|\mathbf{MY}_{\{5,6\},\{5,1\}}\|$ $\|(\mathbf{Z}_0)_{\{5\},\{5\}}\|+$ $\|\mathbf{MY}_{\{2,3,6\},\{2,3,1\}}\|$ $\|(\mathbf{Z}_0)_{\{2,3\},\{2,3\}}\|+$ $\|\mathbf{MY}_{\{2,4,6\},\{2,4,1\}}\|$ $\|(\mathbf{Z}_0)_{\{2,4\},\{2,4\}}\|+$ $\|\mathbf{MY}_{\{2,5,6\},\{2,5,1\}}\|$ $\|(\mathbf{Z}_0)_{\{2,5\},\{2,5\}}\|+$ $\|\mathbf{MY}_{\{3,4,6\},\{3,4,1\}}\|$ $\|(\mathbf{Z}_0)_{\{3,4\},\{3,4\}}\|+$ $\|\mathbf{MY}_{\{3,5,6\},\{3,5,1\}}\|$ $\|(\mathbf{Z}_0)_{\{3,5\},\{3,5\}}\|+$ $\|\mathbf{MY}_{\{4,5,6\},\{4,5,1\}}\|$ $\|(\mathbf{Z}_0)_{\{4,5\},\{4,5\}}\|+$ $\|\mathbf{MY}_{\{2,3,4,6\},\{2,3,4,1\}}\|$ $\|(\mathbf{Z}_0)_{\{2,3,4\},\{2,3,4\}}\|+$ $\|\mathbf{MY}_{\{2,3,5,6\},\{2,3,5,1\}}\|$ $\|(\mathbf{Z}_0)_{\{2,3,5\},\{2,3,5\}}\|+$ $\|\mathbf{MY}_{\{2,4,5,6\},\{2,4,5,1\}}\|$ $\|(\mathbf{Z}_0)_{\{2,4,5\},\{2,4,5\}}\|+$ $\|\mathbf{MY}_{\{3,4,5,6\},\{3,4,5,1\}}\|$ $\|(\mathbf{Z}_0)_{\{3,4,5\},\{3,4,5\}}\|+$ $\|\mathbf{MY}_{\{2,3,4,5,6\},\{2,3,4,5,1\}}\|$ $\|(\mathbf{Z}_0)_{\{2,3,4,5\},\{2,3,4,5\}}\|)$	$-2R_6\sqrt{\left\|\frac{R_2}{R_6}\right\|}(\|\mathbf{MY}_{\{6\},\{2\}}\|+$ $\|\mathbf{MY}_{\{1,6\},\{1,2\}}\|$ $\|(\mathbf{Z}_0)_{\{1\},\{1\}}\|+$ $\|\mathbf{MY}_{\{3,6\},\{3,2\}}\|$ $\|(\mathbf{Z}_0)_{\{3\},\{3\}}\|+$ $\|\mathbf{MY}_{\{4,6\},\{4,2\}}\|$ $\|(\mathbf{Z}_0)_{\{4\},\{4\}}\|+$ $\|\mathbf{MY}_{\{5,6\},\{5,2\}}\|$ $\|(\mathbf{Z}_0)_{\{5\},\{5\}}\|+$ $\|\mathbf{MY}_{\{1,3,6\},\{1,3,2\}}\|$ $\|(\mathbf{Z}_0)_{\{1,3\},\{1,3\}}\|+$ $\|\mathbf{MY}_{\{1,4,6\},\{1,4,2\}}\|$ $\|(\mathbf{Z}_0)_{\{1,4\},\{1,4\}}\|+$ $\|\mathbf{MY}_{\{1,5,6\},\{1,5,2\}}\|$ $\|(\mathbf{Z}_0)_{\{1,5\},\{1,5\}}\|+$ $\|\mathbf{MY}_{\{3,4,6\},\{3,4,2\}}\|$ $\|(\mathbf{Z}_0)_{\{3,4\},\{3,4\}}\|+$ $\|\mathbf{MY}_{\{3,5,6\},\{3,5,2\}}\|$ $\|(\mathbf{Z}_0)_{\{3,5\},\{3,5\}}\|+$ $\|\mathbf{MY}_{\{4,5,6\},\{4,5,2\}}\|$ $\|(\mathbf{Z}_0)_{\{4,5\},\{4,5\}}\|+$ $\|\mathbf{MY}_{\{1,3,4,6\},\{1,3,4,2\}}\|$ $\|(\mathbf{Z}_0)_{\{1,3,4\},\{1,3,4\}}\|+$ $\|\mathbf{MY}_{\{1,3,5,6\},\{1,3,5,2\}}\|$ $\|(\mathbf{Z}_0)_{\{1,3,5\},\{1,3,5\}}\|+$ $\|\mathbf{MY}_{\{1,4,5,6\},\{1,4,5,2\}}\|$ $\|(\mathbf{Z}_0)_{\{1,4,5\},\{1,4,5\}}\|+$ $\|\mathbf{MY}_{\{3,4,5,6\},\{3,4,5,2\}}\|$ $\|(\mathbf{Z}_0)_{\{3,4,5\},\{3,4,5\}}\|+$ $\|\mathbf{MY}_{\{1,3,4,5,6\},\{1,3,4,5,2\}}\|$ $\|(\mathbf{Z}_0)_{\{1,3,4,5\},\{1,3,4,5\}}\|)$	$-2R_6\sqrt{\left\|\frac{R_3}{R_6}\right\|}(\|\mathbf{MY}_{\{6\},\{3\}}\|+$ $\|\mathbf{MY}_{\{1,6\},\{1,3\}}\|$ $\|(\mathbf{Z}_0)_{\{1\},\{1\}}\|+$ $\|\mathbf{MY}_{\{2,6\},\{2,3\}}\|$ $\|(\mathbf{Z}_0)_{\{2\},\{2\}}\|+$ $\|\mathbf{MY}_{\{4,6\},\{4,3\}}\|$ $\|(\mathbf{Z}_0)_{\{4\},\{4\}}\|+$ $\|\mathbf{MY}_{\{5,6\},\{5,3\}}\|$ $\|(\mathbf{Z}_0)_{\{5\},\{5\}}\|+$ $\|\mathbf{MY}_{\{1,2,6\},\{1,2,3\}}\|$ $\|(\mathbf{Z}_0)_{\{1,2\},\{1,2\}}\|+$ $\|\mathbf{MY}_{\{1,4,6\},\{1,4,3\}}\|$ $\|(\mathbf{Z}_0)_{\{1,4\},\{1,4\}}\|+$ $\|\mathbf{MY}_{\{1,5,6\},\{1,5,3\}}\|$ $\|(\mathbf{Z}_0)_{\{1,5\},\{1,5\}}\|+$ $\|\mathbf{MY}_{\{2,4,6\},\{2,4,3\}}\|$ $\|(\mathbf{Z}_0)_{\{2,4\},\{2,4\}}\|+$ $\|\mathbf{MY}_{\{2,5,6\},\{2,5,3\}}\|$ $\|(\mathbf{Z}_0)_{\{2,5\},\{2,5\}}\|+$ $\|\mathbf{MY}_{\{4,5,6\},\{4,5,3\}}\|$ $\|(\mathbf{Z}_0)_{\{4,5\},\{4,5\}}\|+$ $\|\mathbf{MY}_{\{1,2,4,6\},\{1,2,4,3\}}\|$ $\|(\mathbf{Z}_0)_{\{1,2,4\},\{1,2,4\}}\|+$ $\|\mathbf{MY}_{\{1,2,5,6\},\{1,2,5,3\}}\|$ $\|(\mathbf{Z}_0)_{\{1,2,5\},\{1,2,5\}}\|+$ $\|\mathbf{MY}_{\{1,4,5,6\},\{1,4,5,3\}}\|$ $\|(\mathbf{Z}_0)_{\{1,4,5\},\{1,4,5\}}\|+$ $\|\mathbf{MY}_{\{2,4,5,6\},\{2,4,5,3\}}\|$ $\|(\mathbf{Z}_0)_{\{2,4,5\},\{2,4,5\}}\|+$ $\|\mathbf{MY}_{\{1,2,4,5,6\},\{1,2,4,5,3\}}\|$ $\|(\mathbf{Z}_0)_{\{1,2,4,5\},\{1,2,4,5\}}\|)$

续表

NS_{ij}	4	5	6
1	$-2R_1\sqrt{\left\|\frac{R_4}{R_1}\right\|}(\|\mathbf{MY}_{\{1\},\{4\}}\|+$ $\frac{\|\mathbf{MY}_{\{2,1\},\{2,4\}}\|}{\|(\mathbf{Z}_0)_{\{2\},\{2\}}\|}+$ $\frac{\|\mathbf{MY}_{\{3,1\},\{3,4\}}\|}{\|(\mathbf{Z}_0)_{\{3\},\{3\}}\|}+$ $\frac{\|\mathbf{MY}_{\{5,1\},\{5,4\}}\|}{\|(\mathbf{Z}_0)_{\{5\},\{5\}}\|}+$ $\frac{\|\mathbf{MY}_{\{6,1\},\{6,4\}}\|}{\|(\mathbf{Z}_0)_{\{6\},\{6\}}\|}+$ $\frac{\|\mathbf{MY}_{\{2,3,1\},\{2,3,4\}}\|}{\|(\mathbf{Z}_0)_{\{2,3\},\{2,3\}}\|}+$ $\frac{\|\mathbf{MY}_{\{2,5,1\},\{2,5,4\}}\|}{\|(\mathbf{Z}_0)_{\{2,5\},\{2,5\}}\|}+$ $\frac{\|\mathbf{MY}_{\{2,6,1\},\{2,6,4\}}\|}{\|(\mathbf{Z}_0)_{\{2,6\},\{2,6\}}\|}+$ $\frac{\|\mathbf{MY}_{\{3,5,1\},\{3,5,4\}}\|}{\|(\mathbf{Z}_0)_{\{3,5\},\{3,5\}}\|}+$ $\frac{\|\mathbf{MY}_{\{3,6,1\},\{3,6,4\}}\|}{\|(\mathbf{Z}_0)_{\{3,6\},\{3,6\}}\|}+$ $\frac{\|\mathbf{MY}_{\{5,6,1\},\{5,6,4\}}\|}{\|(\mathbf{Z}_0)_{\{5,6\},\{5,6\}}\|}+$ $\frac{\|\mathbf{MY}_{\{2,3,5,1\},\{2,3,5,4\}}\|}{\|(\mathbf{Z}_0)_{\{2,3,5\},\{2,3,5\}}\|}+$ $\frac{\|\mathbf{MY}_{\{2,3,6,1\},\{2,3,6,4\}}\|}{\|(\mathbf{Z}_0)_{\{2,3,6\},\{2,3,6\}}\|}+$ $\frac{\|\mathbf{MY}_{\{2,5,6,1\},\{2,5,6,4\}}\|}{\|(\mathbf{Z}_0)_{\{2,5,6\},\{2,5,6\}}\|}+$ $\frac{\|\mathbf{MY}_{\{3,5,6,1\},\{3,5,6,4\}}\|}{\|(\mathbf{Z}_0)_{\{3,5,6\},\{3,5,6\}}\|}+$ $\frac{\|\mathbf{MY}_{\{2,3,5,6,1\},\{2,3,5,6,4\}}\|}{\|(\mathbf{Z}_0)_{\{2,3,5,6\},\{2,3,5,6\}}\|})$	$-2R_1\sqrt{\left\|\frac{R_5}{R_1}\right\|}(\|\mathbf{MY}_{\{1\},\{5\}}\|+$ $\frac{\|\mathbf{MY}_{\{2,1\},\{2,5\}}\|}{\|(\mathbf{Z}_0)_{\{2\},\{2\}}\|}+$ $\frac{\|\mathbf{MY}_{\{3,1\},\{3,5\}}\|}{\|(\mathbf{Z}_0)_{\{3\},\{3\}}\|}+$ $\frac{\|\mathbf{MY}_{\{4,1\},\{4,5\}}\|}{\|(\mathbf{Z}_0)_{\{4\},\{4\}}\|}+$ $\frac{\|\mathbf{MY}_{\{6,1\},\{6,5\}}\|}{\|(\mathbf{Z}_0)_{\{6\},\{6\}}\|}+$ $\frac{\|\mathbf{MY}_{\{2,3,1\},\{2,3,5\}}\|}{\|(\mathbf{Z}_0)_{\{2,3\},\{2,3\}}\|}+$ $\frac{\|\mathbf{MY}_{\{2,4,1\},\{2,4,5\}}\|}{\|(\mathbf{Z}_0)_{\{2,4\},\{2,4\}}\|}+$ $\frac{\|\mathbf{MY}_{\{2,6,1\},\{2,6,5\}}\|}{\|(\mathbf{Z}_0)_{\{2,6\},\{2,6\}}\|}+$ $\frac{\|\mathbf{MY}_{\{3,4,1\},\{3,4,5\}}\|}{\|(\mathbf{Z}_0)_{\{3,4\},\{3,4\}}\|}+$ $\frac{\|\mathbf{MY}_{\{3,6,1\},\{3,6,5\}}\|}{\|(\mathbf{Z}_0)_{\{3,6\},\{3,6\}}\|}+$ $\frac{\|\mathbf{MY}_{\{4,6,1\},\{4,6,5\}}\|}{\|(\mathbf{Z}_0)_{\{4,6\},\{4,6\}}\|}+$ $\frac{\|\mathbf{MY}_{\{2,3,4,1\},\{2,3,4,5\}}\|}{\|(\mathbf{Z}_0)_{\{2,3,4\},\{2,3,4\}}\|}+$ $\frac{\|\mathbf{MY}_{\{2,3,6,1\},\{2,3,6,5\}}\|}{\|(\mathbf{Z}_0)_{\{2,3,6\},\{2,3,6\}}\|}+$ $\frac{\|\mathbf{MY}_{\{2,4,6,1\},\{2,4,6,5\}}\|}{\|(\mathbf{Z}_0)_{\{2,4,6\},\{2,4,6\}}\|}+$ $\frac{\|\mathbf{MY}_{\{3,4,6,1\},\{3,4,6,5\}}\|}{\|(\mathbf{Z}_0)_{\{3,4,6\},\{3,4,6\}}\|}+$ $\frac{\|\mathbf{MY}_{\{2,3,4,6,1\},\{2,3,4,6,5\}}\|}{\|(\mathbf{Z}_0)_{\{2,3,4,6\},\{2,3,4,6\}}\|})$	$-2R_1\sqrt{\left\|\frac{R_6}{R_1}\right\|}(\|\mathbf{MY}_{\{1\},\{6\}}\|+$ $\frac{\|\mathbf{MY}_{\{2,1\},\{2,6\}}\|}{\|(\mathbf{Z}_0)_{\{2\},\{2\}}\|}+$ $\frac{\|\mathbf{MY}_{\{3,1\},\{3,6\}}\|}{\|(\mathbf{Z}_0)_{\{3\},\{3\}}\|}+$ $\frac{\|\mathbf{MY}_{\{4,1\},\{4,6\}}\|}{\|(\mathbf{Z}_0)_{\{4\},\{4\}}\|}+$ $\frac{\|\mathbf{MY}_{\{5,1\},\{5,6\}}\|}{\|(\mathbf{Z}_0)_{\{5\},\{5\}}\|}+$ $\frac{\|\mathbf{MY}_{\{2,3,1\},\{2,3,6\}}\|}{\|(\mathbf{Z}_0)_{\{2,3\},\{2,3\}}\|}+$ $\frac{\|\mathbf{MY}_{\{2,4,1\},\{2,4,6\}}\|}{\|(\mathbf{Z}_0)_{\{2,4\},\{2,4\}}\|}+$ $\frac{\|\mathbf{MY}_{\{2,5,1\},\{2,5,6\}}\|}{\|(\mathbf{Z}_0)_{\{2,5\},\{2,5\}}\|}+$ $\frac{\|\mathbf{MY}_{\{3,4,1\},\{3,4,6\}}\|}{\|(\mathbf{Z}_0)_{\{3,4\},\{3,4\}}\|}+$ $\frac{\|\mathbf{MY}_{\{3,5,1\},\{3,5,6\}}\|}{\|(\mathbf{Z}_0)_{\{3,5\},\{3,5\}}\|}+$ $\frac{\|\mathbf{MY}_{\{4,5,1\},\{4,5,6\}}\|}{\|(\mathbf{Z}_0)_{\{4,5\},\{4,5\}}\|}+$ $\frac{\|\mathbf{MY}_{\{2,3,4,1\},\{2,3,4,6\}}\|}{\|(\mathbf{Z}_0)_{\{2,3,4\},\{2,3,4\}}\|}+$ $\frac{\|\mathbf{MY}_{\{2,3,5,1\},\{2,3,5,6\}}\|}{\|(\mathbf{Z}_0)_{\{2,3,5\},\{2,3,5\}}\|}+$ $\frac{\|\mathbf{MY}_{\{2,4,5,1\},\{2,4,5,6\}}\|}{\|(\mathbf{Z}_0)_{\{2,4,5\},\{2,4,5\}}\|}+$ $\frac{\|\mathbf{MY}_{\{3,4,5,1\},\{3,4,5,6\}}\|}{\|(\mathbf{Z}_0)_{\{3,4,5\},\{3,4,5\}}\|}+$ $\frac{\|\mathbf{MY}_{\{2,3,4,5,1\},\{2,3,4,5,6\}}\|}{\|(\mathbf{Z}_0)_{\{2,3,4,5\},\{2,3,4,5\}}\|})$

续表

NS_{ij}	4	5	6
2	$-2R_2\sqrt{\left\|\frac{R_4}{R_2}\right\|}(\|\mathbf{MY}_{\{2\},\{4\}}\|+$ $\|\mathbf{MY}_{\{1,2\},\{1,4\}}\|$ $\|(\mathbf{Z}_0)_{\{1\},\{1\}}\|+$ $\|\mathbf{MY}_{\{3,2\},\{3,4\}}\|$ $\|(\mathbf{Z}_0)_{\{3\},\{3\}}\|+$ $\|\mathbf{MY}_{\{5,2\},\{5,4\}}\|$ $\|(\mathbf{Z}_0)_{\{5\},\{5\}}\|+$ $\|\mathbf{MY}_{\{6,2\},\{6,4\}}\|$ $\|(\mathbf{Z}_0)_{\{6\},\{6\}}\|+$ $\|\mathbf{MY}_{\{1,3,2\},\{1,3,4\}}\|$ $\|(\mathbf{Z}_0)_{\{1,3\},\{1,3\}}\|+$ $\|\mathbf{MY}_{\{1,5,2\},\{1,5,4\}}\|$ $\|(\mathbf{Z}_0)_{\{1,5\},\{1,5\}}\|+$ $\|\mathbf{MY}_{\{1,6,2\},\{1,6,4\}}\|$ $\|(\mathbf{Z}_0)_{\{1,6\},\{1,6\}}\|+$ $\|\mathbf{MY}_{\{3,5,2\},\{3,5,4\}}\|$ $\|(\mathbf{Z}_0)_{\{3,5\},\{3,5\}}\|+$ $\|\mathbf{MY}_{\{3,6,2\},\{3,6,4\}}\|$ $\|(\mathbf{Z}_0)_{\{3,6\},\{3,6\}}\|+$ $\|\mathbf{MY}_{\{5,6,2\},\{5,6,4\}}\|$ $\|(\mathbf{Z}_0)_{\{5,6\},\{5,6\}}\|+$ $\|\mathbf{MY}_{\{1,3,5,2\},\{1,3,5,4\}}\|$ $\|(\mathbf{Z}_0)_{\{1,3,5\},\{1,3,5\}}\|+$ $\|\mathbf{MY}_{\{1,3,6,2\},\{1,3,6,4\}}\|$ $\|(\mathbf{Z}_0)_{\{1,3,6\},\{1,3,6\}}\|+$ $\|\mathbf{MY}_{\{1,5,6,2\},\{1,5,6,4\}}\|$ $\|(\mathbf{Z}_0)_{\{1,5,6\},\{1,5,6\}}\|+$ $\|\mathbf{MY}_{\{3,5,6,2\},\{3,5,6,4\}}\|$ $\|(\mathbf{Z}_0)_{\{3,5,6\},\{3,5,6\}}\|+$ $\|\mathbf{MY}_{\{1,3,5,6,2\},\{1,3,5,6,4\}}\|$ $\|(\mathbf{Z}_0)_{\{1,3,5,6\},\{1,3,5,6\}}\|)$	$-2R_2\sqrt{\left\|\frac{R_5}{R_2}\right\|}(\|\mathbf{MY}_{\{2\},\{5\}}\|+$ $\|\mathbf{MY}_{\{1,2\},\{1,5\}}\|$ $\|(\mathbf{Z}_0)_{\{1\},\{1\}}\|+$ $\|\mathbf{MY}_{\{3,2\},\{3,5\}}\|$ $\|(\mathbf{Z}_0)_{\{3\},\{3\}}\|+$ $\|\mathbf{MY}_{\{4,2\},\{4,5\}}\|$ $\|(\mathbf{Z}_0)_{\{4\},\{4\}}\|+$ $\|\mathbf{MY}_{\{6,2\},\{6,5\}}\|$ $\|(\mathbf{Z}_0)_{\{6\},\{6\}}\|+$ $\|\mathbf{MY}_{\{1,3,2\},\{1,3,5\}}\|$ $\|(\mathbf{Z}_0)_{\{1,3\},\{1,3\}}\|+$ $\|\mathbf{MY}_{\{1,4,2\},\{1,4,5\}}\|$ $\|(\mathbf{Z}_0)_{\{1,4\},\{1,4\}}\|+$ $\|\mathbf{MY}_{\{1,6,2\},\{1,6,5\}}\|$ $\|(\mathbf{Z}_0)_{\{1,6\},\{1,6\}}\|+$ $\|\mathbf{MY}_{\{3,4,2\},\{3,4,5\}}\|$ $\|(\mathbf{Z}_0)_{\{3,4\},\{3,4\}}\|+$ $\|\mathbf{MY}_{\{3,6,2\},\{3,6,5\}}\|$ $\|(\mathbf{Z}_0)_{\{3,6\},\{3,6\}}\|+$ $\|\mathbf{MY}_{\{4,6,2\},\{4,6,5\}}\|$ $\|(\mathbf{Z}_0)_{\{4,6\},\{4,6\}}\|+$ $\|\mathbf{MY}_{\{1,3,4,2\},\{1,3,4,5\}}\|$ $\|(\mathbf{Z}_0)_{\{1,3,4\},\{1,3,4\}}\|+$ $\|\mathbf{MY}_{\{1,3,6,2\},\{1,3,6,5\}}\|$ $\|(\mathbf{Z}_0)_{\{1,3,6\},\{1,3,6\}}\|+$ $\|\mathbf{MY}_{\{1,4,6,2\},\{1,4,6,5\}}\|$ $\|(\mathbf{Z}_0)_{\{1,4,6\},\{1,4,6\}}\|+$ $\|\mathbf{MY}_{\{3,4,6,2\},\{3,4,6,5\}}\|$ $\|(\mathbf{Z}_0)_{\{3,4,6\},\{3,4,6\}}\|+$ $\|\mathbf{MY}_{\{1,3,4,6,2\},\{1,3,4,6,5\}}\|$ $\|(\mathbf{Z}_0)_{\{1,3,4,6\},\{1,3,4,6\}}\|)$	$-2R_2\sqrt{\left\|\frac{R_6}{R_2}\right\|}(\|\mathbf{MY}_{\{2\},\{6\}}\|+$ $\|\mathbf{MY}_{\{1,2\},\{1,6\}}\|$ $\|(\mathbf{Z}_0)_{\{1\},\{1\}}\|+$ $\|\mathbf{MY}_{\{3,2\},\{3,6\}}\|$ $\|(\mathbf{Z}_0)_{\{3\},\{3\}}\|+$ $\|\mathbf{MY}_{\{4,2\},\{4,6\}}\|$ $\|(\mathbf{Z}_0)_{\{4\},\{4\}}\|+$ $\|\mathbf{MY}_{\{5,2\},\{5,6\}}\|$ $\|(\mathbf{Z}_0)_{\{5\},\{5\}}\|+$ $\|\mathbf{MY}_{\{1,3,2\},\{1,3,6\}}\|$ $\|(\mathbf{Z}_0)_{\{1,3\},\{1,3\}}\|+$ $\|\mathbf{MY}_{\{1,4,2\},\{1,4,6\}}\|$ $\|(\mathbf{Z}_0)_{\{1,4\},\{1,4\}}\|+$ $\|\mathbf{MY}_{\{1,5,2\},\{1,5,6\}}\|$ $\|(\mathbf{Z}_0)_{\{1,5\},\{1,5\}}\|+$ $\|\mathbf{MY}_{\{3,4,2\},\{3,4,6\}}\|$ $\|(\mathbf{Z}_0)_{\{3,4\},\{3,4\}}\|+$ $\|\mathbf{MY}_{\{3,5,2\},\{3,5,6\}}\|$ $\|(\mathbf{Z}_0)_{\{3,5\},\{3,5\}}\|+$ $\|\mathbf{MY}_{\{4,5,2\},\{4,5,6\}}\|$ $\|(\mathbf{Z}_0)_{\{4,5\},\{4,5\}}\|+$ $\|\mathbf{MY}_{\{1,3,4,2\},\{1,3,4,6\}}\|$ $\|(\mathbf{Z}_0)_{\{1,3,4\},\{1,3,4\}}\|+$ $\|\mathbf{MY}_{\{1,3,5,2\},\{1,3,5,6\}}\|$ $\|(\mathbf{Z}_0)_{\{1,3,5\},\{1,3,5\}}\|+$ $\|\mathbf{MY}_{\{1,4,5,2\},\{1,4,5,6\}}\|$ $\|(\mathbf{Z}_0)_{\{1,4,5\},\{1,4,5\}}\|+$ $\|\mathbf{MY}_{\{3,4,5,2\},\{3,4,5,6\}}\|$ $\|(\mathbf{Z}_0)_{\{3,4,5\},\{3,4,5\}}\|+$ $\|\mathbf{MY}_{\{1,3,4,5,2\},\{1,3,4,5,6\}}\|$ $\|(\mathbf{Z}_0)_{\{1,3,4,5\},\{1,3,4,5\}}\|)$

续表

NS_{ij}	4	5	6
3	$-2R_3\sqrt{\left\|\frac{R_4}{R_3}\right\|}(\|\mathbf{MY}_{\{3\},\{4\}}\|+$ $\|\mathbf{MY}_{\{1,3\},\{1,4\}}\|$ $\|(\mathbf{Z}_0)_{\{1\},\{1\}}\|+$ $\|\mathbf{MY}_{\{2,3\},\{2,4\}}\|$ $\|(\mathbf{Z}_0)_{\{2\},\{2\}}\|+$ $\|\mathbf{MY}_{\{5,3\},\{5,4\}}\|$ $\|(\mathbf{Z}_0)_{\{5\},\{5\}}\|+$ $\|\mathbf{MY}_{\{6,3\},\{6,4\}}\|$ $\|(\mathbf{Z}_0)_{\{6\},\{6\}}\|+$ $\|\mathbf{MY}_{\{1,2,3\},\{1,2,4\}}\|$ $\|(\mathbf{Z}_0)_{\{1,2\},\{1,2\}}\|+$ $\|\mathbf{MY}_{\{1,5,3\},\{1,5,4\}}\|$ $\|(\mathbf{Z}_0)_{\{1,5\},\{1,5\}}\|+$ $\|\mathbf{MY}_{\{1,6,3\},\{1,6,4\}}\|$ $\|(\mathbf{Z}_0)_{\{1,6\},\{1,6\}}\|+$ $\|\mathbf{MY}_{\{2,5,3\},\{2,5,4\}}\|$ $\|(\mathbf{Z}_0)_{\{2,5\},\{2,5\}}\|+$ $\|\mathbf{MY}_{\{2,6,3\},\{2,6,4\}}\|$ $\|(\mathbf{Z}_0)_{\{2,6\},\{2,6\}}\|+$ $\|\mathbf{MY}_{\{5,6,3\},\{5,6,4\}}\|$ $\|(\mathbf{Z}_0)_{\{5,6\},\{5,6\}}\|+$ $\|\mathbf{MY}_{\{1,2,5,3\},\{1,2,5,4\}}\|$ $\|(\mathbf{Z}_0)_{\{1,2,5\},\{1,2,5\}}\|+$ $\|\mathbf{MY}_{\{1,2,6,3\},\{1,2,6,4\}}\|$ $\|(\mathbf{Z}_0)_{\{1,2,6\},\{1,2,6\}}\|+$ $\|\mathbf{MY}_{\{1,5,6,3\},\{1,5,6,4\}}\|$ $\|(\mathbf{Z}_0)_{\{1,5,6\},\{1,5,6\}}\|+$ $\|\mathbf{MY}_{\{2,5,6,3\},\{2,5,6,4\}}\|$ $\|(\mathbf{Z}_0)_{\{2,5,6\},\{2,5,6\}}\|+$ $\|\mathbf{MY}_{\{1,2,5,6,3\},\{1,2,5,6,4\}}\|$ $\|(\mathbf{Z}_0)_{\{1,2,5,6\},\{1,2,5,6\}}\|)$	$-2R_3\sqrt{\left\|\frac{R_5}{R_3}\right\|}(\|\mathbf{MY}_{\{3\},\{5\}}\|+$ $\|\mathbf{MY}_{\{1,3\},\{1,5\}}\|$ $\|(\mathbf{Z}_0)_{\{1\},\{1\}}\|+$ $\|\mathbf{MY}_{\{2,3\},\{2,5\}}\|$ $\|(\mathbf{Z}_0)_{\{2\},\{2\}}\|+$ $\|\mathbf{MY}_{\{4,3\},\{4,5\}}\|$ $\|(\mathbf{Z}_0)_{\{4\},\{4\}}\|+$ $\|\mathbf{MY}_{\{6,3\},\{6,5\}}\|$ $\|(\mathbf{Z}_0)_{\{6\},\{6\}}\|+$ $\|\mathbf{MY}_{\{1,2,3\},\{1,2,5\}}\|$ $\|(\mathbf{Z}_0)_{\{1,2\},\{1,2\}}\|+$ $\|\mathbf{MY}_{\{1,4,3\},\{1,4,5\}}\|$ $\|(\mathbf{Z}_0)_{\{1,4\},\{1,4\}}\|+$ $\|\mathbf{MY}_{\{1,6,3\},\{1,6,5\}}\|$ $\|(\mathbf{Z}_0)_{\{1,6\},\{1,6\}}\|+$ $\|\mathbf{MY}_{\{2,4,3\},\{2,4,5\}}\|$ $\|(\mathbf{Z}_0)_{\{2,4\},\{2,4\}}\|+$ $\|\mathbf{MY}_{\{2,6,3\},\{2,6,5\}}\|$ $\|(\mathbf{Z}_0)_{\{2,6\},\{2,6\}}\|+$ $\|\mathbf{MY}_{\{4,6,3\},\{4,6,5\}}\|$ $\|(\mathbf{Z}_0)_{\{4,6\},\{4,6\}}\|+$ $\|\mathbf{MY}_{\{1,2,4,3\},\{1,2,4,5\}}\|$ $\|(\mathbf{Z}_0)_{\{1,2,4\},\{1,2,4\}}\|+$ $\|\mathbf{MY}_{\{1,2,6,3\},\{1,2,6,5\}}\|$ $\|(\mathbf{Z}_0)_{\{1,2,6\},\{1,2,6\}}\|+$ $\|\mathbf{MY}_{\{1,4,6,3\},\{1,4,6,5\}}\|$ $\|(\mathbf{Z}_0)_{\{1,4,6\},\{1,4,6\}}\|+$ $\|\mathbf{MY}_{\{2,4,6,3\},\{2,4,6,5\}}\|$ $\|(\mathbf{Z}_0)_{\{2,4,6\},\{2,4,6\}}\|+$ $\|\mathbf{MY}_{\{1,2,4,6,3\},\{1,2,4,6,5\}}\|$ $\|(\mathbf{Z}_0)_{\{1,2,4,6\},\{1,2,4,6\}}\|)$	$-2R_3\sqrt{\left\|\frac{R_6}{R_3}\right\|}(\|\mathbf{MY}_{\{3\},\{6\}}\|+$ $\|\mathbf{MY}_{\{1,3\},\{1,6\}}\|$ $\|(\mathbf{Z}_0)_{\{1\},\{1\}}\|+$ $\|\mathbf{MY}_{\{2,3\},\{2,6\}}\|$ $\|(\mathbf{Z}_0)_{\{2\},\{2\}}\|+$ $\|\mathbf{MY}_{\{4,3\},\{4,6\}}\|$ $\|(\mathbf{Z}_0)_{\{4\},\{4\}}\|+$ $\|\mathbf{MY}_{\{5,3\},\{5,6\}}\|$ $\|(\mathbf{Z}_0)_{\{5\},\{5\}}\|+$ $\|\mathbf{MY}_{\{1,2,3\},\{1,2,6\}}\|$ $\|(\mathbf{Z}_0)_{\{1,2\},\{1,2\}}\|+$ $\|\mathbf{MY}_{\{1,4,3\},\{1,4,6\}}\|$ $\|(\mathbf{Z}_0)_{\{1,4\},\{1,4\}}\|+$ $\|\mathbf{MY}_{\{1,5,3\},\{1,5,6\}}\|$ $\|(\mathbf{Z}_0)_{\{1,5\},\{1,5\}}\|+$ $\|\mathbf{MY}_{\{2,4,3\},\{2,4,6\}}\|$ $\|(\mathbf{Z}_0)_{\{2,4\},\{2,4\}}\|+$ $\|\mathbf{MY}_{\{2,5,3\},\{2,5,6\}}\|$ $\|(\mathbf{Z}_0)_{\{2,5\},\{2,5\}}\|+$ $\|\mathbf{MY}_{\{4,5,3\},\{4,5,6\}}\|$ $\|(\mathbf{Z}_0)_{\{4,5\},\{4,5\}}\|+$ $\|\mathbf{MY}_{\{1,2,4,3\},\{1,2,4,6\}}\|$ $\|(\mathbf{Z}_0)_{\{1,2,4\},\{1,2,4\}}\|+$ $\|\mathbf{MY}_{\{1,2,5,3\},\{1,2,5,6\}}\|$ $\|(\mathbf{Z}_0)_{\{1,2,5\},\{1,2,5\}}\|+$ $\|\mathbf{MY}_{\{1,4,5,3\},\{1,4,5,6\}}\|$ $\|(\mathbf{Z}_0)_{\{1,4,5\},\{1,4,5\}}\|+$ $\|\mathbf{MY}_{\{2,4,5,3\},\{2,4,5,6\}}\|$ $\|(\mathbf{Z}_0)_{\{2,4,5\},\{2,4,5\}}\|+$ $\|\mathbf{MY}_{\{1,2,4,5,3\},\{1,2,4,5,6\}}\|$ $\|(\mathbf{Z}_0)_{\{1,2,4,5\},\{1,2,4,5\}}\|)$

续表

NS_{ij}	4	5	6
4	—	$-2R_4\sqrt{\left\|\frac{R_5}{R_4}\right\|}(\|\mathbf{MY}_{\{4\},\{5\}}\|+$ $\|\mathbf{MY}_{\{1,4\},\{1,5\}}\|$ $\|(\mathbf{Z}_0)_{\{1\},\{1\}}\|+$ $\|\mathbf{MY}_{\{2,4\},\{2,5\}}\|$ $\|(\mathbf{Z}_0)_{\{2\},\{2\}}\|+$ $\|\mathbf{MY}_{\{3,4\},\{3,5\}}\|$ $\|(\mathbf{Z}_0)_{\{3\},\{3\}}\|+$ $\|\mathbf{MY}_{\{6,4\},\{6,5\}}\|$ $\|(\mathbf{Z}_0)_{\{6\},\{6\}}\|+$ $\|\mathbf{MY}_{\{1,2,4\},\{1,2,5\}}\|$ $\|(\mathbf{Z}_0)_{\{1,2\},\{1,2\}}\|+$ $\|\mathbf{MY}_{\{1,3,4\},\{1,3,5\}}\|$ $\|(\mathbf{Z}_0)_{\{1,3\},\{1,3\}}\|+$ $\|\mathbf{MY}_{\{1,6,4\},\{1,6,5\}}\|$ $\|(\mathbf{Z}_0)_{\{1,6\},\{1,6\}}\|+$ $\|\mathbf{MY}_{\{2,3,4\},\{2,3,5\}}\|$ $\|(\mathbf{Z}_0)_{\{2,3\},\{2,3\}}\|+$ $\|\mathbf{MY}_{\{2,6,4\},\{2,6,5\}}\|$ $\|(\mathbf{Z}_0)_{\{2,6\},\{2,6\}}\|+$ $\|\mathbf{MY}_{\{3,6,4\},\{3,6,5\}}\|$ $\|(\mathbf{Z}_0)_{\{3,6\},\{3,6\}}\|+$ $\|\mathbf{MY}_{\{1,2,3,4\},\{1,2,3,5\}}\|$ $\|(\mathbf{Z}_0)_{\{1,2,3\},\{1,2,3\}}\|+$ $\|\mathbf{MY}_{\{1,2,6,4\},\{1,2,6,5\}}\|$ $\|(\mathbf{Z}_0)_{\{1,2,6\},\{1,2,6\}}\|+$ $\|\mathbf{MY}_{\{1,3,6,4\},\{1,3,6,5\}}\|$ $\|(\mathbf{Z}_0)_{\{1,3,6\},\{1,3,6\}}\|+$ $\|\mathbf{MY}_{\{2,3,6,4\},\{2,3,6,5\}}\|$ $\|(\mathbf{Z}_0)_{\{2,3,6\},\{2,3,6\}}\|+$ $\|\mathbf{MY}_{\{1,2,3,6,4\},\{1,2,3,6,5\}}\|$ $\|(\mathbf{Z}_0)_{\{1,2,3,6\},\{1,2,3,6\}}\|)$	$-2R_4\sqrt{\left\|\frac{R_6}{R_4}\right\|}(\|\mathbf{MY}_{\{4\},\{6\}}\|+$ $\|\mathbf{MY}_{\{1,4\},\{1,6\}}\|$ $\|(\mathbf{Z}_0)_{\{1\},\{1\}}\|+$ $\|\mathbf{MY}_{\{2,4\},\{2,6\}}\|$ $\|(\mathbf{Z}_0)_{\{2\},\{2\}}\|+$ $\|\mathbf{MY}_{\{3,4\},\{3,6\}}\|$ $\|(\mathbf{Z}_0)_{\{3\},\{3\}}\|+$ $\|\mathbf{MY}_{\{5,4\},\{5,6\}}\|$ $\|(\mathbf{Z}_0)_{\{5\},\{5\}}\|+$ $\|\mathbf{MY}_{\{1,2,4\},\{1,2,6\}}\|$ $\|(\mathbf{Z}_0)_{\{1,2\},\{1,2\}}\|+$ $\|\mathbf{MY}_{\{1,3,4\},\{1,3,6\}}\|$ $\|(\mathbf{Z}_0)_{\{1,3\},\{1,3\}}\|+$ $\|\mathbf{MY}_{\{1,5,4\},\{1,5,6\}}\|$ $\|(\mathbf{Z}_0)_{\{1,5\},\{1,5\}}\|+$ $\|\mathbf{MY}_{\{2,3,4\},\{2,3,6\}}\|$ $\|(\mathbf{Z}_0)_{\{2,3\},\{2,3\}}\|+$ $\|\mathbf{MY}_{\{2,5,4\},\{2,5,6\}}\|$ $\|(\mathbf{Z}_0)_{\{2,5\},\{2,5\}}\|+$ $\|\mathbf{MY}_{\{3,5,4\},\{3,5,6\}}\|$ $\|(\mathbf{Z}_0)_{\{3,5\},\{3,5\}}\|+$ $\|\mathbf{MY}_{\{1,2,3,4\},\{1,2,3,6\}}\|$ $\|(\mathbf{Z}_0)_{\{1,2,3\},\{1,2,3\}}\|+$ $\|\mathbf{MY}_{\{1,2,5,4\},\{1,2,5,6\}}\|$ $\|(\mathbf{Z}_0)_{\{1,2,5\},\{1,2,5\}}\|+$ $\|\mathbf{MY}_{\{1,3,5,4\},\{1,3,5,6\}}\|$ $\|(\mathbf{Z}_0)_{\{1,3,5\},\{1,3,5\}}\|+$ $\|\mathbf{MY}_{\{2,3,5,4\},\{2,3,5,6\}}\|$ $\|(\mathbf{Z}_0)_{\{2,3,5\},\{2,3,5\}}\|+$ $\|\mathbf{MY}_{\{1,2,3,5,4\},\{1,2,3,5,6\}}\|$ $\|(\mathbf{Z}_0)_{\{1,2,3,5\},\{1,2,3,5\}}\|)$

续表

NS_{ij}	4	5	6
5	$-2R_5\sqrt{\left\|\frac{R_4}{R_5}\right\|}(\|\mathbf{MY}_{\{5\},\{4\}}\|+$ $\|\mathbf{MY}_{\{1,5\},\{1,4\}}\|$ $\|(\mathbf{Z}_0)_{\{1\},\{1\}}\|+$ $\|\mathbf{MY}_{\{2,5\},\{2,4\}}\|$ $\|(\mathbf{Z}_0)_{\{2\},\{2\}}\|+$ $\|\mathbf{MY}_{\{3,5\},\{3,4\}}\|$ $\|(\mathbf{Z}_0)_{\{3\},\{3\}}\|+$ $\|\mathbf{MY}_{\{6,5\},\{6,4\}}\|$ $\|(\mathbf{Z}_0)_{\{6\},\{6\}}\|+$ $\|\mathbf{MY}_{\{1,2,5\},\{1,2,4\}}\|$ $\|(\mathbf{Z}_0)_{\{1,2\},\{1,2\}}\|+$ $\|\mathbf{MY}_{\{1,3,5\},\{1,3,4\}}\|$ $\|(\mathbf{Z}_0)_{\{1,3\},\{1,3\}}\|+$ $\|\mathbf{MY}_{\{1,6,5\},\{1,6,4\}}\|$ $\|(\mathbf{Z}_0)_{\{1,6\},\{1,6\}}\|+$ $\|\mathbf{MY}_{\{2,3,5\},\{2,3,4\}}\|$ $\|(\mathbf{Z}_0)_{\{2,3\},\{2,3\}}\|+$ $\|\mathbf{MY}_{\{2,6,5\},\{2,6,4\}}\|$ $\|(\mathbf{Z}_0)_{\{2,6\},\{2,6\}}\|+$ $\|\mathbf{MY}_{\{3,6,5\},\{3,6,4\}}\|$ $\|(\mathbf{Z}_0)_{\{3,6\},\{3,6\}}\|+$ $\|\mathbf{MY}_{\{1,2,3,5\},\{1,2,3,4\}}\|$ $\|(\mathbf{Z}_0)_{\{1,2,3\},\{1,2,3\}}\|+$ $\|\mathbf{MY}_{\{1,2,6,5\},\{1,2,6,4\}}\|$ $\|(\mathbf{Z}_0)_{\{1,2,6\},\{1,2,6\}}\|+$ $\|\mathbf{MY}_{\{1,3,6,5\},\{1,3,6,4\}}\|$ $\|(\mathbf{Z}_0)_{\{1,3,6\},\{1,3,6\}}\|+$ $\|\mathbf{MY}_{\{2,3,6,5\},\{2,3,6,4\}}\|$ $\|(\mathbf{Z}_0)_{\{2,3,6\},\{2,3,6\}}\|+$ $\|\mathbf{MY}_{\{1,2,3,6,5\},\{1,2,3,6,4\}}\|$ $\|(\mathbf{Z}_0)_{\{1,2,3,6\},\{1,2,3,6\}}\|)$	—	$-2R_5\sqrt{\left\|\frac{R_6}{R_5}\right\|}(\|\mathbf{MY}_{\{5\},\{6\}}\|+$ $\|\mathbf{MY}_{\{1,5\},\{1,6\}}\|$ $\|(\mathbf{Z}_0)_{\{1\},\{1\}}\|+$ $\|\mathbf{MY}_{\{2,5\},\{2,6\}}\|$ $\|(\mathbf{Z}_0)_{\{2\},\{2\}}\|+$ $\|\mathbf{MY}_{\{3,5\},\{3,6\}}\|$ $\|(\mathbf{Z}_0)_{\{3\},\{3\}}\|+$ $\|\mathbf{MY}_{\{4,5\},\{4,6\}}\|$ $\|(\mathbf{Z}_0)_{\{4\},\{4\}}\|+$ $\|\mathbf{MY}_{\{1,2,5\},\{1,2,6\}}\|$ $\|(\mathbf{Z}_0)_{\{1,2\},\{1,2\}}\|+$ $\|\mathbf{MY}_{\{1,3,5\},\{1,3,6\}}\|$ $\|(\mathbf{Z}_0)_{\{1,3\},\{1,3\}}\|+$ $\|\mathbf{MY}_{\{1,4,5\},\{1,4,6\}}\|$ $\|(\mathbf{Z}_0)_{\{1,4\},\{1,4\}}\|+$ $\|\mathbf{MY}_{\{2,3,5\},\{2,3,6\}}\|$ $\|(\mathbf{Z}_0)_{\{2,3\},\{2,3\}}\|+$ $\|\mathbf{MY}_{\{2,4,5\},\{2,4,6\}}\|$ $\|(\mathbf{Z}_0)_{\{2,4\},\{2,4\}}\|+$ $\|\mathbf{MY}_{\{3,4,5\},\{3,4,6\}}\|$ $\|(\mathbf{Z}_0)_{\{3,4\},\{3,4\}}\|+$ $\|\mathbf{MY}_{\{1,2,3,5\},\{1,2,3,6\}}\|$ $\|(\mathbf{Z}_0)_{\{1,2,3\},\{1,2,3\}}\|+$ $\|\mathbf{MY}_{\{1,2,4,5\},\{1,2,4,6\}}\|$ $\|(\mathbf{Z}_0)_{\{1,2,4\},\{1,2,4\}}\|+$ $\|\mathbf{MY}_{\{1,3,4,5\},\{1,3,4,6\}}\|$ $\|(\mathbf{Z}_0)_{\{1,3,4\},\{1,3,4\}}\|+$ $\|\mathbf{MY}_{\{2,3,4,5\},\{2,3,4,6\}}\|$ $\|(\mathbf{Z}_0)_{\{2,3,4\},\{2,3,4\}}\|+$ $\|\mathbf{MY}_{\{1,2,3,4,5\},\{1,2,3,4,6\}}\|$ $\|(\mathbf{Z}_0)_{\{1,2,3,4\},\{1,2,3,4\}}\|)$

续表

NS_{ij}	4	5	6
6	$-2R_6\sqrt{\left\|\frac{R_4}{R_6}\right\|}(\|\mathbf{MY}_{\{6\},\{4\}}\|+$ $\|\mathbf{MY}_{\{1,6\},\{1,4\}}\|$ $\|(\mathbf{Z}_0)_{\{1\},\{1\}}\|+$ $\|\mathbf{MY}_{\{2,6\},\{2,4\}}\|$ $\|(\mathbf{Z}_0)_{\{2\},\{2\}}\|+$ $\|\mathbf{MY}_{\{3,6\},\{3,4\}}\|$ $\|(\mathbf{Z}_0)_{\{3\},\{3\}}\|+$ $\|\mathbf{MY}_{\{5,6\},\{5,4\}}\|$ $\|(\mathbf{Z}_0)_{\{5\},\{5\}}\|+$ $\|\mathbf{MY}_{\{1,2,6\},\{1,2,4\}}\|$ $\|(\mathbf{Z}_0)_{\{1,2\},\{1,2\}}\|+$ $\|\mathbf{MY}_{\{1,3,6\},\{1,3,4\}}\|$ $\|(\mathbf{Z}_0)_{\{1,3\},\{1,3\}}\|+$ $\|\mathbf{MY}_{\{1,5,6\},\{1,5,4\}}\|$ $\|(\mathbf{Z}_0)_{\{1,5\},\{1,5\}}\|+$ $\|\mathbf{MY}_{\{2,3,6\},\{2,3,4\}}\|$ $\|(\mathbf{Z}_0)_{\{2,3\},\{2,3\}}\|+$ $\|\mathbf{MY}_{\{2,5,6\},\{2,5,4\}}\|$ $\|(\mathbf{Z}_0)_{\{2,5\},\{2,5\}}\|+$ $\|\mathbf{MY}_{\{3,5,6\},\{3,5,4\}}\|$ $\|(\mathbf{Z}_0)_{\{3,5\},\{3,5\}}\|+$ $\|\mathbf{MY}_{\{1,2,3,6\},\{1,2,3,4\}}\|$ $\|(\mathbf{Z}_0)_{\{1,2,3\},\{1,2,3\}}\|+$ $\|\mathbf{MY}_{\{1,2,5,6\},\{1,2,5,4\}}\|$ $\|(\mathbf{Z}_0)_{\{1,2,5\},\{1,2,5\}}\|+$ $\|\mathbf{MY}_{\{1,3,5,6\},\{1,3,5,4\}}\|$ $\|(\mathbf{Z}_0)_{\{1,3,5\},\{1,3,5\}}\|+$ $\|\mathbf{MY}_{\{2,3,5,6\},\{2,3,5,4\}}\|$ $\|(\mathbf{Z}_0)_{\{2,3,5\},\{2,3,5\}}\|+$ $\|\mathbf{MY}_{\{1,2,3,5,6\},\{1,2,3,5,4\}}\|$ $\|(\mathbf{Z}_0)_{\{1,2,3,5\},\{1,2,3,5\}}\|)$	$-2R_6\sqrt{\left\|\frac{R_5}{R_6}\right\|}(\|\mathbf{MY}_{\{6\},\{5\}}\|+$ $\|\mathbf{MY}_{\{1,6\},\{1,5\}}\|$ $\|(\mathbf{Z}_0)_{\{1\},\{1\}}\|+$ $\|\mathbf{MY}_{\{2,6\},\{2,5\}}\|$ $\|(\mathbf{Z}_0)_{\{2\},\{2\}}\|+$ $\|\mathbf{MY}_{\{3,6\},\{3,5\}}\|$ $\|(\mathbf{Z}_0)_{\{3\},\{3\}}\|+$ $\|\mathbf{MY}_{\{4,6\},\{4,5\}}\|$ $\|(\mathbf{Z}_0)_{\{4\},\{4\}}\|+$ $\|\mathbf{MY}_{\{1,2,6\},\{1,2,5\}}\|$ $\|(\mathbf{Z}_0)_{\{1,2\},\{1,2\}}\|+$ $\|\mathbf{MY}_{\{1,3,6\},\{1,3,5\}}\|$ $\|(\mathbf{Z}_0)_{\{1,3\},\{1,3\}}\|+$ $\|\mathbf{MY}_{\{1,4,6\},\{1,4,5\}}\|$ $\|(\mathbf{Z}_0)_{\{1,4\},\{1,4\}}\|+$ $\|\mathbf{MY}_{\{2,3,6\},\{2,3,5\}}\|$ $\|(\mathbf{Z}_0)_{\{2,3\},\{2,3\}}\|+$ $\|\mathbf{MY}_{\{2,4,6\},\{2,4,5\}}\|$ $\|(\mathbf{Z}_0)_{\{2,4\},\{2,4\}}\|+$ $\|\mathbf{MY}_{\{3,4,6\},\{3,4,5\}}\|$ $\|(\mathbf{Z}_0)_{\{3,4\},\{3,4\}}\|+$ $\|\mathbf{MY}_{\{1,2,3,6\},\{1,2,3,5\}}\|$ $\|(\mathbf{Z}_0)_{\{1,2,3\},\{1,2,3\}}\|+$ $\|\mathbf{MY}_{\{1,2,4,6\},\{1,2,4,5\}}\|$ $\|(\mathbf{Z}_0)_{\{1,2,4\},\{1,2,4\}}\|+$ $\|\mathbf{MY}_{\{1,3,4,6\},\{1,3,4,5\}}\|$ $\|(\mathbf{Z}_0)_{\{1,3,4\},\{1,3,4\}}\|+$ $\|\mathbf{MY}_{\{2,3,4,6\},\{2,3,4,5\}}\|$ $\|(\mathbf{Z}_0)_{\{2,3,4\},\{2,3,4\}}\|+$ $\|\mathbf{MY}_{\{1,2,3,4,6\},\{1,2,3,4,5\}}\|$ $\|(\mathbf{Z}_0)_{\{1,2,3,4\},\{1,2,3,4\}}\|)$	—

续表

$$
\begin{aligned}
\mathrm{DS}=1+&|\mathbf{MY}_{\{1\},\{1\}}||(\boldsymbol{Z}_0)_{\{1\},\{1\}}|+|\mathbf{MY}_{\{2\},\{2\}}||(\boldsymbol{Z}_0)_{\{2\},\{2\}}|+|\mathbf{MY}_{\{3\},\{3\}}||(\boldsymbol{Z}_0)_{\{3\},\{3\}}|+\\
&|\mathbf{MY}_{\{4\},\{4\}}||(\boldsymbol{Z}_0)_{\{4\},\{4\}}|+|\mathbf{MY}_{\{5\},\{5\}}|\times|(\boldsymbol{Z}_0)_{\{5\},\{5\}}|+|\mathbf{MY}_{\{6\},\{6\}}||(\boldsymbol{Z}_0)_{\{6\},\{6\}}|+\\
&|\mathbf{MY}_{\{1,2\},\{1,2\}}||(\boldsymbol{Z}_0)_{\{1,2\},\{1,2\}}|+|\mathbf{MY}_{\{1,3\},\{1,3\}}||(\boldsymbol{Z}_0)_{\{1,3\},\{1,3\}}|+\\
&|\mathbf{MY}_{\{1,4\},\{1,4\}}||(\boldsymbol{Z}_0)_{\{1,4\},\{1,4\}}|+|\mathbf{MY}_{\{1,5\},\{1,5\}}||(\boldsymbol{Z}_0)_{\{1,5\},\{1,5\}}|+\\
&|\mathbf{MY}_{\{1,6\},\{1,6\}}||(\boldsymbol{Z}_0)_{\{1,6\},\{1,6\}}|+|\mathbf{MY}_{\{2,3\},\{2,3\}}||(\boldsymbol{Z}_0)_{\{2,3\},\{2,3\}}|+\\
&|\mathbf{MY}_{\{2,4\},\{2,4\}}||(\boldsymbol{Z}_0)_{\{2,4\},\{2,4\}}|+|\mathbf{MY}_{\{2,5\},\{2,5\}}||(\boldsymbol{Z}_0)_{\{2,5\},\{2,5\}}|+\\
&|\mathbf{MY}_{\{2,6\},\{2,6\}}||(\boldsymbol{Z}_0)_{\{2,6\},\{2,6\}}|+|\mathbf{MY}_{\{3,4\},\{3,4\}}||(\boldsymbol{Z}_0)_{\{3,4\},\{3,4\}}|+\\
&|\mathbf{MY}_{\{3,5\},\{3,5\}}||(\boldsymbol{Z}_0)_{\{3,5\},\{3,5\}}|+|\mathbf{MY}_{\{3,6\},\{3,6\}}||(\boldsymbol{Z}_0)_{\{3,6\},\{3,6\}}|+\\
&|\mathbf{MY}_{\{4,5\},\{4,5\}}||(\boldsymbol{Z}_0)_{\{4,5\},\{4,5\}}|+|\mathbf{MY}_{\{4,6\},\{4,6\}}||(\boldsymbol{Z}_0)_{\{4,6\},\{4,6\}}|+\\
&|\mathbf{MY}_{\{5,6\},\{5,6\}}||(\boldsymbol{Z}_0)_{\{5,6\},\{5,6\}}|+|\mathbf{MY}_{\{1,2,3\},\{1,2,3\}}||(\boldsymbol{Z}_0)_{\{1,2,3\},\{1,2,3\}}|+\\
&|\mathbf{MY}_{\{1,2,4\},\{1,2,4\}}||(\boldsymbol{Z}_0)_{\{1,2,4\},\{1,2,4\}}|+|\mathbf{MY}_{\{1,2,5\},\{1,2,5\}}||(\boldsymbol{Z}_0)_{\{1,2,5\},\{1,2,5\}}|+\\
&|\mathbf{MY}_{\{1,2,6\},\{1,2,6\}}|\times|(\boldsymbol{Z}_0)_{\{1,2,6\},\{1,2,6\}}|+|\mathbf{MY}_{\{1,3,4\},\{1,3,4\}}||(\boldsymbol{Z}_0)_{\{1,3,4\},\{1,3,4\}}|+\\
&|\mathbf{MY}_{\{1,3,5\},\{1,3,5\}}||(\boldsymbol{Z}_0)_{\{1,3,5\},\{1,3,5\}}|+|\mathbf{MY}_{\{1,3,6\},\{1,3,6\}}||(\boldsymbol{Z}_0)_{\{1,3,6\},\{1,3,6\}}|+\\
&|\mathbf{MY}_{\{1,4,5\},\{1,4,5\}}||(\boldsymbol{Z}_0)_{\{1,4,5\},\{1,4,5\}}|+|\mathbf{MY}_{\{1,4,6\},\{1,4,6\}}||(\boldsymbol{Z}_0)_{\{1,4,6\},\{1,4,6\}}|+\\
&|\mathbf{MY}_{\{1,5,6\},\{1,5,6\}}||(\boldsymbol{Z}_0)_{\{1,5,6\},\{1,5,6\}}|+|\mathbf{MY}_{\{2,3,4\},\{2,3,4\}}|\times|(\boldsymbol{Z}_0)_{\{2,3,4\},\{2,3,4\}}|+\\
&|\mathbf{MY}_{\{2,3,5\},\{2,3,5\}}||(\boldsymbol{Z}_0)_{\{2,3,5\},\{2,3,5\}}|+|\mathbf{MY}_{\{2,3,6\},\{2,3,6\}}||(\boldsymbol{Z}_0)_{\{2,3,6\},\{2,3,6\}}|+\\
&|\mathbf{MY}_{\{2,4,5\},\{2,4,5\}}||(\boldsymbol{Z}_0)_{\{2,4,5\},\{2,4,5\}}|+|\mathbf{MY}_{\{2,4,6\},\{2,4,6\}}||(\boldsymbol{Z}_0)_{\{2,4,6\},\{2,4,6\}}|+\\
&|\mathbf{MY}_{\{2,5,6\},\{2,5,6\}}||(\boldsymbol{Z}_0)_{\{2,5,6\},\{2,5,6\}}|+|\mathbf{MY}_{\{3,4,5\},\{3,4,5\}}||(\boldsymbol{Z}_0)_{\{3,4,5\},\{3,4,5\}}|+\\
&|\mathbf{MY}_{\{3,4,6\},\{3,4,6\}}|\times|(\boldsymbol{Z}_0)_{\{3,4,6\},\{3,4,6\}}|+|\mathbf{MY}_{\{3,5,6\},\{3,5,6\}}||(\boldsymbol{Z}_0)_{\{3,5,6\},\{3,5,6\}}|+\\
&|\mathbf{MY}_{\{4,5,6\},\{4,5,6\}}||(\boldsymbol{Z}_0)_{\{4,5,6\},\{4,5,6\}}|+|\mathbf{MY}_{\{1,2,3,4\},\{1,2,3,4\}}||(\boldsymbol{Z}_0)_{\{1,2,3,4\},\{1,2,3,4\}}|+\\
&|\mathbf{MY}_{\{1,2,3,5\},\{1,2,3,5\}}||(\boldsymbol{Z}_0)_{\{1,2,3,5\},\{1,2,3,5\}}|+|\mathbf{MY}_{\{1,2,3,6\},\{1,2,3,6\}}||(\boldsymbol{Z}_0)_{\{1,2,3,6\},\{1,2,3,6\}}|+\\
&|\mathbf{MY}_{\{1,2,4,5\},\{1,2,4,5\}}||(\boldsymbol{Z}_0)_{\{1,2,4,5\},\{1,2,4,5\}}|+|\mathbf{MY}_{\{1,2,4,6\},\{1,2,4,6\}}||(\boldsymbol{Z}_0)_{\{1,2,4,6\},\{1,2,4,6\}}|+\\
&|\mathbf{MY}_{\{1,2,5,6\},\{1,2,5,6\}}||(\boldsymbol{Z}_0)_{\{1,2,5,6\},\{1,2,5,6\}}|+|\mathbf{MY}_{\{1,3,4,5\},\{1,3,4,5\}}||(\boldsymbol{Z}_0)_{\{1,3,4,5\},\{1,3,4,5\}}|+\\
&|\mathbf{MY}_{\{1,3,4,6\},\{1,3,4,6\}}||(\boldsymbol{Z}_0)_{\{1,3,4,6\},\{1,3,4,6\}}|+|\mathbf{MY}_{\{1,3,5,6\},\{1,3,5,6\}}||(\boldsymbol{Z}_0)_{\{1,3,5,6\},\{1,3,5,6\}}|+\\
&|\mathbf{MY}_{\{1,4,5,6\},\{1,4,5,6\}}||(\boldsymbol{Z}_0)_{\{1,4,5,6\},\{1,4,5,6\}}|+|\mathbf{MY}_{\{2,3,4,5\},\{2,3,4,5\}}||(\boldsymbol{Z}_0)_{\{2,3,4,5\},\{2,3,4,5\}}|+\\
&|\mathbf{MY}_{\{2,3,4,6\},\{2,3,4,6\}}||(\boldsymbol{Z}_0)_{\{2,3,4,6\},\{2,3,4,6\}}|+|\mathbf{MY}_{\{2,3,5,6\},\{2,3,5,6\}}||(\boldsymbol{Z}_0)_{\{2,3,5,6\},\{2,3,5,6\}}|+\\
&|\mathbf{MY}_{\{2,4,5,6\},\{2,4,5,6\}}||(\boldsymbol{Z}_0)_{\{2,4,5,6\},\{2,4,5,6\}}|+|\mathbf{MY}_{\{3,4,5,6\},\{3,4,5,6\}}||(\boldsymbol{Z}_0)_{\{3,4,5,6\},\{3,4,5,6\}}|+\\
&|\mathbf{MY}_{\{1,2,3,4,5\},\{1,2,3,4,5\}}||(\boldsymbol{Z}_0)_{\{1,2,3,4,5\},\{1,2,3,4,5\}}|+\\
&|\mathbf{MY}_{\{1,2,3,4,6\},\{1,2,3,4,6\}}||(\boldsymbol{Z}_0)_{\{1,2,3,4,6\},\{1,2,3,4,6\}}|+\\
&|\mathbf{MY}_{\{1,2,3,5,6\},\{1,2,3,5,6\}}||(\boldsymbol{Z}_0)_{\{1,2,3,5,6\},\{1,2,3,5,6\}}|+\\
&|\mathbf{MY}_{\{1,2,4,5,6\},\{1,2,4,5,6\}}|\times|(\boldsymbol{Z}_0)_{\{1,2,4,5,6\},\{1,2,4,5,6\}}|+\\
&|\mathbf{MY}_{\{1,3,4,5,6\},\{1,3,4,5,6\}}||(\boldsymbol{Z}_0)_{\{1,3,4,5,6\},\{1,3,4,5,6\}}|+\\
&|\mathbf{MY}_{\{2,3,4,5,6\},\{2,3,4,5,6\}}||(\boldsymbol{Z}_0)_{\{2,3,4,5,6\},\{2,3,4,5,6\}}|+\\
&|\mathbf{MY}_{\{1,2,3,4,5,6\},\{1,2,3,4,5,6\}}||(\boldsymbol{Z}_0)_{\{1,2,3,4,5,6\},\{1,2,3,4,5,6\}}|
\end{aligned}
$$

续表

$$
\begin{aligned}
\mathrm{NS}_{11}=1-&|\mathbf{MY}_{\{1\},\{1\}}|Z_1^*+(|\mathbf{MY}_{\{2\},\{2\}}|-|\mathbf{MY}_{\{1,2\},\{1,2\}}|Z_1^*)|(\mathbf{Z}_0)_{\{2\},\{2\}}|+(|\mathbf{MY}_{\{3\},\{3\}}|-\\
&|\mathbf{MY}_{\{1,3\},\{1,3\}}|Z_1^*)|(\mathbf{Z}_0)_{\{3\},\{3\}}|+(|\mathbf{MY}_{\{4\},\{4\}}|-|\mathbf{MY}_{\{1,4\},\{1,4\}}|Z_1^*)|(\mathbf{Z}_0)_{\{4\},\{4\}}|+\\
&(|\mathbf{MY}_{\{5\},\{5\}}|-|\mathbf{MY}_{\{1,5\},\{1,5\}}|Z_1^*)|(\mathbf{Z}_0)_{\{5\},\{5\}}|+(|\mathbf{MY}_{\{6\},\{6\}}|-\\
&|\mathbf{MY}_{\{1,6\},\{1,6\}}|Z_1^*)|(\mathbf{Z}_0)_{\{6\},\{6\}}|+(|\mathbf{MY}_{\{2,3\},\{2,3\}}|-\\
&|\mathbf{MY}_{\{1,2,3\},\{1,2,3\}}|Z_1^*)|(\mathbf{Z}_0)_{\{2,3\},\{2,3\}}|+\\
&(|\mathbf{MY}_{\{2,4\},\{2,4\}}|-|\mathbf{MY}_{\{1,2,4\},\{1,2,4\}}|Z_1^*)|(\mathbf{Z}_0)_{\{2,4\},\{2,4\}}|+(|\mathbf{MY}_{\{2,5\},\{2,5\}}|-\\
&|\mathbf{MY}_{\{1,2,5\},\{1,2,5\}}|Z_1^*)|(\mathbf{Z}_0)_{\{2,5\},\{2,5\}}|+(|\mathbf{MY}_{\{2,6\},\{2,6\}}|-\\
&|\mathbf{MY}_{\{1,2,6\},\{1,2,6\}}|Z_1^*)|(\mathbf{Z}_0)_{\{2,6\},\{2,6\}}|+(|\mathbf{MY}_{\{3,4\},\{3,4\}}|-|\mathbf{MY}_{\{1,3,4\},\{1,3,4\}}|Z_1^*)\times\\
&|(\mathbf{Z}_0)_{\{3,4\},\{3,4\}}|+(|\mathbf{MY}_{\{3,5\},\{3,5\}}|-|\mathbf{MY}_{\{1,3,5\},\{1,3,5\}}|Z_1^*)|(\mathbf{Z}_0)_{\{3,5\},\{3,5\}}|+\\
&(|\mathbf{MY}_{\{3,6\},\{3,6\}}|-|\mathbf{MY}_{\{1,3,6\},\{1,3,6\}}|Z_1^*)|(\mathbf{Z}_0)_{\{3,6\},\{3,6\}}|+(|\mathbf{MY}_{\{4,5\},\{4,5\}}|-\\
&|\mathbf{MY}_{\{1,4,5\},\{1,4,5\}}|Z_1^*)|(\mathbf{Z}_0)_{\{4,5\},\{4,5\}}|+(|\mathbf{MY}_{\{4,6\},\{4,6\}}|-\\
&|\mathbf{MY}_{\{1,4,6\},\{1,4,6\}}|Z_1^*)|(\mathbf{Z}_0)_{\{4,6\},\{4,6\}}|+(|\mathbf{MY}_{\{5,6\},\{5,6\}}|-\\
&|\mathbf{MY}_{\{1,5,6\},\{1,5,6\}}|Z_1^*)|(\mathbf{Z}_0)_{\{5,6\},\{5,6\}}|+(|\mathbf{MY}_{\{2,3,4\},\{2,3,4\}}|-\\
&|\mathbf{MY}_{\{1,2,3,4\},\{1,2,3,4\}}|Z_1^*)|(\mathbf{Z}_0)_{\{2,3,4\},\{2,3,4\}}|+(|\mathbf{MY}_{\{2,3,5\},\{2,3,5\}}|-\\
&|\mathbf{MY}_{\{1,2,3,5\},\{1,2,3,5\}}|Z_1^*)|(\mathbf{Z}_0)_{\{2,3,5\},\{2,3,5\}}|+(|\mathbf{MY}_{\{2,3,6\},\{2,3,6\}}|-\\
&|\mathbf{MY}_{\{1,2,3,6\},\{1,2,3,6\}}|Z_1^*)|(\mathbf{Z}_0)_{\{2,3,6\},\{2,3,6\}}|+(|\mathbf{MY}_{\{2,4,5\},\{2,4,5\}}|-\\
&|\mathbf{MY}_{\{1,2,4,5\},\{1,2,4,5\}}|Z_1^*)|(\mathbf{Z}_0)_{\{2,4,5\},\{2,4,5\}}|+(|\mathbf{MY}_{\{2,4,6\},\{2,4,6\}}|-\\
&|\mathbf{MY}_{\{1,2,4,6\},\{1,2,4,6\}}|Z_1^*)|(\mathbf{Z}_0)_{\{2,4,6\},\{2,4,6\}}|+(|\mathbf{MY}_{\{2,5,6\},\{2,5,6\}}|-\\
&|\mathbf{MY}_{\{1,2,5,6\},\{1,2,5,6\}}|Z_1^*)|(\mathbf{Z}_0)_{\{2,5,6\},\{2,5,6\}}|+(|\mathbf{MY}_{\{3,4,5\},\{3,4,5\}}|-\\
&|\mathbf{MY}_{\{1,3,4,5\},\{1,3,4,5\}}|Z_1^*)|(\mathbf{Z}_0)_{\{3,4,5\},\{3,4,5\}}|+(|\mathbf{MY}_{\{3,4,6\},\{3,4,6\}}|-\\
&|\mathbf{MY}_{\{1,3,4,6\},\{1,3,4,6\}}|Z_1^*)|(\mathbf{Z}_0)_{\{3,4,6\},\{3,4,6\}}|+(|\mathbf{MY}_{\{3,5,6\},\{3,5,6\}}|-\\
&|\mathbf{MY}_{\{1,3,5,6\},\{1,3,5,6\}}|Z_1^*)|(\mathbf{Z}_0)_{\{3,5,6\},\{3,5,6\}}|+(|\mathbf{MY}_{\{4,5,6\},\{4,5,6\}}|-\\
&|\mathbf{MY}_{\{1,4,5,6\},\{1,4,5,6\}}|Z_1^*)|(\mathbf{Z}_0)_{\{4,5,6\},\{4,5,6\}}|+(|\mathbf{MY}_{\{2,3,4,5\},\{2,3,4,5\}}|-\\
&|\mathbf{MY}_{\{1,2,3,4,5\},\{1,2,3,4,5\}}|Z_1^*)|(\mathbf{Z}_0)_{\{2,3,4,5\},\{2,3,4,5\}}|+\\
&(|\mathbf{MY}_{\{2,3,4,6\},\{2,3,4,6\}}|-|\mathbf{MY}_{\{1,2,3,4,6\},\{1,2,3,4,6\}}|Z_1^*)|(\mathbf{Z}_0)_{\{2,3,4,6\},\{2,3,4,6\}}|+\\
&(|\mathbf{MY}_{\{2,3,5,6\},\{2,3,5,6\}}|-|\mathbf{MY}_{\{1,2,3,5,6\},\{1,2,3,5,6\}}|Z_1^*)\times|(\mathbf{Z}_0)_{\{2,3,5,6\},\{2,3,5,6\}}|+\\
&(|\mathbf{MY}_{\{2,4,5,6\},\{2,4,5,6\}}|-|\mathbf{MY}_{\{1,2,4,5,6\},\{1,2,4,5,6\}}|Z_1^*)|(\mathbf{Z}_0)_{\{2,4,5,6\},\{2,4,5,6\}}|+\\
&(|\mathbf{MY}_{\{3,4,5,6\},\{3,4,5,6\}}|-|\mathbf{MY}_{\{1,3,4,5,6\},\{1,3,4,5,6\}}|Z_1^*)|(\mathbf{Z}_0)_{\{3,4,5,6\},\{3,4,5,6\}}|+\\
&(|\mathbf{MY}_{\{2,3,4,5,6\},\{2,3,4,5,6\}}|-|\mathbf{MY}_{\{1,2,3,4,5,6\},\{1,2,3,4,5,6\}}|Z_1^*)|(\mathbf{Z}_0)_{\{2,3,4,5,6\},\{2,3,4,5,6\}}|
\end{aligned}
$$

续表

$$
\begin{aligned}
\mathrm{NS}_{22}=1-&|\mathbf{MY}_{\{2\},\{2\}}|Z_2^*+(|\mathbf{MY}_{\{1\},\{1\}}|-|\mathbf{MY}_{\{1,2\},\{1,2\}}|Z_2^*)|(\mathbf{Z}_0)_{\{1\},\{1\}}|+(|\mathbf{MY}_{\{3\},\{3\}}|-\\
&|\mathbf{MY}_{\{2,3\},\{2,3\}}|Z_2^*)|(\mathbf{Z}_0)_{\{3\},\{3\}}|+(|\mathbf{MY}_{\{4\},\{4\}}|-|\mathbf{MY}_{\{2,4\},\{2,4\}}|Z_2^*)|(\mathbf{Z}_0)_{\{4\},\{4\}}|+\\
&(|\mathbf{MY}_{\{5\},\{5\}}|-|\mathbf{MY}_{\{2,5\},\{2,5\}}|Z_2^*)|(\mathbf{Z}_0)_{\{5\},\{5\}}|+(|\mathbf{MY}_{\{6\},\{6\}}|-\\
&|\mathbf{MY}_{\{2,6\},\{2,6\}}|Z_2^*)|(\mathbf{Z}_0)_{\{6\},\{6\}}|+(|\mathbf{MY}_{\{1,3\},\{1,3\}}|-|\mathbf{MY}_{\{1,2,3\},\{1,2,3\}}|Z_2^*)|(\mathbf{Z}_0)_{\{1,3\},\{1,3\}}|+\\
&(|\mathbf{MY}_{\{1,4\},\{1,4\}}|-|\mathbf{MY}_{\{1,2,4\},\{1,2,4\}}|Z_2^*)|(\mathbf{Z}_0)_{\{1,4\},\{1,4\}}|+(|\mathbf{MY}_{\{1,5\},\{1,5\}}|-\\
&|\mathbf{MY}_{\{1,2,5\},\{1,2,5\}}|Z_2^*)|(\mathbf{Z}_0)_{\{1,5\},\{1,5\}}|+(|\mathbf{MY}_{\{1,6\},\{1,6\}}|-\\
&|\mathbf{MY}_{\{1,2,6\},\{1,2,6\}}|Z_2^*)|(\mathbf{Z}_0)_{\{1,6\},\{1,6\}}|+(|\mathbf{MY}_{\{3,4\},\{3,4\}}|-|\mathbf{MY}_{\{2,3,4\},\{2,3,4\}}|Z_2^*)\times\\
&|(\mathbf{Z}_0)_{\{3,4\},\{3,4\}}|+(|\mathbf{MY}_{\{3,5\},\{3,5\}}|-|\mathbf{MY}_{\{2,3,5\},\{2,3,5\}}|Z_2^*)|(\mathbf{Z}_0)_{\{3,5\},\{3,5\}}|+\\
&(|\mathbf{MY}_{\{3,6\},\{3,6\}}|-|\mathbf{MY}_{\{2,3,6\},\{2,3,6\}}|Z_2^*)|(\mathbf{Z}_0)_{\{3,6\},\{3,6\}}|+\\
&(|\mathbf{MY}_{\{4,5\},\{4,5\}}|-|\mathbf{MY}_{\{2,4,5\},\{2,4,5\}}|Z_2^*)|(\mathbf{Z}_0)_{\{4,5\},\{4,5\}}|+(|\mathbf{MY}_{\{4,6\},\{4,6\}}|-\\
&|\mathbf{MY}_{\{2,4,6\},\{2,4,6\}}|Z_2^*)|(\mathbf{Z}_0)_{\{4,6\},\{4,6\}}|+(|\mathbf{MY}_{\{5,6\},\{5,6\}}|-\\
&|\mathbf{MY}_{\{2,5,6\},\{2,5,6\}}|Z_2^*)|(\mathbf{Z}_0)_{\{5,6\},\{5,6\}}|+(|\mathbf{MY}_{\{1,3,4\},\{1,3,4\}}|-\\
&|\mathbf{MY}_{\{1,2,3,4\},\{1,2,3,4\}}|Z_2^*)|(\mathbf{Z}_0)_{\{1,3,4\},\{1,3,4\}}|+(|\mathbf{MY}_{\{1,3,5\},\{1,3,5\}}|-\\
&|\mathbf{MY}_{\{1,2,3,5\},\{1,2,3,5\}}|Z_2^*)|(\mathbf{Z}_0)_{\{1,3,5\},\{1,3,5\}}|+(|\mathbf{MY}_{\{1,3,6\},\{1,3,6\}}|-\\
&|\mathbf{MY}_{\{1,2,3,6\},\{1,2,3,6\}}|Z_2^*)|(\mathbf{Z}_0)_{\{1,3,6\},\{1,3,6\}}|+(|\mathbf{MY}_{\{1,4,5\},\{1,4,5\}}|-\\
&|\mathbf{MY}_{\{1,2,4,5\},\{1,2,4,5\}}|Z_2^*)|(\mathbf{Z}_0)_{\{1,4,5\},\{1,4,5\}}|+(|\mathbf{MY}_{\{1,4,6\},\{1,4,6\}}|-\\
&|\mathbf{MY}_{\{1,2,4,6\},\{1,2,4,6\}}|Z_2^*)|(\mathbf{Z}_0)_{\{1,4,6\},\{1,4,6\}}|+(|\mathbf{MY}_{\{1,5,6\},\{1,5,6\}}|-\\
&|\mathbf{MY}_{\{1,2,5,6\},\{1,2,5,6\}}|Z_2^*)|(\mathbf{Z}_0)_{\{1,5,6\},\{1,5,6\}}|+(|\mathbf{MY}_{\{3,4,5\},\{3,4,5\}}|-\\
&|\mathbf{MY}_{\{2,3,4,5\},\{2,3,4,5\}}|Z_2^*)|(\mathbf{Z}_0)_{\{3,4,5\},\{3,4,5\}}|+(|\mathbf{MY}_{\{3,4,6\},\{3,4,6\}}|-\\
&|\mathbf{MY}_{\{2,3,4,6\},\{2,3,4,6\}}|Z_2^*)|(\mathbf{Z}_0)_{\{3,4,6\},\{3,4,6\}}|+(|\mathbf{MY}_{\{3,5,6\},\{3,5,6\}}|-\\
&|\mathbf{MY}_{\{2,3,5,6\},\{2,3,5,6\}}|Z_2^*)|(\mathbf{Z}_0)_{\{3,5,6\},\{3,5,6\}}|+(|\mathbf{MY}_{\{4,5,6\},\{4,5,6\}}|-\\
&|\mathbf{MY}_{\{2,4,5,6\},\{2,4,5,6\}}|Z_2^*)|(\mathbf{Z}_0)_{\{4,5,6\},\{4,5,6\}}|+(|\mathbf{MY}_{\{1,3,4,5\},\{1,3,4,5\}}|-\\
&|\mathbf{MY}_{\{1,2,3,4,5\},\{1,2,3,4,5\}}|Z_2^*)|(\mathbf{Z}_0)_{\{1,3,4,5\},\{1,3,4,5\}}|+\\
&(|\mathbf{MY}_{\{1,3,4,6\},\{1,3,4,6\}}|-|\mathbf{MY}_{\{1,2,3,4,6\},\{1,2,3,4,6\}}|Z_2^*)|(\mathbf{Z}_0)_{\{1,3,4,6\},\{1,3,4,6\}}|+\\
&(|\mathbf{MY}_{\{1,3,5,6\},\{1,3,5,6\}}|-|\mathbf{MY}_{\{1,2,3,5,6\},\{1,2,3,5,6\}}|Z_2^*)\times\\
&|(\mathbf{Z}_0)_{\{1,3,5,6\},\{1,3,5,6\}}|+(|\mathbf{MY}_{\{1,4,5,6\},\{1,4,5,6\}}|-\\
&|\mathbf{MY}_{\{1,2,4,5,6\},\{1,2,4,5,6\}}|Z_2^*)|(\mathbf{Z}_0)_{\{1,4,5,6\},\{1,4,5,6\}}|+(|\mathbf{MY}_{\{3,4,5,6\},\{3,4,5,6\}}|-\\
&|\mathbf{MY}_{\{2,3,4,5,6\},\{2,3,4,5,6\}}|Z_2^*)|(\mathbf{Z}_0)_{\{3,4,5,6\},\{3,4,5,6\}}|+(|\mathbf{MY}_{\{1,3,4,5,6\},\{1,3,4,5,6\}}|-\\
&|\mathbf{MY}_{\{1,2,3,4,5,6\},\{1,2,3,4,5,6\}}|Z_2^*)|(\mathbf{Z}_0)_{\{1,3,4,5,6\},\{1,3,4,5,6\}}|
\end{aligned}
$$

续表

$$\begin{aligned}
\mathrm{NS}_{33}=1-&|\mathbf{MY}_{\{3\},\{3\}}|Z_3^*+(|\mathbf{MY}_{\{1\},\{1\}}|-|\mathbf{MY}_{\{1,3\},\{1,3\}}|Z_3^*)|(\mathbf{Z}_0)_{\{1\},\{1\}}|+(|\mathbf{MY}_{\{2\},\{2\}}|-\\
&|\mathbf{MY}_{\{2,3\},\{2,3\}}|Z_3^*)|(\mathbf{Z}_0)_{\{2\},\{2\}}|+(|\mathbf{MY}_{\{4\},\{4\}}|-|\mathbf{MY}_{\{3,4\},\{3,4\}}|Z_3^*)|(\mathbf{Z}_0)_{\{4\},\{4\}}|+\\
&(|\mathbf{MY}_{\{5\},\{5\}}|-|\mathbf{MY}_{\{3,5\},\{3,5\}}|Z_3^*)|(\mathbf{Z}_0)_{\{5\},\{5\}}|+(|\mathbf{MY}_{\{6\},\{6\}}|-\\
&|\mathbf{MY}_{\{3,6\},\{3,6\}}|Z_3^*)|(\mathbf{Z}_0)_{\{6\},\{6\}}|+(|\mathbf{MY}_{\{1,2\},\{1,2\}}|-|\mathbf{MY}_{\{1,2,3\},\{1,2,3\}}|Z_3^*)|(\mathbf{Z}_0)_{\{1,2\},\{1,2\}}|+\\
&(|\mathbf{MY}_{\{1,4\},\{1,4\}}|-|\mathbf{MY}_{\{1,3,4\},\{1,3,4\}}|Z_3^*)|(\mathbf{Z}_0)_{\{1,4\},\{1,4\}}|+(|\mathbf{MY}_{\{1,5\},\{1,5\}}|-\\
&|\mathbf{MY}_{\{1,3,5\},\{1,3,5\}}|Z_3^*)|(\mathbf{Z}_0)_{\{1,5\},\{1,5\}}|+(|\mathbf{MY}_{\{1,6\},\{1,6\}}|-\\
&|\mathbf{MY}_{\{1,3,6\},\{1,3,6\}}|Z_3^*)|(\mathbf{Z}_0)_{\{1,6\},\{1,6\}}|+(|\mathbf{MY}_{\{2,4\},\{2,4\}}|-|\mathbf{MY}_{\{2,3,4\},\{2,3,4\}}|Z_3^*)\times\\
&|(\mathbf{Z}_0)_{\{2,4\},\{2,4\}}|+(|\mathbf{MY}_{\{2,5\},\{2,5\}}|-|\mathbf{MY}_{\{2,3,5\},\{2,3,5\}}|Z_3^*)|(\mathbf{Z}_0)_{\{2,5\},\{2,5\}}|+\\
&(|\mathbf{MY}_{\{2,6\},\{2,6\}}|-|\mathbf{MY}_{\{2,3,6\},\{2,3,6\}}|Z_3^*)|(\mathbf{Z}_0)_{\{2,6\},\{2,6\}}|+\\
&(|\mathbf{MY}_{\{4,5\},\{4,5\}}|-|\mathbf{MY}_{\{3,4,5\},\{3,4,5\}}|Z_3^*)|(\mathbf{Z}_0)_{\{4,5\},\{4,5\}}|+(|\mathbf{MY}_{\{4,6\},\{4,6\}}|-\\
&|\mathbf{MY}_{\{3,4,6\},\{3,4,6\}}|Z_3^*)|(\mathbf{Z}_0)_{\{4,6\},\{4,6\}}|+(|\mathbf{MY}_{\{5,6\},\{5,6\}}|-\\
&|\mathbf{MY}_{\{3,5,6\},\{3,5,6\}}|Z_3^*)|(\mathbf{Z}_0)_{\{5,6\},\{5,6\}}|+(|\mathbf{MY}_{\{1,2,4\},\{1,2,4\}}|-\\
&|\mathbf{MY}_{\{1,2,3,4\},\{1,2,3,4\}}|Z_3^*)|(\mathbf{Z}_0)_{\{1,2,4\},\{1,2,4\}}|+(|\mathbf{MY}_{\{1,2,5\},\{1,2,5\}}|-\\
&|\mathbf{MY}_{\{1,2,3,5\},\{1,2,3,5\}}|Z_3^*)|(\mathbf{Z}_0)_{\{1,2,5\},\{1,2,5\}}|+(|\mathbf{MY}_{\{1,2,6\},\{1,2,6\}}|-\\
&|\mathbf{MY}_{\{1,2,3,6\},\{1,2,3,6\}}|Z_3^*)|(\mathbf{Z}_0)_{\{1,2,6\},\{1,2,6\}}|+(|\mathbf{MY}_{\{1,4,5\},\{1,4,5\}}|-\\
&|\mathbf{MY}_{\{1,3,4,5\},\{1,3,4,5\}}|Z_3^*)|(\mathbf{Z}_0)_{\{1,4,5\},\{1,4,5\}}|+(|\mathbf{MY}_{\{1,4,6\},\{1,4,6\}}|-\\
&|\mathbf{MY}_{\{1,3,4,6\},\{1,3,4,6\}}|Z_3^*)|(\mathbf{Z}_0)_{\{1,4,6\},\{1,4,6\}}|+(|\mathbf{MY}_{\{1,5,6\},\{1,5,6\}}|-\\
&|\mathbf{MY}_{\{1,3,5,6\},\{1,3,5,6\}}|Z_3^*)|(\mathbf{Z}_0)_{\{1,5,6\},\{1,5,6\}}|+(|\mathbf{MY}_{\{2,4,5\},\{2,4,5\}}|-\\
&|\mathbf{MY}_{\{2,3,4,5\},\{2,3,4,5\}}|Z_3^*)|(\mathbf{Z}_0)_{\{2,4,5\},\{2,4,5\}}|+(|\mathbf{MY}_{\{2,4,6\},\{2,4,6\}}|-\\
&|\mathbf{MY}_{\{2,3,4,6\},\{2,3,4,6\}}|Z_3^*)|(\mathbf{Z}_0)_{\{2,4,6\},\{2,4,6\}}|+(|\mathbf{MY}_{\{2,5,6\},\{2,5,6\}}|-\\
&|\mathbf{MY}_{\{2,3,5,6\},\{2,3,5,6\}}|Z_3^*)|(\mathbf{Z}_0)_{\{2,5,6\},\{2,5,6\}}|+(|\mathbf{MY}_{\{4,5,6\},\{4,5,6\}}|-\\
&|\mathbf{MY}_{\{3,4,5,6\},\{3,4,5,6\}}|Z_3^*)|(\mathbf{Z}_0)_{\{4,5,6\},\{4,5,6\}}|+(|\mathbf{MY}_{\{1,2,4,5\},\{1,2,4,5\}}|-\\
&|\mathbf{MY}_{\{1,2,3,4,5\},\{1,2,3,4,5\}}|Z_3^*)|(\mathbf{Z}_0)_{\{1,2,4,5\},\{1,2,4,5\}}|+\\
&(|\mathbf{MY}_{\{1,2,4,6\},\{1,2,4,6\}}|-|\mathbf{MY}_{\{1,2,3,4,6\},\{1,2,3,4,6\}}|Z_3^*)|(\mathbf{Z}_0)_{\{1,2,4,6\},\{1,2,4,6\}}|+\\
&(|\mathbf{MY}_{\{1,2,5,6\},\{1,2,5,6\}}|-|\mathbf{MY}_{\{1,2,3,5,6\},\{1,2,3,5,6\}}|Z_3^*)\times|(\mathbf{Z}_0)_{\{1,2,5,6\},\{1,2,5,6\}}|+\\
&(|\mathbf{MY}_{\{1,4,5,6\},\{1,4,5,6\}}|-|\mathbf{MY}_{\{1,3,4,5,6\},\{1,3,4,5,6\}}|Z_3^*)|(\mathbf{Z}_0)_{\{1,4,5,6\},\{1,4,5,6\}}|+\\
&(|\mathbf{MY}_{\{2,4,5,6\},\{2,4,5,6\}}|-|\mathbf{MY}_{\{2,3,4,5,6\},\{2,3,4,5,6\}}|Z_3^*)|(\mathbf{Z}_0)_{\{2,4,5,6\},\{2,4,5,6\}}|+\\
&(|\mathbf{MY}_{\{1,2,4,5,6\},\{1,2,4,5,6\}}|-|\mathbf{MY}_{\{1,2,3,4,5,6\},\{1,2,3,4,5,6\}}|Z_3^*)|(\mathbf{Z}_0)_{\{1,2,4,5,6\},\{1,2,4,5,6\}}|
\end{aligned}$$

续表

$$
\begin{aligned}
\mathrm{NS}_{44}=1-&|\mathbf{MY}_{\{4\},\{4\}}|Z_4^*+(|\mathbf{MY}_{\{1\},\{1\}}|-|\mathbf{MY}_{\{1,4\},\{1,4\}}|Z_4^*)|(\mathbf{Z}_0)_{\{1\},\{1\}}|+(|\mathbf{MY}_{\{2\},\{2\}}|-\\
&|\mathbf{MY}_{\{2,4\},\{2,4\}}|Z_4^*)|(\mathbf{Z}_0)_{\{2\},\{2\}}|+(|\mathbf{MY}_{\{3\},\{3\}}|-|\mathbf{MY}_{\{3,4\},\{3,4\}}|Z_4^*)|(\mathbf{Z}_0)_{\{3\},\{3\}}|+\\
&(|\mathbf{MY}_{\{5\},\{5\}}|-|\mathbf{MY}_{\{4,5\},\{4,5\}}|Z_4^*)|(\mathbf{Z}_0)_{\{5\},\{5\}}|+(|\mathbf{MY}_{\{6\},\{6\}}|-\\
&|\mathbf{MY}_{\{4,6\},\{4,6\}}|Z_4^*)|(\mathbf{Z}_0)_{\{6\},\{6\}}|+(|\mathbf{MY}_{\{1,2\},\{1,2\}}|-\\
&|\mathbf{MY}_{\{1,2,4\},\{1,2,4\}}|Z_4^*)|(\mathbf{Z}_0)_{\{1,2\},\{1,2\}}|+(|\mathbf{MY}_{\{1,3\},\{1,3\}}|-\\
&|\mathbf{MY}_{\{1,3,4\},\{1,3,4\}}|Z_4^*)|(\mathbf{Z}_0)_{\{1,3\},\{1,3\}}|+(|\mathbf{MY}_{\{1,5\},\{1,5\}}|-\\
&|\mathbf{MY}_{\{1,4,5\},\{1,4,5\}}|Z_4^*)|(\mathbf{Z}_0)_{\{1,5\},\{1,5\}}|+(|\mathbf{MY}_{\{1,6\},\{1,6\}}|-\\
&|\mathbf{MY}_{\{1,4,6\},\{1,4,6\}}|Z_4^*)|(\mathbf{Z}_0)_{\{1,6\},\{1,6\}}|+(|\mathbf{MY}_{\{2,3\},\{2,3\}}|-|\mathbf{MY}_{\{2,3,4\},\{2,3,4\}}|Z_4^*)\times\\
&|(\mathbf{Z}_0)_{\{2,3\},\{2,3\}}|+(|\mathbf{MY}_{\{2,5\},\{2,5\}}|-|\mathbf{MY}_{\{2,4,5\},\{2,4,5\}}|Z_4^*)|(\mathbf{Z}_0)_{\{2,5\},\{2,5\}}|+\\
&(|\mathbf{MY}_{\{2,6\},\{2,6\}}|-|\mathbf{MY}_{\{2,4,6\},\{2,4,6\}}|Z_4^*)|(\mathbf{Z}_0)_{\{2,6\},\{2,6\}}|+\\
&(|\mathbf{MY}_{\{3,5\},\{3,5\}}|-|\mathbf{MY}_{\{3,4,5\},\{3,4,5\}}|Z_4^*)|(\mathbf{Z}_0)_{\{3,5\},\{3,5\}}|+(|\mathbf{MY}_{\{3,6\},\{3,6\}}|-\\
&|\mathbf{MY}_{\{3,4,6\},\{3,4,6\}}|Z_4^*)|(\mathbf{Z}_0)_{\{3,6\},\{3,6\}}|+(|\mathbf{MY}_{\{5,6\},\{5,6\}}|-\\
&|\mathbf{MY}_{\{4,5,6\},\{4,5,6\}}|Z_4^*)|(\mathbf{Z}_0)_{\{5,6\},\{5,6\}}|+(|\mathbf{MY}_{\{1,2,3\},\{1,2,3\}}|-\\
&|\mathbf{MY}_{\{1,2,3,4\},\{1,2,3,4\}}|Z_4^*)|(\mathbf{Z}_0)_{\{1,2,3\},\{1,2,3\}}|+(|\mathbf{MY}_{\{1,2,5\},\{1,2,5\}}|-\\
&|\mathbf{MY}_{\{1,2,4,5\},\{1,2,4,5\}}|Z_4^*)|(\mathbf{Z}_0)_{\{1,2,5\},\{1,2,5\}}|+(|\mathbf{MY}_{\{1,2,6\},\{1,2,6\}}|-\\
&|\mathbf{MY}_{\{1,2,4,6\},\{1,2,4,6\}}|Z_4^*)|(\mathbf{Z}_0)_{\{1,2,6\},\{1,2,6\}}|+(|\mathbf{MY}_{\{1,3,5\},\{1,3,5\}}|-\\
&|\mathbf{MY}_{\{1,3,4,5\},\{1,3,4,5\}}|Z_4^*)|(\mathbf{Z}_0)_{\{1,3,5\},\{1,3,5\}}|+(|\mathbf{MY}_{\{1,3,6\},\{1,3,6\}}|-\\
&|\mathbf{MY}_{\{1,3,4,6\},\{1,3,4,6\}}|Z_4^*)|(\mathbf{Z}_0)_{\{1,3,6\},\{1,3,6\}}|+(|\mathbf{MY}_{\{1,5,6\},\{1,5,6\}}|-\\
&|\mathbf{MY}_{\{1,4,5,6\},\{1,4,5,6\}}|Z_4^*)|(\mathbf{Z}_0)_{\{1,5,6\},\{1,5,6\}}|+(|\mathbf{MY}_{\{2,3,5\},\{2,3,5\}}|-\\
&|\mathbf{MY}_{\{2,3,4,5\},\{2,3,4,5\}}|Z_4^*)|(\mathbf{Z}_0)_{\{2,3,5\},\{2,3,5\}}|+(|\mathbf{MY}_{\{2,3,6\},\{2,3,6\}}|-\\
&|\mathbf{MY}_{\{2,3,4,6\},\{2,3,4,6\}}|Z_4^*)|(\mathbf{Z}_0)_{\{2,3,6\},\{2,3,6\}}|+(|\mathbf{MY}_{\{2,5,6\},\{2,5,6\}}|-\\
&|\mathbf{MY}_{\{2,4,5,6\},\{2,4,5,6\}}|Z_4^*)|(\mathbf{Z}_0)_{\{2,5,6\},\{2,5,6\}}|+(|\mathbf{MY}_{\{3,5,6\},\{3,5,6\}}|-\\
&|\mathbf{MY}_{\{3,4,5,6\},\{3,4,5,6\}}|Z_4^*)|(\mathbf{Z}_0)_{\{3,5,6\},\{3,5,6\}}|+(|\mathbf{MY}_{\{1,2,3,5\},\{1,2,3,5\}}|-\\
&|\mathbf{MY}_{\{1,2,3,4,5\},\{1,2,3,4,5\}}|Z_4^*)|(\mathbf{Z}_0)_{\{1,2,3,5\},\{1,2,3,5\}}|+\\
&(|\mathbf{MY}_{\{1,2,3,6\},\{1,2,3,6\}}|-|\mathbf{MY}_{\{1,2,3,4,6\},\{1,2,3,4,6\}}|Z_4^*)|(\mathbf{Z}_0)_{\{1,2,3,6\},\{1,2,3,6\}}|+\\
&(|\mathbf{MY}_{\{1,2,5,6\},\{1,2,5,6\}}|-|\mathbf{MY}_{\{1,2,4,5,6\},\{1,2,4,5,6\}}|Z_4^*)\times|(\mathbf{Z}_0)_{\{1,2,5,6\},\{1,2,5,6\}}|+\\
&(|\mathbf{MY}_{\{1,3,5,6\},\{1,3,5,6\}}|-|\mathbf{MY}_{\{1,3,4,5,6\},\{1,3,4,5,6\}}|Z_4^*)|(\mathbf{Z}_0)_{\{1,3,5,6\},\{1,3,5,6\}}|+\\
&(|\mathbf{MY}_{\{2,3,5,6\},\{2,3,5,6\}}|-|\mathbf{MY}_{\{2,3,4,5,6\},\{2,3,4,5,6\}}|Z_4^*)|(\mathbf{Z}_0)_{\{2,3,5,6\},\{2,3,5,6\}}|+\\
&(|\mathbf{MY}_{\{1,2,3,5,6\},\{1,2,3,5,6\}}|-|\mathbf{MY}_{\{1,2,3,4,5,6\},\{1,2,3,4,5,6\}}|Z_4^*)|(\mathbf{Z}_0)_{\{1,2,3,5,6\},\{1,2,3,5,6\}}|
\end{aligned}
$$

续表

$$
\begin{aligned}
\mathrm{NS}_{55}=1-&|\mathbf{MY}_{\{5\},\{5\}}|Z_5^*+(|\mathbf{MY}_{\{1\},\{1\}}|-|\mathbf{MY}_{\{1,5\},\{1,5\}}|Z_5^*)|(\mathbf{Z}_0)_{\{1\},\{1\}}|+(|\mathbf{MY}_{\{2\},\{2\}}|-\\
&|\mathbf{MY}_{\{2,5\},\{2,5\}}|Z_5^*)|(\mathbf{Z}_0)_{\{2\},\{2\}}|+(|\mathbf{MY}_{\{3\},\{3\}}|-|\mathbf{MY}_{\{3,5\},\{3,5\}}|Z_5^*)|(\mathbf{Z}_0)_{\{3\},\{3\}}|+\\
&(|\mathbf{MY}_{\{4\},\{4\}}|-|\mathbf{MY}_{\{4,5\},\{4,5\}}|Z_5^*)|(\mathbf{Z}_0)_{\{4\},\{4\}}|+(|\mathbf{MY}_{\{6\},\{6\}}|-\\
&|\mathbf{MY}_{\{5,6\},\{5,6\}}|Z_5^*)|(\mathbf{Z}_0)_{\{6\},\{6\}}|+(|\mathbf{MY}_{\{1,2\},\{1,2\}}|-\\
&|\mathbf{MY}_{\{1,2,5\},\{1,2,5\}}|Z_5^*)|(\mathbf{Z}_0)_{\{1,2\},\{1,2\}}|+(|\mathbf{MY}_{\{1,3\},\{1,3\}}|-\\
&|\mathbf{MY}_{\{1,3,5\},\{1,3,5\}}|Z_5^*)|(\mathbf{Z}_0)_{\{1,3\},\{1,3\}}|+(|\mathbf{MY}_{\{1,4\},\{1,4\}}|-\\
&|\mathbf{MY}_{\{1,4,5\},\{1,4,5\}}|Z_5^*)|(\mathbf{Z}_0)_{\{1,4\},\{1,4\}}|+(|\mathbf{MY}_{\{1,6\},\{1,6\}}|-\\
&|\mathbf{MY}_{\{1,5,6\},\{1,5,6\}}|Z_5^*)|(\mathbf{Z}_0)_{\{1,6\},\{1,6\}}|+(|\mathbf{MY}_{\{2,3\},\{2,3\}}|-|\mathbf{MY}_{\{2,3,5\},\{2,3,5\}}|Z_5^*)\times\\
&|(\mathbf{Z}_0)_{\{2,3\},\{2,3\}}|+(|\mathbf{MY}_{\{2,4\},\{2,4\}}|-|\mathbf{MY}_{\{2,4,5\},\{2,4,5\}}|Z_5^*)|(\mathbf{Z}_0)_{\{2,4\},\{2,4\}}|+\\
&(|\mathbf{MY}_{\{2,6\},\{2,6\}}|-|\mathbf{MY}_{\{2,5,6\},\{2,5,6\}}|Z_5^*)|(\mathbf{Z}_0)_{\{2,6\},\{2,6\}}|+\\
&(|\mathbf{MY}_{\{3,4\},\{3,4\}}|-|\mathbf{MY}_{\{3,4,5\},\{3,4,5\}}|Z_5^*)|(\mathbf{Z}_0)_{\{3,4\},\{3,4\}}|+(|\mathbf{MY}_{\{3,6\},\{3,6\}}|-\\
&|\mathbf{MY}_{\{3,5,6\},\{3,5,6\}}|Z_5^*)|(\mathbf{Z}_0)_{\{3,6\},\{3,6\}}|+(|\mathbf{MY}_{\{4,6\},\{4,6\}}|-\\
&|\mathbf{MY}_{\{4,5,6\},\{4,5,6\}}|Z_5^*)|(\mathbf{Z}_0)_{\{4,6\},\{4,6\}}|+(|\mathbf{MY}_{\{1,2,3\},\{1,2,3\}}|-\\
&|\mathbf{MY}_{\{1,2,3,5\},\{1,2,3,5\}}|Z_5^*)|(\mathbf{Z}_0)_{\{1,2,3\},\{1,2,3\}}|+(|\mathbf{MY}_{\{1,2,4\},\{1,2,4\}}|-\\
&|\mathbf{MY}_{\{1,2,4,5\},\{1,2,4,5\}}|Z_5^*)|(\mathbf{Z}_0)_{\{1,2,4\},\{1,2,4\}}|+(|\mathbf{MY}_{\{1,2,6\},\{1,2,6\}}|-\\
&|\mathbf{MY}_{\{1,2,5,6\},\{1,2,5,6\}}|Z_5^*)|(\mathbf{Z}_0)_{\{1,2,6\},\{1,2,6\}}|+(|\mathbf{MY}_{\{1,3,4\},\{1,3,4\}}|-\\
&|\mathbf{MY}_{\{1,3,4,5\},\{1,3,4,5\}}|Z_5^*)|(\mathbf{Z}_0)_{\{1,3,4\},\{1,3,4\}}|+(|\mathbf{MY}_{\{1,3,6\},\{1,3,6\}}|-\\
&|\mathbf{MY}_{\{1,3,5,6\},\{1,3,5,6\}}|Z_5^*)|(\mathbf{Z}_0)_{\{1,3,6\},\{1,3,6\}}|+(|\mathbf{MY}_{\{1,4,6\},\{1,4,6\}}|-\\
&|\mathbf{MY}_{\{1,4,5,6\},\{1,4,5,6\}}|Z_5^*)|(\mathbf{Z}_0)_{\{1,4,6\},\{1,4,6\}}|+(|\mathbf{MY}_{\{2,3,4\},\{2,3,4\}}|-\\
&|\mathbf{MY}_{\{2,3,4,5\},\{2,3,4,5\}}|Z_5^*)|(\mathbf{Z}_0)_{\{2,3,4\},\{2,3,4\}}|+(|\mathbf{MY}_{\{2,3,6\},\{2,3,6\}}|-\\
&|\mathbf{MY}_{\{2,3,5,6\},\{2,3,5,6\}}|Z_5^*)|(\mathbf{Z}_0)_{\{2,3,6\},\{2,3,6\}}|+(|\mathbf{MY}_{\{2,4,6\},\{2,4,6\}}|-\\
&|\mathbf{MY}_{\{2,4,5,6\},\{2,4,5,6\}}|Z_5^*)|(\mathbf{Z}_0)_{\{2,4,6\},\{2,4,6\}}|+(|\mathbf{MY}_{\{3,4,6\},\{3,4,6\}}|-\\
&|\mathbf{MY}_{\{3,4,5,6\},\{3,4,5,6\}}|Z_5^*)|(\mathbf{Z}_0)_{\{3,4,6\},\{3,4,6\}}|+(|\mathbf{MY}_{\{1,2,3,4\},\{1,2,3,4\}}|-\\
&|\mathbf{MY}_{\{1,2,3,4,5\},\{1,2,3,4,5\}}|Z_5^*)|(\mathbf{Z}_0)_{\{1,2,3,4\},\{1,2,3,4\}}|+\\
&(|\mathbf{MY}_{\{1,2,3,6\},\{1,2,3,6\}}|-|\mathbf{MY}_{\{1,2,3,5,6\},\{1,2,3,5,6\}}|Z_5^*)|(\mathbf{Z}_0)_{\{1,2,3,6\},\{1,2,3,6\}}|+\\
&(|\mathbf{MY}_{\{1,2,4,6\},\{1,2,4,6\}}|-|\mathbf{MY}_{\{1,2,4,5,6\},\{1,2,4,5,6\}}|Z_5^*)\times\\
&|(\mathbf{Z}_0)_{\{1,2,4,6\},\{1,2,4,6\}}|+(|\mathbf{MY}_{\{1,3,4,6\},\{1,3,4,6\}}|-\\
&|\mathbf{MY}_{\{1,3,4,5,6\},\{1,3,4,5,6\}}|Z_5^*)|(\mathbf{Z}_0)_{\{1,3,4,6\},\{1,3,4,6\}}|+(|\mathbf{MY}_{\{2,3,4,6\},\{2,3,4,6\}}|-\\
&|\mathbf{MY}_{\{2,3,4,5,6\},\{2,3,4,5,6\}}|Z_5^*)|(\mathbf{Z}_0)_{\{2,3,4,6\},\{2,3,4,6\}}|+(|\mathbf{MY}_{\{1,2,3,4,6\},\{1,2,3,4,6\}}|-\\
&|\mathbf{MY}_{\{1,2,3,4,5,6\},\{1,2,3,4,5,6\}}|Z_5^*)|(\mathbf{Z}_0)_{\{1,2,3,4,6\},\{1,2,3,4,6\}}|
\end{aligned}
$$

续表

$$
\begin{aligned}
\mathrm{NS}_{66}=1-&|\mathbf{MY}_{\{6\},\{6\}}|Z_6^*+(|\mathbf{MY}_{\{1\},\{1\}}|-|\mathbf{MY}_{\{1,6\},\{1,6\}}|Z_6^*)\,|(\mathbf{Z}_0)_{\{1\},\{1\}}|+(|\mathbf{MY}_{\{2\},\{2\}}|-\\
&|\mathbf{MY}_{\{2,6\},\{2,6\}}|Z_6^*)\,|(\mathbf{Z}_0)_{\{2\},\{2\}}|+(|\mathbf{MY}_{\{3\},\{3\}}|-|\mathbf{MY}_{\{3,6\},\{3,6\}}|Z_6^*)\,|(\mathbf{Z}_0)_{\{3\},\{3\}}|+\\
&(|\mathbf{MY}_{\{4\},\{4\}}|-|\mathbf{MY}_{\{4,6\},\{4,6\}}|Z_6^*)\,|(\mathbf{Z}_0)_{\{4\},\{4\}}|+(|\mathbf{MY}_{\{5\},\{5\}}|-\\
&|\mathbf{MY}_{\{5,6\},\{5,6\}}|Z_6^*)\,|(\mathbf{Z}_0)_{\{5\},\{5\}}|+(|\mathbf{MY}_{\{1,2\},\{1,2\}}|-\\
&|\mathbf{MY}_{\{1,2,6\},\{1,2,6\}}|Z_6^*)\,|(\mathbf{Z}_0)_{\{1,2\},\{1,2\}}|+(|\mathbf{MY}_{\{1,3\},\{1,3\}}|-\\
&|\mathbf{MY}_{\{1,3,6\},\{1,3,6\}}|Z_6^*)\,|(\mathbf{Z}_0)_{\{1,3\},\{1,3\}}|+(|\mathbf{MY}_{\{1,4\},\{1,4\}}|-\\
&|\mathbf{MY}_{\{1,4,6\},\{1,4,6\}}|Z_6^*)\,|(\mathbf{Z}_0)_{\{1,4\},\{1,4\}}|+(|\mathbf{MY}_{\{1,5\},\{1,5\}}|-\\
&|\mathbf{MY}_{\{1,5,6\},\{1,5,6\}}|Z_6^*)\,|(\mathbf{Z}_0)_{\{1,5\},\{1,5\}}|+(|\mathbf{MY}_{\{2,3\},\{2,3\}}|-\\
&|\mathbf{MY}_{\{2,3,6\},\{2,3,6\}}|Z_6^*)\times|(\mathbf{Z}_0)_{\{2,3\},\{2,3\}}|+(|\mathbf{MY}_{\{2,4\},\{2,4\}}|-\\
&|\mathbf{MY}_{\{2,4,6\},\{2,4,6\}}|Z_6^*)\,|(\mathbf{Z}_0)_{\{2,4\},\{2,4\}}|+(|\mathbf{MY}_{\{2,5\},\{2,5\}}|-\\
&|\mathbf{MY}_{\{2,5,6\},\{2,5,6\}}|Z_6^*)\,|(\mathbf{Z}_0)_{\{2,5\},\{2,5\}}|+(|\mathbf{MY}_{\{3,4\},\{3,4\}}|-\\
&|\mathbf{MY}_{\{3,4,6\},\{3,4,6\}}|Z_6^*)\,|(\mathbf{Z}_0)_{\{3,4\},\{3,4\}}|+(|\mathbf{MY}_{\{3,5\},\{3,5\}}|-\\
&|\mathbf{MY}_{\{3,5,6\},\{3,5,6\}}|Z_6^*)\,|(\mathbf{Z}_0)_{\{3,5\},\{3,5\}}|+(|\mathbf{MY}_{\{4,5\},\{4,5\}}|-\\
&|\mathbf{MY}_{\{4,5,6\},\{4,5,6\}}|Z_6^*)\,|(\mathbf{Z}_0)_{\{4,5\},\{4,5\}}|+(|\mathbf{MY}_{\{1,2,3\},\{1,2,3\}}|-\\
&|\mathbf{MY}_{\{1,2,3,6\},\{1,2,3,6\}}|Z_6^*)\,|(\mathbf{Z}_0)_{\{1,2,3\},\{1,2,3\}}|+(|\mathbf{MY}_{\{1,2,4\},\{1,2,4\}}|-\\
&|\mathbf{MY}_{\{1,2,4,6\},\{1,2,4,6\}}|Z_6^*)\,|(\mathbf{Z}_0)_{\{1,2,4\},\{1,2,4\}}|+(|\mathbf{MY}_{\{1,2,5\},\{1,2,5\}}|-\\
&|\mathbf{MY}_{\{1,2,5,6\},\{1,2,5,6\}}|Z_6^*)\,|(\mathbf{Z}_0)_{\{1,2,6\},\{1,2,6\}}|+(|\mathbf{MY}_{\{1,3,4\},\{1,3,4\}}|-\\
&|\mathbf{MY}_{\{1,3,4,6\},\{1,3,4,6\}}|Z_6^*)\,|(\mathbf{Z}_0)_{\{1,3,4\},\{1,3,4\}}|+(|\mathbf{MY}_{\{1,3,5\},\{1,3,5\}}|-\\
&|\mathbf{MY}_{\{1,3,5,6\},\{1,3,5,6\}}|Z_6^*)\,|(\mathbf{Z}_0)_{\{1,3,5\},\{1,3,5\}}|+(|\mathbf{MY}_{\{1,4,5\},\{1,4,5\}}|-\\
&|\mathbf{MY}_{\{1,4,5,6\},\{1,4,5,6\}}|Z_6^*)\,|(\mathbf{Z}_0)_{\{1,4,5\},\{1,4,5\}}|+(|\mathbf{MY}_{\{2,3,4\},\{2,3,4\}}|-\\
&|\mathbf{MY}_{\{2,3,4,6\},\{2,3,4,6\}}|Z_6^*)\,|(\mathbf{Z}_0)_{\{2,3,4\},\{2,3,4\}}|+(|\mathbf{MY}_{\{2,3,5\},\{2,3,5\}}|-\\
&|\mathbf{MY}_{\{2,3,5,6\},\{2,3,5,6\}}|Z_6^*)\,|(\mathbf{Z}_0)_{\{2,3,5\},\{2,3,5\}}|+(|\mathbf{MY}_{\{2,4,5\},\{2,4,5\}}|-\\
&|\mathbf{MY}_{\{2,4,5,6\},\{2,4,5,6\}}|Z_6^*)\,|(\mathbf{Z}_0)_{\{2,4,5\},\{2,4,5\}}|+(|\mathbf{MY}_{\{3,4,5\},\{3,4,5\}}|-\\
&|\mathbf{MY}_{\{3,4,5,6\},\{3,4,5,6\}}|Z_6^*)\,|(\mathbf{Z}_0)_{\{3,4,5\},\{3,4,5\}}|+(|\mathbf{MY}_{\{1,2,3,4\},\{1,2,3,4\}}|-\\
&|\mathbf{MY}_{\{1,2,3,4,6\},\{1,2,3,4,6\}}|Z_6^*)\,|(\mathbf{Z}_0)_{\{1,2,3,4\},\{1,2,3,4\}}|+\\
&(|\mathbf{MY}_{\{1,2,3,5\},\{1,2,3,5\}}|-|\mathbf{MY}_{\{1,2,3,5,6\},\{1,2,3,5,6\}}|Z_6^*)\,|(\mathbf{Z}_0)_{\{1,2,3,5\},\{1,2,3,5\}}|+\\
&(|\mathbf{MY}_{\{1,2,4,5\},\{1,2,4,5\}}|-|\mathbf{MY}_{\{1,2,4,5,6\},\{1,2,4,5,6\}}|Z_6^*)\times\\
&|(\mathbf{Z}_0)_{\{1,2,4,5\},\{1,2,4,5\}}|+(|\mathbf{MY}_{\{1,3,4,5\},\{1,3,4,5\}}|-\\
&|\mathbf{MY}_{\{1,3,4,5,6\},\{1,3,4,5,6\}}|Z_6^*)\,|(\mathbf{Z}_0)_{\{1,3,4,5\},\{1,3,4,5\}}|+(|\mathbf{MY}_{\{2,3,4,5\},\{2,3,4,5\}}|-\\
&|\mathbf{MY}_{\{2,3,4,5,6\},\{2,3,4,5,6\}}|Z_6^*)\,|(\mathbf{Z}_0)_{\{2,3,4,5\},\{2,3,4,5\}}|+(|\mathbf{MY}_{\{1,2,3,4,5\},\{1,2,3,4,5\}}|-\\
&|\mathbf{MY}_{\{1,2,3,4,5,6\},\{1,2,3,4,5,6\}}|Z_6^*)\,|(\mathbf{Z}_0)_{\{1,2,3,4,5\},\{1,2,3,4,5\}}|
\end{aligned}
$$

3.4 二端口至六端口复阻抗网络 S 参数转换为 Y 参数

本节给出二端口至六端口复阻抗网络的 S 参数转换为 Y 参数的简化公式，见表 3-16 至表 3-20。

表 3-16 二端口网络 S 参数转换成 Y 参数的简化公式

NY_{ij}	1	2
1	$(1-\lvert \mathbf{MS}_{\{1\},\{1\}}\rvert)\lvert(\mathbf{Z}_0^*)_{\{2\},\{2\}}\rvert+$ $(\lvert \mathbf{MS}_{\{2\},\{2\}}\rvert-\lvert \mathbf{MS}_{\{1,2\},\{1,2\}}\rvert)\lvert(\mathbf{Z}_0)_{\{2\},\{2\}}\rvert$	$-2R_2\sqrt{\left\lvert\frac{R_1}{R_2}\right\rvert}\lvert \mathbf{MS}_{\{1\},\{2\}}\rvert$
2	$-2R_1\sqrt{\left\lvert\frac{R_2}{R_1}\right\rvert}\lvert \mathbf{MS}_{\{2\},\{1\}}\rvert$	$(1-\lvert \mathbf{MS}_{\{2\},\{2\}}\rvert)\lvert(\mathbf{Z}_0^*)_{\{1\},\{1\}}\rvert+$ $(\lvert \mathbf{MS}_{\{1\},\{1\}}\rvert-\lvert \mathbf{MS}_{\{1,2\},\{1,2\}}\rvert)\lvert(\mathbf{Z}_0)_{\{1\},\{1\}}\rvert$
$DY=\lvert(\mathbf{Z}_0^*)_{\{1,2\},\{1,2\}}\rvert+\lvert \mathbf{MS}_{\{1\},\{1\}}\rvert\lvert(\mathbf{Z}_0)_{\{1\},\{1\}}\rvert\lvert(\mathbf{Z}_0^*)_{\{2\},\{2\}}\rvert+$ $\lvert \mathbf{MS}_{\{2\},\{2\}}\rvert\lvert(\mathbf{Z}_0)_{\{2\},\{2\}}\rvert\lvert(\mathbf{Z}_0^*)_{\{1\},\{1\}}\rvert+\lvert \mathbf{MS}_{\{1,2\},\{1,2\}}\rvert\lvert(\mathbf{Z}_0)_{\{1,2\},\{1,2\}}\rvert$		

表 3-17 三端口网络 S 参数转换成 Y 参数的简化公式

NY_{ij}	1	2	3
1	—	$-2R_2\sqrt{\left\lvert\frac{R_1}{R_2}\right\rvert}\times$ $(\lvert \mathbf{MS}_{\{1\},\{2\}}\rvert\lvert(\mathbf{Z}_0^*)_{\{3\},\{3\}}\rvert+$ $\lvert \mathbf{MS}_{\{3,1\},\{3,2\}}\rvert\lvert(\mathbf{Z}_0)_{\{3\},\{3\}}\rvert)$	$-2R_3\sqrt{\left\lvert\frac{R_1}{R_3}\right\rvert}\times$ $(\lvert \mathbf{MS}_{\{1\},\{3\}}\rvert\lvert(\mathbf{Z}_0^*)_{\{2\},\{2\}}\rvert+$ $\lvert \mathbf{MS}_{\{2,1\},\{2,3\}}\rvert\lvert(\mathbf{Z}_0)_{\{2\},\{2\}}\rvert)$
2	$-2R_1\sqrt{\left\lvert\frac{R_2}{R_1}\right\rvert}\times$ $(\lvert \mathbf{MS}_{\{2\},\{1\}}\rvert\lvert(\mathbf{Z}_0^*)_{\{3\},\{3\}}\rvert+$ $\lvert \mathbf{MS}_{\{3,2\},\{3,1\}}\rvert\lvert(\mathbf{Z}_0)_{\{3\},\{3\}}\rvert)$	—	$-2R_3\sqrt{\left\lvert\frac{R_2}{R_3}\right\rvert}\times$ $(\lvert \mathbf{MS}_{\{2\},\{3\}}\rvert\lvert(\mathbf{Z}_0^*)_{\{1\},\{1\}}\rvert+$ $\lvert \mathbf{MS}_{\{1,2\},\{1,3\}}\rvert\lvert(\mathbf{Z}_0)_{\{1\},\{1\}}\rvert)$
3	$-2R_1\sqrt{\left\lvert\frac{R_3}{R_1}\right\rvert}\times$ $(\lvert \mathbf{MS}_{\{3\},\{1\}}\rvert\lvert(\mathbf{Z}_0^*)_{\{2\},\{2\}}\rvert+$ $\lvert \mathbf{MS}_{\{2,3\},\{2,1\}}\rvert\lvert(\mathbf{Z}_0)_{\{2\},\{2\}}\rvert)$	$-2R_2\sqrt{\left\lvert\frac{R_3}{R_2}\right\rvert}\times$ $(\lvert \mathbf{MS}_{\{3\},\{2\}}\rvert\lvert(\mathbf{Z}_0^*)_{\{1\},\{1\}}\rvert+$ $\lvert \mathbf{MS}_{\{1,3\},\{1,2\}}\rvert\lvert(\mathbf{Z}_0)_{\{1\},\{1\}}\rvert)$	—

续表

$$\mathrm{DY}=|(\boldsymbol{Z}_0^*)_{\{1,2,3\},\{1,2,3\}}|+|\boldsymbol{MS}_{\{1\},\{1\}}||(\boldsymbol{Z}_0)_{\{1\},\{1\}}||(\boldsymbol{Z}_0^*)_{\{2,3\},\{2,3\}}|+|\boldsymbol{MS}_{\{2\},\{2\}}||(\boldsymbol{Z}_0)_{\{2\},\{2\}}|$$
$$|(\boldsymbol{Z}_0^*)_{\{1,3\},\{1,3\}}|+|\boldsymbol{MS}_{\{3\},\{3\}}||(\boldsymbol{Z}_0)_{\{3\},\{3\}}||(\boldsymbol{Z}_0^*)_{\{1,2\},\{1,2\}}|+|\boldsymbol{MS}_{\{1,2\},\{1,2\}}||(\boldsymbol{Z}_0)_{\{1,2\},\{1,2\}}|$$
$$|(\boldsymbol{Z}_0^*)_{\{3\},\{3\}}|+|\boldsymbol{MS}_{\{1,3\},\{1,3\}}|\times|(\boldsymbol{Z}_0)_{\{1,3\},\{1,3\}}||(\boldsymbol{Z}_0^*)_{\{2\},\{2\}}|+|\boldsymbol{MS}_{\{2,3\},\{2,3\}}||(\boldsymbol{Z}_0)_{\{2,3\},\{2,3\}}|$$
$$|(\boldsymbol{Z}_0^*)_{\{1\},\{1\}}|+|\boldsymbol{MS}_{\{1,2,3\},\{1,2,3\}}||(\boldsymbol{Z}_0)_{\{1,2,3\},\{1,2,3\}}|$$

$$\mathrm{NY}_{11}=(1-|\boldsymbol{MS}_{\{1\},\{1\}}|)|(\boldsymbol{Z}_0^*)_{\{2,3\},\{2,3\}}|+(|\boldsymbol{MS}_{\{2\},\{2\}}|-|\boldsymbol{MS}_{\{1,2\},\{1,2\}}|)|(\boldsymbol{Z}_0)_{\{2\},\{2\}}||(\boldsymbol{Z}_0^*)_{\{3\},\{3\}}|+$$
$$(|\boldsymbol{MS}_{\{3\},\{3\}}|-|\boldsymbol{MS}_{\{1,3\},\{1,3\}}|)|(\boldsymbol{Z}_0)_{\{3\},\{3\}}||(\boldsymbol{Z}_0^*)_{\{2\},\{2\}}|+(|\boldsymbol{MS}_{\{2,3\},\{2,3\}}|-$$
$$|\boldsymbol{MS}_{\{1,2,3\},\{1,2,3\}}|)|(\boldsymbol{Z}_0)_{\{2,3\},\{2,3\}}|$$

$$\mathrm{NY}_{22}=(1-|\boldsymbol{MS}_{\{2\},\{2\}}|)|(\boldsymbol{Z}_0^*)_{\{1,3\},\{1,3\}}|+(|\boldsymbol{MS}_{\{1\},\{1\}}|-|\boldsymbol{MS}_{\{1,2\},\{1,2\}}|)|(\boldsymbol{Z}_0)_{\{1\},\{1\}}||(\boldsymbol{Z}_0^*)_{\{3\},\{3\}}|+$$
$$(|\boldsymbol{MS}_{\{3\},\{3\}}|-|\boldsymbol{MS}_{\{2,3\},\{2,3\}}|)|(\boldsymbol{Z}_0)_{\{3\},\{3\}}||(\boldsymbol{Z}_0^*)_{\{1\},\{1\}}|+(|\boldsymbol{MS}_{\{1,3\},\{1,3\}}|-$$
$$|\boldsymbol{MS}_{\{1,2,3\},\{1,2,3\}}|)|(\boldsymbol{Z}_0)_{\{1,3\},\{1,3\}}|$$

$$\mathrm{NY}_{33}=(1-|\boldsymbol{MS}_{\{3\},\{3\}}|)|(\boldsymbol{Z}_0^*)_{\{1,2\},\{1,2\}}|+(|\boldsymbol{MS}_{\{1\},\{1\}}|-|\boldsymbol{MS}_{\{1,3\},\{1,3\}}|)|(\boldsymbol{Z}_0)_{\{1\},\{1\}}||(\boldsymbol{Z}_0^*)_{\{2\},\{2\}}|+$$
$$(|\boldsymbol{MS}_{\{2\},\{2\}}|-|\boldsymbol{MS}_{\{2,3\},\{2,3\}}|)|(\boldsymbol{Z}_0)_{\{2\},\{2\}}||(\boldsymbol{Z}_0^*)_{\{1\},\{1\}}|+(|\boldsymbol{MS}_{\{1,2\},\{1,2\}}|-$$
$$|\boldsymbol{MS}_{\{1,2,3\},\{1,2,3\}}|)|(\boldsymbol{Z}_0)_{\{1,2\},\{1,2\}}|$$

表 3-18　四端口网络 S 参数转换成 Y 参数的简化公式

NY_{ij}	1	2	3	4
1	—	$-2R_2\sqrt{\left\lvert\frac{R_1}{R_2}\right\rvert}\times$ $(\lvert\boldsymbol{MS}_{\{1\},\{2\}}\rvert$ $\lvert(\boldsymbol{Z}_0^*)_{\{3,4\},\{3,4\}}\rvert+$ $\lvert\boldsymbol{MS}_{\{3,1\},\{3,2\}}\rvert$ $\lvert(\boldsymbol{Z}_0)_{\{3\},\{3\}}\rvert\times$ $\lvert(\boldsymbol{Z}_0^*)_{\{4\},\{4\}}\rvert+$ $\lvert\boldsymbol{MS}_{\{4,1\},\{4,2\}}\rvert\times$ $\lvert(\boldsymbol{Z}_0)_{\{4\},\{4\}}\rvert$ $\lvert(\boldsymbol{Z}_0^*)_{\{3\},\{3\}}\rvert+$ $\lvert\boldsymbol{MS}_{\{3,4,1\},\{3,4,2\}}\rvert$ $\lvert(\boldsymbol{Z}_0)_{\{3,4\},\{3,4\}}\rvert)$	$-2R_3\sqrt{\left\lvert\frac{R_1}{R_3}\right\rvert}\times$ $(\lvert\boldsymbol{MS}_{\{1\},\{3\}}\rvert$ $\lvert(\boldsymbol{Z}_0^*)_{\{2,4\},\{2,4\}}\rvert+$ $\lvert\boldsymbol{MS}_{\{2,1\},\{2,3\}}\rvert$ $\lvert(\boldsymbol{Z}_0)_{\{2\},\{2\}}\rvert\times$ $\lvert(\boldsymbol{Z}_0^*)_{\{4\},\{4\}}\rvert+$ $\lvert\boldsymbol{MS}_{\{4,1\},\{4,3\}}\rvert\times$ $\lvert(\boldsymbol{Z}_0)_{\{4\},\{4\}}\rvert$ $\lvert(\boldsymbol{Z}_0^*)_{\{2\},\{2\}}\rvert+$ $\lvert\boldsymbol{MS}_{\{2,4,1\},\{2,4,3\}}\rvert$ $\lvert(\boldsymbol{Z}_0)_{\{2,4\},\{2,4\}}\rvert)$	$-2R_4\sqrt{\left\lvert\frac{R_1}{R_4}\right\rvert}\times$ $(\lvert\boldsymbol{MS}_{\{1\},\{4\}}\rvert$ $\lvert(\boldsymbol{Z}_0^*)_{\{2,3\},\{2,3\}}\rvert+$ $\lvert\boldsymbol{MS}_{\{2,1\},\{2,4\}}\rvert$ $\lvert(\boldsymbol{Z}_0)_{\{2\},\{2\}}\rvert\times$ $\lvert(\boldsymbol{Z}_0^*)_{\{3\},\{3\}}\rvert+$ $\lvert\boldsymbol{MS}_{\{3,1\},\{3,4\}}\rvert\times$ $\lvert(\boldsymbol{Z}_0)_{\{3\},\{3\}}\rvert$ $\lvert(\boldsymbol{Z}_0^*)_{\{2\},\{2\}}\rvert+$ $\lvert\boldsymbol{MS}_{\{2,3,1\},\{2,3,4\}}\rvert$ $\lvert(\boldsymbol{Z}_0)_{\{2,3\},\{2,3\}}\rvert)$

续表

NY_{ij}	1	2	3	4
2	$-2R_1\sqrt{\left\lvert\frac{R_2}{R_1}\right\rvert}\times(\lvert\mathbf{MS}_{\{2\},\{1\}}\rvert\lvert(\mathbf{Z}_0^*)_{\{3,4\},\{3,4\}}\rvert+\lvert\mathbf{MS}_{\{3,2\},\{3,1\}}\rvert\lvert(\mathbf{Z}_0)_{\{3\},\{3\}}\rvert\times\lvert(\mathbf{Z}_0^*)_{\{4\},\{4\}}\rvert+\lvert\mathbf{MS}_{\{4,2\},\{4,1\}}\rvert\times\lvert(\mathbf{Z}_0)_{\{4\},\{4\}}\rvert\lvert(\mathbf{Z}_0^*)_{\{3\},\{3\}}\rvert+\lvert\mathbf{MS}_{\{3,4,2\},\{3,4,1\}}\rvert\lvert(\mathbf{Z}_0)_{\{3,4\},\{3,4\}}\rvert)$	—	$-2R_3\sqrt{\left\lvert\frac{R_2}{R_3}\right\rvert}\times(\lvert\mathbf{MS}_{\{2\},\{3\}}\rvert\lvert(\mathbf{Z}_0^*)_{\{1,4\},\{1,4\}}\rvert+\lvert\mathbf{MS}_{\{1,2\},\{1,3\}}\rvert\lvert(\mathbf{Z}_0)_{\{1\},\{1\}}\rvert\times\lvert(\mathbf{Z}_0^*)_{\{4\},\{4\}}\rvert+\lvert\mathbf{MS}_{\{4,2\},\{4,3\}}\rvert\times\lvert(\mathbf{Z}_0)_{\{4\},\{4\}}\rvert\lvert(\mathbf{Z}_0^*)_{\{1\},\{1\}}\rvert+\lvert\mathbf{MS}_{\{1,4,2\},\{1,4,3\}}\rvert\lvert(\mathbf{Z}_0)_{\{1,4\},\{1,4\}}\rvert)$	$-2R_4\sqrt{\left\lvert\frac{R_2}{R_4}\right\rvert}\times(\lvert\mathbf{MS}_{\{2\},\{4\}}\rvert\lvert(\mathbf{Z}_0^*)_{\{1,3\},\{1,3\}}\rvert+\lvert\mathbf{MS}_{\{1,2\},\{1,4\}}\rvert\lvert(\mathbf{Z}_0)_{\{1\},\{1\}}\rvert\times\lvert(\mathbf{Z}_0^*)_{\{3\},\{3\}}\rvert+\lvert\mathbf{MS}_{\{3,2\},\{3,4\}}\rvert\times\lvert(\mathbf{Z}_0)_{\{3\},\{3\}}\rvert\lvert(\mathbf{Z}_0^*)_{\{1\},\{1\}}\rvert+\lvert\mathbf{MS}_{\{1,3,2\},\{1,3,4\}}\rvert\lvert(\mathbf{Z}_0)_{\{1,3\},\{1,3\}}\rvert)$
3	$-2R_1\sqrt{\left\lvert\frac{R_3}{R_1}\right\rvert}\times(\lvert\mathbf{MS}_{\{3\},\{1\}}\rvert\lvert(\mathbf{Z}_0^*)_{\{2,4\},\{2,4\}}\rvert+\lvert\mathbf{MS}_{\{2,3\},\{2,1\}}\rvert\lvert(\mathbf{Z}_0)_{\{2\},\{2\}}\rvert\times\lvert(\mathbf{Z}_0^*)_{\{4\},\{4\}}\rvert+\lvert\mathbf{MS}_{\{4,3\},\{4,1\}}\rvert\times\lvert(\mathbf{Z}_0)_{\{4\},\{4\}}\rvert\lvert(\mathbf{Z}_0^*)_{\{2\},\{2\}}\rvert+\lvert\mathbf{MS}_{\{2,4,3\},\{2,4,1\}}\rvert\lvert(\mathbf{Z}_0)_{\{2,4\},\{2,4\}}\rvert)$	$-2R_2\sqrt{\left\lvert\frac{R_3}{R_2}\right\rvert}\times(\lvert\mathbf{MS}_{\{3\},\{2\}}\rvert\lvert(\mathbf{Z}_0^*)_{\{1,4\},\{1,4\}}\rvert+\lvert\mathbf{MS}_{\{1,3\},\{1,2\}}\rvert\lvert(\mathbf{Z}_0)_{\{1\},\{1\}}\rvert\times\lvert(\mathbf{Z}_0^*)_{\{4\},\{4\}}\rvert+\lvert\mathbf{MS}_{\{4,3\},\{4,2\}}\rvert\times\lvert(\mathbf{Z}_0)_{\{4\},\{4\}}\rvert\lvert(\mathbf{Z}_0^*)_{\{1\},\{1\}}\rvert+\lvert\mathbf{MS}_{\{1,4,3\},\{1,4,2\}}\rvert\lvert(\mathbf{Z}_0)_{\{1,4\},\{1,4\}}\rvert)$	—	$-2R_4\sqrt{\left\lvert\frac{R_3}{R_4}\right\rvert}\times(\lvert\mathbf{MS}_{\{3\},\{4\}}\rvert\lvert(\mathbf{Z}_0^*)_{\{1,2\},\{1,2\}}\rvert+\lvert\mathbf{MS}_{\{1,3\},\{1,4\}}\rvert\lvert(\mathbf{Z}_0)_{\{1\},\{1\}}\rvert\times\lvert(\mathbf{Z}_0^*)_{\{2\},\{2\}}\rvert+\lvert\mathbf{MS}_{\{2,3\},\{2,4\}}\rvert\times\lvert(\mathbf{Z}_0)_{\{2\},\{2\}}\rvert\lvert(\mathbf{Z}_0^*)_{\{1\},\{1\}}\rvert+\lvert\mathbf{MS}_{\{1,2,3\},\{1,2,4\}}\rvert\lvert(\mathbf{Z}_0)_{\{1,2\},\{1,2\}}\rvert)$
4	$-2R_1\sqrt{\left\lvert\frac{R_4}{R_1}\right\rvert}\times(\lvert\mathbf{MS}_{\{4\},\{1\}}\rvert\lvert(\mathbf{Z}_0^*)_{\{2,3\},\{2,3\}}\rvert+\lvert\mathbf{MS}_{\{2,4\},\{2,1\}}\rvert\lvert(\mathbf{Z}_0)_{\{2\},\{2\}}\rvert\times\lvert(\mathbf{Z}_0^*)_{\{3\},\{3\}}\rvert+\lvert\mathbf{MS}_{\{3,4\},\{3,1\}}\rvert\times\lvert(\mathbf{Z}_0)_{\{3\},\{3\}}\rvert\lvert(\mathbf{Z}_0^*)_{\{2\},\{2\}}\rvert+\lvert\mathbf{MS}_{\{2,3,4\},\{2,3,1\}}\rvert\lvert(\mathbf{Z}_0)_{\{2,3\},\{2,3\}}\rvert)$	$-2R_2\sqrt{\left\lvert\frac{R_4}{R_2}\right\rvert}\times(\lvert\mathbf{MS}_{\{4\},\{2\}}\rvert\lvert(\mathbf{Z}_0^*)_{\{1,3\},\{1,3\}}\rvert+\lvert\mathbf{MS}_{\{1,4\},\{1,2\}}\rvert\lvert(\mathbf{Z}_0)_{\{1\},\{1\}}\rvert\times\lvert(\mathbf{Z}_0^*)_{\{3\},\{3\}}\rvert+\lvert\mathbf{MS}_{\{3,4\},\{3,2\}}\rvert\times\lvert(\mathbf{Z}_0)_{\{3\},\{3\}}\rvert\lvert(\mathbf{Z}_0^*)_{\{1\},\{1\}}\rvert+\lvert\mathbf{MS}_{\{1,3,4\},\{1,3,2\}}\rvert\lvert(\mathbf{Z}_0)_{\{1,3\},\{1,3\}}\rvert)$	$-2R_3\sqrt{\left\lvert\frac{R_4}{R_3}\right\rvert}\times(\lvert\mathbf{MS}_{\{4\},\{3\}}\rvert\lvert(\mathbf{Z}_0^*)_{\{1,2\},\{1,2\}}\rvert+\lvert\mathbf{MS}_{\{1,4\},\{1,3\}}\rvert\lvert(\mathbf{Z}_0)_{\{1\},\{1\}}\rvert\times\lvert(\mathbf{Z}_0^*)_{\{2\},\{2\}}\rvert+\lvert\mathbf{MS}_{\{2,4\},\{2,3\}}\rvert\times\lvert(\mathbf{Z}_0)_{\{2\},\{2\}}\rvert\lvert(\mathbf{Z}_0^*)_{\{1\},\{1\}}\rvert+\lvert\mathbf{MS}_{\{1,2,4\},\{1,2,3\}}\rvert\lvert(\mathbf{Z}_0)_{\{1,2\},\{1,2\}}\rvert)$	—

续表

$$
\begin{aligned}
\mathrm{DY}= & |(\mathbf{Z}_0^*)_{\{1,2,3,4\},\{1,2,3,4\}}|+|\mathbf{MS}_{\{1\},\{1\}}||(\mathbf{Z}_0)_{\{1\},\{1\}}||(\mathbf{Z}_0^*)_{\{2,3,4\},\{2,3,4\}}|+\\
& |\mathbf{MS}_{\{2\},\{2\}}||(\mathbf{Z}_0)_{\{2\},\{2\}}||(\mathbf{Z}_0^*)_{\{1,3,4\},\{1,3,4\}}|+|\mathbf{MS}_{\{3\},\{3\}}||(\mathbf{Z}_0)_{\{3\},\{3\}}||(\mathbf{Z}_0^*)_{\{1,2,4\},\{1,2,4\}}|+\\
& |\mathbf{MS}_{\{4\},\{4\}}||(\mathbf{Z}_0)_{\{4\},\{4\}}||(\mathbf{Z}_0^*)_{\{1,2,3\},\{1,2,3\}}|+|\mathbf{MS}_{\{1,2\},\{1,2\}}||(\mathbf{Z}_0)_{\{1,2\},\{1,2\}}|\times\\
& |(\mathbf{Z}_0^*)_{\{3,4\},\{3,4\}}|+|\mathbf{MS}_{\{1,3\},\{1,3\}}||(\mathbf{Z}_0)_{\{1,3\},\{1,3\}}||(\mathbf{Z}_0^*)_{\{2,4\},\{2,4\}}|+\\
& |\mathbf{MS}_{\{1,4\},\{1,4\}}||(\mathbf{Z}_0)_{\{1,4\},\{1,4\}}||(\mathbf{Z}_0^*)_{\{2,3\},\{2,3\}}|+|\mathbf{MS}_{\{2,3\},\{2,3\}}|\times\\
& |(\mathbf{Z}_0)_{\{2,3\},\{2,3\}}||(\mathbf{Z}_0^*)_{\{1,4\},\{1,4\}}|+|\mathbf{MS}_{\{2,4\},\{2,4\}}||(\mathbf{Z}_0)_{\{2,4\},\{2,4\}}||(\mathbf{Z}_0^*)_{\{1,3\},\{1,3\}}|+\\
& |\mathbf{MS}_{\{3,4\},\{3,4\}}||(\mathbf{Z}_0)_{\{3,4\},\{3,4\}}||(\mathbf{Z}_0^*)_{\{1,2\},\{1,2\}}|+\\
& |\mathbf{MS}_{\{1,2,3\},\{1,2,3\}}||(\mathbf{Z}_0)_{\{1,2,3\},\{1,2,3\}}||(\mathbf{Z}_0^*)_{\{4\},\{4\}}|+\\
& |\mathbf{MS}_{\{1,2,4\},\{1,2,4\}}||(\mathbf{Z}_0)_{\{1,2,4\},\{1,2,4\}}||(\mathbf{Z}_0^*)_{\{3\},\{3\}}|+|\mathbf{MS}_{\{1,3,4\},\{1,3,4\}}|\times\\
& |(\mathbf{Z}_0)_{\{1,3,4\},\{1,3,4\}}||(\mathbf{Z}_0^*)_{\{2\},\{2\}}|+|\mathbf{MS}_{\{2,3,4\},\{2,3,4\}}||(\mathbf{Z}_0)_{\{2,3,4\},\{2,3,4\}}||(\mathbf{Z}_0^*)_{\{1\},\{1\}}|+\\
& |\mathbf{MS}_{\{1,2,3,4\},\{1,2,3,4\}}||(\mathbf{Z}_0)_{\{1,2,3,4\},\{1,2,3,4\}}|
\end{aligned}
$$

$$
\begin{aligned}
\mathrm{NY}_{11}= & (1-|\mathbf{MS}_{\{1\},\{1\}}|)|(\mathbf{Z}_0^*)_{\{2,3,4\},\{2,3,4\}}|+(|\mathbf{MS}_{\{2\},\{2\}}|-\\
& |\mathbf{MS}_{\{1,2\},\{1,2\}}|)|(\mathbf{Z}_0)_{\{2\},\{2\}}||(\mathbf{Z}_0^*)_{\{3,4\},\{3,4\}}|+(|\mathbf{MS}_{\{3\},\{3\}}|-\\
& |\mathbf{MS}_{\{1,3\},\{1,3\}}|)|(\mathbf{Z}_0)_{\{3\},\{3\}}||(\mathbf{Z}_0^*)_{\{2,4\},\{2,4\}}|+(|\mathbf{MS}_{\{4\},\{4\}}|-\\
& |\mathbf{MS}_{\{1,4\},\{1,4\}}|)|(\mathbf{Z}_0)_{\{4\},\{4\}}||(\mathbf{Z}_0^*)_{\{2,3\},\{2,3\}}|+(|\mathbf{MS}_{\{2,3\},\{2,3\}}|-\\
& |\mathbf{MS}_{\{1,2,3\},\{1,2,3\}}|)|(\mathbf{Z}_0)_{\{2,3\},\{2,3\}}||(\mathbf{Z}_0^*)_{\{4\},\{4\}}|+(|\mathbf{MS}_{\{2,4\},\{2,4\}}|-\\
& |\mathbf{MS}_{\{1,2,4\},\{1,2,4\}}|)|(\mathbf{Z}_0)_{\{2,4\},\{2,4\}}||(\mathbf{Z}_0^*)_{\{3\},\{3\}}|+\\
& (|\mathbf{MS}_{\{3,4\},\{3,4\}}|-|\mathbf{MS}_{\{1,3,4\},\{1,3,4\}}|)|(\mathbf{Z}_0)_{\{3,4\},\{3,4\}}||(\mathbf{Z}_0^*)_{\{2\},\{2\}}|+\\
& (|\mathbf{MS}_{\{2,3,4\},\{2,3,4\}}|-|\mathbf{MS}_{\{1,2,3,4\},\{1,2,3,4\}}|)|(\mathbf{Z}_0)_{\{2,3,4\},\{2,3,4\}}|
\end{aligned}
$$

$$
\begin{aligned}
\mathrm{NY}_{22}= & (1-|\mathbf{MS}_{\{2\},\{2\}}|)|(\mathbf{Z}_0^*)_{\{1,3,4\},\{1,3,4\}}|+(|\mathbf{MS}_{\{1\},\{1\}}|-\\
& |\mathbf{MS}_{\{1,2\},\{1,2\}}|)|(\mathbf{Z}_0)_{\{1\},\{1\}}||(\mathbf{Z}_0^*)_{\{3,4\},\{3,4\}}|+(|\mathbf{MS}_{\{3\},\{3\}}|-\\
& |\mathbf{MS}_{\{2,3\},\{2,3\}}|)|(\mathbf{Z}_0)_{\{3\},\{3\}}||(\mathbf{Z}_0^*)_{\{1,4\},\{1,4\}}|+(|\mathbf{MS}_{\{4\},\{4\}}|-\\
& |\mathbf{MS}_{\{2,4\},\{2,4\}}|)|(\mathbf{Z}_0)_{\{4\},\{4\}}||(\mathbf{Z}_0^*)_{\{1,3\},\{1,3\}}|+(|\mathbf{MS}_{\{1,3\},\{1,3\}}|-\\
& |\mathbf{MS}_{\{1,2,3\},\{1,2,3\}}|)|(\mathbf{Z}_0)_{\{1,3\},\{1,3\}}||(\mathbf{Z}_0^*)_{\{4\},\{4\}}|+(|\mathbf{MS}_{\{1,4\},\{1,4\}}|-\\
& |\mathbf{MS}_{\{1,2,4\},\{1,2,4\}}|)|(\mathbf{Z}_0)_{\{1,4\},\{1,4\}}||(\mathbf{Z}_0^*)_{\{3\},\{3\}}|+\\
& (|\mathbf{MS}_{\{3,4\},\{3,4\}}|-|\mathbf{MS}_{\{2,3,4\},\{2,3,4\}}|)|(\mathbf{Z}_0)_{\{3,4\},\{3,4\}}||(\mathbf{Z}_0^*)_{\{1\},\{1\}}|+\\
& (|\mathbf{MS}_{\{1,3,4\},\{1,3,4\}}|-|\mathbf{MS}_{\{1,2,3,4\},\{1,2,3,4\}}|)|(\mathbf{Z}_0)_{\{1,3,4\},\{1,3,4\}}|
\end{aligned}
$$

续表

$$\begin{aligned}NY_{33}=&(1-|\mathbf{MS}_{\{3\},\{3\}}|)|(\mathbf{Z}_0^*)_{\{1,2,4\},\{1,2,4\}}|+(|\mathbf{MS}_{\{1\},\{1\}}|-\\&|\mathbf{MS}_{\{1,3\},\{1,3\}}|)|(\mathbf{Z}_0)_{\{1\},\{1\}}||(\mathbf{Z}_0^*)_{\{2,4\},\{2,4\}}|+(|\mathbf{MS}_{\{2\},\{2\}}|-\\&|\mathbf{MS}_{\{2,3\},\{2,3\}}|)|(\mathbf{Z}_0)_{\{2\},\{2\}}||(\mathbf{Z}_0^*)_{\{1,4\},\{1,4\}}|+(|\mathbf{MS}_{\{4\},\{4\}}|-\\&|\mathbf{MS}_{\{3,4\},\{3,4\}}|)|(\mathbf{Z}_0)_{\{4\},\{4\}}||(\mathbf{Z}_0^*)_{\{1,2\},\{1,2\}}|+(|\mathbf{MS}_{\{1,2\},\{1,2\}}|-\\&|\mathbf{MS}_{\{1,2,3\},\{1,2,3\}}|)|(\mathbf{Z}_0)_{\{1,2\},\{1,2\}}||(\mathbf{Z}_0^*)_{\{4\},\{4\}}|+(|\mathbf{MS}_{\{1,4\},\{1,4\}}|-\\&|\mathbf{MS}_{\{1,3,4\},\{1,3,4\}}|)|(\mathbf{Z}_0)_{\{1,4\},\{1,4\}}||(\mathbf{Z}_0^*)_{\{2\},\{2\}}|+\\&(|\mathbf{MS}_{\{2,4\},\{2,4\}}|-|\mathbf{MS}_{\{2,3,4\},\{2,3,4\}}|)|(\mathbf{Z}_0)_{\{2,4\},\{2,4\}}||(\mathbf{Z}_0^*)_{\{1\},\{1\}}|+\\&(|\mathbf{MS}_{\{1,2,4\},\{1,2,4\}}|-|\mathbf{MS}_{\{1,2,3,4\},\{1,2,3,4\}}|)|(\mathbf{Z}_0)_{\{1,2,4\},\{1,2,4\}}|\end{aligned}$$

$$\begin{aligned}NY_{44}=&(1-|\mathbf{MS}_{\{4\},\{4\}}|)|(\mathbf{Z}_0^*)_{\{1,2,3\},\{1,2,3\}}|+(|\mathbf{MS}_{\{1\},\{1\}}|-\\&|\mathbf{MS}_{\{1,4\},\{1,4\}}|)|(\mathbf{Z}_0)_{\{1\},\{1\}}||(\mathbf{Z}_0^*)_{\{2,3\},\{2,3\}}|+(|\mathbf{MS}_{\{2\},\{2\}}|-\\&|\mathbf{MS}_{\{2,4\},\{2,4\}}|)|(\mathbf{Z}_0)_{\{2\},\{2\}}||(\mathbf{Z}_0^*)_{\{1,3\},\{1,3\}}|+(|\mathbf{MS}_{\{3\},\{3\}}|-\\&|\mathbf{MS}_{\{3,4\},\{3,4\}}|)|(\mathbf{Z}_0)_{\{3\},\{3\}}||(\mathbf{Z}_0^*)_{\{1,2\},\{1,2\}}|+(|\mathbf{MS}_{\{1,2\},\{1,2\}}|-\\&|\mathbf{MS}_{\{1,2,4\},\{1,2,4\}}|)|(\mathbf{Z}_0)_{\{1,2\},\{1,2\}}||(\mathbf{Z}_0^*)_{\{3\},\{3\}}|+(|\mathbf{MS}_{\{1,3\},\{1,3\}}|-\\&|\mathbf{MS}_{\{1,3,4\},\{1,3,4\}}|)|(\mathbf{Z}_0)_{\{1,3\},\{1,3\}}||(\mathbf{Z}_0^*)_{\{2\},\{2\}}|+\\&(|\mathbf{MS}_{\{2,3\},\{2,3\}}|-|\mathbf{MS}_{\{2,3,4\},\{2,3,4\}}|)|(\mathbf{Z}_0)_{\{2,3\},\{2,3\}}||(\mathbf{Z}_0^*)_{\{1\},\{1\}}|+\\&(|\mathbf{MS}_{\{1,2,3\},\{1,2,3\}}|-|\mathbf{MS}_{\{1,2,3,4\},\{1,2,3,4\}}|)|(\mathbf{Z}_0)_{\{1,2,3\},\{1,2,3\}}|\end{aligned}$$

表 3-19　五端口网络 S 参数转换成 Y 参数的简化公式

NY_{ij}	1	2
1	—	$-2R_2\sqrt{\left\vert\frac{R_1}{R_2}\right\vert}\times(\vert\mathbf{MS}_{\{1\},\{2\}}\vert\vert(\mathbf{Z}_0^*)_{\{3,4,5\},\{3,4,5\}}\vert+\vert\mathbf{MS}_{\{3,1\},\{3,2\}}\vert\vert(\mathbf{Z}_0)_{\{3\},\{3\}}\vert\vert(\mathbf{Z}_0^*)_{\{4,5\},\{4,5\}}\vert+\vert\mathbf{MS}_{\{4,1\},\{4,2\}}\vert\vert(\mathbf{Z}_0)_{\{4\},\{4\}}\vert\vert(\mathbf{Z}_0^*)_{\{3,5\},\{3,5\}}\vert+\vert\mathbf{MS}_{\{5,1\},\{5,2\}}\vert\vert(\mathbf{Z}_0)_{\{5\},\{5\}}\vert\vert(\mathbf{Z}_0^*)_{\{3,4\},\{3,4\}}\vert+\vert\mathbf{MS}_{\{3,4,1\},\{3,4,2\}}\vert\vert(\mathbf{Z}_0)_{\{3,4\},\{3,4\}}\vert\vert(\mathbf{Z}_0^*)_{\{5\},\{5\}}\vert+\vert\mathbf{MS}_{\{3,5,1\},\{3,5,2\}}\vert\vert(\mathbf{Z}_0)_{\{3,5\},\{3,5\}}\vert\vert(\mathbf{Z}_0^*)_{\{4\},\{4\}}\vert+\vert\mathbf{MS}_{\{4,5,1\},\{4,5,2\}}\vert\vert(\mathbf{Z}_0)_{\{4,5\},\{4,5\}}\vert\vert(\mathbf{Z}_0^*)_{\{3\},\{3\}}\vert+\vert\mathbf{MS}_{\{3,4,5,1\},\{3,4,5,2\}}\vert\vert(\mathbf{Z}_0)_{\{3,4,5\},\{3,4,5\}}\vert)$

续表

NY_{ij}	1	2
2	$-2R_1\sqrt{\left\|\frac{R_2}{R_1}\right\|}\times$ $(\|\mathbf{MS}_{\{2\},\{1\}}\|\|(\mathbf{Z}_0^*)_{\{3,4,5\},\{3,4,5\}}\|+$ $\|\mathbf{MS}_{\{3,2\},\{3,1\}}\|\|(\mathbf{Z}_0)_{\{3\},\{3\}}\|\|(\mathbf{Z}_0^*)_{\{4,5\},\{4,5\}}\|+$ $\|\mathbf{MS}_{\{4,2\},\{4,1\}}\|\|(\mathbf{Z}_0)_{\{4\},\{4\}}\|\|(\mathbf{Z}_0^*)_{\{3,5\},\{3,5\}}\|+$ $\|\mathbf{MS}_{\{5,2\},\{5,1\}}\|\|(\mathbf{Z}_0)_{\{5\},\{5\}}\|\|(\mathbf{Z}_0^*)_{\{3,4\},\{3,4\}}\|+$ $\|\mathbf{MS}_{\{3,4,2\},\{3,4,1\}}\|\|(\mathbf{Z}_0)_{\{3,4\},\{3,4\}}\|\|(\mathbf{Z}_0^*)_{\{5\},\{5\}}\|+$ $\|\mathbf{MS}_{\{3,5,2\},\{3,5,1\}}\|\|(\mathbf{Z}_0)_{\{3,5\},\{3,5\}}\|\|(\mathbf{Z}_0^*)_{\{4\},\{4\}}\|+$ $\|\mathbf{MS}_{\{4,5,2\},\{4,5,1\}}\|\|(\mathbf{Z}_0)_{\{4,5\},\{4,5\}}\|\|(\mathbf{Z}_0^*)_{\{3\},\{3\}}\|+$ $\|\mathbf{MS}_{\{3,4,5,2\},\{3,4,5,1\}}\|\|(\mathbf{Z}_0)_{\{3,4,5\},\{3,4,5\}}\|)$	—
3	$-2R_1\sqrt{\left\|\frac{R_3}{R_1}\right\|}\times$ $(\|\mathbf{MS}_{\{3\},\{1\}}\|\|(\mathbf{Z}_0^*)_{\{2,4,5\},\{2,4,5\}}\|+$ $\|\mathbf{MS}_{\{2,3\},\{2,1\}}\|\|(\mathbf{Z}_0)_{\{2\},\{2\}}\|\|(\mathbf{Z}_0^*)_{\{4,5\},\{4,5\}}\|+$ $\|\mathbf{MS}_{\{4,3\},\{4,1\}}\|\|(\mathbf{Z}_0)_{\{4\},\{4\}}\|\|(\mathbf{Z}_0^*)_{\{2,5\},\{2,5\}}\|+$ $\|\mathbf{MS}_{\{5,3\},\{5,1\}}\|\|(\mathbf{Z}_0)_{\{5\},\{5\}}\|\|(\mathbf{Z}_0^*)_{\{2,4\},\{2,4\}}\|+$ $\|\mathbf{MS}_{\{2,4,3\},\{2,4,1\}}\|\|(\mathbf{Z}_0)_{\{2,4\},\{2,4\}}\|\|(\mathbf{Z}_0^*)_{\{5\},\{5\}}\|+$ $\|\mathbf{MS}_{\{2,5,3\},\{2,5,1\}}\|\|(\mathbf{Z}_0)_{\{2,5\},\{2,5\}}\|\|(\mathbf{Z}_0^*)_{\{4\},\{4\}}\|+$ $\|\mathbf{MS}_{\{4,5,3\},\{4,5,1\}}\|\|(\mathbf{Z}_0)_{\{4,5\},\{4,5\}}\|\|(\mathbf{Z}_0^*)_{\{2\},\{2\}}\|+$ $\|\mathbf{MS}_{\{2,4,5,3\},\{2,4,5,1\}}\|\|(\mathbf{Z}_0)_{\{2,4,5\},\{2,4,5\}}\|)$	$-2R_2\sqrt{\left\|\frac{R_3}{R_2}\right\|}\times$ $(\|\mathbf{MS}_{\{3\},\{2\}}\|\|(\mathbf{Z}_0^*)_{\{1,4,5\},\{1,4,5\}}\|+$ $\|\mathbf{MS}_{\{1,3\},\{1,2\}}\|\|(\mathbf{Z}_0)_{\{1\},\{1\}}\|\|(\mathbf{Z}_0^*)_{\{4,5\},\{4,5\}}\|+$ $\|\mathbf{MS}_{\{4,3\},\{4,2\}}\|\|(\mathbf{Z}_0)_{\{4\},\{4\}}\|\|(\mathbf{Z}_0^*)_{\{1,5\},\{1,5\}}\|+$ $\|\mathbf{MS}_{\{5,3\},\{5,2\}}\|\|(\mathbf{Z}_0)_{\{5\},\{5\}}\|\|(\mathbf{Z}_0^*)_{\{1,4\},\{1,4\}}\|+$ $\|\mathbf{MS}_{\{1,4,3\},\{1,4,2\}}\|\|(\mathbf{Z}_0)_{\{1,4\},\{1,4\}}\|\|(\mathbf{Z}_0^*)_{\{5\},\{5\}}\|+$ $\|\mathbf{MS}_{\{1,5,3\},\{1,5,2\}}\|\|(\mathbf{Z}_0)_{\{1,5\},\{1,5\}}\|\|(\mathbf{Z}_0^*)_{\{4\},\{4\}}\|+$ $\|\mathbf{MS}_{\{4,5,3\},\{4,5,2\}}\|\|(\mathbf{Z}_0)_{\{4,5\},\{4,5\}}\|\|(\mathbf{Z}_0^*)_{\{1\},\{1\}}\|+$ $\|\mathbf{MS}_{\{1,4,5,3\},\{1,4,5,2\}}\|\|(\mathbf{Z}_0)_{\{1,4,5\},\{1,4,5\}}\|)$
4	$-2R_1\sqrt{\left\|\frac{R_4}{R_1}\right\|}\times$ $(\|\mathbf{MS}_{\{4\},\{1\}}\|\|(\mathbf{Z}_0^*)_{\{2,3,5\},\{2,3,5\}}\|+$ $\|\mathbf{MS}_{\{2,4\},\{2,1\}}\|\|(\mathbf{Z}_0)_{\{2\},\{2\}}\|\|(\mathbf{Z}_0^*)_{\{3,5\},\{3,5\}}\|+$ $\|\mathbf{MS}_{\{3,4\},\{3,1\}}\|\|(\mathbf{Z}_0)_{\{3\},\{3\}}\|\|(\mathbf{Z}_0^*)_{\{2,5\},\{2,5\}}\|+$ $\|\mathbf{MS}_{\{5,4\},\{5,1\}}\|\|(\mathbf{Z}_0)_{\{5\},\{5\}}\|\|(\mathbf{Z}_0^*)_{\{2,3\},\{2,3\}}\|+$ $\|\mathbf{MS}_{\{2,3,4\},\{2,3,1\}}\|\|(\mathbf{Z}_0)_{\{2,3\},\{2,3\}}\|\|(\mathbf{Z}_0^*)_{\{5\},\{5\}}\|+$ $\|\mathbf{MS}_{\{2,5,4\},\{2,5,1\}}\|\|(\mathbf{Z}_0)_{\{2,5\},\{2,5\}}\|\|(\mathbf{Z}_0^*)_{\{3\},\{3\}}\|+$ $\|\mathbf{MS}_{\{3,5,4\},\{3,5,1\}}\|\|(\mathbf{Z}_0)_{\{3,5\},\{3,5\}}\|\|(\mathbf{Z}_0^*)_{\{2\},\{2\}}\|+$ $\|\mathbf{MS}_{\{2,3,5,4\},\{2,3,5,1\}}\|\|(\mathbf{Z}_0)_{\{2,3,5\},\{2,3,5\}}\|)$	$-2R_2\sqrt{\left\|\frac{R_4}{R_2}\right\|}\times$ $(\|\mathbf{MS}_{\{4\},\{2\}}\|\|(\mathbf{Z}_0^*)_{\{1,3,5\},\{1,3,5\}}\|+$ $\|\mathbf{MS}_{\{1,4\},\{1,2\}}\|\|(\mathbf{Z}_0)_{\{1\},\{1\}}\|\|(\mathbf{Z}_0^*)_{\{3,5\},\{3,5\}}\|+$ $\|\mathbf{MS}_{\{3,4\},\{3,2\}}\|\|(\mathbf{Z}_0)_{\{3\},\{3\}}\|\|(\mathbf{Z}_0^*)_{\{1,5\},\{1,5\}}\|+$ $\|\mathbf{MS}_{\{5,4\},\{5,2\}}\|\|(\mathbf{Z}_0)_{\{5\},\{5\}}\|\|(\mathbf{Z}_0^*)_{\{1,3\},\{1,3\}}\|+$ $\|\mathbf{MS}_{\{1,3,4\},\{1,3,2\}}\|\|(\mathbf{Z}_0)_{\{1,3\},\{1,3\}}\|\|(\mathbf{Z}_0^*)_{\{5\},\{5\}}\|+$ $\|\mathbf{MS}_{\{1,5,4\},\{1,5,2\}}\|\|(\mathbf{Z}_0)_{\{1,5\},\{1,5\}}\|\|(\mathbf{Z}_0^*)_{\{3\},\{3\}}\|+$ $\|\mathbf{MS}_{\{3,5,4\},\{3,5,2\}}\|\|(\mathbf{Z}_0)_{\{3,5\},\{3,5\}}\|\|(\mathbf{Z}_0^*)_{\{1\},\{1\}}\|+$ $\|\mathbf{MS}_{\{1,3,5,4\},\{1,3,5,2\}}\|\|(\mathbf{Z}_0)_{\{1,3,5\},\{1,3,5\}}\|)$

续表

NY_{ij}	1	2
5	$-2R_1\sqrt{\left\lvert\frac{R_5}{R_1}\right\rvert}\times$ $(\lvert\mathbf{MS}_{\{5\},\{1\}}\rvert\lvert(\mathbf{Z}_0^*)_{\{2,3,4\},\{2,3,4\}}\rvert+$ $\lvert\mathbf{MS}_{\{2,5\},\{2,1\}}\rvert\lvert(\mathbf{Z}_0)_{\{2\},\{2\}}\rvert\lvert(\mathbf{Z}_0^*)_{\{3,4\},\{3,4\}}\rvert+$ $\lvert\mathbf{MS}_{\{3,5\},\{3,1\}}\rvert\lvert(\mathbf{Z}_0)_{\{3\},\{3\}}\rvert\lvert(\mathbf{Z}_0^*)_{\{2,4\},\{2,4\}}\rvert+$ $\lvert\mathbf{MS}_{\{4,5\},\{4,1\}}\rvert\lvert(\mathbf{Z}_0)_{\{4\},\{4\}}\rvert\lvert(\mathbf{Z}_0^*)_{\{2,3\},\{2,3\}}\rvert+$ $\lvert\mathbf{MS}_{\{2,3,5\},\{2,3,1\}}\rvert\lvert(\mathbf{Z}_0)_{\{2,3\},\{2,3\}}\rvert\lvert(\mathbf{Z}_0^*)_{\{4\},\{4\}}\rvert+$ $\lvert\mathbf{MS}_{\{2,4,5\},\{2,4,1\}}\rvert\lvert(\mathbf{Z}_0)_{\{2,4\},\{2,4\}}\rvert\lvert(\mathbf{Z}_0^*)_{\{3\},\{3\}}\rvert+$ $\lvert\mathbf{MS}_{\{3,4,5\},\{3,4,1\}}\rvert\lvert(\mathbf{Z}_0)_{\{3,4\},\{3,4\}}\rvert\lvert(\mathbf{Z}_0^*)_{\{2\},\{2\}}\rvert+$ $\lvert\mathbf{MS}_{\{2,3,4,5\},\{2,3,4,1\}}\rvert\lvert(\mathbf{Z}_0)_{\{2,3,4\},\{2,3,4\}}\rvert)$	$-2R_2\sqrt{\left\lvert\frac{R_5}{R_2}\right\rvert}\times$ $(\lvert\mathbf{MS}_{\{5\},\{2\}}\rvert\lvert(\mathbf{Z}_0^*)_{\{1,3,4\},\{1,3,4\}}\rvert+$ $\lvert\mathbf{MS}_{\{1,5\},\{1,2\}}\rvert\lvert(\mathbf{Z}_0)_{\{1\},\{1\}}\rvert\lvert(\mathbf{Z}_0^*)_{\{3,4\},\{3,4\}}\rvert+$ $\lvert\mathbf{MS}_{\{3,5\},\{3,2\}}\rvert\lvert(\mathbf{Z}_0)_{\{3\},\{3\}}\rvert\lvert(\mathbf{Z}_0^*)_{\{1,4\},\{1,4\}}\rvert+$ $\lvert\mathbf{MS}_{\{4,5\},\{4,2\}}\rvert\lvert(\mathbf{Z}_0)_{\{4\},\{4\}}\rvert\lvert(\mathbf{Z}_0^*)_{\{1,3\},\{1,3\}}\rvert+$ $\lvert\mathbf{MS}_{\{1,3,5\},\{1,3,2\}}\rvert\lvert(\mathbf{Z}_0)_{\{1,3\},\{1,3\}}\rvert\lvert(\mathbf{Z}_0^*)_{\{4\},\{4\}}\rvert+$ $\lvert\mathbf{MS}_{\{1,4,5\},\{1,4,2\}}\rvert\lvert(\mathbf{Z}_0)_{\{1,4\},\{1,4\}}\rvert\lvert(\mathbf{Z}_0^*)_{\{3\},\{3\}}\rvert+$ $\lvert\mathbf{MS}_{\{3,4,5\},\{3,4,2\}}\rvert\lvert(\mathbf{Z}_0)_{\{3,4\},\{3,4\}}\rvert\lvert(\mathbf{Z}_0^*)_{\{1\},\{1\}}\rvert+$ $\lvert\mathbf{MS}_{\{1,3,4,5\},\{1,3,4,2\}}\rvert\lvert(\mathbf{Z}_0)_{\{1,3,4\},\{1,3,4\}}\rvert)$

NY_{ij}	3	4	5
1	$-2R_3\sqrt{\left\lvert\frac{R_1}{R_3}\right\rvert}\times$ $(\lvert\mathbf{MS}_{\{1\},\{3\}}\rvert$ $\lvert(\mathbf{Z}_0^*)_{\{2,4,5\},\{2,4,5\}}\rvert+$ $\lvert\mathbf{MS}_{\{2,1\},\{2,3\}}\rvert\lvert(\mathbf{Z}_0)_{\{2\},\{2\}}\rvert$ $\lvert(\mathbf{Z}_0^*)_{\{4,5\},\{4,5\}}\rvert+$ $\lvert\mathbf{MS}_{\{4,1\},\{4,3\}}\rvert$ $\lvert(\mathbf{Z}_0)_{\{4\},\{4\}}\rvert\lvert(\mathbf{Z}_0^*)_{\{2,5\},\{2,5\}}\rvert+$ $\lvert\mathbf{MS}_{\{5,1\},\{5,3\}}\rvert\lvert(\mathbf{Z}_0)_{\{5\},\{5\}}\rvert$ $\lvert(\mathbf{Z}_0^*)_{\{2,4\},\{2,4\}}\rvert+$ $\lvert\mathbf{MS}_{\{2,4,1\},\{2,4,3\}}\rvert$ $\lvert(\mathbf{Z}_0)_{\{2,4\},\{2,4\}}\rvert\lvert(\mathbf{Z}_0^*)_{\{5\},\{5\}}\rvert+$ $\lvert\mathbf{MS}_{\{2,5,1\},\{2,5,3\}}\rvert$ $\lvert(\mathbf{Z}_0)_{\{2,5\},\{2,5\}}\rvert\lvert(\mathbf{Z}_0^*)_{\{4\},\{4\}}\rvert+$ $\lvert\mathbf{MS}_{\{4,5,1\},\{4,5,3\}}\rvert$ $\lvert(\mathbf{Z}_0)_{\{4,5\},\{4,5\}}\rvert\lvert(\mathbf{Z}_0^*)_{\{2\},\{2\}}\rvert+$ $\lvert\mathbf{MS}_{\{2,4,5,1\},\{2,4,5,3\}}\rvert$ $\lvert(\mathbf{Z}_0)_{\{2,4,5\},\{2,4,5\}}\rvert)$	$-2R_4\sqrt{\left\lvert\frac{R_1}{R_4}\right\rvert}\times$ $(\lvert\mathbf{MS}_{\{1\},\{4\}}\rvert$ $\lvert(\mathbf{Z}_0^*)_{\{2,3,5\},\{2,3,5\}}\rvert+$ $\lvert\mathbf{MS}_{\{2,1\},\{2,4\}}\rvert\lvert(\mathbf{Z}_0)_{\{2\},\{2\}}\rvert$ $\lvert(\mathbf{Z}_0^*)_{\{3,5\},\{3,5\}}\rvert+$ $\lvert\mathbf{MS}_{\{3,1\},\{3,4\}}\rvert\lvert(\mathbf{Z}_0)_{\{3\},\{3\}}\rvert$ $\lvert(\mathbf{Z}_0^*)_{\{2,5\},\{2,5\}}\rvert+$ $\lvert\mathbf{MS}_{\{5,1\},\{5,4\}}\rvert\lvert(\mathbf{Z}_0)_{\{5\},\{5\}}\rvert$ $\lvert(\mathbf{Z}_0^*)_{\{2,3\},\{2,3\}}\rvert+$ $\lvert\mathbf{MS}_{\{2,3,1\},\{2,3,4\}}\rvert$ $\lvert(\mathbf{Z}_0)_{\{2,3\},\{2,3\}}\rvert\lvert(\mathbf{Z}_0^*)_{\{5\},\{5\}}\rvert+$ $\lvert\mathbf{MS}_{\{2,5,1\},\{2,5,4\}}\rvert$ $\lvert(\mathbf{Z}_0)_{\{2,5\},\{2,5\}}\rvert\lvert(\mathbf{Z}_0^*)_{\{3\},\{3\}}\rvert+$ $\lvert\mathbf{MS}_{\{3,5,1\},\{3,5,4\}}\rvert$ $\lvert(\mathbf{Z}_0)_{\{3,5\},\{3,5\}}\rvert\lvert(\mathbf{Z}_0^*)_{\{2\},\{2\}}\rvert+$ $\lvert\mathbf{MS}_{\{2,3,5,1\},\{2,3,5,4\}}\rvert$ $\lvert(\mathbf{Z}_0)_{\{2,3,5\},\{2,3,5\}}\rvert)$	$-2R_5\sqrt{\left\lvert\frac{R_1}{R_5}\right\rvert}\times$ $(\lvert\mathbf{MS}_{\{1\},\{5\}}\rvert$ $\lvert(\mathbf{Z}_0^*)_{\{2,3,4\},\{2,3,4\}}\rvert+$ $\lvert\mathbf{MS}_{\{2,1\},\{2,5\}}\rvert\lvert(\mathbf{Z}_0)_{\{2\},\{2\}}\rvert$ $\lvert(\mathbf{Z}_0^*)_{\{3,4\},\{3,4\}}\rvert+$ $\lvert\mathbf{MS}_{\{3,1\},\{3,5\}}\rvert\lvert(\mathbf{Z}_0)_{\{3\},\{3\}}\rvert$ $\lvert(\mathbf{Z}_0^*)_{\{2,4\},\{2,4\}}\rvert+$ $\lvert\mathbf{MS}_{\{4,1\},\{4,5\}}\rvert\lvert(\mathbf{Z}_0)_{\{4\},\{4\}}\rvert$ $\lvert(\mathbf{Z}_0^*)_{\{2,3\},\{2,3\}}\rvert+$ $\lvert\mathbf{MS}_{\{2,3,1\},\{2,3,5\}}\rvert$ $\lvert(\mathbf{Z}_0)_{\{2,3\},\{2,3\}}\rvert\lvert(\mathbf{Z}_0^*)_{\{4\},\{4\}}\rvert+$ $\lvert\mathbf{MS}_{\{2,4,1\},\{2,4,5\}}\rvert$ $\lvert(\mathbf{Z}_0)_{\{2,4\},\{2,4\}}\rvert\lvert(\mathbf{Z}_0^*)_{\{3\},\{3\}}\rvert+$ $\lvert\mathbf{MS}_{\{3,4,1\},\{3,4,5\}}\rvert$ $\lvert(\mathbf{Z}_0)_{\{3,4\},\{3,4\}}\rvert\lvert(\mathbf{Z}_0^*)_{\{2\},\{2\}}\rvert+$ $\lvert\mathbf{MS}_{\{2,3,4,1\},\{2,3,4,5\}}\rvert$ $\lvert(\mathbf{Z}_0)_{\{2,3,4\},\{2,3,4\}}\rvert)$

续表

NY_{ij}	3	4	5
2	$-2R_3\sqrt{\left\lvert\frac{R_2}{R_3}\right\rvert}\times$ $(\lvert\mathbf{MS}_{\{2\},\{3\}}\rvert\lvert(\mathbf{Z}_0^*)_{\{1,4,5\},\{1,4,5\}}\rvert+\lvert\mathbf{MS}_{\{1,2\},\{1,3\}}\rvert\lvert(\mathbf{Z}_0)_{\{1\},\{1\}}\rvert\lvert(\mathbf{Z}_0^*)_{\{4,5\},\{4,5\}}\rvert+\lvert\mathbf{MS}_{\{4,2\},\{4,3\}}\rvert\lvert(\mathbf{Z}_0)_{\{4\},\{4\}}\rvert\lvert(\mathbf{Z}_0^*)_{\{1,5\},\{1,5\}}\rvert+\lvert\mathbf{MS}_{\{5,2\},\{5,3\}}\rvert\lvert(\mathbf{Z}_0)_{\{5\},\{5\}}\rvert\lvert(\mathbf{Z}_0^*)_{\{1,4\},\{1,4\}}\rvert+\lvert\mathbf{MS}_{\{1,4,2\},\{1,4,3\}}\rvert\lvert(\mathbf{Z}_0)_{\{1,4\},\{1,4\}}\rvert\lvert(\mathbf{Z}_0^*)_{\{5\},\{5\}}\rvert+\lvert\mathbf{MS}_{\{1,5,2\},\{1,5,3\}}\rvert\lvert(\mathbf{Z}_0)_{\{1,5\},\{1,5\}}\rvert\lvert(\mathbf{Z}_0^*)_{\{4\},\{4\}}\rvert+\lvert\mathbf{MS}_{\{4,5,2\},\{4,5,3\}}\rvert\lvert(\mathbf{Z}_0)_{\{4,5\},\{4,5\}}\rvert\lvert(\mathbf{Z}_0^*)_{\{1\},\{1\}}\rvert+\lvert\mathbf{MS}_{\{1,4,5,2\},\{1,4,5,3\}}\rvert\lvert(\mathbf{Z}_0)_{\{1,4,5\},\{1,4,5\}}\rvert)$	$-2R_4\sqrt{\left\lvert\frac{R_2}{R_4}\right\rvert}\times$ $(\lvert\mathbf{MS}_{\{2\},\{4\}}\rvert\lvert(\mathbf{Z}_0^*)_{\{1,3,5\},\{1,3,5\}}\rvert+\lvert\mathbf{MS}_{\{1,2\},\{1,4\}}\rvert\lvert(\mathbf{Z}_0)_{\{1\},\{1\}}\rvert\lvert(\mathbf{Z}_0^*)_{\{3,5\},\{3,5\}}\rvert+\lvert\mathbf{MS}_{\{3,2\},\{3,4\}}\rvert\lvert(\mathbf{Z}_0)_{\{3\},\{3\}}\rvert\lvert(\mathbf{Z}_0^*)_{\{1,5\},\{1,5\}}\rvert+\lvert\mathbf{MS}_{\{5,2\},\{5,4\}}\rvert\lvert(\mathbf{Z}_0)_{\{5\},\{5\}}\rvert\lvert(\mathbf{Z}_0^*)_{\{1,3\},\{1,3\}}\rvert+\lvert\mathbf{MS}_{\{1,3,2\},\{1,3,4\}}\rvert\lvert(\mathbf{Z}_0)_{\{1,3\},\{1,3\}}\rvert\lvert(\mathbf{Z}_0^*)_{\{5\},\{5\}}\rvert+\lvert\mathbf{MS}_{\{1,5,2\},\{1,5,4\}}\rvert\lvert(\mathbf{Z}_0)_{\{1,5\},\{1,5\}}\rvert\lvert(\mathbf{Z}_0^*)_{\{3\},\{3\}}\rvert+\lvert\mathbf{MS}_{\{3,5,2\},\{3,5,4\}}\rvert\lvert(\mathbf{Z}_0)_{\{3,5\},\{3,5\}}\rvert\lvert(\mathbf{Z}_0^*)_{\{1\},\{1\}}\rvert+\lvert\mathbf{MS}_{\{1,3,5,2\},\{1,3,5,4\}}\rvert\lvert(\mathbf{Z}_0)_{\{1,3,5\},\{1,3,5\}}\rvert)$	$-2R_5\sqrt{\left\lvert\frac{R_2}{R_5}\right\rvert}\times$ $(\lvert\mathbf{MS}_{\{2\},\{5\}}\rvert\lvert(\mathbf{Z}_0^*)_{\{1,3,4\},\{1,3,4\}}\rvert+\lvert\mathbf{MS}_{\{1,2\},\{1,5\}}\rvert\lvert(\mathbf{Z}_0)_{\{1\},\{1\}}\rvert\lvert(\mathbf{Z}_0^*)_{\{3,4\},\{3,4\}}\rvert+\lvert\mathbf{MS}_{\{3,2\},\{3,5\}}\rvert\lvert(\mathbf{Z}_0)_{\{3\},\{3\}}\rvert\lvert(\mathbf{Z}_0^*)_{\{1,4\},\{1,4\}}\rvert+\lvert\mathbf{MS}_{\{4,2\},\{4,5\}}\rvert\lvert(\mathbf{Z}_0)_{\{4\},\{4\}}\rvert\lvert(\mathbf{Z}_0^*)_{\{1,3\},\{1,3\}}\rvert+\lvert\mathbf{MS}_{\{1,3,2\},\{1,3,5\}}\rvert\lvert(\mathbf{Z}_0)_{\{1,3\},\{1,3\}}\rvert\lvert(\mathbf{Z}_0^*)_{\{4\},\{4\}}\rvert+\lvert\mathbf{MS}_{\{1,4,2\},\{1,4,5\}}\rvert\lvert(\mathbf{Z}_0)_{\{1,4\},\{1,4\}}\rvert\lvert(\mathbf{Z}_0^*)_{\{3\},\{3\}}\rvert+\lvert\mathbf{MS}_{\{3,4,2\},\{3,4,5\}}\rvert\lvert(\mathbf{Z}_0)_{\{3,4\},\{3,4\}}\rvert\lvert(\mathbf{Z}_0^*)_{\{1\},\{1\}}\rvert+\lvert\mathbf{MS}_{\{1,3,4,2\},\{1,3,4,5\}}\rvert\lvert(\mathbf{Z}_0)_{\{1,3,4\},\{1,3,4\}}\rvert)$
3	—	$-2R_4\sqrt{\left\lvert\frac{R_3}{R_4}\right\rvert}\times$ $(\lvert\mathbf{MS}_{\{3\},\{4\}}\rvert\lvert(\mathbf{Z}_0^*)_{\{1,2,5\},\{1,2,5\}}\rvert+\lvert\mathbf{MS}_{\{1,3\},\{1,4\}}\rvert\lvert(\mathbf{Z}_0)_{\{1\},\{1\}}\rvert\lvert(\mathbf{Z}_0^*)_{\{2,5\},\{2,5\}}\rvert+\lvert\mathbf{MS}_{\{2,3\},\{2,4\}}\rvert\lvert(\mathbf{Z}_0)_{\{2\},\{2\}}\rvert\lvert(\mathbf{Z}_0^*)_{\{1,5\},\{1,5\}}\rvert+\lvert\mathbf{MS}_{\{5,3\},\{5,4\}}\rvert\lvert(\mathbf{Z}_0)_{\{5\},\{5\}}\rvert\lvert(\mathbf{Z}_0^*)_{\{1,2\},\{1,2\}}\rvert+\lvert\mathbf{MS}_{\{1,2,3\},\{1,2,4\}}\rvert\lvert(\mathbf{Z}_0)_{\{1,2\},\{1,2\}}\rvert\lvert(\mathbf{Z}_0^*)_{\{5\},\{5\}}\rvert+\lvert\mathbf{MS}_{\{1,5,3\},\{1,5,4\}}\rvert\lvert(\mathbf{Z}_0)_{\{1,5\},\{1,5\}}\rvert\lvert(\mathbf{Z}_0^*)_{\{2\},\{2\}}\rvert+\lvert\mathbf{MS}_{\{2,5,3\},\{2,5,4\}}\rvert\lvert(\mathbf{Z}_0)_{\{2,5\},\{2,5\}}\rvert\lvert(\mathbf{Z}_0^*)_{\{1\},\{1\}}\rvert+\lvert\mathbf{MS}_{\{1,2,5,3\},\{1,2,5,4\}}\rvert\lvert(\mathbf{Z}_0)_{\{1,2,5\},\{1,2,5\}}\rvert)$	$-2R_5\sqrt{\left\lvert\frac{R_3}{R_5}\right\rvert}\times$ $(\lvert\mathbf{MS}_{\{3\},\{5\}}\rvert\lvert(\mathbf{Z}_0^*)_{\{1,2,4\},\{1,2,4\}}\rvert+\lvert\mathbf{MS}_{\{1,3\},\{1,5\}}\rvert\lvert(\mathbf{Z}_0)_{\{1\},\{1\}}\rvert\lvert(\mathbf{Z}_0^*)_{\{2,4\},\{2,4\}}\rvert+\lvert\mathbf{MS}_{\{2,3\},\{2,5\}}\rvert\lvert(\mathbf{Z}_0)_{\{2\},\{2\}}\rvert\lvert(\mathbf{Z}_0^*)_{\{1,4\},\{1,4\}}\rvert+\lvert\mathbf{MS}_{\{4,3\},\{4,5\}}\rvert\lvert(\mathbf{Z}_0)_{\{4\},\{4\}}\rvert\lvert(\mathbf{Z}_0^*)_{\{1,2\},\{1,2\}}\rvert+\lvert\mathbf{MS}_{\{1,2,3\},\{1,2,5\}}\rvert\lvert(\mathbf{Z}_0)_{\{1,2\},\{1,2\}}\rvert\lvert(\mathbf{Z}_0^*)_{\{4\},\{4\}}\rvert+\lvert\mathbf{MS}_{\{1,4,3\},\{1,4,5\}}\rvert\lvert(\mathbf{Z}_0)_{\{1,4\},\{1,4\}}\rvert\lvert(\mathbf{Z}_0^*)_{\{2\},\{2\}}\rvert+\lvert\mathbf{MS}_{\{2,4,3\},\{2,4,5\}}\rvert\lvert(\mathbf{Z}_0)_{\{2,4\},\{2,4\}}\rvert\lvert(\mathbf{Z}_0^*)_{\{1\},\{1\}}\rvert+\lvert\mathbf{MS}_{\{1,2,4,3\},\{1,2,4,5\}}\rvert\lvert(\mathbf{Z}_0)_{\{1,2,4\},\{1,2,4\}}\rvert)$

续表

NY_{ij}	3	4	5
4	$-2R_3\sqrt{\left\lvert\frac{R_4}{R_3}\right\rvert}\times$ $(\lvert\mathbf{MS}_{\{4\},\{3\}}\rvert$ $\lvert(\mathbf{Z}_0^*)_{\{1,2,5\},\{1,2,5\}}\rvert+$ $\lvert\mathbf{MS}_{\{1,4\},\{1,3\}}\rvert\lvert(\mathbf{Z}_0)_{\{1\},\{1\}}\rvert$ $\lvert(\mathbf{Z}_0^*)_{\{2,5\},\{2,5\}}\rvert+$ $\lvert\mathbf{MS}_{\{2,4\},\{2,3\}}\rvert\lvert(\mathbf{Z}_0)_{\{2\},\{2\}}\rvert$ $\lvert(\mathbf{Z}_0^*)_{\{1,5\},\{1,5\}}\rvert+$ $\lvert\mathbf{MS}_{\{5,4\},\{5,3\}}\rvert$ $\lvert(\mathbf{Z}_0)_{\{5\},\{5\}}\rvert\lvert(\mathbf{Z}_0^*)_{\{1,2\},\{1,2\}}\rvert+$ $\lvert\mathbf{MS}_{\{1,2,4\},\{1,2,3\}}\rvert$ $\lvert(\mathbf{Z}_0)_{\{1,2\},\{1,2\}}\rvert\lvert(\mathbf{Z}_0^*)_{\{5\},\{5\}}\rvert+$ $\lvert\mathbf{MS}_{\{1,5,4\},\{1,5,3\}}\rvert$ $\lvert(\mathbf{Z}_0)_{\{1,5\},\{1,5\}}\rvert\lvert(\mathbf{Z}_0^*)_{\{2\},\{2\}}\rvert+$ $\lvert\mathbf{MS}_{\{2,5,4\},\{2,5,3\}}\rvert$ $\lvert(\mathbf{Z}_0)_{\{2,5\},\{2,5\}}\rvert\lvert(\mathbf{Z}_0^*)_{\{1\},\{1\}}\rvert+$ $\lvert\mathbf{MS}_{\{1,2,5,4\},\{1,2,5,3\}}\rvert$ $\lvert(\mathbf{Z}_0)_{\{1,2,5\},\{1,2,5\}}\rvert)$	—	$-2R_5\sqrt{\left\lvert\frac{R_4}{R_5}\right\rvert}\times$ $(\lvert\mathbf{MS}_{\{4\},\{5\}}\rvert$ $\lvert(\mathbf{Z}_0^*)_{\{1,2,3\},\{1,2,3\}}\rvert+$ $\lvert\mathbf{MS}_{\{1,4\},\{1,5\}}\rvert\lvert(\mathbf{Z}_0)_{\{1\},\{1\}}\rvert$ $\lvert(\mathbf{Z}_0^*)_{\{2,3\},\{2,3\}}\rvert+$ $\lvert\mathbf{MS}_{\{2,4\},\{2,5\}}\rvert\lvert(\mathbf{Z}_0)_{\{2\},\{2\}}\rvert$ $\lvert(\mathbf{Z}_0^*)_{\{1,3\},\{1,3\}}\rvert+$ $\lvert\mathbf{MS}_{\{3,4\},\{3,5\}}\rvert\lvert(\mathbf{Z}_0)_{\{3\},\{3\}}\rvert$ $\lvert(\mathbf{Z}_0^*)_{\{1,2\},\{1,2\}}\rvert+$ $\lvert\mathbf{MS}_{\{1,2,4\},\{1,2,5\}}\rvert$ $\lvert(\mathbf{Z}_0)_{\{1,2\},\{1,2\}}\rvert\lvert(\mathbf{Z}_0^*)_{\{3\},\{3\}}\rvert+$ $\lvert\mathbf{MS}_{\{1,3,4\},\{1,3,5\}}\rvert$ $\lvert(\mathbf{Z}_0)_{\{1,3\},\{1,3\}}\rvert\lvert(\mathbf{Z}_0^*)_{\{2\},\{2\}}\rvert+$ $\lvert\mathbf{MS}_{\{2,3,4\},\{2,3,5\}}\rvert$ $\lvert(\mathbf{Z}_0)_{\{2,3\},\{2,3\}}\rvert\lvert(\mathbf{Z}_0^*)_{\{1\},\{1\}}\rvert+$ $\lvert\mathbf{MS}_{\{1,2,3,4\},\{1,2,3,5\}}\rvert$ $\lvert(\mathbf{Z}_0)_{\{1,2,3\},\{1,2,3\}}\rvert)$
5	$-2R_3\sqrt{\left\lvert\frac{R_5}{R_3}\right\rvert}\times$ $(\lvert\mathbf{MS}_{\{5\},\{3\}}\rvert$ $\lvert(\mathbf{Z}_0^*)_{\{1,2,4\},\{1,2,4\}}\rvert+$ $\lvert\mathbf{MS}_{\{1,5\},\{1,3\}}\rvert\lvert(\mathbf{Z}_0)_{\{1\},\{1\}}\rvert$ $\lvert(\mathbf{Z}_0^*)_{\{2,4\},\{2,4\}}\rvert+$ $\lvert\mathbf{MS}_{\{2,5\},\{2,3\}}\rvert\lvert(\mathbf{Z}_0)_{\{2\},\{2\}}\rvert$ $\lvert(\mathbf{Z}_0^*)_{\{1,4\},\{1,4\}}\rvert+$ $\lvert\mathbf{MS}_{\{4,5\},\{4,3\}}\rvert\lvert(\mathbf{Z}_0)_{\{4\},\{4\}}\rvert$ $\lvert(\mathbf{Z}_0^*)_{\{1,2\},\{1,2\}}\rvert+$ $\lvert\mathbf{MS}_{\{1,2,5\},\{1,2,3\}}\rvert$ $\lvert(\mathbf{Z}_0)_{\{1,2\},\{1,2\}}\rvert\lvert(\mathbf{Z}_0^*)_{\{4\},\{4\}}\rvert+$ $\lvert\mathbf{MS}_{\{1,4,5\},\{1,4,3\}}\rvert$ $\lvert(\mathbf{Z}_0)_{\{1,4\},\{1,4\}}\rvert\lvert(\mathbf{Z}_0^*)_{\{2\},\{2\}}\rvert+$ $\lvert\mathbf{MS}_{\{2,4,5\},\{2,4,3\}}\rvert$ $\lvert(\mathbf{Z}_0)_{\{2,4\},\{2,4\}}\rvert\lvert(\mathbf{Z}_0^*)_{\{1\},\{1\}}\rvert+$ $\lvert\mathbf{MS}_{\{1,2,4,5\},\{1,2,4,3\}}\rvert$ $\lvert(\mathbf{Z}_0)_{\{1,2,4\},\{1,2,4\}}\rvert)$	$-2R_4\sqrt{\left\lvert\frac{R_5}{R_4}\right\rvert}\times$ $(\lvert\mathbf{MS}_{\{5\},\{4\}}\rvert$ $\lvert(\mathbf{Z}_0^*)_{\{1,2,3\},\{1,2,3\}}\rvert+$ $\lvert\mathbf{MS}_{\{1,5\},\{1,4\}}\rvert\lvert(\mathbf{Z}_0)_{\{1\},\{1\}}\rvert$ $\lvert(\mathbf{Z}_0^*)_{\{2,3\},\{2,3\}}\rvert+$ $\lvert\mathbf{MS}_{\{2,5\},\{2,4\}}\rvert\lvert(\mathbf{Z}_0)_{\{2\},\{2\}}\rvert$ $\lvert(\mathbf{Z}_0^*)_{\{1,3\},\{1,3\}}\rvert+$ $\lvert\mathbf{MS}_{\{3,5\},\{3,4\}}\rvert\lvert(\mathbf{Z}_0)_{\{3\},\{3\}}\rvert$ $\lvert(\mathbf{Z}_0^*)_{\{1,2\},\{1,2\}}\rvert+$ $\lvert\mathbf{MS}_{\{1,2,5\},\{1,2,4\}}\rvert$ $\lvert(\mathbf{Z}_0)_{\{1,2\},\{1,2\}}\rvert\lvert(\mathbf{Z}_0^*)_{\{3\},\{3\}}\rvert+$ $\lvert\mathbf{MS}_{\{1,3,5\},\{1,3,4\}}\rvert$ $\lvert(\mathbf{Z}_0)_{\{1,3\},\{1,3\}}\rvert\lvert(\mathbf{Z}_0^*)_{\{2\},\{2\}}\rvert+$ $\lvert\mathbf{MS}_{\{2,3,5\},\{2,3,4\}}\rvert$ $\lvert(\mathbf{Z}_0)_{\{2,3\},\{2,3\}}\rvert\lvert(\mathbf{Z}_0^*)_{\{1\},\{1\}}\rvert+$ $\lvert\mathbf{MS}_{\{1,2,3,5\},\{1,2,3,4\}}\rvert$ $\lvert(\mathbf{Z}_0)_{\{1,2,3\},\{1,2,3\}}\rvert)$	—

续表

$$\mathrm{DY}=|(\mathbf{Z}_0^*)_{\{1,2,3,4,5\},\{1,2,3,4,5\}}|+|\mathbf{MS}_{\{1\},\{1\}}||(\mathbf{Z}_0)_{\{1\},\{1\}}||(\mathbf{Z}_0^*)_{\{2,3,4,5\},\{2,3,4,5\}}|+$$
$$|\mathbf{MS}_{\{2\},\{2\}}||(\mathbf{Z}_0)_{\{2\},\{2\}}||(\mathbf{Z}_0^*)_{\{1,3,4,5\},\{1,3,4,5\}}|+|\mathbf{MS}_{\{3\},\{3\}}||(\mathbf{Z}_0)_{\{3\},\{3\}}||(\mathbf{Z}_0^*)_{\{1,2,4,5\},\{1,2,4,5\}}|+$$
$$|\mathbf{MS}_{\{4\},\{4\}}||(\mathbf{Z}_0)_{\{4\},\{4\}}||(\mathbf{Z}_0^*)_{\{1,2,3,5\},\{1,2,3,5\}}|+|\mathbf{MS}_{\{5\},\{5\}}||(\mathbf{Z}_0)_{\{5\},\{5\}}|\times|(\mathbf{Z}_0^*)_{\{1,2,3,4\},\{1,2,3,4\}}|+$$
$$|\mathbf{MS}_{\{1,2\},\{1,2\}}||(\mathbf{Z}_0)_{\{1,2\},\{1,2\}}||(\mathbf{Z}_0^*)_{\{3,4,5\},\{3,4,5\}}|+|\mathbf{MS}_{\{1,3\},\{1,3\}}||(\mathbf{Z}_0)_{\{1,3\},\{1,3\}}||(\mathbf{Z}_0^*)_{\{2,4,5\},\{2,4,5\}}|+$$
$$|\mathbf{MS}_{\{1,4\},\{1,4\}}||(\mathbf{Z}_0)_{\{1,4\},\{1,4\}}||(\mathbf{Z}_0^*)_{\{2,3,5\},\{2,3,5\}}|+|\mathbf{MS}_{\{1,5\},\{1,5\}}||(\mathbf{Z}_0)_{\{1,5\},\{1,5\}}||(\mathbf{Z}_0^*)_{\{2,3,4\},\{2,3,4\}}|+$$
$$|\mathbf{MS}_{\{2,3\},\{2,3\}}|\times|(\mathbf{Z}_0)_{\{2,3\},\{2,3\}}||(\mathbf{Z}_0^*)_{\{1,4,5\},\{1,4,5\}}|+|\mathbf{MS}_{\{2,4\},\{2,4\}}||(\mathbf{Z}_0)_{\{2,4\},\{2,4\}}||(\mathbf{Z}_0^*)_{\{1,3,5\},\{1,3,5\}}|+$$
$$|\mathbf{MS}_{\{2,5\},\{2,5\}}||(\mathbf{Z}_0)_{\{2,5\},\{2,5\}}|\times|(\mathbf{Z}_0^*)_{\{1,3,4\},\{1,3,4\}}|+|\mathbf{MS}_{\{3,4\},\{3,4\}}||(\mathbf{Z}_0)_{\{3,4\},\{3,4\}}||(\mathbf{Z}_0^*)_{\{1,2,5\},\{1,2,5\}}|+$$
$$|\mathbf{MS}_{\{3,5\},\{3,5\}}||(\mathbf{Z}_0)_{\{3,5\},\{3,5\}}||(\mathbf{Z}_0^*)_{\{1,2,4\},\{1,2,4\}}|+|\mathbf{MS}_{\{4,5\},\{4,5\}}||(\mathbf{Z}_0)_{\{4,5\},\{4,5\}}||(\mathbf{Z}_0^*)_{\{1,2,3\},\{1,2,3\}}|+$$
$$|\mathbf{MS}_{\{1,2,3\},\{1,2,3\}}||(\mathbf{Z}_0)_{\{1,2,3\},\{1,2,3\}}||(\mathbf{Z}_0^*)_{\{4,5\},\{4,5\}}|+|\mathbf{MS}_{\{1,2,4\},\{1,2,4\}}|\times|(\mathbf{Z}_0)_{\{1,2,4\},\{1,2,4\}}||(\mathbf{Z}_0^*)_{\{3,5\},\{3,5\}}|+$$
$$|\mathbf{MS}_{\{1,2,5\},\{1,2,5\}}||(\mathbf{Z}_0)_{\{1,2,5\},\{1,2,5\}}||(\mathbf{Z}_0^*)_{\{3,4\},\{3,4\}}|+|\mathbf{MS}_{\{1,3,4\},\{1,3,4\}}||(\mathbf{Z}_0)_{\{1,3,4\},\{1,3,4\}}|\times|(\mathbf{Z}_0^*)_{\{2,5\},\{2,5\}}|+$$
$$|\mathbf{MS}_{\{1,3,5\},\{1,3,5\}}||(\mathbf{Z}_0)_{\{1,3,5\},\{1,3,5\}}||(\mathbf{Z}_0^*)_{\{2,4\},\{2,4\}}|+|\mathbf{MS}_{\{1,4,5\},\{1,4,5\}}||(\mathbf{Z}_0)_{\{1,4,5\},\{1,4,5\}}||(\mathbf{Z}_0^*)_{\{2,3\},\{2,3\}}|+$$
$$|\mathbf{MS}_{\{2,3,4\},\{2,3,4\}}||(\mathbf{Z}_0)_{\{2,3,4\},\{2,3,4\}}||(\mathbf{Z}_0^*)_{\{1,5\},\{1,5\}}|+|\mathbf{MS}_{\{2,3,5\},\{2,3,5\}}||(\mathbf{Z}_0)_{\{2,3,5\},\{2,3,5\}}||(\mathbf{Z}_0^*)_{\{1,4\},\{1,4\}}|+$$
$$|\mathbf{MS}_{\{2,4,5\},\{2,4,5\}}|\times|(\mathbf{Z}_0)_{\{2,4,5\},\{2,4,5\}}||(\mathbf{Z}_0^*)_{\{1,3\},\{1,3\}}|+|\mathbf{MS}_{\{3,4,5\},\{3,4,5\}}||(\mathbf{Z}_0)_{\{3,4,5\},\{3,4,5\}}||(\mathbf{Z}_0^*)_{\{1,2\},\{1,2\}}|+$$
$$|\mathbf{MS}_{\{1,2,3,4\},\{1,2,3,4\}}|\times|(\mathbf{Z}_0)_{\{1,2,3,4\},\{1,2,3,4\}}||(\mathbf{Z}_0^*)_{\{5\},\{5\}}|+$$
$$|\mathbf{MS}_{\{1,2,3,5\},\{1,2,3,5\}}||(\mathbf{Z}_0)_{\{1,2,3,5\},\{1,2,3,5\}}||(\mathbf{Z}_0^*)_{\{4\},\{4\}}|+$$
$$|\mathbf{MS}_{\{1,2,4,5\},\{1,2,4,5\}}|\times|(\mathbf{Z}_0)_{\{1,2,4,5\},\{1,2,4,5\}}||(\mathbf{Z}_0^*)_{\{3\},\{3\}}|+$$
$$|\mathbf{MS}_{\{1,3,4,5\},\{1,3,4,5\}}||(\mathbf{Z}_0)_{\{1,3,4,5\},\{1,3,4,5\}}||(\mathbf{Z}_0^*)_{\{2\},\{2\}}|+$$
$$|\mathbf{MS}_{\{2,3,4,5\},\{2,3,4,5\}}|\times|(\mathbf{Z}_0)_{\{2,3,4,5\},\{2,3,4,5\}}||(\mathbf{Z}_0^*)_{\{1\},\{1\}}|+|\mathbf{MS}_{\{1,2,3,4,5\},\{1,2,3,4,5\}}||(\mathbf{Z}_0)_{\{1,2,3,4,5\},\{1,2,3,4,5\}}|$$

$$\mathrm{NY}_{11}=(1-|\mathbf{MS}_{\{1\},\{1\}}|)|(\mathbf{Z}_0^*)_{\{2,3,4,5\},\{2,3,4,5\}}|+(|\mathbf{MS}_{\{2\},\{2\}}|-$$
$$|\mathbf{MS}_{\{1,2\},\{1,2\}}|)|(\mathbf{Z}_0)_{\{2\},\{2\}}||(\mathbf{Z}_0^*)_{\{3,4,5\},\{3,4,5\}}|+(|\mathbf{MS}_{\{3\},\{3\}}|-$$
$$|\mathbf{MS}_{\{1,3\},\{1,3\}}|)|(\mathbf{Z}_0)_{\{3\},\{3\}}||(\mathbf{Z}_0^*)_{\{2,4,5\},\{2,4,5\}}|+(|\mathbf{MS}_{\{4\},\{4\}}|-$$
$$|\mathbf{MS}_{\{1,4\},\{1,4\}}|)|(\mathbf{Z}_0)_{\{4\},\{4\}}||(\mathbf{Z}_0^*)_{\{2,3,5\},\{2,3,5\}}|+(|\mathbf{MS}_{\{5\},\{5\}}|-$$
$$|\mathbf{MS}_{\{1,5\},\{1,5\}}|)|(\mathbf{Z}_0)_{\{5\},\{5\}}||(\mathbf{Z}_0^*)_{\{2,3,4\},\{2,3,4\}}|+(|\mathbf{MS}_{\{2,3\},\{2,3\}}|-$$
$$|\mathbf{MS}_{\{1,2,3\},\{1,2,3\}}|)|(\mathbf{Z}_0)_{\{2,3\},\{2,3\}}||(\mathbf{Z}_0^*)_{\{4,5\},\{4,5\}}|+(|\mathbf{MS}_{\{2,4\},\{2,4\}}|-$$
$$|\mathbf{MS}_{\{1,2,4\},\{1,2,4\}}|)|(\mathbf{Z}_0)_{\{2,4\},\{2,4\}}||(\mathbf{Z}_0^*)_{\{3,5\},\{3,5\}}|+(|\mathbf{MS}_{\{2,5\},\{2,5\}}|-$$
$$|\mathbf{MS}_{\{1,2,5\},\{1,2,5\}}|)|(\mathbf{Z}_0)_{\{2,5\},\{2,5\}}|\times|(\mathbf{Z}_0^*)_{\{3,4\},\{3,4\}}|+(|\mathbf{MS}_{\{3,4\},\{3,4\}}|-$$
$$|\mathbf{MS}_{\{1,3,4\},\{1,3,4\}}|)|(\mathbf{Z}_0)_{\{3,4\},\{3,4\}}||(\mathbf{Z}_0^*)_{\{2,5\},\{2,5\}}|+(|\mathbf{MS}_{\{3,5\},\{3,5\}}|-|\mathbf{MS}_{\{1,3,5\},\{1,3,5\}}|)\times$$
$$|(\mathbf{Z}_0)_{\{3,5\},\{3,5\}}||(\mathbf{Z}_0^*)_{\{2,4\},\{2,4\}}|+(|\mathbf{MS}_{\{4,5\},\{4,5\}}|-$$
$$|\mathbf{MS}_{\{1,4,5\},\{1,4,5\}}|)|(\mathbf{Z}_0)_{\{4,5\},\{4,5\}}||(\mathbf{Z}_0^*)_{\{2,3\},\{2,3\}}|+(|\mathbf{MS}_{\{2,3,4\},\{2,3,4\}}|-$$
$$|\mathbf{MS}_{\{1,2,3,4\},\{1,2,3,4\}}|)|(\mathbf{Z}_0)_{\{2,3,4\},\{2,3,4\}}||(\mathbf{Z}_0^*)_{\{5\},\{5\}}|+(|\mathbf{MS}_{\{2,3,5\},\{2,3,5\}}|-$$
$$|\mathbf{MS}_{\{1,2,3,5\},\{1,2,3,5\}}|)|(\mathbf{Z}_0)_{\{2,3,5\},\{2,3,5\}}||(\mathbf{Z}_0^*)_{\{4\},\{4\}}|+$$
$$(|\mathbf{MS}_{\{2,4,5\},\{2,4,5\}}|-|\mathbf{MS}_{\{1,2,4,5\},\{1,2,4,5\}}|)|(\mathbf{Z}_0)_{\{2,4,5\},\{2,4,5\}}||(\mathbf{Z}_0^*)_{\{3\},\{3\}}|+$$
$$(|\mathbf{MS}_{\{3,4,5\},\{3,4,5\}}|-|\mathbf{MS}_{\{1,3,4,5\},\{1,3,4,5\}}|)\times|(\mathbf{Z}_0)_{\{3,4,5\},\{3,4,5\}}||(\mathbf{Z}_0^*)_{\{2\},\{2\}}|+$$
$$(|\mathbf{MS}_{\{2,3,4,5\},\{2,3,4,5\}}|-|\mathbf{MS}_{\{1,2,3,4,5\},\{1,2,3,4,5\}}|)|(\mathbf{Z}_0)_{\{2,3,4,5\},\{2,3,4,5\}}|$$

续表

$$
\begin{aligned}
\mathrm{NY}_{22}=&(1-|\mathbf{MS}_{\{2\},\{2\}}|)\,|(\mathbf{Z}_0^*)_{\{1,3,4,5\},\{1,3,4,5\}}|+(|\mathbf{MS}_{\{1\},\{1\}}|-\\
&|\mathbf{MS}_{\{1,2\},\{1,2\}}|)\,|(\mathbf{Z}_0)_{\{1\},\{1\}}|\,|(\mathbf{Z}_0^*)_{\{3,4,5\},\{3,4,5\}}|+(|\mathbf{MS}_{\{3\},\{3\}}|-\\
&|\mathbf{MS}_{\{2,3\},\{2,3\}}|)\,|(\mathbf{Z}_0)_{\{3\},\{3\}}|\,|(\mathbf{Z}_0^*)_{\{1,4,5\},\{1,4,5\}}|+(|\mathbf{MS}_{\{4\},\{4\}}|-\\
&|\mathbf{MS}_{\{2,4\},\{2,4\}}|)\,|(\mathbf{Z}_0)_{\{4\},\{4\}}|\,|(\mathbf{Z}_0^*)_{\{1,3,5\},\{1,3,5\}}|+(|\mathbf{MS}_{\{5\},\{5\}}|-\\
&|\mathbf{MS}_{\{2,5\},\{2,5\}}|)\,|(\mathbf{Z}_0)_{\{5\},\{5\}}|\,|(\mathbf{Z}_0^*)_{\{1,3,4\},\{1,3,4\}}|+(|\mathbf{MS}_{\{1,3\},\{1,3\}}|-\\
&|\mathbf{MS}_{\{1,2,3\},\{1,2,3\}}|)\,|(\mathbf{Z}_0)_{\{1,3\},\{1,3\}}|\,|(\mathbf{Z}_0^*)_{\{4,5\},\{4,5\}}|+(|\mathbf{MS}_{\{1,4\},\{1,4\}}|-\\
&|\mathbf{MS}_{\{1,2,4\},\{1,2,4\}}|)\,|(\mathbf{Z}_0)_{\{1,4\},\{1,4\}}|\,|(\mathbf{Z}_0^*)_{\{3,5\},\{3,5\}}|+(|\mathbf{MS}_{\{1,5\},\{1,5\}}|-\\
&|\mathbf{MS}_{\{1,2,5\},\{1,2,5\}}|)\,|(\mathbf{Z}_0)_{\{1,5\},\{1,5\}}|\times|(\mathbf{Z}_0^*)_{\{3,4\},\{3,4\}}|+(|\mathbf{MS}_{\{3,4\},\{3,4\}}|-\\
&|\mathbf{MS}_{\{2,3,4\},\{2,3,4\}}|)\,|(\mathbf{Z}_0)_{\{3,4\},\{3,4\}}|\,|(\mathbf{Z}_0^*)_{\{1,5\},\{1,5\}}|+(|\mathbf{MS}_{\{3,5\},\{3,5\}}|-|\mathbf{MS}_{\{2,3,5\},\{2,3,5\}}|)\times\\
&|(\mathbf{Z}_0)_{\{3,5\},\{3,5\}}|\,|(\mathbf{Z}_0^*)_{\{1,4\},\{1,4\}}|+(|\mathbf{MS}_{\{4,5\},\{4,5\}}|-\\
&|\mathbf{MS}_{\{2,4,5\},\{2,4,5\}}|)\,|(\mathbf{Z}_0)_{\{4,5\},\{4,5\}}|\,|(\mathbf{Z}_0^*)_{\{1,3\},\{1,3\}}|+(|\mathbf{MS}_{\{1,3,4\},\{1,3,4\}}|-\\
&|\mathbf{MS}_{\{1,2,3,4\},\{1,2,3,4\}}|)\,|(\mathbf{Z}_0)_{\{1,3,4\},\{1,3,4\}}|\,|(\mathbf{Z}_0^*)_{\{5\},\{5\}}|+(|\mathbf{MS}_{\{1,3,5\},\{1,3,5\}}|-\\
&|\mathbf{MS}_{\{1,2,3,5\},\{1,2,3,5\}}|)\,|(\mathbf{Z}_0)_{\{1,3,5\},\{1,3,5\}}|\,|(\mathbf{Z}_0^*)_{\{4\},\{4\}}|+(|\mathbf{MS}_{\{1,4,5\},\{1,4,5\}}|-\\
&|\mathbf{MS}_{\{1,2,4,5\},\{1,2,4,5\}}|)\,|(\mathbf{Z}_0)_{\{1,4,5\},\{1,4,5\}}|\,|(\mathbf{Z}_0^*)_{\{3\},\{3\}}|+(|\mathbf{MS}_{\{3,4,5\},\{3,4,5\}}|-\\
&|\mathbf{MS}_{\{2,3,4,5\},\{2,3,4,5\}}|)\times|(\mathbf{Z}_0)_{\{3,4,5\},\{3,4,5\}}|\,|(\mathbf{Z}_0^*)_{\{1\},\{1\}}|+(|\mathbf{MS}_{\{1,3,4,5\},\{1,3,4,5\}}|-\\
&|\mathbf{MS}_{\{1,2,3,4,5\},\{1,2,3,4,5\}}|)\,|(\mathbf{Z}_0)_{\{1,3,4,5\},\{1,3,4,5\}}|
\end{aligned}
$$

$$
\begin{aligned}
\mathrm{NY}_{33}=&(1-|\mathbf{MS}_{\{3\},\{3\}}|)\,|(\mathbf{Z}_0^*)_{\{1,2,4,5\},\{1,2,4,5\}}|+(|\mathbf{MS}_{\{1\},\{1\}}|-\\
&|\mathbf{MS}_{\{1,3\},\{1,3\}}|)\,|(\mathbf{Z}_0)_{\{1\},\{1\}}|\,|(\mathbf{Z}_0^*)_{\{2,4,5\},\{2,4,5\}}|+(|\mathbf{MS}_{\{2\},\{2\}}|-\\
&|\mathbf{MS}_{\{2,3\},\{2,3\}}|)\,|(\mathbf{Z}_0)_{\{2\},\{2\}}|\,|(\mathbf{Z}_0^*)_{\{1,4,5\},\{1,4,5\}}|+(|\mathbf{MS}_{\{4\},\{4\}}|-\\
&|\mathbf{MS}_{\{3,4\},\{3,4\}}|)\,|(\mathbf{Z}_0)_{\{4\},\{4\}}|\,|(\mathbf{Z}_0^*)_{\{1,2,5\},\{1,2,5\}}|+(|\mathbf{MS}_{\{5\},\{5\}}|-\\
&|\mathbf{MS}_{\{3,5\},\{3,5\}}|)\,|(\mathbf{Z}_0)_{\{5\},\{5\}}|\,|(\mathbf{Z}_0^*)_{\{1,2,4\},\{1,2,4\}}|+(|\mathbf{MS}_{\{1,2\},\{1,2\}}|-\\
&|\mathbf{MS}_{\{1,2,3\},\{1,2,3\}}|)\,|(\mathbf{Z}_0)_{\{1,2\},\{1,2\}}|\,|(\mathbf{Z}_0^*)_{\{4,5\},\{4,5\}}|+(|\mathbf{MS}_{\{1,4\},\{1,4\}}|-\\
&|\mathbf{MS}_{\{1,3,4\},\{1,3,4\}}|)\,|(\mathbf{Z}_0)_{\{1,4\},\{1,4\}}|\,|(\mathbf{Z}_0^*)_{\{2,5\},\{2,5\}}|+(|\mathbf{MS}_{\{1,5\},\{1,5\}}|-\\
&|\mathbf{MS}_{\{1,3,5\},\{1,3,5\}}|)\,|(\mathbf{Z}_0)_{\{1,5\},\{1,5\}}|\times|(\mathbf{Z}_0^*)_{\{2,4\},\{2,4\}}|+(|\mathbf{MS}_{\{2,4\},\{2,4\}}|-\\
&|\mathbf{MS}_{\{2,3,4\},\{2,3,4\}}|)\,|(\mathbf{Z}_0)_{\{2,4\},\{2,4\}}|\,|(\mathbf{Z}_0^*)_{\{1,5\},\{1,5\}}|+(|\mathbf{MS}_{\{2,5\},\{2,5\}}|-|\mathbf{MS}_{\{2,3,5\},\{2,3,5\}}|)\times\\
&|(\mathbf{Z}_0)_{\{2,5\},\{2,5\}}|\,|(\mathbf{Z}_0^*)_{\{1,4\},\{1,4\}}|+(|\mathbf{MS}_{\{4,5\},\{4,5\}}|-\\
&|\mathbf{MS}_{\{3,4,5\},\{3,4,5\}}|)\,|(\mathbf{Z}_0)_{\{4,5\},\{4,5\}}|\,|(\mathbf{Z}_0^*)_{\{1,2\},\{1,2\}}|+(|\mathbf{MS}_{\{1,2,4\},\{1,2,4\}}|-\\
&|\mathbf{MS}_{\{1,2,3,4\},\{1,2,3,4\}}|)\,|(\mathbf{Z}_0)_{\{1,2,4\},\{1,2,4\}}|\,|(\mathbf{Z}_0^*)_{\{5\},\{5\}}|+(|\mathbf{MS}_{\{1,2,5\},\{1,2,5\}}|-\\
&|\mathbf{MS}_{\{1,2,3,5\},\{1,2,3,5\}}|)\,|(\mathbf{Z}_0)_{\{1,2,5\},\{1,2,5\}}|\,|(\mathbf{Z}_0^*)_{\{4\},\{4\}}|+\\
&(|\mathbf{MS}_{\{1,4,5\},\{1,4,5\}}|-|\mathbf{MS}_{\{1,3,4,5\},\{1,3,4,5\}}|)\,|(\mathbf{Z}_0)_{\{1,4,5\},\{1,4,5\}}|\,|(\mathbf{Z}_0^*)_{\{2\},\{2\}}|+\\
&(|\mathbf{MS}_{\{2,4,5\},\{2,4,5\}}|-|\mathbf{MS}_{\{2,3,4,5\},\{2,3,4,5\}}|)\times|(\mathbf{Z}_0)_{\{2,4,5\},\{2,4,5\}}|\,|(\mathbf{Z}_0^*)_{\{1\},\{1\}}|+\\
&(|\mathbf{MS}_{\{1,2,4,5\},\{1,2,4,5\}}|-|\mathbf{MS}_{\{1,2,3,4,5\},\{1,2,3,4,5\}}|)\,|(\mathbf{Z}_0)_{\{1,2,4,5\},\{1,2,4,5\}}|
\end{aligned}
$$

续表

$$
\begin{aligned}
NY_{44} = {} & (1-|\mathbf{MS}_{\{4\},\{4\}}|)\,|(\mathbf{Z}_0^*)_{\{1,2,3,5\},\{1,2,3,5\}}|+(|\mathbf{MS}_{\{1\},\{1\}}|- \\
& |\mathbf{MS}_{\{1,4\},\{1,4\}}|)\,|(\mathbf{Z}_0)_{\{1\},\{1\}}|\,|(\mathbf{Z}_0^*)_{\{2,3,5\},\{2,3,5\}}|+(|\mathbf{MS}_{\{2\},\{2\}}|- \\
& |\mathbf{MS}_{\{2,4\},\{2,4\}}|)\,|(\mathbf{Z}_0)_{\{2\},\{2\}}|\,|(\mathbf{Z}_0^*)_{\{1,3,5\},\{1,3,5\}}|+(|\mathbf{MS}_{\{3\},\{3\}}|- \\
& |\mathbf{MS}_{\{3,4\},\{3,4\}}|)\,|(\mathbf{Z}_0)_{\{3\},\{3\}}|\,|(\mathbf{Z}_0^*)_{\{1,2,5\},\{1,2,5\}}|+(|\mathbf{MS}_{\{5\},\{5\}}|- \\
& |\mathbf{MS}_{\{4,5\},\{4,5\}}|)\,|(\mathbf{Z}_0)_{\{5\},\{5\}}|\,|(\mathbf{Z}_0^*)_{\{1,2,3\},\{1,2,3\}}|+(|\mathbf{MS}_{\{1,2\},\{1,2\}}|- \\
& |\mathbf{MS}_{\{1,2,4\},\{1,2,4\}}|)\,|(\mathbf{Z}_0)_{\{1,2\},\{1,2\}}|\,|(\mathbf{Z}_0^*)_{\{3,5\},\{3,5\}}|+(|\mathbf{MS}_{\{1,3\},\{1,3\}}|- \\
& |\mathbf{MS}_{\{1,3,4\},\{1,3,4\}}|)\,|(\mathbf{Z}_0)_{\{1,3\},\{1,3\}}|\,|(\mathbf{Z}_0^*)_{\{2,5\},\{2,5\}}|+(|\mathbf{MS}_{\{1,5\},\{1,5\}}|- \\
& |\mathbf{MS}_{\{1,4,5\},\{1,4,5\}}|)\,|(\mathbf{Z}_0)_{\{1,5\},\{1,5\}}|\times|(\mathbf{Z}_0^*)_{\{2,3\},\{2,3\}}|+(|\mathbf{MS}_{\{2,3\},\{2,3\}}|- \\
& |\mathbf{MS}_{\{2,3,4\},\{2,3,4\}}|)\,|(\mathbf{Z}_0)_{\{2,3\},\{2,3\}}|\,|(\mathbf{Z}_0^*)_{\{1,5\},\{1,5\}}|+(|\mathbf{MS}_{\{2,5\},\{2,5\}}|-|\mathbf{MS}_{\{2,4,5\},\{2,4,5\}}|)\times \\
& |(\mathbf{Z}_0)_{\{2,5\},\{2,5\}}|\,|(\mathbf{Z}_0^*)_{\{1,3\},\{1,3\}}|+(|\mathbf{MS}_{\{3,5\},\{3,5\}}|- \\
& |\mathbf{MS}_{\{3,4,5\},\{3,4,5\}}|)\,|(\mathbf{Z}_0)_{\{3,5\},\{3,5\}}|\,|(\mathbf{Z}_0^*)_{\{1,2\},\{1,2\}}|+(|\mathbf{MS}_{\{1,2,3\},\{1,2,3\}}|- \\
& |\mathbf{MS}_{\{1,2,3,4\},\{1,2,3,4\}}|)\,|(\mathbf{Z}_0)_{\{1,2,3\},\{1,2,3\}}|\,|(\mathbf{Z}_0^*)_{\{5\},\{5\}}|+(|\mathbf{MS}_{\{1,2,5\},\{1,2,5\}}|- \\
& |\mathbf{MS}_{\{1,2,4,5\},\{1,2,4,5\}}|)\,|(\mathbf{Z}_0)_{\{1,2,5\},\{1,2,5\}}|\,|(\mathbf{Z}_0^*)_{\{3\},\{3\}}|+(|\mathbf{MS}_{\{1,3,5\},\{1,3,5\}}|- \\
& |\mathbf{MS}_{\{1,3,4,5\},\{1,3,4,5\}}|)\,|(\mathbf{Z}_0)_{\{1,3,5\},\{1,3,5\}}|\,|(\mathbf{Z}_0^*)_{\{2\},\{2\}}|+(|\mathbf{MS}_{\{2,3,5\},\{2,3,5\}}|- \\
& |\mathbf{MS}_{\{2,3,4,5\},\{2,3,4,5\}}|)\times|(\mathbf{Z}_0)_{\{2,3,5\},\{2,3,5\}}|\,|(\mathbf{Z}_0^*)_{\{1\},\{1\}}|+(|\mathbf{MS}_{\{1,2,3,5\},\{1,2,3,5\}}|- \\
& |\mathbf{MS}_{\{1,2,3,4,5\},\{1,2,3,4,5\}}|)\,|(\mathbf{Z}_0)_{\{1,2,3,5\},\{1,2,3,5\}}|
\end{aligned}
$$

$$
\begin{aligned}
NY_{55} = {} & (1-|\mathbf{MS}_{\{5\},\{5\}}|)\,|(\mathbf{Z}_0^*)_{\{1,2,3,4\},\{1,2,3,4\}}|+(|\mathbf{MS}_{\{1\},\{1\}}|- \\
& |\mathbf{MS}_{\{1,5\},\{1,5\}}|)\,|(\mathbf{Z}_0)_{\{1\},\{1\}}|\,|(\mathbf{Z}_0^*)_{\{2,3,4\},\{2,3,4\}}|+(|\mathbf{MS}_{\{2\},\{2\}}|- \\
& |\mathbf{MS}_{\{2,5\},\{2,5\}}|)\,|(\mathbf{Z}_0)_{\{2\},\{2\}}|\,|(\mathbf{Z}_0^*)_{\{1,3,4\},\{1,3,4\}}|+(|\mathbf{MS}_{\{3\},\{3\}}|- \\
& |\mathbf{MS}_{\{3,5\},\{3,5\}}|)\,|(\mathbf{Z}_0)_{\{3\},\{3\}}|\,|(\mathbf{Z}_0^*)_{\{1,2,4\},\{1,2,4\}}|+(|\mathbf{MS}_{\{4\},\{4\}}|- \\
& |\mathbf{MS}_{\{4,5\},\{4,5\}}|)\,|(\mathbf{Z}_0)_{\{4\},\{4\}}|\,|(\mathbf{Z}_0^*)_{\{1,2,3\},\{1,2,3\}}|+(|\mathbf{MS}_{\{1,2\},\{1,2\}}|- \\
& |\mathbf{MS}_{\{1,2,5\},\{1,2,5\}}|)\,|(\mathbf{Z}_0)_{\{1,2\},\{1,2\}}|\,|(\mathbf{Z}_0^*)_{\{3,4\},\{3,4\}}|+(|\mathbf{MS}_{\{1,3\},\{1,3\}}|- \\
& |\mathbf{MS}_{\{1,3,5\},\{1,3,5\}}|)\,|(\mathbf{Z}_0)_{\{1,3\},\{1,3\}}|\,|(\mathbf{Z}_0^*)_{\{2,4\},\{2,4\}}|+(|\mathbf{MS}_{\{1,4\},\{1,4\}}|- \\
& |\mathbf{MS}_{\{1,4,5\},\{1,4,5\}}|)\,|(\mathbf{Z}_0)_{\{1,4\},\{1,4\}}|\times|(\mathbf{Z}_0^*)_{\{2,3\},\{2,3\}}|+(|\mathbf{MS}_{\{2,3\},\{2,3\}}|- \\
& |\mathbf{MS}_{\{2,3,5\},\{2,3,5\}}|)\,|(\mathbf{Z}_0)_{\{2,3\},\{2,3\}}|\,|(\mathbf{Z}_0^*)_{\{1,4\},\{1,4\}}|+(|\mathbf{MS}_{\{2,4\},\{2,4\}}|-|\mathbf{MS}_{\{2,4,5\},\{2,4,5\}}|)\times \\
& |(\mathbf{Z}_0)_{\{2,4\},\{2,4\}}|\,|(\mathbf{Z}_0^*)_{\{1,3\},\{1,3\}}|+(|\mathbf{MS}_{\{3,4\},\{3,4\}}|- \\
& |\mathbf{MS}_{\{3,4,5\},\{3,4,5\}}|)\,|(\mathbf{Z}_0)_{\{3,4\},\{3,4\}}|\,|(\mathbf{Z}_0^*)_{\{1,2\},\{1,2\}}|+(|\mathbf{MS}_{\{1,2,3\},\{1,2,3\}}|- \\
& |\mathbf{MS}_{\{1,2,3,5\},\{1,2,3,5\}}|)\,|(\mathbf{Z}_0)_{\{1,2,3\},\{1,2,3\}}|\,|(\mathbf{Z}_0^*)_{\{4\},\{4\}}|+(|\mathbf{MS}_{\{1,2,4\},\{1,2,4\}}|- \\
& |\mathbf{MS}_{\{1,2,4,5\},\{1,2,4,5\}}|)\,|(\mathbf{Z}_0)_{\{1,2,4\},\{1,2,4\}}|\,|(\mathbf{Z}_0^*)_{\{3\},\{3\}}|+(|\mathbf{MS}_{\{1,3,4\},\{1,3,4\}}|- \\
& |\mathbf{MS}_{\{1,3,4,5\},\{1,3,4,5\}}|)\,|(\mathbf{Z}_0)_{\{1,3,4\},\{1,3,4\}}|\,|(\mathbf{Z}_0^*)_{\{2\},\{2\}}|+(|\mathbf{MS}_{\{2,3,4\},\{2,3,4\}}|- \\
& |\mathbf{MS}_{\{2,3,4,5\},\{2,3,4,5\}}|)\times|(\mathbf{Z}_0)_{\{2,3,4\},\{2,3,4\}}|\,|(\mathbf{Z}_0^*)_{\{1\},\{1\}}|+(|\mathbf{MS}_{\{1,2,3,4\},\{1,2,3,4\}}|- \\
& |\mathbf{MS}_{\{1,2,3,4,5\},\{1,2,3,4,5\}}|)\,|(\mathbf{Z}_0)_{\{1,2,3,4\},\{1,2,3,4\}}|
\end{aligned}
$$

表 3-20 六端口网络 *S* 参数转换成 *Y* 参数的简化公式

NY_{ij}	1	2
1	—	$-2R_2\sqrt{\left\|\dfrac{R_1}{R_2}\right\|}\times$ $(\|\mathbf{MS}_{\{1\},\{2\}}\|\|(\mathbf{Z}_0^*)_{\{3,4,5,6\},\{3,4,5,6\}}\|+$ $\|\mathbf{MS}_{\{3,1\},\{3,2\}}\|\|(\mathbf{Z}_0)_{\{3\},\{3\}}\|\|(\mathbf{Z}_0^*)_{\{4,5,6\},\{4,5,6\}}\|+$ $\|\mathbf{MS}_{\{4,1\},\{4,2\}}\|\|(\mathbf{Z}_0)_{\{4\},\{4\}}\|\|(\mathbf{Z}_0^*)_{\{3,5,6\},\{3,5,6\}}\|+$ $\|\mathbf{MS}_{\{5,1\},\{5,2\}}\|\|(\mathbf{Z}_0)_{\{5\},\{5\}}\|\|(\mathbf{Z}_0^*)_{\{3,4,6\},\{3,4,6\}}\|+$ $\|\mathbf{MS}_{\{6,1\},\{6,2\}}\|\|(\mathbf{Z}_0)_{\{6\},\{6\}}\|\|(\mathbf{Z}_0^*)_{\{3,4,5\},\{3,4,5\}}\|+$ $\|\mathbf{MS}_{\{3,4,1\},\{3,4,2\}}\|\|(\mathbf{Z}_0)_{\{3,4\},\{3,4\}}\|\|(\mathbf{Z}_0^*)_{\{5,6\},\{5,6\}}\|+$ $\|\mathbf{MS}_{\{3,5,1\},\{3,5,2\}}\|\|(\mathbf{Z}_0)_{\{3,5\},\{3,5\}}\|\|(\mathbf{Z}_0^*)_{\{4,6\},\{4,6\}}\|+$ $\|\mathbf{MS}_{\{3,6,1\},\{3,6,2\}}\|\|(\mathbf{Z}_0)_{\{3,6\},\{3,6\}}\|\|(\mathbf{Z}_0^*)_{\{4,5\},\{4,5\}}\|+$ $\|\mathbf{MS}_{\{4,5,1\},\{4,5,2\}}\|\|(\mathbf{Z}_0)_{\{4,5\},\{4,5\}}\|\|(\mathbf{Z}_0^*)_{\{3,6\},\{3,6\}}\|+$ $\|\mathbf{MS}_{\{4,6,1\},\{4,6,2\}}\|\|(\mathbf{Z}_0)_{\{4,6\},\{4,6\}}\|\|(\mathbf{Z}_0^*)_{\{3,5\},\{3,5\}}\|+$ $\|\mathbf{MS}_{\{5,6,1\},\{5,6,2\}}\|\|(\mathbf{Z}_0)_{\{5,6\},\{5,6\}}\|\|(\mathbf{Z}_0^*)_{\{3,4\},\{3,4\}}\|+$ $\|\mathbf{MS}_{\{3,4,5,1\},\{3,4,5,2\}}\|\|(\mathbf{Z}_0)_{\{3,4,5\},\{3,4,5\}}\|\|(\mathbf{Z}_0^*)_{\{6\},\{6\}}\|+$ $\|\mathbf{MS}_{\{3,4,6,1\},\{3,4,6,2\}}\|\|(\mathbf{Z}_0)_{\{3,4,6\},\{3,4,6\}}\|\|(\mathbf{Z}_0^*)_{\{5\},\{5\}}\|+$ $\|\mathbf{MS}_{\{3,5,6,1\},\{3,5,6,2\}}\|\|(\mathbf{Z}_0)_{\{3,5,6\},\{3,5,6\}}\|\|(\mathbf{Z}_0^*)_{\{4\},\{4\}}\|+$ $\|\mathbf{MS}_{\{4,5,6,1\},\{4,5,6,2\}}\|\|(\mathbf{Z}_0)_{\{4,5,6\},\{4,5,6\}}\|\|(\mathbf{Z}_0^*)_{\{3\},\{3\}}\|+$ $\|\mathbf{MS}_{\{3,4,5,6,1\},\{3,4,5,6,2\}}\|\|(\mathbf{Z}_0)_{\{3,4,5,6\},\{3,4,5,6\}}\|)$
2	$-2R_1\sqrt{\left\|\dfrac{R_2}{R_1}\right\|}\times$ $(\|\mathbf{MS}_{\{2\},\{1\}}\|\|(\mathbf{Z}_0^*)_{\{3,4,5,6\},\{3,4,5,6\}}\|+$ $\|\mathbf{MS}_{\{3,2\},\{3,1\}}\|\|(\mathbf{Z}_0)_{\{3\},\{3\}}\|\|(\mathbf{Z}_0^*)_{\{4,5,6\},\{4,5,6\}}\|+$ $\|\mathbf{MS}_{\{4,2\},\{4,1\}}\|\|(\mathbf{Z}_0)_{\{4\},\{4\}}\|\|(\mathbf{Z}_0^*)_{\{3,5,6\},\{3,5,6\}}\|+$ $\|\mathbf{MS}_{\{5,2\},\{5,1\}}\|\|(\mathbf{Z}_0)_{\{5\},\{5\}}\|\|(\mathbf{Z}_0^*)_{\{3,4,6\},\{3,4,6\}}\|+$ $\|\mathbf{MS}_{\{6,2\},\{6,1\}}\|\|(\mathbf{Z}_0)_{\{6\},\{6\}}\|\|(\mathbf{Z}_0^*)_{\{3,4,5\},\{3,4,5\}}\|+$ $\|\mathbf{MS}_{\{3,4,2\},\{3,4,1\}}\|\|(\mathbf{Z}_0)_{\{3,4\},\{3,4\}}\|\|(\mathbf{Z}_0^*)_{\{5,6\},\{5,6\}}\|+$ $\|\mathbf{MS}_{\{3,5,2\},\{3,5,1\}}\|\|(\mathbf{Z}_0)_{\{3,5\},\{3,5\}}\|\|(\mathbf{Z}_0^*)_{\{4,6\},\{4,6\}}\|+$ $\|\mathbf{MS}_{\{3,6,2\},\{3,6,1\}}\|\|(\mathbf{Z}_0)_{\{3,6\},\{3,6\}}\|\|(\mathbf{Z}_0^*)_{\{4,5\},\{4,5\}}\|+$ $\|\mathbf{MS}_{\{4,5,2\},\{4,5,1\}}\|\|(\mathbf{Z}_0)_{\{4,5\},\{4,5\}}\|\|(\mathbf{Z}_0^*)_{\{3,6\},\{3,6\}}\|+$ $\|\mathbf{MS}_{\{4,6,2\},\{4,6,1\}}\|\|(\mathbf{Z}_0)_{\{4,6\},\{4,6\}}\|\|(\mathbf{Z}_0^*)_{\{3,5\},\{3,5\}}\|+$ $\|\mathbf{MS}_{\{5,6,2\},\{5,6,1\}}\|\|(\mathbf{Z}_0)_{\{5,6\},\{5,6\}}\|\|(\mathbf{Z}_0^*)_{\{3,4\},\{3,4\}}\|+$ $\|\mathbf{MS}_{\{3,4,5,2\},\{3,4,5,1\}}\|\|(\mathbf{Z}_0)_{\{3,4,5\},\{3,4,5\}}\|\|(\mathbf{Z}_0^*)_{\{6\},\{6\}}\|+$ $\|\mathbf{MS}_{\{3,4,6,2\},\{3,4,6,1\}}\|\|(\mathbf{Z}_0)_{\{3,4,6\},\{3,4,6\}}\|\|(\mathbf{Z}_0^*)_{\{5\},\{5\}}\|+$ $\|\mathbf{MS}_{\{3,5,6,2\},\{3,5,6,1\}}\|\|(\mathbf{Z}_0)_{\{3,5,6\},\{3,5,6\}}\|\|(\mathbf{Z}_0^*)_{\{4\},\{4\}}\|+$ $\|\mathbf{MS}_{\{4,5,6,2\},\{4,5,6,1\}}\|\|(\mathbf{Z}_0)_{\{4,5,6\},\{4,5,6\}}\|\|(\mathbf{Z}_0^*)_{\{3\},\{3\}}\|+$ $\|\mathbf{MS}_{\{3,4,5,6,2\},\{3,4,5,6,1\}}\|\|(\mathbf{Z}_0)_{\{3,4,5,6\},\{3,4,5,6\}}\|)$	—

续表

NY_{ij}	1	2
3	$-2R_1\sqrt{\left\|\frac{R_3}{R_1}\right\|}\times$ $(\|\mathbf{MS}_{\{3\},\{1\}}\|\|(\mathbf{Z}_0^*)_{\{2,4,5,6\},\{2,4,5,6\}}\|+$ $\|\mathbf{MS}_{\{2,3\},\{2,1\}}\|\|(\mathbf{Z}_0)_{\{2\},\{2\}}\|\|(\mathbf{Z}_0^*)_{\{4,5,6\},\{4,5,6\}}\|+$ $\|\mathbf{MS}_{\{4,3\},\{4,1\}}\|\|(\mathbf{Z}_0)_{\{4\},\{4\}}\|\|(\mathbf{Z}_0^*)_{\{2,5,6\},\{2,5,6\}}\|+$ $\|\mathbf{MS}_{\{5,3\},\{5,1\}}\|\|(\mathbf{Z}_0)_{\{5\},\{5\}}\|\|(\mathbf{Z}_0^*)_{\{2,4,6\},\{2,4,6\}}\|+$ $\|\mathbf{MS}_{\{6,3\},\{6,1\}}\|\|(\mathbf{Z}_0)_{\{6\},\{6\}}\|\|(\mathbf{Z}_0^*)_{\{2,4,5\},\{2,4,5\}}\|+$ $\|\mathbf{MS}_{\{2,4,3\},\{2,4,1\}}\|\|(\mathbf{Z}_0)_{\{2,4\},\{2,4\}}\|\|(\mathbf{Z}_0^*)_{\{5,6\},\{5,6\}}\|+$ $\|\mathbf{MS}_{\{2,5,3\},\{2,5,1\}}\|\|(\mathbf{Z}_0)_{\{2,5\},\{2,5\}}\|\|(\mathbf{Z}_0^*)_{\{4,6\},\{4,6\}}\|+$ $\|\mathbf{MS}_{\{2,6,3\},\{2,6,1\}}\|\|(\mathbf{Z}_0)_{\{2,6\},\{2,6\}}\|\|(\mathbf{Z}_0^*)_{\{4,5\},\{4,5\}}\|+$ $\|\mathbf{MS}_{\{4,5,3\},\{4,5,1\}}\|\|(\mathbf{Z}_0)_{\{4,5\},\{4,5\}}\|\|(\mathbf{Z}_0^*)_{\{2,6\},\{2,6\}}\|+$ $\|\mathbf{MS}_{\{4,6,3\},\{4,6,1\}}\|\|(\mathbf{Z}_0)_{\{4,6\},\{4,6\}}\|\|(\mathbf{Z}_0^*)_{\{2,5\},\{2,5\}}\|+$ $\|\mathbf{MS}_{\{5,6,3\},\{5,6,1\}}\|\|(\mathbf{Z}_0)_{\{5,6\},\{5,6\}}\|\|(\mathbf{Z}_0^*)_{\{2,4\},\{2,4\}}\|+$ $\|\mathbf{MS}_{\{2,4,5,3\},\{2,4,5,1\}}\|\|(\mathbf{Z}_0)_{\{2,4,5\},\{2,4,5\}}\|\|(\mathbf{Z}_0^*)_{\{6\},\{6\}}\|+$ $\|\mathbf{MS}_{\{2,4,6,3\},\{2,4,6,1\}}\|\|(\mathbf{Z}_0)_{\{2,4,6\},\{2,4,6\}}\|\|(\mathbf{Z}_0^*)_{\{5\},\{5\}}\|+$ $\|\mathbf{MS}_{\{2,5,6,3\},\{2,5,6,1\}}\|\|(\mathbf{Z}_0)_{\{2,5,6\},\{2,5,6\}}\|\|(\mathbf{Z}_0^*)_{\{4\},\{4\}}\|+$ $\|\mathbf{MS}_{\{4,5,6,3\},\{4,5,6,1\}}\|\|(\mathbf{Z}_0)_{\{4,5,6\},\{4,5,6\}}\|\|(\mathbf{Z}_0^*)_{\{2\},\{2\}}\|+$ $\|\mathbf{MS}_{\{2,4,5,6,3\},\{2,4,5,6,1\}}\|\|(\mathbf{Z}_0)_{\{2,4,5,6\},\{2,4,5,6\}}\|)$	$-2R_2\sqrt{\left\|\frac{R_3}{R_2}\right\|}\times$ $(\|\mathbf{MS}_{\{3\},\{2\}}\|\|(\mathbf{Z}_0^*)_{\{1,4,5,6\},\{1,4,5,6\}}\|+$ $\|\mathbf{MS}_{\{1,3\},\{1,2\}}\|\|(\mathbf{Z}_0)_{\{1\},\{1\}}\|\|(\mathbf{Z}_0^*)_{\{4,5,6\},\{4,5,6\}}\|+$ $\|\mathbf{MS}_{\{4,3\},\{4,2\}}\|\|(\mathbf{Z}_0)_{\{4\},\{4\}}\|\|(\mathbf{Z}_0^*)_{\{1,5,6\},\{1,5,6\}}\|+$ $\|\mathbf{MS}_{\{5,3\},\{5,2\}}\|\|(\mathbf{Z}_0)_{\{5\},\{5\}}\|\|(\mathbf{Z}_0^*)_{\{1,4,6\},\{1,4,6\}}\|+$ $\|\mathbf{MS}_{\{6,3\},\{6,2\}}\|\|(\mathbf{Z}_0)_{\{6\},\{6\}}\|\|(\mathbf{Z}_0^*)_{\{1,4,5\},\{1,4,5\}}\|+$ $\|\mathbf{MS}_{\{1,4,3\},\{1,4,2\}}\|\|(\mathbf{Z}_0)_{\{1,4\},\{1,4\}}\|\|(\mathbf{Z}_0^*)_{\{5,6\},\{5,6\}}\|+$ $\|\mathbf{MS}_{\{1,5,3\},\{1,5,2\}}\|\|(\mathbf{Z}_0)_{\{1,5\},\{1,5\}}\|\|(\mathbf{Z}_0^*)_{\{4,6\},\{4,6\}}\|+$ $\|\mathbf{MS}_{\{1,6,3\},\{1,6,2\}}\|\|(\mathbf{Z}_0)_{\{1,6\},\{1,6\}}\|\|(\mathbf{Z}_0^*)_{\{4,5\},\{4,5\}}\|+$ $\|\mathbf{MS}_{\{4,5,3\},\{4,5,2\}}\|\|(\mathbf{Z}_0)_{\{4,5\},\{4,5\}}\|\|(\mathbf{Z}_0^*)_{\{1,6\},\{1,6\}}\|+$ $\|\mathbf{MS}_{\{4,6,3\},\{4,6,2\}}\|\|(\mathbf{Z}_0)_{\{4,6\},\{4,6\}}\|\|(\mathbf{Z}_0^*)_{\{1,5\},\{1,5\}}\|+$ $\|\mathbf{MS}_{\{5,6,3\},\{5,6,2\}}\|\|(\mathbf{Z}_0)_{\{5,6\},\{5,6\}}\|\|(\mathbf{Z}_0^*)_{\{1,4\},\{1,4\}}\|+$ $\|\mathbf{MS}_{\{1,4,5,3\},\{1,4,5,2\}}\|\|(\mathbf{Z}_0)_{\{1,4,5\},\{1,4,5\}}\|\|(\mathbf{Z}_0^*)_{\{6\},\{6\}}\|+$ $\|\mathbf{MS}_{\{1,4,6,3\},\{1,4,6,2\}}\|\|(\mathbf{Z}_0)_{\{1,4,6\},\{1,4,6\}}\|\|(\mathbf{Z}_0^*)_{\{5\},\{5\}}\|+$ $\|\mathbf{MS}_{\{1,5,6,3\},\{1,5,6,2\}}\|\|(\mathbf{Z}_0)_{\{1,5,6\},\{1,5,6\}}\|\|(\mathbf{Z}_0^*)_{\{4\},\{4\}}\|+$ $\|\mathbf{MS}_{\{4,5,6,3\},\{4,5,6,2\}}\|\|(\mathbf{Z}_0)_{\{4,5,6\},\{4,5,6\}}\|\|(\mathbf{Z}_0^*)_{\{1\},\{1\}}\|+$ $\|\mathbf{MS}_{\{1,4,5,6,3\},\{1,4,5,6,2\}}\|\|(\mathbf{Z}_0)_{\{1,4,5,6\},\{1,4,5,6\}}\|)$
4	$-2R_1\sqrt{\left\|\frac{R_4}{R_1}\right\|}\times$ $(\|\mathbf{MS}_{\{4\},\{1\}}\|\|(\mathbf{Z}_0^*)_{\{2,3,5,6\},\{2,3,5,6\}}\|+$ $\|\mathbf{MS}_{\{2,4\},\{2,1\}}\|\|(\mathbf{Z}_0)_{\{2\},\{2\}}\|\|(\mathbf{Z}_0^*)_{\{3,5,6\},\{3,5,6\}}\|+$ $\|\mathbf{MS}_{\{3,4\},\{3,1\}}\|\|(\mathbf{Z}_0)_{\{3\},\{3\}}\|\|(\mathbf{Z}_0^*)_{\{2,5,6\},\{2,5,6\}}\|+$ $\|\mathbf{MS}_{\{5,4\},\{5,1\}}\|\|(\mathbf{Z}_0)_{\{5\},\{5\}}\|\|(\mathbf{Z}_0^*)_{\{2,3,6\},\{2,3,6\}}\|+$ $\|\mathbf{MS}_{\{6,4\},\{6,1\}}\|\|(\mathbf{Z}_0)_{\{6\},\{6\}}\|\|(\mathbf{Z}_0^*)_{\{2,3,5\},\{2,3,5\}}\|+$ $\|\mathbf{MS}_{\{2,3,4\},\{2,3,1\}}\|\|(\mathbf{Z}_0)_{\{2,3\},\{2,3\}}\|\|(\mathbf{Z}_0^*)_{\{5,6\},\{5,6\}}\|+$ $\|\mathbf{MS}_{\{2,5,4\},\{2,5,1\}}\|\|(\mathbf{Z}_0)_{\{2,5\},\{2,5\}}\|\|(\mathbf{Z}_0^*)_{\{3,6\},\{3,6\}}\|+$ $\|\mathbf{MS}_{\{2,6,4\},\{2,6,1\}}\|\|(\mathbf{Z}_0)_{\{2,6\},\{2,6\}}\|\|(\mathbf{Z}_0^*)_{\{3,5\},\{3,5\}}\|+$ $\|\mathbf{MS}_{\{3,5,4\},\{3,5,1\}}\|\|(\mathbf{Z}_0)_{\{3,5\},\{3,5\}}\|\|(\mathbf{Z}_0^*)_{\{2,6\},\{2,6\}}\|+$ $\|\mathbf{MS}_{\{3,6,4\},\{3,6,1\}}\|\|(\mathbf{Z}_0)_{\{3,6\},\{3,6\}}\|\|(\mathbf{Z}_0^*)_{\{2,5\},\{2,5\}}\|+$ $\|\mathbf{MS}_{\{5,6,4\},\{5,6,1\}}\|\|(\mathbf{Z}_0)_{\{5,6\},\{5,6\}}\|\|(\mathbf{Z}_0^*)_{\{2,3\},\{2,3\}}\|+$ $\|\mathbf{MS}_{\{2,3,5,4\},\{2,3,5,1\}}\|\|(\mathbf{Z}_0)_{\{2,3,5\},\{2,3,5\}}\|\|(\mathbf{Z}_0^*)_{\{6\},\{6\}}\|+$ $\|\mathbf{MS}_{\{2,3,6,4\},\{2,3,6,1\}}\|\|(\mathbf{Z}_0)_{\{2,3,6\},\{2,3,6\}}\|\|(\mathbf{Z}_0^*)_{\{5\},\{5\}}\|+$ $\|\mathbf{MS}_{\{2,5,6,4\},\{2,5,6,1\}}\|\|(\mathbf{Z}_0)_{\{2,5,6\},\{2,5,6\}}\|\|(\mathbf{Z}_0^*)_{\{3\},\{3\}}\|+$ $\|\mathbf{MS}_{\{3,5,6,4\},\{3,5,6,1\}}\|\|(\mathbf{Z}_0)_{\{3,5,6\},\{3,5,6\}}\|\|(\mathbf{Z}_0^*)_{\{2\},\{2\}}\|+$ $\|\mathbf{MS}_{\{2,3,5,6,4\},\{2,3,5,6,1\}}\|\|(\mathbf{Z}_0)_{\{2,3,5,6\},\{2,3,5,6\}}\|)$	$-2R_2\sqrt{\left\|\frac{R_4}{R_2}\right\|}\times$ $(\|\mathbf{MS}_{\{4\},\{2\}}\|\|(\mathbf{Z}_0^*)_{\{1,3,5,6\},\{1,3,5,6\}}\|+$ $\|\mathbf{MS}_{\{1,4\},\{1,2\}}\|\|(\mathbf{Z}_0)_{\{1\},\{1\}}\|\|(\mathbf{Z}_0^*)_{\{3,5,6\},\{3,5,6\}}\|+$ $\|\mathbf{MS}_{\{3,4\},\{3,2\}}\|\|(\mathbf{Z}_0)_{\{3\},\{3\}}\|\|(\mathbf{Z}_0^*)_{\{1,5,6\},\{1,5,6\}}\|+$ $\|\mathbf{MS}_{\{5,4\},\{5,2\}}\|\|(\mathbf{Z}_0)_{\{5\},\{5\}}\|\|(\mathbf{Z}_0^*)_{\{1,3,6\},\{1,3,6\}}\|+$ $\|\mathbf{MS}_{\{6,4\},\{6,2\}}\|\|(\mathbf{Z}_0)_{\{6\},\{6\}}\|\|(\mathbf{Z}_0^*)_{\{1,3,5\},\{1,3,5\}}\|+$ $\|\mathbf{MS}_{\{1,3,4\},\{1,3,2\}}\|\|(\mathbf{Z}_0)_{\{1,3\},\{1,3\}}\|\|(\mathbf{Z}_0^*)_{\{5,6\},\{5,6\}}\|+$ $\|\mathbf{MS}_{\{1,5,4\},\{1,5,2\}}\|\|(\mathbf{Z}_0)_{\{1,5\},\{1,5\}}\|\|(\mathbf{Z}_0^*)_{\{3,6\},\{3,6\}}\|+$ $\|\mathbf{MS}_{\{1,6,4\},\{1,6,2\}}\|\|(\mathbf{Z}_0)_{\{1,6\},\{1,6\}}\|\|(\mathbf{Z}_0^*)_{\{3,5\},\{3,5\}}\|+$ $\|\mathbf{MS}_{\{3,5,4\},\{3,5,2\}}\|\|(\mathbf{Z}_0)_{\{3,5\},\{3,5\}}\|\|(\mathbf{Z}_0^*)_{\{1,6\},\{1,6\}}\|+$ $\|\mathbf{MS}_{\{3,6,4\},\{3,6,2\}}\|\|(\mathbf{Z}_0)_{\{3,6\},\{3,6\}}\|\|(\mathbf{Z}_0^*)_{\{1,5\},\{1,5\}}\|+$ $\|\mathbf{MS}_{\{5,6,4\},\{5,6,2\}}\|\|(\mathbf{Z}_0)_{\{5,6\},\{5,6\}}\|\|(\mathbf{Z}_0^*)_{\{1,3\},\{1,3\}}\|+$ $\|\mathbf{MS}_{\{1,3,5,4\},\{1,3,5,2\}}\|\|(\mathbf{Z}_0)_{\{1,3,5\},\{1,3,5\}}\|\|(\mathbf{Z}_0^*)_{\{6\},\{6\}}\|+$ $\|\mathbf{MS}_{\{1,3,6,4\},\{1,3,6,2\}}\|\|(\mathbf{Z}_0)_{\{1,3,6\},\{1,3,6\}}\|\|(\mathbf{Z}_0^*)_{\{5\},\{5\}}\|+$ $\|\mathbf{MS}_{\{1,5,6,4\},\{1,5,6,2\}}\|\|(\mathbf{Z}_0)_{\{1,5,6\},\{1,5,6\}}\|\|(\mathbf{Z}_0^*)_{\{3\},\{3\}}\|+$ $\|\mathbf{MS}_{\{3,5,6,4\},\{3,5,6,2\}}\|\|(\mathbf{Z}_0)_{\{3,5,6\},\{3,5,6\}}\|\|(\mathbf{Z}_0^*)_{\{1\},\{1\}}\|+$ $\|\mathbf{MS}_{\{1,3,5,6,4\},\{1,3,5,6,2\}}\|\|(\mathbf{Z}_0)_{\{1,3,5,6\},\{1,3,5,6\}}\|)$

续表

NY_{ij}	1	2
5	$-2R_1\sqrt{\left\|\frac{R_5}{R_1}\right\|}\times$ $(\|\mathbf{MS}_{\{5\},\{1\}}\|\|(\mathbf{Z}_0^*)_{\{2,3,4,6\},\{2,3,4,6\}}\|+$ $\|\mathbf{MS}_{\{2,5\},\{2,1\}}\|\|(\mathbf{Z}_0)_{\{2\},\{2\}}\|\|(\mathbf{Z}_0^*)_{\{3,4,6\},\{3,4,6\}}\|+$ $\|\mathbf{MS}_{\{3,5\},\{3,1\}}\|\|(\mathbf{Z}_0)_{\{3\},\{3\}}\|\|(\mathbf{Z}_0^*)_{\{2,4,6\},\{2,4,6\}}\|+$ $\|\mathbf{MS}_{\{4,5\},\{4,1\}}\|\|(\mathbf{Z}_0)_{\{4\},\{4\}}\|\|(\mathbf{Z}_0^*)_{\{2,3,6\},\{2,3,6\}}\|+$ $\|\mathbf{MS}_{\{6,5\},\{6,1\}}\|\|(\mathbf{Z}_0)_{\{6\},\{6\}}\|\|(\mathbf{Z}_0^*)_{\{2,3,4\},\{2,3,4\}}\|+$ $\|\mathbf{MS}_{\{2,3,5\},\{2,3,1\}}\|\|(\mathbf{Z}_0)_{\{2,3\},\{2,3\}}\|\|(\mathbf{Z}_0^*)_{\{4,6\},\{4,6\}}\|+$ $\|\mathbf{MS}_{\{2,4,5\},\{2,4,1\}}\|\|(\mathbf{Z}_0)_{\{2,4\},\{2,4\}}\|\|(\mathbf{Z}_0^*)_{\{3,6\},\{3,6\}}\|+$ $\|\mathbf{MS}_{\{2,6,5\},\{2,6,1\}}\|\|(\mathbf{Z}_0)_{\{2,6\},\{2,6\}}\|\|(\mathbf{Z}_0^*)_{\{3,4\},\{3,4\}}\|+$ $\|\mathbf{MS}_{\{3,4,5\},\{3,4,1\}}\|\|(\mathbf{Z}_0)_{\{3,4\},\{3,4\}}\|\|(\mathbf{Z}_0^*)_{\{2,6\},\{2,6\}}\|+$ $\|\mathbf{MS}_{\{3,6,5\},\{3,6,1\}}\|\|(\mathbf{Z}_0)_{\{3,6\},\{3,6\}}\|\|(\mathbf{Z}_0^*)_{\{2,4\},\{2,4\}}\|+$ $\|\mathbf{MS}_{\{4,6,5\},\{4,6,1\}}\|\|(\mathbf{Z}_0)_{\{4,6\},\{4,6\}}\|\|(\mathbf{Z}_0^*)_{\{2,3\},\{2,3\}}\|+$ $\|\mathbf{MS}_{\{2,3,4,5\},\{2,3,4,1\}}\|\|(\mathbf{Z}_0)_{\{2,3,4\},\{2,3,4\}}\|\|(\mathbf{Z}_0^*)_{\{6\},\{6\}}\|+$ $\|\mathbf{MS}_{\{2,3,6,5\},\{2,3,6,1\}}\|\|(\mathbf{Z}_0)_{\{2,3,6\},\{2,3,6\}}\|\|(\mathbf{Z}_0^*)_{\{4\},\{4\}}\|+$ $\|\mathbf{MS}_{\{2,4,6,5\},\{2,4,6,1\}}\|\|(\mathbf{Z}_0)_{\{2,4,6\},\{2,4,6\}}\|\|(\mathbf{Z}_0^*)_{\{3\},\{3\}}\|+$ $\|\mathbf{MS}_{\{3,4,6,5\},\{3,4,6,1\}}\|\|(\mathbf{Z}_0)_{\{3,4,6\},\{3,4,6\}}\|\|(\mathbf{Z}_0^*)_{\{2\},\{2\}}\|+$ $\|\mathbf{MS}_{\{2,3,4,6,5\},\{2,3,4,6,1\}}\|\|(\mathbf{Z}_0)_{\{2,3,4,6\},\{2,3,4,6\}}\|)$	$-2R_2\sqrt{\left\|\frac{R_5}{R_2}\right\|}\times$ $(\|\mathbf{MS}_{\{5\},\{2\}}\|\|(\mathbf{Z}_0^*)_{\{1,3,4,6\},\{1,3,4,6\}}\|+$ $\|\mathbf{MS}_{\{1,5\},\{1,2\}}\|\|(\mathbf{Z}_0)_{\{1\},\{1\}}\|\|(\mathbf{Z}_0^*)_{\{3,4,6\},\{3,4,6\}}\|+$ $\|\mathbf{MS}_{\{3,5\},\{3,2\}}\|\|(\mathbf{Z}_0)_{\{3\},\{3\}}\|\|(\mathbf{Z}_0^*)_{\{1,4,6\},\{1,4,6\}}\|+$ $\|\mathbf{MS}_{\{4,5\},\{4,2\}}\|\|(\mathbf{Z}_0)_{\{4\},\{4\}}\|\|(\mathbf{Z}_0^*)_{\{1,3,6\},\{1,3,6\}}\|+$ $\|\mathbf{MS}_{\{6,5\},\{6,2\}}\|\|(\mathbf{Z}_0)_{\{6\},\{6\}}\|\|(\mathbf{Z}_0^*)_{\{1,3,4\},\{1,3,4\}}\|+$ $\|\mathbf{MS}_{\{1,3,5\},\{1,3,2\}}\|\|(\mathbf{Z}_0)_{\{1,3\},\{1,3\}}\|\|(\mathbf{Z}_0^*)_{\{4,6\},\{4,6\}}\|+$ $\|\mathbf{MS}_{\{1,4,5\},\{1,4,2\}}\|\|(\mathbf{Z}_0)_{\{1,4\},\{1,4\}}\|\|(\mathbf{Z}_0^*)_{\{3,6\},\{3,6\}}\|+$ $\|\mathbf{MS}_{\{1,6,5\},\{1,6,2\}}\|\|(\mathbf{Z}_0)_{\{1,6\},\{1,6\}}\|\|(\mathbf{Z}_0^*)_{\{3,4\},\{3,4\}}\|+$ $\|\mathbf{MS}_{\{3,4,5\},\{3,4,2\}}\|\|(\mathbf{Z}_0)_{\{3,4\},\{3,4\}}\|\|(\mathbf{Z}_0^*)_{\{1,6\},\{1,6\}}\|+$ $\|\mathbf{MS}_{\{3,6,5\},\{3,6,2\}}\|\|(\mathbf{Z}_0)_{\{3,6\},\{3,6\}}\|\|(\mathbf{Z}_0^*)_{\{1,4\},\{1,4\}}\|+$ $\|\mathbf{MS}_{\{4,6,5\},\{4,6,2\}}\|\|(\mathbf{Z}_0)_{\{4,6\},\{4,6\}}\|\|(\mathbf{Z}_0^*)_{\{1,3\},\{1,3\}}\|+$ $\|\mathbf{MS}_{\{1,3,4,5\},\{1,3,4,2\}}\|\|(\mathbf{Z}_0)_{\{1,3,4\},\{1,3,4\}}\|\|(\mathbf{Z}_0^*)_{\{6\},\{6\}}\|+$ $\|\mathbf{MS}_{\{1,3,6,5\},\{1,3,6,2\}}\|\|(\mathbf{Z}_0)_{\{1,3,6\},\{1,3,6\}}\|\|(\mathbf{Z}_0^*)_{\{4\},\{4\}}\|+$ $\|\mathbf{MS}_{\{1,4,6,5\},\{1,4,6,2\}}\|\|(\mathbf{Z}_0)_{\{1,4,6\},\{1,4,6\}}\|\|(\mathbf{Z}_0^*)_{\{3\},\{3\}}\|+$ $\|\mathbf{MS}_{\{3,4,6,5\},\{3,4,6,2\}}\|\|(\mathbf{Z}_0)_{\{3,4,6\},\{3,4,6\}}\|\|(\mathbf{Z}_0^*)_{\{1\},\{1\}}\|+$ $\|\mathbf{MS}_{\{1,3,4,6,5\},\{1,3,4,6,2\}}\|\|(\mathbf{Z}_0)_{\{1,3,4,6\},\{1,3,4,6\}}\|)$
6	$-2R_1\sqrt{\left\|\frac{R_6}{R_1}\right\|}\times$ $(\|\mathbf{MS}_{\{6\},\{1\}}\|\|(\mathbf{Z}_0^*)_{\{2,3,4,5\},\{2,3,4,5\}}\|+$ $\|\mathbf{MS}_{\{2,6\},\{2,1\}}\|\|(\mathbf{Z}_0)_{\{2\},\{2\}}\|\|(\mathbf{Z}_0^*)_{\{3,4,5\},\{3,4,5\}}\|+$ $\|\mathbf{MS}_{\{3,6\},\{3,1\}}\|\|(\mathbf{Z}_0)_{\{3\},\{3\}}\|\|(\mathbf{Z}_0^*)_{\{2,4,5\},\{2,4,5\}}\|+$ $\|\mathbf{MS}_{\{4,6\},\{4,1\}}\|\|(\mathbf{Z}_0)_{\{4\},\{4\}}\|\|(\mathbf{Z}_0^*)_{\{2,3,5\},\{2,3,5\}}\|+$ $\|\mathbf{MS}_{\{5,6\},\{5,1\}}\|\|(\mathbf{Z}_0)_{\{5\},\{5\}}\|\|(\mathbf{Z}_0^*)_{\{2,3,4\},\{2,3,4\}}\|+$ $\|\mathbf{MS}_{\{2,3,6\},\{2,3,1\}}\|\|(\mathbf{Z}_0)_{\{2,3\},\{2,3\}}\|\|(\mathbf{Z}_0^*)_{\{4,5\},\{4,5\}}\|+$ $\|\mathbf{MS}_{\{2,4,6\},\{2,4,1\}}\|\|(\mathbf{Z}_0)_{\{2,4\},\{2,4\}}\|\|(\mathbf{Z}_0^*)_{\{3,5\},\{3,5\}}\|+$ $\|\mathbf{MS}_{\{2,5,6\},\{2,5,1\}}\|\|(\mathbf{Z}_0)_{\{2,5\},\{2,5\}}\|\|(\mathbf{Z}_0^*)_{\{3,4\},\{3,4\}}\|+$ $\|\mathbf{MS}_{\{3,4,6\},\{3,4,1\}}\|\|(\mathbf{Z}_0)_{\{3,4\},\{3,4\}}\|\|(\mathbf{Z}_0^*)_{\{2,5\},\{2,5\}}\|+$ $\|\mathbf{MS}_{\{3,5,6\},\{3,5,1\}}\|\|(\mathbf{Z}_0)_{\{3,5\},\{3,5\}}\|\|(\mathbf{Z}_0^*)_{\{2,4\},\{2,4\}}\|+$ $\|\mathbf{MS}_{\{4,5,6\},\{4,5,1\}}\|\|(\mathbf{Z}_0)_{\{4,5\},\{4,5\}}\|\|(\mathbf{Z}_0^*)_{\{2,3\},\{2,3\}}\|+$ $\|\mathbf{MS}_{\{2,3,4,6\},\{2,3,4,1\}}\|\|(\mathbf{Z}_0)_{\{2,3,4\},\{2,3,4\}}\|\|(\mathbf{Z}_0^*)_{\{5\},\{5\}}\|+$ $\|\mathbf{MS}_{\{2,3,5,6\},\{2,3,5,1\}}\|\|(\mathbf{Z}_0)_{\{2,3,5\},\{2,3,5\}}\|\|(\mathbf{Z}_0^*)_{\{4\},\{4\}}\|+$ $\|\mathbf{MS}_{\{2,4,5,6\},\{2,4,5,1\}}\|\|(\mathbf{Z}_0)_{\{2,4,5\},\{2,4,5\}}\|\|(\mathbf{Z}_0^*)_{\{3\},\{3\}}\|+$ $\|\mathbf{MS}_{\{3,4,5,6\},\{3,4,5,1\}}\|\|(\mathbf{Z}_0)_{\{3,4,5\},\{3,4,5\}}\|\|(\mathbf{Z}_0^*)_{\{2\},\{2\}}\|+$ $\|\mathbf{MS}_{\{2,3,4,5,6\},\{2,3,4,5,1\}}\|\|(\mathbf{Z}_0)_{\{2,3,4,5\},\{2,3,4,5\}}\|)$	$-2R_2\sqrt{\left\|\frac{R_6}{R_2}\right\|}\times$ $(\|\mathbf{MS}_{\{6\},\{2\}}\|\|(\mathbf{Z}_0^*)_{\{1,3,4,5\},\{1,3,4,5\}}\|+$ $\|\mathbf{MS}_{\{1,6\},\{1,2\}}\|\|(\mathbf{Z}_0)_{\{1\},\{1\}}\|\|(\mathbf{Z}_0^*)_{\{3,4,5\},\{3,4,5\}}\|+$ $\|\mathbf{MS}_{\{3,6\},\{3,2\}}\|\|(\mathbf{Z}_0)_{\{3\},\{3\}}\|\|(\mathbf{Z}_0^*)_{\{1,4,5\},\{1,4,5\}}\|+$ $\|\mathbf{MS}_{\{4,6\},\{4,2\}}\|\|(\mathbf{Z}_0)_{\{4\},\{4\}}\|\|(\mathbf{Z}_0^*)_{\{1,3,5\},\{1,3,5\}}\|+$ $\|\mathbf{MS}_{\{5,6\},\{5,2\}}\|\|(\mathbf{Z}_0)_{\{5\},\{5\}}\|\|(\mathbf{Z}_0^*)_{\{1,3,4\},\{1,3,4\}}\|+$ $\|\mathbf{MS}_{\{1,3,6\},\{1,3,2\}}\|\|(\mathbf{Z}_0)_{\{1,3\},\{1,3\}}\|\|(\mathbf{Z}_0^*)_{\{4,5\},\{4,5\}}\|+$ $\|\mathbf{MS}_{\{1,4,6\},\{1,4,2\}}\|\|(\mathbf{Z}_0)_{\{1,4\},\{1,4\}}\|\|(\mathbf{Z}_0^*)_{\{3,5\},\{3,5\}}\|+$ $\|\mathbf{MS}_{\{1,5,6\},\{1,5,2\}}\|\|(\mathbf{Z}_0)_{\{1,5\},\{1,5\}}\|\|(\mathbf{Z}_0^*)_{\{3,4\},\{3,4\}}\|+$ $\|\mathbf{MS}_{\{3,4,6\},\{3,4,2\}}\|\|(\mathbf{Z}_0)_{\{3,4\},\{3,4\}}\|\|(\mathbf{Z}_0^*)_{\{1,5\},\{1,5\}}\|+$ $\|\mathbf{MS}_{\{3,5,6\},\{3,5,2\}}\|\|(\mathbf{Z}_0)_{\{3,5\},\{3,5\}}\|\|(\mathbf{Z}_0^*)_{\{1,4\},\{1,4\}}\|+$ $\|\mathbf{MS}_{\{4,5,6\},\{4,5,2\}}\|\|(\mathbf{Z}_0)_{\{4,5\},\{4,5\}}\|\|(\mathbf{Z}_0^*)_{\{1,3\},\{1,3\}}\|+$ $\|\mathbf{MS}_{\{1,3,4,6\},\{1,3,4,2\}}\|\|(\mathbf{Z}_0)_{\{1,3,4\},\{1,3,4\}}\|\|(\mathbf{Z}_0^*)_{\{5\},\{5\}}\|+$ $\|\mathbf{MS}_{\{1,3,5,6\},\{1,3,5,2\}}\|\|(\mathbf{Z}_0)_{\{1,3,5\},\{1,3,5\}}\|\|(\mathbf{Z}_0^*)_{\{4\},\{4\}}\|+$ $\|\mathbf{MS}_{\{1,4,5,6\},\{1,4,5,2\}}\|\|(\mathbf{Z}_0)_{\{1,4,5\},\{1,4,5\}}\|\|(\mathbf{Z}_0^*)_{\{3\},\{3\}}\|+$ $\|\mathbf{MS}_{\{3,4,5,6\},\{3,4,5,2\}}\|\|(\mathbf{Z}_0)_{\{3,4,5\},\{3,4,5\}}\|\|(\mathbf{Z}_0^*)_{\{1\},\{1\}}\|+$ $\|\mathbf{MS}_{\{1,3,4,5,6\},\{1,3,4,5,2\}}\|\|(\mathbf{Z}_0)_{\{1,3,4,5\},\{1,3,4,5\}}\|)$

续表

NY_{ij}	3	4
1	$-2R_3\sqrt{\left\|\frac{R_1}{R_3}\right\|}\times$ $(\|\mathbf{MS}_{\{1\},\{3\}}\|\|(\mathbf{Z}_0^*)_{\{2,4,5,6\},\{2,4,5,6\}}\|+$ $\|\mathbf{MS}_{\{2,1\},\{2,3\}}\|\|(\mathbf{Z}_0)_{\{2\},\{2\}}\|\|(\mathbf{Z}_0^*)_{\{4,5,6\},\{4,5,6\}}\|+$ $\|\mathbf{MS}_{\{4,1\},\{4,3\}}\|\|(\mathbf{Z}_0)_{\{4\},\{4\}}\|\|(\mathbf{Z}_0^*)_{\{2,5,6\},\{2,5,6\}}\|+$ $\|\mathbf{MS}_{\{5,1\},\{5,3\}}\|\|(\mathbf{Z}_0)_{\{5\},\{5\}}\|\|(\mathbf{Z}_0^*)_{\{2,4,6\},\{2,4,6\}}\|+$ $\|\mathbf{MS}_{\{6,1\},\{6,3\}}\|\|(\mathbf{Z}_0)_{\{6\},\{6\}}\|\|(\mathbf{Z}_0^*)_{\{2,4,5\},\{2,4,5\}}\|+$ $\|\mathbf{MS}_{\{2,4,1\},\{2,4,3\}}\|\|(\mathbf{Z}_0)_{\{2,4\},\{2,4\}}\|\|(\mathbf{Z}_0^*)_{\{5,6\},\{5,6\}}\|+$ $\|\mathbf{MS}_{\{2,5,1\},\{2,5,3\}}\|\|(\mathbf{Z}_0)_{\{2,5\},\{2,5\}}\|\|(\mathbf{Z}_0^*)_{\{4,6\},\{4,6\}}\|+$ $\|\mathbf{MS}_{\{2,6,1\},\{2,6,3\}}\|\|(\mathbf{Z}_0)_{\{2,6\},\{2,6\}}\|\|(\mathbf{Z}_0^*)_{\{4,5\},\{4,5\}}\|+$ $\|\mathbf{MS}_{\{4,5,1\},\{4,5,3\}}\|\|(\mathbf{Z}_0)_{\{4,5\},\{4,5\}}\|\|(\mathbf{Z}_0^*)_{\{2,6\},\{2,6\}}\|+$ $\|\mathbf{MS}_{\{4,6,1\},\{4,6,3\}}\|\|(\mathbf{Z}_0)_{\{4,6\},\{4,6\}}\|\|(\mathbf{Z}_0^*)_{\{2,5\},\{2,5\}}\|+$ $\|\mathbf{MS}_{\{5,6,1\},\{5,6,3\}}\|\|(\mathbf{Z}_0)_{\{5,6\},\{5,6\}}\|\|(\mathbf{Z}_0^*)_{\{2,4\},\{2,4\}}\|+$ $\|\mathbf{MS}_{\{2,4,5,1\},\{2,4,5,3\}}\|\|(\mathbf{Z}_0)_{\{2,4,5\},\{2,4,5\}}\|\|(\mathbf{Z}_0^*)_{\{6\},\{6\}}\|+$ $\|\mathbf{MS}_{\{2,4,6,1\},\{2,4,6,3\}}\|\|(\mathbf{Z}_0)_{\{2,4,6\},\{2,4,6\}}\|\|(\mathbf{Z}_0^*)_{\{5\},\{5\}}\|+$ $\|\mathbf{MS}_{\{2,5,6,1\},\{2,5,6,3\}}\|\|(\mathbf{Z}_0)_{\{2,5,6\},\{2,5,6\}}\|\|(\mathbf{Z}_0^*)_{\{4\},\{4\}}\|+$ $\|\mathbf{MS}_{\{4,5,6,1\},\{4,5,6,3\}}\|\|(\mathbf{Z}_0)_{\{4,5,6\},\{4,5,6\}}\|\|(\mathbf{Z}_0^*)_{\{2\},\{2\}}\|+$ $\|\mathbf{MS}_{\{2,4,5,6,1\},\{2,4,5,6,3\}}\|\|(\mathbf{Z}_0)_{\{2,4,5,6\},\{2,4,5,6\}}\|)$	$-2R_4\sqrt{\left\|\frac{R_1}{R_4}\right\|}\times$ $(\|\mathbf{MS}_{\{1\},\{4\}}\|\|(\mathbf{Z}_0^*)_{\{2,3,5,6\},\{2,3,5,6\}}\|+$ $\|\mathbf{MS}_{\{2,1\},\{2,4\}}\|\|(\mathbf{Z}_0)_{\{2\},\{2\}}\|\|(\mathbf{Z}_0^*)_{\{3,5,6\},\{3,5,6\}}\|+$ $\|\mathbf{MS}_{\{3,1\},\{3,4\}}\|\|(\mathbf{Z}_0)_{\{3\},\{3\}}\|\|(\mathbf{Z}_0^*)_{\{2,5,6\},\{2,5,6\}}\|+$ $\|\mathbf{MS}_{\{5,1\},\{5,4\}}\|\|(\mathbf{Z}_0)_{\{5\},\{5\}}\|\|(\mathbf{Z}_0^*)_{\{2,3,6\},\{2,3,6\}}\|+$ $\|\mathbf{MS}_{\{6,1\},\{6,4\}}\|\|(\mathbf{Z}_0)_{\{6\},\{6\}}\|\|(\mathbf{Z}_0^*)_{\{2,3,5\},\{2,3,5\}}\|+$ $\|\mathbf{MS}_{\{2,3,1\},\{2,3,4\}}\|\|(\mathbf{Z}_0)_{\{2,3\},\{2,3\}}\|\|(\mathbf{Z}_0^*)_{\{5,6\},\{5,6\}}\|+$ $\|\mathbf{MS}_{\{2,5,1\},\{2,5,4\}}\|\|(\mathbf{Z}_0)_{\{2,5\},\{2,5\}}\|\|(\mathbf{Z}_0^*)_{\{3,6\},\{3,6\}}\|+$ $\|\mathbf{MS}_{\{2,6,1\},\{2,6,4\}}\|\|(\mathbf{Z}_0)_{\{2,6\},\{2,6\}}\|\|(\mathbf{Z}_0^*)_{\{3,5\},\{3,5\}}\|+$ $\|\mathbf{MS}_{\{3,5,1\},\{3,5,4\}}\|\|(\mathbf{Z}_0)_{\{3,5\},\{3,5\}}\|\|(\mathbf{Z}_0^*)_{\{2,6\},\{2,6\}}\|+$ $\|\mathbf{MS}_{\{3,6,1\},\{3,6,4\}}\|\|(\mathbf{Z}_0)_{\{3,6\},\{3,6\}}\|\|(\mathbf{Z}_0^*)_{\{2,5\},\{2,5\}}\|+$ $\|\mathbf{MS}_{\{5,6,1\},\{5,6,4\}}\|\|(\mathbf{Z}_0)_{\{5,6\},\{5,6\}}\|\|(\mathbf{Z}_0^*)_{\{2,3\},\{2,3\}}\|+$ $\|\mathbf{MS}_{\{2,3,5,1\},\{2,3,5,4\}}\|\|(\mathbf{Z}_0)_{\{2,3,5\},\{2,3,5\}}\|\|(\mathbf{Z}_0^*)_{\{6\},\{6\}}\|+$ $\|\mathbf{MS}_{\{2,3,6,1\},\{2,3,6,4\}}\|\|(\mathbf{Z}_0)_{\{2,3,6\},\{2,3,6\}}\|\|(\mathbf{Z}_0^*)_{\{5\},\{5\}}\|+$ $\|\mathbf{MS}_{\{2,5,6,1\},\{2,5,6,4\}}\|\|(\mathbf{Z}_0)_{\{2,5,6\},\{2,5,6\}}\|\|(\mathbf{Z}_0^*)_{\{3\},\{3\}}\|+$ $\|\mathbf{MS}_{\{3,5,6,1\},\{3,5,6,4\}}\|\|(\mathbf{Z}_0)_{\{3,5,6\},\{3,5,6\}}\|\|(\mathbf{Z}_0^*)_{\{2\},\{2\}}\|+$ $\|\mathbf{MS}_{\{2,3,5,6,1\},\{2,3,5,6,4\}}\|\|(\mathbf{Z}_0)_{\{2,3,5,6\},\{2,3,5,6\}}\|)$
2	$-2R_3\sqrt{\left\|\frac{R_2}{R_3}\right\|}\times$ $(\|\mathbf{MS}_{\{2\},\{3\}}\|\|(\mathbf{Z}_0^*)_{\{1,4,5,6\},\{1,4,5,6\}}\|+$ $\|\mathbf{MS}_{\{1,2\},\{1,3\}}\|\|(\mathbf{Z}_0)_{\{1\},\{1\}}\|\|(\mathbf{Z}_0^*)_{\{4,5,6\},\{4,5,6\}}\|+$ $\|\mathbf{MS}_{\{4,2\},\{4,3\}}\|\|(\mathbf{Z}_0)_{\{4\},\{4\}}\|\|(\mathbf{Z}_0^*)_{\{1,5,6\},\{1,5,6\}}\|+$ $\|\mathbf{MS}_{\{5,2\},\{5,3\}}\|\|(\mathbf{Z}_0)_{\{5\},\{5\}}\|\|(\mathbf{Z}_0^*)_{\{1,4,6\},\{1,4,6\}}\|+$ $\|\mathbf{MS}_{\{6,2\},\{6,3\}}\|\|(\mathbf{Z}_0)_{\{6\},\{6\}}\|\|(\mathbf{Z}_0^*)_{\{1,4,5\},\{1,4,5\}}\|+$ $\|\mathbf{MS}_{\{1,4,2\},\{1,4,3\}}\|\|(\mathbf{Z}_0)_{\{1,4\},\{1,4\}}\|\|(\mathbf{Z}_0^*)_{\{5,6\},\{5,6\}}\|+$ $\|\mathbf{MS}_{\{1,5,2\},\{1,5,3\}}\|\|(\mathbf{Z}_0)_{\{1,5\},\{1,5\}}\|\|(\mathbf{Z}_0^*)_{\{4,6\},\{4,6\}}\|+$ $\|\mathbf{MS}_{\{1,6,2\},\{1,6,3\}}\|\|(\mathbf{Z}_0)_{\{1,6\},\{1,6\}}\|\|(\mathbf{Z}_0^*)_{\{4,5\},\{4,5\}}\|+$ $\|\mathbf{MS}_{\{4,5,2\},\{4,5,3\}}\|\|(\mathbf{Z}_0)_{\{4,5\},\{4,5\}}\|\|(\mathbf{Z}_0^*)_{\{1,6\},\{1,6\}}\|+$ $\|\mathbf{MS}_{\{4,6,2\},\{4,6,3\}}\|\|(\mathbf{Z}_0)_{\{4,6\},\{4,6\}}\|\|(\mathbf{Z}_0^*)_{\{1,5\},\{1,5\}}\|+$ $\|\mathbf{MS}_{\{5,6,2\},\{5,6,3\}}\|\|(\mathbf{Z}_0)_{\{5,6\},\{5,6\}}\|\|(\mathbf{Z}_0^*)_{\{1,4\},\{1,4\}}\|+$ $\|\mathbf{MS}_{\{1,4,5,2\},\{1,4,5,3\}}\|\|(\mathbf{Z}_0)_{\{1,4,5\},\{1,4,5\}}\|\|(\mathbf{Z}_0^*)_{\{6\},\{6\}}\|+$ $\|\mathbf{MS}_{\{1,4,6,2\},\{1,4,6,3\}}\|\|(\mathbf{Z}_0)_{\{1,4,6\},\{1,4,6\}}\|\|(\mathbf{Z}_0^*)_{\{5\},\{5\}}\|+$ $\|\mathbf{MS}_{\{1,5,6,2\},\{1,5,6,3\}}\|\|(\mathbf{Z}_0)_{\{1,5,6\},\{1,5,6\}}\|\|(\mathbf{Z}_0^*)_{\{4\},\{4\}}\|+$ $\|\mathbf{MS}_{\{4,5,6,2\},\{4,5,6,3\}}\|\|(\mathbf{Z}_0)_{\{4,5,6\},\{4,5,6\}}\|\|(\mathbf{Z}_0^*)_{\{1\},\{1\}}\|+$ $\|\mathbf{MS}_{\{1,4,5,6,2\},\{1,4,5,6,3\}}\|\|(\mathbf{Z}_0)_{\{1,4,5,6\},\{1,4,5,6\}}\|)$	$-2R_4\sqrt{\left\|\frac{R_2}{R_4}\right\|}\times$ $(\|\mathbf{MS}_{\{2\},\{4\}}\|\|(\mathbf{Z}_0^*)_{\{1,3,5,6\},\{1,3,5,6\}}\|+$ $\|\mathbf{MS}_{\{1,2\},\{1,4\}}\|\|(\mathbf{Z}_0)_{\{1\},\{1\}}\|\|(\mathbf{Z}_0^*)_{\{3,5,6\},\{3,5,6\}}\|+$ $\|\mathbf{MS}_{\{3,2\},\{3,4\}}\|\|(\mathbf{Z}_0)_{\{3\},\{3\}}\|\|(\mathbf{Z}_0^*)_{\{1,5,6\},\{1,5,6\}}\|+$ $\|\mathbf{MS}_{\{5,2\},\{5,4\}}\|\|(\mathbf{Z}_0)_{\{5\},\{5\}}\|\|(\mathbf{Z}_0^*)_{\{1,3,6\},\{1,3,6\}}\|+$ $\|\mathbf{MS}_{\{6,2\},\{6,4\}}\|\|(\mathbf{Z}_0)_{\{6\},\{6\}}\|\|(\mathbf{Z}_0^*)_{\{1,3,5\},\{1,3,5\}}\|+$ $\|\mathbf{MS}_{\{1,3,2\},\{1,3,4\}}\|\|(\mathbf{Z}_0)_{\{1,3\},\{1,3\}}\|\|(\mathbf{Z}_0^*)_{\{5,6\},\{5,6\}}\|+$ $\|\mathbf{MS}_{\{1,5,2\},\{1,5,4\}}\|\|(\mathbf{Z}_0)_{\{1,5\},\{1,5\}}\|\|(\mathbf{Z}_0^*)_{\{3,6\},\{3,6\}}\|+$ $\|\mathbf{MS}_{\{1,6,2\},\{1,6,4\}}\|\|(\mathbf{Z}_0)_{\{1,6\},\{1,6\}}\|\|(\mathbf{Z}_0^*)_{\{3,5\},\{3,5\}}\|+$ $\|\mathbf{MS}_{\{3,5,2\},\{3,5,4\}}\|\|(\mathbf{Z}_0)_{\{3,5\},\{3,5\}}\|\|(\mathbf{Z}_0^*)_{\{1,6\},\{1,6\}}\|+$ $\|\mathbf{MS}_{\{3,6,2\},\{3,6,4\}}\|\|(\mathbf{Z}_0)_{\{3,6\},\{3,6\}}\|\|(\mathbf{Z}_0^*)_{\{1,5\},\{1,5\}}\|+$ $\|\mathbf{MS}_{\{5,6,2\},\{5,6,4\}}\|\|(\mathbf{Z}_0)_{\{5,6\},\{5,6\}}\|\|(\mathbf{Z}_0^*)_{\{1,3\},\{1,3\}}\|+$ $\|\mathbf{MS}_{\{1,3,5,2\},\{1,3,5,4\}}\|\|(\mathbf{Z}_0)_{\{1,3,5\},\{1,3,5\}}\|\|(\mathbf{Z}_0^*)_{\{6\},\{6\}}\|+$ $\|\mathbf{MS}_{\{1,3,6,2\},\{1,3,6,4\}}\|\|(\mathbf{Z}_0)_{\{1,3,6\},\{1,3,6\}}\|\|(\mathbf{Z}_0^*)_{\{5\},\{5\}}\|+$ $\|\mathbf{MS}_{\{1,5,6,2\},\{1,5,6,4\}}\|\|(\mathbf{Z}_0)_{\{1,5,6\},\{1,5,6\}}\|\|(\mathbf{Z}_0^*)_{\{3\},\{3\}}\|+$ $\|\mathbf{MS}_{\{3,5,6,2\},\{3,5,6,4\}}\|\|(\mathbf{Z}_0)_{\{3,5,6\},\{3,5,6\}}\|\|(\mathbf{Z}_0^*)_{\{1\},\{1\}}\|+$ $\|\mathbf{MS}_{\{1,3,5,6,2\},\{1,3,5,6,4\}}\|\|(\mathbf{Z}_0)_{\{1,3,5,6\},\{1,3,5,6\}}\|)$

续表

NY_{ij}	3	4
3	—	$-2R_4\sqrt{\left\|\dfrac{R_3}{R_4}\right\|}\times$ $(\|\mathbf{MS}_{\{3\},\{4\}}\|\|(\mathbf{Z}_0^*)_{\{1,2,5,6\},\{1,2,5,6\}}\|+$ $\|\mathbf{MS}_{\{1,3\},\{1,4\}}\|\|(\mathbf{Z}_0)_{\{1\},\{1\}}\|\|(\mathbf{Z}_0^*)_{\{2,5,6\},\{2,5,6\}}\|+$ $\|\mathbf{MS}_{\{2,3\},\{2,4\}}\|\|(\mathbf{Z}_0)_{\{2\},\{2\}}\|\|(\mathbf{Z}_0^*)_{\{1,5,6\},\{1,5,6\}}\|+$ $\|\mathbf{MS}_{\{5,3\},\{5,4\}}\|\|(\mathbf{Z}_0)_{\{5\},\{5\}}\|\|(\mathbf{Z}_0^*)_{\{1,2,6\},\{1,2,6\}}\|+$ $\|\mathbf{MS}_{\{6,3\},\{6,4\}}\|\|(\mathbf{Z}_0)_{\{6\},\{6\}}\|\|(\mathbf{Z}_0^*)_{\{1,2,5\},\{1,2,5\}}\|+$ $\|\mathbf{MS}_{\{1,2,3\},\{1,2,4\}}\|\|(\mathbf{Z}_0)_{\{1,2\},\{1,2\}}\|\|(\mathbf{Z}_0^*)_{\{5,6\},\{5,6\}}\|+$ $\|\mathbf{MS}_{\{1,5,3\},\{1,5,4\}}\|\|(\mathbf{Z}_0)_{\{1,5\},\{1,5\}}\|\|(\mathbf{Z}_0^*)_{\{2,6\},\{2,6\}}\|+$ $\|\mathbf{MS}_{\{1,6,3\},\{1,6,4\}}\|\|(\mathbf{Z}_0)_{\{1,6\},\{1,6\}}\|\|(\mathbf{Z}_0^*)_{\{2,5\},\{2,5\}}\|+$ $\|\mathbf{MS}_{\{2,5,3\},\{2,5,4\}}\|\|(\mathbf{Z}_0)_{\{2,5\},\{2,5\}}\|\|(\mathbf{Z}_0^*)_{\{1,6\},\{1,6\}}\|+$ $\|\mathbf{MS}_{\{2,6,3\},\{2,6,4\}}\|\|(\mathbf{Z}_0)_{\{2,6\},\{2,6\}}\|\|(\mathbf{Z}_0^*)_{\{1,5\},\{1,5\}}\|+$ $\|\mathbf{MS}_{\{5,6,3\},\{5,6,4\}}\|\|(\mathbf{Z}_0)_{\{5,6\},\{5,6\}}\|\|(\mathbf{Z}_0^*)_{\{1,2\},\{1,2\}}\|+$ $\|\mathbf{MS}_{\{1,2,5,3\},\{1,2,5,4\}}\|\|(\mathbf{Z}_0)_{\{1,2,5\},\{1,2,5\}}\|\|(\mathbf{Z}_0^*)_{\{6\},\{6\}}\|+$ $\|\mathbf{MS}_{\{1,2,6,3\},\{1,2,6,4\}}\|\|(\mathbf{Z}_0)_{\{1,2,6\},\{1,2,6\}}\|\|(\mathbf{Z}_0^*)_{\{5\},\{5\}}\|+$ $\|\mathbf{MS}_{\{1,5,6,3\},\{1,5,6,4\}}\|\|(\mathbf{Z}_0)_{\{1,5,6\},\{1,5,6\}}\|\|(\mathbf{Z}_0^*)_{\{2\},\{2\}}\|+$ $\|\mathbf{MS}_{\{2,5,6,3\},\{2,5,6,4\}}\|\|(\mathbf{Z}_0)_{\{2,5,6\},\{2,5,6\}}\|\|(\mathbf{Z}_0^*)_{\{1\},\{1\}}\|+$ $\|\mathbf{MS}_{\{1,2,5,6,3\},\{1,2,5,6,4\}}\|\|(\mathbf{Z}_0)_{\{1,2,5,6\},\{1,2,5,6\}}\|)$
4	$-2R_3\sqrt{\left\|\dfrac{R_4}{R_3}\right\|}\times$ $(\|\mathbf{MS}_{\{4\},\{3\}}\|\|(\mathbf{Z}_0^*)_{\{1,2,5,6\},\{1,2,5,6\}}\|+$ $\|\mathbf{MS}_{\{1,4\},\{1,3\}}\|\|(\mathbf{Z}_0)_{\{1\},\{1\}}\|\|(\mathbf{Z}_0^*)_{\{2,5,6\},\{2,5,6\}}\|+$ $\|\mathbf{MS}_{\{2,4\},\{2,3\}}\|\|(\mathbf{Z}_0)_{\{2\},\{2\}}\|\|(\mathbf{Z}_0^*)_{\{1,5,6\},\{1,5,6\}}\|+$ $\|\mathbf{MS}_{\{5,4\},\{5,3\}}\|\|(\mathbf{Z}_0)_{\{5\},\{5\}}\|\|(\mathbf{Z}_0^*)_{\{1,2,6\},\{1,2,6\}}\|+$ $\|\mathbf{MS}_{\{6,4\},\{6,3\}}\|\|(\mathbf{Z}_0)_{\{6\},\{6\}}\|\|(\mathbf{Z}_0^*)_{\{1,2,5\},\{1,2,5\}}\|+$ $\|\mathbf{MS}_{\{1,2,4\},\{1,2,3\}}\|\|(\mathbf{Z}_0)_{\{1,2\},\{1,2\}}\|\|(\mathbf{Z}_0^*)_{\{5,6\},\{5,6\}}\|+$ $\|\mathbf{MS}_{\{1,5,4\},\{1,5,3\}}\|\|(\mathbf{Z}_0)_{\{1,5\},\{1,5\}}\|\|(\mathbf{Z}_0^*)_{\{2,6\},\{2,6\}}\|+$ $\|\mathbf{MS}_{\{1,6,4\},\{1,6,3\}}\|\|(\mathbf{Z}_0)_{\{1,6\},\{1,6\}}\|\|(\mathbf{Z}_0^*)_{\{2,5\},\{2,5\}}\|+$ $\|\mathbf{MS}_{\{2,5,4\},\{2,5,3\}}\|\|(\mathbf{Z}_0)_{\{2,5\},\{2,5\}}\|\|(\mathbf{Z}_0^*)_{\{1,6\},\{1,6\}}\|+$ $\|\mathbf{MS}_{\{2,6,4\},\{2,6,3\}}\|\|(\mathbf{Z}_0)_{\{2,6\},\{2,6\}}\|\|(\mathbf{Z}_0^*)_{\{1,5\},\{1,5\}}\|+$ $\|\mathbf{MS}_{\{5,6,4\},\{5,6,3\}}\|\|(\mathbf{Z}_0)_{\{5,6\},\{5,6\}}\|\|(\mathbf{Z}_0^*)_{\{1,2\},\{1,2\}}\|+$ $\|\mathbf{MS}_{\{1,2,5,4\},\{1,2,5,3\}}\|\|(\mathbf{Z}_0)_{\{1,2,5\},\{1,2,5\}}\|\|(\mathbf{Z}_0^*)_{\{6\},\{6\}}\|+$ $\|\mathbf{MS}_{\{1,2,6,4\},\{1,2,6,3\}}\|\|(\mathbf{Z}_0)_{\{1,2,6\},\{1,2,6\}}\|\|(\mathbf{Z}_0^*)_{\{5\},\{5\}}\|+$ $\|\mathbf{MS}_{\{1,5,6,4\},\{1,5,6,3\}}\|\|(\mathbf{Z}_0)_{\{1,5,6\},\{1,5,6\}}\|\|(\mathbf{Z}_0^*)_{\{2\},\{2\}}\|+$ $\|\mathbf{MS}_{\{2,5,6,4\},\{2,5,6,3\}}\|\|(\mathbf{Z}_0)_{\{2,5,6\},\{2,5,6\}}\|\|(\mathbf{Z}_0^*)_{\{1\},\{1\}}\|+$ $\|\mathbf{MS}_{\{1,2,5,6,4\},\{1,2,5,6,3\}}\|\|(\mathbf{Z}_0)_{\{1,2,5,6\},\{1,2,5,6\}}\|)$	—

续表

NY_{ij}	3	4
5	$-2R_3\sqrt{\left\|\frac{R_5}{R_3}\right\|}\times$ $(\|\mathbf{MS}_{\{5\},\{3\}}\|\|(\mathbf{Z}_0^*)_{\{1,2,4,6\},\{1,2,4,6\}}\|+$ $\|\mathbf{MS}_{\{1,5\},\{1,3\}}\|\|(\mathbf{Z}_0)_{\{1\},\{1\}}\|\|(\mathbf{Z}_0^*)_{\{2,4,6\},\{2,4,6\}}\|+$ $\|\mathbf{MS}_{\{2,5\},\{2,3\}}\|\|(\mathbf{Z}_0)_{\{2\},\{2\}}\|\|(\mathbf{Z}_0^*)_{\{1,4,6\},\{1,4,6\}}\|+$ $\|\mathbf{MS}_{\{4,5\},\{4,3\}}\|\|(\mathbf{Z}_0)_{\{4\},\{4\}}\|\|(\mathbf{Z}_0^*)_{\{1,2,6\},\{1,2,6\}}\|+$ $\|\mathbf{MS}_{\{6,5\},\{6,3\}}\|\|(\mathbf{Z}_0)_{\{6\},\{6\}}\|\|(\mathbf{Z}_0^*)_{\{1,2,4\},\{1,2,4\}}\|+$ $\|\mathbf{MS}_{\{1,2,5\},\{1,2,3\}}\|\|(\mathbf{Z}_0)_{\{1,2\},\{1,2\}}\|\|(\mathbf{Z}_0^*)_{\{4,6\},\{4,6\}}\|+$ $\|\mathbf{MS}_{\{1,4,5\},\{1,4,3\}}\|\|(\mathbf{Z}_0)_{\{1,4\},\{1,4\}}\|\|(\mathbf{Z}_0^*)_{\{2,6\},\{2,6\}}\|+$ $\|\mathbf{MS}_{\{1,6,5\},\{1,6,3\}}\|\|(\mathbf{Z}_0)_{\{1,6\},\{1,6\}}\|\|(\mathbf{Z}_0^*)_{\{2,4\},\{2,4\}}\|+$ $\|\mathbf{MS}_{\{2,4,5\},\{2,4,3\}}\|\|(\mathbf{Z}_0)_{\{2,4\},\{2,4\}}\|\|(\mathbf{Z}_0^*)_{\{1,6\},\{1,6\}}\|+$ $\|\mathbf{MS}_{\{2,6,5\},\{2,6,3\}}\|\|(\mathbf{Z}_0)_{\{2,6\},\{2,6\}}\|\|(\mathbf{Z}_0^*)_{\{1,4\},\{1,4\}}\|+$ $\|\mathbf{MS}_{\{4,6,5\},\{4,6,3\}}\|\|(\mathbf{Z}_0)_{\{4,6\},\{4,6\}}\|\|(\mathbf{Z}_0^*)_{\{1,2\},\{1,2\}}\|+$ $\|\mathbf{MS}_{\{1,2,4,5\},\{1,2,4,3\}}\|\|(\mathbf{Z}_0)_{\{1,2,4\},\{1,2,4\}}\|\|(\mathbf{Z}_0^*)_{\{6\},\{6\}}\|+$ $\|\mathbf{MS}_{\{1,2,6,5\},\{1,2,6,3\}}\|\|(\mathbf{Z}_0)_{\{1,2,6\},\{1,2,6\}}\|\|(\mathbf{Z}_0^*)_{\{4\},\{4\}}\|+$ $\|\mathbf{MS}_{\{1,4,6,5\},\{1,4,6,3\}}\|\|(\mathbf{Z}_0)_{\{1,4,6\},\{1,4,6\}}\|\|(\mathbf{Z}_0^*)_{\{2\},\{2\}}\|+$ $\|\mathbf{MS}_{\{2,4,6,5\},\{2,4,6,3\}}\|\|(\mathbf{Z}_0)_{\{2,4,6\},\{2,4,6\}}\|\|(\mathbf{Z}_0^*)_{\{1\},\{1\}}\|+$ $\|\mathbf{MS}_{\{1,2,4,6,5\},\{1,2,4,6,3\}}\|\|(\mathbf{Z}_0)_{\{1,2,4,6\},\{1,2,4,6\}}\|)$	$-2R_4\sqrt{\left\|\frac{R_5}{R_4}\right\|}\times$ $(\|\mathbf{MS}_{\{5\},\{4\}}\|\|(\mathbf{Z}_0^*)_{\{1,2,3,6\},\{1,2,3,6\}}\|+$ $\|\mathbf{MS}_{\{1,5\},\{1,4\}}\|\|(\mathbf{Z}_0)_{\{1\},\{1\}}\|\|(\mathbf{Z}_0^*)_{\{2,3,6\},\{2,3,6\}}\|+$ $\|\mathbf{MS}_{\{2,5\},\{2,4\}}\|\|(\mathbf{Z}_0)_{\{2\},\{2\}}\|\|(\mathbf{Z}_0^*)_{\{1,3,6\},\{1,3,6\}}\|+$ $\|\mathbf{MS}_{\{3,5\},\{3,4\}}\|\|(\mathbf{Z}_0)_{\{3\},\{3\}}\|\|(\mathbf{Z}_0^*)_{\{1,2,6\},\{1,2,6\}}\|+$ $\|\mathbf{MS}_{\{6,5\},\{6,4\}}\|\|(\mathbf{Z}_0)_{\{6\},\{6\}}\|\|(\mathbf{Z}_0^*)_{\{1,2,3\},\{1,2,3\}}\|+$ $\|\mathbf{MS}_{\{1,2,5\},\{1,2,4\}}\|\|(\mathbf{Z}_0)_{\{1,2\},\{1,2\}}\|\|(\mathbf{Z}_0^*)_{\{3,6\},\{3,6\}}\|+$ $\|\mathbf{MS}_{\{1,3,5\},\{1,3,4\}}\|\|(\mathbf{Z}_0)_{\{1,3\},\{1,3\}}\|\|(\mathbf{Z}_0^*)_{\{2,6\},\{2,6\}}\|+$ $\|\mathbf{MS}_{\{1,6,5\},\{1,6,4\}}\|\|(\mathbf{Z}_0)_{\{1,6\},\{1,6\}}\|\|(\mathbf{Z}_0^*)_{\{2,3\},\{2,3\}}\|+$ $\|\mathbf{MS}_{\{2,3,5\},\{2,3,4\}}\|\|(\mathbf{Z}_0)_{\{2,3\},\{2,3\}}\|\|(\mathbf{Z}_0^*)_{\{1,6\},\{1,6\}}\|+$ $\|\mathbf{MS}_{\{2,6,5\},\{2,6,4\}}\|\|(\mathbf{Z}_0)_{\{2,6\},\{2,6\}}\|\|(\mathbf{Z}_0^*)_{\{1,3\},\{1,3\}}\|+$ $\|\mathbf{MS}_{\{3,6,5\},\{3,6,4\}}\|\|(\mathbf{Z}_0)_{\{3,6\},\{3,6\}}\|\|(\mathbf{Z}_0^*)_{\{1,2\},\{1,2\}}\|+$ $\|\mathbf{MS}_{\{1,2,3,5\},\{1,2,3,4\}}\|\|(\mathbf{Z}_0)_{\{1,2,3\},\{1,2,3\}}\|\|(\mathbf{Z}_0^*)_{\{6\},\{6\}}\|+$ $\|\mathbf{MS}_{\{1,2,6,5\},\{1,2,6,4\}}\|\|(\mathbf{Z}_0)_{\{1,2,6\},\{1,2,6\}}\|\|(\mathbf{Z}_0^*)_{\{3\},\{3\}}\|+$ $\|\mathbf{MS}_{\{1,3,6,5\},\{1,3,6,4\}}\|\|(\mathbf{Z}_0)_{\{1,3,6\},\{1,3,6\}}\|\|(\mathbf{Z}_0^*)_{\{2\},\{2\}}\|+$ $\|\mathbf{MS}_{\{2,3,6,5\},\{2,3,6,4\}}\|\|(\mathbf{Z}_0)_{\{2,3,6\},\{2,3,6\}}\|\|(\mathbf{Z}_0^*)_{\{1\},\{1\}}\|+$ $\|\mathbf{MS}_{\{1,2,3,6,5\},\{1,2,3,6,4\}}\|\|(\mathbf{Z}_0)_{\{1,2,3,6\},\{1,2,3,6\}}\|)$
6	$-2R_3\sqrt{\left\|\frac{R_6}{R_3}\right\|}\times$ $(\|\mathbf{MS}_{\{6\},\{3\}}\|\|(\mathbf{Z}_0^*)_{\{1,2,4,5\},\{1,2,4,5\}}\|+$ $\|\mathbf{MS}_{\{1,6\},\{1,3\}}\|\|(\mathbf{Z}_0)_{\{1\},\{1\}}\|\|(\mathbf{Z}_0^*)_{\{2,4,5\},\{2,4,5\}}\|+$ $\|\mathbf{MS}_{\{2,6\},\{2,3\}}\|\|(\mathbf{Z}_0)_{\{2\},\{2\}}\|\|(\mathbf{Z}_0^*)_{\{1,4,5\},\{1,4,5\}}\|+$ $\|\mathbf{MS}_{\{4,6\},\{4,3\}}\|\|(\mathbf{Z}_0)_{\{4\},\{4\}}\|\|(\mathbf{Z}_0^*)_{\{1,2,5\},\{1,2,5\}}\|+$ $\|\mathbf{MS}_{\{5,6\},\{5,3\}}\|\|(\mathbf{Z}_0)_{\{5\},\{5\}}\|\|(\mathbf{Z}_0^*)_{\{1,2,4\},\{1,2,4\}}\|+$ $\|\mathbf{MS}_{\{1,2,6\},\{1,2,3\}}\|\|(\mathbf{Z}_0)_{\{1,2\},\{1,2\}}\|\|(\mathbf{Z}_0^*)_{\{4,5\},\{4,5\}}\|+$ $\|\mathbf{MS}_{\{1,4,6\},\{1,4,3\}}\|\|(\mathbf{Z}_0)_{\{1,4\},\{1,4\}}\|\|(\mathbf{Z}_0^*)_{\{2,5\},\{2,5\}}\|+$ $\|\mathbf{MS}_{\{1,5,6\},\{1,5,3\}}\|\|(\mathbf{Z}_0)_{\{1,5\},\{1,5\}}\|\|(\mathbf{Z}_0^*)_{\{2,4\},\{2,4\}}\|+$ $\|\mathbf{MS}_{\{2,4,6\},\{2,4,3\}}\|\|(\mathbf{Z}_0)_{\{2,4\},\{2,4\}}\|\|(\mathbf{Z}_0^*)_{\{1,5\},\{1,5\}}\|+$ $\|\mathbf{MS}_{\{2,5,6\},\{2,5,3\}}\|\|(\mathbf{Z}_0)_{\{2,5\},\{2,5\}}\|\|(\mathbf{Z}_0^*)_{\{1,4\},\{1,4\}}\|+$ $\|\mathbf{MS}_{\{4,5,6\},\{4,5,3\}}\|\|(\mathbf{Z}_0)_{\{4,5\},\{4,5\}}\|\|(\mathbf{Z}_0^*)_{\{1,2\},\{1,2\}}\|+$ $\|\mathbf{MS}_{\{1,2,4,6\},\{1,2,4,3\}}\|\|(\mathbf{Z}_0)_{\{1,2,4\},\{1,2,4\}}\|\|(\mathbf{Z}_0^*)_{\{5\},\{5\}}\|+$ $\|\mathbf{MS}_{\{1,2,5,6\},\{1,2,5,3\}}\|\|(\mathbf{Z}_0)_{\{1,2,5\},\{1,2,5\}}\|\|(\mathbf{Z}_0^*)_{\{4\},\{4\}}\|+$ $\|\mathbf{MS}_{\{1,4,5,6\},\{1,4,5,3\}}\|\|(\mathbf{Z}_0)_{\{1,4,5\},\{1,4,5\}}\|\|(\mathbf{Z}_0^*)_{\{2\},\{2\}}\|+$ $\|\mathbf{MS}_{\{2,4,5,6\},\{2,4,5,3\}}\|\|(\mathbf{Z}_0)_{\{2,4,5\},\{2,4,5\}}\|\|(\mathbf{Z}_0^*)_{\{1\},\{1\}}\|+$ $\|\mathbf{MS}_{\{1,2,4,5,6\},\{1,2,4,5,3\}}\|\|(\mathbf{Z}_0)_{\{1,2,4,5\},\{1,2,4,5\}}\|)$	$-2R_4\sqrt{\left\|\frac{R_6}{R_4}\right\|}\times$ $(\|\mathbf{MS}_{\{6\},\{4\}}\|\|(\mathbf{Z}_0^*)_{\{1,2,3,5\},\{1,2,3,5\}}\|+$ $\|\mathbf{MS}_{\{1,6\},\{1,4\}}\|\|(\mathbf{Z}_0)_{\{1\},\{1\}}\|\|(\mathbf{Z}_0^*)_{\{2,3,5\},\{2,3,5\}}\|+$ $\|\mathbf{MS}_{\{2,6\},\{2,4\}}\|\|(\mathbf{Z}_0)_{\{2\},\{2\}}\|\|(\mathbf{Z}_0^*)_{\{1,3,5\},\{1,3,5\}}\|+$ $\|\mathbf{MS}_{\{3,6\},\{3,4\}}\|\|(\mathbf{Z}_0)_{\{3\},\{3\}}\|\|(\mathbf{Z}_0^*)_{\{1,2,5\},\{1,2,5\}}\|+$ $\|\mathbf{MS}_{\{5,6\},\{5,4\}}\|\|(\mathbf{Z}_0)_{\{5\},\{5\}}\|\|(\mathbf{Z}_0^*)_{\{1,2,3\},\{1,2,3\}}\|+$ $\|\mathbf{MS}_{\{1,2,6\},\{1,2,4\}}\|\|(\mathbf{Z}_0)_{\{1,2\},\{1,2\}}\|\|(\mathbf{Z}_0^*)_{\{3,5\},\{3,5\}}\|+$ $\|\mathbf{MS}_{\{1,3,6\},\{1,3,4\}}\|\|(\mathbf{Z}_0)_{\{1,3\},\{1,3\}}\|\|(\mathbf{Z}_0^*)_{\{2,5\},\{2,5\}}\|+$ $\|\mathbf{MS}_{\{1,5,6\},\{1,5,4\}}\|\|(\mathbf{Z}_0)_{\{1,5\},\{1,5\}}\|\|(\mathbf{Z}_0^*)_{\{2,3\},\{2,3\}}\|+$ $\|\mathbf{MS}_{\{2,3,6\},\{2,3,4\}}\|\|(\mathbf{Z}_0)_{\{2,3\},\{2,3\}}\|\|(\mathbf{Z}_0^*)_{\{1,5\},\{1,5\}}\|+$ $\|\mathbf{MS}_{\{2,5,6\},\{2,5,4\}}\|\|(\mathbf{Z}_0)_{\{2,5\},\{2,5\}}\|\|(\mathbf{Z}_0^*)_{\{1,3\},\{1,3\}}\|+$ $\|\mathbf{MS}_{\{3,5,6\},\{3,5,4\}}\|\|(\mathbf{Z}_0)_{\{3,5\},\{3,5\}}\|\|(\mathbf{Z}_0^*)_{\{1,2\},\{1,2\}}\|+$ $\|\mathbf{MS}_{\{1,2,3,6\},\{1,2,3,4\}}\|\|(\mathbf{Z}_0)_{\{1,2,3\},\{1,2,3\}}\|\|(\mathbf{Z}_0^*)_{\{5\},\{5\}}\|+$ $\|\mathbf{MS}_{\{1,2,5,6\},\{1,2,5,4\}}\|\|(\mathbf{Z}_0)_{\{1,2,5\},\{1,2,5\}}\|\|(\mathbf{Z}_0^*)_{\{3\},\{3\}}\|+$ $\|\mathbf{MS}_{\{1,3,5,6\},\{1,3,5,4\}}\|\|(\mathbf{Z}_0)_{\{1,3,5\},\{1,3,5\}}\|\|(\mathbf{Z}_0^*)_{\{2\},\{2\}}\|+$ $\|\mathbf{MS}_{\{2,3,5,6\},\{2,3,5,4\}}\|\|(\mathbf{Z}_0)_{\{2,3,5\},\{2,3,5\}}\|\|(\mathbf{Z}_0^*)_{\{1\},\{1\}}\|+$ $\|\mathbf{MS}_{\{1,2,3,5,6\},\{1,2,3,5,4\}}\|\|(\mathbf{Z}_0)_{\{1,2,3,5\},\{1,2,3,5\}}\|)$

续表

NY_{ij}	5	6
1	$-2R_5\sqrt{\left\vert\frac{R_1}{R_5}\right\vert}\times$ $(\vert\mathbf{MS}_{\{1\},\{5\}}\vert\vert(\mathbf{Z}_0^*)_{\{2,3,4,6\},\{2,3,4,6\}}\vert+$ $\vert\mathbf{MS}_{\{2,1\},\{2,5\}}\vert\vert(\mathbf{Z}_0)_{\{2\},\{2\}}\vert\vert(\mathbf{Z}_0^*)_{\{3,4,6\},\{3,4,6\}}\vert+$ $\vert\mathbf{MS}_{\{3,1\},\{3,5\}}\vert\vert(\mathbf{Z}_0)_{\{3\},\{3\}}\vert\vert(\mathbf{Z}_0^*)_{\{2,4,6\},\{2,4,6\}}\vert+$ $\vert\mathbf{MS}_{\{4,1\},\{4,5\}}\vert\vert(\mathbf{Z}_0)_{\{4\},\{4\}}\vert\vert(\mathbf{Z}_0^*)_{\{2,3,6\},\{2,3,6\}}\vert+$ $\vert\mathbf{MS}_{\{6,1\},\{6,5\}}\vert\vert(\mathbf{Z}_0)_{\{6\},\{6\}}\vert\vert(\mathbf{Z}_0^*)_{\{2,3,4\},\{2,3,4\}}\vert+$ $\vert\mathbf{MS}_{\{2,3,1\},\{2,3,5\}}\vert\vert(\mathbf{Z}_0)_{\{2,3\},\{2,3\}}\vert\vert(\mathbf{Z}_0^*)_{\{4,6\},\{4,6\}}\vert+$ $\vert\mathbf{MS}_{\{2,4,1\},\{2,4,5\}}\vert\vert(\mathbf{Z}_0)_{\{2,4\},\{2,4\}}\vert\vert(\mathbf{Z}_0^*)_{\{3,6\},\{3,6\}}\vert+$ $\vert\mathbf{MS}_{\{2,6,1\},\{2,6,5\}}\vert\vert(\mathbf{Z}_0)_{\{2,6\},\{2,6\}}\vert\vert(\mathbf{Z}_0^*)_{\{3,4\},\{3,4\}}\vert+$ $\vert\mathbf{MS}_{\{3,4,1\},\{3,4,5\}}\vert\vert(\mathbf{Z}_0)_{\{3,4\},\{3,4\}}\vert\vert(\mathbf{Z}_0^*)_{\{2,6\},\{2,6\}}\vert+$ $\vert\mathbf{MS}_{\{3,6,1\},\{3,6,5\}}\vert\vert(\mathbf{Z}_0)_{\{3,6\},\{3,6\}}\vert\vert(\mathbf{Z}_0^*)_{\{2,4\},\{2,4\}}\vert+$ $\vert\mathbf{MS}_{\{4,6,1\},\{4,6,5\}}\vert\vert(\mathbf{Z}_0)_{\{4,6\},\{4,6\}}\vert\vert(\mathbf{Z}_0^*)_{\{2,3\},\{2,3\}}\vert+$ $\vert\mathbf{MS}_{\{2,3,4,1\},\{2,3,4,5\}}\vert\vert(\mathbf{Z}_0)_{\{2,3,4\},\{2,3,4\}}\vert\vert(\mathbf{Z}_0^*)_{\{6\},\{6\}}\vert+$ $\vert\mathbf{MS}_{\{2,3,6,1\},\{2,3,6,5\}}\vert\vert(\mathbf{Z}_0)_{\{2,3,6\},\{2,3,6\}}\vert\vert(\mathbf{Z}_0^*)_{\{4\},\{4\}}\vert+$ $\vert\mathbf{MS}_{\{2,4,6,1\},\{2,4,6,5\}}\vert\vert(\mathbf{Z}_0)_{\{2,4,6\},\{2,4,6\}}\vert\vert(\mathbf{Z}_0^*)_{\{3\},\{3\}}\vert+$ $\vert\mathbf{MS}_{\{3,4,6,1\},\{3,4,6,5\}}\vert\vert(\mathbf{Z}_0)_{\{3,4,6\},\{3,4,6\}}\vert\vert(\mathbf{Z}_0^*)_{\{2\},\{2\}}\vert+$ $\vert\mathbf{MS}_{\{2,3,4,6,1\},\{2,3,4,6,5\}}\vert\vert(\mathbf{Z}_0)_{\{2,3,4,6\},\{2,3,4,6\}}\vert)$	$-2R_6\sqrt{\left\vert\frac{R_1}{R_6}\right\vert}\times$ $(\vert\mathbf{MS}_{\{1\},\{6\}}\vert\vert(\mathbf{Z}_0^*)_{\{2,3,4,5\},\{2,3,4,5\}}\vert+$ $\vert\mathbf{MS}_{\{2,1\},\{2,6\}}\vert\vert(\mathbf{Z}_0)_{\{2\},\{2\}}\vert\vert(\mathbf{Z}_0^*)_{\{3,4,5\},\{3,4,5\}}\vert+$ $\vert\mathbf{MS}_{\{3,1\},\{3,6\}}\vert\vert(\mathbf{Z}_0)_{\{3\},\{3\}}\vert\vert(\mathbf{Z}_0^*)_{\{2,4,5\},\{2,4,5\}}\vert+$ $\vert\mathbf{MS}_{\{4,1\},\{4,6\}}\vert\vert(\mathbf{Z}_0)_{\{4\},\{4\}}\vert\vert(\mathbf{Z}_0^*)_{\{2,3,5\},\{2,3,5\}}\vert+$ $\vert\mathbf{MS}_{\{5,1\},\{5,6\}}\vert\vert(\mathbf{Z}_0)_{\{5\},\{5\}}\vert\vert(\mathbf{Z}_0^*)_{\{2,3,4\},\{2,3,4\}}\vert+$ $\vert\mathbf{MS}_{\{2,3,1\},\{2,3,6\}}\vert\vert(\mathbf{Z}_0)_{\{2,3\},\{2,3\}}\vert\vert(\mathbf{Z}_0^*)_{\{4,5\},\{4,5\}}\vert+$ $\vert\mathbf{MS}_{\{2,4,1\},\{2,4,6\}}\vert\vert(\mathbf{Z}_0)_{\{2,4\},\{2,4\}}\vert\vert(\mathbf{Z}_0^*)_{\{3,5\},\{3,5\}}\vert+$ $\vert\mathbf{MS}_{\{2,5,1\},\{2,5,6\}}\vert\vert(\mathbf{Z}_0)_{\{2,5\},\{2,5\}}\vert\vert(\mathbf{Z}_0^*)_{\{3,4\},\{3,4\}}\vert+$ $\vert\mathbf{MS}_{\{3,4,1\},\{3,4,6\}}\vert\vert(\mathbf{Z}_0)_{\{3,4\},\{3,4\}}\vert\vert(\mathbf{Z}_0^*)_{\{2,5\},\{2,5\}}\vert+$ $\vert\mathbf{MS}_{\{3,5,1\},\{3,5,6\}}\vert\vert(\mathbf{Z}_0)_{\{3,5\},\{3,5\}}\vert\vert(\mathbf{Z}_0^*)_{\{2,4\},\{2,4\}}\vert+$ $\vert\mathbf{MS}_{\{4,5,1\},\{4,5,6\}}\vert\vert(\mathbf{Z}_0)_{\{4,5\},\{4,5\}}\vert\vert(\mathbf{Z}_0^*)_{\{2,3\},\{2,3\}}\vert+$ $\vert\mathbf{MS}_{\{2,3,4,1\},\{2,3,4,6\}}\vert\vert(\mathbf{Z}_0)_{\{2,3,4\},\{2,3,4\}}\vert\vert(\mathbf{Z}_0^*)_{\{5\},\{5\}}\vert+$ $\vert\mathbf{MS}_{\{2,3,5,1\},\{2,3,5,6\}}\vert\vert(\mathbf{Z}_0)_{\{2,3,5\},\{2,3,5\}}\vert\vert(\mathbf{Z}_0^*)_{\{4\},\{4\}}\vert+$ $\vert\mathbf{MS}_{\{2,4,5,1\},\{2,4,5,6\}}\vert\vert(\mathbf{Z}_0)_{\{2,4,5\},\{2,4,5\}}\vert\vert(\mathbf{Z}_0^*)_{\{3\},\{3\}}\vert+$ $\vert\mathbf{MS}_{\{3,4,5,1\},\{3,4,5,6\}}\vert\vert(\mathbf{Z}_0)_{\{3,4,5\},\{3,4,5\}}\vert\vert(\mathbf{Z}_0^*)_{\{2\},\{2\}}\vert+$ $\vert\mathbf{MS}_{\{2,3,4,5,1\},\{2,3,4,5,6\}}\vert\vert(\mathbf{Z}_0)_{\{2,3,4,5\},\{2,3,4,5\}}\vert)$
2	$-2R_5\sqrt{\left\vert\frac{R_2}{R_5}\right\vert}\times$ $(\vert\mathbf{MS}_{\{2\},\{5\}}\vert\vert(\mathbf{Z}_0^*)_{\{1,3,4,6\},\{1,3,4,6\}}\vert+$ $\vert\mathbf{MS}_{\{1,2\},\{1,5\}}\vert\vert(\mathbf{Z}_0)_{\{1\},\{1\}}\vert\vert(\mathbf{Z}_0^*)_{\{3,4,6\},\{3,4,6\}}\vert+$ $\vert\mathbf{MS}_{\{3,2\},\{3,5\}}\vert\vert(\mathbf{Z}_0)_{\{3\},\{3\}}\vert\vert(\mathbf{Z}_0^*)_{\{1,4,6\},\{1,4,6\}}\vert+$ $\vert\mathbf{MS}_{\{4,2\},\{4,5\}}\vert\vert(\mathbf{Z}_0)_{\{4\},\{4\}}\vert\vert(\mathbf{Z}_0^*)_{\{1,3,6\},\{1,3,6\}}\vert+$ $\vert\mathbf{MS}_{\{6,2\},\{6,5\}}\vert\vert(\mathbf{Z}_0)_{\{6\},\{6\}}\vert\vert(\mathbf{Z}_0^*)_{\{1,3,4\},\{1,3,4\}}\vert+$ $\vert\mathbf{MS}_{\{1,3,2\},\{1,3,5\}}\vert\vert(\mathbf{Z}_0)_{\{1,3\},\{1,3\}}\vert\vert(\mathbf{Z}_0^*)_{\{4,6\},\{4,6\}}\vert+$ $\vert\mathbf{MS}_{\{1,4,2\},\{1,4,5\}}\vert\vert(\mathbf{Z}_0)_{\{1,4\},\{1,4\}}\vert\vert(\mathbf{Z}_0^*)_{\{3,6\},\{3,6\}}\vert+$ $\vert\mathbf{MS}_{\{1,6,2\},\{1,6,5\}}\vert\vert(\mathbf{Z}_0)_{\{1,6\},\{1,6\}}\vert\vert(\mathbf{Z}_0^*)_{\{3,4\},\{3,4\}}\vert+$ $\vert\mathbf{MS}_{\{3,4,2\},\{3,4,5\}}\vert\vert(\mathbf{Z}_0)_{\{3,4\},\{3,4\}}\vert\vert(\mathbf{Z}_0^*)_{\{1,6\},\{1,6\}}\vert+$ $\vert\mathbf{MS}_{\{3,6,2\},\{3,6,5\}}\vert\vert(\mathbf{Z}_0)_{\{3,6\},\{3,6\}}\vert\vert(\mathbf{Z}_0^*)_{\{1,4\},\{1,4\}}\vert+$ $\vert\mathbf{MS}_{\{4,6,2\},\{4,6,5\}}\vert\vert(\mathbf{Z}_0)_{\{4,6\},\{4,6\}}\vert\vert(\mathbf{Z}_0^*)_{\{1,3\},\{1,3\}}\vert+$ $\vert\mathbf{MS}_{\{1,3,4,2\},\{1,3,4,5\}}\vert\vert(\mathbf{Z}_0)_{\{1,3,4\},\{1,3,4\}}\vert\vert(\mathbf{Z}_0^*)_{\{6\},\{6\}}\vert+$ $\vert\mathbf{MS}_{\{1,3,6,2\},\{1,3,6,5\}}\vert\vert(\mathbf{Z}_0)_{\{1,3,6\},\{1,3,6\}}\vert\vert(\mathbf{Z}_0^*)_{\{4\},\{4\}}\vert+$ $\vert\mathbf{MS}_{\{1,4,6,2\},\{1,4,6,5\}}\vert\vert(\mathbf{Z}_0)_{\{1,4,6\},\{1,4,6\}}\vert\vert(\mathbf{Z}_0^*)_{\{3\},\{3\}}\vert+$ $\vert\mathbf{MS}_{\{3,4,6,2\},\{3,4,6,5\}}\vert\vert(\mathbf{Z}_0)_{\{3,4,6\},\{3,4,6\}}\vert\vert(\mathbf{Z}_0^*)_{\{1\},\{1\}}\vert+$ $\vert\mathbf{MS}_{\{1,3,4,6,2\},\{1,3,4,6,5\}}\vert\vert(\mathbf{Z}_0)_{\{1,3,4,6\},\{1,3,4,6\}}\vert)$	$-2R_6\sqrt{\left\vert\frac{R_2}{R_6}\right\vert}\times$ $(\vert\mathbf{MS}_{\{2\},\{6\}}\vert\vert(\mathbf{Z}_0^*)_{\{1,3,4,5\},\{1,3,4,5\}}\vert+$ $\vert\mathbf{MS}_{\{1,2\},\{1,6\}}\vert\vert(\mathbf{Z}_0)_{\{1\},\{1\}}\vert\vert(\mathbf{Z}_0^*)_{\{3,4,5\},\{3,4,5\}}\vert+$ $\vert\mathbf{MS}_{\{3,2\},\{3,6\}}\vert\vert(\mathbf{Z}_0)_{\{3\},\{3\}}\vert\vert(\mathbf{Z}_0^*)_{\{1,4,5\},\{1,4,5\}}\vert+$ $\vert\mathbf{MS}_{\{4,2\},\{4,6\}}\vert\vert(\mathbf{Z}_0)_{\{4\},\{4\}}\vert\vert(\mathbf{Z}_0^*)_{\{1,3,5\},\{1,3,5\}}\vert+$ $\vert\mathbf{MS}_{\{5,2\},\{5,6\}}\vert\vert(\mathbf{Z}_0)_{\{5\},\{5\}}\vert\vert(\mathbf{Z}_0^*)_{\{1,3,4\},\{1,3,4\}}\vert+$ $\vert\mathbf{MS}_{\{1,3,2\},\{1,3,6\}}\vert\vert(\mathbf{Z}_0)_{\{1,3\},\{1,3\}}\vert\vert(\mathbf{Z}_0^*)_{\{4,5\},\{4,5\}}\vert+$ $\vert\mathbf{MS}_{\{1,4,2\},\{1,4,6\}}\vert\vert(\mathbf{Z}_0)_{\{1,4\},\{1,4\}}\vert\vert(\mathbf{Z}_0^*)_{\{3,5\},\{3,5\}}\vert+$ $\vert\mathbf{MS}_{\{1,5,2\},\{1,5,6\}}\vert\vert(\mathbf{Z}_0)_{\{1,5\},\{1,5\}}\vert\vert(\mathbf{Z}_0^*)_{\{3,4\},\{3,4\}}\vert+$ $\vert\mathbf{MS}_{\{3,4,2\},\{3,4,6\}}\vert\vert(\mathbf{Z}_0)_{\{3,4\},\{3,4\}}\vert\vert(\mathbf{Z}_0^*)_{\{1,5\},\{1,5\}}\vert+$ $\vert\mathbf{MS}_{\{3,5,2\},\{3,5,6\}}\vert\vert(\mathbf{Z}_0)_{\{3,5\},\{3,5\}}\vert\vert(\mathbf{Z}_0^*)_{\{1,4\},\{1,4\}}\vert+$ $\vert\mathbf{MS}_{\{4,5,2\},\{4,5,6\}}\vert\vert(\mathbf{Z}_0)_{\{4,5\},\{4,5\}}\vert\vert(\mathbf{Z}_0^*)_{\{1,3\},\{1,3\}}\vert+$ $\vert\mathbf{MS}_{\{1,3,4,2\},\{1,3,4,6\}}\vert\vert(\mathbf{Z}_0)_{\{1,3,4\},\{1,3,4\}}\vert\vert(\mathbf{Z}_0^*)_{\{5\},\{5\}}\vert+$ $\vert\mathbf{MS}_{\{1,3,5,2\},\{1,3,5,6\}}\vert\vert(\mathbf{Z}_0)_{\{1,3,5\},\{1,3,5\}}\vert\vert(\mathbf{Z}_0^*)_{\{4\},\{4\}}\vert+$ $\vert\mathbf{MS}_{\{1,4,5,2\},\{1,4,5,6\}}\vert\vert(\mathbf{Z}_0)_{\{1,4,5\},\{1,4,5\}}\vert\vert(\mathbf{Z}_0^*)_{\{3\},\{3\}}\vert+$ $\vert\mathbf{MS}_{\{3,4,5,2\},\{3,4,5,6\}}\vert\vert(\mathbf{Z}_0)_{\{3,4,5\},\{3,4,5\}}\vert\vert(\mathbf{Z}_0^*)_{\{1\},\{1\}}\vert+$ $\vert\mathbf{MS}_{\{1,3,4,5,2\},\{1,3,4,5,6\}}\vert\vert(\mathbf{Z}_0)_{\{1,3,4,5\},\{1,3,4,5\}}\vert)$

续表

<table>
<tr><th>NY_{ij}</th><th>5</th><th>6</th></tr>
<tr><td>3</td><td>$-2R_5\sqrt{\left|\frac{R_3}{R_5}\right|}\times$
$(|\mathbf{MS}_{\{3\},\{5\}}||(\mathbf{Z}_0^*)_{\{1,2,4,6\},\{1,2,4,6\}}|+$
$|\mathbf{MS}_{\{1,3\},\{1,5\}}||(\mathbf{Z}_0)_{\{1\},\{1\}}||(\mathbf{Z}_0^*)_{\{2,4,6\},\{2,4,6\}}|+$
$|\mathbf{MS}_{\{2,3\},\{2,5\}}||(\mathbf{Z}_0)_{\{2\},\{2\}}||(\mathbf{Z}_0^*)_{\{1,4,6\},\{1,4,6\}}|+$
$|\mathbf{MS}_{\{4,3\},\{4,5\}}||(\mathbf{Z}_0)_{\{4\},\{4\}}||(\mathbf{Z}_0^*)_{\{1,2,6\},\{1,2,6\}}|+$
$|\mathbf{MS}_{\{6,3\},\{6,5\}}||(\mathbf{Z}_0)_{\{6\},\{6\}}||(\mathbf{Z}_0^*)_{\{1,2,4\},\{1,2,4\}}|+$
$|\mathbf{MS}_{\{1,2,3\},\{1,2,5\}}||(\mathbf{Z}_0)_{\{1,2\},\{1,2\}}||(\mathbf{Z}_0^*)_{\{4,6\},\{4,6\}}|+$
$|\mathbf{MS}_{\{1,4,3\},\{1,4,5\}}||(\mathbf{Z}_0)_{\{1,4\},\{1,4\}}||(\mathbf{Z}_0^*)_{\{2,6\},\{2,6\}}|+$
$|\mathbf{MS}_{\{1,6,3\},\{1,6,5\}}||(\mathbf{Z}_0)_{\{1,6\},\{1,6\}}||(\mathbf{Z}_0^*)_{\{2,4\},\{2,4\}}|+$
$|\mathbf{MS}_{\{2,4,3\},\{2,4,5\}}||(\mathbf{Z}_0)_{\{2,4\},\{2,4\}}||(\mathbf{Z}_0^*)_{\{1,6\},\{1,6\}}|+$
$|\mathbf{MS}_{\{2,6,3\},\{2,6,5\}}||(\mathbf{Z}_0)_{\{2,6\},\{2,6\}}||(\mathbf{Z}_0^*)_{\{1,4\},\{1,4\}}|+$
$|\mathbf{MS}_{\{4,6,3\},\{4,6,5\}}||(\mathbf{Z}_0)_{\{4,6\},\{4,6\}}||(\mathbf{Z}_0^*)_{\{1,2\},\{1,2\}}|+$
$|\mathbf{MS}_{\{1,2,4,3\},\{1,2,4,5\}}||(\mathbf{Z}_0)_{\{1,2,4\},\{1,2,4\}}||(\mathbf{Z}_0^*)_{\{6\},\{6\}}|+$
$|\mathbf{MS}_{\{1,2,6,3\},\{1,2,6,5\}}||(\mathbf{Z}_0)_{\{1,2,6\},\{1,2,6\}}||(\mathbf{Z}_0^*)_{\{4\},\{4\}}|+$
$|\mathbf{MS}_{\{1,4,6,3\},\{1,4,6,5\}}||(\mathbf{Z}_0)_{\{1,4,6\},\{1,4,6\}}||(\mathbf{Z}_0^*)_{\{2\},\{2\}}|+$
$|\mathbf{MS}_{\{2,4,6,3\},\{2,4,6,5\}}||(\mathbf{Z}_0)_{\{2,4,6\},\{2,4,6\}}||(\mathbf{Z}_0^*)_{\{1\},\{1\}}|+$
$|\mathbf{MS}_{\{1,2,4,6,3\},\{1,2,4,6,5\}}||(\mathbf{Z}_0)_{\{1,2,4,6\},\{1,2,4,6\}}|)$</td><td>$-2R_6\sqrt{\left|\frac{R_3}{R_6}\right|}\times$
$(|\mathbf{MS}_{\{3\},\{6\}}||(\mathbf{Z}_0^*)_{\{1,2,4,5\},\{1,2,4,5\}}|+$
$|\mathbf{MS}_{\{1,3\},\{1,6\}}||(\mathbf{Z}_0)_{\{1\},\{1\}}||(\mathbf{Z}_0^*)_{\{2,4,5\},\{2,4,5\}}|+$
$|\mathbf{MS}_{\{2,3\},\{2,6\}}||(\mathbf{Z}_0)_{\{2\},\{2\}}||(\mathbf{Z}_0^*)_{\{1,4,5\},\{1,4,5\}}|+$
$|\mathbf{MS}_{\{4,3\},\{4,6\}}||(\mathbf{Z}_0)_{\{4\},\{4\}}||(\mathbf{Z}_0^*)_{\{1,2,5\},\{1,2,5\}}|+$
$|\mathbf{MS}_{\{5,3\},\{5,6\}}||(\mathbf{Z}_0)_{\{5\},\{5\}}||(\mathbf{Z}_0^*)_{\{1,2,4\},\{1,2,4\}}|+$
$|\mathbf{MS}_{\{1,2,3\},\{1,2,6\}}||(\mathbf{Z}_0)_{\{1,2\},\{1,2\}}||(\mathbf{Z}_0^*)_{\{4,5\},\{4,5\}}|+$
$|\mathbf{MS}_{\{1,4,3\},\{1,4,6\}}||(\mathbf{Z}_0)_{\{1,4\},\{1,4\}}||(\mathbf{Z}_0^*)_{\{2,5\},\{2,5\}}|+$
$|\mathbf{MS}_{\{1,5,3\},\{1,5,6\}}||(\mathbf{Z}_0)_{\{1,5\},\{1,5\}}||(\mathbf{Z}_0^*)_{\{2,4\},\{2,4\}}|+$
$|\mathbf{MS}_{\{2,4,3\},\{2,4,6\}}||(\mathbf{Z}_0)_{\{2,4\},\{2,4\}}||(\mathbf{Z}_0^*)_{\{1,5\},\{1,5\}}|+$
$|\mathbf{MS}_{\{2,5,3\},\{2,5,6\}}||(\mathbf{Z}_0)_{\{2,5\},\{2,5\}}||(\mathbf{Z}_0^*)_{\{1,4\},\{1,4\}}|+$
$|\mathbf{MS}_{\{4,5,3\},\{4,5,6\}}||(\mathbf{Z}_0)_{\{4,5\},\{4,5\}}||(\mathbf{Z}_0^*)_{\{1,2\},\{1,2\}}|+$
$|\mathbf{MS}_{\{1,2,4,3\},\{1,2,4,6\}}||(\mathbf{Z}_0)_{\{1,2,4\},\{1,2,4\}}||(\mathbf{Z}_0^*)_{\{5\},\{5\}}|+$
$|\mathbf{MS}_{\{1,2,5,3\},\{1,2,5,6\}}||(\mathbf{Z}_0)_{\{1,2,5\},\{1,2,5\}}||(\mathbf{Z}_0^*)_{\{4\},\{4\}}|+$
$|\mathbf{MS}_{\{1,4,5,3\},\{1,4,5,6\}}||(\mathbf{Z}_0)_{\{1,4,5\},\{1,4,5\}}||(\mathbf{Z}_0^*)_{\{2\},\{2\}}|+$
$|\mathbf{MS}_{\{2,4,5,3\},\{2,4,5,6\}}||(\mathbf{Z}_0)_{\{2,4,5\},\{2,4,5\}}||(\mathbf{Z}_0^*)_{\{1\},\{1\}}|+$
$|\mathbf{MS}_{\{1,2,4,5,3\},\{1,2,4,5,6\}}||(\mathbf{Z}_0)_{\{1,2,4,5\},\{1,2,4,5\}}|)$</td></tr>
<tr><td>4</td><td>$-2R_5\sqrt{\left|\frac{R_4}{R_5}\right|}\times$
$(|\mathbf{MS}_{\{4\},\{5\}}||(\mathbf{Z}_0^*)_{\{1,2,3,6\},\{1,2,3,6\}}|+$
$|\mathbf{MS}_{\{1,4\},\{1,5\}}||(\mathbf{Z}_0)_{\{1\},\{1\}}||(\mathbf{Z}_0^*)_{\{2,3,6\},\{2,3,6\}}|+$
$|\mathbf{MS}_{\{2,4\},\{2,5\}}||(\mathbf{Z}_0)_{\{2\},\{2\}}||(\mathbf{Z}_0^*)_{\{1,3,6\},\{1,3,6\}}|+$
$|\mathbf{MS}_{\{3,4\},\{3,5\}}||(\mathbf{Z}_0)_{\{3\},\{3\}}||(\mathbf{Z}_0^*)_{\{1,2,6\},\{1,2,6\}}|+$
$|\mathbf{MS}_{\{6,4\},\{6,5\}}||(\mathbf{Z}_0)_{\{6\},\{6\}}||(\mathbf{Z}_0^*)_{\{1,2,3\},\{1,2,3\}}|+$
$|\mathbf{MS}_{\{1,2,4\},\{1,2,5\}}||(\mathbf{Z}_0)_{\{1,2\},\{1,2\}}||(\mathbf{Z}_0^*)_{\{3,6\},\{3,6\}}|+$
$|\mathbf{MS}_{\{1,3,4\},\{1,3,5\}}||(\mathbf{Z}_0)_{\{1,3\},\{1,3\}}||(\mathbf{Z}_0^*)_{\{2,6\},\{2,6\}}|+$
$|\mathbf{MS}_{\{1,6,4\},\{1,6,5\}}||(\mathbf{Z}_0)_{\{1,6\},\{1,6\}}||(\mathbf{Z}_0^*)_{\{2,3\},\{2,3\}}|+$
$|\mathbf{MS}_{\{2,3,4\},\{2,3,5\}}||(\mathbf{Z}_0)_{\{2,3\},\{2,3\}}||(\mathbf{Z}_0^*)_{\{1,6\},\{1,6\}}|+$
$|\mathbf{MS}_{\{2,6,4\},\{2,6,5\}}||(\mathbf{Z}_0)_{\{2,6\},\{2,6\}}||(\mathbf{Z}_0^*)_{\{1,3\},\{1,3\}}|+$
$|\mathbf{MS}_{\{3,6,4\},\{3,6,5\}}||(\mathbf{Z}_0)_{\{3,6\},\{3,6\}}||(\mathbf{Z}_0^*)_{\{1,2\},\{1,2\}}|+$
$|\mathbf{MS}_{\{1,2,3,4\},\{1,2,3,5\}}||(\mathbf{Z}_0)_{\{1,2,3\},\{1,2,3\}}||(\mathbf{Z}_0^*)_{\{6\},\{6\}}|+$
$|\mathbf{MS}_{\{1,2,6,4\},\{1,2,6,5\}}||(\mathbf{Z}_0)_{\{1,2,6\},\{1,2,6\}}||(\mathbf{Z}_0^*)_{\{3\},\{3\}}|+$
$|\mathbf{MS}_{\{1,3,6,4\},\{1,3,6,5\}}||(\mathbf{Z}_0)_{\{1,3,6\},\{1,3,6\}}||(\mathbf{Z}_0^*)_{\{2\},\{2\}}|+$
$|\mathbf{MS}_{\{2,3,6,4\},\{2,3,6,5\}}||(\mathbf{Z}_0)_{\{2,3,6\},\{2,3,6\}}||(\mathbf{Z}_0^*)_{\{1\},\{1\}}|+$
$|\mathbf{MS}_{\{1,2,3,6,4\},\{1,2,3,6,5\}}||(\mathbf{Z}_0)_{\{1,2,3,6\},\{1,2,3,6\}}|)$</td><td>$-2R_6\sqrt{\left|\frac{R_4}{R_6}\right|}\times$
$(|\mathbf{MS}_{\{4\},\{6\}}||(\mathbf{Z}_0^*)_{\{1,2,3,5\},\{1,2,3,5\}}|+$
$|\mathbf{MS}_{\{1,4\},\{1,6\}}||(\mathbf{Z}_0)_{\{1\},\{1\}}||(\mathbf{Z}_0^*)_{\{2,3,5\},\{2,3,5\}}|+$
$|\mathbf{MS}_{\{2,4\},\{2,6\}}||(\mathbf{Z}_0)_{\{2\},\{2\}}||(\mathbf{Z}_0^*)_{\{1,3,5\},\{1,3,5\}}|+$
$|\mathbf{MS}_{\{3,4\},\{3,6\}}||(\mathbf{Z}_0)_{\{3\},\{3\}}||(\mathbf{Z}_0^*)_{\{1,2,5\},\{1,2,5\}}|+$
$|\mathbf{MS}_{\{5,4\},\{5,6\}}||(\mathbf{Z}_0)_{\{5\},\{5\}}||(\mathbf{Z}_0^*)_{\{1,2,3\},\{1,2,3\}}|+$
$|\mathbf{MS}_{\{1,2,4\},\{1,2,6\}}||(\mathbf{Z}_0)_{\{1,2\},\{1,2\}}||(\mathbf{Z}_0^*)_{\{3,5\},\{3,5\}}|+$
$|\mathbf{MS}_{\{1,3,4\},\{1,3,6\}}||(\mathbf{Z}_0)_{\{1,3\},\{1,3\}}||(\mathbf{Z}_0^*)_{\{2,5\},\{2,5\}}|+$
$|\mathbf{MS}_{\{1,5,4\},\{1,5,6\}}||(\mathbf{Z}_0)_{\{1,5\},\{1,5\}}||(\mathbf{Z}_0^*)_{\{2,3\},\{2,3\}}|+$
$|\mathbf{MS}_{\{2,3,4\},\{2,3,6\}}||(\mathbf{Z}_0)_{\{2,3\},\{2,3\}}||(\mathbf{Z}_0^*)_{\{1,5\},\{1,5\}}|+$
$|\mathbf{MS}_{\{2,5,4\},\{2,5,6\}}||(\mathbf{Z}_0)_{\{2,5\},\{2,5\}}||(\mathbf{Z}_0^*)_{\{1,3\},\{1,3\}}|+$
$|\mathbf{MS}_{\{3,5,4\},\{3,5,6\}}||(\mathbf{Z}_0)_{\{3,5\},\{3,5\}}||(\mathbf{Z}_0^*)_{\{1,2\},\{1,2\}}|+$
$|\mathbf{MS}_{\{1,2,3,4\},\{1,2,3,6\}}||(\mathbf{Z}_0)_{\{1,2,3\},\{1,2,3\}}||(\mathbf{Z}_0^*)_{\{5\},\{5\}}|+$
$|\mathbf{MS}_{\{1,2,5,4\},\{1,2,5,6\}}||(\mathbf{Z}_0)_{\{1,2,5\},\{1,2,5\}}||(\mathbf{Z}_0^*)_{\{3\},\{3\}}|+$
$|\mathbf{MS}_{\{1,3,5,4\},\{1,3,5,6\}}||(\mathbf{Z}_0)_{\{1,3,5\},\{1,3,5\}}||(\mathbf{Z}_0^*)_{\{2\},\{2\}}|+$
$|\mathbf{MS}_{\{2,3,5,4\},\{2,3,5,6\}}||(\mathbf{Z}_0)_{\{2,3,5\},\{2,3,5\}}||(\mathbf{Z}_0^*)_{\{1\},\{1\}}|+$
$|\mathbf{MS}_{\{1,2,3,5,4\},\{1,2,3,5,6\}}||(\mathbf{Z}_0)_{\{1,2,3,5\},\{1,2,3,5\}}|)$</td></tr>
</table>

续表

NY_{ij}	5	6
5	—	$-2R_6\sqrt{\left\vert\frac{R_5}{R_6}\right\vert}\times$ $(\vert\mathbf{MS}_{\{5\},\{6\}}\vert\vert(\mathbf{Z}_0^*)_{\{1,2,3,4\},\{1,2,3,4\}}\vert+$ $\vert\mathbf{MS}_{\{1,5\},\{1,6\}}\vert\vert(\mathbf{Z}_0)_{\{1\},\{1\}}\vert\vert(\mathbf{Z}_0^*)_{\{2,3,4\},\{2,3,4\}}\vert+$ $\vert\mathbf{MS}_{\{2,5\},\{2,6\}}\vert\vert(\mathbf{Z}_0)_{\{2\},\{2\}}\vert\vert(\mathbf{Z}_0^*)_{\{1,3,4\},\{1,3,4\}}\vert+$ $\vert\mathbf{MS}_{\{3,5\},\{3,6\}}\vert\vert(\mathbf{Z}_0)_{\{3\},\{3\}}\vert\vert(\mathbf{Z}_0^*)_{\{1,2,4\},\{1,2,4\}}\vert+$ $\vert\mathbf{MS}_{\{4,5\},\{4,6\}}\vert\vert(\mathbf{Z}_0)_{\{4\},\{4\}}\vert\vert(\mathbf{Z}_0^*)_{\{1,2,3\},\{1,2,3\}}\vert+$ $\vert\mathbf{MS}_{\{1,2,5\},\{1,2,6\}}\vert\vert(\mathbf{Z}_0)_{\{1,2\},\{1,2\}}\vert\vert(\mathbf{Z}_0^*)_{\{3,4\},\{3,4\}}\vert+$ $\vert\mathbf{MS}_{\{1,3,5\},\{1,3,6\}}\vert\vert(\mathbf{Z}_0)_{\{1,3\},\{1,3\}}\vert\vert(\mathbf{Z}_0^*)_{\{2,4\},\{2,4\}}\vert+$ $\vert\mathbf{MS}_{\{1,4,5\},\{1,4,6\}}\vert\vert(\mathbf{Z}_0)_{\{1,4\},\{1,4\}}\vert\vert(\mathbf{Z}_0^*)_{\{2,3\},\{2,3\}}\vert+$ $\vert\mathbf{MS}_{\{2,3,5\},\{2,3,6\}}\vert\vert(\mathbf{Z}_0)_{\{2,3\},\{2,3\}}\vert\vert(\mathbf{Z}_0^*)_{\{1,4\},\{1,4\}}\vert+$ $\vert\mathbf{MS}_{\{2,4,5\},\{2,4,6\}}\vert\vert(\mathbf{Z}_0)_{\{2,4\},\{2,4\}}\vert\vert(\mathbf{Z}_0^*)_{\{1,3\},\{1,3\}}\vert+$ $\vert\mathbf{MS}_{\{3,4,5\},\{3,4,6\}}\vert\vert(\mathbf{Z}_0)_{\{3,4\},\{3,4\}}\vert\vert(\mathbf{Z}_0^*)_{\{1,2\},\{1,2\}}\vert+$ $\vert\mathbf{MS}_{\{1,2,3,5\},\{1,2,3,6\}}\vert\vert(\mathbf{Z}_0)_{\{1,2,3\},\{1,2,3\}}\vert\vert(\mathbf{Z}_0^*)_{\{4\},\{4\}}\vert+$ $\vert\mathbf{MS}_{\{1,2,4,5\},\{1,2,4,6\}}\vert\vert(\mathbf{Z}_0)_{\{1,2,4\},\{1,2,4\}}\vert\vert(\mathbf{Z}_0^*)_{\{3\},\{3\}}\vert+$ $\vert\mathbf{MS}_{\{1,3,4,5\},\{1,3,4,6\}}\vert\vert(\mathbf{Z}_0)_{\{1,3,4\},\{1,3,4\}}\vert\vert(\mathbf{Z}_0^*)_{\{2\},\{2\}}\vert+$ $\vert\mathbf{MS}_{\{2,3,4,5\},\{2,3,4,6\}}\vert\vert(\mathbf{Z}_0)_{\{2,3,4\},\{2,3,4\}}\vert\vert(\mathbf{Z}_0^*)_{\{1\},\{1\}}\vert+$ $\vert\mathbf{MS}_{\{1,2,3,4,5\},\{1,2,3,4,6\}}\vert\vert(\mathbf{Z}_0)_{\{1,2,3,4\},\{1,2,3,4\}}\vert)$
6	$-2R_5\sqrt{\left\vert\frac{R_6}{R_5}\right\vert}\times$ $(\vert\mathbf{MS}_{\{6\},\{5\}}\vert\vert(\mathbf{Z}_0^*)_{\{1,2,3,4\},\{1,2,3,4\}}\vert+$ $\vert\mathbf{MS}_{\{1,6\},\{1,5\}}\vert\vert(\mathbf{Z}_0)_{\{1\},\{1\}}\vert\vert(\mathbf{Z}_0^*)_{\{2,3,4\},\{2,3,4\}}\vert+$ $\vert\mathbf{MS}_{\{2,6\},\{2,5\}}\vert\vert(\mathbf{Z}_0)_{\{2\},\{2\}}\vert\vert(\mathbf{Z}_0^*)_{\{1,3,4\},\{1,3,4\}}\vert+$ $\vert\mathbf{MS}_{\{3,6\},\{3,5\}}\vert\vert(\mathbf{Z}_0)_{\{3\},\{3\}}\vert\vert(\mathbf{Z}_0^*)_{\{1,2,4\},\{1,2,4\}}\vert+$ $\vert\mathbf{MS}_{\{4,6\},\{4,5\}}\vert\vert(\mathbf{Z}_0)_{\{4\},\{4\}}\vert\vert(\mathbf{Z}_0^*)_{\{1,2,3\},\{1,2,3\}}\vert+$ $\vert\mathbf{MS}_{\{1,2,6\},\{1,2,5\}}\vert\vert(\mathbf{Z}_0)_{\{1,2\},\{1,2\}}\vert\vert(\mathbf{Z}_0^*)_{\{3,4\},\{3,4\}}\vert+$ $\vert\mathbf{MS}_{\{1,3,6\},\{1,3,5\}}\vert\vert(\mathbf{Z}_0)_{\{1,3\},\{1,3\}}\vert\vert(\mathbf{Z}_0^*)_{\{2,4\},\{2,4\}}\vert+$ $\vert\mathbf{MS}_{\{1,4,6\},\{1,4,5\}}\vert\vert(\mathbf{Z}_0)_{\{1,4\},\{1,4\}}\vert\vert(\mathbf{Z}_0^*)_{\{2,3\},\{2,3\}}\vert+$ $\vert\mathbf{MS}_{\{2,3,6\},\{2,3,5\}}\vert\vert(\mathbf{Z}_0)_{\{2,3\},\{2,3\}}\vert\vert(\mathbf{Z}_0^*)_{\{1,4\},\{1,4\}}\vert+$ $\vert\mathbf{MS}_{\{2,4,6\},\{2,4,5\}}\vert\vert(\mathbf{Z}_0)_{\{2,4\},\{2,4\}}\vert\vert(\mathbf{Z}_0^*)_{\{1,3\},\{1,3\}}\vert+$ $\vert\mathbf{MS}_{\{3,4,6\},\{3,4,5\}}\vert\vert(\mathbf{Z}_0)_{\{3,4\},\{3,4\}}\vert\vert(\mathbf{Z}_0^*)_{\{1,2\},\{1,2\}}\vert+$ $\vert\mathbf{MS}_{\{1,2,3,6\},\{1,2,3,5\}}\vert\vert(\mathbf{Z}_0)_{\{1,2,3\},\{1,2,3\}}\vert\vert(\mathbf{Z}_0^*)_{\{4\},\{4\}}\vert+$ $\vert\mathbf{MS}_{\{1,2,4,6\},\{1,2,4,5\}}\vert\vert(\mathbf{Z}_0)_{\{1,2,4\},\{1,2,4\}}\vert\vert(\mathbf{Z}_0^*)_{\{3\},\{3\}}\vert+$ $\vert\mathbf{MS}_{\{1,3,4,6\},\{1,3,4,5\}}\vert\vert(\mathbf{Z}_0)_{\{1,3,4\},\{1,3,4\}}\vert\vert(\mathbf{Z}_0^*)_{\{2\},\{2\}}\vert+$ $\vert\mathbf{MS}_{\{2,3,4,6\},\{2,3,4,5\}}\vert\vert(\mathbf{Z}_0)_{\{2,3,4\},\{2,3,4\}}\vert\vert(\mathbf{Z}_0^*)_{\{1\},\{1\}}\vert+$ $\vert\mathbf{MS}_{\{1,2,3,4,6\},\{1,2,3,4,5\}}\vert\vert(\mathbf{Z}_0)_{\{1,2,3,4\},\{1,2,3,4\}}\vert)$	—

续表

$$
\begin{aligned}
\mathrm{DS}=&|(\boldsymbol{Z}_0^*)_{\{1,2,3,4,5,6\},\{1,2,3,4,5,6\}}|+|\mathbf{MS}_{\{1\},\{1\}}||(\boldsymbol{Z}_0)_{\{1\},\{1\}}||(\boldsymbol{Z}_0^*)_{\{2,3,4,5,6\},\{2,3,4,5,6\}}|+|\mathbf{MS}_{\{2\},\{2\}}||(\boldsymbol{Z}_0)_{\{2\},\{2\}}|\times\\
&|(\boldsymbol{Z}_0^*)_{\{1,3,4,5,6\},\{1,3,4,5,6\}}|+|\mathbf{MS}_{\{3\},\{3\}}||(\boldsymbol{Z}_0)_{\{3\},\{3\}}||(\boldsymbol{Z}_0^*)_{\{1,2,4,5,6\},\{1,2,4,5,6\}}|+|\mathbf{MS}_{\{4\},\{4\}}||(\boldsymbol{Z}_0)_{\{4\},\{4\}}|\times\\
&|(\boldsymbol{Z}_0^*)_{\{1,2,3,5,6\},\{1,2,3,5,6\}}|+|\mathbf{MS}_{\{5\},\{5\}}||(\boldsymbol{Z}_0)_{\{5\},\{5\}}||(\boldsymbol{Z}_0^*)_{\{1,2,3,4,6\},\{1,2,3,4,6\}}|+|\mathbf{MS}_{\{6\},\{6\}}||(\boldsymbol{Z}_0)_{\{6\},\{6\}}|\times\\
&|(\boldsymbol{Z}_0^*)_{\{1,2,3,4,5\},\{1,2,3,4,5\}}|+|\mathbf{MS}_{\{1,2\},\{1,2\}}||(\boldsymbol{Z}_0)_{\{1,2\},\{1,2\}}||(\boldsymbol{Z}_0^*)_{\{3,4,5,6\},\{3,4,5,6\}}|+|\mathbf{MS}_{\{1,3\},\{1,3\}}||(\boldsymbol{Z}_0)_{\{1,3\},\{1,3\}}|\times\\
&|(\boldsymbol{Z}_0^*)_{\{2,4,5,6\},\{2,4,5,6\}}|+|\mathbf{MS}_{\{1,4\},\{1,4\}}||(\boldsymbol{Z}_0)_{\{1,4\},\{1,4\}}||(\boldsymbol{Z}_0^*)_{\{2,3,5,6\},\{2,3,5,6\}}|+|\mathbf{MS}_{\{1,5\},\{1,5\}}||(\boldsymbol{Z}_0)_{\{1,5\},\{1,5\}}|\times\\
&|(\boldsymbol{Z}_0^*)_{\{2,3,4,6\},\{2,3,4,6\}}|+|\mathbf{MS}_{\{1,6\},\{1,6\}}||(\boldsymbol{Z}_0)_{\{1,6\},\{1,6\}}||(\boldsymbol{Z}_0^*)_{\{2,3,4,5\},\{2,3,4,5\}}|+|\mathbf{MS}_{\{2,3\},\{2,3\}}||(\boldsymbol{Z}_0)_{\{2,3\},\{2,3\}}|\times\\
&|(\boldsymbol{Z}_0^*)_{\{1,4,5,6\},\{1,4,5,6\}}|+|\mathbf{MS}_{\{2,4\},\{2,4\}}||(\boldsymbol{Z}_0)_{\{2,4\},\{2,4\}}||(\boldsymbol{Z}_0^*)_{\{1,3,5,6\},\{1,3,5,6\}}|+|\mathbf{MS}_{\{2,5\},\{2,5\}}||(\boldsymbol{Z}_0)_{\{2,5\},\{2,5\}}|\times\\
&|(\boldsymbol{Z}_0^*)_{\{1,3,4,6\},\{1,3,4,6\}}|+|\mathbf{MS}_{\{2,6\},\{2,6\}}||(\boldsymbol{Z}_0)_{\{2,6\},\{2,6\}}||(\boldsymbol{Z}_0^*)_{\{1,3,4,5\},\{1,3,4,5\}}|+|\mathbf{MS}_{\{3,4\},\{3,4\}}||(\boldsymbol{Z}_0)_{\{3,4\},\{3,4\}}|\times\\
&|(\boldsymbol{Z}_0^*)_{\{1,2,5,6\},\{1,2,5,6\}}|+|\mathbf{MS}_{\{3,5\},\{3,5\}}||(\boldsymbol{Z}_0)_{\{3,5\},\{3,5\}}||(\boldsymbol{Z}_0^*)_{\{1,2,4,6\},\{1,2,4,6\}}|+|\mathbf{MS}_{\{3,6\},\{3,6\}}||(\boldsymbol{Z}_0)_{\{3,6\},\{3,6\}}|\times\\
&|(\boldsymbol{Z}_0^*)_{\{1,2,4,5\},\{1,2,4,5\}}|+|\mathbf{MS}_{\{4,5\},\{4,5\}}||(\boldsymbol{Z}_0)_{\{4,5\},\{4,5\}}||(\boldsymbol{Z}_0^*)_{\{1,2,3,6\},\{1,2,3,6\}}|+|\mathbf{MS}_{\{4,6\},\{4,6\}}||(\boldsymbol{Z}_0)_{\{4,6\},\{4,6\}}|\times\\
&|(\boldsymbol{Z}_0^*)_{\{1,2,3,5\},\{1,2,3,5\}}|+|\mathbf{MS}_{\{5,6\},\{5,6\}}||(\boldsymbol{Z}_0)_{\{5,6\},\{5,6\}}||(\boldsymbol{Z}_0^*)_{\{1,2,3,4\},\{1,2,3,4\}}|+|\mathbf{MS}_{\{1,2,3\},\{1,2,3\}}||(\boldsymbol{Z}_0)_{\{1,2,3\},\{1,2,3\}}|\times\\
&|(\boldsymbol{Z}_0^*)_{\{4,5,6\},\{4,5,6\}}|+|\mathbf{MS}_{\{1,2,4\},\{1,2,4\}}||(\boldsymbol{Z}_0)_{\{1,2,4\},\{1,2,4\}}||(\boldsymbol{Z}_0^*)_{\{3,5,6\},\{3,5,6\}}|+|\mathbf{MS}_{\{1,2,5\},\{1,2,5\}}||(\boldsymbol{Z}_0)_{\{1,2,5\},\{1,2,5\}}|\times\\
&|(\boldsymbol{Z}_0^*)_{\{3,4,6\},\{3,4,6\}}|+|\mathbf{MS}_{\{1,2,6\},\{1,2,6\}}||(\boldsymbol{Z}_0)_{\{1,2,6\},\{1,2,6\}}||(\boldsymbol{Z}_0^*)_{\{3,4,5\},\{3,4,5\}}|+|\mathbf{MS}_{\{1,3,4\},\{1,3,4\}}||(\boldsymbol{Z}_0)_{\{1,3,4\},\{1,3,4\}}|\times\\
&|(\boldsymbol{Z}_0^*)_{\{2,5,6\},\{2,5,6\}}|+|\mathbf{MS}_{\{1,3,5\},\{1,3,5\}}||(\boldsymbol{Z}_0)_{\{1,3,5\},\{1,3,5\}}||(\boldsymbol{Z}_0^*)_{\{2,4,6\},\{2,4,6\}}|+|\mathbf{MS}_{\{1,3,6\},\{1,3,6\}}||(\boldsymbol{Z}_0)_{\{1,3,6\},\{1,3,6\}}|\times\\
&|(\boldsymbol{Z}_0^*)_{\{2,4,5\},\{2,4,5\}}|+|\mathbf{MS}_{\{1,4,5\},\{1,4,5\}}||(\boldsymbol{Z}_0)_{\{1,4,5\},\{1,4,5\}}||(\boldsymbol{Z}_0^*)_{\{2,3,6\},\{2,3,6\}}|+|\mathbf{MS}_{\{1,4,6\},\{1,4,6\}}||(\boldsymbol{Z}_0)_{\{1,4,6\},\{1,4,6\}}|\times\\
&|(\boldsymbol{Z}_0^*)_{\{2,3,5\},\{2,3,5\}}|+|\mathbf{MS}_{\{1,5,6\},\{1,5,6\}}||(\boldsymbol{Z}_0)_{\{1,5,6\},\{1,5,6\}}||(\boldsymbol{Z}_0^*)_{\{2,3,4\},\{2,3,4\}}|+|\mathbf{MS}_{\{2,3,4\},\{2,3,4\}}||(\boldsymbol{Z}_0)_{\{2,3,4\},\{2,3,4\}}|\times\\
&|(\boldsymbol{Z}_0^*)_{\{1,5,6\},\{1,5,6\}}|+|\mathbf{MS}_{\{2,3,5\},\{2,3,5\}}||(\boldsymbol{Z}_0)_{\{2,3,5\},\{2,3,5\}}||(\boldsymbol{Z}_0^*)_{\{1,4,6\},\{1,4,6\}}|+|\mathbf{MS}_{\{2,3,6\},\{2,3,6\}}||(\boldsymbol{Z}_0)_{\{2,3,6\},\{2,3,6\}}|\times\\
&|(\boldsymbol{Z}_0^*)_{\{1,4,5\},\{1,4,5\}}|+|\mathbf{MS}_{\{2,4,5\},\{2,4,5\}}||(\boldsymbol{Z}_0)_{\{2,4,5\},\{2,4,5\}}||(\boldsymbol{Z}_0^*)_{\{1,3,6\},\{1,3,6\}}|+|\mathbf{MS}_{\{2,4,6\},\{2,4,6\}}||(\boldsymbol{Z}_0)_{\{2,4,6\},\{2,4,6\}}|\times\\
&|(\boldsymbol{Z}_0^*)_{\{1,3,5\},\{1,3,5\}}|+|\mathbf{MS}_{\{2,5,6\},\{2,5,6\}}||(\boldsymbol{Z}_0)_{\{2,5,6\},\{2,5,6\}}||(\boldsymbol{Z}_0^*)_{\{1,3,4\},\{1,3,4\}}|+|\mathbf{MS}_{\{3,4,5\},\{3,4,5\}}||(\boldsymbol{Z}_0)_{\{3,4,5\},\{3,4,5\}}|\times\\
&|(\boldsymbol{Z}_0^*)_{\{1,2,6\},\{1,2,6\}}|+|\mathbf{MS}_{\{3,4,6\},\{3,4,6\}}||(\boldsymbol{Z}_0)_{\{3,4,6\},\{3,4,6\}}||(\boldsymbol{Z}_0^*)_{\{1,2,5\},\{1,2,5\}}|+|\mathbf{MS}_{\{3,5,6\},\{3,5,6\}}||(\boldsymbol{Z}_0)_{\{3,5,6\},\{3,5,6\}}|\times\\
&|(\boldsymbol{Z}_0^*)_{\{1,2,4\},\{1,2,4\}}|+|\mathbf{MS}_{\{4,5,6\},\{4,5,6\}}||(\boldsymbol{Z}_0)_{\{4,5,6\},\{4,5,6\}}||(\boldsymbol{Z}_0^*)_{\{1,2,3\},\{1,2,3\}}|+|\mathbf{MS}_{\{1,2,3,4\},\{1,2,3,4\}}|\\
&|(\boldsymbol{Z}_0)_{\{1,2,3,4\},\{1,2,3,4\}}|\times|(\boldsymbol{Z}_0^*)_{\{5,6\},\{5,6\}}|+|\mathbf{MS}_{\{1,2,3,5\},\{1,2,3,5\}}||(\boldsymbol{Z}_0)_{\{1,2,3,5\},\{1,2,3,5\}}||(\boldsymbol{Z}_0^*)_{\{4,6\},\{4,6\}}|+\\
&|\mathbf{MS}_{\{1,2,3,6\},\{1,2,3,6\}}||(\boldsymbol{Z}_0)_{\{1,2,3,6\},\{1,2,3,6\}}|\times|(\boldsymbol{Z}_0^*)_{\{4,5\},\{4,5\}}|+|\mathbf{MS}_{\{1,2,4,5\},\{1,2,4,5\}}||(\boldsymbol{Z}_0)_{\{1,2,4,5\},\{1,2,4,5\}}|\\
&|(\boldsymbol{Z}_0^*)_{\{3,6\},\{3,6\}}|+|\mathbf{MS}_{\{1,2,4,6\},\{1,2,4,6\}}||(\boldsymbol{Z}_0)_{\{1,2,4,6\},\{1,2,4,6\}}|\times|(\boldsymbol{Z}_0^*)_{\{3,5\},\{3,5\}}|+|\mathbf{MS}_{\{1,2,5,6\},\{1,2,5,6\}}|\\
&|(\boldsymbol{Z}_0)_{\{1,2,5,6\},\{1,2,5,6\}}||(\boldsymbol{Z}_0^*)_{\{3,4\},\{3,4\}}|+|\mathbf{MS}_{\{1,3,4,5\},\{1,3,4,5\}}||(\boldsymbol{Z}_0)_{\{1,3,4,5\},\{1,3,4,5\}}|\times|(\boldsymbol{Z}_0^*)_{\{2,6\},\{2,6\}}|+\\
&|\mathbf{MS}_{\{1,3,4,6\},\{1,3,4,6\}}||(\boldsymbol{Z}_0)_{\{1,3,4,6\},\{1,3,4,6\}}||(\boldsymbol{Z}_0^*)_{\{2,5\},\{2,5\}}|+|\mathbf{MS}_{\{1,3,5,6\},\{1,3,5,6\}}||(\boldsymbol{Z}_0)_{\{1,3,5,6\},\{1,3,5,6\}}|\times\\
&|(\boldsymbol{Z}_0^*)_{\{2,4\},\{2,4\}}|+|\mathbf{MS}_{\{1,4,5,6\},\{1,4,5,6\}}||(\boldsymbol{Z}_0)_{\{1,4,5,6\},\{1,4,5,6\}}||(\boldsymbol{Z}_0^*)_{\{2,3\},\{2,3\}}|+|\mathbf{MS}_{\{2,3,4,5\},\{2,3,4,5\}}|\\
&|(\boldsymbol{Z}_0)_{\{2,3,4,5\},\{2,3,4,5\}}|\times|(\boldsymbol{Z}_0^*)_{\{1,6\},\{1,6\}}|+|\mathbf{MS}_{\{2,3,4,6\},\{2,3,4,6\}}||(\boldsymbol{Z}_0)_{\{2,3,4,6\},\{2,3,4,6\}}||(\boldsymbol{Z}_0^*)_{\{1,5\},\{1,5\}}|+\\
&|\mathbf{MS}_{\{2,3,5,6\},\{2,3,5,6\}}||(\boldsymbol{Z}_0)_{\{2,3,5,6\},\{2,3,5,6\}}|\times|(\boldsymbol{Z}_0^*)_{\{1,4\},\{1,4\}}|+|\mathbf{MS}_{\{2,4,5,6\},\{2,4,5,6\}}||(\boldsymbol{Z}_0)_{\{2,4,5,6\},\{2,4,5,6\}}|\\
&|(\boldsymbol{Z}_0^*)_{\{1,3\},\{1,3\}}|+|\mathbf{MS}_{\{3,4,5,6\},\{3,4,5,6\}}||(\boldsymbol{Z}_0)_{\{3,4,5,6\},\{3,4,5,6\}}|\times|(\boldsymbol{Z}_0^*)_{\{1,2\},\{1,2\}}|+|\mathbf{MS}_{\{1,2,3,4,5\},\{1,2,3,4,5\}}|\\
&|(\boldsymbol{Z}_0)_{\{1,2,3,4,5\},\{1,2,3,4,5\}}||(\boldsymbol{Z}_0^*)_{\{6\},\{6\}}|+|\mathbf{MS}_{\{1,2,3,4,6\},\{1,2,3,4,6\}}||(\boldsymbol{Z}_0)_{\{1,2,3,4,6\},\{1,2,3,4,6\}}|\times|(\boldsymbol{Z}_0^*)_{\{5\},\{5\}}|+\\
&|\mathbf{MS}_{\{1,2,3,5,6\},\{1,2,3,5,6\}}||(\boldsymbol{Z}_0)_{\{1,2,3,5,6\},\{1,2,3,5,6\}}||(\boldsymbol{Z}_0^*)_{\{4\},\{4\}}|+|\mathbf{MS}_{\{1,2,4,5,6\},\{1,2,4,5,6\}}||(\boldsymbol{Z}_0)_{\{1,2,4,5,6\},\{1,2,4,5,6\}}|\times\\
&|(\boldsymbol{Z}_0^*)_{\{3\},\{3\}}|+|\mathbf{MS}_{\{1,3,4,5,6\},\{1,3,4,5,6\}}||(\boldsymbol{Z}_0)_{\{1,3,4,5,6\},\{1,3,4,5,6\}}||(\boldsymbol{Z}_0^*)_{\{2\},\{2\}}|+|\mathbf{MS}_{\{2,3,4,5,6\},\{2,3,4,5,6\}}|\\
&|(\boldsymbol{Z}_0)_{\{2,3,4,5,6\},\{2,3,4,5,6\}}|\times|(\boldsymbol{Z}_0^*)_{\{1\},\{1\}}|+|\mathbf{MS}_{\{1,2,3,4,5,6\},\{1,2,3,4,5,6\}}||(\boldsymbol{Z}_0)_{\{1,2,3,4,5,6\},\{1,2,3,4,5,6\}}|
\end{aligned}
$$

续表

$$
\begin{aligned}
\mathrm{NY}_{11}=&(1-|\mathbf{MS}_{\{1\},\{1\}}|)\,|(\mathbf{Z}_0^*)_{\{2,3,4,5,6\},\{2,3,4,5,6\}}|+(|\mathbf{MS}_{\{2\},\{2\}}|-|\mathbf{MS}_{\{1,2\},\{1,2\}}|)\\
&|(\mathbf{Z}_0)_{\{2\},\{2\}}||(\mathbf{Z}_0^*)_{\{3,4,5,6\},\{3,4,5,6\}}|+(|\mathbf{MS}_{\{3\},\{3\}}|-|\mathbf{MS}_{\{1,3\},\{1,3\}}|)\,|(\mathbf{Z}_0)_{\{3\},\{3\}}|\\
&|(\mathbf{Z}_0^*)_{\{2,4,5,6\},\{2,4,5,6\}}|+(|\mathbf{MS}_{\{4\},\{4\}}|-|\mathbf{MS}_{\{1,4\},\{1,4\}}|)\,|(\mathbf{Z}_0)_{\{4\},\{4\}}||(\mathbf{Z}_0^*)_{\{2,3,5,6\},\{2,3,5,6\}}|+\\
&(|\mathbf{MS}_{\{5\},\{5\}}|-|\mathbf{MS}_{\{1,5\},\{1,5\}}|)\,|(\mathbf{Z}_0)_{\{5\},\{5\}}||(\mathbf{Z}_0^*)_{\{2,3,4,6\},\{2,3,4,6\}}|+(|\mathbf{MS}_{\{6\},\{6\}}|-\\
&|\mathbf{MS}_{\{1,6\},\{1,6\}}|)\,|(\mathbf{Z}_0)_{\{6\},\{6\}}||(\mathbf{Z}_0^*)_{\{2,3,4,5\},\{2,3,4,5\}}|+(|\mathbf{MS}_{\{2,3\},\{2,3\}}|-|\mathbf{MS}_{\{1,2,3\},\{1,2,3\}}|)\\
&|(\mathbf{Z}_0)_{\{2,3\},\{2,3\}}||(\mathbf{Z}_0^*)_{\{4,5,6\},\{4,5,6\}}|+(|\mathbf{MS}_{\{2,4\},\{2,4\}}|-|\mathbf{MS}_{\{1,2,4\},\{1,2,4\}}|)\,|(\mathbf{Z}_0)_{\{2,4\},\{2,4\}}|\\
&|(\mathbf{Z}_0^*)_{\{3,5,6\},\{3,5,6\}}|+(|\mathbf{MS}_{\{2,5\},\{2,5\}}|-|\mathbf{MS}_{\{1,2,5\},\{1,2,5\}}|)\,|(\mathbf{Z}_0)_{\{2,5\},\{2,5\}}||(\mathbf{Z}_0^*)_{\{3,4,6\},\{3,4,6\}}|+\\
&(|\mathbf{MS}_{\{2,6\},\{2,6\}}|-|\mathbf{MS}_{\{1,2,6\},\{1,2,6\}}|)\,|(\mathbf{Z}_0)_{\{2,6\},\{2,6\}}|\times|(\mathbf{Z}_0^*)_{\{3,4,5\},\{3,4,5\}}|+(|\mathbf{MS}_{\{3,4\},\{3,4\}}|-\\
&|\mathbf{MS}_{\{1,3,4\},\{1,3,4\}}|)\,|(\mathbf{Z}_0)_{\{3,4\},\{3,4\}}||(\mathbf{Z}_0^*)_{\{2,5,6\},\{2,5,6\}}|+(|\mathbf{MS}_{\{3,5\},\{3,5\}}|-|\mathbf{MS}_{\{1,3,5\},\{1,3,5\}}|)\times\\
&|(\mathbf{Z}_0)_{\{3,5\},\{3,5\}}||(\mathbf{Z}_0^*)_{\{2,4,6\},\{2,4,6\}}|+(|\mathbf{MS}_{\{3,6\},\{3,6\}}|-|\mathbf{MS}_{\{1,3,6\},\{1,3,6\}}|)\,|(\mathbf{Z}_0)_{\{3,6\},\{3,6\}}|\\
&|(\mathbf{Z}_0^*)_{\{2,4,5\},\{2,4,5\}}|+(|\mathbf{MS}_{\{4,5\},\{4,5\}}|-|\mathbf{MS}_{\{1,4,5\},\{1,4,5\}}|)\,|(\mathbf{Z}_0)_{\{4,5\},\{4,5\}}||(\mathbf{Z}_0^*)_{\{2,3,6\},\{2,3,6\}}|+\\
&(|\mathbf{MS}_{\{4,6\},\{4,6\}}|-|\mathbf{MS}_{\{1,4,6\},\{1,4,6\}}|)\,|(\mathbf{Z}_0)_{\{4,6\},\{4,6\}}||(\mathbf{Z}_0^*)_{\{2,3,5\},\{2,3,5\}}|+(|\mathbf{MS}_{\{5,6\},\{5,6\}}|-\\
&|\mathbf{MS}_{\{1,5,6\},\{1,5,6\}}|)\,|(\mathbf{Z}_0)_{\{5,6\},\{5,6\}}||(\mathbf{Z}_0^*)_{\{2,3,4\},\{2,3,4\}}|+(|\mathbf{MS}_{\{2,3,4\},\{2,3,4\}}|-\\
&|\mathbf{MS}_{\{1,2,3,4\},\{1,2,3,4\}}|)\,|(\mathbf{Z}_0)_{\{2,3,4\},\{2,3,4\}}|\times|(\mathbf{Z}_0^*)_{\{5,6\},\{5,6\}}|+(|\mathbf{MS}_{\{2,3,5\},\{2,3,5\}}|-\\
&|\mathbf{MS}_{\{1,2,3,5\},\{1,2,3,5\}}|)\,|(\mathbf{Z}_0)_{\{2,3,5\},\{2,3,5\}}||(\mathbf{Z}_0^*)_{\{4,6\},\{4,6\}}|+(|\mathbf{MS}_{\{2,3,6\},\{2,3,6\}}|-\\
&|\mathbf{MS}_{\{1,2,3,6\},\{1,2,3,6\}}|)\times|(\mathbf{Z}_0)_{\{2,3,6\},\{2,3,6\}}||(\mathbf{Z}_0^*)_{\{4,5\},\{4,5\}}|+(|\mathbf{MS}_{\{2,4,5\},\{2,4,5\}}|-\\
&|\mathbf{MS}_{\{1,2,4,5\},\{1,2,4,5\}}|)\,|(\mathbf{Z}_0)_{\{2,4,5\},\{2,4,5\}}||(\mathbf{Z}_0^*)_{\{3,6\},\{3,6\}}|+(|\mathbf{MS}_{\{2,4,6\},\{2,4,6\}}|-\\
&|\mathbf{MS}_{\{1,2,4,6\},\{1,2,4,6\}}|)\,|(\mathbf{Z}_0)_{\{2,4,6\},\{2,4,6\}}||(\mathbf{Z}_0^*)_{\{3,5\},\{3,5\}}|+(|\mathbf{MS}_{\{2,5,6\},\{2,5,6\}}|-\\
&|\mathbf{MS}_{\{1,2,5,6\},\{1,2,5,6\}}|)\,|(\mathbf{Z}_0)_{\{2,5,6\},\{2,5,6\}}||(\mathbf{Z}_0^*)_{\{3,4\},\{3,4\}}|+(|\mathbf{MS}_{\{3,4,5\},\{3,4,5\}}|-\\
&|\mathbf{MS}_{\{1,3,4,5\},\{1,3,4,5\}}|)\,|(\mathbf{Z}_0)_{\{3,4,5\},\{3,4,5\}}||(\mathbf{Z}_0^*)_{\{2,6\},\{2,6\}}|+(|\mathbf{MS}_{\{3,4,6\},\{3,4,6\}}|-\\
&|\mathbf{MS}_{\{1,3,4,6\},\{1,3,4,6\}}|)\,|(\mathbf{Z}_0)_{\{3,4,6\},\{3,4,6\}}|\times|(\mathbf{Z}_0^*)_{\{2,5\},\{2,5\}}|+(|\mathbf{MS}_{\{3,5,6\},\{3,5,6\}}|-\\
&|\mathbf{MS}_{\{1,3,5,6\},\{1,3,5,6\}}|)\,|(\mathbf{Z}_0)_{\{3,5,6\},\{3,5,6\}}||(\mathbf{Z}_0^*)_{\{2,4\},\{2,4\}}|+(|\mathbf{MS}_{\{4,5,6\},\{4,5,6\}}|-\\
&|\mathbf{MS}_{\{1,4,5,6\},\{1,4,5,6\}}|)\times|(\mathbf{Z}_0)_{\{4,5,6\},\{4,5,6\}}||(\mathbf{Z}_0^*)_{\{2,3\},\{2,3\}}|+(|\mathbf{MS}_{\{2,3,4,5\},\{2,3,4,5\}}|-\\
&|\mathbf{MS}_{\{1,2,3,4,5\},\{1,2,3,4,5\}}|)\,|(\mathbf{Z}_0)_{\{2,3,4,5\},\{2,3,4,5\}}||(\mathbf{Z}_0^*)_{\{6\},\{6\}}|+(|\mathbf{MS}_{\{2,3,4,6\},\{2,3,4,6\}}|-\\
&|\mathbf{MS}_{\{1,2,3,4,6\},\{1,2,3,4,6\}}|)\,|(\mathbf{Z}_0)_{\{2,3,4,6\},\{2,3,4,6\}}||(\mathbf{Z}_0^*)_{\{5\},\{5\}}|+(|\mathbf{MS}_{\{2,3,5,6\},\{2,3,5,6\}}|-\\
&|\mathbf{MS}_{\{1,2,3,5,6\},\{1,2,3,5,6\}}|)\,|(\mathbf{Z}_0)_{\{2,3,5,6\},\{2,3,5,6\}}||(\mathbf{Z}_0^*)_{\{4\},\{4\}}|+(|\mathbf{MS}_{\{2,4,5,6\},\{2,4,5,6\}}|-\\
&|\mathbf{MS}_{\{1,2,4,5,6\},\{1,2,4,5,6\}}|)\,|(\mathbf{Z}_0)_{\{2,4,5,6\},\{2,4,5,6\}}||(\mathbf{Z}_0^*)_{\{3\},\{3\}}|+(|\mathbf{MS}_{\{3,4,5,6\},\{3,4,5,6\}}|-\\
&|\mathbf{MS}_{\{1,3,4,5,6\},\{1,3,4,5,6\}}|)\times|(\mathbf{Z}_0)_{\{3,4,5,6\},\{3,4,5,6\}}||(\mathbf{Z}_0^*)_{\{2\},\{2\}}|+(|\mathbf{MS}_{\{2,3,4,5,6\},\{2,3,4,5,6\}}|-\\
&|\mathbf{MS}_{\{1,2,3,4,5,6\},\{1,2,3,4,5,6\}}|)\,|(\mathbf{Z}_0)_{\{2,3,4,5,6\},\{2,3,4,5,6\}}|
\end{aligned}
$$

续表

$$
\begin{aligned}
\mathrm{NY}_{22}=&(1-|\mathbf{MS}_{\{2\},\{2\}}|)\,|(\boldsymbol{Z}_0^*)_{\{1,3,4,5,6\},\{1,3,4,5,6\}}|+(|\mathbf{MS}_{\{1\},\{1\}}|-|\mathbf{MS}_{\{1,2\},\{1,2\}}|)\\
&|(\boldsymbol{Z}_0)_{\{1\},\{1\}}|\,|(\boldsymbol{Z}_0^*)_{\{3,4,5,6\},\{3,4,5,6\}}|+(|\mathbf{MS}_{\{3\},\{3\}}|-|\mathbf{MS}_{\{2,3\},\{2,3\}}|)\,|(\boldsymbol{Z}_0)_{\{3\},\{3\}}|\\
&|(\boldsymbol{Z}_0^*)_{\{1,4,5,6\},\{1,4,5,6\}}|+(|\mathbf{MS}_{\{4\},\{4\}}|-|\mathbf{MS}_{\{2,4\},\{2,4\}}|)\,|(\boldsymbol{Z}_0)_{\{4\},\{4\}}|\,|(\boldsymbol{Z}_0^*)_{\{1,3,5,6\},\{1,3,5,6\}}|+\\
&(|\mathbf{MS}_{\{5\},\{5\}}|-|\mathbf{MS}_{\{2,5\},\{2,5\}}|)\,|(\boldsymbol{Z}_0)_{\{5\},\{5\}}|\,|(\boldsymbol{Z}_0^*)_{\{1,3,4,6\},\{1,3,4,6\}}|+(|\mathbf{MS}_{\{6\},\{6\}}|-\\
&|\mathbf{MS}_{\{2,6\},\{2,6\}}|)\,|(\boldsymbol{Z}_0)_{\{6\},\{6\}}|\,|(\boldsymbol{Z}_0^*)_{\{1,3,4,5\},\{1,3,4,5\}}|+(|\mathbf{MS}_{\{1,3\},\{1,3\}}|-|\mathbf{MS}_{\{1,2,3\},\{1,2,3\}}|)\\
&|(\boldsymbol{Z}_0)_{\{1,3\},\{1,3\}}|\,|(\boldsymbol{Z}_0^*)_{\{4,5,6\},\{4,5,6\}}|+(|\mathbf{MS}_{\{1,4\},\{1,4\}}|-|\mathbf{MS}_{\{1,2,4\},\{1,2,4\}}|)\,|(\boldsymbol{Z}_0)_{\{1,4\},\{1,4\}}|\\
&|(\boldsymbol{Z}_0^*)_{\{3,5,6\},\{3,5,6\}}|+(|\mathbf{MS}_{\{1,5\},\{1,5\}}|-|\mathbf{MS}_{\{1,2,5\},\{1,2,5\}}|)\,|(\boldsymbol{Z}_0)_{\{1,5\},\{1,5\}}|\,|(\boldsymbol{Z}_0^*)_{\{3,4,6\},\{3,4,6\}}|+\\
&(|\mathbf{MS}_{\{1,6\},\{1,6\}}|-|\mathbf{MS}_{\{1,2,6\},\{1,2,6\}}|)\,|(\boldsymbol{Z}_0)_{\{1,6\},\{1,6\}}|\times|(\boldsymbol{Z}_0^*)_{\{3,4,5\},\{3,4,5\}}|+(|\mathbf{MS}_{\{3,4\},\{3,4\}}|-\\
&|\mathbf{MS}_{\{2,3,4\},\{2,3,4\}}|)\,|(\boldsymbol{Z}_0)_{\{3,4\},\{3,4\}}|\,|(\boldsymbol{Z}_0^*)_{\{1,5,6\},\{1,5,6\}}|+(|\mathbf{MS}_{\{3,5\},\{3,5\}}|-|\mathbf{MS}_{\{2,3,5\},\{2,3,5\}}|)\times\\
&|(\boldsymbol{Z}_0)_{\{3,5\},\{3,5\}}|\,|(\boldsymbol{Z}_0^*)_{\{1,4,6\},\{1,4,6\}}|+(|\mathbf{MS}_{\{3,6\},\{3,6\}}|-|\mathbf{MS}_{\{2,3,6\},\{2,3,6\}}|)\,|(\boldsymbol{Z}_0)_{\{3,6\},\{3,6\}}|\\
&|(\boldsymbol{Z}_0^*)_{\{1,4,5\},\{1,4,5\}}|+(|\mathbf{MS}_{\{4,5\},\{4,5\}}|-|\mathbf{MS}_{\{2,4,5\},\{2,4,5\}}|)\,|(\boldsymbol{Z}_0)_{\{4,5\},\{4,5\}}|\,|(\boldsymbol{Z}_0^*)_{\{1,3,6\},\{1,3,6\}}|+\\
&(|\mathbf{MS}_{\{4,6\},\{4,6\}}|-|\mathbf{MS}_{\{2,4,6\},\{2,4,6\}}|)\,|(\boldsymbol{Z}_0)_{\{4,6\},\{4,6\}}|\,|(\boldsymbol{Z}_0^*)_{\{1,3,5\},\{1,3,5\}}|+(|\mathbf{MS}_{\{5,6\},\{5,6\}}|-\\
&|\mathbf{MS}_{\{2,5,6\},\{2,5,6\}}|)\,|(\boldsymbol{Z}_0)_{\{5,6\},\{5,6\}}|\,|(\boldsymbol{Z}_0^*)_{\{1,3,4\},\{1,3,4\}}|+(|\mathbf{MS}_{\{1,3,4\},\{1,3,4\}}|-\\
&|\mathbf{MS}_{\{1,2,3,4\},\{1,2,3,4\}}|)\,|(\boldsymbol{Z}_0)_{\{1,3,4\},\{1,3,4\}}|\times|(\boldsymbol{Z}_0^*)_{\{5,6\},\{5,6\}}|+(|\mathbf{MS}_{\{1,3,5\},\{1,3,5\}}|-\\
&|\mathbf{MS}_{\{1,2,3,5\},\{1,2,3,5\}}|)\,|(\boldsymbol{Z}_0)_{\{1,3,5\},\{1,3,5\}}|\,|(\boldsymbol{Z}_0^*)_{\{4,6\},\{4,6\}}|+(|\mathbf{MS}_{\{1,3,6\},\{1,3,6\}}|-\\
&|\mathbf{MS}_{\{1,2,3,6\},\{1,2,3,6\}}|)\times|(\boldsymbol{Z}_0)_{\{1,3,6\},\{1,3,6\}}|\,|(\boldsymbol{Z}_0^*)_{\{4,5\},\{4,5\}}|+(|\mathbf{MS}_{\{1,4,5\},\{1,4,5\}}|-\\
&|\mathbf{MS}_{\{1,2,4,5\},\{1,2,4,5\}}|)\,|(\boldsymbol{Z}_0)_{\{1,4,5\},\{1,4,5\}}|\,|(\boldsymbol{Z}_0^*)_{\{3,6\},\{3,6\}}|+(|\mathbf{MS}_{\{1,4,6\},\{1,4,6\}}|-\\
&|\mathbf{MS}_{\{1,2,4,6\},\{1,2,4,6\}}|)\,|(\boldsymbol{Z}_0)_{\{1,4,6\},\{1,4,6\}}|\,|(\boldsymbol{Z}_0^*)_{\{3,5\},\{3,5\}}|+(|\mathbf{MS}_{\{1,5,6\},\{1,5,6\}}|-\\
&|\mathbf{MS}_{\{1,2,5,6\},\{1,2,5,6\}}|)\,|(\boldsymbol{Z}_0)_{\{1,5,6\},\{1,5,6\}}|\,|(\boldsymbol{Z}_0^*)_{\{3,4\},\{3,4\}}|+(|\mathbf{MS}_{\{3,4,5\},\{3,4,5\}}|-\\
&|\mathbf{MS}_{\{2,3,4,5\},\{2,3,4,5\}}|)\,|(\boldsymbol{Z}_0)_{\{3,4,5\},\{3,4,5\}}|\,|(\boldsymbol{Z}_0^*)_{\{1,6\},\{1,6\}}|+(|\mathbf{MS}_{\{3,4,6\},\{3,4,6\}}|-\\
&|\mathbf{MS}_{\{2,3,4,6\},\{2,3,4,6\}}|)\,|(\boldsymbol{Z}_0)_{\{3,4,6\},\{3,4,6\}}|\times|(\boldsymbol{Z}_0^*)_{\{1,5\},\{1,5\}}|+(|\mathbf{MS}_{\{3,5,6\},\{3,5,6\}}|-\\
&|\mathbf{MS}_{\{2,3,5,6\},\{2,3,5,6\}}|)\,|(\boldsymbol{Z}_0)_{\{3,5,6\},\{3,5,6\}}|\,|(\boldsymbol{Z}_0^*)_{\{1,4\},\{1,4\}}|+(|\mathbf{MS}_{\{4,5,6\},\{4,5,6\}}|-\\
&|\mathbf{MS}_{\{2,4,5,6\},\{2,4,5,6\}}|)\times|(\boldsymbol{Z}_0)_{\{4,5,6\},\{4,5,6\}}|\,|(\boldsymbol{Z}_0^*)_{\{1,3\},\{1,3\}}|+(|\mathbf{MS}_{\{1,3,4,5\},\{1,3,4,5\}}|-\\
&|\mathbf{MS}_{\{1,2,3,4,5\},\{1,2,3,4,5\}}|)\,|(\boldsymbol{Z}_0)_{\{1,3,4,5\},\{1,3,4,5\}}|\,|(\boldsymbol{Z}_0^*)_{\{6\},\{6\}}|+(|\mathbf{MS}_{\{1,3,4,6\},\{1,3,4,6\}}|-\\
&|\mathbf{MS}_{\{1,2,3,4,6\},\{1,2,3,4,6\}}|)\,|(\boldsymbol{Z}_0)_{\{1,3,4,6\},\{1,3,4,6\}}|\,|(\boldsymbol{Z}_0^*)_{\{5\},\{5\}}|+(|\mathbf{MS}_{\{1,3,5,6\},\{1,3,5,6\}}|-\\
&|\mathbf{MS}_{\{1,2,3,5,6\},\{1,2,3,5,6\}}|)\,|(\boldsymbol{Z}_0)_{\{1,3,5,6\},\{1,3,5,6\}}|\,|(\boldsymbol{Z}_0^*)_{\{4\},\{4\}}|+(|\mathbf{MS}_{\{1,4,5,6\},\{1,4,5,6\}}|-\\
&|\mathbf{MS}_{\{1,2,4,5,6\},\{1,2,4,5,6\}}|)\,|(\boldsymbol{Z}_0)_{\{1,4,5,6\},\{1,4,5,6\}}|\,|(\boldsymbol{Z}_0^*)_{\{3\},\{3\}}|+(|\mathbf{MS}_{\{3,4,5,6\},\{3,4,5,6\}}|-\\
&|\mathbf{MS}_{\{2,3,4,5,6\},\{2,3,4,5,6\}}|)\times|(\boldsymbol{Z}_0)_{\{3,4,5,6\},\{3,4,5,6\}}|\,|(\boldsymbol{Z}_0^*)_{\{1\},\{1\}}|+(|\mathbf{MS}_{\{1,3,4,5,6\},\{1,3,4,5,6\}}|-\\
&|\mathbf{MS}_{\{1,2,3,4,5,6\},\{1,2,3,4,5,6\}}|)\,|(\boldsymbol{Z}_0)_{\{1,3,4,5,6\},\{1,3,4,5,6\}}|
\end{aligned}
$$

续表

$$
\begin{aligned}
NY_{33}=&(1-|\mathbf{MS}_{\{3\},\{3\}}|)|(\mathbf{Z}_0^*)_{\{1,2,4,5,6\},\{1,2,4,5,6\}}|+(|\mathbf{MS}_{\{1\},\{1\}}|-|\mathbf{MS}_{\{1,3\},\{1,3\}}|)\\
&|(\mathbf{Z}_0)_{\{1\},\{1\}}||(\mathbf{Z}_0^*)_{\{2,4,5,6\},\{2,4,5,6\}}|+(|\mathbf{MS}_{\{2\},\{2\}}|-|\mathbf{MS}_{\{2,3\},\{2,3\}}|)|(\mathbf{Z}_0)_{\{2\},\{2\}}|\\
&|(\mathbf{Z}_0^*)_{\{1,4,5,6\},\{1,4,5,6\}}|+(|\mathbf{MS}_{\{4\},\{4\}}|-|\mathbf{MS}_{\{3,4\},\{3,4\}}|)|(\mathbf{Z}_0)_{\{4\},\{4\}}||(\mathbf{Z}_0^*)_{\{1,2,5,6\},\{1,2,5,6\}}|+\\
&(|\mathbf{MS}_{\{5\},\{5\}}|-|\mathbf{MS}_{\{3,5\},\{3,5\}}|)|(\mathbf{Z}_0)_{\{5\},\{5\}}||(\mathbf{Z}_0^*)_{\{1,2,4,6\},\{1,2,4,6\}}|+(|\mathbf{MS}_{\{6\},\{6\}}|-\\
&|\mathbf{MS}_{\{3,6\},\{3,6\}}|)|(\mathbf{Z}_0)_{\{6\},\{6\}}||(\mathbf{Z}_0^*)_{\{1,2,4,5\},\{1,2,4,5\}}|+(|\mathbf{MS}_{\{1,2\},\{1,2\}}|-|\mathbf{MS}_{\{1,2,3\},\{1,2,3\}}|)\\
&|(\mathbf{Z}_0)_{\{1,2\},\{1,2\}}||(\mathbf{Z}_0^*)_{\{4,5,6\},\{4,5,6\}}|+(|\mathbf{MS}_{\{1,4\},\{1,4\}}|-|\mathbf{MS}_{\{1,3,4\},\{1,3,4\}}|)|(\mathbf{Z}_0)_{\{1,4\},\{1,4\}}|\\
&|(\mathbf{Z}_0^*)_{\{2,5,6\},\{2,5,6\}}|+(|\mathbf{MS}_{\{1,5\},\{1,5\}}|-|\mathbf{MS}_{\{1,3,5\},\{1,3,5\}}|)|(\mathbf{Z}_0)_{\{1,5\},\{1,5\}}||(\mathbf{Z}_0^*)_{\{2,4,6\},\{2,4,6\}}|+\\
&(|\mathbf{MS}_{\{1,6\},\{1,6\}}|-|\mathbf{MS}_{\{1,3,6\},\{1,3,6\}}|)|(\mathbf{Z}_0)_{\{1,6\},\{1,6\}}|\times|(\mathbf{Z}_0^*)_{\{2,4,5\},\{2,4,5\}}|+(|\mathbf{MS}_{\{2,4\},\{2,4\}}|-\\
&|\mathbf{MS}_{\{2,3,4\},\{2,3,4\}}|)|(\mathbf{Z}_0)_{\{2,4\},\{2,4\}}||(\mathbf{Z}_0^*)_{\{1,5,6\},\{1,5,6\}}|+(|\mathbf{MS}_{\{2,5\},\{2,5\}}|-|\mathbf{MS}_{\{2,3,5\},\{2,3,5\}}|)\times\\
&|(\mathbf{Z}_0)_{\{2,5\},\{2,5\}}||(\mathbf{Z}_0^*)_{\{1,4,6\},\{1,4,6\}}|+(|\mathbf{MS}_{\{2,6\},\{2,6\}}|-|\mathbf{MS}_{\{2,3,6\},\{2,3,6\}}|)|(\mathbf{Z}_0)_{\{2,6\},\{2,6\}}|\\
&|(\mathbf{Z}_0^*)_{\{1,4,5\},\{1,4,5\}}|+(|\mathbf{MS}_{\{4,5\},\{4,5\}}|-|\mathbf{MS}_{\{3,4,5\},\{3,4,5\}}|)|(\mathbf{Z}_0)_{\{4,5\},\{4,5\}}||(\mathbf{Z}_0^*)_{\{1,2,6\},\{1,2,6\}}|+\\
&(|\mathbf{MS}_{\{4,6\},\{4,6\}}|-|\mathbf{MS}_{\{3,4,6\},\{3,4,6\}}|)|(\mathbf{Z}_0)_{\{4,6\},\{4,6\}}||(\mathbf{Z}_0^*)_{\{1,2,5\},\{1,2,5\}}|+(|\mathbf{MS}_{\{5,6\},\{5,6\}}|-\\
&|\mathbf{MS}_{\{3,5,6\},\{3,5,6\}}|)|(\mathbf{Z}_0)_{\{5,6\},\{5,6\}}||(\mathbf{Z}_0^*)_{\{1,2,4\},\{1,2,4\}}|+(|\mathbf{MS}_{\{1,2,4\},\{1,2,4\}}|-\\
&|\mathbf{MS}_{\{1,2,3,4\},\{1,2,3,4\}}|)|(\mathbf{Z}_0)_{\{1,2,4\},\{1,2,4\}}|\times|(\mathbf{Z}_0^*)_{\{5,6\},\{5,6\}}|+(|\mathbf{MS}_{\{1,2,5\},\{1,2,5\}}|-\\
&|\mathbf{MS}_{\{1,2,3,5\},\{1,2,3,5\}}|)|(\mathbf{Z}_0)_{\{1,2,5\},\{1,2,5\}}||(\mathbf{Z}_0^*)_{\{4,6\},\{4,6\}}|+(|\mathbf{MS}_{\{1,2,6\},\{1,2,6\}}|-\\
&|\mathbf{MS}_{\{1,2,3,6\},\{1,2,3,6\}}|)\times|(\mathbf{Z}_0)_{\{1,2,6\},\{1,2,6\}}||(\mathbf{Z}_0^*)_{\{4,5\},\{4,5\}}|+(|\mathbf{MS}_{\{1,4,5\},\{1,4,5\}}|-\\
&|\mathbf{MS}_{\{1,3,4,5\},\{1,3,4,5\}}|)|(\mathbf{Z}_0)_{\{1,4,5\},\{1,4,5\}}||(\mathbf{Z}_0^*)_{\{2,6\},\{2,6\}}|+(|\mathbf{MS}_{\{1,4,6\},\{1,4,6\}}|-\\
&|\mathbf{MS}_{\{1,3,4,6\},\{1,3,4,6\}}|)|(\mathbf{Z}_0)_{\{1,4,6\},\{1,4,6\}}||(\mathbf{Z}_0^*)_{\{2,5\},\{2,5\}}|+(|\mathbf{MS}_{\{1,5,6\},\{1,5,6\}}|-\\
&|\mathbf{MS}_{\{1,3,5,6\},\{1,3,5,6\}}|)|(\mathbf{Z}_0)_{\{1,5,6\},\{1,5,6\}}||(\mathbf{Z}_0^*)_{\{2,4\},\{2,4\}}|+(|\mathbf{MS}_{\{2,4,5\},\{2,4,5\}}|-\\
&|\mathbf{MS}_{\{2,3,4,5\},\{2,3,4,5\}}|)|(\mathbf{Z}_0)_{\{2,4,5\},\{2,4,5\}}||(\mathbf{Z}_0^*)_{\{1,6\},\{1,6\}}|+(|\mathbf{MS}_{\{2,4,6\},\{2,4,6\}}|-\\
&|\mathbf{MS}_{\{2,3,4,6\},\{2,3,4,6\}}|)|(\mathbf{Z}_0)_{\{2,4,6\},\{2,4,6\}}|\times|(\mathbf{Z}_0^*)_{\{1,5\},\{1,5\}}|+(|\mathbf{MS}_{\{2,5,6\},\{2,5,6\}}|-\\
&|\mathbf{MS}_{\{2,3,5,6\},\{2,3,5,6\}}|)|(\mathbf{Z}_0)_{\{2,5,6\},\{2,5,6\}}||(\mathbf{Z}_0^*)_{\{1,4\},\{1,4\}}|+(|\mathbf{MS}_{\{4,5,6\},\{4,5,6\}}|-\\
&|\mathbf{MS}_{\{3,4,5,6\},\{3,4,5,6\}}|)\times|(\mathbf{Z}_0)_{\{4,5,6\},\{4,5,6\}}||(\mathbf{Z}_0^*)_{\{1,2\},\{1,2\}}|+(|\mathbf{MS}_{\{1,2,4,5\},\{1,2,4,5\}}|-\\
&|\mathbf{MS}_{\{1,2,3,4,5\},\{1,2,3,4,5\}}|)|(\mathbf{Z}_0)_{\{1,2,4,5\},\{1,2,4,5\}}||(\mathbf{Z}_0^*)_{\{6\},\{6\}}|+(|\mathbf{MS}_{\{1,2,4,6\},\{1,2,4,6\}}|-\\
&|\mathbf{MS}_{\{1,2,3,4,6\},\{1,2,3,4,6\}}|)|(\mathbf{Z}_0)_{\{1,2,4,6\},\{1,2,4,6\}}||(\mathbf{Z}_0^*)_{\{5\},\{5\}}|+(|\mathbf{MS}_{\{1,2,5,6\},\{1,2,5,6\}}|-\\
&|\mathbf{MS}_{\{1,2,3,5,6\},\{1,2,3,5,6\}}|)|(\mathbf{Z}_0)_{\{1,2,5,6\},\{1,2,5,6\}}||(\mathbf{Z}_0^*)_{\{4\},\{4\}}|+(|\mathbf{MS}_{\{1,4,5,6\},\{1,4,5,6\}}|-\\
&|\mathbf{MS}_{\{1,3,4,5,6\},\{1,3,4,5,6\}}|)|(\mathbf{Z}_0)_{\{1,4,5,6\},\{1,4,5,6\}}||(\mathbf{Z}_0^*)_{\{2\},\{2\}}|+(|\mathbf{MS}_{\{2,4,5,6\},\{2,4,5,6\}}|-\\
&|\mathbf{MS}_{\{2,3,4,5,6\},\{2,3,4,5,6\}}|)\times|(\mathbf{Z}_0)_{\{2,4,5,6\},\{2,4,5,6\}}||(\mathbf{Z}_0^*)_{\{1\},\{1\}}|+(|\mathbf{MS}_{\{1,2,4,5,6\},\{1,2,4,5,6\}}|-\\
&|\mathbf{MS}_{\{1,2,3,4,5,6\},\{1,2,3,4,5,6\}}|)|(\mathbf{Z}_0)_{\{1,2,4,5,6\},\{1,2,4,5,6\}}|
\end{aligned}
$$

续表

$$
\begin{aligned}
\mathrm{NY}_{44}=&(1-|\mathbf{MS}_{\{4\},\{4\}}|)|(\boldsymbol{Z}_0^*)_{\{1,2,3,5,6\},\{1,2,3,5,6\}}|+(|\mathbf{MS}_{\{1\},\{1\}}|-|\mathbf{MS}_{\{1,4\},\{1,4\}}|)\\
&|(\boldsymbol{Z}_0)_{\{1\},\{1\}}||(\boldsymbol{Z}_0^*)_{\{2,3,5,6\},\{2,3,5,6\}}|+(|\mathbf{MS}_{\{2\},\{2\}}|-|\mathbf{MS}_{\{2,4\},\{2,4\}}|)|(\boldsymbol{Z}_0)_{\{2\},\{2\}}|\\
&|(\boldsymbol{Z}_0^*)_{\{1,3,5,6\},\{1,3,5,6\}}|+(|\mathbf{MS}_{\{3\},\{3\}}|-|\mathbf{MS}_{\{3,4\},\{3,4\}}|)|(\boldsymbol{Z}_0)_{\{3\},\{3\}}||(\boldsymbol{Z}_0^*)_{\{1,2,5,6\},\{1,2,5,6\}}|+\\
&(|\mathbf{MS}_{\{5\},\{5\}}|-|\mathbf{MS}_{\{4,5\},\{4,5\}}|)|(\boldsymbol{Z}_0)_{\{5\},\{5\}}||(\boldsymbol{Z}_0^*)_{\{1,2,3,6\},\{1,2,3,6\}}|+(|\mathbf{MS}_{\{6\},\{6\}}|-\\
&|\mathbf{MS}_{\{4,6\},\{4,6\}}|)|(\boldsymbol{Z}_0)_{\{6\},\{6\}}||(\boldsymbol{Z}_0^*)_{\{1,2,3,5\},\{1,2,3,5\}}|+(|\mathbf{MS}_{\{1,2\},\{1,2\}}|-|\mathbf{MS}_{\{1,2,4\},\{1,2,4\}}|)\\
&|(\boldsymbol{Z}_0)_{\{1,2\},\{1,2\}}||(\boldsymbol{Z}_0^*)_{\{3,5,6\},\{3,5,6\}}|+(|\mathbf{MS}_{\{1,3\},\{1,3\}}|-|\mathbf{MS}_{\{1,3,4\},\{1,3,4\}}|)|(\boldsymbol{Z}_0)_{\{1,3\},\{1,3\}}|\\
&|(\boldsymbol{Z}_0^*)_{\{2,5,6\},\{2,5,6\}}|+(|\mathbf{MS}_{\{1,5\},\{1,5\}}|-|\mathbf{MS}_{\{1,4,5\},\{1,4,5\}}|)|(\boldsymbol{Z}_0)_{\{1,5\},\{1,5\}}||(\boldsymbol{Z}_0^*)_{\{2,3,6\},\{2,3,6\}}|+\\
&(|\mathbf{MS}_{\{1,6\},\{1,6\}}|-|\mathbf{MS}_{\{1,4,6\},\{1,4,6\}}|)|(\boldsymbol{Z}_0)_{\{1,6\},\{1,6\}}|\times|(\boldsymbol{Z}_0^*)_{\{2,3,5\},\{2,3,5\}}|+(|\mathbf{MS}_{\{2,3\},\{2,3\}}|-\\
&|\mathbf{MS}_{\{2,3,4\},\{2,3,4\}}|)|(\boldsymbol{Z}_0)_{\{2,3\},\{2,3\}}||(\boldsymbol{Z}_0^*)_{\{1,5,6\},\{1,5,6\}}|+(|\mathbf{MS}_{\{2,5\},\{2,5\}}|-|\mathbf{MS}_{\{2,4,5\},\{2,4,5\}}|)\times\\
&|(\boldsymbol{Z}_0)_{\{2,5\},\{2,5\}}||(\boldsymbol{Z}_0^*)_{\{1,3,6\},\{1,3,6\}}|+(|\mathbf{MS}_{\{2,6\},\{2,6\}}|-|\mathbf{MS}_{\{2,4,6\},\{2,4,6\}}|)|(\boldsymbol{Z}_0)_{\{2,6\},\{2,6\}}|\\
&|(\boldsymbol{Z}_0^*)_{\{1,3,5\},\{1,3,5\}}|+(|\mathbf{MS}_{\{3,5\},\{3,5\}}|-|\mathbf{MS}_{\{3,4,5\},\{3,4,5\}}|)|(\boldsymbol{Z}_0)_{\{3,5\},\{3,5\}}||(\boldsymbol{Z}_0^*)_{\{1,2,6\},\{1,2,6\}}|+\\
&(|\mathbf{MS}_{\{3,6\},\{3,6\}}|-|\mathbf{MS}_{\{3,4,6\},\{3,4,6\}}|)|(\boldsymbol{Z}_0)_{\{3,6\},\{3,6\}}||(\boldsymbol{Z}_0^*)_{\{1,2,5\},\{1,2,5\}}|+(|\mathbf{MS}_{\{5,6\},\{5,6\}}|-\\
&|\mathbf{MS}_{\{4,5,6\},\{4,5,6\}}|)|(\boldsymbol{Z}_0)_{\{5,6\},\{5,6\}}||(\boldsymbol{Z}_0^*)_{\{1,2,3\},\{1,2,3\}}|+(|\mathbf{MS}_{\{1,2,3\},\{1,2,3\}}|-\\
&|\mathbf{MS}_{\{1,2,3,4\},\{1,2,3,4\}}|)|(\boldsymbol{Z}_0)_{\{1,2,3\},\{1,2,3\}}|\times|(\boldsymbol{Z}_0^*)_{\{5,6\},\{5,6\}}|+(|\mathbf{MS}_{\{1,2,5\},\{1,2,5\}}|-\\
&|\mathbf{MS}_{\{1,2,4,5\},\{1,2,4,5\}}|)|(\boldsymbol{Z}_0)_{\{1,2,5\},\{1,2,5\}}||(\boldsymbol{Z}_0^*)_{\{3,6\},\{3,6\}}|+(|\mathbf{MS}_{\{1,2,6\},\{1,2,6\}}|-\\
&|\mathbf{MS}_{\{1,2,4,6\},\{1,2,4,6\}}|)\times|(\boldsymbol{Z}_0)_{\{1,2,6\},\{1,2,6\}}||(\boldsymbol{Z}_0^*)_{\{3,5\},\{3,5\}}|+(|\mathbf{MS}_{\{1,3,5\},\{1,3,5\}}|-\\
&|\mathbf{MS}_{\{1,3,4,5\},\{1,3,4,5\}}|)|(\boldsymbol{Z}_0)_{\{1,3,5\},\{1,3,5\}}||(\boldsymbol{Z}_0^*)_{\{2,6\},\{2,6\}}|+(|\mathbf{MS}_{\{1,3,6\},\{1,3,6\}}|-\\
&|\mathbf{MS}_{\{1,3,4,6\},\{1,3,4,6\}}|)|(\boldsymbol{Z}_0)_{\{1,3,6\},\{1,3,6\}}||(\boldsymbol{Z}_0^*)_{\{2,5\},\{2,5\}}|+(|\mathbf{MS}_{\{1,5,6\},\{1,5,6\}}|-\\
&|\mathbf{MS}_{\{1,4,5,6\},\{1,4,5,6\}}|)|(\boldsymbol{Z}_0)_{\{1,5,6\},\{1,5,6\}}||(\boldsymbol{Z}_0^*)_{\{2,3\},\{2,3\}}|+(|\mathbf{MS}_{\{2,3,5\},\{2,3,5\}}|-\\
&|\mathbf{MS}_{\{2,3,4,5\},\{2,3,4,5\}}|)|(\boldsymbol{Z}_0)_{\{2,3,5\},\{2,3,5\}}||(\boldsymbol{Z}_0^*)_{\{1,6\},\{1,6\}}|+(|\mathbf{MS}_{\{2,3,6\},\{2,3,6\}}|-\\
&|\mathbf{MS}_{\{2,3,4,6\},\{2,3,4,6\}}|)|(\boldsymbol{Z}_0)_{\{2,3,6\},\{2,3,6\}}|\times|(\boldsymbol{Z}_0^*)_{\{1,5\},\{1,5\}}|+(|\mathbf{MS}_{\{2,5,6\},\{2,5,6\}}|-\\
&|\mathbf{MS}_{\{2,4,5,6\},\{2,4,5,6\}}|)|(\boldsymbol{Z}_0)_{\{2,5,6\},\{2,5,6\}}||(\boldsymbol{Z}_0^*)_{\{1,3\},\{1,3\}}|+(|\mathbf{MS}_{\{3,5,6\},\{3,5,6\}}|-\\
&|\mathbf{MS}_{\{3,4,5,6\},\{3,4,5,6\}}|)\times|(\boldsymbol{Z}_0)_{\{3,5,6\},\{3,5,6\}}||(\boldsymbol{Z}_0^*)_{\{1,2\},\{1,2\}}|+(|\mathbf{MS}_{\{1,2,3,5\},\{1,2,3,5\}}|-\\
&|\mathbf{MS}_{\{1,2,3,4,5\},\{1,2,3,4,5\}}|)|(\boldsymbol{Z}_0)_{\{1,2,3,5\},\{1,2,3,5\}}||(\boldsymbol{Z}_0^*)_{\{6\},\{6\}}|+(|\mathbf{MS}_{\{1,2,3,6\},\{1,2,3,6\}}|-\\
&|\mathbf{MS}_{\{1,2,3,4,6\},\{1,2,3,4,6\}}|)|(\boldsymbol{Z}_0)_{\{1,2,3,6\},\{1,2,3,6\}}||(\boldsymbol{Z}_0^*)_{\{5\},\{5\}}|+(|\mathbf{MS}_{\{1,2,5,6\},\{1,2,5,6\}}|-\\
&|\mathbf{MS}_{\{1,2,4,5,6\},\{1,2,4,5,6\}}|)|(\boldsymbol{Z}_0)_{\{1,2,5,6\},\{1,2,5,6\}}||(\boldsymbol{Z}_0^*)_{\{3\},\{3\}}|+(|\mathbf{MS}_{\{1,3,5,6\},\{1,3,5,6\}}|-\\
&|\mathbf{MS}_{\{1,3,4,5,6\},\{1,3,4,5,6\}}|)|(\boldsymbol{Z}_0)_{\{1,3,5,6\},\{1,3,5,6\}}||(\boldsymbol{Z}_0^*)_{\{2\},\{2\}}|+(|\mathbf{MS}_{\{2,3,5,6\},\{2,3,5,6\}}|-\\
&|\mathbf{MS}_{\{2,3,4,5,6\},\{2,3,4,5,6\}}|)\times|(\boldsymbol{Z}_0)_{\{2,3,5,6\},\{2,3,5,6\}}||(\boldsymbol{Z}_0^*)_{\{1\},\{1\}}|+(|\mathbf{MS}_{\{1,2,3,5,6\},\{1,2,3,5,6\}}|-\\
&|\mathbf{MS}_{\{1,2,3,4,5,6\},\{1,2,3,4,5,6\}}|)|(\boldsymbol{Z}_0)_{\{1,2,3,5,6\},\{1,2,3,5,6\}}|
\end{aligned}
$$

续表

$$
\begin{aligned}
\mathrm{NY}_{55}=&(1-|\mathbf{MS}_{\{5\},\{5\}}|)\,|(\boldsymbol{Z}_0^*)_{\{1,2,3,4,6\},\{1,2,3,4,6\}}|+(|\mathbf{MS}_{\{1\},\{1\}}|-|\mathbf{MS}_{\{1,5\},\{1,5\}}|)\\
&|(\boldsymbol{Z}_0)_{\{1\},\{1\}}|\,|(\boldsymbol{Z}_0^*)_{\{2,3,4,6\},\{2,3,4,6\}}|+(|\mathbf{MS}_{\{2\},\{2\}}|-|\mathbf{MS}_{\{2,5\},\{2,5\}}|)\,|(\boldsymbol{Z}_0)_{\{2\},\{2\}}|\\
&|(\boldsymbol{Z}_0^*)_{\{1,3,4,6\},\{1,3,4,6\}}|+(|\mathbf{MS}_{\{3\},\{3\}}|-|\mathbf{MS}_{\{3,5\},\{3,5\}}|)\,|(\boldsymbol{Z}_0)_{\{3\},\{3\}}|\,|(\boldsymbol{Z}_0^*)_{\{1,2,4,6\},\{1,2,4,6\}}|+\\
&(|\mathbf{MS}_{\{4\},\{4\}}|-|\mathbf{MS}_{\{4,5\},\{4,5\}}|)\,|(\boldsymbol{Z}_0)_{\{4\},\{4\}}|\,|(\boldsymbol{Z}_0^*)_{\{1,2,3,6\},\{1,2,3,6\}}|+(|\mathbf{MS}_{\{6\},\{6\}}|-\\
&|\mathbf{MS}_{\{5,6\},\{5,6\}}|)\,|(\boldsymbol{Z}_0)_{\{6\},\{6\}}|\,|(\boldsymbol{Z}_0^*)_{\{1,2,3,4\},\{1,2,3,4\}}|+(|\mathbf{MS}_{\{1,2\},\{1,2\}}|-|\mathbf{MS}_{\{1,2,5\},\{1,2,5\}}|)\\
&|(\boldsymbol{Z}_0)_{\{1,2\},\{1,2\}}|\,|(\boldsymbol{Z}_0^*)_{\{3,4,6\},\{3,4,6\}}|+(|\mathbf{MS}_{\{1,3\},\{1,3\}}|-|\mathbf{MS}_{\{1,3,5\},\{1,3,5\}}|)\,|(\boldsymbol{Z}_0)_{\{1,3\},\{1,3\}}|\\
&|(\boldsymbol{Z}_0^*)_{\{2,4,6\},\{2,4,6\}}|+(|\mathbf{MS}_{\{1,4\},\{1,4\}}|-|\mathbf{MS}_{\{1,4,5\},\{1,4,5\}}|)\,|(\boldsymbol{Z}_0)_{\{1,4\},\{1,4\}}|\,|(\boldsymbol{Z}_0^*)_{\{2,3,6\},\{2,3,6\}}|+\\
&(|\mathbf{MS}_{\{1,6\},\{1,6\}}|-|\mathbf{MS}_{\{1,5,6\},\{1,5,6\}}|)\,|(\boldsymbol{Z}_0)_{\{1,6\},\{1,6\}}|\times|(\boldsymbol{Z}_0^*)_{\{2,3,4\},\{2,3,4\}}|+(|\mathbf{MS}_{\{2,3\},\{2,3\}}|-\\
&|\mathbf{MS}_{\{2,3,5\},\{2,3,5\}}|)\,|(\boldsymbol{Z}_0)_{\{2,3\},\{2,3\}}|\,|(\boldsymbol{Z}_0^*)_{\{1,4,6\},\{1,4,6\}}|+(|\mathbf{MS}_{\{2,4\},\{2,4\}}|-|\mathbf{MS}_{\{2,4,5\},\{2,4,5\}}|)\times\\
&|(\boldsymbol{Z}_0)_{\{2,4\},\{2,4\}}|\,|(\boldsymbol{Z}_0^*)_{\{1,3,6\},\{1,3,6\}}|+(|\mathbf{MS}_{\{2,6\},\{2,6\}}|-|\mathbf{MS}_{\{2,5,6\},\{2,5,6\}}|)\,|(\boldsymbol{Z}_0)_{\{2,6\},\{2,6\}}|\\
&|(\boldsymbol{Z}_0^*)_{\{1,3,4\},\{1,3,4\}}|+(|\mathbf{MS}_{\{3,4\},\{3,4\}}|-|\mathbf{MS}_{\{3,4,5\},\{3,4,5\}}|)\,|(\boldsymbol{Z}_0)_{\{3,4\},\{3,4\}}|\,|(\boldsymbol{Z}_0^*)_{\{1,2,6\},\{1,2,6\}}|+\\
&(|\mathbf{MS}_{\{3,6\},\{3,6\}}|-|\mathbf{MS}_{\{3,5,6\},\{3,5,6\}}|)\,|(\boldsymbol{Z}_0)_{\{3,6\},\{3,6\}}|\,|(\boldsymbol{Z}_0^*)_{\{1,2,4\},\{1,2,4\}}|+(|\mathbf{MS}_{\{4,6\},\{4,6\}}|-\\
&|\mathbf{MS}_{\{4,5,6\},\{4,5,6\}}|)\,|(\boldsymbol{Z}_0)_{\{4,6\},\{4,6\}}|\,|(\boldsymbol{Z}_0^*)_{\{1,2,3\},\{1,2,3\}}|+(|\mathbf{MS}_{\{1,2,3\},\{1,2,3\}}|-\\
&|\mathbf{MS}_{\{1,2,3,5\},\{1,2,3,5\}}|)\,|(\boldsymbol{Z}_0)_{\{1,2,3\},\{1,2,3\}}|\times|(\boldsymbol{Z}_0^*)_{\{4,6\},\{4,6\}}|+(|\mathbf{MS}_{\{1,2,4\},\{1,2,4\}}|-\\
&|\mathbf{MS}_{\{1,2,4,5\},\{1,2,4,5\}}|)\,|(\boldsymbol{Z}_0)_{\{1,2,4\},\{1,2,4\}}|\,|(\boldsymbol{Z}_0^*)_{\{3,6\},\{3,6\}}|+(|\mathbf{MS}_{\{1,2,6\},\{1,2,6\}}|-\\
&|\mathbf{MS}_{\{1,2,5,6\},\{1,2,5,6\}}|)\times|(\boldsymbol{Z}_0)_{\{1,2,6\},\{1,2,6\}}|\,|(\boldsymbol{Z}_0^*)_{\{3,4\},\{3,4\}}|+(|\mathbf{MS}_{\{1,3,4\},\{1,3,4\}}|-\\
&|\mathbf{MS}_{\{1,3,4,5\},\{1,3,4,5\}}|)\,|(\boldsymbol{Z}_0)_{\{1,3,4\},\{1,3,4\}}|\,|(\boldsymbol{Z}_0^*)_{\{2,6\},\{2,6\}}|+(|\mathbf{MS}_{\{1,3,6\},\{1,3,6\}}|-\\
&|\mathbf{MS}_{\{1,3,5,6\},\{1,3,5,6\}}|)\,|(\boldsymbol{Z}_0)_{\{1,3,6\},\{1,3,6\}}|\,|(\boldsymbol{Z}_0^*)_{\{2,4\},\{2,4\}}|+(|\mathbf{MS}_{\{1,4,6\},\{1,4,6\}}|-\\
&|\mathbf{MS}_{\{1,4,5,6\},\{1,4,5,6\}}|)\,|(\boldsymbol{Z}_0)_{\{1,4,6\},\{1,4,6\}}|\,|(\boldsymbol{Z}_0^*)_{\{2,3\},\{2,3\}}|+(|\mathbf{MS}_{\{2,3,4\},\{2,3,4\}}|-\\
&|\mathbf{MS}_{\{2,3,4,5\},\{2,3,4,5\}}|)\,|(\boldsymbol{Z}_0)_{\{2,3,4\},\{2,3,4\}}|\,|(\boldsymbol{Z}_0^*)_{\{1,6\},\{1,6\}}|+(|\mathbf{MS}_{\{2,3,6\},\{2,3,6\}}|-\\
&|\mathbf{MS}_{\{2,3,5,6\},\{2,3,5,6\}}|)\,|(\boldsymbol{Z}_0)_{\{2,3,6\},\{2,3,6\}}|\times|(\boldsymbol{Z}_0^*)_{\{1,4\},\{1,4\}}|+(|\mathbf{MS}_{\{2,4,6\},\{2,4,6\}}|-\\
&|\mathbf{MS}_{\{2,4,5,6\},\{2,4,5,6\}}|)\,|(\boldsymbol{Z}_0)_{\{2,4,6\},\{2,4,6\}}|\,|(\boldsymbol{Z}_0^*)_{\{1,3\},\{1,3\}}|+(|\mathbf{MS}_{\{3,4,6\},\{3,4,6\}}|-\\
&|\mathbf{MS}_{\{3,4,5,6\},\{3,4,5,6\}}|)\times|(\boldsymbol{Z}_0)_{\{3,4,6\},\{3,4,6\}}|\,|(\boldsymbol{Z}_0^*)_{\{1,2\},\{1,2\}}|+(|\mathbf{MS}_{\{1,2,3,4\},\{1,2,3,4\}}|-\\
&|\mathbf{MS}_{\{1,2,3,4,5\},\{1,2,3,4,5\}}|)\,|(\boldsymbol{Z}_0)_{\{1,2,3,4\},\{1,2,3,4\}}|\,|(\boldsymbol{Z}_0^*)_{\{6\},\{6\}}|+(|\mathbf{MS}_{\{1,2,3,6\},\{1,2,3,6\}}|-\\
&|\mathbf{MS}_{\{1,2,3,5,6\},\{1,2,3,5,6\}}|)\,|(\boldsymbol{Z}_0)_{\{1,2,3,6\},\{1,2,3,6\}}|\,|(\boldsymbol{Z}_0^*)_{\{4\},\{4\}}|+(|\mathbf{MS}_{\{1,2,4,6\},\{1,2,4,6\}}|-\\
&|\mathbf{MS}_{\{1,2,4,5,6\},\{1,2,4,5,6\}}|)\,|(\boldsymbol{Z}_0)_{\{1,2,4,6\},\{1,2,4,6\}}|\,|(\boldsymbol{Z}_0^*)_{\{3\},\{3\}}|+(|\mathbf{MS}_{\{1,3,4,6\},\{1,3,4,6\}}|-\\
&|\mathbf{MS}_{\{1,3,4,5,6\},\{1,3,4,5,6\}}|)\,|(\boldsymbol{Z}_0)_{\{1,3,4,6\},\{1,3,4,6\}}|\,|(\boldsymbol{Z}_0^*)_{\{2\},\{2\}}|+(|\mathbf{MS}_{\{2,3,4,6\},\{2,3,4,6\}}|-\\
&|\mathbf{MS}_{\{2,3,4,5,6\},\{2,3,4,5,6\}}|)\times|(\boldsymbol{Z}_0)_{\{2,3,4,6\},\{2,3,4,6\}}|\,|(\boldsymbol{Z}_0^*)_{\{1\},\{1\}}|+(|\mathbf{MS}_{\{1,2,3,4,6\},\{1,2,3,4,6\}}|-\\
&|\mathbf{MS}_{\{1,2,3,4,5,6\},\{1,2,3,4,5,6\}}|)\,|(\boldsymbol{Z}_0)_{\{1,2,3,4,6\},\{1,2,3,4,6\}}|
\end{aligned}
$$

续表

$$
\begin{aligned}
\mathrm{NY}_{66}=&(1-|\mathbf{MS}_{\{6\},\{6\}}|)\,|(\mathbf{Z}_0^*)_{\{1,2,3,4,5\},\{1,2,3,4,5\}}|+(|\mathbf{MS}_{\{1\},\{1\}}|-|\mathbf{MS}_{\{1,6\},\{1,6\}}|)\\
&|(\mathbf{Z}_0)_{\{1\},\{1\}}|\,|(\mathbf{Z}_0^*)_{\{2,3,4,5\},\{2,3,4,5\}}|+(|\mathbf{MS}_{\{2\},\{2\}}|-|\mathbf{MS}_{\{2,6\},\{2,6\}}|)\,|(\mathbf{Z}_0)_{\{2\},\{2\}}|\\
&|(\mathbf{Z}_0^*)_{\{1,3,4,5\},\{1,3,4,5\}}|+(|\mathbf{MS}_{\{3\},\{3\}}|-|\mathbf{MS}_{\{3,6\},\{3,6\}}|)\,|(\mathbf{Z}_0)_{\{3\},\{3\}}|\,|(\mathbf{Z}_0^*)_{\{1,2,4,5\},\{1,2,4,5\}}|+\\
&(|\mathbf{MS}_{\{4\},\{4\}}|-|\mathbf{MS}_{\{4,6\},\{4,6\}}|)\,|(\mathbf{Z}_0)_{\{4\},\{4\}}|\,|(\mathbf{Z}_0^*)_{\{1,2,3,5\},\{1,2,3,5\}}|+(|\mathbf{MS}_{\{5\},\{5\}}|-|\mathbf{MS}_{\{5,6\},\{5,6\}}|)\\
&|(\mathbf{Z}_0)_{\{5\},\{5\}}|\,|(\mathbf{Z}_0^*)_{\{1,2,3,4\},\{1,2,3,4\}}|+(|\mathbf{MS}_{\{1,2\},\{1,2\}}|-|\mathbf{MS}_{\{1,2,6\},\{1,2,6\}}|)\,|(\mathbf{Z}_0)_{\{1,2\},\{1,2\}}|\\
&|(\mathbf{Z}_0^*)_{\{3,4,5\},\{3,4,5\}}|+(|\mathbf{MS}_{\{1,3\},\{1,3\}}|-|\mathbf{MS}_{\{1,3,6\},\{1,3,6\}}|)\,|(\mathbf{Z}_0)_{\{1,3\},\{1,3\}}|\,|(\mathbf{Z}_0^*)_{\{2,4,5\},\{2,4,5\}}|+\\
&(|\mathbf{MS}_{\{1,4\},\{1,4\}}|-|\mathbf{MS}_{\{1,4,6\},\{1,4,6\}}|)\,|(\mathbf{Z}_0)_{\{1,4\},\{1,4\}}|\,|(\mathbf{Z}_0^*)_{\{2,3,5\},\{2,3,5\}}|+(|\mathbf{MS}_{\{1,5\},\{1,5\}}|-\\
&|\mathbf{MS}_{\{1,5,6\},\{1,5,6\}}|)\,|(\mathbf{Z}_0)_{\{1,5\},\{1,5\}}|\times|(\mathbf{Z}_0^*)_{\{2,3,4\},\{2,3,4\}}|+(|\mathbf{MS}_{\{2,3\},\{2,3\}}|-|\mathbf{MS}_{\{2,3,6\},\{2,3,6\}}|)\\
&|(\mathbf{Z}_0)_{\{2,3\},\{2,3\}}|\,|(\mathbf{Z}_0^*)_{\{1,4,5\},\{1,4,5\}}|+(|\mathbf{MS}_{\{2,4\},\{2,4\}}|-|\mathbf{MS}_{\{2,4,6\},\{2,4,6\}}|)\times|(\mathbf{Z}_0)_{\{2,4\},\{2,4\}}|\\
&|(\mathbf{Z}_0^*)_{\{1,3,5\},\{1,3,5\}}|+(|\mathbf{MS}_{\{2,5\},\{2,5\}}|-|\mathbf{MS}_{\{2,5,6\},\{2,5,6\}}|)\,|(\mathbf{Z}_0)_{\{2,5\},\{2,5\}}|\,|(\mathbf{Z}_0^*)_{\{1,3,4\},\{1,3,4\}}|+\\
&(|\mathbf{MS}_{\{3,4\},\{3,4\}}|-|\mathbf{MS}_{\{3,4,6\},\{3,4,6\}}|)\,|(\mathbf{Z}_0)_{\{3,4\},\{3,4\}}|\,|(\mathbf{Z}_0^*)_{\{1,2,5\},\{1,2,5\}}|+(|\mathbf{MS}_{\{3,5\},\{3,5\}}|-\\
&|\mathbf{MS}_{\{3,5,6\},\{3,5,6\}}|)\,|(\mathbf{Z}_0)_{\{3,5\},\{3,5\}}|\,|(\mathbf{Z}_0^*)_{\{1,2,4\},\{1,2,4\}}|+(|\mathbf{MS}_{\{4,5\},\{4,5\}}|-\\
&|\mathbf{MS}_{\{4,5,6\},\{4,5,6\}}|)\,|(\mathbf{Z}_0)_{\{4,5\},\{4,5\}}|\,|(\mathbf{Z}_0^*)_{\{1,2,3\},\{1,2,3\}}|+(|\mathbf{MS}_{\{1,2,3\},\{1,2,3\}}|-\\
&|\mathbf{MS}_{\{1,2,3,6\},\{1,2,3,6\}}|)\,|(\mathbf{Z}_0)_{\{1,2,3\},\{1,2,3\}}|\times|(\mathbf{Z}_0^*)_{\{4,5\},\{4,5\}}|+(|\mathbf{MS}_{\{1,2,4\},\{1,2,4\}}|-\\
&|\mathbf{MS}_{\{1,2,4,6\},\{1,2,4,6\}}|)\,|(\mathbf{Z}_0)_{\{1,2,4\},\{1,2,4\}}|\,|(\mathbf{Z}_0^*)_{\{3,5\},\{3,5\}}|+(|\mathbf{MS}_{\{1,2,5\},\{1,2,5\}}|-\\
&|\mathbf{MS}_{\{1,2,5,6\},\{1,2,5,6\}}|)\times|(\mathbf{Z}_0)_{\{1,2,5\},\{1,2,5\}}|\,|(\mathbf{Z}_0^*)_{\{3,4\},\{3,4\}}|+(|\mathbf{MS}_{\{1,3,4\},\{1,3,4\}}|-\\
&|\mathbf{MS}_{\{1,3,4,6\},\{1,3,4,6\}}|)\,|(\mathbf{Z}_0)_{\{1,3,4\},\{1,3,4\}}|\,|(\mathbf{Z}_0^*)_{\{2,5\},\{2,5\}}|+(|\mathbf{MS}_{\{1,3,5\},\{1,3,5\}}|-\\
&|\mathbf{MS}_{\{1,3,5,6\},\{1,3,5,6\}}|)\,|(\mathbf{Z}_0)_{\{1,3,5\},\{1,3,5\}}|\,|(\mathbf{Z}_0^*)_{\{2,4\},\{2,4\}}|+(|\mathbf{MS}_{\{1,4,5\},\{1,4,5\}}|-\\
&|\mathbf{MS}_{\{1,4,5,6\},\{1,4,5,6\}}|)\,|(\mathbf{Z}_0)_{\{1,4,5\},\{1,4,5\}}|\,|(\mathbf{Z}_0^*)_{\{2,3\},\{2,3\}}|+(|\mathbf{MS}_{\{2,3,4\},\{2,3,4\}}|-\\
&|\mathbf{MS}_{\{2,3,4,6\},\{2,3,4,6\}}|)\,|(\mathbf{Z}_0)_{\{2,3,4\},\{2,3,4\}}|\,|(\mathbf{Z}_0^*)_{\{1,5\},\{1,5\}}|+(|\mathbf{MS}_{\{2,3,5\},\{2,3,5\}}|-\\
&|\mathbf{MS}_{\{2,3,5,6\},\{2,3,5,6\}}|)\,|(\mathbf{Z}_0)_{\{2,3,5\},\{2,3,5\}}|\times|(\mathbf{Z}_0^*)_{\{1,4\},\{1,4\}}|+(|\mathbf{MS}_{\{2,4,5\},\{2,4,5\}}|-\\
&|\mathbf{MS}_{\{2,4,5,6\},\{2,4,5,6\}}|)\,|(\mathbf{Z}_0)_{\{2,4,5\},\{2,4,5\}}|\,|(\mathbf{Z}_0^*)_{\{1,3\},\{1,3\}}|+(|\mathbf{MS}_{\{3,4,5\},\{3,4,5\}}|-\\
&|\mathbf{MS}_{\{3,4,5,6\},\{3,4,5,6\}}|)\times|(\mathbf{Z}_0)_{\{3,4,5\},\{3,4,5\}}|\,|(\mathbf{Z}_0^*)_{\{1,2\},\{1,2\}}|+(|\mathbf{MS}_{\{1,2,3,4\},\{1,2,3,4\}}|-\\
&|\mathbf{MS}_{\{1,2,3,4,6\},\{1,2,3,4,6\}}|)\,|(\mathbf{Z}_0)_{\{1,2,3,4\},\{1,2,3,4\}}|\,|(\mathbf{Z}_0^*)_{\{5\},\{5\}}|+(|\mathbf{MS}_{\{1,2,3,5\},\{1,2,3,5\}}|-\\
&|\mathbf{MS}_{\{1,2,3,5,6\},\{1,2,3,5,6\}}|)\,|(\mathbf{Z}_0)_{\{1,2,3,5\},\{1,2,3,5\}}|\,|(\mathbf{Z}_0^*)_{\{4\},\{4\}}|+(|\mathbf{MS}_{\{1,2,4,5\},\{1,2,4,5\}}|-\\
&|\mathbf{MS}_{\{1,2,4,5,6\},\{1,2,4,5,6\}}|)\,|(\mathbf{Z}_0)_{\{1,2,4,5\},\{1,2,4,5\}}|\,|(\mathbf{Z}_0^*)_{\{3\},\{3\}}|+(|\mathbf{MS}_{\{1,3,4,5\},\{1,3,4,5\}}|-\\
&|\mathbf{MS}_{\{1,3,4,5,6\},\{1,3,4,5,6\}}|)\,|(\mathbf{Z}_0)_{\{1,3,4,5\},\{1,3,4,5\}}|\,|(\mathbf{Z}_0^*)_{\{2\},\{2\}}|+(|\mathbf{MS}_{\{2,3,4,5\},\{2,3,4,5\}}|-\\
&|\mathbf{MS}_{\{2,3,4,5,6\},\{2,3,4,5,6\}}|)\times|(\mathbf{Z}_0)_{\{2,3,4,5\},\{2,3,4,5\}}|\,|(\mathbf{Z}_0^*)_{\{1\},\{1\}}|+(|\mathbf{MS}_{\{1,2,3,4,5\},\{1,2,3,4,5\}}|-\\
&|\mathbf{MS}_{\{1,2,3,4,5,6\},\{1,2,3,4,5,6\}}|)\,|(\mathbf{Z}_0)_{\{1,2,3,4,5\},\{1,2,3,4,5\}}|
\end{aligned}
$$

第 4 章

差分网络的网络参数转换

随着现代无线通信系统的发展，射频（Radio Frequency，RF）通信电路和集成电路变得越来越复杂，具有更多功能的器件和电路被封装到更小的空间中，器件的密度大幅增加，电路节点之间的电磁互扰变得愈发严重。在未来片上系统（Systems-on-a-Chip，SoC）设计中，数字电路和模拟电路模块之间的电磁隔离变得极为困难。无线 SoC 设计可能无法通过现有隔离技术实现数字部分噪声与敏感模拟/射频部分噪声之间的电磁兼容性，而差分微波电路设计有望实现所期望的高隔离度。采用混合模式 S 参数对差分电路进行分析与设计，混合模式 S 参数可以展示和区分四端口射频系统的差模和共模电路性能[1]。文献［1］中给出了详细的差分射频电路设计理论，感兴趣的读者可自行查阅。本章将标准单端 S 参数的定义推广到更复杂的差分微波电路和信号处理的应用中，并介绍 N 端口网络混合模式 S 参数的定义及其与单端 S 参数之间的转换。

4.1　差分网络及混合模式 S 参数

1. 差分网络

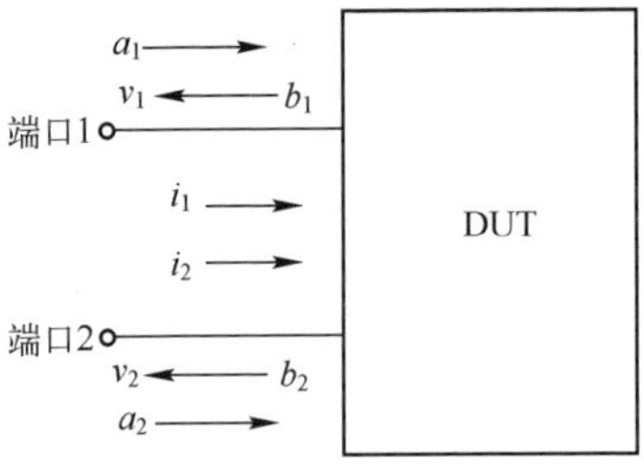

图 4-1　一端口差分网络

有别于单端网络，N 端口差分网络由 $2N$ 对端子构成，端口以两两成对的形式排列。以最简单的一端口差分网络为例，其由两对端子构成，分别为端口 1 和端口 2，如图 4-1 所示。图中的 DUT 表示待测设备，该网络也可看作一个二端口的单端网络[1]。

电压 v_1 和电压 v_2 分别施加到这两对端子上并产生电流 i_1 和 i_2，每对端子的入射功率波和

反射功率波分别为 a_i和 b_i（$i=1,2$），接下来我们将结合文献［1］来说明差分网络电压、电流之间的关系。

对于给定任意电源，一个差分端口的差模电压定义为施加到两对端子的电压之差，差模电流定义为进入两对端子的电流之差除以 2。图 4-1 中差分端口的差模电压 v_d、差模电流 i_d与输入电流和电压之间的关系如式（4-1）所示。注意，这里的每一个参量应是与距离 x 相关的函数，因为在分布式电路中，传输的电磁波的相位和幅值随距离而变化。为简便表示，以下公式均省略了 x：

$$v_{\mathrm{d}}=v_1-v_2 \tag{4-1a}$$

$$i_{\mathrm{d}}=\frac{1}{2}(i_1-i_2) \tag{4-1b}$$

对于给定任意电源，一个差分端口的共模电压定义为施加到两对端子上电压的平均值，共模电流定义为进入两对端子的电流之和。则图 4-1 中差分端口的共模电压 v_c和共模电流 i_c可表示为

$$v_{\mathrm{c}}=\frac{1}{2}(v_1+v_2) \tag{4-2a}$$

$$i_{\mathrm{c}}=(i_1+i_2) \tag{4-2b}$$

当差分网络仅施加矢量差模信号时，$v_1=-v_2$，$i_1=-i_2$；由式（4-2）可知，此时共模电压 v_c和共模电流 i_c均为零。当差分网络仅施加矢量共模信号时，$v_1=v_2$，$i_1=i_2$；由式（4-1）可知，此时差模电压 v_d和差模电流 i_d均为零。

2. 混合模式 S 参数

微波网络设计需要基于 S 参数的阻抗匹配来优化噪声和增益。第 1 章中介绍了单端网络 S 参数的定义，但对于差分网络，如果不简化 S 参数，计算将会非常复杂，因此需要用混合模式 S 参数来表征差分电路的特性。图 4-2 所示为一个二端口差分网络[1-2]。

在图 4-2 中，a_{d1}、a_{d2}、a_{c1}和 a_{c2}分别表示差分端口 1 和差分端口 2 的入射功率波，b_{d1}、b_{d2}、b_{c1}和 b_{c2}则分别表示差分端口 1 和差分端口 2 的反射功率波，其中下标“d”表示差模，下标“c”表示共模。混合模式 S 参数应包含差模、共模和交叉模式（Cross-Mode）信号的输入-输出响应。参考单端四端口网络 S 参数的定义，混合模式 S 参数与入射功率波、反射功率波的关系可表示为[1]

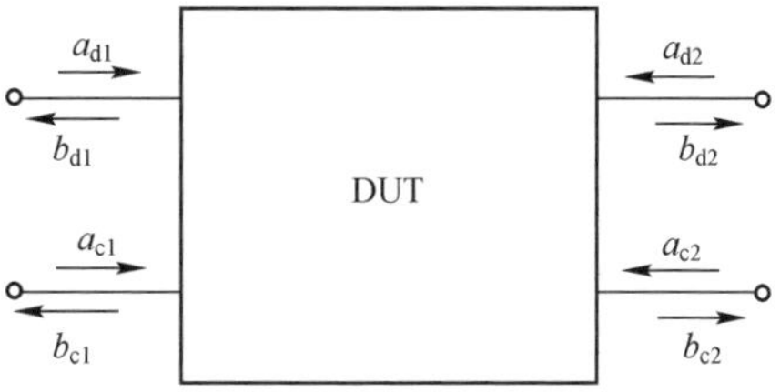

图 4-2　二端口差分网络

$$\begin{cases} b_{d1}=S_{dd11}a_{d1}+S_{dd12}a_{d2}+S_{dc11}a_{c1}+S_{dc12}a_{c2} \\ b_{d2}=S_{dd21}a_{d1}+S_{dd22}a_{d2}+S_{dc21}a_{c1}+S_{dc22}a_{c2} \\ b_{c1}=S_{cd11}a_{d1}+S_{cd12}a_{d2}+S_{cc11}a_{c1}+S_{cc12}a_{c2} \\ b_{c2}=S_{cd21}a_{d1}+S_{cd22}a_{d2}+S_{cc21}a_{c1}+S_{cc22}a_{c2} \end{cases} \tag{4-3}$$

其中，混合模式 S 参数的命名规则如下：

$$S_{mnpq}=S_{(\text{输出模式})(\text{输入模式})(\text{输出端口})(\text{输入端口})} \tag{4-4}$$

混合模式 S 参数矩阵表示为

$$\begin{pmatrix} S_{dd11} & S_{dd12} & S_{dc11} & S_{dc12} \\ S_{dd21} & S_{dd22} & S_{dc21} & S_{dc22} \\ S_{cd11} & S_{cd12} & S_{cc11} & S_{cc12} \\ S_{cd21} & S_{cd22} & S_{cc21} & S_{cc22} \end{pmatrix} \tag{4-5}$$

将式（4-5）所示的混合模式 S 参数矩阵划分为四个 2×2 子矩阵，即差模输入到差模输出（下标 dd）、共模输入到差模输出（下标 dc）、差模输入到共模输出（下标 cd），共模输入到共模输出（下标 cc）。以低噪声差分放大器为例，理想设计的响应是高增益差模输入到差模输出，并期望其他形式的响应被抑制。混合模式 S 参数简化了如低噪声差分放大器、分路器/合路器、四端口耦合器和 RF 变压器等微波电路的设计[1]。不同于单端 S 参数，混合模式 S 参数无法通过矢量网络分析仪直接测得，需要将测得的单端 S 参数转换为混合模式 S 参数来进行分析，在 4.2 节中将对这一转换过程进行详细的推导。

3. 含差分端口的广义 N 端口网络

第 2 章中介绍了单端网络的 S 参数，相应的广义 N 端口网络的端口阻抗具有任意性，所有端口均为单端端口。这里介绍的广义 N 端口网络既包含单端端口也包含差分端口，且端口阻抗可以是复平面内的任意值，如图 4-3 所示。

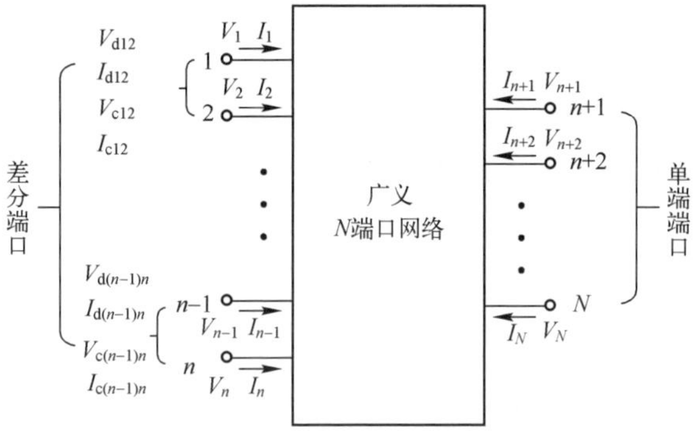

图 4-3　含差分端口的广义 N 端口网络

该广义 N 端口网络具有 $n/2$ 个差分端口以及（$N-n$）个单端端口，共 N 对端子。施加到第 i 对端子的电压和电流分别为 V_i 和 I_i，入射功率波和反射功率波分别为 a_i 和 b_i。对于由第 j 对端子和第 k 对端子构成的差分端口，其差模电压、差模电流、差模入射功率波和差模反射功率波分别表示为 V_{djk}、I_{djk}、a_{djk} 和 b_{djk}，共模电压、共模电流、共模入射功率波和共模反射功率波分别表示为 V_{cjk}、I_{cjk}、a_{cjk} 和 b_{cjk}[3]。

4.2　混合模式 S 参数与单端 S 参数之间的相互转换

为得到混合模式 S 参数与单端 S 参数之间的关系，我们将结合图 4-3 所示的广义差分网络对混合模式 S 参数与单端 S 参数之间的相互转换进行推导。定义图 4-3 中第 i 对端子的电压和电流组成的向量 $\boldsymbol{r}_i$ 如下[3]：

$$\boldsymbol{r}_i = (V_i \quad I_i)^{\mathrm{T}} \tag{4-6}$$

其中，T 表示转置矩阵，第 i 对端子可以是从 1 到 N 的任意一对端子。假设第 j 对端子和第 k 对端子为构成差分端口的两对端子，定义该差分端口差模和共模电压、电流构成的向量为[3]

$$\dot{\boldsymbol{r}}_{jk} = (V_{djk} \quad I_{djk} \quad V_{cjk} \quad I_{cjk})^{\mathrm{T}} \tag{4-7}$$

结合式（4-6），组成该差分端口的两对端子的电压和电流构成的向量为

$$\boldsymbol{r}_{jk} = (\boldsymbol{r}_j \quad \boldsymbol{r}_k)^{\mathrm{T}} = (V_j \quad I_j \quad V_k \quad I_k)^{\mathrm{T}} \tag{4-8}$$

在 4.1 节中介绍了差分网络以及差模、共模的电压、电流与构成差分端口的两对端子的电压、电流之间的关系，即式（4-1）和式（4-2），由此可以得到式（4-7）与式（4-8）之间的关系为

$$\dot{\boldsymbol{r}}_{jk} = \boldsymbol{H}\boldsymbol{r}_{jk} \tag{4-9}$$

式中，

$$\boldsymbol{H} = \begin{pmatrix} 1 & 0 & -1 & 0 \\ 0 & \dfrac{1}{2} & 0 & -\dfrac{1}{2} \\ \dfrac{1}{2} & 0 & \dfrac{1}{2} & 0 \\ 0 & 1 & 0 & 1 \end{pmatrix} \tag{4-10}$$

第 1 章中给出了单端 S 参数与每个端口入射功率波和反射功率波的关系，即式（1-38），对比混合模式 S 参数与差分端口入射功率波和反射功率波的关系

式（4-3）可知，只要找到每个端口与差分端口的入射功率波和反射功率波的关系，就可以找到连接单端 S 参数与混合模式 S 参数的桥梁。根据功率波的定义可以得知，第 i 对端子的入射功率波和反射功率波为

$$a_i=\frac{V_i+Z_iI_i}{2\sqrt{|R_i|}} \tag{4-11a}$$

$$b_i=\frac{V_i-Z_i^*I_i}{2\sqrt{|R_i|}} \tag{4-11b}$$

定义第 i 对端子的波矢量为 $\boldsymbol{w}_i$，表示如下[3]：

$$\boldsymbol{w}_i=(a_i \quad b_i)^{\mathrm{T}}=\boldsymbol{M}_i\boldsymbol{r}_i \tag{4-12}$$

式中，

$$\boldsymbol{M}_i=\frac{1}{2\sqrt{|R_i|}}\begin{pmatrix}1 & Z_i\\ 1 & -Z_i^*\end{pmatrix} \tag{4-13}$$

那么由第 j 对端子和第 k 对端子（$j\neq k$）组合成的波矢量 $\boldsymbol{w}_{jk}$ 可以表示为

$$\boldsymbol{w}_{jk}=(a_j \quad b_j \quad a_k \quad b_k)^{\mathrm{T}}=\boldsymbol{M}_{jk}\boldsymbol{r}_{jk} \tag{4-14}$$

式中，

$$\boldsymbol{M}_{jk}=\begin{pmatrix}\boldsymbol{M}_j & \boldsymbol{0}\\ \boldsymbol{0} & \boldsymbol{M}_k\end{pmatrix} \tag{4-15a}$$

$$\boldsymbol{M}_j=\begin{pmatrix}\dfrac{1}{2\sqrt{|R_j|}} & \dfrac{Z_j}{2\sqrt{|R_j|}}\\ \dfrac{1}{2\sqrt{|R_j|}} & -\dfrac{Z_j^*}{2\sqrt{|R_j|}}\end{pmatrix},\quad \boldsymbol{M}_k=\begin{pmatrix}\dfrac{1}{2\sqrt{|R_k|}} & \dfrac{Z_k}{2\sqrt{|R_k|}}\\ \dfrac{1}{2\sqrt{|R_k|}} & -\dfrac{Z_k^*}{2\sqrt{|R_k|}}\end{pmatrix} \tag{4-15b}$$

根据功率波的定义，由第 j 对端子和第 k 对端子构成的差分端口的差模入射功率波和差模反射功率波可表示为式（4-16），共模入射功率波和共模反射功率波可表示为式（4-17）。

$$a_{\mathrm{d}jk}=\frac{V_{\mathrm{d}jk}+Z_{\mathrm{d}jk}I_{\mathrm{d}jk}}{2\sqrt{|R_{\mathrm{d}jk}|}} \tag{4-16a}$$

$$b_{\mathrm{d}jk}=\frac{V_{\mathrm{d}jk}-Z_{\mathrm{d}jk}^*I_{\mathrm{d}jk}}{2\sqrt{|R_{\mathrm{d}jk}|}} \tag{4-16b}$$

$$a_{cjk}=\frac{V_{cjk}+Z_{cjk}I_{cjk}}{2\sqrt{|R_{cjk}|}} \tag{4-17a}$$

$$b_{cjk}=\frac{V_{cjk}-Z_{cjk}^{*}I_{cjk}}{2\sqrt{|R_{cjk}|}} \tag{4-17b}$$

式中，Z_{djk}、Z_{cjk} 分别表示差模端口阻抗和共模端口阻抗，R_{djk}、R_{cjk} 分别对应其实部。

由第 j 对端子和第 k 对端子组成的差分端口的波矢量表示为[3]

$$\dot{\boldsymbol{w}}_{jk}=(a_{djk}\quad b_{djk}\quad a_{cjk}\quad b_{cjk})^{\mathrm{T}}=\dot{\boldsymbol{M}}_{jk}\dot{\boldsymbol{r}}_{jk} \tag{4-18}$$

式中，

$$\dot{\boldsymbol{M}}_{jk}=\begin{pmatrix} \frac{1}{2\sqrt{|R_{djk}|}} & \frac{Z_{djk}}{2\sqrt{|R_{djk}|}} & 0 & 0 \\ \frac{1}{2\sqrt{|R_{djk}|}} & -\frac{Z_{djk}^{*}}{2\sqrt{|R_{djk}|}} & 0 & 0 \\ 0 & 0 & \frac{1}{2\sqrt{|R_{cjk}|}} & \frac{Z_{cjk}}{2\sqrt{|R_{cjk}|}} \\ 0 & 0 & \frac{1}{2\sqrt{|R_{cjk}|}} & -\frac{Z_{cjk}^{*}}{2\sqrt{|R_{cjk}|}} \end{pmatrix} \tag{4-19}$$

根据式（4-9）中的关系，式（4-18）可等效为

$$\dot{\boldsymbol{w}}_{jk}=\dot{\boldsymbol{M}}_{jk}\boldsymbol{H}\boldsymbol{r}_{jk} \tag{4-20}$$

由式（4-14）可以求得 $\boldsymbol{r}_{jk}$ 为

$$\boldsymbol{r}_{jk}=\boldsymbol{M}_{jk}^{-1}\boldsymbol{w}_{jk} \tag{4-21}$$

则式（4-20）可化为

$$\dot{\boldsymbol{w}}_{jk}=\dot{\boldsymbol{M}}_{jk}\boldsymbol{H}\boldsymbol{M}_{jk}^{-1}\boldsymbol{w}_{jk} \tag{4-22}$$

令

$$\boldsymbol{Q}_{jk}=\dot{\boldsymbol{M}}_{jk}\boldsymbol{H}\boldsymbol{M}_{jk}^{-1} \tag{4-23}$$

则有

$$\dot{\boldsymbol{w}}_{jk}=\boldsymbol{Q}_{jk}\boldsymbol{w}_{jk} \tag{4-24}$$

将式（4-10）、式（4-15）和式（4-19）代入式（4-23）中，可以求得：

$$
\boldsymbol{Q}_{jk}=\begin{pmatrix}
\dfrac{\sqrt{|R_j|}(Z_{\mathrm{d}jk}+2Z_j^*)}{4\sqrt{|R_{\mathrm{d}jk}|R_j}} & -\dfrac{\sqrt{|R_j|}(Z_{\mathrm{d}jk}-2Z_j)}{4\sqrt{|R_{\mathrm{d}jk}|R_j}} & -\dfrac{\sqrt{|R_k|}(Z_{\mathrm{d}jk}+2Z_k^*)}{4\sqrt{|R_{\mathrm{d}jk}|R_k}} & \dfrac{\sqrt{|R_k|}(Z_{\mathrm{d}jk}-2Z_k)}{4\sqrt{|R_{\mathrm{d}jk}|R_k}} \\
-\dfrac{\sqrt{|R_j|}(Z_{\mathrm{d}jk}^*-2Z_j^*)}{4\sqrt{|R_{\mathrm{d}jk}|R_j}} & \dfrac{\sqrt{|R_j|}(Z_{\mathrm{d}jk}^*+2Z_j)}{4\sqrt{|R_{\mathrm{d}jk}|R_j}} & \dfrac{\sqrt{|R_k|}(Z_{\mathrm{d}jk}^*-2Z_k^*)}{4\sqrt{|R_{\mathrm{d}jk}|R_k}} & -\dfrac{\sqrt{|R_k|}(Z_{\mathrm{d}jk}^*+2Z_k)}{4\sqrt{|R_{\mathrm{d}jk}|R_k}} \\
\dfrac{\sqrt{|R_j|}(2Z_{\mathrm{c}jk}+Z_j^*)}{4\sqrt{|R_{\mathrm{c}jk}|R_j}} & -\dfrac{\sqrt{|R_j|}(2Z_{\mathrm{c}jk}-Z_j)}{4\sqrt{|R_{\mathrm{c}jk}|R_j}} & \dfrac{\sqrt{|R_k|}(2Z_{\mathrm{c}jk}+Z_k^*)}{4\sqrt{|R_{\mathrm{c}jk}|R_k}} & -\dfrac{\sqrt{|R_k|}(2Z_{\mathrm{c}jk}-Z_k)}{4\sqrt{|R_{\mathrm{c}jk}|R_k}} \\
-\dfrac{\sqrt{|R_j|}(2Z_{\mathrm{c}jk}^*-Z_j^{\ *})}{4\sqrt{|R_{\mathrm{c}jk}|R_j}} & \dfrac{\sqrt{|R_j|}(2Z_{\mathrm{c}jk}^*+Z_j)}{4\sqrt{|R_{\mathrm{c}jk}|R_j}} & -\dfrac{\sqrt{|R_k|}(2Z_{\mathrm{c}jk}^*-Z_k^*)}{4\sqrt{|R_{\mathrm{c}jk}|R_k}} & \dfrac{\sqrt{|R_k|}(2Z_{\mathrm{c}jk}^*+Z_k)}{4\sqrt{|R_{\mathrm{c}jk}|R_k}}
\end{pmatrix}
\tag{4-25}
$$

对于图 4-3 所示的广义差分网络，其所有端口的波矢量可表示为

$$\dot{\boldsymbol{w}}=(\dot{\boldsymbol{w}}_{12}\quad \dot{\boldsymbol{w}}_{34}\cdots\dot{\boldsymbol{w}}_{(n-1)n}\quad \boldsymbol{w}_{n+1}\quad \boldsymbol{w}_{n+2}\cdots\boldsymbol{w}_{N-1}\quad \boldsymbol{w}_N)^{\mathrm{T}} \tag{4-26}$$

式中，$\dot{\boldsymbol{w}}_{p(p+1)}(p=1,3,\cdots,n-1)$表示某个差分端口的波矢量，$\boldsymbol{w}_q(q=n+1,n+2,\cdots,N)$表示某个单端端口的波矢量。如果所有端口均用单端端口的波矢量表示，则有

$$\boldsymbol{w}=(\boldsymbol{w}_1\quad \boldsymbol{w}_2\quad \boldsymbol{w}_3\quad \boldsymbol{w}_4\cdots\boldsymbol{w}_{N-1}\quad \boldsymbol{w}_N)^{\mathrm{T}} \tag{4-27}$$

联立式（4-24）、式（4-26）和式（4-27），可以得到：

$$\dot{\boldsymbol{w}}=\boldsymbol{Q}\boldsymbol{w} \tag{4-28a}$$

$$\boldsymbol{Q}=\mathrm{diag}\{\boldsymbol{Q}_{12},\boldsymbol{Q}_{34},\cdots,\boldsymbol{Q}_{(n-1)n},1,\cdots,1\} \tag{4-28b}$$

其中，$\mathrm{diag}\{1,\cdots,1\}$是$2\times(N-n)$阶单位矩阵。图 4-3 所示网络的单端 $\boldsymbol{S}$ 矩阵可表示如下：

$$\boldsymbol{b}=\boldsymbol{S}\boldsymbol{a} \tag{4-29}$$

式中，

$$\boldsymbol{a}=(a_1\quad a_2\quad \cdots\quad a_N)^{\mathrm{T}} \tag{4-30}$$

$$\boldsymbol{b}=(b_1\quad b_2\quad \cdots\quad b_N)^{\mathrm{T}} \tag{4-31}$$

图 4-3 所示的广义差分网络的混合模式 S 参数矩阵可表示如下：

$$\dot{\boldsymbol{b}}=\dot{\boldsymbol{S}}\dot{\boldsymbol{a}} \tag{4-32}$$

由式（4-3）可知：

$$\dot{\boldsymbol{a}}=(a_{\mathrm{d}12}\quad a_{\mathrm{d}34}\quad \cdots\quad a_{\mathrm{d}(n-1)n}\quad a_{\mathrm{c}12}\quad a_{\mathrm{c}34}\quad \cdots\quad a_{\mathrm{c}(n-1)n}\quad a_{n+1}\quad a_{n+2}\quad \cdots\quad a_N)^{\mathrm{T}} \tag{4-33}$$

$$\dot{\boldsymbol{b}}=(b_{\mathrm{d}12}\quad b_{\mathrm{d}34}\quad \cdots\quad b_{\mathrm{d}(n-1)n}\quad b_{\mathrm{c}12}\quad b_{\mathrm{c}34}\quad \cdots\quad b_{\mathrm{c}(n-1)n}\quad b_{n+1}\quad b_{n+2}\quad \cdots\quad b_N)^{\mathrm{T}} \tag{4-34}$$

为给出混合模式 S 参数与单端 S 参数的转换关系，定义$[(n/2)\times 2N]$阶只含元素 0 和 1 的矩阵 $\boldsymbol{P}_{\mathrm{da}}$、$\boldsymbol{P}_{\mathrm{ca}}$、$\boldsymbol{P}_{\mathrm{db}}$和 $\boldsymbol{P}_{\mathrm{cb}}$，元素 1 的位置如式（4-35）所示，其余位置的元素为 0[3]。

$$P_{\mathrm{da}(i)(4i-3)}=1 \quad \left(i=1,2,\cdots,\frac{n}{2}\right) \tag{4-35a}$$

$$P_{\mathrm{ca}(i)(4i-1)}=1 \quad \left(i=1,2,\cdots,\frac{n}{2}\right) \tag{4-35b}$$

$$P_{\mathrm{db}(i)(4i-2)}=1 \quad \left(i=1,2,\cdots,\frac{n}{2}\right) \tag{4-35c}$$

$$P_{\mathrm{cb}(i)(4i)}=1 \quad \left(i=1,2,\cdots,\frac{n}{2}\right) \tag{4-35d}$$

定义$(N-n)\times 2N$阶只含元素 0 和 1 的矩阵 $\boldsymbol{P}_{\mathrm{a}}$和 $\boldsymbol{P}_{\mathrm{b}}$，元素 1 的位置如式（4-36）所示，其余位置的元素为 0。

$$\begin{aligned} &P_{\mathrm{a}(i)(2n+2i-1)}=1 \quad (i=1,2,\cdots,N-n) \\ &P_{\mathrm{b}(i)(2n+2i)}=1 \quad (i=1,2,\cdots,N-n) \end{aligned} \tag{4-36}$$

那么由式（4-33）和式（4-34）组成的向量可表示为[3]

$$\widetilde{\dot{\boldsymbol{w}}}=\begin{pmatrix}\dot{\boldsymbol{a}}\\ \dot{\boldsymbol{b}}\end{pmatrix}=\begin{pmatrix}\boldsymbol{P}_{\mathrm{da}}\\ \boldsymbol{P}_{\mathrm{ca}}\\ \boldsymbol{P}_{\mathrm{a}}\\ \boldsymbol{P}_{\mathrm{db}}\\ \boldsymbol{P}_{\mathrm{cb}}\\ \boldsymbol{P}_{\mathrm{b}}\end{pmatrix}\dot{\boldsymbol{w}}=\boldsymbol{P}\dot{\boldsymbol{w}} \tag{4-37}$$

对于单端波矢量，定义（$N\times 2N$）阶只含元素 0 和 1 的矩阵 $\boldsymbol{L}_{\mathrm{a}}$和 $\boldsymbol{L}_{\mathrm{b}}$，元素 1 的位置如式（4-38）所示，其余位置的元素为 0。

$$\begin{aligned} &L_{\mathrm{a}(i)(2i-1)}=1 \quad (i=1,2,\cdots,N) \\ &L_{\mathrm{b}(i)(2i)}=1 \quad (i=1,2,\cdots,N) \end{aligned} \tag{4-38}$$

同理可以得到[3]：

$$\widetilde{\boldsymbol{w}}=\begin{pmatrix}\boldsymbol{a}\\ \boldsymbol{b}\end{pmatrix}=\begin{pmatrix}\boldsymbol{L}_{\mathrm{a}}\\ \boldsymbol{L}_{\mathrm{b}}\end{pmatrix}\boldsymbol{w}=\boldsymbol{L}\boldsymbol{w} \tag{4-39}$$

可以证得 $\boldsymbol{L}^{-1}=\boldsymbol{L}^{\mathrm{T}}$。结合式（4-28）、式（4-37）和式（4-39），有

$$\widetilde{\dot{\boldsymbol{w}}}=\boldsymbol{P}\boldsymbol{Q}\boldsymbol{L}^{\mathrm{T}}\,\widetilde{\boldsymbol{w}}=\boldsymbol{T}\widetilde{\boldsymbol{w}} \tag{4-40}$$

式中，$\boldsymbol{P}$、$\boldsymbol{Q}$ 和 $\boldsymbol{L}^{\mathrm{T}}$都是 $2N\times 2N$ 阶方阵，将它们相乘的结果 $\boldsymbol{T}$ 分成 4 个 $N\times N$ 方阵，有

$$\boldsymbol{T}=\begin{pmatrix}\boldsymbol{T}_{11} & \boldsymbol{T}_{12}\\ \boldsymbol{T}_{21} & \boldsymbol{T}_{22}\end{pmatrix} \tag{4-41}$$

将式（4-41）代入式（4-40）中，可以得到：

$$\dot{\boldsymbol{a}}=\boldsymbol{T}_{11}\boldsymbol{a}+\boldsymbol{T}_{12}\boldsymbol{b} \tag{4-42}$$

$$\dot{\boldsymbol{b}}=\boldsymbol{T}_{21}\boldsymbol{a}+\boldsymbol{T}_{22}\boldsymbol{b} \tag{4-43}$$

联立式（4-29）、式（4-32）、式（4-42）和式（4-43）可以求得：

$$\dot{\boldsymbol{S}}=(\boldsymbol{T}_{21}+\boldsymbol{T}_{22}\boldsymbol{S})(\boldsymbol{T}_{11}+\boldsymbol{T}_{12}\boldsymbol{S})^{-1} \tag{4-44}$$

$$\boldsymbol{S}=(\boldsymbol{T}_{22}-\dot{\boldsymbol{S}}\boldsymbol{T}_{12})^{-1}(\dot{\boldsymbol{S}}\boldsymbol{T}_{11}-\boldsymbol{T}_{21}) \tag{4-45}$$

为便于推导后续具有不同端口数的混合网络转换公式，简化式（4-25），我们做如下定义（其中 $i=1,2,\cdots,n/2$ 为差分端口的编号）：

$$C_{4i-3}=\frac{\sqrt{|R_{2i-1}|}\,(Z_{\mathrm{d}(2i-1)(2i)}+2Z_{2i-1}^{*})}{4\sqrt{|R_{\mathrm{d}(2i-1)(2i)}|}\,R_{2i-1}} \tag{4-46a}$$

$$C_{4i-2}=\frac{\sqrt{|R_{2i}|}\,(Z_{\mathrm{d}(2i-1)(2i)}+2Z_{2i}^{*})}{4\sqrt{|R_{\mathrm{d}(2i-1)(2i)}|}\,R_{2i}} \tag{4-46b}$$

$$C_{4i-1}=\frac{\sqrt{|R_{2i-1}|}\,(2Z_{\mathrm{c}(2i-1)(2i)}+Z_{2i-1}^{*})}{4\sqrt{|R_{\mathrm{c}(2i-1)(2i)}|}\,R_{2i-1}} \tag{4-46c}$$

$$C_{4i}=\frac{\sqrt{|R_{2i}|}\,(2Z_{\mathrm{c}(2i-1)(2i)}+Z_{2i}^{*})}{4\sqrt{|R_{\mathrm{c}(2i-1)(2i)}|}\,R_{2i}} \tag{4-46d}$$

$$D_{4i-3}=\frac{\sqrt{|R_{2i-1}|}\,(Z_{\mathrm{d}(2i-1)(2i)}-2Z_{2i-1})}{4\sqrt{|R_{\mathrm{d}(2i-1)(2i)}|}\,R_{2i-1}} \tag{4-46e}$$

$$D_{4i-2}=\frac{\sqrt{|R_{2i}|}\,(Z_{\mathrm{d}(2i-1)(2i)}-2Z_{2i})}{4\sqrt{|R_{\mathrm{d}(2i-1)(2i)}|}\,R_{2i}} \tag{4-46f}$$

$$D_{4i-1}=\frac{\sqrt{|R_{2i-1}|}\,(2Z_{\mathrm{c}(2i-1)(2i)}-Z_{2i-1})}{4\sqrt{|R_{\mathrm{c}(2i-1)(2i)}|}\,R_{2i-1}} \tag{4-46g}$$

$$D_{4i}=\frac{\sqrt{|R_{2i}|}\,(2Z_{\mathrm{c}(2i-1)(2i)}-Z_{2i})}{4\sqrt{|R_{\mathrm{c}(2i-1)(2i)}|}\,R_{2i}} \tag{4-46h}$$

4.3　三端口网络 S 参数的转换

为了更好地说明 4.2 节中推导的混合模式 S 参数与单端 S 参数之间的转换公式，我们以具有一个差分端口和一个单端端口的三端口网络为例进行推导说明。如图 4-4 所示，端口 1 和端口 2 形成差分端口 A，端口 3 形成单端端口 B。

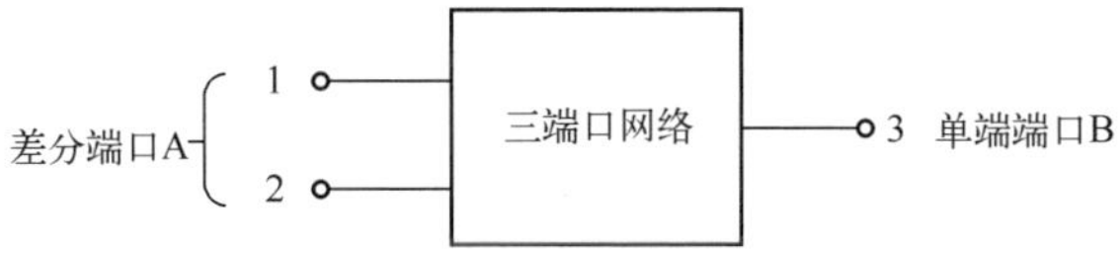

图 4-4　三端口网络

定义混合模式 S 参数矩阵以及单端 $\boldsymbol{S}$ 矩阵分别为

$$\boldsymbol{S}_{\mathrm{m}}=\begin{pmatrix} S_{\mathrm{ddAA}} & S_{\mathrm{dcAA}} & S_{\mathrm{dsAB}} \\ S_{\mathrm{cdAA}} & S_{\mathrm{ccAA}} & S_{\mathrm{csAB}} \\ S_{\mathrm{sdBA}} & S_{\mathrm{scBA}} & S_{\mathrm{ssBB}} \end{pmatrix},\ \boldsymbol{S}=\begin{pmatrix} S_{11} & S_{12} & S_{13} \\ S_{21} & S_{22} & S_{23} \\ S_{31} & S_{32} & S_{33} \end{pmatrix} \tag{4-47}$$

根据式（4-25）、式（4-28）和式（4-46）的定义，矩阵 $\boldsymbol{Q}$ 和 $\boldsymbol{Q}_{12}$ 可以表示为

$$\boldsymbol{Q}=\mathrm{diag}\{\boldsymbol{Q}_{12},1,1\} \tag{4-48a}$$

$$\boldsymbol{Q}_{12}=\begin{pmatrix} C_1 & -D_1 & -C_2 & D_2 \\ -D_1^* & C_1^* & D_2^* & -C_2^* \\ C_3 & -D_3 & C_4 & -D_4 \\ -D_3^* & C_3^* & -D_4^* & C_4^* \end{pmatrix} \tag{4-48b}$$

$$C_1=\frac{\sqrt{|R_1|}\,(Z_{\mathrm{d12}}+2Z_1^*)}{4\sqrt{|R_{\mathrm{d12}}|}\,R_1}\quad C_2=\frac{\sqrt{|R_2|}\,(Z_{\mathrm{d12}}+2Z_2^*)}{4\sqrt{|R_{\mathrm{d12}}|}\,R_2} \tag{4-49a}$$

$$C_3=\frac{\sqrt{|R_1|}\,(2Z_{\mathrm{c12}}+Z_1^*)}{4\sqrt{|R_{\mathrm{c12}}|}\,R_1}\quad C_4=\frac{\sqrt{|R_2|}\,(2Z_{\mathrm{c12}}+Z_2^*)}{4\sqrt{|R_{\mathrm{c12}}|}\,R_2} \tag{4-49b}$$

$$D_1=\frac{\sqrt{|R_1|}\,(Z_{\mathrm{d12}}-2Z_1)}{4\sqrt{|R_{\mathrm{d12}}|}\,R_1}\quad D_2=\frac{\sqrt{|R_2|}\,(Z_{\mathrm{d12}}-2Z_2)}{4\sqrt{|R_{\mathrm{d12}}|}\,R_2} \tag{4-49c}$$

$$D_3=\frac{\sqrt{|R_1|}(2Z_{c12}-Z_1)}{4\sqrt{|R_{c12}|}R_1}\quad D_4=\frac{\sqrt{|R_2|}(2Z_{c12}-Z_2)}{4\sqrt{|R_{c12}|}R_2}\tag{4-49d}$$

根据式（4-36）和式（4-37），矩阵 $\boldsymbol{P}$ 可以表示为

$$\boldsymbol{P}=\begin{pmatrix}1&0&0&0&0&0\\0&0&1&0&0&0\\0&0&0&0&1&0\\0&1&0&0&0&0\\0&0&0&1&0&0\\0&0&0&0&0&1\end{pmatrix}\tag{4-50}$$

根据式（4-38）和式（4-39），矩阵 $\boldsymbol{L}^{\mathrm{T}}$可以表示为

$$\boldsymbol{L}^{\mathrm{T}}=\begin{pmatrix}1&0&0&0&0&0\\0&0&0&1&0&0\\0&1&0&0&0&0\\0&0&0&0&1&0\\0&0&1&0&0&0\\0&0&0&0&0&1\end{pmatrix}\tag{4-51}$$

由式（4-40）、式（4-48）、式（4-50）和式（4-51）可求得矩阵 $\boldsymbol{T}$，则 $\boldsymbol{T}_{11}$、$\boldsymbol{T}_{12}$、$\boldsymbol{T}_{21}$和 $\boldsymbol{T}_{22}$可分别表示为

$$\boldsymbol{T}_{11}=\begin{pmatrix}C_1&-C_2&0\\C_3&C_4&0\\0&0&1\end{pmatrix}\tag{4-52a}$$

$$\boldsymbol{T}_{12}=\begin{pmatrix}-D_1&D_2&0\\-D_3&-D_4&0\\0&0&0\end{pmatrix}\tag{4-52b}$$

$$\boldsymbol{T}_{21}=\begin{pmatrix}-D_1^*&D_2^*&0\\-D_3^*&-D_4^*&0\\0&0&0\end{pmatrix}\tag{4-52c}$$

$$\boldsymbol{T}_{22}=\begin{pmatrix}C_1^*&-C_2^*&0\\C_3^*&C_4^*&0\\0&0&1\end{pmatrix}\tag{4-52d}$$

将式（4-47）中的单端 $\boldsymbol{S}$ 矩阵和式（4-52）代入式（4-44）中，可得混合模式 S 参数，见表 4-1。说明：在混合模式 $\boldsymbol{S}_{\mathrm{m}}$ 矩阵中，$S_{mnxy}=\mathrm{NS}_{mnxy}/\mathrm{DS}_{\mathrm{m}}$，其中 $m,n=\mathrm{d,c,s}$，$x,y=\mathrm{A,B}$；在单端 $\boldsymbol{S}$ 矩阵中，$S_{ij}=\mathrm{NS}_{ij}/\mathrm{DS}$，其中 $i,j=1,2,3$。

表 4-1　三端口（一个差分端口和一个单端端口）网络单端 S 参数转换成混合模式 S 参数的公式

NS_{mnxy}	d
d	$-D_1^* C_4-D_2^* C_3+S_{11}(C_1^* C_4+D_2^* D_3)+(D_1^* D_3-C_1^* C_3)S_{12}+(D_2^* D_4-C_2^* C_4)S_{21}+$ $(D_1^* D_4+C_2^* C_3)S_{22}+(C_1^* D_4+C_2^* D_3)(S_{12}S_{21}-S_{11}S_{22})$
c	$-D_3^* C_4+D_4^* C_3+(C_3^* C_4-D_4^* D_3)S_{11}+(D_3^* D_3-C_3^* C_3)S_{12}+(C_4^* C_4-D_4^* D_4)S_{21}+$ $(D_3^* D_4-C_4^* C_3)S_{22}+(C_4^* D_3-C_3^* D_4)(S_{11}S_{22}-S_{12}S_{21})$
s	$S_{31}C_4-C_3S_{32}+D_3(S_{11}S_{32}-S_{12}S_{31})+D_4(S_{21}S_{32}-S_{22}S_{31})$
NS_{mnxy}	c
d	$-C_2D_1^*+D_2^* C_1+(C_1^* C_2-D_2^* D_1)S_{11}+(C_1^* C_1-D_1^* D_1)S_{12}+(D_2^* D_2-C_2^* C_2)S_{21}+$ $(D_1^* D_2-C_2^* C_1)S_{22}+(C_2^* D_1-C_1^* D_2)(S_{11}S_{22}-S_{12}S_{21})$
c	$-D_3^* C_2-D_4^* C_1+(C_3^* C_2+D_4^* D_1)S_{11}+(C_3^* C_1-D_3^* D_1)S_{12}+(C_4^* C_2-D_4^* D_2)S_{21}+$ $(D_3^* D_2+C_4^* C_1)S_{22}+(-C_3^* D_2-C_4^* D_1)(S_{11}S_{22}-S_{12}S_{21})$
s	$S_{31}C_2+C_1S_{32}+D_1(S_{12}S_{31}-S_{11}S_{32})+D_2(S_{21}S_{32}-S_{22}S_{31})$
NS_{mnxy}	s
d	$S_{13}\{C_1^*(C_1C_4+C_2C_3)-D_1^*(C_2D_3+C_4D_1)+D_2^*(C_1D_3-C_3D_1)\}+$ $S_{23}\{-C_2^*(C_1C_4+C_2C_3)-D_1^*(C_2D_4-C_4D_2)+D_2^*(C_1D_4+C_3D_2)\}+$ $(S_{11}S_{23}-S_{21}S_{13})\{C_1^*(C_2D_4-C_4D_2)+C_2^*(C_2D_3+C_4D_1)-D_2^*(D_1D_4+D_2D_3)\}+$ $(S_{12}S_{23}-S_{22}S_{13})\{C_1^*(C_1D_4+C_3D_2)-C_2^*(C_3D_1-C_1D_3)-D_1^*(D_1D_4+D_2D_3)\}$
c	$S_{13}\{C_3^*(C_1C_4+C_2C_3)-D_3^*(C_2D_3+C_4D_1)-D_4^*(C_1D_3-C_3D_1)\}+$ $S_{23}\{C_4^*(C_1C_4+C_2C_3)-D_3^*(C_2D_4-C_4D_2)-D_4^*(C_1D_4+C_3D_2)\}+$ $(C_3^*(C_2D_4-C_4D_2)+D_4^*(D_1D_4+D_2D_3)-C_4^*(C_2D_3+C_4D_1))(S_{11}S_{23}-S_{13}S_{21})+$ $(C_3^*(C_1D_4+C_3D_2)-D_3^*(D_1D_4+D_2D_3)+C_4^*(C_3D_1-C_1D_3))(S_{12}S_{23}-S_{13}S_{22})$
s	$(C_1C_4+C_2C_3)S_{33}+(C_2D_3+C_4D_1)(S_{13}S_{31}-S_{11}S_{33})+(C_2D_4-C_4D_2)(S_{23}S_{31}-S_{21}S_{33})+$ $(C_1D_3-C_3D_1)(S_{13}S_{32}-S_{12}S_{33})+(C_1D_4+C_3D_2)(S_{23}S_{32}-S_{22}S_{33})+$ $(D_1D_4+D_2D_3)(S_{12}S_{23}S_{31}-S_{13}S_{31}S_{22}+S_{13}S_{21}S_{32}-S_{11}S_{23}S_{32}+S_{11}S_{22}S_{33}-S_{12}S_{21}S_{33})$
$DS_m=(C_1C_4+C_2C_3)-(C_4D_1+C_2D_3)S_{11}+(C_3D_1-C_1D_3)S_{12}+$ $(C_4D_2-C_2D_4)S_{21}-(C_1D_4+C_3D_2)S_{22}+(D_4D_1+D_2D_3)(S_{11}S_{22}-S_{12}S_{21})$	

将式（4-47）中的混合模式 S 参数矩阵 $\boldsymbol{S}_{\mathrm{m}}$ 和式（4-52）代入式（4-45）中，可求得单端 S 参数，见表 4-2。

表 4-2　三端口（一个差分端口和一个单端端口）网络混合模式 S 参数转换成单端 S 参数的公式

NS_{ij}	1
1	$D_1^* C_4^* + D_3^* C_2^* + S_{\mathrm{ddAA}}(C_4^* C_1 + D_3^* D_2) + S_{\mathrm{dcAA}}(C_4^* C_3 - D_3^* D_4) + S_{\mathrm{cdAA}}(C_2^* C_1 - D_1^* D_2) +$ $S_{\mathrm{ccAA}}(D_1^* D_4 + C_2^* C_3) + (C_1 D_4 + C_3 D_2)(S_{\mathrm{ddAA}} S_{\mathrm{ccAA}} - S_{\mathrm{dcAA}} S_{\mathrm{cdAA}})$
2	$D_3^* C_1^* - D_1^* C_3^* + S_{\mathrm{ddAA}}(D_3^* D_1 - C_3^* C_1) + S_{\mathrm{dcAA}}(D_3^* D_3 - C_3^* C_3) + S_{\mathrm{cdAA}}(C_1^* C_1 - D_1^* D_1) +$ $S_{\mathrm{ccAA}}(C_1^* C_3 - D_1^* D_3) + (D_1 C_3 - C_1 D_3)(S_{\mathrm{ddAA}} S_{\mathrm{ccAA}} - S_{\mathrm{cdAA}} S_{\mathrm{dcAA}})$
3	$S_{\mathrm{sdBA}}\{D_1^*(-C_3^* D_2 - C_4^* D_1) + D_3^*(C_1^* D_2 - C_2^* D_1) + C_1(C_1^* C_4^* + C_2^* C_3^*)\} +$ $S_{\mathrm{scBA}}\{D_1^*(C_3^* D_4 - C_4^* D_3) + D_3^*(-C_1^* D_4 - C_2^* D_3) + C_3(C_1^* C_4^* + C_2^* C_3^*)\} +$ $(S_{\mathrm{ddAA}} S_{\mathrm{scBA}} - S_{\mathrm{dcAA}} S_{\mathrm{sdBA}})\{C_1(C_3^* D_4 - C_4^* D_3) - D_3^*(D_1 D_4 + D_2 D_3) + C_3(C_4^* D_1 + C_3^* D_2)\} +$ $(S_{\mathrm{cdAA}} S_{\mathrm{scBA}} - S_{\mathrm{ccAA}} S_{\mathrm{sdBA}})\{D_1^*(D_1 D_4 + D_2 D_3) + C_1(-C_1^* D_4 - C_2^* D_3) + C_3(C_2^* D_1 - C_1^* D_2)\}$
NS_{ij}	2
1	$D_4^* C_2^* - D_2^* C_4^* + S_{\mathrm{ddAA}}(D_4^* D_2 - C_4^* C_2) + S_{\mathrm{dcAA}}(C_4^* C_4 - D_4^* D_4) + S_{\mathrm{cdAA}}(D_2^* D_2 - C_2^* C_2) +$ $S_{\mathrm{ccAA}}(C_2^* C_4 - D_2^* D_4) + (D_2 C_4 - C_2 D_4)(S_{\mathrm{ddAA}} S_{\mathrm{ccAA}} - S_{\mathrm{dcAA}} S_{\mathrm{cdAA}})$
2	$C_3^* D_2^* + C_1^* D_4^* + S_{\mathrm{ddAA}}(C_3^* C_2 + D_4^* D_1) + S_{\mathrm{dcAA}}(D_4^* D_3 - C_3^* C_4) + S_{\mathrm{cdAA}}(D_2^* D_1 - C_1^* C_2) +$ $S_{\mathrm{ccAA}}(D_2^* D_3 + C_1^* C_4) + (D_3 C_2 + C_4 D_1)(S_{\mathrm{ddAA}} S_{\mathrm{ccAA}} - S_{\mathrm{dcAA}} S_{\mathrm{cdAA}})$
3	$S_{\mathrm{sdBA}}\{D_2^*(C_3^* D_2 + C_4^* D_1) + D_4^*(C_1^* D_2 - C_2^* D_1) - C_2(C_1^* C_4^* + C_2^* C_3^*)\} +$ $S_{\mathrm{scBA}}\{D_2^*(C_3^* D_4 + C_4^* D_3) + D_4^*(-C_1^* D_4 - C_2^* D_3) + C_4(C_1^* C_4^* + C_2^* C_3^*)\} +$ $(S_{\mathrm{ddAA}} S_{\mathrm{scBA}} - S_{\mathrm{dcAA}} S_{\mathrm{sdBA}})\{C_2(C_4^* D_3 - C_3^* D_4) - D_4^*(D_1 D_4 + D_2 D_3) + C_4(C_4^* D_1 + C_3^* D_2)\} +$ $(S_{\mathrm{cdAA}} S_{\mathrm{scBA}} - S_{\mathrm{ccAA}} S_{\mathrm{sdBA}})\{-D_2^*(D_1 D_4 + D_2 D_3) + C_2(C_1^* D_4 + C_2^* D_3) + C_4(C_2^* D_1 - C_1^* D_2)\}$
NS_{ij}	3
1	$C_4^* S_{\mathrm{dsAB}} + C_2^* S_{\mathrm{csAB}} + D_4(S_{\mathrm{dsAB}} S_{\mathrm{ccAA}} - S_{\mathrm{dcAA}} S_{\mathrm{csAB}}) + D_2(S_{\mathrm{ddAA}} S_{\mathrm{csAB}} - S_{\mathrm{dsAB}} S_{\mathrm{cdAA}})$
2	$-C_3^* S_{\mathrm{dsAB}} + C_1^* S_{\mathrm{csAB}} + D_1(S_{\mathrm{ddAA}} S_{\mathrm{csAB}} - S_{\mathrm{dsAB}} S_{\mathrm{cdAA}}) + D_3(S_{\mathrm{dcAA}} S_{\mathrm{csAB}} - S_{\mathrm{dsAB}} S_{\mathrm{ccAA}})$
3	$(C_1^* C_4^* + C_2^* C_3^*) S_{\mathrm{ssBB}} +$ $(C_4^* D_1 + C_3^* D_2)(S_{\mathrm{ddAA}} S_{\mathrm{ssBB}} - S_{\mathrm{dsAB}} S_{\mathrm{sdBA}}) + (C_3^* D_4 - C_4^* D_3)(S_{\mathrm{dsAB}} S_{\mathrm{scBA}} - S_{\mathrm{dcAA}} S_{\mathrm{ssBB}}) +$ $(C_1^* D_2 - C_2^* D_1)(S_{\mathrm{csAB}} S_{\mathrm{sdBA}} - S_{\mathrm{cdAA}} S_{\mathrm{ssBB}}) + (C_1^* D_4 + C_2^* D_3)(S_{\mathrm{ccAA}} S_{\mathrm{ssBB}} - S_{\mathrm{csAB}} S_{\mathrm{scBA}}) +$ $(D_1 D_4 + D_2 D_3)(S_{\mathrm{ddAA}} S_{\mathrm{ccAA}} S_{\mathrm{ssBB}} + S_{\mathrm{dcAA}} S_{\mathrm{csAB}} S_{\mathrm{sdBA}} + S_{\mathrm{dsAB}} S_{\mathrm{cdAA}} S_{\mathrm{scBA}} - S_{\mathrm{dsAB}} S_{\mathrm{ccAA}} S_{\mathrm{sdBA}} -$ $S_{\mathrm{ddAA}} S_{\mathrm{scBA}} S_{\mathrm{csAB}} - S_{\mathrm{dcAA}} S_{\mathrm{cdAA}} S_{\mathrm{ssBB}})$
$\mathrm{DS} = C_1^* C_4^* + C_2^* C_3^* + S_{\mathrm{ddAA}}(C_4^* D_1 + C_3^* D_2) + S_{\mathrm{dcAA}}(C_4^* D_3 - C_3^* D_4) +$ $S_{\mathrm{cdAA}}(C_2^* D_1 - C_1^* D_2) + S_{\mathrm{ccAA}}(C_1^* D_4 + C_2^* D_3) + (D_1 D_4 + D_2 D_3)(S_{\mathrm{ddAA}} S_{\mathrm{ccAA}} - S_{\mathrm{cdAA}} S_{\mathrm{dcAA}})$	

参考文献

[1] Eisenstadt W R, Stengel R, Thompson B M. Microwave Differential Circuit Design Using Mixed Mode S-Parameters [M]. Norwood, MA, USA: Artech House, 2006.

[2] Bockelman D E, Eisenstadt W R. Combined differential and common-mode scattering parameters: theory and simulation [J]. IEEE Transactions on Microwave Theory and Techniques, 1995, 43 (7), 1530-1539.

[3] Ferrero, Pirola M. Generalized mixed-mode S-parameters [J]. IEEE Transactions on Microwave Theory and Techniques, 2006, 54 (1), 458-463.

第 5 章

网络端口的增减

散射参数已被广泛应用于表征网络的特性，但因计算资源和方法有限，在大多数情况下不能同时提取整个系统的 S 参数[1]。通常，需要将系统中每个网络的 S 参数转化为 ABCD 参数后进行计算，再将整个系统的 ABCD 参数转换为 S 参数，过程较烦琐。本章将对微波网络的连接进行讨论，即网络端口的增减问题，给出端口互连后网络 S 参数的计算公式，从而简化参数之间的转换步骤。

5.1　单端网络端口增减

1. 多端口网络连接

众所周知，复杂的 N 端口网络可以由简单的多端口网络连接组成。一方面，相较于单独设计复杂的网络，设计简单的网络并将其连接起来要简单得多；另一方面，每种特定类型的互连都伴随着一个便于矩阵操作的特征。例如，单个多端口网络在并联（串联）连接时电压和电流之间的关系保持不变，则复合网络的导纳（阻抗）矩阵是单个网络的导纳（阻抗）矩阵的和[2-3]。

假设 $\mathrm{N_a}$ 是一个（n+m）端口网络，$\mathrm{N_b}$ 是一个（m+p）端口网络，将 $\mathrm{N_b}$ 的 m 个端口连接到 $\mathrm{N_a}$ 的 m 个指定端口后构成网络 N，则 N 是一个（n+p）端口网络，如图 5-1 所示[2]。

将图 5-1 中网络 N 的入射功率波和反射功率波的（n+p）维列向量 $\boldsymbol{a}$ 和 $\boldsymbol{b}$ 划分为 n 维列向量 $\boldsymbol{a}_1$ 和 $\boldsymbol{b}_1$，以及 p 维列向量 $\boldsymbol{a}_2$ 和 $\boldsymbol{b}_2$，即

$$\boldsymbol{a}=(\boldsymbol{a}_1 \quad \boldsymbol{a}_2)^{\mathrm{T}} \tag{5-1a}$$

$$\boldsymbol{b}=(\boldsymbol{b}_1 \quad \boldsymbol{b}_2)^{\mathrm{T}} \tag{5-1b}$$

由 $\boldsymbol{b}=\boldsymbol{Sa}$ 可以得到网络 N 的散射矩阵 $\boldsymbol{S}$，将其划分为四部分，则有：

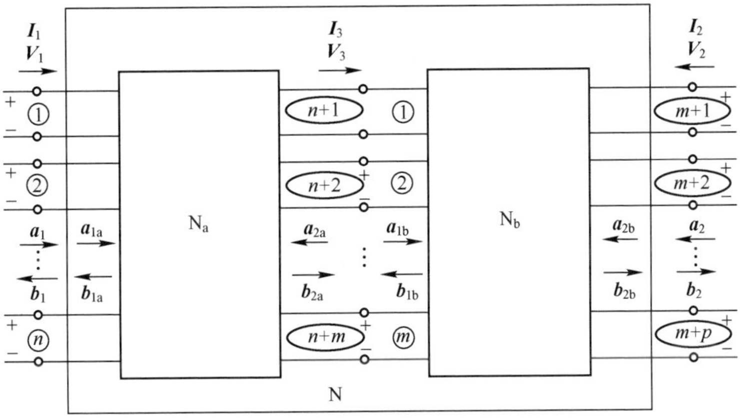

图 5-1　多端口网络连接示意图

$$\begin{pmatrix} \boldsymbol{b}_1 \\ \boldsymbol{b}_2 \end{pmatrix} = \begin{pmatrix} \boldsymbol{S}_{11} & \boldsymbol{S}_{12} \\ \boldsymbol{S}_{21} & \boldsymbol{S}_{22} \end{pmatrix} \begin{pmatrix} \boldsymbol{a}_1 \\ \boldsymbol{a}_2 \end{pmatrix} \tag{5-2}$$

式中，$\boldsymbol{S}_{11}$、$\boldsymbol{S}_{12}$、$\boldsymbol{S}_{21}$、$\boldsymbol{S}_{22}$分别为（$n\times n$）、（$n\times p$）、（$p\times n$）、（$p\times p$）阶矩阵[2]。

同理，将表示网络 N_a的入射功率波和反射功率波的（$n+m$）维列向量 $\boldsymbol{a}_a$和 $\boldsymbol{b}_a$划分为 n 维列向量 $\boldsymbol{a}_{1a}$和 $\boldsymbol{b}_{1a}$，以及 m 维列向量 $\boldsymbol{a}_{2a}$和 $\boldsymbol{b}_{2a}$；表示网络 N_b的入射功率波和反射功率波的（$m+p$）维列向量 $\boldsymbol{a}_b$和 $\boldsymbol{b}_b$划分为 m 维列向量 $\boldsymbol{a}_{1b}$和 $\boldsymbol{b}_{1b}$，以及 p 维列向量 $\boldsymbol{a}_{2b}$和 $\boldsymbol{b}_{2b}$，可以得到网络 N_a和 N_b的散射矩阵方程如下：

$$\begin{pmatrix} \boldsymbol{b}_{1a} \\ \boldsymbol{b}_{2a} \end{pmatrix} = \begin{pmatrix} \boldsymbol{S}_{11a} & \boldsymbol{S}_{12a} \\ \boldsymbol{S}_{21a} & \boldsymbol{S}_{22a} \end{pmatrix} \begin{pmatrix} \boldsymbol{a}_{1a} \\ \boldsymbol{a}_{2a} \end{pmatrix} \tag{5-3a}$$

$$\begin{pmatrix} \boldsymbol{b}_{1b} \\ \boldsymbol{b}_{2b} \end{pmatrix} = \begin{pmatrix} \boldsymbol{S}_{11b} & \boldsymbol{S}_{12b} \\ \boldsymbol{S}_{21b} & \boldsymbol{S}_{22b} \end{pmatrix} \begin{pmatrix} \boldsymbol{a}_{1b} \\ \boldsymbol{a}_{2b} \end{pmatrix} \tag{5-3b}$$

式中：$\boldsymbol{S}_{11a}$、$\boldsymbol{S}_{12a}$、$\boldsymbol{S}_{21a}$、$\boldsymbol{S}_{22a}$分别为（$n\times n$）、（$n\times m$）、（$m\times n$）、（$m\times m$）阶矩阵，由网络 N_a的散射矩阵 $\boldsymbol{S}_a$划分为四块得到；而 $\boldsymbol{S}_{11b}$、$\boldsymbol{S}_{12b}$、$\boldsymbol{S}_{21b}$、$\boldsymbol{S}_{22b}$分别为（$m\times m$）、（$m\times p$）、（$p\times m$）、（$p\times p$）阶矩阵，由网络 N_b的散射矩阵 $\boldsymbol{S}_b$划分得到[2]。

为使网络 N_a和网络 N_b连接处实现理想匹配[4]，根据 1.5 节中功率波反射系数的定义，需要相互连接的两个端口阻抗共轭相等，可以得到：

$$\begin{aligned} \boldsymbol{a}_1 &= \boldsymbol{a}_{1a} \\ \boldsymbol{b}_1 &= \boldsymbol{b}_{1a} \\ \boldsymbol{a}_{2a} &= \boldsymbol{b}_{1b} \\ \boldsymbol{a}_{1b} &= \boldsymbol{b}_{2a} \\ \boldsymbol{a}_2 &= \boldsymbol{a}_{2b} \\ \boldsymbol{b}_2 &= \boldsymbol{b}_{2b} \end{aligned} \tag{5-4}$$

将式（5-4）代入式（5-3）可得：

$$\boldsymbol{a}_{1b}=\boldsymbol{S}_{21a}\boldsymbol{a}_{1}+\boldsymbol{S}_{22a}\boldsymbol{a}_{2a} \tag{5-5a}$$

$$\boldsymbol{a}_{2a}=\boldsymbol{S}_{11b}\boldsymbol{a}_{1b}+\boldsymbol{S}_{12b}\boldsymbol{a}_{2} \tag{5-5b}$$

联立式（5-5a）和式（5-5b），可以得到 $\boldsymbol{a}_{1b}$和 $\boldsymbol{a}_{2a}$如下：

$$\boldsymbol{a}_{1b}=(\boldsymbol{E}-\boldsymbol{S}_{22a}\boldsymbol{S}_{11b})^{-1}(\boldsymbol{S}_{21a}\boldsymbol{a}_{1}+\boldsymbol{S}_{22a}\boldsymbol{S}_{12b}\boldsymbol{a}_{2}) \tag{5-6a}$$

$$\boldsymbol{a}_{2a}=(\boldsymbol{E}-\boldsymbol{S}_{11b}\boldsymbol{S}_{22a})^{-1}(\boldsymbol{S}_{11b}\boldsymbol{S}_{21a}\boldsymbol{a}_{1}+\mathrm{S}_{12b}\boldsymbol{a}_{2}) \tag{5-6b}$$

将式（5-6）代入式（5-3），联立式（5-4），可以得到网络 N 的散射矩阵如下[2]：

$$\begin{aligned}
\boldsymbol{S}_{11}&=\boldsymbol{S}_{11a}+\boldsymbol{S}_{12a}(\boldsymbol{E}-\boldsymbol{S}_{11b}\boldsymbol{S}_{22a})^{-1}\boldsymbol{S}_{11b}\boldsymbol{S}_{21a}\\
\boldsymbol{S}_{12}&=\boldsymbol{S}_{12a}(\boldsymbol{E}-\boldsymbol{S}_{11b}\boldsymbol{S}_{22a})^{-1}\boldsymbol{S}_{12b}\\
\boldsymbol{S}_{21}&=\boldsymbol{S}_{21b}(\boldsymbol{E}-\boldsymbol{S}_{22a}\boldsymbol{S}_{11b})^{-1}\boldsymbol{S}_{21a}\\
\boldsymbol{S}_{22}&=\boldsymbol{S}_{22b}+\boldsymbol{S}_{21b}(\boldsymbol{E}-\boldsymbol{S}_{22a}\boldsymbol{S}_{11b})^{-1}\boldsymbol{S}_{22a}\boldsymbol{S}_{12b}
\end{aligned} \tag{5-7}$$

式中，$\boldsymbol{E}$ 为 m 阶单位矩阵。

2. 级联负载

若图 5-1 中的网络 N_b的端口为 m 个，并连接到网络 N_a的 m 个指定端口，则称这种连接方式为级联负载[5]，如图 5-2 所示。

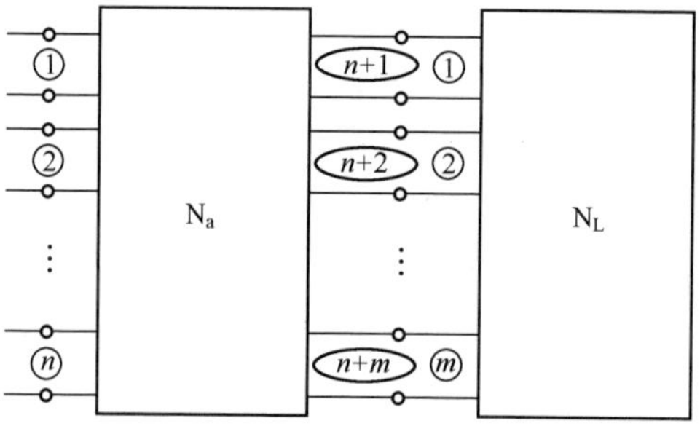

图 5-2　级联负载示意图

实际上，所有的网络连接都可以看作级联负载的形式[5]，即一个网络看作另一个网络的负载。定义负载网络的散射矩阵为 $\boldsymbol{S}_{L}$，那么图 5-2 中互连后网络的散射矩阵就可以由式（5-7）简化为

$$\boldsymbol{S}=\boldsymbol{S}_{11a}+\boldsymbol{S}_{12a}(\boldsymbol{E}-\boldsymbol{S}_{L}\boldsymbol{S}_{22a})^{-1}\boldsymbol{S}_{L}\boldsymbol{S}_{21a} \tag{5-8}$$

式中，$\boldsymbol{E}$ 为 m 阶单位矩阵。

5.2　端口阻抗转换

通常使用端口阻抗 Z_r 来定义 S 参数，在多数情况下，被测多端口网络的所有端口为标准阻抗值，即 $Z_r = 50\ \Omega$。然而，在描述高损耗的系统互连时，具有任意复阻抗端口的多端口网络变得越来越重要[6]。

在 2.1 节中，对 N 端口网络的 S 参数与 Z 参数之间的相互转换进行了推导，两者之间的转换关系如下：

$$\boldsymbol{Z}=\boldsymbol{G}_0^{-1}(\boldsymbol{E}-\boldsymbol{S})^{-1}(\boldsymbol{S}\boldsymbol{Z}_0+\boldsymbol{Z}_0^*)\boldsymbol{G}_0 \tag{5-9}$$

$$\boldsymbol{S}=\boldsymbol{G}_0(\boldsymbol{Z}-\boldsymbol{Z}_0^*)(\boldsymbol{Z}+\boldsymbol{Z}_0)^{-1}\boldsymbol{G}_0^{-1} \tag{5-10}$$

式中，$\boldsymbol{G}_0$、$\boldsymbol{Z}_0$、$\boldsymbol{Z}_0^*$ 均为 N 阶对角矩阵，表示为

$$\boldsymbol{G}_0=\mathrm{diag}\left\{\frac{1}{\sqrt{|R_1|}},\cdots,\frac{1}{\sqrt{|R_n|}},\cdots,\frac{1}{\sqrt{|R_N|}}\right\} \tag{5-11a}$$

$$\boldsymbol{Z}_0=\mathrm{diag}\{R_1+\mathrm{j}X_1,\cdots,R_n+\mathrm{j}X_n,\cdots,R_N+\mathrm{j}X_N\} \tag{5-11b}$$

$$\boldsymbol{Z}_0^*=\mathrm{diag}\{R_1-\mathrm{j}X_1,\cdots,R_n-\mathrm{j}X_n,\cdots,R_N-\mathrm{j}X_N\} \tag{5-11c}$$

目前没有一个已知的方程可以直接得到多端口网络端口阻抗变化后的 $\boldsymbol{S}$ 矩阵，其求解可以分两步：首先使用原有的 $\boldsymbol{S}$ 矩阵和端口阻抗推导得到阻抗矩阵，随后使用该阻抗矩阵与新的端口阻抗推导得到变化后的 $\boldsymbol{S}$ 矩阵。由于阻抗矩阵与端口阻抗的取值无关，所以该方法是可行的[4]。

定义变换前散射矩阵为 $\boldsymbol{S}$，阻抗矩阵 $\boldsymbol{Z}_0$ 和 $\boldsymbol{G}_0$ 如式（5-11）所示；定义变换后的散射矩阵为 $\boldsymbol{S}'$，阻抗矩阵 $\boldsymbol{Z}_0'$ 和 $\boldsymbol{G}_0'$ 表示如下：

$$\boldsymbol{Z}_0'=\mathrm{diag}\{R_{t1}+\mathrm{j}X_{t1},\cdots,R_{tn}+\mathrm{j}X_{tn},\cdots,R_{tN}+\mathrm{j}X_{tN}\} \tag{5-12a}$$

$$\boldsymbol{G}_0'=\mathrm{diag}\left\{\frac{1}{\sqrt{|R_{t1}|}},\cdots,\frac{1}{\sqrt{|R_{tn}|}},\cdots,\frac{1}{\sqrt{|R_{tN}|}}\right\} \tag{5-12b}$$

联立式（5-9）至式（5-12），可以得到变换后的散射矩阵：[7]

$$\boldsymbol{S}'=\boldsymbol{A}^{-1}(\boldsymbol{S}-\boldsymbol{\rho}^*)(\boldsymbol{E}-\boldsymbol{\rho}\boldsymbol{S})^{-1}\boldsymbol{A}^* \tag{5-13}$$

式中：

$$\boldsymbol{A}=(\boldsymbol{G}_0')^{-1}\boldsymbol{G}_0(\boldsymbol{E}-\boldsymbol{\rho}^*) \tag{5-14}$$

$$\boldsymbol{\rho}=(\boldsymbol{Z}_0'-\boldsymbol{Z}_0)(\boldsymbol{Z}_0'+\boldsymbol{Z}_0^*)^{-1} \tag{5-15}$$

式（5-13）至式（5-15）中，除散射矩阵 $\boldsymbol{S}$ 及 $\boldsymbol{S}'$ 外，其余的矩阵均为 N 阶对角矩阵，$\boldsymbol{E}$ 为单位矩阵，* 表示由矩阵元素取共轭得到的矩阵。

对于式（5-14）和式（5-15），为了简化表示，我们定义：

$$\mathrm{dz}_i=(R_{ti}+\mathrm{j}X_{ti})-(R_i+\mathrm{j}X_i),\quad i=1,2,\cdots,n,\cdots,N \tag{5-16a}$$

$$\mathrm{cz}_i=(R_{ti}+\mathrm{j}X_{ti})+(R_i-\mathrm{j}X_i),\quad i=1,2,\cdots,n,\cdots,N \tag{5-16b}$$

$$\mathrm{fz}_i=\frac{\mathrm{dz}_i}{\mathrm{cz}_i},\quad \mathrm{gz}_i=\sqrt{\left|\frac{R_{ti}}{R_i}\right|}(1-\mathrm{fz}_i^*),\quad \mathrm{hz}_i=\frac{1}{\mathrm{gz}_i},\quad i=1,2,\cdots,n,\cdots,N \tag{5-16c}$$

则有：

$$\boldsymbol{\rho}=\mathrm{diag}\{\mathrm{fz}_1,\cdots,\mathrm{fz}_n,\cdots,\mathrm{fz}_N\} \tag{5-17a}$$

$$\boldsymbol{A}^{-1}=\mathrm{diag}\{\mathrm{hz}_1,\cdots,\mathrm{hz}_n,\cdots,\mathrm{hz}_N\} \tag{5-17b}$$

$$\boldsymbol{A}^{*}=\mathrm{diag}\{\mathrm{gz}_1^*,\cdots,\mathrm{gz}_n^*,\cdots,\mathrm{gz}_N^*\} \tag{5-17c}$$

5.3　广义四端口网络与二端口网络的连接

为了更好地说明 5.1 节和 5.2 节中的推导过程，本节以一个四端口网络与一个二端口网络的连接为例进行推导说明，图 5-3 为其连接示意图。

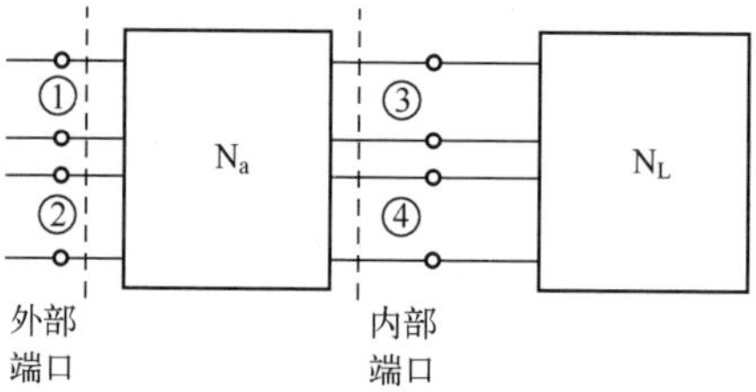

图 5-3　四端口网络与二端口网络连接示意图

如图 5-3 所示，将四端口网络的端口分为两组，根据去嵌电路网络模型将端口 1 和端口 2 定义为外部端口，端口 3 和端口 4 定义为内部端口[8]。

首先推导两个网络连接后整个网络的散射矩阵，假设四端口网络 N_a 的散射矩阵为 $\boldsymbol{S}_a$，二端口网络 N_L 的散射矩阵为 $\boldsymbol{S}_L$，分别表示为

$$\boldsymbol{S}_a=\begin{pmatrix} S_{11} & S_{12} & S_{13} & S_{14}\\ S_{21} & S_{22} & S_{23} & S_{24}\\ S_{31} & S_{32} & S_{33} & S_{34}\\ S_{41} & S_{42} & S_{43} & S_{44}\end{pmatrix} \tag{5-18}$$

$$\boldsymbol{S}_L=\begin{pmatrix} S_{L11} & S_{L12}\\ S_{L21} & S_{L22}\end{pmatrix} \tag{5-19}$$

根据 5.1 节，将矩阵 $\boldsymbol{S}_a$ 分为四个 2×2 矩阵，即

$$\boldsymbol{S}_{11a}=\begin{pmatrix} S_{11} & S_{12} \\ S_{21} & S_{22} \end{pmatrix},\quad \boldsymbol{S}_{12a}=\begin{pmatrix} S_{13} & S_{14} \\ S_{23} & S_{24} \end{pmatrix},\quad \boldsymbol{S}_{21a}=\begin{pmatrix} S_{31} & S_{32} \\ S_{41} & S_{42} \end{pmatrix},\quad \boldsymbol{S}_{22a}=\begin{pmatrix} S_{33} & S_{34} \\ S_{43} & S_{44} \end{pmatrix} \tag{5-20}$$

将式（5-19）及式（5-20）代入式（5-8），可得互连后网络的散射矩阵为

$$\begin{aligned}\boldsymbol{S} &= \boldsymbol{S}_{11a}+\boldsymbol{S}_{12a}(\boldsymbol{E}-\boldsymbol{S}_{L}\boldsymbol{S}_{22a})^{-1}\boldsymbol{S}_{L}\boldsymbol{S}_{21a} \\ &= \begin{pmatrix} S_{11} & S_{12} \\ S_{21} & S_{22} \end{pmatrix} + \frac{1}{\begin{vmatrix} 1-S_{L11}S_{33}-S_{L12}S_{43} & -S_{L11}S_{34}-S_{L12}S_{44} \\ -S_{L21}S_{33}-S_{L22}S_{43} & 1-S_{L21}S_{34}-S_{L22}S_{44} \end{vmatrix}} \begin{pmatrix} S_{13} & S_{14} \\ S_{23} & S_{24} \end{pmatrix} \times \\ &\quad \begin{pmatrix} 1-S_{L21}S_{34}-S_{L22}S_{44} & S_{L11}S_{34}+S_{L12}S_{44} \\ S_{L21}S_{33}+S_{L22}S_{43} & 1-S_{L11}S_{33}-S_{L12}S_{43} \end{pmatrix} \begin{pmatrix} S_{L11} & S_{L12} \\ S_{L21} & S_{L22} \end{pmatrix} \begin{pmatrix} S_{31} & S_{32} \\ S_{41} & S_{42} \end{pmatrix}\end{aligned} \tag{5-21}$$

令

$$\mathrm{DS}=\begin{vmatrix} 1-S_{L11}S_{33}-S_{L12}S_{43} & -S_{L11}S_{34}-S_{L12}S_{44} \\ -S_{L21}S_{33}-S_{L22}S_{43} & 1-S_{L21}S_{34}-S_{L22}S_{44} \end{vmatrix} \tag{5-22}$$

$$\begin{aligned}\mathbf{NS} &= \mathrm{DS}\begin{pmatrix} S_{11} & S_{12} \\ S_{21} & S_{22} \end{pmatrix} + \begin{pmatrix} S_{13} & S_{14} \\ S_{23} & S_{24} \end{pmatrix} \times \\ &\quad \begin{pmatrix} 1-S_{L21}S_{34}-S_{L22}S_{44} & S_{L11}S_{34}+S_{L12}S_{44} \\ S_{L21}S_{33}+S_{L22}S_{43} & 1-S_{L11}S_{33}-S_{L12}S_{43} \end{pmatrix} \begin{pmatrix} S_{L11} & S_{L12} \\ S_{L21} & S_{L22} \end{pmatrix} \begin{pmatrix} S_{31} & S_{32} \\ S_{41} & S_{42} \end{pmatrix}\end{aligned} \tag{5-23}$$

则式（5-21）中的矩阵 $\boldsymbol{S}$ 可以简化表示为 $\boldsymbol{S}=\mathbf{NS}/\mathrm{DS}$。由式（5-22）和式（5-23）推导得到的 S 参数见表 5-1。

表 5-1　四端口网络与二端口网络互连的 S 参数

NS_{ij}	1	2
1	$S_{11}-S_{L11}(S_{11}S_{33}-S_{13}S_{31})-S_{L12}(S_{11}S_{43}-S_{13}S_{41})-S_{L21}(S_{11}S_{34}-S_{14}S_{31})-S_{L22}\times(S_{11}S_{44}-S_{14}S_{41})+(S_{L11}S_{L22}-S_{L12}S_{L21})\times(S_{11}S_{33}S_{44}-S_{11}S_{34}S_{43}-S_{13}S_{31}S_{44}+S_{13}S_{34}S_{41}+S_{14}S_{31}S_{43}-S_{14}S_{33}S_{41})$	$S_{12}-S_{L11}(S_{12}S_{33}-S_{13}S_{32})-S_{L12}(S_{12}S_{43}-S_{13}S_{42})-S_{L21}(S_{12}S_{34}-S_{14}S_{32})-S_{L22}\times(S_{12}S_{44}-S_{14}S_{42})+(S_{L11}S_{L22}-S_{L12}S_{L21})\times(S_{12}S_{33}S_{44}-S_{12}S_{34}S_{43}-S_{13}S_{32}S_{44}+S_{13}S_{34}S_{42}+S_{14}S_{32}S_{43}-S_{14}S_{33}S_{42})$
2	$S_{21}-S_{L11}(S_{21}S_{33}-S_{23}S_{31})-S_{L12}(S_{21}S_{43}-S_{23}S_{41})-S_{L21}(S_{21}S_{34}-S_{24}S_{31})-S_{L22}\times(S_{21}S_{44}-S_{24}S_{41})+(S_{L11}S_{L22}-S_{L12}S_{L21})\times(S_{21}S_{33}S_{44}-S_{21}S_{34}S_{43}-S_{23}S_{31}S_{44}+S_{23}S_{34}S_{41}+S_{24}S_{31}S_{43}-S_{24}S_{33}S_{41})$	$S_{22}-S_{L11}(S_{22}S_{33}-S_{23}S_{32})-S_{L12}(S_{22}S_{43}-S_{23}S_{42})-S_{L21}(S_{22}S_{34}-S_{24}S_{32})-S_{L22}\times(S_{22}S_{44}-S_{24}S_{42})+(S_{L11}S_{L22}-S_{L12}S_{L21})\times(S_{22}S_{33}S_{44}-S_{22}S_{34}S_{43}-S_{23}S_{32}S_{44}+S_{23}S_{34}S_{42}+S_{24}S_{32}S_{43}-S_{24}S_{33}S_{42})$
$\mathrm{DS}=1-S_{L11}S_{33}-S_{L12}S_{43}-S_{L21}S_{34}-S_{L22}S_{44}+(S_{L11}S_{L22}-S_{L12}S_{L21})(S_{33}S_{44}-S_{34}S_{43})$		

由 5.1 节可知，为保证两个复阻抗网络连接处波的连续性，需要端口阻抗共轭相等。当图 5-3 中四端口网络和二端口网络连接处的端口阻抗不满足共轭相等时，就需要对二端口网络端口阻抗变化后的散射矩阵进行推导。

对于二端口网络 N_L，由式（5-16）有

$$\mathrm{dz}_1=(R_{t1}+\mathrm{j}X_{t1})-(R_1+\mathrm{j}X_1),\quad \mathrm{dz}_2=(R_{t2}+\mathrm{j}X_{t2})-(R_2+\mathrm{j}X_2) \tag{5-24a}$$

$$\mathrm{cz}_1=(R_{t1}+\mathrm{j}X_{t1})+(R_1-\mathrm{j}X_1),\quad \mathrm{cz}_2=(R_{t2}+\mathrm{j}X_{t2})+(R_2-\mathrm{j}X_2) \tag{5-24b}$$

$$\mathrm{fz}_1=\frac{\mathrm{dz}_1}{\mathrm{cz}_1},\quad \mathrm{fz}_2=\frac{\mathrm{dz}_2}{\mathrm{cz}_2} \tag{5-24c}$$

$$\mathrm{gz}_1=\sqrt{\left|\frac{R_{t1}}{R_1}\right|}(1-\mathrm{fz}_1^*),\quad \mathrm{gz}_2=\sqrt{\left|\frac{R_{t2}}{R_2}\right|}(1-\mathrm{fz}_2^*) \tag{5-24d}$$

$$\mathrm{hz}_1=\frac{1}{\mathrm{gz}_1},\quad \mathrm{hz}_2=\frac{1}{\mathrm{gz}_2} \tag{5-24e}$$

则式（5-17）可表示为

$$\boldsymbol{\rho}=\begin{pmatrix}\mathrm{fz}_1 & 0\\ 0 & \mathrm{fz}_2\end{pmatrix} \tag{5-25a}$$

$$\boldsymbol{A}^{-1}=\begin{pmatrix}\mathrm{hz}_1 & 0\\ 0 & \mathrm{hz}_2\end{pmatrix} \tag{5-25b}$$

$$\boldsymbol{A}^{*}=\begin{pmatrix}\mathrm{gz}_1^* & 0\\ 0 & \mathrm{gz}_2^*\end{pmatrix} \tag{5-25c}$$

端口阻抗变换后的散射矩阵可由式（5-13）求得：

$$\begin{aligned}\boldsymbol{S}'&=\boldsymbol{A}^{-1}(\boldsymbol{S}-\boldsymbol{\rho}^*)(\boldsymbol{E}-\boldsymbol{\rho}\boldsymbol{S})^{-1}\boldsymbol{A}^*\\&=\frac{1}{\begin{vmatrix}1-\mathrm{fz}_1S_{11} & -\mathrm{fz}_1S_{12}\\ -\mathrm{fz}_2S_{21} & 1-\mathrm{fz}_2S_{22}\end{vmatrix}}\times\\&\quad\begin{pmatrix}\mathrm{hz}_1 & 0\\ 0 & \mathrm{hz}_2\end{pmatrix}\begin{pmatrix}S_{11}-\mathrm{fz}_1^* & S_{12}\\ S_{21} & S_{22}-\mathrm{fz}_2^*\end{pmatrix}\times\\&\quad\begin{pmatrix}1-\mathrm{fz}_2S_{22} & \mathrm{fz}_1S_{12}\\ \mathrm{fz}_2S_{21} & 1-\mathrm{fz}_1S_{11}\end{pmatrix}\begin{pmatrix}\mathrm{gz}_1^* & 0\\ 0 & \mathrm{gz}_2^*\end{pmatrix}\end{aligned} \tag{5-26}$$

令

$$\mathrm{DS}'=\begin{vmatrix}1-\mathrm{fz}_1S_{11} & -\mathrm{fz}_1S_{12}\\ -\mathrm{fz}_2S_{21} & 1-\mathrm{fz}_2S_{22}\end{vmatrix} \tag{5-27a}$$

$$
\mathbf{NS}'=\begin{pmatrix} hz_1 & 0 \\ 0 & hz_2 \end{pmatrix}\begin{pmatrix} S_{11}-fz_1^* & S_{12} \\ S_{21} & S_{22}-fz_2^* \end{pmatrix}\times \\
\begin{pmatrix} 1-fz_2S_{22} & fz_1S_{12} \\ fz_2S_{21} & 1-fz_1S_{11} \end{pmatrix}\begin{pmatrix} gz_1^* & 0 \\ 0 & gz_2^* \end{pmatrix} \tag{5-27b}
$$

由式（5-27）推导得到的 S 参数见表 5-2。

表 5-2　二端口网络阻抗变换的 S 参数

NS'_{ij}	1	2
1	$hz_1gz_1^*[-fz_1^*+S_{11}+fz_1^*fz_2S_{22}$ $-fz_2(S_{11}S_{22}-S_{12}S_{21})]$	$-hz_1gz_2^*(fz_1^*fz_1-1)S_{12}$
2	$-hz_2gz_1^*(fz_2^*fz_2-1)S_{21}$	$hz_2gz_2^*[-fz_2^*+S_{22}+fz_2^*fz_1S_{11}$ $-fz_1(S_{11}S_{22}-S_{12}S_{21})]$
$DS'=1-fz_1S_{11}-fz_2S_{22}+fz_1fz_2(S_{11}S_{22}-S_{12}S_{21})$		

5.4　差分网络端口增减

在本章前几节中，对单端网络端口增减进行了讨论，随着差分电路在射频和微波系统中的应用变得越来越普遍，需要考虑差分网络连接以及网络端口增减的情况。本节中，首先对二端口差分网络的混合模式 S 参数矩阵进行重新排列，然后类推到 N 端口网络的混合模式 S 参数矩阵，最后对差分网络端口增减后的混合模式 S 参数矩阵进行推导。

1. 二端口差分网络

4.1 节中的式（4-3）定义了用于表征二端口差分网络特性的混合模式 S 参数，可用矩阵表示为

$$
\begin{pmatrix} b_{d1} \\ b_{d2} \\ b_{c1} \\ b_{c2} \end{pmatrix}=\begin{pmatrix} S_{dd11} & S_{dd12} & S_{dc11} & S_{dc12} \\ S_{dd21} & S_{dd22} & S_{dc21} & S_{dc22} \\ S_{cd11} & S_{cd12} & S_{cc11} & S_{cc12} \\ S_{cd21} & S_{cd22} & S_{cc21} & S_{cc22} \end{pmatrix}\begin{pmatrix} a_{d1} \\ a_{d2} \\ a_{c1} \\ a_{c2} \end{pmatrix} \tag{5-28}
$$

上式中的混合模式 S 参数矩阵可按照差模、共模和交叉模式信号的输入输出响应分为 S_{ddxy}（差模输入到差模输出）、S_{ccxy}（共模输入到共模输出）、S_{cdxy}（差模输入到共模输出）和 S_{dcxy}（共模输入到差模输出），其中 xy 分别表示输出端口

和输入端口的序号。

将式（5-28）中的混合模式 S 参数矩阵重新排列如下[9]：

$$\begin{pmatrix} b_{c1} \\ b_{d1} \\ b_{c2} \\ b_{d2} \end{pmatrix} = \begin{pmatrix} S_{cc11} & S_{cd11} & S_{cc12} & S_{cd12} \\ S_{dc11} & S_{dd11} & S_{dc12} & S_{dd12} \\ S_{cc21} & S_{cd21} & S_{cc22} & S_{cd22} \\ S_{dc21} & S_{dd21} & S_{dc22} & S_{dd22} \end{pmatrix} \begin{pmatrix} a_{c1} \\ a_{d1} \\ a_{c2} \\ a_{d2} \end{pmatrix} \tag{5-29}$$

将上式中的 $\boldsymbol{S}$ 矩阵划分为四个 2×2 矩阵，表示为

$$\begin{pmatrix} \boldsymbol{b}_1 \\ \boldsymbol{b}_2 \end{pmatrix} = \begin{pmatrix} \boldsymbol{S}_{m11} & \boldsymbol{S}_{m12} \\ \boldsymbol{S}_{m21} & \boldsymbol{S}_{m22} \end{pmatrix} \begin{pmatrix} \boldsymbol{a}_1 \\ \boldsymbol{a}_2 \end{pmatrix} \tag{5-30}$$

式中：

$$\boldsymbol{b}_1 = \begin{pmatrix} b_{c1} \\ b_{d1} \end{pmatrix},\quad \boldsymbol{b}_2 = \begin{pmatrix} b_{c2} \\ b_{d2} \end{pmatrix},\quad \boldsymbol{a}_1 = \begin{pmatrix} a_{c1} \\ a_{d1} \end{pmatrix},\quad \boldsymbol{a}_2 = \begin{pmatrix} a_{c2} \\ a_{d2} \end{pmatrix} \tag{5-31a}$$

$$\begin{gathered} \boldsymbol{S}_{m11} = \begin{pmatrix} S_{cc11} & S_{cd11} \\ S_{dc11} & S_{dd11} \end{pmatrix},\quad \boldsymbol{S}_{m12} = \begin{pmatrix} S_{cc12} & S_{cd12} \\ S_{dc12} & S_{dd12} \end{pmatrix} \\ \boldsymbol{S}_{m21} = \begin{pmatrix} S_{cc21} & S_{cd21} \\ S_{dc21} & S_{dd21} \end{pmatrix},\quad \boldsymbol{S}_{m22} = \begin{pmatrix} S_{cc22} & S_{cd22} \\ S_{dc22} & S_{dd22} \end{pmatrix} \end{gathered} \tag{5-31b}$$

2. 多端口差分网络

在本节中我们只讨论具有（$p+q$）个差分端口的网络与具有（$q+n-p$）个差分端口的网络互连，如图 5-4 所示。

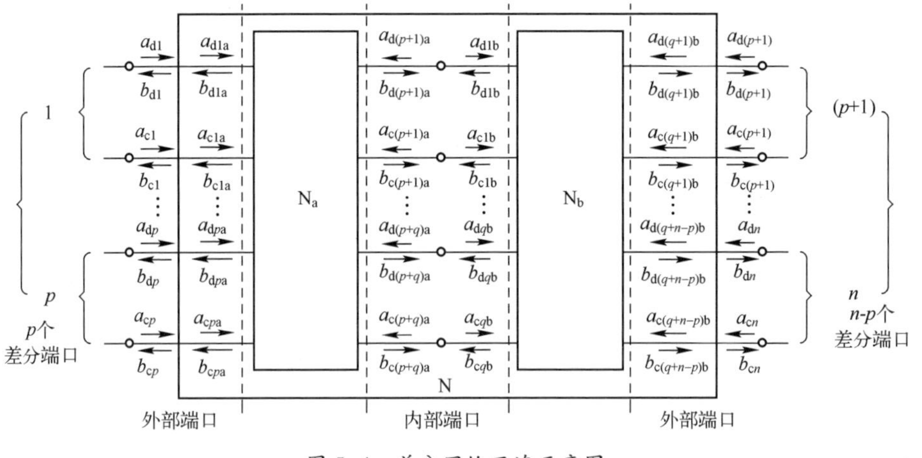

图 5-4　差分网络互连示意图

在图 5-4 中，将差分网络 N_b 的 q 个差分端口连接到差分网络 N_a 的 q 个指定差分端口，构成具有 n 个差分端口的差分网络 N。假设 $\boldsymbol{S}_{ma}$、$\boldsymbol{S}_{mb}$ 和 $\boldsymbol{S}_m$ 分别为表征差分网络 N_a、N_b 和 N 特性的混合模式 S 参数矩阵，根据 4.1 节中对混合模式 S 参数矩阵的描述，差分网络 N 可表示为[4]

$$\begin{pmatrix} b_{d1} \\ \vdots \\ b_{dn} \\ b_{c1} \\ \vdots \\ b_{cn} \end{pmatrix} = \begin{pmatrix} \boldsymbol{S}_{dd} & \boldsymbol{S}_{dc} \\ \boldsymbol{S}_{cd} & \boldsymbol{S}_{cc} \end{pmatrix} \begin{pmatrix} a_{d1} \\ \vdots \\ a_{dn} \\ a_{c1} \\ \vdots \\ a_{cn} \end{pmatrix} \tag{5-32}$$

式中：

$$\boldsymbol{S}_{dd} = \begin{pmatrix} S_{dd11} & S_{dd12} & \cdots & S_{dd1n} \\ S_{dd21} & S_{dd22} & \cdots & S_{dd2n} \\ \vdots & \vdots & \ddots & \vdots \\ S_{ddn1} & S_{ddn2} & \cdots & S_{ddnn} \end{pmatrix}, \quad \boldsymbol{S}_{dc} = \begin{pmatrix} S_{dc11} & S_{dc12} & \cdots & S_{dc1n} \\ S_{dc21} & S_{dc22} & \cdots & S_{dc2n} \\ \vdots & \vdots & \ddots & \vdots \\ S_{dcn1} & S_{dcn2} & \cdots & S_{dcnn} \end{pmatrix} \tag{5-33a}$$

$$\boldsymbol{S}_{cd} = \begin{pmatrix} S_{cd11} & S_{cd12} & \cdots & S_{cd1n} \\ S_{cd21} & S_{cd22} & \cdots & S_{cd2n} \\ \vdots & \vdots & \ddots & \vdots \\ S_{cdn1} & S_{cdn2} & \cdots & S_{cdnn} \end{pmatrix}, \quad \boldsymbol{S}_{cc} = \begin{pmatrix} S_{cc11} & S_{cc12} & \cdots & S_{cc1n} \\ S_{cc21} & S_{cc22} & \cdots & S_{cc2n} \\ \vdots & \vdots & \ddots & \vdots \\ S_{ccn1} & S_{ccn2} & \cdots & S_{ccnn} \end{pmatrix} \tag{5-33b}$$

将式（5-32）中的混合模式 S 参数矩阵元素重新排列如下：

$$\begin{pmatrix} \boldsymbol{b}_1 \\ \boldsymbol{b}_2 \\ \vdots \\ \boldsymbol{b}_n \end{pmatrix} = \begin{pmatrix} \boldsymbol{X}_{11} & \boldsymbol{X}_{12} & \cdots & \boldsymbol{X}_{1n} \\ \boldsymbol{X}_{21} & \boldsymbol{X}_{22} & \cdots & \boldsymbol{X}_{2n} \\ \vdots & \vdots & \ddots & \vdots \\ \boldsymbol{X}_{n1} & \boldsymbol{X}_{n2} & \cdots & \boldsymbol{X}_{nn} \end{pmatrix} \begin{pmatrix} \boldsymbol{a}_1 \\ \boldsymbol{a}_2 \\ \vdots \\ \boldsymbol{a}_n \end{pmatrix} \tag{5-34}$$

式中，$\boldsymbol{a}_i$、$\boldsymbol{b}_i$、$\boldsymbol{X}_{ij}(i,j=1,2,3,\cdots,n)$ 表示为

$$\boldsymbol{a}_i = \begin{pmatrix} a_{ci} \\ a_{di} \end{pmatrix}, \quad \boldsymbol{b}_i = \begin{pmatrix} b_{ci} \\ b_{di} \end{pmatrix}, \quad \boldsymbol{X}_{ij} = \begin{pmatrix} S_{ccij} & S_{cdij} \\ S_{dcij} & S_{ddij} \end{pmatrix} \tag{5-35}$$

同理，差分网络 N_a 和 N_b 的混合模式 S 参数矩阵也可以表示为上述形式。与 5.1 节中对于单端网络端口增减的推导类似，式（5-34）中差分网络 N 的混合模式 S 参数矩阵可以按照图 5-4 中的连接方式划分为四个矩阵 $\boldsymbol{S}_{m11}$、$\boldsymbol{S}_{m12}$、$\boldsymbol{S}_{m21}$、$\boldsymbol{S}_{m22}$，分别为 $(2p\times2p)$、$[2p\times2(n-p)]$、$[2(n-p)\times2p]$、$[2(n-p)\times2(n-p)]$ 阶矩阵。类似地，差分网络 N_a 的混合模式 S 参数矩阵 $\boldsymbol{S}_{ma}$ 可划分为 $\boldsymbol{S}_{m11a}$、$\boldsymbol{S}_{m12a}$、$\boldsymbol{S}_{m21a}$、$\boldsymbol{S}_{m22a}$，分别为 $(2p\times2p)$、$(2p\times2q)$、$(2q\times2p)$、$(2q\times2q)$ 阶矩阵，差分网络 N_b 的混

合模式 S 参数矩阵 $\boldsymbol{S}_{\mathrm{mb}}$ 可划分为 $\boldsymbol{S}_{\mathrm{m11b}}$、$\boldsymbol{S}_{\mathrm{m12b}}$、$\boldsymbol{S}_{\mathrm{m21b}}$、$\boldsymbol{S}_{\mathrm{m22b}}$，分别为$(2q\times2q)$、$[2q\times2(n-p)]$、$[2(n-p)\times2q]$、$[2(n-p)\times2(n-p)]$阶矩阵，表示如下：

$$\begin{pmatrix}\boldsymbol{b}_{\mathrm{m1}}\\ \boldsymbol{b}_{\mathrm{m2}}\end{pmatrix}=\begin{pmatrix}\boldsymbol{S}_{\mathrm{m11}} & \boldsymbol{S}_{\mathrm{m12}}\\ \boldsymbol{S}_{\mathrm{m21}} & \boldsymbol{S}_{\mathrm{m22}}\end{pmatrix}\begin{pmatrix}\boldsymbol{a}_{\mathrm{m1}}\\ \boldsymbol{a}_{\mathrm{m2}}\end{pmatrix} \tag{5-36a}$$

$$\begin{pmatrix}\boldsymbol{b}_{\mathrm{m1a}}\\ \boldsymbol{b}_{\mathrm{m2a}}\end{pmatrix}=\begin{pmatrix}\boldsymbol{S}_{\mathrm{m11a}} & \boldsymbol{S}_{\mathrm{m12a}}\\ \boldsymbol{S}_{\mathrm{m21a}} & \boldsymbol{S}_{\mathrm{m22a}}\end{pmatrix}\begin{pmatrix}\boldsymbol{a}_{\mathrm{m1a}}\\ \boldsymbol{a}_{\mathrm{m2a}}\end{pmatrix} \tag{5-36b}$$

$$\begin{pmatrix}\boldsymbol{b}_{\mathrm{m1b}}\\ \boldsymbol{b}_{\mathrm{m2b}}\end{pmatrix}=\begin{pmatrix}\boldsymbol{S}_{\mathrm{m11b}} & \boldsymbol{S}_{\mathrm{m12b}}\\ \boldsymbol{S}_{\mathrm{m21b}} & \boldsymbol{S}_{\mathrm{m22b}}\end{pmatrix}\begin{pmatrix}\boldsymbol{a}_{\mathrm{m1b}}\\ \boldsymbol{a}_{\mathrm{m2b}}\end{pmatrix} \tag{5-36c}$$

式中，$\boldsymbol{b}_{\mathrm{m1}}$、$\boldsymbol{b}_{\mathrm{m2}}$、$\boldsymbol{a}_{\mathrm{m1}}$、$\boldsymbol{a}_{\mathrm{m2}}$表示如下：

$$\begin{aligned}&\boldsymbol{b}_{\mathrm{m1}}=(\boldsymbol{b}_1\quad \boldsymbol{b}_2\quad \cdots\quad \boldsymbol{b}_p)^{\mathrm{T}},\quad \boldsymbol{b}_{\mathrm{m2}}=(\boldsymbol{b}_{p+1}\quad \boldsymbol{b}_{p+2}\quad \cdots\quad \boldsymbol{b}_n)^{\mathrm{T}}\\ &\boldsymbol{a}_{\mathrm{m1}}=(\boldsymbol{a}_1\quad \boldsymbol{a}_2\quad \cdots\quad \boldsymbol{a}_p)^{\mathrm{T}},\quad \boldsymbol{a}_{\mathrm{m2}}=(\boldsymbol{a}_{p+1}\quad \boldsymbol{a}_{p+2}\quad \cdots\quad \boldsymbol{a}_n)^{\mathrm{T}}\end{aligned} \tag{5-37}$$

上式中的 $\boldsymbol{a}_i$及 $\boldsymbol{b}_i(i=1,2,\cdots,p,\cdots,n)$如式（5-35）所示。类似的可以得到 $\boldsymbol{b}_{\mathrm{m1a}}$、$\boldsymbol{b}_{\mathrm{m2a}}$、$\boldsymbol{a}_{\mathrm{m1a}}$、$\boldsymbol{a}_{\mathrm{m2a}}$的表示，它们分别为 $2p$、$2q$、$2p$、$2q$ 阶列向量；以及 $\boldsymbol{b}_{\mathrm{m1b}}$、$\boldsymbol{b}_{\mathrm{m2b}}$、$\boldsymbol{a}_{\mathrm{m1b}}$、$\boldsymbol{a}_{\mathrm{m2b}}$的表示，它们分别为 $2q$、$2(n-p)$、$2q$、$2(n-p)$阶列向量，这里不再一一列出。

类似于单端网络的连接，为使连接处实现理想匹配，需要连接处的端口阻抗共轭相等，在本节中可得：

$$\begin{aligned}&\boldsymbol{a}_{\mathrm{m1}}=\boldsymbol{a}_{\mathrm{m1a}},\boldsymbol{b}_{\mathrm{m1}}=\boldsymbol{b}_{\mathrm{m1a}},\boldsymbol{a}_{\mathrm{m2a}}=\boldsymbol{b}_{\mathrm{m1b}}\\ &\boldsymbol{a}_{\mathrm{m1b}}=\boldsymbol{b}_{\mathrm{m2a}},\boldsymbol{a}_{\mathrm{m2}}=\boldsymbol{a}_{\mathrm{m2b}},\boldsymbol{b}_{\mathrm{m2}}=\boldsymbol{b}_{\mathrm{m2b}}\end{aligned} \tag{5-38}$$

将式（5-38）代入式（5-36b）和式（5-36c）中，可以得到

$$\boldsymbol{a}_{\mathrm{m1b}}=\boldsymbol{S}_{\mathrm{m21a}}\boldsymbol{a}_{\mathrm{m1}}+\boldsymbol{S}_{\mathrm{m22a}}\boldsymbol{a}_{\mathrm{m2a}} \tag{5-39a}$$

$$\boldsymbol{a}_{\mathrm{m2a}}=\boldsymbol{S}_{\mathrm{m11b}}\boldsymbol{a}_{\mathrm{m1b}}+\boldsymbol{S}_{\mathrm{m12b}}\boldsymbol{a}_{\mathrm{m2}} \tag{5-39b}$$

联立式（5-39a）和（5-39b），可以得到 $\boldsymbol{a}_{\mathrm{m1b}}$和 $\boldsymbol{a}_{\mathrm{m2a}}$：

$$\boldsymbol{a}_{\mathrm{m1b}}=(\boldsymbol{E}-\boldsymbol{S}_{\mathrm{m22a}}\boldsymbol{S}_{\mathrm{m11b}})^{-1}(\boldsymbol{S}_{\mathrm{m21a}}\boldsymbol{a}_{\mathrm{m1}}+\boldsymbol{S}_{\mathrm{m22a}}\boldsymbol{S}_{\mathrm{m12b}}\boldsymbol{a}_{\mathrm{m2}}) \tag{5-40a}$$

$$\boldsymbol{a}_{\mathrm{m2a}}=(\boldsymbol{E}-\boldsymbol{S}_{\mathrm{m11b}}\boldsymbol{S}_{\mathrm{m22a}})^{-1}(\boldsymbol{S}_{\mathrm{m11b}}\boldsymbol{S}_{\mathrm{m21a}}\boldsymbol{a}_{\mathrm{m1}}+\boldsymbol{S}_{\mathrm{m12b}}\boldsymbol{a}_{\mathrm{m2}}) \tag{5-40b}$$

将式（5-40）代入式（5-36b）和式（5-36c），联立式（5-38），可以得到矩阵 $\boldsymbol{S}_{\mathrm{m}}$为

$$\begin{aligned}&\boldsymbol{S}_{\mathrm{m11}}=\boldsymbol{S}_{\mathrm{m11a}}+\boldsymbol{S}_{\mathrm{m12a}}(\boldsymbol{E}-\boldsymbol{S}_{\mathrm{m11b}}\boldsymbol{S}_{\mathrm{m22a}})^{-1}\boldsymbol{S}_{\mathrm{m11b}}\boldsymbol{S}_{\mathrm{m21a}}\\ &\boldsymbol{S}_{\mathrm{m12}}=\boldsymbol{S}_{\mathrm{m12a}}(\boldsymbol{E}-\boldsymbol{S}_{\mathrm{m11b}}\boldsymbol{S}_{\mathrm{m22a}})^{-1}\boldsymbol{S}_{\mathrm{m12b}}\\ &\boldsymbol{S}_{\mathrm{m21}}=\boldsymbol{S}_{\mathrm{m21b}}(\boldsymbol{E}-\boldsymbol{S}_{\mathrm{m22a}}\boldsymbol{S}_{\mathrm{m11b}})^{-1}\boldsymbol{S}_{\mathrm{m21a}}\\ &\boldsymbol{S}_{\mathrm{m22}}=\boldsymbol{S}_{\mathrm{m22b}}+\boldsymbol{S}_{\mathrm{m21b}}(\boldsymbol{E}-\boldsymbol{S}_{\mathrm{m22a}}\boldsymbol{S}_{\mathrm{m11b}})^{-1}\boldsymbol{S}_{\mathrm{m22a}}\boldsymbol{S}_{\mathrm{m12b}}\end{aligned} \tag{5-41}$$

式（5-40）和式（5-41）中的 $\boldsymbol{E}$ 均为 $2q$ 阶单位矩阵。

同理，若负载网络的混合模式 S 参数矩阵表示为 $\boldsymbol{S}_{\mathrm{mL}}$，则差分网络级联负载

后的混合模式 S 参数矩阵可以表示为

$$\boldsymbol{S}_{\mathrm{m}}=\boldsymbol{S}_{\mathrm{m11a}}+\boldsymbol{S}_{\mathrm{m12a}}(\boldsymbol{E}-\boldsymbol{S}_{\mathrm{mL}}\boldsymbol{S}_{\mathrm{m22a}})^{-1}\boldsymbol{S}_{\mathrm{mL}}\boldsymbol{S}_{\mathrm{m21a}} \tag{5-42}$$

3. 二端口差分网络端口减少

接下来以一个二端口差分网络和一个一端口差分网络的连接造成差分网络端口减少的情况为例进行说明，如图 5-5 所示。

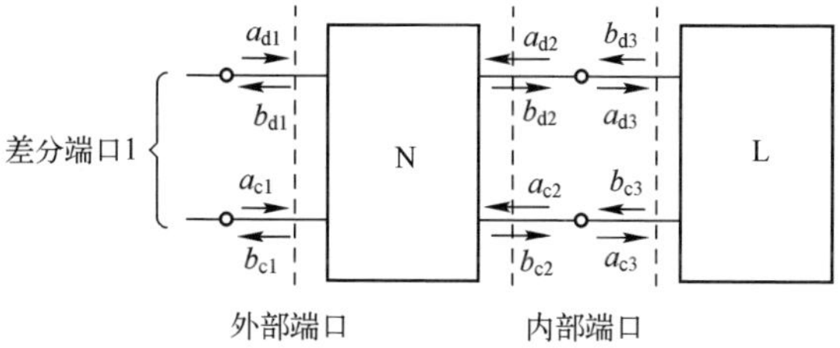

图 5-5　二端口差分网络级联负载示意图

假设重新排列后的二端口差分网络和一端口差分网络的混合模式 S 参数矩阵分别为 $\boldsymbol{S}_{\mathrm{m1}}$ 和 $\boldsymbol{S}_{\mathrm{mL}}$，互连后的一端口差分网络的混合模式 S 参数矩阵为 $\boldsymbol{S}_{\mathrm{m}}$，表示如下：

$$\boldsymbol{S}_{\mathrm{m1}}=\begin{pmatrix} S_{\mathrm{cc11}} & S_{\mathrm{cd11}} & S_{\mathrm{cc12}} & S_{\mathrm{cd12}} \\ S_{\mathrm{dc11}} & S_{\mathrm{dd11}} & S_{\mathrm{dc12}} & S_{\mathrm{dd12}} \\ S_{\mathrm{cc21}} & S_{\mathrm{cd21}} & S_{\mathrm{cc22}} & S_{\mathrm{cd22}} \\ S_{\mathrm{dc21}} & S_{\mathrm{dd21}} & S_{\mathrm{dc22}} & S_{\mathrm{dd22}} \end{pmatrix} \tag{5-43a}$$

$$\boldsymbol{S}_{\mathrm{mL}}=\begin{pmatrix} S_{\mathrm{cc33}} & S_{\mathrm{cd33}} \\ S_{\mathrm{dc33}} & S_{\mathrm{dd33}} \end{pmatrix} \tag{5-43b}$$

将 $\boldsymbol{S}_{\mathrm{m1}}$ 划分为

$$\begin{gathered}\boldsymbol{S}_{\mathrm{m11a}}=\boldsymbol{X}_{11}=\begin{pmatrix} S_{\mathrm{cc11}} & S_{\mathrm{cd11}} \\ S_{\mathrm{dc11}} & S_{\mathrm{dd11}} \end{pmatrix},\quad \boldsymbol{S}_{\mathrm{m12a}}=\boldsymbol{X}_{12}=\begin{pmatrix} S_{\mathrm{cc12}} & S_{\mathrm{cd12}} \\ S_{\mathrm{dc12}} & S_{\mathrm{dd12}} \end{pmatrix} \\ \boldsymbol{S}_{\mathrm{m21a}}=\boldsymbol{X}_{21}=\begin{pmatrix} S_{\mathrm{cc21}} & S_{\mathrm{cd21}} \\ S_{\mathrm{dc21}} & S_{\mathrm{dd21}} \end{pmatrix},\quad \boldsymbol{S}_{\mathrm{m22a}}=\boldsymbol{X}_{22}=\begin{pmatrix} S_{\mathrm{cc22}} & S_{\mathrm{cd22}} \\ S_{\mathrm{dc22}} & S_{\mathrm{dd22}} \end{pmatrix}\end{gathered} \tag{5-44}$$

将式（5-44）和式（5-43b）代入式（5-42）进行计算，并令

$$\mathrm{DS}_{\mathrm{m}}=|\boldsymbol{E}-\boldsymbol{S}_{\mathrm{mL}}\boldsymbol{S}_{\mathrm{m22a}}| \tag{5-45a}$$

$$\mathbf{NS}_{\mathrm{m}}=\mathrm{DS}_{\mathrm{m}}\boldsymbol{S}_{\mathrm{m11a}}+\boldsymbol{S}_{\mathrm{m12a}}[\mathrm{adj}(\boldsymbol{E}-\boldsymbol{S}_{\mathrm{mL}}\boldsymbol{S}_{\mathrm{m22a}})]\boldsymbol{S}_{\mathrm{mL}}\boldsymbol{S}_{\mathrm{m21a}} \tag{5-45b}$$

其中 adj 表示取伴随矩阵，则互连后网络的混合模式 S 参数矩阵 $\boldsymbol{S}_{\mathrm{m}}$ 可以简化表示为 $\boldsymbol{S}_{\mathrm{m}}=\mathbf{NS}_{\mathrm{m}}/\mathrm{DS}_{\mathrm{m}}$，推导得到的互连后网络的混合模式 S 参数见表 5-3。

表 5-3　差分二端口网络与差分一端口网络互连的混合模式 S 参数

NS_{mij}	c	d
c	$S_{cc11}-S_{cc33}(S_{cc11}S_{cc22}-S_{cc12}S_{cc21})-S_{cd33}\times(S_{cc11}S_{dc22}-S_{cc12}S_{dc21})-S_{dc33}(S_{cc11}S_{cd22}-S_{cd12}S_{cc21})-S_{dd33}(S_{cc11}S_{dd22}-S_{cd12}S_{dc21})+(S_{cc33}S_{dd33}-S_{cd33}S_{dc33})(S_{cc11}S_{cc22}S_{dd22}-S_{cc11}S_{cd22}S_{dc22}-S_{cc12}S_{cc21}S_{dd22}+S_{cc12}S_{cd22}S_{dc21}+S_{cd12}S_{cc21}S_{dc22}-S_{cd12}S_{cc22}S_{dc21})$	$S_{cd11}-S_{cc33}(S_{cd11}S_{cc22}-S_{cc12}S_{cd21})-S_{cd33}\times(S_{cd11}S_{dc22}-S_{cc12}S_{dd21})-S_{dc33}(S_{cd11}S_{cd22}-S_{cd12}S_{cd21})-S_{dd33}(S_{cd11}S_{dd22}-S_{cd12}S_{dd21})+(S_{cc33}S_{dd33}-S_{cd33}S_{dc33})(S_{cd11}S_{cc22}S_{dd22}-S_{cd11}S_{cd22}S_{dc22}-S_{cc12}S_{cd21}S_{dd22}+S_{cc12}S_{cd22}S_{dd21}+S_{cd12}S_{cd21}S_{dc22}-S_{cd12}S_{cc22}S_{dd21})$
d	$S_{dc11}-S_{cc33}(S_{dc11}S_{cc22}-S_{dc12}S_{cc21})-S_{cd33}\times(S_{dc11}S_{dc22}-S_{dc12}S_{dc21})-S_{dc33}(S_{dc11}S_{cd22}-S_{dd12}S_{cc21})-S_{dd33}(S_{dc11}S_{dd22}-S_{dd12}S_{dc21})+(S_{cc33}S_{dd33}-S_{cd33}S_{dc33})(S_{dc11}S_{cc22}S_{dd22}-S_{dc11}S_{cd22}S_{dc22}-S_{dc12}S_{cc21}S_{dd22}+S_{dc12}S_{cd22}S_{dc21}+S_{dd12}S_{cc21}S_{dc22}-S_{dd12}S_{cc22}S_{dc21})$	$S_{dd11}-S_{cc33}(S_{dd11}S_{cc22}-S_{dc12}S_{cd21})-S_{cd33}\times(S_{dd11}S_{dc22}-S_{dc12}S_{dd21})-S_{dc33}(S_{dd11}S_{cd22}-S_{dd12}S_{cd21})-S_{dd33}(S_{dd11}S_{dd22}-S_{dd12}S_{dd21})+(S_{cc33}S_{dd33}-S_{cd33}S_{dc33})(S_{dd11}S_{cc22}S_{dd22}-S_{dd11}S_{cd22}S_{dc22}-S_{dc12}S_{cd21}S_{dd22}+S_{dc12}S_{cd22}S_{dd21}+S_{dd12}S_{cd21}S_{dc22}-S_{dd12}S_{cc22}S_{dd21})$
$DS_m=1-S_{cc33}S_{cc22}-S_{cd33}S_{dc22}-S_{dc33}S_{cd22}-S_{dd33}S_{dd22}+(S_{cc33}S_{dd33}-S_{cd33}S_{dc33})(S_{cc22}S_{dd22}-S_{cd22}S_{dc22})$		

参 考 文 献

[1] Yang L, Yu G. A new method to calculate cascaded S-parameters [C]. 2018 IEEE 27th Conference on Electrical Performance of Electronic Packaging and Systems (EPEPS), 2018: 71-73.

[2] Chen W K. Broadband Matching: Theory and Implementations, 3rd Edition [M]. Singapore: World Scientific, 2015.

[3] 徐锐敏，等. 微波网络及其应用 [M]. 北京：科学出版社，2010.

[4] Dobrowolski J A. Microwave Network Design Using the Scattering Matrix, 2nd Edition [M]. Norwood, MA, USA: Artech House, 2010.

[5] Anderson B D O, Newcomb R W. Cascade connection for time-invariant n-port networks [J]. Proceedings of the Institution of Electrical Engineers, 1966, 113 (6), 970-974.

[6] Nałęcz M. Circuit models of multi-ports based on S-parameters with arbitrary reference impedances [C]. IEEE EUROCON 2015-International Conference on Computer as a Tool (EUROCON), 2015: 1-6.

[7] Kurokawa K. Power waves and the scattering matrix [J]. IEEE Transactions on Microwave Theory and Techniques, 1965, 13 (2): 194-202.

[8] Reverrand T. Multiport conversions between S, Z, Y, H, ABCD, and T parameters [C]. 2018 International Workshop on Integrated Nonlinear Microwave and Millimetre - wave Circuits (INMMIC), 2018: 1-3.

[9] Erkens H, Heuermann H. Mixed-mode chain scattering parameters: theory and verification [J]. IEEE Transactions on Microwave Theory and Techniques, 2007, 55 (8), 1704-1708.

第6章

复阻抗网络的奇偶模分析方法

在微波电路和射频芯片的分析和设计中，为了简化分析模型，常常会采用奇偶模分析方法分析电路性能。通过对电路分别施加奇模和偶模激励得到相关参数，基于线性叠加原理，获得整体电路的网络参数特性。本章将对奇偶模分析方法的相关理论进行介绍，并将奇偶模分析方法运用到复阻抗网络中。

6.1 奇模激励和偶模激励

1. 对称和反对称思想

任意一个矩阵 $\boldsymbol{A}$ 可被分解成一个对称矩阵和一个反对称矩阵之和，这称为“对称和反对称”思想[1]，表示为

$$\boldsymbol{A}=\frac{1}{2}(\boldsymbol{A}+\boldsymbol{A}^{\mathrm{T}})+\frac{1}{2}(\boldsymbol{A}-\boldsymbol{A}^{\mathrm{T}}) \tag{6-1}$$

对于任意矩阵 $\boldsymbol{A}$，仅进行矩阵的转置运算可得：

$$\frac{1}{2}(\boldsymbol{A}+\boldsymbol{A}^{\mathrm{T}})^{\mathrm{T}}=\frac{1}{2}(\boldsymbol{A}+\boldsymbol{A}^{\mathrm{T}}) \tag{6-2a}$$

$$\frac{1}{2}(\boldsymbol{A}-\boldsymbol{A}^{\mathrm{T}})^{\mathrm{T}}=-\frac{1}{2}(\boldsymbol{A}-\boldsymbol{A}^{\mathrm{T}}) \tag{6-2b}$$

由上式可知，$[(\boldsymbol{A}+\boldsymbol{A}^{\mathrm{T}})/2]$ 为对称矩阵，$[(\boldsymbol{A}-\boldsymbol{A}^{\mathrm{T}})/2]$ 为反对称矩阵。

2. 奇模激励和偶模激励

奇偶模分析方法的核心是解耦，它源自“对称和反对称”思想。接下来将结合文献［1］对奇偶模分析方法的相关理论进行介绍和推导。

对于电压 V_1 和 V_2，可表示如下：

$$\begin{pmatrix} V_1 \\ V_2 \end{pmatrix} = \begin{pmatrix} \frac{1}{2}(V_1+V_2) \\ \frac{1}{2}(V_1+V_2) \end{pmatrix} + \begin{pmatrix} \frac{1}{2}(V_1-V_2) \\ -\frac{1}{2}(V_1-V_2) \end{pmatrix} \tag{6-3}$$

偶模激励和奇模激励分别定义如下：

$$\begin{pmatrix} V_e \\ V_e \end{pmatrix} = \begin{pmatrix} \frac{1}{2}(V_1+V_2) \\ \frac{1}{2}(V_1+V_2) \end{pmatrix} \tag{6-4a}$$

$$\begin{pmatrix} V_o \\ -V_o \end{pmatrix} = \begin{pmatrix} \frac{1}{2}(V_1-V_2) \\ -\frac{1}{2}(V_1-V_2) \end{pmatrix} \tag{6-4b}$$

偶模激励是一种对称激励，奇模激励是一种反对称激励。无论是哪一种激励，它们都建立在线性叠加原理基础上。本节以对称耦合线为例，说明奇模激励和偶模激励的物理意义。对耦合线两个导带施加大小相同且方向相同的电流激励，即偶模激励。此时场分布是偶对称的，两个导带上的电压大小和电流方向均相同，磁场在对称轴处的切向分量为零，对称面可等效为“磁壁”，相当于开路，如图 6-1 所示[2-3]。

对耦合线两个导带施加大小相同且方向相反的电流激励，即奇模激励。此时场分布是奇对称的，两个导带上的电压大小相同，符号一个为正、一个为负，电场在对称轴处的切向分量为零，对称面可等效为“电壁”，相当于短路，如图 6-2 所示[2-3]。

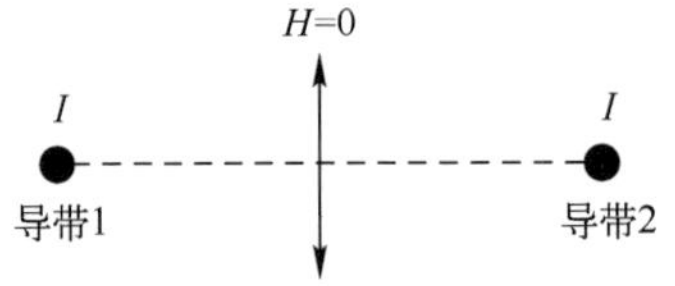

图 6-1 偶模激励

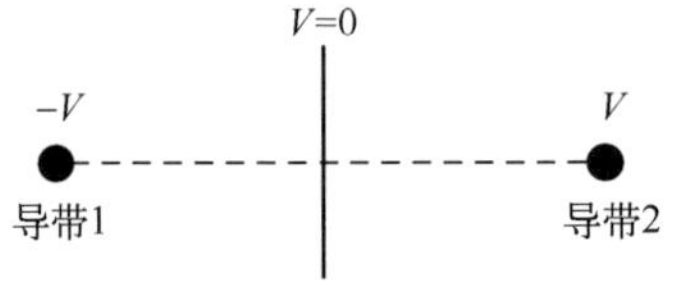

图 6-2 奇模激励

3. 偶模阻抗和奇模阻抗

式（6-4）经过变换，可以得到：

$$\begin{pmatrix} V_1 \\ V_2 \end{pmatrix} = \begin{pmatrix} V_e+V_o \\ V_e-V_o \end{pmatrix} = \begin{pmatrix} 1 & 1 \\ 1 & -1 \end{pmatrix} \begin{pmatrix} V_e \\ V_o \end{pmatrix} \tag{6-5}$$

同理，对于电流激励有：

$$\begin{pmatrix} I_1 \\ I_2 \end{pmatrix} = \begin{pmatrix} I_e + I_o \\ I_e - I_o \end{pmatrix} \tag{6-6}$$

写出变换矩阵如下：

$$\begin{pmatrix} I_e \\ I_o \end{pmatrix} = \frac{1}{2}\begin{pmatrix} 1 & 1 \\ 1 & -1 \end{pmatrix}\begin{pmatrix} I_1 \\ I_2 \end{pmatrix} \tag{6-7}$$

结合式（6-5）至式（6-7）以及导纳矩阵的定义，可以得到：

$$\begin{pmatrix} I_e \\ I_o \end{pmatrix} = \frac{1}{2}\begin{pmatrix} 1 & 1 \\ 1 & -1 \end{pmatrix}\begin{pmatrix} Y_{11} & Y_{12} \\ Y_{21} & Y_{22} \end{pmatrix}\begin{pmatrix} 1 & 1 \\ 1 & -1 \end{pmatrix}\begin{pmatrix} V_e \\ V_o \end{pmatrix} \tag{6-8}$$

整理可得：

$$\begin{pmatrix} I_e \\ I_o \end{pmatrix} = \frac{1}{2}\begin{pmatrix} Y_{11}+Y_{12}+Y_{21}+Y_{22} & Y_{11}+Y_{21}-Y_{12}-Y_{22} \\ Y_{11}+Y_{12}-Y_{21}-Y_{22} & Y_{11}-Y_{21}-Y_{12}+Y_{22} \end{pmatrix}\begin{pmatrix} V_e \\ V_o \end{pmatrix} \tag{6-9}$$

特别地，对于对称耦合线，有 $Y_{11}=Y_{22}$[4]，则

$$\begin{pmatrix} I_e \\ I_o \end{pmatrix} = \begin{pmatrix} Y_{oe} & 0 \\ 0 & Y_{oo} \end{pmatrix}\begin{pmatrix} V_e \\ V_o \end{pmatrix} \tag{6-10}$$

式中：

$$\begin{cases} Y_{oe} = Y_{11} + Y_{12} \\ Y_{oo} = Y_{11} - Y_{12} \end{cases} \tag{6-11}$$

上式中，Y_{oe} 和 Y_{oo} 分别表示偶模导纳和奇模导纳，这种做法把互耦问题化成两个独立的问题：从数学上而言对应矩阵对角化的方法，从几何上而言则对应坐标旋转的方法[1]。在技术上，习惯用偶模阻抗和奇模阻抗表示，如下式所示：

$$\begin{cases} Z_{oe} = \dfrac{1}{Y_{oe}} \\ Z_{oo} = \dfrac{1}{Y_{oo}} \end{cases} \tag{6-12}$$

应该明确偶模激励和奇模激励是一种外部激励，从网络理论上看，奇偶模是一种广义变换[1]。对于对称耦合线，显然可以得到：

$$\begin{pmatrix} I_1 \\ I_2 \end{pmatrix} = \frac{1}{2}\begin{pmatrix} 1 & 1 \\ 1 & -1 \end{pmatrix}\begin{pmatrix} Y_{oe} & 0 \\ 0 & Y_{oo} \end{pmatrix}\begin{pmatrix} 1 & 1 \\ 1 & -1 \end{pmatrix}\begin{pmatrix} V_1 \\ V_2 \end{pmatrix} \tag{6-13}$$

$$\boldsymbol{Y} = \frac{1}{2}\begin{pmatrix} Y_{oe}+Y_{oo} & Y_{oe}-Y_{oo} \\ Y_{oe}-Y_{oo} & Y_{oe}+Y_{oo} \end{pmatrix} \tag{6-14}$$

这是几何对称耦合线的一种模式。

4. 奇偶模的本征值理论

为了把奇偶模分析方法推广到非对称传输线情况，需要研究本征值理论[1]。

定义本征方程为

$$\boldsymbol{YV}=\lambda\boldsymbol{V} \tag{6-15}$$

式中，λ 为本征值，与 λ 对应的 $\boldsymbol{V}$ 称为本征激励。对应双传输线的情况，有：

$$\begin{pmatrix} Y_{11}-\lambda & Y_{12} \\ Y_{12} & Y_{22}-\lambda \end{pmatrix}\begin{pmatrix} V_1 \\ V_2 \end{pmatrix}=0 \tag{6-16}$$

通过运算抵消掉 V_1 和 V_2，可以得到：

$$\lambda^2-(Y_{11}+Y_{22})\lambda+(Y_{11}Y_{22}-Y_{12}^2)=0 \tag{6-17}$$

解得：

$$\lambda=\frac{1}{2}\left[(Y_{11}+Y_{22})\pm\sqrt{(Y_{11}-Y_{22})^2+4Y_{12}^2}\right] \tag{6-18}$$

当双传输线对称时，$Y_{11}=Y_{22}$，对应的本征值 λ 有两个解，与式（6-11）由对称耦合线得到的奇模导纳和偶模导纳对应[1]，即

$$\begin{cases} \lambda_1=\dfrac{1}{2}(Y_{11}+Y_{22}+2Y_{12})=Y_{oe} \\ \lambda_2=\dfrac{1}{2}(Y_{11}+Y_{22}-2Y_{12})=Y_{oo} \end{cases} \tag{6-19}$$

在 λ_1 的条件下，本征方程具体为

$$\begin{pmatrix} Y_{11}-\lambda_1 & Y_{12} \\ Y_{12} & Y_{22}-\lambda_1 \end{pmatrix}\begin{pmatrix} V_{e1} \\ V_{e2} \end{pmatrix}=\begin{pmatrix} \dfrac{1}{2}(Y_{11}-Y_{22}-2Y_{12}) & Y_{12} \\ Y_{12} & -\dfrac{1}{2}(Y_{11}-Y_{22}+2Y_{12}) \end{pmatrix}\begin{pmatrix} V_{e1} \\ V_{e2} \end{pmatrix} \tag{6-20}$$

也可以写为

$$\begin{pmatrix} -Y_{12} & Y_{12} \\ Y_{12} & -Y_{12} \end{pmatrix}\begin{pmatrix} V_{e1} \\ V_{e2} \end{pmatrix}=0 \tag{6-21}$$

$$V_{e1}=V_{e2}=V_e \tag{6-22}$$

$$I_e=\lambda_1 V_e \tag{6-23}$$

同理，在 λ_2 的条件下，可以得到：

$$\begin{pmatrix} Y_{12} & Y_{12} \\ Y_{12} & Y_{12} \end{pmatrix}\begin{pmatrix} V_{o1} \\ V_{o2} \end{pmatrix}=0 \tag{6-24}$$

$$V_{o1}=-V_{o2}=V_o \tag{6-25}$$

$$I_o=\lambda_2 V_o \tag{6-26}$$

当双传输线不对称时[1]，$Y_{11}\neq Y_{22}$，对应本征值 λ 有两个解：

$$\begin{cases}\lambda_1=\dfrac{1}{2}[(Y_{11}+Y_{22})-\sqrt{(Y_{11}-Y_{22})^2+4Y_{12}^2}]=Y_{oe}\\\lambda_2=\dfrac{1}{2}[(Y_{11}+Y_{22})+\sqrt{(Y_{11}-Y_{22})^2+4Y_{12}^2}]=Y_{oo}\end{cases}\tag{6-27}$$

在 λ_1 的条件下，本征方程表示为

$$\begin{pmatrix}\dfrac{1}{2}[(Y_{11}-Y_{22})+\sqrt{(Y_{11}-Y_{22})^2+4Y_{12}^2}] & Y_{12}\\ Y_{12} & \dfrac{1}{2}[(Y_{22}-Y_{11})+\sqrt{(Y_{11}-Y_{22})^2+4Y_{12}^2}]\end{pmatrix}\begin{pmatrix}V_{e1}\\V_{e2}\end{pmatrix}=0\tag{6-28}$$

令 $V_e=V_{e1}$，结合式（6-28）可以得到：

$$V_{e2}=\frac{1}{2Y_{12}}[-Y_{11}+Y_{22}-\sqrt{(Y_{11}-Y_{22})^2+4Y_{12}^2}]V_e\tag{6-29}$$

这里令

$$k_e=\frac{1}{2Y_{12}}[-Y_{11}+Y_{22}-\sqrt{(Y_{11}-Y_{22})^2+4Y_{12}^2}]\tag{6-30}$$

那么

$$V_{e2}=k_eV_e\tag{6-31}$$

$$I_e=\lambda_1V_e\tag{6-32}$$

在 λ_2 的条件下，本征方程表示为

$$\begin{pmatrix}Y_{11}-\lambda_2 & Y_{12}\\ Y_{12} & Y_{22}-\lambda_2\end{pmatrix}\begin{pmatrix}V_{o1}\\V_{o2}\end{pmatrix}=0\tag{6-33}$$

令 $V_o=V_{o1}$，由式（6-33）可以得到：

$$V_{o2}=\frac{1}{2Y_{12}}[-Y_{11}+Y_{22}+\sqrt{(Y_{11}-Y_{22})^2+4Y_{12}^2}]V_o\tag{6-34}$$

$$k_o=-\frac{1}{2Y_{12}}[-Y_{11}+Y_{22}+\sqrt{(Y_{11}-Y_{22})^2+4Y_{12}^2}]\tag{6-35}$$

$$I_o=\lambda_2V_o\tag{6-36}$$

显然对于 k_e 和 k_o 有：

$$k_ek_o=1\tag{6-37}$$

令 $k=k_e$，则

$$k_o=\frac{1}{k}\tag{6-38}$$

很明显，在不对称传输线的情况下，有 3 个独立参量，即 Y_{oe}、Y_{oo} 和 k，这一点与对称情况完全不同[1]。在以上对于本征值理论的推导过程中，实际上 $Y_{12}<0$。

文献［1］中还给出了相应的利用耦合线电容表示的表达式，感兴趣的读者可自行查阅。

5. 奇模和偶模与差模和共模的区别

差模和共模的概念与奇模和偶模的概念有些相似，在使用中易混淆。以平行耦合线为例，奇模和偶模是相对于参考地来说的，是单根传输线分别对地的关系。奇模信号是两个大小相同但相位相反的信号，偶模信号是两个大小和相位均相同的信号，如图 6-3 所示。其中，V_{odd}和I_{odd}分别表示奇模电压和奇模电流，V_{even}和I_{even}分别表示偶模电压和偶模电流[3,5]。

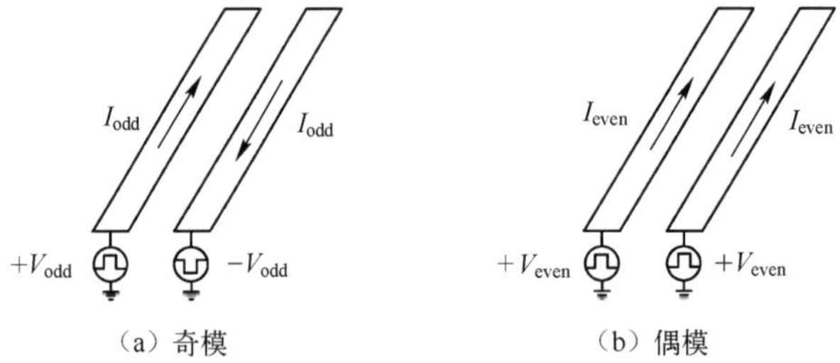

图 6-3　平行耦合线奇模和偶模信号示意图

如图 6-4 所示，差模和共模则是相对于两根传输线之间的关系来说的：从平行耦合线的一对输入端看，若信号的极性相反（电流的方向相反），这样的信号称为差模信号；若信号的极性相同（电流的方向相同），这样的信号称为共模信号。其中，V_{diff}和I_{diff}分别表示差模电压和差模电流，V_{comm}和I_{comm}分别表示共模电压和共模电流[5-7]。

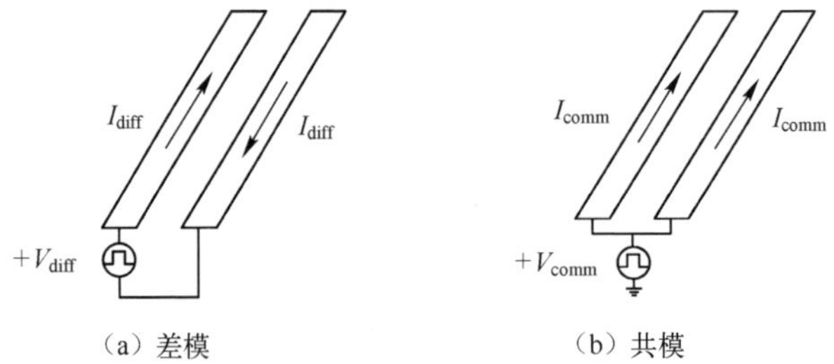

图 6-4　平行耦合线差模和共模信号示意图

一般来说，这两种模式下的特征阻抗等参数是不同的，应根据传输线的形态而定。当二端口网络关于端口对称时，$Z_{11}=Z_{22}$，该网络的差分 S 参数是一个对角矩阵，差模激励只产生差模信号，共模激励只产生共模信号。当电路从中心对称轴分开时，两个端口的反射系数相同，反射电压的相位差与入射电压的相位差相同，不会产生模式的转换，此时可以使用奇偶模分析方法，奇模信号对应差模信号，偶模信号对应共模信号[8]。

6.2　广义四端口网络的奇偶模分析方法

图 6-5 所示为对称广义四端口网络示意图（图中虚线表示对称轴）。

图 6-5　对称广义四端口网络示意图

对端口 1 和端口 2 施加偶模激励，由图 6-1 可知，对称轴处的阻抗 $Z=\infty$ 或导纳 $Y=0$，等效为开路。同理，对端口 1 和 2 施加奇模激励，由图 6-2 可知，对称轴处的阻抗 $Z=0$ 或导纳 $Y=\infty$，等效为短路[9]。因此，对于对称广义四端口网络，可通过奇偶模分析方法分为两个二端口网络，仅包含四端口网络中一半的元件。对于这两个二端口网络，位于对称轴或对称面上的节点等效为开路或短路，分别称为偶模等效电路和奇模等效电路。这样，四端口网络的分析就被简化为二端口网络的分析。

假设输入信号的振幅为±1/2，由线性叠加原理可得每个端口上输出信号的振幅，可表示为[9]

$$
\begin{aligned}
A_1=\frac{1}{2}\Gamma_{++}+\frac{1}{2}\Gamma_{+-},\quad A_2=\frac{1}{2}\Gamma_{++}-\frac{1}{2}\Gamma_{+-}\\
A_3=\frac{1}{2}T_{++}+\frac{1}{2}T_{+-},\quad A_4=\frac{1}{2}T_{++}-\frac{1}{2}T_{+-}
\end{aligned}
\tag{6-39}
$$

式中，下标“++”表示偶模，下标“+-”表示奇模。式（6-39）中奇偶模反射系数和传输系数可由对应的 **ABCD** 矩阵获得。ABCD 参数与反射系数和传输系数的关系如下：

$$
\Gamma=\frac{A_{11}+A_{12}-A_{21}-A_{22}}{A_{11}+A_{12}+A_{21}+A_{22}} \tag{6-40}
$$

$$
T=\frac{2}{A_{11}+A_{12}+A_{21}+A_{22}} \tag{6-41}
$$

式中，A_{11}、A_{12}、A_{21}、A_{22}均为 **ABCD** 矩阵中的元素。

在 2.3 节中给出了具有任意端口阻抗的二端口网络的 S 参数和 ABCD 参数之间的转换公式，即式（2-95）。由此可知，具有任意端口阻抗的奇模和偶模等效电路的 S 参数可表示如下：

$$S_{11e,o}=\frac{-Z_1^* Z_2A_{21e,o}-Z_1^* A_{22e,o}+Z_2A_{11e,o}+A_{12e,o}}{Z_1Z_2A_{21e,o}+Z_1A_{22e,o}+Z_2A_{11e,o}+A_{12e,o}} \tag{6-42a}$$

$$S_{12e,o}=\frac{p_2G_2(Z_2^*+Z_2)(A_{11e,o}A_{22e,o}-A_{12e,o}A_{21e,o})}{p_1G_1(Z_1Z_2A_{21e,o}+Z_1A_{22e,o}+Z_2A_{11e,o}+A_{12e,o})} \tag{6-42b}$$

$$S_{21e,o}=\frac{p_1G_1(Z_1^*+Z_1)}{p_2G_2(Z_1Z_2A_{21e,o}+Z_1A_{22e,o}+Z_2A_{11e,o}+A_{12e,o})} \tag{6-42c}$$

$$S_{22e,o}=\frac{-Z_1Z_2^* A_{21e,o}+Z_1A_{22e,o}-Z_2^* A_{11e,o}+A_{12e,o}}{Z_1Z_2A_{21e,o}+Z_1A_{22e,o}+Z_2A_{11e,o}+A_{12e,o}} \tag{6-42d}$$

式中，下标“e”表示偶模，下标“o”表示奇模；Z_1和Z_2分别表示端口 1 和端口 3 的复数特征阻抗；端口 2 的特征阻抗与端口 1 的特征阻抗相等，端口 4 的特征阻抗与端口 3 的特征阻抗相等；p_1和p_2的取值见式（2-93）。整个电路的 S 参数可通过奇偶模电路的 S 参数计算得到[3]，故图 6-5 所示的对称广义四端口网络的 S 参数可计算如下：

$$S_{11}=S_{22}=\frac{1}{2}(S_{11e}+S_{11o}) \tag{6-43a}$$

$$S_{33}=S_{44}=\frac{1}{2}(S_{22e}+S_{22o}) \tag{6-43b}$$

$$S_{12}=S_{21}=\frac{1}{2}(S_{11e}-S_{11o}) \tag{6-43c}$$

$$S_{13}=S_{31}=S_{24}=S_{42}=\frac{1}{2}(S_{21e}+S_{21o}) \tag{6-43d}$$

$$S_{14}=S_{41}=S_{23}=S_{32}=\frac{1}{2}(S_{21e}-S_{21o}) \tag{6-43e}$$

$$S_{34}=S_{43}=\frac{1}{2}(S_{22e}-S_{22o}) \tag{6-43f}$$

由上式可以求得整个网络的散射参数，再通过第 2 章和第 3 章中介绍的网络参数转换关系，即可求得其他网络参数的值。

6.3 分支线定向耦合器的奇偶模分析

为便于读者更直观地理解奇偶模分析方法，我们以文献［4］中分支线定向耦合器为例，给出了图 6-6 所示的归一化形式的分支线定向耦合器示意图。

图中线上表示的值是用 Z_0归一化的特征阻抗。可以看出图 6-6 所示的网络是一个对称网络，端口 1 与端口 4 对称，端口 2 与端口 3 对称。图 6-7 所示为分支线定向耦合器的奇偶模等效电路，端口 1 和端口 4 的输入波振幅为±1/2。如图 6-7（a）所示，四端口网络在对称轴处等效为开路；如图 6-7（b）所示，四端口网络在对称轴处等效为短路。

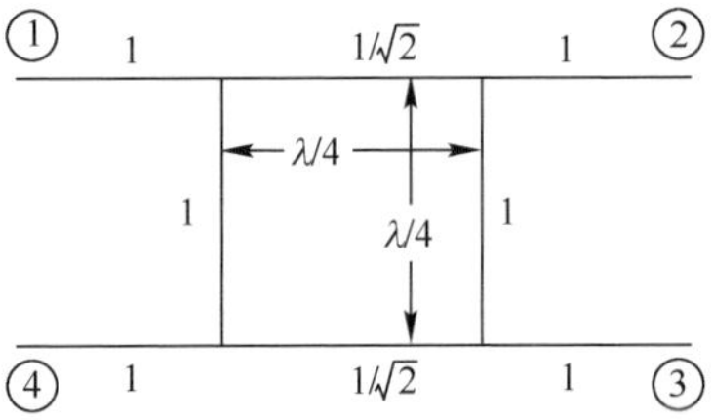

图 6-6　归一化形式的分支线定向耦合器示意图

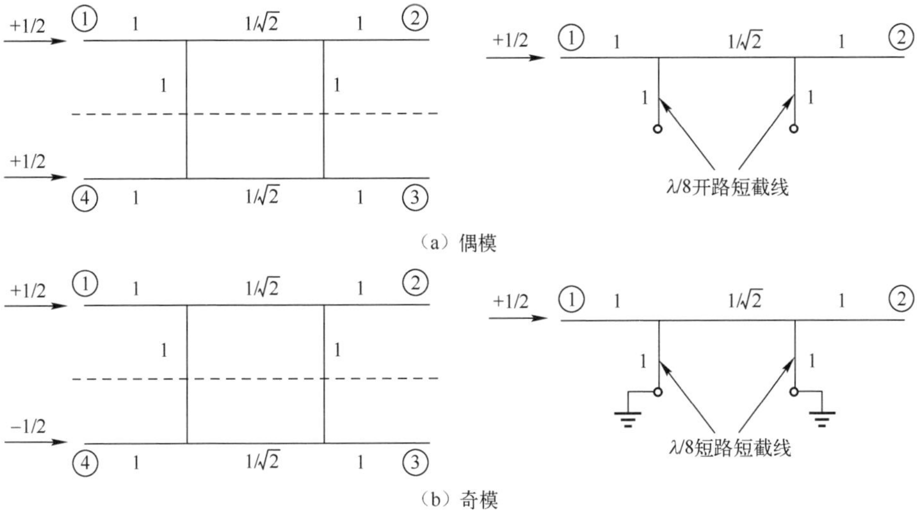

图 6-7　分支线定向耦合器的奇偶模等效电路

由图 6-7 可以分别得到偶模等效电路和奇模等效电路的 **ABCD** 矩阵：

$$\begin{pmatrix} A_{11e} & A_{12e} \\ A_{21e} & A_{22e} \end{pmatrix} = \begin{pmatrix} 1 & 0 \\ j & 1 \end{pmatrix} \begin{pmatrix} 0 & \dfrac{j}{\sqrt{2}} \\ j\sqrt{2} & 0 \end{pmatrix} \begin{pmatrix} 1 & 0 \\ j & 1 \end{pmatrix} = \frac{1}{\sqrt{2}} \begin{pmatrix} -1 & j \\ j & -1 \end{pmatrix} \tag{6-44a}$$

$$\begin{pmatrix} A_{11o} & A_{12o} \\ A_{21o} & A_{22o} \end{pmatrix} = \begin{pmatrix} 1 & 0 \\ -j & 1 \end{pmatrix} \begin{pmatrix} 0 & \dfrac{j}{\sqrt{2}} \\ j\sqrt{2} & 0 \end{pmatrix} \begin{pmatrix} 1 & 0 \\ -j & 1 \end{pmatrix} = \frac{1}{\sqrt{2}} \begin{pmatrix} 1 & j \\ j & 1 \end{pmatrix} \tag{6-44b}$$

联立式（6-40）、式（6-41）和式（6-44），可得偶模和奇模的反射系数和传输系数分别为

$$
\begin{aligned}
\Gamma_e &= \frac{\frac{1}{\sqrt{2}}(-1+j-j+1)}{\frac{1}{\sqrt{2}}(-1+j+j-1)} = 0 \\
T_e &= \frac{2}{\frac{1}{\sqrt{2}}(-1+j+j-1)} = -\frac{1}{\sqrt{2}}(1+j) \\
\Gamma_o &= \frac{\frac{1}{\sqrt{2}}(1+j-j-1)}{\frac{1}{\sqrt{2}}(1+j+j+1)} = 0 \\
T_o &= \frac{2}{\frac{1}{\sqrt{2}}(1+j+j+1)} = \frac{1}{\sqrt{2}}(1-j)
\end{aligned} \tag{6-45}
$$

根据线性叠加原理，每个端口上的输出波的振幅求得如下：

$$A_1 = \frac{1}{2}\Gamma_e + \frac{1}{2}\Gamma_o = 0 \tag{6-46a}$$

$$A_2 = \frac{1}{2}T_e + \frac{1}{2}T_o = -\frac{j}{\sqrt{2}} \tag{6-46b}$$

$$A_3 = \frac{1}{2}T_e - \frac{1}{2}T_o = -\frac{1}{\sqrt{2}} \tag{6-46c}$$

$$A_4 = \frac{1}{2}\Gamma_e - \frac{1}{2}\Gamma_o = 0 \tag{6-46d}$$

式（6-46a）和（6-46d）表示端口 1 和端口 4 是匹配的；式（6-46b）表示有一半的功率从端口 2 输出，且端口 1 与端口 2 之间的相移为-90°；式（6-46c）表示有一半的功率从端口 3 输出，且端口 1 与端口 3 之间的相移为-180°。

通过奇偶模分析方法将分支线定向耦合器（四端口网络）的分析转换为两个二端口网络的分析，极大地简化了分析过程。在对称网络分析中，奇偶模分析方法是一种非常重要的分析方法。当然，除了对称四端口网络，部分对称的二端口、三端口甚至更多端口网络均能采用奇偶模分析方法。文献［4］和文献［10］中分别介绍了一个三端口威尔金森（Wilkinson）功率分配器和一个二端口滤波器的奇偶模分析过程，感兴趣的读者可自行查阅。

参 考 文 献

[1] 梁昌洪, 谢拥军, 官伯然. 简明微波 [M]. 北京: 高等教育出版社, 2006.

[2] Cohn S B. Shielded coupled-strip transmission line [J]. IRE Transactions on Microwave Theory and Techniques, 1955, 3 (5), 29-38.

[3] Mongia R K, Bahl I J, Bhartia P, et al. RF and Microwave Coupled-Line Circuits, 2nd Edition [M]. Norwood, MA, USA: Artech House, 2007.

[4] David M Pozar. 微波工程 (第四版) [M]. 谭云华, 等译. 北京: 电子工业出版社, 2019.

[5] Martin F, Medina F. Balanced microwave transmission lines, Circuits, and Sensors [J]. IEEE Journal of Microwaves, 2023, 3 (1), 398-440.

[6] Eisenstadt W R, Stengel R, Thompson B M. Microwave Differential Circuit Design Using Mixed Mode S-Parameters [M]. Norwood, MA, USA: Artech House, 2006.

[7] Bockelman D E, Eisenstadt W R. Combined differential and common-mode scattering parameters: theory and simulation [J]. IEEE Transactions on Microwave Theory and Techniques, 1995, 43 (7), 1530-1539.

[8] Ren B, Guan X, Ma Z, et al. Highly selective and controllable superconducting dual-band differential filter with attractive common-mode rejection [J]. IEEE Transactions on Circuits and Systems II: Express Briefs, 2022, 69 (3), 939-943.

[9] Reed J, Wheeler G J. A method of analysis of symmetrical four-port networks [J]. IRE Transactions on Microwave Theory and Techniques, 1956, 4 (4), 246-252.

[10] Morgan M A, Boyd T A. Theoretical and experimental study of a new class of reflectionless filter [J]. IEEE Transactions on Microwave Theory and Techniques, 2011, 59 (5), 1214-1221.

第 7 章

案例分析

功率分配器和耦合器可用于功率的分配与合成，在混频器、功率放大器、天线阵列等无线通信系统中有着广泛的应用。当这些功率分配器和耦合器与有源元件或无源元件一起使用时，需要额外的匹配网络以获得所需的输出性能。因此，如果功率分配器和耦合器具有任意端口阻抗，则不需要匹配网络，从而减小微波集成电路的总尺寸[1]。在本章中我们首先分析特殊情况下的耦合器和功率分配器的网络参数，然后对端口阻抗为复数的耦合器的网络参数进行分析。

7.1 特殊情况下的网络参数分析

7.1.1 端口阻抗皆为实数

首先以文献［2］中的差分到单端正交耦合器为例，对端口阻抗皆为实数的耦合器的网络参数进行分析，其结构如图 7-1 所示。图中，Z_i（$i=1,2,3,4$）、Z_{g1}和Z_{g2}分别表示不同传输线的特征阻抗。端口 A 和端口 B 为差分端口，分别作为输入端口和耦合端口；端口 C 和端口 D 为单端端口，分别作为直通端口和隔离端口；端口阻抗分别为 R_1、R_2、R_3、R_4。

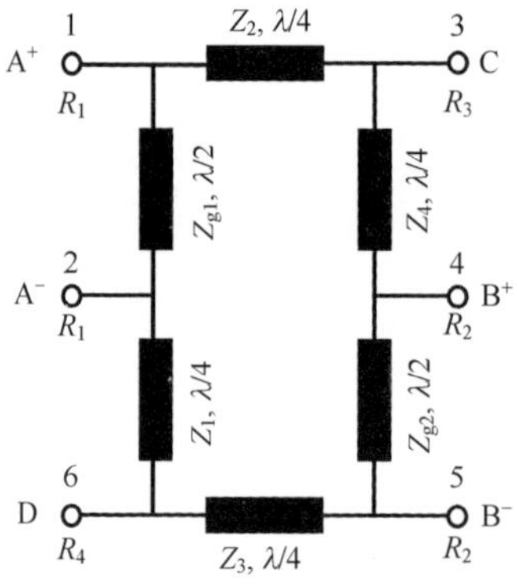

图 7-1　差分到单端正交耦合器

当端口阻抗皆为实数时，混合模式 S 参数与单端 S 参数之间的转换可以表示为[3]

$$\boldsymbol{S}_{\mathrm{mm}}=\boldsymbol{M}\boldsymbol{S}_{\mathrm{std}}\boldsymbol{M}^{-1} \tag{7-1}$$

式中，$\boldsymbol{S}_{\mathrm{mm}}$表示混合模式 S 参数矩阵，$\boldsymbol{S}_{\mathrm{std}}$表示单端 $\boldsymbol{S}$ 矩阵，$\boldsymbol{M}$ 表示一个转换矩阵，可分别表示如下：

$$
\boldsymbol{S}_{\mathrm{mm}}=\begin{pmatrix}
S_{\mathrm{ddAA}} & S_{\mathrm{dcAA}} & S_{\mathrm{ddAB}} & S_{\mathrm{dcAB}} & S_{\mathrm{dsAC}} & S_{\mathrm{dsAD}}\\
S_{\mathrm{cdAA}} & S_{\mathrm{ccAA}} & S_{\mathrm{cdAB}} & S_{\mathrm{ccAB}} & S_{\mathrm{csAC}} & S_{\mathrm{csAD}}\\
S_{\mathrm{ddBA}} & S_{\mathrm{dcBA}} & S_{\mathrm{ddBB}} & S_{\mathrm{dcBB}} & S_{\mathrm{dsBC}} & S_{\mathrm{dsBD}}\\
S_{\mathrm{cdBA}} & S_{\mathrm{ccBA}} & S_{\mathrm{cdBB}} & S_{\mathrm{ccBB}} & S_{\mathrm{csBC}} & S_{\mathrm{csBD}}\\
S_{\mathrm{sdCA}} & S_{\mathrm{scCA}} & S_{\mathrm{sdCB}} & S_{\mathrm{scCB}} & S_{\mathrm{ssCC}} & S_{\mathrm{ssCD}}\\
S_{\mathrm{sdDA}} & S_{\mathrm{scDA}} & S_{\mathrm{sdDB}} & S_{\mathrm{scDB}} & S_{\mathrm{ssDC}} & S_{\mathrm{ssDD}}
\end{pmatrix} \tag{7-2a}
$$

$$
\boldsymbol{S}_{\mathrm{std}}=\begin{pmatrix}
S_{11} & S_{12} & S_{13} & S_{14} & S_{15} & S_{16}\\
S_{21} & S_{22} & S_{23} & S_{24} & S_{25} & S_{26}\\
S_{31} & S_{32} & S_{33} & S_{34} & S_{35} & S_{36}\\
S_{41} & S_{42} & S_{43} & S_{44} & S_{45} & S_{46}\\
S_{51} & S_{52} & S_{53} & S_{54} & S_{55} & S_{56}\\
S_{61} & S_{62} & S_{63} & S_{64} & S_{65} & S_{66}
\end{pmatrix} \tag{7-2b}
$$

$$
\boldsymbol{M}=\frac{1}{\sqrt{2}}\begin{pmatrix}
1 & -1 & 0 & 0 & 0 & 0\\
1 & 1 & 0 & 0 & 0 & 0\\
0 & 0 & 0 & 1 & -1 & 0\\
0 & 0 & 0 & 1 & 1 & 0\\
0 & 0 & \sqrt{2} & 0 & 0 & 0\\
0 & 0 & 0 & 0 & 0 & \sqrt{2}
\end{pmatrix} \tag{7-2c}
$$

由于导纳矩阵与端口阻抗的取值无关，因此可以先对耦合器的导纳矩阵进行求解，再转换为散射矩阵。根据 1.4 节中给出的 Y 参数的定义，可以得到 Y_{11} 和 Y_{13} 分别为

$$
Y_{11}=-\mathrm{j}(Y_2\cot\theta+Y_{\mathrm{g1}}\cot 2\theta) \tag{7-3a}
$$

$$
Y_{13}=\mathrm{j}Y_2\csc\theta \tag{7-3b}
$$

式中，θ 表示 $\lambda/4$ 传输线的电长度，Y_2 和 Y_{g1} 表示传输线的特征导纳。

同样地，其余的 Y 参数也可以由定义求出。图 7-1 中差分到单端正交耦合器的导纳矩阵可以表示为

$$
\boldsymbol{Y}=\begin{pmatrix}
x_1 & x_2 & \mathrm{j}Y_2 & 0 & 0 & 0\\
x_2 & x_3 & 0 & 0 & 0 & \mathrm{j}Y_1\\
\mathrm{j}Y_2 & 0 & 0 & \mathrm{j}Y_4 & 0 & 0\\
0 & 0 & \mathrm{j}Y_4 & x_4 & x_5 & 0\\
0 & 0 & 0 & x_5 & x_6 & \mathrm{j}Y_3\\
0 & \mathrm{j}Y_1 & 0 & 0 & \mathrm{j}Y_3 & 0
\end{pmatrix} \tag{7-4}
$$

式中，Y_i（$i=1,2,3,4$）表示传输线的特征导纳，矩阵中 x_i（$i=1,2,3,4,5,6$）可分别表示为

$$
\begin{aligned}
x_1 &= -\mathrm{j}(Y_2\cot\theta+Y_{g1}\cot2\theta)\\
x_2 &= \mathrm{j}Y_{g1}\csc2\theta\\
x_3 &= -\mathrm{j}(Y_1\cot\theta+Y_{g1}\cot2\theta)\\
x_4 &= -\mathrm{j}(Y_4\cot\theta+Y_{g2}\cot2\theta)\\
x_5 &= \mathrm{j}Y_{g2}\csc2\theta\\
x_6 &= -\mathrm{j}(Y_3\cot\theta+Y_{g2}\cot2\theta)
\end{aligned} \tag{7-5}
$$

式中，θ 表示 $\lambda/4$ 传输线的电长度，Y_{g1} 和 Y_{g2} 表示传输线的特征导纳。

采用 2.2 节中 Y 参数与 S 参数之间的转换公式，可以得到单端 **S** 矩阵，再根据式（7-1）即可得到表征差分到单端正交耦合器特性的混合模式 S 参数矩阵。由于得到的展开式过于复杂，这里不进行表示，感兴趣的读者可自行推导。在设计过程中，为了获得良好的电路性能，混合模式 S 参数需要满足以下条件[2]：

$$
\begin{aligned}
&S_{\mathrm{ddAA}}=S_{\mathrm{ddBB}}=S_{\mathrm{ssCC}}=S_{\mathrm{ssDD}}=0\\
&S_{\mathrm{dsAD}}=S_{\mathrm{dsBD}}=0\\
&S_{\mathrm{dsAC}}/S_{\mathrm{ddAB}}=S_{\mathrm{dsBD}}/S_{\mathrm{ssCD}}=\mathrm{j}k
\end{aligned} \tag{7-6}
$$

式中，k 表示耦合器的功分比。结合文献［2］中期望电路的散射矩阵，即可得到该电路的设计方程。文献［2］中给出了详细的推导过程，感兴趣的读者可以自行查阅。

7.1.2 只有一个端口阻抗为复数

工程中常用的三端口功率分配器有“T”形结功率分配器以及威尔金森（Wilkinson）功率分配器等。传统的威尔金森功率分配器的功能主要是将输入信号分成两个幅度和相位均相同的信号。“T”形结功率分配器虽然也有类似的功能，但威尔金森功率分配器增加了隔离电阻，因而具有更高的隔离度和更宽的带宽。在本节中，将以文献［4］中的耦合线威尔金森功率分配器为例，对只有一个端口阻抗为复数的功率分配器的网络参数进行分析。

图 7-2（a）展示了耦合线威尔金森功率分配器的电路结构图，其中：Z_{S}表示输入端口阻抗，且 $Z_{\mathrm{S}}=R_{\mathrm{S}}+\mathrm{j}X_{\mathrm{S}}$；$R_{\mathrm{L}}$表示输出端口阻抗；$R_{\mathrm{w}}$表示隔离电阻；$Z_{\mathrm{e}}$、$Z_{\mathrm{o}}$分别表示耦合线的偶模阻抗和奇模阻抗。由于结构对称，采用奇偶模分析的方法对其进行分析，偶模和奇模等效电路分别如图 7-2（b）和（c）所示。

根据传输线理论，偶模等效电路的 **ABCD** 矩阵可以表示为

$$
\begin{pmatrix} A_{\mathrm{e}} & B_{\mathrm{e}}\\ C_{\mathrm{e}} & D_{\mathrm{e}}\end{pmatrix}=\begin{pmatrix}\cos\theta & \mathrm{j}Z_{\mathrm{e}}\sin\theta\\ \dfrac{\mathrm{j}\sin\theta}{Z_{\mathrm{e}}} & \cos\theta\end{pmatrix} \tag{7-7}
$$

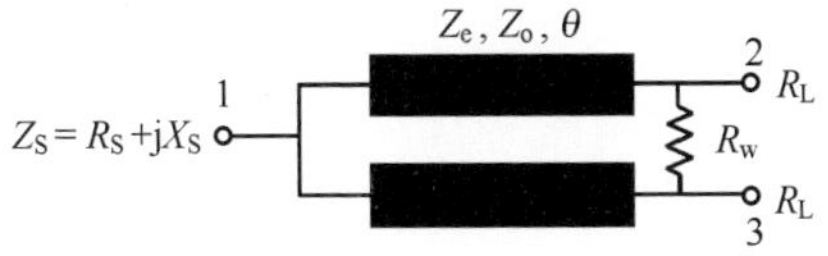

（a）耦合线威尔金森功率分配器的电路结构

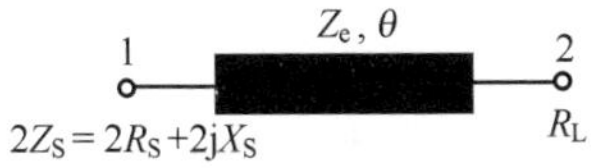

（b）偶模

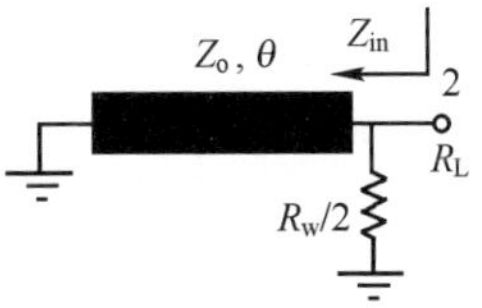

（c）奇模

图 7-2　耦合线威尔金森功率分配器及奇偶模等效电路

根据 2.3 节中的式（2-95）可以得到偶模 S 参数为

$$S_{11e}=\frac{R_LZ_e\cos\theta-2R_SZ_e\cos\theta-2R_LX_S\sin\theta+\mathrm{j}(Z_e^2\sin\theta+2X_SZ_e\cos\theta-2R_LR_S\sin\theta)}{R_LZ_e\cos\theta+2R_SZ_e\cos\theta-2R_LX_S\sin\theta+\mathrm{j}(Z_e^2\sin\theta+2X_SZ_e\cos\theta+2R_LR_S\sin\theta)}$$

$$S_{22e}=\frac{-R_LZ_e\cos\theta+2R_SZ_e\cos\theta+2R_LX_S\sin\theta+\mathrm{j}(Z_e^2\sin\theta+2X_SZ_e\cos\theta-2R_LR_S\sin\theta)}{R_LZ_e\cos\theta+2R_SZ_e\cos\theta-2R_LX_S\sin\theta+\mathrm{j}(Z_e^2\sin\theta+2X_SZ_e\cos\theta+2R_LR_S\sin\theta)}$$

$$S_{12e}=S_{21e}=\frac{2\sqrt{2R_LR_S}\,Z_e}{R_LZ_e\cos\theta+2R_SZ_e\cos\theta-2R_LX_S\sin\theta+\mathrm{j}(Z_e^2\sin\theta+2X_SZ_e\cos\theta+2R_LR_S\sin\theta)}\tag{7-8}$$

图 7-2（c）中 Z_{in} 可以表示为

$$Z_{in}=\frac{\mathrm{j}R_wZ_o\tan\theta}{R_w+\mathrm{j}2Z_o\tan\theta}\tag{7-9}$$

从而得到 S_{22o} 为

$$S_{22o}=\frac{-R_LR_w-\mathrm{j}(2R_LZ_o\tan\theta-R_wZ_o\tan\theta)}{R_LR_w+\mathrm{j}(2R_LZ_o\tan\theta+R_wZ_o\tan\theta)}\tag{7-10}$$

由于图 7-2（a）中功率分配器电路结构对称，存在如下关系[5]：

$$\begin{gathered}S_{12}=S_{21}=S_{13}=S_{31}\\S_{22}=S_{33}\\S_{32}=S_{23}\end{gathered}\tag{7-11}$$

对于三端口对称网络，其 S 参数也可由偶模 S 参数和奇模 S 参数表示：

$$S_{11}=S_{11e}$$

$$S_{21}=\frac{S_{21e}}{\sqrt{2}}$$

$$S_{22}=\frac{S_{22e}+S_{22o}}{2} \tag{7-12}$$

$$S_{23}=\frac{S_{22e}-S_{22o}}{2}$$

将式（7-8）和式（7-10）代入式（7-12）中，可以得到：

$$S_{11}=\frac{R_LZ_e\cos\theta-2R_SZ_e\cos\theta-2R_LX_S\sin\theta+j(Z_e^2\sin\theta+2X_SZ_e\cos\theta-2R_LR_S\sin\theta)}{R_LZ_e\cos\theta+2R_SZ_e\cos\theta-2R_LX_S\sin\theta+j(Z_e^2\sin\theta+2X_SZ_e\cos\theta+2R_LR_S\sin\theta)} \tag{7-13a}$$

$$\begin{aligned}S_{12}&=S_{21}=S_{13}=S_{31}\\&=\frac{2\sqrt{R_LR_S}Z_e}{R_LZ_e\cos\theta+2R_SZ_e\cos\theta-2R_LX_S\sin\theta+j(Z_e^2\sin\theta+2X_SZ_e\cos\theta+2R_LR_S\sin\theta)}\end{aligned} \tag{7-13b}$$

$$S_{22}=S_{33}=\frac{\begin{pmatrix}-R_L^2R_wZ_e\cos\theta+2R_L^2R_wX_S\sin\theta-\\2R_wX_SZ_eZ_o\sin\theta+4R_L^2R_SZ_o\sin\theta\tan\theta-R_wZ_e^2Z_o\sin\theta\tan\theta+\\j(-2R_L^2R_wR_S\sin\theta-2R_L^2Z_eZ_o\sin\theta+2R_SR_wZ_eZ_o\sin\theta+4R_L^2X_SZ_o\sin\theta\tan\theta)\end{pmatrix}}{\begin{pmatrix}[R_LR_w+j(2R_LZ_o\tan\theta+R_wZ_o\tan\theta)]\times\\ [R_LZ_e\cos\theta+2R_SZ_e\cos\theta-2R_LX_S\sin\theta+j(2X_SZ_e\cos\theta+2R_LR_S\sin\theta+Z_e^2\sin\theta)]\end{pmatrix}} \tag{7-13c}$$

$$S_{23}=S_{32}=\frac{\begin{pmatrix}R_L[2R_SR_wZ_e\cos\theta-4X_SZ_eZ_o\sin\theta+2R_SR_wZ_o\sin\theta\tan\theta-2Z_e^2Z_o\sin\theta\tan\theta+\\j(2X_SR_wZ_e\cos\theta+4R_SZ_eZ_o\sin\theta-R_wZ_eZ_o\sin\theta+2X_SR_wZ_o\sin\theta\tan\theta+R_wZ_e^2\sin\theta)]\end{pmatrix}}{\begin{pmatrix}[R_LR_w+j(2R_LZ_o\tan\theta+R_wZ_o\tan\theta)]\times\\ [R_LZ_e\cos\theta+2R_SZ_e\cos\theta-2R_LX_S\sin\theta+j(2X_SZ_e\cos\theta+2R_LR_S\sin\theta+Z_e^2\sin\theta)]\end{pmatrix}} \tag{7-13d}$$

7.2 所有端口阻抗为复数的耦合器的网络参数分析

1. 非对称耦合线

非对称耦合线在功率分配器、巴伦以及定向耦合器的设计中都有着广泛的应用。此外，由于非对称耦合线可以端接不同的阻抗，所以也可以作为阻抗变换器来使用[6]。图 7-3 展示了在非均匀介质情况下，一个非对称耦合线端接不同复阻抗构成的耦合器[7]。

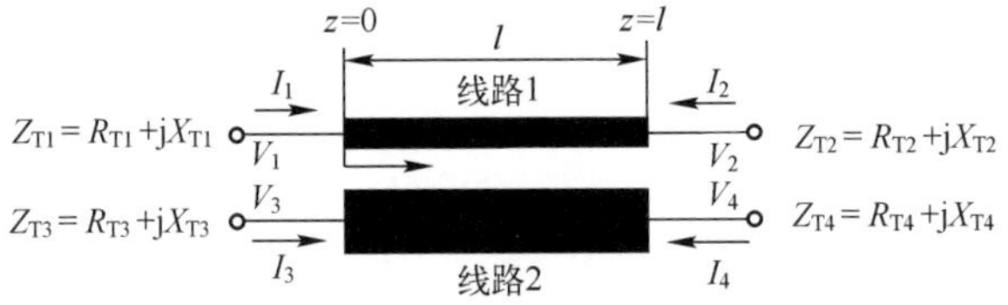

图 7-3　非对称耦合线耦合器

由于电路结构的非对称性，图 7-3 所示的非对称耦合线不能再采用奇偶模分析方法进行分析。非对称耦合线耦合器可以支持两种基本的独立传播模式，在非对称耦合线中定义这两种传播模式为 c 模式和 π 模式：c 模式是一种类似于偶模的传播模式，π 模式是一种类似于奇模的传播模式。非对称耦合线可以由 6 个参数表征，分别为 γ_π、γ_c、R_c、R_π、Z_{c1}（或 Z_{c2}）、$Z_{\pi1}$（或 $Z_{\pi2}$），其中：γ_π 和 γ_c 分别表示两种模式的传播常数；R_c 和 R_π 分别表示两种不同模式下，非对称耦合线上电压的比值；Z_{c1}、Z_{c2}、$Z_{\pi1}$、$Z_{\pi2}$ 则分别表示非对称耦合线在两种不同模式下的特征阻抗[8]。根据这些参数所表示的意义，可以很容易得到式（7-14）。文献［8］中对 γ_π、γ_c、R_c、R_π 进行了更为详细的阐述，感兴趣的读者可自行查阅。

$$\frac{Z_{c2}}{Z_{c1}}=\frac{Z_{\pi2}}{Z_{\pi1}}=-R_cR_\pi \tag{7-14}$$

当图 7-3 中非对称耦合线耦合器有一个或多个端口被激励时，线路 1 和线路 2 都会产生电压波和电流波，可以表示为前向和后向的 c 传播模式波和 π 传播模式波的线性和[7]，线路 1 的电压波可表示为

$$V_1(z)=X_1\mathrm{e}^{-\gamma_c z}+X_2\mathrm{e}^{\gamma_c z}+X_3\mathrm{e}^{-\gamma_\pi z}+X_4\mathrm{e}^{\gamma_\pi z} \tag{7-15}$$

式中，X_1、X_2、X_3、X_4 均是与源和终端有关的常数[7]。

线路 2 的电压波可表示为

$$V_2(z)=X_1R_c\mathrm{e}^{-\gamma_c z}+X_2R_c\mathrm{e}^{\gamma_c z}+X_3R_\pi\mathrm{e}^{-\gamma_\pi z}+X_4R_\pi\mathrm{e}^{\gamma_\pi z} \tag{7-16}$$

根据式（7-15）和式（7-16）可以得到两条线路上的电流波为

$$I_1(z)=\frac{X_1\mathrm{e}^{-\gamma_c z}}{Z_{c1}}-\frac{X_2\mathrm{e}^{\gamma_c z}}{Z_{c1}}+\frac{X_3\mathrm{e}^{-\gamma_\pi z}}{Z_{\pi1}}-\frac{X_4\mathrm{e}^{\gamma_\pi z}}{Z_{\pi1}} \tag{7-17}$$

$$I_2(z)=\frac{X_1R_c\mathrm{e}^{-\gamma_c z}}{Z_{c2}}-\frac{X_2R_c\mathrm{e}^{\gamma_c z}}{Z_{c2}}+\frac{X_3R_\pi\mathrm{e}^{-\gamma_\pi z}}{Z_{\pi2}}-\frac{X_4R_\pi\mathrm{e}^{\gamma_\pi z}}{Z_{\pi2}} \tag{7-18}$$

将 $z=0$ 和 $z=l$ 分别代入式（7-15）至式（7-18），可以得到 4 个端口处的电压和电流关系：

$$\begin{pmatrix} V_1 \\ V_2 \\ V_3 \\ V_4 \end{pmatrix} = \begin{pmatrix} 1 & 1 & 1 & 1 \\ e^{-\gamma_c l} & e^{\gamma_c l} & e^{-\gamma_\pi l} & e^{\gamma_\pi l} \\ R_c & R_c & R_\pi & R_\pi \\ R_c e^{-\gamma_c l} & R_c e^{\gamma_c l} & R_\pi e^{-\gamma_\pi l} & R_\pi e^{\gamma_\pi l} \end{pmatrix} \begin{pmatrix} X_1 \\ X_2 \\ X_3 \\ X_4 \end{pmatrix} \tag{7-19}$$

$$\begin{pmatrix} I_1 \\ -I_2 \\ I_3 \\ -I_4 \end{pmatrix} = \begin{pmatrix} \dfrac{1}{Z_{c1}} & -\dfrac{1}{Z_{c1}} & \dfrac{1}{Z_{\pi1}} & -\dfrac{1}{Z_{\pi1}} \\ \dfrac{e^{-\gamma_c l}}{Z_{c1}} & -\dfrac{e^{\gamma_c l}}{Z_{c1}} & \dfrac{e^{-\gamma_\pi l}}{Z_{\pi1}} & -\dfrac{e^{\gamma_\pi l}}{Z_{\pi1}} \\ \dfrac{R_c}{Z_{c2}} & -\dfrac{R_c}{Z_{c2}} & \dfrac{R_\pi}{Z_{\pi2}} & -\dfrac{R_\pi}{Z_{\pi2}} \\ \dfrac{R_c e^{-\gamma_c l}}{Z_{c2}} & -\dfrac{R_c e^{\gamma_c l}}{Z_{c2}} & \dfrac{R_\pi e^{-\gamma_\pi l}}{Z_{\pi2}} & -\dfrac{R_\pi e^{\gamma_\pi l}}{Z_{\pi2}} \end{pmatrix} \begin{pmatrix} X_1 \\ X_2 \\ X_3 \\ X_4 \end{pmatrix} \tag{7-20}$$

1.3 节中的式（1-9）给出了端口电压电流与阻抗矩阵之间的关系：

$$\boldsymbol{V}=\boldsymbol{ZI} \tag{7-21}$$

为了得到图 7-3 中非对称耦合线耦合器的阻抗参数，联立式（7-14）、式（7-19）、式（7-20）和式（7-21），将 X_1、X_2、X_3、X_4消去，可以得到：

$$Z_{11}=Z_{22}=\frac{Z_{c1}\coth\gamma_c l}{(1-R_c/R_\pi)}+\frac{Z_{\pi1}\coth\gamma_\pi l}{(1-R_\pi/R_c)} \tag{7-22a}$$

$$Z_{13}=Z_{31}=Z_{24}=Z_{42}=\frac{Z_{c1}R_c\coth\gamma_c l}{(1-R_c/R_\pi)}+\frac{Z_{\pi1}R_\pi\coth\gamma_\pi l}{(1-R_\pi/R_c)} \tag{7-22b}$$

$$Z_{14}=Z_{41}=Z_{23}=Z_{32}=\frac{Z_{c1}R_c\operatorname{csch}\gamma_c l}{(1-R_c/R_\pi)}+\frac{Z_{\pi1}R_\pi\operatorname{csch}\gamma_\pi l}{(1-R_\pi/R_c)} \tag{7-22c}$$

$$Z_{12}=Z_{21}=\frac{Z_{c1}\operatorname{csch}\gamma_c l}{(1-R_c/R_\pi)}+\frac{Z_{\pi1}\operatorname{csch}\gamma_\pi l}{(1-R_\pi/R_c)} \tag{7-22d}$$

$$Z_{33}=Z_{44}=\frac{Z_{c1}R_c^2\coth\gamma_c l}{(1-R_c/R_\pi)}+\frac{Z_{\pi1}R_\pi^2\coth\gamma_\pi l}{(1-R_\pi/R_c)} \tag{7-22e}$$

$$Z_{34}=Z_{43}=\frac{Z_{c1}R_c^2\operatorname{csch}\gamma_c l}{(1-R_c/R_\pi)}+\frac{Z_{\pi1}R_\pi^2\operatorname{csch}\gamma_\pi l}{(1-R_\pi/R_c)} \tag{7-22f}$$

对于均匀介质中的非对称耦合线，有[8]

$$\gamma_c=\gamma_\pi, R_c=-R_\pi \tag{7-23}$$

将其代入式（7-22），即可求得表征均匀介质情况下非对称耦合线耦合器的阻抗参数。

2. 对称耦合线

前一小节分析了非对称耦合线耦合器的阻抗参数，本节进一步分析其特殊情况，即对称耦合线耦合器的阻抗参数，如图 7-4 所示。对称耦合线可以用式（7-22）来分析阻抗参数，此时 $R_c=1$，$R_\pi=-1$，$Z_{c2}=Z_{c1}=Z_e$，$Z_{\pi2}=Z_{\pi1}=Z_o$，$\gamma_{c,\pi}=\gamma_{e,o}$[8]。

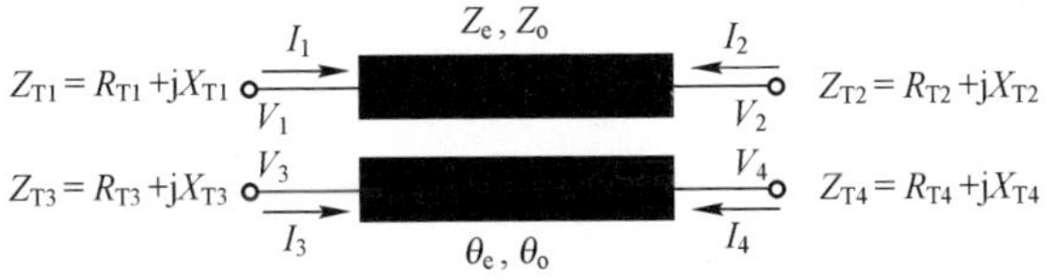

图 7-4　对称耦合线耦合器

由于电路结构的对称性，本节采用第 6 章所述的奇偶模分析方法进行分析。对称耦合线可以由 4 个参数表征，分别为 Z_e、Z_o、θ_e、θ_o，其中：Z_e和 Z_o分别表示对称耦合线的偶模阻抗和奇模阻抗；θ_e和 θ_o分别表示对称耦合线的偶模电长度和奇模电长度。在非均匀介质中，$\theta_e\neq\theta_o$，采用奇偶模分析方法可以得到对称耦合线的阻抗参数为

$$Z_{11}=Z_{22}=Z_{33}=Z_{44}=-jZ_e\frac{1}{2\tan\theta_e}-jZ_o\frac{1}{2\tan\theta_o} \tag{7-24a}$$

$$Z_{12}=Z_{21}=Z_{34}=Z_{43}=-jZ_e\frac{1}{2\sin\theta_e}-jZ_o\frac{1}{2\sin\theta_o} \tag{7-24b}$$

$$Z_{13}=Z_{31}=Z_{24}=Z_{42}=-jZ_e\frac{1}{2\tan\theta_e}+jZ_o\frac{1}{2\tan\theta_o} \tag{7-24c}$$

$$Z_{14}=Z_{41}=Z_{23}=Z_{32}=-jZ_e\frac{1}{2\sin\theta_e}+jZ_o\frac{1}{2\sin\theta_o} \tag{7-24d}$$

在均匀介质中，$\theta_e=\theta_o=\theta$，将其代入式（7-24）中，即可得到表征均匀介质情况下对称耦合线耦合器的阻抗参数，即

$$Z_{11}=Z_{22}=Z_{33}=Z_{44}=-j\frac{Z_e+Z_o}{2}\cot\theta \tag{7-25a}$$

$$Z_{12}=Z_{21}=Z_{34}=Z_{43}=-j\frac{Z_e+Z_o}{2}\csc\theta \tag{7-25b}$$

$$Z_{13}=Z_{31}=Z_{24}=Z_{42}=-j\frac{Z_e-Z_o}{2}\cot\theta \tag{7-25c}$$

$$Z_{14}=Z_{41}=Z_{23}=Z_{32}=-j\frac{Z_e-Z_o}{2}\csc\theta \tag{7-25d}$$

这与文献［9］中得到的 Z 参数一致。

3. 非对称耦合线耦合器的 S 参数

前两小节中对非对称耦合线耦合器和对称耦合线耦合器分别在非均匀介质和均匀介质中的阻抗参数进行了推导。本小节我们将进一步对图 7-3 所示的非对称耦合线耦合器的 S 参数进行分析。

由于微波网络的阻抗参数与端口阻抗无关，故采用 2.1 节中 N 端口网络 Z 参数转换为 S 参数的公式，即式（2-11），对非对称耦合线耦合器的 $\boldsymbol{S}$ 矩阵进行计算，表示如下：

$$\boldsymbol{S}=\boldsymbol{G}_0(\boldsymbol{Z}-\boldsymbol{Z}_0^*)(\boldsymbol{Z}+\boldsymbol{Z}_0)^{-1}\boldsymbol{G}_0^{-1} \tag{7-26}$$

图 7-3 中非对称耦合线耦合器的 $\boldsymbol{S}$ 矩阵和阻抗矩阵分别表示为

$$\boldsymbol{S}=\begin{pmatrix} S_{11} & S_{12} & S_{13} & S_{14} \\ S_{21} & S_{22} & S_{23} & S_{24} \\ S_{31} & S_{32} & S_{33} & S_{34} \\ S_{41} & S_{42} & S_{43} & S_{44} \end{pmatrix}=\frac{1}{\mathrm{DS}}\begin{pmatrix} \mathrm{NS}_{11} & \mathrm{NS}_{12} & \mathrm{NS}_{13} & \mathrm{NS}_{14} \\ \mathrm{NS}_{21} & \mathrm{NS}_{22} & \mathrm{NS}_{23} & \mathrm{NS}_{24} \\ \mathrm{NS}_{31} & \mathrm{NS}_{32} & \mathrm{NS}_{33} & \mathrm{NS}_{34} \\ \mathrm{NS}_{41} & \mathrm{NS}_{42} & \mathrm{NS}_{43} & \mathrm{NS}_{44} \end{pmatrix} \tag{7-27}$$

$$\boldsymbol{Z}=\begin{pmatrix} Z_{11} & Z_{12} & Z_{13} & Z_{14} \\ Z_{21} & Z_{22} & Z_{23} & Z_{24} \\ Z_{31} & Z_{32} & Z_{33} & Z_{34} \\ Z_{41} & Z_{42} & Z_{43} & Z_{44} \end{pmatrix} \tag{7-28}$$

由式（7-22）可知：

$$\begin{aligned} &Z_{11}=Z_{22},Z_{33}=Z_{44} \\ &Z_{12}=Z_{21},Z_{34}=Z_{43} \\ &Z_{13}=Z_{31}=Z_{24}=Z_{42} \\ &Z_{14}=Z_{41}=Z_{23}=Z_{32} \end{aligned} \tag{7-29}$$

由图 7-3 可知，矩阵 $\boldsymbol{Z}_0$、$\boldsymbol{Z}_0^*$、$\boldsymbol{G}_0$分别为

$$\begin{aligned} &\boldsymbol{Z}_0=\mathrm{diag}\{Z_{\mathrm{T1}},Z_{\mathrm{T2}},Z_{\mathrm{T3}},Z_{\mathrm{T4}}\}=\mathrm{diag}\{R_{\mathrm{T1}}+\mathrm{j}X_{\mathrm{T1}},R_{\mathrm{T2}}+\mathrm{j}X_{\mathrm{T2}},R_{\mathrm{T3}}+\mathrm{j}X_{\mathrm{T3}},R_{\mathrm{T4}}+\mathrm{j}X_{\mathrm{T4}}\} \\ &\boldsymbol{Z}_0^*=\mathrm{diag}\{Z_{\mathrm{T1}}^*,Z_{\mathrm{T2}}^*,Z_{\mathrm{T3}}^*,Z_{\mathrm{T4}}^*\}=\mathrm{diag}\{R_{\mathrm{T1}}-\mathrm{j}X_{\mathrm{T1}},R_{\mathrm{T2}}-\mathrm{j}X_{\mathrm{T2}},R_{\mathrm{T3}}-\mathrm{j}X_{\mathrm{T3}},R_{\mathrm{T4}}-\mathrm{j}X_{\mathrm{T4}}\} \\ &\boldsymbol{G}_0=\mathrm{diag}\left\{\frac{1}{\sqrt{R_{\mathrm{T1}}}},\frac{1}{\sqrt{R_{\mathrm{T2}}}},\frac{1}{\sqrt{R_{\mathrm{T3}}}},\frac{1}{\sqrt{R_{\mathrm{T4}}}}\right\} \end{aligned} \tag{7-30}$$

在实际应用中，耦合器端口阻抗的实部一般满足 $R_{\mathrm{T}i}>0(i=1,2,3,4)$。将式（7-28）至式（7-30）代入式（7-26）中，即可得到图 7-3 所示的非对称耦合线耦合器的 S 参数，见表 7-1。类似地，将式（7-24）代入式（7-26），也可

以得到对称耦合线耦合器的 S 参数。

表 7-1　复数端口耦合器的 S 参数

NS_{ij}	1	2	3	4
1	—	$2\sqrt{R_{T1}R_{T2}}[Z_{12}Z_{33}^2-Z_{12}Z_{34}^2+Z_{13}^2Z_{34}+Z_{14}^2Z_{34}-2Z_{13}Z_{14}Z_{33}+(Z_{T3}+Z_{T4})(Z_{12}Z_{33}-Z_{13}Z_{14})+Z_{12}Z_{T3}Z_{T4}]$	$2\sqrt{R_{T1}R_{T3}}[-Z_{13}^3+Z_{13}Z_{14}^2+(Z_{12}Z_{13}-Z_{11}Z_{14})Z_{34}+(Z_{11}Z_{13}-Z_{12}Z_{14})Z_{33}+Z_{T2}\times(Z_{13}Z_{33}-Z_{14}Z_{34})+Z_{T4}(Z_{11}Z_{13}-Z_{12}Z_{14})+Z_{13}Z_{T2}Z_{T4}]$	$2\sqrt{R_{T1}R_{T4}}[-Z_{14}^3+Z_{13}Z_{14}^2-(Z_{12}Z_{13}-Z_{11}Z_{14})Z_{33}+(Z_{12}Z_{14}-Z_{11}Z_{13})Z_{34}+Z_{T2}\times(Z_{14}Z_{33}-Z_{13}Z_{34})-Z_{T3}(Z_{12}Z_{13}-Z_{11}Z_{14})+Z_{14}Z_{T2}Z_{T3}]$
2	$2\sqrt{R_{T1}R_{T2}}[Z_{12}Z_{33}^2-Z_{12}Z_{34}^2+Z_{13}^2Z_{34}+Z_{14}^2Z_{34}-2Z_{13}Z_{14}Z_{33}+(Z_{T3}+Z_{T4})(Z_{12}Z_{33}-Z_{13}Z_{14})+Z_{12}Z_{T3}Z_{T4}]$	—	$2\sqrt{R_{T2}R_{T3}}[-Z_{14}^3+Z_{13}^2Z_{14}-(Z_{12}Z_{13}-Z_{11}Z_{14})Z_{33}-(Z_{11}Z_{13}-Z_{12}Z_{14})Z_{34}-Z_{T1}\times(Z_{13}Z_{34}-Z_{14}Z_{33})-Z_{T4}(Z_{12}Z_{13}-Z_{11}Z_{14})+Z_{14}Z_{T1}Z_{T4}]$	$2\sqrt{R_{T2}R_{T4}}[-Z_{13}^3+Z_{13}Z_{14}^2+(Z_{11}Z_{13}-Z_{12}Z_{14})Z_{33}+(Z_{12}Z_{13}-Z_{11}Z_{14})Z_{34}+Z_{T1}\times(Z_{13}Z_{33}-Z_{14}Z_{34})+Z_{T3}(Z_{11}Z_{13}-Z_{12}Z_{14})+Z_{13}Z_{T1}Z_{T3}]$
3	$2\sqrt{R_{T1}R_{T3}}[-Z_{13}^3+Z_{13}Z_{14}^2+(Z_{12}Z_{13}-Z_{11}Z_{14})Z_{34}+(Z_{11}Z_{13}-Z_{12}Z_{14})Z_{33}+Z_{T2}\times(Z_{13}Z_{33}-Z_{14}Z_{34})+Z_{T4}(Z_{11}Z_{13}-Z_{12}Z_{14})+Z_{13}Z_{T2}Z_{T4}]$	$2\sqrt{R_{T2}R_{T3}}[-Z_{14}^3+Z_{13}^2Z_{14}-(Z_{12}Z_{13}-Z_{11}Z_{14})Z_{33}-(Z_{11}Z_{13}-Z_{12}Z_{14})Z_{34}-Z_{T1}\times(Z_{13}Z_{34}-Z_{14}Z_{33})-Z_{T4}(Z_{12}Z_{13}-Z_{11}Z_{14})+Z_{14}Z_{T1}Z_{T4}]$	—	$2\sqrt{R_{T3}R_{T4}}[Z_{11}^2Z_{34}-Z_{12}^2Z_{34}+Z_{12}Z_{13}^2+Z_{12}Z_{14}^2-2Z_{11}Z_{13}Z_{14}+(Z_{T1}+Z_{T2})(Z_{11}Z_{34}-Z_{13}Z_{14})+Z_{34}Z_{T1}Z_{T2}]$
4	$2\sqrt{R_{T1}R_{T4}}[-Z_{14}^3+Z_{13}^2Z_{14}-(Z_{12}Z_{13}-Z_{11}Z_{14})Z_{33}+(Z_{12}Z_{14}-Z_{11}Z_{13})Z_{34}+Z_{T2}\times(Z_{14}Z_{33}-Z_{13}Z_{34})-Z_{T3}(Z_{12}Z_{13}-Z_{11}Z_{14})+Z_{14}Z_{T2}Z_{T3}]$	$2\sqrt{R_{T2}R_{T4}}[-Z_{13}^3+Z_{13}^2Z_{14}+(Z_{11}Z_{13}-Z_{12}Z_{14})Z_{33}+(Z_{12}Z_{13}-Z_{11}Z_{14})Z_{34}+Z_{T1}\times(Z_{13}Z_{33}-Z_{14}Z_{34})+Z_{T3}(Z_{11}Z_{13}-Z_{12}Z_{14})+Z_{13}Z_{T1}Z_{T3}]$	$2\sqrt{R_{T3}R_{T4}}[Z_{11}^2Z_{34}-Z_{12}^2Z_{34}+Z_{12}Z_{13}^2+Z_{12}Z_{14}^2-2Z_{11}Z_{13}Z_{14}+(Z_{T1}+Z_{T2})(Z_{11}Z_{34}-Z_{13}Z_{14})+Z_{34}Z_{T1}Z_{T2}]$	—
$DS=Z_{13}^4+Z_{14}^4+Z_{11}^2Z_{33}^2-Z_{11}^2Z_{34}^2-Z_{12}^2Z_{33}^2+Z_{12}^2Z_{34}^2-2Z_{13}^2Z_{14}^2-2Z_{11}Z_{13}^2Z_{33}-2Z_{11}Z_{14}^2Z_{33}-2Z_{12}Z_{13}^2Z_{34}-2Z_{12}Z_{14}^2Z_{34}+4Z_{11}Z_{13}Z_{14}Z_{34}+4Z_{12}Z_{13}Z_{14}Z_{33}-Z_{T1}(Z_{13}^2Z_{33}+Z_{14}^2Z_{33}-Z_{11}Z_{33}^2+Z_{11}Z_{34}^2-2Z_{13}Z_{14}Z_{34})-Z_{T2}(Z_{13}^2Z_{33}+Z_{14}^2Z_{33}-Z_{11}Z_{33}^2+Z_{11}Z_{34}^2-2Z_{13}Z_{14}Z_{34})+Z_{T3}(Z_{11}^2Z_{33}-Z_{12}^2Z_{33}-Z_{11}Z_{13}^2-Z_{11}Z_{14}^2+2Z_{12}Z_{13}Z_{14})+Z_{T4}(Z_{11}^2Z_{33}-Z_{12}^2Z_{33}-Z_{11}Z_{13}^2-Z_{11}Z_{14}^2+2Z_{12}Z_{13}Z_{14})+Z_{T1}Z_{T2}(Z_{33}^2-Z_{34}^2)-Z_{T1}Z_{T3}(Z_{13}^2-Z_{11}Z_{33})-Z_{T1}Z_{T4}(Z_{14}^2-Z_{11}Z_{33})-Z_{T2}Z_{T3}(Z_{14}^2-Z_{11}Z_{33})-Z_{T2}Z_{T4}(Z_{13}^2-Z_{11}Z_{33})+Z_{T3}Z_{T4}(Z_{11}^2-Z_{12}^2)+Z_{T1}Z_{T2}Z_{T3}Z_{33}+Z_{T1}Z_{T2}Z_{T4}Z_{33}+Z_{T1}Z_{T3}Z_{T4}Z_{11}+Z_{T2}Z_{T3}Z_{T4}Z_{11}+Z_{T1}Z_{T2}Z_{T3}Z_{T4}$				

续表

$$
\begin{aligned}
NS_{11}=\ & Z_{13}^4+Z_{14}^4+Z_{11}^2Z_{33}^2-Z_{11}^2Z_{34}^2-Z_{12}^2Z_{33}^2+Z_{12}^2Z_{34}^2-2Z_{13}^2Z_{14}^2-2Z_{11}Z_{13}^2Z_{33}-2Z_{11}Z_{14}^2Z_{33}-\\
& 2Z_{12}Z_{13}^2Z_{34}-2Z_{12}Z_{14}^2Z_{34}+4Z_{11}Z_{13}Z_{14}Z_{34}+4Z_{12}Z_{13}Z_{14}Z_{33}+Z_{T1}^*(Z_{13}^2Z_{33}+Z_{14}^2Z_{33}-\\
& Z_{11}Z_{33}^2+Z_{11}Z_{34}^2-2Z_{13}Z_{14}Z_{34})-Z_{T2}(Z_{13}^2Z_{33}+Z_{14}^2Z_{33}-Z_{11}Z_{33}^2+Z_{11}Z_{34}^2-2Z_{13}Z_{14}Z_{34})+\\
& Z_{T3}(Z_{11}^2Z_{33}-Z_{12}^2Z_{33}-Z_{11}Z_{13}^2-Z_{11}Z_{14}^2+2Z_{12}Z_{13}Z_{14})+Z_{T4}(Z_{11}^2Z_{33}-Z_{12}^2Z_{33}-Z_{11}Z_{13}^2-\\
& Z_{11}Z_{14}^2+2Z_{12}Z_{13}Z_{14})-Z_{T1}^*Z_{T2}(Z_{33}^2-Z_{34}^2)+Z_{T1}^*Z_{T3}(Z_{13}^2-Z_{11}Z_{33})+Z_{T1}^*Z_{T4}(Z_{14}^2-Z_{11}Z_{33})-\\
& Z_{T2}Z_{T3}(Z_{14}^2-Z_{11}Z_{33})-Z_{T2}Z_{T4}(Z_{13}^2-Z_{11}Z_{33})+Z_{T3}Z_{T4}(Z_{11}^2-Z_{12}^2)-Z_{T1}^*Z_{T2}Z_{T3}Z_{33}-\\
& Z_{T1}^*Z_{T2}Z_{T4}Z_{33}-Z_{T1}^*Z_{T3}Z_{T4}Z_{11}+Z_{T2}Z_{T3}Z_{T4}Z_{11}-Z_{T1}^*Z_{T2}Z_{T3}Z_{T4}
\end{aligned}
$$

$$
\begin{aligned}
NS_{22}=\ & Z_{13}^4+Z_{14}^4+Z_{11}^2Z_{33}^2-Z_{11}^2Z_{34}^2-Z_{12}^2Z_{33}^2+Z_{12}^2Z_{34}^2-2Z_{13}^2Z_{14}^2-2Z_{11}Z_{13}^2Z_{33}-2Z_{11}Z_{14}^2Z_{33}-\\
& 2Z_{12}Z_{13}^2Z_{34}-2Z_{12}Z_{14}^2Z_{34}+4Z_{11}Z_{13}Z_{14}Z_{34}+4Z_{12}Z_{13}Z_{14}Z_{33}-Z_{T1}(Z_{13}^2Z_{33}+Z_{14}^2Z_{33}-\\
& Z_{11}Z_{33}^2+Z_{11}Z_{34}^2-2Z_{13}Z_{14}Z_{34})+Z_{T2}^*(Z_{13}^2Z_{33}+Z_{14}^2Z_{33}-Z_{11}Z_{33}^2+Z_{11}Z_{34}^2-2Z_{13}Z_{14}Z_{34})+\\
& Z_{T3}(Z_{11}^2Z_{33}-Z_{12}^2Z_{33}-Z_{11}Z_{13}^2-Z_{11}Z_{14}^2+2Z_{12}Z_{13}Z_{14})+Z_{T4}(Z_{11}^2Z_{33}-Z_{12}^2Z_{33}-Z_{11}Z_{13}^2-\\
& Z_{11}Z_{14}^2+2Z_{12}Z_{13}Z_{14})-Z_{T1}Z_{T2}^*(Z_{33}^2-Z_{34}^2)-Z_{T1}Z_{T3}(Z_{13}^2-Z_{11}Z_{33})-Z_{T1}Z_{T4}(Z_{14}^2-Z_{11}Z_{33})+\\
& Z_{T2}^*Z_{T3}(Z_{14}^2-Z_{11}Z_{33})+Z_{T2}^*Z_{T4}(Z_{13}^2-Z_{11}Z_{33})+Z_{T3}Z_{T4}(Z_{11}^2-Z_{12}^2)-Z_{T1}Z_{T2}^*Z_{T3}Z_{33}-\\
& Z_{T1}Z_{T2}^*Z_{T4}Z_{33}+Z_{T1}Z_{T3}Z_{T4}Z_{11}-Z_{T2}^*Z_{T3}Z_{T4}Z_{11}-Z_{T1}Z_{T2}^*Z_{T3}Z_{T4}
\end{aligned}
$$

$$
\begin{aligned}
NS_{33}=\ & Z_{13}^4+Z_{14}^4+Z_{11}^2Z_{33}^2-Z_{11}^2Z_{34}^2-Z_{12}^2Z_{33}^2+Z_{12}^2Z_{34}^2-2Z_{13}^2Z_{14}^2-2Z_{11}Z_{13}^2Z_{33}-2Z_{11}Z_{14}^2Z_{33}-\\
& 2Z_{12}Z_{13}^2Z_{34}-2Z_{12}Z_{14}^2Z_{34}+4Z_{11}Z_{13}Z_{14}Z_{34}+4Z_{12}Z_{13}Z_{14}Z_{33}-Z_{T1}(Z_{13}^2Z_{33}+Z_{14}^2Z_{33}-\\
& Z_{11}Z_{33}^2+Z_{11}Z_{34}^2-2Z_{13}Z_{14}Z_{34})-Z_{T2}(Z_{13}^2Z_{33}+Z_{14}^2Z_{33}-Z_{11}Z_{33}^2+Z_{11}Z_{34}^2-2Z_{13}Z_{14}Z_{34})-\\
& Z_{T3}^*(Z_{11}^2Z_{33}-Z_{12}^2Z_{33}-Z_{11}Z_{13}^2-Z_{11}Z_{14}^2+2Z_{12}Z_{13}Z_{14})+Z_{T4}(Z_{11}^2Z_{33}-Z_{12}^2Z_{33}-Z_{11}Z_{13}^2-\\
& Z_{11}Z_{14}^2+2Z_{12}Z_{13}Z_{14})+Z_{T1}Z_{T2}(Z_{33}^2-Z_{34}^2)+Z_{T1}Z_{T3}^*(Z_{13}^2-Z_{11}Z_{33})-Z_{T1}Z_{T4}(Z_{14}^2-Z_{11}Z_{33})+\\
& Z_{T2}Z_{T3}^*(Z_{14}^2-Z_{11}Z_{33})-Z_{T2}Z_{T4}(Z_{13}^2-Z_{11}Z_{33})-Z_{T3}^*Z_{T4}(Z_{11}^2-Z_{12}^2)-Z_{T1}Z_{T2}Z_{T3}^*Z_{33}+\\
& Z_{T1}Z_{T2}Z_{T4}Z_{33}-Z_{T1}Z_{T3}^*Z_{T4}Z_{11}-Z_{T2}Z_{T3}^*Z_{T4}Z_{11}-Z_{T1}Z_{T2}Z_{T3}^*Z_{T4}
\end{aligned}
$$

$$
\begin{aligned}
NS_{44}=\ & Z_{13}^4+Z_{14}^4+Z_{11}^2Z_{33}^2-Z_{11}^2Z_{34}^2-Z_{12}^2Z_{33}^2+Z_{12}^2Z_{34}^2-2Z_{13}^2Z_{14}^2-2Z_{11}Z_{13}^2Z_{33}-2Z_{11}Z_{14}^2Z_{33}-\\
& 2Z_{12}Z_{13}^2Z_{34}-2Z_{12}Z_{14}^2Z_{34}+4Z_{11}Z_{13}Z_{14}Z_{34}+4Z_{12}Z_{13}Z_{14}Z_{33}-Z_{T1}(Z_{13}^2Z_{33}+Z_{14}^2Z_{33}-\\
& Z_{11}Z_{33}^2+Z_{11}Z_{34}^2-2Z_{13}Z_{14}Z_{34})-Z_{T2}(Z_{13}^2Z_{33}+Z_{14}^2Z_{33}-Z_{11}Z_{33}^2+Z_{11}Z_{34}^2-2Z_{13}Z_{14}Z_{34})+\\
& Z_{T3}(Z_{11}^2Z_{33}-Z_{12}^2Z_{33}-Z_{11}Z_{13}^2-Z_{11}Z_{14}^2+2Z_{12}Z_{13}Z_{14})-Z_{T4}^*(Z_{11}^2Z_{33}-Z_{12}^2Z_{33}-Z_{11}Z_{13}^2-\\
& Z_{11}Z_{14}^2+2Z_{12}Z_{13}Z_{14})+Z_{T1}Z_{T2}(Z_{33}^2-Z_{34}^2)-Z_{T1}Z_{T3}(Z_{13}^2-Z_{11}Z_{33})+Z_{T1}Z_{T4}^*(Z_{14}^2-Z_{11}Z_{33})-\\
& Z_{T2}Z_{T3}(Z_{14}^2-Z_{11}Z_{33})+Z_{T2}Z_{T4}^*(Z_{13}^2-Z_{11}Z_{33})-Z_{T3}Z_{T4}^*(Z_{11}^2-Z_{12}^2)+Z_{T1}Z_{T2}Z_{T3}Z_{33}-\\
& Z_{T1}Z_{T2}Z_{T4}^*Z_{33}-Z_{T1}Z_{T3}Z_{T4}^*Z_{11}-Z_{T2}Z_{T3}Z_{T4}^*Z_{11}-Z_{T1}Z_{T2}Z_{T3}Z_{T4}^*
\end{aligned}
$$

参考文献

[1] Ahn H R. Asymmetric Passive Components in Microwave Integrated Circuits [M]. Hoboken, NJ, USA: John Wiley & Sons, 2006.

[2] Jiao L, Wu Y, Zhang W, et al. Design methodology for six-port equal/unequal quadrature and rat-race couplers with balanced and unbalanced ports terminated by arbitrary resistances [J]. IEEE Transactions on Microwave Theory and Techniques, 2018, 66 (3), 1249-1262.

[3] Eisenstadt W R, Stengel R, Thompson B M. Microwave Differential Circuit Design Using Mixed Mode S-Parameters [M]. Norwood, MA, USA: Artech House, 2006.

[4] Wu Y, Li J, Liu Y. A simple coupled-line Wilkinson power divider for arbitrary complex input and output terminated impedances [J]. Applied Computational Electromagnetics Society Journal, 2014, 29 (7), 565-570.

[5] David M Pozar. 微波工程（第四版）[M]. 谭云华，等译. 北京：电子工业出版社，2019.

[6] Wincza K, Gruszczynski S, Kuta S. Approach to the design of asymmetric coupled-line directional couplers with the maximum achievable impedance-transformation ratio [J]. IEEE Transactions on Microwave Theory and Techniques, 2012, 60 (5), 1218-1225.

[7] Mongia R K, Bahl I J, Bhartia P, et al. RF and Microwave Coupled-Line Circuits, 2nd Edition [M]. Norwood, MA, USA: Artech House, 2007.

[8] Tripathi V K. Asymmetric coupled transmission lines in an inhomogeneous medium [J]. IEEE Transactions on Microwave Theory and Techniques, 1975, 23 (9), 734-739.

[9] 徐锐敏，等. 微波网络及其应用 [M]. 北京：科学出版社，2010.

第 8 章

复阻抗网络参数转换的应用

在复阻抗网络参数转换中，ABCD 参数与 S 参数之间的转换[1-6]应用较多，这是由于在分析级联网络时，每个网络的 **ABCD** 矩阵可以直接相乘，从而得到整个级联网络的 **ABCD** 矩阵，再通过网络参数转换进而得到整个级联网络的 S 参数。Z 参数或 Y 参数与 S 参数之间的转换主要应用于端口阻抗不相同的情况[7-10]。在本章中，我们将以文献［1］和文献［7］中的阻抗变换器以及耦合器为例，来说明复阻抗网络参数转换的应用。

8.1　ABCD 参数转换为 S 参数

文献［1］中提出的阻抗变换器如图 8-1 所示，端口阻抗分别表示为 $Z_S=R_S+jX_S$ 和 $Z_L=R_L+jX_L$，其中 R_S，$R_L>0$。耦合线的偶模阻抗、奇模阻抗及电长度分别表示为 Z_e、Z_o、θ，电纳表示为 B_0。

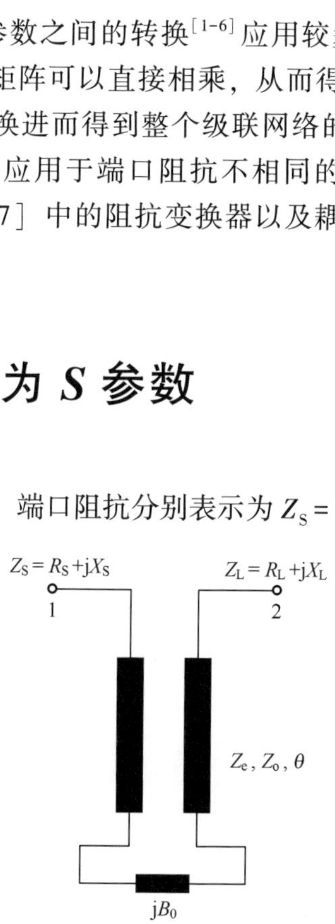

图 8-1　阻抗变换器[1]

为了进行奇偶模分析，将图 8-1 中的阻抗变换器电路转换为图 8-2 所示的四端口等效电路，各个端口的电压和电流分别表示为 V_i 和 I_i（$i=1,2,3,4$），其奇偶模等效电路如图 8-3 所示。

可以得到偶模和奇模 **ABCD** 矩阵为

$$\begin{pmatrix} A_e & B_e \\ C_e & D_e \end{pmatrix} = \begin{pmatrix} \cos\theta & jZ_e\sin\theta \\ j\sin\theta/Z_e & \cos\theta \end{pmatrix} \quad (8\text{-}1a)$$

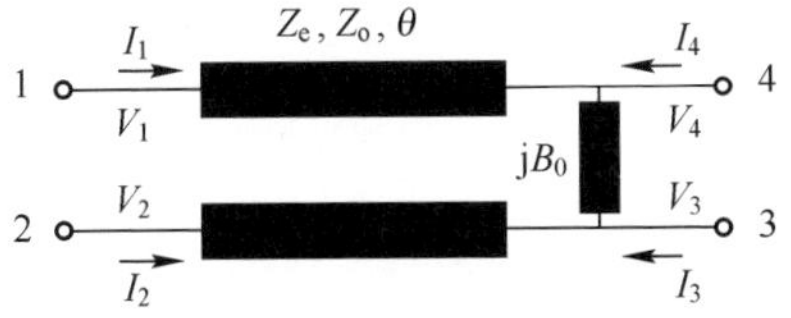

图 8-2　四端口等效电路[1]

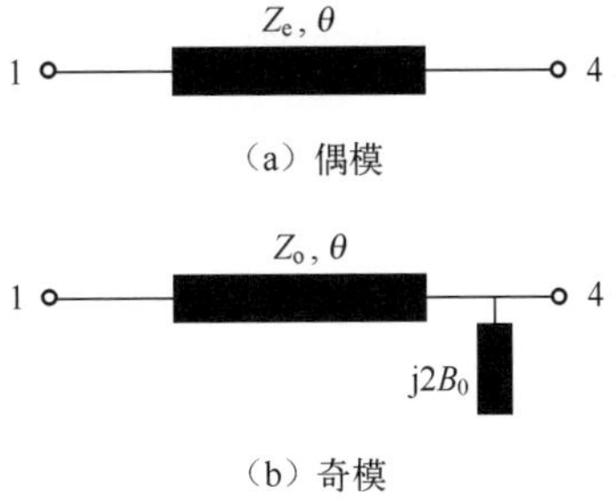

图 8-3　奇偶模等效电路[1]

$$\begin{aligned}\begin{pmatrix} A_o & B_o \\ C_o & D_o \end{pmatrix} &= \begin{pmatrix} \cos\theta & jZ_o\sin\theta \\ j\sin\theta/Z_o & \cos\theta \end{pmatrix}\begin{pmatrix} 1 & 0 \\ j2B_0 & 1 \end{pmatrix} \\ &= \begin{pmatrix} \cos\theta-2B_0Z_o\sin\theta & jZ_o\sin\theta \\ j(\sin\theta/Z_o+2B_0\cos\theta) & \cos\theta \end{pmatrix}\end{aligned} \tag{8-1b}$$

基于 6.1 节中提及的对称和反对称思想，可以得到偶模激励（对称激励）及奇模激励（反对称激励）时，端口的电压、电流矩阵为

$$\begin{aligned}\begin{pmatrix} \frac{1}{2}(V_1+V_2) \\ \frac{1}{2}(I_1+I_2) \end{pmatrix} &= \begin{pmatrix} A_e & B_e \\ C_e & D_e \end{pmatrix}\begin{pmatrix} \frac{1}{2}(V_4+V_3) \\ -\frac{1}{2}(I_4+I_3) \end{pmatrix} \\ \begin{pmatrix} \frac{1}{2}(V_1-V_2) \\ \frac{1}{2}(I_1-I_2) \end{pmatrix} &= \begin{pmatrix} A_o & B_o \\ C_o & D_o \end{pmatrix}\begin{pmatrix} \frac{1}{2}(V_4-V_3) \\ -\frac{1}{2}(I_4-I_3) \end{pmatrix}\end{aligned} \tag{8-2}$$

将图 8-2 中四端口等效电路转换为图 8-1 中阻抗变换器电路时，需要把图 8-2 中端口 3 和端口 4 开路，即满足

$$I_3=I_4=0 \tag{8-3}$$

将式（8-3）代入式（8-2）中，可以得到：

$$\begin{cases} V_1+V_2=A_e(V_4+V_3) \\ I_1+I_2=C_e(V_4+V_3) \\ V_1-V_2=A_o(V_4-V_3) \\ I_1-I_2=C_o(V_4-V_3) \end{cases} \tag{8-4}$$

将式（8-4）中的 V_3、V_4 消去，可以得到：

$$\begin{cases} C_e(V_1+V_2)=A_e(I_1+I_2) \\ C_o(V_1-V_2)=A_o(I_1-I_2) \end{cases} \tag{8-5}$$

由上式可以得到图 8-1 中阻抗变换器的 **ABCD** 矩阵为

$$\begin{pmatrix} V_1 \\ I_1 \end{pmatrix} = \begin{pmatrix} A & B \\ C & D \end{pmatrix} \begin{pmatrix} V_2 \\ -I_2 \end{pmatrix} \tag{8-6}$$

式中：

$$A = D = \frac{A_e C_o + A_o C_e}{A_e C_o - A_o C_e} \tag{8-7a}$$

$$B = \frac{2A_e A_o}{A_e C_o - A_o C_e} \tag{8-7b}$$

$$C = \frac{2C_e C_o}{A_e C_o - A_o C_e} \tag{8-7c}$$

根据 2.3 节中给出的 ABCD 参数转换为 S 参数的公式，图 8-1 中阻抗变换器的 S 参数可表示为

$$S_{11} = \frac{-CZ_S^* Z_L - DZ_S^* + AZ_L + B}{CZ_S Z_L + DZ_S + AZ_L + B} \tag{8-8a}$$

$$S_{21} = \frac{2\sqrt{R_S R_L}}{CZ_S Z_L + DZ_S + AZ_L + B} \tag{8-8b}$$

为了获得良好的电路性能，需要满足 $S_{11}=0$。将端口阻抗 $Z_S=R_S+jX_S$ 和 $Z_L=R_L+jX_L$ 代入式（8-8a），可得：

$$AR_L - jC(R_S X_L - R_L X_S) - DR_S = 0 \tag{8-9a}$$

$$AX_L - jB + jC(R_S R_L + X_S X_L) + DX_S = 0 \tag{8-9b}$$

联立式（8-1）、式（8-7）及式（8-9）可以得到阻抗变换器的设计参数。文献［1］在求解设计参数的过程中，又分别讨论了 $R_L-R_S=0$ 和 $R_L-R_S\neq0$ 两种情况，感兴趣的读者可自行查阅。受实际加工工艺的限制，最终计算得到的阻抗变换器 A 的设计参数为：$Z_S=(30+j50)\Omega$，$Z_L=(75+j35.2)\Omega$，$Z_e=63.4\Omega$，$Z_o=42\Omega$，$\theta=30°$，$B_0=12.6\text{mS}$；最终计算得到的阻抗变换器 B 的设计参数为：$Z_S=(50+j26)\Omega$，$Z_L=(100-j37)\Omega$，$Z_e=73.8\Omega$，$Z_o=49.6\Omega$，$\theta=20°$，$B_0=-88.3\text{mS}$。这里我们对阻抗变换器 A 进行理想电路仿真，如图 8-4 所示。在中心频率 1GHz 处计算得到的 $|S_{11}|=-62.5562\text{dB}$，$|S_{21}|=-2.4108\times10^{-6}\text{dB}$，与图 8-4 中仿真结果一致。

8.2　S 参数转换为 Y 参数

文献［7］和文献［8］中提出了端口阻抗为任意实数的分支线耦合器。为

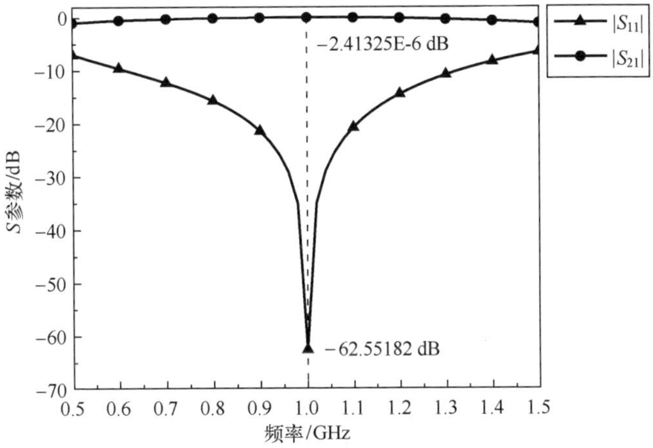

图 8-4　理想的阻抗变换器仿真结果

了展示复阻抗网络参数转换的应用，本小节将其端口阻抗均设定为复数，对相位差不等于 0° 或 180° 的分支线耦合器进行分析，如图 8-5 所示。端口阻抗分别表示为 $Z_{0i}=R_i+jX_i(i=1,2,3,4)$，传输线的特征阻抗以及电长度分别表示为 Z_i 和 θ_i $(i=1,2,3,4)$。如果将端口 1 指定为输入端口，则可以将端口 2 和端口 3 定义为直通端口和耦合端口，将端口 4 定义为隔离端口。

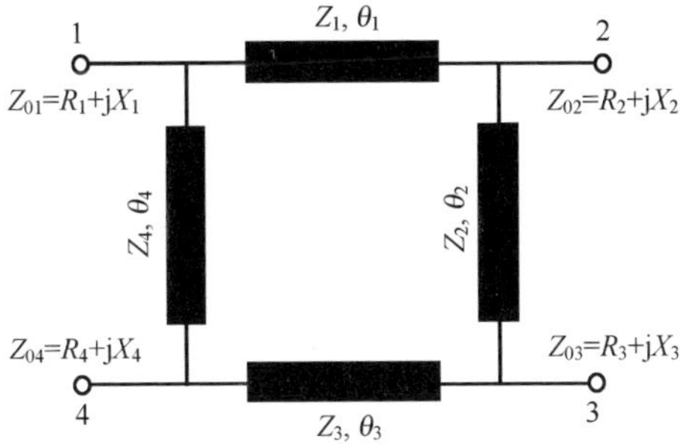

图 8-5　分支线耦合器

图 8-5 中分支线耦合器的导纳参数表示为 $Y_{cij}(i,j=1,2,3,4)$，根据 1.4 节中给出的 Y 参数的定义，分支线耦合器的导纳参数 Y_{c11} 表示为

$$Y_{c11}=-j\left(\frac{\cot\theta_1}{Z_1}+\frac{\cot\theta_4}{Z_4}\right) \tag{8-10}$$

同理，分支线耦合器的导纳矩阵 $\boldsymbol{Y}_c$ 的其余参数也可由定义求出，表示如下：

$$
\boldsymbol{Y}_{c}=\mathrm{j}\begin{pmatrix}
-\frac{\cot\theta_1}{Z_1}-\frac{\cot\theta_4}{Z_4} & \frac{\csc\theta_1}{Z_1} & 0 & \frac{\csc\theta_4}{Z_4}\\
\frac{\csc\theta_1}{Z_1} & -\frac{\cot\theta_1}{Z_1}-\frac{\cot\theta_2}{Z_2} & \frac{\csc\theta_2}{Z_2} & 0\\
0 & \frac{\csc\theta_2}{Z_2} & -\frac{\cot\theta_2}{Z_2}-\frac{\cot\theta_3}{Z_3} & \frac{\csc\theta_3}{Z_3}\\
\frac{\csc\theta_4}{Z_4} & 0 & \frac{\csc\theta_3}{Z_3} & -\frac{\cot\theta_3}{Z_3}-\frac{\cot\theta_4}{Z_4}
\end{pmatrix}
\tag{8-11}
$$

对于理想的定向耦合器，当端口 1 被激励时，应满足所有端口匹配（$S_{11,22,33,44}=0$）和端口隔离（$S_{14,23}=0$）。假设分支线耦合器的相位差和功分比分别表示为 ϕ 和 $k^2=|S_{21}/S_{31}|^2$，可以得到期望的 $\boldsymbol{S}$ 矩阵为

$$
\boldsymbol{S}=\begin{pmatrix}
0 & \frac{k\mathrm{e}^{\mathrm{j}\varphi_1}}{\sqrt{k^2+1}} & \frac{\mathrm{e}^{\mathrm{j}(\varphi_1-\phi)}}{\sqrt{k^2+1}} & 0\\
\frac{k\mathrm{e}^{\mathrm{j}\varphi_1}}{\sqrt{k^2+1}} & 0 & 0 & \frac{\mathrm{e}^{\mathrm{j}(\pi+\varphi_2+\phi)}}{\sqrt{k^2+1}}\\
\frac{\mathrm{e}^{\mathrm{j}(\varphi_1-\phi)}}{\sqrt{k^2+1}} & 0 & 0 & \frac{k\mathrm{e}^{\mathrm{j}\varphi_2}}{\sqrt{k^2+1}}\\
0 & \frac{\mathrm{e}^{\mathrm{j}(\pi+\varphi_2+\phi)}}{\sqrt{k^2+1}} & \frac{k\mathrm{e}^{\mathrm{j}\varphi_2}}{\sqrt{k^2+1}} & 0
\end{pmatrix}
\tag{8-12}
$$

式中，φ_1 和 φ_2 分别表示 S_{12} 和 S_{34} 的相位。

基于 2.2 节中推导的复阻抗网络 S 参数转换为 Y 参数的公式，即

$$
\boldsymbol{Y}=\boldsymbol{G}_0^{-1}(\boldsymbol{S}\boldsymbol{Z}_0+\boldsymbol{Z}_0^*)^{-1}(\boldsymbol{E}-\boldsymbol{S})\boldsymbol{G}_0 \tag{8-13}
$$

假设端口阻抗的实部均大于 0，将上式中的 $\boldsymbol{G}_0$ 表示为

$$
\boldsymbol{G}_0=\mathrm{diag}\left\{\frac{1}{\sqrt{R_1}},\frac{1}{\sqrt{R_2}},\frac{1}{\sqrt{R_3}},\frac{1}{\sqrt{R_4}}\right\} \tag{8-14}
$$

由式（8-11）可知，期望的 Y 参数 $Y_{13}=Y_{31}=Y_{24}=Y_{42}=0$，则 φ_1、φ_2、ϕ 以及端口阻抗需要满足

$$
\begin{cases}
\varphi_1=2m\pi+\pi/2+\phi, m=\cdots-2,-1,0,1,2\cdots\\
\varphi_2=2n\pi-\pi/2-\phi, n=\cdots-2,-1,0,1,2\cdots
\end{cases}
\tag{8-15a}
$$

$$
R_1R_3=X_1X_3, R_2R_4=X_2X_4 \tag{8-15b}
$$

或

$$\begin{cases}\varphi_1=2m\pi+\pi+\phi,m=\cdots-2,-1,0,1,2\cdots\\ \varphi_2=2n\pi-\phi,n=\cdots-2,-1,0,1,2\cdots\end{cases} \tag{8-15c}$$

$$R_1X_3=-R_3X_1,R_2X_4=-R_4X_2 \tag{8-15d}$$

接下来将按照式（8-15a）和式（8-15b）中的约束条件进一步讨论，式（8-15a）取 $m=0$，$n=1$。联立式（8-12）至式（8-14），可以得到期望的 **Y** 矩阵，由于计算结果复杂，表示为如下形式：

$$\begin{aligned}\mathrm{DA}=&\mathrm{e}^{\mathrm{j}4\phi}(R_1R_3+X_1X_3-\mathrm{j}R_1X_3+\mathrm{j}R_3X_1)(R_4X_2-\\&R_2X_4-\mathrm{j}2X_2X_4)+\mathrm{j}2\mathrm{e}^{\mathrm{j}2\phi}(R_1X_3+R_3X_1)(R_2X_4+R_4X_2)-\\&(R_1R_3+X_1X_3+\mathrm{j}R_1X_3-\mathrm{j}R_3X_1)(R_4X_2-R_2X_4+\mathrm{j}2X_2X_4)\end{aligned} \tag{8-16a}$$

$$\begin{aligned}Y_{11}=&-\frac{1}{\mathrm{DA}}\{4\mathrm{e}^{\mathrm{j}2\phi}[R_3R_4X_2\cos^2\phi-X_2X_3X_4\cos2\phi+\\&(R_4X_2X_3-R_2X_3X_4+2R_3X_2X_4)\cos\phi\sin\phi+R_2R_3X_4\sin^2\phi]\}\end{aligned} \tag{8-16b}$$

$$Y_{12}=Y_{21}=-\frac{1}{\mathrm{DA}}4\mathrm{e}^{\mathrm{j}2\phi}\sqrt{R_1R_2}\frac{\sqrt{1+k^2}}{k}[(R_3R_4-X_3X_4)\cos\phi+(R_3X_4+R_4X_3)\sin\phi] \tag{8-16c}$$

$$Y_{14}=Y_{41}=-\frac{1}{\mathrm{DA}}4\mathrm{e}^{\mathrm{j}2\phi}\sqrt{R_1R_4}\frac{1}{k}[(R_3X_2-R_2X_3)\cos\phi+(R_2R_3+X_2X_3)\sin\phi] \tag{8-16d}$$

$$Y_{22}=-\frac{1}{\mathrm{DA}}\{4\mathrm{e}^{\mathrm{j}2\phi}(X_1\cos\phi+R_1\sin\phi)[(R_3R_4-X_3X_4)\cos\phi+(R_3X_4+R_4X_3)\sin\phi]\} \tag{8-16e}$$

$$Y_{23}=Y_{32}=-\frac{1}{\mathrm{DA}}4\mathrm{e}^{\mathrm{j}2\phi}\sqrt{R_2R_3}\frac{1}{k}[(R_4X_1-R_1X_4)\cos\phi+(R_1R_4+X_1X_4)\sin\phi] \tag{8-16f}$$

$$\begin{aligned}Y_{33}=&-\frac{1}{\mathrm{DA}}\{4\mathrm{e}^{\mathrm{j}2\phi}[R_1R_2X_4\cos^2\phi-X_1X_2X_4\cos2\phi+\\&(R_4X_1X_2-R_2X_1X_4-2R_1X_2X_4)\cos\phi\sin\phi+R_1R_4X_2\sin^2\phi]\}\end{aligned} \tag{8-16g}$$

$$Y_{34}=Y_{43}=\frac{1}{\mathrm{DA}}4\mathrm{e}^{\mathrm{j}2\phi}\sqrt{R_3R_4}\frac{\sqrt{1+k^2}}{k}[(R_1R_2-X_1X_2)\cos\phi-(R_1X_2+R_2X_1)\sin\phi] \tag{8-16h}$$

$$Y_{44}=-\frac{1}{\mathrm{DA}}\{4\mathrm{e}^{\mathrm{j}2\phi}(X_3\cos\phi-R_3\sin\phi)[(R_1R_2-X_1X_2)\cos\phi-(R_1X_2+R_2X_1)\sin\phi]\} \tag{8-16i}$$

为了得到理想的定向耦合器，电路导纳矩阵 $\boldsymbol{Y}_{\mathrm{c}}$ 应该等于期望的 **Y** 矩阵，由此可得：

$$\begin{cases}-\mathrm{j}\left(\dfrac{\cot\theta_1}{Z_1}+\dfrac{\cot\theta_4}{Z_4}\right)=Y_{11}\\-\mathrm{j}\left(\dfrac{\cot\theta_1}{Z_1}+\dfrac{\cot\theta_2}{Z_2}\right)=Y_{22}\\-\mathrm{j}\left(\dfrac{\cot\theta_2}{Z_2}+\dfrac{\cot\theta_3}{Z_3}\right)=Y_{33}\\-\mathrm{j}\left(\dfrac{\cot\theta_3}{Z_3}+\dfrac{\cot\theta_4}{Z_4}\right)=Y_{44}\end{cases}\tag{8-17a}$$

$$\begin{cases}Z_1=\dfrac{\mathrm{j}\csc\theta_1}{Y_{12}}\\Z_2=\dfrac{\mathrm{j}\csc\theta_2}{Y_{23}}\\Z_3=\dfrac{\mathrm{j}\csc\theta_3}{Y_{34}}\\Z_4=\dfrac{\mathrm{j}\csc\theta_4}{Y_{14}}\end{cases}\tag{8-17b}$$

由式（8-17）可得：

$$\begin{cases}-(\cos\theta_1 Y_{12}+\cos\theta_4 Y_{14})=Y_{11}\\-(\cos\theta_1 Y_{12}+\cos\theta_2 Y_{23})=Y_{22}\\-(\cos\theta_2 Y_{23}+\cos\theta_3 Y_{34})=Y_{33}\\-(\cos\theta_3 Y_{34}+\cos\theta_4 Y_{14})=Y_{44}\end{cases}\tag{8-18}$$

由式（8-18）可解得：

$$\cos\theta_2=\frac{-Y_{22}-\cos\theta_1 Y_{12}}{Y_{23}}\tag{8-19a}$$

$$\cos\theta_3=\frac{-Y_{33}-\cos\theta_2 Y_{23}}{Y_{34}}\tag{8-19b}$$

$$\cos\theta_4=\frac{-Y_{11}-\cos\theta_1 Y_{12}}{Y_{14}}\tag{8-19c}$$

由式（8-18）可知，期望的 Y 参数需要满足：

$$Y_{11}+Y_{33}=Y_{22}+Y_{44}\tag{8-20}$$

给定相位差 ϕ 、功分比 k^2、电长度 θ_1、两个端口阻抗（不能同时是端口 1 和端口 3，或端口 2 和端口 4）以及其余端口阻抗的任意一个实部或虚部，根据式（8-15）至式（8-20）就可以计算得到其余电路参数（这里初始参数的选取需要保证所有端口阻抗的实部均为正值）。θ_1 的选取需要保证传输线特征阻抗的虚部约为 0，在计算 $\sin\theta_2$、$\sin\theta_3$、$\sin\theta_4$ 时，需要保证传输线特征阻抗为正值。

根据上述分析过程得到一组设计参数：$\phi = \pi/6$，$k = 1$，$\theta_1 = 120°$，$R_1 = 30\Omega$，$R_2 = 27\Omega$，$R_3 = 18\Omega$，$R_4 = 37.32\Omega$，$X_1 = 32\Omega$，$X_2 = 35\Omega$，$X_3 = 16.875\Omega$，$X_4 = 28.79\Omega$，$Z_1 = 35.16\Omega$，$Z_2 = 38.26\Omega$，$Z_3 = 23.84\Omega$，$Z_4 = 59.54\Omega$，$\theta_2 = 125.19°$，$\theta_3 = 57.26°$，$\theta_4 = 139°$。对任意复阻抗端口分支线耦合器进行理想电路仿真，仿真结果如图 8-6 所示。

（a）S 参数幅值

（b）S_{21}、S_{31}、S_{24}、S_{34} 幅值

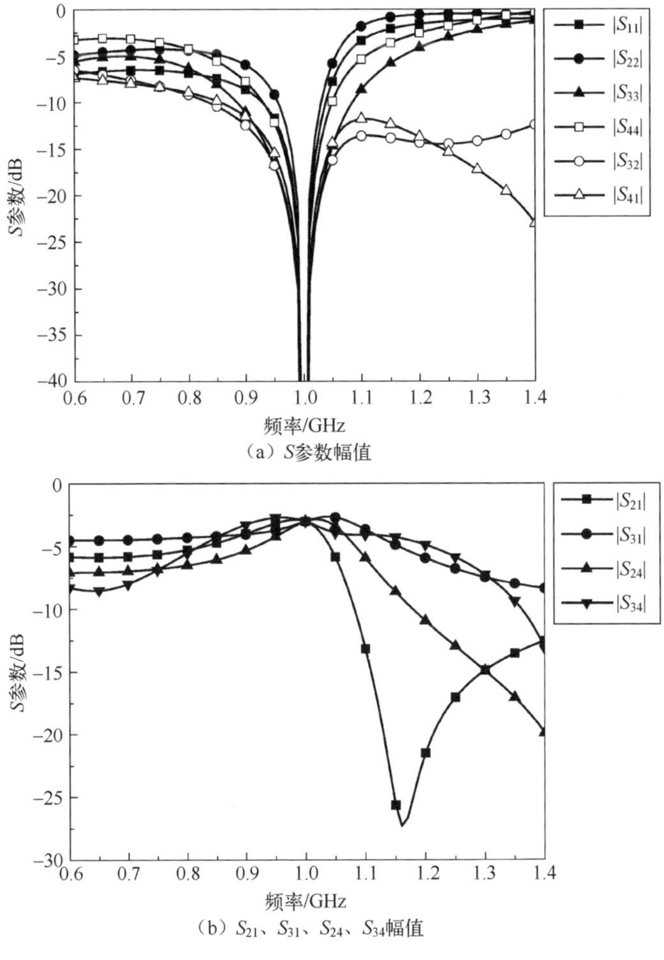

图 8-6　任意复阻抗端口分支线耦合器的理想仿真结果

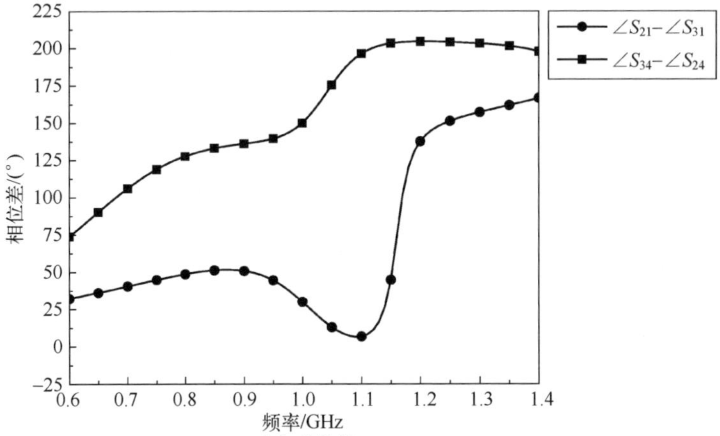

(c) 相位差

图 8-6 任意复阻抗端口分支线耦合器的理想仿真结果（续）

参 考 文 献

[1] Fang S, Jia X, Liu H, et al. Design of compact coupled-line complex impedance transformers with the series susceptance component [J]. IEEE Transactions on Circuits and Systems II: Express Briefs, 2020, 67 (11), 2482-2486.

[2] Wu Y, Zhang W, Liu Y, et al. A novel harmonics-suppression coupled-line Gysel power divider for complex terminated impedances [J]. Electromagnetics, 2014, 34 (8), 633-658.

[3] Wu Y, Shen J, Liu Q, et al. An asymmetric arbitrary branch-line coupler terminated by one group of complex impedances [J]. Journal of Electromagnetic Waves and Applications, 2012, 26 (8-9), 1125-1137.

[4] Wu Y, Liu Y. An unequal coupled-line Wilkinson power divider for arbitrary terminated impedances [J]. Progress in Electromagnetics Research, 2011, 117, 181-194.

[5] Liu H, Xun C, Fang S, et al. Coupled-line trans-directional coupler with arbitrary power divisions for equal complex termination impedances [J]. IET Microwaves, Antennas & Propagation, 2019, 13 (1), 92-98.

[6] Zhang W, Liu Y, Wu Y, et al. A complex impedance-transforming coupled-line balun [J]. Progress in Electromagnetics Research Letters, 2014, 48, 123-128.

[7] Wu Y, Jiao L, Xue Q, et al. A universal approach for designing an unequal branch-line coupler with arbitrary phase differences and input/output impedances [J]. IEEE Transactions on Components, Packaging and Manufacturing Technology, 2017, 7 (6), 944-955.

[8] Wu Y, Jiao J, Xue Q, et al. Reply to "Comments on 'A universal approach for designing an unequal branch-line coupler with arbitrary phase differences and input/output impedances [J].

IEEE Transactions on Components, Packaging and Manufacturing Technology, 2019, 9 (6), 1210-1216.

[9] Chen M G, Hou T B, Tang C W. Design of planar complex impedance transformers with the modified coupled line [J]. IEEE Transactions on Components, Packaging and Manufacturing Technology, 2012, 2 (10), 1704-1710.

[10] Sinha R. Design of multi-port with desired reference impedances using Y-Matrix and matching networks [J]. IEEE Transactions on Circuits and Systems I: Regular Papers, 2021, 68 (5), 2096-2106.

第9章 仿真验证

在前几章中，对单端复阻抗网络以及差分复阻抗网络的参数转换和端口增减进行了公式推导。在本章中，将利用 ADS 软件与数学计算软件对推导的公式进行仿真验证，其中数学计算软件的验证代码在附录 A 至附录 C 中给出。在本章仿真结果图中，曲线表示理想仿真结果，散点表示由公式计算得到的结果（频率范围为 0.5~1.5GHz，间隔为 100MHz）。

9.1 单端复阻抗网络参数转换验证

1. 二端口复阻抗网络

如图 9-1 所示，在 ADS 中建立一个任意的理想二端口复阻抗网络，其端口阻抗分别为(30+j25)Ω 和(45-j60)Ω。

首先对 Z 参数与 S 参数、Y 参数与 S 参数之间的转换进行仿真验证，理想仿真和计算结果分别如图 9-2 至图 9-5 所示；然后对 ABCD 参数与 S 参数、Z 参数、Y 参数之间的转换进行仿真验证。由于 ABCD 参数不能由仿真直接获得，所以我们利用公式将仿真得到的 S、Z、Y 参数转换为 ABCD 参数，再利用公式将 ABCD 参数转换为 S、Z、Y 参数，将公式计算得到的 S、Z、Y 参数与仿真得到的 S、Z、Y 参数进行对比，理想仿真和计算结果如图 9-6 至图 9-8 所示。由于该任意二端口复阻抗网络中不含源，是互易网络，因此满足 $Z_{12}=Z_{21}$、$Y_{12}=Y_{21}$、$S_{12}=S_{21}$。从图中可以看出，理想仿真与计算结果吻合，证明了所推导公式的正确性。

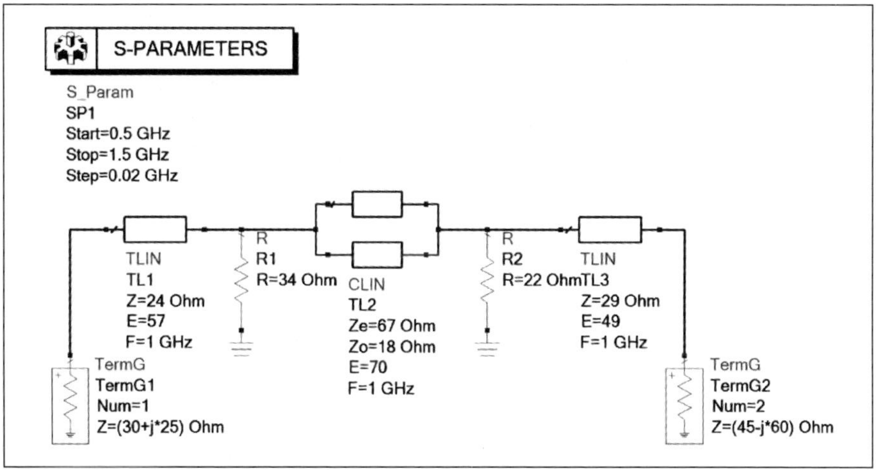

图 9-1　任意的理想二端口复阻抗网络原理图

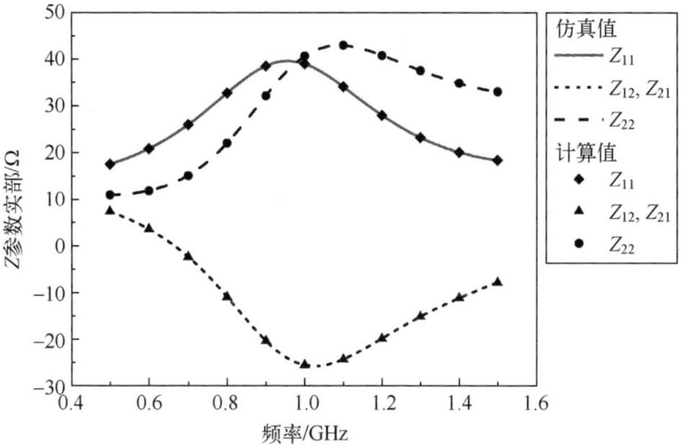

（a）Z参数的实部

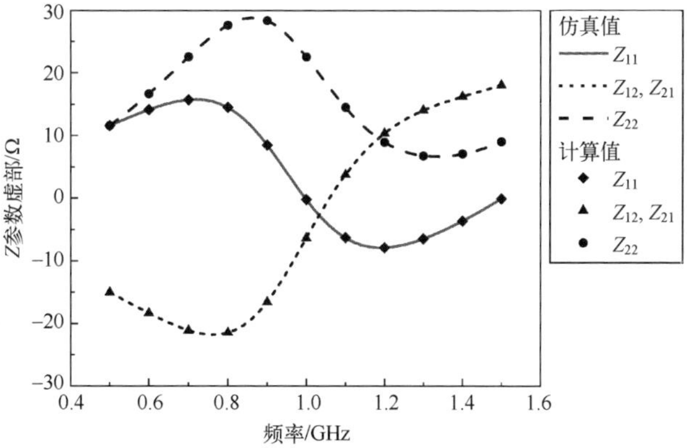

（b）Z参数的虚部

图 9-2　*S* 参数转换为 *Z* 参数的理想仿真和计算结果

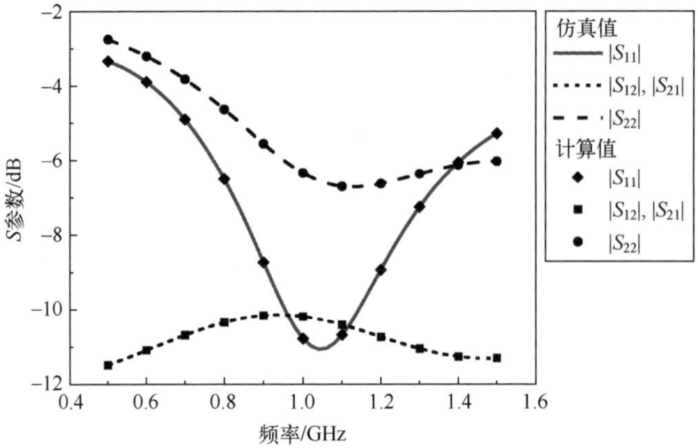

图 9-3　Z 参数转换为 S 参数的理想仿真和计算结果

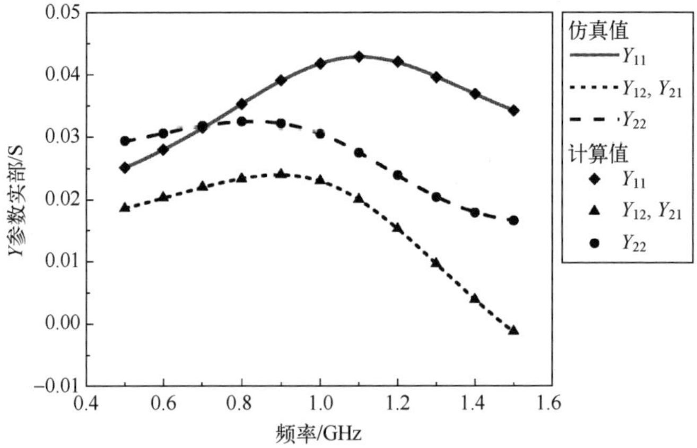

（a）Y参数的实部

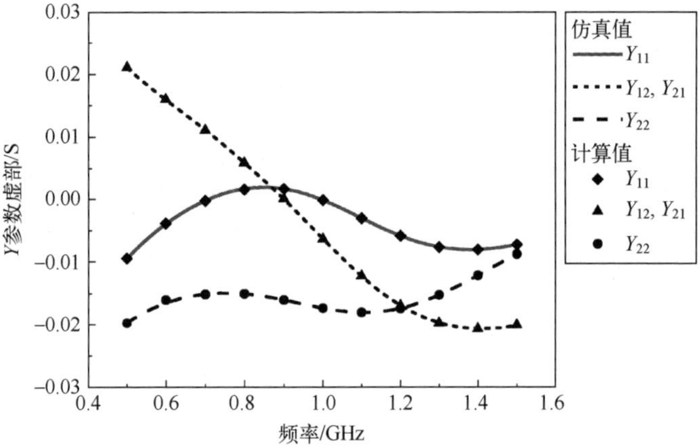

（b）Y参数的虚部

图 9-4　S 参数转换为 Y 参数的理想仿真和计算结果

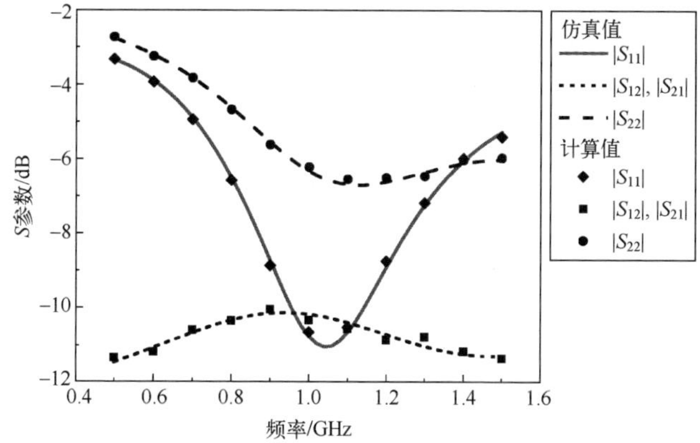

图 9-5　*Y* 参数转换为 *S* 参数的理想仿真和计算结果

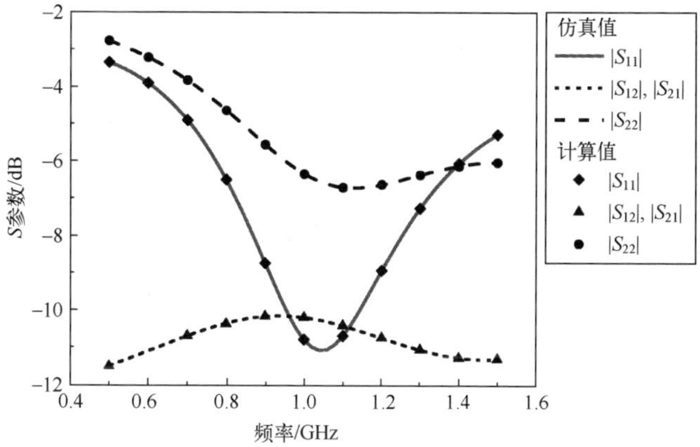

图 9-6　ABCD 与 *S* 参数之间转换的理想仿真和计算结果

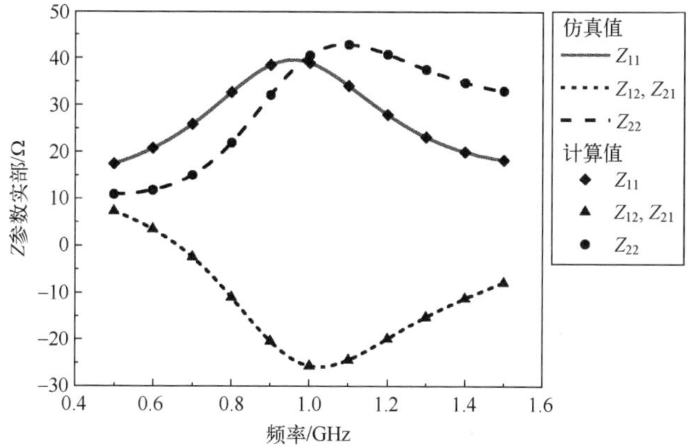

（a）*Z*参数的实部

图 9-7　ABCD 参数与 *Z* 参数之间转换的理想仿真和计算结果

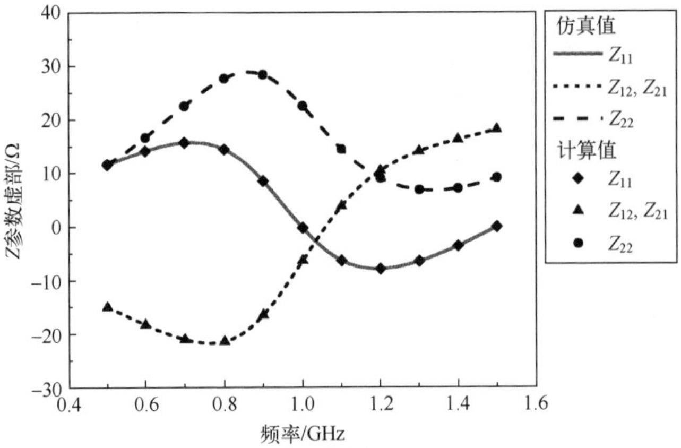

（b）Z参数的虚部

图 9-7　ABCD 参数与 Z 参数之间转换的理想仿真和计算结果（续）

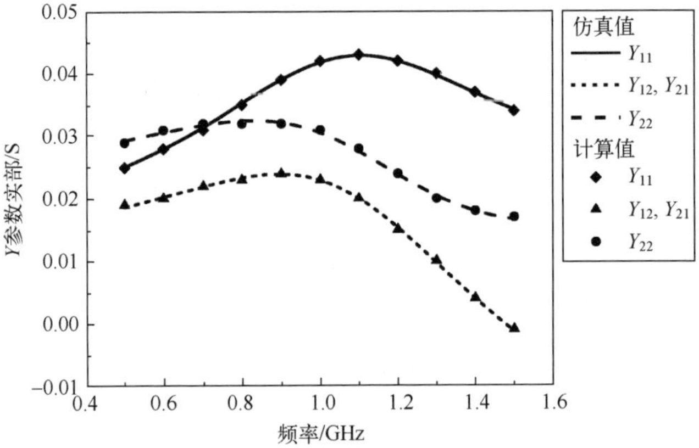

（a）Y参数的实部

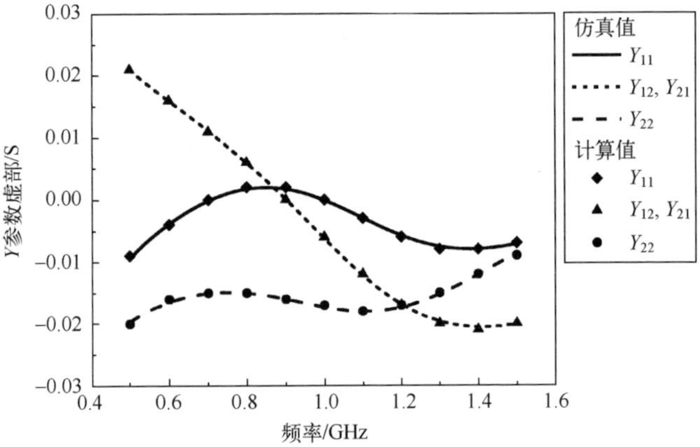

（b）Y参数的虚部

图 9-8　ABCD 参数与 Y 参数之间转换的理想仿真和计算结果

2. 三端口复阻抗网络

如图 9-9 所示，在 ADS 中建立一个任意的理想三端口复阻抗网络，其端口阻抗分别为(27+j11)Ω、(31-j16)Ω 和(36-j28)Ω。对于三端口网络，我们对 S 参数与 Z 参数、S 参数与 Y 参数之间的转换进行仿真验证，理想仿真和计算结果如图 9-10 至图 9-13 所示。类似地，该三端口网络是互易网络，因此满足：$Z_{12}=Z_{21}$，$Z_{13}=Z_{31}$，$Z_{23}=Z_{32}$；$Y_{12}=Y_{21}$，$Y_{13}=Y_{31}$，$Y_{23}=Y_{32}$；$S_{12}=S_{21}$，$S_{13}=S_{31}$，$S_{23}=S_{32}$。从图中可以看出，理想仿真与计算结果吻合，证明了所推导公式的正确性。

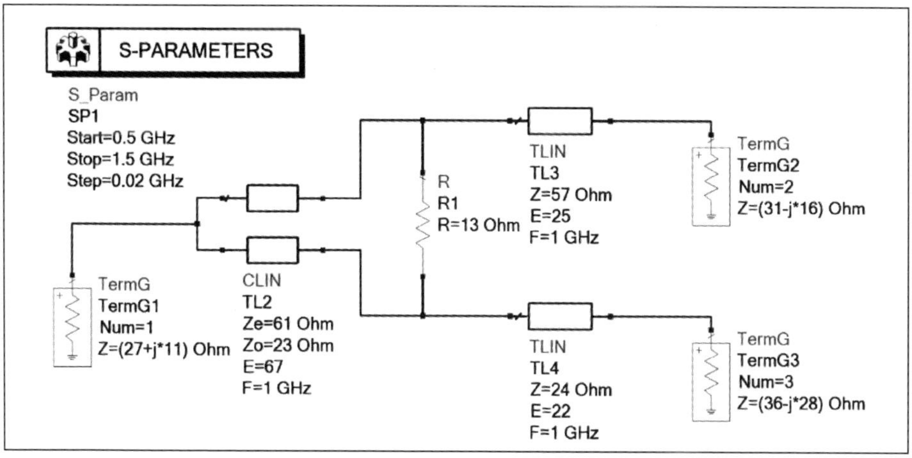

图 9-9　任意的理想三端口复阻抗网络原理图

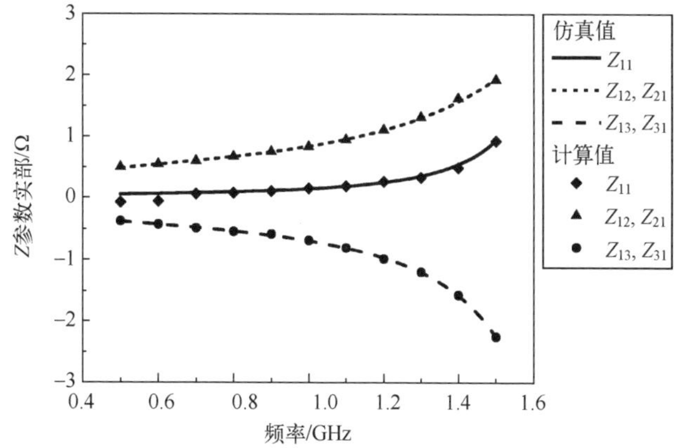

（a）Z参数的实部1

图 9-10　S 参数转换为 Z 参数的理想仿真和计算结果

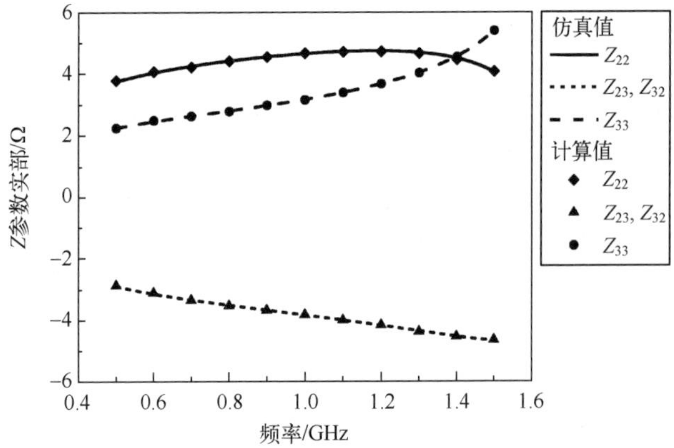

（b）Z参数的实部2

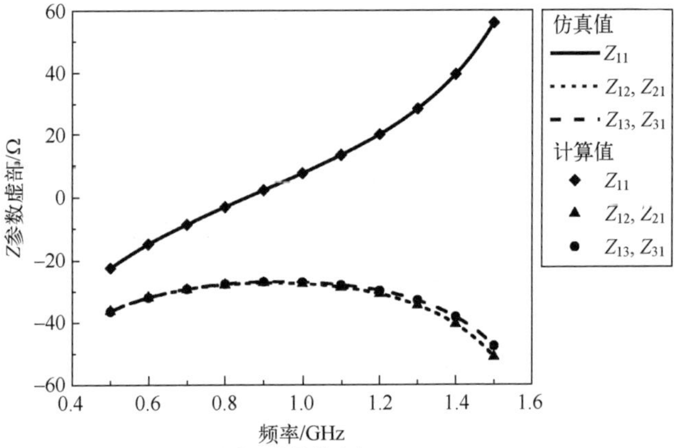

（c）Z参数的虚部1

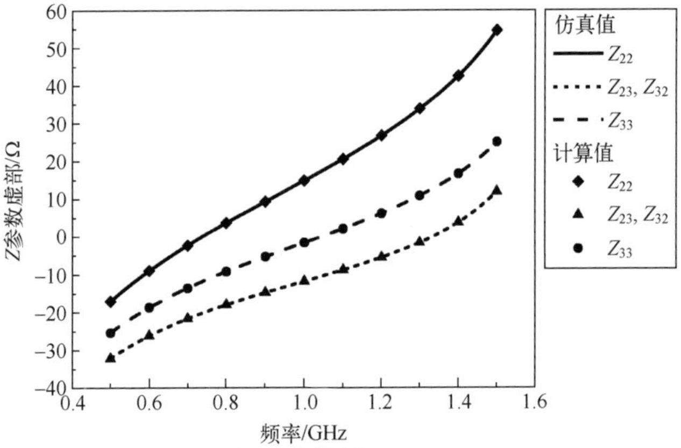

（d）Z参数的虚部2

图 9-10　S 参数转换为 Z 参数的理想仿真和计算结果（续）

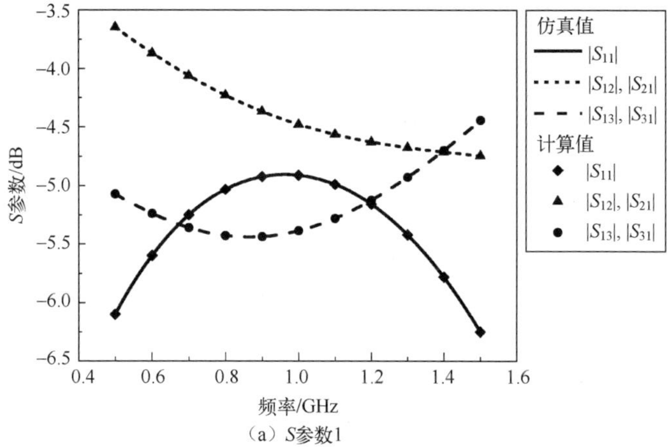

（a）S参数1

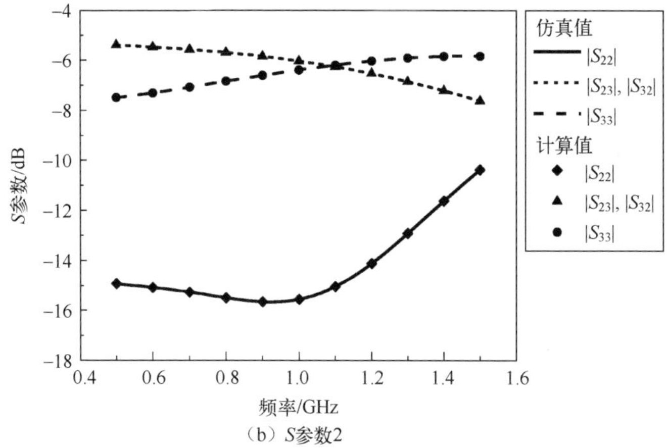

（b）S参数2

图 9-11　Z 参数转换为 S 参数的理想仿真和计算结果

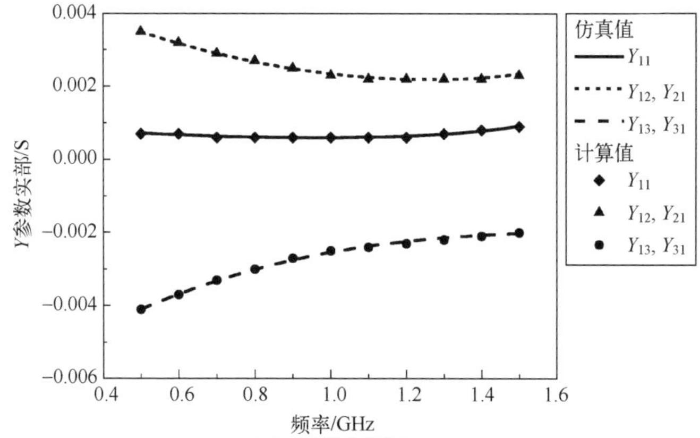

（a）Y参数的实部1

图 9-12　S 参数转换为 Y 参数的理想仿真和计算结果

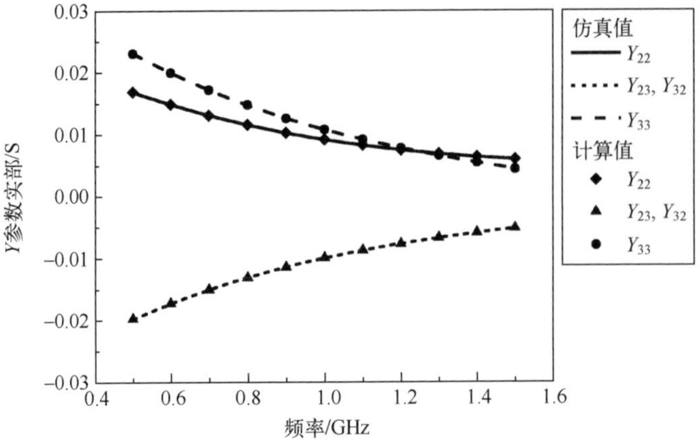

（b）Y参数的实部2

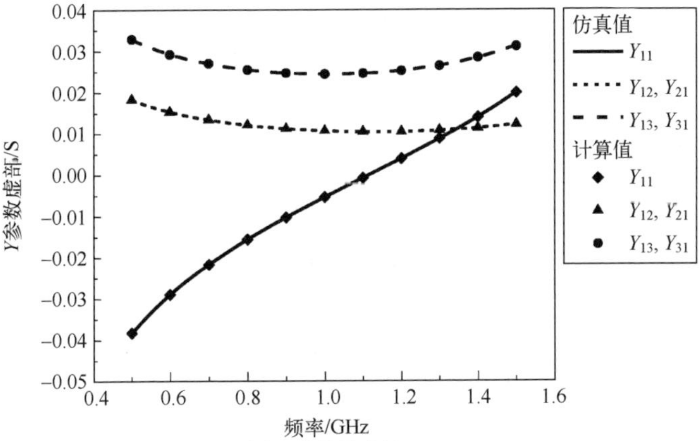

（c）Y参数的虚部1

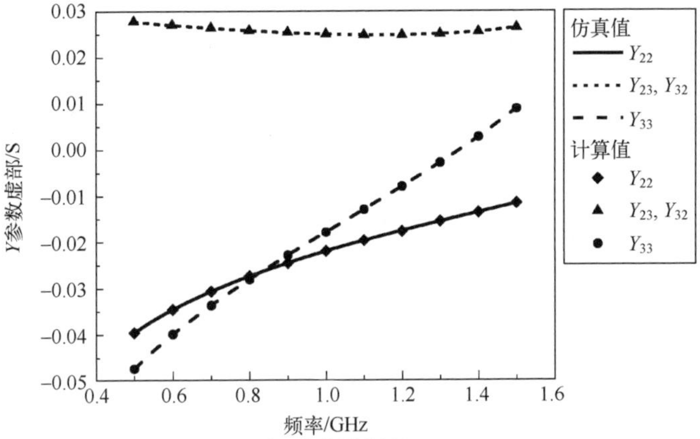

（d）Y参数的虚部2

图 9-12　S 参数转换为 Y 参数的理想仿真和计算结果（续）

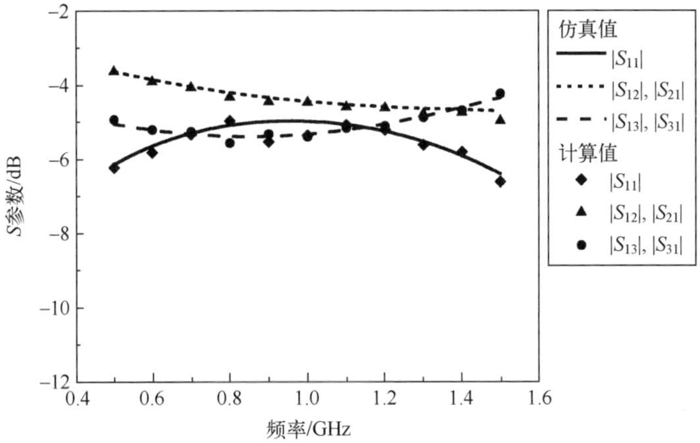

（a）S参数1

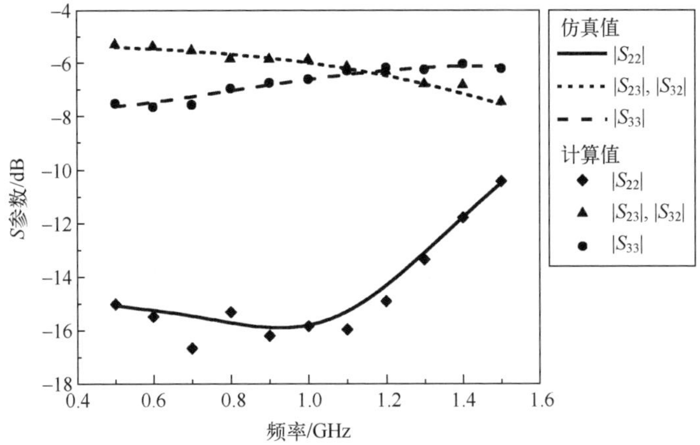

（b）S参数2

图 9-13　Y 参数转换为 S 参数的理想仿真和计算结果

3. 四端口复阻抗网络

如图 9-14 所示，在 ADS 中建立一个任意的理想四端口复阻抗网络，其端口阻抗分别为(22-j16)Ω、(17+j25)Ω、(31+j21)Ω 和(43-j14)Ω。对于四端口网络，首先对 S 参数与 Z 参数、S 参数与 Y 参数之间的转换进行验证，理想仿真与计算结果如图 9-15 至图 9-18 所示。然后进行 ABCD 参数与 S 参数、Z 参数、Y 参数之间的转换验证，理想仿真与计算结果如图 9-19 至图 9-21 所示。类似地，该四端口网络是互易网络，满足：$Z_{12}=Z_{21}$，$Z_{13}=Z_{31}$，$Z_{14}=Z_{41}$，$Z_{23}=Z_{32}$，$Z_{24}=Z_{42}$，$Z_{34}=Z_{43}$；$Y_{12}=Y_{21}$，$Y_{13}=Y_{31}$，$Y_{14}=Y_{41}$，$Y_{23}=Y_{32}$，$Y_{24}=Y_{42}$，$Y_{34}=Y_{43}$；$S_{12}=S_{21}$，$S_{13}=S_{31}$，$S_{14}=S_{41}$，$S_{23}=S_{32}$，$S_{24}=S_{42}$，$S_{34}=S_{43}$。从图中可以看出，理想仿真与计算结果吻合，证明了所推导公式的正确性。

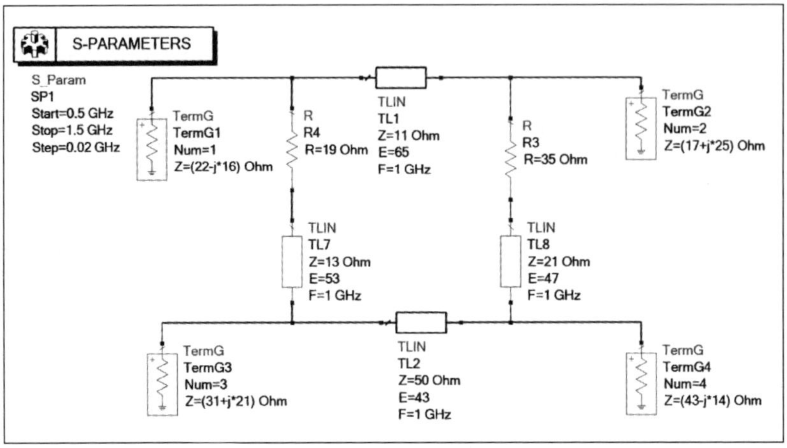

图 9-14　任意的理想四端口复阻抗网络原理图

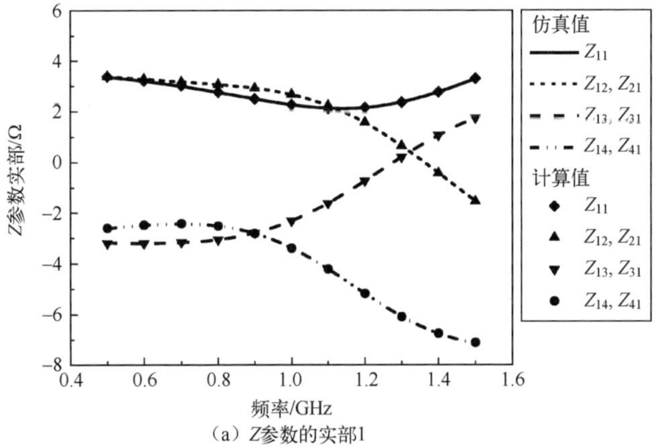

（a）Z参数的实部1

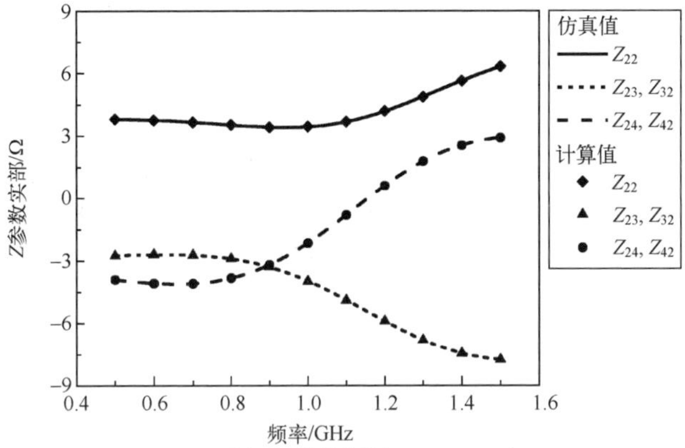

（b）Z参数的实部2

图 9-15　*S* 参数转换为 *Z* 参数的理想仿真和计算结果

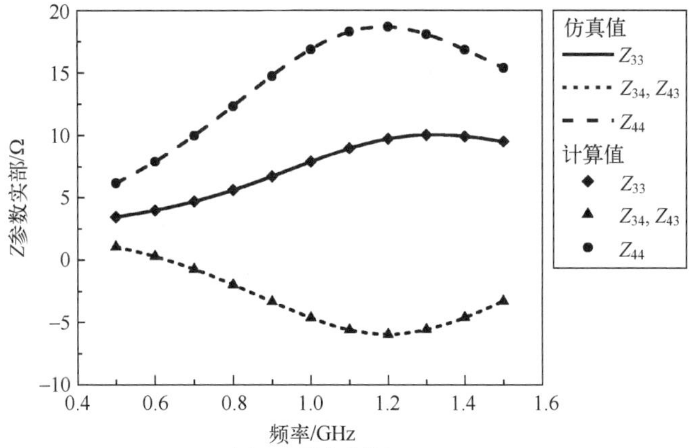

（c）Z参数的实部3

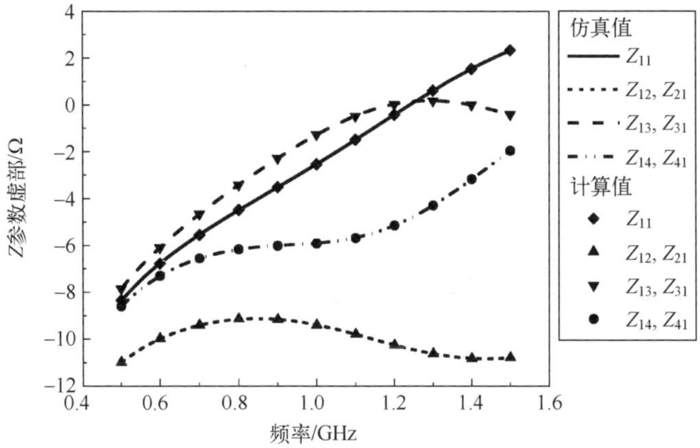

（d）Z参数的虚部1

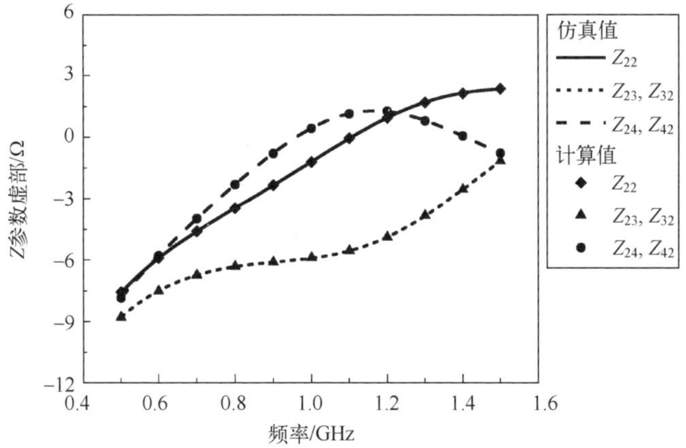

（e）Z参数的虚部2

图 9-15　*S* 参数转换为 *Z* 参数的理想仿真和计算结果（续）

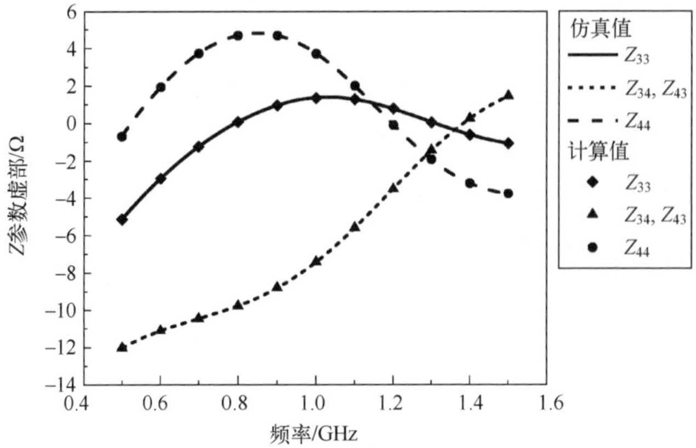

（f）Z参数的虚部3

图 9-15 S 参数转换为 Z 参数的理想仿真和计算结果（续）

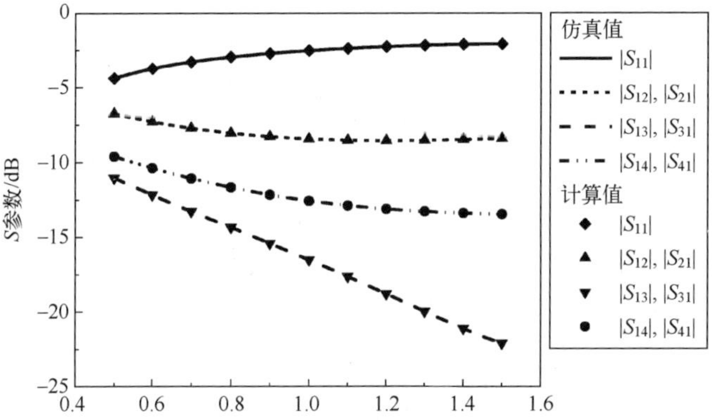

（a）S参数1

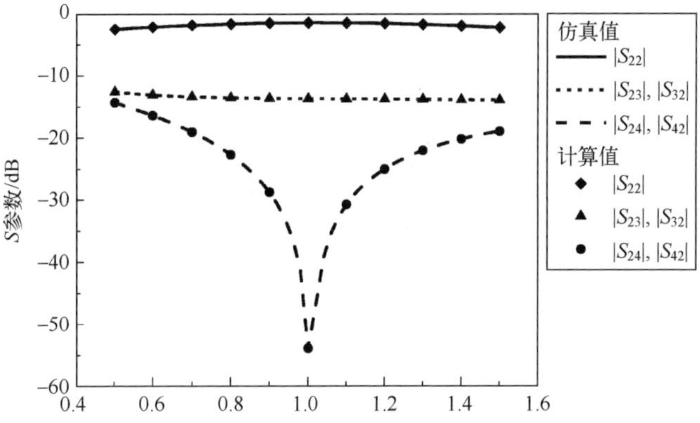

（b）S参数2

图 9-16 Z 参数转换为 S 参数的理想仿真和计算结果

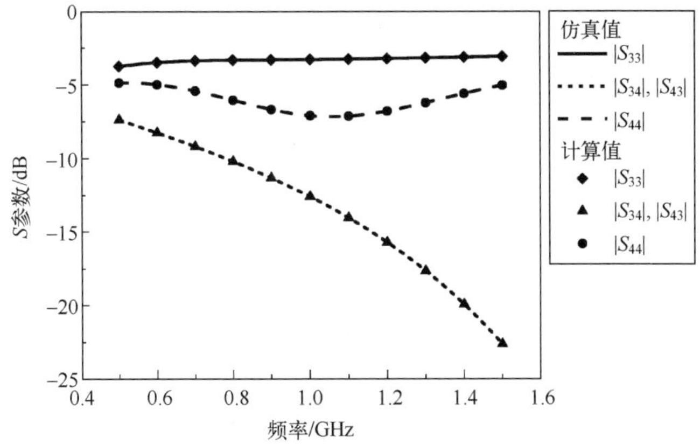

（c）S参数3

图 9-16 Z 参数转换为 S 参数的理想仿真和计算结果（续）

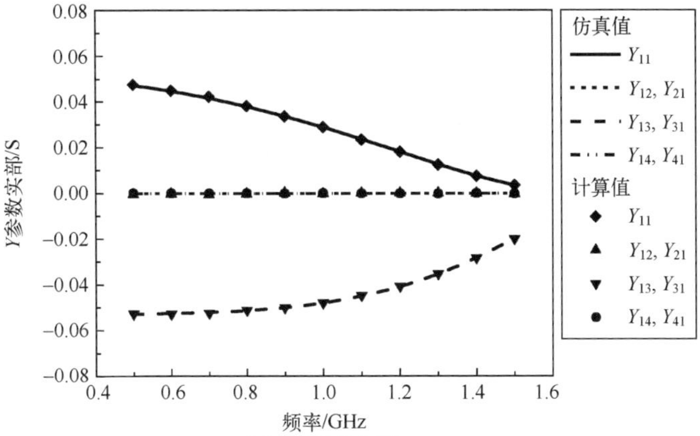

（a）Y参数的实部1

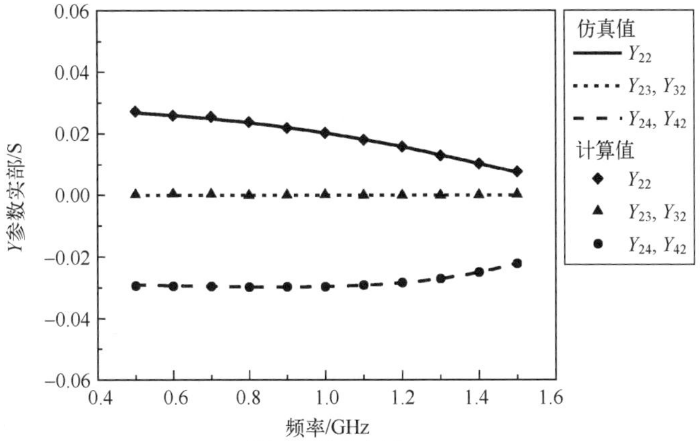

（b）Y参数的实部2

图 9-17 S 参数转换为 Y 参数的理想仿真和计算结果

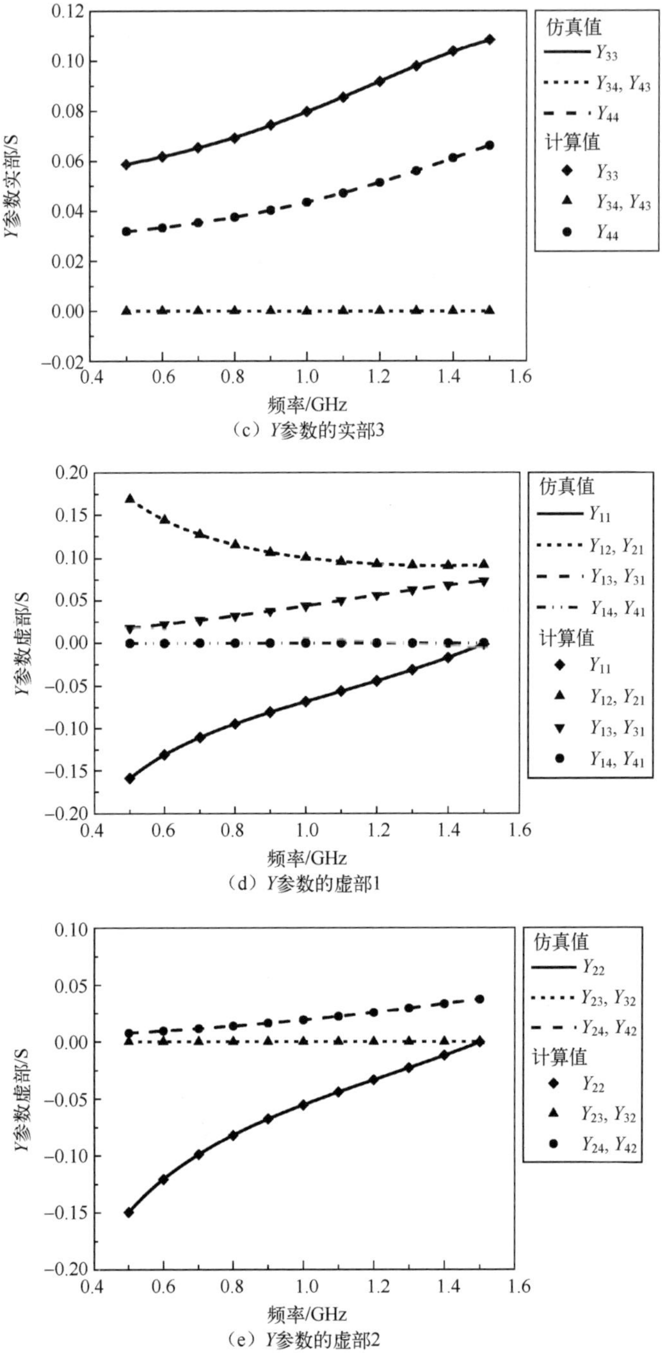

（c）Y参数的实部3

（d）Y参数的虚部1

（e）Y参数的虚部2

图 9-17　S 参数转换为 Y 参数的理想仿真和计算结果（续）

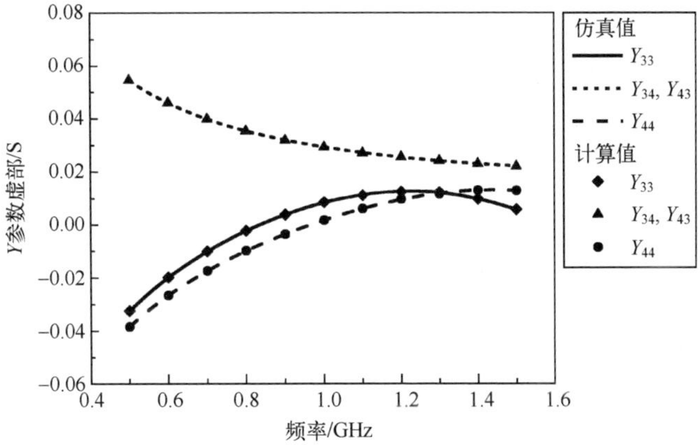

（f）Y参数的虚部3

图 9-17　S 参数转换为 Y 参数的理想仿真和计算结果（续）

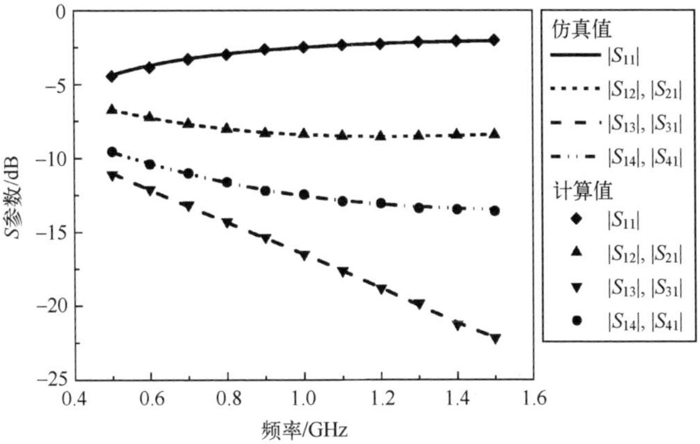

（a）S参数1

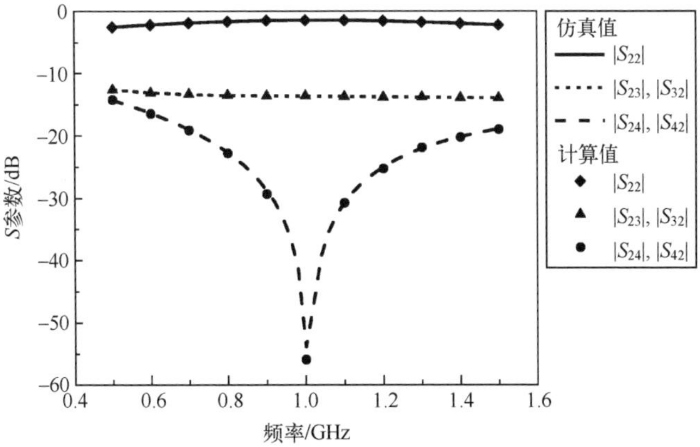

（b）S参数2

图 9-18　Y 参数转换为 S 参数的理想仿真和计算结果

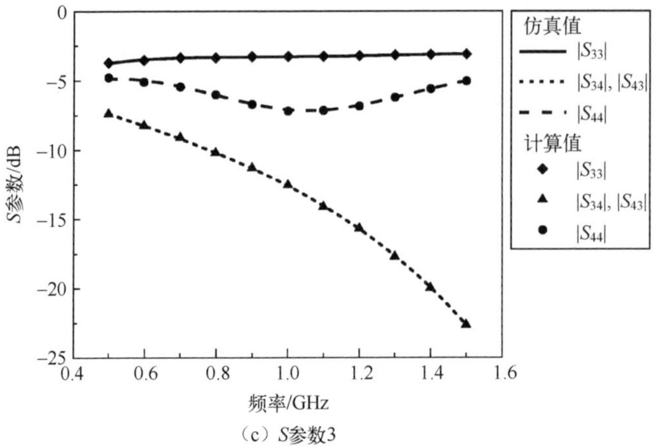

（c）S参数3

图 9-18　Y 参数转换为 S 参数的理想仿真和计算结果（续）

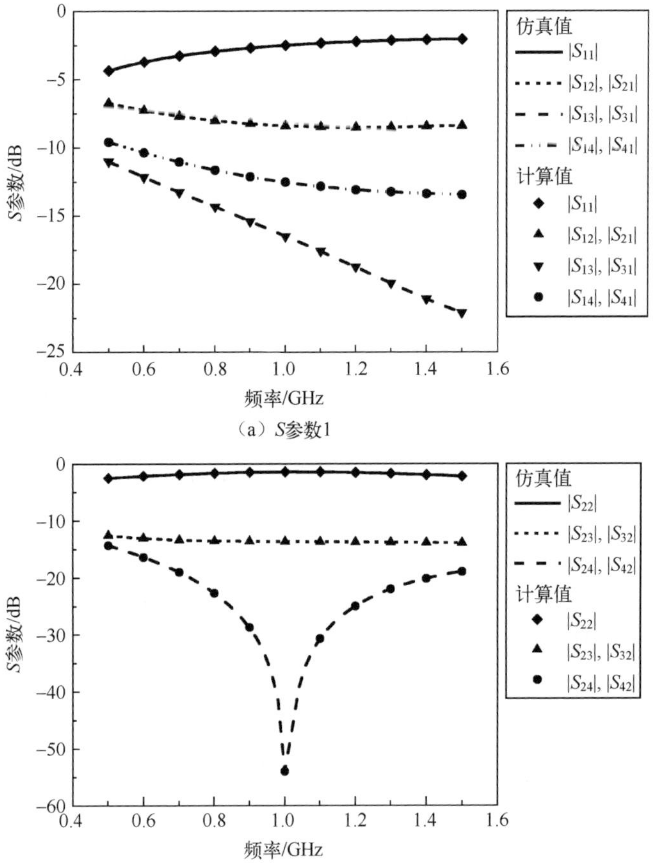

（b）S参数2

图 9-19　ABCD 参数与 S 参数之间转换的理想仿真和计算结果

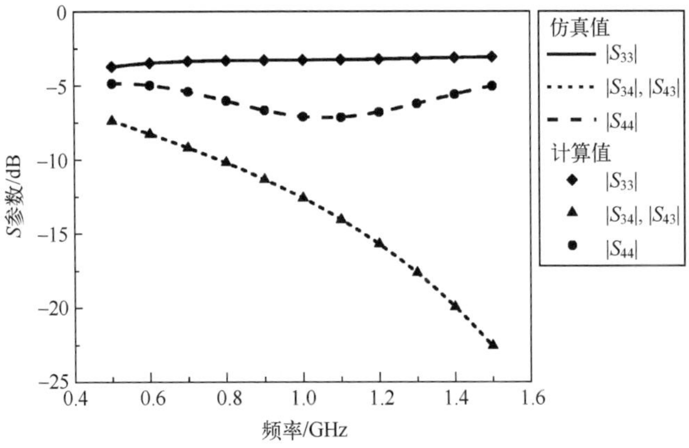

（c）S参数3

图 9-19　ABCD 参数与 S 参数之间转换的理想仿真和计算结果（续）

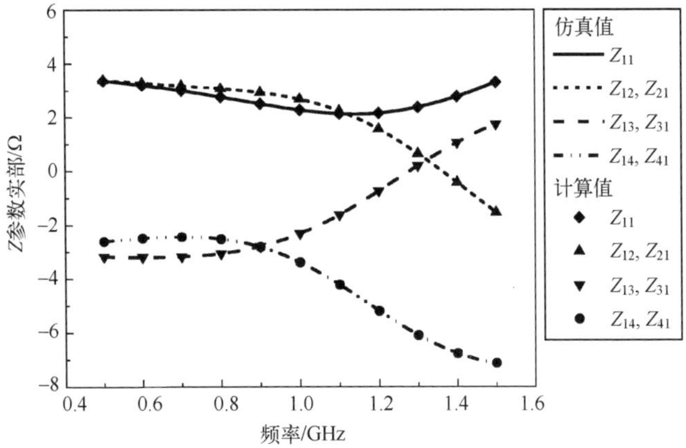

（a）Z参数的实部1

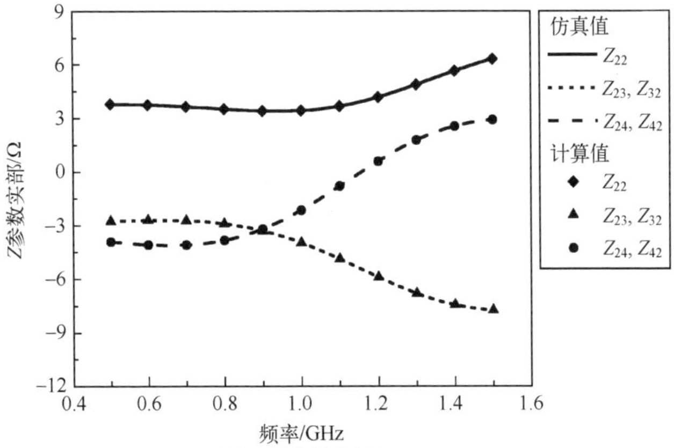

（b）Z参数的实部2

图 9-20　ABCD 参数与 Z 参数之间转换的理想仿真和计算结果

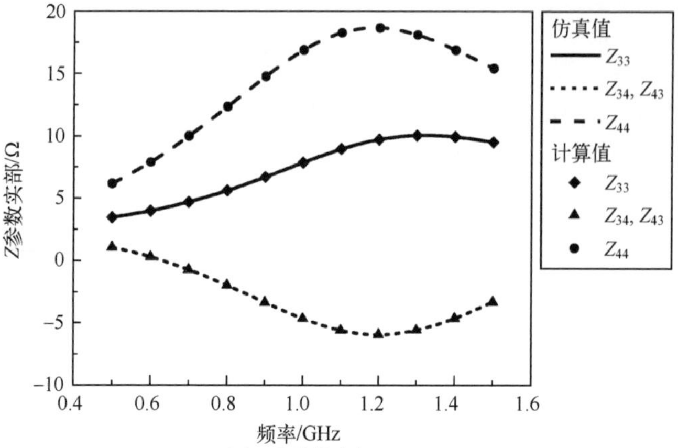

（c）*Z*参数的实部3

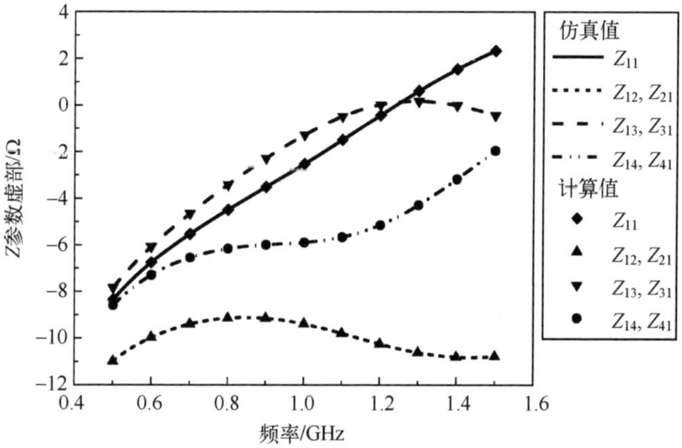

（d）*Z*参数的虚部1

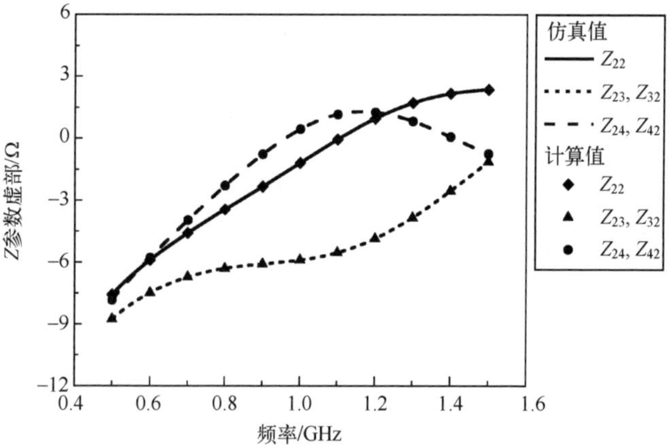

（e）*Z*参数的虚部2

图 9-20　ABCD 参数与 *Z* 参数之间转换的理想仿真和计算结果（续）

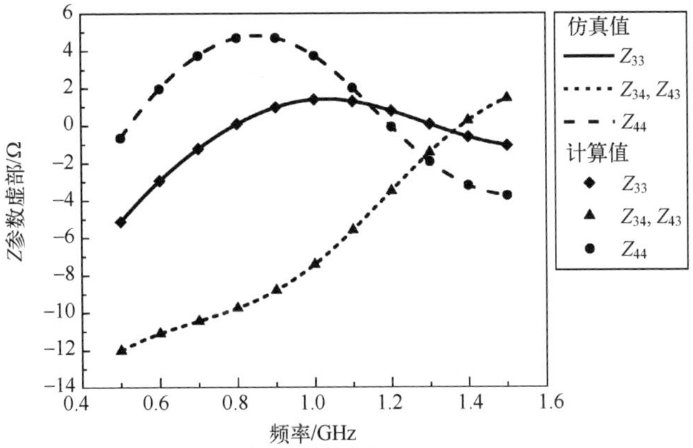

(f) Z参数的虚部3

图 9-20　ABCD 参数与 Z 参数之间转换的理想仿真和计算结果（续）

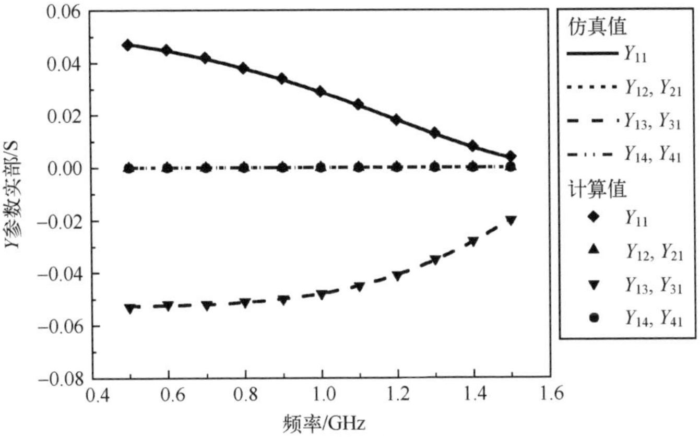

(a) Y参数的实部1

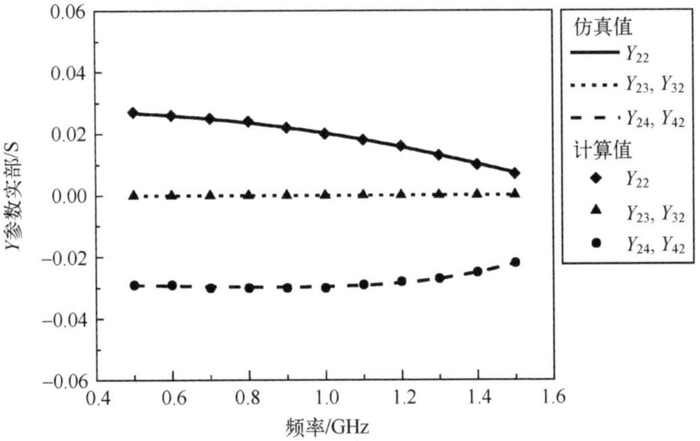

(b) Y参数的实部2

图 9-21　ABCD 参数与 Y 参数之间转换的理想仿真和计算结果

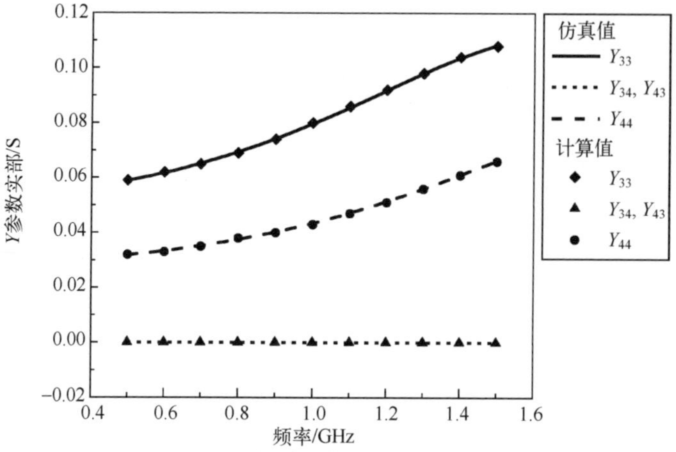

（c）Y参数的实部3

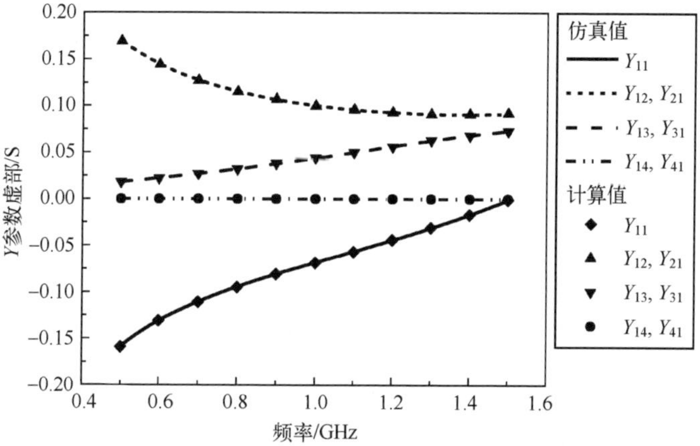

（d）Y参数的虚部1

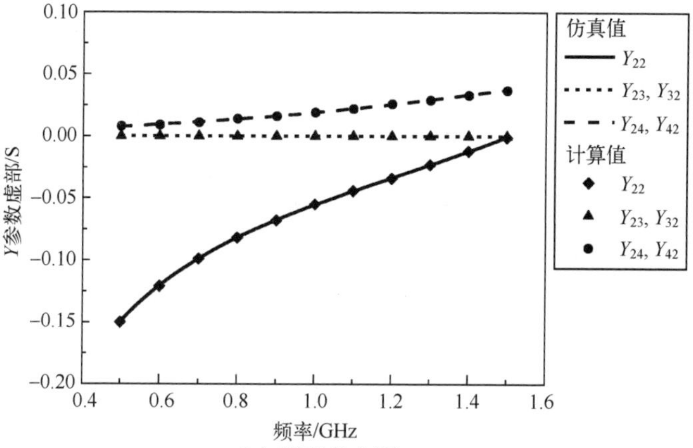

（e）Y参数的虚部2

图 9-21　ABCD 参数与 Y 参数之间转换的理想仿真和计算结果（续）

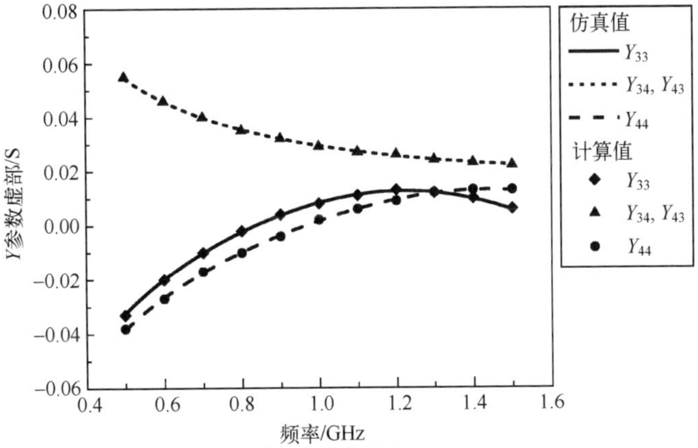

（f）Y参数的虚部3

图 9-21　ABCD 参数与 Y 参数之间转换的理想仿真和计算结果（续）

9.2　单端 S 参数与混合模式 S 参数的转换验证

在 ADS 中建立一个任意的理想差分到单端复阻抗网络，如图 9-22 所示。图

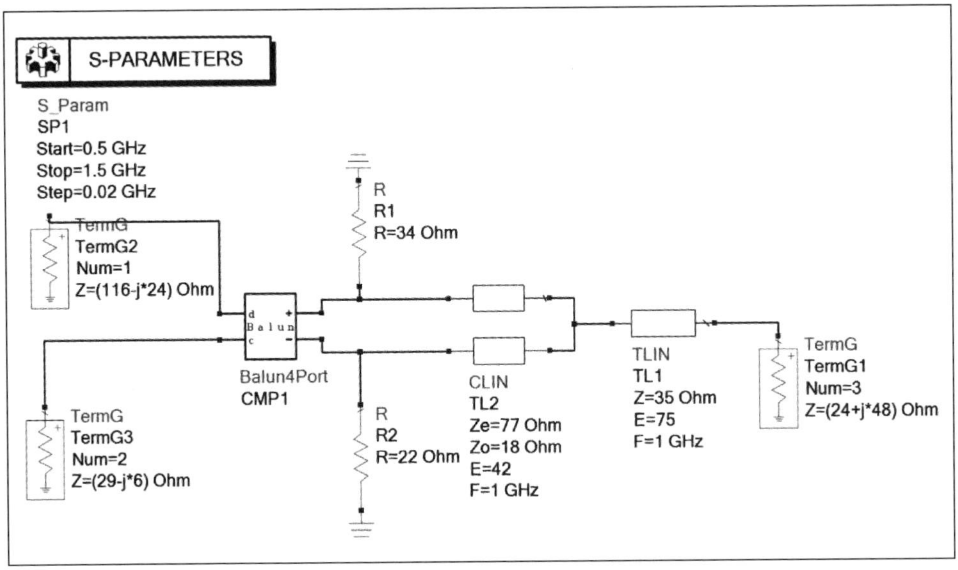

图 9-22　任意的理想差分到单端复阻抗网络原理图

中：端口 1 和端口 2 为差分端口，差模阻抗为(116－j24)Ω，共模阻抗为(29－j6)Ω；端口 3 为单端端口，端口阻抗为(24＋j48)Ω。采用 ADS 软件里的 Balun 器件进行混合模式 S 参数的仿真，单端 S 参数转换为混合模式 S 参数的理想仿真和计算结果如图 9-23 所示，混合模式 S 参数转换为单端 S 参数的理想仿真和计算结果如图 9-24 所示。从图中可以看出，理想仿真与计算结果吻合，证明了所推导公式的正确性。

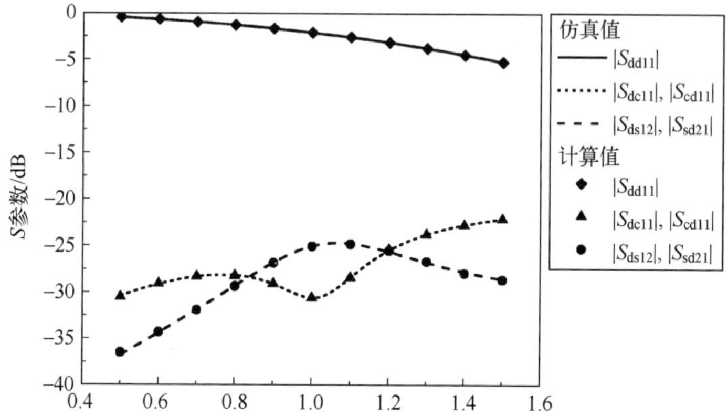

（a）混合模式S参数1

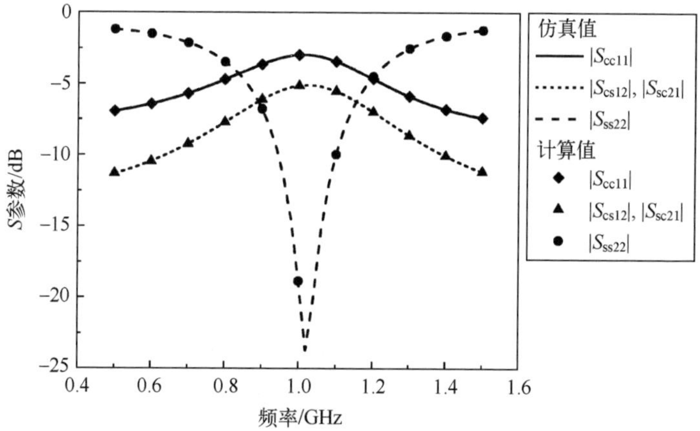

（b）混合模式S参数2

图 9-23　单端 S 参数转换为混合模式 S 参数的理想仿真和计算结果

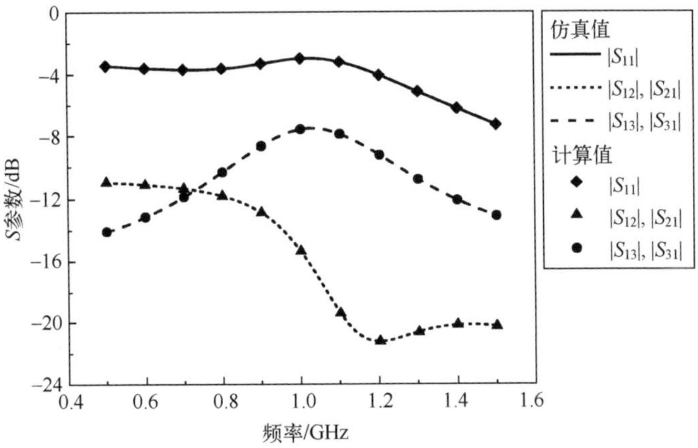

（a）单端S参数1

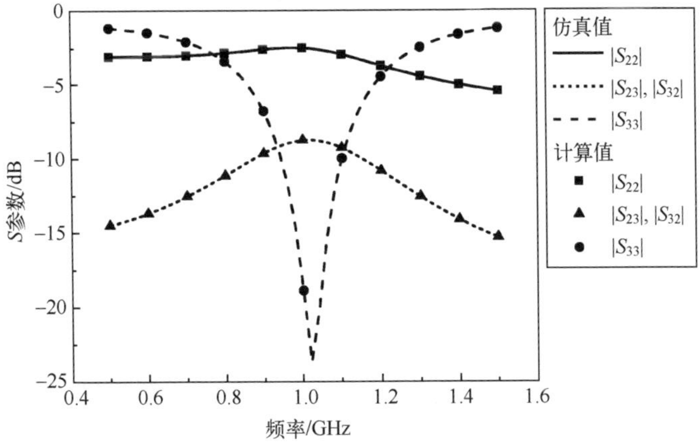

（b）单端S参数2

图 9-24　混合模式 S 参数转换为单端 S 参数的理想仿真和计算结果

9.3　网络端口增减验证

1. 单端网络端口增减

在 ADS 中建立一个任意的理想四端口网络和一个任意的理想二端口网络，再将它们连接起来，如图 9-25 所示。四端口网络的端口阻抗分别为(49+j40)Ω、(24 - j28)Ω、(20+j18)Ω 和(30-j15)Ω，为使两个网络连接处实现理想匹配，二端口网络的端口阻抗分别为(20-j18)Ω 和(30+j15)Ω，单端网络端口增减的理想仿真和计算结果如图 9-26 所示。从图中可以看出，理想仿真与计算结果吻合，证明了所推导公式的正确性。

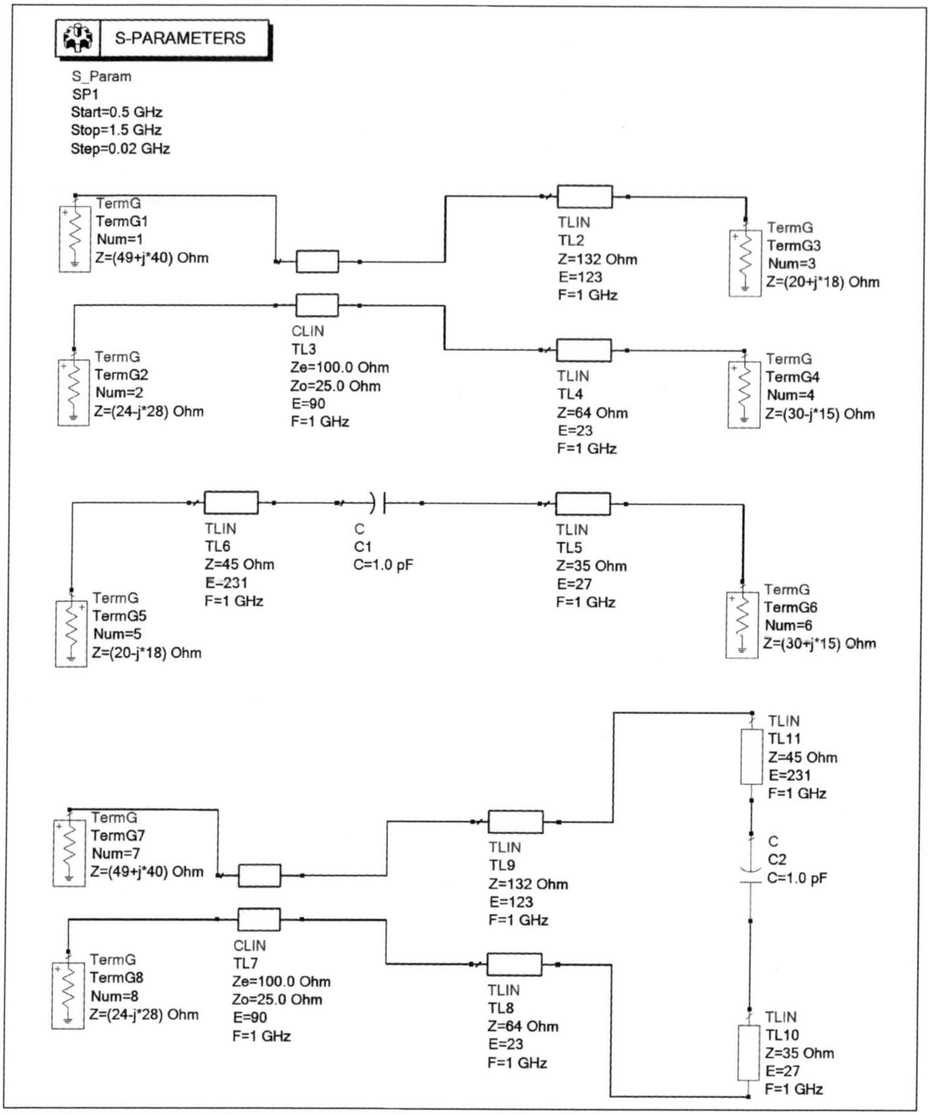

图 9-25 四端口网络与二端口网络互连原理图

2. 端口阻抗转换

对于图 9-27 中任意的理想二端口复阻抗网络，假设其原有的端口阻抗为(21-j11)Ω，(39+j16)Ω，端口阻抗分别变换为(20-j18)Ω，(30+j15)Ω，则端口阻抗变换的理想仿真和计算结果如图 9-28 所示。从图中可以看出，理想仿真与计

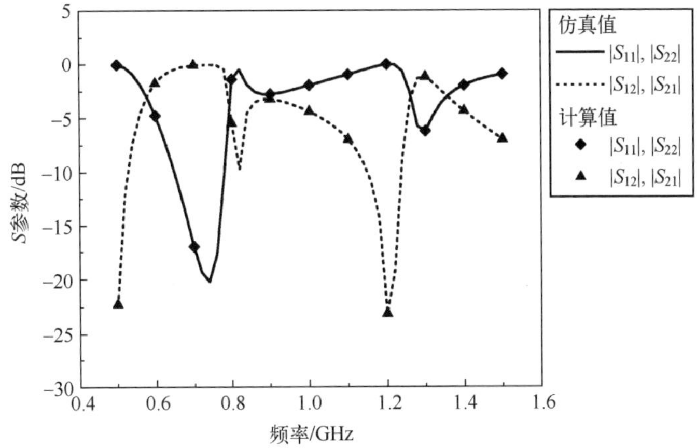

图 9-26　单端网络端口增减的理想仿真和计算结果

算结果吻合，证明了所推导公式的正确性。

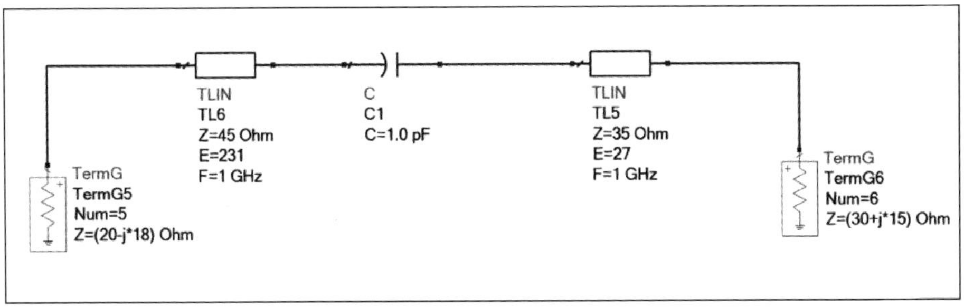

图 9-27　任意的理想二端口复阻抗网络原理图

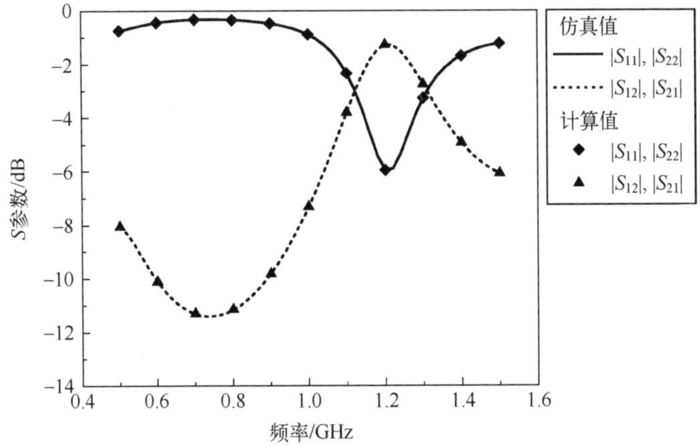

图 9-28　端口阻抗变换的理想仿真和计算结果

3. 差分网络端口增减

在 ADS 中建立一个任意的理想二端口差分网络（如图 9-29 所示）和一个任意的理想一端口差分网络（如图 9-30 所示），再将它们连接起来，如图 9-31 所示。对于二端口差分网络，其端口阻抗分别为(30+j20)Ω 和(20－j10)Ω。类似地，为使两个网络连接处实现理想匹配，一端口差分网络的端口阻抗为(20+j10)Ω。采用 ADS 软件里的 Balun 器件进行混合模式 S 参数的仿真，差分网络端口增减的理想仿真和计算结果如图 9-32 所示。从图中可以看出，理想仿真与计算结果吻合，证明了所推导公式的正确性。

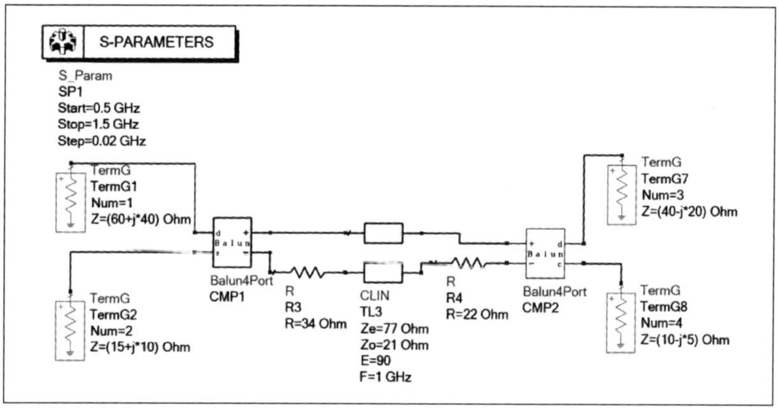

图 9-29　任意的理想二端口差分网络原理图

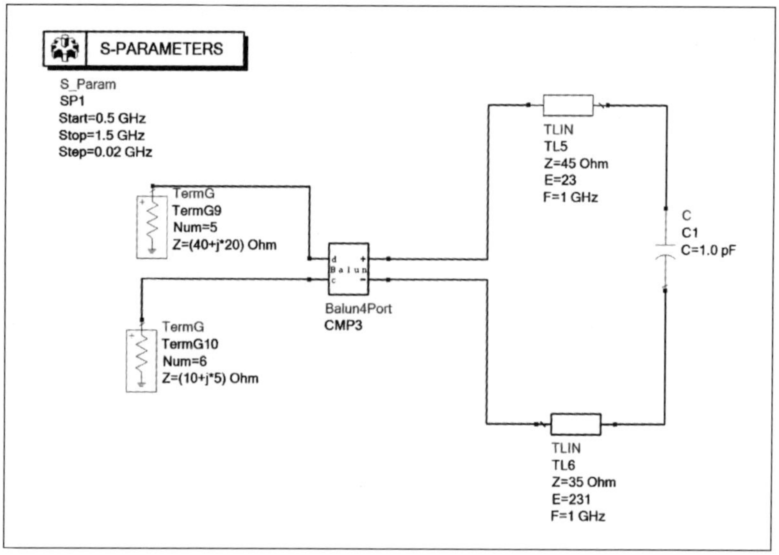

图 9-30　任意的理想一端口差分网络原理图

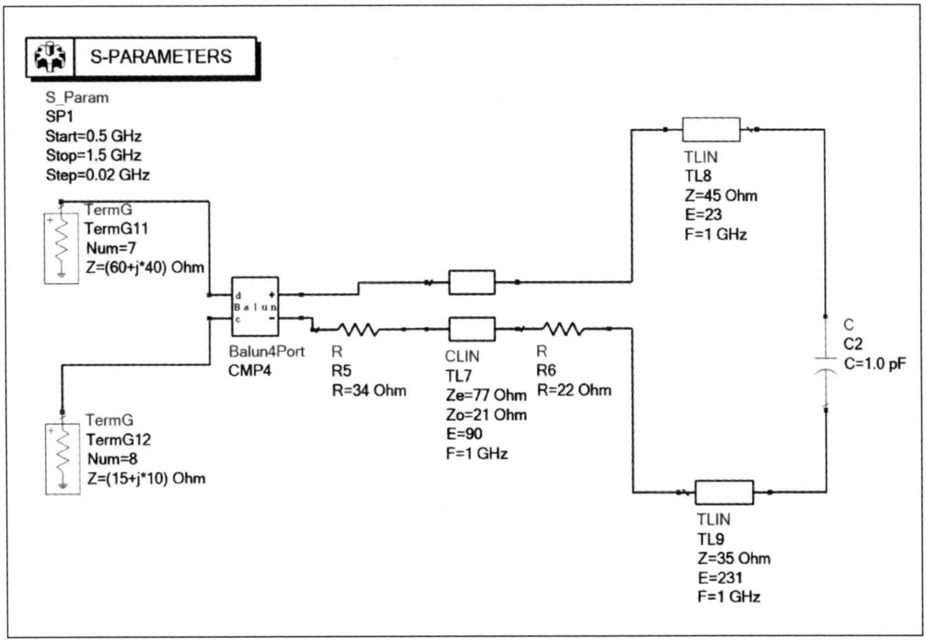

图 9-31　差分网络互连原理图

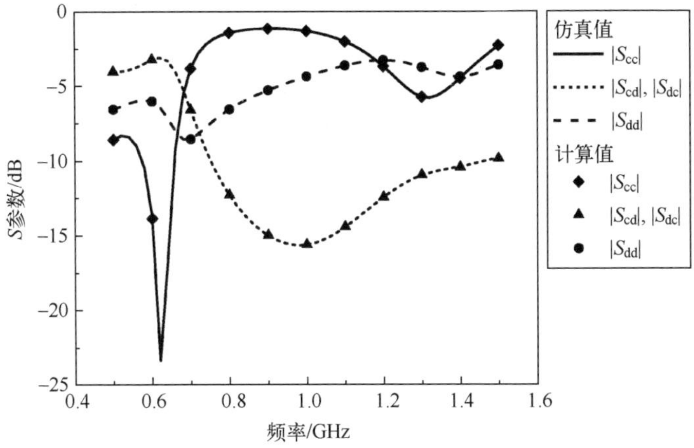

图 9-32　差分网络端口增减的理想仿真和计算结果

附录 A

单端网络参数转换的验证代码

A.1 二端口复阻抗网络参数转换的验证代码

对于二端口复阻抗网络，由图 9-1 可知：R1 = 30Ω，X1 = 25Ω；R2 = 45Ω，X2 = -60Ω。

1. 二端口复阻抗网络 *S* 参数转换为 *Z* 参数的验证代码

```
i = {{1, 0}, {0, 1}}
S = {{S11, S12}, {S21, S22}}
Z0 = {{R1 + I X1, 0}, {0, R2 + I X2}}
Z0C = {{R1 - I X1, 0}, {0, R2 - I X2}}
G0 = {{1/Sqrt[Abs[R1]], 0}, {0, 1/Sqrt[Abs[R2]]}}
Z = Dot[Inverse[G0], Inverse[i - S], Dot[S, Z0] + Z0C, G0]
Z11 = Cancel[Z[[1, 1]]]
Z12 = Cancel[Z[[1, 2]]]
Z21 = Cancel[Z[[2, 1]]]
Z22 = Cancel[Z[[2, 2]]]
```

2. 二端口复阻抗网络 *Z* 参数转换为 *S* 参数的验证代码

```
Z = {{Z11, Z12}, {Z21, Z22}}
Z0 = {{R1 + I X1, 0}, {0, R2 + I X2}}
Z0C = {{R1 - I X1, 0}, {0, R2 - I X2}}
G0 = {{1/Sqrt[Abs[R1]], 0}, {0, 1/Sqrt[Abs[R2]]}}
S = Dot[G0, Z - Z0C, Inverse[Z + Z0], Inverse[G0]]
S11 = 20 Log10[Sqrt[(Re[S[[1, 1]]])^2 + (Im[S[[1, 1]]])^2]]
```

```
S12 = 20 Log10[Sqrt[(Re[S[[1, 2]]])^2 + (Im[S[[1, 2]]])^2]]
S21 = 20 Log10[Sqrt[(Re[S[[2, 1]]])^2 + (Im[S[[2, 1]]])^2]]
S22 = 20 Log10[Sqrt[(Re[S[[2, 2]]])^2 + (Im[S[[2, 2]]])^2]]
```

3. 二端口复阻抗网络 *S* 参数转换为 *Y* 参数的验证代码

```
i = {{1, 0}, {0, 1}}
S = {{S11, S12}, {S21, S22}}
Z0 = {{R1 + I X1, 0}, {0, R2 + I X2}}
Z0C = {{R1 - I X1, 0}, {0, R2 - I X2}}
G0 = {{1/Sqrt[Abs[R1]], 0}, {0, 1/Sqrt[Abs[R2]]}}
Y = Dot[Inverse[G0], Inverse[Dot[S, Z0] + Z0C], i - S, G0]
Y11 = Cancel[Y[[1, 1]]]
Y12 = Cancel[Y[[1, 2]]]
Y21 = Cancel[Y[[2, 1]]]
Y22 = Cancel[Y[[2, 2]]]
```

4. 二端口复阻抗网络 *Y* 参数转换为 *S* 参数的验证代码

```
i = {{1, 0}, {0, 1}}
Y = {{Y11, Y12}, {Y21, Y22}}
Z0 = {{R1 + I X1, 0}, {0, R2 + I X2}}
Z0C = {{R1 - I X1, 0}, {0, R2 - I X2}}
G0 = {{1/Sqrt[Abs[R1]], 0}, {0, 1/Sqrt[Abs[R2]]}}
S = Dot[G0, i - Dot[Z0C, Y], Inverse[i + Dot[Z0, Y]], Inverse[G0]]
S11 = 20 Log10[Sqrt[(Re[S[[1, 1]]])^2 + (Im[S[[1, 1]]])^2]]
S12 = 20 Log10[Sqrt[(Re[S[[1, 2]]])^2 + (Im[S[[1, 2]]])^2]]
S21 = 20 Log10[Sqrt[(Re[S[[2, 1]]])^2 + (Im[S[[2, 1]]])^2]]
S22 = 20 Log10[Sqrt[(Re[S[[2, 2]]])^2 + (Im[S[[2, 2]]])^2]]
```

5. 二端口复阻抗网络 *S* 参数转换为 ABCD 参数的验证代码

```
ZE = R1 + I X1
ZEC = R1 - I X1
ZI = R2 + I X2
ZIC = R2 - I X2
GE = 1/Sqrt[Abs[R1]]
GI = 1/Sqrt[Abs[R2]]
A1 = {{GE - S11 GE, -GE ZEC - S11 GE ZE}, {-S21 GE, -S21 GE ZE }}
```

```
A2 = {{S12 GI, -S12 GI ZI}, {S22 GI - GI, -S22 GI ZI - GI ZIC}}
A = Dot[Inverse[A1], A2]
A11 = Cancel[A[[1, 1]]]
A12 = Cancel[A[[1, 2]]]
A21 = Cancel[A[[2, 1]]]
A22 = Cancel[A[[2, 2]]]
```

6. 二端口复阻抗网络 ABCD 参数转换为 *S* 参数的验证代码

```
PE = 1
PI = 1
ZE = R1 + I X1
ZEC = R1 - I X1
ZI = R2 + I X2
ZIC = R2 - I X2
GE = 1/Sqrt[Abs[R1]]
GI = 1/Sqrt[Abs[R2]]
S1 = {{PE GE ZE, -A11 PI GI ZI - A12 PI GI}, {-PE GE, -A21 PI GI ZI - A22 PI
GI}}
S2 = {{-PE GE ZEC, A11 PI GI ZIC - A12 PI GI}, {-PE GE, A21 PI GI ZIC - A22
PI GI}}
S = Dot[Inverse[S1], S2]
S11 = 20 Log10[Sqrt[(Re[S[[1, 1]]])^2 + (Im[S[[1, 1]]])^2]]
S12 = 20 Log10[Sqrt[(Re[S[[1, 2]]])^2 + (Im[S[[1, 2]]])^2]]
S21 = 20 Log10[Sqrt[(Re[S[[2, 1]]])^2 + (Im[S[[2, 1]]])^2]]
S22 = 20 Log10[Sqrt[(Re[S[[2, 2]]])^2 + (Im[S[[2, 2]]])^2]]
```

7. 二端口复阻抗网络 *Z* 参数转换为 ABCD 参数的验证代码

```
A = {{Z11/Z21, Z11 Z22/Z21 - Z12}, {1/Z21, Z22/Z21}}
A11 = Cancel[A[[1, 1]]]
A12 = Cancel[A[[1, 2]]]
A21 = Cancel[A[[2, 1]]]
A22 = Cancel[A[[2, 2]]]
```

8. 二端口复阻抗网络 ABCD 参数转换为 *Z* 参数的验证代码

```
Z = {{A11/A21, A11 A22/A21 - A12}, {1/A21, A22/A21}}
Z11 = Cancel[Z[[1, 1]]]
```

```
Z12 = Cancel[Z[[1, 2]]]
Z21 = Cancel[Z[[2, 1]]]
Z22 = Cancel[Z[[2, 2]]]
```

9. 二端口复阻抗网络 *Y* 参数转换为 ABCD 参数的验证代码

```
A = {{-Y22/Y21, -1/Y21}, {Y12 - Y11 Y22/Y21, -Y11/Y12}}
A11 = Cancel[A[[1, 1]]]
A12 = Cancel[A[[1, 2]]]
A21 = Cancel[A[[2, 1]]]
A22 = Cancel[A[[2, 2]]]
```

10. 二端口复阻抗网络 ABCD 参数转换为 *Y* 参数的验证代码

```
Y = {{A22/A12, A21 - A22 A11/A12}, {-1/A12, A11/A12}}
Y11 = Cancel[Y[[1, 1]]]
Y12 = Cancel[Y[[1, 2]]]
Y21 = Cancel[Y[[2, 1]]]
Y22 = Cancel[Y[[2, 2]]]
```

A.2　三端口复阻抗网络参数转换的验证代码

对于三端口复阻抗网络，由图 9-9 可知：R1 = 27Ω，X1 = 11Ω；R2 = 31Ω，X2 = -16Ω；R3 = 36Ω，X3 = -28Ω。

1. 三端口复阻抗网络 *S* 参数转换为 *Z* 参数的验证代码

```
i = DiagonalMatrix[{1, 1, 1}]
S = {{S11, S12, S13}, {S21, S22, S23}, {S31, S32, S33}}
Z0 = DiagonalMatrix[{R1 + I X1, R2 + I X2, R3 + I X3}]
Z0C = DiagonalMatrix[{R1 - I X1, R2 - I X2, R3 - I X3}]
G0 = DiagonalMatrix[{1/Sqrt[Abs[R1]], 1/Sqrt[Abs[R2]], 1/Sqrt[Abs[R3]]}]
Z = Dot[Inverse[G0], Inverse[i - S], Dot[S, Z0] + Z0C, G0]
Z11 = Cancel[Z[[1, 1]]]
Z12 = Cancel[Z[[1, 2]]]
Z13 = Cancel[Z[[1, 3]]]
Z22 = Cancel[Z[[2, 2]]]
Z23 = Cancel[Z[[2, 3]]]
```

```
Z33 = Cancel[Z[[3, 3]]]
```

2. 三端口复阻抗网络 *Z* 参数转换为 *S* 参数的验证代码

```
Z = {{Z11, Z12, Z13}, {Z21, Z22, Z23}, {Z31, Z32, Z33}}
Z0 = DiagonalMatrix[{R1 + I X1, R2 + I X2, R3 + I X3}]
Z0C = DiagonalMatrix[{R1 - I X1, R2 - I X2, R3 - I X3}]
G0 = DiagonalMatrix[{1/Sqrt[Abs[R1]], 1/Sqrt[Abs[R2]], 1/Sqrt[Abs[R3]]}]
S = Dot[G0, Z - Z0C, Inverse[Z + Z0], Inverse[G0]]
S11 = 20 Log10[Sqrt[(Re[S[[1, 1]]])^2 + (Im[S[[1, 1]]])^2]]
S12 = 20 Log10[Sqrt[(Re[S[[1, 2]]])^2 + (Im[S[[1, 2]]])^2]]
S13 = 20 Log10[Sqrt[(Re[S[[1, 3]]])^2 + (Im[S[[1, 3]]])^2]]
S22 = 20 Log10[Sqrt[(Re[S[[2, 2]]])^2 + (Im[S[[2, 2]]])^2]]
S23 = 20 Log10[Sqrt[(Re[S[[2, 3]]])^2 + (Im[S[[2, 3]]])^2]]
S33 = 20 Log10[Sqrt[(Re[S[[3, 3]]])^2 + (Im[S[[3, 3]]])^2]]
```

3. 三端口复阻抗网络 *S* 参数转换为 *Y* 参数的验证代码

```
i = DiagonalMatrix[{1, 1, 1}]
S = {{S11, S12, S13}, {S21, S22, S23}, {S31, S32, S33}}
Z0 = DiagonalMatrix[{R1 + I X1, R2 + I X2, R3 + I X3}]
Z0C = DiagonalMatrix[{R1 - I X1, R2 - I X2, R3 - I X3}]
G0 = DiagonalMatrix[{1/Sqrt[Abs[R1]], 1/Sqrt[Abs[R2]], 1/Sqrt[Abs[R3]]}]
Y = Dot[Inverse[G0], Inverse[Dot[S, Z0] + Z0C], i - S, G0]
Y11 = Cancel[Y[[1, 1]]]
Y12 = Cancel[Y[[1, 2]]]
Y13 = Cancel[Y[[1, 3]]]
Y22 = Cancel[Y[[2, 2]]]
Y23 = Cancel[Y[[2, 3]]]
Y33 = Cancel[Y[[3, 3]]]
```

4. 三端口复阻抗网络 *Y* 参数转换为 *S* 参数的验证代码

```
i = DiagonalMatrix[{1, 1, 1}]
Y = {{Y11, Y12, Y13}, {Y21, Y22, Y23}, {Y31, Y32, Y33}}
Z0 = DiagonalMatrix[{R1 + I X1, R2 + I X2, R3 + I X3}]
Z0C = DiagonalMatrix[{R1 - I X1, R2 - I X2, R3 - I X3}]
G0 = DiagonalMatrix[{1/Sqrt[Abs[R1]], 1/Sqrt[Abs[R2]], 1/Sqrt[Abs[R3]]}]
S = Dot[G0, i - Dot[Z0C, Y], Inverse[i + Dot[Z0, Y]], Inverse[G0]]
```

```
S11 = 20 Log10[Sqrt[(Re[S[[1, 1]]])^2 + (Im[S[[1, 1]]])^2]]
S12 = 20 Log10[Sqrt[(Re[S[[1, 2]]])^2 + (Im[S[[1, 2]]])^2]]
S13 = 20 Log10[Sqrt[(Re[S[[1, 3]]])^2 + (Im[S[[1, 3]]])^2]]
S22 = 20 Log10[Sqrt[(Re[S[[2, 2]]])^2 + (Im[S[[2, 2]]])^2]]
S23 = 20 Log10[Sqrt[(Re[S[[2, 3]]])^2 + (Im[S[[2, 3]]])^2]]
S33 = 20 Log10[Sqrt[(Re[S[[3, 3]]])^2 + (Im[S[[3, 3]]])^2]]
```

A.3　四端口复阻抗网络参数转换的验证代码

对于四端口复阻抗网络，由图 9-14 可知：R1=22Ω，X1=-16Ω；R2=17Ω，X2=25Ω；R3=31Ω，X3=21Ω；R4=43Ω，X4=-14Ω。

1. 四端口复阻抗网络 *S* 参数转换为 *Z* 参数的验证代码

```
i = DiagonalMatrix[{1, 1, 1, 1}]
S = {{S11, S12, S13, S14}, {S21, S22, S23, S24}, {S31, S32, S33, S34}, {S41,
S42, S43, S44}}
Z0 = DiagonalMatrix[{R1 + I X1, R2 + I X2, R3 + I X3, R4 + I X4}]
Z0C = DiagonalMatrix[{R1 - I X1, R2 - I X2, R3 - I X3, R4 - I X4}]
G0 = DiagonalMatrix[{1/Sqrt[Abs[R1]], 1/Sqrt[Abs[R2]], 1/Sqrt[Abs[R3]], 1/
Sqrt[Abs[R4]]}]
Z = Dot[Inverse[G0], Inverse[i - S], Dot[S, Z0] + Z0C, G0]
Z11 = Cancel[Z[[1, 1]]]
Z12 = Cancel[Z[[1, 2]]]
Z13 = Cancel[Z[[1, 3]]]
Z14 = Cancel[Z[[1, 4]]]
Z22 = Cancel[Z[[2, 2]]]
Z23 = Cancel[Z[[2, 3]]]
Z24 = Cancel[Z[[2, 4]]]
Z33 = Cancel[Z[[3, 3]]]
Z34 = Cancel[Z[[3, 4]]]
Z44 = Cancel[Z[[4, 4]]]
```

2. 四端口复阻抗网络 *Z* 参数转换为 *S* 参数的验证代码

```
Z ={{Z11, Z12, Z13, Z14}, {Z21, Z22, Z23, Z24}, {Z31, Z32, Z33,
   Z34}, {Z41, Z42, Z43, Z44}}
```

```
Z0 = DiagonalMatrix[{R1 + I X1, R2 + I X2, R3 + I X3, R4 + I X4}]
Z0C = DiagonalMatrix[{R1 - I X1, R2 - I X2, R3 - I X3, R4 - I X4}]
G0 = DiagonalMatrix[{1/Sqrt[Abs[R1]], 1/Sqrt[Abs[R2]], 1/Sqrt[Abs[R3]], 1/Sqrt[Abs[R4]]}]
S = Dot[G0, Z - Z0C, Inverse[Z + Z0], Inverse[G0]]
S11 = 20 Log10[Sqrt[(Re[S[[1, 1]]])^2 + (Im[S[[1, 1]]])^2]]
S12 = 20 Log10[Sqrt[(Re[S[[1, 2]]])^2 + (Im[S[[1, 2]]])^2]]
S13 = 20 Log10[Sqrt[(Re[S[[1, 3]]])^2 + (Im[S[[1, 3]]])^2]]
S14 = 20 Log10[Sqrt[(Re[S[[1, 4]]])^2 + (Im[S[[1, 4]]])^2]]
S22 = 20 Log10[Sqrt[(Re[S[[2, 2]]])^2 + (Im[S[[2, 2]]])^2]]
S23 = 20 Log10[Sqrt[(Re[S[[2, 3]]])^2 + (Im[S[[2, 3]]])^2]]
S24 = 20 Log10[Sqrt[(Re[S[[2, 4]]])^2 + (Im[S[[2, 4]]])^2]]
S33 = 20 Log10[Sqrt[(Re[S[[3, 3]]])^2 + (Im[S[[3, 3]]])^2]]
S34 = 20 Log10[Sqrt[(Re[S[[3, 4]]])^2 + (Im[S[[3, 4]]])^2]]
S44 = 20 Log10[Sqrt[(Re[S[[4, 4]]])^2 + (Im[S[[4, 4]]])^2]]
```

3. 四端口复阻抗网络 *S* 参数转换为 *Y* 参数的验证代码

```
i = DiagonalMatrix[{1, 1, 1, 1}]
S = {{S11, S12, S13, S14}, {S21, S22, S23, S24}, {S31, S32, S33, S34}, {S41, S42, S43, S44}}
Z0 = DiagonalMatrix[{R1 + I X1, R2 + I X2, R3 + I X3, R4 + I X4}]
Z0C = DiagonalMatrix[{R1 - I X1, R2 - I X2, R3 - I X3, R4 - I X4}]
G0 = DiagonalMatrix[{1/Sqrt[Abs[R1]], 1/Sqrt[Abs[R2]], 1/Sqrt[Abs[R3]], 1/Sqrt[Abs[R4]]}]
Y = Dot[Inverse[G0], Inverse[Dot[S, Z0] + Z0C], i - S, G0]
Y11 = Cancel[Y[[1, 1]]]
Y12 = Cancel[Y[[1, 2]]]
Y13 = Cancel[Y[[1, 3]]]
Y14 = Cancel[Y[[1, 4]]]
Y22 = Cancel[Y[[2, 2]]]
Y23 = Cancel[Y[[2, 3]]]
Y24 = Cancel[Y[[2, 4]]]
Y33 = Cancel[Y[[3, 3]]]
Y34 = Cancel[Y[[3, 4]]]
Y44 = Cancel[Y[[4, 4]]]
```

4. 四端口复阻抗网络 *Y* 参数转换为 *S* 参数的验证代码

```
i = DiagonalMatrix[{1, 1, 1, 1}]
Y ={{Y11, Y12, Y13, Y14}, {Y21, Y22, Y23, Y24}, {Y31, Y32, Y33,
    Y34}, {Y41, Y42, Y43, Y44}}
Z0 = DiagonalMatrix[{R1 + I X1, R2 + I X2, R3 + I X3, R4 + I X4}]
Z0C = DiagonalMatrix[{R1 - I X1, R2 - I X2, R3 - I X3, R4 - I X4}]
G0 = DiagonalMatrix[{1/Sqrt[Abs[R1]], 1/Sqrt[Abs[R2]], 1/Sqrt[Abs[R3]], 1/
Sqrt[Abs[R4]]}]
S = Dot[G0, i - Dot[Z0C, Y], Inverse[i + Dot[Z0, Y]], Inverse[G0]]
S11 = 20 Log10[Sqrt[(Re[S[[1, 1]]])^2 + (Im[S[[1, 1]]])^2]]
S12 = 20 Log10[Sqrt[(Re[S[[1, 2]]])^2 + (Im[S[[1, 2]]])^2]]
S13 = 20 Log10[Sqrt[(Re[S[[1, 3]]])^2 + (Im[S[[1, 3]]])^2]]
S14 = 20 Log10[Sqrt[(Re[S[[1, 4]]])^2 + (Im[S[[1, 4]]])^2]]
S22 = 20 Log10[Sqrt[(Re[S[[2, 2]]])^2 + (Im[S[[2, 2]]])^2]]
S23 = 20 Log10[Sqrt[(Re[S[[2, 3]]])^2 + (Im[S[[2, 3]]])^2]]
S24 = 20 Log10[Sqrt[(Re[S[[2, 4]]])^2 + (Im[S[[2, 4]]])^2]]
S33 = 20 Log10[Sqrt[(Re[S[[3, 3]]])^2 + (Im[S[[3, 3]]])^2]]
S34 = 20 Log10[Sqrt[(Re[S[[3, 4]]])^2 + (Im[S[[3, 4]]])^2]]
S44 = 20 Log10[Sqrt[(Re[S[[4, 4]]])^2 + (Im[S[[4, 4]]])^2]]
```

5. 四端口复阻抗网络 *S* 参数转换为 ABCD 参数的验证代码

```
ZE = DiagonalMatrix[{R1 + I X1, R2 + I X2}]
ZEC = DiagonalMatrix[{R1 - I X1, R2 - I X2}]
ZI = DiagonalMatrix[{R3 + I X3, R4 + I X4}]
ZIC = DiagonalMatrix[{R3 - I X3, R4 - I X4}]
GE = DiagonalMatrix[{1/Sqrt[Abs[R1]], 1/Sqrt[Abs[R2]]}]
GI = DiagonalMatrix[{1/Sqrt[Abs[R3]], 1/Sqrt[Abs[R4]]}]
SEE = {{S11, S12}, {S21, S22}}
SEI = {{S13, S14}, {S23, S24}}
SIE = {{S31, S32}, {S41, S42}}
SII = {{S33, S34}, {S43, S44}}
A1 = Join[Join[GE - Dot[SEE, GE], -Dot[GE, ZEC] - Dot[SEE, GE, ZE], 2],
   Join[-Dot[SIE, GE], -Dot[SIE, GE, ZE], 2]] // Table
A2 =Join[Join[Dot[SEI, GI], -Dot[SEI, GI, ZI], 2],
   Join[Dot[SII, GI] - GI, -Dot[SII, GI, ZI] - Dot[GI, ZIC], 2]] // Table
```

```
A = Dot[Inverse[A1], A2]
MatrixForm[A]
```

6. 四端口复阻抗网络 ABCD 参数转换为 *S* 参数的验证代码

```
PI = DiagonalMatrix[{1, 1}]
PE = DiagonalMatrix[{1, 1}]
ZE = DiagonalMatrix[{R1 + I X1, R2 + I X2}]
ZEC = DiagonalMatrix[{R1 - I X1, R2 - I X2}]
ZI = DiagonalMatrix[{R3 + I X3, R4 + I X4}]
ZIC = DiagonalMatrix[{R3 - I X3, R4 - I X4}]
GE = DiagonalMatrix[{1/Sqrt[Abs[R1]], 1/Sqrt[Abs[R2]]}]
GI = DiagonalMatrix[{1/Sqrt[Abs[R3]], 1/Sqrt[Abs[R4]]}]
a = {{A11, A12}, {A21, A22}}
b = {{A13, A14}, {A23, A24}}
c = {{A31, A32}, {A41, A42}}
d = {{A33, A34}, {A43, A44}}
S1 = Join[Join[Dot[PE, GE, ZE], -Dot[a, PI, GI, ZI] - Dot[b, PI, GI], 2],
  Join[-Dot[PE, GE], -Dot[c, PI, GI, ZI] - Dot[d, PI, GI], 2]] // Table
S2 = Join[Join[-Dot[PE, GE, ZEC], Dot[a, PI, GI, ZIC] - Dot[b, PI, GI], 2],
  Join[-Dot[PE, GE], Dot[c, PI, GI, ZIC] - Dot[d, PI, GI], 2]] // Table
S = Dot[Inverse[S1], S2]
S11 = 20 Log10[Sqrt[(Re[S[[1, 1]]])^2 + (Im[S[[1, 1]]])^2]]
S12 = 20 Log10[Sqrt[(Re[S[[1, 2]]])^2 + (Im[S[[1, 2]]])^2]]
S13 = 20 Log10[Sqrt[(Re[S[[1, 3]]])^2 + (Im[S[[1, 3]]])^2]]
S14 = 20 Log10[Sqrt[(Re[S[[1, 4]]])^2 + (Im[S[[1, 4]]])^2]]
S22 = 20 Log10[Sqrt[(Re[S[[2, 2]]])^2 + (Im[S[[2, 2]]])^2]]
S23 = 20 Log10[Sqrt[(Re[S[[2, 3]]])^2 + (Im[S[[2, 3]]])^2]]
S24 = 20 Log10[Sqrt[(Re[S[[2, 4]]])^2 + (Im[S[[2, 4]]])^2]]
S33 = 20 Log10[Sqrt[(Re[S[[3, 3]]])^2 + (Im[S[[3, 3]]])^2]]
S34 = 20 Log10[Sqrt[(Re[S[[3, 4]]])^2 + (Im[S[[3, 4]]])^2]]
S44 = 20 Log10[Sqrt[(Re[S[[4, 4]]])^2 + (Im[S[[4, 4]]])^2]]
```

7. 四端口复阻抗网络 *Z* 参数转换为 ABCD 参数的验证代码

```
ZEE = {{Z11, Z12}, {Z21, Z22}}
ZEI = {{Z13, Z14}, {Z23, Z24}}
ZIE = {{Z31, Z32}, {Z41, Z42}}
ZII = {{Z33, Z34}, {Z43, Z44}}
```

```
A = Join[Join[Dot[ZEE, Inverse[ZIE]], Dot[ZEE, Inverse[ZIE], ZII] - ZEI, 2],
    Join[Inverse[ZIE], Dot[Inverse[ZIE], ZII], 2]] // Table
MatrixForm[A]
```

8. 四端口复阻抗网络 ABCD 参数转换为 *Z* 参数的验证代码

```
a = {{A11, A12}, {A21, A22}}
b = {{A13, A14}, {A23, A24}}
c = {{A31, A32}, {A41, A42}}
d = {{A33, A34}, {A43, A44}}
Z = Join[Join[Dot[a, Inverse[c]], Dot[a, Inverse[c], d] - b, 2],
  Join[Inverse[c], Dot[Inverse[c], d], 2]]
Z11 = Cancel[Z[[1, 1]]]
Z12 = Cancel[Z[[1, 2]]]
Z13 = Cancel[Z[[1, 3]]]
Z14 = Cancel[Z[[1, 4]]]
Z22 = Cancel[Z[[2, 2]]]
Z23 = Cancel[Z[[2, 3]]]
Z24 = Cancel[Z[[2, 4]]]
Z33 = Cancel[Z[[3, 3]]]
Z34 = Cancel[Z[[3, 4]]]
Z44 = Cancel[Z[[4, 4]]]
```

9. 四端口复阻抗网络 *Y* 参数转换为 ABCD 参数的验证代码

```
YEE = {{Y11, Y12}, {Y21, Y22}}
YEI = {{Y13, Y14}, {Y23, Y24}}
YIE = {{Y31, Y32}, {Y41, Y42}}
YII = {{Y33, Y34}, {Y43, Y44}}
A = Join[Join[-Dot[Inverse[YIE], YII], -Inverse[YIE], 2],
    Join[YEI - Dot[YEE, Inverse[YIE], YII], -Dot[YEE, Inverse[YIE]], 2]]
// Table
MatrixForm[A]
```

10. 四端口复阻抗网络 ABCD 参数转换为 *Y* 参数的验证代码

```
a = {{A11, A12}, {A21, A22}}
b = {{A13, A14}, {A23, A24}}
c = {{A31, A32}, {A41, A42}}
```

```
d = {{A33, A34}, {A43, A44}}
Y = Join[Join[Dot[d, Inverse[b]], c - Dot[d, Inverse[b], a], 2],
  Join[-Inverse[b], Dot[Inverse[b], a], 2]]
Y11 = Cancel[Y[[1, 1]]]
Y12 = Cancel[Y[[1, 2]]]
Y13 = Cancel[Y[[1, 3]]]
Y14 = Cancel[Y[[1, 4]]]
Y22 = Cancel[Y[[2, 2]]]
Y23 = Cancel[Y[[2, 3]]]
Y24 = Cancel[Y[[2, 4]]]
Y33 = Cancel[Y[[3, 3]]]
Y34 = Cancel[Y[[3, 4]]]
Y44 = Cancel[Y[[4, 4]]]
```

附录 B

单端 S 参数与混合模式 S 参数转换的验证代码

对于差分到单端复阻抗网络，由图 9 - 22 可知，R1 = R2 = 58Ω，X1 = X2 = -12Ω。

1. 单端 S 参数转换为混合模式 S 参数的验证代码

```
Z1 = R1 + I X1
Z2 = R2 + I X2
Z1C = R1 - I X1
Z2C = R2 - I X2
Zd12 = 2 Z2
Zc12 = Z2/2
Zd12C = 2 R2 - I 2 X2
Zc12C = R2/2 - I X2/2
Rd12 = 2 R2
Rc12 = R2/2
C1 = Sqrt[Abs[R1]] (Zd12 + 2 Z1C)/(4 Sqrt[Abs[Rd12]] R1)
C2 = Sqrt[Abs[R2]] (Zd12 + 2 Z2C)/(4 Sqrt[Abs[Rd12]] R2)
C3 = Sqrt[Abs[R1]] (2 Zc12 + Z1C)/(4 Sqrt[Abs[Rc12]] R1)
C4 = Sqrt[Abs[R2]] (2 Zc12 + Z2C)/(4 Sqrt[Abs[Rc12]] R2)
D1 = Sqrt[Abs[R1]] (Zd12 - 2 Z1)/(4 Sqrt[Abs[Rd12]] R1)
D2 = Sqrt[Abs[R2]] (Zd12 - 2 Z2)/(4 Sqrt[Abs[Rd12]] R2)
D3 = Sqrt[Abs[R1]] (2 Zc12 - Z1)/(4 Sqrt[Abs[Rc12]] R1)
D4 = Sqrt[Abs[R2]] (2 Zc12 - Z2)/(4 Sqrt[Abs[Rc12]] R2)
S = {{S11, S12, S13}, {S21, S22, S23}, {S31, S32, S33}}
T11 = {{C1, -C2, 0}, {C3, C4, 0}, {0, 0, 1}}
T12 = {{-D1, D2, 0}, {-D3, -D4, 0}, {0, 0, 0}}
```

```
T21 = {{-Conjugate[D1], Conjugate[D2], 0}, {-Conjugate[D3], -Conjugate[D4],
0}, {0, 0, 0}}
T22 = {{Conjugate[C1], -Conjugate[C2], 0}, {Conjugate[C3], Conjugate[C4],
0}, {0, 0, 1}}
Sm1 = T21 + Dot[T22, S]
Sm2 = T11 + Dot[T12, S]
Sm = Dot[Sm1, Inverse[Sm2]]
Sm11 = 20 Log10[Sqrt[(Re[Sm[[1, 1]]])^2 + (Im[Sm[[1, 1]]])^2]]
Sm12 = 20 Log10[Sqrt[(Re[Sm[[1, 2]]])^2 + (Im[Sm[[1, 2]]])^2]]
Sm13 = 20 Log10[Sqrt[(Re[Sm[[1, 3]]])^2 + (Im[Sm[[1, 3]]])^2]]
Sm22 = 20 Log10[Sqrt[(Re[Sm[[2, 2]]])^2 + (Im[Sm[[2, 2]]])^2]]
Sm23 = 20 Log10[Sqrt[(Re[Sm[[2, 3]]])^2 + (Im[Sm[[2, 3]]])^2]]
Sm33 = 20 Log10[Sqrt[(Re[Sm[[3, 3]]])^2 + (Im[Sm[[3, 3]]])^2]]
```

2. 混合模式 *S* 参数转换为单端 *S* 参数的验证代码

```
Z1 = R1 + I X1
Z2 = R2 + I X2
Z1C = R1 - I X1
Z2C = R2 - I X2
Zd12 = 2 Z2
Zc12 = Z2/2
Zd12C = 2 R2 - I 2 X2
Zc12C = R2/2 - I X2/2
Rd12 = 2 R2
Rc12 = R2/2
C1 = Sqrt[Abs[R1]] (Zd12 + 2 Z1C)/(4 Sqrt[Abs[Rd12]] R1)
C2 = Sqrt[Abs[R2]] (Zd12 + 2 Z2C)/(4 Sqrt[Abs[Rd12]] R2)
C3 = Sqrt[Abs[R1]] (2 Zc12 + Z1C)/(4 Sqrt[Abs[Rc12]] R1)
C4 = Sqrt[Abs[R2]] (2 Zc12 + Z2C)/(4 Sqrt[Abs[Rc12]] R2)
D1 = Sqrt[Abs[R1]] (Zd12 - 2 Z1)/(4 Sqrt[Abs[Rd12]] R1)
D2 = Sqrt[Abs[R2]] (Zd12 - 2 Z2)/(4 Sqrt[Abs[Rd12]] R2)
D3 = Sqrt[Abs[R1]] (2 Zc12 - Z1)/(4 Sqrt[Abs[Rc12]] R1)
D4 = Sqrt[Abs[R2]] (2 Zc12 - Z2)/(4 Sqrt[Abs[Rc12]] R2)
S = {{S11, S12, S13}, {S21, S22, S23}, {S31, S32, S33}}
T11 = {{C1, -C2, 0}, {C3, C4, 0}, {0, 0, 1}}
T12 = {{-D1, D2, 0}, {-D3, -D4, 0}, {0, 0, 0}}
T21 = {{-Conjugate[D1], Conjugate[D2], 0}, {-Conjugate[D3], -Conjugate[D4],
0}, {0, 0, 0}}
```

```
T22 = {{Conjugate[C1], -Conjugate[C2], 0}, {Conjugate[C3], Conjugate[C4],
0}, {0, 0, 1}}
S1 = T22 - Dot[S, T12]
S2 = Dot[S, T11] - T21
S = Dot[Inverse[S1], S2]
S11 = 20 Log10[Sqrt[(Re[S[[1, 1]]])^2 + (Im[S[[1, 1]]])^2]]
S12 = 20 Log10[Sqrt[(Re[S[[1, 2]]])^2 + (Im[S[[1, 2]]])^2]]
S13 = 20 Log10[Sqrt[(Re[S[[1, 3]]])^2 + (Im[S[[1, 3]]])^2]]
S22 = 20 Log10[Sqrt[(Re[S[[2, 2]]])^2 + (Im[S[[2, 2]]])^2]]
S23 = 20 Log10[Sqrt[(Re[S[[2, 3]]])^2 + (Im[S[[2, 3]]])^2]]
S33 = 20 Log10[Sqrt[(Re[S[[3, 3]]])^2 + (Im[S[[3, 3]]])^2]]
```

附录 C

网络端口增减的验证代码

1. 单端网络端口增减的验证代码

```
S11a = {{S11, S12}, {S21, S22}}
S12a = {{S13, S14}, {S23, S24}}
S21a = {{S31, S32}, {S41, S42}}
S22a = {{S33, S34}, {S43, S44}}
SL = {{SL11, SL12}, {SL21, SL22}}
i = {{1, 0}, {0, 1}}
S = S11a + Dot[S12a, Inverse[i - Dot[SL, S22a]], SL, S21a]
S11 = 20 Log10[Sqrt[(Re[S[[1, 1]]])^2 + (Im[S[[1, 1]]])^2]]
S12 = 20 Log10[Sqrt[(Re[S[[1, 2]]])^2 + (Im[S[[1, 2]]])^2]]
S21 = 20 Log10[Sqrt[(Re[S[[2, 1]]])^2 + (Im[S[[2, 1]]])^2]]
S22 = 20 Log10[Sqrt[(Re[S[[2, 2]]])^2 + (Im[S[[2, 2]]])^2]]
```

2. 端口参考阻抗转换的验证代码

```
R1 = 21
X1 = -11
Rt1 = 20
Xt1 = -18
R2 = 39
X2 = 16
Rt2 = 30
Xt2 = 15
i = {{1, 0}, {0, 1}}
S = {{S11, S12}, {S21, S22}}
Z = {{R1 + I X1, 0}, {0, R2 + I X2}}
ZC = {{R1 - I X1, 0}, {0, R2 - I X2}}
```

```
Zt = {{Rt1 + I Xt1, 0}, {0, Rt2 + I Xt2}}
ZtC = {{Rt1 - I Xt1, 0}, {0, Rt2 - I Xt2}}
G = {{1/Sqrt[Abs[R1]], 0}, {0, 1/Sqrt[Abs[R2]]}}
Gt = {{1/Sqrt[Abs[Rt1]], 0}, {0, 1/Sqrt[Abs[Rt2]]}}
p = Dot[Zt - Z, Inverse[Zt + ZC]]
A = Dot[Inverse[Gt], G, i - Conjugate[p]]
St = Dot[Inverse[A], S - Conjugate[p], Inverse[i - Dot[p, S]], Conjugate[A]]
S11 = 20 Log10[Sqrt[(Re[St[[1, 1]]])^2 + (Im[St[[1, 1]]])^2]]
S12 = 20 Log10[Sqrt[(Re[St[[1, 2]]])^2 + (Im[St[[1, 2]]])^2]]
S21 = 20 Log10[Sqrt[(Re[St[[2, 1]]])^2 + (Im[St[[2, 1]]])^2]]
S22 = 20 Log10[Sqrt[(Re[St[[2, 2]]])^2 + (Im[St[[2, 2]]])^2]]
```

3. 差分网络端口增减的验证代码

```
Sm11a = {{Scc11, Scd11}, {Sdc11, Sdd11}}
Sm12a = {{Scc12, Scd12}, {Sdc12, Sdd12}}
Sm21a = {{Scc21, Scd21}, {Sdc21, Sdd21}}
Sm22a = {{Scc22, Scd22}, {Sdc22, Sdd22}}
SmL= {{Scc33, Scd33}, {Sdc33, Sdd33}}
i = {{1, 0}, {0, 1}}
Sm = Sm11a + Dot[Sm12a, Inverse[i - Dot[SL, Sm22a]], SmL, Sm21a]
Sm11 = 20 Log10[Sqrt[(Re[Sm[[1, 1]]])^2 + (Im[Sm[[1, 1]]])^2]]
Sm12 = 20 Log10[Sqrt[(Re[Sm[[1, 2]]])^2 + (Im[Sm[[1, 2]]])^2]]
Sm21 = 20 Log10[Sqrt[(Re[Sm[[2, 1]]])^2 + (Im[Sm[[2, 1]]])^2]]
Sm22 = 20 Log10[Sqrt[(Re[Sm[[2, 2]]])^2 + (Im[Sm[[2, 2]]])^2]]
```